微积分卷

吴振奎高等数学解题真经

◎ 吴振奎 编著

U0329465
考研复习——跋涉艰难
名师大家——仙人指路
哈爾濱工業大學出版社
HARBIN INSTITUTE OF TECHNOLOGY PRESS

内 容 简 介

高等数学是大学理工科及经济管理类专业的重要基础课，是培养学生形象思维、抽象思维、创造性思维的重要园地.

本书具有以下特点：广泛使用表格法，使有关内容、解题方法和技巧一目了然；从浩瀚的题海中归纳、总结出的题型解法，对同学们解题具有很大的指导作用；用系列专题分析对教材的重点、难点进行了诠释，对同学们掌握这方面知识起到事半功倍的效果.

本书是针对考研、参加数学竞赛的同学撰写的，对在读的本科生、专科生及数学教师同仁也具有很高的参考价值.

图书在版编目(CIP)数据

吴振奎高等数学解题真经. 微积分卷/吴振奎编著.
—哈尔滨：哈尔滨工业大学出版社，2012.1
ISBN 978-7-5603-3448-6

Ⅰ.①吴… Ⅱ.①吴… Ⅲ.①高等数学-高等学数-题解②微积分-高等学校-题解 Ⅳ.①O13-44

中国版本图书馆 CIP 数据核字(2011)第 258564 号

策划编辑　刘培杰　张永芹
责任编辑　刘　瑶
封面设计　孙茵艾
出版发行　哈尔滨工业大学出版社
社　　址　哈尔滨市南岗区复华四道街 10 号　邮编 150006
传　　真　0451-86414749
网　　址　http://hitpress.hit.edu.cn
印　　刷　哈尔滨市石桥印务有限公司
开　　本　787mm×1092mm　1/16　印张 35.25　字数 1039 千字
版　　次　2012 年 1 月第 1 版　2012 年 1 月第 1 次印刷
书　　号　ISBN 978-7-5603-3448-6
定　　价　68.00 元

⊙ 前言

怎样解题？这是一个十分沉重，而又不得不去面对的话题，尤其是对青年学子.

我们知道：干活不能光凭手巧，还要借助家什；做数学题也不能只凭借聪明，还要注意（掌握）方法. 数学中的“方法”正如干活的“家什”、过河的“船”和“桥”.

面对浩瀚的题海，不少人（特别是初学者）会觉得茫无所措、叫苦不迭. 要学好数学，除了掌握基础知识外，更重要的是做题，可关键是怎样去做. 是就题论题、按部就班、多多益善？还是择其典型、分析实质、积累经验、掌握方法？当然应取后者. 因为只有掌握了方法，才能做到融会贯通、举一反三；只有掌握了方法，才能学以致用、应付万变.

多年的学习与教学实践使我体会到：“方法”对于数学学习的重要，它像天文学中的望远镜，物理学中的实验设备，化学中的试剂、仪器等. 应该看到：如果不掌握方法，即使你熟悉解答个别类型问题的手段，纵然是你似曾相识的题型，可一旦题目稍稍改动，你也将会一筹莫展——因为你没能了解问题的实质，没有掌握独立解决新问题的本领.

在学习数学的过程中你会发现：看十道题，不如做一道题；而做十道题，不如分析透一道题. 只要细心、认真，你在求解任何问题过程中，都会有点滴体会，细微发现. 把这些点点滴滴的东西积累起来，去分析、去筛选、去归纳、去总结，你也就得到了方法.

俗话说“熟能生巧”. 在熟练掌握了方法的同时，你也就有了技巧. 正是：方法源于实践，技巧来自经验. 把经验的涓涓细流汇聚起来，便能涌出技巧的小溪——这恰是智慧江河的源头.

笔者几十年来的经历：学数学、练解题、读文章、做数学、教数学……无论成功与失败、经验与教训、顺利与挫折……它们都成了宝贵的财富.

本书奉献给读者的正是这些.

当然，解数学问题绝对没有什么普遍的、万能的模式，但它仍然存在着某些规律、方法和技巧，掌握了它们，至少可以在大的方向上有所选择，这势必会大大加快解题速度，这对学好数学无疑是重要的. 但愿这些能给读者带来益处，这正是笔者撰写本书的目的与愿望.

话再讲回来，方法虽然千变万化、五彩缤纷，但解题步骤却大多雷同. 下面给出一个解题步骤的框图——其实你在解题过程中正在或已经自觉不自觉地履行它，不是吗？

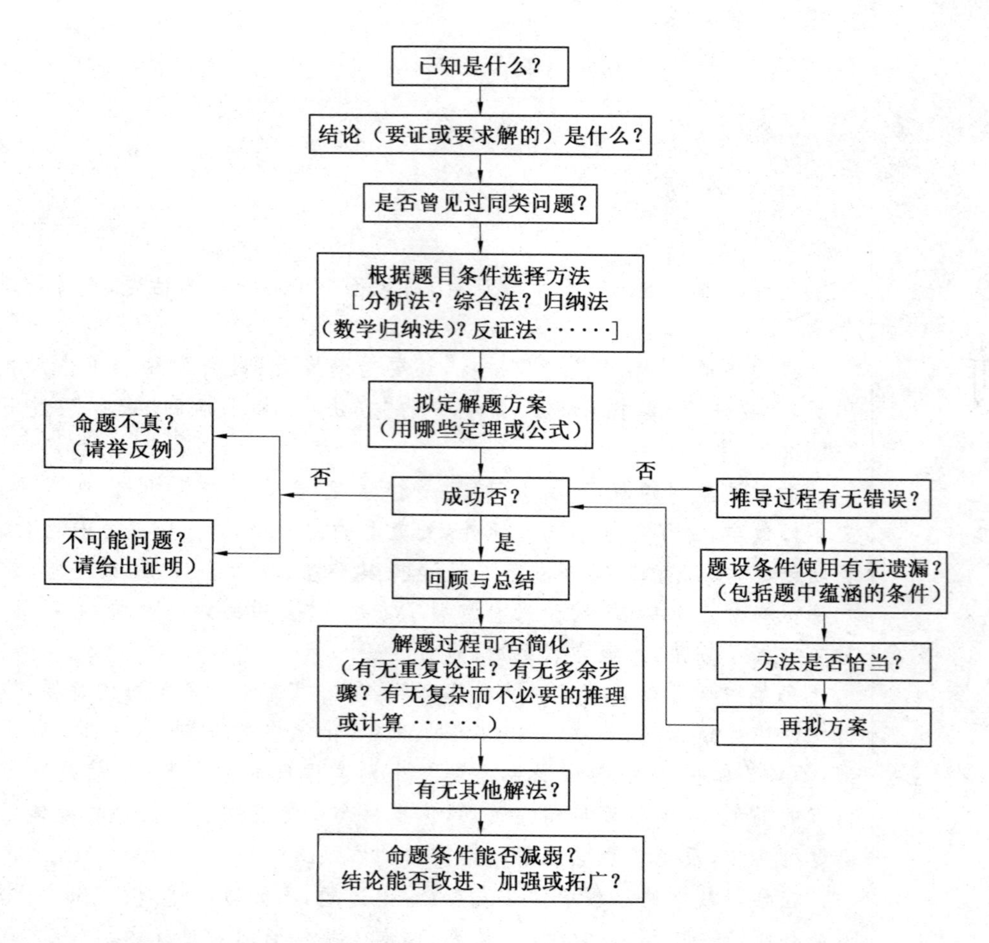

诚挚的批评与指教正是笔者所期待的，但愿多些，再多些.

吴振奎

2011 年 5 月于天津

目　录

第1章　函数、极限、连续 …… 1

一、函数表达式、定义域及某些特性问题的解法 …… 1

二、求各类极限的方法 …… 9

三、函数的连续性问题解法和利用函数连续性解题 …… 43

习题 …… 52

第2章　一元函数的导数与微分 …… 56

一、一元函数的导数计算方法 …… 56

二、导数、微分中值定理的应用及与其有关的问题解法 …… 75

专题1　方程根及函数零点存在的证明及判定方法 …… 98

专题2　不等式的证明方法 …… 111

附录　从转化观点看几道数学考研不等式问题 …… 155

习题 …… 160

第3章　一元函数的积分 …… 165

一、不定积分的基本算法 …… 165

二、定积分的基本算法 …… 188

三、定积分的应用和与定积分有关的某些问题解法 …… 209

四、广义积分的判敛与计算方法 …… 218

习题 …… 234

第4章　多元函数的微分 …… 237

一、多元函数的极限与连续性问题解法 …… 237

二、多元函数的偏导数问题解法 …… 241

专题3　函数的极、最值问题解法 …… 261

习题 …… 282

第5章　多元函数的积分 …… 285

一、重积分的计算方法 …… 285

二、曲线、曲面积分的计算方法 …… 304

三、多元函数积分的应用和与其有关的问题解法 …… 324

习题 …… 331

第6章　级　　数………………………………………………………… 335
一、数项级数判敛方法 ……………………………………………………… 335
二、幂级数收敛范围(区间)的求法 ……………………………………… 354
三、级数求和方法 …………………………………………………………… 361
四、函数的级数展开方法 …………………………………………………… 380
五、级数的应用及与其有关的问题解法 …………………………………… 392
习题………………………………………………………………………… 402
第7章　微分方程…………………………………………………………… 405
一、一阶微分方程的解法 …………………………………………………… 405
二、高阶微分方程的解法 …………………………………………………… 415
三、微分方程组的解法 ……………………………………………………… 428
四、微分方程(组)解的某些性质研究 ……………………………………… 430
专题4　关于求 $f(x)$的问题 ………………………………………… 433
习题………………………………………………………………………… 447
第8章　各类几何问题……………………………………………………… 449
一、空间解析几何问题解法 ………………………………………………… 449
二、微积分中的几何问题解法 ……………………………………………… 461
习题………………………………………………………………………… 489
第9章　专题分析…………………………………………………………… 492
专题5　数学中的证明方法……………………………………………… 492
习题………………………………………………………………………… 506
专题6　高等数学课程中的反例 ………………………………………… 508
专题7　高等数学课程中的一题多解列举 ……………………………… 514
习题………………………………………………………………………… 536
专题8　高等数学课程中的近似计算及误差分析 ……………………… 539
习题………………………………………………………………………… 548
编辑手记…………………………………………………………………… 549
参考文献…………………………………………………………………… 550

第 1 章

函数、极限、连续

一、函数表达式、定义域及某些特性问题的解法

函数是高等数学中的一个重要概念.它是这样定义的:

已知 X,Y 是两个集合,若对 X 中的每一元素 x,通过法则(映射)f 对应到 Y 中的唯一元素 y,则称 f 为定义在 X 上(可以是 $\mathbf{R}\to\mathbf{R}$,$\mathbf{R}^n\to\mathbf{R}$,也可以 $\mathbf{R}^n\to\mathbf{R}^m$,甚至 $\mathbf{R}^{m\times n}\to\mathbf{R}$)的一个**函数**,记 $y=f(x)$,见图 1.

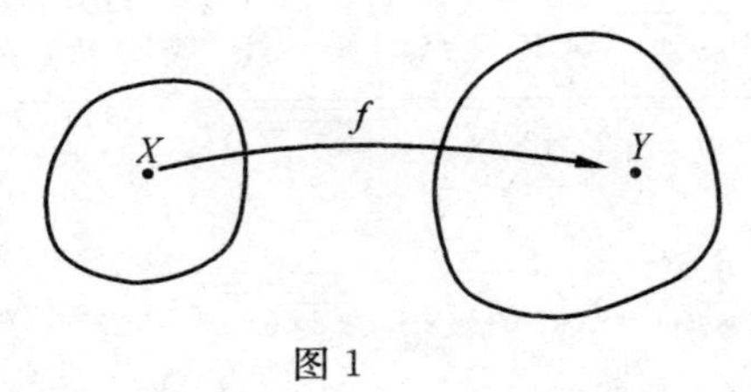

图 1

x 又称自变量,y 又称因变量,变量也称为**元**.

X 称为函数**定义域**,$Y=\{y\mid y=f(x),x\in X\}$ 称为函数的**值域**.

又若 Y 中每一个 y,在 X 中均有唯一的 x 与之对应,这个以 y 为自变量的新函数称为函数 $y=f(x)$ 的**反函数**,记作 $x=f^{-1}(y)$.

函数按其内容或性质见表 1.

表 1

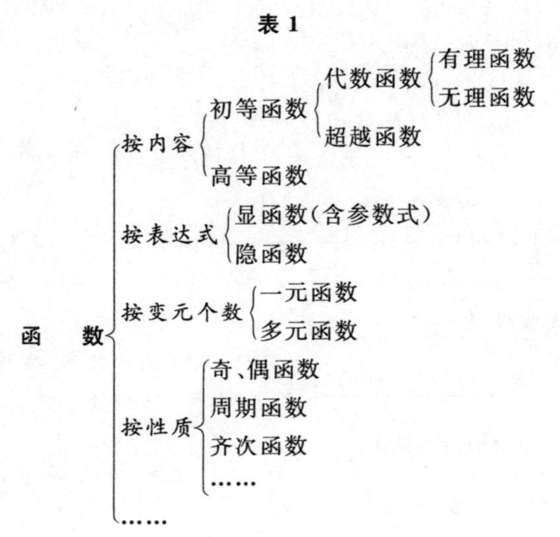

- 函数
  - 按内容
    - 初等函数
      - 代数函数
        - 有理函数
        - 无理函数
      - 超越函数
    - 高等函数
  - 按表达式
    - 显函数(含参数式)
    - 隐函数
  - 按变元个数
    - 一元函数
    - 多元函数
  - 按性质
    - 奇、偶函数
    - 周期函数
    - 齐次函数
    - ……
  - ……

函数 $y=f[\varphi(x)]$ 是由 $y=f(u)$ 和 $u=\varphi(x)$ 复合而成,则称其为**复合函数**(u 称为中间变量).

(一) 函数解析式及其定义域求法

1. 函数解析式(表达式)的求法

函数的解析式一般可分为显式、隐式和参数式三种,见表 2.

表 2

函数种类	定义	表示方式
显函数	已解出因变量为自变量的解析表达式所表示的函数	$y=f(x_1,x_2,\cdots,x_n)$
隐函数	用方程表示自变量与因变量间关系的函数	$F(x_1,x_2,\cdots,x_n,y)=0$
参变量函数	用参变量所表示的函数	$\begin{cases}x_i=\varphi_i(t)\\ y_i=\psi_i(t)\end{cases}\quad i=1,2,\cdots,n$

人们说的所谓“函数解析表达式”往往是指显式而言,它的求法多是依据题设中的条件.下面来看几个例子.

例 1　设 $f(x)=\sqrt{x+\sqrt{x^2}}$,试求 $f[f(x)]$.

解　$f[f(x)]=\sqrt{\sqrt{x+\sqrt{x^2}}+\sqrt{\left(\sqrt{x+\sqrt{x^2}}\right)^2}}=\sqrt{2\sqrt{x+\sqrt{x^2}}}=\sqrt{2f(x)}$

它的一般形式为

$$f\{f[f\cdots f(x)]\}=\sqrt{2\sqrt{2\sqrt{\cdots\sqrt{2f(x)}}}}=2^{\frac{1}{2}+\frac{1}{4}+\cdots+\frac{1}{2^{n-1}}}[f(x)]^{\frac{1}{2^{n-1}}}$$

例 2　设 $f(x)=\dfrac{x}{x-1}$,试求 $f(f(f(f(x))))$ 和 $f\left(\dfrac{1}{f(x)}\right)$ $(x\neq 0$ 且 $x\neq 1)$.

解　由 $f(x)=\dfrac{x}{x-1}=\dfrac{1}{1-\dfrac{1}{x}}$,有 $\dfrac{1}{f(x)}=1-\dfrac{1}{x}$.则

$$f(f(x))=\frac{1}{1-\dfrac{1}{f(x)}}=\frac{1}{1-\left(1-\dfrac{1}{x}\right)}=x$$

故

$$f(f(f(x)))=f(x)$$

从而

$$f(f(f(f(x))))=\frac{1}{1-\dfrac{1}{f(x)}}=x$$

而

$$f\left(\frac{1}{f(x)}\right)=f\left(1-\frac{1}{x}\right)=\frac{1-\dfrac{1}{x}}{1-\dfrac{1}{x}-1}=1-x,\quad x\neq 0 \text{ 且 } x\neq 1$$

注　由解题过程不难发现

$$\underbrace{f(f(\cdots f(x)))}_{k\text{重}}=\begin{cases}f(x), & k\text{ 为奇数}\\ x, & k\text{ 为偶数}\end{cases}$$

严格地证明,还要用数学归纳法去完成.

例 3　设 $f_1(x)=f(x)=\dfrac{x}{\sqrt{1+x^2}}$,又 $f_n(x)=f[f_{n-1}(x)]$ $(n\geqslant 2)$,试求 $f_n(x)$.

解　由题设 $f_1(x)=\dfrac{x}{\sqrt{1+x^2}}$,故

$$f_2(x)=f[f_1(x)]=\frac{f_1(x)}{\sqrt{1+f_1{}^2(x)}}=\frac{x}{\sqrt{1+2x^2}}$$

归纳地:若设 $f_{n-1}(x)=\dfrac{x}{\sqrt{1+(n-1)x^2}}$,则

$$f_n(x)=f[f_{n-1}(x)]=\frac{f_{n-1}(x)}{\sqrt{1+f_{n-1}{}^2(x)}}=\frac{x}{\sqrt{1+nx^2}}$$

例4　若 $f(n)=1-n(n\in\mathbf{Z})$,且对每个 n 有 $f[f(n)]=n$,且 $f[f(n+2)+2]=n$,同时 $f(0)=1$. 试证:$f(n)$ 唯一.

证　由题设 $f(n)=1-n$,则

$$f[f(n)]=f(1-n)=1-(1-n)=n$$

又　$$f[f(n+2)+2]=f\{[1-(n+2)]+2\}=f[f(-n-1)+2]=f(1-n)=n$$

且 $f(0)=1$. 反之由

$$f\{f[f(n+2)+2]\}=f(n)$$

从而

$$f(n+2)+2=f(n)$$

即 $f(n+2)=f(n)-2$. 归纳地有

$$f(n)=\begin{cases}f(0)-n, & n\text{为偶数}\\ f(1)+1-n, & n\text{为奇数}\end{cases}$$

又 $f(0)=1$,从而 $f(1)=0$,即 $f(n)=1-n$.

由上面几例可以看出:这类问题的实质是“复合”. 下面再来两个例子.

例5　设 $f(x)=\begin{cases}1, & |x|\leqslant 1\\ 0, & |x|>1\end{cases}$,$g(x)=\begin{cases}2-x^2, & |x|\leqslant 1\\ 2, & |x|>1\end{cases}$. 求 $f[g(x)]$.

解　由题设知:当 $|x|<1$ 时,有

$$f[g(x)]=f(2-x^2)=0$$

当 $|x|=1$ 时,有

$$f[g(x)]=f(1)=1$$

当 $|x|>1$ 时,有

$$f[g(x)]=f(2)=0$$

综上

$$f[g(x)]=\begin{cases}0, & |x|\neq 1\\ 1, & |x|=1\end{cases}$$

例6　设 $f(x)=\begin{cases}1, & x>0\\ 0, & x\leqslant 0\end{cases}$,$g(x)=\begin{cases}x-1, & x\geqslant 1\\ 1-x, & x<1\end{cases}$. 求 $g[f(x)]$.

解　设 $u=f(x)$, $v=g(x)$, 由题设有

$$g[f(x)]=g(u)=\begin{cases}u-1, & u\geqslant 1\\ 1-u, & u<1\end{cases}$$

但当 $x>0$ 时,$u=1$;当 $x\leqslant 0$ 时,$u=0$. 故

$$g[f(x)]=\begin{cases}0, & x>0\\ 1, & x\leqslant 0\end{cases}$$

注　实际上 $g[f(x)]=1-f(x)$,这只需注意到

$$1-f(x)=\begin{cases}1-1, & x>1\\ 1-0, & x\leqslant 0\end{cases}=\begin{cases}0, & x>0\\ 1, & x\leqslant 0\end{cases}$$

例 7 若 $z=\sqrt{y}+f(\sqrt[3]{x}-1)$,且已知当 $y=1$ 时,有 $z=x$.求 $f(x)$ 及 z 的解析表达式.

解 由设 $y=1$ 时 $z=x$,代入题设等式有

$$x-1=f(\sqrt[3]{x}-1)$$

令$\sqrt[3]{x}-1=t$,则 $x=(1+t)^3$,代入上式有

$$f(t)=(1+t)^3-1=t^3+3t^2+3t$$

故
$$f(x)=x^3+3x^2+3x,\quad z=\sqrt{y}+x-1$$

下面的例子还涉及了函数的求导问题①.

例 8 已知 $f(x)=\dfrac{1}{1+x}$,求 $f[f'(x)]$.

解 由
$$f'(x)=\left(\frac{1}{1+x}\right)'=-\frac{1}{(1+x)^2}$$

则
$$f[f'(x)]=\frac{1}{1+f'(x)}=\frac{1}{1-\dfrac{1}{(1+x)^2}}=\frac{(1+x)^2}{(1+x)^2-1}$$

例 9 若 $f(x)$ 在$(0,+\infty)$ 上连续,又对任意 $x>0$ 有 $f(x^2)=f(x)$,且 $f(3)=5$.求$f(x)$.

解 当$x>0$ 时,有

$$f(x)=f(\sqrt{x})=f(x^{\frac{1}{4}})=\cdots=f(x^{\frac{1}{2^n}})$$

则
$$f(x)=\lim_{n\to\infty}f(x^{\frac{1}{2^n}})=f(\lim_{n\to\infty}x^{\frac{1}{2^n}})=f(1)$$

即
$$f(x)\equiv \text{const}\quad(常数)$$

又由题设 $f(3)=5$,故

$$f(x)=f(1)=f(3)=5$$

最后看一个二元函数的例子.

例 10 若 $f\left(x+y,\dfrac{y}{x}\right)=x^2-y^2$,求 $f(x,y)$.

解 设 $x+y=u,\dfrac{y}{x}=v$,解得 $x=\dfrac{u}{1+v},y=\dfrac{uv}{1+v}$.故

$$f(u,v)=\left(\frac{u}{1+v}\right)^2-\left(\frac{uv}{1+v}\right)^2=\frac{(1-v)u^2}{1+v}$$

即
$$f(x,y)=\frac{x^2(1-y)}{1+y}$$

还有一批函数解析式的求法可见后面的"微分方程"一章内容.

这里我们想指出一点:并非所有函数均可用解析式表达,有的函数只能用语言文字描述,比如:

• 符号函数:

$$y=\operatorname{sgn}x=\begin{cases}1, & x>0\\ 0, & x=0\\ -1, & x<0\end{cases}$$

• 克朗耐克尔(Kronecker) 函数:

---

① 鉴于本书的特点即是将问题综合叙述,因而有些时候例子中涉及的内容会将通常教程章节或内容顺序稍加打乱,这些以后不再一一说明.

$$\delta_{ij}: \delta_{ij} = \begin{cases} 1, & i = j \\ 0, & i \neq j \end{cases}$$

- 迪利克雷(Dirichlet) 函数 $y = D(x)$①：

$$y = D(x) = \begin{cases} 1, & x \text{ 是有理数时} \\ 0, & x \text{ 是无理数时} \end{cases}$$

- 黎曼(Riemann) 函数 $y = R(x)$：

$$y = R(x) = \begin{cases} \dfrac{1}{n}, & \text{当 } x = \dfrac{m}{n} \text{ 时}, m,n \text{ 互质}, n \geqslant 1 \\ 0, & \text{当 } x \text{ 为无理数时} \end{cases}$$

- 高斯(Gauss) 函数 $y = [x]$：表示不超过 x 的最大整数等.

2. 函数定义域问题的解法

确定某些简单的、具体的函数定义域问题并不困难，只需注意下面几点：

① 分式函数，分母不为零；

② 偶次根式下的代数式不能为负；

③ 对数的底数大于零且不为1；真数大于零；

④ 反三角函数 $\arcsin f(x)$，$\arccos f(x)$ 中的 $f(x)$ 满足：$|f(x)| \leqslant 1$.

对于抽象函数的定义域问题，要依据函数定义及题设条件.

例 1 求 $z = \arcsin(x - y^2) + \ln[\ln(10 - x^2 - 4y^2)]$ 的定义域.

解 由反三角函数及对数函数的性质有

$$|x - y^2| \leqslant 1 \quad \text{及} \quad 10 - x^2 - 4y^2 > 1$$

即题设函数的定义域是椭圆$\dfrac{x^2}{3^2} + \dfrac{y^2}{\left(\frac{3}{2}\right)^2} = 1$与抛物线 $x = y^2 + 1$ 及 $x = y^2 - 1$ 所围区域

$$\begin{cases} \dfrac{x^2}{3^2} + \dfrac{y^2}{(3/2)^2} < 1 \\ y^2 - 1 \leqslant x \leqslant y^2 + 1 \end{cases}$$

例 2 设 $f(x) = \dfrac{1}{\ln(3 - x)} + \sqrt{49 - x^2}$，求 $f(x)$ 的定义域.

解 由题设应有 $3 - x > 0, 3 - x \neq 1$（即 $\ln(3 - x) \neq 0$）和 $49 - x^2 \geqslant 0$，故 $f(x)$ 的定义域为 $-7 \leqslant x < 2, 2 < x < 3$.

上面是一些简单函数问题，下面是关于复合函数的.

例 3 设 $f(x)$ 的定义域为$[0,1]$，试求(1) $f(x^2)$；(2) $f(\sin 2x)$ 的定义域.

解 (1) 令 $x^2 = u$，则 $f(x^2) = f(u)$，其定义域为 $0 \leqslant u \leqslant 1$，即 $0 \leqslant x^2 \leqslant 1$，有 $-1 \leqslant x \leqslant 1$. 故 $f(x^2)$ 的定义域为$[-1,1]$.

(2) 令 $\sin 2x = u$，则 $f(\sin 2x) = f(u)$. 由题设 $0 \leqslant u \leqslant 1$，即 $0 \leqslant \sin 2x \leqslant 1$.

故 $f(\sin 2x)$ 的定义域为$\left[n\pi, \dfrac{1}{2}(2n+1)\pi\right]$（$n$ 为整数）.

例 4 设 $f(x)$ 的定义域为$[0,1]$，试求 $f(x + a) + f(x - a)$ 的定义域($a > 0$).

解 令 $x + a = u, x - a = v$，则 $f(x + a) + f(x - a) = f(u) + f(v)$. 由题设有

$$0 \leqslant u \leqslant 1 \quad \text{即} \quad 0 \leqslant x + a \leqslant 1, \quad \text{得} \quad -a \leqslant x \leqslant 1 - a$$

$$0 \leqslant v \leqslant 1 \quad \text{即} \quad 0 \leqslant x - a \leqslant 1, \quad \text{得} \quad a \leqslant x \leqslant 1 + a$$

---

① Dirichlet 函数可写成极限形式表达式：$\lim\limits_{m \to \infty}\{\lim\limits_{n \to \infty}[\cos(m!\pi x)]^n\}$.

故若 $0 < a \leqslant \frac{1}{2}$,则所求定义域为$[a,1-a]$;若 $a > \frac{1}{2}$,则其定义域不存在.

(二)函数某些特性的讨论方法

1.函数奇偶性的讨论方法

函数的奇偶性对于某些运算(如积分、求和等)来讲是十分重要的.

判断函数的奇、偶性只需依据定义:

若 $f(-x) = f(x)$,则 $f(x)$ 称为偶函数;若 $f(-x) = -f(x)$,则 $f(x)$ 称为奇函数;

应该强调一点:并非所有函数都有奇偶性.

例1 试证定义在对称区间$(-l,l)$内的任何函数 $f(x)$ 均可表为奇函数与偶函数之和的形式,且表达式唯一.

证 令 $H(x) = \frac{1}{2}[f(x)+f(-x)]$,$G(x) = \frac{1}{2}[f(x)-f(-x)]$,易验证 $H(x)$,$G(x)$ 分别为定义在$(-l,l)$上的偶函数和奇函数.则

$$f(x) = H(x) + G(x) \tag{*}$$

下面证唯一性.若还有偶函数 $H_1(x)$ 和奇函数 $G_1(x)$ 使 $f(x) = H_1(x) + G_1(x)$,则由式(*)有

$$H(x) - H_1(x) = G_1(x) - G(x)$$

用 $-x$ 代入上式有

$$H(x) - H_1(x) = G(x) - G_1(x)$$

故 $H(x) = H_1(x)$,$G(x) = G_1(x)$.此表达式唯一.

下面的问题还涉及函数的导数.

例2 设 $f(x)$ 在$(-\infty,+\infty)$上有连续导数,则 $f(x)$ 为偶函数 $\Longleftrightarrow f'(x)$ 是奇函数.

证 必要性.设 $f(x)$ 为偶函数,即 $f(-x) = f(x)$.则

$$f'(-x) = \lim_{\Delta x \to 0} \frac{f(-x+\Delta x) - f(-x)}{\Delta x} = \lim_{\Delta x \to 0} \frac{f[-(x-\Delta x)] - f(x)}{\Delta x} =$$

$$\lim_{\Delta x \to 0} -\frac{f(x-\Delta x) - f(x)}{-\Delta x} = -f'(x)$$

即$f'(x)$为奇函数.

充分性.设$f'(x)$为奇函数,即$f'(-x) = -f'(x)$.又

$$f(x) = \int_0^x f'(t)\mathrm{d}t + f(0)$$

且

$$\int_0^x f'(t)\mathrm{d}t = -\int_0^x f'(-t)\mathrm{d}t = \int_0^x f'(-t)\mathrm{d}(-t) = \int_0^{-x} f'(u)\mathrm{d}u$$

故 $f(x) = f(-x)$,即 $f(x)$ 是偶函数.

注 反过来,若$f'(x)$为偶函数,则 $f(x)$ 不一定是奇函数,例如:$f(x) = x^3 + 1$ 不是奇函数,而其导函数$f'(x)$是偶函数.

这时还须加上 $f(0) = 0$ 的条件,即若$f'(x)$为偶函数,且当 $f(0) = 0$ 时,则 $f(x)$ 是奇函数.

请注意,若 $f(x)$ 为偶函数,则无须加 $f(0) = 0$ 的条件(为什么?)

类似地我们还可以有:若 $f(x)$ 是可积的奇函数(非常数),则$\int_0^x f(t)\mathrm{d}t$ 是偶函数.更一般的还有:

例3 若 $f(x)$ 在$(-\infty,+\infty)$内连续,且 $F(x) = \int_0^x (x-2t)f(t)\mathrm{d}t$,试证:如果$f(x)$是偶函数,则$F(x)$也是偶函数.

证　设 $f(x)$ 为偶函数，则 $f(-x)=f(x)$. 令 $u=-t$，则

$$F(-x)=\int_0^{-x}(-x-2t)f(t)\mathrm{d}t=\int_0^{x}(-x+2u)f(-u)\mathrm{d}(-u)=$$
$$\int_0^{x}(x-2u)f(u)\mathrm{d}u=\int_0^{x}(x-2t)f(t)\mathrm{d}t=F(x)$$

即 $F(x)$ 也是偶函数.

2. 函数周期性的讨论法

对于函数 $f(x)$，若存在非零常数 T 使 $f(x+T)=f(x)$ 对其定义域内任何 x 均成立，则称 $f(x)$ 为**周期函数**. T 称为该函数的**周期**.

若 T 是 $f(x)$ 的一个周期，则 nT(n 是整数) 也是 $f(x)$ 的周期.

常见的周期函数是三角函数.

常数 C 作为自变量 x 的函数时，它是周期函数，且任意不为 0 的实数均为其周期.

命题　连续的周期函数，若它不是常数，则它有最小的周期.

$\sin x$ 和 $\cos x$ 的最小周期是 2π；$\tan x$ 和 $\cot x$ 的最小周期是 π.

讨论函数的周期性问题，一般是根据周期函数的定义考虑. 下面来看例子.

例 1　试证 Dirichlet 函数是周期函数，且任意不为 0 的有理数均为其周期.

证　设 $T\neq 0$ 且为有理数，当 x 是有理数时，$x+T$ 仍为有理数；当 x 是无理数时，$x+T$ 仍为无理数，故

$$f(x+T)=\begin{cases}1, & x\text{ 为有理数时}\\0, & x\text{ 为有无理数时}\end{cases}=f(x)$$

注　从上例可以看出：周期函数不一定存在最小的周期. 又比如，常函数可以所有实数作为其周期.

例 2　求 $f(x)=x-[x]$ 的最小周期.

解　设 $x=n+r$($0\leqslant r<1$，n 为整数)，T 为任意整数，则由

$$f(x+T)=f(n+T+r)=n+T+r-[n+T+r]=n+T+r-(T+[n+r])=$$
$$n+r-[n+r]=f(x)$$

故任何整数均为其周期，则最小周期 $T=1$.

下面是讨论周期函数的例子.

例 3　设 $f(x)$ 在 $(-\infty,+\infty)$ 上是奇函数，$f(1)=a$，且对任何 x 值均有 $f(x+2)-f(x)=f(2)$. 问 a 为何值时，$f(x)$ 是以 2 为周期的周期函数？

解　欲使 $f(x)$ 是以 2 为周期函数，由 $f(x+2)-f(x)=f(2)$，只需使 $f(2)=0$ 即可.

令 x 分别为 -1，可得 $f(1)-f(-1)=f(2)$，又 $f(-1)=-f(1)$，故 $f(2)=2f(1)=2a$，这样只需令 $2a=0$，即 $a=0$ 时，$f(x)$ 是以 2 为周期的周期函数.

例 4　若函数 $f(x)$($-\infty<x<+\infty$) 的图形关于两条直线 $x=a$ 和 $x=b$ 都对称($b>a$)，则 $f(x)$ 为周期函数.

解　由题设函数的对称性可有

$$\begin{cases}f(a+x)=f(a-x) & (1)\\f(b+x)=f(b-x) & (2)\end{cases}$$

故函数在 a,b 中点 $\frac{a+b}{2}$ 处的值等于点 $a-\frac{b-a}{2}$ 和 $b+\frac{b-a}{2}$ 处的函数值(图 2).

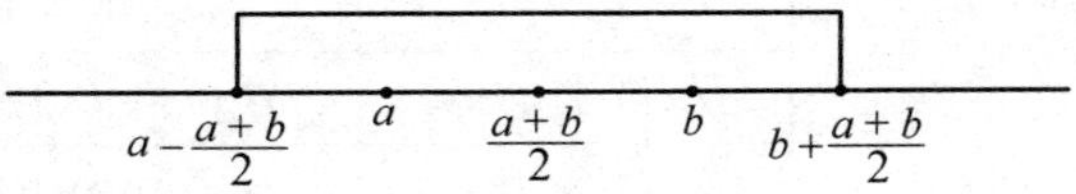

$a-\frac{a+b}{2}$　　a　　$\frac{a+b}{2}$　　b　　$b+\frac{a+b}{2}$

图 2

故若 $f(x)$ 为周期函数，则其周期应为 $b+\frac{b-a}{2}-\left(a-\frac{b-a}{2}\right)=2(b-a)$. 注意到

$$f[x+2(b-a)]=f[b+(x-b-2a)]=f[b-(x+b-2a)]\xlongequal{\text{由式(2)}}$$
$$f(2a-x)=f[a+(a-x)]\xlongequal{\text{由式(1)}}f[a-(a-x)]=f(x)$$

即 $f(x)$ 是以 $2(b-a)$ 为周期的周期函数.

下面的例子中涉及积分概念.

例 5 若 $f(x)$ 是以 l 为周期的周期函数且可积，则 $\int_a^{a+l}f(x)\mathrm{d}x=\int_0^l f(x)\mathrm{d}x$，这里 a 为任意实数.

证 由定积分可加性有

$$\int_a^{a+l}f(x)\mathrm{d}x=\int_a^0 f(x)\mathrm{d}x+\int_0^l f(x)\mathrm{d}x+\int_l^{a+l}f(x)\mathrm{d}x$$

令 $x=t+l$，由 $f(t+l)=f(t)$，则

$$\int_l^{a+l}f(x)\mathrm{d}x=\int_0^a f(t+l)\mathrm{d}t=\int_0^a f(t)\mathrm{d}t=-\int_a^0 f(x)\mathrm{d}x$$

从而可有

$$\int_l^{a+l}f(x)\mathrm{d}x=\int_0^l f(x)\mathrm{d}x$$

证明函数不是周期函数一般有两种方法：一是反证法；二是分析法. 请看：

例 6 试证函数 $f(x)=\sin x-x^2$ 不是周期函数.

证 若不然，今设 $T\neq 0$ 且使 $\sin(x+T)-(x+T)^2=\sin x+x^2$，即

$$2\sin\frac{T}{2}\cdot\cos\left(x+\frac{T}{2}\right)-2Tx-T^2=0 \tag{*}$$

将式(*)两边对 x 求导两次，有

$$-2\sin\frac{T}{2}\cdot\cos\left(x+\frac{T}{2}\right)=0$$

由 x 的任意性，$\cos\left(x+\frac{T}{2}\right)\not\equiv 0$，故有 $\sin\frac{T}{2}=0$，将此代入式(*)有

$$-2Tx-T^2=0$$

故 $T=0$，与前设矛盾！从而 $\sin x-x^2$ 不是周期函数.

例 7 试证 $f(x)=\sin x^2$ 不是周期函数.

证 考虑 $\sin x^2=0$ 即 $f(x)$ 的零点分布：$x^2=k\pi$，$x=\sqrt{k\pi}\ (k=0,1,2,\cdots)$. 注意到

$$\sqrt{(k+1)\pi}-\sqrt{k\pi}=\frac{\pi}{\sqrt{(k+1)\pi}+\sqrt{k\pi}}$$

它随 k 的增大而变小，即 $f(x)$ 的零点随 k 的增大越来越密，这是不可能的. 因为周期函数的零点分布也是以周期形式出现的.

3. 函数单调性的讨论方法

函数随自变量变化而单调变化的性质称为函数的单调性，具体定义见表 3.

表 3

若 $f(x)$ 在域 D 上有定义，又 $x_1,x_2\in D$ 且 $x_1<x_2$	$f(x_1)<f(x_2)$	$f(x)$ 在 D 上严格单增函数
	$f(x_1)>f(x_2)$	$f(x)$ 在 D 上严格单减函数
	$f(x_1)\leqslant f(x_2)$	$f(x)$ 在 D 上递增(不减)函数
	$f(x_1)\geqslant f(x_2)$	$f(x)$ 在 D 上递减(不增)函数

关于函数单调性的讨论可以用不等式考虑，然而更多的则是利用函数导数的性质. 关于这方面内容，我们后文再来叙及.

4. 函数有界性问题的讨论方法

若函数 $y=f(x)$ 定义在 D 上，如果存在常数 $M>0$，使对任意 $x\in D$，均有 $|f(x)|\leqslant M$，则称 $f(x)$ 在 D 上有界.

这类问题我们后文再行讨论.

二、求各类极限的方法

极限概念是数学分析中最基本又是最重要的概念.

求极限问题一般有两类：一类是数(序)列的极限；另一类是函数的极限. 它们的求法很多，总的原则是：先化简(通项)、再求值. 下面我们分别谈谈这些方法.

(一) 数(序)列极限的求法

数(序)列极限的求法大抵有下面几种：

(1) 依据数列极限的定义；
(2) 依据数列极限存在的定理、法则；
(3) 依据数列本身的变形；
(4) 利用某些公式；
(5) 利用数列的递推关系；
(6) 利用数列极限与函数极限存在的关系；
(7) 利用定积分运算；
(8) 利用级数的敛散条件；
(9) 利用 Stolz 定理及相应的结论；
(10) 利用中值定理；
(11) 利用数的级数表达式；
(12) 利用函数的 Taylor 展开.

下面我们举些例子来说明.

1. 依据数列极限的定义

对于实数(序)列$\{a_n\}$来说，若存在实数 A 使得：任给 $\varepsilon>0$ 存在 N，使当 $n\geqslant N$ 时，$|a_n-A|<\varepsilon$，则称$\{a_n\}$收敛，且称 A 为$\{a_n\}$的(当 $n\to+\infty$ 时)极限，记为$\lim\limits_{n\to\infty}a_n=A$.

依据这个定义，可以验证某些数列极限问题.

例 1　若数列$\{x_n\}$满足$\lim\limits_{n\to\infty}(x_n-x_{n-2})=0$，试证$\lim\limits_{n\to\infty}\dfrac{1}{n}(x_n-x_{n-1})=0$.

证　由设$\lim\limits_{n\to\infty}(x_n-x_{n-2})=0$，即任给$\dfrac{\varepsilon}{2}>0$，存在 $N>2$，使当 $n\geqslant N$ 时，有 $|x_n-x_{n-2}|<\dfrac{\varepsilon}{2}$.

对充分大的 P 可有

$$\begin{aligned}|x_{N+P}-x_{N+(P-1)}|=&|x_{N+P}-x_{N+P-2}+x_{N+P-1}-x_{N+P-1}|\leqslant|x_{N+P}-x_{N+P-2}|+|x_{N+P-2}-x_{N+P-1}|\leqslant\\&\frac{\varepsilon}{2}+|x_{N+P-1}-x_{N+P-2}|\leqslant\frac{\varepsilon}{2}+|x_{N+P-1}-x_{N+P-3}|+|x_{N+P-3}-x_{N+P-2}|\leqslant\\&\frac{\varepsilon}{2}+\frac{\varepsilon}{2}+|x_{N+P-2}-x_{N+P-3}|\leqslant\cdots\leqslant P\cdot\frac{\varepsilon}{2}+|x_{N+P-P}-x_{N+P-P-1}|=\\&P\cdot\frac{\varepsilon}{2}+|x_N-x_{N-1}|\end{aligned}$$

选 P 使

$$P+N>\frac{2|x_N-x_{N-1}|}{\varepsilon}$$

则

$$\left|\frac{x_{N+P}-x_{N+P-1}}{N+P}\right|\leqslant\frac{P}{N+P}\cdot\frac{\varepsilon}{2}+\frac{|x_N-x_{N-1}|}{N+P}<\varepsilon$$

故

$$\lim_{n\to\infty}\frac{1}{n}(x_n-x_{n-1})=0$$

例 2 若$\{a_n\}$,$\{b_n\}$为两个递增正数列,且$\lim\limits_{n\to\infty}a_n$和$\lim\limits_{n\to\infty}b_n$存在.又对$a_n$的每一固定项总有$b_n$的项大于它;同样对于$b_n$的每一固定项总有$a_n$的项大于它.试证明:$\lim\limits_{n\to\infty}a_n=\lim\limits_{n\to\infty}b_n$.

证 设$\lim\limits_{n\to\infty}a_n=a$,$\lim\limits_{n\to\infty}b_n=b$.今用反证法.若$a<b$,由极限定义:

对于$b-a>0$,存在$N>0$使$n\geqslant N$时,有$|b_n-b|<b-a$.

又因b_n递增,即当$n\geqslant N$时,有$b_n>a$.

又a_n亦为递增正数列,对于任何自然数m均有$a_m<a$,这样$a_m<a<b_n$,此与题设矛盾.故$a<b$不真,从而$a\geqslant b$.

类似地可证$b\geqslant a$.故$a=b$.

例 3 若序列$\{x_n\}$对一切m和n均有$0\leqslant x_{m+n}\leqslant x_m+x_n$.试证$\left\{\dfrac{x_n}{n}\right\}$收敛.

证 由题设知$0\leqslant x_n\leqslant nx_1$即$0\leqslant\dfrac{x_n}{n}\leqslant x_1$,$n\geqslant 1$,即$\left\{\dfrac{x_n}{n}\right\}$有界.设$\alpha$为其下确界,今证$\alpha$即为其极限.

任给$\varepsilon>0$,存在m使$\alpha\leqslant\dfrac{x_m}{m}<\alpha+\dfrac{\varepsilon}{2}$,又对任一自然数$n$可表示为$n=mq+r$,这里$0\leqslant r<m$.

由题设$x_n=x_{mq+r}\leqslant qx_m+x_r$.故

$$\frac{x_n}{n}\leqslant\frac{qx_m+x_r}{qm+r}=\frac{x_m}{m}\cdot\frac{qm}{qm+r}+\frac{x_r}{n}$$

当n充分大时,可有

$$-\frac{\varepsilon}{2}+\alpha\leqslant\frac{x_n}{n}<\left(\alpha+\frac{\varepsilon}{2}\right)\frac{qm}{qm+r}+\frac{x_r}{n}\leqslant\alpha+\frac{\varepsilon}{2}+\frac{x_r}{n}$$

因$0\leqslant r\leqslant m-1$,在上式令$n\to\infty$,则有

$$\alpha-\frac{\varepsilon}{2}\leqslant\frac{x_n}{n}\leqslant\alpha+\frac{\varepsilon}{2}$$

由ε的任意性知
$$\lim_{n\to\infty}\{x_n\}=\alpha$$

下面两例题为涉及积分概念的证明问题.

例 4 试证$\lim\limits_{n\to\infty}\displaystyle\int_0^{\frac{\pi}{2}}\sin^n x\,\mathrm{d}x=0$.

证明 (用函数极限定义)任给$\varepsilon>0$,由于$\lim\limits_{n\to\infty}\sin^n\left(\dfrac{\pi}{2}-\dfrac{\varepsilon}{2}\right)=0$,故存在$N$使$n>N$时,有

$$0\leqslant\sin^n\left(\frac{\pi}{2}-\frac{\varepsilon}{2}\right)<\frac{\varepsilon}{\pi}$$

又
$$\sin^n\left(\frac{\pi}{2}-\frac{\varepsilon}{2}\right)\geqslant\sin^n x,\quad x\in\left(0,\frac{\pi}{2}-\frac{\varepsilon}{2}\right)$$

故当$n>N$时,有

$$\int_0^{\frac{\pi}{2}}\sin^n x\,\mathrm{d}x=\int_0^{\frac{\pi}{2}-\frac{\varepsilon}{2}}\sin^n x\,\mathrm{d}x+\int_{\frac{\pi}{2}-\frac{\varepsilon}{2}}^{\frac{\pi}{2}}\sin^n x\,\mathrm{d}x\leqslant\int_0^{\frac{\pi}{2}-\frac{\varepsilon}{2}}\sin^n\left(\frac{\pi-\varepsilon}{2}\right)\mathrm{d}x+\int_{\frac{\pi}{2}-\frac{\varepsilon}{2}}^{\frac{\pi}{2}}\sin^n x\,\mathrm{d}x<$$
$$\int_0^{\frac{\pi}{2}-\frac{\varepsilon}{2}}\frac{\varepsilon}{\pi}\mathrm{d}x+\frac{\varepsilon}{2}=\varepsilon$$

例 5 $f(x)$在$[a,b]$上连续、单增、非负,$g(x)$在$[a,b]$上恒正,连续,且$\displaystyle\int_a^b g(x)\mathrm{d}x=1$.又对任意自然数$n$有$x_n\in(a,b]$使$f(x_n)=\left[\displaystyle\int_a^b f^n(x)g(x)\mathrm{d}x\right]^{\frac{1}{n}}$,求$\lim\limits_{n\to\infty}x_n$.

证明 由题设知有常数C使$g(x)\geqslant C$,$x\in(a,b]$,任给$\varepsilon>0$,有

$$f(x_n)=\left[\int_a^b f^n(x)g(x)\mathrm{d}x\right]^{\frac{1}{n}}\geqslant\left[\int_{b-\frac{\varepsilon}{2}}^b f^n(x)g(x)\mathrm{d}x\right]^{\frac{1}{n}}\geqslant$$
$$\sqrt[n]{\frac{C\varepsilon}{2}}f(b-\frac{\varepsilon}{2})\xrightarrow{n\to+\infty}f(b-\frac{\varepsilon}{2})$$

又 $f(x)$ 单增，故存在 N，当 $n>N$ 时有

$$\sqrt[n]{\frac{C\varepsilon}{2}}f(b-\frac{\varepsilon}{2})>f(b-\varepsilon)$$

且 $b-\varepsilon<x_n<b$ 成立. 故 $\lim\limits_{n\to\infty}x_n=b$.

例 6 (1) 比较积分 $\int_0^1|\ln t|[\ln(1+t)]^n\mathrm{d}t$ 与 $\int_0^1 t^n|\ln t|\mathrm{d}t(n=1,2,\cdots)$ 的大小，说明理由.

(2) 若记 $u_n=\int_0^1|\ln t|[\ln(1+t)]^n\mathrm{d}t(n=1,2,\cdots)$，求极限 $\lim\limits_{n\to\infty}u_n$.

解 (1) 由定积分性质，两个积分的大小的比较可转化为被积函数大小的比较.

令 $f(t)=[\ln(1+t)]^n-t^n(0\leqslant t\leqslant 1)$，当 $n=1$ 时，$f'(t)=\dfrac{1}{1+t}-1<0$，所以

$$f(t)=\ln(1+t)-t<f(0)=0$$

即有 $0\leqslant\ln(1+t)\leqslant t$，从而有 $0\leqslant[\ln(1+t)]^n\leqslant t^n(0\leqslant t\leqslant 1)$. 所以

$$f(t)=[\ln(1+t)]^n-t^n<0$$

即有
$$|\ln t|[\ln(1+t)]^n<t^n|\ln t|$$

故
$$\int_0^1|\ln t|[\ln(1+t)]^n\mathrm{d}t<\int_0^1|\ln t|\mathrm{d}t,\quad n=1,2,\cdots$$

(2) 由上不等式有

$$0<u_n=\int_0^1|\ln t|[\ln(1+t)]^n\mathrm{d}t\leqslant\int_0^1|\ln t|[\ln(1+t)]^n\mathrm{d}t$$

又
$$\int_0^1|\ln t|t^n\mathrm{d}t=-\int_0^1\ln t\cdot t^n\mathrm{d}t=-\frac{t^{n+1}}{n+1}\bigg|_0^1+\frac{1}{n+1}\int_0^1\mathrm{d}t$$

$$\mathrm{d}t=-\frac{1}{2(n+1)}\to 0,\quad n\to\infty$$

所以由夹逼定理得 $\lim\limits_{n\to\infty}u_n=0$.

2. 依据数列极限存在的定理、法则

数列极限存在的判别有许多重要的法则和原(定)理，比如：

逼夹原理 若 $a_n\leqslant b_n\leqslant c_n(n=1,2,\cdots)$，又 $\lim\limits_{n\to\infty}a_n=\lim\limits_{n\to\infty}c_n=a$，则 $\lim\limits_{n\to\infty}b_n=a$.

单调有界法则 单调有界序列必有有限极限.

它们常用来判断或求解某些数列的极限. 请看：

例 1 试证 $\lim\limits_{n\to\infty}\sqrt[n]{a}=1$，这里 a 为正的常数.

证 先考虑 $a\geqslant 1$ 的情形. $a=1$ 结论显然. 若 $a>1$，记 $a=1+b,b\geqslant 0$. 由

$$\left(1+\frac{b}{n}\right)^n=1+n\cdot\frac{b}{n}+\frac{n(n-1)}{2!}\left(\frac{b}{n}\right)^2+\cdots+\left(\frac{b}{n}\right)^n$$

故
$$\left(1+\frac{b}{n}\right)^n\geqslant 1+b$$

即
$$\sqrt[n]{1+b}\leqslant 1+\frac{b}{n}$$

由 $1\leqslant\sqrt[n]{a}$，则 $1\leqslant\sqrt[n]{a}\leqslant 1+\dfrac{b}{n}$. 又

$$\lim_{n\to\infty}1=1,\quad \lim_{n\to\infty}\left(1+\frac{b}{n}\right)=1\Rightarrow\lim_{n\to\infty}\sqrt[n]{a}=1$$

若 $0<a<1$ 时,记 $\frac{1}{a}=A$,则 $A>1$.故

$$\lim_{n\to\infty}\sqrt[n]{a}=\lim_{n\to\infty}\frac{1}{\sqrt[n]{A}}=\frac{1}{\lim\limits_{n\to\infty}\sqrt[n]{A}}=1$$

注 类似地我们还可以证明:(1) $\lim\limits_{n\to\infty}\sqrt[n]{n}=1$;(2) $\lim\limits_{n\to\infty}\frac{1}{\sqrt[n]{n!}}=0$.

例 2 若 $a\geqslant 0$,且 $b\geqslant 0$,试证 $\lim\limits_{n\to\infty}\sqrt[n]{a^n+b^n}=\max\{a,b\}$,这里 $\max\{a,b\}$ 表示 a,b 中较大者.

证 无妨设 $a\geqslant b$,则

$$\sqrt[n]{a^n}\leqslant\sqrt[n]{a^n+b^n}\leqslant\sqrt[n]{a^n+a^n}$$

即

$$a\leqslant\sqrt[n]{a^n+b^n}\leqslant\sqrt[n]{2}\cdot a$$

又由上例知 $\lim\limits_{n\to\infty}\sqrt[n]{2}=1$,故

$$\lim_{n\to\infty}\sqrt[n]{a^n+b^n}=a$$

注 本例可推广至 k 个数的情形:

若 $a_i\geqslant 0(i=1,2,\cdots,k)$,又 $A=\max\{a_1,a_2,\cdots,a_k\}$,则

$$\lim_{n\to\infty}\left(\sum_{i=1}^{k}a_i{}^n\right)^{\frac{1}{n}}=A$$

又它的另外解法可将其化为函数问题考虑(见后面的例).

例 3 若 n 为自然数,求数列极限 $\lim\limits_{n\to\infty}\frac{n!}{n^n}$.

解 由 $0<\frac{n!}{n^n}=\frac{n}{n}\cdot\frac{n-1}{n}\cdot\cdots\cdot\frac{2}{n}\cdot\frac{1}{n}<\frac{1}{n}$,又 $\lim\limits_{n\to\infty}\frac{1}{n}=0$,故 $\lim\limits_{n\to\infty}\frac{n!}{n^n}=0$.

例 4 求数列极限 $\lim\limits_{n\to\infty}\frac{(2n-1)!!}{(2n)!!}$.

解 由不等式

$$2n=\frac{1}{2}[(2n+1)+(2n-1)]\geqslant\sqrt{(2n+1)(2n-1)}$$

则

$$0<\frac{(2n-1)!!}{(2n)!!}=\frac{\sqrt{[(2n-1)!!]^2}}{(2n)!!}=$$

$$\frac{\sqrt{1}\cdot\sqrt{1\cdot 3}\cdot\sqrt{3\cdot 5}\cdot\sqrt{5\cdot 7}\cdot\cdots\cdot\sqrt{(2n-3)(2n-1)}\cdot\sqrt{(2n-1)}}{(2n)!!}=$$

$$\frac{\sqrt{1\cdot 3}\cdot\sqrt{3\cdot 5}\cdot\sqrt{5\cdot 7}\cdot\cdots\cdot\sqrt{(2n-3)(2n-1)}\cdot\sqrt{(2n-1)(2n+1)}}{(2n)!!\cdot\sqrt{2n+1}}\leqslant\frac{1}{\sqrt{2n+1}}\to 0$$

故

$$\lim_{n\to\infty}\frac{(2n-1)!!}{(2n)!!}=0$$

例 5 求数列极限 $\lim\limits_{n\to\infty}\left(1+\frac{1}{n}+\frac{1}{n^2}\right)^n$.

解 注意到下面不等式

$$\left(1+\frac{1}{n}\right)^n<\left(1+\frac{1}{n}+\frac{1}{n^2}\right)^n=\left(1+\frac{n+1}{n^2}\right)^n<\left(1+\frac{n+1}{n^2-1}\right)^n=\left(1+\frac{1}{n-1}\right)^n$$

又

$$\lim_{n\to\infty}\left(1+\frac{1}{n}\right)^n=\mathrm{e}$$

且

$$\lim_{n\to\infty}\left(1+\frac{1}{n-1}\right)^n=\lim_{n\to\infty}\left(1+\frac{1}{n-1}\right)^{n-1}\cdot\frac{n}{n-1}=\mathrm{e}$$

故
$$\lim_{n\to\infty}\left(1+\frac{1}{n}+\frac{1}{n^2}\right)^n=\mathrm{e}$$

以下是几个级数和的极限式问题.

例 6　求数列极限$\lim\limits_{n\to\infty}a_n$,这里 $a_n=\sum\limits_{k=1}^{n}\dfrac{1}{\sqrt{n^2+k}}$.

解　由
$$\frac{n}{\sqrt{n^2+n}}<\sum_{k=1}^{n}\frac{1}{\sqrt{n^2+k}}<\frac{n}{\sqrt{n^2+1}}$$

及
$$\lim_{n\to\infty}\frac{n}{\sqrt{n^2+n}}=\lim_{n\to\infty}\frac{1}{\sqrt{1+\frac{1}{n^2}}}=1$$

又
$$\lim_{n\to\infty}\frac{n}{\sqrt{n^2+1}}=\lim_{n\to\infty}\frac{1}{\sqrt{1+\frac{1}{n^2}}}=1$$

故
$$\lim_{n\to\infty}a_n=\lim_{n\to\infty}\sum_{k=1}^{n}\frac{1}{\sqrt{n^2+k}}=1$$

注　这类求和的极限问题实际上是判断级数敛散.

例 7　求数列极限$\lim\limits_{n\to\infty}\sum\limits_{k=1}^{n}\left[\left(\sin\dfrac{k\pi}{n}\right)\Big/\left(n+\dfrac{k}{n}\right)\right]$.

解　由
$$\sin\frac{k\pi}{n}\Big/(n+1)<\sin\frac{k\pi}{n}\Big/\left(n+\frac{k}{n}\right)<\sin\frac{k\pi}{n}\Big/n$$

有
$$\frac{1}{n+1}\sum_{k=1}^{n}\sin\frac{k\pi}{n}<\sum_{k=1}^{n}\left[\sin\frac{k\pi}{n}\Big/\left(n+\frac{k}{n}\right)\right]<\frac{1}{n}\sum_{k=1}^{n}\sin\frac{k\pi}{n}$$

由
$$\lim_{n\to\infty}\frac{1}{n}\sum_{k=1}^{n}\sin\frac{k\pi}{n}=\int_0^1\sin\pi x\mathrm{d}x=\frac{2}{\pi}$$

且
$$\lim_{n\to\infty}\frac{1}{n+1}\sum_{k=1}^{n}\sin\frac{k\pi}{n}=\lim_{n\to\infty}\left(\frac{n}{n+1}\cdot\frac{1}{n}\sum_{k=1}^{n}\sin\frac{k\pi}{n}\right)=\frac{2}{\pi}$$

故
$$\lim_{n\to\infty}\sum_{k=1}^{n}\sin\frac{k\pi}{n}\Big/\left(n+\frac{k}{n}\right)=\frac{2}{\pi}$$

例 8　求数列极限$\lim\limits_{n\to\infty}\sum\limits_{k=n^2}^{(n+1)^2}\dfrac{1}{\sqrt{k}}$.

解　不难分析$\sum\limits_{k=n^2}^{(n+1)^2}\dfrac{1}{\sqrt{k}}$共有 $2n+2$ 项.又
$$\frac{1}{n+1}=\frac{1}{\sqrt{(n+1)^2}}<\frac{1}{\sqrt{k}}<\frac{1}{n}=\frac{1}{\sqrt{n^2}},\quad k=n^2,n^2+1,\cdots,(n+1)^2$$

有
$$\frac{2n+2}{n+1}\leqslant\sum_{k=n^2}^{(n+1)^2}\frac{1}{\sqrt{k}}\leqslant\frac{2n+2}{n}$$

又
$$\lim_{n\to\infty}\frac{2n+2}{n+1}=\lim_{n\to\infty}\frac{2n+2}{n}=2$$

故
$$\lim_{n\to\infty}\sum_{k=n^2}^{(n+1)^2}\frac{1}{\sqrt{k}}=2$$

下面来看一个涉及矩阵的数列极限问题.

例 9　若 d_n 是$\boldsymbol{A}^n-\boldsymbol{I}$中元素最大公因子($n\geqslant1$),其中$\boldsymbol{A}=\begin{pmatrix}3&2\\2\cdot2&3\end{pmatrix}$,$\boldsymbol{I}=\begin{pmatrix}1&0\\0&1\end{pmatrix}$.试证$\lim\limits_{n\to\infty}d_n=\infty$.

证 用数学归纳法可证得 $\boldsymbol{A}^n$ 形如 $\begin{pmatrix} a_n & b_n \\ 2b_n & a_n \end{pmatrix}$，其中 a_n 为奇数，且 $\lim\limits_{n\to\infty} a_n = \infty$. 由 $\det\boldsymbol{A} = 1$，有

$$\det\boldsymbol{A}^n = (\det\boldsymbol{A})^n = 1$$

故有 $a_n^2 - 1 = 2b_n^2$，因而 $2b_n^2$ 有因子 $a_n - 1$，则 $b_n \geqslant \sqrt{\dfrac{a_n - 1}{2}}$. 由

$$\boldsymbol{A}^n - \boldsymbol{I} = \begin{pmatrix} a_n - 1 & b_n \\ 2b_n & a_n - 1 \end{pmatrix}$$

有
$$d_n = (a_n - 1, b_n) \geqslant \sqrt{\frac{a_n - 1}{2}}$$

这里(m,n)表示 m,n 的最大公因子. 因而有

$$\lim_{n\to\infty} d_n \geqslant \lim_{n\to\infty} \sqrt{\frac{a_n - 1}{2}} = \infty$$

注 1 本题亦可通过求矩阵 $\boldsymbol{A}$ 的特征根 $\lambda_1 = 3 + 2\sqrt{2}$，$\lambda_2 = 3 - 2\sqrt{2}$ 来求 $\boldsymbol{A}^n$ 的元素，即它们均可表示为 $\alpha_1\lambda_1^n + \alpha_2\lambda_2^n$ 形式，注意到 $\lambda_1 = (1+\sqrt{2})^2$，$\lambda_2 = (1-\sqrt{2})^2$ 即可.

注 2 本题结论可推广至 $\det\boldsymbol{A} = 1$，$|\mathrm{Tr}\boldsymbol{A}| = 1$ 的一般矩阵情形这里 $\mathrm{Tr}\boldsymbol{A}$ 表示矩阵 $\boldsymbol{A}$ 的迹.

下面是数列极限的综合问题.

例 10 (1) 比较 $\int_0^1 |\ln t| [\ln(1+t)]^n \mathrm{d}t$ 与 $\int_0^1 t^n |\ln t| \mathrm{d}t (n = 1,2,\cdots)$ 的大小，说明理由；

(2) 记 $u_n = \int_0^1 |\ln t| [\ln(1+t)]^n \mathrm{d}t (n = 1,2,\cdots)$，求极限 $\lim\limits_{n\to\infty} u_n$.

解 (1) 当 $0 \leqslant t \leqslant 1$ 时，因为 $\ln(1+t) \leqslant t$，所以

$$0 \leqslant |\ln t| [\ln(1+t)]^n \leqslant t^n |\ln t|$$

故

$$\int_0^1 |\ln t| [\ln(1+t)]^n \mathrm{d}t \leqslant \int_0^1 t^n |\ln t| \mathrm{d}t$$

(2) 由(1)知

$$0 \leqslant u_n = \int_0^1 |\ln t| [\ln(1+t)]^n \mathrm{d}t \leqslant \int_0^1 t^n |\ln t| \mathrm{d}t$$

因为
$$\int_0^1 t^n |\ln t| \mathrm{d}t = -\int_0^1 t^n \ln t \mathrm{d}t = \frac{1}{n+1}\int_0^1 t^n \mathrm{d}t = \frac{1}{(n+1)^2}$$

所以
$$\lim_{n\to\infty}\int_0^1 t^n |\ln t| \mathrm{d}t = 0$$

从而 $\lim\limits_{n\to\infty} u_n = 0$.

例 11 研究序列(1)$a_n = \sqrt{1 + \sqrt{1 + \cdots + \sqrt{1}}}$（$n$重根号）；(2)$b_n = \sqrt{1 + \sqrt{2 + \cdots + \sqrt{n}}}$（$n$重根号）的敛散性.

解 (1)$\{a_n\}$ 显然单增，今证 $a_n < 2$(用数学归纳法)：

① 当 $n = 1$ 时，$a_1 = 1 < 2$，命题真；

② 当 $n = k$ 时，$a_k < 2$，今考虑 $n = k + 1$ 的情形

$$a_{k+1} = \sqrt{1 + a_k} < \sqrt{1 + 2} < 2$$

命题对 $k + 1$ 亦真，从而对任何自然数 n 均有 $a_n < 2$.

综上，$\{a_n\}$ 单调、有界故有极限.

(2) 仿(1)可证$\{b_n\}$ 单调，且 $b_n < 3$，故$\{b_n\}$ 亦有极限.

注 至于它们极限的求法可见后面的例子. 此外对(1)来讲可拓广为：数列$\{x_n\}$，其中

$$x_n = \underbrace{\sqrt{a+\sqrt{a+\cdots+\sqrt{a}}}}_{n\text{重根号}}$$

有极限(这里 $a>0$).

例 12　设 $f(x)$ 在 $[0,+\infty)$ 上非负单减的连续函数, $a_n = \sum\limits_{k=1}^{n} f(k) - \int_1^n f(x)\mathrm{d}x$, 这里 $n=1,2,\cdots$, 则数列 $\{a_n\}$ 收敛.

证　由

$$f(k+1) \leqslant \int_k^{k+1} f(x)\mathrm{d}x \leqslant f(k), \quad k=1,2,\cdots$$

则

$$a_n = \sum_{k=1}^{n} f(k) - \int_1^n f(x)\mathrm{d}x = \sum_{k=1}^{n} f(k) - \sum_{k=1}^{n-1}\int_k^{k+1} f(x)\mathrm{d}x =$$

$$\sum_{k=1}^{n-1}\left[f(k) - \int_k^{k+1} f(x)\mathrm{d}x\right] + f(n) \geqslant 0$$

知 $\{a_n\}$ 有下界.

又 $a_{a+1} - a_n = f(n+1) - \int_n^{n+1} f(x)\mathrm{d}x \leqslant 0$, 知 $\{a_n\}$ 单减. 故 $\{a_n\}$ 有极限(收敛).

我们再来看一个同时与两个数列极限有关的例子.

例 13　若 $x_1 = a > 0$, $y_1 = b > 0\,(a<b)$, 又 $x_{n+1} = \sqrt{x_n y_n}$, 且 $y_{n+1} = \dfrac{x_n + y_n}{2}\,(n=1,2,\cdots)$. 试证 $\lim\limits_{n\to\infty} x_n = \lim\limits_{n\to\infty} y_n$.

证　由设有 $y_1 - x_1 = b - a > 0$

$$y_2 - x_2 = \frac{a+b}{2} - \sqrt{ab} = \frac{1}{2}(\sqrt{a}-\sqrt{b})^2 > 0$$

又

$$x_2 = \sqrt{ab} > \sqrt{a^2} = x_1, \quad y_2 = \frac{a+b}{2} < \frac{b+b}{2} = y_1$$

综上可有

$$x_1 < x_2 < y_2 < y_1$$

用数学归纳法可证

$$x_n < x_{n+1} < y_{n+1} < y_n \qquad (*)$$

① 当 $n=1$ 时, 上面已证.

② 若设 $n=k$ 时, $x_k < x_{k+1} < y_{k+1} < y_k$, 今考虑 $n=k+1$ 的情形.

$$y_{k+1} - x_{k+1} > 0, \quad y_{k+2} - x_{k+2} = \frac{x_{k+1}+y_{k+1}}{2} - \sqrt{x_{k+1}y_{k+1}} = \frac{1}{2}(\sqrt{x_{k+1}} - \sqrt{y_{k+1}})^2 > 0$$

又

$$x_{k+2} = \sqrt{x_{k+1}y_{k+1}} > \sqrt{x_{k+1}{}^2} = x_{k+1},\, y_{k+2} = (x_{k+1}+y_{k+1}) < \frac{y_{k+1}+y_{k+1}}{2} = y_{k+1}$$

即

$$x_{k+1} < x_{k+2} < y_{k+2} < y_{k+1}$$

从而对任何自然数 n, 结论 $(*)$ 式为真.

由 x_n 单增, y_n 单减, 且 $a < x_n < y_n < b$, 故数列 $\{x_n\}$, $\{y_n\}$ 均有极限, 令

$$\lim_{n\to\infty} x_n = \alpha, \quad \lim_{n\to\infty} y_n = \beta$$

由 $x_{n+1} = \sqrt{x_n y_n}$ 得 $\lim\limits_{n\to\infty} x_{n+1}{}^2 = \lim\limits_{n\to\infty} x_n y_n$, 即 $\alpha^2 = \alpha\beta$ 或 $\alpha(\alpha-\beta) = 0$.

因 $\alpha \neq 0$, 故 $\alpha = \beta$, 即 $\lim\limits_{n\to\infty} x_n = \lim\limits_{n\to\infty} y_n$.

3. 利用数列本身的变形

利用数列通项的变形, 往往可以求得一些数列的极限, 这样变形方式很多, 比如分子(分母)有理化、分式化简(常可化去不定型)、裂项相消、同加减或同乘除一代数式等.

先来看一个关于分子有理化的例子(这类问题多属 $\infty - \infty$ 型).

例 1　求极限 $\lim\limits_{n\to\infty}(\sqrt{n^2+n} - n)$.

解 将极限式有理化分子有

$$\lim_{n\to\infty}(\sqrt{n^2+n}-n)=\lim_{n\to\infty}\frac{(\sqrt{n^2+n}+n)(\sqrt{n^2+n}-n)}{\sqrt{n^2+n}+n}=\lim_{n\to\infty}\frac{n^2+n-n^2}{\sqrt{n^2+n}+n}=$$

$$\lim_{n\to\infty}\frac{1}{\sqrt{1+\frac{1}{n}}+1}=\frac{1}{2}$$

再来看一个关于分式连乘积化简后再求极限的例子(利用分子、分母的约分).

例 2 求极限$\lim\limits_{n\to\infty}\left(1-\frac{1}{2^2}\right)\left(1-\frac{1}{3^2}\right)\cdots\left(1-\frac{1}{n^2}\right)$.

解 由
$$1-\frac{1}{k^2}=\frac{k^2-1}{k^2}=\frac{(k-1)}{k}\cdot\frac{(k+1)}{k},\quad k=1,2,\cdots,n$$

故
$$\lim_{n\to\infty}\left(1-\frac{1}{2^2}\right)\left(1-\frac{1}{3^2}\right)\cdots\left(1-\frac{1}{n^2}\right)=\lim_{n\to\infty}\frac{1}{2}\cdot\frac{3}{2}\cdot\frac{2}{3}\cdot\frac{4}{3}\cdot\cdots\cdot\frac{n-2}{n-1}\cdot\frac{n}{n-1}\cdot\frac{n-1}{n}\cdot\frac{n+1}{n}=$$

$$\lim_{n\to\infty}\frac{1}{2}\cdot\frac{n+1}{n}=\frac{1}{2}$$

裂项的目的是使通项中有些项可以互相约掉或消去而达到化简的目的.请看:

例 3 求极限$\lim\limits_{n\to\infty}\sum\limits_{k=1}^{n}\frac{1}{1+2+\cdots+k}$.

解 由自然数和公式$1+2+\cdots+k=\frac{1}{2}k(k+1)$,故

$$\sum_{k=1}^{n}\frac{1}{1+2+\cdots+k}=\sum_{k=1}^{n}\frac{2}{k(k+1)}=2\sum_{k=1}^{n}\left(\frac{1}{k}-\frac{1}{k+1}\right)=2\left(1-\frac{1}{n+1}\right)$$

从而
$$\lim_{n\to\infty}\sum_{k=1}^{n}\frac{1}{1+2+\cdots+k}=\lim_{n\to\infty}2\left(1-\frac{1}{n+1}\right)=2$$

对数列通项同加减或同乘除某一式,目的是为了"凑"公式而达到化简,或者是为了利用某些结论.

例 4 求极限$\lim\limits_{n\to\infty}(\sqrt[8]{n^2+1}-\sqrt[4]{n+1})$.

解
$$\lim_{n\to\infty}(\sqrt[8]{n^2+1}-\sqrt[4]{n+1})=\lim_{n\to\infty}(\sqrt[8]{n^2+1}-\sqrt[8]{n^2}+\sqrt[4]{n}-\sqrt[4]{n+1})=$$

$$\lim_{n\to\infty}(\sqrt[8]{n^2+1}-\sqrt[8]{n^2})+\lim_{n\to\infty}(\sqrt[4]{n}-\sqrt[4]{n+1})=0+0=0$$

注 当然本例亦可直接用有理化分子的办法求得,但要先将$\sqrt[4]{n+1}$写成$\sqrt[8]{(n+1)^2}$形式.

例 5 若$|x|<1$,求$\lim\limits_{n\to\infty}(1+x)(1+x^2)(1+x^4)\cdots(1+x^{2^n})$.

解 注意下面式子变形

$$(1+x)(1+x^2)(1+x^4)\cdots(1+x^{2^n})=\frac{(1-x)(1+x)(1+x^2)\cdots(1+x^{2^n})}{1-x}=\frac{1-x^{2^{n+1}}}{1-x}$$

故
$$\lim_{n\to\infty}(1+x)(1+x^2)(1+x^4)\cdots(1+x^{2^n})=\lim_{n\to\infty}\frac{1-x^{2^{n+1}}}{1-x}=\frac{1}{1-x}$$

当然,提取某些公因式对计算数列极限也是十分重要的,目的是要凑出一些项来.

例 6 若$u_n=\frac{1}{\sqrt{5}}\left[\left(\frac{1+\sqrt{5}}{2}\right)^{n+1}-\left(\frac{1-\sqrt{5}}{2}\right)^{n+1}\right]$,试证$\lim\limits_{n\to\infty}\frac{u_n}{u_{n+1}}=\frac{\sqrt{5}-1}{2}$.

证 由题设可有

$$\lim_{n\to\infty}\frac{u_n}{u_{n+1}}=\lim_{n\to\infty}\frac{\frac{1}{\sqrt{5}}\left[\left(\frac{1+\sqrt{5}}{2}\right)^{n+1}-\left(\frac{1-\sqrt{5}}{2}\right)^{n+1}\right]}{\frac{1}{\sqrt{5}}\left[\left(\frac{1+\sqrt{5}}{2}\right)^{n+2}-\left(\frac{1-\sqrt{5}}{2}\right)^{n+2}\right]}=\lim_{n\to\infty}\frac{\left(\frac{1+\sqrt{5}}{2}\right)^{n+1}\left[1-(\frac{1-\sqrt{5}}{1+\sqrt{5}})^{n+1}\right]}{\left(\frac{1+\sqrt{5}}{2}\right)^{n+2}\left[1-(\frac{1-\sqrt{5}}{1+\sqrt{5}})^{n+2}\right]}=$$

$$\frac{1}{\frac{1+\sqrt{5}}{2}}=\frac{\sqrt{5}-1}{2}$$

注 这里 u_n 是斐波那契(Fibonacci)数列 1,1,2,3,5,…(即 $u_1=u_2=1,u_{n+1}=u_n+u_{n-1},n\geqslant 2$)的通项表达式(又称**比内(Binet)公式**).数 $\frac{\sqrt{5}-1}{2}=0.618\cdots$ 称为**黄金数**,它与线段中外比分割有关.

我们再来看一个涉及矩阵的例子.

例7 求证矩阵极限 $\lim\limits_{n\to+\infty}\begin{pmatrix}1 & \frac{\alpha}{n}\\ -\frac{\alpha}{n} & 1\end{pmatrix}^n=\begin{pmatrix}\cos\alpha & \sin\alpha\\ -\sin\alpha & \cos\alpha\end{pmatrix}$.

证 考虑矩阵标准正交化,若记

$$\boldsymbol{A}=\begin{pmatrix}1 & \frac{\alpha}{n}\\ -\frac{\alpha}{n} & 1\end{pmatrix}=\sqrt{1+\frac{\alpha^2}{n^2}}\begin{pmatrix}\frac{n}{\sqrt{n^2+\alpha^2}} & \frac{\alpha}{\sqrt{n^2+\alpha^2}}\\ -\frac{\alpha}{\sqrt{n^2+\alpha^2}} & \frac{n}{\sqrt{n^2+\alpha^2}}\end{pmatrix}$$

且令 $\cos\varphi=\frac{n}{\sqrt{n^2+\alpha^2}},\sin\varphi=\frac{\alpha}{\sqrt{n^2+\alpha^2}}$.用数学归纳法可证

$$\boldsymbol{A}^n=\left(\sqrt{1+\frac{\alpha^2}{n^2}}\right)^n\begin{pmatrix}\cos\varphi & \sin\varphi\\ -\sin\varphi & \cos\varphi\end{pmatrix}^n=\left(1+\frac{\alpha^2}{n^2}\right)^{\frac{n}{2}}\begin{pmatrix}\cos n\varphi & \sin n\varphi\\ -\sin n\varphi & \cos n\varphi\end{pmatrix}^n$$

由 $\lim\limits_{n\to\infty}\left(1+\frac{\alpha^2}{n^2}\right)^{\frac{n}{2}}=1$,再注意到

$$\lim_{n\to\infty}\sin n\varphi=\lim_{n\to\infty}\sin\left[n\arcsin\frac{\alpha}{\sqrt{n^2+\alpha^2}}\right]=\lim_{n\to\infty}\sin\left\{\arcsin\left[\left(\frac{\alpha}{\sqrt{n^2+\alpha^2}}\right)\right]\Big/\left(\frac{1}{n}\right)\right\}=$$

$$\lim_{n\to\infty}\sin\left[\left(\frac{\alpha}{\sqrt{n^2+\alpha^2}}\right)\Big/\left(\frac{1}{n}\right)\right]=\lim_{n\to\infty}\sin\frac{n\alpha}{\sqrt{n^2+\alpha^2}}=\sin\alpha$$

同理

$$\lim_{n\to\infty}\cos n\varphi=\cos\alpha$$

故

$$\lim_{n\to\infty}\boldsymbol{A}^n=\begin{pmatrix}\cos\alpha & \sin\alpha\\ -\sin\alpha & \cos\alpha\end{pmatrix}$$

注 注意到(可用数学归纳法证明)

$$\begin{pmatrix}\cos\alpha & -\sin\alpha\\ \sin\alpha & \cos\alpha\end{pmatrix}^n=\begin{pmatrix}\cos n\alpha & -\sin n\alpha\\ \sin n\alpha & \cos n\alpha\end{pmatrix}$$

又

$$\boldsymbol{A}=\begin{pmatrix}\cos\alpha & -\sin\alpha\\ \sin\alpha & \cos\alpha\end{pmatrix}$$

代表高斯(直角)平面坐标系旋转角为 α 的旋转变换,从而可知

$$\boldsymbol{A}^{-1}=\begin{pmatrix}\cos(-\alpha) & -\sin(-\alpha)\\ \sin(-\alpha) & \cos(-\alpha)\end{pmatrix}=\begin{pmatrix}\cos\alpha & \sin\alpha\\ -\sin\alpha & \cos\alpha\end{pmatrix}$$

4. 利用某些公式

数学中的不少公式是人们长期经验的积累,利用它们当然可以简化某些计算手续(当然应该熟知它们).比如,某些自然数方幂和,一些三角公式等.这方面的问题可见:

例1 求极限 $\lim\limits_{n\to\infty}\left[\frac{1^2}{n^3}+\frac{3^2}{n^3}+\cdots+\frac{(2n-1)^2}{n^3}\right]$.

解 由公式 $S_n=1^2+2^2+\cdots+n^2=\frac{n(n+1)(2n+1)}{6}$ 有

$$1^2+3^2+\cdots+(2n-1)^2=S_{2n}-4S_n=\frac{2n(2n+1)(4n+1)}{6}-\frac{4\cdot n(n+1)(2n+1)}{6}=\frac{n(4n^2-1)}{3}$$

因此
$$\lim_{n\to\infty}\left[\frac{1^2}{n^3}+\frac{3^2}{n^3}+\cdots+\frac{(2n-1)^2}{n^3}\right]=\lim_{n\to\infty}\frac{n(4n^2-1)}{3n^3}=\lim_{n\to\infty}\left(\frac{4}{3}-\frac{1}{3n^2}\right)=\frac{4}{3}$$

例 2 计算极限$\lim\limits_{n\to\infty}\frac{1}{n}(e^{\frac{1}{n}}+e^{\frac{2}{n}}+\cdots+e^{\frac{n}{n}})$.

解
$$\frac{1}{n}(e^{\frac{1}{n}}+e^{\frac{2}{n}}+\cdots+e^{\frac{n}{n}})=\frac{e^{\frac{1}{n}}}{n}\cdot\frac{e^{\frac{n}{n}}-1}{e^{\frac{1}{n}}-1}=\frac{e^{\frac{1}{n}}(e^{\frac{n}{n}}-1)}{(e^{\frac{1}{n}}-1)\Big/\frac{1}{n}}$$

故
$$\lim_{n\to\infty}\frac{1}{n}(e^{\frac{1}{n}}+e^{\frac{2}{n}}+\cdots+e^{\frac{n}{n}})=e-1$$

例 3 求极限$\lim\limits_{n\to\infty}\underbrace{\sqrt{3\sqrt{3\cdots\sqrt{3}}}}_{n\text{重根式}}$.

解
$$\lim_{n\to\infty}\sqrt{3\sqrt{3\cdots\sqrt{3}}}=\lim_{n\to\infty}\{[(3^{\frac{1}{2}}\cdot 3)^{\frac{1}{2}}\cdot 3]^{\frac{1}{2}}\cdots\}^{\frac{1}{2}}=\lim_{n\to\infty}(3^{\frac{1}{2}}\cdot 3^{\frac{1}{4}}\cdots\cdots 3^{\frac{1}{2^n}})=$$
$$\lim_{n\to\infty}3^{\frac{1}{2}+\frac{1}{4}+\cdots+\frac{1}{2^n}}=3^{\frac{\frac{1}{2}}{1-\frac{1}{2}}}=3$$

例 4 试证极限$\lim\limits_{n\to\infty}(\sin\sqrt{n+1}-\sin\sqrt{n})=0$.

证 由三角函数和差化积公式
$$\sin\sqrt{n+1}-\sin\sqrt{n}=2\sin\frac{\sqrt{n+1}-\sqrt{n}}{2}\cos\frac{\sqrt{n+1}+\sqrt{n}}{2}$$

又
$$\lim_{n\to\infty}(\sqrt{n+1}-\sqrt{n})=\lim_{n\to\infty}\frac{1}{\sqrt{n+1}+\sqrt{n}}=0$$

故
$$\lim_{n\to\infty}(\sin\sqrt{n+1}-\sin\sqrt{n})=\lim_{n\to\infty}2\sin\frac{\sqrt{n+1}-\sqrt{n}}{2}\cos\frac{\sqrt{n+1}+\sqrt{n}}{2}=0$$

例 5 求极限$\lim\limits_{n\to\infty}[\sin\sqrt{n^2+1}\,\pi]$.

解
$$\lim_{n\to\infty}[\sin\sqrt{n^2+1}\,\pi]=\lim_{n\to\infty}\{\sin[(\sqrt{n^2+1}-n)+n]\pi\}=$$
$$\lim_{n\to\infty}(-1)^n\sin(\sqrt{n^2+1}-n)\pi=$$
$$\lim_{n\to\infty}(-1)^n\sin\frac{(\sqrt{n^2+1}-n)(\sqrt{n^2+1}+n)}{\sqrt{n^2+1}+n}\pi=$$
$$\lim_{n\to\infty}(-1)^n\sin\frac{\pi}{\sqrt{n^2+1}+n}=0$$

注意到 $\sin(n\pi+\alpha)=(-1)^n\sin\alpha$.

例 6 若 $\theta\neq 0$,试证$\lim\limits_{n\to\infty}\cos\frac{\theta}{2}\cos\frac{\theta}{2^2}\cdots\cos\frac{\theta}{2^n}=\frac{\sin\theta}{\theta}$.

证 因 $\sin\theta=2\cos\frac{\theta}{2}\sin\frac{\theta}{2}=2^2\cos\frac{\theta}{2}\cos\frac{\theta}{2^2}\sin\frac{\theta}{2^2}=\cdots=2^n\cdot\cos\frac{\theta}{2}\cos\frac{\theta}{2^2}\cdots\cos\frac{\theta}{2^n}\sin\frac{\theta}{2^n}$

即
$$\cos\frac{\theta}{2}\cos\frac{\theta}{2^2}\cdots\cos\frac{\theta}{2^n}=\frac{\sin\theta}{\theta}\cdot\frac{\frac{\theta}{2^n}}{\sin\frac{\theta}{2^n}}$$

注意到$\lim\limits_{x\to 0}\frac{\sin x}{x}=1$及$\frac{\theta}{2^n}\to 0(n\to\infty$ 时),故
$$\lim_{n\to\infty}\cos\frac{\theta}{2}\cos\frac{\theta}{2^2}\cdots\cos\frac{\theta}{2^n}=\frac{\sin\theta}{\theta}$$

下面的例子涉及二项式定理.

例 7　若 $\{x\}$ 表示 x 的小数部分,试求 $\lim\limits_{n\to\infty}\{(2+\sqrt{3})^n\}$.

解　由二项式定理有

$$(2+\sqrt{3})^n=\sum_{n=0}^{n}C_n^k(\sqrt{3})^k 2^{n-k}=A_n+B_n\sqrt{3}$$

这里 A_n 表示 k 为偶数的诸项和,$B_n\sqrt{3}$ 表示 k 为奇数的诸项和(A_n,B_n 是整数).这样

$$\{(2+\sqrt{3})^n\}=\{B_n\sqrt{3}\}$$

再考虑

$$(2-\sqrt{3})^n=A_n-B_n\sqrt{3}$$

由 $0<2-\sqrt{3}<1$,知 $(2-\sqrt{3})^n\to 0$(当 $n\to\infty$ 时),即 $A_n-B_n\sqrt{3}\to 0$.显然 $A_n>B_n\sqrt{3}$,故当 n 充分大时有

$$\{B_n\sqrt{3}\}=B_n\sqrt{3}-(A_n-1)=1-(A_n-B_n\sqrt{3})\to 1,\quad n\to\infty$$

下面是一个涉及多重积分的例子,但它本身仍为数列问题.

例 8　计算 $\lim\limits_{n\to\infty}I_n=\lim\limits_{n\to\infty}\int_0^1\int_0^1\cdots\int_0^1\cos^2\left[\frac{\pi}{2n}(x_1+x_2+\cdots+x_n)\right]dx_1dx_2\cdots dx_n$.

解　令 $x_k=1-y_k(k=1,2,\cdots,n)$,则

$$I_n=\int_0^1\int_0^1\cdots\int_0^1\cos^2\left[\frac{\pi}{2n}\left(n-\sum_{k=1}^n y_k\right)\right]dy_1dy_2\cdots dy_n=$$

$$\int_0^1\int_0^1\cdots\int_0^1\sin^2\left(\frac{\pi}{2n}\sum_{k=1}^n y_k\right)dy_1dy_2\cdots dy_n$$

而

$$\int_0^1\int_0^1\cdots\int_0^1\left[\sin^2\left(\frac{\pi}{2n}\sum_{k=1}^n y_k\right)+\cos^2\left(\frac{\pi}{2n}\sum_{k=1}^n y_k\right)\right]dy_1dy_2\cdots dy_n=1$$

从而 $I_n=\frac{1}{2}$,且

$$\lim_{n\to\infty}I_n=\frac{1}{2}$$

最后来一个利用 Euler 常数的例子(也涉及数学归纳法).

例 9　设 $f(x)=x^n\ln x$,试求 $\lim\limits_{n\to\infty}\frac{1}{n!}f^{(n)}\left(\frac{1}{n}\right)$.

解　用数学归纳法可以证明

$$f^{(k)}(x)=x^{x-k}\prod_{i=0}^{k-1}(n-i)\left(\sum_{i=0}^{k-1}\frac{1}{n-i}+\ln x\right)$$

这样

$$f^{(n)}\left(\frac{1}{n}\right)=n!\ \left(\sum_{i=1}^{n-1}i!\ -\ln n\right)=\gamma$$

γ 即 Euler 常数 0.577…(关于这个常数详见后文).

5. 利用数学的递推关系

递推在数学解题中有着重要的应用,特别是处理与自然数 n 有关的命题时.数列也是与自然数有关的概念,因而有时也须利用递推关系解这类题目.它大抵有下面几种情况:

(1) 先利用递推关系求出数列通项,然后化为级数再求极限.请看:

例 1　设 $a_1=1$,$a_2=2$,又 $3a_{n+2}-4a_{n+1}+a_n=0(n\geqslant 1)$.试求 $\lim\limits_{n\to\infty}a_n$.

解　由题设等式可化为

$$3(a_{n+2}-a_{n+1})=a_{n+1}-a_n\Rightarrow\frac{a_{n+2}-a_{n+1}}{a_{n+1}-a_n}=\frac{1}{3}$$

又

$$a_n-a_1=(a_n-a_{n-1})+(a_{n-1}-a_{n-2})+a_{n-2}-\cdots-a_2+(a_2-a_1)$$

注意到 $a_2-a_1=1$,故 $\{a_n-a_{n-1}\}$ 为公比是 $\frac{1}{3}$ 的等比数列.从而

$$a_n - a_1 = \frac{1-\frac{1}{3^{n-1}}}{1-\frac{1}{3}} = \frac{3}{2} - \frac{1}{2}\cdot\frac{1}{3^{n-2}}$$

即
$$a_n = \frac{5}{2} - \frac{1}{2}\frac{1}{3^{n-2}} \quad (\text{注意到 } a_1 = 1)$$

故
$$\lim_{n\to\infty} a_n = \frac{5}{2}$$

注 例的问题显然与所谓“差分方程”有关,因而亦可用它去解该问题,下例亦然.

例 2 设 a,b 为两实数,且令 $x_0 = a, x_1 = b$,且 $x_n = \frac{1}{2}(x_{n-2} + x_{n-1})$,其中 $n \geqslant 2$.试证 $\lim\limits_{n\to\infty} x_n = \frac{a+2b}{3}$.

解 由题设 $n \geqslant 2$ 时,$x_n - x_{n-1} = -\frac{1}{2}(x_{n-1} - x_{n-2})$.

仿前例知 $\{x_n - x_{n-1}\}$ 为首项是 $b-a$,公比为 $-\frac{1}{2}$ 的等比数列.故有

$$x_n - x_0 = \frac{(b-a) - \left(-\frac{1}{2}\right)^n (b-a)}{1 - \left(-\frac{1}{2}\right)} \Rightarrow x_n = a + \frac{(b-a) - \left(-\frac{1}{2}\right)^n (b-a)}{1 - \left(-\frac{1}{2}\right)}$$

两边取极限有
$$\lim_{n\to\infty} x_n = a + \frac{2}{3}(b-a) = \frac{1}{3}(a+2b)$$

(2) 利用递推关系证明数列有极限,再结合特征方程求出极限.

例 3 若 $x_1 = 1$,且 $x_n = 1 + \frac{x_{n-1}}{1+x_{n-1}} (n \geqslant 2)$,试求 $\lim\limits_{n\to\infty} x_n$.

解 $x_n > 0 (n = 1,2,\cdots)$,又

$$x_{k+1} - x_k = \frac{x_k}{1+x_k} - \frac{x_{k-1}}{1+x_{k-1}} = \frac{x_k - x_{k-1}}{(1+x_k)(1+x_{k-1})}$$

注意到 $x_2 - x_1 = \frac{1}{2} > 0$,结合数学归纳法可证 $x_{n+1} > x_n$ 即数列单增.又

$$x_n = 1 + \frac{x_{n-1}}{1+x_{n-1}} = 2 - \frac{1}{1+x_{n-1}} < 2$$

此数列有界,从而 $\{x_n\}$ 有极限.

对 $x_n = 1 + \frac{x_{n-1}}{1+x_{n-1}}$ 两边取极限 $(n\to\infty)$ 且令 $\lim\limits_{n\to\infty} x_n = a$,有 $a = 1 + \frac{a}{1+a}$,即 $a^2 - a - 1 = 0$.

解得 $a = \frac{1+\sqrt{5}}{2}$(除去负值),故 $\lim\limits_{n\to\infty} x_n = \frac{1+\sqrt{5}}{2}$.

注 1 仿例的方法还可以解下面问题:

(1) 若 $x_1 = 2, x_2 = 2 + \frac{1}{x_1}, x_3 = 2 + \frac{1}{x_2}, \cdots, x_{n+1} = 2 + \frac{1}{x_n}$,试证 $\lim\limits_{n\to\infty} x_n$ 存在且求其值.

(2) 若 $x_0 = 1$,且 $x_n = \frac{3+2x_{n-1}}{3+x_{n-1}} (n = 1,2,3,\cdots)$,试证明 $\lim\limits_{n\to\infty} x_n$ 存在,且值为 $\frac{1}{2}(\sqrt{3}-1)$.

(3) 若 $x_0 > 0$,且 $x_n = \frac{2(1+x_{n-1})}{2+x_{n-1}} (n = 1,2,\cdots)$.试证 $\lim\limits_{n\to\infty} x_n$ 存在且求之.

注 2 一般来讲,数列极限化为函数极限乃至利用函数性质时均须当心,比如:

问题 若 $x_1 = 1, x_{n+1} = \frac{x_n + 3}{x_n + 1} (n = 1,2,\cdots)$,求 $\lim\limits_{n\to\infty} x_n$.

若设 $f(x)=\dfrac{x+3}{x+1}$，利用 $f'(x)=\left(1+\dfrac{2}{x+1}\right)'=-\dfrac{2}{(x+1)^2}<0$，推出 $f(x)$ 单减是不当的，其实此数列系摆动数列，可以证明：

子序列 $\{x_{2n}\}$ 单增以 $\sqrt{3}$ 为上界，而子序列 $\{x_{2n-1}\}$ 单减以 $\sqrt{3}$ 为下界.

分别对 $x_{2n}=1+\dfrac{2}{1+x_{2n-1}}$ 和 $x_{2n+1}=1+\dfrac{2}{x_{2n}}$ 取极限可有(令 $x_{2n}\to\alpha, x_{2n+1}\to\beta$)

$$\alpha=1+\frac{2}{1+\beta},\quad \beta=1+\frac{2}{1+\alpha}$$

解得 $\alpha=\beta=\pm\sqrt{3}$(含负值).

由 $x_1=1, x_{n+1}=\dfrac{x_n+3}{x_n+1}$ 可知 $x_n>0$，$\alpha=-\sqrt{3}$ 当舍去.

例 4　若序列 $\{a_n\}$ 的项满足：$a_1>\sqrt{a}$(a 为正的常数)，且 $a_{n+1}=\dfrac{1}{2}\left(a_n+\dfrac{a}{a_n}\right)$，这里 $n=1,2,\cdots$. 试证 $\{a_n\}$ 有极限，并求出它.

解　由 $a_1>\sqrt{a}$，又

$$a_2=\frac{1}{2}\left(a_1+\frac{a}{a_1}\right)=\frac{a_1{}^2+a}{2a_1}>\frac{2a_1\sqrt{a}}{2a_1}=\sqrt{a}$$

今用数学归纳法证 $a_k>\sqrt{a}$. 这只需注意到

$$a_{k+1}=\frac{1}{2}\left(a_k+\frac{a}{a_k}\right)=\frac{a_k{}^2+a}{2a_k}>\frac{2a_k\sqrt{a}}{2a_k}=\sqrt{a}$$

又
$$a_n-a_{n+1}=\frac{1}{2}\left(a_n-\frac{a}{a_n}\right)=\frac{a_n{}^2-a}{2a_n}>0$$

故 $\{a_n\}$ 单减且有下界，从而其有极限(当 $n\to\infty$ 时)，令其为 A. 由 $a_{n+1}=\dfrac{1}{2}\left(a_n+\dfrac{a}{a_n}\right)$ 有

$$\lim_{n\to\infty}a_{n+1}=\lim_{n\to\infty}\frac{1}{2}\left(a_n+\frac{a}{a_n}\right)$$

即 $A=\dfrac{1}{2}\left(A+\dfrac{a}{A}\right)$，即 $A^2=a$ 或 $A=\sqrt{a}$. 从而 $\lim\limits_{n\to\infty}a_n=\sqrt{a}$.

以上诸例从方法上看并无多大差异，它们实质上属同类问题.

例 5　若 $x_n=\sqrt{a+\sqrt{a+\cdots+\sqrt{a}}}$ (n 重根号)，$a>0(n=1,2,\cdots)$，试求 $\lim\limits_{n\to\infty}x_n$.

解　前面我们已证 $\{x_n\}$ 单增有界故其有极限，令其为 b.

又 $x_{n+1}=\sqrt{a+x_n}(n\geqslant 1)$，其两边取极限有 $b=\sqrt{a+b}$，即 $b^2-b-a=0$.

解得 $b=\dfrac{1+\sqrt{1+4a}}{2}$(已舍去负值)，故 $\lim\limits_{n\to\infty}x_n=\dfrac{1+\sqrt{1+4a}}{2}$.

(3) 先由递推公式求出假如存在的极限，再证明其确实为所求的极限.

例 6　若 $a_1=2, a_2=2+\dfrac{1}{2}, a_3=2+\dfrac{1}{2+\dfrac{1}{2}},\cdots$. 证明 $\{a_n\}$ 有极限且求出它.

解　由设 $a_1=2$，且

$$a_n=2+\frac{1}{a_{n-1}},\quad n\geqslant 2$$

若 $\{a_n\}$ 极限存在令其为 A.

对上式两边取极限有 $A=2+\dfrac{1}{A}$，即 $A^2-2A-1=0$. 解得 $A=1+\sqrt{2}$(已舍去负值).

今证 A 确实为 $\{a_n\}$ 的极限. 令 $a_n = 1+\sqrt{2}+\varepsilon_n$，由递推关系有

$$a_{n+1} = 1+\sqrt{2}+\varepsilon_{n+1} = 2+\frac{1}{a_n} = 2+\frac{1}{1+\sqrt{2}+\varepsilon_n}$$

即
$$\varepsilon_{n+1} = \frac{\varepsilon_n(1-\sqrt{2})}{1+\sqrt{2}+\varepsilon_n}$$

又
$$\varepsilon_n = a_n-(1+\sqrt{2}) = \left(2+\frac{1}{a_{n-1}}\right)-(1+\sqrt{2}) = 1-\sqrt{2}+\frac{1}{a_{n-1}}$$

注意到 $a_{n-1}>2$，故 $|\varepsilon_n|<1$. 从而

$$|\varepsilon_{n+1}| \leqslant |\varepsilon_n|\left|\frac{1-\sqrt{2}}{\sqrt{2}}\right| \leqslant \frac{1}{2}|\varepsilon_n|$$

又
$$|\varepsilon_1| = |2-(1+\sqrt{2})| = |1-\sqrt{2}| < \left|\frac{1}{2}\right|$$

递推地有 $|\varepsilon_n| < \frac{1}{2^n}$. 即当 $n\to\infty$ 时，$\varepsilon_n\to 0$，从而 $\lim\limits_{n\to\infty}a_n = 1+\sqrt{2}$.

注 这里的数列 $\{a_n\}$ 系摆动数列.

6. 利用数列极限与函数极限存在的关系

我们知道：若 $\lim f(x)$ 存在，当 $x\to x_0$(或 $x\to\infty$)时 $\Leftrightarrow$ 任选数列 $\{x_n\}$，使当 $x_n\to x_0$(或 $x_n\to\infty$)时，$\{f(x_n)\}$ 趋向同一极限.

利用这个结论，可以把一些数列极限问题化为函数极限问题来处理，这实际上是将不连续问题(它们有时不能使用某些法则，比如 L'Hospital 法则等)化为连续问题，从而可以使用求函数极限的各种手段.

例 1 若 $a,b,c>0$，试求极限 $\lim\limits_{n\to\infty}\left(\frac{\sqrt[n]{a}+\sqrt[n]{b}+\sqrt[n]{c}}{3}\right)^n$.

解 1 考虑对数函数等式 $\ln\left(\frac{a^{\frac{1}{x}}+b^{\frac{1}{x}}+c^{\frac{1}{x}}}{3}\right)^x = x\ln\left(\frac{a^{\frac{1}{x}}+b^{\frac{1}{x}}+c^{\frac{1}{x}}}{3}\right)$，而

$$\lim_{x\to+\infty}x\ln\left(\frac{a^{\frac{1}{x}}+b^{\frac{1}{x}}+c^{\frac{1}{x}}}{3}\right) = \lim_{x\to+\infty}\frac{\ln(a^{\frac{1}{x}}+b^{\frac{1}{x}}+c^{\frac{1}{x}})-\ln 3}{\frac{1}{x}} \quad (\text{利用 L'Hospital 法则}) =$$

$$\lim_{x\to+\infty}\frac{\left\{\frac{a^{\frac{1}{x}}\ln a+b^{\frac{1}{x}}\ln b+c^{\frac{1}{x}}\ln c}{a^{\frac{1}{x}}+b^{\frac{1}{x}}+c^{\frac{1}{x}}}\cdot\left(-\frac{1}{x^2}\right)\right\}\left(\frac{1}{x}\right)}{-\frac{1}{x^2}} = \frac{1}{3}\ln abc$$

故
$$\lim_{x\to+\infty}\left(\frac{a^{\frac{1}{x}}+b^{\frac{1}{x}}+c^{\frac{1}{x}}}{3}\right) = \lim_{x\to+\infty}\exp\left\{x\ln\left(\frac{a^{\frac{1}{x}}+b^{\frac{1}{x}}+c^{\frac{1}{x}}}{3}\right)\right\} ① = \exp\left(\frac{\ln abc}{3}\right) = \sqrt[3]{abc}$$

从而
$$\lim_{n\to\infty}\left(\frac{\sqrt[n]{a}+\sqrt[n]{b}+\sqrt[n]{c}}{3}\right)^n = \sqrt[3]{abc}$$

解 2 由题设及极限性质注意到

$$\lim_{x\to\infty}\left(\frac{a^{\frac{1}{x}}+b^{\frac{1}{x}}+c^{\frac{1}{x}}}{3}\right)^x = \lim_{x\to\infty}\left(1+\frac{a^{\frac{1}{x}}+b^{\frac{1}{x}}+c^{\frac{1}{x}}-3}{3}\right)^x =$$

$$\lim_{x\to\infty}\left\{\left[1+\frac{(a^{\frac{1}{x}}-1)+(b^{\frac{1}{x}}-1)+(c^{\frac{1}{x}}-1)}{3}\right]^{\frac{3}{(a^{\frac{1}{x}}-1)+(b^{\frac{1}{x}}-1)+(c^{\frac{1}{x}}-1)}}\right\}^{\frac{(a^{\frac{1}{x}}-1)+(b^{\frac{1}{x}}-1)+(c^{\frac{1}{x}}-1)}{3}\cdot x} =$$

---

① 这里 $\exp\{f(x)\}$ 系表示 $e^{f(x)}$，有时也有 $\operatorname{Exp}\{f(x)\}$ 表示.

$$\exp\left\{\frac{1}{3}\lim_{x\to\infty}\{[(a^{\frac{1}{x}}-1)+(b^{\frac{1}{x}}-1)+(c^{\frac{1}{x}}-1)]x\}\right\}=\exp\left\{\frac{1}{3}\ln abc\right\}=\sqrt[3]{abc}$$

注　试将本例的解法的方法2与例2进行比较，且注意两者的区别.

例2　求极限$\lim\limits_{n\to\infty}\sqrt[n]{1+a^{2n}}$，这里$a$为实数.

解　显然当$|a|\leqslant 1$时，$\lim\limits_{n\to\infty}\sqrt[n]{1+a^{2n}}=1$. 若$a>1$，考虑

$$\lim_{x\to+\infty}\sqrt[x]{1+a^{2x}}=\lim_{x\to+\infty}\exp\{\ln\sqrt[x]{1+a^{2x}}\}=\exp\left\{\lim_{x\to+\infty}\frac{1}{x}\ln(1+a^{2x})\right\}\xlongequal{\text{用 L'Hospital 法则}}\exp\{2\ln a\}=a^2$$

故

$$\lim_{n\to\infty}\sqrt[n]{1+a^{2n}}=\begin{cases}1, & |a|\leqslant 1\\ a^2, & |a|>1\end{cases}$$

例3　求极限$\lim\limits_{n\to\infty}n^2\left(\arctan\dfrac{a}{n}-\arctan\dfrac{a}{n+1}\right)$（这里$a\neq 0$，且$\arctan\alpha$表示$\alpha$的反正切函数）.

解　由反正切函数性质，考虑极限式

$$\lim_{n\to+\infty}x^2\left(\arctan\frac{a}{x}-\arctan\frac{a}{x+1}\right)=\lim_{x\to+\infty}\frac{\arctan\dfrac{a}{x}-\arctan\dfrac{a}{x+1}}{\dfrac{1}{x^2}}=a\text{（运用 L'Hospital 法则）}$$

故

$$\lim_{n\to\infty}n^2\left(\arctan\frac{a}{n}-\arctan\frac{a}{n+1}\right)=a$$

例4　求极限$\lim\limits_{n\to\infty}\tan^n\left(\dfrac{\pi}{4}+\dfrac{1}{n}\right)$.

解　先考虑连续函数极限$\lim\limits_{x\to 0}\left[\tan\left(\dfrac{\pi}{4}+x\right)\right]^{\frac{1}{x}}$，再用特值求解（化为数列极限问题）.

由$\tan\left(\dfrac{\pi}{4}+x\right)=\dfrac{1+\tan x}{1-\tan x}$，又当$|x|\ll 1$（远小于1）时，$\tan x\sim x$或$\cot x\sim\dfrac{1}{x}$，故

$$\lim_{x\to 0^+}\left[\tan\left(\frac{\pi}{4}+x\right)\right]^{\frac{1}{x}}=\lim_{x\to 0^+}\left(\frac{1+\tan x}{1-\tan x}\right)^{\tan x}=\lim_{x\to 0^+}\left[\left(1+\frac{1}{\dfrac{1-\tan x}{2\tan x}}\right)^{\frac{1-\tan x}{2\tan x}}\right]^{\frac{2}{1-\tan x}}=e^2$$

从而

$$\lim_{n\to\infty}\tan^n\left(\frac{\pi}{4}+\frac{1}{n}\right)=e^2$$

例5　若$x_{n+1}=\sin x_n(n\geqslant 1)$，又$x_1\in(0,\pi)$.（1）求极限$\lim\limits_{n\to\infty}x_n$；（2）计算$\lim\limits_{n\to\infty}\left(\dfrac{x_{n+1}}{x_n}\right)^{\frac{1}{x_n^2}}$.

解　（1）由设知$x_n=\underbrace{\sin\sin\sin\cdots\sin}_{n-1\text{重}}x_1$.

由$\sin x$在$\left(0,\dfrac{\pi}{2}\right)$内单增，且在$\left(\dfrac{\pi}{2},\pi\right)$内$\sin x<1$，故$x_n$当$n>2$时单减，且有下界0，知其有极限. 从而可有$x=\sin x$，解得$x=0$.

（2）注意到极限式$\lim\limits_{n\to\infty}\left(\dfrac{x_{n+1}}{x_n}\right)^{\frac{1}{x_n^2}}=\lim\limits_{n\to\infty}\left(\dfrac{\sin x_n}{x_n}\right)^{\frac{1}{x_n^2}}$，将其化为函数极限可有

$$\lim_{x\to 0^+}\left(\frac{\sin x}{x}\right)^{\frac{1}{x^2}}=\lim_{x\to 0^+}\left[\frac{x-\dfrac{x^3}{3!}+o(x^3)}{x}\right]^{\frac{1}{x^2}}=\lim_{x\to 0^+}\left[\left(1-\frac{x^2}{6}\right)^{-\frac{6}{x^2}}\right]^{-\frac{1}{6}}=e^{-\frac{1}{6}}$$

注1　在题设条件下还可证得$\lim\limits_{n\to\infty}\sqrt{\dfrac{n}{3}}x_n=1$. 显然问题等价于$\lim\limits_{n\to\infty}nx_n^2=3$. 接下来可用Stolz定理去解（见后文）.

注 2 类似的例子如:求$\lim\limits_{n\to\infty}\left(n\tan\dfrac{1}{n}\right)^{n^2}$,其中 $n\in\mathbf{N}$.

解 因 $\lim\limits_{x\to0^+}\left(\dfrac{\tan x}{x}\right)^{\frac{1}{2}}=\lim\limits_{x\to0^+}\left[\left(1+\dfrac{\tan x-x}{x}\right)^{\frac{x}{\tan x-x}}\right]^{\frac{\tan x-x}{x^3}}=\exp\left\{\lim\limits_{x\to0^+}\dfrac{\tan x-x}{x^3}\right\}=$

$$\exp\left\{\lim_{x\to0^+}\frac{\sec^2x-1}{3x^2}\right\}=\exp\frac{1}{3}=e^{\frac{1}{3}}$$

故
$$\lim_{n\to\infty}\left(n\tan\frac{1}{n}\right)^{n^2}=e^{\frac{1}{3}}$$

此外中间步骤还可用泰勒级数展开去解.

$$\lim_{x\to0^+}\left(\frac{\tan x}{x}\right)^{\frac{1}{x^2}}=\lim_{x\to0^+}\left(\frac{x+\frac{x^3}{3}+o(x^3)}{x}\right)^{\frac{1}{x^2}}=\lim_{x\to0^+}\left[\left(1+\frac{x^2}{3}\right)^{\frac{3}{x^2}}\right]^{\frac{1}{3}}=e^{\frac{1}{3}}$$

例 6 若 $f(x)$ 在 $x=a$ 处可微且 $f(a)\neq0$,试求$\lim\limits_{n\to\infty}\left[\dfrac{f\left(a+\frac{1}{n}\right)}{f(a)}\right]^n$.

解 令 $y=\lim\limits_{n\to\infty}\left[\dfrac{f\left(a+\frac{1}{n}\right)}{f(a)}\right]^n$,则 $\ln y=\lim\limits_{n\to\infty}\dfrac{\ln\left|f\left(a+\frac{1}{n}\right)\right|-\ln|f(a)|}{\frac{1}{n}}$.

而 $\lim\limits_{x\to+\infty}\dfrac{\ln\left|f\left(a+\frac{1}{x}\right)\right|-\ln|f(a)|}{\frac{1}{x}}=\lim\limits_{x\to+\infty}\dfrac{\dfrac{1}{f\left(a+\frac{1}{x}\right)}\cdot f'\left(a+\frac{1}{x}\right)\cdot\left(-\frac{1}{x^2}\right)}{-\frac{1}{x^2}}=\dfrac{f'(a)}{f(a)}$,因而

$$\ln y=\frac{f'(a)}{f(a)}\Rightarrow y=\exp\left\{\frac{f'(a)}{f(a)}\right\}$$

7. 利用定积分运算

我们知道“积分”是“求和”运算的推广,它是把不连续的问题通过极限过程化为连续问题.因而有些和式极限问题,实际是化为积分的过程,这方面例子很多.

例 1 求数列极限$\lim\limits_{n\to\infty}\left(\sum\limits_{k=1}^{n}\dfrac{\sqrt{k}}{n\sqrt{n}}\right)$

解
$$\lim_{n\to\infty}\left(\sum_{k=1}^{n}\frac{\sqrt{k}}{n\sqrt{n}}\right)=\lim_{n\to\infty}\sum_{k=1}^{n}\sqrt{\frac{k}{n}}\cdot\frac{1}{n}=\int_0^1\sqrt{x}\,dx=\frac{2}{3}$$

注 结论可推广,一般的可有$\lim\limits_{n\to\infty}\dfrac{\sum\limits_{k=1}^{n}k^p}{n^{p+1}}=\dfrac{1}{1+p}(p>0)$.

例 2 计算数列极限$\lim\limits_{n\to\infty}\left(\sum\limits_{k=1}^{n}\dfrac{1}{\sqrt{4n^2-k^2}}\right)$.

解 $\lim\limits_{n\to\infty}\left(\sum\limits_{k=1}^{n}\dfrac{1}{\sqrt{4n^2-k^2}}\right)=\lim\limits_{n\to\infty}\left[\sum\limits_{k=1}^{n}\dfrac{1}{n}\cdot\dfrac{1}{\sqrt{4-\left(\frac{k}{n}\right)^2}}\right]=\int_0^1\dfrac{dx}{\sqrt{4-x^2}}=\arcsin\dfrac{x}{2}\Big|_0^1=\dfrac{\pi}{6}$

从上面两例可以看出,将$\sum$化为$\int$时,要设法凑出$\dfrac{1}{n}$项来.再来看

例 3 求极限$\lim\limits_{n\to\infty}\left[\dfrac{1}{n}\sum\limits_{k=0}^{n-1}\sin\left(\alpha+\dfrac{k}{n}\beta\right)\right]$,这里 $\alpha,\beta\in\mathbf{R}$.

解 若 $\beta=0$,易知:原式 $=\sin\alpha$;今考虑若 $\beta\neq0$:

$$\lim_{n\to\infty}\left[\frac{1}{n}\sum_{k=0}^{n-1}\sin\left(\alpha+\frac{k}{n}\beta\right)\right]=\int_0^1\sin(\alpha+\beta x)\mathrm{d}x=\frac{1}{\beta}[\cos\alpha-\cos(\alpha+\beta)]$$

例 4 设 $f(x)$ 在$[0,1]$上连续，且 $f(x)>0$. 试求极限$\lim\limits_{n\to\infty}\sqrt[n]{f\left(\frac{1}{n}\right)f\left(\frac{2}{n}\right)\cdots f\left(\frac{n-1}{n}\right)f(1)}$.

解 因 $$\lim_{n\to\infty}\ln\sqrt[n]{f\left(\frac{1}{n}\right)f\left(\frac{2}{n}\right)\cdots f\left(\frac{n-1}{n}\right)f(1)}=\lim_{n\to\infty}\left[\sum_{k=1}^{n}\ln f\left(\frac{k}{n}\right)\cdot\frac{1}{n}\right]=\int_0^1\ln f(x)\mathrm{d}x$$

故 $$\lim_{n\to\infty}\sqrt[n]{f\left(\frac{1}{n}\right)f\left(\frac{2}{n}\right)\cdots f\left(\frac{n-1}{n}\right)f(1)}=\mathrm{e}^{\int_0^1\ln f(x)\mathrm{d}x}$$

再来看一个与取整有关的数列极限的例子.

例 5 求 $A=\lim\limits_{n\to\infty}\frac{1}{n}\sum\limits_{k=1}^{n}\left(\left[\frac{2n}{k}\right]-2\left[\frac{n}{k}\right]\right)$，这里$[x]$表示不超 x 的最大整数.

解 由定积分性质知题设极限即为求积分 $I=\int_0^1\left(\left[\frac{2}{x}\right]-2\left[\frac{1}{x}\right]\right)\mathrm{d}x$.

令 $f(x)=\left[\frac{2}{x}\right]-2\left[\frac{1}{x}\right]$，容易算出

$$f(x)=\begin{cases}0, & \frac{2}{2n+1}\leqslant x\leqslant\frac{1}{2n}\\ 1, & \frac{1}{n+1}\leqslant x\leqslant\frac{2}{2n+1}\end{cases}$$

从而 $$I=\left(\frac{2}{3}-\frac{2}{4}\right)+\left(\frac{2}{5}-\frac{2}{6}\right)+\left(\frac{2}{7}-\frac{2}{8}\right)+\cdots=2\left(\frac{1}{3}-\frac{1}{4}+\frac{1}{5}-\frac{1}{6}+\frac{1}{7}-\frac{1}{8}+\cdots\right)$$

由 $$\ln(1+x)=x-\frac{x^2}{2}+\frac{x^3}{3}-\frac{x^4}{4}+\cdots,\quad x\in(-1,1]$$

故 $$A=I=2\left(\ln 2-1+\frac{1}{2}\right)=\ln 4-1$$

8. 利用级数的敛散条件

我们知道$\lim\limits_{n\to\infty}u_n=0$是级数$\sum\limits_{n=1}^{\infty}u_n$收敛的必要条件. 反过来，利用级数的收敛性可以得出其通项向零（当 $n\to\infty$ 时，$u_n\to 0$）来.

例 1 求极限$\lim\limits_{n\to\infty}\frac{\mathrm{e}^n}{n!}$.

解 考虑级数$\sum\limits_{n=1}^{\infty}\frac{\mathrm{e}^n}{n!}$，注意到

$$\lim_{n\to\infty}\frac{u_{n+1}}{u_n}=\lim_{n\to\infty}\frac{\frac{\mathrm{e}^{n+1}}{(n+1)!}}{\frac{\mathrm{e}^n}{n!}}=\lim_{n\to\infty}\frac{\mathrm{e}}{n+1}=0$$

故级数收敛，从而 $u_n\to 0(n\to\infty$ 时)，即$\lim\limits_{n\to\infty}\frac{\mathrm{e}^n}{n!}=0$.

例 2 求极限$\lim\limits_{n\to\infty}\frac{2^n\cdot n!}{n^n}$.

解 考虑级数$\sum\limits_{n=1}^{\infty}\frac{2^n\cdot n!}{n^n}$，因为

$$\lim_{n\to\infty}\frac{u_{n+1}}{u_n}=\lim_{n\to\infty}\frac{2n^n}{(n+1)^n}=\lim_{n\to\infty}\frac{2}{\left(1+\frac{1}{n}\right)^n}=\frac{2}{\mathrm{e}}<1$$

故级数收敛，从而 $$\lim_{n\to\infty}u_n=\lim_{n\to\infty}\frac{2^n\cdot n!}{n^n}=0$$

例 3 求极限$\lim\limits_{n\to\infty}\left[\sum\limits_{k=1}^{n}\dfrac{1}{k(k+1)(k+2)}\right]$.

解 问题实质是求无穷级数和. 因$\sum\limits_{k=1}^{\infty}\dfrac{1}{k(k+1)(k+2)}$收敛,知极限存在. 又由

$$\sum_{k=1}^{n}\frac{1}{k(k+1)(k+2)}=\sum_{k=1}^{n}\left[\frac{1}{2k}-\frac{1}{k+1}+\frac{1}{2(k+2)}\right]=$$

$$\frac{1}{2}\sum_{k=1}^{n}\frac{1}{k}-\sum_{k=2}^{n+1}\frac{1}{k}+\frac{1}{2}\sum_{k=3}^{n+2}\frac{1}{k}=\frac{1}{4}-\frac{1}{n+1}+\frac{1}{2(n+1)}+\frac{1}{2(n+2)}$$

故 $$\lim_{n\to\infty}\left[\sum_{k=1}^{n}\frac{1}{k(k+1)(k+2)}\right]=\lim_{n\to\infty}\left[\frac{1}{4}-\frac{1}{n+1}+\frac{1}{2(n+1)}+\frac{1}{2(n+2)}\right]=\frac{1}{4}$$

例 4 求极限$\lim\limits_{n\to\infty}\dfrac{11\cdot 12\cdot 13\cdot\cdots\cdot(n+10)}{2\cdot 5\cdot 8\cdot\cdots\cdot(3n-1)}$.

解 令$u_n=\dfrac{11\cdot 12\cdot 13\cdot\cdots\cdot(n+10)}{2\cdot 5\cdot 8\cdot\cdots\cdot(3n-1)}$,考虑级数$\sum\limits_{n=1}^{\infty}u_n$敛散性:

因 $$\lim_{n\to\infty}\frac{u_{n+1}}{u_n}=\lim_{n\to\infty}\frac{n+11}{3n+2}=\frac{1}{3}<1$$

(由比值法)故级数收敛. 从而

$$\lim_{n\to\infty}u_n=\lim_{n\to\infty}\frac{11\cdot 12\cdot 13\cdot\cdots\cdot(n+10)}{2\cdot 5\cdot 8\cdot\cdots\cdot(3n-1)}=0$$

例 5 若数列$\{a_n\}$满足$0\leqslant a_k\leqslant 100a_n$,其中$n\leqslant k\leqslant 2n$,这里$n=1,2,\cdots$. 又级数$\sum\limits_{n=1}^{\infty}a_n$收敛. 证明$\lim\limits_{n\to\infty}na_n=0$.

证 由题设,对任何正整数n均有$a_{2n}\leqslant 100a_{n+m}$,这里$n+m\leqslant k=2n\leqslant 2(n+m)(m=0,1,\cdots,n-1)$. 从而$na_{2n}\leqslant 100\sum\limits_{m=0}^{n-1}a_{n+m}$,由$\sum\limits_{n=1}^{\infty}a_n$收敛,则$\lim\limits_{k\to\infty}2ka_{2k}=0$.

另一方面,$(2k-1)a_{2k-1}\leqslant 2ka_{2k-1}\leqslant 200\sum\limits_{m=1}^{k}a_{k+m}$,故有$\lim\limits_{k\to\infty}(2k-1)a_{2k-1}=0$.

综上,$\lim\limits_{n\to\infty}na_n=0$.

9. 利用 Stolz 定理及其相应的结论

Stolz 定理及其相应的推论,在处理一类数列极限问题上甚有奏效,该定理是这样的:

定理 *若序列$\{y_n\}$单调上升且$\lim\limits_{n\to\infty}y_n=+\infty$,则$\lim\limits_{n\to\infty}\dfrac{x_n}{y_n}=\lim\limits_{n\to\infty}\dfrac{x_n-x_{n-1}}{y_n-y_{n-1}}$.*

由之,我们还可以有三个推论:

系 1 若$\lim\limits_{n\to\infty}x_n=l$,则$\lim\limits_{n\to\infty}\dfrac{1}{n}\sum\limits_{k=1}^{n}x_k=l$;

系 2 若x_n恒正,且$\lim\limits_{n\to\infty}x_n=l$,则$\lim\limits_{n\to\infty}\sqrt[n]{\prod\limits_{k=1}^{n}x_k}=l$;

系 3 若$x_n>0$且$\lim\limits_{n\to\infty}\dfrac{x_{n+1}}{x_n}=l$,则$\lim\limits_{n\to\infty}\sqrt[n]{x_n}=l$.

下面来看例子.

例 1 求数列极限$\lim\limits_{n\to\infty}\dfrac{\sum\limits_{k=1}^{n}(2k-1)^5}{\sum\limits_{k=1}^{n}(2k)^5}$.

解 令 $x_n=\sum\limits_{k=1}^{n}(2k-1)^5$，$y_n=\sum\limits_{k=1}^{n}(2k)^5$，显然$\{y_n\}$满足Stolz定理，故有

$$\lim_{n\to\infty}\frac{\sum\limits_{k=1}^{n}(2k-1)^5}{\sum\limits_{k=1}^{n}(2k)^5}=\lim_{n\to\infty}\frac{x_n}{y_n}=\lim_{n\to\infty}\frac{x_n-x_{n-1}}{y_n-y_{n-1}}=\lim_{n\to\infty}\frac{(2n-1)^5}{(2n)^5}=1$$

例2 求极限$\lim\limits_{n\to\infty}\dfrac{n}{\sqrt[n]{n!}}$.

解 令 $x_n=\left(1+\dfrac{1}{n}\right)^n$，则$\lim\limits_{n\to\infty}x_n=\mathrm{e}$. 又

$$\prod_{k=1}^{n}x_k=\prod_{k=1}^{n}\left(1+\frac{1}{k}\right)^k=\frac{(n+1)^n}{n!}$$

由

$$\lim_{n\to\infty}\sqrt[n]{\prod_{k=1}^{n}x_k}=\lim_{n\to\infty}\frac{n+1}{\sqrt[n]{n!}}=\lim_{n\to\infty}x_n=\mathrm{e}$$

再由系2得

$$\lim_{n\to\infty}\frac{n}{\sqrt[n]{n!}}=\lim_{n\to\infty}\left(\frac{n+1}{\sqrt[n]{n!}}\cdot\frac{n}{n+1}\right)=\mathrm{e}$$

注1 该问题还可以化为定积分来计算，方法见前面例子.

注2 若考虑到级数$\sum\limits_{n=1}^{\infty}\dfrac{n!}{n^n}$收敛，可得$\lim\limits_{n\to\infty}\dfrac{n!}{n^n}=0$.

例3 计算极限$\lim\limits_{n\to\infty}\dfrac{1^k+2^k+\cdots+n^k}{n^{k+1}}$($k$为自然数).

解 令 $x_n=1^k+2^k+\cdots+n^k$，$y_n=n^{k+1}$，故$\{y_n\}$满足Stolz定理. 又

$$\lim_{n\to\infty}\frac{x_n-x_{n-1}}{y_n-y_{n-1}}=\lim_{n\to\infty}\frac{n^k}{n^{k+1}+(n-1)^{k+1}}=\frac{1}{k+1}$$

这里分母利用了二项式展开.

例4 整数 $k>1$，又设 $a_0>0$，且 $a_{n+1}=a_n+\dfrac{1}{\sqrt[k]{a_n}}$，求$\lim\limits_{n\to\infty}\dfrac{a_n^{k+1}}{n_k}$.

解 令 $b_n\left(\dfrac{a_{n+1}}{a_n}\right)^{\frac{1}{k}}$，则$\lim\limits_{n\to\infty}(b_n^k-1)=\lim\limits_{n\to\infty}\dfrac{1}{a_n^{1+\frac{1}{k}}}=0$. 故$\lim\limits_{n\to\infty}b_n^k=1$，则$\lim\limits_{n\to\infty}b_n=1$. 考虑

$$a_{n+1}^{1+\frac{1}{k}}-a_n^{1+\frac{1}{k}}=a_{n+1}^{1+\frac{1}{k}}-a_{n+1}a_n^{\frac{1}{k}}+a_{n+1}a_n^{\frac{1}{k}}-a_n^{1+\frac{1}{k}}=a_{n+1}(b_n-1)a_n^{\frac{1}{k}}+(a_{n+1}-a_n)a_n^{\frac{1}{k}}=$$

$$\frac{a_{n+1}(b_n-1)a_n^{\frac{1}{k}}}{b_n^{k-1}+b_n^{k-2}+\cdots+1}+1=\frac{b_n^k}{b_n^{k-1}+b_n^{k-2}+\cdots+1}+1$$

故

$$\lim_{n\to\infty}(a_{n+1}^{1+\frac{1}{k}}-a_n^{1+\frac{1}{k}})=1+\frac{1}{k}$$

由Stolz定理有

$$\lim_{n\to\infty}\frac{a_n^{1+\frac{1}{k}}}{n}=1+\frac{1}{k}\Rightarrow\lim_{n\to\infty}\frac{a_n^{k+1}}{n^k}=\left(1+\frac{1}{k}\right)^k$$

例5 若 $x_0=a(0<a<\frac{\pi}{2})$，且 $x_n=\sin x_{n-1}(n=1,2,\cdots)$. 试证$\lim\limits_{n\to\infty}\sqrt{\dfrac{n}{3}}x_n=1$.

解 欲证$\lim\limits_{n\to\infty}\sqrt{\dfrac{n}{3}}x_n=1$，只需证$\lim\limits_{n\to\infty}(nx_n^2)=3$即可. 这样

$$\lim_{n\to\infty}(nx_n^2)=\lim_{n\to\infty}\frac{n}{\frac{1}{x_n^2}}=\lim_{n\to\infty}\frac{n-(n-1)}{\frac{1}{x_n^2}-\frac{1}{x_{n-1}^2}}=\lim_{n\to\infty}\frac{1}{\frac{1}{\sin^2 x_{n-1}}-\frac{1}{x_{n-1}^2}}=\lim_{n\to\infty}\frac{x_{n-1}^2\sin^2 x_{n-1}}{x_{n-1}^2-\sin^2 x_{n-1}}$$

化为函数极限 $\lim\limits_{n\to 0^+}\dfrac{x^2\sin^2 x}{x^2-\sin^2 x}=\lim\limits_{n\to 0^+}\dfrac{x^4}{(x+\sin x)(x-\sin x)}=$

$$\lim_{n\to 0^+}\frac{x^4}{[2x+o(x)]\{x-[x-\frac{x^3}{6}+o(x^3)]\}}=$$

$$\lim_{n\to 0^+}\frac{1}{[2+o(1)][\frac{1}{6}+o(1)]}=3$$

10. 利用中值定理

在求数列极限时,应用微分、积分中值定理的机会不多,但一些综合问题中常会涉及(它们多是与微分或积分有关的命题).请看:

例 1 求极限$\lim\limits_{n\to\infty}\int_n^{n+a}x\sin\dfrac{1}{x}\mathrm{d}x$($a$ 为常数).

解 由积分中值定理有

$$\int_n^{n+a}x\sin\frac{1}{x}\mathrm{d}x=a\xi\sin\frac{1}{\xi_n}\quad(\xi_n\text{ 在 }n\text{ 与 }n+a\text{ 之间,注意它与 }n\text{ 有关})$$

因当 $n\to\infty$ 时,$\xi_n\to\infty$.故

$$\lim_{n\to\infty}\int_n^{n+a}x\sin\frac{1}{x}\mathrm{d}x=\lim_{n\to\infty}a\xi_n\sin\frac{1}{\xi_n}=a$$

这个例子中的 n 以积分限形式出现,下面例子中的 n 在被积函数中.

例 2 求极限$\lim\limits_{n\to\infty}\int_0^{\frac{1}{2}}\dfrac{x^n}{1+x}\mathrm{d}x$.

解 在$(0,\dfrac{1}{2}]$上 x^n 恒正,且$\dfrac{1}{1+x}$连续,则由积分(第一)中值定理有

$$\lim_{n\to\infty}\int_0^{\frac{1}{2}}\frac{x^n}{1+x}\mathrm{d}x=\lim_{n\to\infty}\frac{1}{1+\xi_n}\int_0^{\frac{1}{2}}x^n\mathrm{d}x=\lim_{n\to\infty}\frac{1}{1+\xi_n}\cdot\frac{1}{n+1}\cdot\frac{1}{2^{n+1}}=0,\quad 0\leqslant\xi_n\leqslant\frac{1}{2}$$

注 本题亦可用逼夹定理解得:当 $0\leqslant x\leqslant\dfrac{1}{2}$ 时,有 $0\leqslant\dfrac{1}{1+x}\leqslant 1$.故

$$0\leqslant\int_0^{\frac{1}{2}}\frac{x^n}{1+x}\mathrm{d}x\leqslant\int_0^{\frac{1}{2}}x^n\mathrm{d}x=\frac{1}{(n+1)2^{n+1}}$$

又$\lim\limits_{n\to\infty}\dfrac{1}{(n+1)2^{n+1}}=0$,故$\lim\limits_{n\to\infty}\int_0^{\frac{1}{2}}\dfrac{x^n}{1+x}\mathrm{d}x=0$.

11. 利用数的级数表达式

重要常数 e,π 等多有级数表达式,因而有些涉及 e,π 等的数列极限问题,倘若利用这些表达式会变得相对容易求解,尽管此法并非常用.请看:

例 求$\lim\limits_{n\to\infty}[n\sin(2\pi en!)]$.

解 由 $e=1+\dfrac{1}{2!}+\dfrac{1}{3!}+\cdots+\dfrac{1}{n!}+\dfrac{1}{(n+1)!}+R_n$,其中 $R_n=o\left(\dfrac{1}{(n+1)!}\right)$.

上式前 n 项乘以 $n!$ 后皆为整数,设其和为 N.则

$$2\pi en!=2N\pi+\frac{2\pi}{n+1}+o\left(\frac{1}{n+1}\right)$$

故 $$\lim_{n\to\infty}[n\sin(2\pi en!)]=\lim_{n\to\infty}\left\{n\sin\left[2N\pi+\frac{2\pi}{n+1}+o\left(\frac{1}{n+1}\right)\right]\right\}=\lim_{n\to\infty}n\cdot\frac{2\pi}{n+1}=2\pi$$

12. 利用函数泰勒(Taylor)展开

利用函数的 Taylor 展开计算数列极限的方法虽不常用,但也是一种有效的方法.

例　计算$\lim\limits_{n\to\infty}\frac{1}{\sqrt{n}}\int_1^n\ln\left(1+\frac{1}{\sqrt{x}}\right)\mathrm{d}x$.

解　用变量替换令 $t=\frac{1}{\sqrt{x}}$,则

$$\frac{1}{\sqrt{n}}\int_{\frac{1}{\sqrt{n}}}^1\ln\left(1+\frac{1}{\sqrt{x}}\right)\mathrm{d}x=\frac{2}{\sqrt{n}}\int_{\frac{1}{\sqrt{n}}}^1\frac{\ln(1+t)}{t^3}\mathrm{d}t$$

由 $\ln(1+t)=t-\frac{t^2}{2}+o(t^3)$,这样

$$\int_{\frac{1}{\sqrt{n}}}^1\frac{\ln(1+t)}{t^3}\mathrm{d}t=\int_{\frac{1}{\sqrt{n}}}^1\frac{1-\frac{t}{2}}{t^2}\mathrm{d}t+o(1)=-\frac{1}{t}-\frac{1}{2}\ln t\bigg|_{\frac{1}{\sqrt{n}}}^1+o(1)=$$

$$\sqrt{n}-\frac{1}{4}\ln n+o(1)$$

故

$$\int_1^n\ln\left(1+\frac{1}{\sqrt{x}}\right)\mathrm{d}x=2-\frac{\ln n}{2\sqrt{n}}+o\left(1+\frac{1}{\sqrt{n}}\right)$$

从而

$$\lim_{n\to\infty}\frac{1}{\sqrt{n}}\int_1^n\ln\left(1+\frac{1}{\sqrt{x}}\right)\mathrm{d}x=\lim_{n\to\infty}\left[2-\frac{\ln n}{2\sqrt{n}}+o\left(1+\frac{1}{\sqrt{n}}\right)\right]=2$$

(二) 函数极限的求法

求函数的极限也有许多方法和技巧,某些求数(序)列极限的方法也常适用于求函数的极限,除此之外,计算函数的极限还有下面一些方法:

(1) 利用函数极限或其他概念的定义;　(2) 利用函数本身的变形和变换;

(3) 利用两个重要极限;　(4) 利用 L'Hospital 法则;

(5) 利用无穷小量代换;　(6) 利用中值定理(包括微分中值定理和积分中值定理);

(7) 利用函数的 Taylor 展开;　(8) 利用其他一些定理(逼夹定理、有界变量与无穷小量积的定理等).

下面我们分别举例谈谈这些方法.

1. 利用函数极限或其他概念的定义

函数的极限是这样定义的:任给 $\varepsilon>0$,若存在 $\delta>0$(或 $M>0$),使当 $0|x-x_0|<\delta$(或 $|x|>M$)时,$|f(x)-A|<\varepsilon$,则称 A 为 $f(x)$ 当 $x\to x_0$(或 $x\to\infty$)时的极限.

利用这个定义也可以验证某些函数极限值.请看:

例 1　设函数 $f(x)$ 在 $(-\infty,0)$ 内可微,且 $\lim\limits_{x\to-\infty}f'(x)=0$.试证 $\lim\limits_{x\to-\infty}\frac{f(x)}{x}=0$.

证　由 $\lim\limits_{x\to-\infty}f'(x)=0$,则任给 $\varepsilon>0$,存在 $N>0$,使当 $x<M=-N$ 时恒有 $|f'(x)|<\frac{\varepsilon}{2}$.由中值定理有

$$\frac{f(M)-f(x)}{M-x}=f'(\xi),\quad x<\xi<M$$

故当 $x<M$ 时,有

$$\frac{|f(M)-f(x)|}{M-x}=f'(\xi)<\frac{\varepsilon}{2}$$

从而

$$|f(x)|-|f(M)|\leqslant|f(x)-f(M)|<\frac{\varepsilon(M-x)}{2}$$

即

$$|f(x)|<|f(M)|+\frac{\varepsilon(M-x)}{2}$$

或
$$\frac{|f(x)|}{|x|} < \frac{|f(M)|}{|x|} + \frac{\varepsilon(M-x)}{2|x|}$$

对于 M,存在 $M_1 < M$,当 $x < M_1 < M$ 时,可使 $\frac{|f(M)|}{|x|} < \frac{\varepsilon}{2}$,故当 $x < M_1$ 时有
$$\frac{|f(x)|}{|x|} < \frac{\varepsilon}{2} + \frac{\varepsilon}{2} = \varepsilon$$

从而 $\lim\limits_{x\to-\infty} \frac{f(x)}{x} = 0$.

当然,利用极限定义去验证极限的方法并不常用.下面我们再来看两个利用函数导数定义求极限的方法.

例 2 求极限 $\lim\limits_{x\to 0}\frac{(2+\tan x)^{10}-(2-\sin x)^{10}}{\sin x}$.

解 注意到所求极限式变形可有
$$\lim_{x\to 0}\frac{(2+\tan x)^{10}-(2-\sin x)^{10}}{\sin x} = \lim_{x\to 0}\left[\frac{(2+\tan x)^{10}-2^{10}}{\sin x} - \frac{(2-\sin x)^{10}-2^{10}}{\sin x}\right] =$$
$$\lim_{x\to 0}\frac{(2+\tan x)^{10}-2^{10}}{\sin x} + \lim_{x\to 0}\frac{(2-\sin x)^{10}-2^{10}}{-\sin x} =$$
$$\lim_{x\to 0}\frac{(2+x)^{10}-2^{10}}{x} + \lim_{x\to 0}\frac{(2-x)^{10}-2^{10}}{-x} =$$
$$[(2+x)^{10}]'_{x=0} + [(2+x)^{10}]'_{x=0} = 10\cdot 2^{10}$$

这里除了利用导数定义外,也应用了无穷小量之间的代换:当 $x \ll 0$ 时,$x \sim \sin x \sim \tan x$.

顺便讲一句,本例使用的方法不常会遇到.

例 3 若 $f(x)$ 在 $x=a$ 处可微且 $f(a)\neq 0$,计算 $A = \lim\limits_{n\to\infty}\left[\frac{f\left(a+\frac{1}{n}\right)}{f(a)}\right]^n$.

解 考虑到充分小的 x,$f(a+x)$ 与 $f(a)$ 同号,因而
$$\ln\left\{\lim_{x\to 0}\left[\frac{f(a+x)}{f(a)}\right]^{\frac{1}{x}}\right\} = \lim_{x\to 0}\left\{\ln\left[\frac{|f(a+x)|}{|f(a)|}\right]^{\frac{1}{x}}\right\} = \lim_{x\to 0}\frac{\ln|f(a+x)| - \ln|f(a)|}{x} = \frac{f'(a)}{f(a)}$$

注意到上式最后一步即求 $\ln|f(x)|$ 在 $x=a$ 处的导数.

从而,由 $\lim\limits_{x\to 0}\left[\frac{f(a+x)}{f(a)}\right]^{\frac{1}{x}} = e^{\frac{f'(a)}{f(a)}}$,知 $A = e^{\frac{f'(a)}{f(a)}}$.

再来看一个例子.

例 4 设函数 $f(x)$ 满足当 $x\geqslant 1$ 时,有 $f'(x) = \frac{1}{x^2+f^2(x)}$,又 $f(1)=1$.证明极限 $\lim\limits_{x\to+\infty} f(x)$ 存在且小于 $1+\frac{\pi}{4}$.

证 由 $f(x)-f(1) = \int_1^x f'(x)\mathrm{d}x$,从中可知 $f(x)$ 是增函数.

又 $f(1)=1$,$f'(x)\geqslant 0$,故当 $x\geqslant 1$ 时 $f(x)\geqslant 1$.故
$$f(x)-f(1) = \int_1^x \frac{\mathrm{d}x}{x^2+f^2(x)} \leqslant \int_1^x \frac{\mathrm{d}x}{1+x^2} = \arctan x\,\Big|_1^x = \arctan x - \arctan 1 < \frac{\pi}{2}-\frac{\pi}{4} = \frac{\pi}{4}$$

由 $f(x)$ 单调有界知其有极限,且极限值小于 $1+\frac{\pi}{4}$.

注 只需注意到 $(\arctan x)' = \frac{1}{1+x^2}$ 的事实,差不多可估计出解题方法、步骤,甚至结论了.

2. 利用函数的本身的变形和变换

代数式的变形是一个十分重要的技巧,这一点我们在数列极限求法中已有述及,下面来看看关于通

过函数式变形而求极限的例子.

先看看通过分式化简或分子、分母有理化方面的例子.

例1　求极限$\lim\limits_{x\to1}\dfrac{\sqrt{x}-1}{\sqrt[3]{x}-1}$.

解　注意到$x-1=(\sqrt[3]{x}-1)(\sqrt[3]{x^2}+\sqrt[3]{x}+1)$，再由分子分母皆分别有理化分子

$$\frac{\sqrt{x}-1}{\sqrt[3]{x}-1}=\frac{x-1}{\sqrt{x}+1}\bigg/\frac{x-1}{\sqrt[3]{x^2}+\sqrt[3]{x}+1}$$

故
$$\lim_{x\to1}\frac{\sqrt{x}-1}{\sqrt[3]{x}-1}=\lim_{x\to1}\frac{\sqrt[3]{x^2}+\sqrt[3]{x}+1}{\sqrt{x}+1}=\frac{3}{2}$$

显然，这里的约分化简是化去了不定式，从而问题得解.

例2　求极限$\lim\limits_{x\to+\infty}\arcsin(\sqrt{x^2+x}-x)$，这里$\arcsin\alpha$是$\alpha$的反正弦函数.

解　由下面根式变换

$$\sqrt{x^2+x}-x=\sqrt{x}(\sqrt{x+1}-\sqrt{x})=\frac{\sqrt{x}}{\sqrt{x+1}+\sqrt{x}}=\frac{1}{\sqrt{1+\dfrac{1}{x}}+1}$$

故
$$\lim_{x\to+\infty}\arcsin(\sqrt{x^2+x}-x)=\lim_{x\to+\infty}\arcsin\frac{1}{\sqrt{1+\dfrac{1}{x}}+1}=\arcsin\frac{1}{2}=\frac{\pi}{6}$$

例3　求极限$\lim\limits_{x\to+\infty}(\sin\sqrt{x+1}-\sin\sqrt{x})$.

解　由三角函数和差化积公式有

$$\sin\sqrt{x+1}-\sin\sqrt{x}=2\cos\frac{\sqrt{x+1}+\sqrt{x}}{2}\sin\frac{\sqrt{x+1}-\sqrt{x}}{2}$$

又$|\cos\alpha|\leqslant1$，从而

$$\lim_{x\to+\infty}(\sin\sqrt{x+1}-\sin\sqrt{x})=\lim_{x\to+\infty}\left(2\cos\frac{\sqrt{x+1}+\sqrt{x}}{2}\sin\frac{\sqrt{x+1}-\sqrt{x}}{2}\right)=$$
$$\lim_{x\to+\infty}\left[2\cos\frac{\sqrt{x+1}+\sqrt{x}}{2}\cdot\frac{1}{2}(\sqrt{x+1}-\sqrt{x})\right]=$$
$$\lim_{x\to+\infty}\left[\cos\frac{\sqrt{x+1}+\sqrt{x}}{2}\cdot\frac{1}{\sqrt{x+1}+\sqrt{x}}\right]=0$$

例4　设$\sum\limits_{k=1}^{n}c_k=0$，求极限$\lim\limits_{x\to+\infty}\sum\limits_{k=1}^{n}c_k\sqrt{1+x^2+k}$.

解　由$\sum\limits_{k=1}^{n}c_k=0$知，对任意的实数$x$，有$\sum\limits_{k=1}^{n}c_kx=0$，故$\lim\limits_{x\to+\infty}(\sum\limits_{k=1}^{n}c_kx)=0$. 而

$$\lim_{x\to+\infty}\sum_{k=1}^{n}c_k\sqrt{1+x^2+k}=\lim_{x\to+\infty}(\sum_{k=1}^{n}c_k\sqrt{1+x^2+k}-\sum_{k=1}^{n}c_kx)=$$
$$\sum_{k=1}^{n}\lim_{x\to+\infty}c_k(\sqrt{1+x^2+k}-x)=\sum_{k=1}^{n}\lim_{x\to+\infty}c_k\frac{1+k}{\sqrt{1+x^2+k}+x}=$$
$$\sum_{k=1}^{n}\left[c_k(1+k)\cdot\lim_{x\to+\infty}\frac{1}{\sqrt{1+x^2+k}+x}\right]=0$$

注　*仿例的方法显然有*$\lim\limits_{x\to-\infty}c_k\sqrt{1+x^2+k}=0$.

这里除了运用分母有理化外，还用到了求和号与极限号的次序交换.

下面的例子是通过分母裂项而使所求函数极限化为多个可求函数极限.

例 5 求极限$\lim\limits_{x\to1}\dfrac{(1-\sqrt{x})(1-\sqrt[3]{x})\cdots(1-\sqrt[n]{x})}{(1-x)^{n-1}}$.

解 注意公式到 $1-a^n=(1-a)(a^{n-1}+a^{n-2}+\cdots+1)$,可有

$$\lim_{x\to1}\frac{(1-\sqrt{x})(1-\sqrt[3]{x})\cdots(1-\sqrt[n]{x})}{(1-x)^{n-1}}=\lim_{x\to1}\frac{1-\sqrt{x}}{1-x}\cdot\frac{1-\sqrt[3]{x}}{1-x}\cdot\cdots\cdot\frac{1-\sqrt[n]{x}}{1-x}=$$

$$\lim_{x\to1}\frac{1-\sqrt{x}}{1-x}\cdot\lim_{x\to1}\frac{1-\sqrt[3]{x}}{1-x}\cdot\cdots\cdot\lim_{x\to1}\frac{1-\sqrt[n]{x}}{1-x}=$$

$$\lim_{x\to1}\frac{1}{1+\sqrt{x}}\cdot\lim_{x\to1}\frac{1}{\sqrt[3]{x^2}+\sqrt[3]{x}+1}\cdot\cdots\cdot$$

$$\lim_{x\to1}\frac{1}{\sqrt[n]{x^{n-1}}+\cdots+\sqrt[n]{x}+1}=$$

$$\frac{1}{2}\cdot\frac{1}{3}\cdot\cdots\cdot\frac{1}{n}=\frac{1}{n!}$$

注意这里运用了$\lim\limits_{x\to1}\dfrac{1-\sqrt[k]{x}}{1-x}=\dfrac{1}{k}$的结论,实因

$$\frac{1-\sqrt[k]{x}}{1-x}=\frac{1-\sqrt[k]{x}}{(1-\sqrt[k]{x})[(\sqrt[k]{x})^{k-1}+(\sqrt[k]{x})^{k-2}+\cdots+\sqrt[k]{x}+1]}=\frac{1}{\sqrt[k]{x^{k-1}}+\sqrt[k]{x^{k-2}}+\cdots+\sqrt[k]{x}+1}$$

上式右当 $x\to1$ 时趋向于$\dfrac{1}{k}$.

再来看两个使用变量替换的例子,使用变量替换的目的是为了简化运算过程,它的效果有时却是使人意想不到的.例如:

例 6 求下列极限:(1) $\lim\limits_{x\to0}\dfrac{1}{x^{100}}e^{-\frac{1}{x^2}}$;(2) $\lim\limits_{x\to0^+}\sqrt[x]{\cos\sqrt{x}}$.

解 (1) 令 $u=\dfrac{1}{x^2}$,这样考虑式子变形及 L'Hospital 法则,有

$$\lim_{x\to0}\frac{1}{x^{100}}e^{-\frac{1}{x^2}}=\lim_{x\to+\infty}u^{50}e^{-u}=\lim_{x\to+\infty}\frac{u^{50}}{e^u}=\lim_{x\to+\infty}\frac{50u^{49}}{e^u}=\cdots=\lim_{x\to+\infty}\frac{50!}{e^u}=0$$

(2) 令$\sqrt{x}=y$,则 $x=y^2$.同样有

$$\lim_{x\to0^+}\sqrt[x]{\cos\sqrt{x}}=\lim_{y\to0^+}(\cos y)^{\frac{1}{y^2}}=\lim_{y\to0^+}[1+(\cos y-1)^{\frac{1}{\cos y-1}\cdot\frac{\cos y-1}{y^2}}]$$

而
$$\lim_{y\to0^+}[1+(\cos y-1)]^{\frac{1}{\cos y-1}}=e,\quad \lim_{y\to0^+}\frac{\cos y-1}{y^2}=-\frac{1}{2}$$

故
$$\lim_{x\to0^+}\sqrt[x]{\cos\sqrt{x}}=e^{-\frac{1}{2}}$$

例 7 若$\lim\limits_{x\to0}\dfrac{x}{f(3x)}=a$,求$\lim\limits_{x\to0}\dfrac{f(2x)}{x}$.

解 由题设

$$\lim_{x\to0}\frac{x}{f(3x)}=\frac{1}{3}\lim_{x\to0}\frac{3x}{f(3x)}=\frac{1}{3}\lim_{t\to0}\frac{t}{f(t)}=a,\quad t=3x$$

故
$$\lim_{t\to0}\frac{t}{f(t)}=3a$$

从而
$$\lim_{x\to0}\frac{f(2x)}{x}=2\lim_{x\to0}\frac{f(2x)}{2x}=2\lim_{t\to0}\frac{f(t)}{t}=\frac{2}{3a},\quad t=2x$$

例 8 计算极限$\lim\limits_{x\to\frac{\pi}{2}}(\cos x)^{\frac{\pi}{2}-x}$.

解 令 $u=\dfrac{\pi}{2}-x$,这样 $\ln(\cos x)^{\frac{\pi}{2}-x}=\ln(\sin u)^u$,又

$$\lim_{x\to\frac{\pi}{2}} \ln(\cos x)^{\frac{\pi}{2}-x} = \lim_{u\to 0} u\ln(\sin u) = \lim_{u\to 0}\frac{\ln(\sin u)}{1/u} = \lim_{u\to 0}\frac{\cos u/\sin u}{-1/u^2} = 0$$

故
$$\lim_{x\to\frac{\pi}{2}}(\cos x)^{\frac{\pi}{2}-x} = e^0 = 1$$

在本例中除了使用变量替换外还利用了取对数的变换，这种变换在处理指数函数问题时常使用. 下面的例子亦如此.

例 9 若给定 n 个实数 $a_i > 0(i=1,2,\cdots,n)$，求极限 $\lim\limits_{x\to 0}\left(\dfrac{a_1{}^x + a_2{}^x + \cdots + a_n{}^x}{n}\right)^{\frac{n}{x}}$.

解 注意到对数式性质有

$$\ln\left(\frac{1}{n}\sum_{k=1}^{n} a_k{}^x\right)^{\frac{n}{x}} = \frac{n}{x}\ln\left(\frac{1}{n}\sum_{k=1}^{n} a_k{}^x\right)$$

故 $$\lim_{x\to 0}\left(\frac{a_1{}^x + a_2{}^x + \cdots + a_n{}^x}{n}\right)^{\frac{n}{x}} = \lim_{x\to 0}\exp\left\{\frac{n}{x}\ln\left(\frac{1}{n}\sum_{k=1}^{n} a_k{}^x\right)\right\} = \exp\left\{\lim_{x\to 0}\frac{n}{x}\ln\left(\frac{1}{n}\sum_{k=1}^{n} a_k{}^x\right)\right\} =$$

$$\exp\left\{\sum_{k=1}^{n}\ln a_k\right\} = \exp\{\ln a_1 a_2\cdots a_n\} = a_1 a_2\cdots a_n$$

注 显然前面我们见过的例：$\lim\limits_{n\to\infty}\left(\dfrac{\sqrt[n]{a}+\sqrt[n]{b}+\sqrt[n]{c}}{3}\right)^n = \sqrt[3]{abc}$ 是本例的特殊情形.

再来看一个例子，看上去它有点综合题的味道，其实不过是一项项计算罢了.

例 10 求极限 $\lim\limits_{x\to 1}\dfrac{(x^{3x-2}-x)\sin 2(x-1)}{(x-1)^3}$.

解 将所求极限函数改写如下

$$\frac{(x^{3x-2}-x)\sin 2(x-1)}{(x-1)^3} = \frac{x[x^{3(x-1)}-1]}{(x-1)^2}\cdot\frac{\sin 2(x-1)}{x-1} =$$

$$x\cdot\frac{\exp\{3(x-1)\ln x\}-1}{3(x-1)\ln x}\cdot\frac{3(x-1)\ln x}{(x-1)^2}\cdot\frac{\sin 2(x-1)}{2(x-1)}\cdot 2 =$$

$$6x\cdot\frac{\exp\{3(x-1)\ln x\}-1}{3(x-1)\ln x}\cdot\frac{\ln x}{x-1}\cdot\frac{\sin 2(x-1)}{2(x-1)} =$$

$$6x\cdot\frac{\exp\{3(x-1)\ln x\}-1}{3(x-1)\ln x}\cdot\ln[1+(x-1)]^{\frac{1}{x-1}}\cdot\frac{\sin 2(x-1)}{2(x-1)}$$

又
$$\lim_{u\to 0}\frac{e^u-1}{u} = 1,\quad \lim_{u\to 0}\ln(1+u)^{\frac{1}{u}} = 1,\quad \lim_{u\to 0}\frac{\sin u}{u} = 1$$

故
$$\lim_{x\to 1}\frac{(x^{3x-2}-x)\sin 2(x-1)}{(x-1)^3} = 6\cdot 1\cdot 1\cdot 1\cdot 1 = 6$$

3. 利用两个重要极限

下面两个极限是重要和常用的：

$$\boxed{\lim_{x\to 0}\frac{\sin x}{x} = 1} \quad 和 \quad \boxed{\lim_{x\to\infty}\left(1+\frac{1}{x}\right)^x = \lim_{x\to 0}(1+x)^{\frac{1}{x}} = e}$$

利用这两个极限，可以解决许多函数极限问题，当然，其中的关键步骤是要“凑”出这两种形式来.

例 1 计算极限 $\lim\limits_{x\to 1}(1-x)\tan\dfrac{\pi x}{2}$.

解 令 $1-x=u$，这样 $x=1-u$. 故

$$\lim_{x\to 1}(1-x)\tan\frac{\pi x}{2} = \lim_{u\to 0} u\tan\frac{\pi}{2}(1-u) = \lim_{u\to 0} u\cot\frac{\pi u}{2} = \lim_{u\to 0}\left(\frac{\frac{\pi}{2}u}{\sin\frac{\pi u}{2}}\cdot\frac{2}{\pi}\cos\frac{\pi u}{2}\right) = \frac{2}{\pi}$$

例 2 求极限$\lim\limits_{x\to 0}\dfrac{e^x-1}{x}$.

解 令 $e^x-1=u$,这样 $x=\ln(1+u)$.故

$$\lim_{x\to 0}\frac{e^x-1}{x}=\lim_{u\to 0}\frac{u}{\ln(1+u)}=\lim_{u\to 0}[\ln(1+u)^{\frac{1}{u}}]^{-1}=(\ln e)^{-1}=1$$

例 3 计算极限$\lim\limits_{x\to\infty}[(x+2)\ln(x+2)-2(x+1)\ln(x+1)+x\ln x]$.

解 利用题设及对数性质可有

$$\lim_{x\to\infty}[(x+2)\ln(x+2)-2(x+1)\ln(x+1)+x\ln x]=\lim_{x\to\infty}\left[\ln\frac{(x+2)^{x+2}}{(x+1)^{x+1}}-\ln\frac{(x+1)^{x+1}}{x^x}\right]=$$

$$\lim_{x\to\infty}\left[\ln\left(1+\frac{1}{x+1}\right)^{x+1}+\ln\left(1+\frac{1}{x}\right)^{x}+\ln\frac{x+2}{x+1}\right]=$$

$$\ln e-\ln e+\ln 1=0$$

4. 利用 L'Hospital 法则

L'Hospital 法则是求函数不定型极限$\dfrac{0}{0}$ 和$\dfrac{\infty}{\infty}$ 型的重要方法,其他类型的不定式如:

$$0\cdot\infty,\quad \infty-\infty,\quad 0^0,\quad 1^\infty,\quad \infty^0,\quad \cdots$$

型常可通过适当的代数变换化为$\dfrac{0}{0}$ 或$\dfrac{\infty}{\infty}$ 型,具体变换可见图 3:

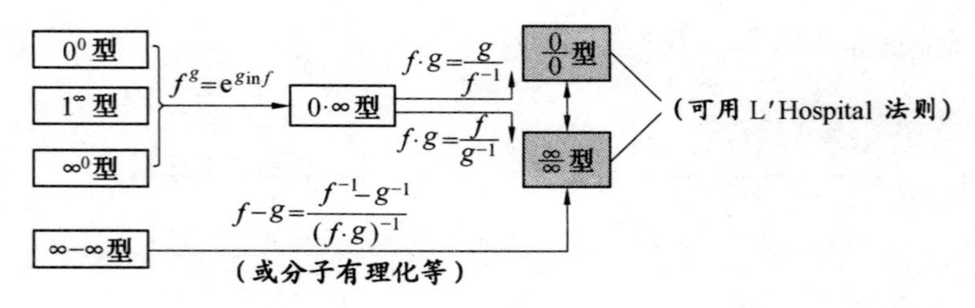

图 3

下面来看几个例子.

例 1 求极限$\lim\limits_{x\to 1}\left(\dfrac{1}{\ln x}-\dfrac{1}{x-1}\right)$.

解 注意到下面式子变形

$$\lim_{x\to 1}\left(\frac{1}{\ln x}-\frac{1}{x-1}\right)=\lim_{x\to 1}\frac{x-1-\ln x}{(x-1)\ln x}=\lim_{x\to 1}\frac{1-\dfrac{1}{x}}{\dfrac{x-1}{x+\ln x}}=\lim_{x\to 1}\frac{x-1}{x-1+x\ln x}=$$

$$\lim_{x\to 1}\frac{1}{1+x\cdot\dfrac{1}{x}+\ln x}=\frac{1}{2}$$

例 2 求极限$\lim\limits_{x\to 0^+}\left(\dfrac{\sin x}{x}\right)^{\frac{1}{x}}$.

解 这是 1^∞ 型,故先将极限式取对数转化为$\dfrac{0}{0}$ 型

$$\lim_{x\to 0^+}\ln\left(\frac{\sin x}{x}\right)^{\frac{1}{x}}=\lim_{x\to 0^+}\frac{\ln\dfrac{\sin x}{x}}{x}=\lim_{x\to 0^+}\frac{x}{\sin x}\cdot\frac{x\cos x-\sin x}{x^2}=$$

$$\lim_{x\to 0^+}\frac{x}{\sin x}\cdot\lim_{x\to 0^+}\frac{x\cos x-\sin x}{x^2}=1\cdot 0=0$$

故
$$\lim_{x\to 0^+}\left(\frac{\sin x}{x}\right)^{\frac{1}{x}} = e^0 = 1$$

显然这个问题的推广形式为：

例 3　若函数 $f(x)$ 在 $x=0$ 的某邻域内有二阶连续导数，且 $\lim\limits_{x\to 0}\frac{f(x)}{x}=0$，又 $f''(0)=4$. 试求极限 $\lim\limits_{x\to 0}\left[1+\frac{f(x)}{x}\right]^{\frac{1}{x}}$.

解　先将式子变形为
$$\left[1+\frac{f(x)}{x}\right]^{\frac{1}{x}} = \left\{\left[1+\frac{f(x)}{x}\right]^{\frac{x}{f(x)}}\right\}^{\frac{f(x)}{x^2}}$$

再由设 $\lim\limits_{x\to 0}\frac{f(x)}{x}=0$，得 $\lim\limits_{x\to 0}f(x)=0$，又
$$f'(0)=\lim_{x\to 0}\frac{f(x)-f(0)}{x-0}=\lim_{x\to 0}\frac{f(x)}{x}=0$$
及
$$\lim_{x\to 0}f'(x)=f'(0)=0$$
用 L′Hospital 法则可有
$$\lim_{x\to 0}\frac{f(x)}{x^2}=\lim_{x\to 0}\frac{f'(x)}{2x}=\lim_{x\to 0}\frac{f''(x)}{2}=\frac{4}{2}=2$$
从而
$$\lim_{x\to 0}\left[1+\frac{f(x)}{x}\right]^{\frac{1}{x}}=\lim_{x\to 0}\left\{\left[1+\frac{f(x)}{x}\right]^{\frac{x}{f(x)}}\right\}^{\frac{f(x)}{x^2}}=e^2$$

注　显然当 $f''(0)=a$ 时，所求极限值为 $e^{\frac{a}{2}}$.

例 4　求极限 $\lim\limits_{x\to 0^+}x^{\sin x}$.

解　这是 0^0 型，可令 $y=x^{\sin x}$，则 $\ln y=\sin x\ln x$.
$$\lim_{x\to 0^+}x^{\sin x}=\lim_{x\to 0^+}\exp\{\ln y\}=\exp\left\{\lim_{x\to 0^+}\frac{\ln x}{\csc x}\right\}=\exp\left\{-\lim_{x\to 0^+}\frac{\sin^2 x}{x\cos x}\right\}=$$
$$\exp\left\{\lim_{x\to 0^+}\frac{\sin 2x}{\cos x-x\sin x}\right\}=e^0=1$$

注　类似地有(1) $\lim\limits_{x\to 0^+}x^x=1$；(2) $\lim\limits_{x\to 0^+}\sin x^{\sin x}=1$；(3) $\lim\limits_{x\to 0^+}x^{\tan x}$；(4) $\lim\limits_{x\to 0^+}\tan x^{\sin x}=1$ 等.

例 5　求极限 $\lim\limits_{x\to 0^+}\left(\frac{1}{x}\right)^{\tan x}$.

解　设 $y=\left(\frac{1}{x}\right)^{\tan x}$，则 $\ln y=\tan x\ln\frac{1}{x}$.
$$\lim_{x\to 0^+}\left(\frac{1}{x}\right)^{\tan x}=\lim_{x\to 0^+}\exp\{\ln y\}=\exp\left\{\lim_{x\to 0^+}\frac{-\ln x}{\cot x}\right\}=\exp\left\{\lim_{x\to 0^+}\frac{-1/x}{-\csc^2 x}\right\}=\exp\left\{\lim_{x\to 0^+}\frac{\sin^2 x}{x}\right\}=$$
$$\exp\left\{\lim_{x\to 0^+}\frac{2\sin x\cos x}{1}\right\}=e^0=1$$

下面两个例子既涉及抽象函数，又涉及积分，故常会想到用 L′Hospital 法则解之.

例 6　设函数 $f(x)$ 可导，且 $f(0)=0$，又 $F(x)=\int_0^x t^{n-1}f(x^n-t^n)\mathrm{d}t$，求 $\lim\limits_{x\to 0}\frac{F(x)}{x^{2n}}$.

解　令 $u=x^n-t^n$，则 $F(x)=\frac{1}{n}\int_0^{x^n}f(u)\mathrm{d}u$，于是 $F'(x)=x^{n-1}f(x^n)$. 故
$$\lim_{x\to 0}\frac{F(x)}{x^{2n}}=\lim_{x\to 0}\frac{F'(x)}{2nx^{2n-1}}=\frac{1}{2n}\lim_{x\to 0}\frac{f(x^n)}{x^n}=\frac{1}{2n}f'(0)$$

例 7　已知 $f(x)$ 在 $x=6$ 的邻域内可导，且 $\lim\limits_{x\to 6}f(x)=0$，$\lim\limits_{x\to 6}f'(x)=1987$. 求极限

$\lim\limits_{x\to 6}\dfrac{\int_6^x\left[t\int_t^6 f(u)\mathrm{d}u\right]\mathrm{d}t}{(6-x)^3}$.

解　运用 L'Hospital 法则分子分母先对 x 微导,有

$$\lim_{x\to 6}\frac{\int_6^x\left[t\int_t^6 f(u)\mathrm{d}u\right]\mathrm{d}t}{(6-x)^3}=\lim_{x\to 6}\frac{x\int_x^6 f(u)\mathrm{d}u}{-3(6-x)^2}=\lim_{x\to 6}\frac{\int_x^6 f(u)\mathrm{d}u-xf(x)}{6(6-x)}=$$

$$\lim_{x\to 6}\frac{-f(x)-f(x)-xf'(x)}{-6}=1987$$

我们还想指出一点:有些题目需要反复使用 L'Hospital 法则才会达到目的,例如:

例 8　(1) 若 $a>1$,n 为自然数,求极限 $\lim\limits_{x\to+\infty}\dfrac{x^n}{a^x}$;(2) 求极限 $\lim\limits_{x\to 0^+}x(\ln x)^n$.

解　(1) 经检验或式子变形后使之符合使用 L'Hospital 法则,故有

$$\lim_{x\to+\infty}\frac{x^n}{a^x}=\lim_{x\to+\infty}\frac{nx^n}{a^x\ln a}=\cdots=\lim_{x\to+\infty}\frac{n!}{a^x(\ln a)^n}=0$$

(2)

$$\lim_{x\to 0^+}x(\ln x)^n=\lim_{x\to 0^+}\frac{(\ln x)^n}{x^{-1}}=\lim_{x\to 0^+}\frac{n(\ln x)^{n-1}\cdot\frac{1}{x}}{-\frac{1}{x^2}}=$$

$$\lim_{x\to 0^+}\frac{n(n-1)(\ln x)^{n-2}}{(-1)^2\cdot\frac{1}{x}}=\cdots=\lim_{x\to 0^+}\frac{n!\cdot\frac{1}{x}}{\frac{(-1)^n}{x^2}}=0$$

应该强调一点:使用 L'Hospital 法则是有条件的,忽视它将会导致错误.

此外,若$\lim\limits_{x\to a}\dfrac{f(x)}{g(x)}$可化为$\lim\limits_{x\to a}\dfrac{f'(x)}{g'(x)}$时,但后者极限不易求或者不存在时,须考虑其他方法. 比如求数列极限时,一般须先将它化为求函数极限问题后才可使用 L'Hospital 法则.

又如,求 $\lim\limits_{x\to+\infty}(\sqrt{x+\sqrt{x+\sqrt{x}}}-\sqrt{x})$,它属 $\infty-\infty$ 型,可化为$\dfrac{0}{0}$型后用 L'Hospital 法则计算,但实际计算表明,它不如用分子有理化简便.

再如,求$\lim\limits_{x\to 0}\dfrac{\mathrm{e}^x-\mathrm{e}^{\sin x}}{x-\sin x}$,它属$\dfrac{0}{0}$型,可用 L'Hospital 法则计算,但较繁. 若分子提取 $\mathrm{e}^{\sin x}$ 后再令 $y=x-\sin x$,问题将变得简洁.

而求 $\lim\limits_{x\to 0^+}\dfrac{\mathrm{e}^{-\frac{1}{x}}}{x}$ 时,若直接用 L'Hospital 法则,分子越来越繁. 但若令 $t=\dfrac{1}{x}$,则可化为

$$\lim_{t\to+\infty}\frac{\mathrm{e}^{-t}}{\frac{1}{t}}=\lim_{t\to+\infty}\frac{t}{\mathrm{e}^t}$$

再用 L'Hospital 法则时方便多了:$I=\lim\limits_{t\to+\infty}\dfrac{1}{\mathrm{e}^t}=0$.

在求极限$\lim\limits_{x\to 0}\dfrac{x^2\sin\frac{1}{x}}{\sin x}$时,使用 L'Hospital 法则后式子的极限不存在,亦不可用此方法.

5. 利用无穷小量代换

我们知道:若$\lim\limits_{x\to a}f(x)=0$,$\lim\limits_{x\to a}g(x)=0$,且当 $x\to a$ 时 $f(x)\sim\alpha(x)$,$g(x)\sim\beta(x)$,则有

$$\lim_{x\to a}\frac{f(x)}{g(x)}=\lim_{x\to a}\frac{\alpha(x)}{\beta(x)}$$

这便是无穷小量代换的方法依据.常用的等价无穷小关系有:$x\to 0$时,有

常用等价无穷小量公式

$\sin x\sim x$	$\tan x\sim x$	$1-\cos x\sim\dfrac{x^2}{2}$
$e^x-1\sim x$	$\ln(1+x)\sim x$	$(1+x)^\mu\sim 1+\mu x$

下面请看例子.

例1 求极限$\lim\limits_{x\to 0}\dfrac{\ln(1+x\sin x)}{1-\cos x}$.

解 令$x\to 0$时,由$\ln(1+x\sin x)\sim x\sin x\sim x^2$,而$1-\cos x\sim\dfrac{x^2}{2}$,故

$$\lim_{x\to 0}\frac{\ln(1+x\sin x)}{1-\cos x}=\lim_{x\to 0}\frac{x^2}{\dfrac{x^2}{2}}=2$$

例2 求极限$\lim\limits_{x\to 0}\dfrac{\ln(\sin^2 x+e^x)-x}{\ln(x^2+e^{2x})-2x}$.

解 依据对数函数性质及无穷小量代换可有

$$\lim_{x\to 0}\frac{\ln(\sin^2 x+e^x)-x}{\ln(x^2+e^{2x})-2x}=\lim_{x\to 0}\frac{\ln(\sin^2 x+e^x)-\ln e^x}{\ln(x^2+e^{2x})-\ln e^{2x}}=\lim_{x\to 0}\frac{\ln\left(1+\dfrac{\sin^2 x}{e^x}\right)}{\ln\left(1+\dfrac{x^2}{e^{2x}}\right)}=$$

$$\lim_{x\to 0}\frac{\sin^2 x/e^x}{x^2/e^{2x}}(\text{用无穷小代换})=\lim_{x\to 0}e^x=1$$

例3 求极限$\lim\limits_{x\to 0^+}\dfrac{e^{x^3}-1}{1-\cos\sqrt{x-\sin x}}$.

解 所求式子分子、分母分别用无穷小量代换,有

$$\lim_{x\to 0^+}\frac{e^{x^3}-1}{1-\cos\sqrt{x-\sin x}}=\lim_{x\to 0^+}\frac{x^3}{\dfrac{x-\sin x}{2}}=\lim_{x\to 0^+}\frac{6x^2}{1-\cos x}=6\lim_{x\to 0^+}\frac{2x}{\sin x}=12$$

这里也想指出一点,在使用无穷小代换时一定要对整个分子、分母用等价无穷小代替,而不能对其中一部分进行代换,否则会导致错误.如下面解法是不妥的:

$$\lim_{x\to 0}\frac{x\cos x-\sin x}{x^3}(\text{将分子中}\sin x\text{用}x\text{代换,当}x\to 0\text{时},\sin x\sim x)=$$

$$\lim_{x\to 0}\frac{x\cos x-x}{x^3}=-\lim_{x\to 0}\frac{1-\cos x}{x^2}=-\lim_{x\to 0}\frac{\dfrac{1}{2}x^2}{x^2}=-\frac{1}{2}$$

而正确解答结果为

$$\lim_{x\to 0}\frac{x\cos x-\sin x}{x^3}=\lim_{x\to 0}\frac{-x\sin x+\cos x-\cos x}{3x^2}=-\frac{1}{3}$$

6.利用中值定理

利用微分和积分中值定理,也可以求得某些函数的极限,但是这种方法并不常用,它只是在处理某些特定形式的函数极限时才使用.

例1 求极限$\lim\limits_{x\to 0}\dfrac{e^{\tan x}-e^x}{\sin x-x\cos x}$.

解 由$\lim\limits_{x\to 0}\dfrac{e^{\tan x}-e^x}{\sin x-x\cos x}=\lim\limits_{x\to 0}\dfrac{e^{\tan x}-e^x}{\cos x(\tan x-x)}$,对函数$f(x)=e^x$应用Lagrange中值定理有

$$e^{\tan x}-e^x=(\tan x-x)f'[x+\theta(\tan x-x)],\quad 0<\theta<1$$

又由于$f'(x)$的连续性($f'(x)=e^x$),故有

$$\lim_{x\to0}\frac{e^{\tan x}-e^x}{\sin x-x\cos x}=\lim_{x\to0}\frac{f'[x+\theta(\tan x-x)]}{\cos x}=f'(0)=e^0=1$$

下面来看两个利用积分中值定理求函数极限的例子,积分中值定理是这样叙述的:

若 $f(x)$ 在$[a,b]$上连续,$g(x)$ 在$[a,b]$上可积且不变号,则

$$\int_a^b f(x)g(x)\mathrm{d}x=f(\xi)\int_a^b g(x)\mathrm{d}x,\quad \xi\in[a,b]$$

例 2 求极限 $\lim\limits_{x\to+\infty}\int_0^1 t^x\sin t\mathrm{d}t$.

解 由积分中值定理有$\int_0^1 t^x\sin t\mathrm{d}t=\xi^x\cdot\sin\xi\cdot(1-0)=\xi^x\sin\xi,\xi\in(0,1)$. 故

$$\lim_{x\to+\infty}\int_0^1 t^x\sin t\mathrm{d}t=\lim_{x\to+\infty}\xi^x\sin\xi=0$$

例 3 求极限 $\lim\limits_{x\to+\infty}\int_x^{x+a}\frac{\ln^n t}{t+2}\mathrm{d}t,a>0$,这里 n 为自然数.

解 由积分中值定理有

$$\int_x^{x+a}\frac{\ln^n t}{t+2}\mathrm{d}t=\frac{\ln^n\xi_x}{\xi_x+2}\int_x^{x+a}\mathrm{d}t=a\frac{\ln^n\xi_x}{\xi_x+2},\quad \xi_x\in[x,x+a]$$

故 $\lim\limits_{x\to+\infty}\int_x^{x+a}\frac{\ln^n t}{t+2}\mathrm{d}t=\lim\limits_{x\to+\infty}\frac{a\ln^n\xi_x}{\xi_x+2}=a\lim\limits_{x\to+\infty}\frac{n\ln^{n-1}\xi_x}{\xi_x}=\cdots=a\lim\limits_{x\to+\infty}\frac{n!}{\xi_x}=0$ (注意 ξ_x 是 x 的函数)

注 显然前面的求$\lim\limits_{n\to\infty}\int_0^{\frac{1}{2}}\frac{x^n}{1+x}\mathrm{d}x$ 问题与本例类同,解法亦然. 不过前例是求数列的极限,而本例是求函数的极限问题. 而前面例子中使用的是积分第一中值定理(它涉及两个被积函数). 这里的积分中值定理是它的特例.

7. 利用函数的 Taylor 展开

利用函数的 Taylor 展开(严格地讲是 Maclaurin 展开)是计算“$\frac{0}{0}$ 型”不定式的重要方法,因为有些此类不定式若运用 L'Hospital 法则需连续几次应用,这时若用 Taylor 展开则较方便(关于一些重要函数的展开式请见后面的章节). 至于展开多少项要视题设而确定.

求极限函数时常用的函数展开(当 x 充分小时)有

$e^x=1+x+\frac{x^2}{2!}+\cdots$	$\arcsin x=x+\frac{x^3}{6}+\cdots$
$\sin x=1-\frac{x^3}{3!}+\cdots$	$\arctan x=x-\frac{x^3}{3!}+\cdots$
$\cos x=1-\frac{x^2}{2!}+\cdots$	$\ln(1+x)=x-\frac{x^2}{2}+\frac{x^3}{3}-\cdots$
$\tan x=x+\frac{2}{3}x^3+\cdots$	$(1+x)^\alpha=1+\alpha x+\frac{\alpha(\alpha-1)}{2!}x^2+\cdots$

下面请看例子.

例 1 求极限$\lim\limits_{x\to0}\frac{e^2-(1+x)^{\frac{2}{x}}}{x}$.

解 此系“$\frac{0}{0}$ 型”不定式,又当$|x|\ll1$时,有

$$[(1+x)^{\frac{2}{x}}]'=(1+x)^{\frac{2}{x}}\left[\frac{2}{x(1+x)}-\frac{2\ln(1+x)}{x^2}\right]=$$

$$2(1+x)^{\frac{2}{x}}\left[\left(\frac{1}{x}-\frac{1}{1+x}\right)-\left(\frac{1}{x}-\frac{1}{2}+\frac{x}{3}+o(x)\right)\right]=$$

$$2(1+x)^{\frac{2}{x}}\left[-\frac{1}{1+x}+\frac{1}{2}-\frac{x}{3}+o(x)\right]$$

故
$$\lim_{x\to 0}\frac{e^2-(1+x)^{\frac{2}{x}}}{x}=\lim_{x\to 0}\frac{[e^2-(1+x)^{\frac{2}{x}}]'}{x'}=e^2$$

例 2　求极限$\lim\limits_{x\to 0}\left[\frac{(1+x)^{\frac{1}{x}}}{e}\right]^{\frac{1}{x}}$.

解　由极限式取对数有　$\ln\left[\frac{(1+x)^{\frac{1}{x}}}{e}\right]^{\frac{1}{x}}=\frac{1}{x}\ln\frac{(1+x)^{\frac{1}{x}}}{e}$

又
$$[(1+x)^{\frac{1}{x}}]'=(1+x)^{\frac{1}{x}}\left[\frac{1}{x(1+x)}-\frac{1}{x^2\ln(1+x)}\right]=$$

$$(1+x)^{\frac{1}{x}}\left[-\frac{1}{1+x}+\frac{1}{2}-\frac{x^2}{3}+o(x^2)\right]\quad(|x|\ll 1)$$

故
$$\lim_{x\to 0}\left[\frac{(1+x)^{\frac{1}{x}}}{e}\right]^{\frac{1}{x}}=\lim_{x\to 0}\frac{[(1+x)^{\frac{1}{x}}]'}{(1+x)^{\frac{1}{x}}}=\lim_{x\to 0}\left[-\frac{1}{1+x}+\frac{1}{2}-\frac{x^2}{3}+o(x^2)\right]=-\frac{1}{2}$$

因而
$$\lim_{x\to 0}\left[\frac{(1+x)^{\frac{1}{x}}}{e}\right]^{\frac{1}{x}}=e^{-\frac{1}{2}}$$

上面我们用 $o(x^k)$ 表示函数展开式的余项，有时也可不必写出，代以的是“…”请看：

例 3　求极限$\lim\limits_{x\to 0}\cot x\left(\frac{1}{\sin x}-\frac{1}{x}\right)$.

解　由三角函数公式可有变形

$$\cot x\left(\frac{1}{\sin x}-\frac{1}{x}\right)=\frac{(x-\sin x)\cos x}{x\sin^2 x}$$

再将 $\sin x$，$\cos x$ 按 Taylor 展开(展到第 2 项以上即 x^2 项以上，因为极限式分母系 x 的 3 阶无穷小) 有

$$\lim_{x\to 0}\cot x\left(\frac{1}{\sin x}-\frac{1}{x}\right)=\lim_{x\to 0}\frac{(x-\sin x)\cos x}{x\sin^2 x}=$$

$$\lim_{x\to 0}\frac{\left(\frac{1}{3!}x^3+\cdots\right)\left(1-\frac{x^2}{2}+\cdots\right)}{x}\cdot\left(x-\frac{1}{3!}x^3+\cdots\right)^{-2}=\frac{1}{6}$$

由上例不难看出，在利用 Taylor 展开式求极限时，先粗略估计各函数无穷小(或大) 的阶，然而只需展开到相应的项即可.

例 4　求极限$\lim\limits_{x\to 0}\frac{[\sin x-\sin(\sin x)]\sin x}{x^4}$.

解　注意到极限式分母为 x^4 及当 $x\to 0$ 时，$\sin x\to 0$，$\sin t\sim t-\frac{t^3}{3!}(t\to 0)$，则

$$\lim_{x\to 0}\frac{[\sin x-\sin(\sin x)]\sin x}{x^4}=\lim_{x\to 0}\frac{\left[\sin x-\left(\sin-\frac{1}{3!}\sin^3 x\right)\right]\sin x}{x^4}=$$

$$\lim_{x\to 0}\frac{\frac{1}{3!}\sin^4 x}{x^4}=\frac{1}{3!}=\frac{1}{6}$$

例 5　求极限$\lim\limits_{x\to 0}\frac{\ln(1+x)\ln(1-x)+\ln(1-x^2)}{x^4}$.

解　由 $\ln(1+x)$，$\ln(1-x)$，$\ln(1-x^2)$ 的 Taylor 展开式有(注意到极限式分母为 x^4)

$$\lim_{x\to 0}\frac{\ln(1+x)\ln(1-x)+\ln(1-x^2)}{x^4}=$$

$$\lim_{x\to 0}\frac{\left(x-\frac{x^2}{2}+\frac{x^3}{3}-\cdots\right)\left(-x-\frac{x^2}{2}-\frac{x^3}{3}-\cdots\right)+\left(x^2+\frac{x^4}{2}+\cdots\right)}{x^4}=$$

$$\lim_{x\to 0}\frac{\frac{x^4}{12}+o(x^4)}{x^4}=\frac{1}{12}$$

注 本题还可解如:由 L'Hospital 法则有

$$\lim_{x\to 0}\frac{\ln(1+x)\ln(1-x)+\ln(1-x^2)}{x^4}=\lim_{x\to 0}\frac{\frac{\ln(1-x)}{1+x}-\frac{\ln(1+x)}{1-x}+\frac{2x}{1-x^2}}{4x^3}=$$

$$\lim_{x\to 0}\frac{1}{1-x^2}\cdot\frac{(1-x)\ln(1-x)-(1+x)\ln(1+x)+2x}{4x^3}=$$

$$\lim_{x\to 0}\frac{-1-\ln(1-x)-\ln(1+x)-1+2}{12x^2}=\lim_{x\to 0}\frac{\frac{1}{1-x}-\frac{1}{1+x}}{24x}=$$

$$\lim_{x\to 0}\frac{2x}{24x(1-x^2)}=\frac{1}{12}$$

这里共用了四次 L'Hospital 法则,显然较繁琐.

例 5 求极限 $\lim\limits_{x\to+\infty}\frac{\ln(4x^4+x^3-x^2+x+1)}{\ln(x^4+3x^2+1)}$.

解 由对数性质注意到下面式子变形

$$\ln(4x^4+x^3-x^2+x+1)=\ln\left[4x^4\left(1+\frac{1}{4x}-\frac{1}{4x^2}+\frac{1}{4x^3}+\frac{1}{4x^4}\right)\right]=$$

$$\ln(4x^4)+\ln\left(1+\frac{1}{4x}-\frac{1}{4x^2}+\frac{1}{4x^3}+\frac{1}{4x^4}\right)=$$

$$\ln(4x^4)-\frac{1}{2}\left(\frac{1}{4x}-\frac{1}{4x^2}+\frac{1}{4x^3}+\frac{1}{4x^4}\right)+\cdots$$

同理 $$\ln(x^4+3x^2+1)=\ln\left[x^4\left(1+\frac{3}{x^2}+\frac{1}{x^4}\right)\right]=\ln x^4-\frac{1}{2}\left(\frac{3}{x^2}+\frac{1}{x^4}\right)+\cdots$$

这里运用公式:当 u 充分小时,$\ln(1+u)=1-\frac{u^2}{2}+\cdots$,因而

$$\lim_{x\to+\infty}\frac{\ln(4x^4+x^3-x^2+x+1)}{\ln(x^4+3x^2+1)}=\lim_{x\to+\infty}\frac{\ln(4x^4)-o\left(\frac{1}{x}\right)}{\ln x^4-o\left(\frac{1}{x^2}\right)}=\lim_{x\to+\infty}\frac{\ln(4x^4)}{\ln x^4}=\lim_{x\to+\infty}\frac{\ln 4+4\ln x}{4\ln x}=1$$

例 6 求极限 $\lim\limits_{x\to 0}\frac{\frac{x^2}{2}+1-\sqrt{1+x^2}}{(\cos x-e^{x^2})\sin x^2}$.

解 先将下列函数展成 Taylor 级数(展至 x^4 即可),有

$$\sqrt{1+x^2}=1+\frac{x^2}{2}-\frac{x^4}{2\cdot 4}+\cdots,\quad e^{x^2}=1+x^2+\frac{x^4}{2!}+\cdots$$

$$\sin x^2=x^2-\frac{x^6}{3!}+\cdots,\quad \cos x=1-\frac{x^2}{2!}+\frac{x^4}{4!}+\cdots$$

故 $$\lim_{x\to 0}\frac{\frac{x^2}{2}+1-\sqrt{1+x^2}}{(\cos x-e^{x^2})\sin x^2}=\lim_{x\to 0}\frac{\frac{1}{2\cdot 4}x^4+\cdots}{\left(-\frac{3}{2}x^2-\frac{11}{24}x^4+\cdots\right)\left(x^2-\frac{x^6}{3!}+\cdots\right)}=$$

$$\lim_{x\to 0}\frac{\frac{1}{2\cdot 4}x^4+\cdots}{-\frac{3}{2}x^4-\frac{11}{24}x^6+\cdots}=\lim_{x\to 0}\frac{\frac{1}{2\cdot 4}}{-\frac{3}{2}-\frac{11}{24}x^2+\cdots}=-\frac{1}{12}$$

8. 利用其他一些定理

计算函数极限还可以引用一些其他定理，比如：夹逼定理、有界变量与无穷小量积为无穷小量定理、积分中的黎曼引理等．这里我们略举几例说明．

先来看关于应用逼夹定理的例子．

例1　求极限$\lim\limits_{x\to 0}x\sqrt{\left|\sin\frac{1}{x^2}\right|}$．

解　因$\left|\sin\frac{1}{x^2}\right|\leqslant 1$，故$0\leqslant\left|x\sqrt{\left|\sin\frac{1}{x^2}\right|}\right|\leqslant|x|$．又$\lim\limits_{x\to 0}|x|=0$，故$\lim\limits_{x\to 0}x\sqrt{\left|\sin\frac{1}{x^2}\right|}=0$．

利用逼夹定理，还可以处理某些较特殊的函数的极限问题．比如可见：

例2　求极限$\lim\limits_{x\to 0}x\left[\frac{1}{x}\right]$，这里$[x]$表示不超过$x$的最大整数．

解　由$\frac{1}{x}-1<\left[\frac{1}{x}\right]\leqslant\frac{1}{x}(x\neq 0)$，故当$x>0$时，$1-x<x\left[\frac{1}{x}\right]\leqslant 1$；

当$x<0$时，$1-x>x\left[\frac{1}{x}\right]\geqslant 1$．又$\lim\limits_{x\to 0}(1-x)=1$，故$\lim\limits_{x\to 0}x\left[\frac{1}{x}\right]=1$．

例3　求极限$\lim\limits_{x\to 0}\dfrac{\int_0^x\cos x^2\,\mathrm{d}x}{x}$．

解　因$1-\frac{1}{2}(x^2)^2\leqslant\cos x^2\leqslant 1$，两边从0到$x$积分有

$$x-\frac{1}{10}x^5\leqslant\int_0^x\cos x^2\,\mathrm{d}x\leqslant x$$

而$\lim\limits_{x\to 0}\dfrac{x-\frac{1}{10}x^5}{x}=1$，又$\lim\limits_{x\to 0}\dfrac{x}{x}=1$，故$\lim\limits_{x\to 0}\dfrac{\int_0^x\cos x^2\,\mathrm{d}x}{x}=1$．

下面的问题还与周期函数有关．

例4　若函数$f(x)$是定义在$(-\infty,+\infty)$上以$T>0$为周期的周期函数，且$\int_0^T f(x)\mathrm{d}x=A$．试求极限$\lim\limits_{x\to+\infty}\dfrac{\int_0^x f(t)\mathrm{d}t}{x}$．

解　由设对充分大的$x>0$必有n使$nT\leqslant x\leqslant(n+1)T$．又

$$\int_0^{kT}f(t)\mathrm{d}t=\int_0^T+\int_T^{2T}+\cdots+\int_{(k-1)T}^{kT}=k\int_0^T f(t)\mathrm{d}t=kA,\quad k=1,2,\cdots$$

故

$$nA\leqslant\int_0^x f(t)\mathrm{d}t\leqslant(n+1)A$$

又

$$\frac{nA}{(n+1)T}=\frac{\int_0^{nT}f(t)\mathrm{d}t}{(n+1)T}\leqslant\frac{\int_0^x f(t)\mathrm{d}t}{x}\leqslant\frac{\int_0^{(n+1)T}f(t)\mathrm{d}t}{nT}=\frac{(n+1)A}{nT}$$

注意到

$$\lim_{n\to+\infty}\frac{nA}{(n+1)T}=\lim_{n\to+\infty}\frac{(n+1)A}{nT}=\frac{A}{T}$$

知当$n\to+\infty$，即$x\to+\infty$时，由夹逼定理有

$$\lim_{x\to+\infty}\frac{\int_0^x f(t)\mathrm{d}t}{x}=\frac{A}{T}$$

我们知道有界变量与无穷小量之积仍是无穷小量.利用这个结论也可以计算一些函数极限问题.

例 5 求极限$\lim\limits_{x\to 0}\dfrac{x^2\sin\dfrac{1}{x}}{\tan x}$.

解 由$\dfrac{x^2\sin\dfrac{1}{x}}{\tan x}=x\cdot\dfrac{x}{\tan x}\cdot\sin\dfrac{1}{x}$,又

$$\frac{x}{\tan x}\to 1(x\to 0),\quad \left|\sin\frac{1}{x}\right|\leqslant 1$$

故它们为有界变量.而 x 为无穷小量,从而

$$\lim_{x\to 0}\frac{x^2\sin\dfrac{1}{x}}{\tan x}=0$$

例 6 求极限$\lim\limits_{x\to+\infty}\dfrac{\sqrt{x}\sin\dfrac{1}{x}}{\sqrt{x}-1}$.

解

$$\lim_{x\to+\infty}\frac{\sqrt{x}\sin\dfrac{1}{x}}{\sqrt{x}-1}=\lim_{x\to+\infty}\frac{\dfrac{1}{x}\sin\dfrac{1}{x}}{\dfrac{1}{x}\left(1-\dfrac{1}{\sqrt{x}}\right)}=\lim_{x\to+\infty}\frac{\dfrac{1}{x}\cdot\sin\dfrac{1}{x}}{\left(\dfrac{1}{x}\cdot 1\right)\Big/\left(1-\dfrac{1}{\sqrt{x}}\right)}$$

考虑到当 $x\to+\infty$ 时,$\dfrac{\sin\dfrac{1}{x}}{\dfrac{1}{x}}\to 1$,$1-\dfrac{1}{\sqrt{x}}\to 1$,故有$\lim\limits_{x\to+\infty}\dfrac{\sqrt{x}\sin\dfrac{1}{x}}{\sqrt{x}-1}=0$.

在积分问题中有所谓**黎曼引理**:$f(x)$ 在$[a,b]$上有连续导数,则有

$$\lim_{\lambda\to\infty}\int_a^b f(x)\sin\lambda x\,\mathrm{d}x=0,\quad \lim_{\lambda\to\infty}\int_a^b f(x)\cos\lambda x\,\mathrm{d}x=0$$

这个结论容易用分部积分证明①.利用它我们可以解决一些含有三角函数积分的极限问题.

例 7 求极限$\lim\limits_{\lambda\to+\infty}\displaystyle\int_0^a\frac{\cos^2\lambda x}{1+x}\mathrm{d}x(a>0)$.

解 由$\dfrac{1}{1+x}$在区间$[0,a]$上有连续导数,故可使用黎曼引理:

$$\lim_{\lambda\to+\infty}\int_0^a\frac{\cos^2\lambda x}{1+x}\mathrm{d}x=\lim_{\lambda\to+\infty}\int_0^a\frac{1+\cos 2\lambda x}{2(1+x)}\mathrm{d}x=\frac{1}{2}\lim_{\lambda\to+\infty}\int_0^a\frac{1}{1+x}\mathrm{d}x+\lim_{\lambda\to+\infty}\int_0^a\frac{\cos 2\lambda x}{2(1+x)}=$$

$$\frac{1}{2}\ln(1+a)+0=\frac{1}{2}\ln(1+a)$$

---

① 黎曼引理具体可证如:

由设知$f'(x)$亦在$[a,b]$上连续,令 M,M' 分别为 $f(x)$,$f'(x)$ 在$[a,b]$上的最大值,则由

$$\int_a^b f(x)\sin\lambda x\,\mathrm{d}x=-\frac{f(x)\cos\lambda x}{\lambda}\bigg|_a^b+\int_a^b f'(x)\frac{\cos\lambda x}{\lambda}\mathrm{d}x$$

及 $$\left|-\frac{f(x)\cos\lambda x}{\lambda}\bigg|_a^b\right|=\left|\frac{f(a)\cos\lambda a-f(b)\cos\lambda b}{\lambda}\right|\leqslant\frac{2\mu}{\lambda},\quad \left|\int_a^b f'(x)\frac{\cos\lambda x}{\lambda}\mathrm{d}x\right|\leqslant\frac{M'(b-a)}{\lambda}$$

上两式当 $\lambda\to\infty$ 时均趋向 0,故

$$\lim_{\lambda\to\infty}\int_a^b f(x)\sin\lambda x\,\mathrm{d}x=0$$

类似地可证 $$\lim_{\lambda\to+\infty}\int_a^b\cos\lambda x\,\mathrm{d}x=0$$

综上，我们可以给出数列、函数极限求法步骤框图（见图 4）：

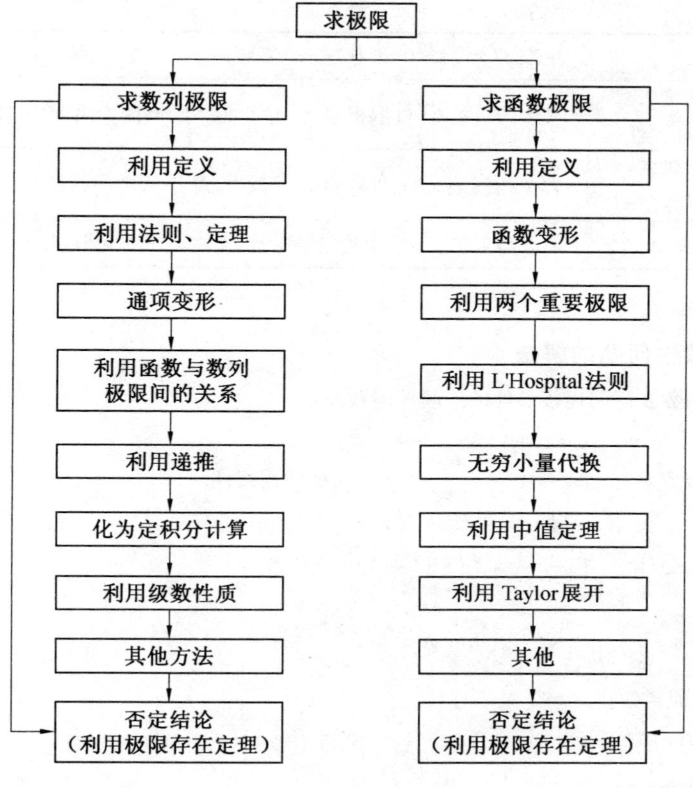

图 4

三、函数的连续性问题解法和利用函数连续性解题

（一）函数的连续性问题解法

函数的连续性是函数的重要性质. 关于函数的连续及间断点判定可见表 4.

表 4　函数的连续与间断

类　型	条件或判定方法	
连　续	① $f(x)$ 在 x_0 有定义；② $\lim\limits_{x\to x_0} f(x)$ 存在；③ $\lim\limits_{x\to x_0} f(x)=f(x_0)$	
间断点	① $f(x)$ 在 x_0 无定义； ② $\lim\limits_{x\to x_0} f(x)$ 不存在； ③ $\lim\limits_{x\to x_0} f(x)\neq f(x_0)$	**第一类间断** 左、右极限都存在的间断点 **第二类间断** 第一类间断点之外的其他间断点

① 有限个连续函数的和、差、积、商（除去分母为 0 的点）仍是连续函数；

② 连续函数的复合函数仍是连续函数；

③ 初等函数在其定义区间内连续.

连续函数的性质见表5.

表5

局部性质		若 $f(x_0)>0$,则在 x_0 的邻域内 $f(x)>0$(保号性)
在闭区间上的性质	最值定理(有界性)	$f(x)$ 在$[a,b]$可取得最大、最小值 M,m(因而可有 N 使 $\lvert f(x)\rvert\leqslant N$)
	介值定理(零点定理)	$f(x)$ 在$[a,b]$上可取得介于最大、最小值之间的任何值
	一致连续*	若 $f(x)$ 在$[a,b]$上连续,则 $f(x)$ 在其上一致连续(Cantor 定理)

下面来看例子.

1. 函数连续性问题的解法

先来看分段函数在区间连接点处的连续性问题.

例1 讨论函数 $y=\begin{cases}\dfrac{2^{\frac{1}{x}}-1}{2^{\frac{1}{x}}+1}, & x\neq 0\\ 1, & x=0\end{cases}$ 在 $x=0$ 处的连续性.

解 由 $\lim\limits_{x\to 0^+}y=\lim\limits_{x\to 0^+}\left[\left(1-\dfrac{1}{2^{\frac{1}{x}}}\right)\Big/\left(1+\dfrac{1}{2^{\frac{1}{x}}}\right)\right]=1$,而

$$\lim_{x\to 0^-}y=\lim_{x\to 0^-}\frac{2^{\frac{1}{x}}-1}{2^{\frac{1}{x}}+1}=-1$$

故 $\lim\limits_{x\to 0}y$ 不存在,从而函数在 $x=0$ 处不连续.

例2 讨论函数 $y=f(x)=\begin{cases}1+x^2, & x\in(-\infty,0)\\ 1, & x=0\\ \dfrac{\ln(1+x)}{x}, & x\in(0,+\infty)\end{cases}$ 的连续性.

解 当 $x\in(-\infty,0)$,$x\in(0,+\infty)$ 时函数连续,现研究当 $x=0$ 时,函数的连续性:

由题设 $$\lim_{x\to 0^+}f(x)=\lim_{x\to 0^+}\frac{\ln(1+x)}{x}=\lim_{x\to 0^+}\ln(1+x)^{\frac{1}{x}}=\ln e=1$$

又 $\lim\limits_{x\to 0^-}f(x)=1$,故

$$\lim_{x\to 0^+}f(x)=\lim_{x\to 0^-}f(x)=f(0)=1$$

即 $f(x)$ 在 $x=0$ 点处连续,从而 $f(x)$ 在$(-\infty,+\infty)$连续.

分段函数有时也写成绝对值的形式,请看:

例3 讨论函数(1) $f(x)=\lvert\sin x\rvert$;(2) $f(x)=e^{\lvert x\rvert}$ 在 $x=0$ 点的连续性.

解 (1) $f(x)=\begin{cases}\sin x, & 0\leqslant x\leqslant\dfrac{\pi}{2}\\ -\sin x, & -\dfrac{\pi}{2}\leqslant x<0\end{cases}$,但因

$$\lim_{x\to 0^+}f(x)=\lim_{x\to 0^+}\sin x=0,\quad \lim_{x\to 0^-}f(x)=\lim_{x\to 0^-}(-\sin x)=0$$

又 $f(0)=0$,故 $f(x)$ 在 $x=0$ 点连续.

(2) 由设 $f(x)=\begin{cases}e^x, & x\geqslant 0\\ e^{-x}, & x<0\end{cases}$ 及下面极限式

$$\lim_{x\to 0^+}f(x)=\lim_{x\to 0^+}e^x=1,\quad \lim_{x\to 0^-}f(x)=\lim_{x\to 0^-}e^{-x}=1$$

又 $f(0)=1$，故 $f(x)$ 在 $x=0$ 点连续.

注　更一般的可有：若 $f(x)$ 在 $x=x_0$ 点连续，则 $|f(x)|$ 在 $x=x_0$ 点处也连续. 这只需注意到 $||f(x)|-|f(x_0)||\leqslant|f(x)-f(x_0)|$ 即可.

有些分段函数常常以极限形式出现，请看：

例 4　研究函数 $y=\lim\limits_{n\to+\infty}\dfrac{x+x^2e^{nx}}{1+e^{nx}}(-\infty<x<+\infty)$ 的连续性.

解　因 $y=\lim\limits_{n\to+\infty}\dfrac{x+x^2e^{nx}}{1+e^{nx}}=\begin{cases}x^2, & x>0\\ 0, & x=0\\ x, & x<0\end{cases}$. 对 $x>0$、$x<0$ 时函数均连续，今考虑 $x=0$ 处的情况：

$$\lim_{x\to0^+}y=\lim_{x\to0^+}x^2=0,\quad \lim_{x\to0^-}y=\lim_{x\to0^-}x=0$$

又 $y|_{x=0}=0$，故函数 y 在 $x=0$ 点连续. 综上，函数在 $(-\infty,+\infty)$ 内连续.

例 5　讨论 $f(x)=\lim\limits_{n\to\infty}[\lim\limits_{k\to\infty}(\cos n!\pi x)^{2k}]$（Dirichlet 函数）的连续性.

解　易求得 $f(x)$ 的等价形式：$f(x)=\begin{cases}1, & x\text{ 为有理数}\\ 0, & x\text{ 为无理数}\end{cases}$. 下面证明函数处处不连续.

证　(1) 若 α 为任意有理数，有 $f(\alpha)=0$.

由于无理数的稠密性，对 $\varepsilon=\dfrac{1}{2}>0$，无论 $\delta>0$ 多么小，总有无理数 x 满足 $|x-\alpha|<\delta$，但

$$|f(x)-f(\alpha)|=|f(x)|=1>\varepsilon$$

故 $f(x)$ 在有理点 α 处不连续.

(2) 若 α 为任意无理数，亦可仿上证明 $f(x)$ 在 α 不连续.

下面来看两个抽象函数的例子.

例 6　$f(x)$ 在 $[a,b]$ 上连续且恒大于零，则 $\dfrac{1}{f(x)}$ 在 $[a,b]$ 上也连续.

证　由设知在 $[a,b]$ 上有 $m>0$ 使 $|f(x)|\geqslant m$. 又由 $f(x)$ 的连续性知：

对任给 $x_0\in[a,b]$ 及 $\varepsilon>0$，总有 $\delta>0$，使当 $|x-x_0|<\delta$ 时，$|f(x)-f(x_0)|<m^2\varepsilon$，而

$$\left|\frac{1}{f(x)}-\frac{1}{f(x_0)}\right|=\frac{|f(x_0)-f(x)|}{|f(x)f(x_0)|}\leqslant\frac{|f(x_0)-f(x)|}{m^2}<\varepsilon$$

由 x_0 的任意性知 $\dfrac{1}{f(x)}$ 在 $[a,b]$ 上连续.

例 7　设函数 $f(x)$ 对于包含 α 点的某一区间内的一切 x 都存在正数 M 使得 $|f(x)-f(\alpha)|\leqslant M|x-\alpha|$ 恒成立，试证 $f(x)$ 在 α 点连续.

证　任给 $\varepsilon>0$，取 $\delta=\dfrac{\varepsilon}{M}$，当 $|x-\alpha|<\delta$ 时，有

$$|f(x)-f(\alpha)|\leqslant M|x-\alpha|<M\cdot\frac{\varepsilon}{M}=\varepsilon$$

故 $f(x)$ 在点 α 处连续.

例 8　若 $f(x),g(x)$ 在 $[a,b]$ 上连续，则 $\varphi(x)=\max\{f(x),g(x)\}$ 和 $\psi(x)=\min\{f(x),g(x)\}$ 在 $[a,b]$ 上也连续.

证　由例3注我们知道：若 $f(x)$ 在 x_0 点连续，则 $|f(x)|$ 在 x_0 也连续. 同时容易验证（关系式亦可视为恒等式）：

$$\boxed{\max\{f,g\}=\frac{(f+g)+|f-g|}{2},\quad \min\{f,g\}=\frac{(f+g)-|f-g|}{2}}$$

这样由 $(f+g)$，$|f-g|$ 的连续性，可证明 $\varphi(x),\psi(x)$ 在 $[a,b]$ 上的连续性.

下面的例子是验证分段函数的复合函数的连续性.

例 9 设 $f(x)=\sin x, g(x)=\begin{cases}x-\pi, x\leqslant 0,\\ x+\pi, x>0.\end{cases}$ 试证在点 $x=0$ 处 $f[g(x)]$ 连续.

证 由题设及复合函数性质有

$$f[g(x)]=\sin[g(x)]=\begin{cases}\sin(x-\pi), x\leqslant 0,\\ \sin(x+\pi), x>0,\end{cases}=\begin{cases}\sin(x-\pi)=-\sin x, & x\leqslant 0\\ \sin(\pi+x)=-\sin x, & x>0\end{cases}$$

即 $f[g(x)]=-\sin x$,故 $f[g(x)]$ 对一切实数 x 均连续,特别地在 $x=0$ 亦连续.

例 10 设 $f(x)=\begin{cases}1, & x\geqslant 0\\ -1, & x<0\end{cases}$, $g(x)=\sin x$,试讨论 $f[g(x)]$ 的连续性.

解 由设知 $x=0$ 是 $f(x)$ 的间断点.对于 $n=0,\pm 1,\pm 2,\cdots$ 有

$$f[g(x)]=\begin{cases}1, & \sin x\geqslant 0\\ -1, & \sin x<0\end{cases}=\begin{cases}1, & 2n\pi\leqslant x\leqslant(2n+1)\pi\\ -1, & (2n+1)\pi<x<(2n+2)\pi\end{cases}$$

$$f(2n\pi+0)=f((2n+1)\pi-0)=1,\quad f(2n\pi-0)=f((2n+1)\pi+0)=1$$

即当 $x=n\pi(n=0,\pm 1,\pm 2,\cdots)$ 时函数 $f[g(x)]$ 间断;除这些点外 $f[g(x)]$ 连续.

我们再看两个与讨论连续有关的待定系数问题.

例 11 设 $f(x)=\begin{cases}x, x<1,\\ a, x\geqslant 1;\end{cases}$ $g(x)=\begin{cases}b, & x<0,\\ x+2, & x\geqslant 0.\end{cases}$ 试问 a,b 为何值时,$F(x)=f(x)+g(x)$ 在 $(-\infty,+\infty)$ 内连续?

解 由题设

$$F(x)=f(x)+g(x)=\begin{cases}x+b, & x<0\\ 2x+2, & 0\leqslant x<1\\ x+2+a, & x\geqslant 1\end{cases}$$

则在 $(-\infty,0),(0,1),(1,+\infty)$ 内 $F(x)$ 连续,而在 $x=0,x=1$ 处有

$$\lim_{x\to 0^-}F(x)=\lim_{x\to 0^-}(x+b),\quad \lim_{x\to 0^+}F(x)=\lim_{x\to 0^+}(2x+2)=2$$

且 $F(0)=2$.类似地 $\lim\limits_{x\to 1^-}F(x)=4$,类似地 $\lim\limits_{x\to 1^+}F(x)=3+a$,又 $F(1)=3+a$.

欲使函数 $F(x)$ 在 $x=0,x=1$ 处连续,应取 $a=1,b=2$.

例 12 若函数 $f(x)$ 在 $(-\infty,+\infty)$ 内二阶可微(二阶导函数连续),且 $f(0)=0$,考虑函数

$$g(x)=\begin{cases}\dfrac{f(x)}{x}, & x\neq 0\\ a, & x=0\end{cases}$$

(1) 确定 a 值使 $g(x)$ 在 $(-\infty,+\infty)$ 内连续;

(2) 对于所求的 a 值证明 $g'(x)$ 在 $(-\infty,+\infty)$ 内连续.

解 (1) 由题设知 $g(0)=a$,又

$$\lim_{x\to 0}g(x)=\lim_{x\to 0}\frac{f(x)}{x}=\lim_{x\to 0}\frac{f'(x)}{1}=f'(0)$$

故当 $a=f'(0)$ 时,$g(x)$ 在 $x=0$ 处连续,从而在 $(-\infty,+\infty)$ 内连续.

(2) 由题设及上面证明有

$$\lim_{x\to 0}g'(x)=\lim_{x\to 0}\frac{xf'(x)-f(x)}{x^2}=\lim_{x\to 0}\frac{f'(x)+xf''(x)-f'(x)}{2x}=$$

$$\lim_{x\to 0}\frac{f''(x)}{2}=\frac{f''(0)}{2}$$

又 $$g'(0)=\lim_{x\to 0}\frac{g(x)-g(0)}{x}=\lim_{x\to 0}\frac{\dfrac{f(x)}{x}-f'(0)}{0}=\lim_{x\to 0}\frac{f(x)-xf'(0)}{x^2}=$$

$$\lim_{x\to 0}\frac{f'(x)-f'(0)}{2x}=\frac{f''(x)}{0}$$

故$\lim\limits_{x\to 0}g'(x)=g'(0)$，即 $g'(x)$ 在 $x=0$ 处连续，从而在$(-\infty,+\infty)$内连续.

2. 函数间断点的判定及分类问题

例 1　指出函数 $y=\dfrac{x^2-x}{|x|(x^2-1)}$ 的间断点及其类型.

解　$x=0$，$x=\pm 1$ 为该函数间断点，实因

$$\lim_{x\to 0^-}y=\lim_{x\to 0^-}\frac{x^2-x}{-x(x^2-1)}=-1,\qquad \lim_{x\to 0^+}y=\lim_{x\to 0^+}\frac{x^2-x}{x(x^2-1)}=1$$

$$\lim_{x\to -1^-}y=\lim_{x\to -1^-}\frac{-1}{x+1}=+\infty,\qquad \lim_{x\to -1^+}y=\lim_{x\to -1^+}\frac{-1}{x+1}=-\infty$$

$$\lim_{x\to 1^-}y=\lim_{x\to 1^-}\frac{1}{x+1}=\frac{1}{2},\qquad \lim_{x\to 1^+}y=\lim_{x\to 1^+}\frac{1}{x+1}=\frac{1}{2}$$

综上 $x=0$(有限间断)，$x=1$(可去间断)为第一类间断；$x=-1$ 是第二类间断.

例 2　试求函数 $y=\dfrac{\tan 2x}{x}$ 的间断点及其类型，如系可去间断请补充函数在该点的定义使之连续.

解　由$\lim\limits_{x\to 0}\dfrac{\tan 2x}{x}=2$，故 $x=0$ 为该函数第一类间断点，若函数作如下补充定义：

$$y=\begin{cases}\dfrac{\tan 2x}{x}, & x\neq 0\\ 2, & x=0\end{cases}$$

则函数 y 在 $x=0$ 处连续.

又当 $x=\dfrac{2k\pi+\pi}{4}(k=0,\pm 1,\pm 2,\cdots)$ 时，为函数的无穷间断点.

下面看看分段函数(以极限形式出现)的间断点求法.

例 3　指出 $f(x)=\lim\limits_{n\to\infty}\dfrac{x^{2n}-1}{x^{2n}+1}x$ 的间断点及其类型.

解　由 $f(\pm 1)=0$，再有下面诸结论：

当 $|x|<1$ 时，有
$$\lim_{n\to\infty}\frac{x^{2n}-1}{x^{2n}+1}=-1$$

当 $|x|>1$ 时，有

$$\lim_{n\to\infty}\frac{x^{2n}-1}{x^{2n}+1}=\lim_{n\to\infty}\frac{1-\left(\frac{1}{x}\right)^{2n}}{1+\left(\frac{1}{x}\right)^{2n}}=1$$

综上可有
$$f(x)=\begin{cases}x, & x<-1 \text{ 或 } x>1\\ 0, & x=\pm 1\\ -x, & -1<x<1\end{cases}$$

由 $f(1-0)\neq f(1+0)$，$f(-1+0)\neq f(-1-0)$，故 $x=\pm 1$ 为第一类间断，且是跳跃间断.

我们再来看一个复合函数的间断点的求法问题.

例 4　设 $f(x)=\begin{cases}1, & x>0\\ 0, & x\leqslant 0\end{cases}$，$g(x)=\begin{cases}x-1, & x\geqslant 1\\ 1-x, & x<1\end{cases}$. 指出 $f[g(x)]$ 的间断点及其类型.

解　容易验证(见前面章节的例)复合函数 $f[g(x)]$ 有如下表达式

$$f[g(x)]=\begin{cases}1, & x>1\\ 0, & x\leqslant 1\end{cases}$$

知 $x=1$ 为其间断点.又

$$f[g(1-0)]=0,\quad f[g(1+0)]=1$$

则 $x=1$ 为函数 $f[g(x)]$ 的第一类间断,且为跳跃间断.

我们已经遇到过高斯函数$[x]$(不超过 x 的最大整数)的极限问题,下面看看关于与它有关的函数间断点讨论.

例 5 指出(1)$y=\dfrac{1}{x}-\left[\dfrac{1}{x}\right](x>0)$;(2)$y=x[x]$ 的间断点及类型.

解 (1) 当 $n=1,2,3,\cdots$ 时,有

$$\lim_{x\to\frac{1}{n}+0}\left(\frac{1}{x}-\left[\frac{1}{x}\right]\right)=1,\quad \lim_{x\to\frac{1}{n}-0}\left(\frac{1}{x}-\left[\frac{1}{x}\right]\right)=0$$

故函数当 $x>0$ 时,在 $x=\dfrac{1}{n}(n=1,2,3,\cdots)$ 为第一类间断点.

(2) 当 $k=\pm1,\pm2,\cdots$ 时,由

$$\lim_{x\to k+0}x[x]=k^2,\quad \lim_{x\to k-0}x[x]=k(k-1)$$

故函数在 $x=k(k=\pm1,\pm2,\cdots)$ 处为第一类间断点.又$\lim\limits_{x\to0}x[x]=0=f(0)$,知 $x[x]$ 在 0 点连续.

再来看个抽象函数的例子.

例 6 若 $f(x)$ 除 $x=x_0$ 外连续,且 $f(x_0)<A<0$,又 $\lim\limits_{x\to x_0}f(x)=A$.试问 $x=x_0$ 为何种间断?

解 因 $\lim\limits_{x\to x_0}f(x)=A\neq f(x_0)$,故 x_0 为第一类间断,且为可去间断.

若令 $f(x_0)=A$,则 $f(x)$ 便成为连续函数.

例 7 设不恒为零的奇函数 $f(x)$ 在 $x=0$ 处可导,试讨论 $x=0$ 为函数$\dfrac{f(x)}{x}$ 的何种间断点?

解 因 $f(x)$ 是奇函数,故 $f(x)=-f(-x)$.令 $x=0$,得 $f(0)=0$.

因 $f(x)$ 在 $x=0$ 处可导,所以$f'(0)$ 存在,故$\lim\limits_{x\to0}\dfrac{f(x)}{x}=f'(0)$ 存在.

故 $x=0$ 为$\dfrac{f(x)}{x}$ 的可去间断点.

3. 函数的一致连续问题*

函数的一致连续问题,在一般高等数学教程中较少论及,我们不想过多的讨论和介绍,这里举几个例子.

例 1 设 $f(x)=\begin{cases}x, & 0<x<1\\ x^3, & -1<x\leqslant0\end{cases}$.证明 $f(x)$ 在$(-1,1)$ 上一致连续.

证 由 $f(0-0)=f(0+0)=0$,故函数在 $x=0$ 点连续.

定义

$$F(x)=\begin{cases}x, & 0<x\leqslant1\\ x^3, & -1\leqslant x\leqslant0\end{cases}$$

易见 $F(x)$ 在$[-1,1]$ 上连续.

由 Cantor 定理知 $F(x)$ 在$[-1,1]$ 上一致连续,从而 $f(x)$ 在$(-1,1)$ 上一致连续.

例 2 设函数 $f(x)=\dfrac{P_n(x)}{Q_{n-1}(x)}$,式中 $P_n(x)=a_0x^n+a_1x^{n-1}+\cdots+a_n$,$Q_{n-1}(x)=b_0x^{n-1}+b_1x^{n-2}+\cdots+b_{n-1}$(这里 $a_0b_0\neq0$,且 $n\geqslant1$),又在$[c,+\infty)$ 上 $Q_{n-1}(x)$ 无零点.则函数 $f(x)$ 在$[c,+\infty)$ 上一致连续.

证 由多项式除法,可得

$$f(x)=\frac{a_0}{b_0}x+\frac{P_{n-1}(x)}{Q_{n-1}(x)}\equiv f_1(x)+f_2(x)$$

其中 $$P_{n-1}(x)=\left(\frac{a_1b_0-a_0b_1}{b_0}\right)x^{n-1}+\cdots+a_n$$

因 $$\lim_{x\to+\infty}f_2(x)=\lim_{x\to+\infty}\frac{P_{n-1}(x)}{Q_{n-1}(x)}=\frac{a_1b_0-a_0b_1}{{b_0}^2}$$

故任给 $\varepsilon>0$,有 $N(\varepsilon)>0$,使当 $x_1,x_2\in(N,+\infty)$ 有

$$|f_2(x_1)-f_2(x_2)|<\varepsilon$$

故 $f_2(x)=\dfrac{P_{n-1}(x)}{Q_{n-1}(x)}$ 在 $(N,+\infty)$ 上一致连续.

又 $Q_{n-1}(x)$ 在 $[c,+\infty)$ 上无零点,故 $f_2(x)$ 在 $[c,N]$ 上连续,从而一致连续,进而 $f_2(x)$ 在 $[c,+\infty)$ 上亦一致连续.

对任意 $\varepsilon>0$,存在 $\delta_1>0$,使 $x_2',x_2''\in[c,+\infty)$ 且 $|x_2'-x_2''|<\delta_1$ 时,有

$$|f_2(x_2')-f_2(x_2'')|<\frac{\varepsilon}{2}$$

类似地,对 $f_1(x)=\dfrac{a_0x}{b_0}$,及 $a\in[c,+\infty)$,存在 $\delta_2=\left|\dfrac{a_0}{b_0}\right|\cdot\dfrac{\varepsilon}{2}>0$,当 $x_1',x_1''\in[c,+\infty)$ 且 $|x_1'-x_1''|<\delta_2$ 时,有

$$|f_1(x_1')-f_1(x_1'')|=\left|\frac{a_0}{b_0}x_1'-\frac{a_0}{b_0}x_1''\right|=\left|\frac{a_0}{b_0}\right||x_1'-x_2''|<\frac{\varepsilon}{2}$$

取 $\delta=\min\{\delta_1,\delta_2\}$,当 $x',x''\in[c,+\infty)$ 且 $|x'-x''|<\delta$ 时,有

$$|f(x')-f(x'')|\leqslant|f_1(x')-f_1(x'')|+|f_2(x')-f_2(x'')|<\frac{\varepsilon}{2}+\frac{\varepsilon}{2}=\varepsilon$$

故 $f_2(x)=\dfrac{P_n(x)}{Q_{n-1}(x)}$ 在 $[c,+\infty)$ 上一致连续.

再来看一个函数不一致连续的例子.

例 3 证明函数 $f(x)=\sin\dfrac{\pi}{x}$ 在区间 $(0,1)$ 上非一致连续.

证 对充分小的 $\varepsilon>0$,无论怎样的 $\delta>0$,总可选 $x'=\dfrac{1}{2n+\frac{1}{2}}$,$x''=\dfrac{1}{2n}$,使得 $|x'-x''|<\delta$,但

$$|f(x')-f(x'')|=\left|\sin\left(2n+\frac{1}{2}\right)\pi-\sin 2n\pi\right|=1>\varepsilon$$

故 $f(x)$ 在 $(0,1)$ 上非一致连续.

(二)利用函数连续性解题

利用连续函数的性质可以解下列问题:

1. 求函数极限

利用函数连续性可以求函数的极限,这方面例子较多,这里仅举一例,它与函数导数性质有关.

例 若 $f(x)$ 在 $x=1$ 处有一阶连续导数,且 $f'(1)=-2$. 试求 $\lim\limits_{x\to0^+}\dfrac{\mathrm{d}}{\mathrm{d}x}f(\cos\sqrt{x})$.

解 由 $\dfrac{\mathrm{d}}{\mathrm{d}x}f(\cos\sqrt{x})=f'(\cos\sqrt{x})(-\sin\sqrt{x})\dfrac{1}{2\sqrt{x}}$,故由题设 $f(x)$ 的一阶导数的连续性有

$$\lim_{x\to0^+}\frac{\mathrm{d}}{\mathrm{d}x}f(\cos\sqrt{x})=\lim_{x\to0^+}f'(\cos\sqrt{x})\frac{-\sin\sqrt{x}}{2\sqrt{x}}=\frac{-f'(1)}{2}=-\frac{-2}{2}=1$$

2. 判定方程的根

这个问题我们在“方程根的存在和判定方法”一节将要详细讨论,这里略举几例.

例 1　证明方程 $a\sin x = x + b(a > 0, b < 0)$ 至少有一个不超过 $a-b$ 的正根.

证　将方程改写为

$$f(x) = a\sin x - x - b = 0$$

由 $f(x)$ 的连续性,且 $f(0) = -b > 0$,又

$$f(a-b) = a\sin(a-b) - (a-b) - b = a\sin(a-b) - a \leqslant 0$$

若 $f(a-b) = 0$,则 $a-b$ 为方程的一个不超过 $a-b$ 的正根.

若 $f(a-b) < 0$,故有 $\xi \in (0, a-b)$ 使 $f(\xi) = 0$,ξ 即为不超过 $a-b$ 的正根.

例 2　已知函数 $f(x)$ 在$[0,1]$上连续且非负,同时 $f(0) = f(1) = 0$. 试证对任意实数 $l(0 < l < 1)$ 必有实数 $x_0(0 \leqslant x_0 \leqslant 1)$ 使 $f(x_0) = f(x_0 + l)$.

证　作函数 $F(x) = f(x) - f(x+l)$,考虑

$$F(0) = f(0) - f(l) \leqslant 0, \quad F(1-l) = f(1-l) - f(1) \geqslant 0$$

若 $F(0) = 0$,则 $x_0 = 0$ 即为所求;若 $F(1-l) = 0$,则 $x_0 = 1-l$ 即为所求.

若 $F(0) \neq 0, F(1-l) \neq 0$;则 $F(0) < 0, F(1-l) > 0$,则有 $0 < x_0 < 1-l < 1$,使

$$F(x_0) = f(x_0) - f(x_0 + l) = 0$$

即

$$f(x_0) = f(x_0 + l)$$

下一个例子是关于变换不动点问题的.

例 3　若 $f(x)$ 在$[a,b]$上连续,且其值域也是$[a,b]$,则在区间$[a,b]$上存在一点 ξ 使 $f(\xi) = \xi$(称 ξ 为该变换或映射下的不动点).

证　由设知 a 为 $f(x)$ 在$[a,b]$上的最小值,b 为其最大值.

若 $f(a) = a$ 或 $f(b) = b$,则 $\xi = a$ 或 b 即为所求;

若 $f(a) \neq a$,且 $f(b) \neq b$,则 $f(a) > a$ 且 $f(b) < b$.

令 $g(x) = f(x) - x$,由 $f(x)$ 连续性知 $g(x)$ 亦在$[a,b]$上连续,又

$$g(a) = f(a) - a > 0, \quad g(b) = f(b) - b < 0$$

则有 $\xi \in (a,b)$ 使 $g(\xi) = 0$,即 $f(\xi) = \xi$.

例 4　若函数 $f(x)$ 在$(-\infty, +\infty)$上连续且 $\lim\limits_{x\to+\infty} \dfrac{f(x)}{x^n} = \lim\limits_{x\to-\infty} \dfrac{f(x)}{x^n} = 0$. 若 n 是奇数,则有 ξ,使 $f(\xi) + \xi^n = 0$.

证　令 $F(x) = f(x) + x^n$,由设知 $F(x)$ 在$(-\infty, +\infty)$内也连续. 又 n 为奇数知

$$\lim_{x\to+\infty} f(x) = \lim_{x\to+\infty} x^n\left[1 + \frac{f(x)}{x^n}\right] = +\infty, \quad \lim_{x\to-\infty} f(x) = \lim_{x\to-\infty} x^n\left[1 + \frac{f(x)}{x^n}\right] = -\infty$$

则有 $x > 0$ 使 $F(x) > 0, F(-x) < 0$,故在$(-x, x)$内有 ξ 使 $F(\xi) = 0$,即 $f(\xi) + \xi^n = 0$.

注　在此例的假设下,若 n 为偶数则有 η 存在使 $\eta^n + f(\eta) \leqslant x^n + f(x)$ 对一切 x 成立.

3. 函数取得介值问题

例 1　若 $f(x)$ 在(a,b)内连续,且 $a_k(k = 1,2,\cdots,n)$ 为此区间内任意 n 个不同的点,则必在某两个点之间存在一点 ξ 使 $f(\xi) = \dfrac{1}{n}[f(a_1) + f(a_2) + \cdots + f(a_n)]$.

证　令 $a_i = \min\{a_1, a_2, \cdots, a_n\}$,$a_j = \max\{a_1, a_2, \cdots, a_n\}$. 显然$[a_i, a_j] \subset (a,b)$.

则由 $f(x)$ 在$[a_i, a_j]$上的连续性知,$f(x)$ 在其有最小值 m 和最大值 M. 且有 $m \leqslant f(a_k) \leqslant M(k = 1,2,\cdots,n)$,故

$$m \leqslant \frac{1}{n}[f(a_1) + f(a_2) + \cdots + f(a_n)] \leqslant M$$

由连续函数的介值定理知有 $\xi \in [a_i, a_j]$ 使

$$f(\xi) = \frac{1}{n}[f(a_1) + f(a_2) + \cdots + f(a_n)]$$

例 2　函数 $f(x)$ 在圆周上有定义且连续，证明必存在该圆的一条直径，使其两端点 a,b 使 $f(a)=f(b)$.

证　令 $g(\theta)=f(\theta)-f(\theta+\pi)$，则 $g(\theta)$ 是$[0,\pi]$上的连续函数，且

$$g(0)=f(0)-f(\pi),\quad g(\pi)=f(\pi)-f(2\pi)=f(\pi)-f(0)=-[f(0)-f(\pi)]$$

由连续函数介值定理知有 $\theta'\in[0,\pi]$ 使 $g(\theta')=0$，即 $f(\theta')=f(\pi+\theta')$.

例 3　若连续函数 $f(x)$ 对任意 x 皆有 $f(2x^2-1)=2xf(x)$，则当 $x\in[-1,1]$ 时，$f(x)\equiv 0$.

证　由题设有

$$f\left(-\frac{1}{2}\right)=f\left[2\left(-\frac{1}{2}\right)^2-1\right]=2\left(-\frac{1}{2}\right)f\left(-\frac{1}{2}\right)=-f\left(-\frac{1}{2}\right)$$

从而可知 $f\left(-\frac{1}{2}\right)=0$. 又对任意 θ 有

$$f(\cos 2\theta)=f(2\cos^2\theta-1)=2\cos\theta f(\cos\theta)$$

若 $\cos\theta\neq 0$，则 $f(\cos 2\theta)=0$，从而有 $f(\cos\theta)=0$.

而 $f(\cos\theta)=0$ 当且仅当 $f[\cos(\theta+2\pi)]=0$.

这样由 $f\left(\cos\frac{2\pi}{3}\right)=f\left(-\frac{1}{2}\right)=0$，则对任意 $m,n\in\mathbf{Z}$ 有

$$f\left(\cos\frac{2\pi+2m\pi}{2^n}\right)=0$$

即在$[-1,1]$中有一个 x 的稠密集使 $f(x)=0$. 又由 $f(x)$ 的连续性知 $f(x)\equiv 0, x\in[-1,1]$.

4. 讨论函数极值问题

利用连续函数的性质可以讨论函数的极值. 请看：

例 1　设函数 $f(x)=(x-x_0)^n\varphi(x)$(n 为自然数)，其中 $\varphi(x)$ 在 $x=x_0$ 处连续，且$\varphi(x_0)\neq 0$，试讨论函数 $f(x)$ 在 x_0 处的极值情况.

解　由 $\varphi(x)$ 的在 $x=x_0$ 处连续，且 $\varphi(x_0)\neq 0$. 由连续函数性质知 $\varphi(x)$ 在 x_0 充分小的领域 $(x_0-\delta,x_0+\delta)$ 内与 $\varphi(x_0)$ 同号. 故 $f(x)$ 的符号只与 n 的奇偶性有关.

(1) 若 n 为奇数：则经过 x_0 时 $f(x)$ 的值变号，故 $x=x_0$ 处不会取得极值；

(2) 若 n 为偶数：则$(x-x_0)^n>0(x\neq x_0)$，当 $\varphi(x_0)>0$ 时，若 $x\in(x_0-\delta,x_0+\delta)$，有

$$f(x)=(x-x_0)^n\varphi(x)>0=f(x_0)$$

故 x_0 为极小点. 又若 $\varphi(x_0)<0$ 时，当 $x\in(x_0-\delta,x_0+\delta)$，有

$$f(x)=(x-x_0)^n\varphi(x)>0=f(x_0)$$

故 x_0 为极大点.

下面系导函数为 0 的例子，其中要用到函数取极值的条件.

例 2　若 $f(x)$ 在$(-\infty,+\infty)$内可导，且 $\lim\limits_{x\to+\infty}f(x)=\lim\limits_{x\to-\infty}f(x)=a$，试证必存在 ξ 使$f'(\xi)=0$.

证　若 $f(x)\equiv a$，则$f'(x)\equiv 0$；若 $f(x)\not\equiv a$，则存在 x_0 使 $f(x_0)\neq a$. 无妨设 $f(x_0)=b>a$.

由 $\lim\limits_{x\to+\infty}f(x)=\lim\limits_{x\to-\infty}f(x)=a$，则对 $\frac{b-a}{2}>0$，存在 $X>0$ 使当$|x|\geqslant X$时

$$|f(x)-a|<\frac{b-a}{2}\Rightarrow f(x)<\frac{a+b}{2}$$

又 $f(x)$ 在$[-X,X]$上连续，则有 $\xi\in[-X,X]$ 使 $f(x)$ 取最大值 $f(\xi)=M$.

又 $x_0\in[-X,X]$，则 $M\geqslant f(x_0)=b>\frac{a+b}{2}$，但 ξ 不能是$[-X,X]$的端点，故$f'(\xi)=0$.

习　题*

一、函数的基本概念问题

1. 求下列函数的定义域：

(1)$y=\sqrt{\lg\dfrac{5x-x^2}{4}}$；(2)$z=\arccos\dfrac{x}{x+y}$；(3) 若 $f(x)$ 的定义域是$[0,1]$，求 $f(x^2)$，$f(x+a)$ 的定义域.

[**提示**：(1)$\lg\dfrac{5x-x^2}{4}\geqslant 0$，得$1\leqslant x\leqslant 4$；(2)$\left|\dfrac{x}{x+1}\right|\leqslant 1$，得当$y\geqslant 0$时，$y\geqslant -2x$；当$y\leqslant 0$时，$y\leqslant -2x$；(3) 分别令变换 $u=x^2$ 和 $v=x+a$]

2. 设 $f(x)=\dfrac{1}{1-x}$，求 $f[f(x)]$ 和 $f\{f[f(x)]\}$ 的定义域.

3. 已知 $f\left(\sin\dfrac{x}{2}\right)=1+\cos x$，求 $f\left(\cos\dfrac{x}{2}\right)$.

[**提示**：$1+\cos x=2-2\sin^2\dfrac{x}{2}$，即 $f(x)=2-x^2$，则 $f\left(\cos\dfrac{x}{2}\right)=2-2\cos^2\dfrac{x}{2}=1-\cos x$]

4. 设 $f\left(x+\dfrac{1}{x}\right)=x^2+\dfrac{1}{x^2}$，求 $f(x)$.

[**提示**：$x^2+\dfrac{1}{x^2}=\left(x+\dfrac{1}{x}\right)^2-1$；故 $f(x)=x^2-2$]

5. 若 $f(x)=\begin{cases}1+x, & x<0\\ 1, & x\geqslant 0\end{cases}$. 求 $f[f(x)]$，且求 $f\{f\cdots[f(x)]\cdots\}$.

$\left[\textbf{答}：f[f(x)]=\begin{cases}2+x, & x<-1\\ 1, & x\geqslant -1\end{cases}\right]$

6. 函数 $f(x)$ 的定义域和值域均为 $x>0$，命 $f_0(x)=f(x)$，且 $f_n(x)=f[f_{n-1}(x)]$，$n\geqslant 1$. 若有 $f_{n+1}(x)=[f_n(x)]^2$，求 $f_3(x)$.

[**提示**：$f_{n+1}(x)=[f_n(x)]^2$. **答**：$f_3(x)=x^{16}$]

7. 设 $f(x)=\begin{cases}1, & x\geqslant 0\\ -1, & x<0\end{cases}$，又 $g(x)=\sin x$. 求 $f[g(x)]$.

$\left[\textbf{答}：f[g(x)]=\begin{cases}1, & \sin x\geqslant 0\\ -1, & \sin x<0\end{cases}\right]$

8. 若函数 $f(x)=\begin{cases}0, & x<0\\ x, & x\geqslant 0\end{cases}$，又函数 $g(x)=x^2+x+1$. 试求 $f[g(x)]$，$g[f(x)]$，$f[f(x)]$ 和 $f\{g[f(x)]\}$.

9. 已知 $\varphi(x)=\operatorname{sgn}x$，$\psi(x)=\sin x$，试求 $\varphi[\varphi(x)]$，$\varphi[\psi(x)]$，$\psi[\psi(x)]$，$\psi[\varphi(x)]$.

10. 讨论下列函数的奇偶性：

(1)$y=\cos x-\sin x$；(2)$y=\dfrac{a^x+1}{a^x-1}$.

11. 求下列函数的周期：

(1)$y=3+\cos\dfrac{\pi x}{2}$；(2)$y=\sin(x+1)$.

---

* 这里有些习题可能已出现在例中，请读者自己做一做，看看掌握的情况如何. 后面情况类同，不再一一注记.

12. 求下列函数的反函数：

(1)$y=\dfrac{3^x}{1+3^x}$；(2)$y=1+\lg(x+3)$.

[提示：求反函数实际上是 x 用 y 的表达式，即只需从题设函数式中反解出 x 即可]

二、求下列各数列的极限问题

1. 计算极限 $\lim\limits_{n\to\infty}\dfrac{x^n-1}{x^n+1}(x>0)$.

[提示：分 $0<x<1$，$x=1$ 和 $x>1$ 三种情况考虑]

2. 若 a,b 均为正数，试求极限(1) $\lim\limits_{n\to\infty}(a^n+b^n)^{\frac{1}{n}}$；(2) $\lim\limits_{n\to\infty}(a^{\frac{1}{n}}+b^{\frac{1}{n}})^n$.

3. (1) 求极限 $\lim\limits_{n\to\infty}(\cos\dfrac{\theta}{n})^n$；(2) 求极限 $\lim\limits_{n\to\infty}\{\underbrace{\sin[\sin(\cdots\sin x)]}_{n个}\}$.

[提示：(1) 考虑 $\ln\left(\cos\dfrac{\theta}{n}\right)^x$ 当 $x\to+\infty$ 时的极限；(2) 令 $f_n(x)=\sin[\sin(\cdots\sin x)]$，对任意 x_0 有 $0\leqslant u=\lim\limits_{n\to\infty}f_n(x_0)=\lim\limits_{n\to\infty}\sin[f_{n-1}(x_0)]=\sin[\lim\limits_{n\to\infty}f_{n-1}(x_0)]=\sin u\leqslant 1$]

4. (1) 求极限 $\lim\limits_{n\to\infty}\left[\dfrac{1}{(n+1)^3}+\dfrac{1}{(n+2)^3}+\cdots+\dfrac{1}{(2n)^3}\right]$；(2) 求极限 $\lim\limits_{n\to\infty}\left(\sum\limits_{n=1}^{\infty}(-1)^{n-1}\dfrac{1}{n}\right)$.

[提示：(1) 利用逼夹定理；(2) 利用 $\ln(1+x)$ 的幂级数展开]

5. 若 $I_n=\underbrace{\sqrt{a\sqrt{a\cdots\sqrt{a}}}}_{n重}$，求极限 $\lim\limits_{n\to\infty}I_n$.

[提示：化为 a 的指数的问题考虑]

6. 求极限(1) $\lim\limits_{n\to\infty}\left(\dfrac{n+2}{n+1}\right)^n$；(2) $\lim\limits_{n\to\infty}\left(\dfrac{1}{100}+\dfrac{1}{n}\right)^n$.

$\left[\text{提示：(2) 考虑 }\ln\left(\dfrac{1}{100}+\dfrac{1}{x}\right)^x\right]$

7. 求极限(1) $\lim\limits_{n\to\infty}\displaystyle\int_0^{\frac{1}{2}}\dfrac{x^n}{1+n}\mathrm{d}x$；(2) $\lim\limits_{n\to\infty}\displaystyle\int_0^{\frac{\pi}{2}}\sin^n x\,\mathrm{d}x$.

[提示：考虑用积分中值定理]

8. 求极限 $\lim\limits_{n\to\infty}\displaystyle\int_n^{n+a}x\sin\dfrac{1}{x}\mathrm{d}x$($a$ 是常数).

[提示：考虑用积分中值定理]

9. 求极限 $\lim\limits_{n\to\infty}\left(\ln\dfrac{\sqrt{n!}}{n}\right)$.

[提示：化为定积分问题考虑]

10. 证明 $\left(\dfrac{1}{1\times1986}+\dfrac{1}{1986\times3971}+\dfrac{1}{3971\times5956}+\cdots\right)^{-1}=1985$.

[提示：$\dfrac{1}{[na-n+1][(n+1)a-n]}=\dfrac{n+1}{(n+1)a-n}-\dfrac{n}{na-n+1}$，这里 $a=1986$]

三、解下列各函数极限问题

1. 若 $\lim\limits_{x\to a}f(x)=\infty$，$\lim\limits_{x\to b}g(x)=b$(常数). 试证 $\lim\limits_{x\to a}[f(x)+g(x)]=\infty$.

[提示：利用函数极限定义考虑]

2. 求极限 $\lim\limits_{x\to+\infty}f(x)=x^{\frac{2}{3}}(\sqrt{x+1}+\sqrt{x-1}-2\sqrt{x})$.

[提示：有理化分子]

3. 求极限 $\lim\limits_{x\to 0^+}\sqrt[x]{\cos\sqrt{x}}$.

[提示:令 $\sqrt{x}=y$]

4. 求极限(1) $\lim\limits_{x\to+\infty}\dfrac{x^n}{a^x}$;(2) $\lim\limits_{x\to 1}\dfrac{x^x-x}{\ln x-x+1}$.

5. 求极限(1) $\lim\limits_{x\to+\infty}x(\ln x)^n$($n$ 为自然数);(2) $\lim\limits_{x\to 0}\dfrac{x(1-\cos x)}{(1-\mathrm{e}^x)\sin x^2}$.

$\left[\text{提示:(1)}x(\ln x)^n=\dfrac{(\ln x)^n}{1/x};\text{(2)}\dfrac{x(1-\cos x)}{(1-\mathrm{e}^x)\sin x^2}=\dfrac{x}{1-\mathrm{e}^x}\cdot\dfrac{1-\cos x}{\sin x^2}\right]$

6. 求极限 $\lim\limits_{x\to\infty}\dfrac{\int_0^x(\arctan t)^2\mathrm{d}t}{\sqrt{1+x^2}}$.

7. 求下列极限:

(1) $\lim\limits_{x\to 1}\left(\dfrac{2x}{x+1}\right)^{\frac{2x}{x-1}}$;(2) $\lim\limits_{x\to 1}(2-x)^{\tan\frac{\pi}{2}x}$;(3) $\lim\limits_{x\to 1}(1+x^2)^{\frac{1}{1-\cos x}}$;

(4) $\lim\limits_{x\to 0}\left(\dfrac{\sin x}{x}\right)^{\frac{1}{1-\cos x}}$;(5) $\lim\limits_{x\to 0}\left[\dfrac{(1+x)^{\frac{1}{x}}}{\mathrm{e}}\right]^{\frac{1}{x}}$;(6) $\lim\limits_{x\to 0}\left(\dfrac{\sin x}{x}\right)^{\frac{1}{x^2}}$.

8. 求极限(1) $\lim\limits_{x\to+\infty}x\mathrm{e}^{-x^2}\int_0^x\mathrm{e}^{x^2}\mathrm{d}x$;(2) $\lim\limits_{x\to+\infty}\left[\dfrac{\int_0^x|\sin t|\mathrm{d}t}{x}\right]$.

9. 求极限 $\lim\limits_{x\to+\infty}\dfrac{\left(\int_0^x\mathrm{e}^{x^2}\mathrm{d}x\right)^2}{\int_0^x\mathrm{e}^{2x^2}\mathrm{d}x}$.

10. 求极限 $\lim\limits_{x\to 0}\dfrac{x^2-\int_0^{x^2}\cos(t^2)\mathrm{d}t}{\sin^{10}x}$.

[提示:先用一次 L'Hospital 法则再令 $x^4=y$]

11. 求极限 $\lim\limits_{x\to 0}\dfrac{\int_0^{\sin x}\sqrt{\tan t}\,\mathrm{d}t}{\int_0^{\tan x}\sqrt{\sin t}\,\mathrm{d}t}$.

12. 求极限 $\lim\limits_{x\to 0^+}\dfrac{\int_0^{\sqrt{x}}\sin x^2\mathrm{d}x}{\sqrt{x^3}}$.

13. 求极限 $\lim\limits_{x\to 0}\dfrac{\mathrm{e}^{x^2}-1-x^2}{x^4}$.

[提示:考虑 e^{x^2} 的 Taylor 展开]

14. 若 $f(x)$ 二次可微,且 $\lim\limits_{x\to 0}\dfrac{f(x)}{x}=0$,$f''(0)=4$. 求 $\lim\limits_{x\to 0}\left[\dfrac{1+f(x)}{x}\right]^{\frac{1}{x}}$.

$\left[\text{提示:考虑}\lim\limits_{x\to 0}\ln\left[\dfrac{1+f(x)}{x}\right]^{\frac{1}{x}}\right]$

15. 若 $f(x)$ 在 $x=a$ 的邻域内可微,且 $\lim\limits_{x\to a}f(x)=0$,$\lim\limits_{x\to a}f'(x)=1987$. 求 $\lim\limits_{x\to a}\dfrac{\int_0^x\left[t\int_t^a f(u)\mathrm{d}u\right]\mathrm{d}t}{(a-x)^3}$.

16. 若 $f(x)$ 在 $[a,b]$ 上连续非负,$M=\max\{f(x)\mid x\in[a,b]\}$. 求证 $\lim\limits_{n\to\infty}\sqrt[n]{\int_a^b f^n(x)\mathrm{d}x}=M$.

四、连续函数问题

1. 讨论函数 $f(x)=\begin{cases}\ln x, & x\geqslant 1\\ x-1, & x<1\end{cases}$ 在 $x=1$ 处的连续性.

2. 讨论函数 $f(x)=\begin{cases}x^2\sin\dfrac{1}{x}, & 0<x<2\\ x, & x\leqslant 0\end{cases}$ 在 $x=0$ 及 $x=1$ 处的连续性.

3. 求下列函数的间断点，且指出其类型：

(1) $f(x)=x\sin\dfrac{\pi}{x}$；(2) $f(x)=\operatorname{sgn}(\sin x)$.

4. 研究下列函数的连续性：

(1) $y=\lim\limits_{n\to\infty}\dfrac{1}{1+x^n}(x\geqslant 0)$；(2) $\lim\limits_{n\to\infty}\cos^{2n}x$.

[**提示**：(1) 分 $0\leqslant x<1$ 和 $x>1$ 两区间考虑，再求出 $x=1$ 时函数值；可得 $x=1$ 为第一类间断点；(2) 当 $x=k\pi$ 时 $y=1$；当 $x\neq k\pi$ 时；$y=0(k=0,\pm 1,\pm 2,\cdots)$；$x=k\pi$ 为第一类间断点]

5. 若 $f(x)$ 满足 $f(x+y)=f(x)+f(y)$，且 $f(x)$ 在 $x=0$ 处连续，则 $f(x)$ 在任何点处连续.

[**提示**：$f(x+\Delta x)=f(x)+f(\Delta x)$，且 $f(0)=0$]

6. 设 $f(x)$ 在 $[0,1]$ 上连续，且 $f(0)=f(1)$，试证对任一自然数 n 均有 $x_n\in[0,1]$ 使 $f(x_n)=f\left(x_n+\dfrac{1}{n}\right)$.

第 2 章 一元函数的导数与微分

一、一元函数的导数计算方法

(一) 基本概念及公式、法则

1. 导数的定义

函数 $y=f(x)$ 在 $x=x_0$ 的邻域内有定义,且极限 $\lim\limits_{\Delta x\to 0}\dfrac{f(x_0+\Delta x)-f(x_0)}{\Delta x}$ 存在,则称其为 $f(x)$ 在 x_0 处的导数,记 $f'(x_0)$.

若 $f(x)$ 在区间 I 上可导, $f'(x)$ 称作 $f(x)$ 的导函数(简称导数).

2. 基本导数表

基本导数见表 1.

表 1

(1) $c'=0$	(11) $(\arcsin x)'=\dfrac{1}{\sqrt{1-x^2}}$
(2) $(x^\alpha)'=\alpha x^{\alpha-1}$	(12) $(\arccos x)'=\dfrac{-1}{\sqrt{1-x^2}}$
(3) $(\sin x)'=\cos x$	(13) $(\arctan x)'=\dfrac{1}{1+x^2}$
(4) $(\cos x)'=-\sin x$	(14) $(\operatorname{arccot} x)'=\dfrac{-1}{1+x^2}$
(5) $(\tan x)'=\sec^2 x$	(15) $[\ln(x+\sqrt{x^2+1})]'=\dfrac{1}{\sqrt{1+x^2}}$
(6) $(\cot x)'=-\csc^2 x$	(16) $[\ln(x+\sqrt{x^2-1})]'=\dfrac{1}{\sqrt{1+x^2}}$
(7) $(\ln\vert x\vert)'=\dfrac{1}{x}$	
(8) $(\log_a x)'=\dfrac{1}{x\ln a}$	
(9) $(e^x)'=e^x$	
(10) $(a^x)'=a^x\ln a$	

3. 导数的四则运算法则

导数的四则运算法则如下:

$$(u\pm v)'=u'\pm v' \qquad (uv)'=uv'+u'v \qquad \left(\frac{u}{v}\right)'=\frac{vu'-uv'}{v^2}$$

4. 复合函数、反函数、隐函数、参数方程的求导法则

复合函数、反函数、隐函数、参数方程的求导法则见表 2.

表 2

函数名称	函数形式	求导法则
复合函数	$y=f(u), u=\varphi(x)$,即 $y=f[\varphi(x)]$	$(f(\varphi(x)))'=f'(u)\varphi'(x)$,简记 $y_x{}'=y_u{}'\cdot u_x{}'$
反函数	若 $y=f(x)$ 在某区间上单调,且不为 0,其反函数 $x=\varphi(y)$	$\varphi'(y)=\dfrac{1}{f'(x)}$
隐函数	$F(x,y)=0$	两边对 x 求导,解出 $y_x{}'=y(x,y(x))$
参数方程	$\begin{cases}x=\varphi(t)\\y=\psi(t)\end{cases}$	$\dfrac{\mathrm{d}y}{\mathrm{d}x}=\dfrac{\varphi'(t)}{\psi'(t)}$

(二)一元函数导数计算方法

一元函数求导的基本类型和方法有下面几种:

(1) 根据导数定义;
(2) 根据函数及其运算的性质;
(3) 运用函数变形或变换;
(4) 复合函数求导法;
(5) 隐函数求导法;
(6) 反函数求导数法;
(7) 参变量函数求导法;
(8) 一元函数的高阶导数求法;
(9) 杂例.

下面分别举例谈谈这些方法.

1. 根据导数定义

一些函数的导数计算,常可通过函数导数的定义求得 —— 它们多在无法使用(或不便使用)求导法则及公式的情况下.请看例子:

例 1　若 $f(x)=x|x|$,求 $f'(x)$.

解　由设将 $f(x)$ 写成分段函数有

$$f(x)=\begin{cases}x^2, & x\geqslant 0\\ -x^2, & x<0\end{cases}$$

当 $x>0$ 时,$y'=2x$;当 $x<0$ 时,$y'=-2x$;而当 $x=0$ 时,有

$$\lim_{\Delta x\to 0^+}\frac{f(\Delta x)-f(0)}{\Delta x}=\lim_{\Delta x\to 0^+}\frac{(\Delta x)^2}{\Delta x}=0,\quad \lim_{\Delta x\to 0^-}\frac{f(\Delta x)-f(0)}{\Delta x}=\lim_{\Delta x\to 0^-}\frac{-(\Delta x)^2}{\Delta x}=0$$

综上

$$f'(x)=\begin{cases}2x, & x\geqslant 0\\ -2x, & x<0\end{cases}$$

注　众所周知,函数 $y=|x|$ 在 $x=0$ 不可导.但 $y=x|x|$ 在 $x=0$ 可导.类似地问题有:试证 $f(x)=(x^2-x-2)|x^3-x|$ 不可导的点的个数是 2(在 $x=1$ 和 $x=0$ 处).

例 2　讨论 $f(x)=|\sin x|$ 在 $x=0$ 点的可导性.

解　由设有

$$f(x)=\begin{cases}\sin x, & 0\leqslant x\leqslant \dfrac{\pi}{2}\\ -\sin x, & -\dfrac{\pi}{2}\leqslant x<0\end{cases}$$

又$\lim\limits_{x\to 0^+} f(x) = \lim\limits_{x\to 0^-} f(x) = 0$,故 $f(x)$ 在 $x=0$ 点连续.但

$$\lim_{\Delta x\to 0^+}\frac{f(0+\Delta x)-f(0)}{\Delta x} = \lim_{\Delta x\to 0^+}\frac{\sin\Delta x}{\Delta x} = 1$$

$$\lim_{\Delta x\to 0^-}\frac{f(0+\Delta x)-f(0)}{\Delta x} = \lim_{\Delta x\to 0^-}\frac{-\sin\Delta x}{\Delta x} = -1$$

故 $f(x)$ 在 $x=0$ 不可导.

注 对于偶函数在 $x=0$ 的按此定义(并非原始定义)求导问题尤须当心,请看函数 $f(x)=\cos\dfrac{1}{x}$ 在 $x=0$ 显然不可导,但依下面方法计算时有

$$\lim_{\Delta x\to 0}\frac{f(0+\Delta x)-f(0-\Delta x)}{2\Delta x} = \lim_{\Delta x\to 0}\frac{\cos\dfrac{1}{\Delta x}-\cos\left(-\dfrac{1}{\Delta x}\right)}{2\Delta x} = 0$$

这是因 $f(x)$ 是偶函数,因而 $f(\Delta x)=f(-\Delta x)$,至使分子总为 0,故此方法不妥.

例 3 讨论 $y=\mathrm{e}^{|x|}$ 在 $x=0$ 点的可导性.

解 由设 y 可写成 $y=f(x)=\begin{cases}\mathrm{e}^x, & x\geqslant 0\\ \mathrm{e}^{-x}, & x<0\end{cases}$.又 $\lim\limits_{x\to 0^+} y = \lim\limits_{x\to 0^-} y = 1$,知 y 在 $x=0$ 点连续.但

$$\lim_{\Delta x\to 0^+}\frac{f(0+\Delta x)-f(0)}{\Delta x} = \lim_{\Delta x\to 0^+}\frac{\mathrm{e}^{\Delta x}-1}{\Delta x} = \lim_{\Delta x\to 0^+}\mathrm{e}^{\Delta x} = 1$$

$$\lim_{\Delta x\to 0^-}\frac{f(0+\Delta x)-f(0)}{\Delta x} = \lim_{\Delta x\to 0^-}\frac{\mathrm{e}^{-\Delta x}-1}{\Delta x} = -1$$

故 $y=f(x)$ 在 $x=0$ 点不可导.

注 1 上两例函数在 $x=0$ 的不可导性是源于 $|x|$ 在 $x=0$ 点不可导的.

注 2 仿上我们可以求 $y=f(x)=|x|^p$(其中 $p\in\mathbf{R}$) 的导数.不过讨论起来不是件轻松的事.

例 4 设 $f(x)=\max\{f_1(x),f_2(x)\}$,定义域为$(0,2)$.其中 $f_1(x)=x$,$f_2(x)=x^2$.在定义域内求$f'(x)$.

解 由题设则 $f(x)$ 可写为

$$f(x)=\begin{cases}x, & 0<x\leqslant 1\\ x^2, & 1<x<2\end{cases}\Rightarrow f'(x)=\begin{cases}1, & 0<x<1\\ 2x, & 1<x<2\end{cases}$$

而$f'(1-0)=1$,$f'(1+0)=2$,故$f'(1)$不存在.

综上

$$f'(x)=\begin{cases}1, & 0<x<1\\ \text{不存在}, & x=1\\ 2x, & 1<x<2\end{cases}$$

注 这类问题与绝对值问题同属一类,这只需注意到(上一章我们已提到过)

$$\max\{f_1,f_2\}=\frac{(f_1+f_2)+|f_1-f_2|}{2},\quad \min\{f_1,f_2\}=\frac{(f_1+f_2)-|f_1-f_2|}{2}$$

例 5 设 $f(x)=x(x-1)(x-2)\cdots(x-1000)$.求$f'(0)$.

解 由题设及导数定义有

$$f'(0)=\lim_{x\to 0}\frac{f(x)-f(0)}{x}=\lim_{x\to 0}\frac{x(x-1)(x-2)\cdots(x-1000)}{x}=1000!$$

注 1 本题还可解如:

令 $g(x)=(x-1)(x-2)\cdots(x-1\,000)$,则 $f(x)=xg(x)$.又

$$f'(x)=[xg(x)]'=g(x)+xg'(x)$$

故

$$f'(0)=g(0)+0\cdot g'(0)=g(0)=1000!$$

注 2 类似地我们可以求得

$$\left[\prod_{k=1}^{n}(x-a_k)^{a_k}\right]'=\prod_{k=1}^{n}(x-a_k)^{a_k}\cdot\sum_{k=1}^{n}\frac{a_k}{x-a_k}$$

例 6　设 $f(x)=(x^{1985}-1)g(x)$，其中 $g(x)$ 在 $x=1$ 处连续，且 $g(1)=1$，求 $f'(1)$.

解　因未假定 $g(x)$ 在 $x=1$ 的可导性，只好根据导数定义，有

$$f'(1)=\lim_{x\to1}\frac{f(x)-f(1)}{x-1}=\lim_{x\to1}\frac{(x^{1985}-1)g(x)}{x-1}=$$
$$\lim_{x\to1}(x^{1984}+x^{1983}+\cdots+x+1)g(x)=1985$$

注　类似地，我们可以求解下面诸问题：

问题 1　① 设 $f(x)=(x^2-a^2)g(x)$，其中 $g(x)$ 在 $x=a$ 处连续，求 $f'(a)$.［答：$2ag(a)$］

② 设 $f(x)=(x^n-a^n)g(x)$，其中 $g(x)$ 在 $x=a$ 处连续，求 $f'(a)$.［答：$2a^{n-1}g(a)$］

问题 2　① 设 $f(x)=(x-a)^2g(x)$，其中 $g'(x)$ 在 $x=a$ 的邻域内连续，求 $f''(a)$.［答：$2g(a)$］

② 设 $f(x)=(x-a)^ng(x)$，其中 $g^{(n-1)}(x)$ 在 $x=a$ 的邻域内连续，求 $f^{(n)}(a)$.［答：$n!g(a)$］

这里注意：对于问题 2 来讲，要求 $f''(a)$，可先求 $f'(x)$（按公式），然后再按导数定义去求 $f''(a)$.

前面我们已经看到：分段定义的函数要分段求导，且在各相邻区间端点着重讨论. 这方面例子很多，比如还可见：

例 7　设函数 $f(x)=\begin{cases}\cos\dfrac{\pi x}{2}, & |x|\leqslant1;\\ |x-1|, & |x|>1.\end{cases}$ 试求 $f'(x)$.

解　先将题设改写成分段函数形式有

$$f(x)=\begin{cases}1-x, & x<-1\\ \cos\dfrac{\pi x}{2}, & -1\leqslant x\leqslant1\\ x-1, & x>1\end{cases}\Rightarrow f'(x)=\begin{cases}-1, & x<-1\\ -\dfrac{1}{2}\pi\sin\dfrac{\pi x}{2}, & -1<x<1\\ 1, & x>1\end{cases}$$

当 $x=-1$ 时，$\lim\limits_{x\to-1^-}f(x)=\lim\limits_{x\to-1^-}(1-x)=2$，而 $\lim\limits_{x\to-1^+}f(x)=\lim\limits_{x\to-1^+}\cos\dfrac{\pi x}{2}=0$，即 $f(x)$ 在 $x=1$ 不连续，故 $f(x)$ 在 $x=-1$ 处不可导.

当 $x=1$ 时，考虑到下面事实：

$$\lim_{x\to-1^+}\frac{f(x)-f(1)}{x-1}=\lim_{x\to-1^+}\frac{x-1-\cos\frac{\pi}{2}}{x-1}=1$$

$$\lim_{x\to-1^-}\frac{f(x)-f(1)}{x-1}=\lim_{x\to-1^-}\frac{\cos\frac{\pi x}{2}-\cos\frac{\pi}{2}}{x-1}=-\frac{\pi}{2}$$

故 $f(x)$ 在 $x=1$ 处亦不可导.

还有一类问题，题中含有待定常数，这些常数可按题中要求而取定.

例 8　对于函数 $f(x)=\begin{cases}ax^2+bx+c, & x<0\\ \ln(1+x), & x\geqslant0\end{cases}$ 怎样选取 a,b,c 才能使 $f(x)$ 处处具有连续的一阶导数？

解　由 $f'_+(0)=\lim\limits_{x\to0^+}\dfrac{\ln(1+x)-0}{x}=1$，而 $f'_-(0)=\lim\limits_{x\to0^-}\dfrac{ax^2+bx+c-0}{x}$，要使 $f'(0)$ 存在，应有 $f'_+=f'_-(0)=1$，故只需取 $b=1,c=0,a$ 任意. 于是

$$f'(x)=\begin{cases}2ax+1, & x<0\\ \dfrac{1}{1+x}, & x\geqslant0\end{cases}$$

处处连续.

注 1 容易算得$f''_+(0)=-1$，$f''_-(0)=2a$，要 $f(x)$ 有二阶连续导数，只需 $a=\dfrac{1}{2}$.

注 2 更一般的，对于函数

$$F(x)=\begin{cases}f(x), & x\leqslant x_0\\ a(x-x_0)^2+b(x-x_0)+c, & x>x_0\end{cases}$$

(1)$c=f(x_0)$，$F(x)$ 在 x_0 连续；

(2)$b=f'_-(x_0)$，$F(x)$ 在 x_0 有一阶导数 $F'(x_0)$；

(3)$2a=f''_-(x_0)$，$F(x)$ 在 x_0 有二阶导数 $F'(x_0)$.

最后，我们看两个通过计算去证明导数性质的例子.

例 9 若 $f(x)$ 在 x_0 处可导，试证明下式成立

$$\lim_{\Delta x\to 0}\frac{f(x_0+\alpha\Delta x)-f(x_0+\beta\Delta x)}{\Delta x}=(\alpha-\beta)f'(x_0)$$

证 考虑到下面的变形(同加、减 $f(x_0)$)，则

$$\lim_{\Delta x\to 0}\frac{f(x_0+\alpha\Delta x)-f(x_0+\beta\Delta x)}{\Delta x}=$$
$$\lim_{\Delta x\to 0}\left[\frac{f(x_0+\alpha\Delta x)-f(x_0)}{\Delta x}-\frac{f(x_0+\beta\Delta x)-f(x_0)}{\Delta x}\right]=$$
$$(\alpha-\beta)f'(x_0)$$

这只需注意到若 $\alpha\beta\neq 0$，则

$$\lim_{\Delta x\to 0}\frac{f(x_0+\alpha\Delta x)-f(x_0)}{\Delta x}=\lim_{\Delta x\to 0}\alpha\left[\frac{f(x_0+\alpha\Delta x)-f(x_0)}{\alpha\Delta x}\right]=\alpha f'(x_0)$$

$$\lim_{\Delta x\to 0}\frac{f(x_0+\beta\Delta x)-f(x_0)}{\Delta x}=\lim_{\Delta x\to 0}\beta\left[\frac{f(x_0+\beta\Delta x)-f(x_0)}{\beta\Delta x}\right]=\beta f'(x_0)$$

上两式对 $\alpha=0$ 或 $\beta=0$ 亦成立.

例 10 设 $f(x)$ 在$(-\infty,+\infty)$上有连续导数，则 $f(x)$ 为偶数 $\Longleftrightarrow$ $f'(x)$ 是奇函数.

证 必要性. 设 $f(x)$ 为偶函数，即 $f(-x)=f(x)$，由

$$f'(-x)=\lim_{\Delta x\to 0}\frac{f(-x+\Delta x)-f(-x)}{\Delta x}=\lim_{\Delta x\to 0}\frac{f[-(x-\Delta x)]-f(x)}{\Delta x}=$$
$$\lim_{\Delta x\to 0}-\frac{f(x-\Delta x)-f(x)}{-\Delta x}=-f'(x)$$

即$f'(-x)=-f'(x)$，故$f'(x)$ 为奇函数.

充分性. 设$f'(x)$ 为奇函数，即$f'(-x)=-f'(x)$. 又 $f(x)=\int_0^x f'(t)\mathrm{d}t+f(0)$，且

$$\int_0^x f'(t)\mathrm{d}t=-\int_0^x f'(-t)\mathrm{d}t=\int_0^x f(-t)\mathrm{d}(-t)=\int_0^{-x} f'(u)\mathrm{d}u$$

即 $f(x)=f(-x)$，故 $f(x)$ 为偶函数.

注 仿上可知：若 $f(x)$ 是偶函数，则$f'(x)$ 和$\int_0^x f(t)\mathrm{d}t$ 都是奇函数.

下面的例子还是函数连续性有关.

例 11 设函数 $f(x)$ 连续，又 $\varphi(x)=\int_0^1 f(xt)\mathrm{d}t$，且$\lim\limits_{x\to 0}\dfrac{f(x)}{x}=A$($A$为常数)，试讨论$\varphi'(x)$ 在$x=0$ 处的连续性.

解 由设知 $f(0)=\varphi(0)=0$，令 $u=xt$ 有 $\varphi(x)=\dfrac{\int_0^x f(u)\mathrm{d}u}{x}(x\neq 0)$. 从而

$$\varphi'(x)=\frac{xf(x)-\int_0^x f(u)\mathrm{d}u}{x^2},\quad x\neq 0$$

又由导数定义有

$$\varphi'(0)=\lim_{x\to 0}\frac{\int_0^x f(u)\mathrm{d}u}{x^2}=\lim_{x\to 0}\frac{f(x)}{2x}=\frac{A}{2}$$

再由

$$\lim_{x\to 0}\varphi'(x)=\lim_{x\to 0}\frac{xf(x)-\int_0^x f(u)\mathrm{d}u}{x^2}=\lim_{x\to 0}\frac{f(x)}{2x}-\lim_{x\to 0}\frac{\int_0^x f(u)\mathrm{d}u}{x^2}=$$
$$A-\frac{A}{2}=\frac{A}{2}=\varphi'(0)$$

从而知 $\varphi'(x)$ 在 $x=0$ 点连续.

2. 根据函数及其运算的性质

利用基本导数表及函数导数的四则运算性质求函数导数,是一种重要的求导手段.

这里只想强调一点:求导前的化简对函数求导来讲是必不可少的步骤.先来看:

例1　设 $y=\dfrac{\sin^2 x}{1+\cot x}+\dfrac{\cos^2 x}{1+\tan x}+\dfrac{1}{2}\sin 2x$,求 y'.

解　$y=\dfrac{\sin^3 x}{\sin x+\cos x}+\dfrac{\cos^3 x}{\sin x+\cos x}+\sin x\cos x=\dfrac{\sin^3 x+\cos^3 x}{\sin x+\cos x}+\sin x\cos x=$

$\sin^2 x-\sin x\cos x+\cos^2 x+\sin x\cos x=\sin^2 x+\cos^2 x=1$

故 $y'=0$.

注　当然,反过来亦可由 $f'(x)\equiv 0$ 推得 $f(x)=C$(常数).

例2　设 $y=\cos\left|\dfrac{\pi}{2}+\sin(x^2+1)\right|$,求 y'.

解　因为对任何实数 x,均有 $\dfrac{\pi}{2}+\sin(x^2+1)>0$,故

$$\cos\left|\frac{\pi}{2}+\sin(x^2+1)\right|=\cos\left[\frac{\pi}{2}+\sin(x^2+1)\right]=-\sin[\sin(x^2+1)]$$

则

$$y'=-\cos[\sin(x^2+1)]\cdot\cos(x^2+1)\cdot 2x=-2x\cos(x^2+1)\cos[\sin(x^2+1)]$$

注　注意到 $\cos x$ 是偶函数故可直接有 $\cos|f(x)|=\cos f(x)$.若是 $\sin|f(x)|$ 则须讨论了.

例3　设 $y=\dfrac{3^x}{2^x}+\tan\dfrac{x}{2}+\sqrt[x]{x}\ (x>0)$,求 y'.

解　$y'=\left[\left(\dfrac{3}{2}\right)^x\right]'+\dfrac{1}{2}\sec^2\dfrac{x}{2}+(x^{\frac{1}{x}})'=\dfrac{3^x}{2^x}\ln\dfrac{3}{2}+\dfrac{1}{2}\sec^2\dfrac{x}{2}+\dfrac{\sqrt[x]{x}}{x^2}(1-\ln x)$

这里注意到 $x^{\frac{1}{x}}=\exp\left\{\dfrac{1}{x}\ln x\right\}$,$\exp\{f(x)\}$ 表示 $\mathrm{e}^{f(x)}$.

例4　设 $y=\ln\sqrt{\dfrac{\mathrm{e}^{4x}}{\mathrm{e}^{4x}+1}}$,求 y'.

解　由对数性质有 $y=\dfrac{4x-\ln(\mathrm{e}^{4x}+1)}{2}$,故

$$y'=\frac{1}{2}\left(4-\frac{4\mathrm{e}^{4x}}{\mathrm{e}^{4x}+1}\right)=2-\frac{2\mathrm{e}^{4x}}{\mathrm{e}^{4x}+1}=\frac{3}{\mathrm{e}^{4x}+1}$$

例5　设 $y=\mathrm{e}^{\sin x}\cdot\sin\mathrm{e}^x$,求 y'.

解　$y'=\mathrm{e}^{\sin x}\cdot\cos x\cdot\sin\mathrm{e}^x+\mathrm{e}^{\sin x}\cdot\cos\mathrm{e}^x\cdot\mathrm{e}^x=\mathrm{e}^{\sin x}(\cos x\cdot\sin\mathrm{e}^x+\mathrm{e}^x\cos\mathrm{e}^x)$.

例6　设 $f(x)=\ln(1+x)$,$y=f[f(x)]$,求 y'.

解 由 $y=f[f(x)]=\ln[1+f(x)]=\ln[1+\ln(1+x)]$，故 $y'=\dfrac{1}{1+\ln(1+x)}\cdot\dfrac{1}{1+x}$.

例 7 (1) 设 $f(x)=\sin^2 2x$，求 $f'(2x)$；(2) $y=\sin x^2$，求 $\dfrac{dy}{d(x^2)}\cdot\dfrac{dy}{d(x^3)}$.

解 (1) 由 $f'(x)=2\cdot\sin 2x\cdot\cos 2x\cdot 2=2\sin 4x$，故 $f'(2x)=2\sin 4\cdot(2x)=2\sin 8x$.

(2) $\dfrac{dy}{d(x^2)}=\dfrac{2x\cos x^2 dx}{2x dx}=\cos x^2$；$\dfrac{dy}{d(x^3)}=\dfrac{2x\cos x^2 dx}{3x^2 dx}=\dfrac{2\cos x^2}{3x}$.

注 请当心：$f'(x^2)=f'(t)\big|_{t=x^2}$，而 $\dfrac{df(x)}{dx^2}\neq f'(x^2)$.

解函数积分的导数问题，是对函数微分、积分性质的综合应用，这类题目种类较多，请注意积分与求导次序交换的条件. 请看：

例 8 (1) 求 $\dfrac{d}{dx}\left(\int_a^b e^{-\frac{x^2}{2}}dx\right)$，这里 a,b 为给定常数，并且 $a\neq b$；

(2) 已知 y 满足关系式 $\int_0^{y^2}e^t dt=\int_0^x\ln(\cos t)dt$，求 $\dfrac{dy}{dt}$.

解 (1) $\int_a^b e^{-\frac{x^2}{2}}dx=\text{const}$(常数)，故 $\dfrac{d}{dx}\left(\int_a^b e^{-\frac{x^2}{2}}dx\right)=0$.

(2) 等式两边对 x 求导，有

$$e^{y^2}\cdot 2y\cdot\frac{dy}{dx}=\ln\cos x\Rightarrow\frac{dy}{dt}=\frac{e^{-y^2}}{2y}\ln\cos x$$

例 9 求 $\dfrac{d}{dx}\int_0^2\ln(x+y)dy$.

解 1 先将积分用分部积分计算，然后再求导

$$\begin{aligned}\frac{d}{dx}\int_0^2\ln(x+y)dy=&\frac{d}{dx}\left[y\ln(x+y)\Big|_{y=0}^{y=2}-\int_0^2\frac{y}{x+y}dy\right]=\\&\frac{d}{dx}\left[2\ln(x+2)-\int_0^2\left(1-\frac{x}{x+y}\right)dy\right]=\\&\frac{2}{x+2}-\frac{d}{dx}\left[y\Big|_0^2-x\ln(x+y)\Big|_{y=0}^{y=2}\right]=\\&\frac{2}{x+2}-\frac{d}{dx}[x\ln(x+2)-x\ln x]=\\&\frac{2}{x+2}+\ln(x+2)+\frac{x}{x+2}-\ln x-1=\ln\frac{x+2}{x}\end{aligned}$$

解 2 由导数与积分性质即交换其次序可有

$$\frac{d}{dx}\int_0^2\ln(x+y)dy=\int_0^2\left[\frac{d}{dx}\ln(x+y)\right]dy=\int_0^2\frac{dy}{x+y}=\ln(x+y)\Big|_{y=0}^{y=2}=\ln\frac{x+2}{x}$$

例 10 求 (1) $\dfrac{d}{dx}\int_{x^2}^{x^3}\dfrac{dt}{\sqrt{1+t^x}}$；(2) $\dfrac{d}{dx}\int_{\sin x}^{\cos x}\sqrt{1-t^2}dt$.

解 依题设，直接计算又有

(1) $\dfrac{d}{dx}\int_{x^2}^{x^3}\dfrac{dt}{\sqrt{1+t^4}}=\dfrac{(x^3)'}{\sqrt{1+(x^3)^4}}=-\dfrac{(x^2)'}{\sqrt{1+(x^2)^4}}=\dfrac{3x^2}{\sqrt{1+x^{12}}}-\dfrac{2x}{\sqrt{1+x^8}}$；

(2) $\dfrac{d}{dx}\int_{\sin x}^{\cos x}\sqrt{1-t^2}dt=\sqrt{1-\cos^2 x}(-\sin x)-\sqrt{1-\sin^2 x}\cos x=-1$.

例 11 (1) 若 $f(x)$ 在 $(-\infty,+\infty)$ 上连续，且 $f(0)=2$，求 $F(x)=\int_{\sin x}^{x^2}f(x)dx$ 在 $x=0$ 的导数；

(2) 若 $f(x)$ 在 $[-,+\infty)$ 内连续，且 $\int_0^x f(t)dt=x^2(1+\sin x)$，求 $f\left(\dfrac{\pi}{2}\right)$.

解　(1) 由题设有 $F'(x)=f(x^2)\cdot 2x-f(\sin x)\cdot\cos x$，故

$$F'(0)=f(0)\cdot 2\cdot 0-f(0)\cdot\cos 0=-2$$

(2) 由 $f(x)=2x(1+\sin x)+x^2\cos x$，故 $f\left(\frac{\pi}{2}\right)=2\pi$.

例 12　(1) 若$\int_0^{x^2(1+x)}f(x)\mathrm{d}x=x(x\geqslant 0)$，求 $f(2)$；(2) 若$\int_0^y \mathrm{e}^{t^2}\mathrm{d}t+\int_0^x\cos t^2\mathrm{d}t=x^2$，求 y'.

解　(1) 将题设等式两边对 x 求导有

$$f[x^2(1+x)]\cdot[x^2+2x(1+x)]=1$$

令 $x=1$，得 $f(2)=\frac{1}{5}$.

(2) 将题设等式两边对 x 求导有

$$\mathrm{e}^{y^2}\cdot y'+\cos x^2=2x\Rightarrow y'=(2x-\cos x^2)\mathrm{e}^{-y^2}$$

例 13　若当 $x\in(-\infty,+\infty)$ 时，$f(x)>0$，且$f''(x)$ 连续，又

$$g(x)=\begin{cases}\dfrac{\int_0^x tf(t)\mathrm{d}t}{\int_0^x f(t)\mathrm{d}t}, & x\neq 0\\ 0, & x=0\end{cases}$$

求 $g'(x)$.

解　当 $x\neq 0$ 时，由求导公式

$$g'(x)=\frac{f(x)\left[x\int_0^x f(t)\mathrm{d}t-\int_0^x tf(t)\mathrm{d}t\right]}{\left[\int_0^x f(t)\mathrm{d}t\right]^2}\qquad(*)$$

而当 $x=0$ 时，由导数定义有

$$g'(0)=\lim_{x\to 0}\frac{g(x)-g(0)}{x}=\lim_{x\to 0}\frac{\int_0^x tf(t)\mathrm{d}t}{x\int_0^x f(t)\mathrm{d}t}=\lim_{x\to 0}\frac{xf(x)}{xf(x)+\int_0^x f(t)\mathrm{d}t}\text{（由 L'Hospital 法则）}=$$

$$\lim_{x\to 0}\frac{1}{1+\dfrac{\int_0^x f(t)\mathrm{d}t}{xf(x)}}=\lim_{x\to 0}\frac{1}{1+\lim\limits_{x\to 0}\dfrac{f(x)}{xf'(x)+f(x)}}=\frac{1}{2}$$

综上可有

$$g'(x)=\begin{cases}\dfrac{1}{2}, & x=0\\ (*)\text{式}, & x\neq 0\end{cases}$$

例 14　(1) 若函数 $F(x)=\int_0^x(x+t)f(t)\mathrm{d}(t)$，试求其导函数 $F'(x)$；(2) 又若函数 $\Phi(x)=\int_0^x(x-t)\varphi'(t)\mathrm{d}t$，求其导函数 $\Phi'(x)$.

解　(1) 由含参变量积分求导的 Leibniz 法则有

$$F'(x)=\int_0^x f(x)\mathrm{d}x+2xf(x)$$

(2) 将题设式求导可有

$$\Phi'(x)=\left[x\int_0^x\varphi'(t)\mathrm{d}t-\int_0^x t\varphi'(t)\mathrm{d}t\right]'=x\varphi'(x)+\int_0^x\varphi'(t)\mathrm{d}t-x\varphi'(x)=\varphi(x)-\varphi(0)$$

注 1　问题(1) 还可由下面等式证得

$$\int_0^x\left[\int_0^u f(t)\mathrm{d}t\right]\mathrm{d}u=\int_0^x(x-u)f(u)\mathrm{d}u$$

问题(2)也可由下面两等式证得

$$\int_a^b \mathrm{d}x\int_0^x (x-t)^{n-2} f(t)\mathrm{d}t = \frac{1}{n-1}\int_a^b (b-t)^{n-1} f(t)\mathrm{d}t$$

或

$$\int_a^x \mathrm{d}x\int_a^x \mathrm{d}x\cdots\int_n^x f(t)\mathrm{d}t = \frac{1}{(n-1)!}\int_a^x (x-t)^{n-1} f(t)\mathrm{d}t$$

注 2 问题(2)的结论还可以推广为:若 $F(x)=\frac{1}{n!}\int_a^x (x-t)^n f(t)\mathrm{d}t$,则 $F^{(n)}(t)=\int_a^x f(t)\mathrm{d}t$.

下面的例子是涉及函数奇偶性的.

例 15 函数 $f(x)$ 在 $(-\infty,+\infty)$ 内连续,又函数 $F(x)=\int_0^x (x-t)f(t)\mathrm{d}t$. 证明:若 $f(x)$ 是偶函数,$F(x)$ 亦然.

证 由题设有 $f(-x)=f(x)$. 令 $u=-t$ 有

$$F(-x)=\int_0^{-x}(-x-t)f(t)\mathrm{d}t=\int_0^x(-x+u)f(-u)\mathrm{d}(-u)=$$

$$\int_0^x (x-u)f(u)\mathrm{d}u=\int_0^x (x-t)f(t)\mathrm{d}t=F(x)$$

3. 运用函数变形或变换

通过函数变形或变换,常可求得某些函数的导数. 变形的目的:一是化简,二是利于求导. 这一点我们在后面的函数高阶导数求法中还将叙述,这里先看一例.

例 1 若 $f(t)=\left(\tan\frac{\pi t}{4}-1\right)\left(\tan\frac{\pi t^2}{4}-2\right)\cdots\left(\tan\frac{\pi t^{100}}{4}-100\right)$,求 $f'(1)$.

解 令 $\varphi(t)=\tan\frac{\pi t}{4}-1$, $\psi(t)=\left(\tan\frac{\pi t^2}{4}-2\right)\left(\tan\frac{\pi t^3}{4}-3\right)\cdots\left(\tan\frac{\pi t^{100}}{4}-100\right)$,则

$$f(t)=\varphi(t)\psi(t),\ f'(t)=\varphi'(t)\psi'(t)+\psi'(t)\varphi(t)$$

故

$$f'(1)=\varphi'(2)\psi'(2)+\varphi'(1)\varphi(1)$$

而

$$\varphi'(1)=\frac{\pi}{4}\sec^2\frac{\pi t}{4}\bigg|_{t=1}=\frac{\pi}{4}\sec^2\frac{\pi}{4}=\frac{\pi}{2}$$

又

$$\psi(1)=\left(\tan\frac{\pi}{4}-2\right)\cdots\left(\tan\frac{\pi}{4}-100\right)=(-1)\cdots(-99)=(-1)^{100}\cdot 99!=-99!$$

及 $\varphi(1)=\tan\frac{\pi}{4}-1=0$,且 $\psi'(1)$ 存在,故

$$f'(1)=\frac{\pi}{2}\cdot(-99!\ )=\frac{-99!\pi}{2}$$

注 本题亦可由导数定义求得. 这里利用了 $\varphi(1)=0$ 的事实.

关于利用变量替换进行化简求导的例子可见:

例 2 设 $y=\frac{a^x}{1+a^{2x}}-\frac{1-a^{2x}}{1+a^{2x}}\operatorname{arccot}(a^{-x})$,求 y',这里 $\operatorname{arccot} a$ 系 a 的反余切函数.

解 令 $t=\operatorname{arccot}(a^{-x})$,则 $a^{-x}=\cot t$,其中 $0<t<\frac{\pi}{2}$. 从而

$$y=\frac{\tan t}{1+\tan^2 t}-\frac{1-\tan^2 t}{1+\tan^2 t}=\sin t\cos t-t(\cos^2 t-\sin^2 t)=\frac{1}{2}\sin 2t-t\cos t$$

则有

$$y_x'=y_t'\cdot t_x'=2t\sin 2t\cdot\frac{a^{-x}}{1+a^{-2x}}\cdot\ln a=\frac{4t\tan t}{1+\tan^2 t}\cdot\frac{a^{-x}}{1+a^{-2x}}\cdot\ln a=$$

$$\frac{4\operatorname{arccot}(a^{-x})\cdot a^x}{1+a^{2x}}\cdot\frac{a^{-x}}{1+a^{-2x}}\ln a=\frac{4a^{2x}\ln a\cdot\operatorname{arccot}(a^{-x})}{(1+a^{2x})^2}$$

对于指数函数求导来讲,取对数是必不可少的变换,下面来看例子.

例3　求下例函数 y 的导数：(1) $\frac{1-x}{1+x}e^{\sqrt{x}}$；(2) $(1+x^2)^{\sin x}$；(3) $x^{\cos 2x}$；(4) $(\sin x)^{\cos x}$.

解　(1) 由题设有 $\ln y=\ln(1-x)-\ln(1+x)+\sqrt{x}$，两边对 x 求导，有

$$\frac{y'}{y}=\frac{-1}{1-x}-\frac{1}{1+x}+\frac{1}{2\sqrt{x}}$$

故

$$\frac{dy}{dx}=\left(\frac{1}{2\sqrt{x}}-\frac{1}{1+x}-\frac{1}{1-x}\right)\frac{1-x}{1+x}e^{\sqrt{x}}$$

(2) 仿上取对数求导后，有

$$\frac{dy}{dx}=(1+x^2)^{\sin x}\left[\frac{2x\sin x}{1+x^2}+\cos x\ln(1+x^2)\right]$$

(3) 注意到

$$(x^{\cos 2x})'=(e^{\cos 2x\cdot\ln x})'=x^{\cos 2x}\left(-2\sin 2x\ln x+\frac{\cos 2x}{x}\right)$$

(4) 仿上面(1)或(3)方法可得

$$[(\sin x)^{\cos x}]'=(\sin x)^{\cos x}\left(-\sin x\cdot\ln x\sin x+\frac{\cos^2 x}{\sin x}\right)$$

这里(3)是直接将函数化为e的指数函数而求导，(1)则是先取对数再求导，然后解出 y'. 下面的例子中运用了换底公式.

例4　计算 $\frac{d}{dx}\log_{\varphi(x)}f(x)$，其中 $\varphi(x)$，$f(x)$ 均为可导函数，且 $\varphi(x)>0$，$\varphi(x)\neq 1$，$f(x)>0$.

解　由对数换底公式有

$$\log_{\varphi(x)}f(x)=\frac{\ln f(x)}{\ln\varphi(x)}$$

故

$$\frac{d}{dx}\log_{\varphi(x)}f(x)=\frac{d}{dx}\left[\frac{\ln f(x)}{\ln\varphi(x)}\right]=\frac{1}{\ln^2\varphi(x)}\left[\ln\varphi(x)\cdot\frac{f'(x)}{f(x)}-\ln f(x)\cdot\frac{\varphi'(x)}{\varphi(x)}\right]=$$

$$\frac{1}{\ln\varphi(x)}\left[\frac{f'(x)}{f(x)}-\log_{\varphi(x)}f(x)\cdot\frac{\varphi'(x)}{\varphi(x)}\right]$$

4. 复合函数的求导法

复合函数的求导，其实在前面的例子中已有阐述，下面再来看几个例子.

例1　若 $y=\sin^2(\ln x)$，求 y'.

解　由复合函数求导法则有

$$y'=2\sin(\ln x)\cdot\cos(\ln x)\cdot\frac{1}{x}=\frac{\sin(2\ln x)}{x}$$

例2　若 $f(x)=\arcsin\left(\frac{1-x^2}{1+x^2}\right)$，求 $f'(x)$.

解　由复合函数求导法则有

$$f'(x)=\frac{1}{\sqrt{1-\left(\frac{1-x^2}{1+x^2}\right)^2}}\cdot\left(\frac{1-x^2}{1+x^2}\right)'=\frac{-4x}{\sqrt{4x^2}(1+x^2)}=\frac{-2x}{|x|(1+x^2)}.$$

例3　求 $\frac{d}{dx}\int_0^{\sin x}\sin(\pi t^2)dt$.

解　由题设及复合函数求导法则及积分性质有

$$\frac{d}{dx}\int_0^{\sin x}\sin(\pi t^2)dt=\sin(\pi\sin^2 x)\cdot(\sin x)'=\cos x\cdot\sin(\pi\sin^2 x).$$

例4　设 $f(x)$ 在 $x\in\mathbf{R}$ 上连续，求 $\frac{d}{dx}\int_0^x tf(x^2-t^2)dt$.

解 令 $u=x^2-t^2$,则 $du=-2tdt$. 又当 $t=0$ 时,$u=x^2$;当 $t=x$ 时,$u=0$. 故

$$\frac{d}{dx}\int_0^x tf(x^2-t^2)dt=\frac{d}{dx}\int_0^{x^2}\frac{1}{2}f(u)du=xf(x^2)$$

例 5 若 $g(x)=\begin{cases}x^2\cos\frac{1}{x}, & x\neq 0\\ 0, & x=0\end{cases}$,又 $f(x)$ 在 $x=0$ 处可导,求 $f[g(x)]$ 在 $x=0$ 点的导数.

解 令 $u=g(x)$,由 $\frac{d}{dx}f[g(x)]\frac{d}{du}f(u)u'_x=\frac{d}{du}f(u)\cdot g'(x)$,又

$$g'(0)=\lim_{x\to 0}\frac{x^2\cos\frac{1}{x}-0}{x}=0$$

且 $f'(u)|_{u=0}=f'(0)$. 故

$$\frac{d}{dx}f[g(x)]|_{x=0}=f'(u)|_{u=0}\cdot g'(0)=0$$

5. 隐函数的求导法

隐函数 $F(x,y)=0$ 的求导方法是先把方程 $F(x,y)=0$ 两边对 x 求导,然点从中解出 y' 来.

例 1 (1) 若 $\arctan\frac{y}{x}=\ln\sqrt{x^2+y^2}$,求 y';(2) 若 $x=a\ln\left(a+\frac{\sqrt{a^2-y^2}}{y}\right)$,求 y';(3) 若 $e^{ey}+\tan(xy)=y$,求 $y'(0)$.

解 (1) 由设有 $\arctan\frac{y}{x}=\frac{1}{2}\ln(x^2+y^2)$,两边对 x 求导有

$$\frac{1}{1+\left(\frac{y}{x}\right)^2}\cdot\frac{y'x-y}{x^2}=\frac{1}{2}\cdot\frac{2x+2yy'}{x^2+y^2}\Rightarrow\frac{xy'-y}{x^2+y^2}=\frac{x+yy'}{x^2+y^2}$$

故

$$y'=\frac{x+y}{x-y},\quad x\neq y,\quad x\neq 0$$

(2) 将所给式子两边对 x 求导

$$1=\frac{a\cdot y}{a+\sqrt{a^2-y^2}}\cdot\frac{y\cdot\frac{1}{2}\cdot\frac{-2yy'}{a^2-y^2}-(a^2+\sqrt{a^2-y^2})y'}{y^2}$$

由上可解得

$$y'=\frac{-y\sqrt{a^2-y^2}}{a^2}$$

(3) 将方程两边对 x 求导,得

$$[e^{ey}+\sec^2(xy)](y+xy)'=y'$$

注意到当 $x=0$ 时,$y=1$,代入上式有 $y'(0)=2$.

例 2 若 $2x-\tan(x-y)=\int_0^{x-y}\sec^2 t\,dt\,(x\neq y)$,求 y'.

解 将题设式子两边对 x 求导有

$$2-\sec^2(x-y)\cdot(1-y')=\sec^2(x-y)\cdot(1-y')$$

由上可解得

$$y'=\sin^2(x-y)$$

注 *若积分下限为 c(常数),结果仍同上.*

下面的例子中既涉及隐函数,又涉及参数方程问题.

例 3 设 $y=y(x)$ 是由方程组 $\begin{cases}x=3t^2+2t+3\\ e^y\sin t-y+1=0\end{cases}$,所确定的隐函数,求 y'.

解 由所给方程组两边对 t 求导,有

$$x_t{}' = 6t + 2 \tag{1}$$

$$e^y \cos t + \sin t \cdot e^y y_t{}' - y_t{}' = 0 \tag{2}$$

故由式(2) 有
$$y_t{}' = \frac{e^y \cos t}{1 - e^y \sin t} = \frac{e^y \cos t}{2 - y}$$

于是
$$\frac{dy}{dx} = \frac{y_t{}'}{x_t{}'} = \frac{e^y \cos t}{2(3t+1)(2-y)}$$

例 4　设 $f(x)$ 满足 $af(x) + bf\left(\frac{1}{x}\right) = \frac{c}{x}$,式中 a,b,c 均为常数,且 $|a| \neq |b|$. 求 $f'(x)$.

解　将所给方程两边对 x 求导,有

$$af'(x) - \frac{b}{x^2} f'\left(\frac{1}{x}\right) = -\frac{c}{x^2} \tag{1}$$

以 x 代替题设式中 $\frac{1}{x}$,有

$$af\left(\frac{1}{x}\right) - bf(x) = cx$$

将其两边仍对 x 求导,有

$$-\frac{a}{x^2} f'\left(\frac{1}{x}\right) + bf'(x) = c \tag{2}$$

计算 $b \times (2)$ 式 $- a \times (1)$ 式得

$$(b^2 - a^2) f'(x) = c + \frac{c}{x^2}$$

故
$$f'(x) = \frac{c(a + bx^2)}{(b^2 - a^2)x^2}$$

这里想指出一点:对于隐函数表达式来说,若能从中解出 y 来,就先解出,然后按显函数求导. 请看:

例 5　若 $x = e^{\frac{x-y}{y}}$,求 $y_x{}'$.

解　两边取对数有 $\ln x = \frac{x-y}{y}$,解得 $y = \frac{x}{1 + \ln x}$,故 $y' = \frac{\ln x}{(1 + \ln x)^2}$.

这里顺便指出一下:隐函数的导数亦可借助偏导数的理论求得. 请看:

例 6　若 $x^{y^2} + y^2 \ln x - 4 = 0$,求 $y_x{}'$.

解　设 $F(x,y) = x^{y^2} + y^2 \ln x - 4$,则有

$$F_x{}' = y^2 x^{y^2 - 1} + \frac{y^2}{x}, \quad F_y{}' = x^{y^2} \ln x \cdot 2y + 2y \ln x$$

故
$$\frac{dy}{dx} = -\frac{F_x{}'}{F_y{}'} = -\frac{y^2 x^{y^2-1} + \frac{y^2}{x}}{x^{y^2} \ln x \cdot 2y + 2y \ln x} = \frac{\frac{-y^2(1 + x^{y^2})}{x}}{2y \ln x \cdot (1 + x^{y^2})} = -\frac{y}{2x \ln x}$$

6. 反函数的求导法

反函数的求导法一般可根据前述公式即可. 这里举两个例子.

例 1　设函数 $y = f(x)$ 三次可微,试求其反函数 $x = \varphi(y)$ 的导数. $x_y{}', x_y{}'', x_y{}'''$.

解　由反函数求导公式有

$$x_y{}' = \frac{1}{y_x{}'}$$

$$x_y{}'' = -\frac{1}{y_x{}'^2} \frac{dy_x{}'}{dy} = -\frac{1}{y_x{}'^2} \frac{dy_x{}'}{dx} \frac{dx}{dy} = -\frac{y_x{}''}{y_x{}'^3}$$

$$x_y{}''' = -\frac{y_x{}''' \cdot \frac{1}{y_x{}'} \cdot y_x{}'^2 - 3y_x{}'^2 y_x{}'' \cdot \frac{1}{y_x{}'} \cdot y_x{}''}{y_x{}'^6} = -\frac{y_x{}' y_x{}''' - 3y_x{}''^2}{y_x{}'^5}$$

例 2 设函数 $f(y)$ 的反函数 $f^{-1}(x)$ 以及 $f'[f^{-1}(x)]$，$f''[f^{-1}(x)]$ 都存在，并且 $f'[f^{-1}(x)]\neq 0$，证明下面等式成立：$\dfrac{\mathrm{d}^2 f^{-1}(x)}{\mathrm{d}x^2}=\dfrac{-f''[f^{-1}(x)]}{\{f'[f^{-1}(x)]\}^3}$.

证 设 $x=f(y)$，则 $y=f^{-1}(x)$. 对 $x=f(y)$ 两边关于 x 求导，有 $1=f'(y)\dfrac{\mathrm{d}y}{\mathrm{d}x}$，故 $\dfrac{\mathrm{d}y}{\mathrm{d}x}=\dfrac{1}{f'(y)}$(因 $f'(y)\neq 0$)，同时

$$\frac{\mathrm{d}y^2}{\mathrm{d}x^2}=-f''(y)\frac{\dfrac{\mathrm{d}y}{\mathrm{d}x}}{[f'(y)]^2}=-f''(y)\frac{\dfrac{1}{f'(y)}}{[f'(y)]^2}=-\frac{f''(y)}{[f'(y)]^3}$$

即
$$\frac{\mathrm{d}^2 f^{-1}(x)}{\mathrm{d}x^2}=\frac{-f''[f^{-1}(x)]}{\{f'[f^{-1}(x)]\}^3}$$

7. 参变量函数求导法

参变量函数的求导问题，只需按照前面表中给出的方法即可. 下面请看例子.

例 1 若 $x=\dfrac{1}{2}a\left(t+\dfrac{1}{t}\right)$，且 $y=\dfrac{1}{2}a\left(t-\dfrac{1}{t}\right)$，求 $\dfrac{\mathrm{d}^2 y}{\mathrm{d}x^2}$.

解 由题设及参变量函数求导法则有

$$\frac{\mathrm{d}y}{\mathrm{d}x}=\frac{\dfrac{b}{2}\left(1+\dfrac{1}{t^2}\right)}{\dfrac{a}{2}\left(1-\dfrac{1}{t^2}\right)}=\frac{b(t^2+1)}{a(t^2-1)}$$

且
$$\frac{\mathrm{d}^2 y}{\mathrm{d}x^2}=\frac{\mathrm{d}}{\mathrm{d}x}\left(\frac{\mathrm{d}y}{\mathrm{d}x}\right)=\frac{\mathrm{d}}{\mathrm{d}t}\cdot\left(\frac{\mathrm{d}y}{\mathrm{d}x}\right)\cdot\frac{1}{\dfrac{\mathrm{d}x}{\mathrm{d}t}}=\frac{-4bt}{a(t^2-1)}\cdot\frac{1}{\dfrac{a}{2}\left(1-\dfrac{1}{t^2}\right)}=-\frac{8bt^3}{a^2(t^2-1)}$$

例 2 (1) 若 $\begin{cases}x=a\cos\varphi;\\ y=b\sin\varphi,\end{cases}$(2) $\begin{cases}x=a(t-\sin t);\\ y=a(1-\cos t).\end{cases}$ 求(1) $\dfrac{\mathrm{d}y}{\mathrm{d}x}$；(2) $\dfrac{\mathrm{d}^2 y}{\mathrm{d}x^2}$.

解 由参变量函数求导法则有

(1) $\dfrac{\mathrm{d}y}{\mathrm{d}x}=\dfrac{b\cos\varphi}{-a\sin\varphi}=-\dfrac{b}{a}\cot\varphi$；　$\dfrac{\mathrm{d}^2 y}{\mathrm{d}x^2}=\dfrac{\mathrm{d}\left(\dfrac{\mathrm{d}y}{\mathrm{d}x}\right)}{\mathrm{d}x}=-\dfrac{b}{a^2}\cdot\dfrac{1}{\sin^2\varphi}$.

(2) $\dfrac{\mathrm{d}y}{\mathrm{d}x}=\dfrac{\sin t}{1-\cos t}$，　$\dfrac{\mathrm{d}^2 y}{\mathrm{d}x^2}=-\dfrac{1}{a(1-\cos t)^2}$.

例 3 若 $\begin{cases}x=a(\cos t+t\sin t),\\ y=a(\sin t-t\cos t),\end{cases}$ 求 $\left.\dfrac{\mathrm{d}x}{\mathrm{d}y}\right|_{t=\frac{3}{4}\pi}$，$\left.\dfrac{\mathrm{d}^2 x}{\mathrm{d}y^2}\right|_{t=\frac{3}{4}\pi}$.

解 由题设及参变量函数求导法则可有

$$\left.\frac{\mathrm{d}x}{\mathrm{d}y}\right|_{t=\frac{3}{4}\pi}=\left.\frac{t\cos t}{t\sin t}\right|_{t=\frac{3}{4}\pi}=\cot t\Big|_{t=\frac{3}{4}\pi}=-1$$

且
$$\left.\frac{\mathrm{d}^2 x}{\mathrm{d}y^2}\right|_{t=\frac{3}{4}\pi}=\left.\frac{\mathrm{d}}{\mathrm{d}y}\left(\frac{\mathrm{d}x}{\mathrm{d}y}\right)\right|_{t=\frac{3}{4}\pi}=\left.\frac{-\sec^2 t}{at\sin t}\right|_{t=\frac{3}{4}\pi}=\frac{-8\sqrt{2}}{3\pi a}$$

例 4 若(1) $x=\arcsin\dfrac{1}{\sqrt{1+t^2}}$，且 $y=\arccos\dfrac{1}{\sqrt{1+t^2}}$，(2) $\begin{cases}x=\ln(1+t)\\ y=\arctan t\end{cases}$. 求(1) $\dfrac{\mathrm{d}y}{\mathrm{d}x}$；(2) $\dfrac{\mathrm{d}^2 y}{\mathrm{d}x^2}$.

解 由题设及参变量函数求导公式有

(1) $\dfrac{\mathrm{d}y}{\mathrm{d}x}=\dfrac{\dfrac{\mathrm{d}y}{\mathrm{d}t}}{\dfrac{\mathrm{d}x}{\mathrm{d}t}}=\dfrac{\dfrac{1}{1+t^2}}{\dfrac{-1}{1+t^2}}=-1$，且 $\dfrac{\mathrm{d}^2 y}{\mathrm{d}x^2}=\dfrac{\mathrm{d}y}{\mathrm{d}x}\left(\dfrac{\mathrm{d}y}{\mathrm{d}x}\right)=\dfrac{\mathrm{d}}{\mathrm{d}x}(-1)=0$.

(2) $\dfrac{dy}{dx}=\dfrac{\dfrac{dy}{dt}}{\dfrac{dx}{dt}}=\dfrac{\dfrac{1}{1+t^2}}{\dfrac{1}{1+t}}=\dfrac{1+t}{1+t^2}$，且 $\dfrac{d^2y}{dx^2}=\dfrac{d\left(\dfrac{dy}{dx}\right)}{cx}=\dfrac{(1+t)(1-2t-t^2)}{(1+t^2)^2}$.

例 5　设 $y=\int_1^{1+\sin t}(1+e^{\frac{1}{u}})du$，其中 $t=t(x)$ 由 $x=\cos 2v,t=\sin v$ 确定. 求 $y_x{}'$.

解　由 $\begin{cases}x=\cos 2v,\\ t=\sin v,\end{cases}$ 得 $x=1-2t^2$，两边对 x 求导有 $-4t\dfrac{dt}{dx}=1$，得 $\dfrac{dt}{dx}=-\dfrac{1}{4t}$.

$$y'=\left(1+\exp\left\{\frac{1}{1+\sin t}\right\}\right)\cos t\cdot\frac{dt}{dx}=\left(1+\exp\left\{\frac{1}{1+\sin t}\right\}\right)\cos t\cdot\left(-\frac{1}{4t}\right)=$$

$$-\frac{1}{4t}\cos t\left(1+\exp\left\{\frac{1}{1+\sin t}\right\}\right)$$

下面来看一个证明问题.

例 6　若 $x=t+\dfrac{1}{t},y=t^2+\dfrac{1}{t^2},z=t^3+\dfrac{1}{t^3}$，试证 $3x\dfrac{d^2y}{dx^2}=\dfrac{d^2z}{dx^2}$.

证　$\dfrac{dy}{dx}=\dfrac{\dfrac{dy}{dt}}{\dfrac{dx}{dt}}=2\left(t+\dfrac{1}{t}\right),\dfrac{d^2y}{dt^2}=2,\dfrac{dz}{dx}=3\left(t^2+\dfrac{1}{t^2}+1\right),\dfrac{d^2z}{dx^2}=6\left(t+\dfrac{1}{t}\right)$

故
$$3x\frac{d^2y}{dx^2}=6\left(t+\frac{1}{t}\right)=\frac{d^2z}{dx^2}$$

注　本题亦可由题设消去 t 而得到 $y=x^2-2,z=x^3-3x$，由此可直接验证结论.

8. 一元函数的高阶导数求法

一元函数的高阶导数求法较多、技巧性相对较强，但总的原则是：

① 力争将求导式化简(如繁分式为化简分式，简分式化为部分分式等)；

② 降低函数幂次(如将三角函数高次幂通过公式化为低次幂等)；

③ 通过各种手段来利用现成已有的结论(如将 $\cos 2x$ 通过 $t=2x$ 代换化为 $\cos t$ 等).

归纳起来大致有以下几种方法：

(1) 根据定义计算；　　(2) 根据 Leibniz 公式；

(3) 利用函数本身的变形；　　(4) 利用数学归纳法；

(5) 利用 Taylor 展开；　　(6) 利用递推公式.

下面我们分别谈谈这些方法.

(1) 根据定义计算

这个问题我们前面已经介绍过. 只为函数导数是一个局部概念①，有时要考察函数在某点的导数情况，往往须根据导数定义来求.

例 1　设 $f(x)=x\sin|x|$，证明 $f(x)$ 在 $x=0$ 点的二阶导数不存在.

证　由题设 $f(x)=\begin{cases}x\sin x,\ x\geqslant 0\\ -x\sin x,\ x<0\end{cases}$ 容易求得

---

①　函数仅在一点可导，而其他点均不可导的例子可见：

$$f(x)=\begin{cases}x^2,\ 当 x 为有理数时\\ 0,\quad 当 x 为无理数时\end{cases}\quad(-\infty<x<+\infty)$$

仅在 $x=0$ 点可导，而在其他点均不可导.

$$f'(x)=\begin{cases}\sin x+x\cos x, & x>0\\ 0, & x=0\\ -\sin x-x\cos x, & x<0\end{cases}$$

当 $x>0$ 时，$f''(x)=2\cos x-x\sin x$；

当 $x<0$ 时，$f''(x)=-2\cos x+x\sin x$；

当 $x=0$ 时，$f''(0_+)=2$，$f''(0_-)=-2$，故 $f''(0)$ 不存在.

下面的命题我们在前面的例的注中已有叙，现在我们来仔细讨论一下.

例 2 设 $f(x)=(x-a)^n\varphi(x)$，其中 $\varphi(x)$ 于 a 点的邻域有 $n-1$ 阶连续导数，求 $f^{(n)}(a)$.

解 由高阶导数的 Leibniz 公式(见下文)

$$f^{(n-1)}(x)=[(x-a)^n\varphi(x)]^{(n-1)}=\sum_{k=0}^{n-1}C_{n-1}^k[(x-a)^n]^{(k)}\varphi^{(n-1-k)}(x)$$

故 $f^{(n-1)}(a)=0$. 再根据导数定义

$$f^{(n)}(a)=\lim_{x\to a}\frac{f^{(n-1)}(x)-f^{(n-1)}(a)}{x-a}=$$

$$\lim_{x\to a}\frac{n!(x-a)\varphi(x)+\cdots+(x-a)^n\varphi^{(n-1)}(x)}{x-a}=$$

$$\lim_{x\to a}\left[\frac{n!\varphi(x)+n!(x-a)\varphi'(x)}{2}+(x-a)^{n-1}\varphi^{(n-1)}(x)\right]=$$

$$n!\varphi(a)$$

注 这里没有假定 $\varphi(x)$ 是 n 阶可导函数，故不能直接利用 n 阶求导公式(莱布尼兹公式)求得，而只能依据定义计算.

(2) 根据 Leibniz 公式

求高阶导数的 Leibniz 公式上例我们已经涉及，该公式是这样的：

$$\boxed{(uv)^{(n)}=\sum_{k=0}^{n}C_n^k u^{(n-k)}v^{(k)}}$$

它与牛顿二项式展开形式类似(但意义不同). 下面来看两个例子.

例 1 设 $y=x^2\cos x$，求 $y^{(50)}$.

解 令 $y=\cos x$，$v=x^2$，注意到 $v=2x$，$v''=2$，$v^{(m)}=0(m\geqslant 3)$. 再注意到

$$y^{(k)}=\cos\left(x+\frac{k\pi}{2}\right),\quad k=1,2,3,\cdots$$

则有

$$y^{(50)}=\cos\left(x+\frac{50\pi}{2}\right)\cdot x^2+C_{50}^1\cos\left(x+\frac{49\pi}{2}\right)\cdot 2x+C_{50}^2\cos\left(x+\frac{48\pi}{2}\right)\cdot 2=$$

$$(2450-x^2)\cos x-100x\sin x$$

例 2 设 $y=\dfrac{x}{\sqrt[8]{1+x}}$，求 $y^{(n)}$.

解 令 $u=\dfrac{1}{\sqrt[3]{1+x}}$，$v=x$，则有 $v'=1$，$v^{(m)}=0(m\geqslant 2)$；且

$$u^{(n)}=\left(-\frac{1}{3}\right)\left(-\frac{4}{3}\right)\cdots\left(-\frac{3n-2}{3}\right)(1+x)^{-\frac{3n+1}{3}},\quad n=1,2,\cdots$$

$$y^{(n)}=(-1)^n\frac{1\cdot 4\cdot 7\cdots(3n-2)}{3^n}(1+x)^{-\frac{3n+1}{3}}x+C_n^1(-1)^{n-1}\frac{1\cdot 4\cdot 7\cdots(3n-5)}{3^{n-1}}(1+x)^{-\frac{3n-2}{3}}=$$

$$\frac{(-1)^n 1\cdot 4\cdot 7\cdots(3n-5)(3n+2x)}{3^n(1+x)^{n+\frac{1}{3}}}$$

从上两例可以看出，利用 Leibniz 公式求高阶导数，一般是对这样的函数而言：若 $f(x)=u(x)\cdot$

$v(x)$，$u(x)$ 通常是易求或易计算或高阶导数有规则的函数，$v(x)$ 大多系多项式函数，这时 $v(x)$ 的高阶导数项出现的不多，故较容易计算.

(3) 利用函数本身的变形

变形对于求高阶导数来讲十分重要，有些函数的高阶导数直接计算往往比较复杂，但若将函数通过某些变形化为一些其他函数，而这些函数的高阶导数比较容易求得或者是常见函数，计算将大为简化. 常见的一些函数的高阶导数公式如下：

1. $(x^{\alpha})^{(n)}=\alpha(\alpha-1)\cdot\cdots\cdot(\alpha-m+1)x^{\alpha-n}$

2. $(\sin x)^{(n)}=\sin\left(x+\dfrac{n\pi}{2}\right)$

3. $(\cos x)^{(n)}=\cos\left(x+\dfrac{n\pi}{2}\right)$

4. $(a^{x})^{(n)}=a^{x}\ln^{n}a\,(a>0)$；$(\mathrm{e}^{x})^{(n)}=\mathrm{e}^{x}$

5. $(\ln x)^{(n)}=\dfrac{(-1)^{n-1}(n-1)!}{x^{n}}$

6. $\left(\dfrac{1}{a-x}\right)^{(n)}=\dfrac{n!}{(a-x)^{n+1}}\,(x\neq a)$

下面来看几个例子.

例 1　若 $y=\dfrac{ax+b}{cx+d}$，求 $y^{(n)}$.

解　先将题设式变形为 $y=\dfrac{ax+b}{cx+d}=\dfrac{a}{c}+\dfrac{bc-ad}{c^{2}}\cdot\dfrac{1}{x+\dfrac{d}{c}}$，故

$$y^{(n)}=\frac{bc-ad}{c^{2}}\cdot\frac{(-1)^{n}n!}{\left(x+\dfrac{d}{c}\right)^{n+1}}=\frac{(-1)^{n-1}n!c^{n-1}(ad-bc)}{(cx+d)^{n+1}}$$

这里显然是“凑”出一个整式和一个分式来，分式则可用常见公式.

例 2　已知 $y=\dfrac{1}{x(1-x)}$，求 $y^{(n)}$.

解　由 $y=\dfrac{1}{x(1-x)}=\dfrac{1}{x}+\dfrac{1}{1-x}$（这是一个极为重要的等式，它在许多方面都有用），故

$$y^{(n)}=\left(\frac{1}{x}+\frac{1}{1-x}\right)^{(n)}=\left(\frac{1}{x}\right)^{(n)}+\left(\frac{1}{1-x}\right)^{(n)}=n!\left[(-1)^{n}\frac{1}{x^{n+1}}+\frac{1}{(1-x)^{n+1}}\right]$$

注　类似地例子如：若 $y=\ln(1-x^{2})\,(0<x<1)$，求 $y^{(n)}$. 这只需注意到等式

$$\ln(1-x^{2})=\ln(1+x)+\ln(1-x)$$

即可. 显然该问题亦可视为本题的变形或引申.

例 3　已知 $y=\dfrac{1}{(x-a)(x-b)(x-c)}$，其中 a,b,c 为三个互不相等的实数，求 $y^{(n)}$.

解　利用部分分式理论首先将 y 改写成

$$y=\frac{1}{(c-b)(c-a)}\cdot\frac{1}{x-c}+\frac{1}{(b-a)(b-c)}\cdot\frac{1}{x-b}+\frac{1}{(a-b)(a-c)}\cdot\frac{1}{x-a}$$

则

$$y^{(n)}=(-1)^{n}n!\left[\frac{1}{(c-b)(c-a)(x-c)^{n+1}}+\frac{1}{(b-a)(b-c)(x-b)^{n+1}}+\frac{1}{(a-b)(a-c)(x-a)^{n+1}}\right]$$

注 1　本题结论及方法还可以推广.

注 2　这里显然用了部分分式概念，在不定积分中我们也将会遇到和介绍.

类似的例子可见:设 $y=\dfrac{x^4}{x-1}$,求 $y^{(n)}$. 分析解答详见后文.

对于三角函数的高阶导数求法,多是先降幂后(用公式)求导,降幂常用倍角公式或积化和差来实现.

例 4 若(1) $y=2\sin ax\cos bx$;(2) $y=\sin^4x+\cos^4x$;(3) $y=\sin^6x+\cos^6x$,求 $y^{(n)}$.

解 (1) 由 $y=2\sin ax\cos bx=\sin(a-b)x+\sin(a+b)x$,故

$$y^{(n)}=(a-b)^n\sin\left[(a-b)x+\frac{n\pi}{2}\right]+(a+b)^n\sin\left[(a+b)x+\frac{n\pi}{2}\right]$$

(2) 由 $y=\sin^4x+\cos^4x=1-\dfrac{\sin^2 2x}{2}=1-\dfrac{1-\cos 4x}{4}=\dfrac{3}{4}+\dfrac{\cos 4x}{4}$,故

$$y^{(n)}=4^{n-1}\cos\left(4x+\frac{n\pi}{2}\right)$$

(3) 由 $y'=6\sin^5x\cos x-6\cos^5x\sin x=-3\sin 2x\cos 2x=-\dfrac{3\sin 4x}{2}$,则

$$y^{(n)}=-6\cdot 4^{n-2}\sin\left[4x+\frac{(n-1)\pi}{2}\right]$$

注 对于问题(3)解法中 y' 亦可改写为 $\dfrac{3}{4}\cos\left(4x+\dfrac{\pi}{2}\right)$,此时 $y^{(n)}=6\cdot 4^{n-2}\cos\left(4x+\dfrac{n\pi}{2}\right)$.

(4) 利用数学归纳法

利用数学归纳法求函数的高阶导数时,一般先探求其表达式规律,然后再用数学归纳法证明.

例 1 设 $y=\sin 2x$,求 $y^{(n)}$.

解 由

$$y'=2\cos 2x=2\sin\left(\frac{\pi}{2}+2x\right)$$

$$y''=2^2\cos\left(\frac{\pi}{2}+2x\right)=2^2\sin\left(\frac{2\pi}{2}+2x\right)$$

$$y'''=2^3\cos(\pi+2x)=2^3\sin\left(\frac{3\pi}{2}+2x\right)\quad\cdots$$

一般的,$y^{(n)}=2^n\sin\left(\dfrac{n\pi}{2}+2x\right)$,这一点可以利用数学归纳法证得(证略).

例 2 设 $y=xe^{-x}$,求 $y^{(n)}$.

解 由 $y'=e^{-x}-xe^{-x},\quad y''=-2e^{-x}+xe^{-x},\quad y'''=3e^{-x}-xe^{-x},\quad\cdots$

设 $$y^{(k)}=(-1)^{k-1}ke^{-x}+(-1)^ke^{-x}\cdot x$$

则 $$y^{(k+1)}=[y^{(k)}]'=(-1)^k(k+1)e^{-x}+(-1)^{k+1}e^{-x}$$

故 $$y^{(n)}=(-1)^{n-1}ne^{-x}+(-1)^nxe^{-x}$$

(5) 利用 Taylor 展开

有些函数的 Taylor 或幂级数展开式比较容易求得(或比较容易记忆),利用这一点有时可以反求函数的高阶导数在某些点的值. 注意到:$f(x)$ 展为 $x-x_0$ 的幂级数后,则 $f^{(n)}(x_0)$ 等于 $(x-x_0)^n$ 的系数乘以 $n!$.

这只需注意到下面的展开式的表达即可(该内容详见后文):

$$f(x)=f(x_0)+\frac{f'(x_0)}{1!}(x-x_0)+\frac{f''(x_0)}{2!}(x-x_0)^2+\cdots$$

例 1 若(1) $y=x^3\sin x$;(2) $y=x^2\cos 2x$;(3) $y=\lambda^2\ln(1-x)$,试求 $y^{(10)}(0)$.

解 (1) 先将 $\sin x$ 展成幂级数有 $\sin x=\sum\limits_{n=1}^{\infty}\dfrac{(-1)^{n-1}x^{2n-1}}{(2n-1)!}$,故

$$y=\sum_{n=1}^{\infty}\frac{(-1)^{n-1}x^{2n+2}}{(2n-1)!}$$

则$\dfrac{y^{(10)}(0)}{10!}$为x^{10}系数，故$2n+2=10$，即$n=4$. 从而

$$y^{(10)}(0)=\frac{(-1)^{4-1}10!}{7!}=-720$$

(2) 由$y=x^2\sum_{n=1}^{\infty}\dfrac{(-1)^{n-1}(2x)^n}{(2n)!}=\sum_{n=1}^{\infty}(-1)^{n-1}\dfrac{2^n x^{n+2}}{(2n)!}$，则$y^{(10)}(0)$为$x^{10}$的系数. 从而

$$y^{(10)}(0)=\frac{2y^8\cdot 10!}{8!}=23040$$

(3) 由$\ln(1-x)=-\sum_{n=1}^{\infty}\dfrac{x^n}{n}$，故$y=-\sum_{n=1}^{\infty}\dfrac{x^{n+2}}{n}$. 而$\dfrac{y^{(10)}(0)}{10!}$为$x^{10}$系数，故$n+2=10$或$n=8$. 从而

$$y^{(10)}(0)=\frac{-10!}{8}=-\frac{1}{8}\cdot 10!$$

例 2　求反正切函数$y=\arctan x$的各阶导数在$x=0$处的值.

解　将$y=\arctan x$展成x的幂级数

$$\arctan x=x-\frac{1}{3}x^3+\frac{1}{5}x^5+\cdots=\sum_{n=1}^{\infty}\frac{(-1)^n}{2n+1}x^{2n+1},\quad |x|<1$$

又

$$f(x)=f(0)+f'(0)\cdot x+f''(0)\cdot\frac{x^2}{2!}+f'''(0)\cdot\frac{x^3}{3!}+\cdots$$

则

$$f(0)=0,\quad f'(0)=1,\quad f''(0)=0\cdot 2!,\quad f'''(0)=-\frac{3!}{3},\cdots$$

一般的

$$f^{(2n)}(0)=0,\quad f^{(2n+1)}(0)=\frac{(-1)^n(2n+1)!}{2n+1},\cdots$$

故

$$f^{(2n)}(0)=0,\quad f^{(2n+1)}(0)=(-1)^n(2n)!,\quad n=0,1,2,\cdots$$

例 3　设$f(x)=\dfrac{1}{1+x-2x^2}$，求$f^{(n)}(0)\quad(n=1,2,3,\cdots)$.

解　先将题设式变形为

$$\frac{1}{1+x-2x^2}=\frac{1}{3}\left(\frac{1}{1-x}-\frac{1}{1+2x}\right)$$

又

$$\frac{1}{1-x}=1+x+x^2+\cdots,\quad |x|<1$$

且

$$\frac{1}{1+2x}=1-2x+4x^2-8x^3+\cdots$$

则

$$f(x)=\frac{1}{3}\sum_{n=1}^{\infty}[1-(-1)^n2^n]x^n\left(|x|<\frac{1}{2}\right)$$

故

$$f^{(n)}(0)=\frac{1}{3}[1-(-1)^n2^n]\cdot n!,\quad n=1,2,3,\cdots$$

有些时候为了简便可先将函数展成x其他函数的幂级数，再通过运算化为x的幂级数后，然后再求相应的导数值. 例如：

例 4　若$f(x)=\dfrac{1+x+x^2}{1-x+x^2}$，求$f^{(4)}(0)$的值.

解　由$f(x)=1+\dfrac{2x}{1-x+x^2}=1+\dfrac{2x}{1-(x-x^2)}$，先将$f(x)$展成$x-x^2$的幂级数有

$$f(x)=1+2x[1+(x-x^2)+(x-x^2)+(x-x^2)^3+o(x^3)]=$$
$$1+2x+2x^2-2x^4+o(x^4)$$

注意到$\dfrac{f^{(4)}(0)}{4!}=-2$，故$f^{(4)}(0)=-48$.

注 这里是求 $f^{(4)}(0)$，故只需考虑 x^4 的系数，展开时只需展到 x^3 项，因为展开式前还有 $2x$. 在括号内化简时，高于 $3x^3$ 项可统统记到 $o(x^3)$ 中即可.

(6) 利用递推公式

求函数的高阶导数，还有一些其他方法，比如先利用函数式变形或求导过程建立相邻阶导数之间的递推关系，然后据此求得函数高阶导数. 比如：

例 1 设 $y=\dfrac{x^4}{x-1}$，求 $y^{(n)}$.

解 1 由题设有 $y\cdot(x-1)=x^4$，两边对 x 求导五次有

$$y^{(5)}\cdot(x-1)+5y^{(4)}=0$$

归纳后可有

$$y^{(n)}\cdot(x-1)+ny^{(n-1)}=0,\quad n\geqslant 5$$

故

$$y^{(n)}=-\frac{n}{x-1}y^{(n-1)}=\cdots=(-1)^{n-4}\frac{n(n-1)\cdots 6\cdot 5}{(x-1)^{n-4}}y^{(4)}=\frac{(-1)^{n-4}n!}{(x-1)^{n+1}}$$

解 2 注意到

$$\frac{x^4}{x-1}=\frac{x^4-1}{x-1}+\frac{1}{x-1}=x^3+x^2+x+1+\frac{1}{x-1}$$

又 $n>3$ 时前面四项 n 阶导数为 0，最后一项可用公式.

解 3 将 x^4 展为 $x-1$ 的幂级数，有

$$x^4=1+4(x-1)+6(x-1)^2+4(x-1)^3+(x-1)^4$$

则

$$y=\frac{1}{x-1}+4+6(x-1)+4(x-1)^2+(x-1)^3$$

故

$$y^{(n)}=\left(\frac{1}{x-1}\right)^{(n)}=\frac{(-1)^n n!}{(x-1)^{n+1}},\quad n\geqslant 4$$

注意到 $[(x-1)^k]^{(4)}=0$，其中 $k=0,1,2,3$.

例 2 设 $y=(\arcsin x)^2$，试证关系式 $(1-x^2)y^{(n+1)}-(2n-1)xy^{(n)}-(n-1)^2y^{(n-1)}=0$ 成立，且求 $y'(0),y''(0),\cdots,y^{(n)}(0)$.

解 由题设

$$y'=2\arcsin x\cdot\frac{1}{\sqrt{1-x^2}},\quad y''=\frac{2}{1-x^2}+2\arcsin x\cdot\frac{1}{\sqrt{(1-x^2)^3}}$$

从而可有 $(1-x^2)y''-xy'=2$. 对该式两边求导有

$$(1-x^2)y'''-3xy''-y'=0$$

此即说当 $n=2$ 时关系式成立. 今设 $n=k$ 时题设关系成立，即

$$(1-x^2)y^{(k+1)}-(2k-1)xy^{(k)}-(k-1)^2y^{(k-1)}=0$$

将上式两边求导有

$$(1-x^2)y^{(k+2)}-(2k+1)xy^{(k+1)}-k^2y^{(k)}=0$$

即

$$(1-x^2)y^{(k+2)}-2[(k+1)-1]xy^{(k+1)}-[(k+1)-1]^2y^{(k)}=0$$

故 $n=k+1$ 时命题也成立，故 n 为任何自然数时结论都为真.

由上面诸递推关系式可有

$$y'(0)=0,\quad y''(0)=2$$

而

$$y^{(n+1)}(0)=(n-1)^2y^{(n-1)}(0),\quad n=2,3,\cdots$$

即

$$y^{(2n-1)}(0)=0,\quad y^{(2n)}(0)=2^{(2n-1)}[(n-1)!]^2,\quad n=1,2,\cdots$$

9. 杂例

例 1 设函数 $\varphi(x)=\int_0^x\dfrac{\ln(1-t)}{t}\mathrm{d}t$ 在 $-1<x<1$ 有意义，试证 $\varphi(x)+\varphi(-x)=$

$\frac{1}{2}\varphi(x^2)$，这里 $x \in (-1,1)$.

证　令 $F(x)=\varphi(x)+\varphi(-x)-\frac{\varphi(x^2)}{2}, x\in(-1,1)$. 两边对 x 求导有

$$F'(x)=\varphi'(x)-\varphi'(-x)-x\varphi'(x^2)=\frac{\ln(1-x)}{x}+\frac{\ln(1+x)}{x}-x\cdot\frac{\ln(1-x^2)}{x^2}=0$$

则 $F(x)=c$（const 即常数），有

$$\varphi(x)+\varphi(-x)-\frac{1}{2}\varphi(x^2)=c$$

令 $x=0$，得 $\varphi(0)+\varphi(0)-\frac{1}{2}\varphi(0)=c$，又 $\varphi(0)=0$，故 $c=0$. 则 $F(x)=0$，即

$$\varphi(x)+\varphi(-x)=\frac{1}{2}\varphi(x^2)$$

例 2　设函数 $y=f(x)$ 三次可微，其中 $x=\mathrm{e}^t$，今用算子 D 记作 $\frac{\mathrm{d}}{\mathrm{d}t}$. 试用 D（的形式算式）分别表示导数 $\frac{\mathrm{d}y}{\mathrm{d}x},\frac{\mathrm{d}^2y}{\mathrm{d}x^2},\frac{\mathrm{d}^3y}{\mathrm{d}x^3}$.

解　因 $\frac{\mathrm{d}y}{\mathrm{d}t}=\frac{\mathrm{d}y}{\mathrm{d}x}\cdot x_t'$，故 $\frac{\mathrm{d}y}{\mathrm{d}x}=\mathrm{e}^tDy$. 又

$$\frac{\mathrm{d}^2y}{\mathrm{d}t^2}=\left(\frac{\mathrm{d}y}{\mathrm{d}x}\right)_t'\cdot x_t'+\frac{\mathrm{d}y}{\mathrm{d}x}\cdot(x_t')'=\frac{\mathrm{d}^2y}{\mathrm{d}x^2}\mathrm{e}^{2t}+\mathrm{e}^tDy\cdot\mathrm{e}^t$$

故

$$\frac{\mathrm{d}^2y}{\mathrm{d}x^2}=\mathrm{e}^{2t}\left(\frac{\mathrm{d}^2y}{\mathrm{d}t^2}+Dy\right)=\mathrm{e}^{2t}D(D+1)y$$

且

$$\frac{\mathrm{d}^3y}{\mathrm{d}t^3}=\left(\frac{\mathrm{d}^2y}{\mathrm{d}x^2}\right)_t'\cdot\mathrm{e}^{2t}+\frac{\mathrm{d}^2y}{\mathrm{d}x^2}\cdot2\mathrm{e}^{2t}+D^2y=\frac{\mathrm{d}^3y}{\mathrm{d}x^3}\mathrm{e}^{3t}+2D(D+1)y+D^2y$$

故

$$\frac{\mathrm{d}^3y}{\mathrm{d}x^3}=\mathrm{e}^{3t}D(D+1)(D+2)y$$

注　稍后（微分方程解法）我们将会看到，此处 D 可视为**微分算子**，它将成为解某些微分方程的工具，这方面问题已有专门分支讨论.

二、导数、微分中值定理的应用及与其有关的问题解法

（一）导数的应用及与其有关的问题

导数的高等数学课程内的应用有下列几个方面：

(1) 研究函数的性态；

(2) 证明不等式，求函数极（最）值（见后文第四章[附录]）；

(3) 讨论方程的根；

(4) 求函数的极限（L'Hospital 法则）；

(5) 几何问题上的应用.

下面我们分别举例谈谈这些问题.

1. 利用导数研究函数的性态

利用导数研究函数的性态主要有：单调性、凹凸、极值、拐点、渐近线等. 其具体内容和求法见表 3：

表 3

性　质	条　　件	函　数　性　态
单　调	$f'(x)>0$　$(f'(x)\geqslant 0)$ $f'(x)<0$　$(f'(x)\leqslant 0)$	$f(x)$ 单增(不减) $f(x)$ 单减(不增)
极　值	$f'(x_0)=0, f''(x_0)<0$ $f'(x_0)=0, f''(x_0)>0$	x_0 为 $f(x)$ 极大点 x_0 为 $f(x)$ 极小点
凹　凸	$f''(x)>0$ $f''(x)<0$	上凹 下凹
拐　点	$f''(x_0)=0$，$f''(x)$ 在 x_0 的邻域变号	x_0 为拐点
渐近线	$\lim\limits_{x\to x_0}f(x)=\infty$(或 $\lim\limits_{x\to\pm\infty}f(x)=c$) $\lim\limits_{x\to\infty}\dfrac{f(x)}{x}=a, \lim\limits_{x\to\infty}[f(x)-ax]=b$	$x=x_0$(或 $y=c$) 为渐近线 $y=ax+b$ 是渐近线

关于函数的单调性问题我们先来看两个例子.

例 1　设在区间 $(-\infty,+\infty)$ 内，$f''(x)>0, f(0)<0$. 试证：函数 $\dfrac{f(x)}{x}$ 在区间 $(-\infty,0)$ 和 $(0,+\infty)$ 内都是单增的.

证　设 $F(x)=\dfrac{f(x)}{x}$，则

$$F'(x)=\frac{xf'(x)-f(x)}{x^2}$$

又设 $\Phi(x)=xf'(x)-f(x)$，则有

$$\Phi'(x)=xf''(x)=\begin{cases}>0, & x>0\\ <0, & x<0\end{cases}$$

故 $\Phi(x)>\Phi(0)=0-f(0)>0$，故 $F'(x)>0(x\neq 0)$.

从而 $\dfrac{f(x)}{x}$ 在 $(-\infty,0)$ 和 $(0,+\infty)$ 内都是单增的.

注　同样可证：若 $f(0)=0, f'(x)$ 单增，则 $\dfrac{f(x)}{x}$ 在 $(0,+\infty)$ 也单增.

例 2　若 $f(x)>0$，且 $f'(x)$ 连续. 令 $F(x)=\begin{cases}\dfrac{\int_0^x tf(t)\mathrm{d}t}{\int_0^x f(t)\mathrm{d}t}, & x\neq 0\\ 0, & x=0\end{cases}$，试证 $F(x)$ 单增.

证　我们在"一元函数的导数计算方法"一节例中已计算过 $F'(x)$，即当 $x\neq 0$ 时，有

$$F'(x)=f(x)\frac{x\int_0^x f(t)\mathrm{d}t-\int_0^x tf(t)\mathrm{d}t}{\left[\int_0^x f(t)\mathrm{d}t\right]^2}$$

且 $F'(x)=\dfrac{1}{2}$. 设上式分子为 $u(x)$，则 $u'(x)=\int_0^x f(t)\mathrm{d}t$.

当 $x>0$ 时，$u'(x)>0$，故 $u(x)>u(0)=0$，这样 $F'(x)>0$；

同样地，当 $x<0$ 时，有 $u'(x)<0$. 知 $F'(x)>0$.

即对任何 x，$F'(x)>0$. 故 $F(x)$ 单增.

再来看一个证明导数单调性的例子.

例 3　函数 $f(t)$ 在 $t\in\mathbf{R}$ 上连续，且 $f(t)>0$. 又 $f(-t)=f(t)$，同时 $F(x)=\int_{-a}^{a}|x-t|f(t)\mathrm{d}t$，其中 $-a\leqslant x\leqslant a$. 试证 $F'(x)$ 单调增加.

证　由设及积分性质有

$$F(x)=\int_{-a}^{x}(x-t)f(t)\mathrm{d}t-\int_{x}^{a}(x-t)f(t)\mathrm{d}t=$$
$$\int_{-a}^{-x}(x-t)f(t)\mathrm{d}t+\int_{-x}^{x}(x-t)f(t)\mathrm{d}t-\int_{x}^{a}(x-t)f(t)\mathrm{d}t=$$
$$x\int_{-a}^{-x}f(t)\mathrm{d}t-\int_{-a}^{-x}tf(t)\mathrm{d}t+\int_{-x}^{x}xf(t)\mathrm{d}t-x\int_{x}^{a}f(t)\mathrm{d}t+\int_{x}^{a}tf(t)\mathrm{d}t=$$
$$2x\int_{0}^{x}f(t)\mathrm{d}t+2\int_{x}^{a}tf(t)\mathrm{d}t$$

故
$$F'(x)=2xf(x)-2xf(x)+2\int_{0}^{x}f(t)\mathrm{d}t=2\int_{0}^{x}f(t)\mathrm{d}t$$

由 $F''(x)=2f(x)>0$，知 $F'(x)$ 单调增加.

对于函数其他性态的研究，通常以作函数图象形式出现. 请看：

例 4　设函数 $f(x)=\begin{cases}\dfrac{\sin x}{x}, & x\neq 0\\ 0, & x=0\end{cases}$ $(|x|\leqslant 2\pi)$，试作出该函数图象.（**注**：$\tan x-x=0$ 在 $(0,2\pi)$ 内有唯一实根 $x_1\approx 4.50$，又 $\sin 4.50\approx -0.978$）

解　由题设知在 $[-2\pi,2\pi]$ 上，$f(-x)=f(x)$，故该函数为偶函数，由对称性只需考虑区间 $0\leqslant x\leqslant 2\pi$ 的情形：

当 $x=0$ 时，有

$$f'(0)=\lim_{x\to 0}\left[\left(\frac{\sin x}{x}-1\right)\Big/x\right]=\lim_{x\to 0}\frac{\sin x-x}{x^2}=0$$

当 $x\neq 0$ 时，令 $f'(x)=\dfrac{x\cos x-\sin x}{x^2}=0$，即 $x\cos x-\sin x=0$，由题注知其在 $(0,2\pi)$ 内有唯一的实根 $x_1\approx 4.50$. 故有表 4.

表 4

x	$(-2\pi,-4.50)$	$(-4.50,0)$	$(0,4.50)$	$(4.50,2\pi)$
$f'(x)$	−	+	−	+
$f(x)$	↘	↗	↘	↗

故函数在 $x=0,\pm 4.50$ 时达到极值（局部极值）. 又当 $x=\pm 2\pi$ 时，$f(x)=0$，从而

$$\max_{[-2\pi,2\pi]}f(x)=f(0)=1$$

$$\min_{[-2\pi,2\pi]}f(x)=f(\pm 4.50)=\frac{1}{4}\sin 4.50,50\approx 0.217$$

综上，可得函数 $y=f(x)$ 的草图如图 1：

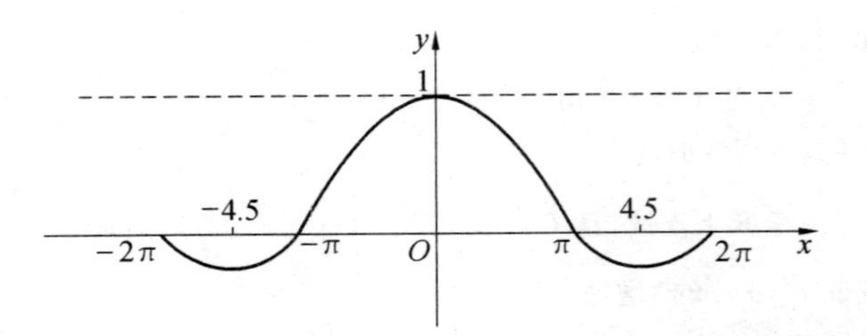

图 1

例 5 试作出函数 $f(x)=[\sin(2\sin^{-1}x)]^2$ 的图象.

解 因
$$\sin(2\sin^{-1}x)=2\sin(\sin^{-1}x)\cdot\cos(\sin^{-1}x)=2x\sqrt{1-x^2}$$
则
$$f(x)=4x^2(1-x^2),\quad -1\leqslant x\leqslant 1$$
由于 $f(-x)=f(x)$,则 $f(x)$ 的图形关于 y 轴对称.仅讨论[0,1]区间的情况:

由 $f'(x)=8x(1-2x^2)=0$,得驻点 $x=0,x=\pm\frac{\sqrt{2}}{2}$.

又 $f''(x)=8-48x^2=0$,解得 $x=\pm\frac{1}{\sqrt{6}}$.

经计算容易得到表 5:

表 5

x	0	$\left(0,\frac{1}{\sqrt{6}}\right)$	$\frac{1}{\sqrt{6}}$	$\left(\frac{1}{\sqrt{6}},\frac{1}{\sqrt{2}}\right)$	$\frac{1}{\sqrt{2}}$	$\left(\frac{1}{\sqrt{2}},1\right)$
$f'(x)$	0	>0	>0	>0	0	<0
$f''(x)$	>0	>0	0	<0	<0	<0
$f(x)$	极小	↗(上凹)	拐点	↗(下凹)	极大	↘(下凹)

这样可得函数 $y=f(x)$ 的草图如图 2:

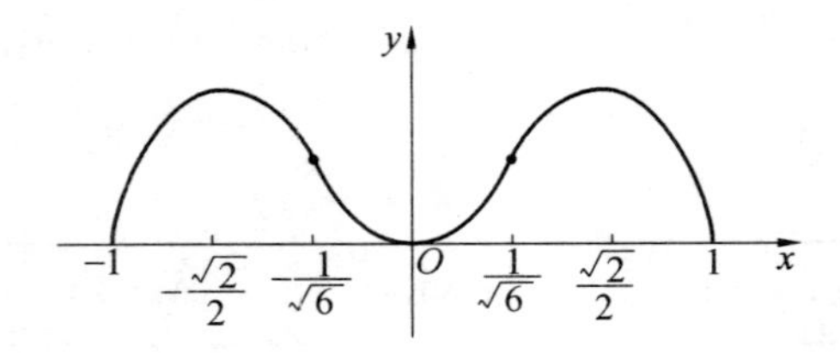

图 2

我们再来看看参数式曲线方程的作图问题.

例 6 讨论并作(参数式)曲线 $\begin{cases}x=t^2\\y=3t-t^3\end{cases}$ 的图形.

解 由参数方程求导公式及题设有
$$\frac{\mathrm{d}y}{\mathrm{d}x}=\frac{3(1-t^2)}{2t},\quad \frac{\mathrm{d}^2y}{\mathrm{d}x}=\frac{-3(1+t^2)}{4t^3}$$
分两种情况讨论如下(计算略):

(1) 当 $-\infty<t<0$ 时,有表 6.

表 6

t	0	$0\to-1$	-1	$-1\to-\infty$
x	0	$(0,1)$	1	$(1,+\infty)$
y'	∞	$-$	0	$+$
y''		$+$	$+$	$+$
y	0	↘	-2(极小)	↗

(2) 当 $0<t<+\infty$ 时,有表 7.

表 7

t	0	$0\to1$	1	$1\to+\infty$
x	0	$(0,1)$	1	$(1,+\infty)$
y'	∞	$+$	0	$-$
y''		$-$	$-$	$-$
y	0	↗	2(极大)	↘

曲线的图形如图 3:

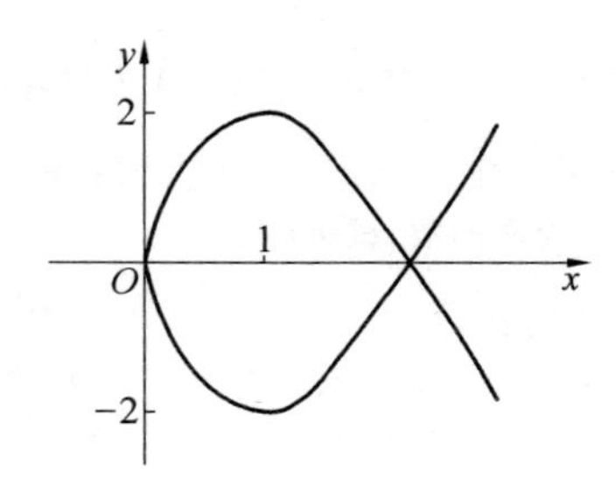

图 3

注　函数图象草图的做法大致步骤如下:

1. 列表　根据所给函数关系列出,见表 8.

表 8

x	x_1	x_2	…	x_k	…	x_n
y	y_1	y_2	…	y_k	…	y_n

2. 描点　将表中诸(x_k,y_k)描在坐标系中.

3. 连线　用光滑曲线连接描出的诸点.

有些时候只需讨论函数的性态,而无须作图. 请看:

例 7　求函数 $y=\lvert xe^{-x}\rvert$ 的连续区间、可导区间、单调区间、凸凹区间、极值点、拐点和渐近线.

解　由设 $y=\begin{cases}xe^{-x}, & x\geqslant0\\ -xe^{-x}, & x<0\end{cases}$ 知在 $x=0$ 点连续但不可导;注意到

$$y'=\begin{cases}e^{-x}(1-x), & x>0\\ e^{-x}(x-1), & x<0\end{cases}$$

令 $y'=0$,解得 $x=1$;再注意到

$$y''=\begin{cases}e^{-x}(x-2), & x>0\\ e^{-x}(2-x), & x<0\end{cases}$$

令 $y''=0$,解得 $x=2$.

经计算可有表 9:

表 9

x	$(-\infty,0)$	0	$(0,1)$	1	$(1,2)$	2	$(2,+\infty)$
$f'(x)$	$-$	不存在	$+$	0	$-$	$-$	$-$
$f''(x)$	$+$	不存在	$-$	$-$	$-$	0	$+$
$f(x)$	↘	极小点	↗	极大点	↘	拐点	↘

且还可有表 10:

表 10

性　质	连　续	可　导	单　增	单　减	凸区间	凹区间
区　间	$(-\infty,+\infty)$	$(-\infty,0)$ $(0,+\infty)$	$(0,1)$	$(-\infty,0)$ $(1,+\infty)$	$(0,2)$	$(-\infty,0)$ $(2,+\infty)$

另外,$x=0$ 为极小点;$x=1$ 为极大点;$(0,0)$、$\left(2,\dfrac{2}{e^2}\right)$ 为拐点;$y=0$ 为水平渐近线.

下面的例子是依据函数解析的某些特点,要求给出其几何解释的例子.

例 8　设 $y=f(x)$,$y=g(x)$ 为两函数,试解释:

$$(1)\begin{cases}f(a)=g(a)\\ f'(a)>g'(a)>0\end{cases}\text{及}(2)\begin{cases}f(a)=g(a)\\ f'(a)=g'(a)\\ |f''(a)|>|g''(a)|\end{cases}$$

的几何意义.

解　(1) 对于函数 $y=f(x)$ 和 $y=g(x)$ 在 $x=a$ 点有

$$\begin{cases}f(a)=g(a)\\ f'(a)>g'(a)>0\end{cases}$$

其表示:两函数的图象在 $x=a$ 点处相交,且在该点曲线 $y=f(x)$ 的切线斜率大于曲线 $y=g(x)$ 的切线斜率,故曲线 $y=f(x)$ 比 $y=g(x)$ 要陡些.

(2) 对于函数 $y=f(x)$ 和 $y=g(x)$ 在 $x=a$ 点满足

$$\begin{cases}f(a)=g(a)\\ f'(a)=g'(a)\\ |f''(a)|>|g''(a)|\end{cases}$$

其表示:两函数的图象在 $x=a$ 点处相交,且该交点处两曲线的切线斜率相等(即在点 $x=a$ 有公共切线).

由 $|f''(a)|>|g''(a)|$,且 $f'(a)=g'(a)$,故有

$$\left|\frac{f''(a)}{1+f'^2(a)^{\frac{3}{2}}}\right|>\left|\frac{g''(a)}{1+g'^2(a)^{\frac{3}{2}}}\right|$$

即在 $x=a$ 点曲线 $y=f(x)$ 的曲率比曲线 $y=g(x)$ 的曲率大,即 $x=a$ 点曲线 $y=f(x)$ 比曲线 $y=g(x)$ 更弯曲些.

利用导数对于函数性态的研究,还包括一些其他方面的问题,我们不准备详谈了(关于极值问题详见“函数的极、最值问题解法”).下面我们看两个涉及函数表达式(或证明某式为常数)的例子.

例 9　设函数 $f(x)$ 在$[a,b]$上满足:对任意 $x,y\in[a,b]$ 均有 $|f(x)-f(y)|\leqslant M|x-y|^{\alpha}$,其中 M 为正的常数,$\alpha>1$. 试证 $f(x)$ 恒为常数.

证　设 $\alpha=1+r$,其中 $r>0$,由题设有

$$\frac{|f(x)-f(y)|}{|x-y|}\leqslant M|x-y|^{r}$$

其对任意 $x,y\in[a,b]$ 皆成立.

对任给 $x\in[a,b]$,令 $y\to x$ 则有

$$\lim_{y\to x}\frac{f(y)-f(x)}{y-x}=0$$

即 $f'(x)=0$.

由 x 的任意性知 $f'(x)\equiv 0,x\in[a,b]$. 从而

$$f(x)\equiv \text{const}\quad(常数)$$

通过证明函数导数为 0,是证明函数恒为常数的一个重要手法. 下面的例子也属此情形.

例 10　设 $f(x)$ 在 $\mathbf{R}$ 上可微,且 $f(0)=0$. 又 $|f'(x)|\leqslant\alpha|f(x)|$,这里 $0<\alpha<1$. 试证当 $x\in\mathbf{R}$ 时,$f(x)\equiv 0$.

证　由设 $f(x)$ 在 $\mathbf{R}$ 上可微知 $f(x)$ 在$[0,1]\subset\mathbf{R}$ 上连续、可得,则 $|f(x)|$ 在$[0,1]$ 上亦连续.

又设 $M=\max\limits_{x\in[0,1]}|f(x)|=|f(x_0)|$,由 Lagrange 中值定理有

$$M=|f(x_0)|=|f(x_0)-f(0)|=|f'(\xi)x_0|,\quad \xi\in(0,x_0)\subset[0,1]$$

则

$$M=|f'(\xi)x_0|\leqslant|f'(\xi)|\leqslant\alpha|f(\xi)|\leqslant\alpha M$$

而 $0<\alpha<1$,故 $M=0$. 从而 $f(x)\equiv 0,x\in[0,1]$. 类似地考虑区间$[1,2]$,$[2,3]$,… 上的情形.

至于区间$[-1,0]$,$[-2,-1]$,… 上的情形亦有同样结论. 从而 $f(x)\equiv 0$, $x\in\mathbf{R}$.

例 11　若 $g(x)$ 在$[a,b]$上连续,又 $f(x)$ 在$[a,b]$上满足 $f''+gf'-f=0$,且 $f(a)=f(b)=0$. 证明 $f(x)\equiv\text{const}$(常数),$x\in[a,b]$.

证　若不然,设 $f(x_0)$ 在$[a,b]$上不恒不常数,由设 $f(x)$ 连续及 $f(a)=f(b)=0$ 知,有 $x_0\in(a,b)$ 使 $f(x_0)\neq 0$,且为 $f(x)$ 在$[a,b]$上的最大(或最小)值.

由 Fermat 定理知 $f'(x_0)=0$. 又由题设有 $f''(x_0)-f(x_0)=0$.

若 $f(x_0)$ 为最大值,则 $f(x_0)>0$. 从而 $f''(x_0)=f(x_0)>0$.

这与函数极值判别条件矛盾. 对于 $f(x_0)$ 为最小值的情形仿上讨论亦然.

故 $f(x)$ 在$[a,b]$不恒为常数假使不真. 从而 $f(x)\equiv\text{const},x\in[a,b]$.

下面是一则导函数取值的例子.

例 12　设 $f(x)$ 在$[a,b]$上连续,在(a,b)内可导,则 $f'(x)$ 至少一次取 $f'(a)$ 和 $f'(b)$ 之间的任何值.

证　对于(a,b)内可导的函数 $g(x)$,若 $g'(a)g'(b)<0$ 情形,不妨设 $g'(a)>0,g'(b)<0$.

由 $g(x)$ 在$[a,b]$上连续,故可在 $x=\xi$ 处取得最大值. 又极限

$$\lim_{h\to 0^{+}}\frac{g(a+h)-g(a)}{h}=g'(a)>0$$

从而 $g(a+h)>g(a)$.

同理可证 $g(b-h)>g(b)$. 则 $\xi\in(a,b)$,从而 $g'(\xi)=0$.

下面考虑函数 $f(x)$,无妨设 $f'(b)\neq f'(a)$,且 $f'(b)>f'(a)$,否则若 $f'(a)=f'(b)$,问题已获证.

今设$f'(a)<u<f'(b)$. 令$g(x)=f(x)-ux$,则$g'(x)=f'(x)-u$,可有

$$g'(a)<0,\quad g'(b)>0$$

由上证明知有$\eta\in(a,b)$使$g'(\eta)=0$,即$f'(\eta)=u$.

下面是两个证明三角等式的例,它也为我们证明这类等式提供了方法.

例 13 若$|x|\leqslant\dfrac{1}{2}$时,试证$3\arccos x-\arccos(3x-4x^3)=\pi$.

证 令$F(x)=3\arccos x-\arccos(3x-4x^3)$,考虑到当$|x|<\dfrac{1}{2}$时,有

$$F'(x)=\frac{-3}{\sqrt{1-x^2}}-\frac{3}{\sqrt{1-x^2}}=0$$

故在$\left(-\dfrac{1}{2},\dfrac{1}{2}\right)$内,$F(x)$为常数,即

$$\frac{-3}{\sqrt{1-x^2}}-\frac{3}{\sqrt{1-x^2}}=c$$

令$x=0$,得$c=\pi$,故当$|x|<\dfrac{1}{2}$时,$F(x)=\pi$;又当$x=\pm\dfrac{1}{2}$时,$F\left(\pm\dfrac{1}{2}\right)=\pi$.

综上,当$|x|\leqslant\dfrac{1}{2}$时,有

$$3\arccos x-\arccos(3x-4x^3)=\pi$$

例 14 证明恒等式$2\arctan x+\arcsin\dfrac{2x}{1+x^2}=\pi$,这里$x>1$.

证 记

$$f(x)=2\arctan x+\arcsin\frac{2x}{1+x^2}$$

因题设$x>1$,故$\left|\dfrac{2x}{1+x^2}\right|<1$,故$f(x)$在$x>1$有定义,又

$$f'(x)=\frac{2}{1+x^2}+\frac{1}{\sqrt{1-\left(\dfrac{2x}{1+x^2}\right)^2}}\left(\frac{2x}{1+x^2}\right)'=$$

$$\frac{2}{1+x^2}+\frac{1+x^2}{x^2-1}\cdot\frac{2(1-x^2)}{(1+x^2)^2}=\frac{2}{1+x^2}-\frac{2}{1+x^2}=0$$

故

$$f(x)\equiv\text{const}\quad(\text{常数})$$

而

$$f(\sqrt{3})=2\arctan\sqrt{3}+\arcsin\frac{\sqrt{3}}{2}=\pi$$

从而,当$x>1$时

$$2\arctan x+\arcsin\frac{2x}{1+x^2}=\pi$$

例 15 若$f(x),g(x)$在$\mathbf{R}$上可微,且不恒为常数. 又对任意$x,y\in\mathbf{R}$均有$f(x+y)=f(x)f(y)-g(x)g(y)$及$g(x+y)=f(x)g(y)+g(x)f(y)$,且$f'(0)=0$. 求证$f^2(x)+g^2(x)=1$.

证 由题设式分别对y求导,有

$$f'_y(x+y)=f(x)f'(y)-g(x)g'(y)\tag{1}$$

$$g'_y(x+y)=f(x)g'(y)+g(x)f'(y)\tag{2}$$

再令$y=0$,有$f'(x)=-g(x)g'(0)$及$g'(x)=f(x)g'(0)$,即

$$2f(x)f'(x)+2g(x)g'(x)=0$$

即

$$f^2(x)+g^2(x)=c$$

又

$$f^2(x+y)+g^2(x+y)=[f^2(x)+g^2(x)][f^2(y)+g^2(y)]$$

从而 $c = c^2$，得 $c = 0$（不妥舍去）或 $c = 1$. 问题得证.

注　该命题显然是 $\sin^2 x + \cos^2 x = 1$ 结论的推广，该结论又可视为三角函数形式的勾股定理.

例 16　设实系数多项式 $f(x)$ 具有下面性质：对每一个实系数多项式 $g(x)$ 均有 $f[g(x)] = g[f(x)]$. 试确定 $f(x)$.

解　由假设，今取 $g(x) = x + h$，则

$$f(x+h) = f(x) + h$$

即

$$\frac{f(x+h) - f(x)}{h} = 1$$

上式对一切 h 成立. 令 $h \to 0$ 取极限则有 $f'(x) = 1$，故 $f(x)$ 为线性函数，令其为 $f(x) = x + c$（c 为常数）.

特别地，取 $g(x) = 0$，一同将 $f(x)$ 代入题设式得 $c = 0$. 故 $f(x) = x$.

2. 不等式的证明问题

这个问题我们在“不等式的证明方法”专题中将详细讨论，这里先举两个例子说明.

例 1　设 $0 < x < \frac{\pi}{2}$，试证明不等式 $3x < \tan x + 2\sin x$.

证　令 $F(x) = \tan x + 2\sin x - 3x$，当 $x \in \left(0, \frac{\pi}{2}\right)$ 时，有

$$F'(x) = \sec^2 x + 2\cos x - 3 = \frac{(1 + 3\cos x)(1 - \cos x)}{\cos^2 x} > 0$$

故 $F(x)$ 在 $\left(0, \frac{\pi}{2}\right)$ 内单增，且 $F(0) = 0$. 从而在 $\left(0, \frac{\pi}{2}\right)$ 内 $F(x) > F(0) = 0$，即

$$3x < \tan x + 2\sin x,\quad x \in \left(0, \frac{\pi}{2}\right)$$

例 2　若 $e < x_1 < x_2$ 时，试证 $\frac{x_1}{x_2} < \frac{\ln x_1}{\ln x_2} < \frac{x_2}{x_1}$.

证　设 $f(x) = x\ln x$，这里 $e < x < x_2$. 由

$$f'(x) = 1 + \ln x$$

故当 $x > e$ 时，$f'(x) > 0$，$f(x)$ 单调增加，即 $x_1 \ln x_1 < x_2 \ln x_2$.

又 $x_2 > e$，则 $\ln x_2 > 0$，故 $\frac{\ln x_1}{\ln x_2} < \frac{x_2}{x_1}$. 设 $g(x) = \frac{\ln x}{x}$，则 $g'(x) = \frac{1 - \ln x}{x^2}$.

当 $x > e$ 时，$g'(x) < 0$，即 $g(x)$ 单减，故 $\frac{\ln x_2}{x_2} < \frac{\ln x_1}{x_1}$.

又 $x_2 > e$，有 $\ln x_2 > 0$，故 $\frac{x_1}{x_2} < \frac{\ln x_1}{\ln x_2}$.

综上，当 $e < x_1 < x_2$ 时

$$\frac{x_1}{x_2} < \frac{\ln x_1}{\ln x_2} < \frac{x_2}{x_1}$$

3. 讨论方程的根问题

这个问题我们后文还要专门讨论，这里先来看个例子.

例　函数 $f(x)$ 在 $(-\infty, +\infty)$ 内连续，且 $f(a) = f(b) = 0$. 又 $f'(a)f'(b) > 0$ $(a < b)$. 试证至少存在一点 $\xi \in (a, b)$ 使 $f(\xi) = 0$.

证　因 $f'(a)f'(b) > 0$，则它们同号，不妨设 $f'(a) > 0$，$f'(b) > 0$.

故 $\lim\limits_{x \to a} \frac{f(x) - f(a)}{x - a} = f'(a) > 0$，由保号性有 $x_1 \in (a, a + \delta_1)$，使 $\frac{f(x_1) - f(a)}{x_1 - a} > 0$.

又 $x_1 > a$,故 $f(x_1) > f(a) = 0$.

由 $\lim\limits_{x \to b} \dfrac{f(x) - f(b)}{x - b} = f'(b) > 0$,同理存在 $x_2 \in (b - \delta_2, b)$,使 $\dfrac{f(x_2) - f(b)}{x_x - b} > 0$.

而 $x_2 - b < 0$,即 $x_2 < b$,故 $f(x_2) < f(b) = 0$.

由 $f(x)$ 在以 x_1, x_2 为端点的闭区间($[x_1, x_2]$ 或 $[x_2, x_1]$)上连续,且 $f(x_1)f(x_2) < 0$,则至少有一点 $\xi \in (a, b)$ 使 $f(\xi) = 0$.

4. 求函数的极限问题

这部分内容详见“求各类极限的方法”一节.

5. 导数在几何问题上的应用

这里仅举一例,余详见后文“各类几何问题”一章内容.

例 若函数 $f(x)$ 连续且二阶可导. 又 $f(0) = f''(0)$ 及 $\lim\limits_{x \to 0} \dfrac{f''(x)}{\sin x} = 1$. 则 $x = 0$ 为 $f(x)$ 的拐点.

解 由设知 $\lim\limits_{x \to 0} \dfrac{f''(x)}{\sin x} = 1$,故 $\lim\limits_{x \to 0} f''(x) = 0$,即 $f''(0) = 0$.

从而 $f''(0) = f(0) = 0$. 又由题设极限式知 $f''(x)$ 在 $x = 0$ 两端变号. 从而 $x = 0$ 为 $f(x)$ 的拐点.

(二) 微分中值定理及与其有关的问题

微分中值定理包括下面一些内容:

若 $f(x), g(x)$ 在 $[a, b]$ 上连续,且在 (a, b) 内可导,又 $g'(x) \neq 0$,则有 $\xi \in (a, b)$ 使下图诸结论成立:

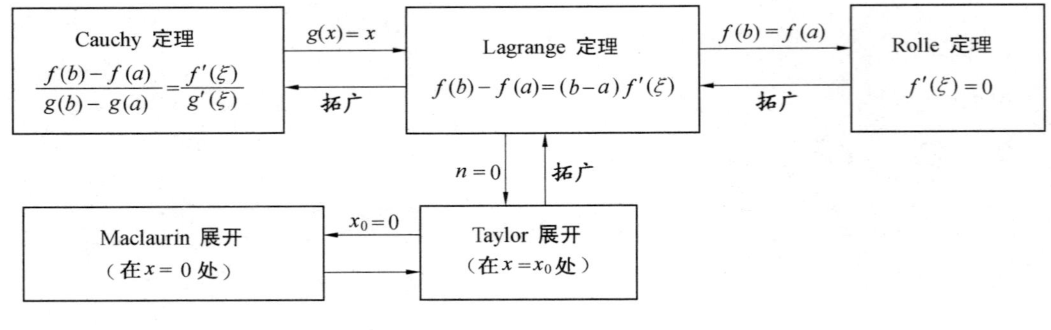

图 4

注 微分中值定理更一般的可写成:

设 $f(x), g(x), h(x)$ 在 $a \leqslant x \leqslant b$ 上连续,在 $a < x < b$ 上可导,则有 $\xi(a < \xi < b)$ 使

$$\begin{vmatrix} f(a) & g(a) & h(a) \\ f(b) & g(b) & h(b) \\ f'(\xi) & g'(\xi) & h'(\xi) \end{vmatrix} = 0$$

当 $h(x) \equiv 1, g(x) = x$,即为 Lagrange **中值定理**

若 $h(x) \equiv 1, g(x)$ 在 (a, b) 内恒不为零,则可得 Cauchy **中值定理**.

在考虑这些定理选择时,一般来讲题设中:

① 仅涉及一个函数 $f(x)$,且可设法找到 $f(a) = f(b)$ 条件,一般用 Rolle 中值定理;

② 仅涉及一个函数 $f(x)$,但无法找到 $f(a) = f(b)$ 条件,一般用 Lagrange 中值定理;

③ 涉及两个函数 $f(x), g(x)$,一般可考虑用 Cauchy 中值定理;

④ 有些问题要用两次或用两个中值定理,甚至要分区间去考虑;

⑤ 涉及三次以上导数的问题,请考虑用 Taylor 展开去做.

至于辅助函数设计要因题而异.

微分中值定理有下面一些应用:

(1) 证明某些等式;　　(2) 证明某些不等式;

(3) 求函数极限;　　(4) 证明方程根的存在;

(5) 研究函数的性态;　　(6) 求函数的近似值和估计误差.

下面我们分别举例谈谈这些问题.

1. 证明某些等式问题

利用微分中值定理可从证明某些等式,这类问题多是以"存在 ξ 使某些等式成立"形式出现.

例 1　设函数 $f(x)$ 在闭区间 $[0,1]$ 上连续,在开区间 $(0,1)$ 内可导,且 $f(0)=0, f(1)=\frac{1}{3}$,证明:存在 $\xi\in\left(0,\frac{1}{2}\right), \eta\in\left(\frac{1}{2},1\right)$,使得 $f'(\xi)+f'(\eta)=\xi^2+\eta^2$.

解　注意到下面等价关系

$$f'(\xi)+f'(\eta)=\xi^2+\eta^2 \Leftrightarrow f'(\xi)-\xi^2+f'(\eta)-\eta^2=0 \Leftrightarrow$$
$$\left[f(x)-\frac{x^3}{3}\right]_{x=\xi}+\left[f(x)-\frac{x^3}{3}\right]_{x=\eta}=0$$

则可令 $F(x)=f(x)-\frac{x^3}{3}$,分别在 $[0,\frac{1}{2}]$,$[\frac{1}{2},1]$ 应用拉格朗日中值定理.

今设 $F(x)=f(x)-\frac{x^3}{3}$,则 $F(0)=0, F(1)=0$,且 $F(x)$ 在闭区间 $\left[0,\frac{1}{2}\right]$ 和 $\left[\frac{1}{2},1\right]$ 上连续,在开区间 $\left(0,\frac{1}{2}\right)$,$\left(\frac{1}{2},1\right)$ 可导,应用拉格朗日中值定理可得

$$F\left(\frac{1}{2}\right)-F(0)=\frac{F'(\xi)}{2},\quad \xi\in\left(0,\frac{1}{2}\right) \tag{①}$$

$$F(1)-F\left(\frac{1}{2}\right)=\frac{F'(\eta)}{2},\quad \eta\in\left(\frac{1}{2},1\right) \tag{②}$$

式 ①+式 ② 得
$$F'(\xi)+F'(\eta)=0$$
即
$$f'(\xi)-\xi^2+f'(\eta)-\eta^2=0$$
亦即
$$f'(\xi)+f'(\eta)=\xi^2+\eta^2$$

例 2　设函数 $f(x)$ 在闭区间 $[0,3]$ 上连续,在开区间 $(0,3)$ 内存在二阶导数,且

$$2f(0)=\int_0^2 f(x)\mathrm{d}x=f(2)+f(3)$$

(1) 证明存在 $\eta\in(0,2)$,使得 $f(\eta)=f(0)$;

(2) 证明存在 $\xi\in(0,3)$,使得 $f''(\xi)=0$.

解　(1) 令 $F(x)=\int_0^x f(t)\mathrm{d}t$,则由 Lagrange 中值定理可得存在 $\eta\in(0,2)$,使得

$$\frac{F(2)-F(0)}{2-0}=f(\eta)$$

而 $F(2)-F(0)=\int_0^2 f(x)\mathrm{d}x$,这样可有 $\int_0^2 f(x)\mathrm{d}x=2f(\eta)$. 又 $2f(0)=\int_0^2 f(x)\mathrm{d}x$,所以 $f(0)=f(\eta)$.

(2) 由题设 $f(x)$ 在闭区间 $[2,3]$ 上连续,从而在该区间存在最大值 M 和最小值 m,于是

$$m\leqslant f(2)\leqslant M,\quad m\leqslant f(3)\leqslant M$$

从而有
$$m\leqslant\frac{1}{2}[f(2)+f(3)]\leqslant M$$

由连续函数介值定理则有 $\xi \in [2,3]$,使

$$f(\xi) = \frac{1}{2}[f(2) + f(3)]$$

由上于是有 $f(0) = f(\eta) = f(\xi)$,其中 $\eta \in (0,2), \xi \in [2,3]$.

这样函数 $f(x)$ 在$[0,\eta]$,$[\eta,\xi]$ 均满足 Rolle 定理,所以存在 $\xi_1 \in (0,\eta), \xi_2 \in (\eta,\xi)$,使得$f'(\xi_1) = f'(\xi_2) = 0$.

同样导函数$f'(x)$ 在$[\xi_1,\xi_2]$ 亦满足 Rolle 定理,故存在 $\xi \in (\xi_1,\xi_2) \subset (0,3)$,使得$f''(\xi) = 0$.

例 3 若函数 $f(x)$ 在$[0,3]$ 上连续,在$(0,3)$ 内可导.又 $f(0) + f(1) + f(2) = 3$,且 $f(3) = 1$.试证:存在 $\xi \in (0,3)$ 使$f'(\xi) = 0$.

证 由设知 $f(x)$ 在$[0,2] \subset [0,3]$ 上连续,则由闭区间上连续函数性质有 m,M 使$m \leqslant f(x) \leqslant M$,故 $m \leqslant f(0),f(1),f(2) \leqslant M$,从而

$$m \leqslant \frac{1}{3}[f(0) + f(1) + f(2)] \leqslant M$$

即 $m \leqslant 1 \leqslant M$,故有 $c \in [0,2]$ 使 $f(c) = 1$.又 $f(3) = 1$,再由 Rolle 定理知有 $\xi \in (c,3) \subset (0,3)$ 使 $f'(\xi) = 0$.

例 4 设函数 $f(x)$ 在区间$[0,\pi]$上连续,且在$(0,\pi)$ 内可导,又$\int_0^\pi f(x)\cos x\mathrm{d}x = \int_0^\pi f(x)\sin x\mathrm{d}x = 0$.求证:存在 $\xi \in (0,\pi)$ 使$f'(\xi) = 0$.

证 由在$(0,\pi)$ 内 $\sin x > 0$,又已知$\int_0^\pi f(x)\sin x\mathrm{d}x = 0$,则在$(0,\pi)$ 内 $f(x)\sin x$ 与$f(x)$ 同号,故 $f(x)$ 在$(0,\pi)$ 内不恒为正或负.从而 $f(x)$ 在$(0,\pi)$ 内有零点,且不唯一.

今证之.若不然,设 $\alpha \in (0,\pi)$ 是 $f(x)$ 在此区间的唯一零点,由 $x \neq \alpha, x \in (0,\pi)$ 则$\sin(x-\alpha)f(x)$ 必恒为正或负,这样

$$I = \int_0^\pi f(x)\sin(x-\alpha)\mathrm{d}x \neq 0$$

但 $I = \int_0^\pi f(x)(\sin x\cos\alpha - \cos x\sin\alpha)\mathrm{d}x = \cos\alpha\int_0^\pi f(x)\sin x\mathrm{d}x - \sin\alpha\int_0^\pi f(x)\cos x\mathrm{d}x = 0$

与上式相抵,知 $f(x)$ 在$(0,\pi)$ 内零点不唯一.换言之,$f(x)$ 至少有两个零点,比如设 α,β(设 $\alpha < \beta$).由 Rolle 定理知有 $\xi \in (\alpha,\beta) \subset (0,\pi)$ 使$f'(\xi) = 0$.

例 5 若 $f(x)$ 在$[0,1]$ 上连续,$(0,1)$ 内可微,且 $f(0) = 0, f(1) = 1$,则在闭区间$[0,1]$ 上存在相异的点 x_1,x_2,使$\frac{1}{f'(x_1)} + \frac{1}{f'(x_2)} = 2$.

证 1 将$[0,1]$ 分成$[0,x]$ 和$[x,1]$ 两个子区间.由题设 $f(0) = 0, f(1) = 1$,又由 Lagrange 中值定理有 $x_1 \in (0,x)$ 和 $x_2 \in (x,1)$ 使

$$f'(x_1) = \frac{f(x) - f(0)}{x}, \quad f'(x_2) = \frac{f(1) - f(x)}{1-x}$$

于是$\frac{1}{f'(x_1)} + \frac{1}{f'(x_2)} = 2$,当且仅当$\frac{x}{f(x)} + \frac{1-x}{1-f(x)} = 2$.

又由 $f(0) = 0, f(1) = 1$ 及 $f(x)$ 连续性,有 $x \in (0,1)$ 使 $f(x) = \frac{1}{2}$.

从而 $1 - 2f(x) = 0$,于是$[x - f(x)][1 - 2f(x)] = 0$.

显然,它等价于$\frac{x}{f(x)} + \frac{1-x}{1-f(x)} = 2$,问题得证.

证 2 由设知有 ξ 使 $f(\xi) = \frac{1}{2}$.在$[0,\xi]$ 和$[\xi,1]$ 上分别考虑由 Lagrange 中值定理有 x_1,x_2 使

$$\frac{f(\xi)}{\xi}=f'(x_1),\quad \frac{1-f(\xi)}{1-\xi}=f'(x_2)$$

又由 $f(\xi)=\frac{1}{2}$,则
$$\frac{1}{f'(x_1)}+\frac{1}{f'(x_2)}=2\xi+2(1-\xi)=2$$

注1　类似的命题还可见:

命题　若 $f(x)$ 在$[0,1]$上连续,在$(0,1)$内可导,且 $f(0)=0,f(1)=1$. 试证:(1) 有 $\xi\in(0,1)$ 使 $f(\xi)=1-\xi$;(2) 有 $x_1,x_2\in(0,1)$ 使 $f'(x_1)f'(x_2)=1$.

证　(1) 记 $F(x)=f(x)+x-1$,由 $f(x)$ 的连续性知 $F(x)$ 连续,又由 $f(0)=0,f(1)=1$,有 $F(0)=-1,F(1)=1$,从而有 $\xi\in(0,1)$ 使 $F(\xi)=0$. 即 $f(\xi)=1-\xi$.

(2) 在区间$[0,\xi]$和$[\xi,1]$上分别用 Lagrange 中值定理可有 $x_1\in(0,\xi)$ 和 $x_2\in(\xi,1)$,使
$$\frac{f(\xi)-f(0)}{\xi-0}=f'(x_1),\quad \frac{f(1)-f(\xi)}{1-\xi}=f(x_1)$$

注意到 $f(\xi)=1-\xi$,故
$$f'(x_1)f'(x_2)=\frac{f(\xi)}{\xi}\cdot\frac{1-f(\xi)}{1-\xi}=1$$

注2　本题结论可以推广为:

命题　若 $f(x)$ 在$[0,1]$连续,在$(0,1)$内可微,且 $f(0)=0,f(1)=1$. 则对任意非负 m,M 有 $x_1,x_2\in(0,1)$ 使
$$\frac{m}{f'(x_1)}+\frac{M}{f'(x_2)}=m+M$$

略证　由题设对任意 $\mu\in(0,1)$,有 $c\in(0,1)$ 使 $f(c)=\mu$. 在$[0,c]$和$[c,1]$上分别用 Lagrange 中值定理有
$$f'(x_1)=\frac{f(c)-f(0)}{c-0}=\frac{\mu}{c},\quad 0<x_1<c$$
$$f'(x_2)=\frac{f(1)-f(c)}{1-c}=\frac{1-\mu}{1-c},\quad c<x_2<1$$

显然 $x_1\neq x_2$,又 $\mu\in(0,1)$,且 $\mu\neq0,1-\mu\neq0$. 从而 $f'(x_1)\neq0,f'(x_2)\neq0$. 故
$$\frac{m}{f'(x_1)}+\frac{M}{f'(x_2)}=\frac{M\mu+c(m-Mu-mu)}{\mu(1-\mu)}$$

取 $\mu=\frac{m}{m+M}$,则 $1-\mu=\frac{\mu}{m+M}$,注意到 $0<\mu,1-\mu<1$,从而
$$\frac{m}{f'(x_1)}+\frac{M}{f'(x_2)}=\frac{mM}{m+M}\Big/\left(\frac{m}{m+M}\cdot\frac{M}{m+M}\right)=m+M$$

它的进一步推广可见后面例.

例6　设函数 $f(x),g(x)$ 在$[a,b]$上连续,在(a,b)内可导,且 $f(a)=f(b)=0$. 又在(a,b)内 $g(x)$ 恒不为0,试证至少存在一点 $\xi\in(a,b)$,使 $f'(\xi)g(\xi)=g'(\xi)f(\xi)$.

证　作辅助函数 $F(x)=\frac{f(x)}{g(x)}$,则 $F(x)$ 在$[a,b]$上连续,在(a,b)内可导,且 $F(a)=F(b)=0$.

又注意到
$$F'(x)=\frac{f'(x)g(x)-g'(x)f(x)}{g^2(x)}$$

由 Rolle 定理知,至少有一点 $\xi\in(a,b)$,使 $F'(\xi)=0$,即
$$f'(\xi)g(\xi)=g'(\xi)f(\xi)$$

由例的解法可以看出:解这类问题的关键是**构造辅助函数**. 下面的例子也是如此.

例7　设 $0<a<b$,证明存在 $\xi(a<\xi<b)$ 使得等式 $b\ln a-a\ln b=(b-a)(\ln\xi-1)$ 成立.

证　考虑辅助函数 $f(x)=\frac{\ln x}{x},g(x)=\frac{1}{x}$,它们在$[a,b]$上满足 Cauchy 中值定理的条件,故在

(a,b) 内至少存在一点 ξ 使

$$\frac{\dfrac{\ln b}{b}-\dfrac{\ln a}{a}}{\dfrac{1}{b}-\dfrac{1}{a}}=\frac{\dfrac{1-\ln\xi}{\xi^2}}{\dfrac{-1}{\xi^2}}$$

即
$$b\ln a-a\ln b=(b-a)(\ln\xi-1)$$

注 下面的命题则为本例结论的推广：

设 $f(x)$ 在 $[x_1,x_2]$ 上可导，且 $0<x_1<x_2$，试证在 (x_1,x_2) 内至少存在一点 ξ 使

$$\frac{1}{x_1-x_2}\begin{vmatrix}x_1 & x_2\\ f(x_1) & f(x_2)\end{vmatrix}=f(\xi)-\xi f'(\xi)$$

仍取 $F(x)=\dfrac{f(x)}{x}$，$G(x)=\dfrac{1}{x}$. 则 $F(x)$，$G(x)$ 在 $[x_1,x_2]$ 上满足 Cauchy 中值定理，结论获证.

例 8 设 $f(x)$ 在 $[a,b]$ 上连续，在 (a,b) 内可导. 则在 (a,b) 内至少存在一点 ξ 使 $2\xi[f(a)-f(b)]=(a^2-b^2)f'(\xi)$ 成立.

证 设 $F(x)=(a^2-b^2)f'(x)-x^2[f(a)-f(b)]$，这样因 $f(x)$ 在 $[a,b]$ 上连续，在 (a,b) 内可导；而 x^2 在 $(-\infty,+\infty)$ 内连续，在 $[a,b]$ 上可导，则 $F(x)$ 在 $[a,b]$ 上连续，在 (a,b) 内可导. 又

$$F(a)=(a^2-b^2)f(a)-a^2f(a)+a^2f(b)=a^2f(b)-b^2f(a)=F(b)$$

即 $F(x)$ 在 $[a,b]$ 上满足 Lagrange 定理条件，则在在 (a,b) 内至少存在一点 ξ 使

$$2\xi[f(a)-f(b)]=(a^2-b^2)f'(\xi)$$

注 本题亦可用 Cauchy 中值定理来解：

令 $g(x)=x^2$，则 $f(x)$，$g(x)$ 在 $[a,b]$ 满足 Cauchy 中值定理条件，故在 (a,b) 内至少存在一点 ξ 使

$$\frac{f(b)-f(a)}{b^2-a^2}=\frac{f'(\xi)}{2\xi}$$

即
$$2\xi[f(a)-f(b)]=(a^2-b^2)f'(\xi)$$

例 9 设 $f(x)$ 在 $[0,1]$ 上连续，在 $(0,1)$ 内可导，且 $f(0)=f(1)=0$，又 $f\left(\dfrac{1}{2}\right)=1$. 试证：(1) 存在 $\eta\in\left(\dfrac{1}{2},1\right)$，使 $f(\eta)=\eta$；(2) 对任意 $\lambda\in\mathbf{R}$，有 $\xi\in(0,\eta)$ 使 $f'(\xi)-\lambda[f(\xi)-\xi]=1$ 成立.

证 (1) 令 $F(x)=f(x)-x$，由题设知 $F(x)$ 在 $[0,1]$ 上连续.

又 $F(1)=-1<0$，且 $F\left(\dfrac{1}{2}\right)>\dfrac{1}{2}>0$，故有 $\eta\in\left(\dfrac{1}{2},1\right)$ 使 $F(\eta)=0$，即

$$f(\eta)-\eta=0\quad 或\quad f(\eta)=\eta$$

(2) 令 $\Phi(x)=\mathrm{e}^{-\lambda x}F(x)$，则 $\Phi(x)$ 在 $[0,\eta]$ 上连续，在 $(0,\eta)$ 内可导，又 $\Phi(0)=0$，$\Phi(\eta)=\mathrm{e}^{-\lambda\eta}F(\eta)=0$，由 Rolle 定理有 $\xi\in(0,\eta)$ 使 $\Phi'(\eta)=0$. 即

$$\mathrm{e}^{-\lambda\xi}\{f'(\xi)-\lambda[f(\xi)-\xi]-1\}=0\quad 或\quad f'(\xi)-\lambda[f(\xi)-\xi]=1$$

注 1 注意到 $(\mathrm{e}^{\pm\lambda x})=\pm\lambda\mathrm{e}^{\lambda x}$，换言之，求导后出现常数系数的情形，多与 $\mathrm{e}^{\pm\lambda x}$ 有关. 这样设 $\Phi(x)=\mathrm{e}^{-\lambda x}F(x)$ 就不难想到和理解了. 这一点尤须当心和牢记.

注 2 下面问题看上去涉及了积分概念，但它其实与例类同.

若 $f(x)$ 在 $[a,b]$ 上连续，在 (a,b) 内可导，且 $f(a)=a$，又 $\displaystyle\int_a^b f(x)\mathrm{d}x=\frac{1}{2}(b^2-a^2)$. 试证在 (a,b) 有一点 ξ 使 $f'(\xi)=f(\xi)-\xi+1$.

证 由 $\displaystyle\int_a^b x\,\mathrm{d}x=\frac{1}{2}(b^2-a^2)$ 及题设 $\displaystyle\int_a^b f(x)\mathrm{d}x=\frac{1}{2}(b^2-a^2)$，从而 $\displaystyle\int_a^b[f(x)-x]\mathrm{d}x=0$.

由积分中值定理知有 $c\in(a,b)$ 使

$$\int_a^b [f(x)-x]\mathrm{d}x = [f(c)-c](b-a)$$

令 $F(x)=\mathrm{e}^{-x}[f(x)-x]$，则 $F(a)=F(c)=0$. 由 Rolle 定理知有 $\xi\in(a,c)\subset(a,b)$，使 $F'(\xi)=0$，即

$$f'(\xi)=f(\xi)-\xi+1$$

例 10　设 $f(x),g(x)$ 在 $[a,b]$ 上连续，在 (a,b) 内可微，且 $f(a)=f(b)=0$. 试证：(1) 存在 $\xi\in(a,b)$ 使 $f'(\xi)+\lambda f(\xi)=0$，这里 $\lambda\in\mathbf{R}$；(2) 存在 $\eta\in(a,b)$ 使 $f'(\eta)+f(\eta)g'(\eta)=0$.

证　(1) 由上例注文知可令 $F(x)=\mathrm{e}^{\lambda x}f(x)$，则由题设知 $F(a)=F(b)=0$.

由 Rolle 定理有 $\xi\in(a,b)$ 使 $F(\xi)=0$，即

$$f'(\xi)\mathrm{e}^{\lambda\xi}+nf(\xi)\mathrm{e}^{\lambda\xi}=0$$

亦即
$$f'(\xi)+\lambda f(\xi)=0$$

(2) 令 $G(x)=f(x)\mathrm{e}^{g(x)}$，由设 $G(a)=G(b)=0$. 仿上有 $\eta\in(a,b)$ 使

$$f'(\eta)\mathrm{e}^{g(\eta)}+f(\eta)g'(\eta)\mathrm{e}^{g(\eta)}=0$$

即
$$f'(\eta)+f(\eta)g'(\eta)=0$$

注　若令 $F(x)=[f(x)]^{\lambda}\mathrm{e}^{x}$，仿例亦可证得

$$f(\xi)+\lambda f'(\xi)=0,\quad \xi\in(a,b)$$

下面命题与在例类同，但它涉及了二阶导数.

例 11　若 $f(x)$ 在 $[a,b]$ 上连续，在 (a,b) 内可导，且 $f(a)=f(b)=0$. 又 $\int_a^b f(x)\mathrm{d}x=0$. 试证(1) 在 (a,b) 内至少有一点 ξ 使 $f'(\xi)=f(\xi)$；(2) 在 (a,b) 内至少有一点 $\eta\neq\xi$，使 $f''(\eta)=f(\eta)$.

证　(1) 由题设及积分中值定理知有 $c\in(a,b)$ 使

$$\int_a^b f(x)\mathrm{d}x=(b-a)f(c)$$

再由题设可得 $f(c)=0$.

令 $G(x)=\mathrm{e}^{-x}f(x)$，则 $G(a)=G(b)=G(c)=0$. 分别在区间 $[a,c]$ 和 $[c,b]$ 上使用 Rolle 定理有 $\xi_1\in[a,c]$，$\xi_2\in[c,b]$，使

$$G'(\xi_1)=G'(\xi_1)=0$$

从而有
$$f'(\xi_1)=f(\xi_1),\quad f'(\xi_2)=f(\xi_2)$$

(2) 令 $F(x)=\mathrm{e}^{x}[f'(x)-f(x)]$，在 $[\xi_1,\xi_2]$ 上用 Rolle 定理有 $F'(\eta)=0$，$\eta\in(\xi_1,\xi_2)$.

而 $F'(x)=\mathrm{e}^{x}[f''(x)-f(x)]$，则 $f''(\eta)=f(\eta)$，这里 $\eta\neq\xi_1$，且 $\eta\neq\xi_2$.

注　其实下面的命题系本例的特殊情形：

若 $f(x)$ 在 $[0,1]$ 连续，在 $(0,1)$ 内二阶可微，且 $f(1)=f(0)=f'(1)=f'(0)=0$. 试证存在 $\xi\in(0,1)$ 使 $f''(\xi)=f(\xi)$.

只需令 $F(x)=[f(x)\pm f'(x)]\mathrm{e}^{x}$，由题设可推知 $F(x)$ 在 $[0,1]$ 上满足 Rolle 定理，即有 $\xi\in(0,1)$ 使 $F'(\xi)=0$ 即可.

我们再次强调一下，从以上两例可以看到：一般的求证式中若有参数 λ 或其他常数如 $a-b$ 等，辅助函数中常有 $\mathrm{e}^{\lambda x}$ 或 e^{x} 因子.

例 12　设 $f(x)$ 在 $[a,b]$ 上连续，在 (a,b) 内可导，且 $f(a)=f(b)=1$. 试证存在 $\xi,\eta\in(a,b)$ 使 $\mathrm{e}^{\eta-\xi}[f(\xi)+f'(\xi)]=1$.

证　令 $F(x)=\mathrm{e}^{x}[f(x)-1]$，则由设有 $F(a)=F(b)=0$.

由 Rolle 定理有 $\eta\in(a,b)$，使 $F'(\eta)=0$，即 $f(\eta)+f'(\eta)=1$.

令 $\xi=\eta$，此时 $\mathrm{e}^{\eta-\xi}=\mathrm{e}^{0}=1$，则要证的式子 $\mathrm{e}^{\eta-\xi}[f(\xi)+f'(\xi)]=1$ 成立.

注　本题中没有 ξ,η 的条件限制，故可取 $\xi=\eta$. 若题目要求不同的两点 ξ,η，则此证法不妥. 这时要

先后对 $e^x f(x)$ 和 e^x 用两次 Lagrange 中值定理.

例 13 设 $f(x)$ 在$[a,b]$上连续,在(a,b)内可微,且 $f(x)>0, x\in(a,b)$. 又 $f(a)=0$,则对任意正整数 m,n,存在 $x_1\in(a,b), x_2\in(a,b)$,使 $\dfrac{nf'(x_1)}{f(x_1)}=\dfrac{mf'(x_2)}{f(x_2)}$ 成立.

证 令 $F(x)=f^n(x)f^m(a+b-x)$. 由设知 $F(a)=F(b)=0$.

由 Rolle 定理知:存在 $\xi\in(a,b)$ 使 $'F(\xi)=0$. 即

$$nf^{n-1}(\xi)f^m(a+b-\xi)f'(\xi)-mf^n(\xi)f^{m-1}(a+b-\xi)f'(a+b-\xi)=0$$

或

$$\frac{nf'(\xi)}{f(\xi)}=\frac{mf'(a+b-\xi)}{f(a+b-\xi)}$$

令 $\xi=x_1, a+b-\xi=x_2$,上式即为

$$\frac{nf'(x_1)}{f(x_1)}=\frac{mf'(x_2)}{f(x_2)}$$

注 此处辅助函数构造较巧妙,它是解本题的关键.

由上面几例可以看出如何构造辅助函数以达到证或解题的目的. 下面的例子中要两次使用微分中值定理.

例 14 $f(x)$ 在$[a,b](0<a<b)$上连续,在(a,b)内可导. 证明在(a,b)内存在两点 ξ_1,ξ_2 使 $f'(\xi_1)=\dfrac{f'(\xi_2)\cdot(a+b)}{2\xi_2}$ 或 $\dfrac{f'(\xi_1)}{f'(\xi_2)}=\dfrac{a+b}{2\xi_2}$.

证 因 $f(x)$ 在$[a,b]$上连续,在(a,b)内可导. 由 Lagrange 定理知有 $\xi_1\in(a,b)$ 使

$$\frac{f(b)-f(a)}{b-a}=f'(\xi_1) \tag{*}$$

取 $g(x)=x^2$,则 $f(x),g(x)$ 在$[a,b]$上连续,在(a,b)内可导,且 $g'(x)=2x$ 在(a,b)内恒不为 0. 由 Cauchy 定理知在(a,b)内至少有一点 ξ_2 使

$$\frac{f(b)-f(a)}{b^2-a^2}=\frac{f'(\xi_2)}{2\xi_2}$$

即

$$\frac{f(b)-f(a)}{b-a}=\frac{f'(\xi_2)\cdot(a+b)}{2\xi_2} \tag{**}$$

由式(*)及式(**)有

$$f'(\xi_1)=\frac{f'(\xi_2)\cdot(a+b)}{2\xi_2} \quad 或 \quad \frac{f'(\xi_1)}{f'(\xi_2)}=\frac{a+b}{2\xi_2}$$

其中 $\xi_1,\xi_2\in(a,b)$.

注 下面命题可视为例的变形:

命题 若 $f(x)$ 在$[a,b]$上连续,在(a,b)内可导,则有 $\xi,\eta\in(a,b)$ 使 $\dfrac{f'(\xi)}{f'(\eta)}=\dfrac{2\sqrt{\eta}}{\sqrt{a}+\sqrt{b}}$.

证 令 $g(x)=\sqrt{x}$. 由 Cauchy 中值定理有 $\eta\in(a,b)$ 使

$$\frac{f(b)-f(a)}{\sqrt{b}-\sqrt{a}}=\frac{f'(\eta)}{g'(\eta)}=\frac{f'(\eta)}{\sqrt{\eta}/2} \tag{1}$$

又对 $f(x)$ 使用 Lagrange 中值定理有 $\xi\in(a,b)$,使

$$\frac{f(b)-f(a)}{b-a}=f'(\xi) \tag{2}$$

将式(2)代入式(1)有

$$\frac{(b-a)f'(\xi)}{\sqrt{b}-\sqrt{a}}=\frac{f'(\eta)}{\sqrt{\eta}/2}\Rightarrow\frac{f'(\xi)}{f'(\eta)}=\frac{2\sqrt{\eta}}{\sqrt{a}+\sqrt{b}}$$

例 15 设 $f(x)$ 和 $g(x)$ 在$[a,b]$上存在二阶导数,且 $g''(x)\neq 0$. 又 $f(a)=f(b)=g(a)=$

$g(b)=0$. 试证：(1) 在 (a,b) 内 $g(x)\neq 0$；(2) 有 $\xi\in(a,b)$ 使 $f(\xi)g''(\xi)=g(\xi)f''(\xi)$.

(1) 用反证法. 若不然，今有 $c\in(a,b)$ 使 $g(c)=0$. 则在 $[a,c]$ 和 $[c,b]$ 上由 Rolle 定理知有

$$\xi_1\in(a,c),\quad \xi_2\in(c,b)$$

使

$$g'(\xi_1)=g'(\xi_2)=0$$

再由 Rolle 定理在 $[\xi_1,\xi_2]$ 上有 η 使 $g''(\eta)=0$ 与题设矛盾. 故 $x\in(a,b)$, $g(x)\neq 0$.

(2) 令 $F(x)=f(x)g'(x)-g(x)f'(x)$，则有 $F(a)=F(b)=0$.

由 Rolle 定理有 $\xi\in(a,b)$，使 $F'(\xi)=0$，即

$$f(\xi)g''(\xi)-f''(\xi)g(\xi)=0$$

注 1　因 $g(\xi)\neq 0, g''(\xi)\neq 0$，结论(2) 还可写成

$$\frac{f(\xi)}{g(\xi)}=\frac{f''(\xi)}{g''(\xi)}$$

注 2　下面的命题是例的特殊情形：

命题　若 $f(x)$, $g(x)$ 在 $[a,b]$ 上连续，在 (a,b) 内二阶可导，都拥有相同的最大值，又 $f(a)=g(a)$，$f(b)=g(b)$，则存在 $\xi\in(a,b)$，使 $f''(\xi)=g''(\xi)$.

证　令 $F(x)=f(x)-g(x)$，显然 $F(a)=F(b)=0$. 且 $F(x)$ 在 (a,b) 内二阶可导. 又 $f(x)$, $g(x)$ 有相同的最大值，无妨设

$$f(x_1)=\max_{a\leqslant x\leqslant b}\{f(x)\},\quad x_1\in(a,b)$$
$$g(x_2)=\max_{a\leqslant x\leqslant b}\{g(x)\},\quad x_2\in(a,b)$$

(1) 若 $x_1\neq x_2$，则 $F(x_1)=f(x_1)-g(x_1)\geqslant 0$, $F(x_2)=f(x)-g(x_2)\leqslant 0$，从而有 $c\in[x_1,x_2]\subset(a,b)$，使 $F(c)=0$.

在 $[a,c]$ 和 $[c,b]$ 上分别用 Rolle 定理，知存在 $\xi_1\in(a,c)$, $\xi_2\in(c,b)$，使 $F'(\xi_1)=F'(\xi_2)=0$.

再在 (ξ_1,ξ_2) 上用 Rolle 定理于 $F'(x)$，可有 $\xi\in(\xi_1,\xi_2)\subset(a,b)$，使 $F''(\xi)=0$，即 $f''(\xi)=g''(\xi)$.

(2) 若 $x_1=x_2$，则令 $c=x_1$，有 $F'(c)=0$；余仿(1).

一般来讲，遇到二阶导数的等式证明，若须用中值定理考虑，一般要使用两次，因为下例中含有积分式，故函数的一阶导数问题实质仍是二阶求导问题.

例 16　若 $f(x)$ 在 $(0,1)$ 内可微，且满足 $f(1)=2\int_0^{\frac{1}{2}}xf(x)\mathrm{d}x=0$. 则在 $(0,1)$ 内至少有一点 ξ 使 $f'(\xi)=-\dfrac{f(\xi)}{\xi}$.

证　令 $F(x)=\int_0^x[f(1)-tf(t)]\mathrm{d}t$，则有 $F(0)=F(\frac{1}{2})=0$. 故由 Rolle 定理知有 $\eta\in(0,\frac{1}{2})$ 使

$$F'(\eta)=f(1)-\eta f(\eta)=0$$

又 $F'(1)=0$，从而有 $\xi\in(\eta,1)$ 使

$$F''(\xi)=f(\xi)+\xi f'(\xi)=0$$

即

$$f'(\xi)=-\frac{f(\xi)}{\xi},\quad \xi\in(\eta,1)\subset(0,1)$$

有些问题的解决还须使用其他定理如极值存在定理、积分中值定理(它们多涉及积分表达式)等，请看：

例 17　若 $f(x)$ 二次连续可微，且 $|f(x)|\leqslant 1$，这里 $x\in\mathbf{R}$. 又 $f^2(0)+f'^2(0)=4$. 证明存在 $\xi\in\mathbf{R}$ 使 $f(\xi)+f''(\xi)=0$.

证 1　令　$F(x)=f^2(x)+f'^2(x)$，由 Lagrange 中值定理有 $a\in(-2,0)$, $b\in(0,2)$，使

$$f'(a)=\frac{f(0)-f(-2)}{2}\quad 和\quad f'(b)=\frac{f(2)-f(0)}{2}$$

因而 $$|f'(a)|=\left|\frac{f(0)-f(-2)}{2}\right|\leqslant\frac{|f(0)|+|f(-2)|}{2}\leqslant\frac{1+1}{2}=1$$

$$|f'(b)|=\left|\frac{f(2)-f(0)}{2}\right|\leqslant\frac{|f(2)|+|f(0)|}{2}\leqslant\frac{1+1}{2}=1$$

于是 $$|F(a)|=|f^2(a)+f'^2(a)|\leqslant|f(a)|^2+|f'(a)|^2\leqslant 2$$

且 $$|F(b)|=|f^2(b)+f'^2(b)|\leqslant|f(b)|^2+|f'(b)|^2\leqslant 2$$

又 $F(0)=4$,知 $F(x)$ 在 (a,b) 内有极大值从而有最大值,令设 $x=\xi$ 时 $F(x)$ 最大,由 Fermat 定理知 $F'(\xi)=0,\xi\in(a,b)$. 即

$$F'(\xi)=2f'(\xi)[f(\xi)+f''(\xi)]=0$$

若 $f'(\xi)=0$,则 $F(\xi)=f^2(\xi)+f'^2(\xi)=f^2(\xi)\leqslant 1$,与上式 $F(0)=4$ 相抵.

从而 $f'(\xi)\neq 0$,故 $f(\xi)+f''(\xi)=0$.

证 2 将 $f(x)$ 在 $[-2,0]$ 和 $[0,2]$ 上分别用 Lagrange 中值定理有

$$f'(a)=\frac{f(0)-f(-2)}{2},\quad -2<a<0$$

$$f'(b)=\frac{f(2)-f(0)}{2},\quad 0<b<2$$

由 $|f(x)|\leqslant 1$ 知

$$|f'(a)|\leqslant 1,\quad |f'(b)|\leqslant 1$$

考虑令 $F(x)=f^2(x)+f'^2(x)$,故 $F(a)\leqslant 2,F(b)\leqslant 2$.

$F(x)$ 在 $[a,b]$ 上连续,又 $F(0)=4$,则 $\max\limits_{x\in[a,b]}F(x)\geqslant 4$,且最大值在 (a,b) 内点 ξ 取得. 由 Fermat 定理知 $F'(\xi)=0$,即 $2f'(\xi)[f(\xi)+f''(\xi)]=0$.

因 $f(\xi)\leqslant 1$,故 $f'(\xi)\neq 0$,从而

$$f(\xi)+f''(\xi)=0,\xi\in(a,b)\subset(-2,2)$$

注 以上两证法本质上无异,只需叙述上有别.

例 18 设 $f(x)$ 在 $[0,1]$ 上连续,且在 $(0,1)$ 内可微,且满足 $f(1)-2\int_0^{\frac{1}{2}}xf(x)\mathrm{d}x=0$. 试证在 $(0,1)$ 内至少存在一点 ξ,使 $f'(\xi)=-\dfrac{f(\xi)}{\xi}$.

证 由积分中值定理知有 $\xi_1\in\left[0,\dfrac{1}{2}\right]$ 使

$$f(1)-\xi_1 f(\xi_1)=0.$$

令 $F(x)=xf(x)$,则上式即可写成 $F(1)-F(\xi_1)=0$. 又 $F(x)$ 在 $[\xi_1,1]$ 上可微,由 Rolle 定理有

$$F'(\xi)=0,\quad \xi\in(\xi_1,1)\subset(0,1)$$

即 $$\xi f'(\xi)+f(\xi)=0,\quad \xi\in(0,1)$$

或 $$f'(\xi)=\frac{-f(\xi)}{\xi},\quad \xi\in(0,1)$$

注 这个例子可推广为更一般的情形:若 $f(x)$ 在 $[0,1]$ 上连续,在 $(0,1)$ 内可微.

(1) 若 $f(0)=1$,且 $f(1)=0$,试证在 $(0,1)$ 内至少有一点 ξ 使

$$f'(\xi)=\frac{-f(\xi)}{\xi}\quad 或\quad f(\xi)+\xi f'(\xi)=0$$

(2) 又若 $f(0)=0$ 及 $f(1)=1$,则在 $[0,1]$ 上存在两点 x_1,x_2 使 $\dfrac{1}{f'(x_1)}+\dfrac{1}{f'(x_2)}=2$.(见前例)

略证 (1) 这只需考虑辅助函数 $F(x)=xf(x)$ 即可.(2) 前文已证,这里给出类似的证法.

(2) 由设 $f(0)=0,f(1)=1$,则有 $\xi\in(0,1)$ 使 $f(\xi)=\dfrac{1}{2}$. 在 $[0,\xi]$ 或 $[\xi,1]$ 上由 Lagrange 中值

定理,有 $x_1 \in (0,\xi)$,$x_2 \in (\xi,1)$ 使

$$f'(x_1)=\frac{f(\xi)}{\xi},\quad f'(x_2)=\frac{1-f(\xi)}{\xi}$$

又 $f(\xi)=\frac{1}{2}$,故
$$\frac{1}{f'(x_1)}+\frac{1}{f'(x_2)}=2\xi+2-2\xi=2$$

例 19　设 $f(x)$ 在 $[0,1]$ 上连续、单调且在 $(0,1)$ 内可微,且 $f(0)=0$,$f(1)=1$,证明对一切正整数 n,在 $[0,1]$ 中存在相异的点 $x_1,x_2,\cdots,x_n$ 满足 $\sum\limits_{k=1}^{n}\frac{1}{f'(x_k)}=n$.

证　由函数连续性及介值定理,则有 $c_k \in [0,1]$ 且满足

$$f(c_k)=\frac{k}{n},\quad k=1,2,\cdots,n$$

无妨设 $0<c_1<c_2<\cdots<c_{n-1}<1$,且令 $c_0=0$,$c_n=1$. 对每个区间 (c_{k-1},c_k) 用中值定理,其中 $k=1,2,\cdots,n$. 故有 $x_k \in (c_{k-1},c_k)$ 使

$$f'(x_k)=\frac{f(c_k)-f(c_{k-1})}{c_k-c_{k-1}}$$

这样
$$f'(x_k)=\frac{\frac{k}{n}-\frac{k-1}{n}}{c_k-c_{k-1}}=\frac{1}{n(c_k-c_{k-1})},\quad k=1,2,\cdots,n$$

从而
$$\sum_{k=1}^{n}\frac{1}{f'(x_k)}=\sum_{k=1}^{n}n(c_k-c_{k-1})=n\sum_{k=1}^{n}(c_k-c_{k-1})=n(c_n-c_0)=n$$

注　本例为前面例的推广情形,注意到当 $n=1$ 时,结论为:有 $x_1 \in [0,1]$ 使 $f'(x_1)=1$;而当 $n=2$ 时,结论为:有 $x_1,x_2 \in [0,1]$ 使 $\frac{1}{f'(x_1)}+\frac{1}{f'(x_2)}=2$,此即为前面的例 3 情形.

当然除了证明“存在”之外,有时还须考虑“唯一”问题. 请看:

例 20　设 $\mathrm{e}<a<b$,试证在区间 (a,b) 内存在唯一的点 ξ 使行列式

$$\begin{vmatrix} a & \mathrm{e}^{-a} & \ln a \\ b & \mathrm{e}^{-b} & \ln b \\ 1 & -\mathrm{e}^{-\xi} & \frac{1}{\xi} \end{vmatrix}=0$$

证　令 $F(x)=\begin{vmatrix} a & \mathrm{e}^{-a} & \ln a \\ b & \mathrm{e}^{-b} & \ln b \\ x & \mathrm{e}^{-x} & \ln x \end{vmatrix}$,则 $F(x)$ 在 $[a,b]$ 上连续,在 (a,b) 内可导,且 $F(a)=F(b)=0$(行列式分别有两行相同).

由 Rolle 定理知有 $\xi \in (a,b)$ 使 $F'(\xi)=0$,即欲证等式成立. 下证唯一性. 注意到

$$F''(x)=\begin{vmatrix} a & \mathrm{e}^{-a} & \ln a \\ b & \mathrm{e}^{-b} & \ln b \\ x'' & (\mathrm{e}^{-x})'' & (\ln x)'' \end{vmatrix}=\mathrm{e}^{-x}(b\ln a-a\ln b)+\frac{b\mathrm{e}^{-a}-a\mathrm{e}^{-b}}{x^2}$$

当 $x>\mathrm{e}$ 时,$\left(\frac{\ln x}{x}\right)'=\frac{1-\ln x}{x^2}<0$,知 $\frac{\ln x}{x}$ 单减,故 $\frac{\ln a}{a}>\frac{\ln b}{b}$,即 $b\ln a-a\ln b>0$.

又 $x\mathrm{e}^x$ 单增,故 $a\mathrm{e}^a<b\mathrm{e}^b$,即 $b\mathrm{e}^{-a}-a\mathrm{e}^{-b}>0$,于是 $F''(x)>0$,即 $F'(x)$ 单增. 从而只能有一点 ξ 使

$$F'(\xi)=0$$

再来看一个与几何有关的问题.

例 21　设函数 $f(x)$ 在区间 $[a,b]$ 上连续,在 (a,b) 内二次可导. 且连接 $(a,f(a))$ 和 $(b,f(b))$ 的直线段与曲线 $y=f(x)$ 相交于 $(c,f(c))$,其中 $a<c<b$. 试证在 (a,b) 内至少有一点 ξ,使 $f''(\xi)=0$.

证　分别在 $[a,c]$,$[c,b]$ 上用 Lagrange 中值定理,则存在 d_1,d_2,其中 $d_1 \in (a,c)$,$d_2 \in (c,b)$ 使

$$f'(d_1)=\frac{f(c)-f(a)}{c-a},\quad f'(d_2)=\frac{f(b)-f(c)}{b-c}$$

又$(a,f(a))$,$(c,f(c))$,$(b,f(b))$三点共线,则有

$$\frac{f(c)-f(a)}{c-a}=\frac{f(b)-f(c)}{b-c}$$

即

$$f'(d_1)=f'(d_2)$$

故在$[d_1,d_2]$上对$f'(x)$使用Rolle定理,则在$(d_1,d_2)\subset(a,b)$内至少有一点ξ使

$$[f'(x)]'_{x=\xi}=0$$

即

$$f''(\xi)=0$$

最后看一个涉及三阶导数的等式问题,前文已述,这类问题一般与函数泰勒(或麦克劳林)展开有关,或许并不涉及中值定理.

例22 设$f(x)$在$[-1,1]$上三次可微,证明存在$\xi\in(-1,1)$使$f'''(\xi)=3[f(1)-f(-1)]-6f'(0)$.

证 考虑$f(1)$,$f(-1)$,在$x=0$点的Taylor展开

$$f(1)=f(0)+f'(0)+\frac{f''(0)}{2!}+\frac{f'''(\xi_1)}{3!},\quad \xi_1\in(-1,1)$$

$$f(-1)=f(0)+f'(0)+\frac{f''(0)}{2!}+\frac{f'''(\xi_2)}{3!},\quad \xi_2\in(-1,1)$$

上两式相减有

$$f(1)-f(-1)=2f'(0)+\frac{1}{6}[f'''(\xi_1)+f'''(\xi_2)]$$

由设$f(x)$三次可微,知$f'''(x)$在$(-1,1)$内连续,由介值定理知有$\xi\in(\xi_1,\xi_2)$使

$$f'''(\xi)=\frac{1}{2}[f'''(\xi_1)+f'''(\xi_2)]$$

即

$$f'''(\xi)=3[f(1)-f(-1)]-6f'(0)$$

关于这类问题我们后文还将介绍.

2. 证明某些不等式问题

这个问题我们在“不等式的证明方法”专题中还将谈及,这里先举两个例子.

例1 若$0<y<x$时,试证$e^{x-y}-1>x-y$.

证 令$u=e^t$,在(y,x)上应用Lagrange中值定理有

$$\frac{e^x-e^y}{x-y}=e^{\xi}>e^y,\quad \xi\in(y,x)$$

即

$$e^{-y}(e^x-e^y)>x-y\quad 或\quad e^{x-y}-1>x-y$$

例2 若$a>1$,$n\geqslant 1$.试证$\dfrac{a^{\frac{1}{n+1}}}{(n+1)^2}<\dfrac{a^{\frac{1}{n}}-a^{\frac{1}{n+1}}}{\ln a}<\dfrac{a^{\frac{1}{n}}}{n^2}$.

证 设$f(x)=a^{\frac{1}{x}}$,$f(x)$在$[n,n+1]$上满足Lagrange中值定理条件,故

$$\frac{f(n+1)-f(n)}{(n+1)-n}=f'(\xi),\quad n<\xi<n+1$$

即

$$\frac{a^{\frac{1}{n+1}}-a^{\frac{1}{n}}}{\ln a}=-\frac{a^{\frac{1}{\xi}}}{\xi^2}$$

又

$$a^{\frac{1}{n+1}}<a^{\frac{1}{\xi}}<a^{\frac{1}{n}}\ 及\ \frac{1}{(n+1)^2}<\frac{1}{\xi^2}<\frac{1}{n^2}$$

故

$$\frac{a^{\frac{1}{n+1}}}{(n+1)^2}<\frac{a^{\frac{1}{n}}-a^{\frac{1}{n+1}}}{\ln a}<\frac{a^{\frac{1}{n}}}{n^2}$$

注　本题亦可用积分估值定理去证明：由

$$\int_{\frac{1}{n+1}}^{\frac{1}{n}} f(x)\mathrm{d}x = \int_{\frac{1}{n+1}}^{\frac{1}{n}} a^x \mathrm{d}x = \frac{a^{\frac{1}{n}} - a^{\frac{1}{n+1}}}{\ln a}$$

则

$$a^{\frac{1}{n+1}}\left(\frac{1}{n} - \frac{1}{n+1}\right) < \int_{\frac{1}{n+1}}^{\frac{1}{n}} a^x \mathrm{d}x < \frac{1}{a^n}\left(\frac{1}{n} - \frac{1}{n+1}\right)$$

故有

$$\frac{a^{\frac{1}{n+1}}}{(n+1)^2} < \frac{a^{\frac{1}{n}} - a^{\frac{1}{n+1}}}{\ln a} < \frac{a^{\frac{1}{n}}}{n^2}$$

例3　若 $0 < a < b$，试证 $(b-a)a^{n-1} < \dfrac{b^n - a^n}{n} < (b-a)b^{n-1}(n = 2,3,\cdots)$.

证　令 $f(x) = x^n$，则 $f(x)$ 在 $[a,b]$ 时有

$$f''(x) = n(n-1)x^{n-2} > 0,\quad n = 2,3,\cdots$$

故 $f'(x)$ 在 (a,b) 上单增. 由中值定理，存在 $\xi \in (a,b)$ 使

$$f'(\xi) = \frac{f(b) - f(a)}{b-a}$$

即

$$n\xi^{n-1} = \frac{b^n - a^n}{b-a}$$

故

$$na^{n-1} < \frac{b^n - a^n}{b-a} < n(b-a)b^{n-1}$$

即

$$(b-a)a^{n-1} < \frac{b^n - a^n}{n} < (b-a)b^{n-1}$$

再来看一个关于二阶导数不等式的例子.

例4　设 $f(x)$ 在 $[a,b]$ 上连续，且 $f(a) = f(b) = 0$；又 $f(x)$ 在 (a,b) 内有一阶导数，且 $f(x)$ 在点 a 的右导数 $f'_+(a) = \lim\limits_{x\to a^+}\dfrac{f(x) - f(a)}{x-a} > 0$；同时 $f(x)$ 在 (a,b) 内有二阶导数. 求证在区间 (a,b) 内至少有一点 c 使 $f''(c) < 0$.

证　由题设我们有

$$\lim_{x\to a^+}\frac{f(x) - f(a)}{x-a} = \lim_{x\to a^+}\frac{f(x)}{x-a} = f'_+(a) > 0$$

故知在 (a,b) 内至少有一点 x_0 使 $f(x_0) > 0$.

在 $[a,x_0]$，$[x_0,b]$ 上分别用 Lagrange 中值定理知有 $a_1,b_1(a < a_1 < x_0 < b_1 < b)$ 使

$$\frac{f(x_0) - f(a)}{x_0 - a} = f'(a_1),\quad \frac{f(b) - f(x_0)}{b - x_0} = f'(b_1)$$

从而又知

$$f'(a_1) > 0,\quad f'(b_1) < 0$$

对 $f'(x)$ 在 $[a_1,b_1]$ 上再用 Lagrange 中值定理，知至少有一点 $c(a_1 < c < b_1)$ 使

$$\frac{f'(b_1) - f'(a_1)}{b_1 - a_1} = f''(c),\quad c \in (a_1,b_1) \subset (a,b)$$

且

$$f''(c) < 0$$

3. 求函数极限

这个问题我们在"求各类极限的方法"一节已有讨论. 这里给出一个例子.

例　若 $\lim\limits_{x\to\infty} f'(x) = a$，试证 $\lim\limits_{x\to\infty}[f(x+k) - f(x)] = ak(k \neq 0$ 常数).

证　由 Lagrange 中值定理有

$$f(x+k) - f(x) = kf'(\xi)$$

ξ 在 x 与 $x+k$ 之间. 从而

$$\lim_{x\to\infty}[f(x+k) - f(x)] = \lim_{\substack{x\to\infty\\(\xi\to\infty)}} kf'(\xi) = ka\quad(\text{注意到当 } x\to\infty \text{ 时}, \xi\to\infty)$$

4. 讨论方程根的问题

这个问题我们后面还要专门讨论,下面来看个例子.

例 1 a 为多项式 $f(x)$ 的二重根的充要条件是 a 同为 $f(x)$ 与 $f'(x)$ 的根.

证 必要性.设 a 为 $f(x)$ 的二重根,则 $f(x)=(x-a)^2g(x)$(这里 $g(x)$ 是多项式).则

$$f'(x)=(x-a)^2g'(x)+2(x-a)g(x)$$

故 $f'(a)=0$.

充分性.若 a 是 $f(x)$,$f'(x)$ 的根,则有多项式 $g(x)$ 使 $f(x)=(x-a)g(x)$,两边求导有

$$f'(x)=(x-a)g'(x)+g(x)$$

又由 a 是 $f'(x)$ 的根,故 $$f'(a)=g(a)=0$$

即 a 是 $g(x)$ 的根,则 $$g(x)=(x-a)h(x)$$

从而 $f(x)=(x-a)^2h(x)$,即 a 是 $f(x)$ 的二重根.

例 2 设 $a(x)$,$b(x)$,$c(x)$ 和 $d(x)$ 均为 x 的多项式,证明方程

$$F(x)=\int_1^x a(x)c(x)\mathrm{d}x\int_1^x b(x)d(x)\mathrm{d}x-\int_1^x a(x)d(x)\mathrm{d}x\int_1^x b(x)c(x)\mathrm{d}x=0$$

有四重根 $x=1$.

证 由题设有 $F(1)=0$,即 1 是 $F(x)=0$ 的根.再对 $F(x)$ 求导,有

$$F'(x)=ac\int_1^x bd\,\mathrm{d}x+bd\int_1^x ac\,\mathrm{d}x-ad\int_1^x bc\,\mathrm{d}x-bc\int_1^x ad\,\mathrm{d}x$$

因 $F'(1)=0$ 知 $x=1$ 是 $F(x)=0$ 的二重根.

同理可证 $F''(1)=0$,且 $F'''(1)=0$,知 $x=1$ 是 $F(x)=0$ 的四重根.

例 3 若 $f(x)$ 在$(-\infty,+\infty)$ 上可微,且 $|f'(x)|\leqslant r<1$.则方程 $f(x)-x=0$ 至少有一根.

证 对任意 $x,y\in(-\infty,+\infty)$,由 Lagrange 中值定理有

$$|f(y)-f(x)|=|f'(\xi)|\,|y-x|\leqslant r|y-x|,\quad \xi\in(x,y)$$

对任意的 $x_0\in\mathbf{R}$,命 $x_1=f(x_0)$,$x_2=f(x_1)$,…,则

$$|x_{n+1}-x_n|=|f(x_n)-f(x_{n-1})|\leqslant r|x_n-x_{n-1}|\leqslant\cdots\leqslant r^n|x_1-x_0|$$

且

$$|x_{n+p}-x_n|\leqslant|x_{n+p}-x_{n+p-1}|+\cdots+|x_{n+1}-x_n|\leqslant$$
$$(r^{n+p-1}+\cdots+r^n)|x_1-x_0|\leqslant\frac{r^n}{1-r}|x_1-x_0|$$

于是当 n 充分大时,对任意的 p,总有 $|x_{n+p}-x_n|<\varepsilon$.从而$\{x_n\}$ 收敛,设其收敛于 a,注意到 $f(x)$ 在$(-\infty,+\infty)$ 上的连续性,有

$$a=\lim_{x\to\infty}x_n=\lim_{x\to\infty}f(x_{n-1})=f(a)$$

5. 研究函数性态问题

利用微分中值定理,也可对函数的某些性态问题进行研究.请看:

例 1 设 $f(x)$ 在$[0,1]$ 上可微,且满足 $f(0)=0$,$|f'(x)|\leqslant\dfrac{1}{2}|f(x)|$,试证在闭区间$[0,1]$ 上 $f(x)\equiv 0$.

证 由 $f(0)=0$,则对于 $x\in[0,1]$ 有

$$|f'(x)|\leqslant\frac{1}{2}|f(x)|=\frac{1}{2}|f(x)-f(0)|$$

由 Lagrange 中值定理有 $\xi_1\in(0,x)$,使

$$|f'(x)|\leqslant\frac{1}{2}|f'(\xi_1)\cdot x|=\frac{1}{2}|x|\,|f'(\xi_1)|=\frac{1}{2}x|f'(\xi_1)|$$

反复利用上述过程可有

$$|f'(\xi_1)| \leqslant \frac{1}{2}\xi_1 |f'(\xi_2)| (0 < \xi_2 < \xi_1), \quad |f'(\xi_2)| \leqslant \frac{1}{2}\xi_2 |f'(\xi_3)|, \quad 0 < \xi_3 < \xi_2$$

一般的
$$|f'(\xi_k)| \leqslant \frac{1}{2}\xi_k |f'(\xi_{k+1})|, \quad 0 < \xi_{k+1} < \xi_k$$

故
$$|f'(x)| \leqslant \frac{1}{2^n} x\xi_1\xi_2\cdots\xi_{n-1} |f'(\xi_n)| \leqslant \frac{1}{2^{n+1}} x\xi_1\xi_2\cdots\xi_{n-1} |f(\xi_n)|$$

其中 $0 < \xi_n < \xi_{n-1} < \cdots < \xi_2 < \xi_1 < x \leqslant 1$.

由于 $f(x)$ 在 $(0,1)$ 可微，故 $f(x)$ 在 $[0,1]$ 上连续，x 与 ξ_i 有界. 当 $n \to \infty$ 时，据逼夹定理得

$$f'(x) = 0, \quad x \in [0,1]$$

故 $f(x) = c$，但由 $f(0) = 0$，从而 $f(x) \equiv 0, x \in [0,1]$.

下面的例子属于 Taylor 展开问题.

例 2　设 $f(x)$ 在 $(-\infty, +\infty)$ 上有连续的三阶导数，且在等式 $f(x+h) = f(x) + hf'(x+\theta h)$，$(0 < \theta < 1)$ 中，θ 与 h 无关，则 $f(x)$ 必为一个一次函数或二次函数.

证　将题设等两边对 h 求导，得

$$f'(x+h) = f'(x+\theta h) + \theta h f''(x+\theta h)$$
$$f''(x+h) = 2\theta f''(x+\theta h) + \theta^2 h f'''(x+\theta h)$$

由于 $f(x)$ 有三阶连续导数，故有

$$\lim_{h\to 0} f''(x+h) = \lim_{h\to 0}[2\theta f''(x+\theta h) + \theta^2 h f''(x+\theta h)]$$

即
$$f''(x) = 2\theta f''(x)$$

若 $\theta \neq \frac{1}{2}$，得 $f''(x) = 0$，则知

$$f(x) = ax + b \quad (\text{一次函数})$$

若 $\theta = \frac{1}{2}$，由上面等式则有

$$f''(x+h) = f''\left(x+\frac{h}{2}\right) + \frac{h}{4} \cdot f'''\left(x+\frac{h}{2}\right)$$

即
$$f''(x+h) - f''\left(x+\frac{h}{2}\right) = \frac{h}{4} \cdot f'''\left(x+\frac{h}{2}\right)$$

故
$$\frac{h}{2} \cdot f'''\left(x+\frac{h}{2}+\frac{\theta_1 h}{2}\right) = \frac{h}{4} \cdot f'''\left(x+\frac{h}{2}\right), \quad 0 < \theta_1 < 1$$

取极限（令 $h \to 0$）有

$$\lim_{h\to 0} f'''\left(x+\frac{h}{2}+\frac{\theta_1 h}{2}\right) = \frac{1}{2}\lim_{h\to 0} f'''\left(x+\frac{h}{2}\right)$$

即 $f'''(x) = \frac{f'''(x)}{2}$，得 $f'''(x) = 0$，故 $f(x) = ax^2 + bx + c$（二次函数）.

6. 函数的近似计算问题

这个问题详见本书专题“高等数学课程中的近似计算及误差分析”. 下面仅举一例.

例　设 1998 位的数 N（每位数均为 1 的十进正整数），即 $N = \underbrace{111\cdots11}_{1998\text{位}}$，试求 $\sqrt{N}$ 小数点后第 1000 位的数字.

解　由指数运算性质及题设知

$$\sqrt{N} = \sqrt{\frac{10^{1998}-1}{9}} = \frac{10^{999}}{3}\sqrt{1-\frac{1}{10^{1998}}} = \frac{10^{999}}{3}(1-10^{-1998})^{\frac{1}{2}}$$

考虑下面的 Taylor 展开式

$$(1-10^{-1998})^{\frac{1}{2}}=1-\frac{10^{-1998}}{2}+\varepsilon$$

其中 $\varepsilon<\frac{10^{-2\times1998}}{8}$. 故 $10^{999}\sqrt{N}=\frac{10^{1998}}{3}+\frac{1}{6}+\frac{10^{1998}}{3}\varepsilon$ 的小数后第 1 位恰好是 1.

即 $\sqrt{N}$ 的小数点后第 1000 位数字为 1.

专题1　方程根及函数零点存在的证明及判定方法

判断某些方程根及函数零点的存在(或指出其存在区间),对于求出这些根或零点(对于代数方程而言则另有专门理论研究,这属于高等代数范畴)来讲是十分重要的. 如何去判定？这类问题在高等数学(微积分)范畴中的方法大抵有下面几种：

(1) 利用连续函数的性质(包括介值定理、最值定理、函数零点性质等)；

(2) 利用函数的单调性；

(3) 利用中值定理(包括微分中值定理和积分中值定理)；

(4) 利用 Taylor 展开；

(5) 利用反证法；

(6) 利用函数图象.

不过这里讨论的方程根会涉及函数的导函数零点或根的问题. 下面我们分别举例说明.

(一) 利用连续函数的性质

连续函数有许多好的性质,对于判定方程根的存在来讲主要用介值定理：

若 $f(x)$ 在 $[a,b]$ 上连续,又 $f(a)=A,f(b)=B(A\neq B)$,则对于 A,B 之间的任意数 C,必有 $c\in[a,b]$ 使 $f(c)=C$.

若 $f(a)f(b)<0$,则必有 $\xi\in(a,b)$ 使 $f(\xi)=0$.

介值定理只能指出根的存在与否,但无法断定方程有几个根. 为了确定这些问题,尚须借助其他定理,比如函数导数(零点)性质、连续函数的闭区间内存在的最大、最小值(最值定理)等,当然有时也要考虑函数的单调性(这一点我们后文还要述及).

例 1　若 $f(x)$ 在 $[a,b]$ 上连续,且 $f(a)<a$,及 $f(b)>b$. 则方程 $f(x)-x=0$ 在 (a,b) 内至少有一个根.

证　令 $F(x)=f(x)-x$,由题设显然有

$$F(a)=f(a)-a<0,\quad F(b)=f(b)-b<0$$

又由 $f(x)$ 的连续性知 $F(x)$ 亦连续,从而 (a,b) 内至少有一点 c 使 $F(c)=0$.

即在区间 (a,b) 内至少有 $f(x)-x=0$ 的一个根.

例 2　若函数 $f(x)$ 在 $(-\infty,+\infty)$ 上连续,且 $f(f(x))=x$. 则 $f(x)-x=0$ 有零点(即有 x_0 使 $f(x_0)=x_0$).

解　令 $F(x)=f(x)-x$. 由题设知 $F(x)$ 在 $(-\infty,+\infty)$ 连续.

注意到 $F(x)=f(x)-x$,有

$$F(f(x))=f(f(x))-f(x)=x-f(x)$$

若 $f(x)-x=0$ 命题得证；若 $f(x)-x\neq0$,则由上有

$$F(x)F(f(x))=-[f(x)-x]^2<0$$

此即说 $F(x)$ 与 $F(f(x))$ 异号,从而在区间 $(x,f(x))$ 或 $(f(x),x)$ 中存在 x_0 使 $F(x_0)=0$,即

$f(x_0)=x_0$.

例3　设函数 $f(x)$ 对于闭区间 $[a,b]$ 上任意两点 x_1 与 x_2 恒有 $|f(x_1)-f(x_2)|\leqslant c|x_1-x_2|$ $(c>0$，常数)，且 $f(a)\cdot f(b)<0$. 试证在 (a,b) 内至少有一点 ξ 使 $f(\xi)=0$.

证　在 (a,b) 内任取一点 x_0，则对任一点 $x\in[a,b]$，由设有

$$|f(x)-f(x_0)|\leqslant c|x-x_0|$$

在上不等式两边取极限，注意到 $\lim\limits_{x\to x_0}|x-x_0|=0$，故

$$\lim_{x\to x_0}|f(x)-f(x_0)|=0\Rightarrow\lim_{x\to x_0}f(x)=f(x_0)$$

同理当 $x_0=a$ 时，有 $\lim\limits_{x\to a^+}f(x)=f(a)$；当 $x_0=b$ 时，有 $\lim\limits_{x\to b^-}f(x)=f(b)$.

由 x_0 的任意性，知 $f(x)$ 在 $[a,b]$ 连续. 又由 $f(a)$，$f(b)$ 异号，则有 $\xi\in(a,b)$ 使 $f(\xi)=0$.

注　下面问题与上例及本例解法类同(但要考虑唯一性)：

命题　若 $a\leqslant f(x)\leqslant b$，$x\in[a,b]$，且对 $x,y\in[a,b]$ 总有 $|f(x)-f(y)|\leqslant k|x-y|$，这里 $0<k<1$. 则有唯一 $x\in[a,b]$ 使 $f(x)=x$.

下面的例子虽然涉及积分概念，但其方法与前面例题无异.

例4　记 $P(x)=x^3+ax^2+bx+c$，又若 $P(x)=0$ 有三个相异实根：$x_1<x_2<x_3$. 试证：

(1) $P'(x_1)>0$，$P'(x_2)<0$，$P'(x_3)>0$；

(2) 若 $\int_{x_1}^{x_3}P(x)\mathrm{d}x>0$，则存在 $\xi\in(x_1,x_2)$ 使 $\int_{\xi}^{x_3}P(x)\mathrm{d}x=0$.

证　(1) 由题设今记 $P(x)=\prod\limits_{k=1}^{3}(x-x_k)$，则

$$P'(x)=(x-x_2)(x-x_3)+(x-x_1)(x-x_3)+(x-x_1)(x-x_2)$$

故
$$P'(x_1)=(x_1-x_2)(x_1-x_3)>0,\quad P'(x_2)=(x_2-x_1)(x_2-x_3)<0$$

及
$$P'(x_3)=(x_3-x_1)(x_3-x_2)>0$$

(2) 令
$$Q(x)=\int_x^{x_3}P(x)\mathrm{d}x,\quad x\in[x_1,x_2]$$

由题设 $Q(x_1)=\int_{x_1}^{x_3}P(x)\mathrm{d}x>0$，又当 $x\in(x_2,x_3)$ 时，有 $P(x)<0$，故

$$Q(x_2)=\int_{x_2}^{x_3}P(x)\mathrm{d}x<0$$

从而有 $\xi\in(x_1,x_2)$，使
$$\int_{\xi}^{x_3}P(x)\mathrm{d}x=0$$

例5　若 $a_i,b_i(i=1,2,\cdots,n)$ 分别为 n 次首1(首项系数为1)多项式 $f(x)$，$g(x)$ 的根，且 $a_1<b_1<a_2<b_2<\cdots<a_{n-1}<b_{n-1}<a_n<b_n$. 则对任何正数 λ，方程 $f(x)+\lambda g(x)=0$ 均有 n 个实根.

证　令 $\varphi(x)=f(x)+\lambda g(x)$，又由题设知

$$f(x)=(x-a_1)(x-a_2)\cdots(x-a_n),\quad g(x)=(x-b_1)(x-b_2)\cdots(x-b_n)$$

$$\varphi(a_k)=f(a_k)+\lambda g(a_k)=\lambda g(a_k)=\lambda\sum_{i=1}^{n}(a_k-b_i),\quad k=1,2,\cdots,n$$

$$\varphi(b_k)=f(b_k)+\lambda g(b_k)=f(b_k)=\sum_{i=1}^{n}(b_k-a_i),\quad k=1,2,\cdots,n$$

今证 $\varphi(a_k)$ 与 $\varphi(b_k)$ 异号. 由题设知 $\varphi(a_k)$ 有 $n-k$ 项小于零，即其符号为 $(-1)^{n-k}$；而 $\varphi(b_k)$ 有 $n-k-1$ 项小于零，即其符号为 $(-1)^{n-k-1}$.

由 $f(x)$，$g(x)$ 的连续性知 $\varphi(x)$ 亦连续，从而 $\varphi(x)-f(x)+\lambda g(x)$ 在 (a_k,b_k) 内有一实根 $(k=1,2,\cdots,n)$. 故 $\varphi(x)$ 有 n 个实根.

例6　试讨论 $x\mathrm{e}^{-x}=a(a>0)$ 的实根个数.

解 令 $f(x)=xe^{-x}-a$,则$f'(x)=e^{-x}(1-x)$.令$f'(x)=0$得唯一驻点 $x=1$.

又当 $x<1$ 时,$f'(x)>0$;当 $x>1$ 时,$f'(x)<0$,则 $f(1)=e^{-1}-a$ 是 $f(x)$ 的极大值且为最大值.这样:

若 $a>e^{-1}$,则 $f(x)<0$,$f(x)$ 无零点;

若 $a<e^{-1}$,则由 $f(1)>0$,且 $\lim\limits_{x\to-\infty}f(x)=-\infty$,$\lim\limits_{x\to+\infty}f(x)=-a<0$,又 $f(x)$ 在开区间$(-\infty,1)$与$(1,\infty)$内严格单调,知 $f(x)$ 在上两区间内各有唯一实根,即 $f(x)$ 有两个实根;

若 $a=e^{-1}$,则 $f(1)=0$,且当 $x<1$ 时,$f(x)<f(1)=0$;而当 $x>1$ 时,$f(x)>f(1)=0$,故 $f(x)$ 有唯一实根 $x=1$.

下面是一则判定方程根个数的反问题 —— 由根的个数求待定常数或条件.

例 7 若 $x>0$ 时方程 $kx+\dfrac{1}{x^2}=1$ 有且仅有一根,求 k 的取值范围.

解 设 $f(x)=kx+\dfrac{1}{x^2}-1$,则考虑其一、二阶导数

$$f'(x)=k-\frac{2}{x^3},\quad f''(x)=\frac{6}{x^4}$$

当 $k\leqslant0$ 时,$f'(x)<0$,则 $f(x)$ 单减,且 $\lim\limits_{x\to0^+}f(x)=+\infty$;

又当 $k<0$ 时,$\lim\limits_{x\to+\infty}f(x)=-\infty$,当 $k=0$ 时,$\lim\limits_{x\to+\infty}f(x)=-1$.

故当 $k\leqslant0$ 时,原方程在$(0,+\infty)$内有且仅有一实根.

而当 $k>0$ 时,由函数 $y=f(x)$ 在$(0,+\infty)$内是向下凸的(因$f''(x)>0$),其有极小点,且由 $f'(x)=0$ 给出 $x_0=\sqrt[3]{\dfrac{2}{k}}$.

若极小点是 $f(x)$ 唯一的零点时,$k\sqrt[3]{\dfrac{2}{k}}+\dfrac{1}{\left(\sqrt[3]{\dfrac{2}{k}}\right)^2}-1=0$,得 $k=\dfrac{2}{9}\sqrt{3}$.

综上,当 $k=\dfrac{2}{9}\sqrt{3}$ 或 $k\leqslant0$ 时,$f(x)$ 有唯一的零点.

判断方程根或函数零点个数,有时也会用到导函数性质.请看:

例 8 若多项式 $f(x)=2x^3-9x^2+12x-a$ 恰有两上不同的零点,求 a 值.

解 1 一般多项式的零点若是虚根代对(共轭),故对题设三次多项式而言既然有两个不同的零点,知其有三个实根,且其中一个为重根,故其导函数有一零点.

由$f'(x)=6x^2-18x+12=6(x-1)(x-2)$,其有零点 $x_1=1,x_2=2$.

而 $f(1)=5-a=0$,得 $a=5$;$f(2)=4-a=0$,得 $a=4$.故 $a=4$ 或 5.

解 2 仿上分析可令

$$f(x)=2(x-\alpha)^2(x-\beta)=2x^3-(4\alpha+2\beta)x^2+(4\alpha\beta+2\alpha^2)x-2\alpha^2\beta=0$$

将式右展开式与题设多项式比较系数可有

$$\begin{cases}4\alpha+2\beta=9 & (1)\\ 4\alpha\beta+2\alpha^2=12 & (2)\\ 2\alpha^2\beta=a & (3)\end{cases}$$

将式(1)解得 $\beta=\dfrac{1}{2}(a-4\alpha)$ 代入式(2)可得 $\alpha^2-3\alpha+2=0$,得 $\alpha=1$ 或 2.

再由式(1)可得$(\alpha,\beta)=\left(1,\dfrac{5}{2}\right)$或$\left(2,\dfrac{1}{2}\right)$,从而由式(3)知 $a=4$ 或 5.

这里解 1 是运用函数导数零点的性质,而解 2 纯系代数解法.

观察法判断方程根或函数零点个数，虽不常用，但很有效，请看：

例 9　试证方程 $2^x = x^2 + 1$ 有且仅有三个实根.

解　首先可以观察到 $x_1 = 0, x_2 = 1$ 是该函数方程的两个根.

令 $f(x) = 2^x - x - 1$，由 $f(2) < 0, f(5) > 0$，知方程函数在$(2,5)$内至少有一零点.

若 $f(x)$ 有三个以上零点，则由 Rolle 定理知 $f'''(x)$ 至少有一个零点. 但注意到 $f'''(x) = 2^x \ln^3 2 \neq 0$，知其不可能.

故函数方程有且仅有三个零点.

注　此问题亦可用函数图象去考虑.

（二）利用函数的单调性

利用连续函数的介值定理，可以判断方程根的存在与否，至于根的个数单凭它就无能为力了，结合函数的单调性（当然它通常利用导数的符号性质）就可以判定方程根的个数. 请看：

例 1　若 $a^2 - 3b < 0$，则实系数方程 $f(x) \equiv x^3 + ax^2 + bx + c = 0$ 只有唯一的实根.

证　由 $\lim\limits_{x\to-\infty} f(x) = -\infty$，又 $\lim\limits_{x\to+\infty} f(x) = +\infty$，故 $f(x)$ 至少有一个实根.

由 $f(x)$ 连续，$f'(x) = 3x^2 + 2ax + b$ 的判别式 $\Delta = 4a^2 - 12b = 4(a^2 - 3b) < 0$，而且其二次项系式大于零，故恒有 $f'(x) > 0, x \in (-\infty, +\infty)$.

从而 $f(x)$ 在$(-\infty, +\infty)$上单增，知 $f(x) = 0$ 仅有一实根.

注　本题唯一性证明还可用反证法：

若不然，设 $f(x)$ 有两个实根 $x_1 < x_2$，又由 $f(x)$ 可微性知有 $\xi \in (x_1, x_2)$ 使 $f'(\xi) = 0$.

但 $f'(x) = 3x^2 + 2ax + b$，其判别式 $\Delta = 4(a^2 - 3b) < 0$，故其无实根，与上矛盾！

例 2　试证函数方程 $e^x = 1 + x + \dfrac{x^2}{2}$ 有唯一实根.

证　令 $f(x) = e^x - 1 - x - \dfrac{x^2}{2}$，它在$(-\infty, +\infty)$内连续. 由 $f(-\infty) = -\infty, f(+\infty) = +\infty$，知 $f(x) = 0$ 在$(-\infty, +\infty)$至少有一实根.

注意到 $f'(x) = e^x - 1 - x, f''(x) = e^x - 1$，知当 $x > 0$ 时，$f''(x) > 0$，当 $x < 0$ 时，$f''(x) < 0$，则 $x = 0$ 为拐点. 且 $x = 0$ 为 $f'(x)$ 的极小点，则 $f'(x) > f'(0) = 0$，知 $f(x)$ 单调增加，从而其零点唯一.

例 3　在区间 $0 \leqslant x \leqslant \pi$ 上研究方程 $\sin^3 x \cos x = a (a > 0)$ 的实根个数.

解　令 $f(x) = \sin^3 x \cos x - a$，则考虑在$[0, \pi]$上

$$f'(x) = \sin^2 x(3\cos^2 x - \sin^2 x) = \sin^2 x(\sqrt{3}\cos x + \sin x)(\sqrt{3}\cos x - \sin x)$$

命 $f'(x) = 0$，得 $x = 0, \dfrac{\pi}{3}, \dfrac{2\pi}{3}, \pi$. 又

$$f(0) = -a,\quad f\left(\frac{\pi}{3}\right) = \frac{3\sqrt{3}}{16} - a,\quad f\left(\frac{2\pi}{3}\right) = -\frac{3\sqrt{3}}{16} - a,\quad f(\pi) = -a$$

今讨论 a 的取值情形.

(1) 当 $a < \dfrac{3\sqrt{3}}{16}$ 时，有

$$f(0) < 0,\quad f\left(\frac{\pi}{3}\right) > 0,\quad f\left(\frac{2\pi}{3}\right) < 0$$

而在 $\left(0, \dfrac{\pi}{3}\right)$ 内 $f'(x) > 0$，故 $f(x)$ 单增；在 $\left(\dfrac{\pi}{3}, \pi\right)$ 内 $f'(x) < 0$，故 $f(x)$ 单减.

由介值定理知 $f(x)$ 在 $\left(0,\frac{\pi}{3}\right)$ 和 $\left(\frac{\pi}{3},\pi\right)$ 内各有唯一一根；

(2) 当 $a=\frac{3\sqrt{3}}{16}$ 时，$f\left(\frac{\pi}{3}\right)=0$，则 $x=\frac{\pi}{3}$ 是方程唯一的根；

(3) 当 $a>\frac{3\sqrt{3}}{16}$ 时，方程无根.

例 4 试证方程 $x+p+q\cos x=0$ 当 $0<q<1$，且 p,q 为常数时仅有一根.

证 令 $f(x)=x+p+q\cos x$，由 $f'(x)=1-q\sin x>0$ 知在 $(-\infty,+\infty)$ 上 $f(x)$ 单增.

由 $\lim\limits_{x\to+\infty}f(x)=+\infty$，知有 b，使 $f(b)>0$，又 $\lim\limits_{x\to-\infty}f(x)=-\infty$，知有 a，使 $f(a)<0$.

故 $f(x)=0$ 在 (a,b) 内至少有一实根. 又由 $f(x)$ 单调性知其实根唯一.

注 下面命题与例类同：

命题 试证方程 $x=a\sin x+b(a>0,b>0)$ 至少有一正根，且其不大于 $a+b$.

证 令 $f(x)=x-a\sin x-b$，由 $f(0)=-b<0$，且

$$f(a+b)=(a+b)-(a+b)\sin x-b=a[1-\sin(a+b)]$$

若 $1-\sin(a+b)=0$，则 $x_0=a+b$ 为方程根.

若 $1-\sin(a+b)\neq 0$，注意到 $f(0)\cdot f(a+b)<0$(因为 $f(a+b)>0$)，知 $f(x)$ 在 $(0,a+b)$ 内有一实根 x_0 使 $f(x_0)=0$.

例 5 设 $f(x)=1+\sum\limits_{k=1}^{n}(-1)^k\frac{x^k}{k}$，试证当 n 为奇数时，方程 $f(x)=0$ 恰有一实根；当 n 为偶数时方程无实根.

证 由题设及 $f'(x)=\sum\limits_{k=1}^{n}(-1)^k x^{k-1}$，今考虑：

(1) 当 n 为奇数时，$f'(-1)=-n<0$. 当 $x\neq-1$ 时，$f'(x)=-\frac{1+x^n}{1+x}$；故当 $x<-1$ 时，$f'(x)<0$；且当 $x>-1$ 时，$f'(x)<0$ 知此时 $f(x)$ 单调减少. 又 $f(0)=1>0$，而

$$f(2)=1-2+\frac{2^2}{2}-\frac{2^3}{3}+\cdots+\frac{2^{n-1}}{n-1}-\frac{2^n}{n}<0$$

这样，当 n 为奇数时，$f(x)=0$ 有且仅有一实根.

(2) 当 n 为偶数时，$f'(-1)=-n<0$. 当 $x\neq-1$ 时，$f'(x)=\frac{x^n-1}{1+x}$；当 $x<-1$ 时，$f'(x)<0$；当 $x>-1$ 时，$f'(x)\geqslant 0$. 又 $f'(1)=0$. 知 $f(x)$ 在 $x=1$ 处取得极小且为最小值. 而 $n\geqslant 2$ 时

$$f(1)=1-1+\frac{1}{2}-\frac{1}{3}+\cdots+\frac{1}{n-2}-\frac{1}{n-1}+\frac{1}{n}>0$$

故 n 为偶数时，$f(x)=0$ 无实根.

下面的例子中涉及函数的导数的零点，当然这常与微分中值定理有关系，从广义上看问题均涉及了函数的零点概念.

例 6 设 $f(x)$ 在 $[0,+\infty)$ 上可导，且 $\lim\limits_{x\to+\infty}f(x)=0$，同时知 $f(0)f'(0)\geqslant 0$. 试证在 $[0,+\infty)$ 上存在点 ξ，使 $f'(\xi)=0$.

证 若在 $[0,+\infty)$ 内有点 a,b 使 $f(a)=f(b)$，则由 Rolle 定理知存在 $\xi\in(a,b)$ 使 $f'(\xi)=0$.

又若在 $[0,+\infty)$ 内不存在使函数值相同的两点，则由 $f(x)$ 的连续性可知 $f(x)$ 在 $[0,+\infty)$ 上单调.

又 $\lim\limits_{x\to+\infty}f(x)=0$，故若 $f(0)=0$，则 $f(x)\equiv 0$，否则矛盾；

若 $f(0)>0$，则 $f(x)$ 单调下降，此时 $f'(x)<0$，这与 $f(0)f'(0)\geqslant 0$ 矛盾；

若 $f(0) < 0$,则 $f(x)$ 单调上升,此时 $f(x) > 0$,这与 $f(0)\,f'(0) \geqslant 0$ 矛盾.

故若 $f(x)$ 单调,则必有 $f(x) \equiv 0$,从而 $f'(x) \equiv 0$.

注　严格地讲,这里是求函数的导函数零点问题(前文我们也曾遇到),请注意,涉及导数的零点问题,多与中值定理有关,当然也不尽然,请看:

问题　设 $f(x)$ 在 $[0,1]$ 上连续,在 $(0,1)$ 内可导,又 $f'(0)$, $f'(1)$ 存在,且 $f'(0)\,f'(1) < 0$. 证明在 $(0,1)$ 内存在一点 C 使 $f'(c) = 0$.

证　无妨设 $f'(0) > 0$,由题设知 $f'(1) < 0$.

因 $f(x)$ 在 $[0,1]$ 上连续,故存在 $x_0 \in [0,\,1]$ 使 $f(x)$ 在 x_0 达到极(最)大值,此时 $f'(x_0) = 0$.

又 $f(x) = f(0) + f'(0) + o(x)$,而 $f'(0) > 0$,则有 δ 在 $(0,\delta)$ 有 $f(x) > f(0)$, $x_0 \neq 0$.

同理可证 $x_0 \neq 1$.

这样 $x_0 \in (0,1)$,且 $f'(x_0) = 0$,取 $c = x_0$ 即可.

接下来的两个例子中涉及积分问题.

例 7　设 $f(x)$ 在 $[0,1]$ 上连续,且 $f(x) < 1$. 证明 $2x - \int_0^x f(t)\mathrm{d}t = 1$ 在 $[0,1]$ 上只有一个解.

证　设 $F(x) = 2x - \int_0^x f(t)\mathrm{d}t - 1$,由

$$F'(x) = 2 - f(x) > 2 - 1 = 1 > 0$$

故 $F(x)$ 在 $[0,1]$ 上单调增加. 又

$$F(0) = 2 \cdot 0 - \int_0^0 f(t)\mathrm{d}t - 1 = -1 < 0$$

而

$$F(1) = 2 \cdot 1 - \int_0^1 f(t)\mathrm{d}t - 1 = 1 - \int_0^1 f(t)\mathrm{d}t > 0 \quad (\text{注意到 } f(t) < 1)$$

故 $F(x) = 0$ 在 $[0,1]$ 上仅有一解.

例 8　若 $f(x)$ 在 $[a,b]$ 上连续,且 $f(x) > 0$,又 $F(x) = \int_a^x f(t)\mathrm{d}t + \int_b^x \frac{1}{f(t)}\mathrm{d}t$. 证明 $F(x) = 0$ 在区间 (a,b) 内有且仅有一个实根.

证　由题设及函数积分性质有

$$F'(x) = f(x) + \frac{1}{f(x)} \geqslant 2\sqrt{f(x) \cdot \frac{1}{f(x)}} = 2 = \frac{1 + f^2(x)}{f(x)} \geqslant \frac{2f(x)}{f(x)} = 2$$

故 $F'(x) \geqslant 2 > 0$,知 $F(x)$ 在 $[a,b]$ 上单增. 再注意到

$$F(a) = \int_a^a f(t)\mathrm{d}t + \int_b^a \frac{\mathrm{d}t}{f(t)} = -\int_a^b \frac{\mathrm{d}t}{f(t)} < 0$$

$$F(b) = \int_b^a f(t)\mathrm{d}t + \int_b^b \frac{\mathrm{d}t}{f(t)} = \int_a^b f(t)\mathrm{d}t > 0$$

又由题设 $f(x)$ 连续,知 $F(x)$ 亦连续,由上,故 $F(x)$ 在 (a,b) 内有且仅有一个实根.

再来看两个涉及函数极限的例子.

例 9　证明方程 $\cot x = kx$ 对于每一实数 $k\,(k \in \mathbf{R})$,在区间 $0 < x < \pi$ 中皆有唯一的实根.

证　令 $f(x) = \frac{\cot x}{x}$,其为区间 $(0,\pi)$ 内的连续函数. 又

$$\lim_{x \to 0^+} f(x) = +\infty, \quad \lim_{x \to \pi^-} f(x) = -\infty$$

则每个实数 k 均有 $x_0 \in (0,\pi)$ 使 $f(x_0) = 0$.

由 $\cot x$ 和 $\frac{1}{x}$ 在 $(0,\pi)$ 内均为严格单减函数,故 $f(x) = \frac{\cot x}{x}$ 亦为 $(0,\pi)$ 内的严格单减函数. 从而对于实数 k 在 $(0,\pi)$ 内方程 $\cot x = kx$ 有唯一实根.

例 10 若 $f(x),g(x)$ 在$[a,b]$上连续,且$[a,b]$上的序列$\{x_n\}$使 $g(x_n)=f(x_{n+1})$,其中 $n=1,2,3,\cdots$. 试证 $f(x)-g(x)=0$ 在$[a,b]$上至少有一个实根.

证 若 $f(x_1)=g(x_1)$ 问题得证. 无妨设 $f(x_1)\leqslant g(x_1)$.

又若有 k 使 $f(x_k)>g(x_k)$,由连续函数介值定理知在 x_1 和 x_k 之间至少存在一点 x_0,使 $f(x_0)-g(x_0)=0$,问题得证.

若不存在 k 使 $f(x_k)>g(x_k)$,换言之,对 $n=2,3,\cdots$,均有 $f(x_n)\leqslant g(x_n)$,由题设 $f(x_n)\leqslant g(x_n)=f(x_{n+1})$ 知$\{f(x_n)\}$单增. 同理可证$\{g(x_n)\}$亦单增.

由有界闭区间上连续函数有界,知$\{f(x_n)\}$和$\{g(x_n)\}$亦有上界,故它们有极限.

又由 $g(x_n)=f(x_{n+1})$ 知 $\qquad \lim\limits_{n\to\infty}f(x_n)=\lim\limits_{n\to\infty}g(x_n)=A$

再由有界序列$\{x_n\}$必可找到一收敛子序列$\{x_{n_k}\}$设其收敛到 x_0,由 $f(x),g(x)$ 的连续性有

$$\lim_{k\to\infty}f(x_{n_k})=(\lim_{k\to\infty}x_{n_k})=f(x_0),\quad \lim_{k\to\infty}g(x_{n_k})=q(\lim_{k\to\infty}x_{n_k})=g(x_0)$$

从而 x_0 满足 $f(x)-g(x)=0$.

下面是方程求根的反问题,已知方程有根,求其满足的条件.

例 11 已知 $\log_a x=x^b$ 有实根,这里 $a>1,b>0$. 求 a,b 满足的条件.

解 令 $f(x)=\log_a x-x^b$,则 $f'(x)=\dfrac{1-bx^b\ln a}{x\ln a}$,使 $f'(x)=0$ 得 $x_0=\left(\dfrac{1}{b\ln a}\right)^{\frac{1}{b}}$,注意到:

当 $0<x<x_0$ 时,$f'(x)>0$,则 $f(x)$ 单增;当 $x_0<x<+\infty$ 时,$f'(x)<0$,则 $f(x)$ 单减;

知 $x=x_0$ 为 $f(x)$ 的极大点(最大点). 又 $\lim\limits_{x\to0^+}f(x)=\lim\limits_{x\to+\infty}f(x)=-\infty$,由设 $f(x)=0$ 有实根,即有 $\xi\in(-\infty,+\infty)$ 使 $f(\xi)=0$,从而 $f(x)$ 的极大值(最大值) $f(x_0)\geqslant0$. 即

$$f(x_0)=-\frac{\ln(b\ln a)}{b\ln a}-\frac{1}{b\ln a}\geqslant0$$

由之有 $\ln(b\ln a)\leqslant-1$,从而 a,b 应满足 $0<\ln a<1/be$.

(三) 利用中值定理

中值定理(包括微分中值定理和积分中值定理)也可用来判断根的存在问题. 特别是Rolle定理本身就是关于方程根存在的叙述(它涉及函数导函数的根). 我们前文已有介绍,下面再来看几个例子.

例 1 对于实数 $a>b>c>d$,又 $f(x)=(x-a)(x-b)(x-c)(x-d)$. 试证 $f'(x)=0$ 必有三个实根,且指出它们存在的区间.

证 由 $f(x)$ 在$(-\infty,+\infty)$上连续、可导,又 $f(a)=f(b)=f(c)=f(d)=0$.

对区间$[a,b]$,$[b,c]$,$[c,d]$分别应用 Rolle 定理知 $a<\xi_1<b$, $b<\xi_2<c$, $c<\xi_3<d$ 使 $f(\xi_i)=0(i=1,2,3)$.

$f'(x)=0$ 为三次代数方程,其仅有三个根. 故 $f'(x)=0$ 在(a,b),(b,c),(c,d)内各有一实根.

例 2 若 $a_i(i=0,1,\cdots,n)$ 是满足 $\sum\limits_{k=0}^{n}\dfrac{a_k}{k+1}=0$ 的实数,则方程 $\sum\limits_{k=0}^{n}a_kx^k=0$ 在$(0,1)$内至少有一个实根.

证 令 $f(x)=\sum\limits_{k=1}^{n}\dfrac{a_kx^{k+1}}{k+1}$,由 $f(0)=0,f(1)=0$,由 Rolle 定理: $f'(x)=\sum\limits_{k=0}^{n}a_kx^k=0$ 在$(0,1)$内至少有一个实根.

注 这里显然是造函数 $f(x)$,使 $f'(x)$ 为要证存在的根的方程,再对 $f(x)$ 使用 Rolle 定理即可. 下面的问题亦然:

问题 1 设 $a_i(i=1,2,\cdots,n)$ 满足 $\sum\limits_{k=1}^{n}(-1)^{k-1}\dfrac{a_k}{2k-1}=0$ 的实数,则方程 $\sum\limits_{k=1}^{n}a_k\cos(2k-1)x=0$

在区间$\left(0,\dfrac{\pi}{2}\right)$内至少有一个实根.

这只需构造函数 $f(x)=\sum\limits_{k=1}^{n}\dfrac{a_k}{2k-1}\sin(2k-1)x$ 即可，注意到 $f(0)=0,f\left(\dfrac{\pi}{2}\right)=0$.

问题 2　试证方程$\sum\limits_{k=2}^{n}ka_kx^{k-1}=\sum\limits_{k=1}^{n}a_k$ 在$(0,1)$内有实根.

令 $f(x)=\sum\limits_{k=2}^{n}ka_kx^{k-1}-\sum\limits_{k=1}^{n}a_k$，则 $F(x)=\int_0^x f(x)\mathrm{d}x=\sum\limits_{k=2}^{n}a_kx^k-\sum\limits_{k=1}^{n}a_kx$ 有根 0，1，由 Rolle 定理即可.

例 3　若函数 $f(x)$ 在$(-\infty,+\infty)$内可导，且 $f(a)=f(b)=0$；$f'(a)<0,f'(b)<0$. 则方程 $f(x)=0$ 在(a,b)内至少有两个不同的实根.

证　由 $f'(a)<0,f(a)=0$，注意到

$$\lim_{x\to a^+}\frac{f(x)-f(a)}{x-a}=f'(a)<0$$

即 $\lim\limits_{x\to a^+}\dfrac{f(x)}{x-a}<0$，故有 $x_1\left(a<x_1<\dfrac{a+b}{2}\right)$ 满足$\dfrac{f(x_1)}{x_1-a}<0$，从而 $f(x_1)<0$.

又 $f'(b)<0,f(b)=0$，同理有 $x_2\left(\dfrac{a+b}{2}<x_2<b\right)$ 使 $f(x_2)>0$.

则 $f(x)$ 在(x_1,x_2)内至少有一点 c 使 $f(c)=0$.

在区间$[a,c]$和$[c,b]$上分别用 Rolle 定理有 $\xi_1\in(a,c),\xi_2\in(c,d)$ 使

$$f(\xi_1)=0,\quad f(\xi_2)=0$$

例 1、例 2 涉及代数方程根的问题，下面例子属于超越函数方程方面的. 在下面的例子中我们还将看到：讨论方程根的个数时，有时也会利用中值定理.

例 4　证明 $x^2-x\sin x-\cos x=0$ 仅有两个实根.

证　令　$f(x)=x^2-x\sin x-\cos x$. 由 $f\left(-\dfrac{\pi}{2}\right)>0,f(0)<0,f\left(\dfrac{\pi}{2}\right)>0$，知 $f(x)$ 在开区间$\left(-\dfrac{\pi}{2},0\right)$，$\left(0,\dfrac{\pi}{2}\right)$内至少有两个零点(每个区间至少有一个零点).

若 $f(x)$ 零点多于两个，则 $f'(x)$ 至少有两个零点，注意到

$$f'(x)=2x-\sin x-x\cos x+\sin x=x(2-\cos x)$$

因 $2-\cos x\neq 0$ 知其仅有一个零点，从而 $f(x)$ 仅有两个零点.

例 5　设 $f(x)=\sum\limits_{k=0}^{n}a_k\cos kx$，其中 $a_k(k=0,1,2,\cdots,n)$ 均为实数，且 $a_n>\sum\limits_{k=0}^{n-1}|a_k|$. 试证 $f^{(n)}(x)$ 在$[0,2\pi]$内至少有 n 个实根.

证　由题设及三角函数性质知

$$f\left(\frac{k\pi}{n}\right)=(-1)^ka_n+\sum_{i=0}^{n-1}a_i\cos\frac{ik\pi}{n},\quad k=0,1,\cdots,2n$$

又

$$a_n>\sum_{i=0}^{n-1}|a_i|\geqslant\sum_{i=0}^{n-1}\left|a_k\cos\frac{ik\pi}{n}\right|$$

故 $f\left(\dfrac{k\pi}{n}\right)$ 与$(-1)^ka_n$ 同号.

从而 $f(x)=0$ 在$[0,2\pi]$内至少有 $2n$ 个实根，令其分别为 $x_k(k=1,2,\cdots,2n)$，且

$$0<x_1<\frac{\pi}{n}<x_2<\frac{2\pi}{n}<\cdots<x_{2n}<\frac{2n\pi}{n}=2\pi$$

由 Rolle 定理知 $f'(x)$ 在(x_1,x_{2n})内至少有 $2n-1$ 个根 $y_i(i=1,2,\cdots,2n-1)$，且

$$x_1 < y_1 < x_2 < y_2 < \cdots < y_{2n-1} < x_{2n}$$

反复运用 Rolle 定理知 $f^{(n)}(x)$ 在$[0,2\pi]$内至少有 n 个实根.

例 6 试证 $f(x) = \sum_{k=1}^{n} c_k \exp(a_k x)$ 在$(-\infty,+\infty)$内至多有 $n-1$ 个零点,这里 a_k 为相异实数,c_k 不全为 0 的实数$(k=1,2,\cdots,n)$.

证 令 $g(x) = \exp(a_n x) f(x) = \sum_{k=1}^{n} c_k \exp\{(a_k - a_n)x\}$,由于 $\exp(-a_n x) \neq 0$,故知 $g(x) = \exp(-a_n x) f(x)$ 与 $f(x)$ 有相同零点.

若 $f(x)$ 有多于 $n-1$ 个零点,则 $g'(x)=0$ 至少有 $n-2$ 个零点.又

$$g'(x) = \sum_{k=1}^{n-1} c_k (a_k - a_n) \exp\{(a_k - a_n)x\}$$

与 $f(x)$ 形式相同,项数少 1.重复上面步骤 $g^{(n-2)}(x)$ 形如

$$\frac{\mathrm{d}}{\mathrm{d}x}\left\{\exp(-a_2 x)\cdots \frac{\mathrm{d}}{\mathrm{d}x}\left[\exp(-a_{n-1}x)\frac{\mathrm{d}}{\mathrm{d}x}(\exp(-a_n x) f(x))\right]\right\}$$

它至少应有 $n-1-(n-2)=1$ 个实根,但 $m\exp(kx)=0$ 无实根(当 $m \neq 0$ 时).

从而 $f(x)$ 至多有 $n-1$ 个不同的零点.

例 7 已知 n 次多项式 $P_n(x) = a_0 x^n + a_1 x^{n-1} + \cdots + a_n$ 的全部零点均为实数,试证 $P'_n(x)$, $P''_n(x),\cdots,P_n^{(n-1)}(x)$ 也仅有实根.

证 设 $x_1 < x_2 < \cdots < x_k$ 为 $P_n(x)$ 的零点,可有 $P_n(x) = a_0 \prod_{i=1}^{k}(x-x_i)^{\alpha_i}$,其中 α_i 为正整数且 $\alpha_1 + \alpha_2 + \cdots + \alpha_k = n$.今证 x_i 为 $P'_n(x)$ 的 $a_i - 1$ 重零点.

事实上,若令 $P_n(x) = (x-x_i)^{\alpha_i}\varphi(x)$,其中 $\varphi(x_i) \neq 0 (i=1,2,\cdots,k)$.则

$$P'_n(x) = (x-x_i)^{\alpha_i - 1}[\alpha_i \varphi(x) + \varphi'(x)(x-x_i)] = (x-x_i)^{\alpha_i - 1} Q(x)$$

由前设知 $Q(x_i) = \alpha_i \varphi(x_i) \neq 0$,故 x_i 为 $P'_n(x)$ 的 $a_i - 1$ 重根.

又 $P_n(x_i)=0, P_n(x_{i+1})=0 (i=1,2,\cdots,k-1)$.依 Rolle 定理存在 $\xi_i \in (x_i, x_{i+1})$ 使 $P'_n(x)$ 有单根 $k-1$ 个:$\xi_i(i=1,2,\cdots,k-1)$,且 $x_1 < \xi_1 < x_2 < \xi_2 < \cdots < \xi_{k-1} < x_k$.

故 $P'_n(x)$ 共有 $k+1+\sum_{i=1}^{k}(\alpha_i - 1) = n-1$ 个实根,即其根全部为实数.

类似地可有 $P''_n(x), P'''_n(x),\cdots,P_n^{(n-1)}(x)$ 也仅有实根.

再来看一个利用 Lagrange 中值定理的例子.

例 8 设 $f(x)$ 在$[a,+\infty)$上连续,当 $x>a$ 时,$f'(x)>k>0$,其中 k 为常数.证明若 $f(a)<0$,则方程 $f(x)=0$ 在 $\left[a, a-\frac{f(a)}{k}\right]$ 上有且仅有一实根.

证 由题设及 Lagrange 中值定理有

$$f\left(a-\frac{f(a)}{k}\right) = f(a) + f'(\xi)\left(-\frac{f(a)}{k}\right) = f(a)\left[1-\frac{f'(\xi)}{k}\right], \quad \xi \in \left(a, a-\frac{f(a)}{k}\right)$$

由设 $f'(\xi) > k > 0$,则 $1-\frac{f'(\xi)}{k} < 0$,又 $f(a)<0$,故 $f\left(a-\frac{f(a)}{k}\right) > 0$.

再由连续函数介值定理有 $x_0 \in \left[a, a-\frac{f(a)}{k}\right]$ 使 $f(x_0)=0$.

但当 $x>a$ 时,$f'(x)>0$,$f(x)$ 在 $\left[a, a-\frac{f(a)}{k}\right]$ 上是单增的,$f(x)=0$ 在此区间至多有一实根.

从而 $f(x)=0$ 在 $\left[a, a-\frac{f(a)}{k}\right]$ 上有且仅有实根 x_0.

注 下面的命题可视为本例的特殊情况：

命题 设 $f(x)$ 在 $[0,+\infty)$ 内可导，且 $f'(x) \geqslant k > 0$，$f(0) < 0$. 则 $f(x)$ 在 $(0,+\infty)$ 内有唯一的零点.

当然除用例的方法求解外，它还可以证如：

在区间 $[0,x]$ 上 $(x>0)$ 由中值定理有 $f(x)-f(0)=f'(\xi)x \geqslant kx$，$0<\xi<x$. 故

$$f(x) \geqslant f(0)+kx$$

取 x 足够大，则 $k>0$，故有 $x_0>0$，使 $f(x_0)>0$.

由连续函数介值定理在 $(0,x_0)$ 内有 $f(x)=0$ 至少有一个零点.

又 $f'(x) \geqslant k>0$，故 $f(x)$ 单增，因而不可能有两个零点. 事实上，若其有两个或两个以上零点 x_1，x_2 且 $x_2>x_1>0$，于是在 $[x_1,x_2]$ 上用 Rolle 定理：有 ξ 使 $f'(\xi)=0(x_1<\xi<x_2)$ 这与题设矛盾！

故 $f(x)$ 在 $(0,+\infty)$ 内有唯一零点.

例 9 若 $f(x)=\sum_{j=1}^{n} a_j \sin(2\pi jx)$，其中 $a_j \in \mathbf{R}$ 且对 $x\in[0,1)$ 时 $a_n \neq 0$. 若令 n_k 表示 $\frac{\mathrm{d}^k f(x)}{\mathrm{d}x^k}$ 的零点个数（含重数）. 试证 $n_1 \leqslant n_2 \leqslant n_3 \leqslant \cdots$，且 $\lim\limits_{k\to\infty} n_k = 2n$.

证 将 $f(x)$ 视为定义在圆周上的一个实连续且无穷次可微的函数. 由 Rolle 定理，在 $f^{(k)}$ 的任两个零点间总存在 $f^{(k+1)}$ 的一个零点. 故对任何 k 总有 $n_k \leqslant n_{k+1}$.

再设 $g_k(x)=\frac{f^{(4k+1)}(x)}{(2\pi)^{4k+1}}=\sum_{j=1}^{n} a_j j^{4k+1}\cos(2\pi jx)$，对 $m=0,1,2,\cdots,2n$ 而言，当 k 充分大时有

$$\frac{1}{a_n}(-1)^m g_k\left(\frac{m}{2n}\right)=\sum_{j=1}^{n-1}\frac{1}{a_n}(-1)^{mj}j^{4k+1}a_j\cos\left[2\pi j\left(\frac{m}{2n}\right)\right]+n^{4k+1} \geqslant n^{4k+1}-\sum_{j=1}^{n-1}\frac{|a_j|j^{4k+1}}{|a_n|}>0$$

由 Rolle 中值定理，在每个区间 $\left(\frac{m}{2n},\frac{m+1}{2n}\right)$ 中 $g_k(x)$ 有一个零点，这样有 $n_{4k+1} \geqslant 2n$，从而

$$\lim_{k\to\infty} n_k \geqslant 2n$$

又若记 $z=\mathrm{e}^{2\pi \mathrm{i}x}$，则 $f^{(k)}(x)$ 有 $\sum_{k=1}^{n}(c_k z^k+d_k z^{-k})$ 形式，两边同乘 z^n 我们可得到一个 $2n$ 次多项式. 显然，它的根不超过 $2n$ 个，即 $n_k \leqslant 2n$. 综上有

$$\lim_{k\to\infty} n_k = 2n$$

最后看一个利用积分中值定理的例子.

例 10 设 $g(x)$ 是 $[a,b]$ 上的连续函数，又 $f(x)=\int_a^x g(t)\mathrm{d}t$. 试证 $g(x)-\frac{f(b)}{b-a}=0$ 在 (a,b) 内至少有一个实根.

证 由积分中值定理

$$f(b)=\int_a^b g(t)\mathrm{d}t=g(\xi)(b-a) \quad \xi\in(a,b)$$

故 $g(\xi)-\frac{f(b)}{b-a}=0$，即 ξ 为题设方程 $\frac{g(x)-f(b)}{b-a}=0$ 的根.

（四）利用 Taylor 展开

利用 Taylor 公式证明某些方程根的存在多用于与函数的高阶导数有关的例子. 例如：

例 1 设 $f(x)$ 在 $[a,+\infty)$ 上两次可微，$f(a)>0$，$f'(a)<0$，$f''(x)<0$. 试证方程 $f(x)=0$ 在区间 $[a,+\infty)$ 内有且仅有一个实根.

证 由题设因 $f''(x)<0$，所以知 $f'(x)$ 单减.

又 $f'(a)<0$，故当 $x \geqslant a$ 时，$f'(x)<0$，从而 $f(x)$ 在 $x \geqslant a$ 时严格单减. 由 Taylor 展开

$$f(x)=f(a)+\frac{f'(a)}{1!}(x-a)+\frac{f''(\xi)}{2!}(x-a)^2,\quad a<\xi<x$$

因$f'(a)<0,f''(\xi)<0$,注意到$x-a>0$,故$\lim\limits_{x\to+\infty}f(x)=-\infty$.

又$f(a)>0$,故方程$f(x)=0$在$[a,+\infty)$内有一实根,因$f(x)$严格单调,知其仅有一实根.

下面的例子涉及高阶导数的零点.

例 2 若$f(x)$在$[a,b]$上有n阶导数存在,且

$$f(a)=f(b)=f'(b)=f''(b)=\cdots=f^{(n-1)}(b)=0$$

则$f^{(n)}(\xi)=0$在(a,b)内至少有一根.

证 考虑$f(x)$在b点的Taylor展开(展至$n-1$阶)

$$f(x)=f(b)+f'(b)(x-b)+\frac{f''(b)}{2!}(x-b)^2+\cdots+\frac{f^{(n-1)}(b)}{(n-1)!}(x-b)^{n-1}+\frac{1}{n!}f^{(n)}(\xi)(x-b)^n$$

其中ξ在x与b之间.

由设$f(b)=f'(b)=\cdots=f^{(n-1)}(b)=0$及上式则有

$$f(x)=\frac{f^{(n)}(\xi)(x-b)^n}{n!}$$

又当$x=a$时,$f(a)=\dfrac{f^{(n)}(\eta)(a-b)^n}{n!}$,其中$a<\eta<b$.注意以$f(a)=0$.

但$f(a)=0$,又$(a-b)^n\neq0$,故$f^{(n)}(\eta)=0$.即$\eta\in(a,b)$为$f^{(n)}(x)=0$的根.

注 本题亦可反复使用Rolle定理去考虑.

例 3 若$f(x)$在$(-\infty,+\infty)$内$2n$阶可导,且$f^{(k)}(0)=\begin{cases}>0, & k\text{为偶数}\\<0, & k\text{为奇数}\end{cases}$(这里$k=0,1,2,\cdots,2n-1$)及$f^{(2n)}(x)>0$.试证方程$f(x)=0$无负实根.

证 将$f(x)$展开成Maclaurin级数(即在$x=0$点的Taylor展开)

$$f(x)=f(0)+f'(0)x+\frac{f''(0)}{2!}x^2+\cdots+\frac{f^{(2n-1)}(0)}{(2n-1)!}x^{2n-1}+\frac{f^{(2n)}(\theta x)}{(2n)!}x^{2n},\quad 0<\theta<1$$

由设
$$f^{(k)}(0)=\begin{cases}>0, & k\text{为偶数}\\<0, & k\text{为奇数}\end{cases}\quad(k=0,1,2,\cdots,2n-1)$$

又$f^{(2n)}(x)>0$,故当$x<0$时,$f(x)>0$恒成立,从而$f(x)=0$无负实根.

例 4 设函数$f(x)$在$[-1,1]$上有三阶连续导数,且$f(-1)=0,f(1)=1,f'(0)=0$.试证在区间$(-1,1)$内至少存在一点ξ,使$f'''(\xi)=3$.

证 由函数$f(x)$的Maclanrin展开(在$x=0$点的Taylor展开)有

$$f(x)=f(0)+f'(0)x+\frac{1}{2!}f''(0)x^2+\frac{1}{3!}f'''(\eta)x^3,x\in[-1,1],\quad \eta\text{介于}0\text{与}x\text{间}$$

上式分别令$x=-1$和$x=1$,又由题设有可得

$$0=f(-1)=f(0)+\frac{1}{2}f''(0)-\frac{1}{6}f'''(\eta_1),\quad -1<\eta_1<0$$

$$1=f(1)=f(0)+\frac{1}{2}f''(0)+\frac{1}{6}f'''(\eta_2),\quad 0<\eta_2<1$$

上两式相减有
$$f'''(\eta_1)+f'''(\eta_2)=6\qquad(*)$$

由$f'''(x)$的连续性,知其在$[\eta_1,\eta_2]$上可取最大、最小值M和m,则

$$m\leqslant\frac{1}{2}[f'''(\eta_1)+f'''(\eta_2)]\leqslant M$$

而由(*)式知$m\leqslant3\leqslant M$,从而有$\xi\in[\eta_1,\eta_2]\subset(-1,1)$使$f'''(\xi)=3$.

(五) 利用反证法

在涉及方程根的个数问题的论述中,除了用函数的单调性外,有时要用反证法(关于它请看专题"数学中的证明方法"). 我们来看两个例子.

例 1　设 $f(x)$ 在 $[0,1]$ 上可导,且 $0 < f(x) < 1$,对于 $(0,1)$ 内所有 x 有 $f'(x) \neq 1$. 证明在 $(0,1)$ 内有且仅有 $f(x) - x = 0$ 的一个根.

证　令 $g(x) = f(x) - x$,由题设有 $g(0) = f(0) > 0, g(1) = f(1) - 1 < 0$. 故有 $x_0 \in (0,1)$ 使 $g(x_0) = 0$.

又若有两点 $x_0, x_1 \in (0,1)$,且使 $g(x_0) = g(x_1) = 0$,即 $f(x_0) = x_0, f(x_1) = x_1$. 在 x_0, x_1 为端点的区间上,由 Lagrange 中值定理有 ξ 使

$$f'(\xi) = \frac{f(x_1) - f(x_0)}{x_1 - x_0} = \frac{x_1 - x_0}{x_1 - x_0} = 1$$

这与题设在 $(0,1)$ 上 $f'(x) \neq 1$ 矛盾!

例 2　设 $f(x), g(x)$ 在 $[a,b]$ 上可导,且 $f(x)g'(x) \neq f'(x)g(x)$. 试证:介于 $f(x)$ 的两个零点之间至少有一个 $g(x)$ 的零点.

证　若不然,设 $x_1, x_2 \in [a,b]$ 是 $f(x)$ 的两个不同零点(若有的话),无妨设 $x_1 < x_2$.

今设 $g(x) \neq 0, x \in [x_1, x_2]$. 因

$$f(x)g(x) \neq g'(x)f(x), \quad x \in [x_1, x_2]$$

故

$$\left[\frac{f(x)}{g(x)}\right]' = \frac{f'(x)g(x) - f(x)g'(x)}{g^2(x)} \neq 0 \qquad (*)$$

但由上设知 $\dfrac{f(x_1)}{g(x)} = \dfrac{f(x_2)}{g(x)}$,又 $f(x), g(x)$ 在 $[x_1, x_2]$ 上可导,由 Lagrange 中值定理知:

有 $\xi \in (x_1, x_2)$ 使 $\left[\dfrac{f(x)}{g(x)}\right]'_{x=\xi} = 0$,这与式(*)式矛盾.

从而有 $x_0 \in [x_1, x_2]$ 使 $g(x_0) = 0$.

例 3　设 $f(x)$ 为非负函数,它在 $[a,b]$ 的任一子区间内不恒为零,在 $[a,b]$ 上二阶可导,且 $f''(x) \geqslant 0$. 证明 $f(x) = 0$ 在 (a,b) 内若有根,仅能有一个根.

证　(反证法) 若 $f(x) = 0$ 在 (a,b) 内有根,并且不唯一. 今设 $x_1, x_2 \in (a,b)$ 且 $x_1 < x_2$ 使 $f(x_i) = 0 (i = 1,2)$. 由 Rolle 定理有 $c \in (a,b)$ 使 $f'(c) = 0$.

由题设 $f(x)$ 在 (c, x_2) 内不恒为零,故存在 $x_0 \in (c, x_2)$ 使 $f(x_0) > 0$.

在 $[x_0, x_2]$ 上应用 Lagrange 微分中值定理有

$$f'(\xi) = \frac{f(x_2) - f(x_0)}{x_2 - x_0} = \frac{-f(x_0)}{x_2 - x_0} < 0, \quad \xi \in (x_0, x_2)$$

从而 $c < \xi$,且 $f'(c) > f'(\xi)$. 但由 $f''(x) \geqslant 0$,有 $f'(c) \leqslant f'(\xi)$,与上矛盾!

故 $f(x) = 0$ 在 (a,b) 内若有根必唯一.

注　下面的命题为本例的推广,这里给出该推广的另外的证法.

命题　若 $f(x)$ 与 $f''(x)$ 在 $[a,b]$ 上同号,$f(x)$ 不在 $[a,b]$ 的任一子区间上恒为零,则 $f(x)$ 至多有一个零点.

证　(反证法) 若 $f(x)$ 在 $[a,b]$ 上有两个零点 x_1, x_2,且 $a \leqslant x_1 < x_2 \leqslant b$,则在 $[x_1, x_2]$ 上 $f(x)$ 的最大值 M、最小值 m 至少有一个不为零,无妨设 $M \neq 0$ 且 $M > 0$. 即有 $x_0 \in (x_1, x_2)$ 使

$$\max_{x \in [x_1, x_2]} f(x) = f(x_0) > 0$$

因最大值在 (x_1, x_2) 内取得,故它亦为 $f(x)$ 的极大值,即 $f''(x_0) \leqslant 0$.

此与 $f(x_0)$，$f''(x_0)$ 同号的题设相抵！故 $f(x)$ 至多在$[a,b]$上有一个零点.

例 4 若 $Q(x)$ 是二次式项式，$P(x)$ 是 n 次多项式，且 $P(x)=Q(x)P''(x)$. 试证若$P(x)$ 至少有两个不同的根(实或复的)，则它必将有 n 个不同的根.

证 若不然，设 $P(x)$ 有重根. 比如 α 是 $P(x)$ 的一个 m 重根($m\geqslant 2$)，显然 α 即为$P''(x)$ 的 $m-2$ 重根.

由题设 $P(x)=Q(x)P''(x)$ 知，α 是 $Q(x)$ 的 2 重根，因而 $Q(x)=\dfrac{(x-\alpha)^2}{n(n-1)}$.

记 $P(x)=a_m(x-\alpha)^m+a_{m+1}(x-\alpha)^{m+1}+\cdots+a_n(x-\alpha)^n$，且 $a_n\neq 0$.

再由题设有 $\dfrac{m(m-1)a_m}{n(n-1)}=a_m$，而 $a_m\neq 0$，故 $m=n$.

换言之，α 是 $P(x)$ 的 n 重根，这与 $P(x)$ 至少有两个相异根的题设相抵！故 $P(x)$ 有重根的假设不真，从而知它 n 个不同的根.

注 由高等代数知识可有：**n 次多项式有 n 个根**. 但这里可能有重根，而本例则给出了多项式无重根的一种判断方法或准则.

(六) 利用函数图象

函数图象直观、显见，利用它有时也可以判断方程根的分布情况，当然函数图象绘制时，仍是要考虑函数符号、单调性、极值等等. 请看：

例 1 在区间$(0,2\pi)$内讨论函数 $y=\dfrac{1}{\sin\theta}+\dfrac{1}{\cos\theta}$ 的图象，且研究方程$\dfrac{1}{\sin\theta}+\dfrac{1}{\cos\theta}=k$时的实根分布情况.

解 通过简单计算不难得到表 11：

表 11

x	y	y'	$y=f(x)$
$\left(0,\frac{\pi}{4}\right)$	$+$	$-$	↘
$\frac{\pi}{4}$	$+$	0	极小值
$\left(\frac{\pi}{4},\frac{\pi}{2}\right)$	$+$	$+$	↗
$\left(\frac{\pi}{2},\frac{3\pi}{4}\right)$	$-$	$+$	↗
$\frac{3\pi}{4}$	0		
$\left(\frac{3\pi}{4},\pi\right)$	$+$	$+$	↗
$\left(\pi,\frac{5\pi}{4}\right)$	$-$	$+$	↗
$\frac{5\pi}{4}$	$-$	0	极大值
$\left(\frac{5\pi}{4},\frac{3\pi}{2}\right)$	$-$	$-$	↘
$\left(\frac{3\pi}{2},\frac{7\pi}{4}\right)$	$+$	$-$	↘
$\frac{7\pi}{4}$	0	$-$	↘
$\left(\frac{7\pi}{4},2\pi\right)$	$-$	$-$	↘

为此我们不难得到函数 $y=f(x)$ 的图象(图 5).

由图我们不难得到在区间$(0,2\pi)$ 内题设方程

$$\frac{1}{\sin\theta}+\frac{1}{\cos\theta}=k$$

的根的分布情况：

当 $|k|<2\sqrt{2}$ 时,方程有两个实根;当 $|k|=2\sqrt{2}$ 时,方程有三个实根;当 $|k|>2\sqrt{2}$ 时,方程有四个实根.

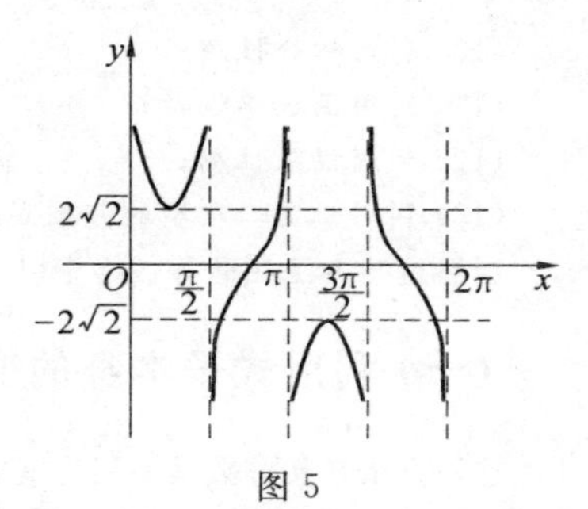

图 5

例 2　作函数 $y=\frac{\ln x}{x}$ 的图象,且证明:当 $0<x<1$ 或 $x=e$ 时,只有 $y=x$ 才满足 $x^y=y^x$;当 $x>1$ 且 $x\neq e$ 时,对于任一 x 均可有唯一的 $y\neq x$ 满足 $x^y=y^x$.

解　经计算不难得到表 12 和图 6.

表 12

x	y'	y''	y
$(0,e)$	+	−	↗
e	0	−	极大
$(e,e\sqrt{e})$	−	−	↘
$e\sqrt{e}$	−	0	拐点
$(e\sqrt{e},+\infty)$	−	+	↘

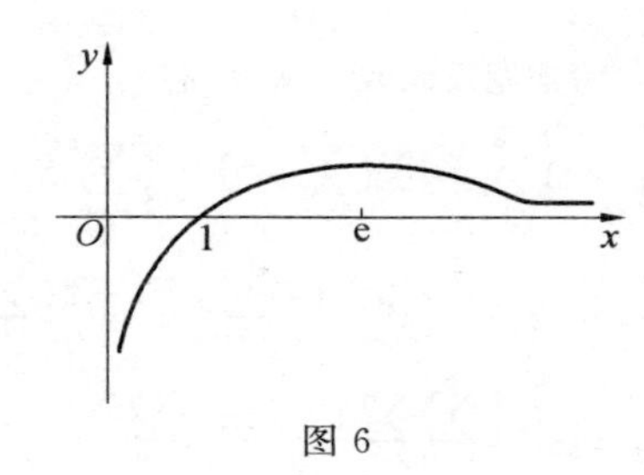

图 6

设 $x^y=u,y^x=v$,令 $w=\frac{\ln u}{\ln v}=\frac{\frac{\ln x}{x}}{\frac{\ln y}{y}}$.显然,当 $y=x$ 时 $w=1,u=v$,即 $x^y=y^x$.

当 $0<x<1$ 时,由图 6 显见$\frac{\ln x}{x}$ 是单增的,故若 $y\neq x$,则 $w\neq 1$,即 $x^y\neq y^x$.

而当 $x=e$ 时,$\frac{\ln x}{x}$ 取极大(亦最大)值,故若 $y\neq x=e$,则 $w\neq 1$,即 $x^y\neq y^x$.

因而,当 $0<x<1$ 或 $x=e$ 时,只有 $x=y$ 时才有 $x^y=y^x$.

而当 $x>1$ 且 $x<e$,即 $1<x<e$ 时,由图知道$\frac{\ln x}{x}$ 单增,$e<x<+\infty$ 时,$\frac{\ln x}{x}$ 单减,故 $y=\frac{\ln x}{x}$ 的反函数是双值的.

从而对 $x^y=y^x$ 来讲,任给一个 x 可有两个 y 满足等式,一个是 $y=x$,另一个 $y\neq x$.

专题 2　不等式的证明方法

不等式是高等数学也是全部数学中一个重要的内容,由于它形式多变,因而技巧性较强,这样证法也较多.归纳起来高等数学(微积分)中不等式证法大约有下面几种:

(1) 利用式子本身的变形(如配方、放缩等);

(2) 利用常见不等式(如算术－几何平均值不等式、Cauchy 不等式等);

(3) 数学归纳法;

(4) 反证法;

(5) 利用导数的性质;

(6) 利用中值定理(包括微分中值定理和积分中值定理等);

(7) 利用函数的凹凸性;

(8) 利用 Taylor 公式;

(9) 利用函数的极(最)值(包括条件极值);

(10) 利用积分性质;

(11) 利用函数单调性;

(12) 利用极限性质;

(13) 利用正定二次型的判别式.

当然这些方法在高等数学中以 5 ~ 10 较为常用. 下面我们举些例子分别谈谈这些方法.

(一) 利用式子本身的变形(换)

这种方法在初等数学中甚为重要,它的技巧性也强. 式子的变形方式很多,在不等式证明中多用配方(为了应用实数的平方非负的事实)、放缩等.

例 1 若 $x_i, y_i \in \mathbf{R}(i=1,2,\cdots,n)$,证明 $\left(\sum\limits_{i=1}^n x_i y_i\right)^2 \leqslant \left(\sum\limits_{i=1}^n x_i^2\right)\left(\sum\limits_{i=1}^n y_i^2\right)$. (Cauchy-Schwarz 不等式)

证 考虑题设式右一式左,有

$$\left(\sum_{i=1}^n x_i^2\right)\left(\sum_{i=1}^n y_i^2\right)-\left(\sum_{i=1}^n x_i y_i\right)^2=$$

$$\frac{1}{2}\left[\left(\sum_{i=1}^n x_i^2\right)\left(\sum_{j=1}^n y_j^2\right)-2\left(\sum_{i=1}^n x_i y_i\right)\left(\sum_{j=1}^n x_j y_j\right)+\left(\sum_{j=1}^n x_j^2\right)\left(\sum_{i=1}^n y_i^2\right)\right]=$$

$$\frac{1}{2}\left[\sum_{i=1}^n\sum_{j=1}^n x_i^2 y_j^2-\sum_{i=1}^n\sum_{j=1}^n x_i y_i x_j y_j+\sum_{i=1}^n\sum_{j=1}^n x_j^2 y_i^2\right]=$$

$$\frac{1}{2}\sum_{i=1}^n\sum_{j=1}^n\left(x_i^2 y_j^2-2x_i y_j x_j y_i+x_j^2 y_i^2\right)=\frac{1}{2}\sum_{i=1}^n\sum_{j=1}^n\left(x_i y_j-x_j y_i\right)^2\geqslant 0$$

注 显然 $\frac{1}{n}\left(\sum\limits_{i=1}^n x_i\right)^2\leqslant\sum\limits_{i=1}^n x_i^2$ 只是本命题的特例情形.

上面例子中是利用配方的变形,下面来看看利用放缩变换的例.

例 2 证明 $\left(1+\frac{1}{n}\right)^n\leqslant 3-\frac{1}{2^{n-1}}$,这里 n 为自然数.

证 由二项式定理(展开)有

$$\left(1+\frac{1}{n}\right)^n=\mathrm{C}_n^0+\mathrm{C}_n^1\cdot\frac{1}{n}+\mathrm{C}_n^2\left(\frac{1}{n}\right)^2+\cdots+\mathrm{C}_n^n\left(\frac{1}{n}\right)^n=$$

$$1+1+\frac{1}{2!}\left(1-\frac{1}{n}\right)+\frac{1}{3!}\left(1-\frac{1}{n}\right)\left(1-\frac{2}{n}\right)+\cdots+\frac{1}{n!}\left(1-\frac{1}{n}\right)\left(1-\frac{2}{n}\right)\cdots\left(1-\frac{n-1}{n}\right)\leqslant$$

$$1+1+\frac{1}{2!}+\frac{1}{3!}+\cdots+\frac{1}{n!}\leqslant 1+1+\frac{1}{2}+\frac{1}{2^2}+\cdots+\frac{1}{2^{n-1}}=3-\frac{1}{2^{n-1}}$$

这里进行了两次放缩,当然还须注意当 $n\geqslant 1$ 时 $2^{n-1}\leqslant n!$.

例 3 设 $x\geqslant 0, y\geqslant 0, n$ 是自然数,试证 $\frac{x^n+y^n}{2}\geqslant\left(\frac{x+y}{2}\right)^n$.

证 令 $\frac{x+y}{2}=\alpha, \frac{x-y}{2}=\beta$,则 $x=\alpha+\beta, y=\alpha-\beta$. 因而

$$\frac{x^n+y^n}{2}=\frac{(\alpha+\beta)^n+(\alpha-\beta)^n}{2}=\alpha^n+\mathrm{C}_n^2\alpha^{n-2}\beta^2+\mathrm{C}_n^4\alpha^{n-4}\beta^4+\cdots+\geqslant\alpha^n=\left(\frac{x+y}{2}\right)^n$$

注 它的另外证法见后文中的例.

下面的例子涉及函数的积分.

例 4 设 $f(x)=\int_0^x\frac{\ln(1+t)}{1+t}\mathrm{d}t\,(x>0)$,且令 $A=f(1)+f\left(\frac{1}{2}\right)+\cdots+f\left(\frac{1}{n}\right)+\cdots$,其中 n 是自然数. 试证 $\frac{7}{24}<A<1$.

证　容易证明下面的事实

$$t-\frac{t^2}{2}<\ln(1+t)<t,\quad t\in(0,1] \tag{*}$$

这只需考察 $\ln(1+t)$ 的 Taylor 展开式

$$\ln(1+t)=t-\frac{t^2}{2}+\frac{t^3}{3}-\frac{t^4}{4}+\cdots<t \quad 及 \quad \frac{t^3}{3}-\frac{t^4}{4}+\cdots>0$$

利用不等式(＊)进行放缩后可有

$$f(x)=\int_0^x\frac{\ln(1+t)}{1+t}\mathrm{d}t>\frac{1}{1+x}\int_0^x\ln(1+t)\mathrm{d}t>\frac{1}{1+x}\int_0^x\left(t-\frac{t^2}{2}\right)\mathrm{d}t=$$

$$\frac{1}{1+x}\left(\frac{x^2}{2}-\frac{x^3}{6}\right)=\frac{x^2}{1+x}\cdot\frac{1}{2}\left(1-\frac{x}{3}\right)\geqslant\frac{x^2}{1+x}\cdot\frac{1}{2}\left(1-\frac{1}{3}\right)=\frac{\frac{1}{3}x^2}{1+x}$$

则

$$A=\sum_{k=1}^{\infty}f\left(\frac{1}{k}\right)>\frac{1}{3}\sum_{k=1}^{\infty}\frac{\frac{1}{k^2}}{1+\frac{1}{k}}=\frac{1}{3}\sum_{k=1}^{\infty}\frac{1}{k(k+1)}=\frac{1}{3}\sum_{k=1}^{\infty}\left(\frac{1}{k}-\frac{1}{k+1}\right)=\frac{1}{3}>\frac{7}{24}$$

又

$$f(x)=\int_0^x\frac{\ln(1+t)}{1+t}\mathrm{d}t=\frac{1}{2}[\ln(1+x)]^2$$

由不等式(＊)有当 $x\in(0,1]$ 时有 $f(x)<\frac{x^2}{2}$. 故

$$A=\sum_{k=1}^{\infty}f\left(\frac{1}{k}\right)<\frac{1}{2}\sum_{k=1}^{\infty}f\left(\frac{1}{k^2}\right)=\frac{1}{2}\left[1+\left(\frac{1}{2^2}+\frac{1}{3^2}\right)+\left(\frac{1}{4^2}+\cdots+\frac{1}{7^2}\right)+\cdots\right]<$$

$$\frac{1}{2}\left[1+2\left(\frac{1}{2^2}\right)+4\left(\frac{1}{4^2}\right)+\cdots\right]=1$$

综上有

$$\frac{7}{24}<A<1$$

再来看一个三角函数积分不等式问题.

例 5　试证积分不等式 $\int_0^{\frac{\pi}{2}}\frac{\sin x}{1+x^2}\mathrm{d}x\leqslant\int_0^{\frac{\pi}{2}}\frac{\cos x}{1+x^2}\mathrm{d}x$.

证　今考虑下面积分之差及变换有

$$\int_0^{\frac{\pi}{2}}\frac{\sin x}{1+x^2}\mathrm{d}x-\int_0^{\frac{\pi}{2}}\frac{\cos x}{1+x^2}\mathrm{d}x=\int_0^{\frac{\pi}{2}}\frac{\sin x-\cos x}{1+x^2}\mathrm{d}x=$$

$$\int_0^{\frac{\pi}{4}}\frac{\sin x-\cos x}{1+x^2}\mathrm{d}x+\int_{\frac{\pi}{4}}^{\frac{\pi}{2}}\frac{\sin x-\cos x}{1+x^2}\mathrm{d}x(后式令\ u=\frac{\pi}{2}-x)=$$

$$\int_0^{\frac{\pi}{4}}\frac{\sin x-\cos x}{1+x^2}\mathrm{d}x+\int_0^{\frac{\pi}{4}}\frac{\cos u-\sin u}{1+(\pi/2-u)^2}\mathrm{d}u=$$

$$\int_0^{\frac{\pi}{4}}\left[\frac{\sin x-\cos x}{1+x^2}+\frac{\cos x-\sin x}{1+(\pi/2-x)^2}\right]\mathrm{d}x=$$

$$\int_0^{\frac{\pi}{4}}\frac{(\pi^2/4-\pi x)(\sin x-\cos x)}{(1+x^2)[1+(\pi/2-x)^2]}\mathrm{d}x\leqslant 0$$

这里注意到当 $0\leqslant x\leqslant\frac{\pi}{4}$ 时, $\sin x<\cos x$.

注　下面的问题与例貌似,但证法有异:

试证积分不等式 $\int_0^1\frac{\sin x}{\sqrt{1-x^2}}\mathrm{d}x\leqslant\int_0^1\frac{\cos x}{\sqrt{1-x^2}}\mathrm{d}x$.

令 $t=\arcsin x$, 则 $\int_0^1\frac{\cos x}{\sqrt{1-x^2}}\mathrm{d}x=\int_0^{\frac{\pi}{2}}\cos(\sin t)\mathrm{d}t$. 令 $t=\arccos x$, 则

$$\int_0^1\frac{\sin x}{\sqrt{1-x^2}}\mathrm{d}x=\int_0^{\frac{\pi}{2}}\sin(\cos t)\mathrm{d}t$$

只需证 $t \in (0, \frac{\pi}{2})$ 时，$\sin(\cos t) \leqslant \cos(\sin t)$ 即可.

下面的例子看上去似乎与积分无关，其实不然. 因为式中蕴含级数概念，而它又可视为积分和.

下面是通过变量替换证明不等式的例.

例 6 若 $|f(x)| < 1$，$|g(x)| < 1$，且 $f(x), g(x)$ 在 $[a,b]$ 上可积，则

$$\int_a^b f(x)g(x) \pm \sqrt{[1-f^2(x)][1-g^2(x)]}\,dx \leqslant b-a$$

证 由设 $|f(x)| < 1$，$|g(x)| < 1$，令我们想到正余弦函数. 令 $f(x) = \sin u, g(x) = \sin v$. 这里 $u, v \in \mathbf{R}$. 注意到此时

$$\Phi(x) = f(x)g(x) \pm \sqrt{[1-f^2(x)][1-g^2(x)]}$$

则
$$|\Phi(x)| = |\sin u \sin v \pm \cos u \cos v| = |\cos(u+v)| \leqslant 1$$

从而
$$\int_a^b \Phi(x)dx \leqslant \int_a^b dx = b-a$$

例 7 试证 $\left(\frac{2n-1}{e}\right)^{\frac{2n-1}{2}} < (2n-1)!! < \left(\frac{2n+1}{e}\right)^{\frac{2n+1}{2}}$.

证 令 $M = \ln[(2n-1)!!] = \sum_{k=2}^{n} \ln(2k-1)$. 而和式 $2\sum_{k=2}^{n} \ln(2k-1)$ 可视为定积分 Riemann 和，它们分别以 $3,5,7,\cdots,2n+1$ 和左端点为分点，以 $1,3,5,\cdots,2n-1$ 和右端点为分点得估计式

$$2M < \int_3^{2n+1} \ln x dx \quad 和 \quad 2M < \int_1^{2n-1} \ln x dx$$

有
$$\int_1^{2n-1} \ln x dx < 2M < \int_3^{2n+1} \ln x dx$$

即
$$\left[x\ln x - x\right]_1^{2n-1} < 2M < \left[x\ln x - x\right]_3^{2n+1}$$

或
$$2(n-1)\ln(2n-1) - (2n-1) < 2M < (2n+1)\ln(2n+1) - (2n+1)$$

即
$$\frac{2n-1}{2}\ln\frac{2n-1}{e} < M < \frac{2n+1}{2}\ln\frac{2n+1}{e}$$

下面再来看一个通过构造函数证明不等式的例.

例 8 设 $f(x)$ 在 $(-\infty, +\infty)$ 内有界且导函数连续，对任意 $x \in \mathbf{R}$ 均有 $|f(x) + f'(x)| \leqslant 1$. 试证 $|f(x)| \leqslant 1$.

证 令 $F(x) = e^x f(x)$，$F'(x) = e^x[f(x) + f'(x)]$. 由题设有

$$|F'(x)| \leqslant e^x \quad 或 \quad e^{-x} \leqslant F(x) \leqslant e^x$$

这样可有
$$-\int_{-\infty}^{x} e^x dx \leqslant \int_{-\infty}^{x} F'(x)dx \leqslant \int_{-\infty}^{x} e^x dx$$

因而
$$-e^x \leqslant e^x f(x)\Big|_{-\infty}^{x} \leqslant e^x$$

而 $\lim_{x \to -\infty} e^x f(x) = 0$，从而
$$-e^x \leqslant e^x f(x) \leqslant e^x$$

故 $-1 \leqslant f(x) \leqslant 1$，即 $|f(x)| \leqslant 1$.

(二) 利用常用不等式

数学中有许多常见、又很重要的不等式，比如算术 — 几何 — 调和平均不等式

$$n \Big/ \left(\sum_{i=1}^{n} \frac{1}{a_i}\right) \leqslant \sqrt[n]{\prod_{i=1}^{n} a_i} \leqslant \frac{1}{n}\sum_{i=1}^{n} a_i, \quad a_i > 0, \quad i = 1,2,\cdots,n$$

这里 $\frac{1}{n}\sum_{i=1}^{n} a_i$ 称算术平均；$\sqrt[n]{\prod_{i=1}^{n} a_i}$ 称几何平均；$n \Big/ \left(\sum_{i=1}^{n} \frac{1}{a_i}\right)$ 称调和平均. 它的证明路径及其间关系可见后表，下面来看利用它去证明某些不等式的例.

例 1 若 $x_i > 0 (i = 1,2,\cdots,n)$，则 $\left(\sum_{i=1}^{n} x_i\right)\left(\sum_{i=1}^{n} \frac{1}{x_i}\right) \geqslant n^2$.

证　由算术－几何平均值不等式有

$$\left(\sum_{i=1}^{n}x_i\right)\left(\sum_{i=1}^{n}\frac{1}{x_i}\right)\geqslant n\cdot\sqrt[n]{\prod_{i=1}^{n}x_i}\cdot\sqrt[n]{\prod_{i=1}^{n}\frac{1}{x_i}}=n^2$$

注　它的另外证法可见后文.

例 2　若 $x_i>0(i=1,2,\cdots,n)$，则 $\dfrac{x_1}{x_2}+\dfrac{x_2}{x_3}+\cdots+\dfrac{x_{n-1}}{x_n}+\dfrac{x_n}{x_1}\geqslant n$.

证　由算术－几何平均值不等式

$$\frac{x_1}{x_2}+\frac{x_2}{x_3}+\cdots+\frac{x_{n-1}}{x_n}+\frac{x_n}{x_1}\geqslant n\sqrt[n]{\frac{x_1}{x_2}\cdot\frac{x_2}{x_3}\cdot\cdots\cdot\frac{x_{n-1}}{x_n}\cdot\frac{x_n}{x_1}}=n\sqrt[n]{1}=n$$

当然，在高等数学中还有许多重要的不等式：比如 Bernoulli 不等式、Cauchy-Schwarz 不等式、Hölder 不等式、Minkowski 不等式、Young 不等式等. 它们也是常用的分析不等式，关于它们，除 Young 不等式外，这里给出一个它们之间的关系图(图 7).

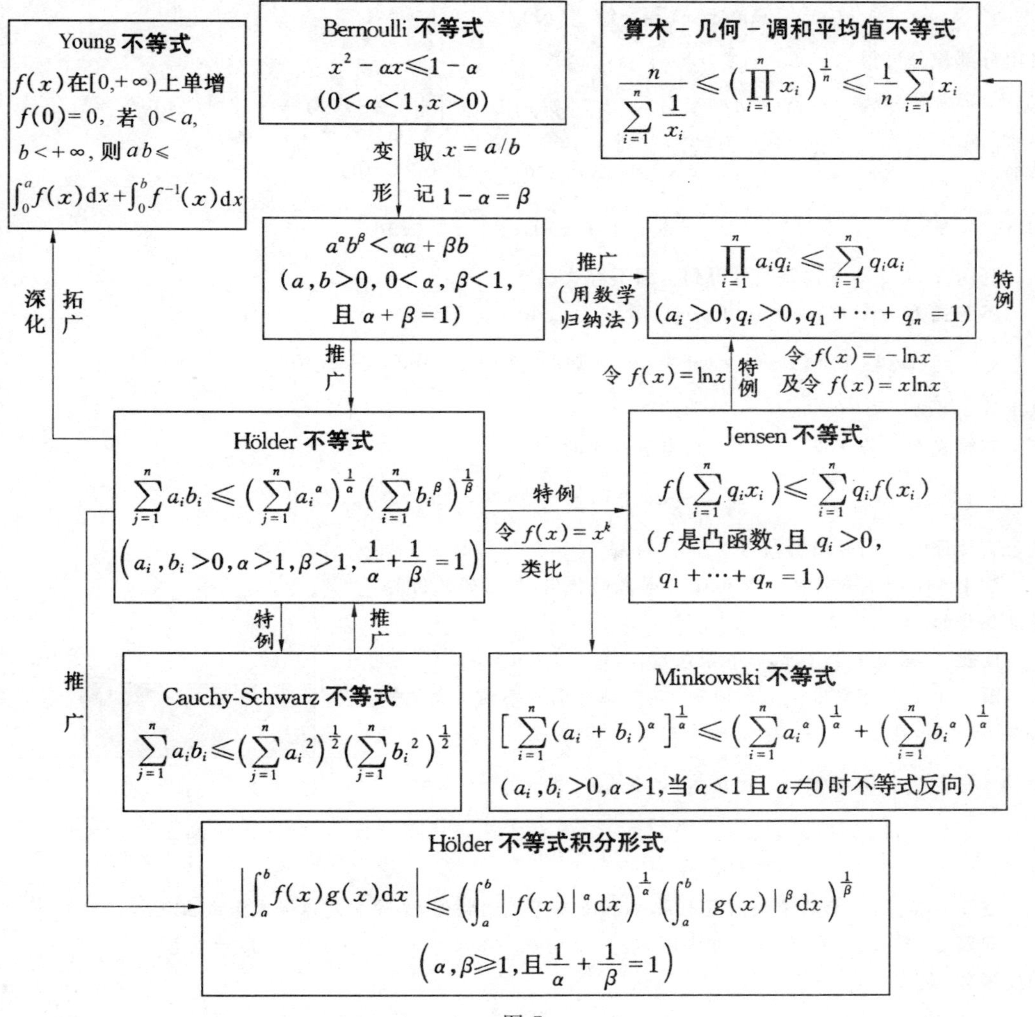

图 7

这里提到的 Young 不等式涉及函数的反函数，它是这样叙述的：

命题　若 $f(x)$ 在 $[0,+\infty)$ 上单增，且 $f(0)=0$，对任意 $a>0,b>0$ 总有

$$ab \leqslant \int_0^a f(x)\mathrm{d}x + \int_0^b f^{-1}(x)\mathrm{d}x$$

等号当且仅当 $f(a) = b$ 时成立.

它的几何意义几乎是显然的(图 8),这只需注意到定积分的几何意义即可.下面给出简略证明:

略证 设 $g(x) = xb - \int_0^x f(t)\mathrm{d}t$,则

$$g'(x) = b - f(x)$$

由设 $f(x)$ 单增,且记 $f^{-1}(b)$ 为 $f(x)$ 的反函数,故有

$$g'(x)\begin{cases} > 0, & 0 < x < f^{-1}(b) \\ = 0, & x < f^{-1}(b) \\ < 0, & x > f^{-1}(b) \end{cases}$$

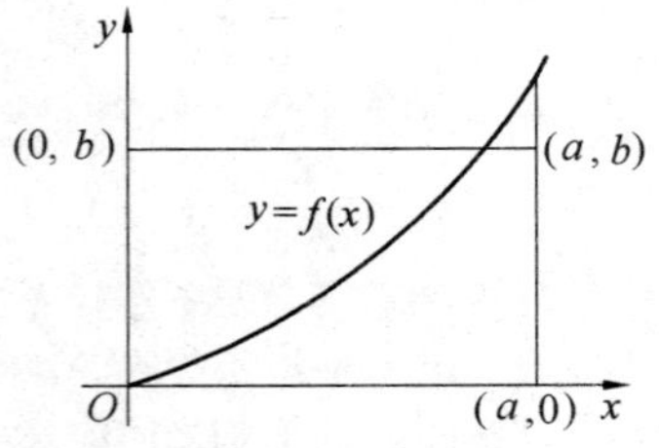

图 8

故 $x = f^{-1}(b)$ 为 $g(x)$ 的极大值.从而

$$g(a) \leqslant \max_{0<x<a} g(x) = g(f^{-1}(b))$$

又由分部积分可得

$$g(f^{-1}(b)) = bf^{-1}(b) - \int_0^{f^{-1}(b)} f(x)\mathrm{d}x = \int_0^{f^{-1}(b)} x\mathrm{d}f(x) = \int_0^b f^{-1}(y)\mathrm{d}y$$

从而
$$g(a) \leqslant g(f^{-1}(b)) = \int_0^b f^{-1}(y)\mathrm{d}y$$

即
$$ab \leqslant \int_0^a f(x)\mathrm{d}x + \int_0^b f^{-1}(x)\mathrm{d}x$$

利用 Young 不等式显然可得到下面不等式:

不等式 1 若 $f(x) = \ln(1+x)$,则

$$ab \leqslant \int_0^a \ln(1+x)\mathrm{d}x + \int_0^b (\mathrm{e}^x - 1)\mathrm{d}x = (1+a)\ln(1+a) + a^b - (a+b+1)$$

这里 $a > 0, b > 0$

不等式 2 若 $f(x) = x^{p-1}$,则当 $p > 1$ 时,有

$$ab \leqslant \frac{1}{p}a^p + (1 - \frac{1}{p})b^{\frac{p}{p-1}}, \quad a > 0, \quad b > 0$$

倘若直接证明它们要稍费精力.

注 1 下面不等式也是 Young 不等式的特例,但它的几何解释是显然的.

问题 若 $a, b \geqslant 1$,试证不等式 $ab \geqslant \mathrm{e}^{a-1} + b\ln b$.

解 由图 9 可看出以 $(a-1)$ 和 b 边的矩形面积不超过图 9 中 s_1 与 s_2 之和,即

$$(a-1)b \leqslant \int_1^b \ln t\mathrm{d}t + \int_0^{a-1} \mathrm{e}^t\mathrm{d}t = b\ln b - b + 1 + \mathrm{e}^{a-1} - 1 =$$
$$b\ln b - b + \mathrm{e}^{a-1}$$

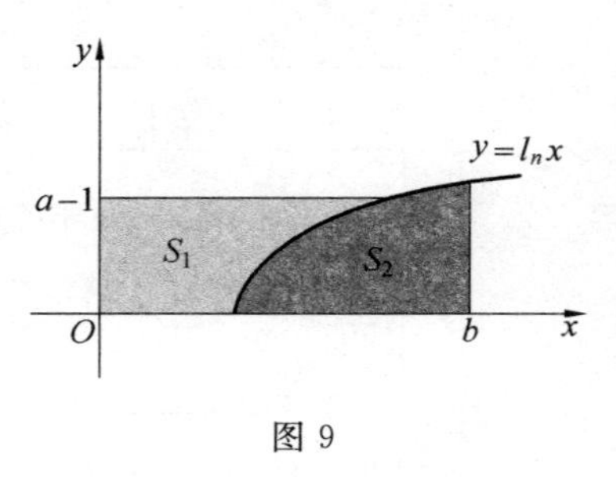

图 9

即
$$ab \leqslant b\ln b + \mathrm{e}^{a-1}$$

注 2 其实,下面的等式问题也系 Young 不等式的特例,尽管它是以等式形式出现.

问题 若 $f(x)$ 在 $(0, -\infty)$ 内可导,$f(0) = 0$.又 $a, b \in (0, +\infty)$ 且 $f(a) = b$.设 $f^{-1}(x)$ 是 $f(x)$ 的反函数,则

$$\int_b^a f(x)\mathrm{d}x + \int_0^b f^{-1}(x)\mathrm{d}x = ab$$

证 令

$$F(x)=\int_0^x f(t)\mathrm{d}t+\int_0^{f(x)} f^{-1}(t)\mathrm{d}t-xf(x)$$

则注意到 $f^{-1}(f(x))=x$，且由

$$F'(x)=f(x)+f^{-1}(f(x))f'(x)-f(x)-xf'(x)=0=f(x)+xf'(x)-f(x)-f'(x)\equiv 0$$

知 $F(x)\equiv c$，令 $x=0$ 有 $F(0)=0$，得 $c=0$.

故 $F(x)=0$. 令 $x=a$ 代入 $F(x)$ 即得要证等式.

显然，若题设中无 $f(a)=b$ 的条件，且加上 $f(x)$ 单增题设后，则有

$$\int^b f(x)\mathrm{d}x+\int_0^b f^{-1}(x)\mathrm{d}x\geqslant ab$$

其中 $a>0,b>0$. 此即为 Young 不等式.

此外，它的几何意义是明显的，由图 10

$$s_1=\int_0^b f^{-1}(y)\mathrm{d}y,\quad s_2=\int_0^a f(x)\mathrm{d}x$$

其中 s_1,s_2 分别表示图示 s_1,s_2 的面积. 显然 $s_1+s_2=ab$（矩形面积）.

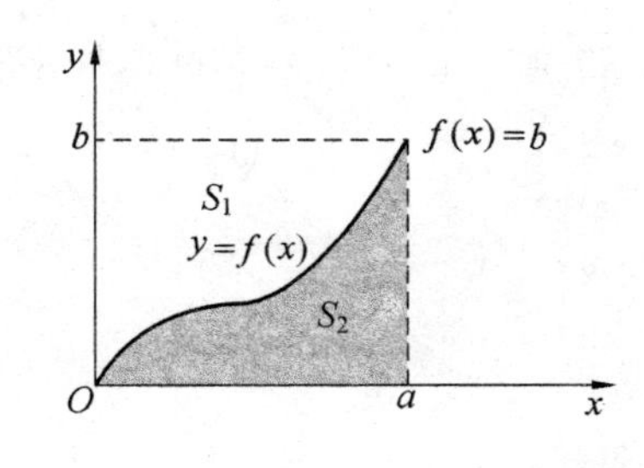

图 10

还有些不等式如 $\sin x\leqslant x\left(0\leqslant x\leqslant\frac{\pi}{2}\right)$，$\mathrm{e}^x\geqslant 1+x$，… 也可视为常见不等式，利用它们也可证得某些不等式. 请看：

例 3　设 $f(x)$ 在 $[0,1]$ 上连续，证明 $\int_0^1\mathrm{e}^{f(x)}\mathrm{d}x\int_0^1\mathrm{e}^{-f(y)}\mathrm{d}y\geqslant 1$.

证　由不等式 $\mathrm{e}^u\geqslant 1+u$ 及重积分性质有

$$\int_0^1\mathrm{e}^{f(x)}\mathrm{d}x\int_0^1\mathrm{e}^{-f(y)}\mathrm{d}y=\int_0^1\int_0^1\mathrm{e}^{f(x)-f(y)}\mathrm{d}x\mathrm{d}y\geqslant\int_0^1\int_0^1[1+f(x)-f(y)]\mathrm{d}x\mathrm{d}y=$$

$$\int_0^1\int_0^1\mathrm{d}x\mathrm{d}y+\int_0^1\int_0^1 f(x)\mathrm{d}x\mathrm{d}y-\int_0^1\int_0^1 f(y)\mathrm{d}x\mathrm{d}y=1$$

这里注意到

$$\int_0^1\int_0^1 f(x)\mathrm{d}x\mathrm{d}y=\int_0^1\int_0^1 f(y)\mathrm{d}x\mathrm{d}y$$

注　例中的不等式还可推广为（证明见后文）：

问题　若 $f(x)$ 在 $[a,b]$ 上恒正，则

$$\int_a^b f(x)\mathrm{d}x\int_a^b\frac{\mathrm{d}x}{f(x)}\geqslant(a-b)^2$$

下面的例子是利用 Cauchy-Schwarz 积分不等式的.

例 4　利用 Cauchy-Schwarz 积分不等式 $\left[\int_a^b\varphi(x)\psi(x)\mathrm{d}x\right]^2\leqslant\int_a^b\varphi^2(x)\mathrm{d}x\int_a^b\psi^2(x)\mathrm{d}x$，证明

$$\int_a^b f^2(x)\mathrm{d}x\leqslant\frac{(b-a)^2}{2}\int_a^b[f'(x)]^2\mathrm{d}x$$

这里 $f(x)$ 在 $[a,b]$ 上可导且 $f'(x)$ 连续，$f(a)=0$.

证　由题设 $f'(x)$ 连续，且 $f(a)=0$，有

$$f(x)=\int_a^x f'(t)\mathrm{d}t,\quad a\leqslant x\leqslant b$$

由 Cauchy-Schwarz 积分不等式有

$$f^2(x)=\left[\int_a^x f'(t)\mathrm{d}t\right]^2\leqslant\int_a^x[f'(t)]^2\mathrm{d}t\cdot\int_a^x 1^2\mathrm{d}x=(x-a)\int_a^b[f'(t)]^2\mathrm{d}t$$

因 $[f'(x)]^2\geqslant 0$，$x-a\geqslant 0$，故有

$$f^2(x)\leqslant(x-a)\int_a^b[f'(t)]^2\mathrm{d}t$$

两边从 a 到 b 积分可得

$$\int_a^b f^2(x)\mathrm{d}x \leqslant \frac{(b-a)^2}{2}\int_a^b [f'(x)]^2\mathrm{d}x$$

例 5 若 $f(x)$ 在 $[a,b]$ 上连续，且 $f(x)\geqslant 0$，又 $\int_a^b f(x)\mathrm{d}x = 1$，试证 $\left(\int_a^b f(x)\cos kx\mathrm{d}x\right)^2 + \left(\int_a^b f(x)\sin kx\mathrm{d}x\right)^2 \leqslant 1$，这里 k 为任意实数.

证 因 $f(x)>0$，由 Canchy-Schwarz 积分不等式有

$$\begin{aligned}\left(\int_a^b f(x)\cos kx\mathrm{d}x\right)^2 &= \left(\int_a^b \sqrt{f(x)}\cdot\sqrt{f(x)}\cos kx\mathrm{d}x\right)^2 \leqslant \\ &\left(\int_a^b \left[\sqrt{f(x)}\right]^2\mathrm{d}x\right)\left(\int_a^b \left[\sqrt{f(x)}\cos kx\right]^2\mathrm{d}x\right) = \\ &\int_a^b f(x)\mathrm{d}x\int_a^b f(x)\cos^2 kx\mathrm{d}x = \int_a^b f(x)\cos^2 kx\mathrm{d}x\end{aligned}$$

同理

$$\left(\int_a^b f(x)\sin kx\mathrm{d}x\right)^2 \leqslant \int_a^b f(x)\sin^2 kx\mathrm{d}x$$

从而

$$\left(\int_a^b f(x)\cos kx\mathrm{d}x\right)^2 + \left(\int_a^b f(x)\sin kx\mathrm{d}x\right)^2 \leqslant \int_a^b f(x)(\sin^2 kx+\cos^2 kx)\mathrm{d}x = \int_a^b f(x)\mathrm{d}x = 1$$

例 6 若 $f(x)$ 和 $f'(x)$ 在 $[0,+\infty)$ 上连续，且当 $x\geqslant 10^{10}$ 时 $f(x)=0$. 证明

$$\int_0^{+\infty} f^2(x)\mathrm{d}x \leqslant 2\sqrt{\int_0^{+\infty} x^2 f^2(x)\mathrm{d}x}\sqrt{\int_0^{+\infty} x^2 f'^2(x)\mathrm{d}x}$$

证 考虑下面分部积分可有

$$\int_0^{+\infty} f^2(x)\mathrm{d}x = xf^2(x)\Big|_0^{+\infty} - \int_0^{+\infty} 2xf(x)f'(x)\mathrm{d}x = -\int_0^{+\infty} 2xf(x)f'(x)\mathrm{d}x$$

注意到当 $x=0$ 和 $x=+\infty$ 时，$xf^2(x)=0$.

由 Cauchy-Schwarz 不等式

$$\left|\int_0^{+\infty} 2xf(x)f'(x)\mathrm{d}x\right| \leqslant \sqrt{\int_0^{+\infty} x^2 f^2(x)\mathrm{d}x}\sqrt{\int_0^{+\infty} x^2 f'^2(x)\mathrm{d}x}$$

注 其实由设 $x\geqslant 10^{10}$ 时 $f(x)=0$，故不等式积分上限可由 $+\infty$ 改为 10^{10} 即可. 这样将不会涉及广义积分概念.

(三) 数学归纳法

与自然数 n 有关的命题常须用数学归纳法，对于不等式也不例外. 请看：

例 1 设 $0<a_i<1(i=1,2,\cdots,n)$，$n\geqslant 2$ 自然数，则 $\prod\limits_{i=1}^n(1-a_i) > 1-\sum\limits_{i=1}^n a_i$.

证 (1) 当 $n=2$ 时，注意到

$$(1-a_1)(1-a_2) = 1-(a_1+a_2)+a_1a_2 > 1-(a_1+a_2)$$

故知命题成立；

(2) 今设 $n=k$ 时命题成立，即

$$\prod_{i=1}^k(1-a_i) > 1-\sum_{i=1}^k a_i \tag{$*$}$$

今考虑 $n=k+1$ 的情形. 在($*$)式两边同乘以 $1-a_{k+1}>0$，有

$$\prod_{i=1}^{k+1}(1-a_i) > 1-\sum_{i=1}^k a_i - a_{k+1} + a_{k+1}\sum_{i=1}^k a_i > 1-\sum_{i=1}^{k+1} a_i \tag{$**$}$$

即当 $n=k+1$ 时命题真，从而对任何自然数 $n\geqslant 2$ 不等式均成立.

注　类似地我们还可以证明：

命题　若 $a_i>0(i=1,2,\cdots,n)$，$n\geqslant 2$ 自然数，则

$$\prod_{i=1}^{n}(1+a_i)>1+\sum_{i=1}^{n}a_i \qquad (***)$$

由上，我们还可以得到 Bernoulli 不等式的特殊情形(它的一般情形见后文)

$$(1+a)^n>1+na \quad (a>0 \text{ 或 } -1<a<0, n\geqslant 2)$$

这只需在(**)式和(***)式中分别令 $-a=a_j$ 和 $a=a_j(i=1,2,\cdots,n)$ 即可.

例 2　若 $x_i>0(i=1,2,\cdots,n)$，试证 $\left(\sum\limits_{i=1}^{n}x_i\right)\left(\sum\limits_{i=1}^{n}\dfrac{1}{x_i}\right)\geqslant n^2(n\geqslant 2)$.

证　(1)$n=2$ 时，注意到

$$(x_1+x_2)\left(\frac{1}{x_1}+\frac{1}{x_2}\right)=\frac{{x_1}^2+2x_1x_2+{x_2}^2}{x_1x_2}=2+\frac{{x_1}^2+{x_2}^2}{x_1x_2}\geqslant 2+2=2^2$$

知不等式成立.

(2) 设 $n=k$ 时不等式成立，即

$$\left(\sum_{j=1}^{k}x_i\right)\left(\sum_{i=1}^{k}\frac{1}{x_i}\right)\geqslant k^2$$

今考虑 $n=k+1$ 的情形：由

$$\begin{aligned}\left(\sum_{i=1}^{k+1}x_i\right)\left(\sum_{i=1}^{k+1}\frac{1}{x_i}\right)&=\left(\sum_{i=1}^{k}x_i\right)\left(\sum_{i=1}^{k}\frac{1}{x_i}\right)+\frac{1}{x_{k+1}}\sum_{i=1}^{k}x_i+x_{k+1}\sum_{i=1}^{k}\frac{1}{x_i}+1=\\&\left(\sum_{i=1}^{k}x_i\right)\left(\sum_{i=1}^{k}\frac{1}{x_i}\right)+\sum_{i=1}^{k}\left(\frac{x_{k+1}}{x_i}+\frac{x_i}{x_{k+1}}\right)+1\geqslant\\&k^2+\underbrace{2+\cdots+2}_{k\text{个}}+1=k^2+2k+1=(k+1)^2\end{aligned}$$

即当 $n=k+1$ 时不等式成立. 故对任何自然数 $n\geqslant 2$ 不等式均成立.

例 3　试证不等式 $\dfrac{(n+1)^n}{n!}<\mathrm{e}^n(n=1,2,\cdots)$.

证　设 $b_n=\dfrac{n^n}{n!}$，则

$$\frac{b_{n+1}}{b_n}=\left(1+\frac{1}{n}\right)^n<\mathrm{e},\quad n=1,2,\cdots$$

由 $b_1=1$ 及上式可有

$$b^2<\mathrm{e}b_1<\mathrm{e},\quad b_3<\mathrm{e}b_2<\mathrm{e}^2,\quad \cdots$$

归纳地有 $b_{n+1}<\mathrm{e}^n$. 而

$$\frac{(n+1)^n}{n!}=\frac{(n+1)^n}{n^n}\cdot\frac{n^n}{n!}=\left(1+\frac{1}{n}\right)^n b_n<\mathrm{e}^n,\quad n=1,2,\cdots$$

此不等式在证明或求数列极限或判断级数散敛时有用.

(四) 反证法

反证法也可用于某些不等式的证明，它常常是在直接证明时遇到麻烦后考虑的. 请看：

例 1　若方程 $\begin{vmatrix} b_1-x & c_1 \\ a_1 & b_2-x \end{vmatrix}=0$ 有实根 $x_1<x_2$，且 $a_1c_1<0$，则 $x_1<b_1<x_2$ 不成立.

证　若不然，今设 $x_1<b_1<x_2$ 真. 由题设及行列式展开知方程即

$$(b_1-x)(b_2-x)-a_1c_1=0$$

因 $ac_1<0$,故当 $x=x_i$ 时,有

$$(b_1-x_i)(b_2-x_i)=a_1c_1<0,\quad i=1,2$$

由 $(b_1-x_2)(b_2-x_2)<0$ 及 $b_1-x_2<0$,故 $b_2-x_2>0$ 即

$$b_2>x_2 \tag{*}$$

而由 $(b_1-x_1)(b_2-x_1)<0$ 及 $b_1-x_1>0$,故 $b_2-x_1<0$ 即

$$b_2>x_1 \tag{**}$$

注意到 $x_1<x_2$ 及式(*)与式(**),这是不可能的.

下面是两个在证明过程(而非证明一开始)中应用反证法的例子.

例 2 设 $I_n=\int_0^{\frac{\pi}{4}}\tan^n x\,dx$,$n$ 为大于 1 的自然数. 试证 $\dfrac{1}{2(n+1)}<I_n<\dfrac{1}{2(n-1)}$.

证 由 $I_n+I_{n-2}=\int_0^{\frac{\pi}{4}}\tan^n x\,dx+\int_0^{\frac{\pi}{4}}\tan^{n-2}x\,dx=\int_0^{\frac{\pi}{4}}\tan^{n-2}x(\tan^2x+1)dx=$

$$\int_0^{\frac{\pi}{4}}\tan^{n-2}x\,d(\tan x)=\frac{1}{n-1}\left[\tan^{n-1}x\right]_0^{\frac{\pi}{4}}=\frac{1}{n-1}$$

类似地可有

$$I_{n+2}+I_n=\frac{1}{n+1} \tag{*}$$

先证 $I_n>\dfrac{1}{2(n+1)}$. 若不然,今设 $I_n\leqslant\dfrac{1}{2(n+1)}$,则 $I_{n+2}\leqslant\dfrac{1}{2(n+3)}$,于是

$$I_n+I_{n+2}\leqslant\frac{1}{2(n+1)}+\frac{1}{2(n+3)}<\frac{1}{n+1}$$

这与(*)式矛盾,故必有 $I_n>\dfrac{1}{2(n+1)}$. 类似地可证 $I_n<\dfrac{1}{2(n-1)}$.

注 本题后半部分还可以证如:

因 $0\leqslant\tan x\leqslant1$,$x\in\left[0,\dfrac{\pi}{4}\right]$,故 I_n 单减,即 $I_n<I_{n-1}<I_{n-2}$. 故

$$2I_n<I_n+I_{n-2}=\frac{1}{n-1}$$

又因

$$I_{n+2}+I_n=\frac{1}{n+1}$$

因而

$$2I_n<I_{n+2}+I_n=\frac{1}{n+1}$$

所以

$$\frac{1}{n+1}<2I_n<\frac{1}{n-1}$$

例 3 设函数 $f(x)$ 在闭区间 $[0,1]$ 上连续,且满足下列积分等式

$$\int_0^1 f(x)dx=0,\quad\int_0^1 xf(x)dx=0,\quad\cdots,\quad\int_0^1 x^{n-1}f(x)dx=0,\quad\int_0^1 x^n f(x)dx=1$$

证明不等式 $|f(x)|\geqslant(n+1)\cdot2^n$ 在 $[0,1]$ 的某一子区间内成立.

证 今考虑积分

$$I=\int_0^1\left(x-\frac{1}{2}\right)^n f(x)dx$$

由二项式展开

$$\left(x-\frac{1}{2}\right)^n=x^n-C_n^1x^{n-1}\frac{1}{2}+C_n^2x^{n-2}\left(-\frac{1}{2}\right)^2+\cdots+\left(-\frac{1}{2}\right)^n$$

及题设可知

$$I=\int_0^1\left(x-\frac{1}{2}\right)^n f(x)dx=\int_0^1 x^n f(x)dx=1 \tag{*}$$

今若不然,若在 $[0,1]$ 上处处有 $|f(x)|<2^n\cdot(n+1)$,则

$$I=\int_0^1\left(x-\frac{1}{2}\right)^n f(x)\mathrm{d}x\leqslant\int_0^1\left|\left(x-\frac{1}{2}\right)^n f(x)\right|\mathrm{d}x<$$
$$2^n(n+1)\int_0^1\left|\left(x-\frac{1}{2}\right)^n\right|\mathrm{d}x=$$
$$2^n(n+1)\left[\int_0^{\frac{1}{2}}\left(\frac{1}{2}-x\right)^n\mathrm{d}x+\int_{\frac{1}{2}}^1\left(x-\frac{1}{2}\right)^n\mathrm{d}x\right]=$$
$$2^n(n+1)\left\{\left[-\frac{1}{n+1}\left(\frac{1}{2}-x\right)^{n+1}\right]_0^{\frac{1}{2}}+\left[\frac{1}{n+1}\left(x-\frac{1}{2}\right)^{n+1}\right]_{\frac{1}{2}}^1\right\}=$$
$$2^n(n+1)\left[\frac{1}{2^{n+1}(n+1)}+\frac{1}{2^{n+1}(n+1)}\right]=1$$

即积分$\int_0^1\left(x-\frac{1}{2}\right)^n f(x)\mathrm{d}x<1$,此与前证式(*)矛盾!

从而在$[0,1]$上处处有$|f(x)|<2^n(n+1)$的假设不真,故必有$|f(x)|\geqslant 2^n(n+1)$在$[0,1]$上某部分成立.

下面的不等式涉及积分问题,但解题方法仍属反证法.

例 4　若函数$f(x)$在闭区间$[0,1]$上连续,且$\int_0^1 f(x)\mathrm{d}x=0$,又$\int_0^1 xf(x)\mathrm{d}x=1$.试证存在$x_0\in[0,1]$使$|f(x_0)|\geqslant 4$.

证　用反证法.若不然,即对任意$x\in[0,1]$均有$|f(x)|<4$,则

$$1=\left|\int_0^1 xf(x)\mathrm{d}x-\frac{1}{2}\int_0^1 f(x)\mathrm{d}x\right|=\left|\int_0^1\left(x-\frac{1}{2}\right)f(x)\mathrm{d}x\right|\leqslant$$
$$\int_0^1\left|x-\frac{1}{2}\right||f(x)|\mathrm{d}x\leqslant 4\int_0^1\left|x-\frac{1}{2}\right|\mathrm{d}x\leqslant 1$$

从而
$$\int_0^1\left|x-\frac{1}{2}\right||f(x)|\mathrm{d}x=1$$

且
$$4\int_0^1\left|x-\frac{1}{2}\right|\mathrm{d}x=1$$

这样
$$\int_0^1\left|x-\frac{1}{2}\right|(4-|f(x)|)\mathrm{d}x=0$$

于是$|f(x)|\equiv 4$,即$f(x)=\pm 4$,这与题设$\int_0^1 f(x)\mathrm{d}x=0$矛盾!

关于这部分的例子还可以参见本书专题“数学中的证明方法”一节.

(五)利用导数的性质

函数的导数有许多性质,在不等式的证明中常用到的性质是它与函数单调性之间的关系:

若$f'(x)\geqslant 0(x\in(a,b))$,则$f(x)$在$(a,b)$内不减;

若$f'(x)\leqslant 0(x\in(a,b))$,则$f(x)$在$(a,b)$内不增.

我们先来看一个与导数定义有关的例子.

例 1　设函数$f(x)=\sum\limits_{k=1}^n a_k\sin kx$,且$|f(x)|\leqslant|\sin x|$.试证$\left|\sum\limits_{k=1}^n ka_k\right|\leqslant 1$.

证　首先由设有$f(0)=0$,$f'(0)=\sum\limits_{k=1}^n ka_k$.另外由导数定义

$$f'(0)=\lim_{x\to 0}\frac{f(x)}{x}$$

故
$$|f'(0)|=\lim_{x=0}\left|\frac{f(x)}{x}\right|\leqslant\lim_{x\to 0}\left|\frac{\sin x}{x}\right|=1$$

综上
$$\left|\sum_{k=1}^{n} ka_k\right| \leqslant 1$$

下面是一则绝对值不等式问题.

例 2 若 $\alpha \in (-1, +\infty)$,又 x 介于 0 与 α 之间,则 $\left|\dfrac{\alpha - x}{1+x}\right| \leqslant |\alpha|$.

证 令 $f(x) = \dfrac{\alpha - x}{1+x} - \alpha$,则 $f'(x) = -\dfrac{1+\alpha}{(1+x)^2} < 0$. 知 $f(x)$ 单减. 又
$$f(0) = 0, \quad f(\alpha) = -\alpha$$

故
$$-\alpha \leqslant \frac{\alpha - x}{1+x} - \alpha \leqslant 0 \quad 或 \quad 0 \leqslant \frac{\alpha - x}{1-x} - \alpha \leqslant -\alpha$$

即
$$0 \leqslant \frac{\alpha - x}{1+x} \leqslant \alpha \quad 或 \quad \alpha \leqslant \frac{\alpha - x}{1+x} \leqslant 0$$

从而
$$\left|\frac{\alpha - x}{1+x}\right| \leqslant |\alpha|$$

不等式 $2ab \leqslant a^2 + b^2$ 似乎是经常用到,下面的例子即是,其巧妙处在于将 a^2, b^2 分别再用同一不等式处理,这有时较难想到.

下面我们来看一些利用导数保号性证明某些不等式的例子.

例 3 若 $x > 0$,试证 $x - \dfrac{x^2}{2} < \ln(1+x) < x$.

证 设 $f(x) = \ln(1+x) - x$,因
$$f(0) = 0, \quad f'(x) < 0, \quad x > 0$$

故 $f(x) < 0$,即 $\ln(1+x) < x$.

又设 $g(x) = \ln(1+x) - x + \dfrac{x^2}{2}$,因 $g(0) = 0$,而
$$g'(x) = \frac{1}{1+x} - 1 + x, \quad g''(x) = -\frac{1}{(1+x)^2} + 1 > 0, \quad x > 0$$

又 $g'(0) = 0$,故 $g'(x) > 0$,从而 $g(x) > 0$,即
$$\ln(1+x) > x - \frac{x^2}{2}$$

综上
$$x - \frac{x^2}{2} < \ln(1+x) < x$$

例 4 证明:若 $x \geqslant 5$,则 $2^x > x^2$.

证 设 $f(x) = \dfrac{2^x}{x^2}$($x \geqslant 5$,这里利用式左、式右之比),则
$$f'(x) = x \cdot \frac{2^x(x\ln 2 - 2)}{x^4} = \frac{2^x(x\ln 2 - 2)}{x^3}$$

因为当 $x \geqslant 5$ 时,有
$$x\ln 2 - 2 > 4\ln 2 - 2 = \ln 2^4 - \ln e^2 = \ln \frac{16}{e^2} > 0$$

故 $f'(x) > 0$,从而 $f(x) > f(5) > 1$,即 $2^x > x^2 (x \geqslant 5)$.

注 从上两例可看出:解此类问题的关键是设辅助函数,它通常是由"式左 − 式右"产生.

例 5 试证当 $0 < x < \pi$ 时,有 $\dfrac{x}{\pi} < \sin\dfrac{x}{2}$.

证 设 $f(x) = \sin\dfrac{x}{2} - \dfrac{x}{\pi}$,则
$$f'(x) = \frac{1}{2}\cos\frac{x}{2} - \frac{1}{\pi}, \quad f''(x) = -\frac{1}{4}\sin\frac{x}{2}$$

又当 $0 < x < \pi$ 时，$f''(x) < 0$，知 $y = f(x)$ 对应的曲线在 $(0,\pi)$ 内上凸(下凹).

由 $f(0) = f(\pi) = 0$，则当 $0 < x < \pi$ 时，$f(x) > 0$，即 $\frac{x}{\pi} < \sin\frac{x}{2}$.

注　类似地可证命题：若 $0 < x < \sqrt{\frac{\pi}{2}}$，则 $\sin^2 x < \sin x^2$.

例 6　若 $a > 0, b > 0$，则 $2ab \leqslant a\ln a + b\ln b + e^{a-1} + e^{b-1}$.

证　令 $f(x) = \frac{e^{x-1}}{x} + \ln x - x, x > 0$，显然 $f(1) = 0$. 又

$$f'(x) = \frac{xe^{x-1} - e^{x-1}}{x^2} + \frac{1}{x} - 1 = \frac{(e^{x-1} - 1)(x-1)}{x^2}$$

易证对于 $x \in \mathbf{R}$ 时总有 $e^{x-1} - x > 0$，故当 $x < 1$ 时，$f'(x) < 0$；当 $x = 1$ 时，$f'(x) = 0$，当 $x > 1$ 时，$f'(x) > 0$.

因而 $f(x) \geqslant f(1) = 0, x \in \mathbf{R}$. 且 $f(x) = 0 \Leftrightarrow x = 1$.

从而当 $x > 0$ 时，有 $x^2 \leqslant e^{x-1} + x\ln x$. 这样

$$2ab \leqslant a^2 + b^2 \leqslant a\ln a + b\ln b + e^{a-1} + e^{b-1}$$

下面的例子也要先设辅助函数，再利用导数性质去做.

例 7　若 $a > b > 1$ 时，试证 $a^{b^a} > b^{a^b}$.

证　将题设式两次取对数后化为不等式

$$\ln(\ln a) + a\ln b > \ln(\ln b) + b\ln a \tag{$*$}$$

记 $x = \frac{\ln a}{\ln b}$，则 $x > 1$；又记 $y = \ln b$，则 $y > 0$，这样式($*$)可化为

$$\ln x > y(xe^y - e^{xy}) \tag{$**$}$$

令 $\varphi(x,y) = xe^y - e^{xy}$，则 $\varphi'_y(x,y) = xe^x - xe^{xy} < 0$，于是

$$\varphi(x,y) < \varphi(x,0) = x - 1$$

若 $\varphi(x,y) \leqslant 0$，则 $\ln x > y\varphi(x,y)$，若设 $\varphi(x,y) > 0$，即

$$\varphi(x,y) = e^y(x - e^{(x-1)y}) > 0$$

有

$$x - e^{(x-1)y} > 0 \Rightarrow (x-1)y < \ln x$$

综上

$$\ln x > (x-1)y > y\varphi(x,y)$$

从而式($**$)成立，进而式($*$)成立，从而 $a^{b^a} > b^{a^b}$.

下面来看两个抽象函数不等式问题.

例 8　若 $f(x)$ 在 $[0,+\infty)$ 上连续、可微，且 $f(0) = 1$，$|f'(x)| < f(x)$. 则当 $x > 0$ 时，$f(x) < e^x$.

证 1　记 $F(x) = x - \ln f(x)$，由设知 $F(0) = 0$，又

$$F'(x) = 1 - \frac{f'(x)}{f(x)} \geqslant 1 - \frac{|f'(x)|}{f(x)} > 0$$

知 $F(x)$ 单增，从而 $F(x) > 0, x \in [0,+\infty)$. 故 $x > \ln f(x)$，即 $e^x > f(x)$.

证 2　由设当 $x > 0$，考虑 $[\ln f(x)]' = \frac{f'(x)}{f(x)} \leqslant \frac{|f'(x)|}{f(x)} < 1$，从而

$$\ln f(x) = \int_0^x [\ln f(x)]'\mathrm{d}x < \int_0^x \mathrm{d}x = x$$

从而

$$f(x) < e^x$$

下面是一个定积分估值的例子.

例 9　若 $f''(x) \leqslant 0, x \in (-1,1)$，又 $f(-1) = f(1) = 0$. 试证 $f(0) \leqslant \int_{-1}^1 f(x)\mathrm{d}x \leqslant 2f(0)$.

证　由题设 $f''(x) \leqslant 0$，知 $f'(x)$ 在 $(-1,1)$ 内单减，又 $f(-1) = f(1) = 0$ 及 Lagrange 中值定理

有

$$\frac{f(1)-f(x)}{1-x} \leqslant \frac{f(x)-f(-1)}{1+x}, \quad x \in (-1,1)$$

即$\frac{2f(x)}{1-x^2} \geqslant 0$从而 $f(x) \geqslant 0$,又由$f'(x)$单减,可有

$$\int_{-1}^{1} f(x)\mathrm{d}x - 2f(0) = \int_{-1}^{1}[f(x)-f(0)]\mathrm{d}x = \int_{-1}^{1}\mathrm{d}x\int_0^x f'(t)\mathrm{d}t =$$

$$\int_{-1}^{0}\mathrm{d}x\int_0^x f'(t)\mathrm{d}t + \int_1^1 \mathrm{d}x\int_0^x f'(t)\mathrm{d}t \geqslant \int_{-1}^{1} x f'(x)\mathrm{d}x =$$

$$\int_{-1}^{1} x\mathrm{d}f(x) = -\int_{-1}^{1} f(x)\mathrm{d}x$$

从而有

$$\int_{-1}^{1} f(x)\mathrm{d}x \geqslant f(0)$$

同理 $\int_{-1}^{1} f(x)\mathrm{d}x - 2f(0) = \int_{-1}^{0}\mathrm{d}x\int_0^x f'(t)\mathrm{d}t + \int_{-1}^{0}\mathrm{d}x\int_0^x f'(t)\mathrm{d}t \leqslant \int_{-1}^{1} f'(0)\mathrm{d}x = 0$

即

$$\int_{-1}^{1} f(x)\mathrm{d}x \leqslant 2f(0)$$

综上可有

$$f(0) \leqslant \int_{-1}^{1} f(x)\mathrm{d}x \leqslant 2f(0)$$

证明函数“有界”当然也可以看作是某种意义下的不等式或其变形的证明.

例 10 若 $f(x)$ 在 $\mathbf{R}$ 上二次可微,且 $g(x) \geqslant 0, x \in \mathbf{R}$. 又 $f(x)+f''(x) = -xg(x)f'(x)$. 试证 $|f(x)|$ 在 $\mathbf{R}$ 上有界.

证 先将题设两边同乘$f'(x)$目的是将题设式左凑成$[f^2(x)+f'^2(x)]'$,这时有

$$f(x)f'(x)+f'(x)''f(x) = -xg(x)f'^2(x) \qquad (*)$$

当 $x \geqslant 0$ 时,上$(*)$式式右 $\leqslant 0$,则 $f^2(x)+f'^2(x)$ 单减.

但 $f^2(x)+f'^2(x) \geqslant 0$,知其有界,且上界当 $f^2(0)+f'^2(0)$.

当$x \leqslant 0$时,上$(*)$式式右$\geqslant 0$,则$f^2(x)+f'^2(x)$单增知其有上界,且其上界为$f^2(0)+f'^2(0)$.

综上,$|f(x)|$ 在 $\mathbf{R}$ 上有界.

下面是一个关于自然数 n 的不等式,它也可通过辅助函数再利用导数性质证明.

例 11 试证 $2^n > 1+n\sqrt{2^{n-1}}$,其中 n 是自然数.

证 设 $f(x) = 2^x - 1 - x\sqrt{2^{x-1}}\ (x \geqslant 1)$,则

$$f'(x) = 2^{\frac{x-1}{2}}\left(2^{\frac{x+1}{2}}\ln 2 - 1 - \frac{1}{2}\ln 2 \cdot x\right)$$

令

$$2^{\frac{x+1}{2}}\ln 2 - 1 - \frac{1}{2}\ln 2 \cdot x = g(x), \quad x \geqslant 1$$

由

$$g(1) = \frac{3}{2}\ln 2 - 1 = \ln\sqrt{8} - \ln \mathrm{e} = \ln\frac{2\sqrt{2}}{\mathrm{e}} > 0$$

故

$$g(x) \geqslant g(1) > 0, \quad x \geqslant 1$$

从而当 $x \geqslant 1$ 时,$f'(x) > 0$.因而

$$f(x) \geqslant f(1) = 0$$

即

$$2^x \geqslant 1 + x\sqrt{2^{x-1}}, \quad x \geqslant 1$$

亦有

$$2^n \geqslant 1 + n\sqrt{2^{n-1}}, \quad n \text{ 为自然数}$$

再来看一个比较数的大小的例子,当然不是通过计算它们的值.

例 12 试比较$\sqrt{2}-1$ 和 $\ln(1+\sqrt{2})$ 的大小.

解　作 $f(x)=\ln x-\frac{1}{x}$，由 $f(2)=\ln 2-\frac{1}{2}>0$，又 $f'(x)=\frac{1}{x}+\frac{1}{x^2}>0(x\geqslant 2)$ 知 $f(x)$ 单增，则 $f(x)>f(2)>0(x>2)$. 令 $x=1+\sqrt{2}$，有 $\ln(1+\sqrt{2})>\sqrt{2}-1$.

注　本题亦可通过计算 $(\ln x+\sqrt{1+x^2})'$ 和 $\int_0^1\frac{x}{\sqrt{1+x^2}}\mathrm{d}x$ 之后，再注意到

$$\frac{1}{\sqrt{1+x^2}}>\frac{x}{\sqrt{1+x^2}},\quad 0\leqslant x<1$$

可解得. 具体地讲：

由积分 $\int_0^1\frac{x}{\sqrt{1+x^2}}\mathrm{d}x=\sqrt{1+x^2}\Big|_0^1=\sqrt{2}-1$ 及 $\int_0^1\frac{\mathrm{d}x}{\sqrt{1+x^2}}=\ln(x+\sqrt{1+x^2})\Big|_0^1=\ln(1+\sqrt{2})$.

又 $f(x)=\frac{1-x}{\sqrt{1+x^2}}>0, x\in(0,1)$，则 $\int_0^1 f(x)\mathrm{d}x=\ln(1+\sqrt{2})-(\sqrt{2}-1)>0$. 即

$$\sqrt{2}-1<\ln(1+\sqrt{2})$$

（六）利用中值定理

中值定理有微分中值定理和积分中值定理，利用它们均可证明某些不等式. 请先看利用微分中值定理证明不等式的例子.

例 1　证明不等式 $\frac{a-b}{a}<\ln\frac{a}{b}<\frac{a-b}{b}$，这里 $a>b>0$.

证　令 $f(x)=\ln x$，在 $[b,a]$ 上用 Lagrange 微分中值定理有

$$\frac{f(a)-f(b)}{a-b}=f'(\xi)$$

即

$$\ln a-\ln b=\frac{a-b}{\xi},\quad b<\xi<a$$

由设 $b<\xi<a$，有 $\frac{1}{a}<\frac{1}{\xi}<\frac{1}{b}$，故

$$\frac{a-b}{a}<\ln\frac{a}{b}<\frac{a-b}{b}$$

注 1　类似地可证：若 $x>0$，则

$$\frac{x}{1+x}<\ln(1+x)<x$$

注 2　下面的几个不等式皆涉及对数.

若 $0<a<b$，则成立下列不等式：

(1) $\frac{2a}{a^2+b^2}<\frac{\ln b-\ln a}{b-a}<\frac{1}{\sqrt{ab}}$；

(2) $\sqrt{ab}<\frac{b-a}{\ln b-\ln a}<\frac{a^2+b^2}{2a}$（与上式等价）；

(3) $\sqrt{ab}<\frac{b-a}{\ln b-\ln a}<\frac{a+b}{2}$；

(4) $\sqrt{ab}<\frac{b-a}{\ln b-\ln a}<[\frac{1}{2}(a^{\frac{1}{3}}+b^{\frac{1}{3}})]^3$.

式(2) ~ 式(4) 式左的证明　令 $\varphi(t)=\frac{t-1}{\sqrt{t}}-\ln t(t>1)$，由 $\varphi'(t)=\frac{(\sqrt{t}-1)^2}{2t\sqrt{t}}>0(t>1)$，则 $\varphi(t)$ 单增. 由 $\varphi(1)=0$，故 $t>1$ 时 $\varphi(t)>0$. 令 $t=b/a$ 即可.

式(2) ~ 式(4) 式左还可令 $\varphi(t)=\dfrac{t-a}{\sqrt{at}}-\ln t+\ln a$ 去证. 由 $\varphi'(t)=\dfrac{\sqrt{x}-\sqrt{a}}{2x\sqrt{ax}}>0$,知 $\varphi(x)$ 单增,又 $\varphi(a)=0,\varphi(x)>0,x>a$ 时,令 $x=b$ 即可.

下面给出式(4) 式左的第 3 个证法.

令 $f(t)=\left[\dfrac{a^t-b^t}{t(\ln a-\ln b)}\right]^{\frac{1}{t}}$,可知当 t 从 0 变到 $+\infty$ 时,$f(t)$ 从 $\sqrt{ab}$ 变到 $\max\{a,b\}$(当然这一点须请你验证). 此即说当 $t>0$ 时有 $f(t)>\sqrt{ab}$,令 $t=1$,即得要证式子的式右.

此法显然有些拙,但仍不失为一种方法.

式(2) 式右的证明　令 $f(x)=\ln x(x>a>0)$. 由 Lagrange 中值定理有

$$\frac{\ln b-\ln a}{b-a}=(\ln x)'_{x=\xi}=\frac{1}{\xi},\quad a<\xi<b$$

又

$$\frac{1}{\xi}>\frac{1}{b}>\frac{2a}{a^2+b^2}\quad(因\ 2ab<a^2+b^2)$$

故

$$\frac{\ln b-\ln a}{b-a}>\frac{2a}{a^2+b^2}$$

此外,式右还由令 $f(x)=(x^2+a^2)(\ln x-\ln a)-2a(x-a)$ 来证,其中 $0<a<x$.

由 $f'(x)=2x(\ln x-\ln a)+\dfrac{(x-a)^2}{x}>0,0<a<x$. 此时 $f(x)$ 单增.

又 $f(a)=0$,知当 $0<a<x$ 时 $f(x)>0$. 令 $x=b$ 即有 $f(b)>0$ 即可.

(3) 式左无须再证,今证式右.

证　由当 $t>1$ 时 $\dfrac{1}{2t}>\dfrac{2}{(1+t)^2}$(两边相减求导可证),两边从 1 到 $\dfrac{b}{a}$ 积分,即

$$\int_1^{\frac{b}{a}}\frac{1}{2t}\mathrm{d}t>\int_1^{\frac{b}{a}}\frac{1}{(1+t)^2}\mathrm{d}t$$

有

$$\frac{b-a}{\ln b-\ln a}<\frac{a+b}{2}$$

(4) 式的式右可证如:

证　令 $\varphi(t)=\dfrac{3}{8}\ln t-\dfrac{t^3-1}{(t+1)^3},t>1$,则

$$\varphi'(t)=\frac{3(t-1)^4}{8t(t+1)^4}>0,\quad t>1$$

知 $\varphi(t)$ 当 $t>1$ 时单增,又 $\varphi(1)=0$,知当 $t>1$ 时 $\varphi(t)>0$. 令 $t=b/a>1$,代入即可.

例 2　设函数 $f(x)$ 定义在$[0,c]$上,$f'(x)$ 存在且单调下降,又 $f(0)=0$. 试证:对于 $0\leqslant a\leqslant b\leqslant a+b\leqslant c$,恒有 $f(a+b)\leqslant f(a)+f(b)$.

证　当 $a=0$ 时,等号成立,结论为真.

当 $a>0$ 时,在$[0,a]$上应用 Lagrange 微分中值定理有

$$\frac{f(a)}{a}=\frac{f(a)-f(0)}{a-0}=f'(\xi_1),\quad 0<\xi_1<a$$

同标在$[b,a+b]$上应用 Lagrange 微分中值定理有

$$\frac{f(a+b)-f(b)}{a}=\frac{f(a+b)-f(b)}{(a+b)-b}=f'(\xi_2),\quad b<\xi_2<a+b$$

显然 $0<\xi_1<a\leqslant b<\xi_2\leqslant a+b<c$,又 $f'(x)$ 在$[0,c]$上单减,故 $f'(\xi_2)\leqslant f'(\xi_1)$,有

$$\frac{f(a+b)-f(b)}{a}\leqslant\frac{f(a)}{a}$$

即

$$f(a+b)\leqslant f(a)+f(b)\quad(因\ a>0)$$

注　显然下面问题与本例无异(但其叙述方式较常用):

命题　若 $f(x)$ 在 $\mathbf{R}$ 上二次可微,$f''(x) < 0$,且 $f(0) = 0$. 试证对于 $x_1, x_2 \in \mathbf{R}$ 总有

$$f(x_1 + x_2) < f(x_1) + f(x_2)$$

这是凸(凹)函数的一个重要性质,由此可引出一系列重要不等式.

例 3　设函数 $f(x)$ 在 $[-1,1]$ 上可微,且 $f(0) = 0$, $|f'(x)| \leqslant M$. 试证在 $[-1,1]$ 上 $|f(x)| < M$,其中 M 为正的常数.

证　由设 $-M \leqslant f'(x) \leqslant M$,任取 $x \in [-1,1]$,若 $x = 0$,则 $f(0) = 0 < M$;

若 $-1 \leqslant x < 0$,在 $[x,0]$ 上用 Lagrange 微分中值定理有

$$f(0) - f(x) = -x f'(\xi_1)$$

即

$$f(x) = x f'(\xi_1) > xM \geqslant -M, \quad \xi_1 \in (x,0)$$

若 $0 < x \leqslant 1$,在 $[0,x]$ 上用 Lagrange 微分中值定理有

$$f(x) - f(0) = x f'(\xi_2)$$

即

$$f(x) = x f'(\xi_2) < xM \leqslant M, \quad \xi_2 \in (0,x)$$

综上知,在 $[-1,1]$ 上总有 $|f(x)| < M$.

例 4　若 $f(x), g(x)$ 均为可微函数,且当 $x \geqslant a$ 时, $|f'(x)| \leqslant g'(x)$. 则当 $x \geqslant a$ 时, $|f(x) - f(a)| \leqslant g(x) - g(a)$.

证　设 $\Phi(x) = g(x) - f(x)$,由 Lagrange 中值定理有

$$\Phi(x) - \Phi(a) = \Phi'(\xi)(x - a), \quad a < \xi < x$$

因当 $x \geqslant a$ 时, $|f'(x)| \leqslant g'(x)$,即

$$-g'(x) \leqslant f'(x) \leqslant g'(x)$$

故 $\Phi'(\xi) = g'(\xi) - f'(\xi) \geqslant 0$. 因此当 $x \geqslant a$ 时,有

$$\Phi(x) - \Phi(a) = [g(x) - f(x)] - [g(a) - f(a)] \geqslant 0$$

故

$$g(x) - g(a) \geqslant f(x) - f(a)$$

再设 $\Psi(x) = g(x) + f(x)$,仿上可得

$$\Psi(x) - \Psi(a) = [g(x) + f(x)] - [g(a) + f(a)] \geqslant 0$$

故

$$f(x) - f(a) \geqslant -[g(x) - g(a)]$$

综上

$$|f(x) - f(a)| \leqslant g(x) - g(a), \quad x \geqslant a$$

注　显然下面的结论为本命题的特例:

命题 1　若 $y = f(x)$ 的导数 $f'(x)$ 在 $[a,b]$ 上连续,则必存在常数 $L > 0$ 使 $|f(x_1) - f(x_2)| \leqslant L|x_1 - x_2|$, $x_1, x_2 \in [a,b]$(Lipschitz 条件).

命题 2　对任意 x 均有 $f'(x) > g'(x)$,且 $f(a) = g(a)$. 试证当 $x > a$ 时,$f(x) > g(x)$;当 $x < a$ 时,$f(x) < g(x)$.

例 5　若函数 $\varphi(x)$ 和 $\psi(x)$ n 阶可微,且 $\varphi^{(k)}(x_0) = \psi^{(k)}(x_0)$ $(k = 1,2,\cdots,n-1)$;又当 $x > x_0$ 时,$\varphi^{(n)}(x) > \psi^{(n)}(x)$,则当 $x > x_0$ 时,有 $\varphi(x) > \psi(x)$.

证　令 $u^{(n-1)}(x) = \varphi^{(n-1)}(x) - \psi^{(n-1)}(x)$,由微分中值定理,在区间 $[x_0, x]$ 上有

$$u^{(n-1)}(x) - u^{(n-1)}(x_0) = u^{(n)}(\xi) \cdot (x - x_0), \quad x_0 < \xi < x$$

由设 $u^{(n)}(\xi) > 0$, $u^{(n-1)}(x_0) = 0$,故 $u^{(n-1)}(x) > 0$. 即当 $x > x_0$ 时,有 $\varphi^{(n-1)}(x) > \psi^{(n-1)}(x)$.

再设 $u^{(n-2)}(x) = \varphi^{(n-2)}(x) - \psi^{(n-2)}(x)$,重复上面的步骤可证得 $u^{(n-2)}(x) > 0$.

类似地可证 $u^{(n-3)}(x) > 0, \cdots, u(x) > 0$. 即当 $x > x_0$ 时,$\varphi(x) > \psi(x)$.

例 6　试证 $\displaystyle\sum_{n=1}^{\infty} \frac{1}{(n+1)\sqrt[p]{n}} < p$,其中 $p \geqslant 1$.

证 $\dfrac{1}{(n+1)\sqrt[p]{n}}=n^{\frac{p-1}{p}}\dfrac{1}{n(n+1)}=n^{\frac{p-1}{p}}\left(\dfrac{1}{n}-\dfrac{1}{n+1}\right)=n^{\frac{p-1}{p}}\left[\left(\dfrac{1}{\sqrt[p]{n}}\right)^{p}-\left(\dfrac{1}{\sqrt[p]{n+1}}\right)^{p}\right]$

由微分中值定理有

$$\left(\frac{1}{\sqrt[p]{n}}\right)^{p}-\left(\frac{1}{\sqrt[p]{n+1}}\right)^{p}=p\left(\frac{1}{\sqrt[p]{n+\theta}}\right)^{p-1}\left(\frac{1}{\sqrt[p]{n}}-\frac{1}{\sqrt[p]{n+1}}\right),\quad 0<\theta<1$$

从而

$$\frac{1}{(n+1)\sqrt[p]{n}}<p\left(\frac{1}{\sqrt[p]{n}}-\frac{1}{\sqrt[p]{n+1}}\right)$$

又由

$$\sum_{n=1}^{\infty}\left(\frac{1}{\sqrt[p]{n}}-\frac{1}{\sqrt[p]{n+1}}\right)=1$$

故

$$\sum_{n=1}^{\infty}\frac{1}{(n+1)\sqrt[p]{n}}<p\sum_{n=1}^{\infty}\left(\frac{1}{\sqrt[p]{n}}-\frac{1}{\sqrt[p]{n+1}}\right)=p$$

例 7 若 $f(x)$ 在 $\mathbf{R}$ 上三次可微,且对 $x\in\mathbf{R}$,有 $f(x),f'(x),f''(x),f'''(x)$ 均为正值.又若对 x 有 $f'''(x)\leqslant f(x)$,则对一切 $x\in\mathbf{R}$ 有 $f'(x)<2f(x)$.

证 对于给定的常数 c,令

$$g(x)=f(x)-f'(x)(x-c)+\frac{1}{2}f''(x)(x-c)^2$$

则 $g'(x)=\dfrac{1}{2}f'''(x)(x-c^2)\geqslant 0$,当且仅当 $x=c$ 时等号成立.故对 $y>0$,总有

$$f(c+y)-f'(c+y)y+\frac{1}{2}f''(c+y)y^2=g(c+y)>g(c-y)=$$

$$f(c-y)+f'(c-y)+\frac{1}{2}f''(c-y)y^2>\frac{1}{2}f''(c-y)y^2$$

由中值定理,在 $(c-y,c+y)$ 中有 ξ 使

$$f''(c+y)-f''(c-y)=2yf'''(\xi)\leqslant 2yf(\xi)<2yf(c+y)$$

由上两式有

$$f(c+y)-f'(c+y)y+f(c+y)y^2>0$$

即

$$\frac{1+y^3}{y}f(c+y)>f'(c+y)$$

当 $y=\dfrac{1}{\sqrt[3]{2}}$ 时,$\dfrac{1+y^3}{y}=\dfrac{3}{\sqrt[3]{4}}<2$,由此有 $f'(c+y)<2f(c+y)$.由 c 的任意性知

$$f'(x)<2f(x)$$

下面看几个利用积分中值定理证明不等式的例子.

例 8 若函数 $f(x)$ 在区间 $[a,b]$ 上单增,且 $f''(x)>0$.试证 $f(a)<\dfrac{1}{b-a}\displaystyle\int_a^b f(x)\mathrm{d}x<\dfrac{1}{2}[f(a)+f(b)]$.

证 由题设对于 $x\in[a,b]$ 且 $x>a$ 有 $f(x)>f(a)$.显然成立

$$(b-a)f(a)<\int_a^b f(x)\mathrm{d}x$$

即

$$f(a)<\frac{1}{b-a}\int_a^b f(x)\mathrm{d}x$$

对任意 $t\in[a,b]$,将 $f(t)$ 在 $t=x$ 处 Taylor 展开有

$$f(t)=f(x)+f'(x)(t-x)+\frac{1}{2!}f''(\xi)(t-x)^2$$

其中 ξ 在 t 与 x 之间.

由题设 $f''(x)>0$,故

$$f(t) > f(x) + f'(x)(t-x)$$

将 $t=a,b$ 分别代入上式，且两边相加得

$$f(a)+f(b) > 2f(x)+(a+b)f'(x)+2xf'(x)$$

再对上式两边在 $[a,b]$ 上积分可有

$$[f(a)+f(b)](b-a) > 2\int_a^b f(x)\mathrm{d}x+(a+b)\int_a^b f'(x)\mathrm{d}x-2\int_a^b xf'(x)\mathrm{d}x$$

化简后可有

$$[f(a)+f(b)](b-a) > 2\int_a^b f(x)\mathrm{d}x$$

或

$$\frac{1}{b-a}\int_a^b f(x)\mathrm{d}x < \frac{1}{2}[f(a)+f(b)]$$

注　该不等式的几何意义是明显的. 该例与上面命题类同.

下面的例子也与前一例类同，或可视为其拓广. 我们给出几个不同证法.

例 9　若 $f(x)$ 在 $[a,b]$ 上连续且单调增加，$f''(x)>0$. 试证 $\frac{a+b}{2}\int_a^b f(x)\mathrm{d}x \leqslant \int_a^b xf(x)\mathrm{d}x$.

证 1　将 $f(x)$ 在 $x_0=\frac{1}{2}(a+b)$ 处展成 Taylor 级数

$$f(x)=f(x_0)+f'(x_0)(x-x_0)+\frac{1}{2!}f''(\xi)(x-x_0)^2$$

其中 ξ 在 x 与 x_0 之间.

由题设 $f''(x)>0$，则有

$$f(x)\leqslant f(x_0)+f'(x_0)(x-x_0)$$

上式两边在 $[a,b]$ 上积分有

$$\int_a^b f(x)\mathrm{d}x \geqslant \int_a^b \left[f\left(\frac{a+b}{2}\right)-f'\left(\frac{a+b}{2}\right)\left(x-\frac{a+b}{2}\right)\right]\mathrm{d}x$$

式右积分化简后即有

$$\int_a^b f(x)\mathrm{d}x \geqslant (b-a)f\left(\frac{a+b}{2}\right)$$

这里注意到 $f\left(\frac{a+b}{2}\right)$ 为常数.

证 2　因设 $f(x)$ 单增. 故当 $x\geqslant\frac{1}{2}(a+b)$ 时，$f(x)\geqslant f\left(\frac{a+b}{2}\right)$；当而 $x\leqslant\frac{1}{2}(a+b)$ 时，$f(x)\leqslant f\left(\frac{a+b}{2}\right)$，这样总有

$$\left(x-\frac{a+b}{2}\right)\left[f(x)-f\left(\frac{a+b}{2}\right)\right]\geqslant 0$$

从而

$$\int_a^b f\left(x-\frac{a+b}{2}\right)\left[f(x)-f\left(\frac{a+b}{2}\right)\right]\mathrm{d}x\geqslant 0$$

而

$$\int_a^b f\left(x-\frac{a+b}{2}\right)f\left(\frac{a+b}{2}\right)\mathrm{d}x = f\left(\frac{a+b}{2}\right)\int_a^b\left(x-\frac{a+b}{2}\right)\mathrm{d}x =$$

$$f\left(\frac{a+b}{2}\right)\cdot\frac{1}{2}\left(x-\frac{a+b}{2}\right)\Big|_a^b =$$

$$\frac{1}{2}f\left(\frac{a+b}{2}\right)\left[\left(\frac{a-b}{2}\right)^2-\left(\frac{b-a}{2}\right)^2\right]=0$$

故

$$\int_a^b xf(x)\geqslant\frac{a+b}{2}\int_a^b f(x)\mathrm{d}x$$

证 3　考虑辅助函数及其导函数

$$F(x)=(a+x)\int_a^x f(t)\mathrm{d}t-2\int_a^x tf(t)\mathrm{d}t$$

$$F'(x)=\int_a^x f(t)\mathrm{d}t+(a+x)f(x)-2xf(x)=\int_a^x f(t)\mathrm{d}t+(a-x)f(x)=$$

$$\int_a^x f(t)\mathrm{d}t-\int_a^x f(x)\mathrm{d}t=\int_a^x [f(t)-f(x)]\mathrm{d}t\leqslant 0$$

注意到 $x>a$,且 $t\in[a,x]$,即 $t\leqslant x$,由于 $f(x)$ 单增,故 $f(x)\leqslant f(x)$.

从而知 $F(x)$ 单减,注意到 $F(0)=0$,故 $F(b)\leqslant F(a)=0$. 故有

$$(a+b)\int_a^b f(x)\mathrm{d}x\leqslant 2\int_a^b xf(x)\mathrm{d}x$$

即
$$\frac{a+b}{2}\int_a^b f(x)\mathrm{d}x\leqslant\int_a^b xf(x)\mathrm{d}x$$

注 证 2 和证 3 中未用到 $f''(x)>0$ 的条件(题设),故若题设中无 $f''(x)>0$ 题设,只有方法 2、方法 3 可行. 显然此例结论比前例更强.

例 10 设 $f(x)$ 在$[0,1]$上的非负单调递减函数. 试证对于 $0<\alpha<\beta<1$,有下面不等式成立:

$$\frac{\alpha}{\beta}\int_\alpha^\beta f(x)\mathrm{d}x\leqslant\int_0^\alpha f(x)\mathrm{d}x$$

证 1 由 $f(x)$ 的单调性及积分中值定理有

$$\int_0^\alpha f(x)\mathrm{d}x=\alpha f(\xi_1)\geqslant\alpha f(\alpha),\quad 0\leqslant\xi_1\leqslant\alpha$$

$$\int_\alpha^\beta f(x)\mathrm{d}x=(\beta-\alpha)f(\xi_2)\leqslant(\beta-\alpha)f(\alpha),\quad \alpha\leqslant\xi_2\leqslant\beta$$

又 $f(x)$ 非负且 $0<\alpha<\beta<1$,注意上面两式故有

$$\frac{1}{\alpha}\int_0^\alpha f(x)\mathrm{d}x\geqslant\frac{1}{\beta-\alpha}\int_\alpha^\beta f(x)\mathrm{d}x$$

即
$$\left(\frac{\beta}{\alpha}-1\right)\int_0^\alpha f(x)\mathrm{d}x\geqslant\int_\alpha^\beta f(x)\mathrm{d}x$$

两边同乘以 $\frac{\alpha}{\beta}$,有

$$\left(1-\frac{\alpha}{\beta}\right)\int_0^\alpha f(x)\mathrm{d}x\geqslant\frac{\alpha}{\beta}\int_\alpha^\beta f(x)\mathrm{d}x$$

注意到 $\frac{\alpha}{\beta}\geqslant 0$,从而有

$$\int_0^\alpha f(x)\mathrm{d}x\geqslant\left(1-\frac{\alpha}{\beta}\right)\int_0^\alpha f(x)\mathrm{d}x\geqslant\frac{\alpha}{\beta}\int_\alpha^\beta f(x)\mathrm{d}x,\quad 0<\alpha<\beta$$

证 2 令函数 $F(x)=x\int_0^\alpha f(t)\mathrm{d}t-\alpha\int_\alpha^x f(t)\mathrm{d}t, x\geqslant\alpha>t$,由

$$F'(x)=\int_0^\alpha f(t)\mathrm{d}t-\alpha f(\alpha)=\int_0^\alpha f(t)\mathrm{d}t-\int_0^\alpha f(t)\mathrm{d}t=\int_0^2[f(t)-f(\alpha)]\mathrm{d}t\geqslant 0$$

知 $F(x)$ 单增,又 $F(\alpha)=\alpha\int_0^\alpha f(t)\mathrm{d}t>0$,故 $F(\beta)>F(\alpha)>0$. 则

$$\beta\int_0^\alpha f(t)\mathrm{d}t>\alpha\int_\alpha^\beta f(t)\mathrm{d}t$$

注 显然下面的命题为例的特殊情形:

命题 1 若 $f(x)$ 在$[0,1]$上可积单调不增,则对任何 $\alpha\in(0,1)$ 有 $\int_0^\alpha f(x)\mathrm{d}x\geqslant\alpha\int_\alpha^1 f(x)\mathrm{d}x$.

它可由设 $F(\alpha)=\frac{1}{\alpha}\int_0^\alpha f(x)\mathrm{d}x$,然后考虑 $F'(\alpha)\leqslant 0$,故有 $F(0)\geqslant F(1)$(本例亦可仿此证明).

或证如：这只需注意到由设 $f(x)$ 单减，故有

$$\frac{1}{1-\alpha}\int_\alpha^1 f(x)\mathrm{d}x \leqslant f(\alpha) \leqslant \frac{1}{\alpha}\int_0^\alpha f(x)\mathrm{d}x$$

从而
$$\frac{1}{\alpha}\int_\alpha^1 f(x)\mathrm{d}x \leqslant \frac{1}{\alpha}\int_0^\alpha f(x)\mathrm{d}x$$

即
$$\alpha\int_\alpha^1 f(x)\mathrm{d}x \leqslant (1-\alpha)\int_0^\alpha f(x)\mathrm{d}x = \int_0^\alpha f(x)\mathrm{d}x - \alpha\int_0^\alpha f(x)\mathrm{d}x$$

亦即
$$\alpha\int_\alpha^1 f(x)\mathrm{d}x + \alpha\int_0^\alpha f(x)\mathrm{d}x \leqslant \int_0^\alpha f(x)\mathrm{d}x$$

从而
$$\alpha\int_0^1 f(x)\mathrm{d}x \leqslant \int_0^\alpha f(x)\mathrm{d}x$$

另外，下面命题亦可视为本例的特殊情形：

命题 2　若 $a>0, b>0$，又 $f(x)$ 在 $[a,b]$ 上连续单增，则

$$(a+b)\int_a^b f(x)\mathrm{d}x < \int_a^b x f(x)\mathrm{d}x$$

例 11　设函数 $f(x)$ 在 $[a,b]$ 上有连续导数，试证

$$\left|\frac{1}{b-a}\int_a^b f(x)\mathrm{d}x\right| + \int_a^b |f'(x)|\mathrm{d}x \geqslant \max_{a\leqslant x\leqslant b}|f(x)|$$

证　由设 $f(x)$ 在 $[a,b]$ 上连续，故 $|f(x)|$ 在 $[a,b]$ 上也连续，从而有 $x_0\in[a,b]$，使

$$|f(x_0)| = \max_{a\leqslant x\leqslant b}|f(x)|$$

又由积分中值定理有

$$\frac{1}{b-a}\int_a^b f(x)\mathrm{d}x = f(\xi),\quad \xi\in[a,b]$$

故
$$\left|\frac{1}{b-a}\int_a^b f(x)\mathrm{d}x\right| + \int_a^b |f'(x)|\mathrm{d}x = |f(\xi)| + \int_a^b |f'(x)|\mathrm{d}x \geqslant$$

$$|f(\xi)| + \left|\int_\xi^{x_0} f'(x)\mathrm{d}x\right| = |f(\xi)| + |f(x_0)-f(\xi)| \geqslant$$

$$|f(\xi) - f(x_0) - f(\xi)| = |f(x_0)| = \max_{a\leqslant x\leqslant b}|f(x)|$$

注　下面的问题与例类同或可视为例的特殊情形：

命题　若 $f(x)$ 在 $[0,1]$ 上有二阶连续导数，且 $f(0)=f(1)=0$. 又 $x\in(0,1)$ 时 $f(x)\neq 0$. 试证

$$\int_0^1\left|\frac{f''(x)}{f(x)}\right|\mathrm{d}x \geqslant 4$$

略证　记 $M=|f(x_0)|=\max\limits_{0\leqslant x\leqslant 1}|f(x)|$，在 $[0,x_0]$ 和 $[x_0,1]$ 上用 Lagrange 中值定理有

$$f(x_0)=f'(\xi_1)x_0,\quad 0<\xi_1<x_0 \quad 及 \quad -f(x_0)=f'(\xi_2)(1-x_0),\quad x_0<\xi_2<1$$

则
$$\int_0^1\left|\frac{f''(x)}{f(x)}\right|\mathrm{d}x \geqslant \int_0^1\left|\frac{f''(x)}{M}\right|\mathrm{d}x = \frac{1}{|M|}\left[\int_0^{x_0}|f''(x)|\mathrm{d}x + \int_{x_0}^1|f''(x)|\mathrm{d}x\right] \geqslant$$

$$\frac{1}{|M|}\left|\int_{\xi_1}^{\xi_2} f''(x)\mathrm{d}x\right| = \frac{1}{M}|f'(\xi_2)-f'(\xi_1)| =$$

$$\frac{1}{M}\left|\frac{f(x_0)}{x_0} - \frac{f(x_0)}{1-x_0}\right| = \left|\frac{1}{x_0} - \frac{1}{1-x_0}\right| \geqslant 4$$

注意到 $\dfrac{1}{t-a}+\dfrac{1}{b-t} = \dfrac{b-a}{\dfrac{(b-a)^2}{4} - \left(t-\dfrac{a+b}{2}\right)^2} \geqslant \dfrac{4}{b-a}$，这里 $t=x_0, b=1, a=0$.

此外还可由不等式 $\displaystyle\int_0^1\left|\frac{f''(x)}{f(x)}\right|\mathrm{d}x \geqslant \int_0^1\left|\frac{f''(x)}{f(x_0)}\right|\mathrm{d}x \geqslant \frac{1}{f(x_0)}\left|\int_{\xi_1}^{\xi_2} f''(x)\mathrm{d}x\right|$ 去证.

此外，它还有别的证法，比如见后文.

显然下面的例子可以视为上例的变形或简化(特例)形式.

例 12 设 $f(x)$ 在$[0,1]$上连续,在$(0,1)$内可微,则对 $x\in[0,1]$ 有

$$f(x)\leqslant\int_0^1[|f(t)|+|f'(x)|]\mathrm{d}t$$

证 由设知$|f(t)|$亦在$[0,1]$上连续.由积分中值定理有

$$\int_0^1|f(t)|\mathrm{d}t=|f(\xi)|,\quad 0\leqslant\xi\leqslant 1$$

而 $f(x)-f(\xi)=\int_\xi^x f'(t)\mathrm{d}t$,从而

$$f(x)=f(\xi)+\int_\xi^x f'(x)\mathrm{d}t$$

故

$$|f(x)|\leqslant|f(\xi)|+\left|\int_\xi^x f'(t)\mathrm{d}t\right|\leqslant|f(\xi)|+\int_\xi^x|f'(t)|\mathrm{d}t\leqslant$$

$$f(\xi)+\int_0^1|f'(t)|\mathrm{d}t=\int_0^1|f(t)|\mathrm{d}t+\int_0^1|f'(t)|\mathrm{d}t=$$

$$\int_0^1[|f(t)|+|f'(x)|]\mathrm{d}t$$

注 显然下面命题为本例的特殊情形:

命题 设 $f(x)$ 在$[0,1]$上连续,在$(0,1)$内可微,则

$$f(0)\leqslant\int_0^1[|f(x)|+|f'(x)|]\mathrm{d}x$$

例 13 若 $f(x)$ 在$[0,1]$上有连续导数,且$\int_0^1 f(x)\mathrm{d}x=0$.试证:对每个 $\alpha\in(0,1)$ 总有

$$\left|\int_0^d f(x)\mathrm{d}x\right|\leqslant\frac{1}{8}\max_{0\leqslant x\leqslant 1}|f'(x)|$$

证 令$\max\limits_{0\leqslant x\leqslant 1}|f'(x)|=M$.由设若 $\alpha\in(0,1)$,则 $\alpha-\alpha^2\leqslant\frac{1}{4}$.

由 Lagrange 中值定理,则对任意 $x,y\in[0,1]$ 总有

$$|f(x)-f(y)|\leqslant M|x-y|$$

这样对 $t\in[0,1]$ 可有

$$|f(\alpha t)-f(t)|\leqslant(1-\alpha)tM$$

因而

$$\frac{1}{2}(1-\alpha)M\geqslant\int_0^1|f(\alpha t)-f(t)|\mathrm{d}t\geqslant\left|\int_0^1 f(\alpha t)\mathrm{d}t-\int_0^1 f(t)\mathrm{d}t\right|=\left|\int_0^1 f(\alpha t)\mathrm{d}t\right|$$

令 $u=\alpha t$,则有

$$\int_0^1 f(\alpha t)\mathrm{d}t=\frac{1}{\alpha}\int_0^\alpha f(u)\mathrm{d}u$$

将它代入前式有

$$\left|\int_0^\alpha f(u)\mathrm{d}u\right|\leqslant\frac{1}{2}(\alpha-\alpha^2)M<\frac{1}{8}M$$

(七)利用函数的凹凸性

函数 $f(x)$ 称为凸函数是指:

若 $f(x)$ 定义在(a,b)内,又正数 α,β 满足 $\alpha+\beta=1$,且对任意 $x_1,x_2\in(a,b)$ 均有 $f(\alpha x_1+\beta x_2)\leqslant\alpha f(x_1)+\beta f(x_2)$,则 $f(x)$ 称为凸函数.

对于凸函数可以证明下面的一个重要结论(Jensen 不等式):

若 $f(x)$ 是凸函数,则 $f\left(\sum\limits_{k=1}^n\lambda_k x_k\right)\leqslant\sum\limits_{k=1}^n\lambda_k f(x_k)$,其中 $x_k\in(a,b)$,$\lambda_k>0(k=1,2,\cdots,n)$ 且

$\sum_{k=1}^{n}\lambda_k=1$.(Jensen 不等式)

它的证明我们后面给出.显然,满足$f''(x)\geqslant 0$的函数是凸(下凸)函数.

下面的结论为Jensen不等式的特例(由Jensen不等式可推得一系列重要不等式,可参见前面叙及的一些"不等式的关系表"):

命题 1　若函数 $f(x)$ 在(a,b) 区间二阶可导,且$f''(x)\geqslant 0$,又 $x^i\in(a,b)$,$i=1,2,\cdots,n$,则

$$f\left(\frac{x_1+\cdots+x_n}{n}\right)\leqslant\frac{1}{n}[f(x_1)+\cdots+f(x_n)]$$

此外还有所谓 Hadamard 不等式:

命题 2　若 $f(x)$ 是$[a,b]$上的凸函数($f''(x)\geqslant 0$的函数称为凸函数),对于区间$[a,b]$任意$x_1<x_2$总有

$$f\left(\frac{x_1+x_2}{2}\right)\leqslant\frac{1}{x_2-x_1}\int_{x_1}^{x_2}f(t)\mathrm{d}t\leqslant\frac{1}{2}[f(x_1)+f(x_2)]$$

下面来看一些例子.

例 1　若 $x_i>0(i=1,2,\cdots,n)$ 则 $\frac{1}{n}\sum_{i=1}^{n}x_i\geqslant\sqrt[n]{\prod_{i=1}^{n}x_i}$.

证　令 $f(x)=-\ln x(x>0)$.由

$$f'(x)=-\frac{1}{x},\quad f''(x)=\frac{1}{x^2}>0,\quad x>0$$

则

$$f\left(\frac{x_1+\cdots+x_n}{n}\right)\leqslant\frac{1}{n}[f(x_1)+\cdots+f(x_n)]$$

即

$$-\ln\left(\frac{x_1+\cdots+x_n}{n}\right)\leqslant\frac{1}{n}(-\ln x_1-\cdots-\ln x_n)$$

故

$$\frac{1}{n}\ln(x_1x_2\cdots x_n)\leqslant\ln\left(\frac{x_1+\cdots+x_n}{n}\right)$$

即

$$\sqrt[n]{\prod_{i=1}^{n}x_i}\leqslant\frac{1}{n}\sum_{i=1}^{n}x_i$$

例 2　若 $x_i\in\mathbf{R}(i=1,2,\cdots,n)$,试证 $\frac{1}{n}\sum_{i=1}^{n}x_i\leqslant\sqrt[n]{\frac{1}{n}\sum_{i=1}^{n}{x_i}^2}$.

证　取 $f(x)=x^2$,则$f''(x)=2>0$,故

$$\left(\frac{x_1+\cdots+x_n}{n}\right)^2\leqslant\frac{1}{n}(x_1^2+x_2^2+\cdots+x_n^2)$$

即

$$\frac{1}{n}\sum_{i=1}^{n}x_i\leqslant\sqrt[n]{\frac{1}{n}\sum_{i=1}^{n}x_i^2}$$

例 3　令 $a_i,b_i(1\leqslant i\leqslant n)$ 均为非负实数,试证

$$\left(\prod_{i=1}^{n}a_i\right)^{\frac{1}{n}}+\left(\prod_{i=1}^{n}b_i\right)^{\frac{1}{n}}\leqslant\left[\prod_{i=1}^{n}(a_i+b_i)\right]^{\frac{1}{n}}$$

证　若 a_i 中有一个为 0,则结论显然成立.今设 $a_i>0(1\leqslant i\leqslant n)$.考虑不等式两边除以$(a_1a_2\cdots a_n)^{\frac{1}{n}}$,有

$$1+\left(\prod_{i=1}^{n}\frac{b_i}{a_i}\right)^{\frac{1}{n}}\leqslant\left[\prod_{i=1}^{n}\left(1+\frac{b_i}{a_i}\right)\right]^{\frac{1}{n}}$$

令$\frac{b_i}{a_i}=x_i$,则上不等式化为

$$1+\left(\prod_{i=1}^{n}x_i\right)^{\frac{1}{n}}\leqslant\left[\prod_{i=1}^{n}(1+x_i)\right]^{\frac{1}{n}}$$

令 $x_i=\mathrm{e}^{t_i}$，且不等式两边取对数可有

$$\ln\left[1+\mathrm{e}^{\frac{1}{n}\sum\limits_{i=1}^{n}t_i}\right]\leqslant\frac{1}{n}\left[\sum_{i=1}^{n}\ln(1+\mathrm{e}^{t_i})\right]\tag{*}$$

令 $f(t)=\ln(1+\mathrm{e}^t)$，则 $f''(t)=\dfrac{\mathrm{e}^t}{(1+\mathrm{e}^t)^2}\geqslant 0$，知 $f(t)$ 为凸函数，由 Jensen 不等式，上面(*)式显然成立.

接下来的例子是一个抽象函数的问题，它有时可以当做公式用.

例 4 设函数 $f(x)$ 处处二阶可导，若对每一个 x 均有 $f''(x)\geqslant 0$，且 $g=g(t)$ 为任意连续函数，则

$$\frac{1}{a}\int_0^a f[g(t)]\mathrm{d}t\geqslant f\left[\frac{1}{a}\int_0^a g(t)\mathrm{d}t\right]$$

证 将 $[0,a]$ 区间 n 等分，设 $x_k=g(t_k)=g\left(\dfrac{ka}{n}\right)$，$k=1,2,\cdots,n$. 由 $f''(x)\geqslant 0$ 有

$$f\left[\frac{1}{a}\sum_{k=1}^{n}g\left(\frac{ka}{n}\right)\cdot\frac{a}{n}\right]\leqslant\frac{1}{a}\sum_{k=1}^{n}f\left[g\left(\frac{ka}{n}\right)\right]\frac{a}{n}$$

故
$$f\left[\frac{1}{a}\lim_{n\to\infty}\sum_{k=1}^{n}g\left(\frac{ka}{n}\right)\cdot\frac{a}{n}\right]\leqslant\frac{1}{a}\lim_{n\to\infty}\sum_{k=1}^{n}f\left[g\left(\frac{ka}{n}\right)\right]\frac{a}{n}$$

即
$$f\left[\frac{1}{a}\int_0^a g(t)\mathrm{d}t\right]\leqslant\frac{1}{a}\int_0^a f[g(t)]\mathrm{d}t$$

注 1 这是一个极为重要的一般性结论. 利用它可证明不少此类问题(有的甚至很棘手). 请看：

问题 若 $f(x)$ 在 $[0,1]$ 上可积，且 $0\leqslant f(x)<l$. 则

$$\int_0^1\frac{f(x)}{1-f(x)}\mathrm{d}x\geqslant\frac{\int_0^1 f(x)\mathrm{d}x}{1-\int_0^1 f(x)\mathrm{d}x}$$

证 令 $\varphi(x)=\dfrac{x}{1-x}$，注意到 $\varphi''(x)=\dfrac{2}{(1-x)^3}>0$. 将 $x=f(t)$ 代入 $\varphi(x)$ 且注意到例的结论式，即有

$$\int_0^1\varphi(x)\mathrm{d}x\geqslant\varphi\left(\int_0^1 f(x)\mathrm{d}x\right)$$

$$\int_0^1\frac{f(x)}{1-f(x)}\mathrm{d}x\geqslant\frac{\int_0^1 f(x)\mathrm{d}x}{1-\int_0^1 f(x)\mathrm{d}x}$$

注 2 例的条件还可改为：$u(t)$ 在 $[c,d]$ 上可积，且 $0\leqslant u(t)\leqslant a$ 即可.

注 3 更一般的，若 $f''(x)\geqslant 0$，$u(t)$ 在 $[c,d]$ 上可积，且 $a\leqslant u(t)\leqslant b$，则

$$\frac{1}{d-c}\int_c^d f(u(t))\mathrm{d}t\geqslant f\left(\frac{1}{d-c}\int_c^d u(t)\mathrm{d}t\right)$$

(八) 利用 Taylor 公式

利用 Taylor 展开也可以证明某些不等式(它们多涉及函数的二阶以上导数)，其实我们前文已有述及，下面先请看一个涉及三角函数的不等式：

例 1 证明当 $0<x<\dfrac{\pi}{2}$ 时，$\left(\dfrac{\sin x}{x}\right)^3\geqslant\cos x$.

证 1 由 $\sin x$ 及 $\cos x$ 的 Taylor 展开有

$$\sin x = x - \frac{x^3}{3!} + \frac{x^5}{5!} - \frac{x^7}{7!} + \cdots$$

$$\cos x = 1 - \frac{x^2}{2!} + \frac{x^4}{4!} - \frac{x^6}{6!} + \frac{x^8}{8!} - \cdots$$

故
$$\left(\frac{\sin x}{x}\right)^3 > \left(1 - \frac{x^2}{3!}\right)^3 = \left(1 - \frac{x^2}{6}\right)^3 = 1 - \frac{x^2}{2} + \frac{x^4}{12} - \frac{x^6}{216}$$

且注意到
$$\cos x < 1 - \frac{x^2}{2!} + \frac{x^4}{4!} - \frac{x^6}{6!} + \frac{x^8}{8!}$$

因而只需证
$$1 - \frac{x^2}{2} + \frac{x^4}{12} - \frac{x^6}{216} > 1 - \frac{x^2}{2!} + \frac{x^4}{4!} - \frac{x^6}{6!} + \frac{x^8}{8!}$$

即上式(式左 − 式右) > 0,有

$$x^4 R(x) = x^4 \left[\frac{1}{4!} + \left(-\frac{1}{216} + \frac{1}{720}\right) x^2 - \frac{1}{8!} x^4\right] > 0$$

其中
$$R(x) = \left[\frac{1}{4!} + (-\frac{1}{216} + \frac{1}{720}) x^2 - \frac{x^4}{8!}\right]$$

考虑上式式左在 $\left(0, \frac{\pi}{2}\right]$ 为减函数,当 $x = \frac{\pi}{2}$ 时达最小值,易算得 $R\left(\frac{\pi}{2}\right) > 0$. 故,当 $0 < x \leqslant \frac{\pi}{2}$ 时,有

$$\left(\frac{\sin x}{x}\right)^3 \geqslant \cos x$$

证 2　欲证题设式只需证 $\frac{\sin^3 x}{\cos x} \geqslant x^3 (0 < x < \frac{\pi}{2})$,当 $x = 0$ 时等式成立.

令 $f(x) = \frac{\sin^3 x}{\cos x} - x^3$,只需证 $f'(x) \geqslant 0$

$$f'(x) = \left(\frac{\sin^3 x}{\cos x}\right)' = 2\sin^2 x + \frac{1}{\cos^2 x} - 1 - 3x^2$$

知 $f'(0) = 0$. 对 $f(x)$ 继续求导,至 $f^{(k)}(0) \neq 0$ 为止,此时有

$$f'''(x) = -8\sin 2x - \frac{8\sin x}{\cos^3 x} - \frac{24\sin x}{\cos^5 x}$$

且约去 $\sin x(\sin x > 0$,当 $0 < x < \frac{\pi}{2}$ 时) 后有

$$g(x) = 24\cos^{-5} x - 8\cos^{-3} x - 16\cos x$$

在 $\left(0, \frac{\pi}{2}\right)$ 区间 $\cos^{-5} x > \cos^{-3} x > \cos x$,知 $g(x) \geqslant 0$. 从而当 $x \in \left(0, \frac{\pi}{2}\right)$ 时,由 $f'''(0) > 0$, $f''(0) = 0 \Rightarrow f''(x) \geqslant 0 \Rightarrow f'(x)$ 增. 又 $f'(0) = 0 \Rightarrow f'(x) > 0 \Rightarrow f(x)$ 单增.

从而由 $f(0) = 0$ 及 $f(x)$ 单增,知 $f(x) \geqslant 0$,其中 $0 < x < \frac{\pi}{2}$.

注　类似地可证不等式:$3\sin x < (2 + \cos x)x$,这里 $x > 0$.

例 2　设 $x > 0$ 且 $x \neq 1$,则 $\frac{\ln x}{x-1} \leqslant \frac{1}{\sqrt{x}}$.

证　令 $x = \frac{(1+t)^2}{(1-t)^2}$,则式 $\frac{\ln x}{x-1} - \frac{1}{\sqrt{x}}$ 化为

$$\varphi(t) = \frac{1}{t} \ln \frac{1+t}{1-t} - \frac{2}{1-t^2}, \quad 0 < |t| < 1$$

将上式展成幂级数可有

$$\varphi(t) = \sum_{n=1}^{+\infty} (\frac{1}{2n+1} - 1) t^{2n} \leqslant 0, \quad |t| < 1$$

从而$\dfrac{\ln x}{x-1}-\dfrac{1}{\sqrt{x}}\leqslant 0$,即$\dfrac{\ln x}{x-1}\leqslant\dfrac{1}{\sqrt{x}}$.

下面的例子涉及积分概念.

例 3 求证不等式$\dfrac{5\pi}{2}<\int_0^{2\pi}e^{\sin x}dx<2\pi e^{\frac{1}{4}}$.

证 由 Taylor 公式有

$$e^{\sin x}=1+\sin x+\frac{1}{2!}\sin^2 x+\cdots+\frac{1}{n!}\sin^n x+\cdots$$

将其逐项积分
$$\int_0^{2\pi}e^{\sin x}dx=\int_0^{2\pi}\sum_{n=1}^{\infty}\frac{1}{n!}\sin^n x\,dx$$

注意到当 n 为奇数时,$\int_0^{2\pi}\sin^n x\,dx=0$,又

$$\int_0^{2\pi}\sin^{2n}x\,dx=4\int_0^{\frac{\pi}{2}}\sin^{2n}x\,dx=\frac{4(2n-1)!!}{(2n)!!}\,\frac{\pi}{2},\quad n=1,2,\cdots$$

故
$$\int_0^{2\pi}e^{\sin x}dx=2\pi+\sum_{n=1}^{\infty}\frac{1}{(2n)!}\int_0^{2\pi}\sin^{2n}x\,dx=2\pi\left[1+\sum_{n=1}^{\infty}\frac{(2n-1)!!}{(2n)!\,(2n)!!}\right]=$$
$$2\pi\left[1+\sum_{n=1}^{\infty}\frac{1}{4^n(n!\,)^2}\right]$$

从而
$$\frac{5\pi}{2}<2\pi\left(1+\frac{1}{4}\right)<\int_0^{2\pi}e^{\sin x}dx<2\pi[1+\sum_{n=1}^{\infty}\frac{1}{4^n(n!\,)}]=2\pi e^{\frac{1}{4}}$$

例 4 若 $f(x)$ 在$[0,1]$上二次可微,且 $f(0)=f(1)$,又$|f''(x)|\leqslant 1$. 则在区间$[0,1]$上恒有$|f'(x)|\leqslant\dfrac{1}{2}$.

证 将 $f(0)$,$f(1)$ 在点 $x\in[0,1]$上用 Taylor 公式展开得

$$f(0)=f(x)-f'(x)\cdot x+f''(\xi_1)\cdot\frac{x^2}{2!},\quad 0<\xi_1<x$$

$$f(1)=f(x)+f'(x)\cdot(1-x)+f''(\xi_2)\cdot\frac{(1-x)^2}{2!},\quad 0<\xi_2<x$$

由题设 $f(0)=f(1)$,将上两式两边相减后有

$$f'(x)=\frac{1}{2}f''(\xi_1)\cdot x^2+\frac{1}{2}f''(\xi_2)\cdot(1-x)^2$$

又
$$|f''(x)|\leqslant 1\quad 及\quad \left|x-\frac{1}{2}\right|\leqslant\frac{1}{2},\quad 0\leqslant x\leqslant 1$$

有 $|f'(x)|\leqslant\dfrac{x^2}{2}+\dfrac{(1-x)^2}{2}=x^2-x+\dfrac{1}{2}=\left(x-\dfrac{1}{2}\right)^2+\dfrac{1}{4}\leqslant\left(\dfrac{1}{2}\right)^2+\dfrac{1}{4}=\dfrac{1}{2}$, $x\in[0,1]$

注 下面的问题可视为本例的推广:

问题 1 若函数 $f(x)$ 在$[0,1]$上有二阶导数,且$|f(x)|\leqslant 1$,$|f''(x)|<2$. 则当 $x\in[0,1]$时总有$|f'(x)|<3$.

问题 2 设函数 $f(x)$ 在$[0,1]$上二次可微,且$|f(x)|\leqslant a$,$|f''(x)|\leqslant b$,这里 a,b 非负. 则对任意 $c\in[0,1]$有$|f'(c)|\leqslant 2a+\dfrac{b}{2}$.

其实它们的证明与例无异. 比如问题 2 可证如:

证 将 $f(x)$ 在 $x=c$ 进行 Taylor 展开

$$f(x)=f(c)+f'(c)(x-c)+\frac{1}{2!}f''(\xi)(x-c)^2$$

其中 $\xi=c+\theta(x-c)$,$0<\theta<1$.

分别令 $x=0$ 和 1 可有

$$f(0)=f(c)+f'(c)(0-c)+\frac{1}{2!}f''(\xi_1)(0-c)^2,\quad \xi_1\in(0,c)$$

$$f(1)=f(c)+f'(c)(1-c)+\frac{1}{2!}f''(\xi_2)(1-c)^2,\quad \xi_2\in(c,1)$$

上两式相减则有

$$f(1)-f(0)=f'(c)+\frac{1}{2!}[f''(\xi_2)(1-c)^2+f''(\xi_1)c^2]$$

故
$$f'(c)=f(0)-f(1)-\frac{1}{2!}[f''(\xi_2)(1-c)^2+f''(\xi_1)c^2]$$

则
$$|f'(c)|\leqslant|f(1)|+|f(0)|+\frac{1}{2}|f''(\xi_2)|(1-c)^2+\frac{1}{2}|f''(\xi_1)|c^2\leqslant$$

$$a+a+\frac{b}{2}[(1-c)^2+c^2]=2a+\frac{b}{2}$$

注意到
$$(1-c)^2+c^2=1-2c+2c^2\leqslant 1,\quad c\in(0,1)$$

问题 3　在题设条件下，又若 $|f''(x)|\leqslant a$，则有 $|f'(x)|\leqslant a/2, x\in[0,1]$.

例 5　试证当 $x>-1$ 时，$(1+x)^{\alpha}\begin{cases}\leqslant 1+\alpha x, & 0<\alpha<1\\ \geqslant 1+\alpha x, & \alpha<0 \text{ 或 } \alpha>1\end{cases}$

证　取 $f(x)=(1+x)^{\alpha}$，由于

$$f(0)=1,\quad f'(x)=\alpha(1+x)^{\alpha},\quad f'(0)=\alpha,\quad f''(x)=\alpha(\alpha-1)(1+x)^{\alpha-2}$$

故由 Taylor 展开有

$$(1+x)^{\alpha}=1+\alpha x+\frac{\alpha(\alpha-1)(1+\theta x)^{\alpha-2}}{2!}x^2$$

由 $0<\theta<1, x>-1$，故 $1+\theta x>0$，从而 $\dfrac{(1+\theta x)^{\alpha-2}}{2!}x^2\geqslant 0$.

当 $0<\alpha<1$ 时，有 $\alpha(\alpha-1)<0$；而当 $\alpha<0$ 或 $\alpha>1$ 时，有 $\alpha(\alpha-1)>0$，

综上，不等式得证.

下面我们来证明前面介绍的 Jensen 不等式，这是一个十分重要且有用的不等式.

例 6　设函数 $f(x)$ 有二阶导数，且 $f''(x)\geqslant 0$，试证 $f\left(\frac{1}{n}\sum_{i=1}^{n}x_i\right)\leqslant\frac{1}{n}\sum_{i=1}^{n}f(x_i)$.

证　取 $\xi=\frac{1}{n}\sum_{i=1}^{n}x_i$，即 $\sum_{i=1}^{n}x_i=n\xi$，由 Taylor 公式有

$$f(x_i)=f(\xi)+(x_i-\xi)f'(\xi)+\frac{(x_i-\xi)^2}{2!}f''[\xi+\theta_i(x_i-\xi)],\quad 0<\theta_i<1$$

由设
$$f(x_i)\geqslant f(\xi)+(x_i-\xi)f'(\xi),\quad i=1,2,\cdots,n$$

故
$$\sum_{i=1}^{n}f(x_i)\geqslant nf(\xi)+f'(\xi)\sum_{i=1}^{n}(x_i-\xi)=nf(\xi)$$

即
$$\frac{1}{n}\sum_{i=1}^{n}f(x_i)\geqslant f(\xi)=f\left(\frac{1}{n}\sum_{i=1}^{n}x_i\right)$$

注 1　利用该不等又证明不少问题，显然它们均可视为例的特殊情形，再比如：

命题 1　若 $\theta_k(k=1,2,\cdots,n)$ 满足：$-\frac{\pi}{2}<\theta_1<\theta_2<\cdots<\theta_n<\frac{\pi}{2}$，则

$$\cos\left(\frac{1}{n}\sum_{k=1}^{n}\theta_k\right)>\frac{1}{n}\sum_{k=1}^{n}\cos\theta_k$$

注 2　其实例的结论还可推广为：

命题 2　若 $f(x)$ 在 (a,b) 内二次可微，且 $f''(x)>0$，则

$$f\left(\sum_{k=1}^{n} p_k x_k \Big/ \sum_{k=1}^{n} p_k\right) \leqslant \sum_{k=1}^{n}[p_k f(x_k)] \Big/ \sum_{k=1}^{n} p_k$$

这里 $x_i \in (a,b), P_i \in \mathbf{R}^+ (1 \leqslant i \leqslant n)$.

注 3 下面的问题前文已述,显然它亦可视为例的推广:

命题 3 设 $f(x)$ 二次可微,且 $f''(x) \geqslant 0, x \in \mathbf{R}$,函数 $g(x)$ 在 $[0,a]$ 上连续 $(a>0)$,则

$$f\left(\frac{1}{a}\int_0^a g(t)\mathrm{d}t\right) \leqslant \frac{1}{a}\int_0^a f[g(t)]\mathrm{d}t$$

下面的例子我们也许并不陌生,前文已有类似的命题,不过结论形式稍有差异(因题设不同),因而其解法也略有区别(但本质上类同).

例 7 函数 $f(x)$ 在 $[a,b]$ 上有二阶导数,又 $f'(a)=f'(b)=0$. 试证在 (a,b) 内至少存在一点 ξ 满足

$$|f''(\xi)| \geqslant \frac{4}{(b-a)^2}|f(b)-f(a)|$$

证 将 $f(c)$ 在 $x=a, x=b$ 处进行 Taylor 展开,其中 $c=\dfrac{a+b}{2}$:

$$f(c)=f(a)+f'(a)\cdot(c-a)+\frac{f''(\xi_1)}{2}(c-a)^2 \quad \left(\text{由} f'(a)=0 \text{ 及 } c=\frac{a+b}{2}\right)=$$

$$f(a)+\frac{f''(\xi_1)}{8}(b-a)^2, \quad a<\xi_1<c$$

又

$$f(c)=f(b)+f'(b)\cdot(c-b)+\frac{f''(\xi_2)}{2}(b-a)^2=$$

$$f(b)+\frac{f''(\xi_2)}{8}(b-a)^2, \quad c<\xi_2<b$$

故

$$|f(b)-f(a)|=\frac{(b-a)^2|f''(\xi_2)-f''(\xi_1)|}{2} \leqslant \frac{(b-a)^2[|f''(\xi_2)|+|f''(\xi_1)|]}{8} \leqslant$$

$$\frac{(b-a)^2|f''(\xi)|}{4}$$

即

$$|f''(\xi)| \geqslant \frac{4}{(b-a)^2}|f(b)-f(a)|$$

其中 $|f''(\xi)|=\max\{|f''(\xi_1)|,|f''(\xi_2)|\}$.

注 1 下面问题显然是本例的特殊情形:

函数 $f(x)$ 在 $[a,b]$ 上连续, (a,b) 内可微,又 $f(a)=f(b)=0$,则

$$\frac{4}{(b-a)^2}\int_a^b f(x)\mathrm{d}x \leqslant \max_{a\leqslant x\leqslant b}|f'(x)|$$

注 2 请与前面利用中值定理方法中的例对照,比较,可从中看出异同.

例 8 设函数 $f(x)$ 在 $[a,b]$ 上有二阶连续导数,且 $f''(x) \leqslant 0, x \in [a,b]$ 时. 试证

$$(b-a)f(a) \leqslant \int_a^b f(x)\mathrm{d}x \leqslant (b-a)f\left(\frac{a+b}{2}\right)$$

证 先证式右. 将 $f(x)$ 在 $x_0=\dfrac{a+b}{2}$ 处展开成一阶 Taylor 级数

$$f(x)=f(x_0)+f'(x_0)(x-x_0)+\frac{f''(\xi)}{2!}(x-x_0)^2$$

其中 ξ 在 x_0 与 x 之间,又由设 $f''(\xi) \leqslant 0$. 故

$$f(x) \leqslant f(x_0)+f'(x_0)(x-x_0)=f\left(\frac{a+b}{2}\right)+f'\left(\frac{a+b}{2}\right)\left(x-\frac{a+b}{2}\right)$$

则

$$\int_a^b f(x)\mathrm{d}x \leqslant \int_a^b \left[f\left(\frac{a+b}{2}\right)+f'\left(\frac{a+b}{2}\right)\left(x-\frac{a+b}{2}\right)\right]\mathrm{d}x=$$

$$(b-a)f\left(\frac{a+b}{2}\right)+\frac{1}{2}f'\left(\frac{a+b}{2}\right)\left(x-\frac{a+b}{2}\right)^2\Bigg|_a^b=$$

$$(b-a)f\left(\frac{a+b}{2}\right)$$

式左可仿上证明.

注　从定积分意义看,本例的几何意义是明显的(图 11).

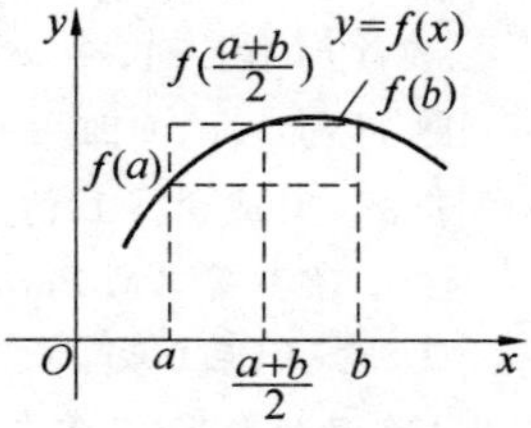

图 11

有了上面的例子的解法,我们便不难处理下面的问题.

例 9　$f(x)$ 在 $[a,b]$ 连续,在 (a,b) 内二次可微,又 $f\left(\frac{a+b}{2}\right)=0$. 则

$$\left|\int_a^b f(x)\mathrm{d}x\right|\leqslant\frac{(b-a)^3}{24}\max_{a\leqslant x\leqslant b}\{f''(x)\}$$

证　将 $f(x)$ 在 $x=\frac{1}{2}(a+b)$ 处 Taylor 展开

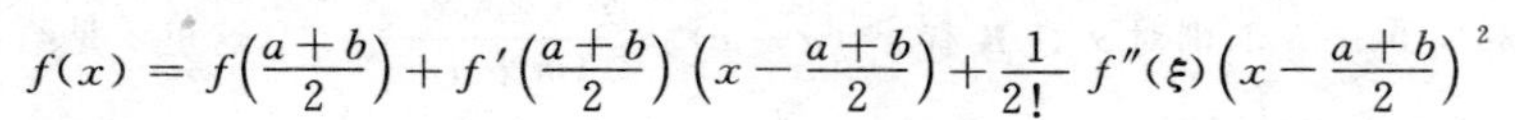

$$f(x)=f\left(\frac{a+b}{2}\right)+f'\left(\frac{a+b}{2}\right)\left(x-\frac{a+b}{2}\right)+\frac{1}{2!}f''(\xi)\left(x-\frac{a+b}{2}\right)^2$$

其中 $a<\xi<b$.

注意到 $f(\frac{a+b}{2})=0$,上式两边从 a 到 b 积分有

$$\int_a^b f(x)\mathrm{d}x=\int_a^b f'\left(\frac{a+b}{2}\right)\left(x-\frac{a+b}{2}\right)\mathrm{d}x+\frac{1}{2!}\int_a^b f''(\xi)\left(x-\frac{a+b}{2}\right)^2\mathrm{d}x=$$

$$\frac{1}{2!}\int_a^b f''(\xi)\left(x-\frac{a+b}{2}\right)^2\mathrm{d}x$$

这里式右前一积分值为 0,从而

$$\left|\int_a^b f(x)\mathrm{d}x\right|=\frac{1}{2!}\left|\int_a^b f''(\xi)\left(x-\frac{a+b}{2}\right)^2\mathrm{d}x\right|\leqslant\frac{1}{2!}\int_a^b|f''(\xi)|\left(x-\frac{a+b}{2}\right)^2\mathrm{d}x\leqslant$$

$$\frac{1}{6}\max_{a\leqslant x\leqslant b}|f''(x)|\left(x-\frac{a+b}{2}\right)^3\Bigg|_a^b=\frac{(b-a)^3}{24}\max_{a\leqslant x\leqslant b}|f''(x)|$$

(九) 利用函数的极(最)值

利用函数的极(最)值也是证明不等式的一个重要手段,这类问题其实前文我们已有涉及,只不过解法有所不同的侧重,它实际上也可视为利用导数性质证明不等式手段的延伸. 请看:

例 1　试证当 $x<1$ 时,$\mathrm{e}^x\leqslant\frac{1}{1-x}$.

证　令 $f(x)=(1-x)\mathrm{e}^x$,则 $f(0)=1$. 又 $f'(x)=-x\mathrm{e}^x$,故 $x=0$ 为 $f(x)$ 的唯一驻点(即 $f'(x)$ 的唯一零点).

又当 $x>0$ 时,$f'(x)<0$;当 $x<0$ 时,$f'(x)>0$.

故 $f(0)=1$ 是 $f(x)$ 的极大值,亦是 $x<1$ 时的最大值. 因此

$$f(x)=(1-x)\mathrm{e}^x\leqslant f(0)=1$$

即

$$\mathrm{e}^x\leqslant\frac{1}{1-x}$$

注　类似地可证:若 $0\leqslant x\leqslant 1$,且 $p>1$,则

$$2^{1-p}\leqslant x^p+(1-x)^p\leqslant 1$$

这只需令 $f(x)=x^p+(1-x)^p$,由 $f_{\min}=f(1/2)=2^{1-p}$,又 $f(1)=f(0)=1$,故

$$2^{1-p}\leqslant x^p+(1-x)^p\leqslant 1$$

例 2　若设 $x>-1$,试证当 $0<\alpha<1$ 时,有 $(1+x)^\alpha\leqslant 1+\alpha x$;且当 $\alpha<0$ 或 $\alpha>1$ 时,有 $(1+x)^\alpha\geqslant$

$1+\alpha x$.

证 令 $f(x)=1+\alpha x-(1+x)^{\alpha}$,有

$$f'(x)=\alpha[1-(1+x)^{\alpha-1}],\quad x>-1$$

若 $0<\alpha<1$,因 $f'(0)=0$,当 $x>0$ 时,$f'(x)>0$,当 $-1<x<0$ 时,$f'(x)<0$.

故 $f(x)$ 在 $(-1,+\infty)$ 上当 $x=0$ 时取得唯一的极小值 $f(0)=0$.

即 $f(x)\geqslant 0$,亦即 $(1+x)^{\alpha}\leqslant 1+\alpha x$

若 $\alpha<0$ 或 $\alpha>1$,仿上可证明得 $(1+x)^{\alpha}\geqslant 1+\alpha x$

注 显然著名的 Bernoulli 不等式:

设 $x>0$,且 $0<\alpha<1$,则 $x^{\alpha}-\alpha x\leqslant 1-\alpha$.

只是本命题的变形(只需在例中令 $1+x=y$ 即可).利用该不等式可证得一系列著名不等式,具体可见前表及有关不等式问题的专著.

例 3 若 $m>0,n>0$,则对 $x\in\mathbf{R}$ 有 $x^m(a-x)^n\leqslant\dfrac{m^n n^n}{(m+n)^{m+n}}a^{m+n}$,这里 a 是给定正实数.

证 令 $F(x)=x^m(a-x)^n$,由

$$F'(x)=mx^{m-1}(a-x)^n-nx^m(a-x)^{n-1}$$

若 $F'(x)=0$ 得 $x_0=\dfrac{ma}{m+n}$.又

$$F''(x)=m(m-1)x^{m-2}(a-x)^n-2mnx^{n-1}(a-x)^{n-1}+n(n-1)x^m(a-x)^{n-2}$$

知

$$F''(x_0)=F\left(\frac{ma}{m+n}\right)=-\frac{m^{m-1}n^{n-1}a^{m+n-2}}{(m+n)^{m+n-3}}<0$$

从而 x_0 为 $F(x)$ 在 $(-\infty,+\infty)$ 上最大值点.故

$$F(x)\leqslant F\left(\frac{ma}{m+n}\right)\Rightarrow x^m(a-x)^n\leqslant\frac{m^m n^n}{(m+n)^{m+n}}a^{m+n}$$

注 与例类似的问题如:

问题 对于正整数 m,n,总有 $\dfrac{(m+n)!}{(m+n)^{m+n}}<\dfrac{m!}{m^m}\cdot\dfrac{n!}{n^n}$.

其实所证不等式等价于组合式

$$\binom{m+n}{m}\left(\frac{m}{m+n}\right)^m\left(\frac{n}{m+n}\right)^n<1\qquad(*)$$

这里 $\binom{m+n}{m}$ 即 C_{m+n}^m,又由二项式定理

$$(x+y)^{m+n}=\sum_{k=0}^{m+n}\binom{m+u}{k}x^k y^{m+n-k}$$

取 $x=\dfrac{m}{m+n},y=\dfrac{n}{m+n}$,且令 $k=m$ 为其和中的一项,注意到取 $x+y=1$,便有式(*)成立.

例 4 若 $x>0,y>0$,则 $x^y+y^x\geqslant 1$.

证 若 $x\geqslant 1,y\geqslant 1$,结论显然.今设 $0\leqslant x,y\leqslant 1$,令 $y=\alpha x$,这里 $0<\alpha\leqslant 1$.

因为函数 $f(x)=x^x$ 有唯一极小点 $x_0=\mathrm{e}^{-\frac{1}{\mathrm{e}}}$(可通过求 y 的驻点判断,亦可见后文相关内容).且极小值 $f(x_0)=a$.故由

$\varphi(x)=x^{\alpha x}+(\alpha x)^x=(x^x)^{\alpha}+\alpha^x x^x\geqslant a^{\alpha}+\alpha a=\varphi(\alpha)$ (注意 $\alpha^x\geqslant\alpha$,当 $0\leqslant x\leqslant 1$ 时)

可以证明 $\varphi(\alpha)$ 在 $0<\alpha\leqslant$ 上是单增的,且 $\psi(0)=1,\psi(1)=2a>1$.

故 $\varphi(x)\geqslant\psi(\alpha)>1$,从而 $x^y+y^x\geqslant 1$.

注 例的结论还可推广为:若 $x>0,y>0$,则 $x^x+y^y\geqslant x^y+y^x$.

例 5　设 $0<x<1$，试证 $\sum\limits_{k=1}^{n} x^k(1-x)^{2k} \leqslant \frac{4}{23}$.

证　令 $f_k(x)=x^k(1-x)^{2k}(k=1,2,\cdots,n)$. 则

$$f_k{}'(x)=kx^{k-1}(1-x)^{2k-1}(1-3x)$$

得驻点 $x=\frac{1}{3}$. 又当 $0<x<\frac{1}{3}$ 时，$f_k{}'(x)>0$；且当 $\frac{1}{3}<x<1$ 时，$f_k{}'(x)<0$，则 $x=\frac{1}{3}$ 是极大点.

又 $f_k(x)=f_k(1)=0$，故 $x=\frac{1}{3}$ 为最大值点. 从而

$$\sum_{k=1}^{n} x_k(1-x)^{2k} \leqslant \sum_{k=1}^{n}\left(\frac{1}{3}\right)^k\left(1-\frac{1}{3}\right)^{2k}=\sum_{k=1}^{n}\left(\frac{4}{27}\right)^k \leqslant \sum_{k=1}^{\infty}\left(\frac{4}{27}\right)^k=\frac{4}{23}$$

再来看一个涉及函数导数不等式的例子.

例 6　设在 $[0,a]$ 上 $|f''(x)|\leqslant M$，且 $f(x)$ 在 $(0,a)$ 内取最大值，试证 $|f'(0)|+|f'(a)|\leqslant Ma$.

证　由设 $f(x)$ 在 $(0,a)$ 取最大值，故有 $c\in(0,a)$ 使 $f'(c)=0$.

对 $f'(x)$ 在 $(0,c)$ 和 (c,a) 上用 Lagrange 中值定理有

$$f'(c)-f'(0)=f''(\xi_1)c$$

即 $-f'(0)=f''(\xi_1)c$，故

$$|f'(0)|\leqslant Mc,\quad f'(a)-f'(c)=f''(\xi_2)_{(a-c)}$$

即

$$f'(a)=f''(\xi_2)_{(a-c)}$$

故

$$|f'(a)|\leqslant M(a-c)$$

由上两式有

$$|f'(0)|+|f'(a)|\leqslant Mc+M(a-c)=aM$$

即

$$|f'(0)|+|f'(a)|\leqslant Ma$$

注　显然下面的命题是本例的特殊情形：

命题　若 $f(x)$ 在 $(0,1)$ 内取得最大值，且 $|f''(x)|\leqslant M, x\in[0,1]$. 试证 $f'(0)+f'(1)\leqslant M$.

下面的两个例子是关于积分问题的.

例 7　试证积分不等式 $\frac{1}{2}\leqslant\int_0^{\frac{1}{2}}\frac{\mathrm{d}x}{\sqrt{2x^2-x+1}}\leqslant\frac{\sqrt{14}}{7}$.

证　设 $f(x)=\sqrt{2x^2-x+1}$，考虑 $f'(x)=\frac{4x-1}{2\sqrt{2x^2-x+1}}=0$，得驻点 $x=\frac{1}{4}$.

当 $\frac{1}{4}<x\leqslant\frac{1}{2}$ 时，$f'(x)>0$；当 $0\leqslant x<\frac{1}{4}$ 时，$f'(x)<0$，又 $f(0)=1$，$f\left(\frac{1}{2}\right)=1$，故 $f(x)$ 在 $x=\frac{1}{4}$ 处取得极小值，亦为最小值 $\left(0\leqslant x\leqslant\frac{1}{2}\right)$.

而 $f\left(\frac{1}{4}\right)=\sqrt{\frac{7}{8}}$，故 $f(x)\geqslant\sqrt{\frac{7}{8}}$ 且 $f(x)\leqslant1$，当 $0\leqslant x\leqslant\frac{1}{2}$ 时. 则有

$$\frac{1}{2}=\int_0^{\frac{1}{2}}\mathrm{d}x\leqslant\int_0^{\frac{1}{2}}\frac{\mathrm{d}x}{\sqrt{2x^2-x+1}}\leqslant\int_0^{\frac{1}{2}}\sqrt{\frac{7}{8}}\,\mathrm{d}x\leqslant\frac{\sqrt{14}}{7}$$

例 8　对于 $x\geqslant0$，试证 $f(x)=\int_0^x(t-t^2)\sin^{2n}t\,\mathrm{d}t$（$n$ 为自然数）的最大值不超过 $\frac{1}{(2n+2)(2n+3)}$.

证　由 $f'(x)=x(1-x)\sin^{2n}x$，又 $f'(1)=0$；且当 $0<x<1$ 时，$f'(x)>0$，$f(x)$ 单增；当 $x>1$ 时，$f'(x)<0$，$f(x)$ 单减. 故 $f(x)$ 在 $x=1$ 处取得最大值 $f(1)$（当 $x\geqslant0$ 时）.

又 $0\leqslant t<1$ 时，$\sin^{2n}t\leqslant t^{2n}$，则

$$f(1)=\int_0^1(t-t^2)\sin^{2n}t\,\mathrm{d}t\leqslant\int_0^1(t-t^2)t^{2n}\,\mathrm{d}t=\frac{1}{(2n+2)(2n+3)}$$

再来考虑利用多元函数极值证明不等式的例子.

例 9 对于任何正数 x 与 y 总有 $\dfrac{x^n+y^n}{2}\geqslant\left(\dfrac{x+y}{2}\right)^n$,$n$ 为正整数.

证 考虑函数 $f(x,y)=\dfrac{x^n+y^n}{2}$ 在约束要件 $x+y=a(a>0,x\geqslant 0,y\geqslant 0)$ 的条件下的极值.

用 Lagrange 乘子法:令 $F(x,y,\lambda)=\dfrac{x^n+y^n}{2}+\lambda(x+y-a)$,分别对 x,y,λ 求导,且解

$$\begin{cases}F_x{}'=\dfrac{nx^{n-1}}{2}+\lambda=0\\[2mm]F_y{}'=\dfrac{ny^{n-1}}{2}+\lambda=0\\[2mm]x+y=a\end{cases}$$

得唯一驻点 $x=y=\dfrac{a}{2}$,即 $\left(\dfrac{a}{2},\dfrac{a}{2}\right)$.而

$$f\left(\frac{a}{2},\frac{a}{2}\right)=\frac{a^n}{2^n},\quad f(0,a)=f(a,0)=\frac{a^n}{2}$$

又当 $n\geqslant 1$ 时,$\dfrac{a^n}{2^n}\leqslant\dfrac{a^n}{2}$,则 $f\left(\dfrac{a}{2},\dfrac{a}{2}\right)$ 是极小值.

故当 $x+y=a,x\geqslant a,y\geqslant 0$ 时,有

$$\frac{x^n+y^n}{2}\geqslant f\left(\frac{a}{2},\frac{a}{2}\right)=\left(\frac{x+y}{2}\right)^n$$

注 1 本题亦可用下法证 $\left(\dfrac{a}{2},\dfrac{a}{2}\right)$ 为 $f(x,y)$ 最小点:

$$\mathrm{d}^2F=F''_{xx}\mathrm{d}x^2+2F''_{xy}\mathrm{d}x\mathrm{d}y+F''_{yy}\mathrm{d}y^2=\frac{1}{2}n(n-1)x^{n-2}\mathrm{d}x^2+\frac{1}{2}n(n-1)y^{n-2}\mathrm{d}y^2>0$$

故知 $f(x,y)=\dfrac{1}{2}(x^n+y^n)$ 在 $\left(\dfrac{a}{2},\dfrac{a}{2}\right)$ 取得最小值.

注 2 利用本例结论还可以证得:

命题 1 若 $0\leqslant x\leqslant 1$,且 $p>1$,则 $2^{1-p}\leqslant x^p+(1-x)^p\leqslant 1$.

注 3 仿此例方法可证

命题 2 若 $x\geqslant 0,y\geqslant 0$,则 $\dfrac{1}{4}(x^2+y^2)\leqslant \mathrm{e}^{x+y-2}$.

例 10 试证对正数 a,b,c,总有 $abc^3\leqslant 27\left(\dfrac{a+b+c}{5}\right)^5$.

证 考虑函数 $f(x,y,z)=\ln x+\ln y+3\ln z$ 在约束条件 $x^2+y^2+z^2=5r^2$ 下的极值.今用 Lagrange 乘子法:

令
$$F(x,y,z,\lambda)=f(x,y,z)-\lambda(x^2+y^2+z^2-5r^2)$$

解
$$\begin{cases}F_x{}'=\dfrac{1}{x}-2\lambda x=0\\[2mm]F_y{}'=\dfrac{1}{y}-2\lambda y=0\\[2mm]F_z{}'=\dfrac{3}{z}-2\lambda z=0\\[2mm]xF_x{}'+yF_y{}'+zF_z{}'=0\end{cases}$$

得
$$\begin{cases} x^2 = \dfrac{1}{2}\lambda \\ y^2 = \dfrac{1}{2}\lambda \\ z^2 = \dfrac{3}{2\lambda} \\ \lambda = \dfrac{5}{2(x^2+y^2+z^2)} = \dfrac{1}{2r^2} \end{cases}$$

故 $x^2 = y^2 = r^2, z^2 = 3r^2$,由之得到

$$\max f(x,y,z) = \ln[r \cdot r \cdot (\sqrt{3}r^3)] = \ln(3\sqrt{3}r^5)$$

又由
$$\ln(xyz^3) \leqslant \ln(3\sqrt{3}r^5) = \ln\left[3\sqrt{3}\left(\frac{x^2+y^2+z^2}{5}\right)^{\frac{5}{2}}\right]$$

若令 $x^2 = a,\ y^2 = b,\ z^2 = c$,则有

$$abc^3 \leqslant 27\left(\frac{a+b+c}{5}\right)^5$$

注　类似地利用 $f(x,y,z) = \ln x + 2\ln y + 3\ln z$ 在球面 $x^2+y^2+z^2 = 6r^2$ 第一卦限部的极大值,可证不等式:$ab^2c^3 < 10g\left(\dfrac{a+b+c}{6}\right)^6$,这里 $a,b,c \in \mathbf{R}^+$.

又若知 $a,b,c \in \mathbf{R}^+$ 且 $a^2+b^2+c^2 = 8$,则有 $a^3+b^3+c^3 \geqslant 16\sqrt{\dfrac{2}{3}}$.

例 11　设 $x_i > 0(i = 1,2,\cdots,n)$,且 $x_1x_2\cdots x_n = 1$,试证 $x_1+x_2+\cdots+x_n \geqslant n$.

证　考虑函数 $f(x_1,x_2,\cdots,x_n) = x_1+x_2+\cdots+x_n$ 在 $x_1x_2\cdots x_n = 1$ 下的条件极值.

令
$$F(x_1,x_2,\cdots,x_n) = f(x_1,\cdots,x_n) + \lambda(x_1+x_2+\cdots+x_n - 1)$$

解 $\dfrac{\partial F}{\partial x_k} = 0$,即
$$1 - \lambda\frac{x_1x_2\cdots x_n}{x_k} = 0,\quad k = 1,2,\cdots,n$$

得 $x_k = \lambda x_1x_2\cdots x_n(k = 1,2,\cdots,n)$. 故 $x_1 = x_2 = \cdots = x_n$. 又 $x_1x_2\cdots x_n = 1$,则 $x_i = 1(i = 1,2,\cdots,n)$. 故 $\min f(x_1,x_2,\cdots,x_n) = n$,这样 $x_1+x_2+\cdots+x_n \geqslant n$.

注　此例为算术—几何平均值不等式的特殊情形. 又利用函数极最值还采以证明许多著名不等式,比如:

命题 1　记矩阵形 $\boldsymbol{X} = (x_{ij})_{n\times n}$,试在 $\sum\limits_{j=1}^{n} x_{ij}^2 = S_i(i = 1,2,\cdots,n)$ 条件下求函数 $f(x_{11},x_{12},\cdots,x_{nn}) = \det \boldsymbol{X}$ 的最大值,可证明不等式

$$(\det \boldsymbol{X})^2 \leqslant \prod_{i=1}^{n}\sum_{j=1}^{n} x_{ij}^2\text{(Hadamard 不等式)}$$

命题 2　在 $\sum\limits_{i=1}^{n} a_ib_i = c$(常数)条件下求函数 $f(b,b_2,\cdots,b_n) = \left(\sum\limits_{i=1}^{n} a_i^p\right)^{\frac{1}{p}}\left(\sum\limits_{i=1}^{n} b_i^q\right)^{\frac{1}{q}}$ 的极小值,可证明不等式

$$\left(\sum_{i=1}^{n} a_i^p\right)^{\frac{1}{p}}\left(\sum_{i=1}^{n} b_i^q\right)^{\frac{1}{q}} \geqslant \sum_{i=1}^{n} a_ib_i$$

这里 $a_i,b_i \in \mathbf{R}^+ \cup \{0\}, i = 1,2,\cdots,n$,且 $p > 1, \dfrac{1}{p}+\dfrac{1}{q} = 1$(Hölder 不等式).

最后来看一个涉及抽象函数积分的例子.

例 12　设 $\alpha(x)$ 在区间$[0,1]$上连续,且$\int_0^1 f(x) = 0$. 证明对任一 $\alpha \in (0,1)$,总有 $\left|\int_0^\alpha f(x)\mathrm{d}x\right| \leqslant \dfrac{1}{8}\max\limits_{0\leqslant x\leqslant 1}|f'(x)|$.

证 设 $M=\max\limits_{0\leqslant x\leqslant 1}|f'(x)|$,且 $g(x)=\int_0^x f(x)\mathrm{d}y$.

由题设知 $g(0)=g(1)=0$,故 $|g(x)|$ 的最大值在 $g'(y)=f(y)=0$ 的点 $y_0\in(0,1)$ 处.令 $\alpha=y_0$,则由于

$$\int_0^\alpha f(x)\mathrm{d}x=-\int_0^{1-\alpha}f(1-x)\mathrm{d}x$$

设 $\alpha\leqslant\frac{1}{2}$,则当 $f(x)$ 用 $-f(x)$ 代换时,可设 $\int_0^\alpha f(x)\mathrm{d}x\geqslant 0$. 又 $f'(x)\geqslant -M\Rightarrow$ 当 $0\leqslant x\leqslant\alpha$ 时,$f(x)\leqslant M(\alpha-x)$. 故

$$\int_0^\alpha f(x)\mathrm{d}x\leqslant\int_0^\alpha M(\alpha-x)\mathrm{d}x=\frac{1}{2}M(\alpha-x)^2\Big|_0^\alpha=\frac{\alpha^2}{2}M\leqslant\frac{1}{8}M$$

(十) 利用积分的性质

因为从某种意义上讲,积分是求和概念的延伸,即是把 $\sum$(离散)$\xrightarrow{\text{推广}}\int$(连续),因而有些涉及定积分问题的不等式常由离散问题的不等式以及定积分的定义,再通过求极限得到. 请看:

例 1 设 $f(x)$ 在 $[0,1]$ 上连续,且 $f(x)>0$. 证明 $\ln\int_0^1 f(x)\mathrm{d}x\geqslant\int_0^1[\ln f(x)]\mathrm{d}x$.

证 将 $(0,1]$ 区间 n 等分,分点为 $x_k=\frac{k}{n}(k=0,1,\cdots,n)$,记 $f_k=f(x_k)$,则

$$\lim_{n\to\infty}\frac{1}{n}\sum_{k=1}^n f_k=\int_0^1 f(x)\mathrm{d}x$$

又

$$\sqrt[n]{f_1f_2\cdots f_n}\leqslant\frac{1}{n}(f_1+f_2+\cdots+f_n)$$

即

$$\mathrm{e}^{\frac{1}{n}}(\ln f_1+\ln f_2+\cdots+\ln f_n)\leqslant\frac{1}{n}(f_1+f_2+\cdots+f_n)\qquad(*)$$

而

$$\lim_{n\to\infty}\mathrm{e}^{\frac{1}{n}(\ln f_1+\ln f_2+\cdots+\ln f_n)}=\mathrm{e}^{\lim\limits_{n\to\infty}\left[\frac{1}{n}(\ln f_1+\ln f_2+\cdots+\ln f_n)\right]}=\mathrm{e}^{\int_0^1\ln f(x)\mathrm{d}x}$$

对式($*$)两边取极限便有 $\mathrm{e}^{\int_0^1\ln f(x)\mathrm{d}x}\leqslant\int_0^1 f(x)\mathrm{d}x$ (亦为一漂亮不等式)

即

$$\ln\int_0^1 f(x)\mathrm{d}x\geqslant\int_0^1[\ln f(x)]\mathrm{d}x$$

注 本例可视为本节前面某些例的特殊情形(但这里涉及积分). 又下面问题可视为例的变形:

命题 若 $f(x)$ 在 $[0,1]$ 上连续,则

$$\int_0^1\mathrm{e}^{f(x)}\mathrm{d}x\int_0^1\mathrm{e}^{-f(y)}\mathrm{d}y\geqslant 1$$

这只需注意到

$$\int_0^1\mathrm{e}^{f(x)}\mathrm{d}x\int_0^1\mathrm{e}^{-f(y)}\mathrm{d}y=\int_0^1\int_0^1\mathrm{e}^{f(x)-f(y)}\mathrm{d}x\mathrm{d}y\geqslant\int_0^1\int_0^1[1+f(x)-f(y)]\mathrm{d}x\mathrm{d}y=1$$

这个问题讨论还可见后文.

例 2 试证积分不等式 $\int_x^{x+1}\sin t^2\mathrm{d}t>\frac{1}{x}$.

证 令 $f(x)=\int_x^{x+1}\sin t^2\mathrm{d}t$,只需证当 $x>0$ 时,$|f(x)|<\frac{1}{x}$. 又令 $t=\sqrt{u}$,则

$$f(x)=\int_{x^2}^{(x+1)^2}\frac{\sin u}{\sqrt{u}}\mathrm{d}u=\frac{1}{2}\int_{x^2}^{(x+1)^2}\frac{1}{\sqrt{u}}d(-\cos u)=$$

$$\frac{1}{2}\left[-\frac{\cos u}{\sqrt{u}}\bigg|_{x^2}^{(x+1)^2}+\frac{1}{2}\int_{x^2}^{(x+1)^2}\frac{\cos u}{u^{3/2}}\mathrm{d}u\right]$$

因 $|\cos u|\leqslant 1$，故当 $x>0$ 时，有

$$|f(x)|<\frac{1}{2x}+\frac{1}{2(x+1)}+\frac{1}{4}\int_{x^2}^{(x+1)^2}u^{-3/2}\mathrm{d}u=\frac{1}{x}$$

注　在题设条件下还可有结论 $\left|\int_a^x\sin t^2\mathrm{d}t\right|<\dfrac{2}{a}$，这里 $x>a>0$.

此外这类不等式还有 $\int_0^{+\infty}\sin x^2\mathrm{d}x>0$，特别地 $\int_0^{\sqrt{2\pi}}\sin x^2\mathrm{d}x>0$.

例 3　(1) 设 $f(x)$ 对于 $x\geqslant 1$ 为非负增函数，证明：(1) $\sum\limits_{k=1}^{n-1}f(k)\leqslant\int_1^n f(x)\mathrm{d}x\leqslant\sum\limits_{k=2}^{n}f(k)$；(2) 当 $f(x)=\ln x$ 时，证明不等式 $\mathrm{e}^{1-n}n^n<n!<\mathrm{e}^{1-n}n^{n+1}$.

证　(1) 由设 $f(x)$ 非负单增，则有

$$\int_1^n f(x)\mathrm{d}x=\sum_{k=1}^{n-1}\int_k^{k+1}f(x)\mathrm{d}x\geqslant\sum_{k=1}^{n-1}f(k)$$

$$\int_1^n f(x)\mathrm{d}x=\sum_{k=2}^{n}\int_{k-1}^{k}f(x)\mathrm{d}x\leqslant\sum_{k=2}^{n}f(k)$$

即所求证不等式成立.

(2) 当 $f(x)=\ln x$ 时，由上证明有

$$\sum_{k=1}^{n}\ln k\leqslant\int_1^n\ln x\mathrm{d}x\leqslant\sum_{k=2}^{n}\ln k$$

即
$$\ln[(n-1)!]\leqslant n\ln n-n+1\leqslant\ln(n!)$$

故
$$(n-1)!\leqslant n^n\mathrm{e}^{1-n}\leqslant n!$$

又
$$(n-1)!n=n!\leqslant n^{n+1}\mathrm{e}^{1-n}$$

故 $\mathrm{e}^{1-n}n^n\leqslant n!\leqslant\mathrm{e}^{1-n}n^{n+1}$，且 $n>1$ 时不等式中等号不成立.

注　由题设结论(2) 可证明极限式 $\lim\limits_{n\to\infty}\dfrac{1}{n}(n!)^{\frac{1}{n}}=\dfrac{1}{\mathrm{e}}$.

再来看两个利用定积分性质证明不等式的例子.

例 4　若 $0\leqslant a\leqslant x_1\leqslant x_2$，且 n 为正整数，则

$$x_2^{\frac{1}{n}}-x_1^{\frac{1}{n}}\leqslant(x_2-a)^{\frac{1}{n}}-(x_1-a)^{\frac{1}{n}}$$

证　当 $0\leqslant a\leqslant x_1=x_2$ 时，上式等号成立.

若 $0\leqslant a\leqslant x_1<x_2$ 时，取 $x_1<t\leqslant x_2$，又 n 为正整数，故有

$$\frac{1}{n}t^{\frac{1-n}{n}}\leqslant\frac{1}{n}(t-a)^{\frac{1-n}{n}}$$

两边从 x_1 到 x_2 积分可有

$$\int_{x_1}^{x_2}\frac{1}{n}t^{\frac{1-n}{n}}\mathrm{d}t\leqslant\int_{x_1}^{x_2}\frac{1}{n}(t-a)^{\frac{1-n}{n}}\mathrm{d}t$$

即
$$t^{\frac{1-n}{n}}\Big|_{x_1}^{x_2}\leqslant(t-a)^{\frac{1-n}{n}}\Big|_{x_1}^{x_2}$$

亦即
$$x_2^{\frac{1}{n}}-x_1^{\frac{1}{n}}\leqslant(x_2-a)^{\frac{1}{n}}-(x_1-a)^{\frac{1}{n}}$$

例 5　若 $f(x)$ 在 $[0,1]$ 连续，在 $(0,1)$ 内可微，则

$$\int_0^1|f(x)|\mathrm{d}x\leqslant\max\left\{\int_0^1|f'(x)|\mathrm{d}x,\left|\int_0^1 f(x)\mathrm{d}x\right|\right\}$$

证　由积分性质知 $\left|\int_0^1 f(x)\mathrm{d}x\right|\leqslant\int_0^1|f(x)|\mathrm{d}x$.

若$\int_0^1 |f(x)|\,\mathrm{d}x = \left|\int_0^1 f(x)\mathrm{d}x\right|$,结论显然.

若$\left|\int_0^1 f(x)\mathrm{d}x\right| < \int_0^1 |f(x)|\,\mathrm{d}x$,则 $f(x)$ 在$[0,1]$内变号,则存在 x_0 使 $f(x_0)=0$.而

$$|f(x)| = |f(x) - f(x_0)| = \left|\int_{x_0}^{x} f'(t)\mathrm{d}t\right| \leqslant \int_{x_0}^{x} |f'(t)|\,\mathrm{d}t \leqslant$$

$$\int_0^1 |f'(t)|\,\mathrm{d}t = \int_0^1 |f'(x)|\,\mathrm{d}x$$

从而

$$\int_0^1 |f(x)|\,\mathrm{d}x \leqslant \int_0^1 |f'(x)|\,\mathrm{d}x$$

下面的这个不等式(Young 不等式)前文已证,这里再给一个证法.

例 6 设 $y=\varphi(x)(x\geqslant 0)$ 是严格单增的连续函数,且 $\varphi(0)=0$.又它的反函数是 $x=\psi(y)$.试证不等式$\int_0^a \varphi(x)\mathrm{d}x + \int_0^b \psi(y)\mathrm{d}y \geqslant ab(a>0,b>0)$.(Young 不等式)

证 由题设 $y=\varphi(x)$ 代入积分

$$\int_0^b \varphi(y)\mathrm{d}y = \int_0^{\psi(b)} \psi[\varphi(x)]\mathrm{d}\varphi(x) = \int_0^{\psi(b)} x\mathrm{d}\varphi(x) = x\varphi(x)\Big|_0^{\psi(b)} - \int_0^{\psi(b)} \varphi(x)\mathrm{d}x =$$

$$\psi(b)\varphi[\psi(b)] - \int_0^{\psi(b)} \varphi(x)\mathrm{d}x = b\psi(b) - \int_0^{\psi(b)} \varphi(x)\mathrm{d}x$$

故

$$\int_0^a \varphi(x)\mathrm{d}x + \int_0^b \varphi(y)\mathrm{d}y = \int_0^a \varphi(x)\mathrm{d}x + b\psi(b) - \int_0^{\psi(b)} \varphi(x)\mathrm{d}x =$$

$$b\psi(b) - \int_{a(b)}^{b} \varphi(x)\mathrm{d}x \geqslant b\psi(b) + \varphi[\psi(b)][a-\psi(b)] =$$

$$b\psi(b) + b[a-\psi(b)] = ab$$

这里是假设 $\psi(b)\leqslant a$,对于 $\psi(b)>a$ 的情形仿上亦可证明.

下面两例涉及积分估值问题,它们在计算方法中需要经常考虑.

例 7 设 $f(\sin^2 x)=\cos^2 x$,求积分$\int \mathrm{e}^x f(x)\mathrm{d}x$.

解 由设 $f(\sin^2 x)=\cos^2 x = 1-\sin^2 x$,则 $f(t)=1-t$.故

$$\int \mathrm{e}^x f(x)\mathrm{d}x = \int \mathrm{e}^x(1-x)\mathrm{d}x = \int (1-x)d\mathrm{e}^x =$$

$$(1-x)\mathrm{e}^x + \int \mathrm{e}^x\mathrm{d}x = (2-x)\mathrm{e}^x + c$$

例 8 试证不等式$\sqrt{2}\,\mathrm{e}^{-\frac{1}{2}} < \int_{-\frac{1}{\sqrt{2}}}^{\frac{1}{\sqrt{2}}} \mathrm{e}^{-x^2}\mathrm{d}x < \sqrt{2}$.

证 容易证明函数 $y=\mathrm{e}^{-x^2}$ 在$\left[-\frac{1}{\sqrt{2}},\frac{1}{\sqrt{2}}\right]$上的最大、最小值分别为

$$\max y = y|_{x=0} = 1,\quad \min y = y|_{x=\pm\frac{1}{\sqrt{2}}} = \mathrm{e}^{-\frac{1}{2}}$$

由定积分性质(被积函数估值)有

$$\mathrm{e}^{-\frac{1}{2}}\left(\frac{1}{\sqrt{2}} - \frac{-1}{\sqrt{2}}\right) < \int_{-\frac{1}{\sqrt{2}}}^{\frac{1}{\sqrt{2}}} \mathrm{e}^{-x^2}\mathrm{d}x < 1\cdot\left(\frac{1}{\sqrt{2}} - \frac{-1}{\sqrt{2}}\right)$$

即

$$\sqrt{2}\,\mathrm{e}^{-\frac{1}{2}} < \int_{-\frac{1}{\sqrt{2}}}^{\frac{1}{\sqrt{2}}} \mathrm{e}^{-x^2}\mathrm{d}x < \sqrt{2}.$$

例 9 试证:当 $x>0$ 时,不等式 $x-\frac{x^3}{6} < \sin x < x - \frac{x^3}{6} + \frac{x^5}{120}$ 成立.

证 由 $\cos x\leqslant 1$,等号当且仅当 $x=2n\pi$ 时成立(题设 $x>0$).

在$[0,x]$上考虑积分有$\int_0^x \cos x\mathrm{d}x \leqslant \int_0^1 \mathrm{d}x$，即 $\sin x < x$，这里 $x > 0$.

再在$[0,x]$上积分上不等式有$\int_0^x \sin x\mathrm{d}x < \int_0^x \mathrm{d}x$，有 $1-\cos x \leqslant \frac{x^2}{2}$，这里 $x>0$.

还是在$[0,x]$上对上不等式积分可有 $x - \sin x < \frac{x^3}{6}$，即 $x-\frac{x^3}{6} < \sin x$，这里 $x>0$.

继续在$[0,x]$上接连两次积分可有 $\sin x < x - \frac{x^3}{6} + \frac{x^5}{120}$.

注　本题用 Taylor 展开（对 $\sin x$）考虑问题解法将变得相对简单.

下面方幂式估值的例子是利用定积分近似计算公式完成的.

例 10　若 n 为自然数，则$\frac{3n+1}{3n+2} < \left(\frac{1}{n}\right)^n + \left(\frac{2}{n}\right)^n + \cdots + \left(\frac{n}{n}\right)^n < 2 - \frac{1}{n+1}$.

证　考虑$[0,1]$上的函数 $f(x)=x^n$，$n>1$ 时其为凸函数，将$[0,1]$$n$等分，由定积分近似计算公式（矩形公式、梯形公式）有

$$\frac{1}{n}\sum_{k=0}^{n-1} f\left(\frac{k}{n}\right) < \int_0^1 x^n \mathrm{d}x < \frac{1}{n}\left\{\frac{1}{2}\left[f(0)+f\left(\frac{n}{n}\right)\right] + \sum_{k=0}^{n-1} f\left(\frac{k}{n}\right)\right\}$$

故
$$\sum_{k=1}^{n-1}\left(\frac{k}{n}\right)^n < \frac{n}{n+1} < \frac{1}{2} + \sum_{k=1}^{n-1}\left(\frac{k}{n}\right)^n$$

即
$$\sum_{k=1}^{n}\left(\frac{k}{n}\right)^n < \frac{n}{n+1} + 1 = 2 - \frac{1}{n+1}$$

且
$$\sum_{k=1}^{n}\left(\frac{k}{n}\right)^n = \left[\frac{1}{2} + \sum_{k=1}^{n-1}\left(\frac{k}{n}\right)^n\right] + \frac{1}{2} > \frac{n}{n+1} + \frac{1}{2} = \frac{3n+1}{2n+2}$$

涉及三角函数的不等式证明.常常要考虑三角函数性质及变换.请看：

例 11　试证不等式$\int_0^1 \frac{\sin x}{\sqrt{1-x^2}}\mathrm{d}x < \int_0^1 \frac{\cos x}{\sqrt{1-x^2}}\mathrm{d}x$ 成立.

证　由题设若令 $t=\arcsin x$，则有

$$\int_0^1 \frac{\cos x}{\sqrt{1-x^2}}\mathrm{d}x = \int_0^{\frac{\pi}{2}} \cos(\sin t)\mathrm{d}t$$

又由题设若令 $t=\arccos x$，则有

$$\int_0^1 \frac{\sin x}{\sqrt{1-x^2}}\mathrm{d}x = \int_0^{\frac{\pi}{2}} \sin(\cos t)\mathrm{d}t$$

只需注意到在$\left(0,\frac{\pi}{2}\right)$上 $\sin x < x$，且 $\cos x$ 单减.故

$$\sin(\cos t) < \cos t < \cos(\sin t)$$

从而$\int_0^{\frac{\pi}{2}} \sin(\cos t)\mathrm{d}t < \int_0^{\frac{\pi}{2}} \cos(\sin t)\mathrm{d}t$，即

$$\int_0^1 \frac{\sin x}{\sqrt{1-x^2}}\mathrm{d}x < \int_0^1 \frac{\cos x}{\sqrt{1-x^2}}\mathrm{d}x$$

我们再来看一个利用二重积分证明两积分乘积的不等式的例子.

例 12　区间$[a,b]$上的连续函数 $f(x)$ 恒正，试证$\left(\int_a^b f(x)\mathrm{d}x\right)\left(\int_a^b \frac{\mathrm{d}x}{f(x)}\right) \geqslant (b-a)^2$.

证　要证的不等式左可化为二重积分

$$\left(\int_a^b f(x)\mathrm{d}x\right)\left(\int_a^b \frac{\mathrm{d}x}{f(x)}\right) = \iint_D \frac{f(x)}{f(y)}\mathrm{d}x\mathrm{d}y = \iint_D \frac{f(y)}{f(x)}\mathrm{d}x\mathrm{d}y,\quad D: a\leqslant x\leqslant b,\ a\leqslant y\leqslant b$$

故
$$2\left(\int_a^b f(x)\mathrm{d}x\right)\left(\int_a^b \frac{\mathrm{d}x}{f(x)}\right) = \iint_D \frac{f(x)}{f(y)}\mathrm{d}x\mathrm{d}y + \iint_D \frac{f(y)}{f(x)}\mathrm{d}x\mathrm{d}y =$$

$$\iint_D \left[\frac{f(x)}{f(y)}+\frac{f(y)}{f(x)}\right]\mathrm{d}x\mathrm{d}y=\iint_D \frac{f^2(x)+f^2(y)}{f(x)f(y)}\mathrm{d}x\mathrm{d}y\geqslant$$
$$\iint_D \frac{2f(x)f(y)}{f(x)f(y)}\mathrm{d}x\mathrm{d}y=\iint_D 2\mathrm{d}x\mathrm{d}y=2(b-a)^2$$

注 1　此不等式还有其他证法,可参见后面的例子.

注 2　此外我们还有下面的结论:

命题 1　若 $f(x)$ 在$[0,1]$上连续,且 $0<m\leqslant f(x)\leqslant M,x\in[0,1]$. 试证

$$\left(\int_0^1 f(x)\mathrm{d}x\right)\left(\int_0^1 \frac{\mathrm{d}x}{f(x)}\right)\leqslant\frac{(m+M)^2}{4mM}$$

这可由函数极值去证,因为由题设还有 $f(x)+\dfrac{Mm}{f(x)}\leqslant M+m$ 等.

显然下面问题是本例或注例的特殊情形:

问题 1　若 $f(x)$ 在$[0,1]$上连续,且 $1\leqslant f(x)\leqslant 3$,则 $1\leqslant\int_0^1 f(x)\mathrm{d}x+\int_0^1\dfrac{1}{f(x)}\mathrm{d}x\leqslant\dfrac{4}{3}$.

注 3　利用例的方法还可证明:

命题 2　若 $f(x),g(x)$ 在$[a,b]$上连续,单增,这里 $a,b\in\mathbf{R}^+$,试证

$$\int_a^b f(x)\mathrm{d}x\int_a^b g(x)\leqslant(b-a)\int_a^b f(x)g(x)\mathrm{d}x$$

显然下面的命题是例或注例的特殊情形:

问题 2　若 $f(x)$ 在$[a,b]$上连续,则下面不等式成立

$$\left[\int_a^b f(x)\mathrm{d}x\right]^2\leqslant(b-a)\int_a^b f^2(x)\mathrm{d}x$$

下面的例子也是利用积分性质将一重积分化为二重积分后去解题的.

例 13　设 $f(x)$ 在$[a,b]$上连续,在(a,b)内可导,且 $f(a)=0$. 试证

$$\frac{2}{(b-a)^2}\left|\int_a^b f(x)\mathrm{d}x\right|\leqslant\max_{x\in[a,b]}|f'(x)|$$

证　因$\int_a^b f(x)\mathrm{d}x=\int_a^b\mathrm{d}x\int_a^x f'(t)\mathrm{d}t,a\leqslant x\leqslant b$. 故

$$\left|\int_a^b f(x)\mathrm{d}x\right|=\left|\int_a^b\int_a^x f'(t)\mathrm{d}t\mathrm{d}x\right|\leqslant\int_a^b\int_a^x|f'(t)|\mathrm{d}t\mathrm{d}x\leqslant\max_{x\in[a,b]}|f'(x)|\int_a^b(x-a)\mathrm{d}x=$$
$$\max_{x\in[a,b]}|f'(x)|\cdot\frac{(x-a)^2}{2}\bigg|_a^b=\max_{x\in[a,b]}|f'(x)|\cdot\frac{(b-a)^2}{2}$$

即要证不等式成立.

注 1　结合前文例我们还可以在题设条件下有

$$\frac{2}{(b-a)^2}\left|\int_a^b f(x)\mathrm{d}x\right|\leqslant\max_{a\leqslant x\leqslant b}|f'(x)|\leqslant\left|\frac{1}{b-a}\int_a^b f'(x)\mathrm{d}x\right|+\int_a^b|f''(x)|\mathrm{d}x$$

且知$\max\limits_{a\leqslant x\leqslant b}|f'(x)|$的下界为

$$\frac{4}{(b-a)^2}\int_a^b|f(x)|\mathrm{d}x$$

注 2　本例是前面例题的又一证法 —— 化为二重积分. 下面的问题亦是用此方法:

问题　若 $f(x)$ 在$[0,2]$上有二阶连续导数,且 $f(1)=0$. 试证 $\left|\int_0^2 f(x)\mathrm{d}x\right|\leqslant\dfrac{1}{3}\max\limits_{0\leqslant x\leqslant 2}|f''(x)|=M$.

略解　$\int_0^2 f(x)\mathrm{d}x=\int_0^2\mathrm{d}x\int_1^x f'(t)\mathrm{d}t=\int_0^1\mathrm{d}x\int_1^x f'(t)\mathrm{d}t+\int_1^2\mathrm{d}x\int_1^x f'(t)\mathrm{d}t=$

$$-\int_0^1\mathrm{d}x\int_x^1 f'(t)\mathrm{d}t+\int_1^2\mathrm{d}x\int_1^x f'(t)\mathrm{d}t=-\int_0^1 f'(t)\mathrm{d}t\int_0^t\mathrm{d}x+\int_1^2 f'(t)\mathrm{d}t\int_t^2\mathrm{d}x=$$

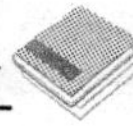

$$-\int_0^1 f'(t)\mathrm{d}t+\int_1^2(2-t)f'(t)\mathrm{d}t \quad \text{（再利用分部积分后，化简）}=$$

$$\int_0^1 \frac{1}{2}t^2 f''(t)\mathrm{d}t+\int_1^2 \frac{1}{2}(2-t)^2 f''(t)\mathrm{d}t$$

因而
$$\left|\int_0^2 f(x)\mathrm{d}x\right| \leqslant \left|\frac{1}{2}\int_0^1 t^2 f''(t)\mathrm{d}t\right|+\left|\frac{1}{2}\int_1^2(2-t)^2 f''(t)\mathrm{d}t\right| \leqslant$$

$$\frac{M}{2}\left[\int_0^1 t^2\mathrm{d}t+\int_1^2(2-t)^2\mathrm{d}t\right]=\frac{M}{3}$$

注3　下面命题是例的特殊情形：

命题　若 $f(x)$ 在 $[a,b]$ 上二阶可导，且 $|f(x)|\leqslant a$，$|f''(x)|\leqslant b$，其中 a,b 为非负常数，则对任意 $c\in(0,1)$，总有 $|f'(c)|\leqslant 2a+b$.

例14　设 $f(x)$ 在 $[0,1]$ 上连续、单减，且恒正. 求证下面不等式

$$\frac{\int_0^1 xf^2(x)\mathrm{d}x}{\int_0^1 xf(x)\mathrm{d}x}\leqslant\frac{\int_0^1 f^2(x)\mathrm{d}x}{\int_0^1 f(x)\mathrm{d}x}$$

证　命题要证结论可化为

$$\int_0^1 f^2(x)\mathrm{d}x\int_0^1 yf(y)\mathrm{d}y-\int_0^1 f(x)\mathrm{d}x\int_0^1 yf^2(y)\mathrm{d}y\geqslant 0$$

即
$$\int_0^1\int_0^1[f(x)f(y)y][f(x)-f(y)]\mathrm{d}x\mathrm{d}y\geqslant 0$$

令 $I=\int_0^1\int_0^1[f(x)f(y)y][f(x)-f(y)]\mathrm{d}x\mathrm{d}y$，只需证 $I\geqslant 0$. 又

$$I=\int_0^1\int_0^1[f(y)f(x)x][f(y)-f(x)]\mathrm{d}x\mathrm{d}y \quad \text{（改换积分变元）}$$

有
$$2I=\int_0^1\int_0^1[f(x)f(y)(y-x)][f(x)-f(y)]\mathrm{d}x\mathrm{d}y$$

因 $f(x)>0$，且单减，故对 $x,y\in[0,1]$ 有

$$(y-x)[f(x)-f(y)]>0$$

则 $2I\geqslant 0$，从而 $I\geqslant 0$. 故要证不等式成立.

本例是 Chebyshev 不等式（见后文例）的特殊情形. 再来看一个例子.

例15　试证不等式 $\int_0^1|f(x)|\mathrm{d}x\leqslant\max\left\{\left|\int_0^1 f(x)\mathrm{d}x\right|,\int_0^1|f'(x)|\mathrm{d}x\right\}$，这里 $f(x)$ 在 $[0,1]$ 上有连续导数.

证　分 $f(x)$ 在 $[0,1]$ 上有或无零点两种情况考虑.

① 若 $f(x)$ 在 $[0,1]$ 上无零点，又 $f(x)$ 连续知其在 $[0,1]$ 上不变号.

此时 $\int_0^1|f(x)|\mathrm{d}x=\left|\int_0^1 f(x)\mathrm{d}x\right|$，显然有

$$\int_0^1|f(x)|\mathrm{d}x\leqslant\max\left\{\left|\int_0^1 f(x)\mathrm{d}x\right|,\ \left|\int_0^1 f'(x)\mathrm{d}x\right|\right\}$$

② 若 $f(x)$ 在 $[0,1]$ 上有零点 c，则 $f(x)=\int_c^x f'(t)\mathrm{d}t$. 此时

$$\int_0^1|f(x)|\mathrm{d}x=\int_0^1\left|\int_c^x f'(t)\mathrm{d}t\right|\mathrm{d}x\leqslant\int_0^1\left[\int_c^x|f'(x)|\mathrm{d}t\right]\mathrm{d}x\leqslant$$

$$\int_0^1\left[\int_0^1|f'(t)|\mathrm{d}t\right]\mathrm{d}x\leqslant\int_0^1|f'(x)|\mathrm{d}x$$

同样有
$$\int_0^1|f(x)|\mathrm{d}x\leqslant\max\left\{\left|\int_0^1 f(x)\mathrm{d}x\right|,\ \left|\int_0^1 f'(x)\mathrm{d}x\right|\right\}$$

注 更一般的可有结论:若 $f(x),g(x)$ 在 $[a,b]$ 上可积,则有

$$\int_a^b \min\{f(x),g(x)\}\mathrm{d}x \leqslant \min\left\{\int_a^b f(x)\mathrm{d}x,\ \int_a^b g(x)\mathrm{d}x\right\} \leqslant \max\left\{\int_a^b f(x)\mathrm{d}x,\ \int_a^b g(x)\mathrm{d}x\right\} \leqslant \int_a^b \max\{f(x),\ g(x)\}\mathrm{d}x$$

下面的问题涉及区间中点处函数值的性质,结合积分考虑起来别有味道.

例 16 设 $f(x)$ 在 $[a,b]$ 上连续,单增,则 $\int_a^b xf(x)\mathrm{d}x \geqslant \frac{a+b}{2}\int_a^b f(x)\mathrm{d}x$.

证 1 由设 $f(x)$ 在 $[a,b]$ 上单增,当 $x \geqslant \frac{a+b}{2}$ 时,$f(x) \geqslant f\left(\frac{a+b}{2}\right)$;当 $x \leqslant \frac{a+b}{2}$ 时,$f(x) \leqslant f\left(\frac{a+b}{2}\right)$.知 $x-\frac{a+b}{2}$ 与 $f(x)-f\left(\frac{a+b}{2}\right)$ 同号.可有

$$\left(x-\frac{a+b}{2}\right)\left[f(x)-f\left(\frac{a+b}{2}\right)\right] \geqslant 0$$

而
$$\int_a^b \left(x-\frac{a+b}{2}\right) f\left(\frac{a+b}{2}\right)\mathrm{d}x = f\left(\frac{a+b}{2}\right)\int_a^b \left(x-\frac{a+b}{2}\right)\mathrm{d}x = f\left(\frac{a+b}{2}\right)\int_{\frac{a-b}{2}}^{\frac{b-a}{2}} t\mathrm{d}t = 0$$

上式中 $t = x-\frac{a+b}{2}$.

证 2 事实上只需证 $\int_a^b \left(x-\frac{a+b}{2}\right) f(x)\mathrm{d}x \geqslant 0$ 即可.

令 $c=\frac{1}{2}(a+b)$,且令 $g(x)=x-c$.知该函数在 $[a,b]$ 上关于点 c 对称,若记 $h=\frac{1}{2}(b-a)$,且同时令 $x-c=t$,则

$$\int_a^b (x-c)f(x)\mathrm{d}x = \int_{-h}^h tf(c+t)\mathrm{d}t = \left[\int_{-h}^0 + \int_0^h\right] tf(c+t)\mathrm{d}t \qquad (*)$$

又再令 $\tau=-t$,则

$$\int_{-h}^0 tf(c+t)\mathrm{d}t = -\int_0^h \tau f(c-\tau)\mathrm{d}\tau = -\int_0^h tf(c-t)\mathrm{d}t$$

由此可知
$$\text{式}(*) = \int_0^h t[f(c+t)-f(c-t)]\mathrm{d}t \geqslant 0$$

这只需注意到 $f(x)$ 在 $[a,b]$ 上单增,故其在对称点上的函数值差非负.

注 1 下面的命题与例类同,但结论似乎更强(虽貌似简单).

命题 1 若 $f(x)$ 在 $[0,1]$ 上连续,在 $(0,1)$ 内二阶可导,又 $f(0)=0, f''(x)>0, x\in(0,1)$.则

$$\int_0^1 xf(x)\mathrm{d}x > \frac{2}{3}\int_0^1 f(x)\mathrm{d}x$$

注 2 下面的命题亦可用例的方法去考虑:

命题 2 若 $a,b>0$ 又函数 $f(x)$ 在 $[a,b]$ 上可积,且 $f(x)$ 非负,又 $\int_{-a}^b xf(x)\mathrm{d}x = 0$.则

$$\int_{-a}^b x^2 f(x)\mathrm{d}x \leqslant ab\int_{-a}^b xf(x)\mathrm{d}x$$

这可考虑积分 $\int_{-a}^b x(x+a)(-x+b)f(x)\mathrm{d}x \geqslant 0$ 即可.

这类问题还有下面的命题,它可视为本注命题的特例或变形.

若函数 $f(x)$ 在 $\left[-\frac{1}{a},a\right]$ 上非负、可积,且 $\int_{-\frac{1}{a}}^a x\ f(x) = 0$,则

$$\int_{-\frac{1}{a}}^a f(x)\mathrm{d}x \geqslant \int_{-\frac{1}{a}}^a x^2 f(x)\mathrm{d}x$$

这只需考虑令 $F(x)=(x+\frac{1}{a})(a-x)f(x),x\in[-\frac{1}{a},a]$，则 $F(x)\geqslant 0$，且 $\int_{-\frac{1}{a}}^{a}f(x)\mathrm{d}x\geqslant 0$ 即可.

下面的例子是一个著名的不等式，它的证明方法与前例无异.

例 17　若 $p(x),f(x),g(x)$ 在 $[a,b]$ 上连续，且 $p(x)>0,f(x),g(x)$ 单增，则

$$\int_a^b p(x)\cdot g(x)\mathrm{d}x\int_a^b p(x)\cdot f(x)\mathrm{d}x\leqslant\int_a^b p(x)\mathrm{d}x\int_a^b p(x)f(x)g(x)\mathrm{d}x\quad(\text{Chebyshev 不等式})$$

证　由题设 $f(x),g(x)$ 单增，则对 $x,y\in[a,b]$ 总有

$$p(x)[f(x)-f(y)][g(x)-g(y)]\geqslant 0$$

两边从 a 到 b 对 x 积分有

$$\int_a^b p(x)[f(x)g(x)-f(x)g(y)-g(x)f(y)+f(y)g(y)]\mathrm{d}x\geqslant 0$$

即

$$\int_a^b p(x)f(x)g(x)\mathrm{d}x+f(y)g(y)\int_a^b p(x)\mathrm{d}x\geqslant g(y)\int_a^b p(x)f(x)\mathrm{d}x+f(y)\int_a^b p(x)g(x)\mathrm{d}x$$

上式两边同乘以 $p(y)$，且对 y 从 a 到 b 积分有

$$\int_a^b p(x)f(x)g(x)\mathrm{d}x\int_a^b p(y)\mathrm{d}y+\int_a^b p(y)f(y)g(y)\mathrm{d}y\int_a^b p(x)\mathrm{d}x\geqslant$$

$$\int_a^b p(y)g(y)\mathrm{d}y\int_a^b p(x)f(x)\mathrm{d}x+\int_a^b p(y)f(y)\mathrm{d}y\int_a^b p(x)g(x)\mathrm{d}x$$

将上式 y 换成 x 可有

$$\int_a^b p(x)g(x)\mathrm{d}x\int_a^b p(x)f(x)\mathrm{d}x\leqslant\int_a^b f(x)\int_a^b p(x)f(x)g(x)\mathrm{d}x$$

下面是一个涉及偏导数的例子.

例 18　若设函数 $f(x,y)$ 及其二阶偏导数在全平面上连续，且知 $f(0,0)=0$. 又

$$\left|\frac{\partial f}{\partial x}\right|\leqslant 2|x-y|,\quad\left|\frac{\partial f}{\partial y}\right|\leqslant 2|x-y|$$

试证 $|f(5,4)|\leqslant 1$.

证　由设 $\left|\frac{\partial f}{\partial x}\right|\leqslant 2|x-y|,\left|\frac{\partial f}{\partial y}\right|\leqslant 2|x-y|$，则对 $x=y$ 的点 (x,y)，均有 $\frac{\partial f}{\partial x}=\frac{\partial f}{\partial y}=0$. 又

$$f(4,4)=\int_{(0,0)}^{(4,4)}\left(\frac{\partial f}{\partial x}\mathrm{d}x+\frac{\partial f}{\partial y}\mathrm{d}y\right)+f(0,0)=0$$

则

$$|f(5,4)|=\left|\int_4^5\frac{\partial f(x,4)}{\partial x}\mathrm{d}x+f(4,4)\right|\leqslant\int_4^5\left|\frac{\partial f(x,4)}{\partial x}\right|\mathrm{d}x\leqslant\int_4^5 2(x-4)\mathrm{d}x=1$$

再来看一个空间曲线积分不等式的例.

例 19　设 $P(x,y,z),Q(x,y,z),R(x,y,z)$ 在曲线 L 上连续，且 l 为 L 的长. 试证：

$$\left|\int_L p\mathrm{d}x+Q\mathrm{d}y+R\mathrm{d}z\right|\leqslant Ml$$

其中 $M=\max\limits_{(x,y,z)\in L}\{P^2+Q^2+R^2\}$.

证　令 $\frac{\mathrm{d}x}{\mathrm{d}l}=\cos\alpha,\frac{\mathrm{d}y}{\mathrm{d}l}=\cos\beta,\frac{\mathrm{d}z}{\mathrm{d}l}=\cos\gamma$，则 $\cos^2\alpha+\cos^2\beta+\cos^2\gamma=1$，因而

$$I=\int_L P\mathrm{d}x+Q\mathrm{d}y+R\mathrm{d}z=\int_L(P\frac{\mathrm{d}x}{\mathrm{d}l}+Q\frac{\mathrm{d}y}{\mathrm{d}l}+R\frac{\mathrm{d}z}{\mathrm{d}l})\mathrm{d}l=$$

$$\int_L(P\cos\alpha+Q\cos\beta+R\cos\gamma)\mathrm{d}l(\text{写成向量内积式})=$$

$$\int_L[(P,Q,R)(\cos\alpha,\cos\beta,\cos\gamma)^{\mathrm{T}}]\mathrm{d}l=$$

$$\int_L\sqrt{P^2+Q^2+R^2}\ \sqrt{\cos^2\alpha+\cos^2\beta+\cos^2\gamma}\cos\theta\mathrm{d}l$$

其中θ为向量(P,Q,R)与$(\cos\alpha+\cos\beta+\cos\gamma)$的夹角,从而

$$|I|=\left|\int_L\sqrt{P^2+Q^2+R^2}\cos\theta\mathrm{d}l\right|\leqslant\int_L\sqrt{P^2+Q^2+R^2}\ |\cos\theta|\ \mathrm{d}l\leqslant M\int_L\mathrm{d}l=Ml$$

这里$M=\max\limits_{(x,y,z)\in L}\{\sqrt{P^2+Q^2+R^2}\}$.

(十一)利用函数的单调性

函数的单调性是某些函数的特性,利用它当然可以证明不等式 —— 然而验证函数的单调性,又往往是通过检验函数导数的保号性而得到的.请看:

例1 若$x\geqslant 5$,则成立不等式$2^x\geqslant x^2$.

证 令$f(x)=\dfrac{2^x}{x^2}$,$x\geqslant 5$.考虑$f(x)$导数

$$f'(x)=\frac{2^x x(x\ln 2-2)}{x^4}>0$$

知$f(x)$当$x\geqslant 5$时单增,有$f(x)>f(5)=2^5/5^2>1$,从而$2^x>x^2$,当$x\geqslant 5$时.

注 类似的命题可如:

问题1 试证$\mathrm{e}^\pi>\pi^\mathrm{e}$.

问题2 若$a>b>0$,则$a^b>b^a$.

它们的证法可详见后文.

例2 设函数$f(x),\varphi(x)$二阶可导,当$x>0$时,$f''(x)\geqslant\varphi''(x)$,且$f(0)=\varphi(0)$,$f'(0)=\varphi'(0)$.试证当$x>0$时,$f(x)>\varphi(x)$.

证 设$F(x)=f(x)-\varphi(x)$,由$F''(x)=f''(x)-\varphi''(x)>0$,知$F'(x)$单增.

而$F'(0)=f'(0)-\varphi'(0)=0$,故当$x>0$时,$F'(x)>0$,故当$x>0$时,$F(x)$单增.又$F(0)=f(0)-\varphi(0)=0$,从而当$x>0$时,$F(x)>0$,即$f(x)>\varphi(x)$.

例3 函数$f(x)$在$[0,1]$上可积且单调不增,证明$\int_0^a f(x)\mathrm{d}x\geqslant a\int_0^1 f(x)\mathrm{d}x$,这里参数$a\in(0,1)$.

证 设$F(a)=\dfrac{1}{a}\int_0^a f(x)\mathrm{d}x$,由设$f(x)$单调不增,故有

$$\int_0^a f(x)\mathrm{d}x\geqslant af(a)$$

即

$$\frac{1}{a}f(a)\leqslant\frac{1}{a^2}\int_0^a f(x)\mathrm{d}x$$

从而$F'(a)=\dfrac{1}{a}f(a)-\dfrac{1}{a^2}\int_0^a f(x)\mathrm{d}x\leqslant 0$,故$F(a)\geqslant F(1)$,即$\int_0^a f(x)\mathrm{d}x\geqslant a\int_0^1 f(x)\mathrm{d}x$.

例4 证明积分不等式$\left[\int_0^1 f(t)\mathrm{d}t\right]^2\geqslant\int_0^1 f^3(t)\mathrm{d}t$,这里函数$f(x)$在$[0,1]$上有连续导数,且$0\leqslant f'(t)\leqslant 1$,又$f(0)=0$.

证1 我们要考虑更一般的情形.令$F(x)=\left[\int_0^x f(t)\mathrm{d}t\right]^2-\int_0^x f^3(t)\mathrm{d}t$,其中$0\leqslant x\leqslant 1$.

显然$F(0)=0$,且

$$F'(x)=2\left[\int_0^x f(t)\mathrm{d}t\right]f(x)-f^3(x)=2f(x)\left[\int_0^x f(t)\mathrm{d}t-f^2(x)\right]$$

由$f(0)=0$,且$f'(x)\geqslant 0$,知$f(x)\geqslant 0$,$x\in(0,1)$.

又令$G(x)=\int_0^x f(t)\mathrm{d}t-f^2(x)$,$x\in(0,1]$.则

$$G'(x)=2f(x)-2f(x)\,f'(x)=2f(x)[1-f'(x)]\geqslant 0$$

由 $G(0)=0$,从而 $G(x)\geqslant 0$. 进而知 $F'(x)\geqslant 0$,即 $F(x)$ 单增(不减).

注意到 $F(0)=0$,故 $F(x)\geqslant 0$. 令 $x=1$ 即得题设式成立.

证 2　令 $F(x)=\left[\int_0^x f(t)\mathrm{d}t\right]^2$,$G(x)=\int_0^x f^3(t)\mathrm{d}t$. 故 $G'(x)=f^3(x)>0$,$0\leqslant x\leqslant 1$.

由 Cauchy 中值定理有

$$\frac{F(1)}{G(1)}=\frac{F(1)-F(0)}{G(1)-G(0)}=\frac{F'(\xi)}{G'(\xi)}=\frac{2f(\xi)\int_0^\xi f(t)\mathrm{d}t}{f^3(\xi)}=\frac{2\int_0^\xi f(t)\mathrm{d}t}{f^2(\xi)},\quad 0<\xi<1$$

再由 Cauchy 中值定理有

$$\frac{\int_0^\xi f(t)\mathrm{d}t}{f^2(\xi)}=\frac{\int_0^\xi f(t)\mathrm{d}t-\int_0^0 f(t)\mathrm{d}t}{f(\xi)-f(0)}=\frac{f(\eta)}{2f(\eta)f'(\eta)},\quad 0<\eta<\xi$$

故$\dfrac{F(1)}{G(1)}=\dfrac{1}{f'(\eta)}\geqslant 1$,从而 $F(1)\geqslant G(1)$.

注　本例结论可以推广为(证明可仿例):

命题　函数 $f(x)$ 在$[0,1]$上连续,$(0,1)$ 内可微,又 $0\leqslant f'(x)\leqslant 1$,当 $0\leqslant x\leqslant 1$ 时,则当 $p\geqslant 1$ 时,有

$$\left[\int_0^1 f(x)\mathrm{d}x\right]^p\geqslant p2^{1-p}\int_0^1 f^{2p-1}(x)\mathrm{d}x$$

(十二)利用极限性质

函数极限有许多性质,比如保号性在证明不等式中(多与导数、定积分有关的)常有应用,这方面例子我们前面已见过. 下面再来看两例.

例 1　若对任意实数 $0<\alpha<1$,且 $0<\beta<1$,又 $\alpha+\beta=1$,及函数 $f(x)$ 定义域内任意两点 $x_1<x_2$,总满足不等式 $f(\alpha x_1+\beta x_2)\leqslant \alpha f(x_1)+\beta f(x_2)$,又若 $f(x)$ 在 x_1,x_2 处可导,试证

$$f'(x_1)\leqslant\frac{f(x_2)-f(x_1)}{x_2-x_1}\leqslant f'(x_2)$$

证　由题设则有关系式(注意到 $\alpha+\beta=1$)

$$f(\alpha x_1+\beta x_2)-f(x_2)\leqslant \alpha f(x_1)+\beta f(x_2)-f(x_2)$$

即
$$f[x_2+\alpha(x_1-x_2)]-f(x_2)-\alpha[f(x_1)-f(x_2)]\leqslant 0$$

注意到 $\alpha(x_1-x_2)<0$,则有

$$\frac{f[x_2+\alpha(x_1-x_2)]-f(x_2)}{\alpha(x_1-x_2)}-\frac{f(x_1)-f(x_2)}{x_1-x_2}\geqslant 0$$

不等式两边取极限(令 $\alpha\to 0$),有

$$f'(x_2)-\frac{f(x_1)-f(x_2)}{x_1-x_2}\geqslant 0$$

即
$$\frac{f(x_2)-f(x_1)}{x_2-x_1}\leqslant f'(x_2)$$

类似地可证不等式另一部分.

例 2　设 $x>0$,证明 $\sqrt{x+1}-\sqrt{x}=\frac{1}{2}\sqrt{x+\theta(x)}$,其中 $\theta(x)$ 满足$\frac{1}{4}<\theta(x)<\frac{1}{2}$.

证　设 $f(x)=\sqrt{x}$,由微分中值定理有

$$\sqrt{x+1}-\sqrt{x}=\frac{1}{2\sqrt{x+\theta(x)}},\quad 0<\theta(x)<1$$

注意到
$$\sqrt{x+1}-\sqrt{x}=\frac{1}{\sqrt{x+1}+\sqrt{x}}$$
则
$$2\sqrt{x+\theta(x)}=\sqrt{x+1}+\sqrt{x}$$
解得 $\theta(x)=\frac{1}{4}+\frac{\sqrt{x(x+1)}-x}{2}$，易证 $\theta(x)$ 当 $x>0$ 时单增.

再由 $\lim\limits_{x\to+\infty}\theta(x)=\frac{1}{2}$，$\lim\limits_{x\to0^+}\theta(x)=\frac{1}{4}$，故 $\frac{1}{4}<\theta(x)<\frac{1}{2}$.

(十三) 利用正定二次型的判别式

正定二次型特别是定号二次三项式的判别式，对于证明某些不等式来讲是简便和巧妙的. 下面的例子我们前文已有介绍，不过那里是离散的情形. 请看：

例 1 设函数 $f(x)$，$g(x)$ 与它们的平方在区间 $[a,b]$ 上可积. 试证
$$\left[\int_a^b f(x)g(x)\mathrm{d}x\right]^2\leqslant\int_a^b f^2(x)\mathrm{d}x\int_a^b g^2(x)\mathrm{d}x\quad\text{(Cauchy-Schwrz 不等式)}$$

证 作
$$F(\lambda)=\int_a^b(\lambda f+g)^2\mathrm{d}x=\left(\int_a^b f^2\mathrm{d}x\right)\lambda^2+2\left(\int_a^b fg\,\mathrm{d}x\right)\lambda+\int_a^b g^2\mathrm{d}x$$
因 $F(\lambda)\geqslant0$，故关于 λ 的二次三项式的判别式
$$\Delta=\left[2\int_a^b fg\,\mathrm{d}x\right]^2-4\int_a^b f^2\mathrm{d}x\cdot\int_a^b g^2\mathrm{d}x\leqslant0$$
即
$$\left[\int_a^b f(x)g(x)\mathrm{d}x\right]^2\leqslant\int_a^b f^2(x)\mathrm{d}x\cdot\int_a^b g^2(x)\mathrm{d}x$$

注 1 由之还可以证明不等式
$$\int_a^b[f(x)+g(k)]^2\mathrm{d}x\leqslant\left\{\left[\int_a^b f^2(x)\mathrm{d}x\right]^{\frac{1}{2}}+\left[\int_a^b g^2(x)\mathrm{d}x\right]^{\frac{1}{2}}\right\}$$
这只需由
$$\int_a^b(f+g)^2\mathrm{d}x=\int_a^b f^2\mathrm{d}x+2\int_a^b fg\,\mathrm{d}x+\int_a^b g^2\mathrm{d}x\leqslant\int_a^b f^2\mathrm{d}x+2\left[\int_a^b f^2\mathrm{d}x\int_a^b g^2\mathrm{d}x\right]^{\frac{1}{2}}+\int_a^b g^2\mathrm{d}x=$$
$$\left\{\left[\int_a^b f^2\mathrm{d}x\right]^{\frac{1}{2}}+\left[\int_a^b g^2\mathrm{d}x\right]^{\frac{1}{2}}\right\}^2$$

注 2 前文例的结论只是本命题的特例，此外下面诸命题也是例的特殊情形.

命题 1 设 $f(x)$ 在 $[a,b]$ 上连续，且 $f(x)>0$. 则
$$\int_a^b f(x)\mathrm{d}x\int_a^b\frac{\mathrm{d}x}{f(x)}\geqslant(b-a)^2$$
当然它还可由 $\int_a^b\left[\lambda\sqrt{f(x)}+\frac{1}{\sqrt{f(x)}}\right]^2\mathrm{d}x\geqslant0$ 直接考虑(其亦视为 λ 的二次三项式).

命题 2 若 $0\leqslant f(x)<1$，且 $g(x)>0$，则有
$$\int_0^1\frac{f(x)}{g(x)}\mathrm{d}x\geqslant\frac{\left[\int_0^1\sqrt{f(x)}\,\mathrm{d}x\right]^2}{\int_0^1 g(x)\mathrm{d}x}$$

命题 3 若 $0\leqslant f(x)<1$，则
$$\int_0^1\frac{f(x)}{1-f(x)}\mathrm{d}x\geqslant\frac{\int_0^1 f(x)\mathrm{d}x}{1-\int_0^1 f(x)\mathrm{d}x}\quad\text{(它的另证见前文)}$$

注 3 上面的结论对于离散的情形分别是：

命题 4　假设 $a_k, b_k (k = 1,2,\cdots,n)$ 均为实数，则

$$\left(\sum_{k=1}^{n} a_k b_k\right)^2 \leqslant \left(\sum_{k=1}^{n} a_k^{\ 2}\right)\left(\sum_{k=1}^{n} b_k^{\ 2}\right)$$

$$\sum_{k=1}^{n}(a_k + b_k)^2 \leqslant \left(\sqrt{\sum_{k=1}^{n} a_k^{\ 2}} + \sqrt{\sum_{k=1}^{n} b_k^{\ 2}}\right)^2$$

故前述积分不等式实则可视为这些不等式的推广(从离散到连续).

注 4　下面问题(该问题我们前文已有介绍)亦是本例的特殊情形：

问题　设 $f(x)$ 在 $[0,1]$ 上连续、可微，当 $x \in (0,1)$ 时，$0 < f'(x) < 1$，且 $f(0) = 0$. 试证

$$\int_0^1 f^3(x)\mathrm{d}x < \left[\int_0^1 f(x)\mathrm{d}x\right]^2 < \int_0^1 f^2(x)\mathrm{d}x$$

另在例的题设条件下由

$$\left[\int_0^1 f(x)\mathrm{d}x\right]^2 \leqslant \int_0^1 (\sqrt{f(x)})^2\mathrm{d}x \cdot \int_0^1 (\sqrt{f(x)})^2\mathrm{d}x = \int_0^1 f^2(x)\mathrm{d}x$$

即上不等式式右.

注 5　类似地我们可以更一般结论：

命题 5　若 $f(x) \geqslant 0$，且 $f(x) \not\equiv 0$. 又 $f(x)$ 在 $(0,+\infty)$ 上二次可积，则

$$\left(\int_0^{+\infty} f(x)\mathrm{d}x\right)^4 \leqslant \pi^2\left(\int_0^{+\infty} f^2(x)\mathrm{d}x\right)\left(\int_0^{+\infty} x^2 f^2(x)\mathrm{d}x\right)$$

可令 $s = \int_0^{+\infty} f^2(x)\mathrm{d}x, \sigma = \int_0^{+\infty}[xf(x)]^2\mathrm{d}x$，则由 Cauchy 不等式

$$\left[\int_0^{+\infty} f(x)\mathrm{d}x\right] = \left[\int_0^{+\infty} f(x) \cdot \sqrt{\sigma + x^2 s} \cdot \frac{1}{\sqrt{\sigma + x^2 s}}\mathrm{d}x\right]^2 \leqslant$$

$$\left[\int_0^{+\infty} f^2(x)(\sigma + x^2 s)\mathrm{d}x\right]\left[\int_0^{+\infty}(\sigma + x^2 s)^{-1}\mathrm{d}x\right] = \pi\sqrt{\sigma s}$$

例 2　若 $a_i \in \mathbf{R}^+ (i = 1,2,\cdots,n)$，又 $\sum_{i=1}^{n} a_i = 1$，且 $0 < \lambda_1 \leqslant \lambda_2 \leqslant \cdots \leqslant \lambda_n$. 求证

$$\left(\sum_{i=1}^{n}\frac{a_i}{\lambda_i}\right)\left(\sum_{i=1}^{n} a_i\lambda_i\right) \leqslant \frac{(\lambda_1 + \lambda_2)^2}{4\lambda_1\lambda_n} \quad \text{(Конторович 不等式)}$$

证　令 $f(x) = \left(\sum_{i=1}^{n}\frac{a_i}{\lambda_i}\right)x^2 - \frac{\lambda_1 + \lambda_n}{\sqrt{\lambda_1\lambda_n}}x + \sum_{i=1}^{n} a_i\lambda_i$，它是 x 的二次函数.

由题设知 $\sum_{i=1}^{n}\frac{a_i}{\lambda_i} > 0$，因而知其图象即抛物线开口向上. 再注意到

$$f(\sqrt{\lambda_1\lambda_n}) = a_1\lambda_n + a_n\lambda_1 + \sum_{i=2}^{n-1}\frac{a_i}{\lambda_i}\lambda_1\lambda_n - (\lambda_1 + \lambda_n) + a_1\lambda_1 + a_n\lambda_n + \sum_{i=2}^{n-1} a_i\lambda_i =$$

$$-(\lambda_1 + \lambda_n)\sum_{i=2}^{n} a_i + \sum_{i=2}^{n-1}\frac{\lambda_1\lambda_n + \lambda_i^{\ 2}}{\lambda_i}a_i =$$

$$\sum_{i=2}^{n-1} a_i\frac{(\lambda_1 - \lambda_i)(\lambda_n - \lambda_i)}{\lambda_i} \leqslant 0$$

知 $f(x)$ 有实根，从而 $\Delta = \left(\frac{\lambda_1 + \lambda_n}{\sqrt{\lambda_1\lambda_n}}\right)^2 - 4\left(\sum_{i=1}^{n}\frac{a_i}{\lambda_i}\right)\left(\sum_{i=1}^{n} a_i\lambda_i\right) \geqslant 0$，题设式得证.

附录　从转化观点看几道数学考研不等式问题

考研辅导专家们曾对报考研究生的考生提出过忠告，且给出了“法宝”(或经验)，数学复习应采取的方法是：

一是认真领会掌握基本概念;二是看、做考研真题;三是多动手训练(做题).

对于如何看、做考研试题我们想说几句,之前,除了复习好必要的基础知识外,还要了解、掌握一些解题思想与方法.

数学解题中有一个重要的思想即**转化**,其实说穿了,解数学题就是将未知(或要求、要证)的结论,转化为(或利用)已知结论的过程,这种转化不仅贯穿数学解题过程的始终,它也贯穿数学自身发展的始终.

在演算数学问题时,如果你能从中找出这种转化关系,乃至能将一类问题之间的联系看清、摸透,你的解题能力和技巧将会大有提高,因为你此时至少已经掌握了这**一类**问题(而非一道问题)的解法.

要做到这一点,重要的是要对各类试卷去做综合、分析、比较,看看能否找到规律性的东西,因为数学是相通的,数学内容就那么多,好的试题也就那么一些.这样各种数学试卷难免会有交叉、重复;再者也要注意问题的演化规律,这里想以下面一道考研不等式问题演化的历程为例,看看近年来这类问题在考研试题中的演化及变形(这些不等式我们前文已有详细介绍).

全国硕士研究生入学考试1993年数学(二)[下记(1993②)]试卷中有这样一道题目:

问题1 设函数 $f(x)$ 在$[0,a]$上有连续导数,且 $f(0)=0$.试证 $\left|\int_0^a f(x)\mathrm{d}x\right|\leqslant\frac{Ma^2}{2}$,这里 $M=\max\limits_{0\leqslant x\leqslant a}|f'(x)|$.(1993②)

它的证明不很难,比如有下面证法:

证1 任取 $x\in(0,a]$,由微分中值定理

$$f(x)=-f(0)=f'(\xi)x,\quad \xi\in(0,x)$$

又由 $f(0)=0$,则 $f(x)=f'(\xi)x,x\in(0,x)$.故

$$\left|\int_0^a f(x)\mathrm{d}x\right|=\left|\int_0^a f'(\xi)x\mathrm{d}x\right|\leqslant\int_0^a|f'(\xi)|x\mathrm{d}x\leqslant M\int_0^a x\mathrm{d}x=\frac{M}{2}a^2$$

证2 设 $x\in(0,a]$,由 $f(0)=0$,知

$$\int_0^x f'(t)\mathrm{d}t=f(x)-f(0)=f(x)$$

令 $M=\max\limits_{0\leqslant x\leqslant a}|f'(x)|$,由积分性质及题设有

$$|f(x)|=\left|\int_0^x f'(t)\mathrm{d}t\right|\leqslant\int_0^x|f'(t)|\mathrm{d}t\leqslant M\int_0^x\mathrm{d}t=Mx$$

故

$$|f(x)|=\left|\int_0^x f'(t)\mathrm{d}t\right|\leqslant\int_0^x|f'(t)|\mathrm{d}t\leqslant\int_0^a Mx\,\mathrm{d}x=\frac{M}{2}a^2$$

该问题其实只是下面一个较为经典问题的特例而已,这个问题是:

问题2 设 $f(x)$ 在$[a,b]$上连续,在(a,b)内可导,且 $f(a)=0$.试证

$$\frac{2}{(b-a)^2}\left|\int_a^b f(x)\mathrm{d}x\right|\leqslant\max_{x\in[a,b]}|f'(x)|$$

仿照上面的解法不难证得该问题.下面再给出一个较为新颖的证法:

证 由积分性质且注意到 $f(a)=0$ 有$\int_a^b f(x)\mathrm{d}x=\int_a^b\mathrm{d}x\int_a^x f'(t)\mathrm{d}t,a\leqslant x\leqslant b$.故

$$\left|\int_a^b f(x)\mathrm{d}x\right|=\left|\int_a^b\int_a^x f'(t)\mathrm{d}t\mathrm{d}x\right|\leqslant\int_a^b\int_a^x|f'(t)|\mathrm{d}t\mathrm{d}x\leqslant\max_{x\in[a,b]}|f'(x)|\int_a^b(x-a)\mathrm{d}x=$$

$$\max_{x\in[a,b]}|f'(x)|\cdot\left.\frac{(x-a)^2}{2}\right|_a^b=\max_{x\in[a,b]}|f'(x)|\cdot\frac{(b-a)^2}{2}$$

即要证不等式成立.与题2类似的问题还有:

问题3 设 $f(x)$ 的一阶导数在$[a,b]$上连续,且 $f(a)=f(b)=0$,则

$$\max_{x\in[a,b]}|f'(x)|\geqslant\frac{4}{(b-a)^2}\int_a^b|f(x)|\mathrm{d}x$$

这里题目的条件中多了一个 $f(b)=0$ 的条件，如此一来它的结论稍有加强.

证　若 $x\in(a,b)$，在 $[a,x]$ 及 $[x,b]$ 上对 $f(x)$ 应用 Lagrange 中值定理有

$$f(x)-f(a)=f'(\xi_1)(x-a),\quad a<\xi_1<x \qquad ①$$

$$f(x)-f(b)=f'(\xi_2)(x-b),\quad a<\xi_2<b \qquad ②$$

又 $f(a)=f(b)=0$，由 $f'(x)$ 在区间 $[a,b]$ 上连续，故 $|f'(x)|$ 在 $[a,b]$ 上亦连续，则 $|f'(x)|$ 必有最大值 M，即

$$|f'(x)|\leqslant\max_{a\leqslant x\leqslant b}|f'(x)|=M$$

再由式①,②有 $|f'(x)|\leqslant M(x-a)$，$|f'(x)|\leqslant M(b-x)$. 故

$$\frac{4}{(b-a)^2}\int_a^b|f'(x)|\,dx=\frac{4}{(b-a)^4}\left[\int_a^{\frac{a+b}{2}}|f(x)|\,dx+\int_{\frac{a+b}{2}}^b|f(x)|\,dx\right]\leqslant$$

$$\frac{4}{(b-a)^2}\left[\int_a^{\frac{a+b}{2}}M(x-a)dx+\int_{\frac{a+b}{2}}^bM(b-x)dx\right]=$$

$$\frac{4M}{(b-a)^2}\left[\frac{1}{2}\left(\frac{a+b}{2}-a\right)^2+\frac{1}{2}\left(b-\frac{a+b}{2}\right)^2\right]=$$

$$M=\max_{a\leqslant x\leqslant b}|f'(x)|$$

当然它(问题3)的特例情形是：

问题4　设函数 $f(x)$ 的一阶导数在 $[0,1]$ 上连续，且 $f(0)=f(1)=0$. 试证明

$$\left|\int_0^1 f(x)dx\right|\leqslant\frac{1}{4}\max_{x\in[0,1]}|f'(x)|$$

证　对于积分计算可先凑微分，再用分部分，这样可有

$$\int_0^1 f(x)dx=\int_0^1 f(x)d\left(x-\frac{1}{2}\right)=\left[\left(x-\frac{1}{2}\right)f(x)\right]_0^1-\int_0^1 f'(x)\left(x-\frac{1}{2}\right)dx=$$

$$-\int_0^1 f'(x)\left(x-\frac{1}{2}\right)dx$$

而

$$\left|\int_0^1 f(x)dx\right|\leqslant\max_{x\in[0,1]}|f'(x)|\int_0^1\left|x-\frac{1}{2}\right|dx=$$

$$\max_{x\in[0,1]}|f'(x)|\left\{\int_0^{\frac{1}{2}}\left(\frac{1}{2}-x\right)dx+\int_{\frac{1}{2}}^1\left(x-\frac{1}{2}\right)dx\right\}=\frac{1}{4}\max_{x\in[0,1]}|f'(x)|$$

故

$$\left|\int_0^1 f(x)dx\right|\leqslant\frac{1}{4}\max_{x\in[0,1]}|f'(x)|$$

问题3的另外变形是一道前苏联大学生数学竞赛题：

问题5　函数 $f(x)$ 在 $[a,b]$ 上有二阶导数，又 $f'(a)=f'(b)=0$. 试证在 (a,b) 内至少存在一点 ξ 满足 $|f''(\xi)|\geqslant\dfrac{4}{(b-a)^2}|f(b)-f(a)|$.

证　由 $f(x)$ 在 $c=\dfrac{a+b}{2}$ 点 Taylor 展开且注意到 $f'(a)=0$，可有

$$f(c)=f(a)+f'(a)\cdot(c-a)+\frac{f''(\xi_1)}{2}(c-a)^2=f(a)+\frac{f''(\xi_1)}{8}(b-a)^2,\quad a<\xi_1<c$$

又

$$f(c)=f(b)+f'(b)\cdot(c-b)+\frac{f''(\xi_2)}{2}(b-a)^2=f(b)+\frac{f''(\xi_2)}{8}(b-a)^2,\quad c<\xi_2<b$$

故

$$|f(b)-f(a)|=\frac{1}{2}(b-a)^2|f''(\xi_2)-f''(\xi_1)|\leqslant$$

$$\frac{1}{8}(b-a)^2[|f''(\xi_2)|+|f''(\xi_1)|]\leqslant\frac{1}{4}(b-a)^2|f''(\xi)|$$

即 $$|f''(\xi)| \geqslant \frac{4}{(b-a)^2}|f(b)-f(a)|$$

其中 $$|f''(\xi)| = \max\{|f''(\xi_1)|, |f''(\xi_2)|\}$$

问题 6 设函数 $f(x)$ 的二阶导数连续，且 $f(0)=f(1)=0$，又 $\min\limits_{x\in[0,1]} f(x) = -1$，试证 $\max\limits_{x\in[0,1]} f''(x) \geqslant 8$.

证 设 $f(x)$ 在 a 处取得最小值，显然 $a\in(0,1)$. 则 $f'(a)=0, f(a)=-1$. 依 Taylor 公式有(式中 ξ 在 x, a 之间)

$$f(a)+f'(a)(x-a)+\frac{1}{2!}f''(\xi)(x-a)^2 = -1+\frac{1}{2}f''(\xi)(x-a)^2$$

因 $f(0)=f(1)=0$，故当 $x=0, x=1$ 时，有

$$0=-1+f''(\xi_1)\cdot\frac{a^2}{2}\Rightarrow f''(\xi_1)=\frac{2}{a^2}$$

$$0=-1+f''(\xi_2)\cdot\frac{1}{2}(1-a)^2\Rightarrow f''(\xi_2)=\frac{2}{(1-a)^2}$$

故当 $a<\frac{1}{2}$ 时，$f''(\xi_1)>8$；当 $a\geqslant\frac{1}{2}$ 时，$f''(\xi_2)\geqslant 8$. 即知 $\max\limits_{x\in[0,1]} f''(x)\geqslant 8$.

注 下面的问题是本例的变形或对偶问题：

设函数 $f(x)$ 的二阶导数连续，且 $f(0)=f(1)=0$，又 $\max\limits_{x\in[0,1]} f(x)=2$. 试证 $\min\limits_{x\in[0,1]} f''(x)\leqslant -16$.

此外，类似的例子详见文献[1].

问题 3 的另外变形或引申可见(它曾作为北方交通大学 1994 年大学生数学竞赛题)：

问题 7 若 $f(x)$ 在$[0,1]$上有二阶连续导数，且 $f(0)=f(1)=0$. 又 $x\in(0,1)$ 时 $f(x)\neq 0$. 试证不等式

$$\int_0^1\left|\frac{f''(x)}{f(x)}\right|\mathrm{d}x\geqslant 4$$

证 记 $M=|f(x_0)|=\max\limits_{0\leqslant x\leqslant 1}|f(x)|$，在区间$[0,x_0]$和$[x_0,1]$上分别对 $f(x)$ 使用微分中值定理，有

$$f(x_0)=f'(\xi_1)x_0,\quad 0<\xi_1<x_0$$

及 $$-f(x_0)=f'(\xi_2)(1-x_0),\quad x_0<\xi_2<1$$

则 $$\int_0^1\left|\frac{f''(x)}{f(x)}\right|\mathrm{d}x\geqslant\int_0^1\left|\frac{f''(x)}{M}\right|\mathrm{d}x=\frac{1}{|M|}\left[\int_0^{x_0}|f''(x)|\mathrm{d}x+\int_{x_0}^1|f''(x)|\mathrm{d}x\right]\geqslant$$

$$\frac{1}{|M|}\left|\int_{\xi_1}^{\xi_2}f''(x)\mathrm{d}x\right|=4\quad(\text{详细证明见前文})$$

作为 $\max\limits_{a\leqslant x\leqslant b}|f'(x)|$ 下界的对偶问题可有(它是上海交通大学 1991 年大学生数学竞赛题)：

问题 8 设函数 $f(x)$ 在$[a,b]$上有连续导数，试证

$$\left|\frac{1}{b-a}\int_a^b f(x)\mathrm{d}x\right|+\int_a^b|f'(x)|\mathrm{d}x\geqslant\max_{a\leqslant x\leqslant b}|f(x)|$$

证 由设 $f(x)$ 在$[a,b]$上连续，故 $|f(x)|$ 在$[a,b]$上也连续，从而有 $x_0\in[a,b]$，使

$$|f(x_0)|=\max_{a\leqslant x\leqslant b}|f(x)|$$

又由积分中值定理有 $$\frac{1}{b-a}\int_a^b f(x)\mathrm{d}x=f(\xi),\quad \xi\in[a,b]$$

故 $$\left|\frac{1}{b-a}\int_a^b f(x)\mathrm{d}x\right|+\int_a^b|f'(x)|\mathrm{d}x=|f(\xi)|+\int_a^b|f'(x)|\mathrm{d}x\geqslant$$

$$|f(\xi)|+\left|\int_\xi^{x_0}f'(x)\mathrm{d}x\right|=$$

$$|f(\xi)|+|f(x_0)-f(\xi)|\geqslant$$
$$|f(\xi)-f(x_0)-f(\xi)|=|f(x_0)|=\max_{a\leqslant x\leqslant b}|f(x)|$$

当然问题还可写如

$$\max_{a\leqslant x\leqslant b}|f'(x)|\leqslant\left|\frac{f(b)-f(a)}{b-a}\right|+\int_a^b|f'(x)|\,\mathrm{d}x$$

只需注意到 $\int_a^b f'(x)\mathrm{d}x=f(b)-f(a)$ 即可.

这样与题 2 结合可有不等式(注意到 $f(a)=0$):

$$\frac{2}{(b-a)^2}\left|\int_a^b f(x)\mathrm{d}x\right|\leqslant\max_{a\leqslant x\leqslant b}|f'(x)|\leqslant\left|\frac{f(b)}{b-a}\right|+\int_a^b|f'(x)|\,\mathrm{d}x$$

作为题 8 的特例或引申便是研究生入学考试 1996 数学(一) 的题目:

问题 9　设 $f(x)$ 在 $[0,1]$ 上具有二阶导数,且满足条件 $|f(x)|\leqslant a$, $|f''(x)|\leqslant b$,其中 a,b 都是非负常数,c 是 $(0,1)$ 内任意一点. 证明 $|f'(c)|\leqslant 2a+\dfrac{b}{2}$. (1996①)

证　由上面一阶泰勒公式,分别令 $x=0$ 和 $x=1$,则有

$$f(0)=f(c)-f'(c)c+\frac{f''(\xi_1)}{2!}c^2,\quad 0<\xi_1<c<1$$

$$f(1)=f(c)+f'(c)(1-c)+\frac{f''(\xi_2)}{2!}(1-c)^2,\quad 0<c<\xi_2<1$$

上两式相减得

$$f(1)-f(0)=f'(c)+\frac{1}{2!}[f''(\xi_2)(1-c)^2+f''(\xi_1)c^2]$$

因此

$$|f'(c)|\leqslant|f(1)|+|f(0)|+\frac{1}{2}|f''(\xi_2)|(1-c)^2+\frac{1}{2}|f''(\xi_1)|c^2\leqslant$$
$$a+a+\frac{b}{2}[(1-c)^2+c^2]$$

又因 $c\in(0,1)$,有 $(1-c)^2+c^2\leqslant 1$,故 $|f'(c)|\leqslant 2a+\dfrac{b}{2}$.

由上我们已经看出这些命(问) 题间的内在联系,见图 12:

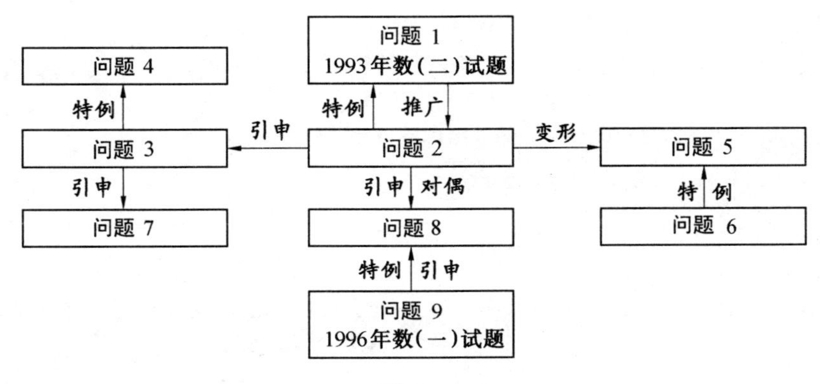

图 12

搞清这些问题之间的关联,从中不仅可以学会掌握解这类问题的方法,更重要的可以看清这些问题彼此间是如何联系及转化的,如前所言解数学问题就是将**未知**转化为**已知**的过程. 此外弄清这些关系,也可看透拟题者的匠心与立意,因为特例、推广、引申和对偶也是拟造数学命题的重要手段和方法.

习　　题

一、一元函数的导数问题

1. 设函数 $f(x)=\begin{cases}\dfrac{g(x)-\cos x}{x}, & x\neq 0\\ a, & x=0\end{cases}$. 其中 $g(x)$ 具有二阶连续导数且 $g(0)=1$. (1) 确定 α 的值使 $f(x)$ 在 $x=0$ 处连续;(2) 讨论 $f'(x)$ 在 $x=0$ 处的连续性.

$\left[\textbf{答}:(1)\alpha=g'(0);(2)\text{ 连续,注意到} f'(0)=\dfrac{1}{2}(g''(0)+1)\right]$

2. 设 $y=|x|^p$,这里 p 为大于 1 的正整数,求 y'.

[**提示**:注意讨论 $x=0$ 点的导数值分 p 为奇数、偶数两种情形]

3. 研究函数 $\begin{cases}\dfrac{1-\cos x}{x^2}, & x>0\\ 1, & x=0\\ \dfrac{1}{x}-\dfrac{1}{e^x-1}, & x<0\end{cases}$ 的可微性.

[**提示**:$f(0+0)=f(0-0)\neq f(0)$,$x=0$ 为 $f(x)$ 间断点,故函数在该点不可微]

4. 设函数 $\varphi(x)=\begin{cases}x^2\sin\left(\dfrac{1}{x}\right), & x\neq 0\\ 0, & x=0\end{cases}$. 又函数 $f(x)$ 在 $x=0$ 可导,试求复合函数 $\Phi(x)=f[\varphi(x)]$ 在 $x=0$ 点的导数.

[**提示**:$\Phi'(0)=f'[\varphi(0)]\varphi'(0)=0$,注意 $\varphi'(0)$ 须按定义求解]

5. 设函数 $f(x)=\begin{cases}x^2\sin\left(\dfrac{1}{x}\right), & x>0\\ \dfrac{1-\cos x^2}{x}, & x<0\\ 0, & x=0\end{cases}$,求 $f'(x)$,且问 $f''(0)$ 是否存在.

6. (1) 若 $f(x)=\ln(e^x+\sqrt{1+e^{2x}})$,求(1) $f'(x)$;(2) 若 $\arctan\left(\dfrac{y}{x}\right)=\ln\sqrt{x^2+y^2}$,求 y'_x.

7. 若 $y=\log_{\varphi(x)}\psi(x)$,其中 $\varphi(x)>0$,$\psi(x)>0$,求 y'_x.

8. 求常数 A,B 之值,使 $f(x)=\begin{cases}\sin x+2Ae^x, & x<0\\ 9\arctan x+2B(x-1)^3, & x\geqslant 0\end{cases}$ 在 $x=0$ 有一阶导数.

[**提示**:首先 $f(x)$ 在 $x=0$ 应连续,然后考虑其可导. 答:$A=1$,$B=-1$]

9. 设 $F(x)=\int_a^b f(y)\,|x-y|\,dy$,求 $F''(x)$.

[**提示**:由设有 $F(x)=\begin{cases}\int_a^b f(y)(y-x)dx, & x<a\\ \int_a^x f(y)(x-y)dy+\int_x^b f(y)(y-x)dy, & a\leqslant x\leqslant b\\ \int_a^b f(y)(x-y)dy, & x>b\end{cases}$,然后分段求导]

[**答**:$F''(x)=\begin{cases}2f(x), & a\leqslant x\leqslant b\\ 0, & x<a\text{ 或 }x>b\end{cases}$]

10. 设 $y=\left[\dfrac{1-x^2}{2}\sin x-\dfrac{(1+x)^2}{2}\cos x\right]e^{-x}$,求 y''.

[答:$y''=[2x\sin x+x^2(\cos x-\sin x)]\mathrm{e}^{-x}$]

11. 设 $x=\int_0^1 a\cos xt\,\mathrm{d}t, y=b\cos t\left(0<\alpha\leqslant t\leqslant\beta<\frac{\pi}{2}\right)$,求$\frac{\mathrm{d}^2y}{\mathrm{d}x^2}$.

$\left[答:\frac{\mathrm{d}^2y}{\mathrm{d}x^2}=-\frac{b}{a^2}\sec^3 t\right]$

12. 设 $x=\varphi(t), y=\psi(t)$,求$\frac{\mathrm{d}^3y}{\mathrm{d}x^3}$.

$\left[提示:\frac{\mathrm{d}^3y}{\mathrm{d}x^3}=\frac{(\psi'''\varphi'-\psi'\varphi''')\varphi'-3\varphi''(\psi''\varphi'-\psi'\varphi'')}{\varphi'^5}\right]$

13. (1) 设 $y=\frac{1}{x^2-5x+6}$;(2) $y=\ln(x^2-a^2)$,其中 $x>|a|$,求它们的 n 阶导数 $y^{(n)}$.

14. 如果 u,v,w 均为 x 的函数,且令

$$W(u,v,w)=\begin{vmatrix} u & v & w \\ u' & v' & w' \\ u'' & v'' & w'' \end{vmatrix}$$

试证 $W(u,v,w)=u^3W\left(1,\frac{u}{v},\frac{w}{u}\right)$.

$\left[提示:先求出\left(\frac{v}{u}\right)',\left(\frac{w}{u}\right)';\left(\frac{v}{u}\right)'',\left(\frac{w}{u}\right)'',然后再用并列式性质即可\right]$

二、微分中值定理及其应用

1. 若 $f(x)$ 在 (a,b) 内可微,且 $ab>0$,又 $f(a+0), f(b-0)$ 均存在. 试证至少有一点 $\xi\in(a,b)$ 使得$\frac{1}{a-b}\begin{vmatrix} a & b \\ f(a+0) & f(b-0) \end{vmatrix}=f(\xi)-\xi f'(\xi)$.

[提示:先补充定义 $f(a)=f(a+0), f(b)=f(b-0)$,然后再考虑函数 $F(x)=\frac{1}{x}, G(x)=\frac{f(x)}{x}$ 用 Couchy 中值定理]

2. 若 $f(x)$ 在 $[a,b]$ 上连续,在 (a,b) 内可导,且 $f(a)=f(b)=0$. 则至少有 $\xi\in(a,b)$ 使 $kf(\xi)=f'(\xi)$(k 为给定常数).

[提示:令 $\varphi(x)=f(x)\mathrm{e}^{-kx}$,再用 Rolle 定理]

3. 设 $f(x)$ 在 $(-\infty,+\infty)$ 内连续,且有二阶导数,又 $f''(x)+f'(x)g(x)-f(x)=0$,其中 $g(x)$ 为某一函数. 试证若 $f(x)$ 有两个零点时,则 $f(x)$ 在此两零点之间恒为零.

[提示:若 $f(a)=f(b)=0$,考虑 $[a,b]$ 上 $f(x)$ 的极、最值情况]

4. $f(x)$ 在 $[a,b]$ 上可导,且对任意 $x_1,x_2\in(a,b)$,若 $f'(x_1)<c<f'(x_2)$,试证:在 x_1,x_2 之间必存在一点 ξ 使 $f'(\xi)=c$.

[提示:令 $F(x)=f(x)-cx$,再考虑 $F(x)$ 在 $[a,b]$ 上的最(大、小)值不能同时出现在区间端点,则有 $\xi\in(x_1,x_2)$ 使 $F'(\xi)=c$]

5. 若函数 $f(x)$ 在 $(-\infty,+\infty)$ 内可导,又 $y=f(x)$ 过可共线的相异三点 $(x_1,y_1),(x_2,y_2),(x_3,y_3)$. 试证有 $\xi\in(x_1,x_3)$ 或 (x_3,x_1) 使 $f''(\xi)=0$.

[提示:它的几何意思是明显的]

6. 设 $f(x)=\left(\int_0^x \mathrm{e}^{-t^2}\mathrm{d}t\right)^2, g(x)=\int_0^1\frac{\mathrm{e}^{-x^2(1+t^2)}}{1+t^2}\mathrm{d}t$,试证 $f(x)+g(x)\equiv c$(常数),且求出此常数.

[提示:考虑 $f'(x)+g'(x)$,只需证其为 0(在计算 $g'(x)$ 时可令 $xt=u$). 取 $x=0$ 可得 $c=\frac{\pi}{4}$]

注　由此亦可求$\int_0^{+\infty}\mathrm{e}^{-t^2}\mathrm{d}t$(这是概率论中常会遇到的积分),只需注意到

$$\lim_{x\to\infty}\left(\int_0^x e^{-t^2}\,dt\right)^2=\frac{\pi}{4}-\lim_{x\to\infty}\int_0^1\frac{e^{-x^2(1+t^2)}}{1+t^2}dt=\frac{\pi}{4}$$

7. 作出下列函数图象：(1)$y=x+\dfrac{x}{x^2-1}$；(2)$y=\dfrac{\ln x}{x}$；(3) 极限函数 $y=\lim\limits_{x\to\infty}\dfrac{x(1+\sin\pi x)^n+\sin\pi x}{1+(1+\sin\pi x)^n}$，$n$ 为正整数$(-1\leqslant x\leqslant 1)$.

[**提示**：(1) 是奇函数，$x=\pm1$ 和 $y=x$ 为其渐近线；(3) 分段讨论 y 值]

三、方程根的存在判定问题

1. 设 $f(x)$ 在 $[a,b]$ 上二次可微，且对 $[a,b]$ 上每个 x，均有 $f(x)$ 与 $f''(x)$ 同号或同为零，又 $f(x)$ 在 $[a,b]$ 的任何子区间内不恒为零，试证 $f(x)=0$ 在 (a,b) 内若有根必唯一.

[**提示**：利用反证法. 若 $f(x_1)=f(x_2)=0$，在 $[x_1,x_2]$ 上考虑 $f(x)$ 的最大、最小值]

2. 设函数 $f(x)$ 在 $[0,1]$ 上单调不减，且 $f(0)>0$，$f(1)<1$，则在 $(0,1)$ 内至少有 $f(x)-x^2=0$ 的一个根.

[**提示**：令 $g(x)=f(x)-x^2$，由 $f(x)$ 的单调性知 $g(x)$ 亦单调，又 $g(0)=f(0)>0$. 且 $g(1)=f(1)-1<0$. 考虑 $[0,1]$ 中点 $\dfrac{1}{2}$，若 $g\left(\dfrac{1}{2}\right)=0$ 证毕；否则可重复上面步骤，最后求得 ξ 使 $g(\xi)=0$]

3. 若设 $f_n(x)=1+x+\dfrac{x^2}{2!}+\cdots+\dfrac{x^n}{n!}$，其中 n 是自然数. 求证：方程 $f_n(x)f_{n+1}(x)=0$ 在 $(-\infty,+\infty)$ 内有唯一实根.

[**提示**：先分 n 为奇数或偶数两种情形讨论 $f_n(x)$ 在 $(-\infty,+\infty)$ 内的根的情况，再考虑 $g_n(x)=f_n(x)f_{n+1}(x)$ 的根的情况]

4. 若 $f(x)$ 在 $\mathbf{R}$ 上非负连续且 $f(-x)=f(x)$，又 $x\geqslant0$ 时 $f(x)$ 单增，则对任意 $a,b\in\mathbf{R}(a>b)$ 有唯一 ξ 使 $\int_a^b(x+\xi)f(x+\xi)\,dx=0$，求出 ξ 值来.

5. 试证方程 $e^x-x-1=0$ 在 $(-\infty,+\infty)$ 内仅有一个实根.

6. 若 n 为奇数，则 $x^n+xn-1=0$ 在 $(-\infty,+\infty)$ 内有唯一实根.

注　n 为偶数的情形要讨论. 因为方程式左导数为 $n(x^{n-1}+1)$ 要分情况判断其符号.

四、不等式的证明问题

1. 证明下列各不等式：

(1)$\sin x+\tan x>2x\ \left(0<x<\dfrac{\pi}{2}\right)$　　(2)$\ln(1+x)\geqslant\dfrac{\arctan x}{1+x}$，$x\in[0,+\infty)$

(3) $\dfrac{1}{x}+\dfrac{1}{\ln(1-x)}<1$，$x<1$，且 $x\neq0$　　(4) $\dfrac{x_2}{x_1}<\dfrac{\tan x_2}{\tan x_1}$，$0<x_1<x_2<\dfrac{\pi}{2}$

(5) $\dfrac{x-x^3}{6}<\sin x<x$，$x>0$　　(6)$x^y+y^x>1$，且 $x^x+y^y\geqslant x^y+y^x\ (x,y\in\mathbf{R}^+)$

[**提示**：(1)、(2) 考虑式左减式右后构成的新函数的导数；(3) 令 $y=-x$，只需证 $\dfrac{\ln(1+y)-y}{1+y}>0$；(4) 考虑函数 $f(x)=\dfrac{\tan x}{x}$ 的导数；(6) 考虑 $f(x)=x^x$ 的极小值，再令 $y=dx$]

2. 若 $f(x)$ 在 $[a,b]$ 上连续，且 $f(x)>0$，又 $F(x)=\int_a^x f(t)\,dt+\int_b^x\dfrac{1}{f(t)}dt$，试证 $F'(x)\geqslant2$.

3. (1) 当 $|x|\leqslant2$ 时，试证(1) $|3x-x^3|\leqslant2$；(2) 若 n 为自然数，$0<x<1$，试证 $x^n(1-x)<\dfrac{1}{e^n}$.

[**提示**：(1) 考虑 $f(x)=3x-x^3$ 的极值；(2) 令 $f(x)=x^n(1-x)$，考虑 $f(x)$ 的最大值，注意 $\left(\dfrac{n}{n+1}\right)^{n+1}$ 单增]

4. 若 $F(x)$ 定义在$(-\infty,+\infty)$上，又 $F''(x)\geqslant 0$，函数 $f(x)$ 在$\left[0,\frac{\pi}{2}\right]$上连续. 试证

$$F\left[\int_0^{\frac{\pi}{2}} f(x)\sin x\mathrm{d}x\right]\leqslant\int_0^{\frac{\pi}{2}} F[f(x)]\sin x\mathrm{d}x$$

[**提示:**利用凸函数的性质及定积分的定义]

5. 函数 $f(x)$ 在 x_0 的邻域内存在四阶导数，且 $|f^{(4)}(x)|\leqslant M$. 试证：对此邻域内异于 x_0 的任何 x 均有

$$\left|f''(x_0)-\frac{f(x)-2f(x_0)+f(\tilde{x})}{(x-x_0)^2}\right|\leqslant\frac{M}{12}(x-x_0)^2$$

其中 $\tilde{x}$ 是 x 对于 x_0 的对称点.

[**提示:**考虑 $f(x)$ 在 x_0 的 Taylor 展开]

6. (1) 若 $a>1,n\geqslant 1$，证明不等式$\frac{a^{\frac{1}{n+1}}}{(n+1)^2}<\frac{a^{\frac{1}{n}}-a^{\frac{1}{n+1}}}{\ln a}<\frac{a^{\frac{1}{n}}}{n^2}$；

(2) 若 $a,b\geqslant 1$ 时，证明不等式 $ab\geqslant \mathrm{e}^{a-1}+b\ln b$.

[**提示:**(1) 考虑函数 $f(x)=a^{\frac{1}{x}}$，则 ① $f(x)$ 在$[n,n+1]$上利用微分中值定理，或 ② 从$\frac{1}{n+1}$到$\frac{1}{n}$积分 $f(x)$ 再利用估值定理；(2) 令 $\varphi(x)=\mathrm{e}^x-1$，则有 $\varphi^{-1}(x)=\ln(1+x)$. 又由积分不等式 $\int_0^{a-1}\varphi(x)\mathrm{d}x+\int_0^{b-1}\varphi^{-1}(x)\mathrm{d}x\geqslant(a-1)(b-1)$ 可得结论]

7. 设 $f(x)=\int_a^x\sin t^2\mathrm{d}t$，求证当 $x>a>0$ 时，(1) $|f(x)|<\frac{2}{a}$；(2) $|f(x)|<\frac{1}{x}$.

[**提示:**(1) 令 $t^2=u$，直接积分，或用前文例中的结论；(2) 令 $t=\sqrt{u}$，则 $f(x)=\int_{x^2}^{(x+1)^2}\sin u\frac{1}{2\sqrt{u}}\mathrm{d}u=\frac{1}{2}\int_{x^2}^{(x+1)^2}\frac{1}{2\sqrt{u}}\mathrm{d}(-\cos u)$，对其分部积分，且注意到 $|\cos u|\leqslant 1$，故当 $x>0$ 时有 $|f(x)|<\frac{1}{2x}+\frac{1}{2(x+1)}+\frac{1}{4}\int_{x^2}^{(x+1)^2}u^{-\frac{3}{2}}\mathrm{d}u=\frac{1}{x}$]

注　此问题可以推广为：

若 $f(x)$ 在$[a,b]$内可导，且$f'(x)$单调下降，又 $|f'(x)|\geqslant m>0$，则 $\left|\int_a^b\cos[f(x)]\mathrm{d}x\right|\leqslant\frac{2}{m}$.

8. 若 S 为正实数，n 为自然数，试证不等式$\frac{n^{S+1}}{S+1}<\sum_{k=1}^n k^S<\frac{(n+1)^{S+1}}{S+1}$.

9. 试证不等式 $2\mathrm{e}^{-\frac{1}{4}}\leqslant\int_0^2\mathrm{e}^{x^2-x}\mathrm{d}x\leqslant 2\mathrm{e}^2$.

[**提示:**$x=\frac{1}{2}$ 为 $f(x)=\mathrm{e}^{x^2-x}$ 的极小点]

10. 试证不等式$\frac{2}{9}\pi^2\leqslant\int_{\frac{\pi}{6}}^{\frac{\pi}{2}}\frac{2x}{\sin x}\mathrm{d}x\leqslant\frac{4}{9}\pi^2$.

[**提示:**考虑$\frac{2x}{\sin x}$的单调性]

11. 试证不等式$\int_0^{\pi}xa^{\sin x}\mathrm{d}x\int_0^{\frac{\pi}{2}}a^{-\cos x}\mathrm{d}x\geqslant\frac{\pi^3}{4}(a>0)$.

[**提示:**考虑 Hölder 不等式]

12. 设 $a>0$，$f(x)$ 在$[0,a]$上有连续导数，试证 $|f(0)|\leqslant\frac{1}{a}\int_0^a|f(x)|\mathrm{d}x+\int_0^a|f'(x)|\mathrm{d}x$.

[**提示:**由积分中值定理$\frac{1}{a}\int_0^a|f(x)|\mathrm{d}x=\frac{1}{a}|f(\xi)|(a-0)=|f(\xi)|,\xi\in(0,a)$. 此外注意到不

等式$\int_0^a |f'(x)|dx \geqslant \int_0^\xi |f'(x)|dx \geqslant \left|\int_0^\xi f'(x)dx\right| \geqslant |f(0)| - |f(\xi)|$即可]

13. 若 $f(x)$ 在$[a,b]$上有连续导数,且 $f(0)=0$. 试证$\int_a^b |f(x)f'(x)|dx \leqslant \frac{b-a}{2}\int_a^b [f'(x)]^2 dx$.

[**提示:**令 $g'(x)=|f'(x)|$,考虑 Schwarz 不等式]

14. 若 $f(x)$ 在$[a,b]$上连续可微,且 $f(x)\geqslant 0$. 证明$\lim\limits_{n\to\infty}\sqrt[n]{\int_a^b f^n(x)dx} = \max\limits_{a\leqslant x\leqslant b} f(x)$.

[**提示:**令 $M=\max\limits_{a\leqslant x\leqslant b} f(x)$,则$\lim\limits_{n\to\infty}\sqrt[n]{\int_a^b f^n(x)dx} = \lim\limits_{n\to\infty} M\sqrt[n]{\int_a^b \left(\frac{f(x)}{M}\right)^n dx} = M$]

15. 若 $f_1(x),f_2(x)$ 在 x_0 的邻域有定义,且存在直到 n 阶的导数. 记 $N(f)=\sum\limits_{k=0}^{n}\frac{1}{k!}|f^{(k)}(x_0)|$,则 $N(f_1f_2)\leqslant N(f_1)N(f_2)$.

[**提示:**考虑 Leibniz 公式,且注意组合数的性质]

在本书
,导致
及希腊
涉及的
读者自
的阅读
请读者
章中所
章中所

收藏本
我们第
一册给

支持.

刘培杰
张永芹
刘 瑶

第 3 章

一元函数的积分

一、不定积分的基本算法

计算函数的不定积分，技巧性很强，有时因选用方法不同，计算过程的繁简悬殊，倘若方法不当，甚至会出现积不出有限形式的原函数的现象.积分的方法大致有下面几种：

(1) 利用公式法.

(2) 分部积分法.

(3) 利用被积式的变形(裂项、分解，同加减或乘除某一式等).

(4) 利用变量代换(换元法).

(5) 利用递推与解方程.

(6) 常见典型函数的积分法： 有理函数的积分法； 三角有理函数积分法； 某些无理函数的积分法.

(7) 一些特殊函数的积分法.

当然，其中前四种较常使用，而对被积函数为有理函数、三角函数、某些无理数等类型的积分，往往采用一些特定有效的积分方法.下面我们来谈谈这些方法.

1. 利用公式法

计算不定积分有许多常用的公式，其中有些需要人们记熟，且能灵活的运用.

表 1 是基本(常用) 积分公式表：

表 1

$\int 0 \cdot \mathrm{d}x = C$	$\int \csc^2 x \mathrm{d}x = -\cot x + C$
$\int x^a \mathrm{d}x = \frac{x_a^{+1}}{a+1} + C(a \neq -1)$	$\int \frac{\mathrm{d}x}{\sqrt{1-x^2}} = \arcsin x + C$
$\int \frac{\mathrm{d}x}{x} = \ln \mid x \mid + C$	$\int \frac{\mathrm{d}x}{1+x^2} = \arctan x + C$
$\int \mathrm{e}^x \mathrm{d}x = \mathrm{e}^x + C$	$\int \frac{\mathrm{d}x}{1-x^2} = \frac{1}{2}\ln\left\|\frac{1+x}{1-x}\right\| + C$
$\int a^x \mathrm{d}x = \frac{a^x}{\ln a} + C$	$\int \frac{\mathrm{d}x}{(x+a)(x+b)} = \frac{1}{b-a}\ln\left\|\frac{x+a}{x+b}\right\| + C(a \neq b)$
$\int \sin x \mathrm{d}x = -\cos x + C$	$\int \frac{\mathrm{d}x}{\sqrt{x^2 \pm 1}} = \ln\left\|x + \sqrt{x^2 \pm 1}\right\| + C$
$\int \cos x \mathrm{d}x = \sin x + C$	$\int \mathrm{sh}x \mathrm{d}x = \mathrm{ch}x + C$
$\int \sec^2 x \mathrm{d}x = \tan x + C$	$\int \mathrm{ch}x \mathrm{d}x = \mathrm{sh}x + C$

当然,多数情况下需要将被积式变形或变换一下才能使用公式(这一点我们后文还要详述),这里略举几例.

例 1 计算不定积分$\int x\sqrt{1-x^2}\,dx$.

解 考虑凑微分法结合变量替换再利用公式有

$$\int x\sqrt{1-x^2}\,dx=-\frac{1}{2}\int\sqrt{1-x^2}\,d(1-x^2)=-\frac{1}{3}(1-x^2)^{\frac{3}{2}}+C$$

例 2 计算不定积分$\int\frac{\tan x}{a^2\sin^2 x+b^2\cos x}dx$,这里$a,b$为常数,且$a\neq 0$.

解 $$\int\frac{\tan x}{a^2\sin^2 x+b^2\cos x}dx=\int\frac{\tan x}{\cos^2 x(a^2\tan^2 x+b^2)}dx=\int\frac{\tan x\,d(\tan x)}{a^2\tan^2 x+b^2}=$$

$$\int\frac{d(a^2\tan^2 x+b^2)}{2a^2(a^2\tan^2 x+b^2)}=\frac{1}{2a^2}\ln(a^2\tan^2 x+b^2)+C$$

例 3 计算不定积分$\int\frac{1+\ln x}{(x\ln x)^2}dx$.

解 考虑凑微分法结合变量替换再利用公式有

$$\int\frac{1+\ln x}{(x\ln x)^2}dx=\int\frac{d(x\ln x)}{(x\ln x)^2}=-\frac{1}{x\ln x}+C$$

例 4 计算不定积分$\int\frac{\ln 2x}{\ln(4x)^x}dx$.

解 $$\int\frac{\ln 2x}{\ln(4x)^x}dx=\int\frac{\ln 2x}{\ln 4x}\cdot\frac{dx}{x}=\int\frac{\ln 4x-\ln 2}{\ln 4x}d(\ln x)=\int d(\ln x)-\int\frac{\ln 2}{\ln 4x}d(\ln 4x)=$$

$$\ln x-\ln 2\ln|\ln 4x|+C$$

例 5 计算不定积分$\int\sqrt{\frac{\ln(x+\sqrt{1+x^2})}{1+x^2}}dx$.

解 考虑凑微分法结合变量替换再利用公式有

$$\int\sqrt{\frac{\ln(x+\sqrt{1+x^2})}{1+x^2}}dx=\int\sqrt{\ln(x+\sqrt{1+x^2})}\,d\ln(x+\sqrt{1+x^2})=$$

$$\frac{2}{3}\left[\ln(x+\sqrt{1+x^2})\right]^{\frac{3}{2}}+C$$

2. 分部积分法

公式$\int u\,dv=uv-\int v\,du$(将该式写作$uv=\int u\,dv+\int v\,du$,请与$(uv)'=uv'+u'v$比较)被称为分部积分公式.这是一个十分重要的公式,多数函数的积分要用它来完成.

应该指出一点:u和dv的选取应: v要容易求得; $\int v\,du$要比$\int u\,dv$易积出.常见的分部积分中u与dv的选取可见表2(表中$P(x)$为多项式):

表 2

被积式类型	u	dv
$e^{ax}P(x),P(x)\sin x,P(x)\cos x$	$P(x)$	$e^x dx,\sin x dx,\cos x dx$
$\ln xP(x),P(x)\arcsin x,P(x)\arccos x$	$\ln x,\arcsin x,\arccos x$	$P(x)dx$
$e^{ax}\sin bx,e^{ax}\cos bx$	e^{ax}	$\sin bx dx,\cos bx dx$
$\sin^n x,\cos^n x$	$\sin^{n-1}x,\cos^{n-1}x$	$\sin x dx,\cos x dx$

下面来看一些例子.

例 1　计算不定积分$\int \frac{1}{\sin 2x\cos x}\mathrm{d}x$.

解　$\int \frac{1}{\sin 2x\cos x}\mathrm{d}x=\int \frac{1}{2\sin x\cos^2 x}\mathrm{d}x=\frac{1}{2}\int \frac{\mathrm{d}(\tan x)}{\sin x}=\frac{1}{2}\left[\frac{\tan x}{\sin x}-\int \tan x\mathrm{d}(\csc x)\right]=$

$$\frac{1}{2}\left(\frac{1}{\cos x}+\int \frac{\mathrm{d}x}{\sin x}\right)=\frac{1}{2\cos x}+\frac{1}{2}\ln|\csc x-\cot x|+C$$

例 2　计算不定积分$\int \frac{\ln(\ln x)}{x}\mathrm{d}x$.

解　$\int \frac{\ln(\ln x)}{x}\mathrm{d}x=\int \ln(\ln x)\mathrm{d}(\ln x)=\ln x\ln(\ln x)-\int \mathrm{d}(\ln x)=\ln x[\ln(\ln x)-1]+C$

例 3　计算不定积分$\int \frac{x\ln(x+\sqrt{1+x^2})}{(1+x^2)^2}\mathrm{d}x$.

解　由题设考虑分部积分

$$\int \frac{x\ln(x+\sqrt{1+x^2})}{(1+x^2)^2}\mathrm{d}x=\frac{1}{2}\int \ln(x+\sqrt{1+x^2})\frac{\mathrm{d}(1+x^2)}{(1+x^2)^2}=\frac{1}{2}\int \ln(x+\sqrt{1+x^2})\mathrm{d}\left(\frac{-1}{1+x^2}\right)=$$

$$-\frac{\ln(x+\sqrt{1+x^2})}{2(1+x^2)}+\frac{1}{2}\int \frac{1}{(1+x^2)^{\frac{3}{2}}}\mathrm{d}x=$$

$$-\frac{\ln(x+\sqrt{1+x^2})}{2(1+x^2)}+\frac{x}{2\sqrt{1+x^2}}+C$$

例 4　计算不定积分$\int \frac{x^2}{(x\sin x+\cos x)^2}\mathrm{d}x$.

解　$\int \frac{x^2}{(x\sin x+\cos x)^2}\mathrm{d}x=\int \frac{x}{\cos x}\cdot\frac{x\cos x}{(x\sin x+\cos x)^2}\mathrm{d}x=\int \frac{x}{\cos x}\mathrm{d}\left(\frac{-1}{x\sin x+\cos x}\right)=$

$$\frac{-x}{\cos x(x\sin x+\cos x)}+\int \frac{1}{x\sin x+\cos x}\cdot\frac{\cos x+x\sin x}{\cos^2 x}\mathrm{d}x=$$

$$\frac{-x}{\cos x(x\sin x+\cos x)}+\tan x+C$$

有些被积式中含有参数,因而积分时尚须讨论.

例 5　求不定积分$\int t^a\ln t\mathrm{d}t$(a为常数).

解　因a取值不同分两种情况考虑:

(1) 当$a=-1$时,有

$$\int t^a\ln t\mathrm{d}t=\int \frac{\ln t}{t}\mathrm{d}t=\int \ln t\mathrm{d}(\ln t)=\frac{1}{2}(\ln t)^2+C$$

(2) 当$a\neq-1$时,有

$$\int t^a\ln t\mathrm{d}t=\frac{1}{a+1}\int \ln t\mathrm{d}(t^{a+1})=\frac{1}{a+1}\left(t^{a+1}\ln t-\int t^a\mathrm{d}t\right)=\frac{t^{a+1}}{a+1}\left(\ln t-\frac{1}{a+1}\right)+C$$

综上

$$\int t^a\ln t\mathrm{d}t=\begin{cases}\frac{(\ln t)^2}{2}+C, & a=-1\\ \frac{t^{a+1}}{a+1}\left(\ln t-\frac{1}{a+1}\right)+C, & a\neq-1\end{cases}$$

当然也须注意在分部积分的相消与化简(有时还可导致方程式的产生,这时可解之,具体内容详见后文).

例 6　计算不定积分$\int \mathrm{e}^{-\frac{x}{2}}\frac{\cos x-\sin x}{\sqrt{\sin x}}\mathrm{d}x$.

解
$$\int e^{-\frac{x}{2}}\frac{\cos x-\sin x}{\sqrt{\sin x}}dx=\int e^{-\frac{x}{2}}\frac{\cos x}{\sqrt{\sin x}}dx-\int e^{-\frac{x}{2}}\sqrt{\sin x}\,dx$$

而
$$\int e^{-\frac{x}{2}}\sqrt{\sin x}\,dx=-2\int\sqrt{\sin x}\,d(e^{-\frac{x}{2}})=-2\left[e^{-\frac{x}{2}}\sqrt{\sin x}-\int e^{-\frac{x}{2}}\frac{\cos x}{2\sqrt{\sin x}}dx\right]=$$
$$-2e^{-\frac{x}{2}}\sqrt{\sin x}+\int e^{-\frac{x}{2}}\frac{\cos x}{\sqrt{\sin x}}dx$$

故
$$\int e^{-\frac{x}{2}}\frac{\cos x-\sin x}{\sqrt{\sin x}}dx=2e^{-\frac{x}{2}}\sqrt{\sin x}+C$$

还有抽象函数积分也须分部积分法完成.

例7 若$(1+\sin x)\ln x$为$f(x)$的一个原函数,求不定积分$\int xf'(x)dx$.

解 由设
$$f(x)=[(1+\sin x)\ln x]'=\cos x\ln x+\frac{(1+\sin x)}{x}$$

故
$$\int xf'(x)dx=xf(x)-\int f(x)dx=x\cos x\ln x+1+\sin x-(1+\sin x)\ln x+C$$

例8 试求不定积分$\int xf''(x)dx$.

解
$$\int xf''(x)dx=\int xd[f'(x)]=xf'(x)-\int f'(x)dx=xf'(x)+f(x)+C$$

注 此式可作为积分公式使用.

3. 利用被积式的变形

被积式变形是解不定积分问题的一种灵活且重要的手段,把问题经过变形处理将变得简单、容易.变形有裂项、加减一项、乘除一项等.下面我们先来谈谈裂项问题.

(1) 被积式的裂项

"裂项"顾名思义是将被积式一分为二(或分为多项),目的是为了使积分变得简单或为了使用公式.有理函数的部分分式化简是这种方法的典范,然而这个问题我们后文将专门详述,这里先不谈了.下面看看其他方面的例子.

例1 计算不定积分$\int\frac{\ln(x+1)-\ln x}{x(x+1)}dx$.

解 由对数函数性质且对被积函数分母裂项有
$$\int\frac{\ln(x+1)-\ln x}{x(x+1)}dx=\int\ln\left(\frac{x+1}{x}\right)\cdot\left(\frac{1}{x}-\frac{1}{x+1}\right)dx=\int\ln\left(\frac{x+1}{x}\right)d[\ln x-\ln(x+1)]=$$
$$\int\ln\left(\frac{x+1}{x}\right)d\left(\ln\frac{x+1}{x}\right)=-\frac{1}{2}\ln^2\left(\frac{x+1}{x}\right)+C$$

注 下面的问题与本例类同:计算$\int\frac{1}{1-x^2}\ln\left(\frac{1+x}{1-x}\right)dx$.

例2 计算不定积分$\int\frac{\ln[(t+\alpha)^{t+\alpha}(t+\beta)^{t+\beta}]}{(t+\alpha)(t+\beta)}dt$.

解 由对数函数性质有
$$\int\frac{\ln[(t+\alpha)^{t+\alpha}(t+\beta)^{t+\beta}]}{(t+\alpha)(t+\beta)}dt=\int\frac{(t+\alpha)\ln(t+\alpha)+(t+\beta)\ln(t+\beta)}{(t+\alpha)(t+\beta)}dt=$$
$$\int\left[\frac{\ln(t+\alpha)}{t+\beta}+\frac{\ln(t+\beta)}{t+\alpha}\right]dt=$$
$$\int\ln(t+\alpha)d[\ln(t+\beta)]+\int\frac{\ln(t+\beta)}{t+\alpha}dt=$$
$$\ln(t+\alpha)\ln(t+\beta)-\int\frac{\ln(t+\beta)}{t+\alpha}dt+\int\frac{\ln(t+\beta)}{t+\alpha}dt=$$

$$\ln(t+\alpha)\ln(t+\beta)+C$$

这里后面的步骤中还运用了分部积分的技巧，目的是在分部积分后消去另一项.

在三角中，$\sin^2\alpha+\cos^2\alpha=1$ 被视为三角中的"勾股定理"，它有很多巧妙的应用.在不定积分中也是这样.

例 3 计算不定积分 $\int\frac{dx}{\sin 2x\cos x}$.

解

$$\int\frac{dx}{\sin 2x\cos x}=\int\frac{\cos^2x+\sin^2x}{2\sin x\cos^2x}dx=\frac{1}{2}\int\frac{1}{\sin x}dx+\frac{1}{2}\int\frac{\sin x}{\cos^2x}dx=$$

$$\frac{1}{2}(\ln|\csc x-\cot x|+\sec x)+C$$

注 类似的例子比如计算 $I=\int\frac{dx}{\sin^2x\cos^2x}$.

解如

$$I=\int\frac{\sin^2x+\cos^2x}{\sin^2x\cos^2x}dx=\int\left(\frac{1}{\cos^2x}+\frac{1}{\sin^2x}\right)dx=\tan x-\cot x+C$$

例 4 计算不定积分 $\int\frac{2\sin x\cos x\sqrt{1+\sin^2x}}{2+\sin^2x}dx$.

解

$$\int\frac{2\sin x\cos x\sqrt{1+\sin^2x}}{2+\sin^2x}dx=\int\frac{\sqrt{1+\sin^2x}\,d(1+\sin^2x)}{(1+\sin^2x)+1}=$$

$$\int\frac{2t^2}{1+t^2}dt\quad(\text{这里 } t=\sqrt{1+\sin^2x})=$$

$$\int\left(2-\frac{2}{1+t^2}\right)dt=2t-2\arctan t+C=$$

$$2\sqrt{1+\sin^2x}-2\arctan\sqrt{1+\sin^2x}+C$$

(2) 被积式中加、减同一项(式)

在上面例4中我们已经看到为了便于积分，常在被积式中加、减同一项，这种技巧在求极限问题中我们已有叙及，下面再来看看它在积分问题中的应用.

例 1 计算不定积分 $\int\frac{x^4+1}{x^6+1}dx$.

解

$$\int\frac{x^4+1}{x^6+1}dx=\int\left(\frac{x^4-x^2+1}{x^6+1}+\frac{x^2}{x^6+1}\right)dx=\int\left(\frac{1}{x^2+1}+\frac{x^2}{(x^3)^2+1}\right)dx=$$

$$\int\frac{dx}{x^2+1}+\frac{1}{3}\int\frac{dx^3}{1+(x^3)^2}=\arctan x+\frac{1}{3}\arctan x^3+C$$

例 2 计算不定积分 $\int\frac{x^4+1}{(x-1)(x^2+1)}dx$.

解

$$\int\frac{x^4+1}{(x-1)(x^2+1)}dx=\int\frac{x^4-1+2}{(x-1)(x^2+1)}dx=\int\frac{x^4-1}{(x-1)(x^2+1)}dx+\int\frac{2}{(x-1)(x^2+1)}dx=$$

$$\int(x+1)dx+\int\left(\frac{1}{x-1}-\frac{x+1}{x^2+1}\right)dx=$$

$$\frac{x^2}{2}+x+\ln|x-1|-\int\frac{x}{x^2+1}dx-\int\frac{dx}{x^2+1}=$$

$$\frac{x^2}{2}+x+\ln|x-1|-\frac{1}{2}(x^2+1)-\arctan x+C$$

例 3 计算不定积分 $\int\frac{x}{x^8-1}dx$.

解

$$\int\frac{x}{x^8-1}dx=\frac{1}{2}\int\frac{d(x^2)}{(x^4-1)(x^4+1)}=\frac{1}{4}\int\frac{(x^4+1)-(x^4-1)}{(x^4-1)(x^4+1)}d(x^2)=$$

$$\frac{1}{4}\int\frac{\mathrm{d}(x^2)}{(x^2)^2-1}-\frac{1}{4}\int\frac{\mathrm{d}(x^2)}{(x^2)^2+1}=\frac{1}{8}\ln\left|\frac{x^2-1}{x^2+1}\right|-\frac{1}{4}\arctan x^2+C$$

注 第3步亦可直接由$\frac{1}{(a-1)(a+1)}=\frac{1}{2}\left(\frac{1}{a-1}+\frac{1}{a+1}\right)$得到.

例4 计算不定积分$\int\frac{x^2}{(1-x)^{100}}\mathrm{d}x$.

解 考虑式子变形及分部积分有

$$\int\frac{x^2}{(1-x)^{100}}\mathrm{d}x=-\int\frac{(1-x^2)-1}{(1-x)^{100}}\mathrm{d}x=-\int\frac{1-x^2}{(1-x)^{100}}\mathrm{d}x+\int\frac{\mathrm{d}x}{(1-x)^{100}}=$$

$$-\int\frac{1+x}{(1-x)^{100}}\mathrm{d}x+\int\frac{\mathrm{d}x}{(1-x)^{100}}=\int\frac{(1-x)-2}{(1-x)^{99}}\mathrm{d}x+\int\frac{\mathrm{d}x}{(1-x)^{100}}=$$

$$\int\frac{\mathrm{d}x}{(1-x)^{98}}-2\int\frac{\mathrm{d}x}{(1-x)^{99}}+\int\frac{\mathrm{d}x}{(1-x)^{100}}=$$

$$\frac{1}{97}(1-x)^{-97}+\frac{1}{49}(1-x)^{-98}-\frac{1}{99}(1-x)^{-99}+C$$

从上三例可以看出,被积式同加减某项,目的是为了凑公式,这与初等数学中的因式分解或分经简类同.

例5 计算不定积分$\int x^3\sqrt{1+x^2}\,\mathrm{d}x$.

解 $\int x^3\sqrt{1+x^2}\,\mathrm{d}x=\frac{1}{2}\int x^2\sqrt{1+x^2}\,\mathrm{d}(x^2)=\frac{1}{2}\left[\int(1+x^2)\sqrt{1+x^2}\,\mathrm{d}(x^2)-\int\sqrt{1+x^2}\,\mathrm{d}(x^2)\right]=$

$$\frac{1}{2}\int\sqrt{(1+x^2)^3}\,\mathrm{d}(1+x^2)-\int\sqrt{1+x^2}\,\mathrm{d}(1+x^2)=$$

$$\frac{1}{5}(1+x^2)^{\frac{5}{2}}-\frac{1}{3}(1+x^2)^{\frac{3}{2}}+C=$$

$$\frac{1}{15}(3x^4+x^2-2)\sqrt{1+x^2}+C$$

例6 计算不定积分$\int\frac{\mathrm{d}x}{x(x^n+a)}$,这里$a$为常数,$n>0$.

解 若$a=0$,则

$$\int\frac{\mathrm{d}x}{x(x^n+a)}=\int\frac{\mathrm{d}x}{x^{n+1}}=-\frac{1}{nx^n}+C$$

若$a\neq0$,则有

$$\int\frac{\mathrm{d}x}{x(x^n+a)}=\frac{1}{a}\int\frac{x^n+a-x^n}{x(x^n+a)}\mathrm{d}x=\frac{1}{a}\left(\int\frac{\mathrm{d}x}{x}-\int\frac{x^{n-1}}{x^n+a}\mathrm{d}x\right)=$$

$$\frac{1}{a}\left[\ln|x|-\frac{1}{n}\ln|x^n+a|\right]+C=\frac{1}{a}\ln\frac{|x|}{\sqrt[n]{|x^n+a|}}+C$$

例7 计算不定积分$\int\frac{x^{2n-1}}{1+x^n}\mathrm{d}x$.

解 将被积函数分子变形(同加、减一项)有

$$\int\frac{x^{2n-1}}{1+x^n}\mathrm{d}x=\int\frac{x^{2n-1}+x^{n-1}-x^{n-1}}{1+x^n}\mathrm{d}x=\int\left(x^{n-1}-\frac{x^{n-1}}{1+x^n}\right)\mathrm{d}x=$$

$$\frac{1}{n}(x^n-\ln|1+x^n|)+C$$

再来看一个关于三角函数积分的例子.

例8 计算不定积分$\int\frac{\sin x}{\sin x+\cos x}\mathrm{d}x$.

解 1　考虑被积函数式分子变形，且由三角函数积分性质可有

$$\int\frac{\sin x}{\sin x+\cos x}\mathrm{d}x=\frac{1}{2}\int\frac{\sin x+\cos x-(\cos x-\sin x)}{\sin x+\cos x}\mathrm{d}x=\frac{1}{2}\int\left(1-\frac{\cos x-\sin x}{\sin x+\cos x}\right)\mathrm{d}x=$$

$$\frac{1}{2}\left[\int\mathrm{d}x-\int\frac{\mathrm{d}(\sin x+\cos x)}{\sin x+\cos x}\right]=\frac{1}{2}(x-\ln|\sin x+\cos x|)+C$$

解 2　设$I=\int\frac{\sin x}{\sin x+\cos x}\mathrm{d}x$，$J=\int\frac{\cos x}{\sin x+\cos x}\mathrm{d}x$，今考虑

$$I+J=\int\frac{\sin x+\cos x}{\sin x+\cos x}\mathrm{d}x=x+C_1$$

$$I-J=\int\frac{\sin x-\cos x}{\sin x+\cos x}\mathrm{d}x=-\int\frac{\mathrm{d}(\sin x-\cos x)}{\sin x+\cos x}=\ln|\sin x+\cos x|+C_2$$

从而

$$I=\frac{1}{2}[(I+J)+(I-J)]=\frac{1}{2}(x-\ln|\sin x+\cos x|)+C$$

有些积分须先分部积分后，再实施加减项的变形.

例 9　计算不定积分$\int x^2\arcsin x\mathrm{d}x$.

解

$$\int x^2\arcsin x\mathrm{d}x=\frac{1}{3}\int\arcsin x\mathrm{d}(x^3)=\frac{1}{3}x^3\arcsin x-\frac{1}{3}\int\frac{x^3\mathrm{d}x}{\sqrt{1-x^2}}=$$

$$\frac{1}{3}x^3\arcsin x+\frac{1}{3}\int\frac{x-x^3-x}{\sqrt{1-x^2}}\mathrm{d}x=$$

$$\frac{1}{3}x^3\arcsin x+\frac{1}{3}\int\frac{x(1-x^2)}{\sqrt{1-x^2}}\mathrm{d}x-\frac{1}{3}\int\frac{x}{\sqrt{1-x^2}}\mathrm{d}x=$$

$$\frac{1}{3}x^3\arcsin x-\frac{1}{6}\int\sqrt{1-x^2}\mathrm{d}(1-x^2)+\frac{1}{6}\int\frac{1}{\sqrt{1-x^2}}\mathrm{d}(1-x^2)=$$

$$\frac{1}{3}x^3\arcsin x-\frac{1}{9}(1-x^2)^{\frac{3}{2}}+\frac{1}{3}\sqrt{1-x^2}+C=$$

$$\frac{1}{3}x^3\arcsin x+\frac{1}{9}(x^2+2)\sqrt{1-x^2}+C$$

例 10　计算不定积分$\int x^{-3}\arctan x\mathrm{d}x$.

解

$$\int x^{-3}\arctan x\mathrm{d}x=-\frac{1}{2}\int\arctan x\mathrm{d}(x^{-2})=-\frac{1}{2}\left[x^{-2}\arctan x-\int\frac{x^{-2}}{1+x^2}\mathrm{d}x\right]=$$

$$-\frac{1}{2x^2}\arctan x+\frac{1}{2}\int\frac{1+x^2-x^2}{x^2(1+x^2)}\mathrm{d}x=$$

$$-\frac{1}{2x^2}\arctan x+\frac{1}{2}\int\frac{1}{x^2}\mathrm{d}x-\frac{1}{2}\int\frac{1}{1+x^2}\mathrm{d}x=$$

$$-\frac{1}{2x^2}\tan x-\frac{1}{2x}-\frac{1}{2}\arctan x+C$$

例 11　计算不定积分$\int\frac{x\mathrm{e}^x}{(1+x)^2}\mathrm{d}x$

解

$$\int\frac{x\mathrm{e}^x}{(1+x)^2}\mathrm{d}x=\int\frac{(1+x)\mathrm{e}^x}{(1+x)^2}\mathrm{d}x-\int\frac{\mathrm{e}^x}{(1+x)^2}\mathrm{d}x=\int\frac{\mathrm{e}^x}{1+x}\mathrm{d}x+\int\mathrm{e}^x\mathrm{d}\left(\frac{1}{1+x}\right)=$$

$$\int\frac{\mathrm{e}^x}{1+x}\mathrm{d}x+\frac{\mathrm{e}^x}{1+x}-\int\frac{\mathrm{e}^x}{1+x}\mathrm{d}x=\frac{\mathrm{e}^x}{1+x}+C$$

(3) 被积式中乘、除同一项(式)

被积式同乘、除某项的目的，也是为了凑出便于积分的形式. 请看：

例 1　计算不定积分$\int\frac{x^2-1}{x^4+1}\mathrm{d}x$.

解 $\int\frac{x^2-1}{x^4+1}\mathrm{d}x=\int\left[\left(1-\frac{1}{x^2}\right)\Big/\left(x^2+\frac{1}{x^2}\right)\right]\mathrm{d}x=\int\left\{1\Big/\left[\left(x+\frac{1}{x}\right)^2-2\right]\right\}\mathrm{d}\left(x+\frac{1}{x}\right)=$

$$\frac{1}{2\sqrt{2}}\ln\left|\left(x+\frac{1}{x}-\sqrt{2}\right)\Big/\left(x+\frac{1}{x}+\sqrt{2}\right)\right|+C=\frac{1}{2\sqrt{2}}\ln\left|\frac{x^2-\sqrt{2}x+1}{x^2+\sqrt{2}x+1}\right|+C$$

注 1 下面的命题与本例类同:计算$\int\frac{(x^3+1)^2}{x^4+1}\mathrm{d}x$.

解 这只需注意到$\frac{(x^3+1)^2}{x^4+1}=x^2+\frac{x^2+1}{x^4+1}$,而

$$\int\frac{x^2+1}{x^4+1}\mathrm{d}x=\int\left[\left(1+\frac{1}{x^2}\right)\Big/(x^2+\frac{1}{x^2})\right]\mathrm{d}x=\int\left[\left(x-\frac{1}{x}\right)^2+2\right]^{-1}\mathrm{d}\left(x-\frac{1}{x}\right)=$$

$$\frac{1}{\sqrt{2}}\arctan\left[\left(x-\frac{1}{x}\right)\Big/\sqrt{2}\right]+C=\frac{1}{\sqrt{2}}\arctan\left(\frac{x^2-1}{\sqrt{2}x}\right)+C$$

注 2 类似地我们可以计算积分$\int\frac{x^2+1}{x^4+1}\mathrm{d}x$,且由此可计算积分$\int\frac{1}{1+x^4}\mathrm{d}x$.

这只需注意到关系式$\frac{1}{1+x^4}=\frac{1}{2}(\frac{1+x^2}{1+x^4}+\frac{1-x^2}{1+x^4})$即可.

例 2 计算不定积分$\int\frac{3^x\cdot 5^x}{(25)^x-9^x}\mathrm{d}x$.

解 $\int\frac{3^x\cdot 5^x}{(25)^x-9^x}\mathrm{d}x=\int\left\{\left(\frac{5}{3}\right)^x\Big/\left[\left(\frac{5}{3}\right)^{2x}-1\right]\right\}\mathrm{d}x=\frac{1}{\ln\frac{5}{3}}\int\mathrm{d}\left(\frac{5}{3}\right)^x\Big/\left\{\left[\left(\frac{5}{3}\right)^x\right]^2-1\right\}=$

$$\frac{1}{2\ln\frac{5}{3}}\ln\left|\left[\left(\frac{5}{3}\right)^x-1\right]\Big/\left[\left(\frac{5}{3}\right)^x+1\right]\right|+C$$

下面的例子与我们在上一小段中讲的例子类似,只是处理方法不同.

例 3 计算不定积分$\int\frac{\sin x}{\sin x-\cos x}\mathrm{d}x$.

解 $\int\frac{\sin x}{\sin x-\cos x}\mathrm{d}x=\int\frac{\sin x(\sin x+\cos x)}{(\sin x-\cos x)(\sin x+\cos x)}\mathrm{d}x=\int\frac{\sin^2x+\sin x\cos x}{\sin^2x-\cos^2x}\mathrm{d}x=$

$$-\frac{1}{2}\int\frac{1-\cos 2x+\sin 2x}{\cos 2x}\mathrm{d}x=-\frac{1}{2}\int(\sec 2x+\tan 2x-1)\mathrm{d}x=$$

$$-\frac{1}{4}\ln|\sec 2x+\tan 2x|-\frac{1}{4}\ln|\cos 2x|+\frac{x}{2}+C=$$

$$\frac{1}{2}(\ln|\cos x-\sin x|+x)+C$$

注 类似的问题和解法可见:计算$I=\int\frac{\sin x}{1+\sin x}\mathrm{d}x$.

只需注意被积式变形,且注意到$\sin^2x+\cos^2x=1$,则有

$$I=\int\frac{(1-\sin x)\sin x}{(1-\sin x)(1+\sin x)}\mathrm{d}x=\int\frac{\sin x-\sin^2x}{\cos^2x}\mathrm{d}x=-\int\frac{\mathrm{d}(\cos x)}{\cos^2x}-\int\tan^2x\mathrm{d}x=$$

$$\sec x+\int(1-\sec^2x)\mathrm{d}x=\sec x-\tan x+x+C$$

例 4 计算不定积分$\int\mathrm{e}^x\frac{1+\sin x}{1+\cos x}\mathrm{d}x$.

解 1 $\int\mathrm{e}^x\frac{1+\sin x}{1+\cos x}\mathrm{d}x=\int\mathrm{e}^x\frac{(1-\cos x)(1+\sin x)}{1-\cos^2x}\mathrm{d}x=$

$$\int\frac{\mathrm{e}^x}{\sin^2x}\mathrm{d}x-\int\mathrm{e}^x\frac{\cos x}{\sin^2x}\mathrm{d}x+\int\frac{\mathrm{e}^x}{\sin x}\mathrm{d}x-\int\mathrm{e}^x\cot x\mathrm{d}x=$$

$$\int e^x d(-\cot x)+\int e^x d(\csc x)+\int e^x \csc x dx-\int e^x \cot x dx=$$

$$-e^x \cot x+\int \cot x de^x+e^x \csc x-\int \csc x de^x+\int e^x \csc x dx-\int e^x \cot x dx=$$

$$-e^x \cot x+e^x \csc x+C$$

解 2 $\int e^x \frac{1+\sin x}{1+\cos x}dx=\int e^x \frac{1+\sin x}{2\cos^2\frac{x}{2}}dx=\frac{1}{2}\int \frac{e^x}{\cos^2\frac{x}{2}}dx+\int e^x \tan\frac{x}{2}dx=$

$$\int e^x d\left(\tan\frac{x}{2}\right)+\int e^x \tan\frac{x}{2}dx=e^x\tan\frac{x}{2}-\int e^x\tan\frac{x}{2}dx+\int e^x\tan\frac{x}{2}dx=$$

$$e^x\tan\frac{x}{2}+C$$

注 1　积分方法不同，有时同一积分的原函数可能在形式上不一样，但它们至多相差一个常数.

注 2　利用解2的方法即先将被积式变形化成两个以上积分，且让其中某个积分先不积，让其与另一部分函数积分分部后相消.用此方法还可解一些问题，比如：

$$\int e^{2x}(\tan x+1)^2 dx=\int e^{2x}\sec^2 x dx+2\int e^{2x}\tan x dx=\int e^{2x}d(\tan x)+2\int e^{2x}\tan x dx=$$

$$e^{2x}\tan x-2\int e^{2x}\tan x+2\int e^{2x}\tan x dx=e^{2x}\tan x+C$$

下面的例子中既用到被积式加减一项的变形，又用到乘除一项的变形.

例 5　计算不定积分$\int\frac{1}{(1+e^x)^2}dx$.

解　$\int\frac{1}{(1+e^x)^2}dx=\int\frac{1+e^x-e^x}{(1+e^x)^2}dx=\int\frac{dx}{1+e^x}-\int\frac{e^x}{(1+e^x)^2}dx=$

$$\int\frac{e^{-x}}{e^{-x}+1}dx-\int\frac{d(1+e^x)}{(1+e^x)^2}=-\int\frac{d(e^{-x}+1)}{e^{-x}+1}+\frac{1}{1+e^x}=$$

$$-\ln(1+e^{-x})+\frac{1}{1+e^x}+C$$

注　注意到积分$\int\frac{1}{1+e^x}dx$还可以算如$\int\frac{1}{1+e^x}dx=\int\left(1-\frac{e^x}{1+e^x}\right)dx=x-\ln(1+e^x)+C.$

例 6　计算积分$\int\frac{x+1}{x(1+xe^x)}dx$.

解　注意到$d(xe^x)=e^x(1+x)dx$，可得被积式分子分母同乘以e^x，这样

$$\int\frac{x+1}{x(1+xe^x)}dx=\int\frac{(x+1)e^x}{xe^x(1+xe^x)}dx=\int\frac{d(xe^x)}{xe^x(1+xe^x)}(\text{令 } t=xe^x)=$$

$$\int\frac{dt}{t(1+t)}=\int\left(\frac{1}{t}-\frac{1}{1+t}\right)dt=\ln t-\ln(1+t)+C=$$

$$\ln(xe^x)-\ln(1-xe^x)+C$$

再来看一个涉及对数函数积分的例子.

例 7　计算不定积分$\int\frac{1-\ln x}{(x-\ln x)^2}dx$.

解　注意到$d\left(\frac{x-\ln x}{x}\right)=\frac{1-\ln x}{x^2}dx$，故将被积式子分母同除以$x^2$可有

$$\int\frac{1-\ln x}{(x-\ln x)^2}dx=\int\frac{(1-\ln x)/x^2}{\left(1-\frac{\ln x}{x}\right)^2}dx=\int\frac{d\left(\frac{x-\ln x}{x}\right)}{\left(\frac{1-\ln x}{x}\right)^2}=$$

$$-\left(\frac{x-\ln x}{x}\right)^{-1}+C=\frac{x}{\ln x-x}+C$$

4. 利用变量替换

变量替换又称换元,这个方法在不定积分中神通广大,不少貌似棘手的问题利用它可迎刃而解. 在不定积分中换元法有两种:第一换元法和第二换元法. 表 3 为积分第一、第二换元法表;表 4 为常用的两种换元法换元内容表.

表 3

第一换元法(凑微分法)	第二换元法(变量置换法)
$\int f[\psi(x)]\psi'(x)\mathrm{d}x = \int f[\psi(x)]\mathrm{d}\psi(x) = \int f(u)\mathrm{d}u = F(u)+C = F[\psi(x)]+C$	$\int f(x)\mathrm{d}x = \int f[x(u)]x'(u)\mathrm{d}u = \int g(u)\mathrm{d}u = G(u)+C = G[u(x)]+C$

表 4

	被积式	换元法:换元内容	换元法:换元公式
第一换元法	$f(ax+b)$	$\mathrm{d}x = \frac{1}{a}[\mathrm{d}(ax+b)]$	$u = ax+b$
	$f(ax^m+b)\cdot x^{m-1}$	$x^{m-1}\mathrm{d}x = \frac{1}{am}\mathrm{d}(ax^m+b)$	$u = ax^m+b$
	$f(a\mathrm{e}^{kx}+b)\cdot \mathrm{e}^{kx}$	$\mathrm{e}^{kx}\mathrm{d}x = \frac{1}{ak}\mathrm{d}(a\mathrm{e}^{kx}+b)$	$u = a\mathrm{e}^{kx}+b$
	$f(\ln x)\cdot x^{-1}$	$x^{-1}\mathrm{d}x = \mathrm{d}(\ln x)$	$u = \ln x$
	$f(\sin x)\cdot \cos x$	$\cos x\mathrm{d}x = \mathrm{d}(\sin x)$	$u = \sin x$
	$f(\cos x)\cdot \sin x$	$\sin x\mathrm{d}x = -\mathrm{d}(\cos x)$	$u = \cos x$
	$f(\arcsin x)\cdot(1-x^2)^{-\frac{1}{2}}$	$(1-x^2)^{-\frac{1}{2}}\mathrm{d}x = \mathrm{d}(\arcsin x)$	$u = \arcsin x$
	$f(\arccos x)\cdot(1-x^2)^{-\frac{1}{2}}$	$(1-x^2)^{-\frac{1}{2}}\mathrm{d}x = -\mathrm{d}(\arccos x)$	$u = \arccos x$
	$f(\arctan x)\cdot(1+x^2)^{-1}$	$(1+x^2)^{-1}\mathrm{d}x = \mathrm{d}(\arctan x)$	$u = \arctan x$
	$\sin\alpha x\sin\beta x$ $\cos\alpha x\cos\beta x$	积化和差后再考虑换元	
	$\sin^m x, \cos^m x$	m 为奇数时,用公式 $\sin^2 x+\cos^2 x = 1$; m 为偶数时,降幂后(化为倍角)再换元	
第二换元法	$f(\sqrt[n]{(ax+b)})$ $f(\sqrt{a^2-x^2})$ $f(\sqrt{a^2+x^2})$ $f(\sqrt{a^2-x^2})$	$\sqrt[n]{ax+b} = t$ $x = a\sin t$ 或 $a\cos t$ $x = a\tan t$ 或 $a\,\mathrm{sh}\,t$ $x = a\sec t$ 或 $a\,\mathrm{ch}\,t$	

关于三角函数有理式及某些无理函数的积分,我们后文将专述,这里仅举一些其他方面的例子.

例 1 计算不定积分 $\int \frac{x^{\frac{1}{2}}}{1+x^{\frac{3}{4}}}\mathrm{d}x$.

解 令 $x^{\frac{1}{4}} = t$,则 $x = t^4$,$\mathrm{d}x = 4t^3\mathrm{d}t$. 因而

$$\int \frac{x^{\frac{1}{2}}}{1+x^{\frac{3}{4}}}\mathrm{d}x = \int \frac{t^2}{1+t^3}\cdot 4t^3\mathrm{d}t = 4\int\left(t^2-\frac{t^2}{1+t^3}\right)\mathrm{d}t = 4\left\{\frac{t^3}{3}-\left[\frac{\ln(1+t^3)}{3}\right]\right\}+C =$$

$$\frac{4}{3}[x^{\frac{3}{4}}-\ln(1+x^{\frac{3}{4}})]+C$$

例 2 求不定积分$\int\sqrt{\frac{x}{1-x\sqrt{x}}}\mathrm{d}x$.

解 令$\sqrt{x}=t$,则$x=t^2,\mathrm{d}x=2t\mathrm{d}t$.因而

$$\int\sqrt{\frac{x}{1-x\sqrt{x}}}\mathrm{d}x=\int\sqrt{\frac{t^2}{1-t^3}}\cdot 2t\mathrm{d}t=-\frac{2}{3}\int\frac{\mathrm{d}(1-t^3)}{\sqrt{1-t^3}}=-\frac{4}{3}\sqrt{1-t^3}+C=$$

$$-\frac{4}{3}\sqrt{1-x\sqrt{x}}+C$$

例 3 计算不定积分$\int\sin\sqrt[3]{x}\mathrm{d}x$.

解 令$\sqrt[3]{x}=t$,则$x=t^3,\mathrm{d}x=3t^2\mathrm{d}t$.这样

$$\int\sin\sqrt[3]{x}\mathrm{d}x=\int\sin t\cdot 3t^2\mathrm{d}t=-3\int t^2\mathrm{d}(\cos t)=-3t^2\cos t+3\int 2t\cos t\mathrm{d}t=$$

$$-3t^2+6\int t\mathrm{d}(\sin t)=-3t^2\cos t+6t\sin t-6\int\sin t\mathrm{d}t=$$

$$3t^2\cos t+6t\sin t+6\cos t+C=$$

$$3\sqrt[3]{x^2}\cos\sqrt[3]{x}+6\sqrt[3]{x}\sin\sqrt[3]{x}+6\cos\sqrt[3]{x}+C$$

例 4 计算不定积分$\int\frac{\arcsin\sqrt{x}}{\sqrt{1-x}}\mathrm{d}x$.

解 令$\sqrt{x}=\sin t$,则$\mathrm{d}x=2\sin t\cos t\mathrm{d}t$.故有

$$\int\frac{\arcsin\sqrt{x}}{\sqrt{1-x}}\mathrm{d}x=2\int t\sin t\mathrm{d}t=-2t\cos t+2\sin t+C=-2\sqrt{1-x}\arcsin\sqrt{x}+2\sqrt{x}+C$$

例 5 计算不定积分$\int\frac{\mathrm{e}^{2x}}{\sqrt{\mathrm{e}^x-1}}\mathrm{d}x$.

解 令$\sqrt{\mathrm{e}^x-1}=t$,则$\mathrm{e}^x=t^2+1,\mathrm{e}^x\mathrm{d}x=2t\mathrm{d}t$.故有

$$\int\frac{\mathrm{e}^{2x}}{\sqrt{\mathrm{e}^x-1}}\mathrm{d}x=2\int(t^2+1)\mathrm{d}t=\frac{2}{3}t^3+2t+C=\frac{2}{3}(\mathrm{e}^x-1)^{\frac{3}{2}}+2(\mathrm{e}^x-1)^{\frac{1}{2}}+C$$

注 *类似地我们可以解下列命题:(1) 计算$\int\frac{\mathrm{d}x}{\sqrt{1+\mathrm{e}^x}}$;(2) 计算$\int\frac{x\mathrm{e}^x}{\sqrt{\mathrm{e}^x-2}}\mathrm{d}x$.*

用换元法可解它们:前者令$\sqrt{1+\mathrm{e}^x}=t$,后者令$\sqrt{\mathrm{e}^x-2}=t$,即$x=\ln(1+t^2)$即可.

上面是一些根式换元的例子,下面看看倒数换元的例子.

例 6 计算不定积分$\int\frac{\mathrm{d}x}{x^8(1+x^2)}$.

解 令$x=\frac{1}{t}$,则$\mathrm{d}x=-\frac{\mathrm{d}t}{t^2}$.这样可有

$$\int\frac{\mathrm{d}x}{x^8(1+x^2)}=-\int\frac{t^8}{1+t^2}\mathrm{d}t=-\int\frac{t^8-1}{1+t^2}\mathrm{d}t-\int\frac{1}{1+t^2}\mathrm{d}t=$$

$$-\int(t^6-t^4+t^2-1)\mathrm{d}t-\int\frac{1}{1+t^2}\mathrm{d}t=$$

$$-\frac{t^7}{7}+\frac{t^5}{5}-\frac{t^3}{3}+t-\arctan t+C=$$

$$-\frac{1}{7x^7}+\frac{1}{5x^5}-\frac{1}{3x^3}+\frac{1}{x}-\arctan\frac{1}{x}+C$$

例 7 计算 $I=\int\frac{x^2}{(2x-3)^5}\mathrm{d}x$.

解 令$\frac{1}{2x-3}=t$,即 $x=\frac{1}{2t}+\frac{3}{2}$.这样可有

$$I=\int t^5\left(\frac{1}{2t}+\frac{3}{2}\right)^2\mathrm{d}t=\int t^5\left(\frac{1}{4t^2}+\frac{3}{2t}+\frac{9}{4}\right)\mathrm{d}t=t^4+\frac{3}{10}t^5+\frac{3}{8}t^6+C=$$

$$\frac{1}{(2x-3)^4}+\frac{3}{10}\frac{1}{(2x-3)^5}+\frac{3}{8}\frac{1}{(2x-3)^6}+C$$

例 8 计算不定分$\int\frac{\mathrm{d}x}{x\sqrt{x^2-1}}$.

解 令 $x=\frac{1}{t}$,则 $\mathrm{d}x=-\frac{\mathrm{d}t}{t^2}$,这样可有

$$\int\frac{\mathrm{d}x}{x\sqrt{x^2-1}}=-\int\frac{\mathrm{d}t}{\sqrt{1-t^2}}=-\arcsin t+C=-\arcsin\frac{1}{x}+C$$

例 9 计算不定积分$\int\frac{1-\ln x}{(x-\ln x)^2}\mathrm{d}x$.

解 令 $x=\frac{1}{t}$,则 $\mathrm{d}x=-\frac{1}{t^2}\mathrm{d}t$,这样可有

$$\int\frac{1-\ln x}{(x-\ln x)^2}\mathrm{d}x=\int\left[\left(1-\ln\frac{1}{t}\right)\Big/\left(\frac{1}{t}-\ln\frac{1}{t}\right)^2\right]\cdot\left(-\frac{1}{t^2}\right)\mathrm{d}t=-\int\frac{1+\ln t}{(1+t\ln t)^2}\mathrm{d}t=$$

$$-\int\frac{\mathrm{d}(1+t\ln t)}{(1+t\ln t)^2}=\frac{1}{1+t\ln t}+C=\frac{x}{x-\ln x}+C$$

除了上述代替外,还有一些其他代换,这要视题目中所给条件而定了.

例 10 计算不定积分$\int\frac{x^5-x}{x^8+1}\mathrm{d}x$.

解 令 $x^2=t$,则 $2x\mathrm{d}x=\mathrm{d}t$.(具体计算见前面的例子)故有

$$\int\frac{x^5-x}{x^8+1}\mathrm{d}x=\frac{1}{2}\int\frac{x^4-1}{x^8+1}\cdot 2x\mathrm{d}x=\frac{1}{2}\int\frac{t^2-1}{t^4+1}\mathrm{d}t=\frac{1}{2}\int\frac{\mathrm{d}\left(t+\frac{1}{t}\right)}{\left(t+\frac{1}{t}\right)^2-2}=$$

$$\frac{1}{4\sqrt{2}}\ln\left|\frac{t^2-\sqrt{2}t+1}{t^2+\sqrt{2}t+1}\right|+C=\frac{1}{4\sqrt{2}}\ln\left|\frac{x^4-\sqrt{2}x^2+1}{x^4+\sqrt{2}x^2+1}\right|+C$$

例 11 计算不定积分$\int\ln(1+x+\sqrt{2x+x^2})\,\mathrm{d}x$.

解 令 $t=1+x$,则 $\mathrm{d}x=\mathrm{d}t$.故有

$$\int\ln(1+x+\sqrt{2x+x^2})\,\mathrm{d}x=\int\ln\left[(1+x)+\sqrt{(1+x)^2-1}\right]\mathrm{d}(1+x)=$$

$$\int\ln(t+\sqrt{t^2-1})\,\mathrm{d}t=t\ln(t+\sqrt{t^2-1})-\int\frac{t\mathrm{d}t}{\sqrt{t^2-1}}=$$

$$t\ln(t+\sqrt{t^2-1})-\sqrt{t^2-1}+C=$$

$$(1+x)\ln(1+x+\sqrt{2x+x^2})-\sqrt{2x+x^2}+C$$

例 12 计算不定积分$\int\frac{x^5}{\sqrt[4]{x^3+1}}\mathrm{d}x, x>-1$.

解 令 $x^3+1=t$,则 $3x^2\mathrm{d}x=\mathrm{d}t$.故有

$$\int\frac{x^5}{\sqrt[4]{x^3+1}}\mathrm{d}x=\int\frac{(x^3+1)-1}{\sqrt[4]{x^3+1}}\cdot x^2\mathrm{d}x=\frac{1}{3}\int(t^{\frac{3}{4}}-t^{-\frac{1}{4}})\,\mathrm{d}t=$$

$$\frac{1}{3}\left(\frac{4}{7}t^{\frac{7}{4}}-\frac{4}{3}t^{\frac{3}{4}}\right)+C=\frac{1}{3}\left[\frac{4}{7}(x^3+1)^{\frac{7}{4}}-\frac{4}{3}(x^3+1)^{\frac{3}{4}}\right]+C$$

例 13　计算不定积分$\int\frac{\mathrm{d}x}{\sqrt[3]{(x+1)^2(x-1)^4}}$.

解　令$\frac{x-1}{x+1}=t$,则 $\mathrm{d}t=\frac{2}{(x+1)^2}\mathrm{d}x$. 故有

$$\int\frac{\mathrm{d}x}{\sqrt[3]{(x+1)^2(x-1)^4}}=\int\left[1\Big/\sqrt[3]{\left(\frac{x-1}{x+1}\right)^4}\right]\cdot\frac{\mathrm{d}x}{(x+1)^2}=\frac{1}{2}\int t^{-\frac{4}{3}}\mathrm{d}t=-\frac{3}{2}t^{-\frac{1}{3}}+C=$$

$$-\frac{3}{2}\sqrt[3]{\frac{x+1}{x-1}}+C$$

对于一些三角函数的积分式,有些借助于三角公式和相应的代换,也可使积分计算简化.

例 14　计算不定积分$\int\frac{\sin x\cos x}{\sin^4 x+\cos^4 x}\mathrm{d}x$.

解　令 $t=\cos 2x$,则 $-2\sin 2x\mathrm{d}x=\mathrm{d}t$. 又 $\sin^4 x+\cos^4 x=\frac{1}{2}(\cos^2 2x+1)$,则

$$\int\frac{\sin x\cos x}{\sin^4 x+\cos^4 x}\mathrm{d}x=\frac{1}{2}\int\frac{2\sin 2x}{\cos^2 2x+1}\mathrm{d}x=-\frac{1}{2}\int\frac{\mathrm{d}t}{1+t^2}=-\frac{1}{2}\arctan t+C=$$

$$-\frac{1}{2}\arctan(\cos 2x)+C$$

例 15　计算不定积分$\int\frac{\cos^{n-1}\frac{x+a}{2}}{\sin^{n+1}\frac{x-a}{2}}\mathrm{d}x$.

解　令 $t=\cos\frac{x+a}{2}\Big/\sin\frac{x-a}{2}$,则 $\mathrm{d}t=-\left(\cos a\Big/2\sin^2\frac{x-a}{2}\right)\mathrm{d}x$. 故有

$$\int\frac{\cos^{n-1}\frac{x+a}{2}}{\sin^{n+1}\frac{x-a}{2}}\mathrm{d}x=-\frac{2}{\cos a}\int t^{n-1}\mathrm{d}t=-\frac{2t^n}{n\cos a}+C=-\frac{2}{n\cos a}\left(\cos\frac{x+a}{2}\Big/\sin\frac{x-a}{2}\right)^n+C$$

例 16　已知函数 $f(x)$ 连续,且$\int_0^x tf(x-t)\mathrm{d}t=1-\cos x$,求证$\int_0^{\frac{\pi}{2}}f(x)\mathrm{d}x=1$.

解　令 $u=x-t$,即 $t=x-u$,则 $\mathrm{d}t=-\mathrm{d}u$,这样

$$\int_0^x tf(x-t)\mathrm{d}t=-\int_x^0(x-u)f(u)\mathrm{d}u=x\int_0^x f(u)\mathrm{d}u-\int_0^x uf(u)\mathrm{d}u=1-\cos x$$

上式两边对 x 求导化简后可有$\int_0^x f(u)\mathrm{d}u=\sin x$,从而

$$\int_0^{\frac{\pi}{2}}f(x)\mathrm{d}x=\int_0^{\frac{\pi}{2}}\sin x\mathrm{d}x=\sin\frac{\pi}{2}=1$$

例 17　计算不定积分$\int\frac{\sin x}{\cos x\sqrt{1+\sin^2 x}}\mathrm{d}x$.

解　令 $\sqrt{1+\sin^2 x}=t$,故有

$$\int\frac{\sin x}{\cos x\sqrt{1+\sin^2 x}}\mathrm{d}x=\int\frac{\sin x\cos x\mathrm{d}x}{\cos^2 x\sqrt{1+\sin^2 x}}=\frac{1}{2}\int\frac{\mathrm{d}(1+\sin^2 x)}{(1-\sin^2 x)\sqrt{1+\sin^2 x}}=$$

$$\int\frac{\mathrm{d}t}{2-t^2}=\frac{1}{2\sqrt{2}}\ln\left|\frac{\sqrt{2}+t}{\sqrt{2}-t}\right|+C=\frac{1}{2\sqrt{2}}\ln\frac{(\sqrt{2}+t)^2}{2-t^2}+C=$$

$$\frac{1}{2\sqrt{2}}\ln\frac{(\sqrt{2}+\sqrt{1+\sin^2 x})^2}{\cos^2 x}+C=\frac{1}{\sqrt{2}}\ln\left|\frac{\sqrt{2}+\sqrt{1+\sin^2 x}}{\cos x}\right|+C$$

6. 利用递推与解方程

某些不定积分中含有与自然数 n 有关的参数，这类问题多用递推办法去解(当然也要用分部积分等). 下面来看几个例子.

例 1 建立不定积分 $I_n=\int \ln^n x\,\mathrm{d}x$($n$ 为自然数) 的递推公式.

解 $I_n=\int \ln^n x\,\mathrm{d}x = x\ln^n x-\int x\cdot n\ln^{n-1}x\cdot\dfrac{1}{x}\mathrm{d}x = x\ln^n x-nI_{n-1}$.

例 2 建立不定积分 $I_n=\int\dfrac{1}{x^n\sqrt{x^2+1}}\mathrm{d}x$($n\in\mathbf{N}$) 的递推公式.

解 由题设可直接考虑 I_{n-2} 的演化

$$I_{n-2}=\int\frac{1}{x^{n-2}\sqrt{x^2+1}}\mathrm{d}x=\int\frac{1}{x^{n-1}}\mathrm{d}(\sqrt{x^2+1})=$$

$$\frac{\sqrt{x^2+1}}{x^{n-1}}-\int\sqrt{x^2+1}\cdot(1-n)\cdot\frac{1}{x^n}\mathrm{d}x(\text{分子有理化})=$$

$$\frac{\sqrt{x^2+1}}{x^{n-1}}-(1-n)\int\frac{x^2+1}{x^n\sqrt{x^2+1}}\mathrm{d}x=$$

$$\frac{\sqrt{x^2+1}}{x^{n-1}}-(1-n)(I_{n-2}+I_n)$$

故

$$I_n=\frac{\sqrt{x^2+1}}{(1-n)x^{n-1}}+\frac{2-n}{n-1}I_{n-2}$$

例 3 建立不定积分 $I_n=\int\sin^n x\,\mathrm{d}x$ 的递推公式($n\in\mathbf{N}$ 且 $n>2$).

解 由题设可直接考虑 I_n 的演化

$$I_n=-\int\sin^{n-1}x\,\mathrm{d}(\cos x)=-\cos x\sin^{n-1}x+(n-1)\int\sin^{n-2}x\cos^2x\,\mathrm{d}x=$$

$$-\cos x\sin^{n-1}x+(n-1)\int\sin^{n-2}x(1-\sin^2x)\mathrm{d}x=$$

$$-\cos x\sin^{n-1}x+(n-1)I_{n-2}-(n-1)I_n$$

故

$$I_n=-\frac{1}{n}\cos x\sin^{n-1}x+\frac{n-1}{n}I_{n-2}$$

注 类似地我们可有下面的递推公式：

若 $J_n=\int\cos^n x\,\mathrm{d}x(n>2)$，则 $J_n=\dfrac{1}{n}\sin x\cos^{n-1}x+\dfrac{n-1}{n}J_{n-2}$.

例 4 建立不定积分 $I_n=\int\dfrac{\mathrm{d}x}{\sin^n x}$ 的递推公式($n\in\mathbf{N}$ 且 $n>2$).

解 注意到下面的式子变形

$$I_n=\int\csc^n x\,\mathrm{d}x=-\int\csc^{n-2}x\,\mathrm{d}(\cot x)=$$

$$-\csc^{n-2}x\cot x+(n-2)\int\cot x\csc^{n-3}x\cdot(-\csc x\cot x)\mathrm{d}x=$$

$$-\csc^{n-2}x\cot x-(n-2)\int\csc^n x\,\mathrm{d}x+(n-2)\int\csc^{n-2}x\,\mathrm{d}x=$$

$$-\csc^{n-2}x\cot x+(n-2)(I_{n-2}-I_n)$$

故

$$I_n=-\frac{\cos x}{(n-1)\sin^{n-1}x}+\frac{n-2}{n-1}I_{n-2}$$

注 类似地我们也可有下面的递推公式：

若 $J_n=\int\frac{\mathrm{d}x}{\cos^n x}(n>2)$,则 $J_n=\frac{\sin x}{(n-1)\cos^{n-1}x}+\frac{n-2}{n-1}J_{n-2}$.

有些递推公式的推导中需要先换元.请看:

例5 试建立 $I_n=\int\left(\sin\frac{x-a}{2}\Big/\sin\frac{x+a}{2}\right)^n\mathrm{d}x$ 的递推公式(n 为自然数).

解 令 $t=\sin\frac{x-a}{2}\Big/\sin\frac{x+a}{2}$,稍经推导可有:

$$I_n=\int\left[\sin^2 a-\sin^2\frac{x+a}{2}+2\cos a\sin\frac{x+a}{2}\sin\frac{x-a}{2}\right]\left(\sin^{n-2}\frac{x-a}{2}\Big/\sin^n\frac{x+a}{2}\right)\mathrm{d}x=$$

$$2\sin a\int t^{n-2}\mathrm{d}t-I_{n-2}+2\cos aI_{n-1}=\frac{2\sin a}{n-1}t^{n-1}-I_{n-2}+2\cos aI_{n-1}$$

注 仿上同法可建立积分 $\int\left(\cos^n\frac{x-a}{2}\Big/\cos^n\frac{x+a}{2}\right)\mathrm{d}x$ 的递推公式.

附注 除上述诸例外常见的递推公式还有:

1. 若 $I_n=\int\frac{\mathrm{d}x}{(x^2+a^2)^n}$,则 $I_n=\frac{1}{2(n-1)a^2}\left[\frac{x}{(x^2+a^2)^{n-1}}+(2n-3)I^{n-1}\right]$, $n\geqslant 2$

2. 若 $I_n=\int\tan^n x\,\mathrm{d}x$,则 $I_n=\frac{\tan^{n-1}x}{n-1}-I_{n-2}$, $n\neq 1$

3. 若 $I_{-n}=\int\tan^{-n}x\,\mathrm{d}x$,则 $I_{-n}=-\frac{\tan^{1-n}x}{n-1}-I_{-n+2}$, $n\neq 1$

4. 若 $I_{m,n}=\int\sin^m x\cos^n x\,\mathrm{d}x$,则

$$I_{m,n}=\frac{\sin^{m+1}x\cos^{n-1}x}{m+n}+\frac{n-1}{m+n}I_{m,n-2},\quad m+n\neq 0$$

$$I_{m,n}=-\frac{\sin^{m-1}x\cos^{n+1}x}{m+n}+\frac{m-1}{m+n}I_{m-2,n},\quad m+n\neq 0$$

$$I_{m,n}=-\frac{\sin^{m+1}x\cos^{n+1}x}{n+1}+\frac{m+n+2}{n+1}I_{m,n+2},\quad m\neq -1$$

$$I_{m,n}=\frac{\sin^{m+1}x\cos^{n+1}x}{m+1}+\frac{m+n+2}{m+1}I_{m+2,n},\quad m\neq -1$$

有些不定积分在分部积分时,出现方程,这样我们可以解方程而求得积分值.

例6 计算不定积分 $\int\sin(\ln x)\mathrm{d}x$.

解 令 $I=\int\sin(\ln x)\mathrm{d}x$,则由分部积分可有

$$I=x\sin(\ln x)-\int\cos(\ln x)\mathrm{d}x=x\sin(\ln x)-x\cos(\ln x)-\int\sin(\ln x)\mathrm{d}x$$

即

$$I=x\sin(\ln x)-x\cos(\ln x)-I$$

故

$$I=\frac{1}{2}x[\sin(\ln x)-\cos(\ln x)]$$

注1 类似地我们可有:$\int\cos(\ln x)\mathrm{d}x=\frac{1}{2}x[\sin(\ln x)-\cos(\ln x)]$.

注2 本题亦可用 $t=\ln x$ 变换将积分式化为 $\int e^t\sin t\mathrm{d}t$,然后再与积分 $\int e^t\cos t\mathrm{d}t$ 共同考虑亦可.

例7 计算不定积分 $I=\int e^{ax}\sin bx\,\mathrm{d}x$.

解 $I=\frac{e^{ax}}{a}\sin bx-\frac{b}{a}\int e^{ax}\cos bx\,\mathrm{d}x=\frac{e^{ax}}{a}\sin bx-\frac{b}{a^2}e^{ax}\cos bx-\frac{b^2}{a^2}\int e^{ax}\sin bx\,\mathrm{d}x$ (*)

故 $$\int e^{ax}\sin bx\,dx=\frac{e^{ax}}{a^2+b^2}(a\sin bx-b\cos bx)$$

注 类似地我们可有$\int e^{ax}\cos bx\,dx=\frac{e^{ax}}{a^2+b^2}(a\sin bx+b\cos bx)$.

当然我们可同时计算上两积分,解(*)式及后一积分类似于(*)式的算式(视为方程组)亦可.

6. 常见典型函数的积分法

在求不定积分中,被积函数常见典型的函数有:(1) 有理函数;(2) 三角有理函数;(3) 简单无理函数.

下面我们分别谈谈这些函数的积分法.

(1) 有理函数的积分法

有理函数 $P(x)/Q(x)$($P(x)$,$Q(x)$ 均为多项式,且 $p(x)$ 次数小于 $Q(x)$ 次数)积分大体步骤是

$$\frac{P(x)}{Q(x)}\xrightarrow[\text{化为部分分式}]{\text{待定系数}}\sum_i\left[\frac{A_1}{x-a_i}+\frac{A_2}{(x-a_i)^2}+\frac{A_3}{(x-a_i)^3}+\cdots\right]+$$
$$\sum_j\left[\frac{M_1x+N_1}{x^2+p_jx+q_j}+\frac{M_2x+N_2}{(x^2+p_jx+q_j)^2}+\cdots\right]$$

然后利用公式对式右部分公式分别积分.常用的基本有理函数积分法公式见表 5:

表 5

积分形式	积分法(或公式)
$\int\frac{1}{(x-a)^n}dx$	$\frac{-1}{(n-1)(x-a)^{n-1}},\quad n\geqslant 2$ $\ln\mid x-a\mid,\quad n=1$
$\int\frac{x}{(x^2+a^2)^n}dx$	$\frac{-1}{2(n-1)(x^2+a^2)^{n-1}},\quad n\geqslant 2$ $\frac{1}{2}\ln(x^2+a^2),\quad n=1$
$\int\frac{1}{(x^2+a^2)^n}dx$	$I_n=\frac{x(x^2+a^2)^{1-n}+(2n-3)I_{n-1}}{2(n-1)a^2},\quad n\geqslant 2$
$\int\frac{Mx+N}{x^2+px+q}dx$	$\frac{1}{\sqrt{\Delta}}\left\{M\ln\sqrt{x^2+px+q}+\left[(2N-Mp)\arctan\left(\frac{2x+p}{\sqrt{\Delta}}\right)\right]\right\}$ 其中 $\Delta=4q-p^2$
$\int\frac{Mx+N}{(x^2+px+q)^n}dx$	$\frac{M(x^2+px+q)^{1-n}}{2(1-n)}+\frac{2N-MP}{2}\int\frac{1}{(x^2+px+q)^n}dx$
$\int\frac{1}{(x^2+px+q)^n}dx$	令 $x+\frac{p}{2}=u,a=\frac{\sqrt{\Delta}}{2}$ 有 $\int\frac{1}{(x^2+px+q)^n}dx=\int\frac{1}{(u^2+a^2)^n}du$

下面略举几例说明.

例 1 计算不定积分$\int\frac{x}{(x+1)^2(x^2+x+1)}dx$.

解 因$\frac{x}{(x+1)^2(x^2+x+1)}=\frac{1}{x^2+x+1}-\frac{1}{(x+1)^2}$,故

$$\int \frac{x}{(x+1)^2(x^2+x+1)}\mathrm{d}x = \int \frac{\mathrm{d}x}{x^2+x+1} - \int \frac{\mathrm{d}x}{(x+1)^2} = \frac{2}{\sqrt{3}}\arctan\frac{2x+1}{\sqrt{3}} + \frac{1}{x+1} + C$$

注　这里第一项积分也可由 x^2+x+1 先配方成 $\left(x+\frac{1}{2}\right)^3+\frac{3}{4}$ 再直接可积得.

例 2　计算不定积分 $\int \frac{\mathrm{d}x}{x^2(1+x^2)^2}$.

解　因分式变形 $\frac{1}{x^2(1+x^2)^2} = \frac{1}{x^2} - \frac{1}{1+x^2} - \frac{1}{(1+x^2)^2}$，有

$$\int \frac{\mathrm{d}x}{x^2(1+x^2)^2} = \int \frac{\mathrm{d}x}{x^2} - \int \frac{\mathrm{d}x}{1+x^2} - \int \frac{\mathrm{d}x}{(1+x^2)^2} = -\frac{1}{x} - \frac{3}{2}\arctan x - \frac{x}{2(1+x^2)} + C$$

注　这里第三个积分是用递推公式直接求得的，当然它也可用下面办法计算

$$\int \frac{\mathrm{d}x}{(1+x^2)^2} = \int \frac{1+x^2}{(1+x^2)^2}\mathrm{d}x - \int \frac{x^2}{(1+x^2)^2}\mathrm{d}x = \cdots$$

例 3　计算不定积分 $\int \frac{2x^3+x+3}{(x^2+1)^2}\mathrm{d}x$.

解　由部分分式运算有 $\frac{2x^3+x+3}{(x^2+1)^2} = \frac{2x}{x^2+1} + \frac{-x+3}{(x^2+1)^2}$，故

$$\int \frac{2x^3+x+3}{(x^2+1)^2}\mathrm{d}x = \int \frac{2x}{x^2+1}\mathrm{d}x + \int \frac{-x+3}{(x^2+1)^2}\mathrm{d}x = \int \frac{\mathrm{d}(x^2+1)}{x^2+1} - \frac{1}{2}\int \frac{\mathrm{d}(x^2+1)}{(x^2+1)^2} + \int 3\frac{\mathrm{d}x}{(x^2+1)^2} =$$

$$\ln(x^2+1) + \frac{1}{2}\left(\frac{3x+1}{x^2+1} + 3\arctan x\right) + C$$

例 4　计算不定积分 $\int \frac{3x^2-x+4}{x^3-x^2+2x-2}\mathrm{d}x$.

解　由部分分式运算有 $\frac{3x^2-x+4}{x^3-x^2+2x-2} = \frac{2}{x-1} + \frac{x}{x^2+2}$，故

$$\int \frac{3x^2-x+4}{x^3-x^2+2x-2}\mathrm{d}x = \int \frac{2}{x-1}\mathrm{d}x + \int \frac{x}{x^2+2}\mathrm{d}x = 2\ln|x-1| + \ln\sqrt{x^2+2} + C$$

这里想强调一点，将 $P(x)/Q(x)$ 展成部分分式，这里的 $P(x)/Q(x)$ 是真分式，即 $P(x)$ 的次数小于 $Q(x)$ 的次数，否则在展开之前，需要先进行综合除法. 请看：

例 5　计算不定积分 $\int \frac{x^4+1}{(x-1)(x^2+1)}\mathrm{d}x$.

解　注意到分子的次数大于分母的次数，故先做除法再展成部分分式

$$\frac{x^4+1}{(x-1)(x^2+1)} = x+1+\frac{1}{(x-1)(x^2+1)} = x+1+\frac{1}{2}\left[\frac{1}{x-1} - \frac{x+1}{x^2+1}\right]$$

$$\int \frac{x^4+1}{(x-1)(x^2+1)}\mathrm{d}x = \int (x+1)\mathrm{d}x + \frac{1}{2}\int \frac{\mathrm{d}x}{x-1} - \frac{1}{2}\int \frac{x}{x^2+1}\mathrm{d}x - \frac{1}{2}\int \frac{\mathrm{d}x}{x^2+1} =$$

$$\frac{x^2}{2} + x + \frac{1}{4}\ln\frac{(x-1)^2}{x^2+1} - \frac{1}{2}\arctan x + C$$

当然，有些有理函数的积分无须先展成部分分式，它们往往可借助某些变换、变形或其他手段，能大大减少计算步骤，这方面的例子我们前面已经举过，后面我们还将专门讨论它.

(2) 三角函数有理式的积分法

三角函数有理式的积分有的可以直接按照公式积出，有的可先化成普通有理函数然后再积. 即

$$\int R(\sin x, \cos x)\mathrm{d}x \xrightarrow[\text{或 } t = \tan\frac{x}{2}]{t = \sin x \text{ 或 } \cos x \text{ 或 } \tan x} \int \frac{P(t)}{Q(t)}\mathrm{d}t$$

计算完普通有理函数积分后，再回代即可. 三角有理式换元法见表 6：

表 6

被　积　函　数　类　型	变　换　方　法
$R(\sin x)\cos x, R(\sin x, \cos^2 x)\cos x$	$\sin x = t$
$R(\cos x)\sin x, R(\cos x, \sin^2 x)\sin x$	$\cos x = t$
$R(\tan x), R(\sin^2 x, \cos^2 x), R(\tan x, \sin^2 x), R(\tan x, \cos^2 x)$, $R(\sin^2 x, \cos^2 x, \tan x)$	$\tan x = t$
$R(\sin x, \cos x)$	$\tan \frac{x}{2} = t$

注　对于三角有理式换元法而言:

若令 $\tan x = t$,则

$$\sin^2 x = \frac{t^2}{1+t^2}, \quad \cos^2 x = \frac{t^2}{1-t^2}$$

若令 $\tan \frac{x}{2} = t$,则

$$\sin x = \frac{2t}{1-t^2}, \quad \cos x = \frac{1-t^2}{1+t^2}$$

其中后一变换被称为 Euler 变换,通常在其他方法无效时启用该变换一般总可获得满意效果.

因为这种函数积分一般困难不大,这里略举两例说明.

例 1　计算不定积分$\int \sin^4 x\cos^5 x\mathrm{d}x$.

解　$\int \sin^4 x\cos^5 x\mathrm{d}x = \int \sin^4 x(1-\sin^2 x)^2 \mathrm{d}(\sin x) = \int (\sin^4 x - 2\sin^6 x + \sin^8 x)\mathrm{d}(\sin x) =$

$$\frac{1}{5}\sin^5 x - \frac{2}{7}\sin^7 x + \frac{1}{9}\sin^9 x + C$$

例 2　计算不定积分$\int \frac{\mathrm{d}x}{2\sin x - \cos x + 5}$.

解　令 $\tan \frac{x}{2} = t$,则 $\mathrm{d}x = \frac{2\mathrm{d}t}{1+t^2}$.

$$\int \frac{\mathrm{d}x}{2\sin x - \cos x + 5} = \int 1\Big/\left(\frac{4t}{1+t^2} - \frac{1-t^2}{1+t^2} + 5\right)\cdot\frac{2\mathrm{d}t}{1+t^2} = \frac{1}{3}\int 1\Big/\left[\left(t+\frac{1}{3}\right)^2 + \left(\frac{\sqrt{5}}{3}\right)^2\right]\cdot \mathrm{d}t =$$

$$\frac{1}{\sqrt{5}}\arctan\frac{3t+1}{\sqrt{5}} + C = \frac{1}{\sqrt{5}}\arctan\left[\left(3\tan\frac{x}{2}+1\right)\Big/\sqrt{5}\right] + C$$

这里想再指出一点:处理三角有理式积分时,要注意使用三角函数公式,这往往可以简化计算过程.

例 3　计算不定积分$\int \sin^5 x\cos^5 x\mathrm{d}x$.

解　由 $2\sin\alpha\cos\alpha = \sin 2\alpha$ 公式可有

$$\int \sin^5 x\cos^5 x\mathrm{d}x = \frac{1}{32}\int \sin^5 2x\mathrm{d}x = -\frac{1}{64}\int \sin^4 2x\mathrm{d}(\cos 2x) = -\frac{1}{64}\int (1-\cos^2 2x)^2 \mathrm{d}\cos 2x =$$

$$-\frac{1}{64}\cos 2x + \frac{1}{96}\cos^3 2x - \frac{1}{320}\cos^5 2x + C$$

这里使用了二倍角公式及 $\sin^2 a + \cos^2 a = 1$ 等.下面的例子则使用了积化和差.

例 4　计算不定积分$\int \sin x\sin 2x\sin 3x\mathrm{d}x$.

解　$\int \sin x\sin 2x\sin 3x\mathrm{d}x = \frac{1}{2}\int \sin 2x(\cos 2x - \cos 4x)\mathrm{d}x =$

$$\frac{1}{4}\int\sin 4x\mathrm{d}x-\frac{1}{4}\int(\sin 6x-\sin 2x)\mathrm{d}x=$$

$$-\frac{1}{16}\cos 4x+\frac{1}{24}\cos 6x-\frac{1}{8}\cos 2x+C$$

此外，计算三角有理式的不定积分还有一些递推公式好用(详见前文)，当然这类问题与自然数 n 有关.

(3) 简单无理式的积分

关于简单无理式的积分问题，我们前面已举过例子，这里我们稍系统地谈谈. 这类积分总的原则是：

$$\text{无理函数积分}\xrightarrow{\text{换元}}\text{有理函数积分}$$

一些简单无理函数换元法见表7：

表7

被　积　函　数	换　元　方　法
$R(x,\sqrt{x^2+a^2})$	$x=a\tan t$ 或 $x=a\operatorname{sh} t$
$R(x,\sqrt{a^2-x^2})$	$x=a\sin t$ 或 $x=a\cos t$
$R(x,\sqrt{x^2-a^2})$	$x=a\sec t$ 或 $x=a\operatorname{ch} t$
$R(x,\sqrt{ax^2+bx+c})$	当 $a>0$ 时 $t-\sqrt{a}x=\sqrt{ax^2+bx+c}$ 当 $c>0$ 时 $xt+\sqrt{c}=\sqrt{ax^2+bx+c}$
$R\left(x,\sqrt[n]{\dfrac{ax+b}{cx+d}}\right)$　(n 是自然数)	$\sqrt[n]{\dfrac{ax+b}{cx+d}}=t$
$R\left(x,\sqrt[n]{\dfrac{ax+b}{cx+d}},\sqrt[m]{\dfrac{ax+b}{cx+d}}\right)$ (m,n 为自然数)	令 $N=[m,n]$，即 m,n 的最小公倍 $\sqrt[N]{\dfrac{ax+b}{cx+d}}=t$

下面来看一些例子.

例1　计算不定积分 $\displaystyle\int\frac{x+2}{x^2\sqrt{1-x^2}}\mathrm{d}x$.

解　令 $x=\sin t$，则 $\mathrm{d}x=\cos t\mathrm{d}t$. 这样又有

$$\int\frac{x+2}{x^2\sqrt{1-x^2}}\mathrm{d}x=\int\frac{\sin t+2}{\sin^2 t\cos t}\cos t\mathrm{d}t=\int\frac{\mathrm{d}t}{\sin t}+\int\frac{2}{\sin^2 t}\mathrm{d}t=\ln(\csc t-\cot t)-2\cot t+C=$$

$$\ln\left(\frac{1-\sqrt{1-x^2}}{x}\right)-\frac{2\sqrt{1-x^2}}{x}+C$$

例2　计算不定积分 $\displaystyle\int\frac{x\arctan x}{\sqrt{1+x^2}}\mathrm{d}x$.

解　设 $x=\tan t$，则 $\mathrm{d}x=\sec^2 t\mathrm{d}t$. 这样可有

$$\int\frac{x\arctan x}{\sqrt{1+x^2}}\mathrm{d}x=\int\frac{t\tan t}{\sec t}\sec^2 t\mathrm{d}t=\int t\mathrm{d}(\sec t)=t\sec t-\int\sec t\mathrm{d}t=$$

$$t\sec t-\ln(\sec t+\tan t)+C=$$

$$t\sqrt{1+\tan^2 t}-\ln(\sqrt{1+\tan^2 t}+\tan t)+C=$$

$$\sqrt{1+x^2}\arctan x-\ln(\sqrt{1+x^2}+x)+C$$

注　令 $t=\arctan x$ 的变换，则 x 的函数可化为三角函数，而 $t=\tan\dfrac{x}{2}$ 的变换(Euler 变换)是使

三角函数化为 x 的一般函数.

有些题目需要先分部积分,然后再换元.请看:

例 3 计算不定积分$\int \frac{x\ln(x+\sqrt{1+x^2})}{(1+x^2)^2}\mathrm{d}x$.

解 先考虑分部积分再利用换元有

$$\int \frac{x\ln(x+\sqrt{1+x^2})}{(1+x^2)^2}\mathrm{d}x = -\frac{1}{2}\int \ln(x+\sqrt{1+x^2})\,\mathrm{d}[(1+x^2)^{-1}] =$$

$$-\frac{\ln(x+\sqrt{1+x^2})}{2(1+x^2)}+\frac{1}{2}\int \frac{\mathrm{d}x}{\sqrt{(1+x^2)^3}}$$

令 $x=\tan t$,则 $\mathrm{d}x=\sec^2 x\mathrm{d}x$.又

$$\int \frac{\mathrm{d}x}{\sqrt{(1+x^2)^3}}=\int \cos t\mathrm{d}t=\sin t+C=\frac{x}{\sqrt{1+x^2}}+C$$

故

$$\int \frac{x\ln(x+\sqrt{1+x^2})}{(1+x^2)^2}\mathrm{d}x=-\frac{\ln(x+\sqrt{1+x^2})}{2(1+x^2)}+\frac{x}{2\sqrt{1+x^2}}+C$$

例 4 计算积分 $I=\int \frac{\arcsin \mathrm{e}^x}{\mathrm{e}^x}\mathrm{d}x$.

解 先考虑分部积分有 $I=-\int \arcsin \mathrm{e}^x\,\mathrm{d}(\mathrm{e}^{-x})=\mathrm{e}^{-x}\sin \mathrm{e}^x+\int \frac{\mathrm{d}x}{\sqrt{1-\mathrm{e}^{2x}}}$,再考虑换元.

令 $t=\sqrt{1-\mathrm{e}^{2x}}$,则 $\mathrm{d}t=\frac{1}{2}\ln(1-t^2)$,这样

$$\int \frac{\mathrm{d}x}{\sqrt{1-\mathrm{e}^{2x}}}=\int \frac{\mathrm{d}t}{t^2-1}=\frac{1}{2}\int\left(\frac{1}{t-1}+\frac{1}{t+1}\right),\quad \mathrm{d}t=\frac{1}{2}\ln\frac{t-1}{t+1}+C$$

从而

$$I=-\mathrm{e}^{-x}\sin \mathrm{e}^x+\frac{1}{2}\ln\frac{\sqrt{1-\mathrm{e}^{2x}}-1}{\sqrt{1-\mathrm{e}^{2x}}+1}+C$$

还有些题目需要两次换元.例如:

例 5 计算不定积分$\int \frac{\mathrm{d}x}{(1-x)\sqrt{1-x^2}}$.

解 令 $x=\sin t$,则题设积分可化为

$$\int \frac{\mathrm{d}x}{(1-x)\sqrt{1-x^2}}=\int \frac{\cos t\mathrm{d}t}{(1-\sin t)\cos t}=\int \frac{\mathrm{d}t}{1-\sin t}$$

再令 $u=\tan\frac{t}{2}$,则

$$\sin t=\frac{2u}{1+u^2},\quad \mathrm{d}t=\frac{2\mathrm{d}u}{1+u^2}$$

因而

$$\int \frac{\mathrm{d}t}{1-\sin t}=\int \frac{2\mathrm{d}u}{(1-u)^2}=\frac{2}{1-u}+C$$

故

$$\int \frac{\mathrm{d}x}{(1-x)\sqrt{1-x^2}}=\frac{2}{1-\tan\frac{t}{2}}+C=\frac{2}{1-\frac{\sin t}{1+\cos t}}+C=$$

$$\frac{2}{1-\frac{x}{1+\sqrt{1-x^2}}}+C=\frac{2(1+\sqrt{1-x^2})}{1+\sqrt{1-x^2}-x}+C$$

下面来看根式代换的例子.

例 6 计算不定积分$\int \frac{x\mathrm{d}x}{4-x^2+\sqrt{4-x^2}}$.

解　令 $\sqrt{4-x^2}=t$ 或 $4-x^2=t^2$，则 $x\mathrm{d}x=-t\mathrm{d}t$. 这样可有

$$\int\frac{x\mathrm{d}x}{4-x^2+\sqrt{4-x^2}}=\int\frac{-t\mathrm{d}t}{t^2+t}=-\int\frac{\mathrm{d}t}{1+t}=-\ln(1+t)+C=-\ln\left(1+\sqrt{4-x^2}\right)+C$$

例 7　计算不定积分 $\int\frac{x\mathrm{d}x}{\sqrt{1+x^2+\sqrt{(1+x^2)^3}}}$.

解　令 $\sqrt{1+x^2}=t$，即 $1+x^2=t^2$，则 $x\mathrm{d}x=t\mathrm{d}t$. 这样可有

$$\int\frac{x\mathrm{d}x}{\sqrt{1+x^2+\sqrt{(1+x^2)^3}}}=\int\frac{u}{\sqrt{u^2+u^3}}\mathrm{d}u=\int\frac{\mathrm{d}u}{\sqrt{1+u}}=2\sqrt{1+u}+C=2\sqrt{1+\sqrt{1+x^2}}+C$$

根式换元法是十分灵活的，换元法往往要视具体题目而定. 请看：

例 8　计算不定积分 $\int\frac{x^5}{\sqrt[4]{x^3+1}}\mathrm{d}x,x>-1$.

解　令 $1+x^3=t$，则 $3x^2\mathrm{d}x=\mathrm{d}t$. 这样可有

$$\int\frac{x^5}{\sqrt[4]{x^3+1}}\mathrm{d}x=\int\frac{(x^3+1)-1}{\sqrt[4]{x^3+1}}x^2\mathrm{d}x\text{（注意提取与加减）}=$$

$$\frac{1}{3}\int\left(t^{\frac{3}{4}}-t^{-\frac{1}{4}}\right)\mathrm{d}t=\frac{1}{3}\left(\frac{4}{7}t^{\frac{7}{4}}-\frac{4}{3}t^{\frac{3}{4}}\right)+C=$$

$$\frac{1}{3}\left[\frac{4}{7}(x^3+1)^{\frac{7}{4}}-\frac{4}{3}(x^3+1)^{\frac{3}{4}}\right]+C=$$

$$\frac{4}{3}(x^3+1)^{\frac{3}{4}}\left(\frac{1}{7}x^3-\frac{4}{21}\right)+C$$

例 9　计算不定积分 $\int\frac{\mathrm{d}x}{1+\sqrt{x}+\sqrt{1+x}}$.

解　令 $\sqrt{x}+\sqrt{1+x}=t$，则

$$x=\left(\frac{t^2-1}{2t}\right)^2,\quad \mathrm{d}x=\frac{(t^2-1)(t^2+1)}{2t^3}\mathrm{d}t$$

这样可有

$$\int\frac{\mathrm{d}x}{1+\sqrt{x}+\sqrt{1+x}}=\frac{1}{2}\int\frac{t^3-t^2+t-1}{t^3}\mathrm{d}t=\frac{1}{2}\left(t-\ln t-\frac{1}{t}-\frac{1}{2t^2}\right)+C=$$

$$\sqrt{x}-\frac{1}{2}\ln\left(\sqrt{x}+\sqrt{x+1}\right)+\frac{x}{2}-\frac{\sqrt{x(x+1)}}{2}+C$$

下面再来看一个例子.

例 10　计算不定积分 $\int\frac{\mathrm{d}x}{\sqrt{\sqrt{x}+1}}$.

解　令 $\sqrt{\sqrt{x}+1}=t$，则 $\sqrt{x}=t^2-1$，$x=(t^2-1)^2$，且 $\mathrm{d}x=4t(t^2-1)\mathrm{d}t$. 故

$$\int\frac{\mathrm{d}x}{\sqrt{\sqrt{x}+1}}=\int\frac{4t(t^2-1)}{t}\mathrm{d}t=\int4(t^2-1)\mathrm{d}t=\frac{4t^3}{3}-4t+C=$$

$$4t\left(\frac{t^2}{3}-1\right)+C=4\sqrt{\sqrt{x}+1}\,\frac{\sqrt{x}-2}{3}+C$$

从上面的例子我们能够看到，应用换元法做不定积分，在回代过程中（千万别忘了！）往往先将积出来的函数凑成换元的形式（或三角函数）再回代.

7. 一些特殊函数的积分法

有一些特殊定义的函数，它们的积分方法也有些特殊，这里我们仅举几例说明.

例 1 (1) 计算不定积分$\int |x| \mathrm{d}x$;(2) 若$f(x)=\max\{1,x\}$,这里$\max(a,b)$表示a,b之中较大者,求$\int f(x)\mathrm{d}x$.

解 (1) 因当$x\geqslant 0$时,$|x|=x$;当$x<0$时,$|x|=-x$.故

$$\int |x| \mathrm{d}x=\begin{cases}\int x\mathrm{d}x=\dfrac{x^2}{2}+C_1, & x\geqslant 0\\ \int -x\mathrm{d}x=-\dfrac{x^2}{2}+C_2, & x<0\end{cases}$$

注意到$\int |x| \mathrm{d}x$可微,故其连续,则$\lim\limits_{x\to 0+}\int |x| \mathrm{d}x=\lim\limits_{x\to 0-}\int |x| \mathrm{d}x$,有$C_1=C_2$.从而

$$\int |x| \mathrm{d}x=\frac{1}{2}x|x|+C$$

(2) 由$\int f(x)\mathrm{d}x=\int_0^x f(t)\mathrm{d}t+C=\int_0^x \max\{1,t\}\mathrm{d}t+C$.令$\int_0^x f(t)\mathrm{d}t=I$,则有

$$I=\int_0^x f(t)\mathrm{d}t=\begin{cases}\int_0^x \mathrm{d}t=x, & x\leqslant 1\\ \int_0^1+\int_0^x=\int_1^x\mathrm{d}t+\int_1^x t\mathrm{d}t=\dfrac{t^2+1}{2}, & t>1\end{cases}$$

注 类似地我们可以解得下列积分

(1)$\int x|x|\mathrm{d}x=\dfrac{|x|^3}{3}+C$;(2)$\int (x+|x|)^2\mathrm{d}x=\dfrac{2}{3}(x^3+|x|^3)+C$.

例 2 计算不定积分$\int \mathrm{e}^{-|x|}\mathrm{d}x$.

解 由题设先将积分写成分段形式

$$\int \mathrm{e}^{-|x|}\mathrm{d}x=\begin{cases}\int \mathrm{e}^{-x}\mathrm{d}x=-\mathrm{e}^{-x}+C_1, & x\geqslant 0\\ \int \mathrm{e}^{x}\mathrm{d}x=\mathrm{e}^{x}+C_2, & x<0\end{cases}$$

仿上由$\int \mathrm{e}^{-|x|}\mathrm{d}x$的连续性得 $C_2=C_1-2$

故

$$\int \mathrm{e}^{-|x|}\mathrm{d}x=\begin{cases}-\mathrm{e}^{-x}+C, & x\geqslant 0\\ \mathrm{e}^{x}+C-2, & x<0\end{cases}$$

注 此题结论亦可写成$I=\mathrm{sgn}(1-\mathrm{e}^{-|x|})+C$.

例 3 计算不定积分$\int \max(1,x^2)\mathrm{d}x$,这里$\max(a,b)$表示$a,b$之中较大者.

解 由$f(x)=\max(1,x^2)=\begin{cases}1, & |x|\leqslant 1;\\ x^2, & |x|>1.\end{cases}$设$\varphi(x)$为$f(x)$的一个原函数,则

$$\varphi(x)=\begin{cases}\dfrac{x^3}{3}+C_1, & x<-1\\ x, & |x|\leqslant 1\\ \dfrac{x^3}{3}+C_2, & x>1\end{cases}$$

考虑$\varphi(x)$在$x=\pm 1$处连续性可有$C_1=-\dfrac{2}{3}$,$C_2=\dfrac{2}{3}$.故

$$\varphi(x)=\begin{cases}\dfrac{1}{3}(x^3-2), & x<-1\\ x, & |x|\leqslant 1\\ \dfrac{1}{3}(x^3+2), & x>1\end{cases}$$

从而
$$\int \max(1,x^2)\mathrm{d}x = \varphi(x)+C$$

从上面的例子，均是据函数定义而分段考虑的，下面我们看一个稍复杂的例子，它们是一些特殊函数的积分.

例 4　计算$\int [x]\mathrm{d}x(x \geqslant 0)$，这里$[x]$表示不超$x$的最大整数.

解　由 Guass 函数性质可有

$$\int [x]\mathrm{d}x = \int_0^x [x]\mathrm{d}x + C = \int_0^1 [x]\mathrm{d}x + \int_1^2 [x]\mathrm{d}x + \cdots + \int_{[x]-1}^{[x]} [x]\mathrm{d}x + \int_{[x]}^x [x]\mathrm{d}x + C =$$
$$1+2+\cdots+([x]-1)+[x](x-[x])+C =$$
$$\frac{1}{2}[x]([x]-1)+x[x]-[x]^2+C =$$
$$x[x]-\frac{1}{2}[x]([x]+1)+C$$

注　类似地我们可有
$$\int x^n[x]\mathrm{d}x = \frac{x^{n+1}[x]}{n+1} - \frac{1}{n+1}\sum_{k=1}^{[x]} k^{n+1} + C$$

例 5　若 $\operatorname{sgn} x = \begin{cases} 1, & x>0 \\ 0, & x=0 \\ -1, & x<0 \end{cases}$称为符号函数. 计算不定积分$\int \operatorname{sng}(\sin x)\mathrm{d}x$.

解　$$\int \operatorname{sgn}(\sin x)\mathrm{d}x = \int \frac{\sin x}{|\sin x|}\mathrm{d}x = -\int \frac{\mathrm{d}(\cos x)}{\sqrt{1-\cos^2 x}} = \arccos(\cos x)+C =$$
$$\begin{cases} x+C, & 2n \leqslant x < (2n+1) \\ -x+C, & (2n+1) \leqslant x < (2n+2) \end{cases}$$

注 1　严格地讲，$\operatorname{sgn}(\sin x)$与$\dfrac{\sin x}{|\sin x|}$不尽相同，主要是 0 点的值，后者无定义，但两函数仅在个别点处值不同，不影响积分值相等.

注 2　本命题还可解如：

由$\int \operatorname{sgn}(\sin x)\mathrm{d}x = \int_0^x \operatorname{sgn}(\sin x)\mathrm{d}x + C$，再分段求积，注意到$\int_{2x}^{(2n+2)} \operatorname{sgn}(\sin x) = 0$.

注 3　由本例我们还可以解命题：计算$\int (-1)^{[x]}\mathrm{d}x$. 这只需注意到
$$\int (-1)^{[x]}\mathrm{d}x = \int_0^x (-1)^{[x]}\mathrm{d}x + C = \int_0^x \operatorname{sgn}(\sin\ x)\mathrm{d}x + C =$$
$$\frac{1}{}\int_0^x \operatorname{sgn}(\sin\ t)\mathrm{d}t = \frac{1}{}\arccos(\cos\ x)+C$$

例 6　若 $y=f(x)$ 连续且可导，且其一个原函数为 $F(x)$，即$\int f(x)\mathrm{d}x = F(x)+C$，又 $f^{-1}(x)$ 为 $f(x)$ 反函数，求$\int f^{-1}(x)\mathrm{d}x$.

解　由题设及分部积分可有
$$\int f^{-1}(x)\mathrm{d}x = xf^{-1}(x) - \int x\mathrm{d}(f^{-1}(x)) = xf^{-1}(x) - \int f(f^{-1}(x))\mathrm{d}(f^{-1}(x)) =$$
$$xf^{-1}(x) - F(f^{-1}(x)) + C$$

这里注意到关系式　$$x = f(f^{-1}(x)) = f^{-1}(f(x))$$

最后我们想强调一点，并非所有函数积分均可“积出来”(写出有限形式的原函数)，尽管有些貌似不繁的函数,比如$\int\frac{\sin x}{x}\mathrm{d}x$,$\int e^{\frac{1}{x}}\mathrm{d}x$等皆写不出其有限形式的原函数.

综上,我们将不定积分求解大致过程用框图表示,见图1,当然这里给定的只是大致思路,至于具体求解过程,还要依据题设条件而变化.

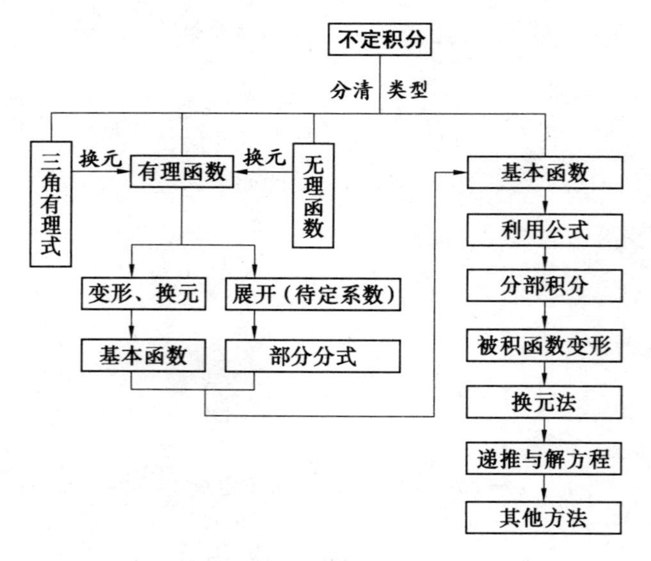

图 1

二、定积分的基本算法

定积分与不定积分之间有着密切的联系,从原则上讲,多数定积分均可由该函数的不定积分再用Newton-Leibniz公式求得.但对有些情况来讲,运用其他手段计算积分将显得更简便,这些方法大抵有:

(1) 利用定积分定义及概念;
(2) 利用 Newton-Leibniz 公式;
(3) 利用分部积分法;
(4) 利用换元法;
(5) 利用被积函数(或定积分的)性质(如周期性、对称性等)及某些公式;
(6) 利用递推公式;
(7) 利用参数微分;
(8) 利用展开级数;
(9) 某些特殊函数的积分;
(10) 定积分的一些近似计算.

下面我们分别举例谈谈这些方法.

1. 利用定积分的定义

我们知道:定积分是一种构造的定义,它不仅定义了定积分,并且还给出了定积分的计算方法.关于这种方法在实际计算中并不常用,这里不举例了.下面仅举两个利用定积分某些性质的例子.

例 1 若$f'(e^x)=xe^x$,且$f(1)=0$.试计算定积分$\int_1^2\left[2f(x)+\frac{1}{2}(x^2-1)\right]\mathrm{d}x$.

解 令$e^x=t$,即$x=\ln t$.由设$f'(t)=t\ln t$.故

$$f(t)=\int t\ln t\mathrm{d}t=\frac{1}{2}\int\ln t\mathrm{d}(t^2)=\frac{1}{2}t^2\ln t-\frac{1}{4}t+C$$

又由$f(1)=0$,得$C=\frac{1}{4}$,则

$$f(t)=\frac{1}{2}t^2\ln t-\frac{1}{4}t+\frac{1}{4}$$

从而
$$\int_1^2\left[2f(x)+\frac{1}{2}(x^2-1)\right]\mathrm{d}x=\int_1^2 t^2\ln t\mathrm{d}t=\frac{1}{9}(24\ln 2-7)$$

例 2　设 $f(x)=x$，当 $x\geqslant 0$ 时，且 $g(x)=\begin{cases}\sin x, & 0\leqslant x\leqslant \frac{}{2}\\ 0, & x>\frac{}{2}\end{cases}$. 分别求 $0\leqslant x\leqslant\frac{}{2}$ 和 $x>\frac{}{2}$ 时积分 $\int_0^x f(t)g(x-t)\mathrm{d}t$ 的表达式.

解　令 $x-t=y$，则可得等式
$$\int_0^x f(t)g(x-t)\mathrm{d}t=\int_0^x g(t)f(x-t)\mathrm{d}t$$
又 $f(x-t)=x-t(t\leqslant x)$，知积分变量 $t\leqslant x$. 故可分两种情形讨论.

(1) 当 $0\leqslant x\leqslant\frac{}{2}$ 时，有
$$\int_0^x f(t)g(x-t)\mathrm{d}t=\int_0^x g(x)f(x-t)\mathrm{d}t=\int_0^x\sin t\cdot(x-t)\mathrm{d}t=x-\sin x$$

(2) 当 $x>\frac{}{2}$ 时，有
$$\int_0^x f(t)g(x-t)\mathrm{d}t=\int_0^x g(t)f(x-t)\mathrm{d}t=\int_0^{\frac{}{2}}\sin t\cdot(x-t)\mathrm{d}t+\int_{\frac{}{2}}0\cdot(x-t)\mathrm{d}t=$$
$$\int_0^{\frac{}{2}}\sin t\cdot(x-t)\mathrm{d}t=x-1$$

综上
$$\int_0^x f(t)g(x-t)\mathrm{d}t=\begin{cases}x-\sin x, & 0\leqslant x\leqslant\frac{}{2}\\ x-1, & x>\frac{}{2}\end{cases}$$

2. 利用 Newton-Leibniz 公式

公式 $\int_a^b f(x)\mathrm{d}x=F(b)-F(a)$（这里 $f(x)$ 在 $[a,b]$ 上可积，$F(x)$ 为它的一个原函数）称为 Newton-Leibniz 公式，亦称为微积分基本公式. 这是计算定积分时一个重要常用公式.

公式表明：在计算定积分 $\int_a^b f(x)\mathrm{d}x$ 时，只要先求得 $f(x)$ 的一个原函数 $F(x)$，则对应上、下限函数值差 $F(b)-F(a)$ 即为所求定积分值. 如是，求定积分问题则化为求原函数，即不定积分问题. 这种关系可见图 2：

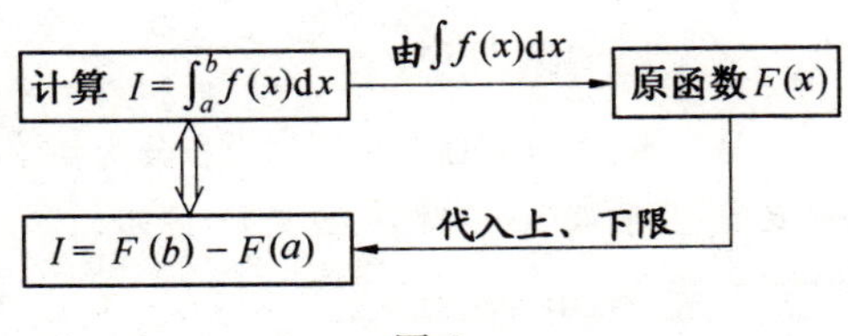

图 2

因为前面我们已经较详细地讨论了不定积分方法，利用 Newton-Leibniz 公式计算积分的例子不多举了，这里只想给出几个与上限有联系的函数的定积分计算的例子，它们多须分段考虑.

例 1　计算积分 $\int_{-1}^2|x^2-x|\mathrm{d}x$.

解　注意到
$$|x^2-x|=\begin{cases}x^2-x, & -1\leqslant x\leqslant 0 \text{ 或 } 1\leqslant x\leqslant 2\\ x-x^2, & 0<x<1\end{cases}$$

$$\int | x | \mathrm{d}x = \int_{-1}^{0} (x^2 - x)\mathrm{d}x + \int_{0}^{1} (x - x^2)\mathrm{d}x + \int_{1}^{2} (x^2 - x)\mathrm{d}x = \frac{5}{6} + \frac{1}{6} + \frac{5}{6} = \frac{11}{6}$$

注 类似地我们可以计算$\int_{-1}^{1} | x - y | \mathrm{e}^x \mathrm{d}x$,这里$| y | \leqslant 1$.

因被积函数是分段函数,即

$$| x - y | \mathrm{e}^x = \begin{cases} (x - y)\mathrm{e}^x, & x \geqslant y \\ (y - x)\mathrm{e}^x, & x < y \end{cases}$$

计算时区间分为$[-1, y]$和$[y, 1]$即可. 答案为:$2\mathrm{e}^y - (\mathrm{e} + \mathrm{e}^{-1})y - 2\mathrm{e}^{-1}$.

例 2 计算积分$\int_a^b x \mathrm{e}^{-|x|} \mathrm{d}x$.

解 由 $$\int x \mathrm{e}^{-|x|} \mathrm{d}x = \begin{cases} -x\mathrm{e}^{-x} - \mathrm{e}^{-x} + C, & x \geqslant 0 \\ x\mathrm{e}^{x} - \mathrm{e}^{x} + C, & x < 0 \end{cases} = -| x | \mathrm{e}^{-|x|} - \mathrm{e}^{-|x|} + C$$

故 $$\int_a^b x \mathrm{e}^{-|x|} \mathrm{d}x = [-| x | \mathrm{e}^{-|x|} - \mathrm{e}^{-|x|}]_a^b = (| a | + a)\mathrm{e}^{-|a|} - (| b | + 1)\mathrm{e}^{-|b|}$$

这里是先将不定积分分段考虑,然后再写一个统一的式子,再用 Newton-Leibniz 公式计算.

例 3 计算积分$\int_{\frac{1}{\mathrm{e}}}^{\mathrm{e}} \sqrt{(\ln x)^2} \mathrm{d}x$.

解 $$\int_{\frac{1}{\mathrm{e}}}^{\mathrm{e}} \sqrt{(\ln x)^2} \mathrm{d}x = \int_{\frac{1}{\mathrm{e}}}^{1} (-\ln x)\mathrm{d}x + \int_{1}^{\mathrm{e}} \ln x \mathrm{d}x = 1 - \frac{2}{\mathrm{e}} + 1 = 2\left(1 - \frac{1}{\mathrm{e}}\right)$$

注 下面的命题显然与本例等价:

计算积分$\int_{\frac{1}{\mathrm{e}}}^{\mathrm{e}} | \ln x | \mathrm{d}x$.

例 4 计算积分$\int_0^{\frac{\pi}{2}} | \sin x - \cos x | \mathrm{d}x$.

解 由三角函数值的符号性质,由积分区间分段可有

$$\int_0^{\frac{\pi}{2}} | \sin x - \cos x | \mathrm{d}x = \int_0^{\frac{\pi}{4}} (\cos x - \sin x)\mathrm{d}x + \int_{\frac{\pi}{4}}^{\frac{\pi}{2}} (\sin x - \cos x)\mathrm{d}x = 2(\sqrt{2} - 1)$$

注 下面的命题与本例类同:计算$\int_0^{\pi} \sqrt{(\sin x + \cos x)^2} \mathrm{d}x$.

分段积分的区间划分,是为了使计算简便(当然须考虑函数在各段的不同表达式,特别是涉及绝对值以及取大、取小函数等,目的是将它们化为普通函数),请看:

例 5 计算积分$\int_{-1}^{2} x \sqrt{| x |} \mathrm{d}x$.

解 $$\int_{-1}^{2} x \sqrt{| x |} \mathrm{d}x = \int_{-1}^{1} x \sqrt{| x |} \mathrm{d}x + \int_{1}^{2} x \sqrt{x} \mathrm{d}x = 0 + \frac{2}{5} \sqrt{x^5} \Big|_1^2 = \frac{2}{5}(4\sqrt{2} - 1)$$

这里第一段积分因$x \sqrt{| x |}$是奇函数,故它在对称区间上积分为 0.

另外,有些时候在考虑分段之前,要求被积函数作某些变形,例如:

例 6 计算积分$\int_0^{n\pi} \sqrt{1 - \sin 2x} \mathrm{d}x$,其中$n$为自然数.

解 $$\int_0^{n\pi} \sqrt{1 - \sin 2x} \mathrm{d}x = \sum_{k=0}^{n-1} \int_{k\pi}^{(k+1)\pi} \sqrt{(\sin x - \cos x)^2} \mathrm{d}x = n\int_0^{\pi} \sqrt{(\sin x - \cos x)^2} \mathrm{d}x =$$

$$n\left[\int_0^{\frac{\pi}{4}} (\cos x - \sin x)\mathrm{d}x + \int_{\frac{\pi}{4}}^{\pi} (\sin x - \cos x)\mathrm{d}x\right] = 2n\sqrt{2}$$

这里还应用了周期函数的性质,此外,这类问题有时尚须对结合数学归纳法对n的奇偶性进行分别考虑. 请看:

例 7　计算积分$\int_0^{n} x \mid \sin x \mid \mathrm{d}x$，这里 n 为自然数.

解　先来归纳一下，注意到当 $n=1$ 时，有

$$\int_0^{n} x \mid \sin x \mid \mathrm{d}x = \int_0 x\sin x\mathrm{d}x =$$

而当 $n=2$ 时，有

$$\int_0^{n} x \mid \sin x \mid \mathrm{d}x = \int_0 x\sin x\mathrm{d}x + \int^{2} x(-\sin x)\mathrm{d}x = \quad + 3$$

归纳地有

$$\int_0^{n} x \mid \sin x \mid \mathrm{d}x = \quad + 3 \quad + \cdots + (2n-1) \quad = n^2$$

今证之（用数学归纳法）.

(1) 当 $n=1,2$ 时，已证；

(2) 设 $n=k$ 时结论真，即

$$\int_0^{k} x \mid \sin x \mid \mathrm{d}x = \quad + 3 \quad + \cdots + (2k-1) \quad = k^2$$

今考虑 $n=k+1$ 的情形，下面分两种情况讨论.

若 k 是奇数，则有

$$\int_0^{(k+1)} x \mid \sin x \mid \mathrm{d}x = \int_0^{k} x \mid \sin x \mid \mathrm{d}x + \int_0^{(k+1)} x \mid \sin x \mid \mathrm{d}x =$$

$$k^2 \quad + \int_k^{(k+1)} x(-\sin x)\mathrm{d}x = k^2 \quad + (2k+1) \quad = (k+1)^2$$

若 k 是偶数，则有

$$\int_0^{(k+1)} x \mid \sin x \mid \mathrm{d}x = \int_0^{k} x \mid \sin x \mid \mathrm{d}x + \int_0^{(k+1)} x \mid \sin x \mid \mathrm{d}x =$$

$$k^2 \quad + \int_0^{(k+1)} x\sin x\mathrm{d}x = k^2 \quad + (2k+1) \quad = (k+1)^2$$

综上，当 $n=k+1$ 时结论亦真，从而对任何自然数 n 结论成立.

下面的例子也属这类问题，尽管它的提法不同.

例 8　求$\int_E \mid \cos x \mid \sqrt{\sin x}\,\mathrm{d}x$，其中 E 为闭区间$[0,100\ \ ]$中使被积函数有意义一切值所成的集合.

解　令 $f(x) = \mid \cos x \mid \sqrt{\sin x}$，由三角函数及根式、绝对值的性质有

$$f(x) = \begin{cases} \cos x\sqrt{\sin x}, & 2(k-1) \quad \leqslant x \leqslant \left[2(k-1)+\frac{1}{2}\right] \\ -\cos x\sqrt{\sin x}, & \left[2(k-1)+\frac{1}{2}\right] \quad \leqslant x \leqslant (2k-1) \end{cases} \quad (k=1,2,\cdots,50)$$

$$\int_E \mid \cos x \mid \sqrt{\sin x}\,\mathrm{d}x = \sum_{k=1}^{50}\left\{\int_{2(k-1)}^{2(k-1)\ +\frac{}{2}} \cos x\sqrt{\sin x}\,\mathrm{d}x - \int_{(2k-1)\ +\frac{}{2}}^{(2k-1)} \cos x\sqrt{\sin x}\,\mathrm{d}x\right\} =$$

$$\sum_{k=1}^{50}\left\{\frac{2}{3}\sqrt{\sin^3 x}\,\Bigg|_{2(k-1)}^{2(k-1)\ +\frac{}{2}} - \frac{2}{3}\sqrt{\sin^3 x}\,\Bigg|_{2(k-1)\ +\frac{}{2}}^{2(k-1)}\right\} =$$

$$\sum_{k=1}^{50}\left\{\frac{2}{3}+\frac{2}{3}\right\} = 50 \cdot \frac{4}{3} = \frac{200}{3}$$

注意这既要去绝对值号，又要考虑根号下三角函数有意义.

3. 利用分部积分

对于函数定积分的计算，如同计算不定积分那样有时也须用分部积分，具体公式、算法为：若 $u(x)$，$v(x)$ 在$[a,b]$上都有连续导数，则

$$\int_b^a u(x)v'(x)\mathrm{d}x = u(x)v(x)\Big|_a^b - \int_a^b u'(x)v(x)\mathrm{d}x$$

关于这方面内容我们前文介绍不定积分时曾有叙述,这里略举两例,不详述了.

例 1 计算积分$\int_0^3 \arcsin\sqrt{\frac{x}{1+x}}\mathrm{d}x$.

解 由反正弦函数性质及分部积分可有

$$\int_0^3 \arcsin\sqrt{\frac{x}{1+x}}\mathrm{d}x = x\arcsin\sqrt{\frac{x}{1+x}}\Big|_0^3 - \int_0^3 x\mathrm{d}\left(\arcsin\sqrt{\frac{x}{1+x}}\right) =$$

$$3\arcsin\frac{\sqrt{3}}{2} - \frac{1}{2}\int_0^3 \frac{x\mathrm{d}x}{\sqrt{x}(1+x)} =$$

$$3\arcsin\frac{\sqrt{3}}{2} - \int_0^3 \frac{1+(\sqrt{x})^2-1}{1+(\sqrt{x})^2}\mathrm{d}(\sqrt{x}) =$$

$$-\sqrt{x}\Big|_0^3 + \arctan\sqrt{x}\Big|_0^3 = \frac{4}{3}\quad -\sqrt{3}$$

例 2 计算积分$\int_0^1 \arcsin x \cdot \arccos x\mathrm{d}x$.

解 由反三角函数性质结合分部积分有

$$\int_0^1 \arcsin x \cdot \arccos x\mathrm{d}x = x\arcsin x \cdot \arccos x\Big|_0^1 - \int_0^1 x\mathrm{d}(\arcsin x\arccos x) =$$

$$-\int_0^1\left(\frac{x}{\sqrt{1-x^2}}\arccos x - \frac{x}{\sqrt{1-x^2}}\arcsin x\right)\mathrm{d}x =$$

$$\sqrt{1-x^2}\arccos x\Big|_0^1 - \int_0^1 \sqrt{1-x^2}\,\frac{-1}{\sqrt{1-x^2}}\mathrm{d}x - \sqrt{1-x^2}\arcsin x\Big|_0^1 +$$

$$\int_0^1 \sqrt{1-x^2}\,\frac{1}{\sqrt{1-x^2}}\mathrm{d}x = -\frac{\ }{2}+1+1 = 2-\frac{\ }{2}$$

注 本例亦可用换元法去解,这只需令$t=\arcsin x$,则原式$=\int_0^{\frac{\ }{2}} t\left(\frac{\ }{2}-t\right)\cos t\mathrm{d}t$,然后再用分部积分可得.

下面的例子中涉及函数在不同区间上的符号问题,则须先分段求积,再分部:

例 3 计算积分$\int_{\frac{1}{e}}^{e} \frac{|\ln x|}{x^2}\mathrm{d}x$.

解 由对数函数值的符号性质将积分区间分段有

$$\int_{\frac{1}{e}}^{e} \frac{|\ln x|}{x^2}\mathrm{d}x = \int_{\frac{1}{e}}^{1} \frac{-\ln x}{x^2}\mathrm{d}x + \int_1^e \frac{\ln x}{x^2}\mathrm{d}x$$

又
$$\int \frac{\ln x}{x^2}\mathrm{d}x = \frac{-1+\ln x}{x} + C \quad (\text{由分部积分})$$

故
$$\int_{\frac{1}{e}}^{e} \frac{|\ln x|}{x^2}\mathrm{d}x = \frac{1+\ln x}{x}\Big|_{\frac{1}{e}}^{1} - \frac{1+\ln x}{x}\Big|_1^e = (1-0) - \left(\frac{2}{e}-1\right) = 2\left(1-\frac{1}{e}\right)$$

注 若注意到奇函数在对称区间的积分为 0,则可计算更复杂些的例子,比如计算

$$\int_{-\frac{1}{2}}^{\frac{1}{2}} \left[\frac{\sin x}{1+x^8} + \sqrt{\ln^2(1-x)}\right]\mathrm{d}x = \frac{3}{2}\ln\frac{3}{2} + \frac{1}{2}\ln\frac{1}{2}$$

注意到$\frac{\sin x}{1+x^8}$是奇函数,故只需计算积分$\int_{-\frac{1}{2}}^{\frac{1}{2}} \sqrt{\ln^2(1-x)}\mathrm{d}x$即可(仍须分段讨论被积函数).

已给积分值,求函数值实际上是积分计算的反问题.请看:

例 4　已知 $f(\ )=1$,且 $\int_0 [f(x)+f''(x)]\sin x\mathrm{d}x=3$,求 $f(0)$.

解　因
$$\int_0 [f(x)+f''(x)]\sin x\mathrm{d}x=\int_0 f(x)\sin x\mathrm{d}x+\int_0 f''(x)\sin x\mathrm{d}x$$

而
$$\int_0 f''(x)\sin x\mathrm{d}x=\int_0 \sin x\mathrm{d}x[f'(x)]=f'(x)\sin x\Big|_0-\int_0 f'(x)\cos x\mathrm{d}x=$$
$$0-\int_0 \cos x\mathrm{d}(f(x)]=-f(x)\cos x\Big|_0-\int_0 f(x)\sin x\mathrm{d}x$$

故
$$\int_0 [f(x)+f''(x)]\sin x\mathrm{d}x=-f(x)\cos x\Big|_0=f(0)+f(\ )=3$$

又 $f(\ )=1$,从而 $f(0)=2$.

有些高重比如二重积分问题,化为一重积分处理时,有时是方便的.当然任何高重积分,乃至曲线、曲面积分最终都要化为一重积分计算.

例 5　设函数 $f(x)=\int_0^x \frac{\sin t}{-t}\mathrm{d}t$,计算 $\int_0 f(x)\mathrm{d}x$.

解　这个问题实际上是计算 $\int_0 \left(\int_0^x \frac{\sin t}{-t}\mathrm{d}t\right)\mathrm{d}x$,利用是设条件由分部积分有
$$\int_0 f(x)\mathrm{d}x=xf(x)\Big|_0-\int_0 xf'(x)\mathrm{d}x=\int_0 \frac{\sin t}{-t}\mathrm{d}t-\int_0 x\frac{\sin t}{-t}\mathrm{d}x=$$
$$\int_0 \frac{-x}{-x}\sin x\mathrm{d}x=\int_0 \sin x\mathrm{d}x=2$$

注　它还可通过二重积分交换积分次序解如
$$\int_0 f(x)a=\int_0\int_0^x \frac{\sin t}{-t}\mathrm{d}t\mathrm{d}x=\int_0 \mathrm{d}t\int_t^x \frac{\sin t}{-t}\mathrm{d}x=\int_0 \sin t\mathrm{d}t=2$$

4. 利用换元法

定积分的换元与不定积分换元方法类同,所不同的是:定积分换元必须换限(积分限).

定积分换元的具体内容为:

若 $f(x)$ 在 $[a,b]$ 上连续,$x=\varphi(t)$ 在 $[\alpha,\beta]$ 上连续,且当 $t\in[a,b]$,又 $a=\varphi(\alpha)$,$b=\varphi(\beta)$,同时 $\varphi'(t)$ 在 $[\alpha,\beta]$ 上连续,则
$$\int_a^b f(x)\mathrm{d}x=\int_\alpha^\beta f[\varphi(t)]\varphi'(t)\mathrm{d}t$$

下面我们来看一些例子.

例 1　计算积分 $\int_1^2 \frac{1}{x(1+x^n)}\mathrm{d}x$.

解
$$\int_1^2 \frac{1}{x(1+x^n)}\mathrm{d}x=\int_1^2 \frac{x^{n-1}\mathrm{d}x}{x^n(1+x^n)}=\frac{1}{n}\int_1^2 \frac{\mathrm{d}x^n}{x^n(1+x^n)}\quad(\text{令 } x^n=t)=$$
$$\frac{1}{n}\int_1^{2^n} \frac{\mathrm{d}t}{t(t+1)}=\frac{1}{n}\int_1^{2^n}\left[\frac{1}{t}-\frac{1}{t+1}\right]\mathrm{d}t=$$
$$\frac{1}{n}\ln\frac{t}{t+1}\Big|_1^{2n}=\frac{1}{n}\ln\frac{2^{n+1}}{2^n+1},\quad n\neq 0$$

而当 $n\neq 0$ 时,有
$$\int_1^2 \frac{1}{x(1+x^n)}\mathrm{d}x=\ln\sqrt{2}$$

例 2　若 $Q(x)=\frac{x^2-x}{x^3-3x+1}$,试证积分 $I=\int_{-100}^{-10} Q^2(x)\mathrm{d}x+\int_{\frac{1}{101}}^{\frac{1}{11}} Q^2(x)\mathrm{d}x+\int_{\frac{101}{100}}^{\frac{11}{10}} Q^2(x)\mathrm{d}x$ 的值是

有理数.

解 令 $x=\dfrac{1}{1-t}$,则

$$\int_{\frac{101}{100}}^{\frac{11}{10}} Q^2(x)\mathrm{d}x=-\int_{-10}^{-100}\frac{1}{(1-t)^2}Q^2(t)\mathrm{d}t$$

又令 $x=1-\dfrac{1}{t}$,则

$$\int_{\frac{1}{101}}^{\frac{1}{11}} Q^2(x)\mathrm{d}x=-\int_{-10}^{-100}\frac{1}{t^2}Q^2(t)\mathrm{d}t\Rightarrow I=\int_{-100}^{-10}Q^2(x)\left[1+\frac{1}{x^2}+\frac{1}{(1-x)^2}\right]\mathrm{d}x$$

注意到 $\dfrac{1}{Q(x)}=\left(x+1-\dfrac{1}{x}+\dfrac{1}{1-x}\right)^2$,且令 $u=\dfrac{1}{Q(x)}$,故

$$\left[1+\frac{1}{x^2}+\frac{1}{(1-x)^2}\right]\mathrm{d}x=\mathrm{d}\left(x+1-\frac{1}{x}+\frac{1}{1-x}\right)=\mathrm{d}u$$

从而 $I=\displaystyle\int_{-100}^{-10}\frac{\mathrm{d}u}{u^2}=-\frac{x^2-x}{x^3-3x+1}\Bigg|_{-100}^{-10}$ 是有理数.

注 若 $Q(x)$ 的分子换成 4 次以下的有理多项式 $f(x)$,结论亦真.

例 3 计算定积分(1)$\displaystyle\int_0^1\sqrt{1-x^2}\,\mathrm{d}x$;(2)$\displaystyle\int_0^1 x^2\sqrt{1-x^2}\,\mathrm{d}x$;(3) 计算积分$\displaystyle\int_0^{\frac{1}{\sqrt{3}}}\frac{\mathrm{d}x}{(1+5x^2)\sqrt{1+x^2}}$.

解 (1) 令 $x=\sin t$,则

$$\sqrt{1-x^2}=\cos t,\quad \mathrm{d}x=\cos t\mathrm{d}t$$

故
$$\int_0^1\sqrt{1-x^2}\,\mathrm{d}x=\int_0^{\frac{}{2}}\cos^2 t\mathrm{d}t=\int_0^{\frac{}{2}}\frac{1+\cos 2t}{2}\mathrm{d}t=\frac{1}{2}\left[t+\frac{1}{2}\sin 2t\right]_0^{\frac{}{2}}=\frac{}{4}$$

(2) 令 $x=\sin t$,仿上可有

$$\int_0^1 x^2\sqrt{1-x^2}\,\mathrm{d}x=\int_0^{\frac{}{2}}\sin^2 t\cos^2 t\mathrm{d}t=\frac{1}{4}\int_0^{\frac{}{2}}\sin^2 2t\mathrm{d}t=\frac{1}{4}\int_0^{\frac{}{2}}\frac{1-\cos 4t}{2}\mathrm{d}t=$$

$$\frac{1}{8}\left[1-\frac{1}{4}\sin 4t\right]_0^{\frac{}{2}}=\frac{}{16}$$

(3) 用三角函数变换:令 $x=\tan t$,则 $\mathrm{d}x=\sec^2 tt$,这样

$$\int_0^{\frac{1}{\sqrt{3}}}\frac{\mathrm{d}x}{(1+5x^2)\sqrt{1+x^2}}=\int_0^{\frac{}{6}}\frac{\cos t}{1+4\sin^2 t}\mathrm{d}t(\text{令 } u=\sin t)=\int_0^{\frac{1}{2}}\frac{\mathrm{d}u}{1+4u^2}=\frac{1}{2}\arctan(2u)\Bigg|_0^{\frac{1}{2}}=\frac{}{8}$$

例 4 计算积分 $I=\displaystyle\int_0^2\frac{\sqrt{x+1}}{\sqrt{x+1}+\sqrt{3-x}}\mathrm{d}x$.

解 令 $u=2-x$,这样 $3-u=x+1$,由此

$$I=\int_0^2\frac{\sqrt{3-u}}{\sqrt{u+1}+\sqrt{3-u}}\mathrm{d}u=\int_0^2\frac{\sqrt{3-x}}{\sqrt{x+1}+\sqrt{3-x}}\mathrm{d}x$$

从而

$$2I=\int_0^2\frac{\sqrt{x+1}}{\sqrt{x+1}+\sqrt{3-x}}\mathrm{d}x+\int_0^2\frac{\sqrt{3-x}}{\sqrt{x+1}+\sqrt{3-x}}\mathrm{d}x=\int_0^2\frac{\sqrt{x+1}+\sqrt{3-x}}{\sqrt{x+1}+\sqrt{3-x}}\mathrm{d}x=\int_0^2\mathrm{d}x=2$$

故
$$I=\int_0^2\frac{\sqrt{x+1}}{\sqrt{x+1}+\sqrt{3-x}}\mathrm{d}x=1$$

注 这里积分式甚有特点,当实施变换 $u=2-x$ 后,分子恰好凑出了分母中的另一项,从而分式可以约分化简而使积分计算简化.

问题可以拓广到一般情形,比如:

计算$\int_{\alpha}^{\beta}\frac{\sqrt{x+a}}{\sqrt{x+a}+\sqrt{x+b}}\mathrm{d}x$，其中令变换 $u+a=x+b$ 后，积分上限不变即可.

例 5　计算积分 $I=\int_{0}^{1}\frac{\ln(x+1)}{x^{2}+1}\mathrm{d}x$.

解 1　考虑变量替换 $x=\frac{1-u}{1+u}$，则

$$I=\int_{0}^{1}\left\{\ln\left(\frac{2}{1+u}\right)\bigg/\left[\left(\frac{1-u}{1+u}\right)^{2}+1\right]\right\}\left[\frac{-(1+u)-(1-u)}{(1+u)^{2}}\right]\mathrm{d}u=\int_{1}^{0}\frac{-2[\ln 2-\ln(1+u)]}{(1-u)^{2}+(1+u)^{2}}=$$

$$\int_{0}^{1}\frac{\ln 2-\ln(1+u)}{u^{2}+1}\mathrm{d}u=\ln 2\int_{0}^{1}\frac{\mathrm{d}u}{1+u^{2}}-I=\frac{}{2}\ln 2-I$$

则 $2I=\frac{}{4}\ln 2$，故 $I=\frac{}{8}\ln 2$.

解 2　令 $t=\arctan x$，则

$$I=\int_{0}^{\frac{}{4}}\ln(1+\tan t)\mathrm{d}t(\text{令 } u=\frac{}{4}-t)=\int_{\frac{}{4}}^{0}\ln[1+\tan(\frac{}{4}-u)](-\mathrm{d}u)=$$

$$\int_{0}^{\frac{}{4}}\ln\left(\frac{2}{1+\tan u}\right)\mathrm{d}u=\int_{0}^{\frac{}{4}}\ln 2\mathrm{d}u-I$$

有 $2I=\frac{}{4}\ln 2$，故 $I=\frac{}{8}\ln 2$.

下面是一个分段复合函数积分的问题.

例 6　设函数 $f(x)=\begin{cases}\frac{1}{1+x}, & x\geqslant 0\\ \frac{1}{1+\mathrm{e}^{x}}, & x<0\end{cases}$，求积分 $I=\int_{0}^{2}f(x-1)\mathrm{d}x$，

解　令 $x-1=u$，则

$$I=\int_{0}^{2}f(x-1)\mathrm{d}x=\int_{-1}^{1}f(u)\mathrm{d}u$$

故

$$I=\int_{-1}^{0}\frac{\mathrm{d}x}{1+\mathrm{e}^{x}}+\int_{0}^{1}\frac{\mathrm{d}x}{1+x}=\int_{-1}^{0}\left(1-\frac{\mathrm{e}^{x}}{1+\mathrm{e}^{x}}\right)\mathrm{d}x+\ln(1+x)\Big|_{0}^{1}=$$

$$\Big[x-\ln(1+\mathrm{e}^{x})\Big]_{-1}^{0}+\ln 2=1+\ln(1+\mathrm{e}^{-1})$$

例 7　计算积分$\int_{\exp\left\{\frac{1}{2}\right\}}^{\exp\left\{\frac{3}{4}\right\}}\frac{\mathrm{d}x}{x\sqrt{\ln x(1-\ln x)}}$.

解　令 $u=\ln x$，则 $\mathrm{d}u=\left(\frac{1}{x}\right)\mathrm{d}x$. 这样

$$\int_{\exp\left\{\frac{1}{2}\right\}}^{\exp\left\{\frac{3}{4}\right\}}\frac{\mathrm{d}x}{x\sqrt{\ln x(1-\ln x)}}=\int_{\frac{1}{2}}^{\frac{3}{4}}\frac{\mathrm{d}u}{\sqrt{u(1-u)}}=\int_{\frac{1}{2}}^{\frac{3}{4}}\frac{2\mathrm{d}(\sqrt{u})}{\sqrt{1-(\sqrt{u})^{2}}}=2\arcsin\sqrt{u}\Bigg|_{\frac{1}{2}}^{\frac{3}{4}}=\frac{2}{3}-\frac{2}{4}=\frac{}{6}$$

例 8　计算积分$\int_{0}^{3}\arcsin\sqrt{\frac{x}{1+x}}\mathrm{d}x$.

解　令 $u=\arcsin\sqrt{\frac{x}{1+x}}$，则 $\sin^{2}u=\frac{x}{1+x}$，$\cos^{2}u=\frac{1}{1+x}$，$\tan^{2}u=x$.

$$\int_{0}^{3}\arcsin\sqrt{\frac{x}{1+x}}\mathrm{d}x=\int_{0}^{\frac{}{3}}u\mathrm{d}(\tan^{2}u)=u\tan^{2}u\Bigg|_{0}^{\frac{}{3}}-\int_{0}^{\frac{}{3}}\tan^{2}u\mathrm{d}u=\quad-\int_{0}^{\frac{}{3}}(\sec^{2}u-1)\mathrm{d}u=$$

$$-\Big[\tan u-u\Big]_{0}^{\frac{}{3}}=\frac{4}{3}\quad-\sqrt{3}$$

有时在换元这前要先对被积函数变形.请看：

例 9 计算积分$\int_0^{\frac{}{4}} \ln(1+\tan x)\mathrm{d}x$.

解 因 $1+\tan x=\tan\frac{}{4}+\tan x=\sin\left(\frac{}{4}+x\right)\Big/\left(\cos\frac{}{4}\cdot\cos x\right)$ （由 $\tan\alpha=\frac{\sin\alpha}{\cos\alpha}$）

故
$$\ln(1+\tan x)=\ln\left[\sin\left(\frac{}{4}+x\right)\right]-\ln(\cos x)-\ln\left(\cos\frac{}{4}\right)$$

从而

$$\int_0^{\frac{}{4}}\ln(1+\tan x)\mathrm{d}x=\int_0^{\frac{}{4}}\ln\left[\sin\left(\frac{}{4}+x\right)\right]\mathrm{d}x-\int_0^{\frac{}{4}}\ln(\cos x)\mathrm{d}x-\int_0^{\frac{}{4}}\ln\left(\cos\frac{}{4}\right)\mathrm{d}x$$

今令 $x=\frac{}{2}-t$,考虑上式中第二个积分

$$\int_0^{\frac{}{4}}\ln(\cos x)\mathrm{d}x=\int_{\frac{}{4}}^{\frac{}{2}}\ln(\sin t)\mathrm{d}t(\text{令 } t=\frac{}{4}+u)=\int_0^{\frac{}{4}}\ln\left[\sin\left(\frac{}{4}+u\right)\right]\mathrm{d}u$$

故
$$\int_0^{\frac{}{4}}\ln(1+\tan x)\mathrm{d}x=-\int_0^{\frac{}{4}}\ln\left(\cos\frac{}{4}\right)=\frac{}{8}\ln 2$$

注 这里一是将1写成$\tan\frac{}{4}$,再就是利用分部积分得到的积分式与原来某个积分式相消,而这个积分式要么难积分,要么根本积不出.这一点我们前文已有所述.

例 10 计算积分 $I=\int_0^{2a}x^3\sqrt{2ax-x^2}\,\mathrm{d}x$.

解 由 $\sqrt{2ax-x^2}=\sqrt{a^2-(x-a)^2}$,令 $x-a=a\sin t$,则

$$I=\int_0^{2a}x^3\sqrt{a^2-(x-a)^2}\,\mathrm{d}x=\int_{-\frac{}{2}}^{\frac{}{2}}a^3(1+\sin t)^3a^2\cos^2t\mathrm{d}t=$$

$$a^5\int_{-\frac{}{2}}^{\frac{}{2}}(1+\sin t)^3(1-\sin^2t)\mathrm{d}t=$$

$$a^5\int_{-\frac{}{2}}^{\frac{}{2}}(1+3\sin t+2\sin^2t-2\sin^3t-3\sin^4t-\sin^5t)\mathrm{d}t=$$

$$a^5\int_0^{\frac{}{2}}(2+4\sin^2t-6\sin^4t)\mathrm{d}t(\text{注意奇、偶函数积分性质})=\frac{7}{8}a^5$$

有的题目换元后(再经过其他运算)可以组成一个方程,解之即得定积分值.

例 11 计算积分$\int_0^{\frac{}{2}}\frac{\sin\theta}{\sin\theta+\cos\theta}\mathrm{d}\theta$.

解 令 $x=\frac{}{2}-\theta$,则 $\mathrm{d}x=-\mathrm{d}\theta$,这样可有

$$\int_0^{\frac{}{2}}\frac{\sin\theta}{\sin\theta+\cos\theta}\mathrm{d}\theta=\int_{\frac{}{2}}^0\frac{\sin\left(\frac{}{2}-x\right)}{\sin\left(\frac{}{2}-x\right)+\cos\left(\frac{}{2}-x\right)}(-\mathrm{d}x)=$$

$$\int_0^{\frac{}{2}}\frac{\cos x}{\sin x+\cos x}\mathrm{d}x=\int_0^{\frac{}{2}}\frac{\cos\theta}{\sin\theta+\cos\theta}\mathrm{d}\theta$$

又
$$\int_0^{\frac{}{2}}\frac{\sin\theta}{\sin\theta+\cos\theta}\mathrm{d}\theta+\int_0^{\frac{}{2}}\frac{\cos\theta}{\sin\theta+\cos\theta}\mathrm{d}\theta=\int_0^{\frac{}{2}}\frac{\sin\theta+\cos\theta}{\sin\theta+\cos\theta}\mathrm{d}\theta=\frac{}{2}$$

故
$$\int_0^{\frac{}{2}}\frac{\sin\theta}{\sin\theta+\cos\theta}\mathrm{d}\theta=\frac{}{4}$$

注 1 由解题过程不难发现:积分$\int_0^{\frac{}{2}}\frac{\cos\theta}{\sin\theta+\cos\theta}\mathrm{d}\theta=\frac{}{4}$.

注 2 下面的命题经 $x=a\sin\theta$ 换元后即可化例的积分:计算积分$\int_0^a\frac{\mathrm{d}x}{x+\sqrt{a^2-x^2}}$.

例 12　计算积分 $I=\int_0^{\frac{}{2}}\frac{1}{1+\tan^n x}\mathrm{d}x$.

解　令 $x=\frac{}{2}-t$,由 $\tan\left(\frac{}{2}-t\right)=\cot t$ 及 $\tan x\cdot\cot x=1$,则

$$I=\int_0^{\frac{}{2}}\frac{-1}{1+\cot^n t}\mathrm{d}t=\int_0^{\frac{}{2}}\frac{1}{1+\dfrac{1}{\tan^n x}}\mathrm{d}x=\int_0^{\frac{}{2}}\frac{\tan^n x}{1+\tan^n x}\mathrm{d}x$$

又

$$I+\int_0^{\frac{}{2}}\frac{\tan^n x}{1+\tan^n x}\mathrm{d}x=\int_0^{\frac{}{2}}\mathrm{d}x=\frac{}{2}$$

即 $2I=\frac{}{2}$,故 $I=\frac{}{4}$.

例 13　计算积分(1)$\int_0\frac{x\sin x}{1+\cos^2 x}\mathrm{d}x$;(2)$\int_0^1\frac{\arctan x}{1+x}\mathrm{d}x$.

解　(1) 令 $x=\ -t$,则有

$$I=\int_0\frac{x\sin x}{1+\cos^2 x}\mathrm{d}x=\int_0\frac{(\ -t)\sin t}{1+\cos^2 t}\mathrm{d}t=\int_0\frac{\sin t}{1+\cos^2 t}\mathrm{d}t-\int_0\frac{t\sin t}{1+\cos^2 t}\mathrm{d}t$$

即

$$2I=\ \int_0\frac{\sin t}{1+\cos^2 t}\mathrm{d}t=-\frac{}{2}\arctan(\cos t)\Big|_0=\frac{{}^2}{4}$$

故

$$I=\int_0\frac{x\sin x}{1+\cos^2 x}\mathrm{d}x=\frac{{}^2}{8}$$

(2) 令 $\arctan x=\frac{}{4}-\arctan t$,则

$$x=\tan\left(\frac{}{4}-\arctan t\right)=\frac{1-t}{1+t},\quad \mathrm{d}x=\frac{-2\mathrm{d}t}{(1+t)^2}$$

有

$$\int_0^1\frac{\arctan x}{1+x}\mathrm{d}x=\frac{}{4}\int_0^1\frac{1}{1+t}\mathrm{d}t-\int_0^1\frac{\arctan t}{1+t}\mathrm{d}t$$

故

$$\int_0^1\frac{\arctan x}{1+x}=\frac{}{8}\int_0^1\frac{\mathrm{d}t}{1+t}=\frac{}{8}\ln 2$$

注 1　(1) 还可以用另外办法解答,详见后面的例子.

注 2　(2) 的变换是特殊的,也是解本题的关键.再请注意积分 $\int_0^{\frac{}{4}}\ln(1+\tan x)\mathrm{d}x=\frac{}{8}\ln 2$,巧合吗?请考虑.

仿照上面的办法,我们可以证明更一般的结论:

例 14　试证 $\int_0^{\frac{}{2}}f(\sin x,\cos x)\mathrm{d}x=\int_0^{\frac{}{2}}f(\cos x,\sin x)\mathrm{d}x$,这里 $f(x,y)$ 在 $0\leqslant x\leqslant 1,0\leqslant y\leqslant 1$ 上连续.

证　令 $x=\frac{}{2}-t$,则有

$$\int_0^{\frac{}{2}}f(\sin x,\cos x)\mathrm{d}x=\int_{\frac{}{2}}^0 f\left[\sin\left(\frac{}{2}-t\right),\cos\left(\frac{}{2}-t\right)\right](-\mathrm{d}t)=\int_0^{\frac{}{2}}f(\cos t,\sin t)\mathrm{d}t=$$

$$\int_0^{\frac{}{2}}f(\cos x,\sin x)\mathrm{d}x=\int_0^{\frac{}{2}}f(\cos x,\sin x)\mathrm{d}x$$

注　类似地我们可有下面可视为公式的等式

$$\int_0^{\frac{}{2}}f(\sin x)\mathrm{d}x=\int_0^{\frac{}{2}}f(\cos x)\mathrm{d}x$$

这里 $f(x)$ 在 $[0,1]$ 上连续.

例 15　试证 $\int_0 xf(\sin x)\mathrm{d}x=\frac{}{2}\int_0 f(\sin x)\mathrm{d}x$,这里 $f(x)$ 于 $[0,1]$ 上连续.

证 令 $t = \quad - x$,则有

$$\int_0 x f(\sin x)\mathrm{d}x = \int^0 (\quad - t) f[\sin(\quad - t)](-\mathrm{d}t) = \int_0 \quad f(\sin t)\mathrm{d}t - \int_0 t f(\sin t)\mathrm{d}t =$$

$$\int_0 \quad f(\sin x)\mathrm{d}x - \int_0 x f(\sin x)\mathrm{d}x$$

故

$$\int_0 x f(\sin x)\mathrm{d}x = \frac{}{2}\int_0 f(\sin x)\mathrm{d}x$$

更一般的,我们可以有下面的结论:

例 16 若 $f(x)$ 是连续函数,则 $\int_0^{2a} f(x)\mathrm{d}x = \int_0^a [f(x) + f(2a - x)]\mathrm{d}x$.

证 令 $x = 2a - t$,则 $\mathrm{d}x = -\mathrm{d}t$,且

$$\int_a^{2a} f(x)\mathrm{d}x = \int_a^0 f(2a - t)(-\mathrm{d}t) = \int_0^a f(2a - t)\mathrm{d}t = \int_0^a f(2a - x)\mathrm{d}x$$

这样

$$\int_0^{2a} f(x)\mathrm{d}x = \int_0^a f(x)\mathrm{d}x + \int_a^{2a} f(x)\mathrm{d}x = \int_0^a f(x)\mathrm{d}x + \int_0^a f(2a - x)\mathrm{d}x =$$

$$\int_0^a [f(x) + f(2a - x)]\mathrm{d}x$$

此外,我们利用变量代换及函数的其他性质可证下面我们前文已介绍过的例子,这里再给另一种解法.

例 17 若函数 $f(x) = \int_0^x \frac{\ln(1-t)}{t}\mathrm{d}t$,求证 $f(x) + f(-x) = \frac{1}{2}f(x^2)$, $x \in (0,1)$.

证 由设 $f(x) + f(-x) = \int_0^x \frac{\ln(1-t)}{t}\mathrm{d}t + \int_0^{-x} \frac{\ln(1-t)}{t}\mathrm{d}t$, $x \in (0,1)$

在 $\int_0^{-x} \frac{\ln(1-t)}{t}\mathrm{d}t$ 中令 $u = -t$,则有

$$\int_0^{-x} \frac{\ln(1-t)}{t}\mathrm{d}t = \int_0^x \frac{\ln(1-u)}{u}\mathrm{d}u$$

这样有

$$f(x) + f(-x) = \int_0^x \left[\frac{\ln(1-u)}{u} + \frac{\ln(1+u)}{u}\right]\mathrm{d}u = \int_0^x \frac{\ln(1-u^2)}{u}\mathrm{d}u$$

令 $y = u^2$,则

$$\int_0^x \frac{\ln(1-u^2)}{u}\mathrm{d}u = \int_0^{x^2} \frac{\ln(1-y)}{\sqrt{y}}\mathrm{d}\sqrt{y} = \frac{1}{2}\int_0^{x^2} \frac{\ln(1-y)}{y}\mathrm{d}y = \frac{1}{2}f(x^2)$$

例 18 试证积分等式 $\int_1^a \frac{1}{x} f\left(x^2 + \frac{a^2}{x^2}\right)\mathrm{d}x = \int_1^a \frac{1}{x} f\left(x + \frac{a^2}{x}\right)\mathrm{d}x$.

证 令 $t = x^2$,则 $\mathrm{d}t = 2x\mathrm{d}x$,这样可有

$$\int_1^a f\left(x^2 + \frac{a^2}{x^2}\right)\frac{\mathrm{d}x}{x} = \frac{1}{2}\int_1^{a^2} f\left(t + \frac{a^2}{t}\right)\frac{\mathrm{d}t}{t} = \frac{1}{2}\left[\int_1^a f\left(t + \frac{a^2}{t}\right)\frac{\mathrm{d}t}{t} + \int_a^{a^2} f\left(t + \frac{a^2}{t}\right)\frac{\mathrm{d}t}{t}\right]$$

再令 $u = \frac{a^2}{t}$,考虑上面第二个积分

$$\int_a^{a^2} f\left(t + \frac{a^2}{t}\right)\frac{\mathrm{d}t}{t} = -\int_a^1 f\left(u + \frac{a^2}{u}\right)\frac{\mathrm{d}u}{u} = \int_1^a f\left(u + \frac{a^2}{u}\right)\frac{\mathrm{d}u}{u}$$

故由上有

$$\int_1^a \frac{1}{x} f\left(x^2 + \frac{a^2}{x^2}\right)\mathrm{d}x = \int_1^a \frac{1}{t} f\left(t + \frac{a^2}{t}\right)\mathrm{d}t$$

注 类似地我们可以证明:$\int_0^a x^3 f(x^2)\mathrm{d}x = \frac{1}{2}\int_0^{a^2} x f(x)\mathrm{d}x \, (a > 0)$.

5. 利用被积函数的性质及某些公式

有些函数有一些固有特性,比如周期性、奇偶性等,利用这些性质往往可以简化定积分计算过程,这

一点我们在前面的例子中已经看到一些，下面我们再来看几个例子.

(1) 利用函数的周期性

例 1　若 $f(x)$ 是定义在 $(-\infty,+\infty)$ 上周期为 T 的连续函数，则对任意的 $a\in\mathbf{R}$ 均有积分等式 $\int_a^{a+T}f(x)\mathrm{d}x=\int_0^T f(x)\mathrm{d}x$.

证　由定积分性质有

$$\int_a^{a+T}f(x)\mathrm{d}x=\int_a^0 f(x)\mathrm{d}x+\int_0^T f(x)\mathrm{d}x+\int_T^{T+a}f(x)\mathrm{d}x$$

若令 $x=u+T$，则上述第三个积分有

$$\int_T^{a+T}f(x)\mathrm{d}x=\int_0^a f(u+T)\mathrm{d}u=\int_0^a f(u)\mathrm{d}u=\int_0^a f(x)\mathrm{d}x$$

又 $\int_a^0 f(x)\mathrm{d}x=-\int_0^a f(x)\mathrm{d}x$，故

$$\int_a^{a+T}f(x)\mathrm{d}x=\int_0^T f(x)\mathrm{d}x$$

注　类似地还可有 $\int_{\frac{a-T}{2}}^{\frac{a+T}{2}}f(x)\mathrm{d}x=\int_{-\frac{T}{2}}^{\frac{T}{2}}f(x)\mathrm{d}x$，这里 T 是 $f(x)$ 的周期，a 为任意实数.

例 2　设函数 $f(x)$ 在 $[0,1]$ 上连续，则 $\int_0^{\frac{}{2}}f(|\cos x|)\mathrm{d}x=\frac{1}{4}\int_0^{2}f(|\cos x|)\mathrm{d}x$.

证　因 $f(|\cos x|)$ 是周期为　的函数. 由上例可知

$$\int_0^2 f(|\cos x|)\mathrm{d}x=\int_0 f(|\cos x|)\mathrm{d}x+\int^2 f(|\cos x|)\mathrm{d}x=2\int_0 f(|\cos x|)\mathrm{d}x$$

而
$$\int_0 f(|\cos x|)\mathrm{d}x=\int_0^{\frac{}{2}}f(|\cos x|)\mathrm{d}x+\int_{\frac{}{2}} f(|\cos x|)\mathrm{d}x$$

令 $x=\quad -t$，可证
$$\int_{\frac{}{2}}(|\cos x|)\mathrm{d}x=\int_0^{\frac{}{2}}f(|\cos x|)\mathrm{d}x$$

故由上可有
$$\int_0^2 f(|\cos x|)\mathrm{d}x=4\int_0^{\frac{}{2}}f(|\cos x|)\mathrm{d}x$$

即
$$\int_0^{\frac{}{2}}f(|\cos x|)\mathrm{d}x=\frac{1}{4}\int_0^2 f(|\cos x|)$$

注　此题若分区间考虑，即可个按 $\left(0,\frac{}{2}\right),\left(\frac{}{2},\ \right),\left(\ ,\frac{3}{2}\right),\left(\frac{3}{2},2\ \right)$ 四个区间分别讨论，但这样做较繁.

计算三角函数定积分问题，也常常用到它的周期性，这方面的例子我们前面已举过，这里不赘述了.

(2) 利用函数的奇偶性(对称性)

函数的奇偶性对于求某些定积分问题的计算过程简论是十分有效的. 这里只需注意：

对于对称区间 $[-a,a]$ 上的连续函数 $f(x)$，则成立下面的结论：

(1) 若 $f(x)$ 是奇函数，则 $\int_{-a}^a f(x)\mathrm{d}x=0$；

(2) 若 $f(x)$ 是偶函数，则 $\int_{-a}^a f(x)\mathrm{d}x=2\int_0^a f(x)\mathrm{d}x$.

这里强调一点：对称区间的前提是不容忽视的. 下面来看一些例子.

例 1　计算积分 $\int_{-\frac{1}{2}}^{\frac{1}{2}}\frac{2x^3+5x+2}{\sqrt{1-x^2}}\mathrm{d}x$.

解　注意到 $\frac{2x^3+5x}{\sqrt{1-x^2}}$ 是奇函数(因 $\frac{1}{\sqrt{1-x^2}}$ 是偶函数)，故

$$\int_{-\frac{1}{2}}^{\frac{1}{2}} \frac{2x^3+5x+2}{\sqrt{1-x^2}}\mathrm{d}x = \int_{-\frac{1}{2}}^{\frac{1}{2}} \frac{2}{\sqrt{1-x^2}}\mathrm{d}x = 4\int_{0}^{\frac{1}{2}} \frac{\mathrm{d}x}{\sqrt{1-x^2}} = 4\arcsin\left.\right|_{0}^{\frac{1}{2}} = \frac{2}{3}$$

有些积分乍看上去无法运用奇、偶函数在对称区间上积分性质，但有时可利用换元法化成这类问题.

例 2 计算积分$\int_0^4 x(x-1)(x-2)(x-3)(x-4)\mathrm{d}x$.

解 令 $t=x-2$，则有

$$\int_0^4 x(x-1)(x-2)(x-3)(x-4)\mathrm{d}x = \int_{-2}^{2}(t+2)(t+1)t(t-1)(t-2)\mathrm{d}t = 0$$

注意到被积函数是奇函数，且积分区间是对称的.

例 3 计算 $I=\int_{\frac{}{3}}^{\frac{2}{3}}(\mathrm{e}^{\cos x}-\mathrm{e}^{-\cos x})\mathrm{d}x$.

解 令 $\cos x = t$，则 $\mathrm{d}x = -\dfrac{\mathrm{d}t}{\sqrt{1-t^2}}$. 这样

$$\int_{\frac{}{3}}^{\frac{2}{3}}(\mathrm{e}^{\cos x}-\mathrm{e}^{-\cos x})\mathrm{d}x = \int_{\frac{1}{2}}^{-\frac{1}{2}}\frac{\mathrm{e}^t-\mathrm{e}^{-t}}{\sqrt{1-t^2}}\mathrm{d}t = 0$$

注意到被积函数 $f(t)=\dfrac{\mathrm{e}^t-\mathrm{e}^{-t}}{\sqrt{1-t^2}}$ 系奇函数.

例 4 计算积分$\int_0 \dfrac{\sin 2nx}{\sin x}\mathrm{d}x$.

解 首先易证下面两极限式

$$\lim_{x\to 0}\frac{\sin 2nx}{\sin x} = \lim_{x\to 0}\frac{2nx}{x} = 2n,\quad \lim_{x\to }\frac{\sin 2nx}{\sin x} = \lim_{x\to }\frac{2n\cos 2n}{\cos x} = -2n$$

则 $x=0$， 为被积函数可去间断点，故此为正常积分. 令 $x=\dfrac{}{2}-t$，则有

$$\int_0 \frac{\sin 2nx}{\sin x}\mathrm{d}x = \int_{\frac{}{2}}^{-\frac{}{2}}\frac{\sin(n\ \ -2nt)}{\cos t}(-\mathrm{d}t) = \int_{-\frac{}{2}}^{\frac{}{2}}\frac{\sin(n\ \ -2nt)}{\cos t}\mathrm{d}t = 0$$

注意到被积函数为奇函数.

注 更一般的可有结论：积分$\int_0 \dfrac{\sin nx}{\sin x}\mathrm{d}x = \begin{cases} \ \ , & n\text{ 为奇数;} \\ 0, & n\text{ 为偶数.}\end{cases}$

又它还可用 Euler 公式 $\mathrm{e}^{i\theta}=\cos\theta-\mathrm{i}\sin\theta$ 去解，这只需注意到：

(1)$\int_0^{2}\mathrm{e}^{inx}\mathrm{e}^{-\mathrm{i}mx}\mathrm{d}x = \begin{cases}0, & m\neq n \\ 2\ \ , & m=n\end{cases}$.

(2)$\int_a^b \mathrm{e}^{(\alpha+\mathrm{i}\beta)x}\mathrm{d}x = \dfrac{\mathrm{e}^{b(\alpha+\mathrm{i}\beta)}-\mathrm{e}^{a(\alpha+\mathrm{i}\beta)}}{\alpha+\mathrm{i}\beta}$ 及 $\sin kx = \dfrac{\mathrm{e}^{ki x}-\mathrm{e}^{-ki x}}{2\mathrm{i}}$ 即可.

例 5 计算积分(1)$\int_{-a}^{a}[f(x)-f(-x)]\mathrm{d}x$；(2)$\int_{-a}^{a}x[f(x)+f(-x)]\mathrm{d}x$，这里 $f(x)$ 在$[-a,a]$上连续.

解 (1) 因 $f(x)-f(-x)$ 是奇函数，故

$$\int_{-a}^{a}[f(x)-f(-x)]\mathrm{d}x = 0$$

(2) 仿(1) 知 $f(x)-f(-x)$ 是偶函数，而 $x[f(x)+f(-x)]$ 是奇函数，故

$$\int_{-a}^{a}x[f(x)+f(-x)]\mathrm{d}x = 0$$

例 6 证明积分等式$\int_{-a}^{a}f(x)\mathrm{d}x = \int_0^a[f(x)+f(-x)]\mathrm{d}x$，且计算$\int_{-\frac{}{4}}^{\frac{}{4}}\dfrac{\mathrm{d}x}{1+\sin x}$，这里设 $f(x)$ 在

$[-a,a]$ 上连续($a>0$).

证　因 $f(x)-f(-x)$，$f(x)+f(-x)$ 分别为奇、偶函数，又

$$f(x)=\frac{f(x)-f(-x)}{2}+\frac{f(x)+f(-x)}{2}$$

而

$$\int_{-a}^{a}f(x)\mathrm{d}x=\frac{1}{2}\left\{\int_{-a}^{a}[f(x)-f(-x)]\mathrm{d}x+\int_{-a}^{a}[f(x)+f(-x)]\mathrm{d}x\right\}=$$
$$\frac{1}{2}\cdot 2\int_{0}^{a}[f(x)+f(-x)]\mathrm{d}x=\int_{0}^{a}[f(x)+f(-x)]\mathrm{d}x$$

故

$$\int_{-\frac{\pi}{4}}^{\frac{\pi}{4}}\frac{\mathrm{d}x}{1+\sin x}=\int_{0}^{\frac{\pi}{4}}\left[\frac{1}{1+\sin x}+\frac{1}{1+\sin(-x)}\right]\mathrm{d}x=\int_{0}^{\frac{\pi}{4}}\left(\frac{1}{1+\sin x}+\frac{1}{1-\sin x}\right)\mathrm{d}x=$$
$$\int_{0}^{\frac{\pi}{4}}\frac{2\mathrm{d}x}{1-\sin^{2}x}=2\int_{0}^{\frac{\pi}{4}}\frac{\mathrm{d}x}{\cos^{2}x}=2\tan x\Big|_{0}^{\frac{\pi}{4}}=2$$

例 7　若 $f(x)$ 连续、非负，且 $f(x)f(-x)=1$，$x\in(-\infty,+\infty)$. 计算 $I=\int_{-\frac{\pi}{2}}^{\frac{\pi}{2}}\frac{\cos x}{1+f(x)}\mathrm{d}x$.

解　令 $x=-t$，又由题设及三角函数性质有

$$\int_{-\frac{\pi}{2}}^{0}\frac{\cos x}{1+f(x)}\mathrm{d}x=-\int_{\frac{\pi}{2}}^{0}\frac{\cos(-t)}{1+f(-t)}\mathrm{d}t=\int_{0}^{\frac{\pi}{2}}\frac{\cos t}{1+[1/f(t)]}\mathrm{d}t=\int_{0}^{\frac{\pi}{2}}\frac{f(x)\cos x}{1+f(x)}\mathrm{d}x$$

故 $I=\int_{-\frac{\pi}{2}}^{0}\frac{\cos x}{1+f(x)}\mathrm{d}x+\int_{0}^{\frac{\pi}{2}}\frac{\cos x}{1+f(x)}\mathrm{d}x=\int_{0}^{\frac{\pi}{2}}\frac{f(x)\cos x}{1+f(x)}\mathrm{d}x+\int_{0}^{\frac{\pi}{2}}\frac{\cos x}{1+f(x)}\mathrm{d}x=\int_{0}^{\frac{\pi}{2}}\cos x\mathrm{d}x=1$

下面例子与上例意味相同，因而甚感巧妙，说穿了是深深蕴含了拟题的匠心，因而这类问题解法倍感精致、新颖、巧妙.

例 8　计算积分 $I=\int_{0}^{2}\frac{\sqrt{x+1}}{\sqrt{x+1}+\sqrt{3-x}}\mathrm{d}x$.

解　今考虑 $3-u=x+1$，即 $u=2-x$(或 $x=2-u$). 注意到

$$I=-\int_{2}^{0}\frac{\sqrt{(2-u)+1}}{\sqrt{(2-u)+1}+\sqrt{3-(2-u)}}\mathrm{d}u=\int_{0}^{2}\frac{\sqrt{3-u}}{\sqrt{3-u}+\sqrt{u+1}}\mathrm{d}u=\int_{0}^{2}\frac{\sqrt{3-x}}{\sqrt{3-x}+\sqrt{x+1}}\mathrm{d}x$$

这样

$$2I=\int_{0}^{2}\frac{\sqrt{x+1}}{\sqrt{x+1}+\sqrt{3-x}}\mathrm{d}x+\int_{0}^{2}\frac{\sqrt{3-x}}{\sqrt{3-x}+\sqrt{x+1}}\mathrm{d}x=\int_{0}^{2}\mathrm{d}x=2$$

故

$$\int_{0}^{2}\frac{\sqrt{x+1}}{\sqrt{x+1}+\sqrt{3-x}}\mathrm{d}x=1$$

注　这里巧妙地利用了变换 $u=2-x$，不仅凑出了分子 $\sqrt{3-x}$ 项(分母不变)，同时积分上下限也没变. 对于这类积分

$$I=\int_{a}^{b}\frac{\sqrt{x+d}}{\sqrt{x+d}+\sqrt{x-\beta}}\mathrm{d}x$$

若令 $x+d=u+\beta$，即 $u=x+\alpha-\beta$ 时，被积函数解凑出 $\sqrt{x+\beta}$，分母及积分上下限不变，均可照例方法求解.

(3) 利用某些公式及结论

前面的例中我们给出了一些结论，这些结论有的可作为公式使用. 上个例子正是说明了这一点. 我们以前面已列举过的问题作为例子：

例 1　计算积分 $\int_{0}^{\pi}\frac{x\sin x}{1+\cos^{2}x}\mathrm{d}x$.

它的解法我们已经介绍过. 下面再来考虑其他解法：

解 1　利用式 $\int_{0}^{\pi}xf(\sin x)\mathrm{d}x=\frac{\pi}{2}\int_{0}^{\pi}f(\sin x)\mathrm{d}x$. 再令 $\frac{\sin x}{1+\cos^{2}x}=\frac{\sin x}{2-\sin^{2}x}=f(\sin x)$，则

$$\int_0 \frac{x\sin x}{1+\cos^2 x}\mathrm{d}x = \frac{}{2}\int_0 \frac{\sin x}{1+\cos^2 x}\mathrm{d}x = -\frac{}{2}\arctan(\cos x)\Big|_0 = \frac{^2}{4}$$

解 2 利用$\int_0^{2a} f(x)\mathrm{d}x = \int_0^a [f(x)+f(2a-x)]\mathrm{d}x$(见前文). 令 $f(x)=\frac{x\sin x}{1+\cos^2 x}$,则

$$\int_0 \frac{x\sin x}{1+\cos^2 x}\mathrm{d}x = \int_0^{\frac{}{2}}\left[\frac{x\sin x}{1+\cos^2 x}+\frac{(\ \ -x)\sin(\ \ -x)}{1+\cos^2(\ \ -x)}\right]\mathrm{d}x =$$

$$\int_0^{\frac{}{2}} \frac{\sin x}{1+\cos^2 x}\mathrm{d}x = -\ \tan^{-1}(\cos x)\Big|_0^{\frac{}{2}} = \frac{^2}{4}$$

例 2 计算积分$\int_0^1 \frac{\ln(x+1)}{x^2+1}\mathrm{d}x$.

解 令 $\arctan x = t$,注意到 $\tan(\arctan x)=x$,当 $x\in[0,1]$ 时,则

$$\int_0^1 \frac{\ln(x+1)}{x^2+1}\mathrm{d}x = \int_0^{\frac{}{4}} \ln(1+\tan t)\mathrm{d}t$$

再令 $u=\frac{}{4}-t$,则结合上式可有

$$\int_0^1 \frac{\ln(x+1)}{x^2+1}\mathrm{d}x = \int_{\frac{}{4}}^0 \ln\left[1+\tan\left(\frac{}{4}-u\right)\right](-\mathrm{d}u) = \int_0^{\frac{}{4}} \ln\left(1+\frac{1-\tan u}{1+\tan u}\right)\mathrm{d}u =$$

$$\int_0^{\frac{}{4}} \ln\left(\frac{2}{1+\tan u}\right)\mathrm{d}u = \int_0^{\frac{}{4}} \ln 2\mathrm{d}u - \int_0^1 \frac{\ln(x+1)}{x^2+1}\mathrm{d}x$$

从而
$$\int_0^1 \frac{\ln(x+1)}{x^2+1}\mathrm{d}x = \frac{}{8}\ln 2$$

例 3 若积分$\int_0 \frac{\cos x}{(x+2)^2}\mathrm{d}x = A$,试将积分 $I=\int_0^{\frac{}{2}} \frac{\sin x\cos x}{x+1}\mathrm{d}x$ 用 A 表示.

解 由三角函数倍角公式有 $I=\frac{1}{2}\int_0^{\frac{}{2}} \frac{\sin 2x}{x+1}\mathrm{d}x$,令 $2x=t$,则

$$I=\frac{1}{2}\int_0 \frac{\sin t}{t+2}\mathrm{d}t = -\frac{1}{2}\int_0 \frac{\mathrm{d}(\cos t)}{t+2} = -\frac{\cos t}{2(t+2)}\Big|_0 - \int_0 \frac{\cos t}{(t+2)^2}\mathrm{d}t = \frac{2\ \ +3}{2\ \ +4}-A$$

利用等式两边积分及定积分是一个常数的事实,也可解一些问题.

例 4 若 $f(x)=\frac{1}{1+x^2}+x^3\int_0^1 f(x)\mathrm{d}x$,求$\int_0^1 f(x)\mathrm{d}x$.

解 若记 $I=\int_0^1 f(x)\mathrm{d}x$,则由题设式两边积分有

$$I=\int_0^1 f(x)\mathrm{d}x = \int_0^1 \frac{1}{1+x^2}\mathrm{d}x + I\int_0^1 x^3\mathrm{d}x = \arctan x\Big|_0^1 + I\cdot\frac{x^4}{4}\Big|_0^1 = \frac{}{4}+\frac{I}{4}$$

故
$$\int_0^1 f(x)\mathrm{d}x = \frac{}{3}$$

注 类似的问题还有:

命题 若 $f(x,y)$ 在矩形区域 $D=\{(x,y)\mid 0\leqslant x\leqslant 1, 0\leqslant y\leqslant 1\}$ 上连续,且满足

$$x\left[\iint_D f(x,y)\mathrm{d}x\mathrm{d}y\right]^2 = f(x,y)-\frac{1}{2}$$

求 $f(x,y)$.

解 注意到$\iint_D f(x,y)\mathrm{d}x\mathrm{d}y$是常数,可设其为 A. 这样题设式化为

$$A^2x = f(x,y)-\frac{1}{2} \Rightarrow f(x,y) = A^2x+\frac{1}{2}$$

将其代入题设式可有
$$x\left[\iint_D \left(\frac{1}{2}+A^2x\right)\mathrm{d}x\mathrm{d}y\right]^2 = \frac{1}{2}+A^2x$$

取 $x=\frac{1}{2}, y=0$ 代入可定 $A=1$，故 $f(x,y)=x+\frac{1}{2}$.

6. 利用递推公式

递推我们在不定积分计算中已经介绍过，对于定积分计算（它多与自然 n 有关且常可化为三角函数的积分），它有自身的特点，因为在分部积分（这是常用的方法）它可算出前部的值. 下面再来看些例子：

例 1　计算 $\int_0 \frac{\sin(2n-1)x}{\sin x}\mathrm{d}x$，这里 n 为自然数.

解　因为当 $x\to 0$ 时，被积函数极限存在，故它是常义积分. 令 $I_n=\int_0 \frac{\sin(2n-1)x}{\sin x}\mathrm{d}x$，则

$$I_n=\int_0 \frac{\sin 2nx\cos x-\cos 2nx\sin x}{\sin x}\mathrm{d}x=\int_0 \frac{\sin 2nx\cos x}{\sin x}\mathrm{d}x-\int_0 \cos 2nx\,\mathrm{d}x=$$

$$\frac{1}{2}\int_0 \frac{\sin(2n+1)x+\sin(2n-1)x}{\sin x}\mathrm{d}x-\left[\frac{\sin 2nx}{2n}\right]_0=$$

$$\frac{1}{2}\int_0 \frac{\sin(2n+1)x}{\sin x}\mathrm{d}x+\frac{1}{2}\int_0 \frac{\sin(2n+1)x}{\sin x}\mathrm{d}x=\frac{1}{2}(I_{n+1}+I_n)$$

故 $I_{n+1}=I_n$. 类推地 $I_{n+1}=I_n=\cdots=I_1$，但 $I_1=\int_0 \frac{\sin x}{\sin x}\mathrm{d}x=$ ，故

$$I_n=\int_0 \frac{\sin(2n-1)x}{\sin x}\mathrm{d}x= \quad ,\quad n \text{ 为自然数}$$

注　它的另外解法可见前文的例子及脚注.

例 2　计算 $I_n=\int_0^{\frac{}{2}} \sin^n x\,\mathrm{d}x$.

解　由分部积分法可有

$$I_n=-\int_0^{\frac{}{2}} \sin^{n-1}x\,\mathrm{d}(\cos x)=\Big[-\cos x\sin^{n-1}x\Big]_0^{\frac{}{2}}+(n-1)\int_0^{\frac{}{2}} \sin^{n-2}x\cos^2 x\,\mathrm{d}x=$$

$$(n-1)\int_0^{\frac{}{2}} \sin^{n-2}x(1-\sin^2 x)\mathrm{d}x=(n-1)I_{n-2}-(n-1)I_n$$

故 $I_n=\frac{n-1}{n}\cdot I_{n-2}$，由之可有当 $n=2k$ 时，有

$$I_n=I_{2k}=\frac{2k-1}{2k}I_{2k-2}=\cdots=\frac{(2k-1)!!}{(2k)!!}I_0=\frac{(2k-1)!!}{(2k)!!}\,\frac{}{2}$$

当 $n=2k+1$ 时，有

$$I_n=I_{2k+1}=\frac{2k}{2k+1}I_{2k-1}=\cdots=\frac{(2k)!!}{(2k+1)!!}I_1=\frac{(2k)!!}{(2k+1)!!}$$

注 1　又由等式 $\int_0^{\frac{}{2}} f(\sin x)\mathrm{d}x=\int_0^{\frac{}{2}} f(\cos x)\mathrm{d}x$ 可推得下面结论

$$J_n=\int_0^{\frac{}{2}} \cos^n x\,\mathrm{d}x=\begin{cases}\frac{(2k-1)!!}{(2k)!!}\cdot\frac{}{2}, & n=2k\\ \frac{(2k)!!}{(2k+1)!!}, & n=2k+1\end{cases}$$

注 2　由本例结论及不等式：$\int_0^{\frac{}{2}} \sin^{2n+1}x\,\mathrm{d}x<\int_0^{\frac{}{2}} \sin^{2n}x\,\mathrm{d}x<\int_0^{\frac{}{2}} \sin^{2n-1}x\,\mathrm{d}x$，当 $0<x<\frac{}{2}$ 时，我们还可以由此推得可用来计算　值的著名的瓦里斯(Wallis)公式

$$\lim_{n\to\infty}\left[\frac{(2n)!!}{(2n-1)!!}\right]^2\cdot\frac{1}{n}=$$

这里把超越数　表成有理数的极限形式.

本例的结论是一个重要的基本命题(公式),不少命题最后总可归结为本例的公式.

例 3 计算 $I_n=\int_0^{\frac{\pi}{4}}\sin^n 2x\mathrm{d}x$,这里 n 是自然数.

解 令 $t=2x$,则有

$$\int_0^{\frac{\pi}{4}}\sin^n 2x\mathrm{d}x=\frac{1}{2}\int_0^{\frac{\pi}{2}}\sin^n t\mathrm{d}t$$

此已化为例 2 的情形.余略.

例 4 计算积分 $\int_0^{\frac{\pi}{2}}\sin^n x\cos^n x\mathrm{d}x$,这里 n 是自然数.

解 只需注意到 $2^n\sin^n x\cos^n x=\sin^n 2x$,则本例即可化为例 3 的情形.余略.

例 5 计算积分 $\int_0^1(1-x^2)^n\mathrm{d}x$,这里 n 是自然数.

解 令 $x=\sin t$,则

$$\int_0^1(1-x^2)^n\mathrm{d}x=\int_0^{\frac{\pi}{2}}\cos^{2n+1}t\mathrm{d}t=\frac{(2n)!!}{(2n+1)!!}$$

注 1 本题亦可从 $(1-x^2)^n=(1-x)^n(1+x)^n$ 及部分直接递推.

注 2 注意到 $(x^2-1)^n=(-1)^n(1-x^2)^n$,则积分 $\int_{-1}^1(x^2-1)^n\mathrm{d}x$ 可化为本例的情形.当然须注意到 $1-x^2$ 为偶函数及它在对称区间上的积分表达式.

例 6 计算积分 $\int_0^1\frac{x^n}{\sqrt{1-x^2}}\mathrm{d}x$,这里 n 为自然数.

解 令 $x=\sin t$,则

$$\int_0^1\frac{x^n}{\sqrt{1-x^2}}\mathrm{d}x=\int_0^{\frac{\pi}{4}}\sin^n t\mathrm{d}t$$

此亦化为例 2 的情形.余略.

例 7 计算积分 $\int_0^1\frac{x^{\frac{n}{2}}}{\sqrt{x(1-x)}}\mathrm{d}x$,这里 n 为自然数.

解 令 $\sqrt{x}=\sin t$,即 $x=\sin^2 t$,则

$$\int_0^1\frac{x^{\frac{n}{2}}}{\sqrt{x(1-x)}}\mathrm{d}x=\int_0^{\frac{\pi}{2}}\frac{\sin^n t\cdot 2\sin t\cos t}{\sin t\cos t}\mathrm{d}t=2\int_0^{\frac{\pi}{2}}\sin^n t\mathrm{d}t$$

上式右积分前文例已给出.

注 例 6、例 7 均为广义积分;对例 6 来讲 1 是瑕点,对例 7 来讲 0 是可去间断点,且 1 是瑕点.易证它们均是收敛的.

例 8 计算积分 $\int_0^{\pi}x\sin^n x\mathrm{d}x$,这里 n 为自然数.

解 由 $\int_0^{\pi}xf(\sin x)\mathrm{d}x=\frac{\pi}{2}\int_0^{\pi}f(\sin x)\mathrm{d}x=\pi\int_0^{\frac{\pi}{2}}f(\sin x)\mathrm{d}x$,则

$$\int_0^{\pi}x\sin^n x\mathrm{d}x=\pi\int_0^{\frac{\pi}{2}}\sin^n x\mathrm{d}x$$

式右积分前文中例已给出.

注 本例亦可直接由分部积分求得.

综上,前面诸例间的关系我们可有下面的关系图(图 3).

下面再来看两个关于递推或归纳的例子.

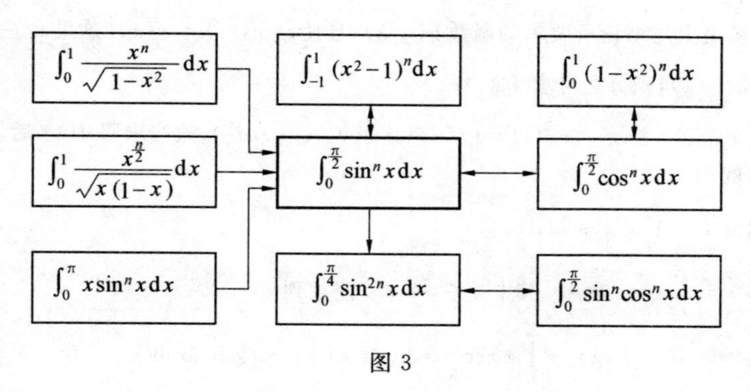

图 3

例 9 计算积分 $\int_0^{\frac{\pi}{4}} \tan^n x\,\mathrm{d}x$,这里 $n > 2$ 是自然数.

解 由三角函数公式 $1+\tan^2 x = \sec^2 x$,则有

$$I_n = \int_0^{\frac{\pi}{4}} \tan^n x\,\mathrm{d}x = \int_0^{\frac{\pi}{4}} \tan^{n-2} x(\sec^2 x - 1)\mathrm{d}x = \int_0^{\frac{\pi}{4}} \tan^{n-2} x\mathrm{d}(\tan x) - I_{n-2} = \frac{1}{n-1} - I_{n-2}$$

即 $I_n = \frac{1}{(n-1)} - I_{n-2}$. 利用它递推地可算得 I_n 的值

$$I_n = \begin{cases} \frac{1}{2k-1} - \frac{1}{2k-3} + \frac{1}{2k-5} - \cdots + (-1)^{k-1}\frac{1}{1} + (-1)^k\frac{\pi}{4}, & n = 2k \\ \frac{1}{2k} - \frac{1}{2k-2} + \frac{1}{2k-4} - \cdots + (-1)^{k-1}\frac{1}{2} + (-1)^k \ln\frac{\sqrt{2}}{2}, & n = 2k+1 \end{cases}$$

我们再来看一个与两个参数有关的积分例子.

例 10 计算 $B(m,n) = \int_0^1 x^{m-1}(1-x)^{n-1}\mathrm{d}x$,这里 m,n 为自然数.(Euler 积分)

解 $B(m,n) = -\int_0^1 x^{m-1}\cdot\frac{1}{n}\mathrm{d}(1-x)^n = \frac{x^{m-1}(1-x)^n}{n}\Big|_0^1 + \frac{m-1}{n}\int_0^1 x^{m-2}(1-x)^n\mathrm{d}x =$

$$\frac{m-1}{n}\left[\int_0^1 x^{m-2}(1-x)^{n-1}\mathrm{d}x - \int_0^1 x^{m-1}(1-x)^{n-1}\mathrm{d}x\right] =$$

$$\frac{m-1}{n}B(m-1,n) - \frac{m-1}{n}B(m,n)$$

故
$$B(m,n) = \frac{m-1}{m+n-1}B(m-1,n)$$

由之
$$B(m,n) = \frac{m-1}{m+n-1}\cdot\frac{m-2}{m+n-2}\cdot\cdots\cdot\frac{1}{n+1}\cdot B(1,n)$$

而
$$B(1,n) = \int_0^1 (1-x)^{n-1}\mathrm{d}x = \frac{1}{n}$$

则
$$B(m,n) = \frac{(m-1)!\,(n-1)!}{(m+n-1)!}$$

7. 利用参数微分

计算定积分 $\int_a^b f(x)\mathrm{d}x$,有时可引进带参数 λ 的函数 $g(x,\lambda)$,再注意到下面结论:

若 $g(x,\lambda)$ 和 $g'_\lambda(x,\lambda)$ 在 $a \leqslant x \leqslant b, c \leqslant \lambda \leqslant d$ 上连续,则 $I(\lambda) = \int_a^b g(x,\lambda)\mathrm{d}x$ 在 $c < \lambda < d$ 中连续可导,且 $I'(\lambda) = \int_a^b g'_\lambda(x,\lambda)\mathrm{d}x$.

由之可引出计算 $\int_a^b f(x)\mathrm{d}x$ 的两种方法:

方法1 引入满足上述结论所要求的函数$g(x,\lambda)$，且使$g(x,\lambda_0)=f(x)$（这里$\lambda_0\in[c,d]$），故求得$\int_a^b g'_\lambda(x,\lambda)\mathrm{d}x$，即得$I'(\lambda)$，积分之可求$I(\lambda_0)$；

方法2 引进$g(x,\lambda)$使$g'_\lambda(x,\lambda_0)=f(x)$（这里$\lambda_0\in[c,d]$），故当求得$I(\lambda)$后，可求$I'(\lambda_0)$.

下面来看一些例子.

例1 计算积分$I=\int_0 x^3\cos 2x\mathrm{d}x$.

解 考虑$I(\lambda)=\int_0 x\cos\lambda x\mathrm{d}x$，其中$\lambda\in[1,3]$. 注意到

$$I'(\lambda)=\int_0 (x\cos\lambda x)'_\lambda\mathrm{d}x=\int_0 -x^2\sin\lambda x\mathrm{d}x$$

$$I''(\lambda)=\int_0 (-x^2\sin\lambda x)'_\lambda\mathrm{d}x=\int_0 -x^3\cos\lambda x\mathrm{d}x$$

由上式可得$\int_0 x^3\cos\lambda x\mathrm{d}x=-I''(\lambda)$，从而$I=-I''(2)$. 而

$$I(\lambda)=\int_0 x\cos\lambda x\mathrm{d}x=\frac{1}{\lambda}\left[\ \sin\ \ \lambda+\frac{\cos\ \ \lambda-1}{\lambda}\right]$$

又
$$I''(\lambda)=-\frac{1}{\lambda^4}[3(\ ^2\lambda^2-2)\cos\ \ \lambda+(\ ^3\lambda^3-6\ \ \lambda)\sin\ \ \lambda+6]$$

故$I''(2)=-\frac{3\ ^2}{4}$，即

$$I=\int_0 x^3\cos 2x\mathrm{d}x=\frac{3\ ^2}{4}$$

参数微分法是不太常用的方法（当然它对某些积分来说又是非用不可的方法），这里想指出一点：有些积分中本身就带有参数，这类问题又多为广义积分，其实它们有时也常用上述方法. 这方面例子详见后文. 下面我们再举一个例子.

例2 计算积分$I=\int_0^1\frac{\arctan x}{1+x}\mathrm{d}x$.

解 令$I(\lambda)=\int_0^1\frac{\arctan\lambda x}{1+x}\mathrm{d}x(0\leqslant\lambda\leqslant 2)$，显然$I(1)=I$. 由

$$I'_\lambda(\lambda)=\int_0^1\frac{x}{(1+\lambda^2x^2)(1+x)}\mathrm{d}x=\frac{1}{1+\lambda^2}\left[\frac{1}{\lambda}\arctan\lambda+\frac{1}{2}\ln(1+\lambda^2)-\ln 2\right]$$

则
$$I(\lambda)=\int_0^1\frac{1}{1+\lambda^2}\left[\frac{1}{\lambda}\arctan\lambda+\frac{1}{2}\ln(1+\lambda^2)-\ln 2\right]\mathrm{d}\lambda=$$

$$\frac{3}{8}\ \ \ln 2-\frac{1}{4}\ \ \ln 2=\frac{\ }{2}\ln 2$$

从而
$$I=I(1)=\frac{\ }{2}\ln 2$$

从上可看出：例1属于方法2，例2属于方法1.

8. 利用展开级数

利用级数展开计算定积分的例子不算多，但有些问题利用它还是方便的. 它是基于下述命题：

若$f(x)$在$[a,b]$上可展为一致收敛级数$\sum\limits_{n=0}^{\infty}u_n(x)$，且$u_n(x)(n=0,1,2,\cdots)$在$[a,b]$上连续，则

$$\int_a^b f(x)\mathrm{d}x=\sum_{n=0}^{\infty}\int_a^b u_n(x)\mathrm{d}x$$

例1 求积分$\int_0^1\frac{\ln(1+x)}{x}\mathrm{d}x$.

解　由$\lim\limits_{x\to 0}\frac{\ln(1+x)}{x}=1$,故所求积分为常义积分.将 $\ln(1+x)$ 展成幂级数有

$$\frac{\ln(1+x)}{x}=\sum_{n=0}^{\infty}(-1)^{n-1}\frac{x^{n-1}}{n},\quad -1<x\leqslant 1$$

则
$$\int_0^1\frac{\ln(1+x)}{x}\mathrm{d}x=\sum_{n=0}^{\infty}(-1)^{n-1}\frac{1}{n}\int_0^1 x^{n-1}\mathrm{d}x=\sum_{n=0}^{\infty}(-1)^{n-1}\frac{1}{n^2}=\frac{\ ^2}{12}$$

下面的例子中用到了复数的幂级展开方法.

例 2　若 n 为任一自然数,且 $0<a<1$,试计算积分$\int_0\frac{(1-a^2)\cos nx}{1-2a\cos x+a^2}\mathrm{d}x$.

解　注意下面式子的变换

$$\frac{1-a^2}{1-2a\cos x+a^2}=\frac{1-a^2}{(1-a\mathrm{e}^{\mathrm{i}x})(1-a\mathrm{e}^{-\mathrm{i}x})}=\frac{1}{1-a\mathrm{e}^{\mathrm{i}x}}+\frac{a\mathrm{e}^{-\mathrm{i}x}}{1-a\mathrm{e}^{-\mathrm{i}x}}=$$
$$(1-a\mathrm{e}^{\mathrm{i}x})^{-1}+a\mathrm{e}^{-\mathrm{i}x}(1-a\mathrm{e}^{-\mathrm{i}x})^{-1}=$$
$$\sum_{k=0}^{\infty}a^k\mathrm{e}^{k\mathrm{i}x}+a\mathrm{e}^{-\mathrm{i}x}\sum_{k=0}^{\infty}a^k\mathrm{e}^{-k\mathrm{i}x}=$$
$$1+\sum_{k=0}^{\infty}a^k(\mathrm{e}^{k\mathrm{i}x}+\mathrm{e}^{-k\mathrm{i}x})=1+2\sum_{k=0}^{\infty}a^k\cos kx$$

又 $0<a<1$,故上级数两边同乘 $\cos nx$ 后可逐项积分,即

$$\int_0\frac{(1-a^2)\cos nx}{1-2a\cos x+a^2}\mathrm{d}x=\int_0\cos nx\,\mathrm{d}x+2\sum_{k=1}^{\infty}a^k\int_0\cos kx\cos nx\,\mathrm{d}x$$

由
$$\int_0\cos nx\,\mathrm{d}x=0,\quad \int_0\cos^2 nx\,\mathrm{d}x=\frac{\ }{2}$$

及
$$\int_0\cos kx\cos nx\,\mathrm{d}x=0,\quad k\neq n$$

故
$$\int_0\frac{(1-a^2)\cos nx}{1-2a\cos x+a^2}\mathrm{d}x=2a\cdot\frac{\ }{2}=\ a^n$$

注 1　本题亦可用分部积分去做.

注 2　类似地,我们可以计算:$\int_0\frac{\sin^2 x}{1+2a\cos x+a^2}\mathrm{d}x$,$\int_0\frac{\sin x}{\sqrt{12a\cos+a^2}}\mathrm{d}x$ 等.

注 3　积分$\int_0\frac{1-a^2}{1-2a\cos x+a^2}\mathrm{d}x$ 称为 Poisson 积分,它的值为 .

下面是一个利用 Euler 公式 $\mathrm{e}^{\pm\mathrm{i}\theta}=\cos\theta\pm\mathrm{i}\sin\theta$ 的例子,很巧.

例 3　计算$\int_0\cos^n\theta\cos n\theta\,\mathrm{d}\theta$.

解　由 Euler 公式 $\mathrm{e}^{\pm\mathrm{i}\theta}=\cos\theta\pm\mathrm{i}\sin\theta$ 可有

$$\sin\theta=\frac{1}{2\mathrm{i}}(\mathrm{e}^{\mathrm{i}\theta}-\mathrm{e}^{-\mathrm{i}\theta}),\quad \cos\theta=\frac{1}{2}(\mathrm{e}^{\mathrm{i}\theta}+\mathrm{e}^{-\mathrm{i}\theta})$$

这样
$$2\mathrm{e}^{\mathrm{i}\theta}\cos\theta=1+\mathrm{e}^{2\mathrm{i}\theta}$$

从而
$$2^n\mathrm{e}^{\mathrm{i}n\theta}\cos^n\theta=(1+\mathrm{e}^{2\mathrm{i}\theta})^n$$

又 $\cos(-\theta)=\cos\theta$,故有

$$2^n\mathrm{e}^{-\mathrm{i}n\theta}\cos^n(-\theta)=2^n\mathrm{e}^{-\mathrm{i}n\theta}\cos^n\theta=(1+\mathrm{e}^{2\mathrm{i}\theta})^n$$

这样上两式相加可有

$$2^n\cos^n\theta(\mathrm{e}^{\mathrm{i}n\theta}+\mathrm{e}^{-\mathrm{i}n\theta})=2^{n+1}\cos^n\theta\,\mathrm{con}\,n\theta=(1+\mathrm{e}^{\mathrm{i}n\theta})^n+(1+\mathrm{e}^{-\mathrm{i}n\theta})^n$$

从而
$$\int_0 2^{n+1}\cos^n\theta\cos n\theta\,\mathrm{d}\theta=\int_0[(1+\mathrm{e}^{\mathrm{i}n\theta})^n+(1+\mathrm{e}^{-\mathrm{i}n\theta})^n]\mathrm{d}\theta=$$
$$\int_0(1+\mathrm{e}^{\mathrm{i}n\theta})^n\mathrm{d}\theta+\int_0(1+\mathrm{e}^{-\mathrm{i}n\theta})^n\mathrm{d}\theta$$

将上式式右两积分被积函数按二项式展开,且注意到

$$\int_0 e^{ik(2\theta)}\,d\theta = 0,\quad k = \pm 1, \pm 2, \cdots$$

故

$$2^{n+1}\int_0 \cos^n\theta\cos n\theta\,d\theta = \int_0 d\theta + \int_0 d\theta = 2$$

从而

$$\int_0 \cos^n\theta\cos n\theta\,d\theta = \frac{}{2^n},\quad n = 1, 2, 3, \cdots$$

9. 某些特殊函数的积分

有些函数的定义是特殊的,因而在考虑它们的定积分问题时,有的按照它的定义去化为普通函数的积分;有的则需要分段考虑等. 我们来看一些例子.

例 1 计算积分(1)$\int_{-2}^{2}\max\{1, x^2\}\,dx$;(2)$\int_{-2}^{2}\min\left\{\frac{1}{|x|}, x^2\right\}dx$.

解 (1) 由 $\max\{1, x^2\}$ 的定义考虑分段积分,使之化为普通积分

$$\int_{-2}^{2}\max\{1, x^2\}\,dx = \int_{-2}^{-1}x^2\,dx + \int_{-1}^{1}1\cdot dx + \int_{1}^{2}x^2\,dx = \frac{20}{3}$$

(2) 仿上有

$$\int_{-2}^{2}\min\left\{\frac{1}{|x|}, x^2\right\}dx = 2\left(\int_0^1 x^2\,dx + \int_1^2\frac{1}{x}\,dx\right) = 2\left(\frac{1}{3} + \ln 2\right)$$

例 2 计算积分$\int_1^n\frac{[x]}{x}dx$,这里$[x]$表示不超过 x 的最大整数.

解 由高斯函数$[x]$的定义故有

$$\int_1^n\frac{[x]}{x}dx = \sum_{k=1}^{n-1}\int_k^{k+1}\frac{k}{x}dx = \sum_{k=1}^{n-1}k\{\ln(k+1) - \ln k\} = \ln\frac{n^n}{n!}$$

例 3 计算积分$\int_0^3[x]\sin\quad x\,dx$.

解 据函数$[x]$及 $\sin x$ 的值的符号性质将积分区域分段

$$\int_0^3[x]\sin\quad x\,dx = \int_0^1 0\,dx + \int_1^2 1\sin\quad x\,dx + \int_2^3\sin\quad x\,dx =$$

$$\frac{1}{}\{[-\cos\quad x]_1^2 + 2[-\cos\quad x]_2^3\} = \frac{2}{}$$

例 4 若符号函数 $\operatorname{sgn}x = \begin{cases}1, & x > 0\\ 0, & x = 0\\ -1, & x < 0\end{cases}$,计算积分$\int_0^3\operatorname{sgn}\{x - x^3\}\,dx$.

解 当 $0 < x < 1$ 时,$x - x^3 > 0$;当 $1 < x < 3$ 时,$x - x^3 < 0$,故

$$\int_0^3\operatorname{sgn}\{x - x^3\}\,dx = \int_0^1 dx + \int_1^3(-1)\,dx = -1$$

例 5 计算积分$\int_0 x\operatorname{sgn}(\cos x)\,dx$.

解 依符号函数及 $\cos x$ 性质可将积分分段如

$$\int_0 x\operatorname{sgn}(\cos x)\,dx = \int_0^{\frac{}{2}}x\,dx + \int_{\frac{}{2}}(-x)\,dx = \frac{x^2}{2}\Bigg|_0^{\frac{}{2}} - \frac{x^2}{2}\Bigg|_{\frac{}{2}} = \frac{{}^2}{8} - \frac{3\ {}^2}{8} = -\frac{{}^2}{4}$$

这里仅是举了一些较简单的特殊函整的积分,当然它还有许多.

10. 积分的一些近似计算

定积分的近似计算常用的有两种方法:幂级数法及公式法. 其具体内容可见:专题 8"高等数学课程中的近似计算及误差分析".

关于积分中值定理我们已在前面章节谈及，这里不再重复.

三、定积分的应用和与定积分有关的某些问题解法

定积分有许多应用，除了几何上、物理上的应用之外（几何上的应用可见几何问题解法，物理上的应用略），还有一些其他方面的例子. 此外与定积分有关的问题也有许多，下面我们简要地谈谈这些问题.

1. 求极限问题

与定积分有关的求极限问题我们前文曾有介绍，其实该问题可分两类：

利用定积分性质及运算求极限值；

定积分的极限问题.

我们先来谈谈前者. 这个问题其实我们在"极限问题求法"一切中已有阐述，即它多用于求某些和式的（与序列有关）极限，因为积分号$\int$实则可视为（极限）求和号$\sum$的推广而已.

例 1　求极限$\lim\limits_{n\to\infty}\dfrac{1^p+2^p+\cdots+n^p}{n^{p+1}}(p>0)$.

解　依极限式变形及积分定义有

$$\lim_{n\to\infty}\frac{1^p+2^p+\cdots+n^p}{n^{p+1}}=\lim_{n\to\infty}\sum_{k=1}^{n}\left(\frac{k}{n}\right)^p\cdot\frac{1}{n}=\int_0^1 x^p\,\mathrm{d}x=\frac{1}{1+p}$$

例 2　求极限$\lim\limits_{n\to\infty}\dfrac{(1^x+2^x+\cdots+n^x)^{y+1}}{(1^y+2^y+\cdots+n^y)^{x+1}}$.

解　分下面几种情形考虑：

(1) 若 $x=-1,y=-1$，则有

$$\lim_{n\to\infty}\frac{(1^x+2^x+\cdots+n^x)^{y+1}}{(1^y+2^y+\cdots+n^y)^{x+1}}=1$$

(2) 若 $x=-1,y\neq-1$，则有

$$\lim_{n\to\infty}\frac{(1^x+2^x+\cdots+n^x)^{y+1}}{(1^y+2^y+\cdots+n^y)^{x+1}}=\lim_{n\to\infty}\left(1+\frac{1}{2}+\cdots+\frac{1}{n}\right)^{y+1}=\begin{cases}+\infty, & y>-1\\ 0, & y<-1\end{cases}$$

(3) 若 $x\neq-1,y=-1$，则有

$$\lim_{n\to\infty}\frac{(1^x+2^x+\cdots+n^x)^{y+1}}{(1^y+2^y+\cdots+n^y)^{x+1}}=\lim_{n\to\infty}\left[1\Big/\left(1+\frac{1}{2}+\cdots+\frac{1}{n}\right)^{x+1}\right]=\begin{cases}0, & x>-1\\ +\infty, & x<-1\end{cases}$$

(4) 若 $x\neq-1,y\neq-1$，则有

$$\lim_{n\to\infty}\frac{(1^x+2^x+\cdots+n^x)^{y+1}}{(1^y+2^y+\cdots+n^y)^{x+1}}=\lim_{n\to\infty}\left\{\left[\frac{1}{n}\cdot n^{x+1}\sum_{k=1}^{n}\left(\frac{k}{n}\right)^x\right]^{y+1}\Big/\left[\frac{1}{n}\cdot n^{y+1}\sum_{y=1}^{n}\left(\frac{k}{n}\right)^y\right]^{x+1}\right\}=$$

$$\lim_{n\to\infty}\left\{\left[\sum_{k=1}^{n}\left(\frac{k}{n}\right)^x\cdot\frac{1}{n}\right]^{y+1}\Big/\left[\sum_{k=1}^{n}\left(\frac{k}{n}\right)^y\cdot\frac{1}{n}\right]^{x+1}\right\}=$$

$$\left[\int_0^1 u^x\,\mathrm{d}u\right]^{y+1}\Big/\left[\int_0^1 v^y\,\mathrm{d}y\right]^{x+1}=\frac{(y+1)^{x+1}}{(x+1)^{y+1}}$$

我们再看看积分式的极限问题，这类问题解多用 L′Hospital 法则.

例 3　计算极限$\lim\limits_{x\to0+}\left(\int_0^{\sin x}\sqrt{\tan t}\,\mathrm{d}t\Big/\int_0^{\tan x}\sqrt{\sin t}\,\mathrm{d}t\right)$.

解　题设积分极限为不定式，故可用 L′Hospital 法则：

$$\lim_{x\to0+}\left(\int_0^{\sin x}\sqrt{\tan t}\,\mathrm{d}t\Big/\int_0^{\tan x}\sqrt{\sin t}\,\mathrm{d}t\right)=\lim_{x\to0+}\frac{\cos x\sqrt{\tan(\sin x)}}{\sec^2 x\sqrt{\sin(\tan x)}}=\lim_{x\to0}\sqrt{\frac{\tan(\sin x)}{\sin(\tan x)}}=1$$

例 4　求极限$\lim\limits_{x\to+\infty}\int_0^x\dfrac{|\sin t|}{x}\mathrm{d}t$.

解 由于积分$\int_0 |\sin t|\,dt = 2$,以及对于充分大的正数 x,均有自然数 k 使得 x 满足$k \quad \leqslant x <$ $(k+1)$. 于是

$$\frac{\int_0^{k} |\sin t|\,dt}{(k+1)} \leqslant \frac{\int_0^{x} |\sin t|\,dt}{x} < \frac{\int_0^{(k+1)} |\sin t|\,dt}{k}$$

即
$$\frac{2k}{(k+1)} \leqslant \int_0^x \frac{|\sin t|}{x} dt = \frac{\int_0^x |\sin t|\,dt}{x} < \frac{2(k+1)}{k}$$

令 $x \to +\infty$,由 $k \quad \leqslant x < (k+1)$ 有 $k \to +\infty$,由逼夹定理知

$$\lim_{x\to+\infty}\int_0^x \frac{|\sin t|}{x} dt = \lim_{x\to+\infty}\frac{\int_0^x |\sin t|\,dt}{x} = \frac{2}{}$$

注 其实这类例子我们前面在极限问题中已有介绍,详见前文.

2. 利用函数积分式求函数值或式

这个问题我们前文已经遇到过,它是定积分计算的反问题.

例 1 已知$\int_0 [f(x)+f''(x)]\sin x\,dx = 5$,且 $f(\ ) = 2$,求 $f(0)$ 的值.

解 由题设及积分性质注意到下面的式子变换

$$\int_0 [f(x)+f''(x)]\sin x\,dx = \int_0 f(x)\,d(-\cos x) + \int_0 \sin x\,d f'(x) =$$
$$[-f(x)\cos x]_0 + \int_0 f'(x)\cos x\,dx +$$
$$[f(x)\sin x]_0 - \int_0 f'(x)\cos x\,dx =$$
$$f(\ ) + f(0) = 5$$

故 $f(0) = 5 - f(\ ) = 5 - 2 = 3$.

下面的例子是由已知函数积分表达式求另外函数积分表达式的例子.

例 2 若 $f(x)$ 是任意的二次多项式,$g(x)$ 是某个二次多项式,又若

$$\int_0^1 f(x)\,dx = \frac{1}{6}\left[f(0) + 4f\left(\frac{1}{2}\right) + f(1)\right]$$

试求$\int_a^b g(x)\,dx$,这里 a,b 为给定常数且 $a < b$.

解 为将积分区间$[a,b]$ 化到$[0,1]$ 区间,今设 $x = (b-a)t + a$,这里 $a \neq b$,则

$$\int_a^b g(x)\,dx = \int_0^1 g[(b-a)t+a](b-a)\,dt = (b-a)\int_0^1 g[(b-a)x+a]\,dx$$

令 $g[(a-b)x+a] = f(x)$,则

$$f(0) = g(a),\quad f\left(\frac{1}{2}\right) = g\left[\frac{(a+b)}{2}\right],\quad f(1) = g(b)$$

又由题设有
$$\int_a^b g(x)\,dx = \frac{b-a}{6}\left[g(a) + 4g\left(\frac{b+a}{2}\right) + g(b)\right]$$

这里的关键是利用变量替换,目的使积分区域$[a,b]$ 化到$[0,1]$.

注 题设积分等式在"计算方法"中甚有用. 在"立体几何"中,它是拟柱体体积公式的通式或拓广形式.

下面的例子则须将被积函数实施变换的问题.

例 3 若 $f(x) = \int_1^x \frac{\ln t}{1+t} dt$,且 $x > 0$. 试求 $f(x) + f\left(\frac{1}{x}\right)$.

解　令 $u=\frac{1}{t}$，则 $f\left(\frac{1}{x}\right)$ 化为

$$f\left(\frac{1}{x}\right)=\int_0^{\frac{1}{x}}\frac{\ln t}{1+t}\mathrm{d}t=\int_1^x\frac{\ln u}{u(1+u)}\mathrm{d}u=\int_1^x\frac{\ln t}{t(1+t)}\mathrm{d}t$$

故 $$f(x)+f\left(\frac{1}{x}\right)=\int_1^x\frac{\ln t}{1+t}\mathrm{d}t+\int_1^x\frac{\ln t}{t(1+t)}\mathrm{d}t=\int_1^x\frac{t\ln t+\ln t}{t(1+t)}\mathrm{d}t=\int_1^x\frac{\ln t}{t}\mathrm{d}t=\frac{1}{2}\ln^2 x$$

下面的这类例子我们前文已有介绍.关键请记住函数定积分是一个常数值.

例 4　已知 $f(x)$ 适合 $f(x)=3x-\sqrt{1-x^2}\int_0^1 f^2(x)\mathrm{d}x$，求 $f(x)$.

解　由定积分值为常数(若积分限为常数) 则令$\int_0^1 f^2(x)\mathrm{d}x=c$，题设方程化为

$$f(x)=3x-c\sqrt{1-x^2}$$

则有 $$c=\int_0^1 f^2(x)\mathrm{d}x=\int_0^1\left(3x-c\sqrt{1-x^2}\right)^2\mathrm{d}x$$

即 $$\frac{2}{3}c^2-2c+3=c$$

解得 $c_1=3,c_2=\frac{3}{2}$. 故

$$f(x)=3x-3\sqrt{1-x^2}\quad 或\quad f(x)=3x-\frac{3}{2}\sqrt{1-x^2}$$

例 5　若函数 $f(x)$ 满足$f'(-x)=x[f'(x)-1]$，试求该函数.

解　令 $x=-t$ 代入题设式有

$$f'(t)=-t[f'(-t)-1]$$

即 $$f'(x)=-x[f'(-x)-1]$$

又将题设式两边同乘 x 有

$$xf'(-x)=x^2[f'(x)-1]$$

由上两式可解得$f'(x)=\frac{x+x^2}{1+x^2}$，从而

$$f(x)=\int\frac{x+x^2}{1+x^2}\mathrm{d}x=\frac{1}{2}\ln(1+x^2)+x-\arctan x+C$$

从本质上讲，该例是一个微分方程求解的问题.下面是一个构造函数(该函数满足某些给定条件)的例子.

例 6　构造一个函数 $f(x)$ 使得积分满足$\int_{-1}^1 x^4 f(x)\mathrm{d}x=\int_{-1}^1 f(x)\cos x\mathrm{d}x=0$，并且$\int_{-1}^1 f^2(x)\mathrm{d}x=1$.

解　由题设第一个条件知 $f(x)$ 是奇函数.今取奇函数 $g(x)\neq 0$，且 $g^2(x)$ 可积.

又若$\int_{-1}^1 g^2(x)\mathrm{d}x=a^2$，则可取 $f(x)=\frac{1}{a}g(x)$ 即可.

显然这类函数有无数多个.具体地:比如取 $g(x)=x$，则 $f(x)=\sqrt{\frac{3}{2}}x$.

利用定积分计算证明组合等式，只是初等组合证明问题的改造或变形而已，请看:

例 7　证明$\sum_{k=0}^n(-1)^k\binom{n}{k}\frac{1}{k+m+1}=\sum_{k=0}^m(-1)^k\binom{m}{k}\frac{1}{k+n+1}$.

证　注意到等式$\frac{1}{k+\alpha+1}=\int_0^1 t^{k+\alpha}\mathrm{d}t$，其中 $\alpha\in\mathbf{R}$. 故将题设式化为积分式有

$$\sum_{k=0}^n(-1)^k\binom{n}{k}\frac{1}{k+m+1}=\sum_{k=0}^n(-1)^k\binom{n}{k}\int_0^1 t^{k+m}\mathrm{d}t=\int_0^1\sum_{k=0}^n(-1)\binom{n}{k}t^{k+m}\mathrm{d}t=\int_0^1 t^m(1-t)^n\mathrm{d}t$$

令 $u=1-t$,则有

$$\int_0^1 t^m(1-t)^n\mathrm{d}t=\int_0^1 u^n(1-u)^m\mathrm{d}u=\int_0^1 u^n\sum_{k=0}^{n}(-1)^k\binom{m}{k}u^k\mathrm{d}u=$$

$$\sum_{k=0}^{m}(-1)^n\binom{m}{k}\int_0^1 u^{k+n}\mathrm{d}u=\sum_{k=0}^{m}(-1)\binom{m}{k}\frac{1}{k+n+1}$$

从而

$$\sum_{k=0}^{n}(-1)^k\binom{n}{k}\frac{1}{k+m+1}=\sum_{k=0}^{m}(-1)\binom{m}{k}\frac{1}{k+n+1}$$

顺便讲一句,其实式右可仿式左证得积分式$\int_0^1 t^m(1-t)^n\mathrm{d}t$,这样后半部分证明可以简化.

3. 证明等式(包括积分性质)问题

这类问题我们在定积分计算方法中已讲过,这里再举两例.

例 1 若函数 $f(x)$ 在区间$[a,b]$上二次可微,试证积分等式

$$\int_a^b f(x)\mathrm{d}x=\frac{b-a}{2}[f(a)+f(b)]+\frac{1}{2}\int_a^b f''(x)(x-a)(x-b)\mathrm{d}x$$

证 由$(x-a)(x-b)=x^2-(a+b)x+ab$,今考虑下面积分式子的变换

$$\int_a^b f''(x)(x-a)(x-b)\mathrm{d}x=\int_a^b f''(x)[x^2-(a+b)x+ab]\mathrm{d}x=$$

$$\int_a^b[x^2-(a+b)x+ab]\mathrm{d}f'(x)=$$

$$-\int_a^b f'(x)[2x-(a+b)]\mathrm{d}x=$$

$$2\int_a^b f(x)\mathrm{d}x-(b+a)[f(a)+f(b)]$$

移项后即得所求证的等式.

例 2 若 $P_k(x)$ 为一多项式,且它满足 Legendre 方程

$$\frac{\mathrm{d}}{\mathrm{d}x}[(1-x^2)P'_k(x)]+k(k+1)P_k(x)=0$$

试证积分 $\int_{-1}^1 P_m(x)P_n(x)\mathrm{d}x=0$ $(m\neq n$,且 $m+n+1\neq 0)$.

证 由设 $P_m(x),P_n(x)$ 分别满足方程:

$$(1-x^2)P''_m-2xP'_m+m(m+1)P_m=0 \tag{1}$$

$$(1-x^2)P''_n-2xP'_n+n(n+1)P_n=0 \tag{2}$$

由式(1)$\times P_n-$式(2)$\times P_m$ 有

$$(1-x^2)(P_nP''_m-P_mP''_n)-2x(P_nP'_m-P_mP'_n)+[m(m+1)-n(n+1)]P_mP_n=0$$

即

$$\frac{\mathrm{d}}{\mathrm{d}x}[(1-x^2)(P_nP'_m-P_mP'_n)]=(n-m)(n+m+1)P_mP_n$$

两边从 -1 到 1 积分,得

$$(n-m)(n+m+1)\int_{-1}^1 P_m(x)P_n(x)\mathrm{d}x=0$$

又 $m\neq n,m+n+1\neq 0$,故

$$\int_{-1}^1 P_m(x)P_n(x)\mathrm{d}x=0$$

4. 研究变上(下)限函数积分的性质问题

这个问题前面我们已经遇到过一些例子,下面再来看几个问题.

例 1　若积分$\int_{x}^{2\ln 2}\frac{\mathrm{d}t}{\sqrt{\mathrm{e}^{t}-1}}=\frac{}{6}$,求 x.

解　令 $\sqrt{\mathrm{e}^{t}-1}=u$,则$\int\frac{\mathrm{d}t}{\sqrt{\mathrm{e}^{t}-1}}=2\arctan\sqrt{\mathrm{e}^{t}-1}+c$,而

$$\int_{x}^{2\ln 2}\frac{\mathrm{d}t}{\sqrt{\mathrm{e}^{t}-1}}=\left[2\arctan\sqrt{\mathrm{e}^{t}-1}\right]_{x}^{2\ln 2}=\frac{2}{3}-2\arctan\sqrt{\mathrm{e}^{x}-1}=\frac{}{6}$$

则 $\arctan\sqrt{\mathrm{e}^{x}-1}=\frac{1}{2}\left(\frac{2}{3}-\frac{}{6}\right)=\frac{}{4}$,有 $\sqrt{\mathrm{e}^{x}-1}=1$,进而 $x=\ln 2$.

例 2　若 $x>0$,定义 $\ln x=\int_{1}^{x}\frac{1}{t}\mathrm{d}t$,试依此定义证明(1)$\ln\frac{1}{x}=-\ln x$;(2)$\ln(xy)=\ln x+\ln y(x>0,y>0)$.

证　(1) 令 $u=\frac{1}{t}$,我们依题设有

$$\ln\frac{1}{x}=\int_{1}^{\frac{1}{x}}\frac{\mathrm{d}t}{t}=\int_{1}^{x}u\left(-\frac{1}{u^{2}}\right)\mathrm{d}u=-\int_{1}^{x}\frac{\mathrm{d}u}{u}=-\int_{1}^{x}\frac{\mathrm{d}t}{t}=-\ln x$$

(2) 令 $u=\frac{t}{x}$,则由题设有

$$\ln(xy)=\int_{1}^{xy}\frac{\mathrm{d}t}{t}=\int_{\frac{1}{x}}^{y}\frac{1}{xu}x\,\mathrm{d}u=\int_{\frac{1}{x}}^{1}\frac{\mathrm{d}u}{u}+\int_{1}^{y}\frac{\mathrm{d}u}{u}=-\int_{1}^{\frac{1}{x}}\frac{\mathrm{d}t}{t}+\int_{1}^{y}\frac{\mathrm{d}t}{t}=$$
$$-\ln\frac{1}{x}+\ln y=\ln x+\ln y$$

注　显然$\int_{1}^{x}\frac{1}{t}\mathrm{d}t$ 可视为自然对数 $\ln x$ 的又一种定义.

例 3　若 $f(x)$ 在$(-\infty,+\infty)$内连续,且 $F(x)=\int_{0}^{x}(x-2t)f(t)\mathrm{d}t$. 试证:(1) 若 $f(x)$ 为偶函数,则 $F(x)$ 亦然;(2) 若 $f(x)$ 非(不) 增,则 $F(x)$ 非(不) 减.

证　(1) 由设有 $f(-x)=f(x)(-\infty<x<+\infty)$,故

$$F(-x)=\int_{0}^{-x}(-x-2t)f(t)\mathrm{d}t=-\int_{0}^{-x}(x+2t)f(t)\mathrm{d}t$$

令 $t=-u$,则

$$\int_{0}^{-x}(x+2t)f(t)\mathrm{d}t=-\int_{0}^{x}(x-2u)f(u)\mathrm{d}u$$

故

$$F(-x)=\int_{0}^{x}(x-2u)f(u)\mathrm{d}u=F(x)$$

(2) 由 $f(x)$ 连续,则 $F(x)$ 连续可微. 这样

$$F'(x)=-xf(x)+\int_{0}^{x}f(t)\mathrm{d}t\quad(\text{将}-xf(x)\text{写成积分式})=$$
$$-\int_{0}^{x}f(x)\mathrm{d}t+\int_{0}^{x}f(t)\mathrm{d}t=\int_{0}^{x}[f(t)-f(x)]\mathrm{d}t$$

因 $f(x)$ 非增,则对 $0\leqslant t\leqslant x$ 有 $f(t)-f(x)\geqslant 0$,故 $F'(x)\geqslant 0$;

当 $x\leqslant t\leqslant 0$ 时,$f(t)-f(x)\leqslant 0$,这时有

$$F'(x)=-\int_{x}^{0}[f(t)-f(x)]\mathrm{d}t\geqslant 0$$

综上,在$(-\infty,+\infty)$内 $F'(x)\geqslant 0$,即 $F(x)$ 非减.

例 4　连续函数 $f(x)$ 在$[a,b]$上单调增加,试证 $F(x)=\frac{1}{x-a}\int_{0}^{x}f(t)\mathrm{d}t$ 在$[a,b]$上也单调增加.

证　将题设等式两边对 x 求导再由积分中值定理有

$$F'(x)=\frac{f(x)}{x-a}-\int_a^x\frac{f(t)}{(x-a)^2}\mathrm{d}t=\frac{f(x)}{x-a}-\frac{f(\xi)(x-a)}{(x-a)^2}=\frac{f(x)-f(\xi)}{x-a}$$

这里 $a<\xi<x\leqslant b$.

因 $f(x)$ 在$[a,b]$上单增,故 $f(x)-f(\xi)>0$.

从而 $F'(x)>0$,因此 $F(x)$ 在$[a,b]$上为单调增函数.

例 5 设连续函数 $f(x)$ 当 $x>0$ 时,$f(x)>0$. 试证积分函数 $\varphi(x)=\int_0^x f(t)\mathrm{d}t\Big/\int_0^x tf(t)\mathrm{d}t$,当 $x>0$ 时单减.

证 注意题设及积分性质先对 $\varphi(x)$ 求导

$$\varphi'(x)=\left[\left(\int_0^x tf(t)\mathrm{d}t\right)\cdot f(x)-\left(\int_0^x f(t)\mathrm{d}t\right)\cdot xf(x)\right]\Big/\left[\int_0^x tf(t)\mathrm{d}t\right]^2=$$

$$f(x)\left[\int_0^x tf(t)\mathrm{d}t-x\int_0^x f(t)\mathrm{d}t\right]\Big/\left[\int_0^x tf(t)\mathrm{d}t\right]^2$$

令 $\psi(x)=\int_0^x tf(f)\mathrm{d}t-x\int_0^x f(t)\mathrm{d}t$,则 $\psi(0)=0$,且当 $x>0$ 时,有

$$\psi'(x)=xf(x)-\left[xf(x)+\int_0^x f(t)\mathrm{d}t\right]=-\int_0^x f(t)\mathrm{d}t<0$$

则 $\psi(x)<\psi(0)=0$. 故当 $x>0$ 时 $\varphi'(x)<0$,即 $\varphi(x)$ 当 $x>0$ 时单减.

注 更一般的我们可有下面结论:

命题 若 $f(x)>0$,且$f'(x)$ 连续$(-\infty<x<+\infty)$,又设

$$\varphi(x)=\begin{cases}\int_0^x tf(t)\mathrm{d}t\Big/\int_0^x f(t)\mathrm{d}t, & x\neq 0\\ 0, & x=0\end{cases}$$

则 $\varphi(x)$ 在$(-\infty,+\infty)$内单增.

5. 积分不等式及估值问题

这个问题我们已在"不等式问题解法"一节较详细地讨论过,这里仅举几例说明.

例 1 试证积分$\int_0^{\sqrt{2}}\sin x^2\mathrm{d}x>0$.

证 令 $x^2=u$,则有

$$\int_0^{\sqrt{2}}\sin x^2\mathrm{d}x=\int_0^2\frac{\sin u}{2\sqrt{u}}\mathrm{d}u=\frac{1}{2}\left[\int_0\frac{\sin u}{\sqrt{u}}\mathrm{d}u+\int^2\frac{\sin u}{\sqrt{u}}\mathrm{d}u\right]$$

而令 $u=t+$,则

$$\int^2\frac{\sin u}{\sqrt{u}}\mathrm{d}u=\int_0\frac{-\sin t}{\sqrt{t+}}\mathrm{d}t$$

故

$$\int_0^{\sqrt{2}}\sin x^2\mathrm{d}x=\frac{1}{2}\int_0\left(\frac{1}{\sqrt{t}}-\frac{1}{\sqrt{t+}}\right)\sin t\mathrm{d}t$$

因$\lim\limits_{t\to 0+}\frac{\sin t}{\sqrt{t}}=0$,知积分非广义积分. 又在$(0,\ )$内$\left(\frac{1}{\sqrt{t}}-\frac{1}{\sqrt{t+}}\right)\sin t\geqslant 0$,故

$$\int_0^{\sqrt{2}}\sin x^2\mathrm{d}x\geqslant 0$$

例 2 证明积分 $I=\int_0^2\frac{\sin x}{x}\mathrm{d}x>0$.

证 令 $F(x)=\begin{cases}\frac{\sin x}{x}, & x\neq 0\\ 1, & x=0\end{cases}$,则 $F(x)$ 在$[0,\ ]$上连续,且

$$\int_0^2\frac{\sin x}{x}\mathrm{d}x=\int_0^2F(x)\mathrm{d}x=\int_0 F(x)\mathrm{d}x+\int^2\frac{\sin x}{x}\mathrm{d}x$$

令 $x-\ \ =t$,有

$$\int^{2}\frac{\sin x}{x}\mathrm{d}x=\int_{0}\frac{-\sin t}{+t}\mathrm{d}t=\int_{0}\frac{-\sin x}{+x}\mathrm{d}x$$

则
$$I=\int_{0}F(x)\mathrm{d}x-\int_{0}\frac{\sin x}{+x}\mathrm{d}x=\ \int_{0}\frac{F(x)}{+x}\mathrm{d}x$$

因 $F(x)$ 和 $\frac{1}{x+}$ 在区间 $[0,\ ]$ 上都连续,且在 $[0,\ ]$ 上 $\frac{1}{x+}>0$,由积分中值定理有

$$I=\ F(\xi)\int_{0}\frac{\mathrm{d}x}{+x}=\ F(\xi)\ln 2,\quad 0<\xi<$$

又 $F(\xi)=\frac{\sin\xi}{\xi}>0$,故 $\int_{0}^{2}\frac{\sin x}{x}\mathrm{d}x>0$.

例 3　若函数 $f(x)$ 在 $[0,1]$ 上连续可微,且 $f(0)=0,f(1)=1$. 则 $\int_{0}^{1}|f'(x)-f(x)|\mathrm{d}x\geqslant\frac{1}{\mathrm{e}}$.

证　令 $F(x)=f(x)\mathrm{e}^{-x}$,则 $F(0)=0,F(1)=\mathrm{e}^{-1}$. 又 $F'(x)=[f'(x)-f(x)]\mathrm{e}^{-x}$,故

$$\int_{0}^{1}|f'(x)-f(x)|\mathrm{d}x=\int_{0}^{1}|F'(x)|\mathrm{d}x\geqslant\int_{0}^{1}F'(x)\mathrm{d}x=F(1)-F(0)=\frac{1}{\mathrm{e}}$$

例 4　设函数 $y=f(x)$ 定义在 $[a,b]$ 上且可积,又对于 $[a,b]$ 上任两点 x_1,x_2 有 $|f(x_1)-f(x_2)|\leqslant|x_1-x_2|$. 试证 $\left|\int_{a}^{b}f(x)\mathrm{d}x-(b-a)f(a)\right|\leqslant\frac{1}{2}(b-a)^2$.

证　由设可证 $f(x)$ 在 (a,b) 内连续. 又 $|f(x)-f(a)|\leqslant x-a\quad(x\geqslant a)$,即

$$f(a)-(x-a)\leqslant f(x)\leqslant f(a)+(x-a)$$

则
$$\int_{a}^{b}[f(a)-(x-a)]\mathrm{d}x\leqslant\int_{a}^{b}f(x)\mathrm{d}x\leqslant\int_{a}^{b}[f(a)+(x-a)]\mathrm{d}x$$

即
$$-\frac{1}{2}(b-a)^2\leqslant\int_{a}^{b}f(x)\mathrm{d}x-(b-a)f(a)\leqslant\frac{1}{2}(b-a)^2$$

亦即
$$\left|\int_{a}^{b}f(x)\mathrm{d}x-(b-a)f(a)\right|\leqslant\frac{1}{2}(b-a)^2$$

例 5　设 $f(x)$ 的一阶导数在 $[0,1]$ 上连续,且 $f(0)=f(1)=0$. 证明 $\left|\int_{0}^{1}f(x)\mathrm{d}x\right|\leqslant\frac{1}{4}\max\limits_{x\in[0,1]}|f'(x)|$.

证　由题设考虑下面式子变换

$$\int_{0}^{1}f(x)\mathrm{d}x=\int_{0}^{1}f(x)\mathrm{d}\left(x-\frac{1}{2}\right)=\left[\left(x-\frac{1}{2}\right)f(x)\right]_{0}^{1}-\int_{0}^{1}f'(x)\left(x-\frac{1}{2}\right)\mathrm{d}x=$$
$$-\int_{0}^{1}f'(x)\left(x-\frac{1}{2}\right)\mathrm{d}x$$

有
$$\left|\int_{0}^{1}f(x)\mathrm{d}x\right|\leqslant\max_{x\in[0,1]}|f'(x)|\int_{0}^{1}\left|x-\frac{1}{2}\right|\mathrm{d}x=$$
$$\max_{x\in[0,1]}|f'(x)|\left\{\int_{0}^{\frac{1}{2}}\left(\frac{1}{2}-x\right)\mathrm{d}x+\int_{\frac{1}{2}}^{1}\left(x-\frac{1}{2}\right)\mathrm{d}x\right\}=\frac{1}{4}\max_{x\in[0,1]}|f'(x)|$$

故
$$\left|\int_{0}^{1}f(x)\mathrm{d}x\right|\leqslant\frac{1}{4}\max_{x\in[0,1]}|f'(x)|$$

注 1　这里区间 $[0,1]$ 若改为 $[a,b]$ 则有结论为

$$\max_{x\in[a,b]}|f'(x)|\geqslant\frac{4}{(b-a)^2}\int_{a}^{b}|f(x)|\mathrm{d}x$$

这个例子我们在“不等式证明”专题中介绍过,这里再给出另外一个证法.

略证　若 $x\in(a,b)$,在 $[a,x]$ 及 $[x,b]$ 上对 $f(x)$ 应用 Lagrange 中值定理有

$$f(x)-f(a)=f'(\xi_1)(x-a),\quad a<\xi_1<x \tag{1}$$

$$f(x)-f(b)=f'(\xi_2)(x-b),\quad x<\xi_2<b \tag{2}$$

又 $f(a)=f(b)=0$,由 $f'(x)$ 在 $[a,b]$ 上连续,故 $|f'(x)|$ 在 $[a,b]$ 上亦连续,$|f'(x)|$ 必有最大值 M,即

$$|f'(x)|\leqslant \max_{a\leqslant x\leqslant b}|f'(x)|=M$$

再由式(1)、式(2)有

$$|f'(x)|\leqslant M(x-a),\quad |f'(x)|\leqslant M(b-x)$$

故

$$\begin{aligned}\frac{4}{(b-a)^2}\int_a^b|f'(x)|\,\mathrm{d}x &= \frac{4}{(b-a)^4}\left[\int_a^{\frac{a+b}{2}}|f(x)|\,\mathrm{d}x+\int_{\frac{a+b}{2}}^b|f(x)|\,\mathrm{d}x\right]\leqslant \\ &\frac{4}{(b-a)^2}\left[\int_a^{\frac{a+b}{2}}M(x-a)\mathrm{d}x+\int_{\frac{a+b}{2}}^b M(b-x)\mathrm{d}x\right]= \\ &\frac{4M}{(b-a)^2}\left[\frac{1}{2}\left(\frac{a+b}{2}-a\right)^2+\frac{1}{2}\left(b-\frac{a+b}{2}\right)^2\right]= \\ &M=\max_{a\leqslant x\leqslant b}|f'(x)|\end{aligned}$$

注 2 除例 4 外上面问题的特殊情形还可如下面命题:

命题 设函数 $f(x)$ 在 $[0,a]$ 上有一阶连续导数,且 $f(0)=0$. 试证 $\left|\int_b^a f(x)ax\right|\leqslant\frac{Ma^2}{2}$,这里 $M=\max\limits_{0\leqslant x\leqslant a}|f'(x)|$.

上面两个不等式实际上也是对某些积分值的一种估计. 类似地还可见:

注 3 其实下面问题与例的结论无异:

问题 设函数 $f(x)$ 在 $[a,b]$ 上连续,在 (a,b) 内二阶可导,且 $f(a)=f(b)=0$. 又对 $x\in[a,b]$ 时,$f(x)\neq 0$,试证

$$\int_a^b\left|\frac{f''(x)}{f(x)}\right|\mathrm{d}x\geqslant\frac{4}{b-a}$$

例 6 试证不等式 $\frac{\mathrm{e}^{-R}}{2}<\int_0^{\frac{\quad}{2}}\mathrm{e}^{-R\sin x}\mathrm{d}x<\frac{(1-\mathrm{e}^{-R})}{2R}$,这里常数 $R>0$.

证 在 $\left(0,\frac{\quad}{2}\right)$ 内有 $\frac{2x}{\quad}<\sin x<1$,又 $R>0$,故 $\mathrm{e}^{-R}<\mathrm{e}^{-R\sin x}<\mathrm{e}^{-\frac{2Rx}{\quad}}$,两端积分之. 又

$$\int_0^{\frac{\quad}{2}}\mathrm{e}^{-R}\mathrm{d}x=\frac{\mathrm{e}^{-R}}{2},\quad \int_0^{\frac{\quad}{2}}\mathrm{e}^{-\frac{2Rx}{\quad}}\mathrm{d}x=\frac{(1-\mathrm{e}^{-R})}{2R}$$

故

$$\frac{\mathrm{e}^{-R}}{2}<\int_0^{\frac{\quad}{2}}\mathrm{e}^{-R\sin x}\mathrm{d}x<\frac{(1-\mathrm{e}^{-R})}{2R}$$

例 7 试证积分不等式 $\frac{1}{2}<\int_0^{\frac{1}{2}}\frac{\mathrm{d}x}{\sqrt{1-x^n}}<\frac{\quad}{6}(n>2)$.

证 由设 $n>2$,故当 $0<x\leqslant\frac{1}{2}$ 时,$1<\frac{1}{\sqrt{1-x^n}}<\frac{1}{\sqrt{1-x^2}}$,两边积分之有

$$\frac{1}{2}<\int_0^{\frac{1}{2}}\frac{\mathrm{d}x}{\sqrt{1-x^n}}<\frac{\quad}{6}$$

最后看一个比较积分值大小的例子.

例 8 试比较积分 $\int_0^1\frac{x}{1+x}\mathrm{d}x$ 和 $\int_0^1\ln(1+x)\mathrm{d}x$ 的大小.

解 令 $f(x)=\ln(1+x)-\frac{x}{(1+x)}$,注意到 $f'(x)=\frac{1}{(1+x)}-\frac{1}{(1+x)^2}>0$,而 $f(0)=0$,故当 $x>0$ 时 $f(x)>0$,即

$$\ln(1+x) > \frac{x}{(1+x)}$$

从而(两边从 0 到 1 积分)　　$\int_0^1 \frac{x}{1+x}dx < \int_0^1 \ln(1+x)dx$

6. 积分极(最) 值问题

关于涉及积分函数的极(最) 值问题,我们还将在“函数的极、最值问题解法”中讨论,这里只举几例说明.

例 1　求函数 $f(x)=\int_0^x[1+\ln(1+\sqrt{t})]dt$ 在区间$[0,1]$上的最大、最小值.

解　由$f'(x)=1+\ln(+\sqrt{x})>0, x\in[0,1]$. 故 $f(x)$ 在$[0,1]$上单增.

因而 $f(x)$ 在$[0,1]$上的最小值为 $f(0)=0$;且最大值为

$$f(1)=\int_0^1[1+\ln(1+\sqrt{t})]dt=\frac{3}{2}\quad\text{(由分部积分)}$$

例 2　已知 $f(x)$ 在[-　,　]上连续,求 a 使$\int_{-}[f(x)-a\cos nx]^2dx$ 的值达到最小.

解　因$[f(x)-a\cos nx]^2\geqslant 0$,由积分中值定理有

$$\int_{-}[f(x)-a\cos nx]^2dx = 2\ [f(\xi)-a\cos n\xi]^2\geqslant 0$$

其中 -　$\leqslant\xi\leqslant$　,故积分最小值为 0,这须

$$f(x)-a\cos nx=0$$

即
$$a=\frac{f(x)}{\cos nx},\quad x\neq\pm\frac{\quad}{2n}$$

例 3　求函数 $f(x)=\int_1^{x^2}(x^2-t)e^{-t^2}dt$ 的单调区间与极值.

解　由题设知函数 $f(x)$ 的定义域为$(-\infty,+\infty)$. 由分部积分可有

$$f(x)=\int_1^{x^2}(x^2-t)e^{-t^2}dt=x^2\int_1^{x^2}e^{-t^2}dt-\int_1^{x^2}e^{-t^2}dt$$

这样
$$f'(x)=2x\int_1^{x^2}e^{-t^2}dt+2x^3e^{-x^4}-2x^3e^{-x^4}=2x^3\int_1^{x^2}e^{-t^2}dt$$

令$f'(x)=0$,可得 $x=0, x=\pm 1$,它们为驻点.

以 $x=0, x=\pm 1$ 为分隔点将 $f(x)$ 及$f'(x)$ 取值情况如表 8:

表 8

x	$(-\infty,-1)$	-1	$(-1,0)$	0	$(0,1)$	1	$(1,+\infty)$
$f'(x)$	$-$	0	$+$	0	$-$	0	$+$
$f(x)$	单调下降	极小值	单调上升	极大值	单调下降	极小值	单调上升

综上,$f(x)$ 的单调减少区间为$(-\infty,-1)$和$(0,1)$;单调增加区间为$(-1,0)$和$(1,+\infty)$.

故 $f(x)$ 在 $x=\pm 1$ 取得极小值 $f(\pm 1)=0$;且 $f(x)$ 在 $x=0$ 取得极大值

$$f(0)=\int_1^0(0-t)e^{-t^2}dt=\frac{1}{2}e^{-t^2}\Big|_1^0=\frac{1}{2}(1-e^{-1})$$

7. 在物理上的应用

我们知道:数学与物理是一对孪生兄弟,有时候数学是依仗物理发展,反过来物理发展又以数学作

为基础和工具,微积分的发明就是从几何与物理两个方向展开的(分别由莱布尼茨和牛顿完成).因而积分在物理上的应用是不胜枚举的.这里仅举一例.

例 某建筑工程打地基时,需用汽锤将桩打进土层,汽锤每次击打都将克服土层对桩的阻力而做功.设土层的阻力的大小与桩被打进地下的深度成正比(比例系数为 $k,k>0$),汽锤第一次击打将桩打进地下 a(m).根据设计方案,要求汽锤每次击打桩时所做的功与前一次击打时所做的功之比为常数 $r(0<r<1)$.问:

(1) 汽锤击打桩 3 次后,可将桩打进地下多深?

(2) 若击打次数不限,汽锤至多能将桩打进地下多深?

解 (1) 记 x_n 是第 n 次击打将桩打进地下的深度,W_n 是第 n 次击打所做的功,则

$$x_1=a,\quad W_1=\int_0^a kx\,\mathrm{d}x=\frac{1}{2}ka^2$$

由于 $W_2=rW_1$,即

$$\int_{x_1}^{x_2} kx\,\mathrm{d}x=r\cdot\frac{1}{2}ka^2\Rightarrow x_2=\sqrt{1+r}a$$

由于 $W_3=rW_2=r^2W_1$,即

$$\int_{x_2}^{x_3} kx\,\mathrm{d}x=r^2\cdot\frac{1}{2}ka^2\Rightarrow x_3=\sqrt{1+r+r^2}a$$

(2) 依此类推可得

$$x_n=\sqrt{1+r+r^2+\cdots+r^{n-1}}a$$

所以
$$\lim_{n\to\infty}x_n=\lim_{n\to\infty}\sqrt{1+r+r^2+\cdots+r^{n-1}}a=\lim_{n\to\infty}\sqrt{\frac{1-r^n}{1-r}}a=\sqrt{\frac{1}{1-r}}a$$

即当击打次数不限时,汽锤至多能将桩打进地下 $\sqrt{\frac{1}{1-r}}a$ m.

四、广义积分的判敛与计算方法

广义积分通常可分为两种: 无穷区间上的广义积分; 被积函数有值为无穷不连续点的广义积分.后者常称为*瑕积分*以区别前者;值为无穷不连续点称为*瑕点*.

(一) 广义积分判敛法

广义积分的判敛方法常用的有三种: 定义法; 比较判别法; 极限判别法.广义积分、瑕积分判敛法的内容详见表 9.

表 9

	广义积分	瑕积分
定义法	$\lim\limits_{t\to+\infty}\int_a^t f(x)\mathrm{d}x$ 存在,则 $\int_a^{+\infty}f(x)\mathrm{d}x$ 收敛 (对于积分下限为 $-\infty$ 者类同)	$\lim\limits_{t\to b^-}\int_a^t f(x)\mathrm{d}x$ 存在,则 $\int_a^b f(x)\mathrm{d}x$ 收敛 (这里 b 是瑕点,a 是瑕点时类同)
比较判别法	x 充分大时,$g(x)\geqslant f(x)>0$,则 $\int_a^{+\infty}g(x)\mathrm{d}x$ 收敛 $\Longrightarrow\int_a^{+\infty}f(x)\mathrm{d}x$ 收敛 $\int_a^{+\infty}f(x)\mathrm{d}x$ 发散 $\Longrightarrow\int_a^{+\infty}g(x)\mathrm{d}x$ 发散	x 充分接近 b 时,$g(x)\geqslant f(x)>0$,则 $\int_a^b g(x)\mathrm{d}x$ 收敛 $\Longrightarrow\int_a^b f(x)\mathrm{d}x$ 收敛 $\int_a^b f(x)\mathrm{d}x$ 发散 $\Longrightarrow\int_a^b g(x)\mathrm{d}x$ 发散

续表 9

	广义积分			瑕积分		
极限判别法	$f(x)\geqslant 0$，$g(x)>0$，$\lim\limits_{x\to+\infty}\dfrac{f(x)}{g(x)}=\mu$	$\mu\neq 0$	$\int_a^{+\infty}f(x)\mathrm{d}x$ 与 $\int_a^{+\infty}g(x)\mathrm{d}x$ 同时敛散	$f(x)\geqslant 0$，$g(x)>0$，$\lim\limits_{x\to b-0}\dfrac{f(x)}{g(x)}=\mu$	$\mu\neq 0$	$\int_a^b f(x)\mathrm{d}x$ 与 $\int_a^b g(x)\mathrm{d}x$ 同时敛散
		$\mu=0$	$\int_a^{+\infty}g(x)\mathrm{d}x$ 收敛，$\int_a^{+\infty}f(x)\mathrm{d}x$ 也收敛		$\mu=0$	$\int_a^b g(x)\mathrm{d}x$ 收敛，$\int_a^b f(x)\mathrm{d}x$ 也收敛
		$\mu=+\infty$	$\int_a^{+\infty}g(x)\mathrm{d}x$ 发散，$\int_a^{+\infty}f(x)\mathrm{d}x$ 也发散		$\mu=+\infty$	$\int_a^b g(x)\mathrm{d}x$ 发散，$\int_a^b f(x)\mathrm{d}x$ 也发散
	$f(x)\geqslant 0$，$\lim\limits_{x\to+\infty}x^a f(x)=\lambda$	$\lambda\neq\infty$ 且 $a>1$	$\int_a^{+\infty}f(x)\mathrm{d}x$ 收敛	$f(x)\geqslant 0$，$\lim\limits_{x\to b-0}(b-x)^a\cdot f(x)=\lambda$	$\lambda\neq\infty$ 且 $a<1$	$\int_a^b f(x)\mathrm{d}x$ 收敛
		$\lambda>0$ 或 $\lambda=+\infty$ $a\leqslant 1$	$\int_a^{+\infty}f(x)\mathrm{d}x$ 发散		$\lambda>0$ 或 $\lambda=+\infty$ $a\geqslant 1$	$\int_a^b f(x)\mathrm{d}x$ 发散

这里想指出一点：广义积分的判敛与无穷级数的判敛方法是类同的，从本质上讲，从无穷级数到广义积分只是从研究离散变量到研究连续变量的跃升，粗略地讲：积分号“$\int$”实际上可视为求和号“$\sum$”的拓广（我们前文已多次提到）.

容易看出：定义法判敛几乎是构造性的，即判敛本身往往也求得了广义积分值. 请看：

例 1　研究积分 $\int_1^{+\infty}\dfrac{1}{x\sqrt[3]{x^2+1}}\mathrm{d}x$ 的敛散性.

解　显然 $\dfrac{1}{x\sqrt[3]{x^2+1}}\leqslant\dfrac{1}{\sqrt[3]{x^5}}$，由 $\int_1^{+\infty}\dfrac{1}{\sqrt[3]{x^5}}\mathrm{d}x$ 收敛，知 $\int_1^{+\infty}\dfrac{1}{x\sqrt[3]{x^2+1}}\mathrm{d}x$ 收敛.

再来看几个涉及参数的广义积分问题.

例 2　讨论积分 $\int_1^{+\infty}\dfrac{1}{x^p}\mathrm{d}x$ 的敛散性（$p-$ 积分）.

解　由题设及定积分性质有

$$\int_1^t\frac{1}{x^p}\mathrm{d}x=\begin{cases}\ln t, & p=1\\ \dfrac{t^{1-p}-1}{1-p}, & p\neq 1\end{cases}$$

又

$$\lim_{t\to+\infty}\ln t=+\infty$$

且

$$\lim_{t\to+\infty}\frac{t^{1-p}-1}{1-p}=\begin{cases}\dfrac{1}{p-1}, & p>1\\ +\infty, & p<1\end{cases}$$

综上，当 $p\leqslant 1$ 时，积分发散；当 $p>1$ 时，积分收敛于 $\dfrac{1}{p-1}$.

例 3　讨论积分 $\int_0^1\dfrac{1}{x^q}\mathrm{d}x$ 的敛散性.

解 若 $\varepsilon > 0$,则积分 $\int_{\varepsilon}^{1} \frac{1}{x^q} \mathrm{d}x = \begin{cases} -\ln \varepsilon, & q = 1 \\ \frac{1-\varepsilon^{1-q}}{1-q}, & q \neq 1 \end{cases}$,又

$$\lim_{\varepsilon \to 0+} \frac{1-\varepsilon^{1-q}}{1-q} = \frac{1}{1-q}, \quad \lim_{\varepsilon \to 0+}(-\ln \varepsilon) = +\infty$$

故当 $q \geqslant 1$ 时,积分发散;当 $q < 1$ 时,积分收敛于 $\frac{1}{1-q}$.

注 1 本例与例 2 无异,只是讨论的瑕点不同而已.

注 2 类似地可讨论 $\int_a^b \frac{1}{(x-a)^q} \mathrm{d}x$ 的敛散性.

例 4 证明 $I(\alpha) = \int_0^{+\infty} \frac{1}{(1+x^2)(1+x^\alpha)} \mathrm{d}x$ 收敛,且积分收敛与 α 无关.

解 由
$$I(\alpha) = \int_0^1 \frac{1}{(1+x^2)(1+x^\alpha)} \mathrm{d}x + \int_1^{+\infty} \frac{1}{(1+x^2)(1+x^\alpha)} \mathrm{d}x$$

而令 $x = \frac{1}{y}$,则

$$\int_0^1 \frac{1}{(1+x^2)(1+x^\alpha)} \mathrm{d}x = \int_1^{+\infty} \frac{1}{(1+y^2)(1+y^{-\alpha})} \mathrm{d}y$$

从而

$$I(\alpha) = \int_1^{+\infty} \frac{1}{1+x^2}\left(\frac{1}{1+x^\alpha} + \frac{x^\alpha}{1+x^\alpha}\right) \mathrm{d}x = \int_1^{+\infty} \frac{1}{1+x^2} \mathrm{d}x = \arctan x \Big|_1^{+\infty} = \frac{}{4}$$

注 下面的问题下例类同:

问题 广义积分 $I = \int_0^{\frac{1}{2}} \frac{\sqrt[m]{\ln^2(1-x)}}{\sqrt[n]{x}} \mathrm{d}x$,其中 m,n 为正整数,则积分敛散与 m,n 无关.

证 注意到 $\frac{\sqrt[m]{\ln^2(1-x)}}{\sqrt[n]{x}}$,当 $x \to 0^+$ 时,$\sqrt[m]{\ln^2(1-x)} \sim x^{\frac{2}{n}}$,$\sqrt[n]{x} \sim x^{\frac{1}{x}}$,则 $\frac{\sqrt[m]{\ln^2(1-x)}}{\sqrt[n]{x}} \sim x^{\frac{2}{m}-\frac{1}{n}}$.

因 m,n 皆为正整数,则 $\frac{2}{m} - \frac{1}{n} > -1$. 当 $\frac{2}{m} - \frac{1}{n} < 0$ 时,$x = 0$ 为瑕点,但 $\frac{2}{m} - \frac{1}{n} > 1$,从而 I 收敛且与正整数 m,n 无关.

例 5 讨论积分 $\int_0^{+\infty} \frac{x^m}{1+x^n} \mathrm{d}x$ 的敛散性.

解 由 $\int_0^{+\infty} \frac{x^m}{1+x^n} \mathrm{d}x = \int_0^1 \frac{x^m}{1+x^n} \mathrm{d}x + \int_1^{+\infty} \frac{x^m}{1+x^n} \mathrm{d}x$,与 $\int_0^1 x^m \mathrm{d}x$ 和 $\int_1^{+\infty} \frac{1}{x^{n-m}} \mathrm{d}x$ 相比较:

有
$$\lim_{x \to 0+}\left(\frac{x^m}{1+x^n}\Big/\frac{1}{x^{-m}}\right) = 1, \lim_{x \to +\infty}\left(\frac{x^m}{1+x^n}\Big/\frac{1}{x^{n-m}}\right) = 1 \quad (\text{注意讨论积分的瑕点})$$

故 $\int_0^1 \frac{x^m}{1+x^n} \mathrm{d}x$,当 $m > -1$ 时收敛,当 $m \leqslant -1$ 时发散;且 $\int_1^{+\infty} \frac{x^m}{1+x^n} \mathrm{d}x$,当 $n - m > 1$ 时收敛,当 $n - m \leqslant 1$ 时发散.

综上,当 $m > -1$ 和 $n - m > 1$ 时积分收敛.

例 4 是利用了极限判别法,例 5 则是使用了比较判别法. 如果利用适当的换元法,我们还可以解下面的问题:

例 6 讨论 $\int_2^{+\infty} \frac{1}{x(\ln x)^a} \mathrm{d}x$ 的敛散性.

解 令 $t = \ln x$,则

$$\int_2^{+\infty} \frac{1}{x(\ln x)^a} \mathrm{d}x = \int_{\ln 2}^{+\infty} \frac{1}{t^a} \mathrm{d}t$$

由前面的例子知 $a > 1$ 时积分收敛,$a \leqslant 1$ 时积分发散.

例 7　讨论广义积分$\int_0^{+\infty} \frac{\mathrm{d}x}{1+x^\alpha \sin^2 x}$的敛散,其中 α 为待定参数.

解　由题设可知(下积分中运用变换 $t = x - n$)

$$\int_0^{+\infty} \frac{\mathrm{d}x}{1+x^\alpha \sin^2 x} = \sum_{n=0}^{\infty} \int_n^{(n+1)} \frac{\mathrm{d}x}{1+x^\alpha \sin^2 x} = \sum_{n=0}^{\infty} \int_0 \frac{\mathrm{d}t}{1+(n \quad + t)^\alpha \sin^2 t}$$

若记上式右级数通项为 a_n,则

$$\int_0 \frac{\mathrm{d}x}{1+[(n+1) \quad]^\alpha \sin^2 t} \leqslant a_n \leqslant \int_0 \frac{\mathrm{d}t}{1+(n \quad)^\alpha \sin^2 t}$$

但下面积分运用 $y = \tan t$ 变换可有

$$\int_0 \frac{\mathrm{d}t}{1+b^2 \sin^2 t} = 2\int_0^{\frac{}{2}} \frac{\mathrm{d}t}{1+b^2 \sin^2 t} = 2\int_0^{\infty} \frac{\mathrm{d}y}{1+(b^2+1)y^2} = \frac{}{\sqrt{b^2+1}}$$

于是 $a_n \sim c n^{-\frac{\alpha}{2}} (n \to \infty$ 时). 故当 $\alpha > 2$ 时,积分收敛;当 $\alpha \leqslant 2$ 时,积分发散.

例 8　讨论 a,b 的值使积分$\int_b^{+\infty} \left(\sqrt{\sqrt{x+a}-\sqrt{x}} - \sqrt{\sqrt{x}-\sqrt{x-b}}\right) \mathrm{d}x$ 收敛.

解　令 $f(x) = \sqrt{\sqrt{x+a}-\sqrt{x}} - \sqrt{\sqrt{x}-\sqrt{x-b}}$,则

$$\begin{aligned}
f(x) = {} & x^{\frac{1}{4}}\left[\sqrt{\left(1+\frac{a}{x}\right)^{\frac{1}{2}}-1} - \sqrt{1-\left(\frac{b}{x}\right)^{\frac{1}{2}}}\right] = \\
& x^{\frac{1}{4}}\left[\sqrt{\frac{a}{2x}-\frac{a^2}{8x^2}+o(x^{-3})} - \sqrt{\frac{b}{2x}-\frac{b^2}{8x^2}+o(x^{-3})}\right] = \\
& x^{-\frac{1}{4}}\left[\sqrt{\frac{a}{2}}\sqrt{1+\frac{a}{4x}+o(x^{-2})} - \sqrt{\frac{b}{2}}\sqrt{1+\frac{b}{4x}+o(x^{-2})}\right] = \\
& x^{-\frac{1}{4}}\left\{\frac{\sqrt{a}}{2}\left[1-\frac{a}{8x}+o(x^{-2})\right] - \frac{\sqrt{b}}{2}\left[1+\frac{b}{8x}+o(x^{-2})\right]\right\} = \\
& x^{-\frac{1}{4}}\left\{\frac{\sqrt{a}}{2}-\frac{\sqrt{b}}{2}\right\} + o(x^{-\frac{5}{4}})
\end{aligned}$$

因为$\int_0^{+\infty} x^{-\frac{1}{4}} \mathrm{d}x$ 发散,且$\int_1^{+\infty} x^{-\frac{5}{4}} \mathrm{d}x$ 收敛,故当 $a = b$ 时,$\int_b^{+\infty} f(x)\mathrm{d}x = \int_b^{+\infty} o(x^{-\frac{5}{4}})\mathrm{d}x$ 收敛.

注　本例亦可先对两个根号内的函数用微分中值定理处理后再分别有理化分子亦可解.即

$$\sqrt{x+a}-\sqrt{x} = \frac{a}{\sqrt{a+\xi}}, \quad 0 < \xi < a$$

$$\sqrt{x}-\sqrt{x-b} = \frac{b}{\sqrt{a+\eta}}, \quad 0 < \eta < b$$

只需注意到 $f(x+a) - f(x) = a f'(x+\xi)$ 等即可.

以上讨论了含参广义积分,当然有些广义积分判敛时,常根据广义积分定义,比如:

例 9　证明积分$\int_0^{+\infty} \frac{\cos x}{1+x}\mathrm{d}x$ 收敛,且$\left|\int_0^{+\infty} \frac{\cos x}{1+x}\mathrm{d}x\right| \leqslant 1$.

证　对任意的 $t > 0$,由分部积分有

$$\int_0^t \frac{\cos x}{1+x}\mathrm{d}x = \frac{\sin x}{1+x}\Big|_0^t + \int_0^t \frac{\sin x}{(1+x)^2}\mathrm{d}x = \frac{\sin t}{1+t} + \int_0^t \frac{\sin x}{(1+x)^2}\mathrm{d}x$$

故

$$\int_0^{+\infty} \frac{\cos x}{1+x}\mathrm{d}x = \lim_{t\to+\infty}\left[\frac{\sin t}{1+t} + \int_0^t \frac{\sin x}{(1+x)^2}\mathrm{d}x\right] = \int_0^{+\infty} \frac{\sin x}{(1+x)^2}\mathrm{d}x$$

由$\frac{|\sin x|}{(1+x)^2} \leqslant \frac{1}{(1+x)^2}$,又积分$\int_0^{+\infty} \frac{\mathrm{d}x}{(1+x)^2}$ 收敛,故积分$\int_0^{+\infty} \frac{\sin x}{(1+x)^2}\mathrm{d}x$ 收敛,从而积分

$\int_0^{+\infty}\frac{\cos x}{1+x}\mathrm{d}x$ 收敛,且

$$\left|\int_0^{+\infty}\frac{\cos x}{1+x}\mathrm{d}x\right|=\left|\int_0^{+\infty}\frac{\sin x}{(1+x)^2}\mathrm{d}x\right|\leqslant\int_0^{+\infty}\frac{\mathrm{d}x}{(1+x)^2}=-\frac{1}{1+x}\bigg|_0^{+\infty}=1$$

例 10 证明$\int_0^{+\infty}\sin x\sin x^2\mathrm{d}x$ 收敛.

解 由分部积分公式有

$$\int\sin x\sin x^2\mathrm{d}x=\frac{\sin x}{x}\left(-\frac{\cos x^2}{2}\right)-\int\left(-\frac{\cos x^2}{2}\right)\left(-\frac{\sin x}{x^2}+\frac{\cos x}{x}\right)\mathrm{d}x=$$

$$-\frac{\sin x\cos x^2}{2x}-\int\frac{\cos x^2\sin x}{2x^2}\mathrm{d}x+\frac{\cos x}{2x^2}\cdot\frac{\sin x^2}{2}-$$

$$\int\frac{\sin x^2}{2}\left[\frac{1}{2}\left(\frac{-\sin x}{x^2}-\frac{2\cos x}{x^3}\right)\right]\mathrm{d}x$$

由
$$\lim_{t\to+\infty}\frac{\sin t\cos t^2}{t}=0,\quad\lim_{t\to+\infty}\frac{\cos t\cos t^2}{t}=0$$

再注意到积分$\int_1^t\frac{\cos x^2\sin x}{x^2}\mathrm{d}x,\int_1^t\frac{\sin x^2\sin x}{x^2}\mathrm{d}x,\int_1^t\frac{\sin x^2\cos x}{x^3}\mathrm{d}x$,当 $t\to+\infty$ 时都收敛,且绝对收敛.故题设积分收敛.

例 11 判断积分$\int_0^{+\infty}x^{-\frac{1}{2}}\mathrm{e}^{-x}\mathrm{d}x$ 的敛散性.

解 对于瑕点 $x=0$,因$\lim\limits_{x\to0}\frac{x^{-\frac{1}{2}}\mathrm{e}^{-x}}{x^{-\frac{1}{2}}}=1$,由$\int_0^1\frac{\mathrm{d}x}{\sqrt{x}}$ 的收敛性知$\int_0^1x^{-\frac{1}{2}}\mathrm{e}^{-x}\mathrm{d}x$ 收敛.

对$(1,+\infty)$区间来讲,因$\lim\limits_{x\to+\infty}\frac{x^{-\frac{1}{2}}\mathrm{e}^{-x}}{x^{-2}}=0$,由$\int_1^{+\infty}\frac{\mathrm{d}x}{x^2}$ 的收敛性知$\int_1^{+\infty}x^{-\frac{1}{2}}\mathrm{e}^{-x}\mathrm{d}x$ 收敛.

综上,积分$\int_0^{+\infty}x^{-\frac{1}{2}}\mathrm{e}^{-x}\mathrm{d}x$ 收敛.

本例中的两个瑕点:$x=0$ 和 $+\infty$,因而须分段讨论.它们均用了极限判敛法.

对于某些积不出来的广义积分判敛就更重要.请看:

例 12 判断椭圆积分$\int_0^1\frac{1}{\sqrt{(1-x^2)(1-k^2x^2)}}\mathrm{d}x\,(k^2<1)$ 的敛散性.

解 由被积式下列极限性质

$$\lim_{x\to1-}\left[\frac{1}{\sqrt{1-x}}\bigg/\frac{1}{\sqrt{(1-x^2)(1-k^2x^2)}}\right]=\lim_{x\to1+}\frac{1}{\sqrt{(1+x)(1-k^2x^2)}}=\frac{1}{\sqrt{2(1-k^2)}}$$

再注意到积分$\int_0^1\frac{1}{\sqrt{1-x}}\mathrm{d}x$ 收敛及 $k^2<1$ 的题设,故所给椭圆积分亦收敛.

最后来看一个涉及抽象函数的广义积分敛散问题.

例 13 若广义积分$\int_{-\infty}^{+\infty}f(x)\mathrm{d}x$ 收敛于 J,则积分$\int_{-\infty}^{+\infty}f\left(x-\frac{1}{x}\right)\mathrm{d}x$ 也收敛于 J.

证 考虑先将$\int_{-\infty}^{+\infty}f\left(x-\frac{1}{x}\right)\mathrm{d}x$ 分成两段积分

$$\int_{-\infty}^{+\infty}f\left(x-\frac{1}{x}\right)\mathrm{d}x=\int_{-\infty}^{0}f\left(x-\frac{1}{x}\right)\mathrm{d}x+\int_0^{+\infty}f\left(x-\frac{1}{x}\right)\mathrm{d}x=I_1+I_2$$

令 $x-\frac{1}{x}=t$,则 $x=\frac{1}{2}(t\pm\sqrt{t^2+4})$(当 $t>0$ 时取"+"号,当 $t<0$ 时取"-"号).这样

$$I_1=\frac{1}{2}\int_{-\infty}^{+\infty}f(t)\left(1-\frac{t}{\sqrt{t^2+4}}\right)\mathrm{d}t\qquad(*)$$

$$I_2 = \frac{1}{2}\int_{-\infty}^{+\infty} f(t)\left(1+\frac{t}{\sqrt{t^2+4}}\right)\mathrm{d}t \qquad (**)$$

若积分$\int_{-\infty}^{+\infty} f(x)\mathrm{d}x$收敛，则$\int_{-\infty}^{+\infty} f(t)\frac{t}{\sqrt{t^2+4}}\mathrm{d}t$也收敛. 故知$I_1, I_2$皆收敛，且由($*$)式及($**$)式可有

$$\int_{-\infty}^{+\infty} f\left(x-\frac{1}{x}\right)\mathrm{d}x = I_1 + I_2 = \int_{-\infty}^{+\infty} f(x)\mathrm{d}x = J$$

(二) 广义积分计算方法

广义积分的计算方法常有下面几种：

(1) 利用广义积分的定义；　(2) 利用广义积分的性质；

(3) 利用递推方法；　(4) 利用函数幂级数展开；

(5) 化为二重积分；　(6) 利用一些特殊函数；

(7) 利用某些常见函数广义积分值；　(8) 利用参数微分法；

(9) 利用变换化为常义积分；　(10) 利用某些公式及杂例.

下面我们分别谈谈这些方法.

1. 利用广义积分定义

我们前面已定义了广义积分，至于它的计算常可化为普通积分(常义积分)再取极限处理. 这实际上为计算广义积分带来了方便，我们来看例子.

例 1　计算广义积分$\int_0^{+\infty} \mathrm{e}^{-\sqrt{x}}\mathrm{d}x$.

解　令$\sqrt{x}=u$，由分部积分

$$\int \mathrm{e}^{-\sqrt{x}}\mathrm{d}x = 2\int u\mathrm{e}^{-u}\mathrm{d}u = -2\sqrt{x}\,\mathrm{e}^{-\sqrt{x}} - 2\mathrm{e}^{-\sqrt{x}} + C$$

故
$$\int_0^{+\infty} \mathrm{e}^{-\sqrt{x}}\mathrm{d}x = \lim_{t\to+\infty}\int_0^t \mathrm{e}^{-\sqrt{x}}\mathrm{d}x = \lim_{t\to+\infty}(-2\sqrt{t}\,\mathrm{e}^{-\sqrt{t}} - 2\mathrm{e}^{-\sqrt{t}} + 2\mathrm{e}^0) = 2$$

例 2　求广义积分$\int_0^1 \frac{\arcsin\sqrt{x}}{\sqrt{x}}\mathrm{d}x$的值.

解　由$\int \frac{\arcsin\sqrt{x}}{\sqrt{x}}\mathrm{d}x = 2\int \arcsin\sqrt{x}\,\mathrm{d}(\sqrt{x}) = 2\sqrt{x}\arcsin\sqrt{x} + 2\sqrt{1-x} + C$，则

$$\int_0^1 \frac{\arcsin\sqrt{x}}{\sqrt{x}}\mathrm{d}x = \lim_{\varepsilon\to 0}\int_\varepsilon^1 \frac{\arcsin\sqrt{x}}{\sqrt{x}}\mathrm{d}x = \lim_{\varepsilon\to 0}\left[2\sqrt{x}\arcsin\sqrt{x} + 2\sqrt{1-x}\right]_\varepsilon^1 = \quad -2$$

注 1　本命题在求不定积分时亦可仿制例 1 令$\sqrt{x}=u$进行换元.

注 2　类似地我们可以求得$\int_0^1 \frac{\arcsin\sqrt{x}}{\sqrt{x(1-x)}}\mathrm{d}x = \frac{^2}{4}$

这只需注意到$\int \frac{\arcsin\sqrt{x}}{\sqrt{x(1-x)}}\mathrm{d}x = 2\int \arcsin\sqrt{x}\,\mathrm{d}(\arcsin\sqrt{x})$即可. 同时留心它有两个瑕点.

例 3　计算广义积分$\int_0^{+\infty} \mathrm{e}^{-x}\sin x\mathrm{d}x$.

解　由不定积分

$$\int \mathrm{e}^{-x}\sin x\mathrm{d}x = -\frac{1}{2}\mathrm{e}^{-x}(\cos x + \sin x) + C$$

则定积分 $\int_0^t e^{-x}\sin x\,dx = \left[-\frac{1}{2}e^{x}(\cos x+\sin x)\right]_0^t = -\frac{1}{2}[e^{-t}(\sin t+\cos t)-1]$

当 $t\to+\infty$ 时，$e^{-t}\to 0$，又 $|\sin t+\cos t|\leqslant 2$，因而

$$\int_0^{+\infty} e^{-x}\sin x\,dx = \lim_{t\to+\infty}\int_0^t e^{-x}\sin x\,dx = \frac{1}{2}$$

例 4 计算广义积分 $\int_0^1 \ln\left(\frac{1}{1-x^2}\right)dx$.

解 由对数性质有

$$\int_0^1 \ln\left(\frac{1}{1-x^2}\right)dx = -\left[\int_0^1 \ln(1+x)dx + \int_0^1 \ln(1-x)dx\right]$$

上式第一个积分为常义积分，令 $1+x=t$ 可算得 $\int_0^1 \ln(1+x)dx = 2\ln 2-1$，而

$$\int_0^1 \ln(1-x)dx = \lim_{\varepsilon\to 0+}\int_\varepsilon^1 \ln(1-x)dx(令\ 1-x=t) = \lim_{\varepsilon\to 0+}\int_\varepsilon^1 \ln + dt = \lim_{\varepsilon\to 0+}\Big[t\ln t-t\Big]_\varepsilon^1 =$$

$$-1-\lim_{\varepsilon\to 0+}(\varepsilon\ln\varepsilon-\varepsilon) = -1$$

故

$$\int_0^1 \ln\left(\frac{1}{1-x^2}\right)dx = 2-2\ln 2$$

这里我们还想指出一点：广义积分值不受可列 个点上的函数值的影响(这与常义黎曼积分性质相同). 下面请看例子：

例 5 设函数 $f(x)=\begin{cases}1, & x\ 为正整数,\\ \dfrac{1}{4+x^2}, & x\ 为其他值,\end{cases}$ 试计算广义积分 $\int_0^{+\infty} f(x)dx$.

解 对任意给定 $t>0$，区间 $[0,t]$ 中整数至多有可列个. 这样

$$\int_0^t f(x)dx = \int_0^t \frac{dx}{4+x^2} = \frac{1}{2}\arctan\frac{t}{2}$$

故

$$\int_0^{+\infty} f(x)dx = \lim_{t\to+\infty}\int_0^t f(x)dx = \lim_{t\to+\infty}\frac{1}{2}\arctan\frac{t}{2} = \frac{\ }{4}$$

2. 利用广义积分的性质

考虑到被积函数的一些特性(如奇偶性等)，常可使广义积分的计算变得简洁. 请看：

例 1 计算(1)$\int_{-\infty}^{+\infty}\frac{\sin x}{1+x^2}dx$；(2)$\int_{-\infty}^{+\infty}\frac{\arctan x}{x^2+a^2}dx\ (a\neq 0)$.

解 (1) 因 $\frac{\sin x}{1+x^2}$ 是奇函数，而原广义积分收敛，从而 $\int_{-\infty}^{+\infty}\frac{\sin x}{1+x^2}dx = 0$.

(2) 类似地，因 $\frac{\arctan x}{x^2+a^2}$ 是奇函数，且原广义积分收敛，故 $\int_{-\infty}^{+\infty}\frac{\arctan x}{x^2+a^2}dx = 0$.

例 2 计算 $\int_{-\infty}^{+\infty}\frac{1+x^2}{1+x^4}dx$.

解 因被积函数是偶函数，积分区间对称，故

$$\int_{-\infty}^{+\infty}\frac{1+x^2}{1+x^4}dx = 2\int_0^{+\infty}\frac{1+x^2}{1+x^4}dx = 2\lim_{t\to+\infty}\int_0^t\frac{1+x^2}{1+x^4}dx = 2\lim_{t\to+\infty}\int_0^t\frac{\left(1+\frac{1}{x^2}\right)}{x^2+\frac{1}{x^2}}dx =$$

所谓可列集系指一集合中的元素可与自然数集建立一一对应关系者.

$$2\lim_{t\to+\infty}\int_0^t \frac{\mathrm{d}\left(x-\frac{1}{x}\right)}{\left(x-\frac{1}{x}\right)^2+2} = 2\lim_{u\to+\infty}\int_{-u}^{u}\frac{\mathrm{d}y}{y^2+2} =$$

$$4\lim_{u\to+\infty}\int_0^u \frac{\mathrm{d}y}{y^2+2}\left(\text{令 } y = x-\frac{1}{x}\right) = 4\lim_{u\to+\infty}\left[\frac{1}{\sqrt{2}}\arctan\frac{y}{\sqrt{2}}\right]_0^u =$$

$$\frac{2}{\sqrt{2}} = \frac{\sqrt{2}}{2}$$

注　类似地我们可以计算积分$\int_0^{+\infty}\frac{\mathrm{d}x}{1+x^4}$.

这只需令 $x=\frac{1}{t}$,则由$\int_a^b \frac{1}{1+x^4}\mathrm{d}x = \int_a^b \frac{t^2}{1+t^4}\mathrm{d}t = \int_a^b \frac{x^2}{1+x^4}\mathrm{d}x$,有

$$\int_a^b \frac{1}{1+x^4}\mathrm{d}x = \frac{1}{2}\int_a^b \frac{1+x^2}{1+x^4}\mathrm{d}x$$

又由例知$\int_0^{+\infty}\frac{1+x^2}{1+x^4}\mathrm{d}x = \frac{\sqrt{2}}{2}$,故$\int_0^{+\infty}\frac{\mathrm{d}x}{1+x^4} = \frac{\sqrt{2}}{4}$.

例 3　计算广义积分 $I=\int_0^{+\infty}\frac{\ln x}{x^2+a^2}\mathrm{d}x$.

解　考虑积分分段则有

$$I = \int_0^a \frac{\ln x}{x^2+a^2}\mathrm{d}x + \int_a^{+\infty}\frac{\ln x}{x^2+a^2}\mathrm{d}x\left(\text{在第 2 式令 } x = \frac{a^2}{y}\right) =$$

$$\int_0^a \frac{\ln x}{x^2+a^2}\mathrm{d}x + \int_a^0 \frac{\ln(a^2/y)}{(a^4/y^2)+a^2}\left(-\frac{a^2}{y^2}\right)\mathrm{d}y =$$

$$\int_0^a \frac{\ln x}{x^2+a^2}\mathrm{d}x + \int_0^a \frac{2\ln a - \ln y}{a^2+y^2}\mathrm{d}y =$$

$$\int_0^a \frac{2\ln a}{x^2+a^2}\mathrm{d}x = \frac{2}{a}\ln a\cdot\arctan\frac{y}{a}\Big|_0^a = \frac{\ln a}{2a}$$

注　本例还可由令 $x=a\tan x$ 作变换去考虑. 此时

$$I = \frac{}{2a}\ln a + \int_0^{\frac{}{2}}\ln(\tan t)\mathrm{d}t\left(\text{令 } u = \frac{}{2}-t\right) = \frac{}{2a}\ln a + \int_0^{\frac{}{2}}\ln(\cos u)\mathrm{d}u =$$

$$\frac{}{2a}\ln a - \int_0^{\frac{}{2}}\ln(\tan u)\mathrm{d}u = \frac{}{2a}\ln a$$

3. 利用递推关系(方法)

递推方法不仅可以求常义积分值,而且也可用来求某些广义积分值. 请看:

例 1　计算广义积分 $I_n=\int_0^{+\infty}x^n\mathrm{e}^{-x}\mathrm{d}x$,这里 n 是自然数.

解　$I_n = \int_0^{+\infty}x^n\mathrm{e}^{-x}\mathrm{d}x = -\int_0^{+\infty}x^n\mathrm{d}(\mathrm{e}^{-x}) = -x^n\mathrm{e}^{-x}\Big|_0^{+\infty} + n\int_0^{+\infty}x^{n-1}\mathrm{e}^{-x}\mathrm{d}x = nI_{n-1}$

递推地有　$I_n = nI_{n-1} = n(n-1)I_{n-2} = \cdots = n!\ I_0$

注意到积分 $I_0=\int_0^{+\infty}\mathrm{e}^{-x}\mathrm{d}x = -\mathrm{e}^{-x}\Big|_0^{+\infty} = 1$,故 $I_n=\int_0^{+\infty}x^n\mathrm{e}^{-x}\mathrm{d}x = n!$.

注 1　本题亦可用 Gamma 函数 $\Gamma(x)$ 去解,只需注意到:$\Gamma(x)=\int_0^{+\infty}t^{x-1}\mathrm{e}^{-t}\mathrm{d}t$,则

$$\int_0^{+\infty}x^n\mathrm{e}^{-x}\mathrm{d}x = \Gamma(n+1) = n!$$

注 2　仍用本例的方法不难求得更一般的结论:广义积分

$$\int_0^{+\infty} x^n \mathrm{e}^{-ax}\,\mathrm{d}x = \frac{n!}{a^{n+1}}$$

这里 n 是自然数,a 是正实数.

例 2 试求 $I_n = \int_0^{+\infty} \frac{1}{\mathrm{th}^{n+1} x}\mathrm{d}x$,这里 n 为非负整数.

解 由分部积分公式可得递推公式

$$I_n = \int_0^{+\infty} \mathrm{sech}^{n+1} x\,\mathrm{d}x = \mathrm{sech}^{n-1} x\,\mathrm{th}x \Big|_0^{+\infty} + (n-1)\int_0^{+\infty} \mathrm{sech}^{n-1} x\,\mathrm{th}^2 x\,\mathrm{d}x =$$

$$(n-1)\int_0^{+\infty} \mathrm{sech}^{n-1} x\,\mathrm{d}x - (n-1)\int_0^{+\infty} \mathrm{sech}^{n+1} x\,\mathrm{d}x = (n-1)I_{n-2} - (n-1)I_n$$

即
$$I_n = \frac{n-1}{n} I_{n-1},\quad n \geqslant 1$$

又 $I_1 = \int_0^{+\infty} \mathrm{sech}^2 x\,\mathrm{d}x = \mathrm{th}x \Big|_0^{+\infty} = 1,\quad I_0 = \int_0^{+\infty} \mathrm{sech}x\,\mathrm{d}x = 2\arctan \mathrm{e}^x \Big|_0^{+\infty} =$

综上,故
$$I_n = \begin{cases} \dfrac{(n-1)!!}{n!!}, & n\text{ 为偶数} \\ \dfrac{(n-1)!!}{n!!}, & n\text{ 为奇数} \end{cases}$$

下面再来看一个例子,它也涉及阶乘运算问题.

例 3 计算积分 $I_n = \int_{-\infty}^{+\infty} \frac{1}{(1+x^2)^n}\mathrm{d}x$,其中 n 为正整数.

解 考虑下面积分中被积式的变换,则有

$$I_n = 2\int_0^{+\infty} \frac{1}{(1+x^2)^n}\mathrm{d}x = 2\int_0^{+\infty} \frac{1+x^2-x^2}{(1+x^2)^n}\mathrm{d}x = I_{n-1} - \int_0^{+\infty} \frac{x}{(1+x^2)^n}\mathrm{d}(x^2+1) =$$

$$I_{n-1} + \frac{x}{n-1}\cdot\frac{1}{(1+x^2)^{n-1}}\Big|_0^{+\infty} - \frac{2}{2(n-1)}\int_0^{+\infty} \frac{\mathrm{d}x}{(1+x^2)^{n-1}} =$$

$$I_{n-1} - \frac{1}{2(n-1)} I_{n-1} = \frac{2n-3}{2n-2} I_{n-1}$$

又
$$I_1 = 2\int_0^{+\infty} \frac{1}{1+x^2}\mathrm{d}x = 2\arctan x \Big|_0^{+\infty} =$$

递推地可有
$$I_n = \frac{2n-3}{2n-1}\cdot\frac{2n-5}{2n-3}\cdot\cdots\cdot\frac{3}{4}\cdot\frac{1}{2}\cdot I_1 = \frac{(2n-3)!!}{(2n-2)!!}$$

4. 利用函数幂级数展开

广义积分实则可视为无穷级数概念的拓广,因而利用无穷级数有时亦可计算一些广义积分.请看:

例 1 计算广义积分 $I = \int_0^{+\infty} \frac{x}{\mathrm{e}^x+1}\mathrm{d}x$.

解 由 $\frac{1}{\mathrm{e}^x+1} = \frac{\mathrm{e}^{-x}}{1+\mathrm{e}^{-x}} = \sum_{n=1}^{\infty}(-1)^{n-1}\mathrm{e}^{-nx}\ (x>0)$,则

$$I = \lim_{t\to+\infty}\int_0^t \frac{x}{\mathrm{e}^x+1}\mathrm{d}x = \lim_{t\to+\infty}\int_0^t \sum_{n=1}^{\infty}(-1)^{n-1} x\mathrm{e}^{-nx}\,\mathrm{d}x =$$

$$\lim_{t\to+\infty}\sum_{n=1}^{\infty}(-1)^{n-1}\int_0^t x\mathrm{e}^{-nx}\,\mathrm{d}x = \sum_{n=1}^{\infty}\frac{(-1)^{n-1}}{n^2} = \frac{{}^2}{12}$$

这里只需注意第二个等号中级数一致收敛的事实,则求和与积分号次序交换即可.

例 2 计算广义积分 $I = \int_0^{+\infty} \frac{1}{x^3(\mathrm{e}^{\overline{x}}-1)}\mathrm{d}x$.

解 令 $\frac{\quad}{x} = y$,则 $x = \frac{\quad}{y}$ 且 $\mathrm{d}x == -\frac{\quad}{y^2}\mathrm{d}y$,故

$$I=\int_0^{+\infty}\frac{\mathrm{d}x}{x^3(\mathrm{e}^{\frac{1}{x}}-1)}=\frac{1}{2}\int_0^{+\infty}\frac{y}{\mathrm{e}^y-1}\mathrm{d}y=\lim_{\substack{t\to+\infty\\ \varepsilon\to 0}}\frac{1}{2}\int_\varepsilon^t\frac{y}{\mathrm{e}^y-1}\mathrm{d}y=$$

$$\lim_{\substack{t\to+\infty\\ \varepsilon\to 0}}\frac{1}{2}\int_\varepsilon^t\sum_{n=1}^{\infty}y\mathrm{e}^{-ny}\mathrm{d}y=\lim_{\substack{t\to+\infty\\ \varepsilon\to 0}}\frac{1}{2}\sum_{n=1}^{\infty}\int_\varepsilon^t y\mathrm{e}^{-ny}\mathrm{d}y=\lim_{\substack{t\to+\infty\\ \varepsilon\to 0}}\frac{1}{2}\sum_{n=1}^{\infty}\left(-\frac{1}{n^2}\right)\mathrm{e}^{-ny}\Big|_\varepsilon^t=$$

$$\frac{1}{2}\sum_{n=1}^{\infty}\frac{1}{n^2}=\frac{1}{2}\cdot\frac{\pi^2}{6}=\frac{\pi^2}{12}$$

这里注意到级数 $\sum_{n=1}^{\infty}y\mathrm{e}^{-ny}$ 在 $[\varepsilon,t]$ 上的一致收敛性 $(0<\varepsilon<t<+\infty)$.

5. 化为无穷级数

广义积分化为无穷级数问题不很常见，这种转化也多取自积分限的分段（区间）而已. 仅举一例说明，请看：

例　试证积分 $\int_0^{+\infty}\sin(x^2)\mathrm{d}x$ 收敛.

证　令 $s_n=\int_{\sqrt{n\pi}}^{\sqrt{(n+1)\pi}}\sin(x^2)\mathrm{d}x$，显然 $\{s_n\}$ 符号是正负交错的，若令 $t=x^2$，则

$$|s_n|=\left|\frac{1}{2}\int_{n\pi}^{(n+1)\pi}\frac{\sin t}{\sqrt{t}}\mathrm{d}t\right|>\frac{1}{2}\left|\frac{1}{2}\int_{n\pi}^{(n+1)\pi}\frac{\sin t}{\sqrt{t+\pi}}\mathrm{d}t\right|=\left|\frac{1}{2}\int_{(n+1)\pi}^{(n+2)\pi}\frac{\sin u}{\sqrt{u}}\mathrm{d}u\right|=|s_{n+1}|$$

又 $|s_n|=\left|\int_{n\pi}^{(n+1)\pi}\frac{\sin t}{\sqrt{t}}\mathrm{d}t\right|<\frac{1}{\sqrt{n}}$，从而当 $n\to+\infty$ 时，$s_n\to 0$. 由级数判敛的 Leibniz 准则知级数 $\sum_{n=0}^{\infty}s_k$ 收敛.

令 $a>0$，则有 $n\in N$ 使 $\sqrt{n\pi}\leqslant a<\sqrt{(n+1)\pi}$，从而

$$\int_0^a\sin(x^2)\mathrm{d}x-\sum_{k=0}^{\infty}s_k=\int_a^{\sqrt{(n+1)\pi}}\sin(x^2)\mathrm{d}x-\sum_{k=n+1}^{\infty}s_k$$

当 $a\to+\infty$ 时，$\sum_{k=n+1}^{\infty}s_k\to 0$，而

$$\left|\int_a^{\sqrt{(n+1)\pi}}\sin(x^2)\mathrm{d}x\right|\leqslant\frac{|(n+1)\pi-a^2|}{2a}\leqslant\frac{\pi}{2\sqrt{a}}\to 0$$

从而积分 $\int_0^{+\infty}\sin(x^2)\mathrm{d}x=\sum_{u=0}^{\infty}s_k<\infty$，即收敛.

注　类似地可证明积分 $\int_0^{+\infty}\cos(x^2)\mathrm{d}x$ 收敛.

6. 化为二重积分

由于二重积分有一些特殊的变换或性质可使计算化简，因而有时也利用它去考虑某些一重积分问题. 例如概率积分（前文我们已经介绍过）

$$\int_0^{+\infty}\mathrm{e}^{-x^2}\mathrm{d}x=\frac{\sqrt{\pi}}{2}$$

正是利用二重积分算得的. 下面再来看两个例子.

例 1　计算积分 $I=\int_0^1\frac{x^b-x^a}{\ln x}\mathrm{d}x(a>0,b>0)$.

解　由 $\int_a^b x^y\mathrm{d}y=\frac{x^b-x^a}{\ln x}$，则 $I=\int_0^1\mathrm{d}x\int_a^b x^y\mathrm{d}y$.

注意到 x^y 在 $R=\{(x,y)\mid 0\leqslant x\leqslant 1,a\leqslant y\leqslant b\}$ 上连续，则

$$I=\int_a^b \mathrm{d}y\int_0^1 x^y\,\mathrm{d}x=\int_a^b\frac{\mathrm{d}y}{1+y}=\ln\frac{b+1}{a+1}$$

注 它还可以用对参数分法求得,详见后文及例.

例 2 计算积分 $I=\int_0^{+\infty}\frac{\mathrm{e}^{-ax}-\mathrm{e}^{-bx}}{x}\mathrm{d}x(0<a<b)$.

解 由$\int_a^b \mathrm{e}^{-xy}\mathrm{d}y=\frac{\mathrm{e}^{-ax}-\mathrm{e}^{-bx}}{x}$,则 $I=\int_0^{+\infty}\mathrm{d}x\int_a^b \mathrm{e}^{-xy}\mathrm{d}y$.

而 e^{-xy} 在 $x\geqslant 0,a\leqslant y\leqslant b$ 是连续的,又$\int_0^{+\infty}\mathrm{e}^{-xy}\mathrm{d}x$ 在 $a<y<b$ 内一致收敛,则

$$I=\int_0^{+\infty}\mathrm{d}x\int_a^b \mathrm{e}^{-xy}\mathrm{d}y=\int_a^b \mathrm{d}y\int_0^{+\infty}\mathrm{e}^{-xy}\mathrm{d}x=\int_a^b\left[-\frac{1}{y}\mathrm{e}^{-xy}\right]_{x=0}^{x=+\infty}\mathrm{d}y=\int_a^b\frac{\mathrm{d}y}{y}=\ln\frac{b}{a}$$

注 1 它的其他解法还可见后文的例.

注 2 以上两例无本质差别,只需在例 1 中令 $t=\ln x$ 即可化为例 2 的情形.

例 3 计算积分 $I=\int_0^{+\infty}\frac{\sin x}{x}\mathrm{e}^{-\alpha x}\mathrm{d}x(\alpha>0)$.

解 由$\int_0^1 \mathrm{e}^{-\alpha x}\cos\beta x\,\mathrm{d}\beta=\frac{\sin x}{x}\mathrm{e}^{-\alpha x}$,可将被积函数写成积分形式.故

$$I=\int_0^{+\infty}\frac{\sin x}{x}\mathrm{e}^{-\alpha x}\mathrm{d}x=\int_0^{+\infty}\mathrm{d}x\int_0^1 \mathrm{e}^{-\alpha x}\cos\beta x\,\mathrm{d}\beta$$

当 $\alpha>0$ 时,$\int_0^{+\infty}\mathrm{e}^{-\alpha x}\mathrm{d}x$ 收敛,且当 $0\leqslant\beta\leqslant 1$ 时,$|\mathrm{e}^{-\alpha x}\cos\beta x|\leqslant \mathrm{e}^{-\alpha x}$.

故$\int_0^{+\infty}\mathrm{e}^{-\alpha x}\cos\beta x\,\mathrm{d}\beta$ 在 $0\leqslant\beta\leqslant 1$ 上一致收敛,因而可交换积分次序.故

$$I=\int_0^1\mathrm{d}\beta\int_0^{+\infty}\mathrm{e}^{-\alpha x}\cos\beta x\,\mathrm{d}x=\int_0^1\left[\frac{\mathrm{e}^{-\alpha x}(-\alpha\cos\beta x+\beta\sin\beta x)}{\alpha^2+\beta^2}\right]_{x=0}^{x=+\infty}\mathrm{d}\beta=$$

$$\int_0^1\frac{-\alpha}{\alpha^2+\beta^2}\mathrm{d}\beta=-\arctan\frac{\beta}{\alpha}\Big|_{\beta=0}^{\beta=1}=-\arctan\frac{1}{\alpha}$$

注 1 更一般的可有:积分$\int_0^{+\infty}\frac{\sin\beta x}{x}\mathrm{e}^{-\alpha x}\mathrm{d}x=-\arctan\frac{\alpha}{\beta}$.

注 2 利用本例还可以计算 Dirichlet 积分:$D(\beta)=\int_0^{+\infty}\frac{\sin\beta x}{x}\mathrm{d}x=\frac{\ }{2}\mathrm{sgn}\,\beta$,这里 sgn 是符号函数.

7. 利用一些特殊函数

Gamma 函数和 Beta 函数是两个重要的特殊函数,利用它们也可计算一些广义积分(因为该两函数本身就是利用广义积分定义的).$\Gamma-$ 函数、$B-$ 函数定义、性质及关系见表 10:

表 10

名称	Gamma 函数	Beta 函数
定义	$\Gamma(s)=\int_0^{+\infty}x^{s-1}\mathrm{e}^{-x}\mathrm{d}x(s>0)$	$B(p,q)=\int_0^1 x^{p-1}(1-x)^{q-1}\mathrm{d}x\quad(p>0,q>0)$
主要性质	$\Gamma(s+1)=s\Gamma(s)$ 当 s 取正整数 n 时,$\Gamma(n)=(n-1)!$	$B(p,q)=\frac{q-1}{p+q-1}B(p,q-1)$ $=\frac{p-1}{p+q-1}B(p-1,q)$
关系	$B(p+q)=\frac{\Gamma(p)\Gamma(q)}{\Gamma(p+q)}(p>0,q>0)$	

我们先来看一个前面已讲过的例子.

例 1　计算积分 $I_n = \int_0^{+\infty} x^n e^{-x} dx$（$n$ 为自然数）.

解　显然 $I_n = \Gamma(n+1) = n!$.

例 2　计算积分 $I_n = \frac{1}{\sqrt{2}} \int_{-\infty}^{+\infty} x^k e^{-\frac{x^2}{2}} dx$，这里 k 为自然数.

解　当 $k = 2n-1 (n = 1,2,\cdots)$ 时，被积函数为奇函数，则 $I_k = 0$；

当 $k = 2n (n = 1,2,\cdots)$ 时，被积函数为偶函数，令 $x^2 = 2t$，注意到 $\Gamma\left(\frac{1}{2}\right) = \sqrt{\ }$，则有

$$I_k = \frac{1}{\sqrt{2}} 2^{\frac{k+1}{2}} \int_0^{+\infty} t^{\frac{k+1}{2}-1} e^{-t} dt = \frac{1}{\sqrt{\ }} 2^{\frac{k+1}{2}} \Gamma\left(\frac{k+1}{2}\right) = \frac{1}{\sqrt{\ }} 2^n \cdot \Gamma\left(n + \frac{1}{2}\right) =$$

$$\frac{2^n}{\sqrt{\ }} \left(n - \frac{1}{2}\right) \cdot \left(n - \frac{1}{2} - 1\right) \cdot \cdots \cdot \frac{3}{2} \cdot \frac{1}{2} \Gamma\left(\frac{1}{2}\right) = (2n-1)!!$$

以上这是例子包括前面的含阶乘运算的命题常与 Hermite 多项式和 Legendre 多项式有关.

Hermite 多项式 $H_n(x)$ 定义如下

$$\left(\frac{d}{dx}\right)^n e^{-\frac{x^2}{2}} = (-1)^n H_n(x) e^{-\frac{x^2}{2}}, \quad n = 0,1,2,\cdots$$

其中 $H_n(x)$ 的次数为 n.

具体的 $H_0(x) = 1, H_1(x) = x, H_2(x) = x^2 - 1, H_3(x) = x^3 - 3x, \cdots$ 反复利用分部积分可有

$$\int_{-\infty}^{+\infty} H_m(x) H_n(x) e^{-\frac{x^2}{2}} dx = \begin{cases} n!, & m = n \\ 0, & m \neq n \end{cases}$$

Legendre 多项式 $L_n(x)$ 定义如下

$$L_n(x) = \frac{1}{2^n n!} \frac{d^n}{dx^n} (x^2 - 1)^n, \quad n = 0,1,2,\cdots$$

此时 $L_0(x) = 1$，$L_1(x) = x$，$L_2(x) = \frac{1}{2}(3x^2 - 1)$，$L_3(x) = \frac{1}{2}(5x^2 - 3x)$，$\cdots$.

在解析函数论中该多项式是解析函数 $(1 - 2zw + w^2)^{-\frac{1}{2}}$ 在 $w = 0$ 处的 Taylor 展开系数，且有递推公式

$$(n+1) L_{n+1}(z) - 2(n+1) z \ln(z) + n L_{n-1}(z) = 0$$

8. 利用某些常见函数的广义积分值

下面是一些常见函数的广义积分，它们的值常用计算其他一些广义积分：

$$\boxed{\int_0^{+\infty} e^{-x^2} dx = \frac{\sqrt{\ }}{2}} \qquad \boxed{\int_0^{\infty} \frac{\sin x}{x} dx = \frac{\ }{2}}$$

我们来看两个例子.

例 1　计算积分 $\int_0^{+\infty} \frac{e^{-\alpha x^2} - e^{-\beta x^2}}{x^2} dx$，这里 $0 < \beta < \alpha$.

解　先考虑分部积分，再计算广义积分，有

$$\int_0^{+\infty} \frac{e^{-\alpha x^2} - e^{-\beta x^2}}{x^2} dx = \lim_{\substack{t \to +\infty \\ \varepsilon \to 0}} \left[-\int_\varepsilon^t (e^{-\alpha x^2} - e^{-\beta x^2}) d\left(\frac{1}{x}\right) \right] =$$

$$\lim_{\varepsilon \to 0} \frac{e^{-\beta x^2} - e^{-\alpha x^2}}{x} \Bigg|_\varepsilon^{+\infty} + \int_0^{+\infty} 2(\beta e^{-\beta x^2} - \alpha e^{-\alpha x^2}) dx =$$

$$2\beta \cdot \frac{1}{2} \sqrt{\frac{\ }{\beta}} - 2\alpha \cdot \frac{1}{2} \sqrt{\frac{\ }{\alpha}} = \sqrt{\beta} - \sqrt{\alpha}$$

注 这里积分$\int_0^{+\infty} e^{-\alpha x^2}\,dx = \frac{1}{2}\sqrt{\frac{\ }{\alpha}}$显然可视为积分$\int_0^{+\infty} e^{-x^2}\,dx = \frac{\sqrt{\ }}{2}$的推广.

下面再来看一个例子.

例 2 计算积分$\int_{-1}^{+\infty} x e^{-x^2-2x}\,dx$.

解 由 $\int x e^{-x^2-2x}\,dx = \int x e^{-(x+1)^2+1}\,dx$,则

$$\int_{-1}^{+\infty} x e^{-x^2-2x}\,dx = e\int_{-1}^{+\infty} x e^{-(x+1)^2}\,dx \xlongequal{令 x+1=t} e\int_0^{+\infty}(t-1)e^{-t^2}\,dt =$$

$$e\left(\int_0^{+\infty} t e^{-t^2}\,dt - \int_0^{+\infty} e^{-t^2}\,dt\right) = -\frac{e}{2}\int_0^{+\infty} e^{-t^2}\,d(-t^2) - \frac{\sqrt{\ }}{2}e =$$

$$-\frac{e}{2}e^{-t^2}\Big|_0^{+\infty} - \frac{\sqrt{\ }}{2}e = \frac{e}{2}(1-\sqrt{\ })$$

从上两例看,解决这类问题的关键是或通过变形或运用换元将其化为已知函数积分形状.

下面的例子要利用积分等式$\int_0^{+\infty}\frac{\sin x}{x}\,dx = \frac{\ }{2}$,关键仍然是要在被积分式中变形或凑.

例 3 计算积分 $I = \int_0^{\infty}\frac{\sin x\cos tx}{x}\,dx$,这里 t 为给定实数.

解 由
$$\int\frac{\sin x\cos x}{x}\,dx = \int\frac{\sin x(1+t)+\sin x(1-t)}{2x}\,dx$$

(1) 当 $|t|<1$ 时,命 $u=(1+t)x, v=(1-t)x$,则

$$\int_0^{\infty}\frac{\sin(1+t)x}{x}\,dx = \int_0^{\infty}\frac{\sin u}{u}\,du = \frac{\ }{2},\quad \int_0^{\infty}\frac{\sin(1-t)x}{x}\,dx = \int_0^{\infty}\frac{\sin v}{v}\,dv = \frac{\ }{2}$$

故当 $|t|<1$ 时,有
$$\int_0^{\infty}\frac{\sin x\cos tx}{x}\,dx = \frac{\ }{2}$$

(2) 当 $t=1$ 时,注意到

$$\int_0^{\infty}\frac{\sin(1+t)x}{x}\,dx = \int_0^{\infty}\frac{\sin 2x}{2x}\,d(2x) = \frac{\ }{2}$$

注意到积分$\int_0^{\infty}\frac{\sin(1-t)x}{x}\,dx = 0$,故

$$\int_0^{\infty}\frac{\sin x\cos tx}{x}\,dx = \frac{\ }{4}$$

同理,当 $t=-1$ 时,$\int_0^{\infty}\frac{\sin x\cos tx}{x}\,dx = \frac{\ }{4}$.

(3) 当 $t>1$ 时,命 $u=(1+t)x, v=(t-1)x$,有

$$\int_0^{\infty}\frac{\sin(1+t)x}{x}\,dx = \int_0^{\infty}\frac{\sin u}{u}\,du = \frac{\ }{2}$$

及
$$\int_0^{\infty}\frac{\sin(1-t)x}{x}\,dx = -\int_0^{\infty}\frac{\sin(t-1)x}{x}\,dx = -\int_0^{\infty}\frac{\sin v}{v}\,dv = -\frac{\ }{2}$$

则
$$\int_0^{\infty}\frac{\sin x\cos tx}{x}\,dx = 0$$

同理当 $t<-1$ 时,有
$$\int_0^{\infty}\frac{\sin x\cos tx}{x}\,dx = 0$$

综上
$$\int_0^{\infty}\frac{\sin x\cos tx}{x}\,dx = \begin{cases}\frac{\ }{2}, & |t|<1\\ \frac{\ }{4}, & |t|=1\\ 0, & |t|>1\end{cases}$$

9. 利用参数微分法

运用参数微分法解决的问题中多含有参数，从本质上讲这种方法也是化为二重积分考虑的，只不过形式不同罢了. 下面来看例子.

例 1 计算积分$\int_0^1 \frac{x^b - x^a}{\ln x}\mathrm{d}x$，这里 $a > 0, b > 0$.

解 设 $I(a) = \int_0^1 \frac{x^b - x^a}{\ln x}\mathrm{d}x$，则

$$I'(a) = \int_0^1 - x^a \mathrm{d}x = -\frac{1}{a+1}$$

有
$$I(a) = \int -\frac{1}{a+1}\mathrm{d}a = -\ln(a+1) + C$$

当 $a = b$ 时，$I = 0$，故有 $C = \ln(b+1)$. 从而

$$I(a) = -\ln(a+1) + \ln(b+1) = \ln\frac{b+1}{a+1}$$

例 2 计算积分$\int_0^{\infty} \frac{\mathrm{e}^{-ax} - \mathrm{e}^{-bx}}{x}\mathrm{d}x$，这里 $0 < a < b$.

解 令 $I(a) = \int_0^{\infty} \frac{\mathrm{e}^{-ax} - \mathrm{e}^{-bx}}{x}\mathrm{d}x$，则

$$I'(a) = -\int_0^{\infty} \mathrm{e}^{-ax}\,\mathrm{d}x = -\frac{1}{a}$$

故 $I = -\ln a + C$，当 $a = b$ 时，$I = 0$，故有 $C = \ln b$. 从而

$$I(a) = -\ln a + \ln b = \ln\left(\frac{b}{a}\right)$$

注 上面例亦可令求积分为 $I(b)$，仿上运算可有同样结果.

下面的问题直接与参数有关.

例 3* 求函数 $I(t) = \int_0^{+\infty} \mathrm{e}^{-a^2x^2}\cos(2tx)\mathrm{d}x (a > 0)$.

解 因
$$|2x\mathrm{e}^{-a^2x^2}\sin 2tx| \leqslant 2x\mathrm{e}^{-a^2x^2}, \quad -\infty < x + \infty$$

又
$$\int_0^{+\infty} 2x\mathrm{e}^{-a^2x^2}\,\mathrm{d}x = -\frac{1}{a^2}\mathrm{e}^{-a^2x^2}\Big|_0^{+\infty} = \frac{1}{a^2}$$

故 $I(t)$ 对 $t \in (-\infty, +\infty)$ 一致收敛. 又

$$I'(t) = -\int_0^{+\infty} 2x\mathrm{e}^{-a^2x^2}\sin(2+x)\mathrm{d}x =$$

$$\frac{1}{a^2}\left[\sin(2+x)\mathrm{e}^{-a^2x^2}\Big|_0^{+\infty} - \int_0^{+\infty} 2t\mathrm{e}^{-a^2x^2}\cos(2+x)\mathrm{d}x\right] = \frac{-2tI(t)}{a^2}$$

且 $I(0) = \int_0^{+\infty} 2x\mathrm{e}^{-a^2x^2}\,\mathrm{d}x = \frac{\sqrt{\ }}{2a}$，故

$$I(t) = \frac{\sqrt{\ }}{2a}\mathrm{e}^{-a^2t^2}, \quad -\infty < t < +\infty$$

例 4 计算积分$\int_0^{\frac{}{2}} \ln\frac{1 + a\cos x}{1 - a\cos x}\cdot\frac{\mathrm{d}x}{\cos x}(|a| < 1)$.

解 令 $I(a) = \int_0^{\frac{}{2}} \ln\frac{1 + a\cos x}{1 - a\cos x}\cdot\frac{\mathrm{d}x}{\cos x}$，则

$$I'(a) = \int_0^{\frac{}{2}}\left[\frac{1}{1 + a\cos x} + \frac{1}{1 - a\cos x}\right]\mathrm{d}x = \int_0^{\frac{}{2}}\frac{2\mathrm{d}x}{1 - a^2\cos^2 x}$$

令 $u = \cot x$，则 $\cos x = \frac{u}{\sqrt{1+u^2}}$，$\mathrm{d}x = \frac{-\mathrm{d}u}{(1+u^2)}$，这样当 $|a| < 1$ 时，有

$$I'(a) = 2\int_0^{+\infty} \frac{\mathrm{d}u}{1+(1-a^2)u^2} = \frac{2}{\sqrt{1-a^2}}\arctan \sqrt{1-a^2}\,u\Big|_0^{+\infty} = \frac{}{\sqrt{1-a^2}}$$

注意到 $I(0) = 0$,故 $I(a) = \quad \arcsin a$. 或直接由 $I(a) = \int_0^a \frac{}{\sqrt{1-a^2}}\mathrm{d}a = \quad \arcsin a$ 得出.

例 5 若已知积分 $\int_0^{+\infty} \frac{\sin x}{x}\mathrm{d}x = \frac{}{2}$,求积分 $I = \int_0^{+\infty} \frac{\sin^2 x}{x^2}\mathrm{d}x$ 的值.

解 令 $I = (\alpha) = \int_0^{+\infty} \frac{\sin^2 \alpha x}{x^2}\mathrm{d}x$,其中 $\alpha \geqslant 0$. 则

$$I'(\alpha) = \int_0^{+\infty} \frac{2\sin \alpha x \cos \alpha x}{x^2}\mathrm{d}x = \int_0^{+\infty} \frac{\sin 2\alpha x}{x}\mathrm{d}x = \int_0^{+\infty} \frac{\sin 2\alpha x}{2\alpha x}\mathrm{d}(2\alpha x) = \int_0^{+\infty} \frac{\sin y}{y}\mathrm{d}y = \frac{}{2}$$

故 $I(\alpha) = \frac{}{2}\alpha + c$,又 $I(0) = 0$,而 $c = 0$. 从而 $I = I(1) = \frac{}{2}$.

10. 利用变换化为常义积分

有些广义积分可通过适当的变换化为正常(普通)积分. 请看

例 1 计算积分 $\int_0^1 \frac{x}{(2-x^2)\sqrt{1-x^2}}\mathrm{d}x$.

解 令 $x = \sin t$,则 $\mathrm{d}x = \cos t\mathrm{d}t$,这样

$$\int_0^1 \frac{x}{(2-x^2)\sqrt{1-x^2}}\mathrm{d}x = \int_0^{\frac{}{2}} \frac{\sin t}{1+\cos^2 t}\mathrm{d}t = -\left[\arctan(\cos t)\right]_0^{\frac{}{2}} = \frac{}{4}$$

例 2 计算积分 $I_n = \int_0^1 \frac{x^n}{\sqrt{(1-x)(1+x)}}\mathrm{d}x$.

解 令 $x = \sin t$,则 $\mathrm{d}x = \cos t\mathrm{d}t$,这样(注意到已有的积分公式或值)

$$I_n = \int_0^1 \frac{x^n}{\sqrt{1-x^2}}\mathrm{d}x = \int_0^{\frac{}{2}} \frac{\sin^n t \cdot \cos t}{\cos t}\mathrm{d}t = \int_0^{\frac{}{2}} \sin^n t\mathrm{d}t = \begin{cases} \dfrac{(2k)!!}{(2k+1)!!}, & n = 2k+1 \\ (2k-1)!! \ \dfrac{}{2}(2k)!!, & n = 2k \end{cases}$$

最后的等式可参见前面的例子. 下面再来看一个例子.

例 3 计算积分 $\int_0^{+\infty} \frac{1}{(1+x^2)^8}\mathrm{d}x$.

解 令 $x = \tan t$,则 $\mathrm{d}x = \sec^2 t\mathrm{d}t$,$1+\tan^2 t = \sec^2 t$,故

$$\int_0^{+\infty} \frac{1}{(1+x^2)^8}\mathrm{d}x = \int_0^{\frac{}{2}} \frac{\sec^2 t}{(1+\tan^2 t)^8}\mathrm{d}t = \int_0^{\frac{}{2}} \frac{1}{\sec^{14} t}\mathrm{d}t = \int_0^{\frac{}{2}} \cos^{14} t\mathrm{d}t = \frac{13!!}{14!!} \cdot \frac{}{2}$$

注 当然下面的命题可视本例的推广:试证 $\int_{-\infty}^{+\infty} \frac{1}{(1+x^2)^n}\mathrm{d}x = \frac{(2n-3)!!}{(2n-2)!!}$.

仿上例可令 $x = \tan t$ 即可(注意到被积函数为偶函数). 此外它还可由

$$I_n = 2\int_0^{+\infty} \frac{x^2+1-x^2}{(1+x^2)^n}\mathrm{d}x = I_{n-1} - \int_0^{+\infty} \frac{x^2}{(1+x^2)^n}\mathrm{d}x = I_{n-1} - \frac{1}{2(n-1)}I_{n-1} = \frac{2n-3}{2n-2}I_{n-1}$$

递推得到结论,这只需注意到 $I_1 = 2\int_0^{+\infty} \frac{1}{1+x^2}\mathrm{d}x = \quad$ 即可.

11. 利用某些公式及杂例

广义积分中还有一些公式,比如 Froullani 公式:

若 $f(x)$ 为连续函数且积分 $\int_A^{+\infty} \frac{f(x)}{x}\mathrm{d}x$ 对任何 $A > 0$ 均有意义,则

$$\int_0^{+\infty} \frac{f(ax)-f(bx)}{x}\mathrm{d}x = f(0)\ln \frac{b}{a}, \quad a > 0, \quad b > 0$$

证　由设对 $\varepsilon>0$，积分 $\int_{\varepsilon}^{+\infty}\frac{f(ax)}{x}\mathrm{d}x=\int_{\varepsilon a}^{+\infty}\frac{f(x)}{x}\mathrm{d}x$ 存在，故

$$\int_{\varepsilon}^{+\infty}\frac{f(ax)-f(bx)}{x}\mathrm{d}x=\int_{\varepsilon a}^{+\infty}\frac{f(x)}{x}\mathrm{d}x-\int_{\varepsilon b}^{+\infty}\frac{f(x)}{x}\mathrm{d}x=\int_{\varepsilon a}^{\varepsilon b}\frac{f(x)}{x}\mathrm{d}x=\int_{a}^{b}\frac{f(\varepsilon x)}{x}\mathrm{d}x$$

上式两边令 $\varepsilon\to 0$ 取极限有

$$\int_{0}^{+\infty}\frac{f(ax)-f(bx)}{x}\mathrm{d}x==\int_{a}^{b}\frac{f(0)}{x}\mathrm{d}x=f(0)\ln\frac{b}{a}$$

利用这个公式可以解决不少广义积分问题，比如：

例 1　计算积分 $\int_{0}^{+\infty}\frac{\cos ax-\cos bx}{x}\mathrm{d}x$，这里 $a>0,b>0$.

解　由积分 $\int_{A}^{+\infty}\frac{\cos x}{x}\mathrm{d}x$ 对任何 $A>0$ 均收敛，故由 Froullani 公式有

$$\int_{0}^{+\infty}\frac{\cos ax-\cos b}{x}\mathrm{d}x=\cos 0\cdot\ln\frac{b}{a}=\ln\frac{b}{a}$$

例 2　计算积分 $\int_{0}^{+\infty}\frac{\mathrm{e}^{-ax}-\mathrm{e}^{-bx}}{x}\mathrm{d}x$，这里 $0<a<b$.

解　积分 $\int_{A}^{+\infty}\frac{\mathrm{e}-x}{x}\mathrm{d}x$ 对任何 $A>0$ 均收敛，故由 Froullani 公式有

$$\int_{0}^{+\infty}\frac{\mathrm{e}^{-ax}-\mathrm{e}^{-bx}}{x}\mathrm{d}x=\mathrm{e}^{0}\cdot\ln\frac{b}{a}=\ln\frac{a}{a}$$

注 1　类似地可有 $\int_{0}^{+\infty}\frac{\mathrm{e}^{-ax^2}-\mathrm{e}^{-bx^2}}{x}\mathrm{d}x=\frac{1}{2}\ln\frac{b}{a}$，这只需注意到

$$\int_{0}^{+\infty}\frac{\mathrm{e}^{-ax^2}-\mathrm{e}^{-bx^2}}{x}\mathrm{d}x=\frac{1}{2}\int_{0}^{+\infty}\frac{\mathrm{e}^{-ax^2}-\mathrm{e}^{-bx^2}}{x^2}\mathrm{d}(x^2)$$

注 2　利用代换 $t=\ln x$ 及 Froullani 公式（或本例）可得

$$\int_{0}^{1}\frac{x^b-x^a}{\ln x}\mathrm{d}x=\ln\frac{b+1}{a+1},\quad a>0,\quad b>0$$

下面来看几个杂例.

例 3　计算积分 $\int_{-\infty}^{+\infty}(|x|+x)\mathrm{e}^{-|x|}\mathrm{d}x$.

解　由 $x\mathrm{e}^{-|x|}$，$|x|\mathrm{e}^{-|x|}$ 分别为奇、偶函数，又积分区间 $(-\infty,+\infty)$ 关于原点 O 对称，故

$$\int_{-\infty}^{+\infty}(|x|+x)\mathrm{e}^{-|x|}\mathrm{d}x=\int_{-\infty}^{+\infty}|x|\mathrm{e}^{-|x|}\mathrm{d}x+\int_{-\infty}^{+\infty}x\mathrm{e}^{-|x|}\mathrm{d}x=2\int_{0}^{+\infty}x\mathrm{e}^{-x}\mathrm{d}x+0=$$

$$2\int_{0}^{+\infty}\mathrm{e}^{-x}\mathrm{d}x=2\lim_{t\to+\infty}\int_{0}^{t}x\mathrm{e}^{-x}\mathrm{d}x=2\lim_{t\to+\infty}\left[-x\mathrm{e}^{-x}\Big|_{0}^{t}+\int_{0}^{t}\mathrm{e}^{-x}\mathrm{d}x\right]=$$

$$-2\lim_{t\to+\infty}\Big[(x+1)\mathrm{e}^{-x}\Big]_{0}^{t}=-2\lim_{t\to+\infty}\left(\frac{t+1}{\mathrm{e}^{t}}-1\right)=2$$

例 4　若函数 $f(x)=\begin{cases}x, & x\in[0,1]\\ 0, & x<0\text{ 或 }x>1\end{cases}$，又函数 $\varphi(x)=\begin{cases}1, & x\in[0,1]\\ 0, & x<0\text{ 或 }x>1\end{cases}$，试求函数 $F(t)=\int_{-\infty}^{+\infty}f(x-t)\varphi(x)\mathrm{d}x$ 表达式.

解　由题设 $f(x-t)=\begin{cases}x-t, & t\leqslant x\leqslant 1+t\\ 0, & x>1+t\text{ 或 }x<t\end{cases}$，故当 $t\leqslant -1$ 时，$F(t)=0$；当 $-1<t\leqslant 0$ 时，则有

$$F(t)=\int_{-\infty}^{t}0\cdot\mathrm{d}x+\int_{t}^{0}0\cdot\mathrm{d}x+\int_{0}^{1+t}(x-t)\mathrm{d}x+\int_{1+t}^{+\infty}0\cdot\mathrm{d}x=\left[\frac{x^2}{2}-tx\right]_{0}^{1+t}=\frac{1}{2}(1-t^2)$$

当 $0<t<1$ 时，则有

$$F(t)=\int_{-\infty}^{t}0\cdot\mathrm{d}x+\int_{t}^{1}(x-t)\mathrm{d}x+\int_{1}^{+\infty}0\cdot\mathrm{d}x=\left[\frac{x^2}{2}-tx\right]_{t}^{1}=\frac{1}{2}(1-t^2)$$

注 由题设不难看出，当 $t\geqslant 1$ 时，$F(t)=0$.

例 5 计算积分 $\int_{-1}^{1}\frac{\mathrm{d}}{\mathrm{d}x}\left(\frac{1}{1+2^{\frac{1}{x}}}\right)\mathrm{d}x$.

解 注意到 0 是被积函数的一个瑕点，则

$$\int_{-1}^{1}\frac{\mathrm{d}}{\mathrm{d}x}\left(\frac{1}{1+2^{\frac{1}{x}}}\right)\mathrm{d}x=\int_{-1}^{0}\frac{\mathrm{d}}{\mathrm{d}x}\left(\frac{1}{1+2^{\frac{1}{x}}}\right)\mathrm{d}x+\int_{0}^{1}\frac{\mathrm{d}}{\mathrm{d}x}\left(\frac{1}{1+2^{\frac{1}{x}}}\right)\mathrm{d}x=$$

$$\lim_{\varepsilon_1\to 0-}\int_{-1}^{\varepsilon_1}\frac{\mathrm{d}}{\mathrm{d}x}\left(\frac{1}{1+2^{\frac{1}{x}}}\right)\mathrm{d}x+\lim_{\varepsilon_2\to 0+}\int_{\varepsilon_2}^{1}\frac{\mathrm{d}}{\mathrm{d}x}\left(\frac{1}{1+2^{\frac{1}{x}}}\right)\mathrm{d}x=$$

$$\lim_{\varepsilon_1\to 0-}\left[\frac{1}{1+2^{\frac{1}{x}}}\right]_{-1}^{\varepsilon_1}+\lim_{\varepsilon_2\to 0+}\left[\frac{1}{1+2^{\frac{1}{x}}}\right]_{\varepsilon_2}^{1}=\frac{2}{3}$$

习　　题

一、不定积分问题

1. 计算下列不定积分：

(1) $\int x^3\sqrt{1+x^2}\,\mathrm{d}x$；(2) $\int\frac{\cos x}{\sqrt{2+\cos 2x}}\mathrm{d}x$；(3) $\int x^{-3}\arctan x\,\mathrm{d}x$；(4) $\int\frac{1}{x}\cdot\frac{\ln 2x}{\ln 4x}\mathrm{d}x$.

[提示：原式 $=\frac{1}{2}\int x^2\sqrt{1+x^2}\,\mathrm{d}(x^2)$；(2) 原式 $=\int\frac{\mathrm{d}\sin x}{\sqrt{3-2\sin^2 x}}$；(3) 原式 $=-\frac{1}{2}\int\arctan x\,\mathrm{d}(x^{-2})$；

(4) 原式 $=1-\frac{\ln 2}{2\ln 2+\ln x}\mathrm{d}(\ln x)$]

2. 计算不定积分 (1) $\int\frac{\ln x\,\mathrm{d}x}{\sqrt{3x-2}}$；(2) $\int\frac{\arcsin x}{x^2}\mathrm{d}x$.

[提示：(1) 先分部积分再令 $3x-2=t^2$；(2) 先分部积分再令 $\sqrt{1-x^2}=u$]

3. 计算不定积分 (1) $\int\frac{1+\cos x}{1+\sin^2 x}\mathrm{d}x$；(2) $\int\frac{x^2}{1+x^2}\arctan x\,\mathrm{d}x$.

[提示：(1) $\frac{1+\cos x}{1+\sin^2 x}=\frac{1}{2-\cos^2 x}+\frac{\cos x}{1+\sin^2 x}$；(2) $\frac{x^2}{1+x^2}=1-\frac{1}{1+x^2}$]

4. 计算不定积分 $\int\frac{x^{2n-1}}{1+x^n}\mathrm{d}x$.

[提示：$\frac{x^{2n-1}}{1+x^n}=x^{n-1}-\frac{x^{n-1}}{1+x^n}$]

5. 计算不定积分 $\int\frac{\ln(x-1)-\ln x}{x(x+1)}\mathrm{d}x$.

[提示：$\frac{\ln(x-1)-\ln x}{x(x+1)}=\ln\left(\frac{x+1}{x}\right)\left[\left(\frac{1}{x}-\frac{1}{x+1}\right)\right]$]

6. 计算不定积分 $\int\frac{x+1}{\sqrt[3]{3x+1}}\mathrm{d}x$.

[提示：令 $\sqrt[3]{3x+1}=t$]

7. 计算不定积分 (1) $\int\sqrt{\frac{a+x}{a-x}}\,\mathrm{d}x$；(2) $\frac{\mathrm{d}x}{\sqrt{x(1-x)}}$.

[提示：(1) 先分子分母同乘 $a+x$，再令 $x=a\sin t$；(2) 令 $\sqrt{x}=t$ 或 $x=\sin^2 t$]

8. 计算不定积分 (1) $\int\frac{\mathrm{d}x}{1+\sin x+\cos x}$；(2) $\int\frac{\sin x\cos x}{\sin x+\cos x}\mathrm{d}x$.

[提示:(1) 令 $\tan\frac{x}{2}=t$;(2) $\frac{\sin x\cos x}{\sin x+\cos x}=\frac{\sin^2\left(x+\frac{}{4}\right)-\frac{1}{2}}{\sqrt{2}\sin\left(x+\frac{}{4}\right)}$]

9. 计算下列积分(1) $\frac{dx^3}{\sqrt[3]{(x+1)^2(x-1)^x}}$;(2)$\int\frac{dx}{(x+1)^3\sqrt{x^2+2x}}$.

[提示:(1) 令$\frac{x-1}{x+1}=t$;(2) 令 $t=\frac{1}{1+x}$]

10. 试建立积分 $I_n=\int\frac{dx}{x^n\sqrt{1+x^2}}$ 的递推公式.

[提示:令 $x=\tan t, I_n=-\frac{\sqrt{1+x^2}}{(n-1)x^{n-1}}+\frac{2-n}{n-1}I_{n-2}$]

二、定积分问题

1. 计算积分$\int_0^1 x^2\ln^3\left(\frac{1}{x}\right)dx$.

[提示:反复运用分部积分,且注意到$\lim\limits_{x\to 0}\frac{\ln x}{1/x}=0$. 答:$\frac{2}{27}$]

2. 求积分$\int_a^b |2x-a-b|\,dx$ 的值.

[提示:分$[a,\frac{a+b}{2}]$和$[\frac{a+b}{2},b]$ 两个区间考虑积分;答:$\frac{1}{2}(a-b)^2$]

3. 计算积分$\int_b^a\sqrt{x^3-2x^2+x}\,dx$.

[提示:$\sqrt{x^3-2x^2-1x}=\sqrt{x}(1-x)$;答:$\frac{4}{15}(2+\sqrt{2})$]

4. 求积分$\int_0^1\left|x-\frac{1}{2}\right|^5x^n(1-x)^n dx$ 的值.

5. 计算积分$\int_0^{\ln 5}\frac{e^x\sqrt{e^x-1}}{e^x+3}dx$.

[提示:令 $\sqrt{e^x-1}=t$,答:$4-$]

6. 计算积分$\int_0\sqrt{(\sin x+\cos x)^2}\,dx$.

[提示:$\sqrt{(\sin x+\cos x)^2}=|\sin x+\cos x|$,答:$2\sqrt{2}$]

7. 计算积分$\int_0^3\arcsin\sqrt{\frac{x}{1+x}}\,dx$.

[提示:令 $\arcsin\sqrt{\frac{x}{1+x}}=u$;答:$\frac{4}{3}-\sqrt{3}$]

8. 计算积分$\int_0^{\frac{}{2}}\frac{\sin^9x-\cos^9x}{1+7\sin x\cos x}dx$.

[提示:令 $x=\frac{}{2}-t$,则$\int_0^{\frac{}{2}}\frac{\sin^9x\,dx}{1+7\sin x\cos x}=\int_0^{\frac{}{2}}\frac{\cos^9x\,dx}{1+7\sin x\cos x}$]

9. 计算积分$\int_0^2\frac{x+\sin x}{1+\cos x}\mathrm{sgn}(\cos x)\,dx$.

10. 已知$f'(e^x)=xe^x$,且 $f(1)=0$. 求积分$\int_1^2\left[2f(x)+\frac{1}{2}(x^2-1)\right]dx$.

[提示:令 $e^x=t$. 答:$\frac{1}{3}\left[8\ln 2-\frac{7}{3}\right]$]

11. 求 $I_n = \int_0^n x \mid \sin x \mid \mathrm{d}x$,其中 n 为正整数.

[**提示**:令 $n \quad - x = u$,**答**:$I_n = n^2 \quad$]

12. 求 $I_n = \int_0 \frac{\sin(2n-1)x}{\sin x}\mathrm{d}x$,其中 n 为正整数.

[**提示**:由 $I_n = \frac{1}{2}(I_n + I_{n+1})$,得 $I_n = I_{n+1}$,而 $I_1 = \quad$]

三、广义积分问题

1. 判断积分(1)$\int_0^{+\infty} \frac{\arctan x}{x^n}\mathrm{d}x$;(2)$\int_0^{+\infty} \frac{\ln(1+x)}{x^n}\mathrm{d}x$ 的敛散性.

2. 判断积分(1)$\int_1^{+\infty} \frac{\mathrm{d}x}{x\sqrt{1+x^2}}$;(2)$\int_0^{+\infty} \frac{\mathrm{d}x}{x^p + x^q}$ 的敛散性.

3. 设 $\varphi(x) = \frac{x+1}{x(x-2)}$,求积分$\int_1^3 \frac{\varphi'(x)}{1+\varphi^2(x)}\mathrm{d}x$.

[**提示**:$x = 2$ 是瑕点. **答**:$\arctan \frac{4}{3} - \arctan 2 - \quad$]

4. 求积分 $I = \int_0 \frac{\mathrm{d}x}{2+\tan^2 x}$ 的值.

[**提示**:$x = \frac{}{2}$ 为瑕点. 分$\left[0, \frac{}{2}\right]$和$\left[\frac{}{2}, \quad\right]$两区间考虑,然后令 $\tan x = u$ 代替. **答**:$\left(1-\frac{1}{\sqrt{2}}\right)\frac{}{2}$]

5. 求积分 $I = \int_0^1 \frac{1}{x}\ln\frac{1+x}{1-x}\mathrm{d}x$ 的值.

[**提示**:注意 $x = 0$ 不是瑕点,$x = 1$ 是瑕点. 将$\frac{1}{x}\ln\frac{1+x}{1-x}$ 展为幂级数 $2\sum_{k=1}^{\infty}\frac{x^{2n-2}}{2n-1}(0 < x \leqslant 1)$. **答**:$I = 2\sum_{n=1}^{\infty}\frac{1}{(2n-1)^2}$]

6. (1) 试举例说明$\int_a^{+\infty} f(x)\mathrm{d}x$ 收敛,但 $\lim_{x\to+\infty} f(x) = 0$ 不成立;(2) 若$\int_a^{+\infty} f(x)\mathrm{d}x$ 收敛,且 $f(x)$ 在区间$[a, +\infty)$ 上非负且单减,则 $\lim_{x\to+\infty} f(x) = 0$.

[**提示**:(1) 考虑$\int_0^{+\infty} \sin x^2 \mathrm{d}x$]

7. 若 $\varphi(x)$ 在$[a, +\infty]$上有界,(1) 又$\int_0^{+\infty} f(x)\mathrm{d}x$ 收敛,问$\int_0^{+\infty} f(x)\mathrm{d}x$ 收敛? (2) 若$\int_a^{+\infty} f(x)\mathrm{d}x$ 绝对收敛,问$\int_a^{+\infty} f(x)\varphi(x)\mathrm{d}x$ 是否收敛?

[**提示**:(1)$\int_a^{+\infty} \frac{\sin x}{x}\mathrm{d}x$ 收敛,$\varphi(x) = \sin x$ 在$[a, +\infty]$上有界,但$\int_a^{+\infty} \frac{\sin^2 x}{x}\mathrm{d}x$ 发散;(2) 一定收敛]

8. 试证不等式$\frac{3}{4} < \int_0^1 x^x \mathrm{d}x < \frac{5}{6}$.

[**提示**:注意到等式$\int_0^1 x^x \mathrm{d}x = \sum_{n=1}^{\infty}(-1)^{n+1}\frac{1}{n^n}$]

的信

我们在本书
差错,导致
有涉及希腊
中所涉及的
,请读者自
造成的阅读
意. 请读者
第三章中所
第四章中所
或 Δ.
用后收藏本
,在我们第
补寄一册给

与支持.

刘培杰
张永芹
刘　瑶

第4章 多元函数的微分

一、多元函数的极限与连续性问题解法

(一) 累次极限与多重极限

与一元函数不同,由于多元函数的变元个数在两个以上,因而研究其极限问题的方式有两种(以二元函数为例),见表1:

表1

	累次极限	二重极限
表达式	$\lim\limits_{x\to x_0}\{\lim\limits_{y\to y_0} f(x,y)\}$ 或 $\lim\limits_{y\to y_0}\{\lim\limits_{x\to x_0} f(x,y)\}$	$\lim\limits_{\substack{x\to x_0\\y\to y_0}} f(x,y)$ 或 $\lim\limits_{\rho\to 0+} f(x,y)$,其中 $\rho=\sqrt{(x-x_0)^2+(y-y_0)^2}$
特点	x,y 先后变化,相继地趋向于 x_0,y_0,故函数 $f(x,y)$ 在求累次极限过程中均为一元函数极限	x,y 同时变化,各自独立地趋向于 x_0,y_0[若在 (x_0,y_0) 处有极限,其值不依 (x,y) 趋向 (x_0,y_0) 的方式而改变]
关系	二重极限存在,累次极限不一定存在,反之亦然,即累次极限存在,二重极限不一定存在;若 $\lim\limits_{\rho\to 0+} f(x,y)=A$,又若两个累次极限均存在,则 $\lim\limits_{x\to x_0}\{\lim\limits_{y\to y_0} f(x,y)\}=\lim\limits_{y\to y_0}\{\lim\limits_{x\to x_0} f(x,y)\}=A$	

(二) 二元函数的连续性及性质

二元函数连续性及性质见表2:

二重极限有时写作 $\lim\limits_{(x,y)\to(x_0,y_0)} f(x,y)$ 或 $\lim\limits_{M\to M_0} f(x,y)$,其中 $M(x,y)$,$M_0(x_0,y_0)$.

表 2

定义	(1) $f(x,y)$ 在 (x_0,y_0) 有定义；(2) $\lim\limits_{\rho\to 0+} f(x,y)$ 存在；(3) $\lim\limits_{\rho\to 0+} f(x,y) = f(x_0,y_0)$
性质	(1) 连续函数的和、差、积、商(分母不为 0) 仍为连续函数； (2) 连续函数的复合函数仍是连续函数； (3) 闭区域上的连续函数有性质： 可以取得最大值 M，最小值 m(最值定理)； 可以取得介于 m 与 M 之间的任何值(介值定理)

与一元函数相比较，多元函数的连续性要复杂得多.

下面我们分别举例谈谈这些问题.

1. 多元函数定义域问题的求法

多元函数的定义域求法与一元函数定义域求法所遵循的原则相同. 如偶次根式下被开方数非负、分式分母不为零等，但这里给出的是多元不等式.

例 1 求多元函数 $z = \ln(x+y-1) + \dfrac{1}{\sqrt{2-x-y}}$ 的定义域.

解 对于 $\ln(x+y-1)$，若其有意义，应有 $x+y-1>0$，即 $x+y>1$.

对于 $\dfrac{1}{\sqrt{2-x-y}}$，若其有意义，应有 $2-x-y>0$，即 $x+y<2$.

综上，z 的定义域为 $1<x+y<2$，或写成 $D=\{(x,y)\mid 1<x+y<2\}$.

例 2 求多元函数 $z=\arccos\left(\dfrac{x}{2}\right)+\arcsin\dfrac{y}{2}$ 的定义域.

解 欲使题设两反三角函数有意义则应 $\left|\dfrac{x}{2}\right|\leqslant 1$，且 $\left|\dfrac{y}{2}\right|\leqslant 1$. 即 $|x|\leqslant 2$，$|y|\leqslant 2$.

故 z 的定义域为 $\qquad D=\{(x,y)\mid -2\leqslant x\leqslant 2,-2\leqslant y\leqslant 2\}$

例 3 求多元函数 $f(x,y)=\begin{cases}\dfrac{1}{x}\ln(1+xy), & x\neq 0\\ y, & x=0\end{cases}$ 的定义域.

解 由题设函数的形式分两种情形考虑：

当 $x\neq 0$ 时，由 $f(x,y)=\dfrac{1}{x}\ln(1+xy)$，则要求 $1+xy>0$，即 $xy>-1$；

当 $x=0$ 时，$f(x,y)=y$. 这时对任何 y 均有 $xy=0>-1$.

故所求函数定义域为 $\qquad D=\{(x,y)\mid xy>-1\}$

例 4 求多元函数 $z=\sqrt{\dfrac{x^2+y^2-x}{2x-x^2-y^2}}$ 的定义域.

解 由题设函数的形状应有

$$\frac{x^2+y^2-x}{2x-x^2-y^2}\geqslant 0$$

且

$$2x-x^2-y^2\neq 0$$

其等价于不等式组

$$(\quad)\begin{cases}x^2+y^2-x\geqslant 0\\ 2x-x^2-y^2>0\end{cases}\quad 或 \quad(\quad)\begin{cases}x^2+y^2-x\leqslant 0\\ 2x-x^2-y^2<0\end{cases}$$

由(　)解得 $x \leqslant x^2 + y^2 < 2x$；而(　)系矛盾不等式组无解.

故所求函数定义域为　　　　$D = \{(x,y) \mid x \leqslant x^2 + y^2 < 2x\}$

例 5　在 xOy 平面上怎样的区域，方程组 $x = u + v, y = u^2 + v^2, z = u^3 + v^3$ 可定义 z 为 x, y 的函数(其中参数 u, v 取一切可能的实数值).

解　由题设方程组中的前两方程可有 $2y - x^2 = (u-v)^2$，而 $(u-v)^2 \geqslant 0$，故 $y \geqslant \frac{x^2}{2}$，即在 xOy 平面上 $y \geqslant \frac{x^2}{2}$ 区域内 z 可定义为 x, y 的函数.

2. 多元函数的极限问题解法

多元函数的极限问题远比一元函数复杂，特别是求多元函数的多重极限问题更要当心. 若求二元函数 $f(x,y)$ 在点 (x_0, y_0) 处极限，则动点 $P(x,y)$ 可沿任意路线或方式趋于点 (x_0, y_0)，因而在计算二元函数极限时，不能限制动点 $P(x,y)$ 趋于 (x_0, y_0) 的方式. 只有动点以任何方式趋于 (x_0, y_0) 时，函数 $f(x, y)$ 的极限值都存在且相等，才能断定 $f(x,y)$ 在点 (x_0, y_0) 存在极限.

但是通常计算多元函数的极限问题时，多用到某些技巧. 请看：

例 1　求下列极限(1) $\lim\limits_{\substack{x \to +\infty \\ y \to +\infty}} \left(\frac{xy}{x^2 + y^2}\right)^x$；(2) $\lim\limits_{\substack{x \to 0 \\ y \to 0}} \frac{x^2 y}{x^2 + y^2}$.

解　(1) 当 $x > 0, y > 0$ 时，$x^2 + y^2 \geqslant 2xy > 0$. 故有

$$0 < \frac{xy}{x^2 + y^2} \leqslant \frac{1}{2}$$

且

$$0 \leqslant \left(\frac{xy}{x^2 + y^2}\right)^x \leqslant \left(\frac{1}{2}\right)^x$$

由 $\lim\limits_{x \to +\infty} \left(\frac{1}{2}\right)^x = 0$，故

$$\lim_{\substack{x \to +\infty \\ y \to +\infty}} \left(\frac{xy}{x^2 + y^2}\right)^x = 0$$

(2) 仿上有 $\left|\frac{xy}{x^2 + y^2}\right| < \frac{1}{2}$，又 $\lim\limits_{(x;y) \to (0,0)} x = 0$，故

$$\lim_{\substack{x \to 0 \\ y \to 0}} \frac{x^2 y}{x^2 + y^2} = \lim_{\substack{x \to 0 \\ y \to 0}} \left(x \cdot \frac{xy}{x^2 + y^2}\right) = 0$$

有些时候我们还可实施坐标变换，特别是通过极坐标变换：$x = r\cos\theta, y = r\sin\theta$，这常可以把求 $(x,y) \to (0,0)$ 的二元函数极限问题化为求 $\rho \to 0$ 极限问题.

例 2　求下列极限(1) $\lim\limits_{\substack{x \to 0 \\ y \to 0}} \frac{xy^2}{x^2 + y^2 + y^4}$；(2) $\lim\limits_{\substack{x \to 0 \\ y \to 0}} (x^2 + y^2)^{x^2 y^2}$.

解　(1) 考虑极坐标变换 $x = r\cos\theta, y = r\sin\theta$，故这时 $(x,y) \to (0,0)$ 等价于 $r \to 0$，又

$$\left|\frac{xy^2}{x^2 + y^2 + y^4}\right| = \left|\frac{r^3 \cos\theta \sin^2\theta}{r^2 + r^4 \sin^4\theta}\right| = r\left|\frac{\cos\theta \sin^2\theta}{1 + r^2 \sin^4\theta}\right| \leqslant r$$

故由上及题设有

$$\lim_{\substack{x \to 0 \\ y \to 0}} \frac{xy^2}{x^2 + y^2 + y^4} = \lim_{r \to 0} r\left(\frac{\cos\theta \sin^2\theta}{1 + r^4 \sin^4\theta}\right) = 0$$

(2) 仍用极坐标变换有

$$(x^2 + y^2)^{x^2 y^2} = \exp\{x^2 y^2 \ln(x^2 + y^2)\} = \exp\{r^4 \cos^2\theta \sin^2\theta \ln r^2\}$$

由 $\sin^2\theta \cos^2\theta$ 是有界量，又 $r \to 0$ 时 $r^4 \ln r^2 \to 0$，则

$$\lim_{\substack{x \to 0 \\ y \to 0}} (x^2 + y^2)^{x^2 y^2} = \lim_{r \to 0} \exp\{r^4 \cos^2\theta \sin^2\theta \ln r^2\} = e^0 = 1$$

注 (2) 还可由下面方法求解

$$0 < |xy\ln(x^2+y^2)| \leqslant \frac{1}{2}(x^2+y^2)\ln(x^2+y^2)$$

令 $x^2+y^2=0$,则当 $(x,y)\to(0,0)$ 时,$\rho\to 0^+$,又 $\lim\limits_{\rho\to 0^+}\rho\ln\rho=0$,亦可求得极限值.

例 3 设点 $(x,y)\in A=\{(x,y)\mid 0\leqslant x<1, 0\leqslant y<1\}$,且令 $S(x,y)=\sum\limits_{\frac{1}{2}\leqslant\frac{m}{n}\leqslant 2} x^m y^n$,这里的求和是对一切满足所列不等式 $\frac{1}{2}\leqslant\frac{m}{n}\leqslant 2$ 的正整数对 (m,n) 进行.试计算下面极限

$$\lim_{\substack{(x,y)\to(1,1)\\(x,y)\in A}}(1-xy^2)(1-x^2y)S(x,y)$$

解 令 $T(x,y)=\sum\limits_{0<\frac{m}{n}<\frac{1}{2}} x^m y^n$,则

$$S(x,y)=\sum_{m=1}^{\infty}\sum_{n=1}^{\infty}x^m y^n - T(x,y)-T(y,x)$$

(式中去掉不满足 $\frac{1}{2}\leqslant\frac{m}{n}\leqslant 2$ 的项)又 $\sum\limits_{m=1}^{\infty}\sum\limits_{n=1}^{\infty}x^m y^n=\frac{x}{1-x}\cdot\frac{y}{1-y}$,此外

$$T(x,y)=\sum_{n=1}^{\infty}\sum_{m=2n+1}^{\infty}x^m y^n=\sum_{n=1}^{\infty}y^n\frac{x^{2n+1}}{1-x}=\frac{x}{1-x}\cdot\frac{x^2y}{1-x^2y}$$

则

$$S(x,y)=\frac{x}{1-x}\cdot\frac{y}{1-y}-\frac{x}{1-x}\cdot\frac{x^2y}{1-x^2y}-\frac{y}{1-y}\cdot\frac{y^2x}{1-y^2x}=$$

$$\frac{xy(1+y)(1+x)-x^3y^3}{(1-x^2y)(1-y^2x)}$$

有

$$(1-x^2y)(1-y^2x)S(x,y)=xy(1+x)(1+y)-x^3y^3$$

故 $$\lim_{\substack{(x,y)\to(1,1)\\(x,y)\in A}}(1-xy^2)(1-x^2y)S(x,y)=\lim_{\substack{(x,y)\to(1,1)\\(x,y)\in A}}[xy(1+x)(1+y)-x^3y^3]=3$$

我们再来看两个函数极限不存在的例子(这方面的例子请参见本书"高等数学课程中的反例").

例 4 试证明极限 $\lim\limits_{\substack{x\to 0\\y\to 0}}\frac{xy}{x+y}$ 不存在.

解 只需存在计算 (x,y) 沿 $y=x$ 和 $y=x^2-x$ 趋向于 $(0,0)$ 时的极限情况

$$\lim_{\substack{x\to 0\\y=x}}\frac{xy}{x+y}=\lim_{x\to 0}\frac{x^2}{2x}=0,\quad \lim_{\substack{x\to 0\\y=x^2-x}}\frac{xy}{x+y}=\lim_{x\to 0}\frac{x(x^2-x)}{x^2}=-1$$

因为它们不相等,即是说 (x,y) 沿不同方式趋向于 $(0,0)$ 时所得极限值不同,故原极限不存在.

例 5 试说明极限 $\lim\limits_{\substack{x\to 0\\y\to 0}}\frac{x^2y^2}{x^2y^2+(x-y)^2}$ 不存在的理由.

解 若令点 (x,y) 沿 $y=x$ 趋向于 $(0,0)$ 则有

$$\lim_{\substack{x\to 0\\y=x}}\frac{x^2y^2}{x^2y^2+(x-y)^2}=\lim_{x\to 0}\frac{x^4}{x^4}=1$$

而令 (x,y) 沿 $x=2y$ 趋向于 $(0,0)$ 时则有

$$\lim_{\substack{x\to 0\\y=x^2}}\frac{x^2y^2}{x^2y^2+(x-y)^2}=\lim_{x\to 0}\frac{x^4}{x^4+x^2}=0$$

因 (x,y) 沿不同方式趋向于 $(0,0)$ 时所得极限值不同,故原来函数极限不存在.

3. 多元函数连续性问题解法

二元函数的连续性是一元函数的连续性的推广,解这类问题的关键仍是求极限.

例 1 求下列诸二元函数的不连续点:

(1) $z=\dfrac{1}{\sqrt{x^2+y^2}}$；(2) $z=\dfrac{xy}{x+y}$；(3) $z=\dfrac{1}{\sin(x^2+y^2)}$；(4) $z=\dfrac{1}{\sin x\cos y}$.

解　(1) 函数在 $(0,0)$ 无定义，故该点是函数的不连续点；

(2) 直线 $y+x=0$ 上的点使函数分母为 0，故这些点亦为函数的不连续点；

(3) 函数在同心圆族 $x^2+y^2=n\ (n=0,\pm1,\pm2,\cdots)$ 为不连续点；

(4) 两正交直线族 $x=k$ ，$y=\left(k+\dfrac{1}{2}\right)$ （k 为整数）是函数的不连续点.

例 2　讨论二元函数 $f(x,y)=\begin{cases}\sin\dfrac{x^2+y^2}{\sqrt{x^2+y^2}}, & (x,y)\neq(0,0)\\ 0, & (x,y)=(0,0)\end{cases}$ 的连续性.

解　当 $x^2+y^2\neq 0$，即 $(x,y)\neq(0,0)$ 时，函数 $f(x,y)=\sin\dfrac{x^2+y^2}{\sqrt{x^2+y^2}}$ 为二元初等函数，除 $(0,0)$ 点外均连续.

下面考虑在点 $(0,0)$ 处的情况：仍用极坐标变换 $x=r\cos\theta, y=r\sin\theta$.

当 $x^2+y^2\neq 0$ 时，有　$f(x,y)=\sin(r\cos 2\theta)$

当 $(x,y)\to(0,0)$ 时，有 $r\to 0$，又 $\cos 2\theta$ 是有界量，从而

$$\lim_{(x,y)\to(0,0)} f(x,y)=\lim_{r\to 0}\sin(r\cos\theta)=0=f(0,0)$$

即函数 $f(x,y)$ 在 $(0,0)$ 点也连续，从而 $f(x,y)$ 在全平面连续.

例 3　讨论二元函数 $f(x,y)=\begin{cases}\dfrac{2xy}{x^2+y^2}, & x^2+y^2\neq 0\\ 0, & x^2+y^2=0\end{cases}$ 的连续性.

解　当 $(x,y)\neq(0,0)$ 时，函数 $f(x,y)=\dfrac{2xy}{x^2+y^2}$ 显然连续.

今考虑函数在 $(0,0)$ 点处的情况：令 (x,y) 沿 $y=kx$ 趋向于 $(0,0)$，即

$$\lim_{\substack{x\to 0\\ y=kx}} f(x,y)=\lim_{x\to 0}\frac{2k}{1+k^2}$$

其值随 k 的取值不同而不同，故极限不存在，从而 $(0,0)$ 为函数的间断点.

二、多元函数的偏导数问题解法

多元函数的偏导数问题包含下面一些内容（表 3）：

表 3

- 函数的偏导数
  - 函数的偏导数
  - 复合函数的偏导数
  - 隐函数的偏导数
  - （以上三项）→ 高阶偏导数
- 函数的全微分
- 函数的导数
  - 普通导数
  - 偏导数、方向导数
- 某些变换（换元）问题

关于多元函数偏导数计算公式可见表 4：

表 4

复合函数求导法	全导数公式	若 $u=f(t),v=g(t),w=h(t)$ 在 t 可导,$z=f(u,v,w)$ 有连续偏导,则 $\frac{\mathrm{d}z}{\mathrm{d}t}=\frac{\partial F}{\partial u}\frac{\mathrm{d}u}{\mathrm{d}t}+\frac{\partial F}{\partial v}\frac{\mathrm{d}v}{\mathrm{d}t}+\frac{\partial F}{\partial w}\frac{\mathrm{d}w}{\mathrm{d}t}$
	偏导数公式	若 $u=f(x,y),v=g(x,y),w=h(x,y)$ 在(x,y) 有偏导数,$z=F(u,v,w)$ 有连续偏导,则 $\frac{\partial z}{\partial x}=\frac{\partial F}{\partial u}\frac{\partial u}{\partial x}+\frac{\partial F}{\partial v}\frac{\partial v}{\partial x}+\frac{\partial F}{\partial w}\frac{\partial w}{\partial x},\frac{\partial z}{\partial y}=\frac{\partial F}{\partial u}\frac{\partial u}{\partial y}+\frac{\partial F}{\partial v}\frac{\partial v}{\partial y}+\frac{\partial F}{\partial w}\frac{\partial w}{\partial y}$
隐函数求导法	偏导数公式	若 $z=f(x,y)$ 由方程 $F(x,y,z)=0$ 确定,则 将 x,y,z 视为独立变量,有 $\frac{\partial z}{\partial x}=-\frac{F'_x}{F'_z},\frac{\partial z}{\partial y}=-\frac{F'_y}{F'_z}$ 将 $F(x,y,z)=0$ 两边对 x,y 求导(x,y 视为独立变量,z 视作 x,y 的函数),可得含 z'_x,z'_y 的方程组,解这个即可
	全导数公式	若 $y=y(x)$ 是由 $F(x,y)=0$ 所确定的隐函数,则 $\frac{\mathrm{d}y}{\mathrm{d}x}=-\frac{F_x{}'}{F_y{}'}$
	方向导数计算	$U=f(x,y,z)$ 在 $P(x,y,z)$ 处可微,函数沿 l 的方向导数为 $\frac{\partial f}{\partial l}=\frac{\partial f}{\partial x}\cos\alpha+\frac{\partial f}{\partial y}\cos\beta+\frac{\partial f}{\partial z}\cos\gamma$ 其中 α,β,γ 为 l 与 Ox,Oy,Oz 轴正向夹角

可微 若函数 $z=f(x,y)$ 在(x_0,y_0) 邻域有定义,增量 x, y, z 若有关系 $z=A\ x+B\ y+o(\rho)$,其中 A,B 与 x, y 无关,且 $\xi=\sqrt{(\ x)^2+(\ y)^2}$,称 $f(x,y)$ 在(x_0,y_0) 处可微.

又 $A\ x+B\ y$ 称 $f(x,y)$ 在(x_0,y_0) 处的全微分,若函数可微有 $\mathrm{d}z=\frac{\partial z}{\partial x}\mathrm{d}x=\frac{\partial z}{\partial y}\mathrm{d}y$.

注 多元函数可微的定义可以看作是多元函数"导数"(它不存在)缺失的一种补充(多元函数只存在偏导致、方向导数).

此外还要强调一点:对于多元函数而言,**可导仅系指函数偏导数存在**,这与一元函数"可导"含义似有区别.

多元函数连续、可导、可微之间关系可见图 1:

Leibniz 公式 $z=f(x,y)$ 的高阶偏导数的 Leibniz 公式为:

若 $z=f(x,y)$ 在(x,y) 有 n 阶连续偏导数,则

$$\mathrm{d}^n z=\left(\mathrm{d}x\frac{\partial}{\partial x}+\mathrm{d}y\frac{\partial}{\partial y}\right)^n f=\sum_{k=0}^{n}\mathrm{C}_n^k\mathrm{d}x^k\mathrm{d}y^{n-k}\frac{\partial^n f}{\partial x^k\partial y^{n-k}}$$

这里$\frac{\partial}{\partial x},\frac{\partial}{\partial y}$ 视为算符,即上式系形式记号(因其与二项式定理相似,故便于记忆).

(一) 一阶偏导数问题解法

我们先来看看一阶偏导数问题的解法.

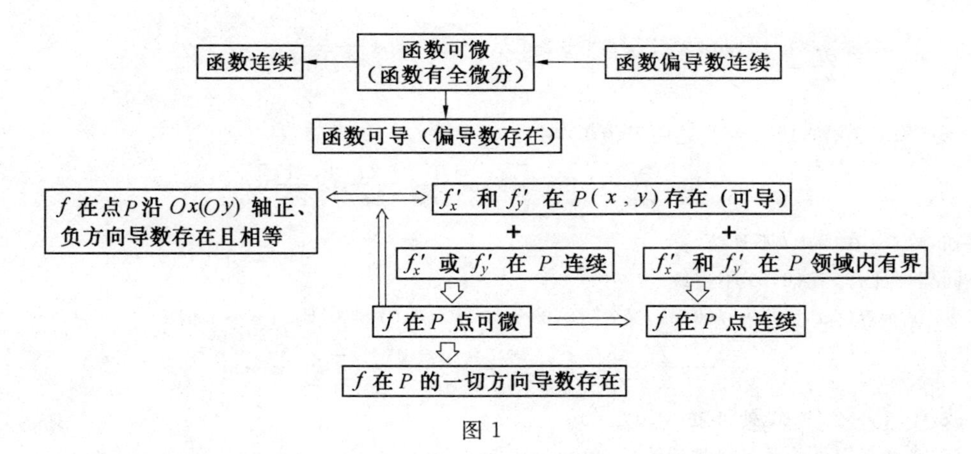

图 1

1. 利用偏导数定义、概念及性质

有些讨论多元函数可导、可微性的问题，常须根据偏导数定义来解. 请看：

例 1　讨论函数 $f(x,y)=\sqrt{|xy|}$ 在(0,0)点的可微性.

解　易证 $f(x,y)$ 在点(0,0)连续. 再注意到

$$f'_x(0,0)=\lim_{x\to 0}\frac{f(0+\ \ x,0)-f(0,0)}{x}=0$$

同理可证 $f'_y(0,0)=0$. 但是 $f-[f'_x(0,0)\ \ x+f'_y(0,0)\ \ y]=\sqrt{|\ \ x\ \ y|}$.

考虑点(x,y)沿直线 $y=x$ 趋向于(0,0)时有

$$\frac{\{\ \ f-[f'_x(0,0)\ \ x+f'_y(0,0)\ \ y]\}}{\rho}=\frac{\sqrt{|\ \ x\ \ y\ |}}{\sqrt{\ \ x^2+\ \ y^2}}=\frac{\sqrt{\ \ x^2}}{\sqrt{\ \ x^2+\ \ y^2}}=\frac{1}{\sqrt{2}}$$

即当 $\rho\to 0$ 时，$f-[f'_x(0,0)\ \ x+f'_y(0,0)\ \ y]$ 不是一个比 ρ 高阶的无穷小，故 $f(x,y)$ 在点(0,0)不可微.

注 1　此例即说多元函数偏导数存在但其不一定可微.

注 2　类似地可证(方法同例)：

(1) 二元函数 $f(x,y)=\begin{cases}\dfrac{\sqrt{|xy|}\sin(x^2+y^2)}{x^2+y^2}, & x^2+y^2\neq 0\\ 0, & x^2+y^2=0\end{cases}$ 在(0,0)点不可微.

(2) 二元函数 $f(x,y)=\begin{cases}\dfrac{xy}{\sqrt{x^2+y^2}}, & x^2+y^2\neq 0\\ 0, & x^2+y^2=0\end{cases}$ 在(0,0)点不可微.

例 2　讨论函数 $f(x,y)=\begin{cases}(x^2+y^2)\sin\dfrac{1}{x^2+y^2}, & x^2+y^2\neq 0\\ 0, & x^2+y^2=0\end{cases}$ 在(0,0)点的可导性、偏导数连续性及可微性.

解

$$f'_x(0,0)=\lim_{x\to 0}\frac{f(0+\ \ x,0)-f(0,0)}{x}=\lim_{x\to 0}\ \ x\sin\left(\frac{1}{x^2}\right)=0$$

同理 $f'_y(0,0)=0$. 当$(x,y)\neq(0,0)$时

$$\frac{\partial f}{\partial x}=\begin{cases}2x\sin(x^2+y^2)^{-1}-2x(x^2+y^2)^{-1}\cos\dfrac{1}{x^2+y^2}, & x^2+y^2\neq 0\\ 0, & x^2+y^2=0\end{cases}$$

$$\frac{\partial f}{\partial y}=\begin{cases}2y\sin(x^2+y^2)^{-1}-2y(x^2+y^2)^{-1}\cos\dfrac{1}{x^2+y^2}, & x^2+y^2\neq 0\\ 0, & x^2+y^2=0\end{cases}$$

当点(x,y)沿直线$y=x$趋向于$(0,0)$时

$$\lim_{\substack{x\to 0\\ y=x\to 0}}\frac{\partial f}{\partial x}=\lim_{\substack{x\to 0\\ y=x\to 0}}\left[2x\sin\frac{1}{2x^2}-\frac{2x}{2x^2}\cos\frac{1}{2x^2}\right]$$

不存在,故f'_x在$(0,0)$不连续.

同理可证f'_x在$(0,0)$不连续.

令　$z=f(\ x,\ y)-f(0,0)$,又$f'_x(0,0)=0$,$f'_y(0,0)=0$,则当$\rho\to 0$时

$$\frac{z-(f'_x\ \ x+f'_y\ \ y)}{\rho}=\frac{z-0}{\rho}=\sqrt{\rho}\sin\frac{1}{\rho^2}\to 0$$

故$f(x,y)$在$(0,0)$处可微,且$\mathrm{d}f=0$.

注　此例即说函数偏导数不连续,但函数可微.

例3　设函数$f(x,y)=(x-y)\varphi(x,y)$,其中$\varphi(x,y)$在点$(0,0)$的邻域内连续,问(1)$\varphi(x,y)$在什么条件下偏导数$f'_x(0,0)$,$f'_y(0,0)$存在;(2)$\varphi(x,y)$在什么条件下,$f(x,y)$在$(0,0)$点可微.

解　(1) 注意到下面两极限

$$\lim_{x\to 0+}\frac{f(0+x,0)-f(0,0)}{x}=\varphi(0,0),\quad \lim_{x\to 0-}\frac{f(0+x,0)-f(0,0)}{x}=-\varphi(0,0)$$

故若$\varphi(0,0)=0$时,$f'_x(0,0)$存在且为0.

类似地有,当$\varphi(0,0)=0$时,$f'_y(0,0)$存在且为0.

(2) 由　$f=f(0+\ \ x,0+\ \ y)-f(0,0)=|\ \ x-\ \ y|\varphi(\ x,\ y)$,又

$$\frac{|\ \ x-\ \ y|}{\sqrt{\ \ x^2+\ \ y^2}}\leqslant\frac{|\ \ x|+|\ \ y|}{\sqrt{\ \ x^2+\ \ y^2}}\leqslant 2$$

因而,若$\varphi(0,0)=0$,当$\rho=\sqrt{\ \ x^2+\ \ y^2}\to 0$时,有

$$\frac{f-[f'_x(0,0)\ \ x+f'_y(0,0)\ \ y]}{\rho}=\frac{|\ \ x-\ \ y|\varphi(\ x,\ y)}{\rho}\to 0$$

故若$\varphi(0,0)=0$,当$\varphi(0,0)=0$时,$f(x,y)$在$(0,0)$点可微,且$\mathrm{d}f=0$.

注　下面的命题系列的变形或延拓,只是将条件改为充要.

例4　设二元函数$f(x,y)=|x-y|\varphi(x,y)$,其中$\varphi(x,y)$在点$(0,0)$的一个领域内连续.试证明函数$f(x,y)$在$(0,0)$点处可微的充分必要条件是$\varphi(0,0)=0$.

证　(必要性)设$f(x,y)$在$(0,0)$点处可微,则$f_x'(0,0)$,$f_y'(0,0)$存在.由于

$$f_x'(0,0)=\lim_{x\to 0}\frac{f(x,0)-f(0,0)}{x}=\lim_{x\to 0}\frac{|x|\varphi(x,0)}{x}$$

且
$$\lim_{x\to 0}\frac{|x|\varphi(x,0)}{x}=\varphi(0,0),\quad \lim_{x\to 0^-}\frac{|x|\varphi(x,0)}{x}=-\varphi(0,0)$$

故有
$$\varphi(0,0)=0$$

(充分性)若$\varphi(0,0)=0$,则可知$f_x'(0,0)=0$,$f_y'(0,0)=0$.因为

$$\frac{f(x,y)-f(0,0)-f_x'(0,0)x-f_y'(0,0)y}{\sqrt{x^2+y^2}}=\frac{|x-y|\varphi(x,y)}{\sqrt{x^2+y^2}}$$

又
$$\frac{|x-y|}{\sqrt{x^2+y^2}}\leqslant\frac{|x|}{\sqrt{x^2+y^2}}+\frac{|y|}{\sqrt{x^2+y^2}}\leqslant 2$$

所以$\lim\limits_{\substack{x\to 0\\ y\to 0}}\dfrac{|x-y|\varphi(x,y)}{\sqrt{x^2+y^2}}=0$.由定义$f(x,y)$在$(0,0)$点处可微.

同一元函数求导法一样,对于分段函数的求导,常常要依据定义(特别是在各段的连接点及某些特

殊点处)，这一点是需我们当心的.

我们再来看一个利用定义计算多元函数在一点的偏导数问题.

例 5　设函数 $f(x,y)=\begin{cases}\dfrac{(x^3y-xy^3)}{(x^2+y^2)}, & (x,y)\neq(0,0)\\ 0, & (x,y)=(0,0)\end{cases}$. 求 $f'_x(0,0)$ 和 $f''_{xy}(0,0)$.

解　依定义我们可有

$$f'_x(0,0)=\lim_{x\to 0}\frac{f(\ x,0)-f(0,0)}{x}=0$$

又当 $y\neq 0$ 时，$f'_x(0,y)=\dfrac{\partial}{\partial x}\left[\dfrac{x^3y-xy^3}{x^2+y^2}\right]_{(0,y)}=-y$，故

$$f''_{xy}(0,0)=\lim_{y\to 0}\frac{f_x(0,\ y)-f_x(0,0)}{y}=\lim_{y\to 0}\frac{-\ y-0}{y}=-1$$

注　因函数 $f(x,y)$ 在 $(0,0)$ 不一定可微，故不能用先求偏导函数，然后再代值的办法去求 $(0,0)$ 点的偏导数值，而只能依据定义考虑.

2. 复合函数的偏导数计算法

对一些具体函数的偏导数计算，只需根据公式按部就班考虑即可. 但是这里提醒读者注意下面三点：

(1) 弄清函数的复合关系；

(2) 对某个自变量求偏导，应注意须经过**一切有关的中间变量**而归结到相应的自变量；

(3) 计算复合函数的高阶偏导数，要注意：对一阶偏导数来说仍保持原来的复合关系.

这一点借助于结构图常可清楚地显示它们的关系，例如：

设 $u=f(x,xy,xyz)$，求 u'_x；

设 $z=f(x,u,v)$ 和 $v=v(x,y,u)$，$u=u(x,y)$，求 z'_x.

它们的复合关系结构如图 2：

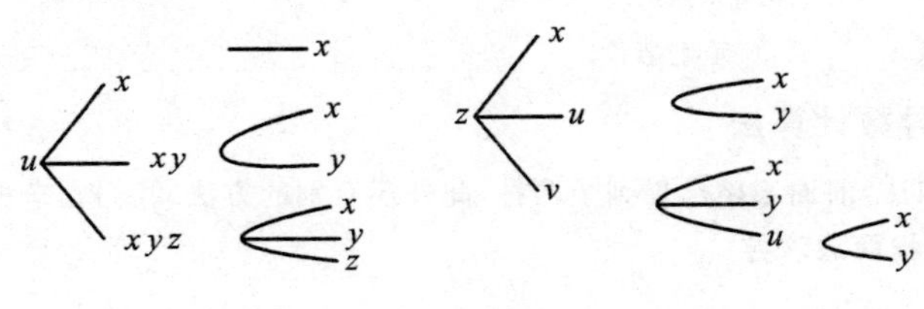

图 2

例子我们不想多举，请看：

例 1　设函数 $f(x,y,z)=10x\ln(10y^{10})+10^{3z}y$，又若 $u=xz$，$v=yz$，且 $w=(\lg\sqrt[3]{987})\,z^2$，试求偏导数 $\left.\dfrac{\partial f(u,v,w)}{\partial y}\right|_{(100,10,1)}$ 的值.

解　由设 $f(u,v,w)=10u\ln(10v^{10})+10^{3w}v$，其中 $u=xz$，$v=yz$，$w=\dfrac{(\lg 987)z^2}{3}$，又

$$\frac{\partial f(u,v,w)}{\partial y}=\frac{\partial f}{\partial v}\frac{\partial v}{\partial y}=\left(10^2\cdot\frac{u}{v}+10^{3w}\right)z$$

而在 $(x,y,z)=(100,10,1)$ 时，$u=10^2$，$v=10$，$w=\dfrac{\lg 987}{3}$，故

$$\left.\frac{\partial f(u,v,w)}{\partial y}\right|_{(100,10,1)}=\left(10^2\cdot\frac{10^2}{10}+10^{3\cdot\frac{1}{3}\lg 987}\right)\cdot 1=1987$$

例 2　设函数 $f(x,y)$ 可微，且 $f(1,1)=1$，$f'_x(1,1)=a$，$f'_y(1,1)=b$. 又记 $\varphi(x)=$

$f\{x,f[x,f(x,x)]\}$，求 $\varphi'(1)$.

解 由设 $f(x,y)$ 可微，且 $f'_x(1,1)=a, f'_y(1,1)=b$. 又

$$\varphi'(x)=f'_x\{x,f[x,f(x,x)]\}+f'_y\{x,f[x,f(x,x)]\}\cdot \{f'_x[x,f(x,x)]+f'_y[x,f(x,x)][f'_x(x,x)+f'_y(x,x)]\}$$

$$\varphi'(1)=f'_x(1,1)+f'_y(1,1)\{f'_x(1,1)+f'_y(1,1)[f'_x(1,1)+f'_y(1,1)]\}= a+b[a+b(a+b)]=a(1+b+b^2+b^3)$$

注 这是一个一元函数求导问题，但它与偏导数有关.

例3 已知函数 $F(x,y,z,t)=f(x-y,y-z,t-z)$，简记 F，求 $F'_x+F'_y+F'_z+F'_t$.

解 令 $u=x-y, v=y-z, w=t-z$，则

$$F'_x=f'_u,\quad F'_y=-f'_u+f'_v,\quad F'_z=-f'_v-f'_w,\quad F'_t=f'_w$$

故

$$F'_x+F'_y+F'_z+F'_t=0$$

例4 设 $x^2=vw, y^2=wu, z^2=uv$ 及 $f(x,y,z)=F(u,v,w)$. 试证 $xf'_x+yf'_y+zf'_z=uF'_u+vF'_v+wF'_w$.

解 由题设 $x^2=vw, y^2=wu, z^2=uv$ 可有

$$u=\frac{yz}{x},\quad v=\frac{xz}{y},\quad w=\frac{xy}{z} \tag{$*$}$$

或

$$u=-\frac{yz}{x},\quad v=-\frac{xz}{y},\quad w=-\frac{xy}{z} \tag{$**$}$$

对于 $f(x,y,z)$ 求偏导，且注意($*$)式有

$$xf'_x+yf'_y+zf'_z=x(F_u'u_x'+F_v'v_x'+F_w'w_x')+y(F_u'u_y'+F_v'v_y'+F_w'w_y')+ z(F_u'u_z'+F_v'v_z'+F_w'w_z')=\left[x\left(-\frac{yz}{x^2}\right)+y\frac{z}{x}+z\frac{y}{x}\right]F'_u+ \left[x\frac{z}{y}+y\left(-\frac{xz}{y^2}\right)+z\frac{x}{y}\right]F'_v+\left[x\frac{z}{y}+y\frac{x}{z}+z\left(-\frac{xy}{z^2}\right)\right]F'_w= uF'_u+vF'_v+wF'_w$$

类似地，对于依据($**$)式亦有此结论.

3. 隐函数的偏导数计算法

隐函数的偏导数求法，前面表格已提到了两种，此外还有别的方法. 我们先来看：

(1) 对所给函数方程两边求导

例1 设 $z=z(x,y)$ 由关系式 $x^2+y^2+z^2=xf\left(\frac{y}{x}\right)$ 定义，其中 $f(t)$ 可微，求 z'_x, z'_y.

解 将所给关系式两边对 x 求导，有

$$2x+2z\cdot\frac{\partial z}{\partial x}=f\left(\frac{y}{x}\right)+xf'\left(\frac{y}{x}\right)\cdot\left(-\frac{y}{x^2}\right)$$

故

$$\frac{\partial z}{\partial x}=\frac{1}{2z}\left[f\left(\frac{y}{x}\right)-\frac{y}{x}f'\left(\frac{y}{x}\right)-2x\right]$$

类似地可求得

$$\frac{\partial z}{\partial y}=\frac{1}{2z}\left[f'\left(\frac{y}{x}\right)-2y\right]$$

注 下面的命题与例1类似：

命题 设函数 $z=z(x,y)$ 由方程 $x^2+y^2+z^2=y\left(\frac{z}{y}\right)$ 的定义，且 $f(t)$ 可微，则

$$(x^2-y^2-z^2)\cdot z'_x+2xy\cdot z'_y=2xz$$

例2 设 $z=z(x,y)$ 由 $ax+by+cz=\varphi(x^2+y^2+z^2)$ 定义的函数，$\varphi(u)$ 可微，a,b,c 为常数，则 $(cy-bz)\cdot z'_x+(az-cx)\cdot z'_y=bx-ay$.

解　将题设等式两边分别对 x,y 求导

$$a+cz'_x=\varphi'(x^2+y^2+z^2)(2x+2z\cdot z'_x) \tag{1}$$

$$b+cz'_y=\varphi'(x^2+y^2+z^2)(2y+2z\cdot z'_y) \tag{2}$$

解得
$$z'_x=\frac{-a+2x\varphi'}{c-2z\varphi'},z'_y=\frac{-b+2y\varphi'}{c-2z\varphi'}$$

故
$$(cy-bz)\cdot z'_x+(az-cx)\cdot z'_y=\frac{(cy-bz)(-a+2x\varphi')+(az-cx)(-b+2y\varphi')}{c-2z\varphi'}=$$

$$\frac{(bx-ay)(c-2z\varphi')}{c-2z\varphi'}=bx-ay$$

(2) 先求出函数关系表达式再求导

有些函数可以求出其表达式,这样再求导就方便了.请看:

例 1　设 $x=\mathrm{e}^u\cos v,y=\mathrm{e}^u\sin v,z=uv$,求 z'_x,z'_y.

解　由设有 $\mathrm{e}^u=\sqrt{x^2+y^2}$,即 $u=\ln\sqrt{x^2+y^2}$;及 $\tan v=\dfrac{y}{x}$,即 $v=\arctan\dfrac{y}{x}$.这样

$$\frac{\partial u}{\partial x}=\frac{x}{x^2+y^2},\quad\frac{\partial u}{\partial y}=\frac{y}{x^2+y^2},\quad\frac{\partial v}{\partial x}=-\frac{y}{x^2+y^2},\quad\frac{\partial v}{\partial y}=\frac{x}{x^2+y^2}$$

$$\frac{\partial z}{\partial x}=\frac{\partial z}{\partial u}\frac{\partial u}{\partial x}+\frac{\partial z}{\partial v}\frac{\partial v}{\partial x}=v\frac{\partial u}{\partial x}+u\frac{\partial u}{\partial x}=\frac{xv-yu}{x^2+y^2},\quad\frac{\partial z}{\partial y}=\frac{\partial z}{\partial u}\frac{\partial u}{\partial y}+\frac{\partial z}{\partial v}\frac{\partial v}{\partial y}=\frac{yv+xu}{x^2+y^2}$$

例 2　设 $xu-yv=0,yu+xv=1$.求 $u'_x,u'_y;v'_x,v'_x$.

解　由设有 $u=\dfrac{y}{x^2+y^2},v=\dfrac{x}{x^2+y^2}$.故

$$\frac{\partial u}{\partial x}=\frac{-2xy}{(x^2+y^2)^2},\quad\frac{\partial u}{\partial y}=\frac{x^2-y^2}{(x^2+y^2)^2}$$

且
$$\frac{\partial v}{\partial x}=\frac{y^2-x^2}{(x^2+y^2)^2},\quad\frac{\partial v}{\partial y}=\frac{-2xy}{(x^2+y^2)^2}$$

(3) 令新函数,再两边求导

例 1　设二元函数 $g(u,v)$ 可微,由 $z=g\left(\dfrac{x}{z},\dfrac{y}{z}\right)$ 确定函数 $z=f(x,y)$,求 z'_x,z'_y.

解　令 $F(x,y,z)=g\left(\dfrac{x}{z},\dfrac{y}{z}\right)-z,u=\dfrac{x}{z},v=\dfrac{y}{z}$,则有

$$F'_x=g'_u\cdot u'_x+g'_v\cdot v'_x=\frac{g'_u}{z},\quad F'_y=g'_u\cdot u'_y+g'_v\cdot v'_y=\frac{g'_v}{z}$$

及
$$F'_z=g'_u\cdot u'_z+g'_v\cdot v'_z-z'_z=-\frac{xg'_u+yg'_v}{z^2}-1$$

从而
$$\frac{\partial z}{\partial x}=\frac{\dfrac{g'_u}{z}}{\dfrac{xg'_u}{z^2}+\dfrac{yg'_v}{z^2}+1},\quad\frac{\partial z}{\partial y}=\frac{\dfrac{g'_v}{z}}{\dfrac{xg'_u}{z^2}+\dfrac{yg'_v}{z^2}+1}$$

即
$$\frac{\partial z}{\partial x}=\frac{zg'_u}{xg'_u+yg'_u+z^2},\quad\frac{\partial z}{\partial y}=\frac{zg'_v}{xg'_u+yg'_v+z^2}$$

例 2　设 $f(t)$ 可微,且 $f\left(\dfrac{1}{y}-\dfrac{1}{x}\right)=\dfrac{1}{z}-\dfrac{1}{x}$,求 $x^2z'_x+y^2z'_y$.

解　令 $F=f\left(\dfrac{1}{y}-\dfrac{1}{x}\right)-\dfrac{1}{z}+\dfrac{1}{x}$.则

$$z'_x=-\frac{F'_x}{F'_z}=-z^2\left(\frac{1}{x^2}\right)\left[f'\left(\frac{1}{y}-\frac{1}{x}\right)-1\right],\quad z'_y=-\frac{F'_y}{F'_z}=\frac{z^2}{y^2}f'\left(\frac{1}{y}-\frac{1}{x}\right)$$

故
$$x^2z'_x+y^2z'_y=-z^2\left[f'\left(\frac{1}{y}-\frac{1}{x}\right)-1\right]+z^2f'\left(\frac{1}{y}-\frac{1}{x}\right)=z^2$$

(4) 对关系两边求导后,化为方程组问题

例 1 已知函数 $u=u(x,y),v=v(x,y)$ 由 $\begin{cases}x=\mathrm{ch}\,u\cos v\\ y=\mathrm{sh}\,u\sin v\end{cases}$ 确定,求 u'_x,v'_x.

解 将原方程组两边对 x 求导有

$$\begin{cases}\mathrm{sh}\,u\cos v\cdot u'_x-\mathrm{ch}\,u\sin v\cdot v'_x=1\\ \mathrm{ch}\,u\sin v\cdot u'_x+\mathrm{sh}\,u\cos v\cdot v'_x=0\end{cases}$$

故
$$u'_x=\frac{\partial u}{\partial x}=\frac{\mathrm{sh}\,u\cos v}{\mathrm{sh}^2u\cos^2v+\mathrm{ch}^2u\sin^2v},\quad v'_x=\frac{\partial v}{\partial x}=\frac{-\mathrm{ch}\,u\sin v}{\mathrm{sh}^2u\cos^2v+\mathrm{ch}^2u\sin^2v}$$

例 2 设 $z=f(u,v,x,y)$,而 u,v 是由方程组 $F(u,v,x,y)=0$ 和 $G(u,v,x,y)=0$ 确定的 x,y 的函数.又 f,F,G 关于其变元均有连续的偏导数,且 $F'_uG'_v-F'_vG'_u\neq 0$.求 z'_x,z'_y.

解 由 $z'_x=f'_u\cdot u'_x+f'_v\cdot v'_x+f'_x$ 及 $F=0,G=0$ 两边对 x 微导,有

$$\begin{cases}F'_uu'_x+F'_vv'_x+F'_x=0\\ G'_uu'_x+G'_vv'_x+G'_x=0\end{cases}$$

故
$$u'_x=\frac{\partial(F,G)}{\partial(v,x)}\Big/\frac{\partial(F,G)}{\partial(u,v)},\quad v'_x=\frac{\partial(F,G)}{\partial(x,u)}\Big/\frac{\partial(F,G)}{\partial(u,v)}$$

这里$\dfrac{\partial(F,G)}{\partial(u,v)}$ 等系相应的 Jacobi 行列式 $\begin{vmatrix}F_u' & F_v'\\ G_u' & G_v'\end{vmatrix}$,如是

$$z'_x=\frac{\partial(F,G)}{\partial(v,x)}\Big/\frac{\partial(F,G)}{\partial(u,v)}\cdot\frac{\partial f}{\partial u}+\frac{\partial(F,G)}{\partial(x,u)}\Big/\frac{\partial(F,G)}{\partial(u,v)}\cdot\frac{\partial f}{\partial v}+\frac{\partial f}{\partial x}$$

类似地可求得 z'_y.

这个例子既是复合函数问题,又涉及隐函数.下面我们专门谈谈这类问题.

4. 复合隐函数的求导法

人们较多地遇到的求偏导问题是关于复合隐函数的.即这里既涉及隐函数,又有函数复合,它们的求导方法可将上述两种函数求导方法兼容即可.请看例子.

例 1 设 $u=\dfrac{x+y}{y+z}$,其中 z 是由方程 $z\mathrm{e}^y=x\mathrm{e}^x+y\mathrm{e}^y$ 所定义的函数,求 u'_x.

解
$$\frac{\partial u}{\partial x}=\frac{1}{y+z}\left(1+\frac{\partial z}{\partial x}\right)+\frac{x+z}{(y+z)^2}\left(-\frac{\partial z}{\partial x}\right)=\frac{1}{y+z}+\frac{y-x}{(y+z)^2}\frac{\partial z}{\partial x}$$

再将 $z\mathrm{e}^z=x\mathrm{e}^x+y\mathrm{e}^y$ 两边对 x 求导有

$$z'_x\cdot\mathrm{e}^z+z\mathrm{e}^z\cdot z'_x=\mathrm{e}^x+x\mathrm{e}^x$$

故 $z'_x=\dfrac{\mathrm{e}^x(x+1)}{\mathrm{e}^y(z+1)}$,代入 u'_x 可有

$$\frac{\partial u}{\partial x}=\frac{1}{y+z}+\frac{\mathrm{e}^x(x+1)(y-x)}{\mathrm{e}^y(z+1)(y+z)^2}$$

显然,前边用了复合函数求导法,后面用了隐函数求导法.

例 2 已知 $F(x,x+y,x+y+z)=0$,其中 F 偏导数连续,求 z'_x.

解 将 z 视为 $z(x,y)$ 且将题设等式两边对 x 求导得

$$F'_1+F'_2+F'_3\cdot(1+z'_x)=0$$

这里 F'_1,F'_2,F'_3 系 F 分别对 $x,x+y,x+y+z$ 求导.故

$$z'_x=-\frac{F'_1+F'_2+F'_3}{F'_3}$$

例 3 设 $f(x,y,z)=xy^2z^3$,而 x,y,z 满足方程 $F(x,y,z)=x^2+y^2+z^2-3xyz=0$,求 f'_x.

解 视 y 为 x,z 的函数且满足方程,则

$$\frac{\partial y}{\partial x}=-\frac{F'_x}{F'_y}=-\frac{2x-3yz}{2y-3xz}$$

从而
$$\frac{\partial f}{\partial x}=y^2z^3+2xyz^3\frac{\partial y}{\partial x}=\frac{yz^3(2y^2+3xyz-4x^2)}{2y-3xz}$$

注　同样地可以视 z 为 x,y 的函数亦可仿上方法求解.

例 4　设 $\varphi(u,v)$ 可微,则由方程 $\varphi(cx-az,cy-bz)=0$ 所确定的函数 $z=f(x,y)$ 满足 $az'_x+bz'_y=c$.

解　由 $z=f(x,y)$ 将 $\varphi=0$ 两边对 x 求导得

$$\varphi'_u(c-az'_x)+\varphi'_v(0-bz'_x)=0$$

故
$$z'_x=\frac{c\varphi'_u}{(a\varphi'_u+b\varphi'_v)}$$

同理 $z'_y=\dfrac{c\varphi'_v}{(a\varphi'_u+b\varphi'_v)}$. 故 $az'_x+bz'_y=c$.

例 5　设 $F\left(\dfrac{y}{x},\dfrac{z}{x}\right)=0$,且 F 可微. 试证 $xz'_x+yz'_y=z$.

证　设 $u=\dfrac{y}{x},v=\dfrac{z}{x}$,将 $F=0$ 两边分别对 x,y 求偏导有

$$-F'_uy+F'_v(xz'_x-z)=0$$

$$\frac{F'_u}{x}+\frac{F'_yz'_y}{x}=0$$

由式　解得 F'_u 代入式　,即
$$xz'_x+yz'_y=z$$

注 1　类似地还有以下命题或结论:

命题　若 F 可微,且 $F\left(\dfrac{x}{z},\dfrac{y}{z}\right)=0$,则 $xz'_x+yz'_y=z$.

注 2　本例还可推广如:

推广 1　若 $u=x^nF\left(\dfrac{z}{x},\dfrac{y}{x}\right)$,则 $xu'_x+yu'_y+zu'_z=nu$;

推广 2　若 $u=x^nF\left(\dfrac{y}{x^\alpha},\dfrac{z}{y^\beta}\right)$,则 $xu'_x+\alpha yu'_y+\alpha\beta u'_z=nu$,这里 F 是可微函数.

例 6　设 $\dfrac{1}{z}-\dfrac{1}{x}=f\left(\dfrac{1}{y}-\dfrac{1}{x}\right)$,试证 $x^2z'_x+y^2z'_y=z^2$.

解　令 $u=\dfrac{1}{z}-\dfrac{1}{x}$,将题设式两边分别对 x,y 求导有

$$-\frac{1}{z^2}\frac{\partial z}{\partial x}+\frac{1}{x^2}=f'(u)\left(\frac{1}{x^2}\right)\Rightarrow\frac{\partial z}{\partial x}=\frac{z^2}{x^2}-\frac{y^2}{x^2}f'(u)$$

$$-\frac{1}{z^2}\frac{\partial z}{\partial y}=f'(u)\left(-\frac{1}{y^2}\right)\Rightarrow\frac{\partial z}{\partial y}=\frac{z^2}{y^2}f'(u)$$

故
$$x^2\cdot z'_x+y^2\cdot z'_y=z^2-z^2f'(u)+z^2f'(u)=z^2$$

例 7　设 $ur\cos\theta=1,v=\tan\theta$,且 $F(r,\theta)=G(u,v)$. 试证 $rF'_r=-uG'_u$,且证 $F'_\theta=uvG'_u+(1+v^2)G'_v$.

证　由 $F'_r=G'_uu'_r+G'_vv'_r$,而 $u'_r=-\dfrac{1}{r^2\cos\theta}=-\dfrac{u}{r}$,又 $v'_r=0$. 故

$$rF'_r=rG'_u\left(-\frac{u}{r}\right)=-uG'_u$$

而
$$F'_\theta=G'_vv'_\theta+G'_uu'_\theta$$

又
$$v'_\theta=\sec^2\theta=1+\tan^2\theta=1+v^2,u'_\theta=\frac{\sin\theta}{r\cos^2\theta}=uv$$

故
$$F'_\theta = (1+v^2)G'_v + uvG'_u$$

5. 偏导数与坐标变换问题算法

某些含有偏导数的函数式(或方程)实施坐标变换后，常可使其化简．比如：

例 1 将方程 $x\dfrac{\partial u}{\partial y} - y\dfrac{\partial u}{\partial x} = 0$ 化为极坐标形式．

解 令 $r = \sqrt{x^2+y^2}, \varphi = \arctan\left(\dfrac{y}{x}\right)$，由

$$\frac{\partial r}{\partial x} = \frac{x}{r}, \frac{\partial r}{\partial y} = \frac{y}{r}, \quad \frac{\partial \varphi}{\partial x} = -\frac{y}{r^2}, \frac{\partial \varphi}{\partial y} = \frac{x}{r^2}$$

故
$$\frac{\partial u}{\partial x} = \frac{x}{r}\frac{\partial u}{\partial r} - \frac{y}{r^2}\frac{\partial u}{\partial \varphi}, \quad \frac{\partial u}{\partial y} = \frac{y}{r}\frac{\partial u}{\partial r} + \frac{x}{r^2}\frac{\partial u}{\partial \varphi}$$

代入题设方程得 $u'_\varphi = 0$．

例 2 设 $u = x, v = \dfrac{1}{y} - \dfrac{1}{x}, w = \dfrac{1}{z} - \dfrac{1}{x}$，式中 $w = w(u,v)$ 为新函数．试求作上述变换以后方程 $x^2\dfrac{\partial z}{\partial x} + y^2\dfrac{\partial z}{\partial y} = z^2$ 的形式．

解 由设有 $x = u, y = \dfrac{u}{(1+uv)}, z = \dfrac{u}{(1+uw)}$．则

$$\frac{\partial z}{\partial x} = \left[(1+uw)\frac{\partial z}{\partial x} - u\left(u\frac{\partial w}{\partial x} + w\frac{\partial u}{\partial x}\right)\right](1+uw)^2 = \left(1 - u^2\frac{\partial w}{\partial u} - \frac{\partial w}{\partial v}\right)\Big/(1+uw)^2$$

$$\begin{aligned}\frac{\partial z}{\partial x} &= \left[(1+uw)\frac{\partial u}{\partial y} - u\left(u\frac{\partial w}{\partial y} + w\frac{\partial u}{\partial y}\right)\right](1+uw)^2 = \\ &-u\left[u\left(\frac{\partial w}{\partial u}\frac{\partial u}{\partial y} + \frac{\partial w}{\partial v}\frac{\partial v}{\partial y}\right)\right]\Big/(1+uw)^2 = \\ &-u^2\left[-\left(\frac{1+uv}{u}\right)^2\right]\frac{\partial w}{\partial v}\Big/(1+uw)^2 = \frac{(1+uw)^2}{(1+uw)^2}\frac{\partial w}{\partial v}\end{aligned}$$

代入题设方程化简后得 $w'_u = 0$．

从上面两个例子的解法可以看出：偏导数的坐标变换问题实际上是复合函数求导问题，而利用坐标变换化简方程，对于解某些偏微积分方程来讲非常重要．当然坐标变换的目的不仅在此，有些变换虽不能将函数式化简，但它在其他方面却有应用，比如下面的例子在多元函数的积分(极坐标坐换问题)中就有应用．

例 3 用 $x = r\cos\theta, y = r\sin\theta$ 变换 $w = \left(\dfrac{\partial u}{\partial x}\right)^2 + \left(\dfrac{\partial u}{\partial y}\right)^2$，使式中 w 的自变量由 (x,y) 变为 (r,θ)．

解 设 $u = u(x,y)$，其中 $x = r\cos\theta, y = r\sin\theta$，则

$$\frac{\partial u}{\partial r} = \frac{\partial u}{\partial x}\frac{\partial x}{\partial r} + \frac{\partial u}{\partial y}\frac{\partial y}{\partial r} = \frac{\partial u}{\partial x}\cos\theta + \frac{\partial u}{\partial y}\sin\theta \tag{1}$$

$$\frac{\partial u}{\partial \theta} = \frac{\partial u}{\partial x}\frac{\partial x}{\partial \theta} + \frac{\partial u}{\partial y}\frac{\partial y}{\partial \theta} = r\frac{\partial u}{\partial x}(-\sin\theta) + r\frac{\partial u}{\partial y}\cos\theta \tag{2}$$

即
$$\frac{1}{r}\frac{\partial u}{\partial \theta} = -\frac{\partial u}{\partial x}\sin\varphi + \frac{\partial u}{\partial y}\cos\theta \tag{3}$$

式$(1)^2$ + 式$(2)^2$ 有 $\quad w = \left(\dfrac{\partial u}{\partial x}\right)^2 + \left(\dfrac{\partial u}{\partial y}\right)^2 = \left(\dfrac{\partial u}{\partial r}\right)^2 + \dfrac{1}{r^2}\left(\dfrac{\partial u}{\partial \theta}\right)^2$

6. 全导数与全微分问题算法

我们先来看复合函数全导数的算法，这只需按照前面表中的法则计算即可．

例 1 设 $w = F(x,y,z)$，又 $z = f(x,y), y = \varphi(x)$，求 $\dfrac{\mathrm{d}w}{\mathrm{d}x}$．

解 $$\frac{\mathrm{d}w}{\mathrm{d}x}=\frac{\partial F}{\partial x}+\frac{\partial F}{\partial y}\frac{\mathrm{d}y}{\mathrm{d}x}+\frac{\partial F}{\partial z}\frac{\mathrm{d}z}{\mathrm{d}x}=\frac{\partial F}{\partial x}+\frac{\partial F}{\partial y}\varphi'(x)+\frac{\partial F}{\partial z}\frac{\partial f}{\partial x}+\frac{\partial F}{\partial z}\frac{\partial f}{\partial y}\varphi'(x)$$

隐函数(包括复合隐函数)求导法则灵活,这往往视题设条件可行.

例 2　设 $y=f(x,z)$,而 z 是由方程 $g(x,y,z)=0$ 所确定的 x,y 的函数,这里 f,g 均可微,求$\frac{\mathrm{d}y}{\mathrm{d}x}$.

解　由设 $y=f(x,z)$ 有$\frac{\mathrm{d}y}{\mathrm{d}x}=\frac{\partial f}{\partial x}+\frac{\partial f}{\partial z}\frac{\partial z}{\partial x}$,又 $g(x,y,z)=0$ 有

$$\frac{\partial g}{\partial x}+\frac{\partial g}{\partial y}\frac{\partial y}{\partial x}+\frac{\partial g}{\partial z}\frac{\partial z}{\partial x}=0$$

综上 $$\frac{\mathrm{d}y}{\mathrm{d}x}=\frac{\partial f}{\partial x}+\frac{\partial f}{\partial t}\left[-\left(\frac{\partial g}{\partial x}+\frac{\partial g}{\partial y}\cdot\frac{\mathrm{d}y}{\mathrm{d}x}\right)\Big/\frac{\partial g}{\partial z}\right]$$

故 $$\frac{\mathrm{d}y}{\mathrm{d}x}=\left(\frac{\partial f}{\partial x}\cdot\frac{\partial g}{\partial z}-\frac{\partial f}{\partial z}\cdot\frac{\partial g}{\partial x}\right)\Big/\left(\frac{\partial f}{\partial z}\cdot\frac{\partial g}{\partial y}+\frac{\partial g}{\partial z}\right)$$

注　$\frac{\mathrm{d}y}{\mathrm{d}x}$亦可由$\frac{\partial z}{\partial x}=-\frac{\partial g}{\partial x}\Big/\frac{\partial g}{\partial y},\frac{\partial z}{\partial y}=-\frac{\partial g}{\partial y}\Big/\frac{\partial g}{\partial z}$及$\frac{\mathrm{d}y}{\mathrm{d}x}=\frac{\partial f}{\partial x}+\frac{\partial f}{\partial z}\left(\frac{\partial z}{\partial x}+\frac{\partial z}{\partial y}\cdot\frac{\mathrm{d}y}{\mathrm{d}x}\right)$求得.

此外它还可另解如下:

由题设可有方程组$\begin{cases}y=f(x,z)\\g(x,y,z)=0\end{cases}$确定了函数 $y=y(x),z=z(x)$,将方程组每个方程两边对 x 求导

$$\begin{cases}\dfrac{\partial y}{\partial x}=\dfrac{\partial f}{\partial x}+\dfrac{\partial f}{\partial z}\dfrac{\mathrm{d}z}{\mathrm{d}x}\\[2ex]\dfrac{\partial g}{\partial x}+\dfrac{\partial g}{\partial y}\dfrac{\mathrm{d}y}{\mathrm{d}x}+\dfrac{\partial g}{\partial z}\dfrac{\mathrm{d}z}{\mathrm{d}t}=0\end{cases}$$

由之可以解出$\frac{\mathrm{d}y}{\mathrm{d}x}$,同时解出$\frac{\mathrm{d}z}{\mathrm{d}x}$.

例 3　设函数 $u(x)$ 是由方程组 $u=f(x,y),g(x,y,z)=0$ 和 $h(x,z)=0$ 所确定,且 $h_z\neq0$,$g'_y\neq0$. 试求$\frac{\mathrm{d}u}{\mathrm{d}x}$.

解　由 $g(x,y,z)=0,h(x,z)=0$ 对 x 求导有

$$\begin{cases}\dfrac{\partial g}{\partial x}+\dfrac{\partial g}{\partial y}\dfrac{\mathrm{d}y}{\mathrm{d}x}+\dfrac{\partial g}{\partial z}\dfrac{\mathrm{d}z}{\mathrm{d}x}=0\\[2ex]\dfrac{\partial h}{\partial x}+\dfrac{\partial h}{\partial z}\dfrac{\mathrm{d}z}{\mathrm{d}x}=0\end{cases}$$

解得$\frac{\mathrm{d}y}{\mathrm{d}x}=-\frac{\partial g}{\partial x}\Big/\frac{\partial g}{\partial y}+\frac{\partial g}{\partial z}\frac{\partial h}{\partial x}\Big/\frac{\partial g}{\partial y}\frac{\partial h}{\partial z}$,再由 $u=f(x,y)$ 对 x 求导有

$$\frac{\mathrm{d}u}{\mathrm{d}x}=\frac{\partial f}{\partial x}+\frac{\partial f}{\partial y}\frac{\mathrm{d}y}{\mathrm{d}x}=\frac{\partial f}{\partial x}-\frac{f'_y\cdot g'_x}{g'_y}+\frac{f'_yg'_zh'_x}{g'_yh'_z}$$

注　下面的命题与本例类同:

若 $u=f(x,y,z)$,又 $g(x,y,z)=0$ 且 $h=(x,y)=0$,其中 f,g,h 均可微,且 $h'_yg'_z\neq0$,求$\frac{\mathrm{d}u}{\mathrm{d}x}$.

$\left[\textbf{答:}\frac{\mathrm{d}u}{\mathrm{d}x}=f'_x-\frac{f'_y\cdot h'_x}{h'_y}+\frac{f'_z(h'_xg'_y-g'_xh'_y)}{h'_yg'_z}\right]$

下面来看求全微分问题.

例 4　设函数 $u=z\sqrt{\frac{x}{y}}$,求全微分 $\mathrm{d}u(1,1,1)$.

解　由设有$\frac{\partial u}{\partial x}=\frac{z}{\sqrt{y}}\frac{1}{2\sqrt{x}},\frac{\partial u}{\partial y}=-\frac{z\sqrt{x}}{2}y^{-\frac{3}{2}},\frac{\partial u}{\partial z}=\sqrt{\frac{x}{y}}$,故全微分

$$\mathrm{d}u(1,1,1)=\left[\frac{\partial u}{\partial x}\mathrm{d}x+\frac{\partial u}{\partial y}\mathrm{d}y+\frac{\partial u}{\partial z}\mathrm{d}z\right]_{(1,1,1)}=\frac{\mathrm{d}x}{2}-\frac{\mathrm{d}y}{2}+\mathrm{d}z$$

例 5 设函数 $f(x,y,z)=\left(\frac{x}{y}\right)^{\frac{1}{z}}$,求全微分 $\mathrm{d}f(1,1,1)$.

解 由设有$\frac{\partial f}{\partial x}=\frac{1}{yz}\left(\frac{x}{y}\right)^{\frac{1}{z}-1}$,$\frac{\partial f}{\partial y}=-\frac{1}{y^2z}\left(\frac{x}{y}\right)^{\frac{1}{z}-1}$,$\frac{\partial f}{\partial z}=-\frac{1}{z^2}\left(\frac{x}{y}\right)^{\frac{1}{z}}\ln\frac{x}{y}$,故全微分

$$\mathrm{d}f(1,1,1)=\mathrm{d}x-\mathrm{d}y$$

最后我们谈谈多元函数的方向导数问题.这类问题一般只需按公式计算便可.例子不打算多举,仅举三例,请看:

例 6 试求函数 $f(x,y)=\ln\left(\mathrm{e}^{-x}+\frac{x^2}{y}\right)$ 沿 $\boldsymbol{l}=a\boldsymbol{l}_1+b\boldsymbol{l}_2$ 的方向导数,其中 a,b 为正实数,又 $\boldsymbol{l}_1=\{1,0\}$,$\boldsymbol{l}_2=\{0,1\}$.

解 由设 $\boldsymbol{l}$ 的方向为 $a\{1,0\}+b\{0,1\}=\{a,b\}$,故 $\boldsymbol{l}$ 的方向导数

$$\{\cos\alpha,\cos\beta\}=\left\{\frac{a}{\sqrt{a^2+b^2}},\frac{b}{\sqrt{a^2+b^2}}\right\}$$

注意到

$$\frac{\partial f}{\partial l}=\frac{\partial f}{\partial x}\cos\alpha+\frac{\partial f}{\partial y}\cos\beta=\frac{2x-y\mathrm{e}^{-x}}{x^2+y\mathrm{e}^{-x}}\cos\alpha+\frac{-x^2}{y^2\mathrm{e}^{-x}+yx^2}\cos\beta=$$

$$\frac{1}{\sqrt{a^2+b^2}}\left[\frac{a(2x-y\mathrm{e}^{-x})}{x^2+y\mathrm{e}^{-x}}-\frac{bx^2}{y^2\mathrm{e}^{-x}+yx^2}\right]$$

此外,方向导数还可以用极坐标方式求得,请看:

例 7 设 $f(x,y)=\begin{cases}\dfrac{xy}{\sqrt{x^2+y^2}}, & (x,y)\neq(0,0)\\ 0, & (x,y)=(0,0)\end{cases}$.求 $f(x,y)$ 在$(0,0)$点处沿 $\boldsymbol{l}=\boldsymbol{i}+\boldsymbol{j}$ 的方向导数.

解 在直角坐标系沿 $\boldsymbol{l}=\boldsymbol{i}+\boldsymbol{j}$ 的方向导数即在极坐标系沿 $\theta=\frac{\ }{4}$ 的方向导数,故

$$\left.\frac{\partial f}{\partial \boldsymbol{l}}\right|_{(0,0)}=\lim_{\substack{\theta=\frac{\ }{4}\\ \rho\to0}}\frac{f(x,y)-f(0,0)}{\rho}=\lim_{\substack{x\to0\\ y\to0}}\frac{xy/\sqrt{x^2+y^2}-0}{\sqrt{x^2+y^2}}=\lim_{\substack{\theta=\frac{\ }{4}\\ \rho\to0}}\frac{\rho^2\cos\theta\sin\theta}{\rho^2}=\frac{1}{2}$$

下面的例子还与曲线切线有关.请看:

例 8 求函数 $u=y\sqrt{x^2+y^2+z^2}$ 在点 $M(1,2,-2)$ 处沿曲线 $x=t,y=2t^2,z=-2t^4$ 在这点切线方向的方向导数.

解 点 $M(1,2,-2)$ 对于曲线方程中参数 $t=1$.又

$$\left.\frac{\mathrm{d}x}{\mathrm{d}t}\right|_{t=1}=1,\quad\left.\frac{\mathrm{d}y}{\mathrm{d}t}\right|_{t=1}=4,\quad\left.\frac{\mathrm{d}z}{\mathrm{d}t}\right|_{t=1}=-8$$

故曲线在点 M 处切线 $\boldsymbol{l}$ 的方向余弦为$\{\cos\alpha,\cos\beta,\cos\gamma\}=\left\{\frac{1}{9},\frac{4}{9},-\frac{8}{9}\right\}$,再注意到

$$\left.\frac{\partial u}{\partial x}\right|_M=-\left.\frac{xy}{(x^2+y^2+z^2)^{\frac{3}{2}}}\right|_M=-\frac{2}{27}$$

$$\left.\frac{\partial u}{\partial y}\right|_M=\left.\frac{x^2+y^2}{(x^2+y^2+z^2)^{\frac{3}{2}}}\right|_M=\frac{5}{27}$$

$$\left.\frac{\partial u}{\partial z}\right|_M=-\left.\frac{yz}{(x^2+y^2+z^2)^{\frac{3}{2}}}\right|_M=\frac{4}{27}$$

综上,代入公式可得

$$\left.\frac{\partial u}{\partial l}\right|_M=\left.\frac{\partial u}{\partial x}\right|_M\cos\alpha+\left.\frac{\partial u}{\partial y}\right|_M\cos\beta+\left.\frac{\partial u}{\partial z}\right|_M\cos\gamma=-\frac{2}{27}\cdot\frac{1}{9}+\frac{5}{27}\cdot\frac{4}{9}+\frac{4}{27}\left(-\frac{8}{9}\right)=-\frac{14}{243}$$

下面的例子是求方向导数的最值问题.

例 9　若函数 $f(x,y,z)=axy^2+byz+cx^3z^2$ 在 $(1,2,-1)$ 沿 O_z 轴正方向导数取最大值 64,求常数 a,b,c 的值.

解　由题设知

$$\text{grad}\, f(1,2,-1)=\{f'_x,f'_y,f'_z\}^{(1,2,-1)}=\{4a+3c,4a-b,2b-2c\}$$

又 $\text{grad}\, f(1,2,-1)\ /\!/\ \{0,0,1\}$,且 $|\text{grad}\, f(1,2,-1)|=64$. 故由方程组

$$\begin{cases}4a+3c=0\\4a-b=0\\2b-2c>0\end{cases}$$

且

$$\sqrt{(2b-2c)^2}=64$$

解得 $a=b,b=24,c=-8$.

(二) 高阶偏导数问题解法

多元函数的高阶偏导数计算是在计算其一阶偏导数的基础上进行的. 它的算法大抵有下面几种.

1. 按偏导数定义求高阶偏导数

这类问题多是讨论某些特殊点处的偏导数时才考虑,这些特殊点多系分段函数的分界点. 请看:

例 1　设 $f(x,y)=\begin{cases}\dfrac{x^3y-xy^3}{x^2+y^2}, & (x,y)\neq(0,0);\\ 0, & (x,y)=(0,0),\end{cases}$ 求 $f''_{xy}(0,0)$ 及 $f''_{yx}(0,0)$.

解　由 $f'_x(0,0)=\lim\limits_{x\to 0}\dfrac{f(\ \ x,0)-f(0,0)}{x}=0$,又当 $y\neq 0$ 时,$f'_x(0,y)=f'_x(x,y)\big|_{(0,y)}$;

且 $f'_x(x,y)=\dfrac{(x^2+y^2)(3x^2y-y^3)-2x(x^3y-xy^3)}{x^2+y^2}$,故 $f'_x(0,y)=-y$,

而 $f''_{xy}(0,0)=\lim\limits_{y\to 0}\dfrac{f'_x(0,\ \ y)-f'_x(0,0)}{y}=\lim\limits_{y\to 0}\dfrac{-\ \ y-0}{y}=-1$.

类似地可有:$f'_y(0,0)=0,f'_x(x,0)=x$ 及 $f''_{yx}(0,0)=1$.

注 1　此例说明一般情况 $f''_{xy}=f''_{yx}$ 是不成立的.

注 2　此例还可有结论:f''_{xy} 在 $(0,0)$ 不连续.

例 2　设函数 $f(x,y)=\begin{cases}x^2\arctan\dfrac{x}{y}-y^2\arctan\dfrac{x}{y}, & xy\neq 0\\ 0, & xy=0\end{cases}$. 求 f''_{xy} 和 f''_{yx}.

解　先来求 $f(x,y)$ 对 x 的一阶偏导,分下面情况考虑:

当 $xy\neq 0$ 时,有　　$f'_x=2x\arctan\dfrac{y}{x}-y$

当 $x=y=0$ 时,有　　$f'_x=\lim\limits_{x\to 0}\dfrac{f(0+\ \ x,0)-f(0,0)}{x}=0$

当 $x=0,y\neq 0$ 时,有 $f'_x=\lim\limits_{x\to 0}\dfrac{f(0+\ \ x,y)-f(0,y)}{x}=-y$

当 $x\neq 0,y=0$ 时　　$f'_x=\lim\limits_{x\to 0}\dfrac{f(0+\ \ x,0)-f(0,0)}{x}=0$

综上可有　　$f'_x=\begin{cases}2x\arctan\dfrac{y}{x}-y, & xy\neq 0\\ -y & x=0,y\neq 0\\ 0, & x=0,y=0 \text{ 或 } x\neq 0,y-0\end{cases}$

再来考虑 $f(x,y)$ 的二阶偏导,仍须分情况讨论.

当 $xy\neq 0$ 时,有 $$f''_{xy}=(f'_x)'_y=\frac{x^2-y^2}{x^2+y^2}$$

当 $x=0,y=0$ 时,有

$$f''_{xy}=\lim_{y\to 0}\frac{f_x(0,0+\ \ y)-f_x(0,0)}{y}=-1$$

当 $x=0,y\neq 0$ 时,仿上有 $$f''_{xy}=-1$$

当 $x\neq 0,y=0$ 时,有 $$f''_{xy}=1$$

综上
$$f''_{xy}=\begin{cases}\dfrac{x^2-y^2}{x^2+y^2}, & xy\neq 0\\ -1, & x=0\\ 1, & x\neq 0,y=0\end{cases}$$

类似地
$$f''_{xy}=\begin{cases}\dfrac{x^2-y^2}{x^2+y^2}, & xy\neq 0\\ 1, & y=0\\ -1, & y\neq 0,x=0\end{cases}$$

注 此例亦说明 f''_{xy} 与 f''_{yx} 一般不相等,这一点须当心.

2. 复合函数高阶偏导数解法

复合函数高阶偏导数求法如前所说,关键是注意复合关系.下面看几个例子.

例 1 若 $f''(t)$ 连续,$z=\dfrac{1}{x}f(xy)+yf(x+y)$,求 z''_{xy}.

解 由设有 $\dfrac{\partial z}{\partial x}=\dfrac{1}{x}f'(xy)\cdot y-\dfrac{1}{x^2}f(xy)+yf'(x+y)$,且

$$\frac{\partial^2 z}{\partial x\partial y}=\frac{\partial}{\partial y}\left(\frac{\partial z}{\partial x}\right)=yf''(xy)+f'(x+y)+yf''(x+y)$$

例 2 若(1) $z=xf\left(\dfrac{y}{x}\right)+g\left(\dfrac{y}{x}\right)$;(2) $z=f\left(x,\dfrac{y}{x}\right)$,求 $\dfrac{\partial^2 z}{\partial^2 y}$,这里 f,g 二次可微.

解 (1) 由 $\dfrac{\partial z}{\partial y}=xf'\left(\dfrac{y}{x}\right)\cdot\dfrac{1}{x}+g'\left(\dfrac{y}{x}\right)\cdot\dfrac{1}{x}=f'\left(\dfrac{y}{x}\right)+\dfrac{1}{x}g'\left(\dfrac{y}{x}\right)$,则

$$\frac{\partial^2 z}{\partial^2 y}=\frac{1}{x}f''\left(\frac{y}{x}\right)+\frac{1}{x^2}g''\left(\frac{y}{x}\right)$$

(2) 由题设有 $\dfrac{\partial z}{\partial y}=f'_2\left(x,\dfrac{x}{y}\right)\cdot\left(-\dfrac{x}{y^2}\right)=-\dfrac{x}{y^2}f'_2\left(x,\dfrac{x}{y}\right)$,则

$$\frac{\partial^2 z}{\partial^2 y}=\frac{2x}{y^3}f'_2\left(x,\frac{x}{y}\right)+\frac{x^2}{y^4}f''_{22}\left(x,\frac{x}{y}\right)$$

例 3 设 $u=f(x-y,y-z,z-x)$,其中 f 二次可微.试求 u''_{xx} 和 u''_{yz}.

解 令 $t=x-y,v=y-z,w=z-x$,则 $u=f(t,v,w)$.故

$$\frac{\partial u}{\partial x}=\frac{\partial f}{\partial t}\frac{\partial t}{\partial x}+\frac{\partial f}{\partial v}\frac{\partial v}{\partial x}+\frac{\partial f}{\partial w}\frac{\partial w}{\partial x}=\frac{\partial f}{\partial t}-\frac{\partial f}{\partial w}$$

且
$$\frac{\partial^2 u}{\partial x^2}=\frac{\partial}{\partial t}\left(\frac{\partial f}{\partial t}-\frac{\partial f}{\partial w}\right)\frac{\partial t}{\partial x}+\frac{\partial}{\partial w}\left(\frac{\partial f}{\partial t}-\frac{\partial f}{\partial w}\right)\frac{\partial w}{\partial x}=\frac{\partial^2 f}{\partial t^2}-2\frac{\partial^2 f}{\partial t\partial w}+\frac{\partial^2 f}{\partial w^2}$$

类似地有
$$\frac{\partial u}{\partial y}=-\frac{\partial f}{\partial t}+\frac{\partial f}{\partial v},\frac{\partial^2 u}{\partial y\partial z}=\frac{\partial^2 f}{\partial t\partial v}-\frac{\partial^2 f}{\partial v^2}+\frac{\partial^2 f}{\partial v\partial w}-\frac{\partial^2 f}{\partial t\partial w}$$

再来看一个关于极坐标的例子.

例 4 若 $u=f(x,y)$ 有二阶连续偏导数,且 $x=\rho\cos\theta,y=\rho\sin\theta$,求 $u''_{\rho\theta}$.

解 由题设有$\frac{\partial u}{\partial \theta}=\frac{\partial f}{\partial x}\frac{\partial x}{\partial \theta}+\frac{\partial f}{\partial y}\frac{\partial y}{\partial \theta}=-\rho\sin\theta f'_x+\rho\cos\theta f'_y$,这样

$$\frac{\partial^2 u}{\partial\rho\partial\theta}=\frac{\partial^2 u}{\partial\theta\partial\rho}=\frac{\partial}{\partial\rho}\left(-\rho\sin\theta\frac{\partial f}{\partial x}+\rho\cos\theta\frac{\partial f}{\partial y}\right)=$$

$$-\sin\theta\frac{\partial f}{\partial x}-\rho\sin\theta\left(\frac{\partial^2 f}{\partial x^2}\frac{\partial x}{\partial\rho}+\frac{\partial^2 f}{\partial x\partial y}\frac{\partial y}{\partial\rho}\right)+\cos\theta\frac{\partial f}{\partial y}+\rho\cos\theta\left(\frac{\partial^2 f}{\partial y\partial x}\frac{\partial x}{\partial\rho}+\frac{\partial^2 f}{\partial y^2}\frac{\partial y}{\partial\rho}\right)=$$

$$-\sin\theta f'_x+\cos\theta f'_y+\rho\cos 2\theta f''_{xy}-\frac{1}{2}(f''_{xx}-f''_{yy})\sin 2\theta$$

例 5 若 $r=\sqrt{x^2+y^2}$,且 $u=u(r)$ 有连续的二阶偏导数,求 $u''_{xx}+u''_{yy}$.

解 由设有$\frac{\partial u}{\partial x}=\frac{x}{\sqrt{x^2+y^2}}\frac{\mathrm{d}u}{\mathrm{d}r}$,$\frac{\partial u}{\partial y}=\frac{y}{\sqrt{x^2+y^2}}\frac{\mathrm{d}u}{\mathrm{d}r}$,这样

$$\frac{\partial^2 u}{\partial x^2}=\left(\frac{x}{r}\right)^2\frac{\mathrm{d}^2 u}{dr^2}+\frac{y^2}{r^3}\frac{\mathrm{d}u}{\mathrm{d}r} \tag{1}$$

$$\frac{\partial^2 u}{\partial y^2}=\left(\frac{y}{r}\right)^2\frac{\mathrm{d}^2 u}{\mathrm{d}r^2}+\frac{x^2}{r^3}\frac{\mathrm{d}u}{\mathrm{d}r} \tag{2}$$

故由式(1)+式(2)有
$$\frac{\partial^2 u}{\partial x^2}+\frac{\partial^2 u}{\partial y^2}=\frac{\mathrm{d}^2 u}{\mathrm{d}r^2}+\frac{1}{r}\frac{\mathrm{d}u}{\mathrm{d}r}$$

注 1 我们还可以用形式算子符号 $=\frac{\partial^2}{\partial x^2}+\frac{\partial^2}{\partial y^2}+\frac{\partial^2}{\partial z^2}$ 将例的结论记为 $\Delta u=u''+\frac{u'}{r}$

形式算符 $\nabla=\boldsymbol{i}\frac{\partial}{\partial x}+\boldsymbol{j}\frac{\partial}{\partial y}+\boldsymbol{k}\frac{\partial}{\partial z}$ 称为哈密尔顿算子,如果有 $\Delta u=\nabla^2 u$.

注 2 例的结论还可以推广,与例有联系的命题等可见图 3:

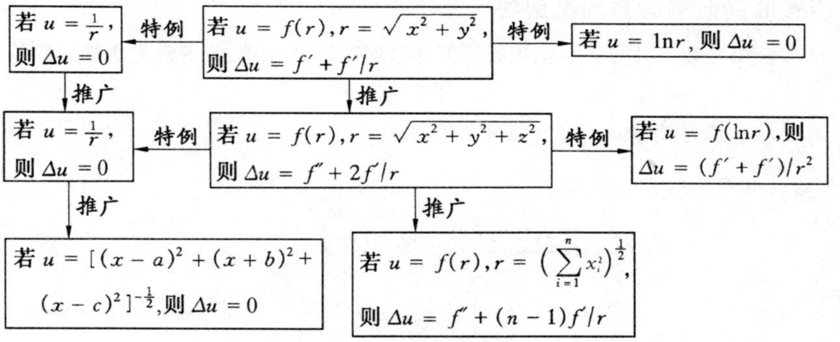

若 $u=\frac{1}{r}$,则 $\Delta u=0$ ←特例— 若 $u=f(r)$,$r=\sqrt{x^2+y^2}$,则 $\Delta u=f'+f'/r$ —特例→ 若 $u=\ln r$,则 $\Delta u=0$

↓推广 ↓推广

若 $u=\frac{1}{r}$,则 $\Delta u=0$ ←特例— 若 $u=f(r)$,$r=\sqrt{x^2+y^2+z^2}$,则 $\Delta u=f''+2f'/r$ —特例→ 若 $u=f(\ln r)$,则 $\Delta u=(f'+f')/r^2$

↓推广 ↓推广

若 $u=[(x-a)^2+(x+b)^2+(x-c)^2]^{-\frac{1}{2}}$,则 $\Delta u=0$

若 $u=f(r)$,$r=\left(\sum_{i=1}^{n}x_i^2\right)^{\frac{1}{2}}$,则 $\Delta u=f''+(n-1)f'/r$

图 3

例 6 若 $f(x,y)$ 有连续二阶偏导数,且满足 Laplace 方程:$\Delta f=0$(此时称 f 为调和函数),又 $u=f(x^2-y^2,2xy)$,试证 u 亦满足 Laplace 方程,即 $\Delta u=0$.

证 令 $\xi=x^2-y^2$,$\eta=2xy$,则有

$$u'_x=f'_\xi\xi'_x+f'_\eta\eta'_x=2xf'_\xi+2yf'_\eta,\ u'_y=f'_\xi\xi'_y+f'_\eta\eta'_y=-2yf'_\xi+2xf'_\eta$$

且
$$u''_{xx}=2f'_\xi+2x(f''_{\xi\xi}\xi'_x+f''_{\xi\eta}\eta'_x)+2y(f''_{\eta\xi}\xi'_x+f''_{\eta\eta}\eta'_x)=$$
$$2f'_\xi+4x^2f''_{\xi\xi}+8xyf''_{\xi\eta}+4y^2f''_{\eta\eta}$$

及
$$u''_{yy}=-2f'_\xi-2y(f''_{\xi\xi}\xi'_y+f''_{\xi\eta}\eta'_y)+2x(f''_{\xi\eta}\xi'_y+f''_{\eta\eta}\eta'_y)=$$
$$-2f'_\xi+4y^2f''_{\xi\xi}-8xyf''_{\xi\eta}+4x^2f''_{\eta\eta}$$

故
$$\Delta u=u''_{xx}+u''_{yy}=4(x^2+y^2)(f''_{\xi\xi}+f''_{\eta\eta})=4(x^2+y^2)\cdot\Delta f=0$$

注 1 如例所说:满足 $\Delta u=0$ 的函数 $u(x,y,z)$ 称为调和函数.显然 $u=\frac{1}{r}$,$u=\ln r$ 均为调和函数(见上例).此外还可以证明:

若 u 是调和函数即 $\Delta u=0$,则下列诸复合函数

$$v=u\left(\frac{x}{r^2},\frac{y}{r^2}\right),\quad v=u(e^x\cos y,e^x\sin y),\quad v=u(x\cos\theta-y\sin\theta,x\sin\theta+y\cos\theta)$$

(θ 为常数)亦为调和函数.

注 2 类似的更一般的问题见表 5:

表 5

条　　件	结　　论
若 $F\left(\frac{x}{z},\frac{y}{z}\right)=0$,确定 $z=f(x,y)$	$(x^2+y^2)z''_{xy}+xy\Delta z=0$
若 $\frac{x}{z}=\varphi\left(\frac{y}{z}\right)$,确定 $z=f(x,y)$	$z''_{xx}z''_{yy}-z''_{xy}=0$
$z=4(xy)+\varphi\left(\frac{x}{y}\right)$	$x^2y''_{xx}-y^2y''_{yy}+xz'_x-yz'_y=0$
$z=\varphi\left(\frac{y}{x}\right)+x\varphi\left(\frac{y}{x}\right)$	$x^2z''_{xx}+2xyz''_{xy}+y^2z''_{yy}=0$
$z=x\varphi(x+y)+y\varphi(x+y)$	$z''_{xx}-2z''_{xy}+z''_{yy}=0$
$z=u(x,y)=v(\xi,\eta)$,其中 $x=x(\xi,\eta)$,$y=y(\xi,\eta)$ 且 $x'_\xi=y'_\eta$, $y'_\xi=-x'_\eta$	$\Delta v=(x'^2_\xi+x'^2_\eta)\Delta u$

3. 隐函数的高阶偏导数问题解法

隐函数的高阶偏导数问题与复合函数高阶偏导数问题解法一样:关键是先求其一阶偏导数. 我们略举几例.

例 1 若 x,y,z 满足关系式 $xyz=x+y+z$. 求 z''_{xx},z''_{yy}.

解 由题设可有 $z=\frac{x+y}{xy-1}$. 故

$$\frac{\partial z}{\partial x}=\frac{(xy-1)-(x+y)y}{(xy-1)^2}=-\frac{1+y^2}{(xy-1)^2}$$

且

$$\frac{\partial^2 z}{\partial x^2}=\frac{-(1+y^2)(-2)y}{(xy-1)^3}=\frac{2y(1+y^2)}{(xy-1)^3}$$

由 x,y 的轮换对称性有 $\frac{\partial z}{\partial y}=\frac{-(1+x^2)}{(xy-1)^2},\frac{\partial^2 z}{\partial y^2}=\frac{2x(1+x^2)}{(xy-1)^3}$

这里是先将 z 的表达式求出再求出偏导,同时解题过程中还用了变元的轮换对称性,这在解多元函数偏导数或其他问题中,经常使用.

例 2 求由 $\frac{x^2}{a^2}+\frac{y^2}{b^2}+\frac{z^2}{c^2}=1$ 确定的隐函数 z 的二阶导数 z''_{xx},z''_{yy} 和 z''_{xy}.

解 令 $F=\frac{x^2}{a^2}+\frac{y^2}{b^2}+\frac{z^2}{c^2}-1=0$,有

$$F'_x=\frac{2x}{a^2},\quad F'_y=\frac{2y}{b^2},\quad F'_z=\frac{2z}{c^2}$$

故

$$\frac{\partial z}{\partial x}=-\frac{F'_x}{F'_z}=-\frac{c^2x}{a^2z}$$

则

$$\frac{\partial^2 z}{\partial x^2}=-\frac{c^2}{a^2}\left(z-x\frac{\partial z}{\partial x}\right)\Big/z^2=-\frac{c^2(a^2z^2+c^2x^2)}{a^4z^3}$$

由对称性可有 $$\frac{\partial^2 z}{\partial y^2}=-\frac{c^2(b^2z^2+c^2y^2)}{b^4z^3}$$

类似地有 $$\frac{\partial^2 z}{\partial x\partial y}=-\frac{c^2}{a^2}\left(-x\frac{\partial z}{\partial y}\right)\Big/z^2=-\frac{c^4xy}{a^2b^2c^3}$$

例 3　求由方程 $f(x+y,y+z)=0$ 确定的 x,y 的函 z 数的二阶偏导 z''_{xx}.

解　令 $u=x+y,v=y+z$,则 $f(u,v)=0$.

由 $f'_u\cdot 1+f'_v\cdot z'_x,=0$ 有 $z'_x=-f'_u/f'_v$. 故

$$\frac{\partial^2 z}{\partial x^2}=\frac{\partial}{\partial x}\left(\frac{\partial z}{\partial x}\right)=\frac{\partial}{\partial x}\left(-\frac{f'_u}{f'_v}\right)=-\left(f'_v\frac{\partial}{\partial x}f'_u-f'_u\frac{\partial}{\partial x}f'_v\right)\Big/f'^2_v=$$

$$-\left[f'_v\left(f''_{uu}+f''_{uv}\frac{\partial z}{\partial x}\right)-f'_u\left(f''_{vu}+f''_{vv}\frac{\partial z}{\partial x}\right)\right]\Big/f'^2_v=$$

$$(f'_uf''_{vu}-f'_vf''_{uu})/f'^2_v+(f'_uf'_vf''_{uv}-f'^2_vf''_{vv})/f'^3_v$$

注　这个例子亦可视为复合隐函数求偏导问题. 类似命题还可见:

(1) 若函数 $z=z(x,y)$ 由方程 $f(x-z,y+z)=0$ 确定,则

$$z''_{xy}=\frac{f''_{uv}f'_u-f''_{uu}f'_v}{f'_u-f'_v}+\frac{f'_u(-f''_{uu}f'_u+f''_{uv}f'_u+f''_{uv}f'_u)}{(f'_u-f'_u)^3}$$

(2) 若函数 $z=z(x,y)$ 是由方程 $f(y-x,yz)=0$ 所确定,则

$$z''_{xx}=\frac{-f''_{11}}{yf'_2}+\frac{2f''_{12}f'_1}{y(f'_2)^2}-\frac{(f'_1)^2f''_{22}}{y(f'_2)^3}$$

下面再来看一个关于复合隐函数求高阶偏导数的例子.

例 4　设 $F(x,y,x-z,y^2-w)=0$,其中 F 有二阶连续偏导数,且 $F'_4\neq 0$. 求 w''_{yy}.

解　由题设方程两边对 y 求导有 $F'_2+F'_4(2y-w'_y)=0$,故

$$w'_y=2y+\frac{F'_2}{F'_4}$$

且 $$\frac{\partial^2 w}{\partial y^2}=2+\left(F'_4\frac{\partial F'_2}{\partial y}-F'_2\frac{\partial F'_2}{\partial y}\right)\Big/F'^2_4 \tag{*}$$

而 $$\frac{\partial F'_2}{\partial y}=F''_{22}+F''_{24}\left(2y-\frac{\partial w}{\partial y}\right)=F''_{22}-F''_{24}\frac{F'_2}{F'_4}$$

且 $$\frac{\partial F'_4}{\partial y}=F''_{42}+F''_{44}\left(2y-\frac{\partial w}{\partial y}\right)=F''_{42}-F''_{44}\frac{F'_2}{F'_4}$$

将上两式代入(*)式可有

$$\frac{\partial^2 w}{\partial y^2}=2+\frac{1}{F'^3_4}[(F'_4)^2F''_{22}-2F''_{24}F'_2F'_4+(F'_4)^2F''_{44}]$$

4. 高阶偏导数的坐标变换问题

高阶偏导数的坐标变换问题与多元函数的积分以及偏微分方程的求解问题等均有联系. 前面我们已经看到,调和函数经过某些变换后仍为调和函数;某些非调和函数经过某种变换后亦可变为调和函数. 请看:

例 1　已知 $x^2\frac{\partial^2 y}{\partial x^2}+y^2\frac{\partial^2 u}{\partial y^2}+x\frac{\partial u}{\partial x}+y\frac{\partial u}{\partial y}=0$,试求变换 $x=e^s,y=e^t$ 后的方程.

解　由题设且注意到 $x=e^s,\ y=e^t$ 有 $s=\ln x,\ t=\ln y$. 则

$$\frac{\partial u}{\partial x}=\frac{\partial u}{\partial s}\frac{\partial s}{\partial x}+\frac{\partial u}{\partial t}\frac{\partial t}{\partial x}=\frac{1}{x}\frac{\partial u}{\partial s},\quad \frac{\partial u}{\partial y}=\frac{1}{y}\frac{\partial u}{\partial t}$$

且 $$\frac{\partial^2 u}{\partial x^2}=\frac{\partial}{\partial x}\left(\frac{1}{x}\frac{\partial u}{\partial s}\right)=-\frac{1}{x^2}\frac{\partial u}{\partial s}+\frac{1}{x^2}\frac{\partial^2 u}{\partial s^2}$$

同理
$$\frac{\partial^2 u}{\partial y^2} = -\frac{1}{y^2}\frac{\partial u}{\partial t} + \frac{1}{y^2}\frac{\partial^2 u}{\partial t^2}$$

代入原方程化简得
$$\frac{\partial^2 u}{\partial s^2} + \frac{\partial^2 u}{\partial^2 t} = 0$$

注 这个问题实际是前面例的注表中问题的**反问题**.

例 2 试确定 λ_1,λ_2 使线性变换 $\xi = x + \lambda_1 y, \eta = x + \lambda_2 y$ 将偏导函数式 $A\frac{\partial^2 u}{\partial x^2} + B\frac{\partial^2 u}{\partial x \partial y} + C\frac{\partial^2 u}{\partial y^2} = 0$ 变换为 $u''_{\xi\eta} = 0$(A,B,C 为常数,且 $AC - B^2 < 0, C \neq 0$).

解 由设可有
$$\frac{\partial u}{\partial x} = \frac{\partial u}{\partial \xi} + \frac{\partial u}{\partial \eta},\quad \frac{\partial u}{\partial y} = \lambda_1\frac{\partial u}{\partial \xi} + \lambda_2\frac{\partial u}{\partial \eta}$$

及
$$\frac{\partial^2 u}{\partial x^2} = \frac{\partial^2 u}{\partial \xi^2} + 2\frac{\partial^2 u}{\partial \xi \partial \eta} + \frac{\partial^2 u}{\partial \eta^2}$$

且
$$\frac{\partial^2 u}{\partial x \partial y} = \lambda_1\frac{\partial^2 u}{\partial \xi^2} + (\lambda_1 + \lambda_2)\frac{\partial^2 u}{\partial \xi \partial \eta} + \lambda_2\frac{\partial^2 u}{\partial \eta^2}$$

又
$$\frac{\partial^2 u}{\partial y^2} = \lambda_1^2\frac{\partial^2 u}{\partial \xi^2} + 2\lambda_1\lambda_2\frac{\partial^2 u}{\partial \xi \partial \eta} + \lambda_2^2\frac{\partial^2 u}{\partial \eta^2}$$

将上面诸式代入原方程整理后有
$$(A + 2B\lambda_1 + C\lambda_1^2)\frac{\partial^2 u}{\partial \xi^2} + (A + 2B\lambda_2 + \lambda_2^2)\frac{\partial^2 u}{\partial \eta^2} + 2(A + B\lambda_2 + B\lambda_1 + C\lambda_1\lambda_2)\frac{\partial^2 u}{\partial \xi \partial \eta} = 0$$

由 $A + 2B\lambda_k + C\lambda_k^2 = 0(k = 1,2)$,则 λ_1,λ_2 为 $A + 2B\lambda + C\lambda^2 = 0$ 的实根时,原方程可化为 $u''_{\xi\eta} = 0$(注意到 $AC - B^2 < 0$,且 $C \neq 0$).

这只需注意到在题设条件下(由二次方程根与系数关系的 Viète 定理)
$$A + B\lambda_1 + B\lambda_2 + C\lambda_1\lambda_2 = A + B(\lambda_1 + \lambda_2) + C\lambda_1\lambda_2 = A + \left(-\frac{2B}{C}\right) + C\cdot\frac{A}{C} =$$
$$2\left(A - \frac{B^2}{C}\right) = \frac{2}{C}(AC - B^2) \neq 0$$

注 类似地,实施某些变换可将一些偏微分方程化简(表 6):

表 6 某些二阶偏微方程变换表

原 方 程	变 换	变换后方程
$z''_{yy} - a^2 z''_{xx} = 0$	$\xi = x - ay,\quad \eta = x + ay$	$z''_{\xi\eta} = 0$
$xz''_{xx} + 2z'_x - \frac{2}{y} = 0$	$\xi = \frac{y}{x},\quad \eta = y$	$z''_{\xi\xi} = 0$
$z''_{xx} - yz''_{yy} - \frac{z'_y}{2} = 0$	$\xi = x - 2\sqrt{y},\quad \eta = x + 2\sqrt{y}$	$y''_{\xi\eta} = 0$
$x^2 z''_{xx} - y^2 z''_{yy} = 0$	$\xi = xy,\quad \eta = \frac{x}{y}$	$z''_{\xi\eta} - \frac{z'_\eta}{2\xi} = 0$
$z''_{xx} + az'_x + bz'_y + cz = 0$	$z = v(x,y)\exp\{-bx - ay\}$	$v''_{xy} - (c - ab)v = 0$
$x^2 z''_{xx} + 2xyz''_{xy} + y^2 z''_{yy} = 0$	$u = \frac{x}{y}, v = xy,\quad w = x + y + z$	$2v^2 w''_{xx} + vw'_v = 0$
$z''_{xx} + 2''_{xy} + z'_x - z = 0$	$u = \frac{x + y}{2},\quad v = \frac{x - y}{2},\quad w = ze^y$	$w''_{uu} + w''_{uv} - 2w = 0$

5. 高阶全导数和全微分问题

关于高阶全导数和全微分问题，仅举两例说明.

例 1　设 $y=y(x)$ 是由方程 $F(x,y)=0$ 决定的隐函数，求 $\dfrac{\mathrm{d}^2y}{\mathrm{d}x^2}$.

解　由隐函数全导数公式及 $F(x,y)=0$ 有 $\dfrac{\mathrm{d}y}{\mathrm{d}x}=-\dfrac{F'_x}{F'_y}$，且

$$\frac{\mathrm{d}^2y}{\mathrm{d}x^2}=-\frac{(F''_{xx}+F''_{xy}y'_x)F'_y-F'_x(F''_{yx}+F''_{yy}y'_x)}{F'^2_y}=$$

$$-\frac{1}{F'^2_y}[F''_{xx}F'_y-F''_{xy}F'_x+(F''_{xy}F'_y-F''_{yy}F'_x)y'_x]=$$

$$-\frac{1}{F'^3_y}(F''_{xx}F'^2_y-2F''_{xy}F'_xy'_y+F''_{yy}F'^2_x)$$

例 2　设 $z=f(x,y)$ 为由方程 $x=\mathrm{e}^{u+v}$，$y=\mathrm{e}^{u-v}$，$z=uv$ 所定义的函数，当 $u=0$，$v=0$ 时，求 d^2z.

解　由题设有 $u=\dfrac{1}{2}(\ln x+\ln y)$，$v=\dfrac{1}{2}(\ln x+\ln y)$，故

$$z=uv=\frac{1}{4}\ln xy\ln\frac{x}{y}$$

则
$$\frac{\partial z}{\partial x}=\frac{\ln x}{2x},\quad \frac{\partial z}{\partial y}=-\frac{\ln y}{2y}$$

且有
$$\frac{\partial^2z}{\partial x^2}=\frac{1-\ln x}{2x^2},\quad \frac{\partial^2z}{\partial y^2}=\frac{\ln y-1}{2y^2},\quad \frac{\partial z}{\partial x\partial y}=\frac{\partial z}{\partial y\partial x}=0$$

故当 $u=0$，$v=0$，即当 $x=1$，$y=1$ 时，$\mathrm{d}^2z=\dfrac{1}{2}(\mathrm{d}x^2-\mathrm{d}y^2)$.

6. 杂例

下面我们来看一些杂例，这里涉及齐次函数性质、偏微分方程解的性质、线性方程组（解）的性质和 Leibniz 公式等. 我们来看一些例子.

例 1　设 $f(x,y)=(x-a)^{p+1}(y-b)^q+\varphi(x)+\varphi(y)$，其中 $\varphi(x)$，$\varphi(y)$ 分别是 p 阶和 q 阶可导函数，试计算 $\dfrac{\partial^{p+q}f(x,y)}{\partial x^p\partial x^q}$ 在 $(a+1,b)$ 处的值.

解　由题设有 $\dfrac{\partial^{p+q}f(x,y)}{\partial x^p\partial x^q}=(p+1)!\,(x-a)\cdot q!$，故在 $(a+1,b)$ 处有

$$\left.\frac{\partial^{p+q}f(x,y)}{\partial x^p\partial x^q}\right|_{(a+1,b)}=(p+1)!\ q!$$

例 2　设 $u=(x^2+y^2)\mathrm{e}^{x+y}$，求 $\dfrac{\partial^{m+n}u}{\partial x^m\partial y^n}$.

解　令 $x^2\mathrm{e}^{x+y}=u_1$，$y^2\mathrm{e}^{x+y}=u_2$，则 $u=u_1+u_2$. 注意到 $\mathrm{e}^{x+y}=\mathrm{e}^x\mathrm{e}^y$，显然有

$$\frac{\partial^m u_2}{\partial x^m}=\frac{\partial^m}{\partial x^m}(y^2\mathrm{e}^y\mathrm{e}^x)=y^2\mathrm{e}^y\mathrm{e}^x$$

故
$$\frac{\partial^{m+n}u_2}{\partial x^m\partial y^n}=\frac{\partial^n}{\partial y^n}\left(\frac{\partial^m u_2}{\partial x^m}\right)=\frac{\partial^n}{\partial y^n}(y^2\mathrm{e}^y\mathrm{e}^x)=\mathrm{e}^x\frac{\partial^n}{\partial y^n}(y^2\mathrm{e}^y)=$$

$$\mathrm{e}^x\left(y^2\frac{\partial^n\mathrm{e}^y}{\partial y^n}+C_n^1\frac{\partial y^2}{\partial y}\frac{\partial^{n-1}\mathrm{e}^y}{\partial y^{n-1}}+C_n^2\frac{\partial^2y^2}{\partial y^2}\frac{\partial^{n-2}\mathrm{e}^y}{\partial y^{n-2}}\right)=$$

$$\mathrm{e}^{x+y}[y^2+2ny+n(n-1)]$$

类似地可有
$$\frac{\partial^{m+n}u_1}{\partial x^m\partial y^n}=\mathrm{e}^{x+y}[x^2+2mx+m(m-1)]$$

综上有$\dfrac{\partial^{m+n}u}{\partial x^m\partial y^n}=\dfrac{\partial^{m+n}u_1}{\partial x^m\partial y^n}+\dfrac{\partial^{m+n}u_2}{\partial x^m\partial y^n}=e^{x+y}[x^2+y^2+2mx+2ny+m(m-1)+n(n-1)]$

以上两例运用了高阶偏导数的 Leibniz 公式.下面看看利用齐次函数性质的例子.

例 3 若函数 $f(x,y,z)$ 恒满足关系式 $f(tx,ty,tz)=t^kf(x,y,z)$,则称 f 为 k 齐次函数.试证 k 次齐次函数 $f(x,y,z)$ 满足关系式 $xf'_x+yf'_y+zf'_y=kf$.

证 将 $f(tx,ty,tz)=t^kf(x,y,z)$ 两边对 t 求导有

$$xf'_1(tx,ty,tz)+yf'_2(tx,ty,tz)+zf'_2(tx,ty,tz)=kt^{k-1}f(x,y,z)$$

令 $t=1$,即有
$$xf'_x+yf'_y+zf'_z=kf$$

例 4 设 k 次齐次函数 $f(x,y)$ 有二阶连续偏导,且 $f(x_0,y_0)=a$,试求 $x^2f''_{xx}+2xyf''_{xy}+y^2f''_{yy}$ 在 (x_0,y_0) 的值.

解 将 $f(tx,ty)=t^kf(x,y)$ 两边对 t 求导两次得

$$xf'_1+yf'_2=kt^{k-1}f$$
$$x^2f''_{11}+2xyf''_{12}+y^2f''_{22}=k(k-1)f(x,y)$$

注意到 $f(x_0,y_0)=a$,故在 (x_0,y_0) 点有

$$x^2f''_{xx}+2xyf''_{xy}+y^2f''_{yy}=k(k-1)a$$

下面的例子利用了齐次线性方程有非零解时系数行列式性质.

例 5 设二次函数 $u=u(x,y)$,$v=v(x,y)$ 的一阶偏导数连续,且满足 $F(u,v)=0$ 及 $F'^2_u+F'^2_v\neq0$.试证$\dfrac{\partial(u,v)}{\partial(x,y)}=\begin{vmatrix}u'_x & u'_y\\ v'_x & v'_y\end{vmatrix}=0$.

证 由设 $F(u,v)=0$,将其对 x,y 求偏导

$$\begin{cases}F'_uu'_x+F'_vv'_x=0\\ F'_uu'_y+F'_vv'_y=0\end{cases}\qquad(*)$$

由 $F'^2_u+F'^2_v\neq0$ 知 F'_u,F'_v 的齐次线性方程组$(*)$有非零解,故其系数行列式

$$\begin{vmatrix}u'_x & u'_y\\ v'_x & v'_y\end{vmatrix}=\frac{\partial(u,v)}{\partial(x,y)}=0$$

注 下面命题与本例解法相同:

设二元函数 $F(u,v)$ 的两个一阶偏导数不同时为零,又二元函数 $u(x,y)$ 满足方程 $F(u'_x,u'_y)=0$,若 $u''_{xy}=u''_{yx}$,则 $u''_{xx}+u''_{yy}=(u''_{xy})^2$.

我们再来看一个利用偏微分方程解的性质求偏导数的例子.

例 6 设函数 $u=u(x,y)$ 满足方程 $u''_{xx}-u''_{yy}=0$,且 $u(x,2x)=x$,及 $u'_x(x,2x)=x^2$,试求 $u''_{xx}(x,2x)$,$u''_{yy}(x,2x)$,$u''_{xy}(x,2x)$.

解 据偏微分方程理论,双曲型方程 $u''_{xx}-u''_{yy}=0$ 的一般解为

$$u(x,y)=f(y-x)+g(y+x)$$

其中 f,g 是两个待定函数.由题设 $u(x,2x)=x$,$u'_x(x,2x)=x^2$,有

$$f(x)+g(3x)=x\tag{1}$$

及
$$-f'(x)+g'(3x)=x^2\tag{2}$$

由式(2)积分有
$$-3f(x)+g(3x)=x^3+C\tag{3}$$

由式(1),式(3)联立有

$$f(x)=\frac{1}{4}(-x^3+x-C),\quad g(3x)=\frac{1}{4}(x^3+x-C)$$

上面后一式(令 $t=3x$)可化为
$$g(x)=\frac{1}{4}\left(\frac{x^3}{27}+\frac{x}{3}+C\right)$$

从而

$$u(x,y)=\frac{1}{4}\left[2y-(y-x)^3+\frac{(y+x)^3}{27}\right],\quad u'_x(x,y)=\frac{1}{4}\left[3(y-x)^2+\frac{(y+x)^2}{9}\right]$$

$$u''_{xx}(x,y)=\frac{1}{4}\left[-6(y-x)+\frac{2(y+x)}{9}\right],\quad u''_{xy}(x,y)=\frac{1}{4}\left[6(y-x)+\frac{2(y+x)}{9}\right]$$

即

$$u''_{xx}(x,2x)=-\frac{4x}{3},\quad u''_{xy}(x,2x)=\frac{5x}{3}$$

类似地可有 $u''_{yy}(x,2x)=-\frac{4x}{3}$.

专题 3　函数的极、最值问题解法

求函数的极值问题按变元个数及约束情况一般可见表 7：

表 7

- 函数极值问题
  - 一元函数极值问题(可分无约束和有约束两类)
  - 多元函数
    - 无约束极值问题
    - 有约束极值问题

当然它还可按照变元的幂次分为线性、非线性极值(优化)问题等.

一元函数的极值问题常用求导方法考虑，此外也可用其他方法如配方、利用不等式等. 在高等数学中常用导数法，具体步骤见图 4：

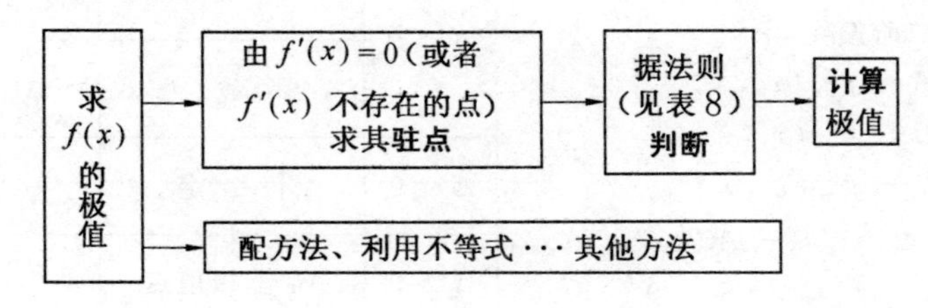

图 4

利用导数法求极值的判别可见表 8：

表 8

<table>
<tr><td>必要条件</td><td colspan="3">若 $f(x)$ 在 x_0 有极值且可导，则 $f'(x_0)=0$</td></tr>
<tr><td rowspan="6">充分条件</td><td rowspan="3">第一充分条件</td><td rowspan="3">$f(x)$ 在 x_0 邻域内可导且 $f'(x_0)=0$，x 从小到大经 x_0 变化时</td><td>$f'(x)$ 由 + 变 −，则 $f(x_0)$ 极大值</td></tr>
<tr><td>$f'(x)$ 由 − 变 +，则 $f(x_0)$ 极小值</td></tr>
<tr><td>$f'(x)$ 不变号，则 $f(x_0)$ 非极值</td></tr>
<tr><td rowspan="3">第二充分条件</td><td rowspan="3">$f(x)$ 在 x_0 有二阶导数，且 $f'(x_0)=0$</td><td>$f''(x_0)<0$，则 $f(x_0)$ 极大值</td></tr>
<tr><td>$f''(x_0)>0$，则 $f(x_0)$ 极小值</td></tr>
<tr><td>$f''(x_0)=0$，待定</td></tr>
</table>

求多元函数值(包括无约束和有约束问题) 步骤见图 5(这里只给出二元函数的情形，对于多元函数可仿此计算)：

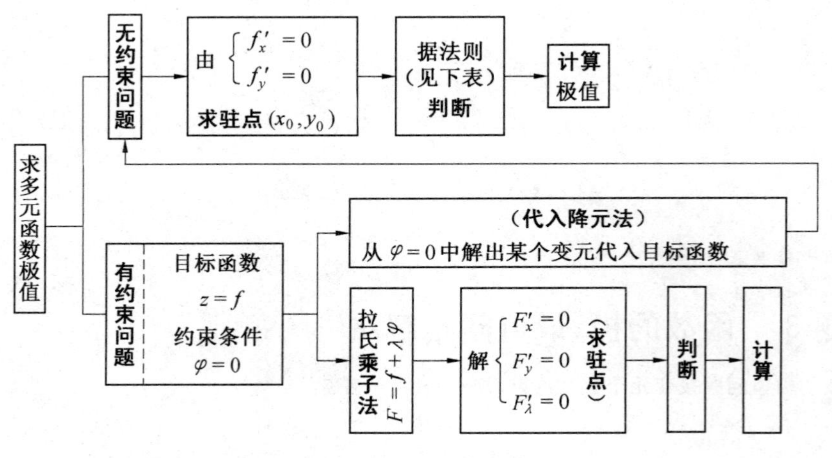

图 5

对于无约束极值问题可依表 9 进行判断：

表 9

必要条件	若 $f(x,y)$ 在 $M_0(x_0,y_0)$ 可微且有极值，则 $f'_x(x_0,y_0)=0$，$f'_y(x_0,y_0)=0$			
充分条件	$z=f(x,y)$ 在 (x_0,y_0) 邻域有连续二阶偏导，令 $A=f''_{xx}(x_0,y_0)$ $B=f''_{xy}(x_0,y_0)$ $C=f''_{yy}(x_0,y_0)$ 且 $\Delta=B^2-AC$，又 $f'_x(x_0,y_0)=f'_y(x_0,y_0)=0$	$\Delta<0$	$A<0$ 或 $C<0$	M_0 为极大点
			$A>0$ 或 $C>0$	M_0 为极小点
		$\Delta=0$	待　定	
		$\Delta>0$	M_0 非极值点	

注　对于函数 $f(x,y)$ 而，记

$$\nabla f(x_0,y_0)=(f'_x,f'_y)\Big|_{(x_0,y_0)},\quad \nabla^2 f(x_0,y_0)=\begin{pmatrix} f''_{x^2} & f''_{xy} \\ f''_{yx} & f''_{y^2} \end{pmatrix}\Big|_{(x_0,y_0)}$$

它们分别是(梯度)向量和矩阵，其中 $\nabla^2 f(x_0,y_0)$ 称为 $f(x,y)$ 在 (x_0,y_0) 的 Hesse 矩阵.

由于二元函数 $f(x,y)$ 在 (x_0,y_0) 的二阶 Taylor 展开为(记　$x=x-x_0$，$y=y-y_0$)

$$f(x,y)=f(x_0,y_0)+\nabla f(x_0,y_0)(\ x,\ y)^{\mathrm T}+\frac{1}{2}(\ x,\ y)\nabla^2 f(x_0,y_0)(\ x,\ y)^{\mathrm T}+$$
$$o(\|(\ x,\ y)\|^2)$$

此式可看作 x,y 的二次型，由线性代数理论知：

若 (x_0,y_0) 为 $f(x,y)$ 驻点即 $\nabla f(x_0,y_0)=0$，且 Hesse 矩阵正定(函数取极大值)，则其各级主子式皆大于 0；若 Hesse 矩阵负定(函数取极小值)，则其奇数皆子式小于 0，偶数阶子式大于 0.

这与前面表中结论是一致的.

对于有约束的极值问题，多根据命题本身进行判断其是否是极值点，此外还可依据辅助函数即 Lagrange 函数 $F=f+\lambda\varphi$ 的二阶全微分在驻点 M_0 处的符号进行判定：

若 $\mathrm d^2F\mid M_0<0$，则 $f\mid M_0$ 为极大值(M_0 为极大点)；

若 $\mathrm d^2F\mid M_0>0$，则 $f\mid M_0$ 为极小值(M_0 为极小点).

当然，将约束条件代入目标函数可将有约束极值问题化为无约束极值问题，这样不难利用求无约束

极值问题的方法进行计算.

一般说来,函数的极值与函数的最(大、小)值是不同的,函数的极值只是函数的局部性质,而函数的最值则是函数在某个区域上的整体性质.求函数的最值可按图 6 的步骤:

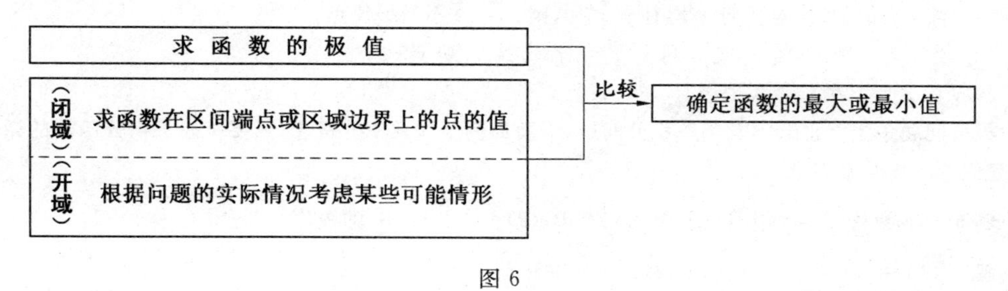

图 6

(一) 一元函数极、最值问题解法

1. 一元函数的极值求法

下面来看例子.先来看一元函数极值的问题.

例 1　试求函数 $f(x) = x^3 e^{-x}$ 的极值.

解　由 $f'(x) = x^2 e^{-x}(3-x) = 0$,解得 $x = 0, x = 3$.

当 $x < 0$ 时,$f'(x) > 0$;当 $0 < x < 3$ 时,$f'(x) > 0$;当 $x > 3$ 时,$f'(x) < 0$.

故 $f(x)$ 在 $x = 3$ 时取得极大值 $f(3) = 17e^{-3}$.

例 2　若函数 $f(x) = x + a\cos x (a > 1)$ 在区间[0,2]内有极小值0,求函数在该区间内的极大值.

解　由题设有 $f'(x) = 1 - a\sin x, f''(x) = -a\cos x$.

命 $f'(x) = 0$,得 $\sin x = \dfrac{1}{a}(a > 1)$.记 $\alpha = \arcsin \dfrac{1}{a}$.由

$$f''(\alpha) = -a\cos\alpha < 0,\quad f''(\ \ -\alpha) = a\cos\alpha > 0$$

故 $f(x)$ 在 $x = \ \ -\alpha$ 处取得极小值;在 $x = \alpha$ 处取得极大值.

由题设 $f(\ \ -\alpha) = \ \ -\alpha - a\cos\alpha = 0$,故 $\alpha + a\cos\alpha = $,则 $f(x)$ 在该区间的极大值为 $f(\alpha) = \alpha + a\cos\alpha = $.当时,有时极值点有时也须在导数不存在的点处考察.请看:

例 3　若 $y = f(x) = \begin{cases} x^{2x}, & x > 0 \\ x + 1, & x \leqslant 0 \end{cases}$,求其极值.

解　令 $y_1 = x^{2x}(x > 0)$,则 $y'_1 = 2x^{2x}(1 + \ln x) = 0$,得驻点 $x = \dfrac{1}{e}$.

当 $0 < x < \dfrac{1}{e}$ 时,$y_1' < 0$;当 $x > \dfrac{1}{e}$ 时,$y_1' > 0$.故 y_1 从而 $f(x)$ 在 $x = \dfrac{1}{e}$ 取极小值.

由 $\lim\limits_{x\to 0+} x^{2x} = \lim\limits_{x\to 0-}(x+1) = 1$,知 $f(x)$ 在 $x = 0$ 连续.又

$$\lim_{x\to 0+}\frac{f(x) - f(0)}{x} = \lim_{x\to 0+}\frac{x^{2x} - 1}{x} = \lim_{x\to 0+} 2x^{2x}(1 + \ln x) = -\infty$$

故当 $x = 0$ 时,y' 不存在.但当 $|x|$ 很小时,$x < 0$,有 $y' > 0$;$x > 0$,有 $y' < 0$.

因而 $f(x)$ 在 $x = 0$ 处取极大值.

对于含参函数求极值问题,讨论参数是必不可少的.下面的例子便是如此.

例 4　研究函数 $y = \left(1 + x + \dfrac{x^2}{2!} + \cdots + \dfrac{x^n}{n!}\right) e^{-x}$($n$ 为自然数)的极值.

解　由题设 y 是一个与参数 n 有关的 x 的函数(含参数 n),注意到

$$y' = \left(\sum_{k=0}^{n} \frac{x^k}{k!} e^{-x}\right)' = \sum_{k=0}^{n-1} \frac{x^k}{k!} e^{-x} - \sum_{k=0}^{n} \frac{x^k}{k!} e^{-x} = -\frac{x^n}{n!} e^{-x}$$

令 $y' = 0$ 得驻点 $x = 0$. 考虑到(讨论 n 取值情况):

(1) 当 n 为偶数时,对任何 x 均有 $y' \leqslant 0$,则 $x = 0$ 不是极值点;

(2) 当 n 为奇数时,若 $x < 0$,则 $y' > 0$;若 $x > 0$,则 $y' < 0$.

故 y 在 $x = 0$ 处取极大值 $y|_{x=0} = 1$.

极值问题中当然也会涉及函数积分问题,下面的例子涉及积分概念,只要掌握了积分函数的微分方法,它们的解法并不困难.

例 5 求函数(1) $y = \int_0^x (t-1)(t-2)^2 \mathrm{d}t$;(2) $y = \int_0^x t e^{-t} \mathrm{d}t$ 的极值.

解 (1) 由 $y' = (x-1)(x-2)^2 = 0$,得驻点 $x = 1, x = 2$.

当 $x < 1$ 时,$y' < 0$;当 $1 < x < 2$ 时,$y' > 0$;当 $x > 2$ 时,$y' > 0$.

故 y 在 $x = 1$ 时取得极小值 $y|_{x=1} = 0$.

(2) 由 $y' = x e^{-x} = 0$,得驻点 $x = 0$. 又当 $x > 0$ 时,$y' > 0$;当 $x < 0$ 时,$y' < 0$.

故 y 在 $x = 0$ 时取得极小值 $y|_{x=0} = 0$.

例 6 求函数(1) $y = \int_1^x (1-t)\arctan(1+t^2)\mathrm{d}t$;(2) $y = \int_0^x (1+t)\arctan t \mathrm{d}t$ 的极值.

解 (1) 由 $y' = (1-x)\arctan(1+x^2) = 0$,得 $x = 1$.

又当 $x > 1$ 时,$y' < 0$;当 $x < 1$ 时,$y' > 0$. 故当 $x = 1$ 时 y 取极大值 $y|_{x=1} = 0$.

(2) 由 $y' = (1+x)\arctan x = 0$,得 $x = -1, x = 0$.

又 $y'' = \arctan + \dfrac{1+x}{1+x^2}$,而 $y''|_{x=-1} < 0, y''|_{x=0} > 0$.

故当 $x = 0$ 时 y 取极小值;当 $x = -1$ 时,y 取极大值.

例 7 设 $f(x)$ 是定义在 $x \geqslant 1$ 上的正值函数(非负且不为 0),试求函数

$$F(x) = \int_1^x \left[\left(\frac{2}{x} + \ln x\right) - \left(\frac{2}{t} + \ln t\right)\right] f(t)\mathrm{d}t (x \geqslant 1)$$

的极值.

解 由题设先对 $F(x)$ 变形(注意被积函数变元是 t),再对其求导有

$$F'(x) = \frac{\mathrm{d}}{\mathrm{d}x}\left[\left(\frac{2}{x} + \ln x\right)\int_1^x f(t)\mathrm{d}t - \int_1^x \left(\frac{2}{t} + \ln t\right) f(t)\mathrm{d}t\right] =$$

$$\left(-\frac{2}{x^2} + \frac{1}{x}\right)\int_1^x f(t)\mathrm{d}t + \left(\frac{2}{x} + \ln x\right) f(x) - \left(\frac{2}{x} + \ln x\right) f(x) =$$

$$\left(-\frac{2}{x^2} + \frac{1}{x}\right)\int_1^x f(t)\mathrm{d}t$$

又由题设 $f(x) > 0$(当 $x \geqslant 1$ 时),故积分 $\int_1^x f(t)\mathrm{d}t > 0$.

令 $F'(x) = 0$ 可得 $-\dfrac{2}{x^2} + \dfrac{1}{x} = 0$ 解得驻点 $x = 2$.

而当 $x < 2$ 时,$F'(x) < 0$;当 $x > 2$ 时,$F'(x) > 0$. 故 $x = 2$ 时,$F(x)$ 取得极小值,且

$$F(2) = \int_1^2 \left[(1 + \ln 2) - \left(\frac{1}{t} + \ln t\right)\right] f(t)\mathrm{d}t$$

我们再来看看由积分式确定的隐函数的求极值问题的例子.

例 8 求由 $\int_0^y e^{t^2}\mathrm{d}t = \frac{1}{2}(\sqrt[3]{x} - 1)^2$ 所确定的函数 $y = g(x)$ 的极值点.

解 将所给式子两边对 x 求导

$$e^{y^2}\cdot y'=\frac{\sqrt[3]{x}-1}{3x^{\frac{2}{3}}}\Rightarrow y'=\frac{e^{-y^2}(\sqrt[3]{x}-1)}{3x^{\frac{2}{3}}}$$

令 $y'=0$ 得 $x=1$，且 y' 在 $x=0$ 不存在.

当 $x<0$ 时 $y'<0$；当 $0<x<1$ 时，$y'<0$；当 $x>1$ 时，$y'>0$.

故 $x=0$ 非极值点；$x=1$ 为 y 的极值点，且此时 y 有极小值.

例 9　试求满足关系式 $af(x)+bf\left(\frac{1}{x}\right)=\frac{c}{x}(|a|>|b|,c>0)$ 的函数 $f(x)$ 极值存在时，参数 a,b 满足的条件.

解　由前面的例子可知 $f'(x)=\frac{c(a+bx^2)}{(b^2-a^2)x^2}$，故由 $f'(x)=0$ 得 $x=\pm\sqrt{-\frac{a}{b}}$，知 a,b 须异号，且 $b\neq 0$. 又注意到

$$f''(x)=\frac{2ac}{(a^2-b^2)x^2}$$

当 $x=\sqrt{-\frac{a}{b}}$ 时，若 $a>0$，又 $c>0$ 知 $f''(x)>0$，这时 $f(x)$ 有极小值；

若 $a<0$ 又 $c>0$ 知 $f''(x)<0$，这时 $f(x)$ 有极大值.

同理当 $x=\sqrt{-\frac{a}{b}}$ 时，若 $a>0$ 时，$f(x)$ 有极大值；当 $a<0$ 时，$f(x)$ 有极小值.

下面是由函数性质和函数极值的判定讨论函数极值的例子.

例 10　设 $f(x)$ 是二阶连续可微的偶函数，且 $f''(0)\neq 0$. 试讨论 $x=0$ 是否是 $f(x)$ 的极值点.

解　由题设知 $f(-x)=f(x)$. 将其两边对 x 求导有 $f'(x)=-f'(-x)$，

令 $x=0$ 代入有 $f'(0)=-f'(0)$，故 $f'(0)=0$.

又由题设 $f''(0)\neq 0$，故 $x=0$ 是 $f(x)$ 的极值点.

例 11　讨论 $y=x^n(a-x)^m$ 的极大与极小值，其中 m,n 为正整数，且 $a>0$.

解　由 $y'=(n+m)x^{n-1}(a-x)^{m-1}\left[\frac{na}{m+n}-x\right]$. 令 $y'=0$ 求得驻点：

$$x=0(\text{当 } n>1 \text{ 时})，\text{或 } x=\frac{na}{m+n}，\text{或 } x=a(\text{当 } m>1 \text{ 时})$$

下面对于参数 m,n 分情况讨论：

(1) 当 $n=2k+1(k=0,1,2,\cdots)$ 时，x 渐增地经过 $x=0$ 时，y' 不变号，$x=0$ 不是极值点；

(2) 当 $m=2k+1(k=0,1,2,\cdots)$ 时，x 渐增地经过 $x=a$ 时，y' 亦不变号，$x=a$ 亦不是极值点；

(3) 当 $n=2k(k=1,2,\cdots)$ 时，x 渐增地经过 $x=0$ 时，y' 由负变正，故 $x=0$ 是极小点，且极小值为 $y(0)=0$；

(4) 当 $m=2k(k=1,2,\cdots)$ 时，x 渐增地经过 $x=a$ 时，y' 由负变正，故 $x=a$ 是极小点，且极小值为 $y(a)=0$；

(5) 当 m,n 为任意自然数，x 渐增地经过 $x=\frac{na}{m+n}$ 时，y' 由正变负，此点为正数极大点，且

$$y\bigg|_{x=\frac{na}{m+n}}=n^n m^m\left[\frac{na}{m+n}-x\right]^{m+n}$$

为极大值.

例 12　设 $f(x)$ 在 x_0 邻域内有直到 $n+1$ 阶导数，且 $f'(x_0)=f''(x_0)=\cdots=f^{(k-1)}(x_0)=0$，$f^{(k)}(x_0)\neq 0(k\leqslant n)$. 试讨论 $f(x)$ 在 x_0 点的极值情况.

解　将在 $f(x)$ 在 $x=x_0$ 处展成 Taylor 级数，且注意题设可有

$$f(x)=f(x_0)+0+0+\cdots+f^{(k)}(x_0)\frac{(x-x_0)^k}{k!}+f^{(k+1)}(\xi)\frac{(x-x_0)^{k+1}}{(k+1)!}$$

即
$$\frac{f(x)-f(x_0)}{(x-x_0)^k}=\frac{f^{(k)}(x_0)}{k!}+\frac{f^{(k+1)}(\xi)}{(k+1)!}(x-x_0)\quad(\xi\text{ 在 }x\text{ 与 }x_0\text{ 之间})$$

当 $|x-x_0|$ 充分小时，$\dfrac{f(x)-f(x_0)}{x-x_0}$ 与 $f^{(n)}(x_0)$ 同号，这样：

(1) 当 k 为偶数时，若 $f^{(k)}(x_0)>0$，则 $f(x)-f(x_0)>0$，$f(x_0)$ 为极小值；若 $f^{(k)}(x_0)<0$，则 $f(x)-f(x_0)<0$，$f(x_0)$ 为极大值.

(2) 当 k 为奇数时，若 $f^{(k)}(x_0)>0$，则 $f(x)-f(x_0)$ 与 $x-x_0$ 同号，$f(x)$ 单增；若 $f^{(k)}(x_0)<0$，$f(x)-f(x_0)$ 与 $x-x_0$ 异号，$f(x)$ 单减，即 $f(x_0)$ 不是极值.

例 13 若 $g(x)$ 在$(-\infty,+\infty)$ 内严格单增，试证明 $f(x)$ 与 $g[f(x)]$ 在同一点处达到极值.

证 不失一般性，无妨设 $f(x)$ 在 $x=x_0$ 处取极大值.

则对任意 $x_1\in(x_0-\delta,x_0)$，有 $f(x_1)<f(x_0)$；对任意的 $x_2\in(x_0,x_0+\delta)$，有 $f(x_2)>f(x_0)$.

又 $g(x)$ 在$(-\infty,+\infty)$ 内严格递增，又 $f(x_1),f(x_2)\in(-\infty,+\infty)$，故

当 $x_1<x_0$ 时，有 $f(x_1)<f(x_0)$，从而 $g[f(x_1)]<g[f(x_0)]$；

当 $x_2>x_0$ 时，有 $f(x_2)<f(x_0)$，从而 $g[f(x_2)]<g[f(x_0)]$.

即 $g[f(x_0)]$ 亦在同一点 $x=x_0$ 取极大值. 对于极小值情况与上类同.

例 14 对于一切实数 t，函数 $f(t)$ 是连续的，且 $f(t)>0$ 及 $f(-t)=f(t)$. 试讨论

$$F(x)=\int_{-a}^{a}|x-t|f(t)\mathrm{d}t,\quad |x|\leqslant a$$

的极值点.

解 先将 $F(x)$ 表达式化简，由题设 $f(t)$ 为偶函数，再由积分性质有(注意 $|x-t|$ 的符号)

$$\begin{aligned}F(x)=&\int_{-a}^{-x}(x-t)f(t)\mathrm{d}t+\int_{x}^{a}(t-x)f(t)\mathrm{d}t=\\&\int_{-a}^{x}(x-t)f(t)\mathrm{d}t+\int_{x}^{-x}(x-t)f(t)\mathrm{d}t-\int_{x}^{a}(x-t)f(t)\mathrm{d}t=\\&2x\int_{0}^{x}f(t)\mathrm{d}t+2\int_{x}^{a}tf(t)\mathrm{d}t\end{aligned}$$

故
$$F'(x)=2xf(x)+2\int_0^x f(t)\mathrm{d}t-2xf(x)=2\int_0^x f(t)\mathrm{d}t$$

由 $F'(x)=0$ 得驻点 $x=0$. 而 $F''(x)=2f(x)>0$，知 $F'(x)$ 递增，从而 $F(0)$ 为极小值.

2. 一元函数的最值求法

前面我们已经阐述了一元数的极、最值的区别，下面我们来讨论一般函数最值问题.

例 1 若 $a>0$，试求函数 $f(x)=\dfrac{1}{1+|x|}+\dfrac{1}{1+|x-a|}$ 的最大值.

解 由题设及绝对值性质有

$$f(x)=\begin{cases}\dfrac{1}{1-x}+\dfrac{1}{1+a-x}, & x<0\\[2ex] \dfrac{1}{1+x}+\dfrac{1}{1+a-x}, & 0\leqslant x<a\\[2ex] \dfrac{1}{1+x}+\dfrac{1}{1+x-a}, & x\geqslant a\end{cases}$$

及
$$f'(x)=\begin{cases}\dfrac{1}{(1-x)^2}+\dfrac{1}{(1+a-x)^2}, & x<0\\[2ex] -\dfrac{1}{(1+x)^2}+\dfrac{1}{(1+a-x)^2}, & 0\leqslant x<a\\[2ex] -\dfrac{1}{(1+x)^2}-\dfrac{1}{(1+x-a)^2}, & x\geqslant a\end{cases}$$

令 $f'(x)=0$ 得 $x=\frac{a}{2}$，又 $f''\left(\frac{a}{2}\right)>0$，知 $f\left(\frac{a}{2}\right)=\frac{4}{2+a}$ 为 $f(x)$ 的极小值.

由 $x<0$ 时，$f'(x)>0$，即 $f(x)$ 为增函数，且 $f(0)=\frac{2+a}{1+a}$.

而 $x>0$ 时，$f'(x)<0$，即 $f(x)$ 为减函数，且 $f(a)=\frac{2+a}{1+a}$.

又 $f\left(\frac{a}{2}\right)<f(a)=f(0)$，故 $f(x)$ 的最大值为 $\frac{2+a}{1+a}$.

例 2　讨论函数 $f(x)=|4x^3-18x^2+27|$，在 $x\in[0,2]$ 上的最大、最小值.

解　设 $g(x)=4x^3-18x^2+27$，则 $g'(x)=12x^2-36x$.

由 $g'(x)=0$，得 $x=0,x=3$（它不属 $[0,2]$ 区间，舍去）.

当 $0<x\leqslant 2$ 时，$g'(x)<0$，知 $g(x)$ 在 $[0,2]$ 上单减；又

$$f(x)=\begin{cases}g(x), & 0\leqslant x\leqslant \frac{3}{2}\\ -g(x), & \frac{3}{2}\leqslant x\leqslant 2\end{cases}$$

知 $f(x)$ 在 $\left[0,\frac{3}{2}\right]$ 上单减；在 $\left[\frac{3}{2},2\right]$ 上单增.

而 $g(0)=27,g(2)=-13,g\left(\frac{3}{2}\right)=0$. 故 $\max\limits_{x\in[0,2]}f(x)=27$，$\min\limits_{x\in[0,2]}f(x)=0$.

下面例子先将题设式变形化简，然后再考虑求其极（最）值.

例 3　若 $x\in\mathbf{R}$，且 $f(x)=\sin x+\cos x+\tan x+\cot x+\sec x+\csc x$，求 $|f(x)|$ 的最小值.

解　首先注意到下面三角函数式恒等变换：

$$\tan x+\cot x+\sec x+\csc x=\frac{1+\sin x+\cos x}{\sin x\cos x}=\frac{(\sin x+\cos x+1)(\sin x+\cos x-1)}{\sin x\cos x(\sin x+\cos x-1)}=\frac{2}{\sin x+\cos x-1}$$

令 $t=\sin x+\cos x-1$，则 $f(x)$ 可化为

$$f(t)=t-\frac{2}{t}+1$$

再注意到 $\sin x+\cos x=\sqrt{2}\sin\left(\quad+\frac{\quad}{4}\right)$，故在区间 $[-\sqrt{2}-1,\sqrt{2}-1]$ 上，$f'(t)=1-\frac{1}{t^2}$，则在 $(0,\sqrt{2}-1)$ 内 $f'(t)<0$，从而 $f(t)$ 在 $(0,\sqrt{2}-1)$ 内单减，若 $t>0$ 则

$$f(t)\geqslant 1+\sqrt{2}-1+\frac{2}{\sqrt{2}-1}=2+3\sqrt{2}$$

若 $t<0$，则在 $[-\sqrt{2}-1,-\sqrt{2}]$ 上 $f'(t)>0$，知 $f(t)$ 单增，在 $[-\sqrt{2},0]$ 上 $f'(t)<0$，$f(t)$ 单减，故 $f(t)\leqslant 1-2\sqrt{2}$，或 $-f(t)\geqslant 2\sqrt{2}-1$，等号当且仅 $t=-\sqrt{2}$ 时成立.

综上　$$|f(t)|\geqslant\min\{2+3\sqrt{2},2\sqrt{2}-1\}=2\sqrt{2}-1$$

例 4　设 $\varphi(x)=\int_x^{x+\frac{\quad}{2}}|\cos t|\,\mathrm{d}t$，$x\in(-\infty,+\infty)$，求 $\varphi(x)$ 的最大、最小值.

解　由题设 $\varphi'(x)=\left|\cos\left(x+\frac{\quad}{2}\right)\right|-|\cos x|=|\sin x|-|\cos x|$.

令 $\varphi'(x)=0$ 得 $|\sin x|-|\cos x|=0$. 即 $|\tan x|=1$，得 $x=k\quad\pm\frac{\quad}{4}$（$k$ 整数）.

又 $|\cos t|$ 的周期为　，注意到当 $0<x<\frac{\quad}{4}$ 时，$\varphi'(x)<0$，知 $\varphi(x)$ 单减；而当 $\frac{\quad}{4}<x<\frac{3}{4}$ 时，

$\varphi'(x) > 0$,知 $\varphi(x)$ 单增;$\frac{3}{4} < x <$ 时,$\varphi'(x) < 0$,有 $\varphi(x)$ 单减.又

$$\varphi\left(k\quad + \frac{}{4}\right) = 2 - \sqrt{2}, \quad \varphi\left(k\quad - \frac{}{4}\right) = \sqrt{2}$$

故 $\quad \varphi_{\max} = \varphi\left(k\quad - \frac{}{4}\right) = \sqrt{2}, \quad \varphi_{\min} = \varphi\left(k\quad + \frac{}{4}\right) = 2 - \sqrt{2}, \quad k = 0, \pm 1, \pm 2, \cdots$

下面的例子涉及广义积分概念,而所用方法则是使用了不等式.

例 5 设多项式 $p(x) = 2 + 4x + 3x^2 + 5x^3 + 3x^4 + 4x^5 + 2x^6$,又 $0 < k < 5$,且 k 为整数,设

$$I_k = \int_0^{\infty} \frac{x^k}{p(x)} \mathrm{d}x$$

问 k 为何值时 I_k 最小?

解 $p(x)$ 没有正根(若 $a > 0$,则 $p(a) > 0$),故积分当 $0 < k < 5$ 时收敛.

I_k 可视为定义在$(0,5)$上的函数.置 $x = \frac{1}{t}$,则有

$$I_k = \int_{\infty}^{0} \frac{t^{-k}}{t^{-6} p(t)} \left(\frac{\mathrm{d}t}{-t^2}\right) = \int_0^{\infty} \frac{t^{4-k}}{p(t)} \mathrm{d}t = I_{4-k}$$

由算术-几何不等式 $a^2 + b^2 \geqslant 2ab$,则有

$$I_k = \frac{1}{2}(I_k + I_{4-k}) = \int_{\infty}^{0} \frac{1}{2} \frac{x^k + x^{4-k}}{p(x)} \mathrm{d}x \geqslant \int_0^{\infty} \frac{\sqrt{x^k x^{4-k}}}{p(x)} \mathrm{d}x = \int_0^{\infty} \frac{x^2}{p(x)} \mathrm{d}x = I_2$$

故
$$\min_{0<k<5} I_k = I_2$$

下面是一个离散量的最值问题,然而它也要先化为连续量的问题处理较方便.请看:

例 6 若 $f(x)$ 在$[0,1]$上连续,且设 $I = \int_0^1 x^2 f(x) \mathrm{d}x$,$J = \int_0^1 x f^{\,2}(x) \mathrm{d}x$,求 $I - J$ 在区间$[0,1]$上的最大值.

解 注意到下面积分差式的变形

$$I - J = \int_0^1 x^2 f(x) \mathrm{d}x - \int_0^1 x f^{\,2}(x) \mathrm{d}x = \int_0^1 \left\{\frac{x^3}{4} - x\left[f(x) - \frac{x}{2}\right]^2\right\} \mathrm{d}x \leqslant$$
$$\int_0^1 \frac{x^3}{4} \mathrm{d}x = \frac{1}{16}$$

故
$$\max_{x \in [0,1]} \{I - J\} = \frac{1}{16}$$

例 7 若 $f(x)$ 在$[0,1]$上连续.令 $I(f) = \int_0^1 x^2 f(x) \mathrm{d}x$,$J(f) = \int_0^1 x f^2(x) \mathrm{d}x$.求 $I(f) - J(f)$ 的最大值.

解 由关于积分的 Cauchy 不等式有

$$\int_0^1 x f^2(x) \mathrm{d}x \int_0^1 x^2 \mathrm{d}x \geqslant \left(\int_0^1 x^2 f(x) \mathrm{d}x\right)^2$$

这样 $4I^2(f) \leqslant J(f)$,因而可有

$$I(f) - J(f) \leqslant I(f) - 4I^2(f) = \left(2I(f) - \frac{1}{4}\right)^2 + \frac{1}{16} \leqslant \frac{1}{16}$$

故当 $f(x) = \frac{x}{2}$ 时,$I(f) - J(f)$ 值最大,最大值为$\frac{1}{16}$.

3. 一元函数极、最值的应用及杂例

一元函数的极、最值常可用来比较数大小、证明不等式、判断方程的根等.我们来看例子,它涉及两个重要常数　和 e.

例 1　试比较 e 和 ^{e} 大小.

解　考虑函数 $y=\dfrac{\ln x}{x}(x>0)$,又 $y'=\dfrac{1-\ln x}{x^2}$,$y''=\dfrac{-3+2\ln x}{x^3}$.

由 $y'=0$ 解得 $x=\mathrm{e}$,而 $y''|_{x=\mathrm{e}}<0$,则 y 在 $x=\mathrm{e}$ 取得极大值.

又在$[\mathrm{e},+\infty)$ 上 $y'\leqslant 0$,故 y 在$[\mathrm{e},+\infty)$ 上单减,则 $y|_{x=\mathrm{e}}$ 为最大值.

故$\dfrac{\ln\ \ }{\ }<\dfrac{\ln \mathrm{e}}{\mathrm{e}}$或 $\mathrm{e}\ln\ \ <\ \ln \mathrm{e}$,即 $\ln\ ^{\mathrm{e}}<\ln \mathrm{e}$,从而 $^{\mathrm{e}}<\mathrm{e}$.

注 1　类似地我们还可比较$\sqrt{2}$,$\sqrt[\mathrm{e}]{\mathrm{e}}$,$\sqrt[3]{3}$ 的大小.

注 2　本题还可解如:

令 $y=\dfrac{\mathrm{e}^x}{x^{\mathrm{e}}}(x>0)$,当 $x>\mathrm{e}$ 时,$y'=\dfrac{\mathrm{e}^x x^{\mathrm{e}-1}(x-\mathrm{e})}{(x^{\mathrm{e}})^2}>0$,而当 $x=\mathrm{e}$ 时,$y'=0$.

从而$\dfrac{\mathrm{e}^x}{x^{\mathrm{e}}}>y|_{x=\mathrm{e}}$,即 $\mathrm{e}^x>x^{\mathrm{e}}$.特别地,令 $x=\ $　得 e $>$ ^{e}.

注 3　利用例的结论还可以证明前面例的结论:在数列 $1,\sqrt{2},\sqrt[3]{3},\sqrt[4]{4},\cdots,\sqrt[n]{n},\cdots$ 中$\sqrt[3]{3}$ 最大.

利用极、最值证明不等式详见“不等式的证明方法”一节,这里仅举一例说明.

例 2　在数 $1,\sqrt{2},\sqrt[3]{3},\cdots,\sqrt[n]{n},\cdots$,中求最大的一个.

解　令 $y=x^{\frac{1}{x}}$,则两边取对数得 $\ln y=\dfrac{1}{x}\ln x$,再两边对 x 求导有

$$\frac{y'}{y}=\frac{1}{x}\cdot\frac{1}{x}+\ln x\cdot\left(-\frac{1}{x^2}\right)\Rightarrow y'=x^{\frac{1}{x}}\,\frac{1-\ln x}{x^2}=x^{\frac{1}{x}-2}(1-\ln x)$$

令 $y'=0$ 得驻点 $x=\mathrm{e}$,且注意到

当 $0<x<\mathrm{e}$ 时,$y'>0$,故 $y=x^{\frac{1}{x}}$ 单增且 $y>x^{\frac{1}{x}}$,

当 $\mathrm{e}<x<+\infty$ 时,$y'<0$,故 $y=x^{\frac{1}{x}}$ 单减且 $y<x^{\frac{1}{x}}$,

于是 $1<\sqrt{2}$,且$\sqrt[3]{3}>\sqrt[4]{4}>\cdots>\sqrt[n]{n}>\cdots$,又$\sqrt{2}<\sqrt[3]{3}$,故所求最大值为$\sqrt[3]{3}$.

例 3　设 $f(x)$ 是区间$[a,b]$上的连续函数,且 $f(a)=f(b)=0$.又设在(a,b) 内每一点皆有右导数 $f'_+(x)$.试证在(a,b) 内至少有一点 c 使$f'_+(c)\leqslant 0$.

证　若 $f(x)\equiv 0$,命题显然真.若 $f(x)$ 不恒为 0,考虑

(1) 若 $f(c)$ 是极大值,因 $c\in(a,b)$,则当 $x>c$ 且在 c 的充分小的邻域内有

$$\frac{f(x)-f(c)}{x-c}\leqslant 0$$

故

$$f'_+(c)=\lim_{x\to c+}\frac{f(x)-f(c)}{x-c}\leqslant 0$$

(2) 若 $f(x)$ 无极大值,即函数最大值只在 a 或 b 取得,且有 $x_0\in(a,b)$,使 $f(x_0)$ 为最小值.则 $f(x)$ 必在$[a,x_0)$ 内单减.取 $c\in(a,x_0)$,则当 $c<x<x_0$ 时,$f(c)>f(x)$,故

$$f'_+(c)=\lim_{x\to c+}\frac{f(x)-f(c)}{x-c}\leqslant 0$$

利用极、最值确定方程根的问题,详见专题“方程根及函数零点存在的证明及判定方法”,这里不再举例了.下面看几个关于最值问题的不等式.

例 4　对于 $x\geqslant 0$,证明 $f(x)=\int_0^x(t-t^2)\sin^{2n}t\,\mathrm{d}t$($n$ 为自然数) 的最大值不超过$\dfrac{1}{(2n+2)(2n+3)}$.

解　由$f'(x)=x(1-x)\sin^{2n}x$,又$f'(1)=0$,知 $x=1$ 为 $f(x)$ 的驻点.

且当 $0<x<1$ 时,$f'(x)>0$,$f(x)$ 单增;当 $x>1$ 时,$f'(x)<0$,$f(x)$ 单减.

故 $f(x)$ 当 $x\geqslant 0$ 时在 $x=1$ 处取最大值 $f(1)$.又 $0\leqslant t\leqslant 1$ 时,$\sin^{2n}t\leqslant t^{2n}$.则

$$f(1)=\int_0^1(t-t^2)\sin^{2n}t\,\mathrm{d}t\leqslant\int_0^1(t-t^2)t^{2n}\,\mathrm{d}t=\frac{1}{2(n+1)(2n+3)}$$

例 5 设 $f(x)$ 的二阶导数连续,且 $f(0)=f(1)=0$,又 $\min\limits_{x\in[0,1]}f(x)=-1$,试证 $\max\limits_{x\in[0,1]}f''(x)\geqslant 8$.

证 设 $f(x)$ 在 a 处取得最小值,显然 $a\in(0,1)$. 则 $f'(a)=0, f(a)=-1$.

依 Taylor 公式有($f(x)$ 在 $x=a$ 处展开,式中 ξ 在 x,a 之间)

$$f(x)=f(a)+f'(a)(x-a)+\frac{1}{2!}f''(\xi)(x-a)^2=-1+\frac{1}{2}f''(\xi)(x-a)^2$$

因 $f(0)=f(1)=0$,故当 $x=0,x=1$ 代入上式时有

$$0=-1+f''(\xi_1)\cdot\frac{a^2}{2}\Rightarrow f''(\xi_1)=\frac{2}{a^2},\quad \xi_1\in(0,a)$$

$$0=-1+f''(\xi_2)\cdot\frac{1}{2}(1-a)^2\Rightarrow f''(\xi_2)=\frac{2}{(1-a)^2},\quad \xi_2\in(a,1)$$

故当 $a<\frac{1}{2}$ 时,$f''(\xi_1)>8$;当 $a\geqslant\frac{1}{2}$ 时,$f''(\xi_2)\geqslant 8$. 即知 $\max\limits_{x\in[0,1]}f''(x)\geqslant 8$.

注 下面的问题是本例的变形或对偶问题:

命题 设函数 $f(x)$ 的二阶导数连续,且 $f(0)=f(1)=0$,又 $\max\limits_{x\in[0,1]}f(x)=2$. 试证

$$\min_{x\in[0,1]}f''(x)\leqslant -16$$

此外,类似的例子我们前文曾有介绍.

下面的例子是利用最值性质证明恒等式的问题.

例 6 设 $f(x)$ 在 $[a,b]$ 上二次可微,且满足方程 $f''(x)+(1-x^2)f'(x)-f(x)=0$. 证明:若 $f(a)=f(b)=0$,则 $f(x)\equiv 0\quad(a\leqslant x\leqslant b)$.

证 用反证法. 记 $M=\max\limits_{x\in[a,b]}f(x)$,且 $m=\min\limits_{x\in[a,b]}f(x)$. 若 $f(x)$ 在 $[a,b]$ 上不恒为 0,则 $M>0$ 或 $m<0$. 且有 $\xi\in(a,b)$ 使 $f(\xi)=M>0$,同时 $f'(\xi)=0$. 又由题设有

$$f''(\xi)-(1-\xi^2)f'(\xi)-f(\xi)=0$$

故 $f''(\xi)=f(\xi)=M>0$,于是 $f(x)$ 在 $x=\xi$ 处取得极小值. 这与 $f(\xi)=M$ 为 $[a,b]$ 上的最大值矛盾. 故

$$f(x)\equiv 0,\quad a\leqslant x\leqslant b$$

我们再来看一个关于最值近似计算的题目.

例 7 求函数 $f(x)=\exp\{-x^2\}$ 在区间 $\left[-\frac{1}{2},\frac{1}{2}\right]$ 上的最小值,且求出此最小值的近似值,使其误差不超过 10^{-3}.

解 由 $f'(x)=-2x\exp\{-x^2\}=0$ 得驻点 $x=0$.

又 $f(0)=1, f\left(-\frac{1}{2}\right)=f\left(\frac{1}{2}\right)=\mathrm{e}^{-\frac{1}{4}}$. 注意到 $\mathrm{e}^{-\frac{1}{4}}<1$,故 $f(x)$ 在 $\left[-\frac{1}{2},\frac{1}{2}\right]$ 的最小值为 $\mathrm{e}^{-\frac{1}{4}}$.

因 $\mathrm{e}^x=1+x+\frac{x^2}{2!}+\frac{x^3}{3!}+\cdots+\frac{x^n}{n!}+\cdots$,令 $x=-\frac{1}{4}$ 有

$$\mathrm{e}^{-\frac{1}{4}}=1+\left(-\frac{1}{4}\right)+\frac{1}{2}\cdot\frac{1}{16}+\left(-\frac{1}{6}\right)\cdot\frac{1}{64}+\frac{1}{24}\cdot\frac{1}{256}+\cdots$$

由 $\frac{1}{6}\cdot\frac{1}{64}\approx 0.00261$ 及 $\frac{1}{24}\cdot\frac{1}{256}\approx 0.00016$,知取前四项就可使其误差小于 10^{-3},故

$$\mathrm{e}^{-\frac{1}{4}}\approx 1-\frac{1}{4}+\frac{1}{32}-\frac{1}{384}=0.77864$$

因而所求最小值为 $f\left(\pm\frac{1}{2}\right)=\mathrm{e}^{-\frac{1}{4}}$,其近似值为 0.77864.

下面我们来看一些关于极值的应用题. 这里主要涉及几何应用,即关于线段、距离、面积等的最值问

题.先来看点到曲线距离的最值问题(其实这类问题亦可视为多元有约束极值问题化为一元函数极值问题处理的).

例 8　求由 y 轴上一个给定点 $(0,b)$ 到抛物线 $x^2=4y$ 上的点的最短距离(图 7).

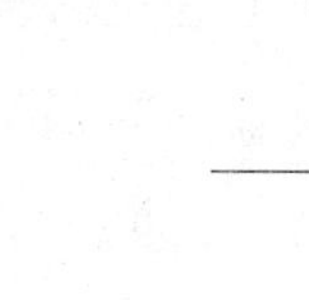

图 7

解　设 (x,y) 为抛物线 $x^2=4y$ 上任一点,d 为 $(0,b)$ 到该点距离.记 $D=d^2$.则

$$D=d^2=x^2+(b-y)^2=x^2+\left(b-\frac{x^2}{4}\right)^2$$

而
$$D'=x\left(2-b+\frac{x^2}{4}\right),D''=2-b+\frac{3x^2}{4}$$

令 $D'=0$ 得驻点 $x_1=0,x_{2,3}=\pm 2\sqrt{b-2}$,其相应的 $y_1=0,y_2=b-2$.

考虑点 $P_1(0,0),P_{2,3}=(\pm 2\sqrt{b-2},b-2)$.讨论 b 的取值:

若 $b=2$,则 $D=x^2+\left(2-\frac{x^2}{4}\right)^2=4+\frac{x^2}{16}$,仅当 $x=0$ 时取最小值,故点 $(0,b)$ 即 $(0,2)$ 到 $x^2=4y$ 最短距离为 2;

若 $b<2$,由 $D''_{P_1}=2-b>0,D''_{P_{2,3}}=2(b-2)>0$,故 D 在 $x=0$ 处达最小值,故点 $(0,b)$ 到 $x^2=4y$ 最短距离为 b.

当 $b>2$ 时,故 D 在 $x=\pm 2\sqrt{b-2}$ 点达到最小,且 $D_{\min}=4b-4=4(b-1)$,而 $d_{\min}=2\sqrt{b-1}$.

综上,当 $0<b\leqslant 2$ 时,点 $(0,b)$ 到 $x^2=4y$ 的最短距离为 b;当 $b>2$ 时,其最短距离为 $2\sqrt{b-1}$;$b\leqslant 0$ 时,$D_{\min}=|b|$.

再来看关于线段长的最值问题.

例 9　如图 8,设直线 $l:y=x+h$ 与抛物线 $c_1:y=x^2$ 和 $c_2:y=2x^2-3x+3$ 都相交,交点自左到右依次为 A,B,C,D.试问 h 为何值时 $|AD|-|BC|$ 最小,且求之.

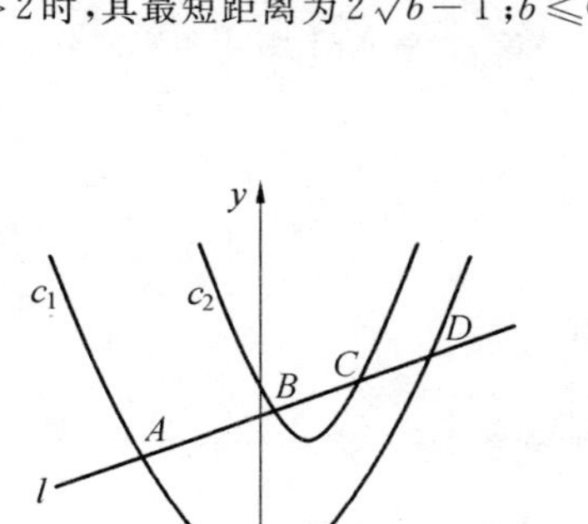

图 8

解　设 A,B,C,D 坐标依次为 $(x_k,y_k)(k=1,2,3,4)$.由解方程组

$$\begin{cases}y=x^2\\y=x+h\end{cases},\quad\begin{cases}y=2x^2-3x+3\\y=x+h\end{cases}$$

分别解得 l 与 c_1 和 l 与 c_2 的交点横坐标分别为

$$x_{1,4}=\frac{1\pm\sqrt{1+4h}}{2},\quad x_{2,3}=1\pm\sqrt{2h-1},\quad h\geqslant 1$$

由
$$|AD|-|BC|=[x_4-x_1-(x_3-x_2)]\cos 45^\circ=\sqrt{2(1+4h)}-2\sqrt{h-1}=f(h)$$

又 $f'(h)=\frac{2\sqrt{2}}{\sqrt{1+4h}}-\frac{1}{\sqrt{h-1}}=0(h>1)$,得 $h=\frac{9}{4}$,而

$$f''(h)=-4\sqrt{2}(1+4h)^{-\frac{3}{2}}+\frac{1}{2}(h-1)^{-\frac{3}{2}}\Rightarrow f''\left(\frac{9}{4}\right)>0$$

故 $h=\frac{9}{4}$ 时 $f(h)$ 取极小值.

再由 $f(1)=\sqrt{10}$ 及 $\lim\limits_{h\to\infty}f(h)=\infty$,故 $h=\frac{9}{4}$ 为 $f(h)$ 的最小点.且最小值为 $f\left(\frac{9}{4}\right)=\sqrt{5}$.

从上面几例我们可以看出:解这类极、最值问题,关键是先将依题意所要求的极、最值问题的方程列出,然后运用通常求极、最值问题的方法计算即可.下面的关于求面积问题的极、最值的例子,也同上面的方法一样.

例 10 如图 9,过曲线 $\Gamma: y=x^2-1 (x>0)$ 上的点 P 作 Γ 的切线交两坐标轴两点 M,N,试求 P 点的坐标使 $S_{\triangle OMN}$ 最小.

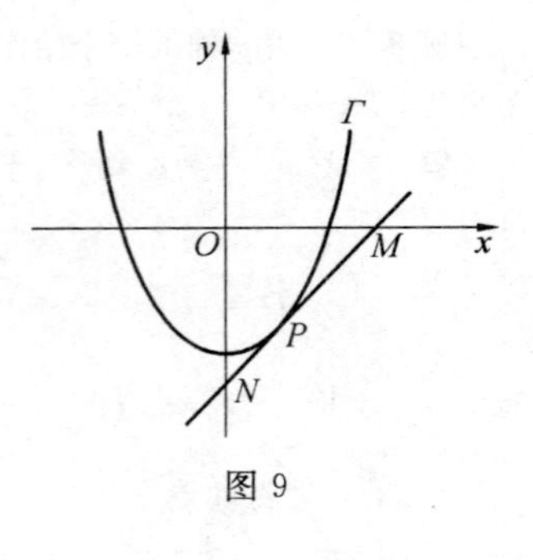

图 9

解 设 P 点坐标为 (x,y).则曲线在 P 点的切线 MN 方程为

$$Y-y=2x(X-x)$$

令 $y=0$ 得 M 点坐标 $\left(\frac{x-y}{2x},0\right)$;

令 $x=0$ 得 N 点坐标 $(0,y=2x^2)$.则 $\triangle OMN$ 面积为

$$S=\frac{1}{2}\left(x-\frac{y}{2x}\right)(2x^2-y)=\frac{1}{4}\left(x^3+2x+\frac{1}{x}\right)$$

而 $S'=\frac{3x^4+2x^2-1}{4x^2}=0$,得 $x=\frac{1}{\sqrt{3}}$(已舍去其他解)且其使

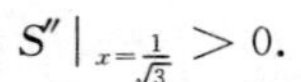

$S''\big|_{x=\frac{1}{\sqrt{3}}}>0$.

即当 $x=\frac{1}{\sqrt{3}}$ 时$\left(对应\ y=-\frac{2}{3}\right)$ S 最小.从而所求 $P\left(\frac{1}{\sqrt{3}},-\frac{2}{3}\right)$.

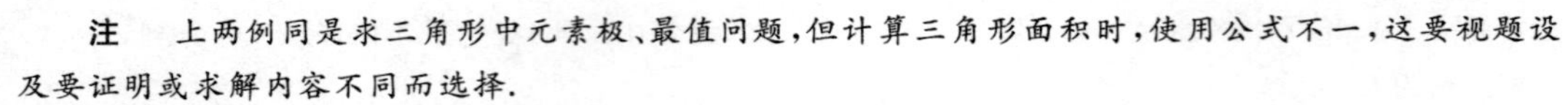

注 上两例同是求三角形中元素极、最值问题,但计算三角形面积时,使用公式不一,这要视题设及要证明或求解内容不同而选择.

例 11 在区间 $[0,1]$ 上给定函数 $y=x^2$,问当 t 取何值时,图 10 中阴影部分 S_1 与 S_2 的面积之和最小?何时最大?

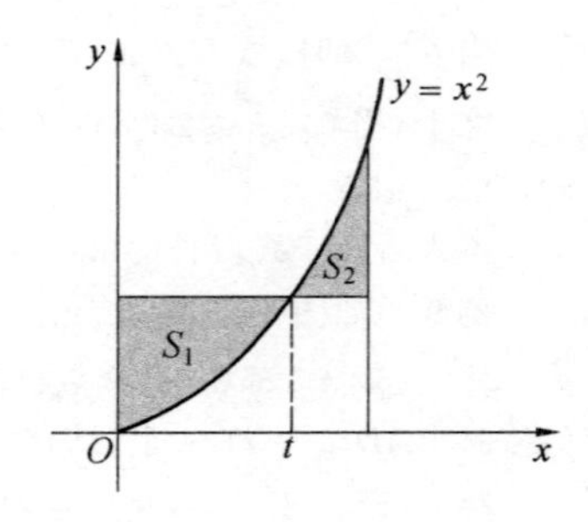

图 10

解 显然图 10 中阴影部分面积为

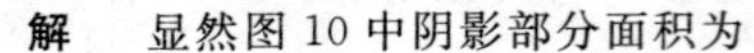

$$S_1=t^2\cdot t-\int_0^t x^2\mathrm{d}x=\frac{2t^3}{3}$$

$$S_2=\int_t^1 x^2\mathrm{d}x-t^2(1-t)=\frac{1}{3}-t^2+\frac{2}{3}t^3$$

则

$$S=S_1+S_2=\frac{4t^3}{3}-t^2+\frac{1}{3}$$

由 $S'=4t^2-2t=0$,得 $t_1=\frac{1}{2}$,$t_2=0$(边界点).又 $S''=8t-2$,且 $S''\left(\frac{1}{2}\right)=2>0$ 及 $S\left(\frac{1}{2}\right)=\frac{1}{4}$,同时

$$S(0)=\frac{1}{3},\quad S(1)=\frac{2}{3}$$

故当 $t=1$ 时 S 最大,最大值为 $\frac{2}{3}$;当 $t=\frac{1}{2}$ 时 S 最小,最小值为 $\frac{1}{4}$.

最后看一个求待定或满足某些条件的曲线方程的例子.

例 12 如图 11,设抛物线 $y=ax^2+bx+c$ 满足如下两个条件:(1) 通过 $(0,0)$ 和 $(1,2)$ 两点且 $a<0$;(2) 与抛物线 $y=-x^2+2x$ 围成的图形面积最小.设求该抛物线方程.

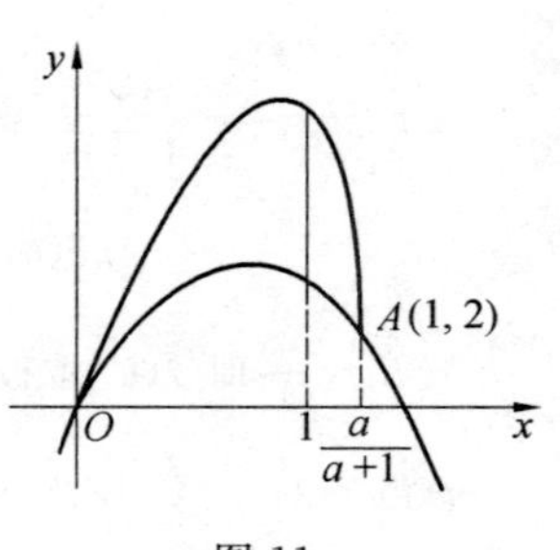

图 11

解 由抛物线 $y=ax^2+bx+c$ 通过 $(0,0)$ 点知 $c=0$;又其通过 $(1,2)$ 点,知 $b=2-a$.

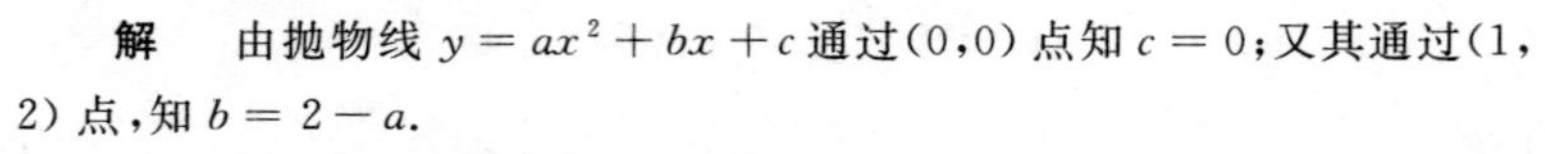

令设该两抛物线交点横坐标为 x,则 $ax^2+bx=-x^2+2x$,解得

$$x_1=0,\quad x_2=\frac{2-b}{a+1}=\frac{a}{a+1}$$

当 $x = 1$ 时，$y = -x^2 + 2x$ 上对应纵坐标为 1. 故在区间 $\left(1, \frac{a}{a+1}\right)$ 内曲线 $y = ax^2 + b$ 在 $y = -x^2 + 2x$ 上方. 又由 $a < 0$ 知两抛物线开口都朝下. 故其所围成图形面积为

$$S = \int_0^{\frac{a}{a+1}} [ax^2 + (2-a)x - (-x^2 + 2x)]\mathrm{d}x = -\frac{a^3}{6(a+1)^2}$$

又由题设(2)，令 $S' = -\frac{(a+3)^2}{6(a+1)^3} = 0$，得 $a = 0$ 或 $a = -3$.

$a = 0$ 不妥(注意曲线系抛物线)，舍去. 当 $a = -3$ 时，$b = 5$.

则所求抛物线方程为 $y = -3x^2 + 5x$.

一元函数极、最值还有一些其他应用问题，如力学上的、电学上的问题等，这里不赘述了. 只要我们掌握了一般函数极、最值问题的求法，我们不难对付那些题目.

(二) 多元函数极、最值问题解法

多元函数极、最值问题我们分无约束及有约束两种类型考虑，谈谈它们的解法.

1. 无约束多元函数极、最值问题解法

无约束多元函数极值问题，通常依据前面介绍的求驻点再判断的办法求得. 请看：

例 1　确定函数 $f(x,y) = \mathrm{e}^{x^2-y}(5 - 2x + y)$ 的极值点.

解　由题设考虑到

$$\begin{cases} f'_x = \mathrm{e}^{x^2-y}(-2 + 10x - 4x^2 + 2xy) = 0 \\ f'_y = \mathrm{e}^{x^2-y}(-4 + 2x - y) = 0 \end{cases}$$

得

$$\begin{cases} -2 + 10x - 4x^2 + 2xy = 0 \\ -4 + 2x - y = 0 \end{cases} \Rightarrow \begin{cases} x = 1 \\ y = -2 \end{cases}$$

又 $A = f''_{xx}(1,2) = -2\mathrm{e}^3 < 0, B = f''_{xy}(1,2) = 2\mathrm{e}^3, C = f''_{yy}(1,-2) = -\mathrm{e}^3$.

因 $B^2 - AC = 4\mathrm{e}^6 - 2\mathrm{e}^6 > 0$，故 $f(x,y)$ 无极值点.

例 2　讨论函数 $z = (1 - \mathrm{e}^y)\cos x - y\mathrm{e}^y$ 的极值点.

证　由 $z'_x = (1 - \mathrm{e}^y)(-\sin x), z'_y = (\cos x - 1 - y)\mathrm{e}^y$.

令 $z'_x = 0, z'_y = 0$，得驻点：$x = k\ \ , y = \cos k\ \ - 1(k = 0, \pm 1, \pm 2, \cdots)$.

又 $z_{xx} = (1 - \mathrm{e}^y)(-\cos y), z''_{xy} = (-\sin x)\mathrm{e}^y, z''_{yy} = -\mathrm{e}^y + (\cos x - 1 - y)\mathrm{e}^y$.

当 $x = k\ \ , y = \cos k\ \ - 1(k = 0, \pm 1, \pm 2, \cdots)$ 时，有

$$B^2 - AC = (z''_{xy})^2 - z''_{xx} \cdot z''_{yy} = -2 < 0$$

且 $z''_{xx} < 0$，故函数有无穷多个极大值；

而当 $x = k\ \ , y = \cos k\ \ - 1(k = 0, \pm 1, \pm 2, \cdots)$ 时，有

$$B^2 - AC = (z''_{xy})^2 - z''_{xx} \cdot z''_{yy} > 0$$

即这些点非极值点.

当然我们也可以从多元函数 Taylor 展开式中依据函数 f 的梯变 ∇f 及其 Hesse 阵 $\nabla^2 f$ 正、负定去判断该多元函数的极(最) 值问题，这个问题进一步讨论可在"最优化方法" 学科中寻得答案(那里是用迭代方法解决的，也是更为一般的函数极最值问题).

对于多元隐函数的极值求法，只需先求出各偏导数的值，然后接着讨论即可. 请看：

例 3　求由方程 $2x^2 + 2y^2 + z^2 + 8xz - z + 8 = 0$ 所确定的函数 $z = z(x,y)$ 的极值.

解　由题设方程分别对 x, y 求导有

$$4x + 2zz'_x + 8z + 8xz'_x - z'_x = 0 \tag{1}$$

$$4y+2zz'_x+8xz'_y-z'_y=0 \tag{2}$$

由此有
$$z'_x=\frac{-4x-8z}{2z+8x-1},\quad z'_y=\frac{-4y}{2z+8x-1}$$

令 $z'_x=0, z'_y=0$,得 $y=0, x=-2z$,代入原方程有 $7z^2+z-8=0$,解得 $z_1=1, z_2=-\frac{8}{7}$.

故得驻点 $(-2,0), \left(-\frac{16}{7},0\right)$.

由(1)式两边对 x,y 分别求导可得

$$z''_{xx}=\frac{-4-2(z'_x)^2-16z'_x}{2z+8x-1},\quad z''_y=\frac{-2z'_yz'_x-8z'_y}{2z+8x-1}$$

由(2)式两边对 y 求导有
$$z''_y=\frac{-4-2(z'_y)^2}{2z+8x-1}$$

当 $x=-2, y=0$ 时, $A=z''_{xx}=\frac{4}{15}, B=z''_{xy}=0, C=z''_{yy}=\frac{4}{15}$,此时 $B^2-AC<0$,又 $A>0$.

故 $z=z(x,y)$ 在 $(-2,0)$ 点取极小值1;

当 $x=\frac{16}{7}, y=0$ 时, $A=z''_{xx}=-\frac{4}{15}, B=z''_{xy}=0, C=z''_{yy}=-\frac{4}{15}$,此时 $B^2-AC<0$,又 $A<0$.

故 $z=z(x,y)$ 在 $\left(\frac{16}{7},0\right)$ 点取极大值 $-\frac{7}{8}$.

下面是一个应用题.

例 4 在平面上求一点使它到 n 个定点 $(x_k,y_k)(k=1,2,\cdots,n)$ 的距离平方和最小.

解 设所求之点为 (x,y),则该点到题设诸点距离平方和为

$$f(x,y)=\sum_{k=1}^{n}[(x-x_k)^2+(y-y_k)^2]$$

又
$$f'_x=2nx-2\sum_{k=1}^{n}x_k,\quad f'_y=2ny-2\sum_{k=1}^{n}y_k$$

令 $f'_x=0, f'_y=0$,得

$$x_0=\frac{1}{n}\sum_{k=1}^{n}x_k,\quad y_0=\frac{1}{n}\sum_{k=1}^{n}y_k$$

又当 $x=x_0, y=y_0$ 时,有

$$A=f''_{xx}=2n,\quad B=f''_{xy}=0,\quad C=f''_{yy}=2n$$

由 $B^2-AC=-4n^2<0$,且 $A=2n>0$. 故 $f(x,y)$ 在点 $(x_0,y_0)=\left(\frac{1}{n}\sum_{k=1}^{n}x_k,\frac{1}{n}\sum_{k=1}^{n}y_k\right)$ 处取极小值亦即最小值.

注 1 此即是 n 个数 $x_k(k=1,2,\cdots,n)$ 的算术平均值 $\overline{x}=\frac{1}{n}\sum_{k=1}^{n}x_k$ 可使方差最小的道理.

注 2 下面的问题显然是本结论的特例:

问题 试证数轴上点 x_0 系到点 $x_k=x_0+k$ 和 $x_{-k}=x_0-k(k=1,2,\cdots,n)$ 的距离平方和最小者.

2. 有约束多元函数极、最值问题解法

有约束多元函数极、最值问题,通常用拉格朗日乘子法用或代入法(降低未知数个数化为一元函数极、最值问题). 我们先来看看利用拉格朗日乘子法解题的例子.

例 1 设有两个正数 x 与 y 之和为定值. 求 $f(x,y)=\frac{x^n+y^n}{2}$ 的极值.

解 设 $x+y=a(x>0, y>0, a$ 为正常数). 令 $F(x,y;\lambda)=\frac{x^n+y^n}{2}+\lambda(x+y-a)$.

解方程组
$$\begin{cases} F'_x = \dfrac{nx^{n-1}}{2} + \lambda = 0 \\ F'_y = \dfrac{ny^{n-1}}{2} + \lambda = 0 \\ x + y - a = 0, \text{即 } F'_\lambda = 0 \end{cases}$$

得唯一驻点 $x = y = \dfrac{a}{2}$，即 $\left(\dfrac{a}{2}, \dfrac{a}{2}\right)$.

又 $\quad d^2F = F''_{xx}dx^2 + F''_{xy}dxdy + F''_{yy}dy^2 = \dfrac{1}{2}n(n-1)x^{n-2}dx^2 + n(n-1)y^{n-2}dy^2 > 0$

故 $f(x,y)$ 在 $\left(\dfrac{a}{2}, \dfrac{a}{2}\right)$ 达极小且最小值.

注 由之可有不等式：$\dfrac{x^n + y^n}{2} \geqslant \left(\dfrac{x+y}{2}\right)^n$，其中 $x, y \in \mathbf{R}^+$，且 $x + y = \text{const}$（常数）.

例 2 当 $x^2 + y^2 = 1$ 时，求 $u = xy^3$ 的最大、最小值.

解 令 $F(x,y,\lambda) = xy^3 + \lambda(x^2 + y^2 - 1)$. 对 F 求各偏导且令其为 0 求驻点：

解方程组
$$\begin{cases} F'_x = y^3 + 2\lambda x = 0 \\ F'_y = 3xy^2 + 2\lambda y = 0 \\ F'_\lambda = x^2 + y^2 - 1 = 0 \end{cases}$$

得驻点见表 10：

表 10

驻　点	$(1,0)$	$(-1,0)$	$\left(\frac{1}{2},\frac{\sqrt{3}}{2}\right)$	$\left(-\frac{1}{2},\frac{\sqrt{3}}{2}\right)$	$\left(\frac{1}{2},\frac{\sqrt{3}}{2}\right)$	$\left(-\frac{1}{2},-\frac{\sqrt{3}}{2}\right)$
$u = xy^3$ 值	0	0	$\frac{3\sqrt{3}}{16}$	$-\frac{3\sqrt{3}}{16}$	$-\frac{3\sqrt{3}}{16}$	$\frac{3\sqrt{3}}{16}$
最大、最小值			最大值	最小值	最小值	最大值

注 在上题中令的是 $F(x,y)$，在本题中令 $F(x,y,\lambda)$，因而在求驻点时，方程组的写法稍有差异：后者的 $F'_\lambda = 0$ 即约束条件，这与前者是一致的.

有些函数的最值在边界达到，故有时须对边界情况给出讨论.

例 3 求函数 $f(x,y) = x + y$ 在区域 D：$\{(x,y) \mid x \geqslant 0, y \geqslant 0, 2x + y \geqslant 3, x + 3y \geqslant 4\}$ 上的最小值.

解 对于数学规划来讲，这里 $f(x,y)$ 称为目标函数，区域 D 称作约束条件. 又例中目标函数和约束均系线性，问题称为线性规划. 下面仍用求函数极最值分法来解.

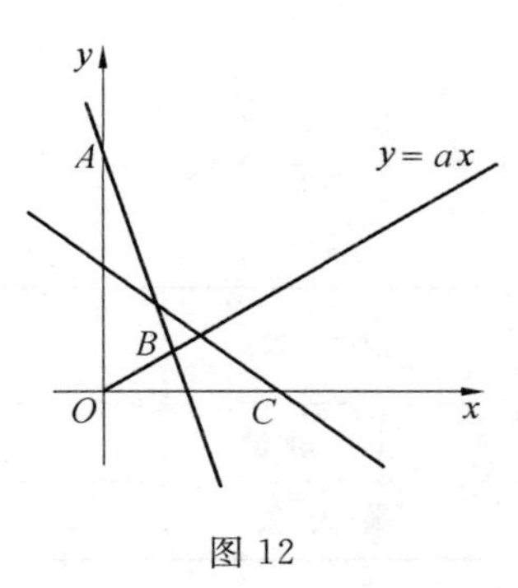

图 12

如右图，由联立 $2x + y = 3, x + 3y = 4$ 求得交点 $B(1,1)$.

任作直线 $y = ax(a \geqslant 0)$，在该直线上 $f(x,y) = x + y = (1+a)x$ 为 x 的增函数.

在直线 $x = 0$ 上，$f(x,y) = x + y$ 为 y 的单增函数.

故 $f(x,y)$ 在 D 上的最小值必在线段 AB 或 BC 上达到.

在 AB 上，$f(x,y) = x + y = x + 3 - 2x = 3 - x$，最小值在 B 点取得；

在 BC 上：$f(x,y) = x + y = 4 - 3y + y = 4 - 2y$，最小值在 B 点取得.

综上，$f(x,y)$ 在区域 D 上最小值为 $f(1,1) = 1 + 1 = 2$.

注 该问题为"运筹学"中线性规划问题,在那里人们有专门解决这类问题的方法,比如图解法(变元个数少于 4 个时)、单纯形法、Khachain 法、Karmarkar 法等.

例 4 已知函数 $f(x,y)$ 具有二阶连续偏导数,且 $f(1,y)=0,(x,1)=0,\iint\limits_D f(x,y)\mathrm{d}x\mathrm{d}y=a$,其中 $D=\{(x,y)\mid 0\leqslant x\leqslant 1,0\leqslant y\leqslant 1\}$,计算二重积分$\iint\limits_D xyF''_{xy}(x,y)\mathrm{d}x\mathrm{d}y$.

解 把二重积分化为二次积分,用分部积分法.由题设可有

$$\iint\limits_D xyF''_{xy}(x,y)\mathrm{d}x\mathrm{d}y=\int_0^1 x\left(\int_0^1 yF''_{xy}(x,y)\mathrm{d}y\right)\mathrm{d}x=\int_0^1 x\left(\int_0^1 yF'_x(x,y)\right)\mathrm{d}x$$

用分部积分法

$$\int_0^1 yF'_x(x,y)=yF'_x(x,y)\mid_0^1-\int_0^1 F'_x(x,y)\mathrm{d}y=-\int_0^1 F'_x(x,y)\mathrm{d}y$$

交换积分次序

$$\int_0^1 x\left[\int_0^1 y\mathrm{d}F'_x(x,y)\right]\mathrm{d}x=-\int_0^1 x\left[\int_0^1 F'_x(x,y)\mathrm{d}y\right]\mathrm{d}x=-\int_0^1\left[\int_0^1 xF'_x(x,y)\mathrm{d}x\right]\mathrm{d}y$$

再用分部积分法

$$\int_0^1 xF'_x(x,y)\mathrm{d}x=\int_0^1 x\mathrm{d}f(x,y)=xf(x,y)\mid_0^1-\int_0^1 f(x,y)\mathrm{d}x=-\int_0^1 f(x,y)\mathrm{d}x$$

从而

$$\iint\limits_D xyF''_{xy}(x,y)\mathrm{d}x\mathrm{d}y=\int_0^1\mathrm{d}y\int_0^1 f(x,y)\mathrm{d}x=a$$

例 5 求函数 $f(x,y)=x^2+12xy+2y^2$ 在区域 $4x^2+y^2\leqslant 25$ 上的最大值.

解 考虑函数 $f(x,y)$ 在区域 $4x^2+y^2<25$ 内的驻点:解方程组

$$\begin{cases}f'_x=2x+12y=0\\f'_y=12x+4y=0\end{cases}\Rightarrow\begin{cases}x=0\\y=0\end{cases}$$

但当 $x=0,y=0$ 时,$f''_{xx}=2,f''_{xy}=12,f''_{yy}=4$,故由

$$(f''_{xy})^2-f''_{xx}\cdot f''_{yy}=144-8=136>0$$

知 $f(x,y)$ 在区域 $4x^2+y^2<25$ 内无极值.

由 $f(x,y)$ 的连续性,知其最值应在边界 $4x^2+y^2=25$ 上达到.

再考虑 $f(x,y)$ 在边界 $4x^2+y^2=25$ 上的条件极值.

设 $F(x,y)=x^2+12xy+2y^2-\lambda(4x^2+y^2-25)$.对 F 求各偏导,且令其为 0 求驻点,解方程组

$$\begin{cases}F'_x=2x+12y-8\lambda x=0\\F'_y=12x+4y-2\lambda y=0\\4x^2+y^2=25\end{cases}$$

得 $\lambda=-2$ 和 $\dfrac{17}{4}$,再代入方程组可解得(表 11):

表 11

驻 点	$(2,-3)$	$(-2,3)$	$\left(\frac{3}{2},4\right)$	$\left(-\frac{3}{2},-4\right)$
$f(x,y)$ 值	-50	-50	106.25	106.25
最 大 值	—	—	最 大 值	最 大 值

故 $f(x,y)$ 在区域 $4x^2+y^2\leqslant 25$ 上的最大值为 106.25.

利用代入法求多元函数的极、最值的例子可见.

例 6 求函数 $f(x,y)=x^n y^m(m,n>0)$ 在线段 $AB:x+y=a(a>0),x\geqslant 0,y\geqslant 0$ 上的最大值.

解　由 $x+y=a$ 有 $y=a-x$，代入 $g(x,y)$ 得

$$f(x,y)=x^n y^m=x^n(a-x)^m=F(x),0\leqslant x\leqslant a$$

由

$$F'(x)=x^{n-1}(a-x)^{m-1}(na-nx-mx)=0$$

得

$$x=\frac{na}{m+n}\quad (x=0 \text{ 和 } x=a \text{ 系线段端点})$$

比较函数 $F(x)$ 在 $x=0$ 和 $x=a$ 处的值，知

$$F\left(\frac{na}{m+n}\right)=\frac{m^m n^n a^{m+n}}{(m+n)^{m+n}}$$

系 $f(x,y)$ 在线段 AB 上的最大值.

注　显然本例是下面命题的变形：讨论 $y=x^n(a-x)^m$ 的极值.

关于 $x^n+(a-x)^m$ 的极值讨论，前面已有述.

我们还想指出：求多元函数有约束极、最值问题还有其他方法，比如利用不等式、利用某些几何性质等. 我们来看两个例子.

例 7　设区域 Ω：$4x^2+by^2\leqslant 1$，其中 $1\leqslant b\leqslant 4$. 问积分 $\iint\limits_{\Omega}\sqrt{x^2+y^2}\,\mathrm{d}x\mathrm{d}y$ 何时取最小值？试求其最小值.

解　题设积分为 b 的函数. 又积分 $I(b)=\iint\limits_{\Omega}\sqrt{x^2+y^2}\,\mathrm{d}x\mathrm{d}y$ 的值等于平面 xOy，柱面 $4x^2+by^2=1(1\leqslant b\leqslant 4)$ 与锥面 $z=\sqrt{x^2+y^2}$ 所围成区域的体积.

从几何意义上看，当 $b=4$ 时，柱面的截面最小，从而积分值亦最小.

现求该最小值，考虑平面极坐标变换 $\begin{cases}x=r\cos\theta,\\ y=r\sin\theta,\end{cases}$ 则 $I(b)$ 的最小值为（当 $b=4$ 时）

$$\int_0^{2}\mathrm{d}\theta\int_0^{\frac{1}{2}}r^2\,\mathrm{d}r=\frac{}{12}$$

3. 多元函数极、最问题的应用

利用多元函数极、最值可以证明某些不等式，这方面的例子详见“不等式的证明方法”一节. 下面我们想谈谈多元函数极、最值的应用题. 这方面问题大致有：

多元函数极、最值应用题 $\begin{cases}\text{几何方面：关于线段、距离、面积、体积等.}\\ \text{物理方面：关于引力、功等.}\end{cases}$

(1) 几何方面的问题

先来看几何方面的应用题. 下面一例是平面曲线的距离问题.

例 1　求椭圆 $\Gamma x^2+2xy+5y^2-16y=0$ 与直线 l：$x+y-8=0$ 的最短距离.

解　令 (x,y) 为椭圆上任一点，其到直线 $x+y-8=0$ 的距离平方为（由点到直线的距离公式）

$$D^2=\left(\frac{|x+y-8|}{\sqrt{1^2+1^2}}\right)^2=\frac{|x+y-8|^2}{2}=\frac{1}{2}(x+y-8)^2$$

令 $F(x,y)=\frac{1}{2}(x+y-8)^2-\lambda(x^2+2xy+5y^2-16y)$，对 F 求各偏导令其为 0：解方程组

$$\begin{cases}F'_x=x+y-8-\lambda(2x+2y)=0\\ F'_y=x+y-8-\lambda(2x+10y-16)=0\\ x^2+2xy+5y^2-16y=0\end{cases}$$

得 $(x_1,y_1)=(2,2)$ 或 $(x_2,y_2)=(-6,2)$. 又

$$D_1=\left.\frac{|x+y-8|}{\sqrt{2}}\right|_{(2,2)}=2\sqrt{2},\quad D_2=\left.\frac{|x+y-8|}{\sqrt{2}}\right|_{(-6,2)}=6\sqrt{2}$$

故椭圆 Γ 直线 l 的最短距离为 $2\sqrt{2}$.

下面几例均属空间(三维空间)问题.

例 2 求原点到曲线 $\begin{cases} z = x^2 + y^2, \\ x + y + z = 1 \end{cases}$ 的最长与最短距离.

解 设 (x, y, z) 为曲线上任一点,其与原点的距离平方为 $D = d^2 = x^2 + y^2 + z^2$.

令 $F(x, y, z) = x^2 + y^2 + z^2 + \lambda(x^2 + y^2 - z) + \mu(x + y + z - 1)$,仿上例考虑:

$$\begin{cases} F'_x = 2x + 2\lambda x + \mu = 0 & (1) \\ F'_y = 2y + 2\lambda y + \mu = 0 & (2) \\ F'_z = 2z - \lambda + \mu = 0 & (3) \\ x^2 + y^2 - z = 0 & (4) \\ x + y + z = 0 & (5) \end{cases}$$

式(1) − 式(2),得 $$2(x - y) + 2\lambda(x - y) = 0$$

故 $x = y, \lambda = -1$. 再由

$$\begin{cases} x^2 + y^2 - z = 0 & (4) \\ x + y + z = 0 & (5) \\ x - y = 0 & (6) \end{cases}$$

得 $\begin{cases} 2x^2 = z, \\ 2x + z = 1, \end{cases}$ 即 $2x^2 + 2x - 1 = 0$,有 $x = \dfrac{-1 \pm \sqrt{3}}{2}$. 代入(4) ~ (6) 可解得

$$(x_1, y_1, z_1) = \left(\frac{-1+\sqrt{3}}{2}, \frac{-1+\sqrt{3}}{2}, 2-\sqrt{3}\right), \quad (x_2, y_2, z_2) = \left(\frac{-1-\sqrt{3}}{2}, \frac{-1-\sqrt{3}}{2}, 2+\sqrt{3}\right)$$

又 $d_1 = \sqrt{{x_1}^2 + {y_1}^2 + {z_1}^2} = \sqrt{9 - 5\sqrt{3}}$ 为最短距离;

且 $d_2 = \sqrt{{x_2}^2 + {y_2}^2 + {z_2}^2} = \sqrt{9 + 5\sqrt{3}}$ 为最长距离.

注 这里的 Lagrange 方程中引入两个参数即 λ, μ,因题设曲线由两个方程联立而得.

例 3 求旋转椭球面 $2x^2 + y^2 + z^2 = 1$ 上距平面 $2x + y - z = 6$ 的最近点和最远点,且求出最近距离和最远距离.

解 若 (x, y, z) 为椭球面 $2x^2 + y^2 + z^2 = 1$ 上任一点,其到平面 $2x + y - z = 6$ 的距离为 $d = \dfrac{|2x + y - z - 6|}{\sqrt{6}}$,考虑函数 $f(x, y, z) = (\sqrt{6}d)^2 = (2x + y - z + 6)^2$.

令 $F(x, y, z) = (2x + y - z - 6)^2 + \lambda(2x^2 + y^2 + z^2 - 1)$,仿上诸例解法有

$$\begin{cases} F'_x = 4(2x + y - z - 6) + 4\lambda x = 0 & (1) \\ F'_y = 2(2x + y - z - 6) + 2\lambda x = 0 & (2) \\ F'_z = -2(2x + y - z - 6) + 2\lambda x = 0 & (3) \\ 2x^2 + y^2 + z^2 - 1 = 0 & (4) \end{cases}$$

可有 $$2x + y - z - 6 = -\lambda x = -\lambda y = \lambda z$$

即 $y = x, z = -x$,代入(4) 可解得 $(x, y, z) = \left(\pm\dfrac{1}{2}, \pm\dfrac{1}{2}, \mp\dfrac{1}{2}\right)$.

又 $d_1 = D\left(\dfrac{1}{2}, \dfrac{1}{2}, -\dfrac{1}{2}\right) = \dfrac{2\sqrt{6}}{3}$,且 $d_2 = D\left(-\dfrac{1}{2}, -\dfrac{1}{2}, \dfrac{1}{2}\right) = \dfrac{4\sqrt{6}}{3}$.

则 $\left(\dfrac{1}{2}, \dfrac{1}{2}, -\dfrac{1}{2}\right)$ 为距平面最近点,最近距离为 $\dfrac{2\sqrt{6}}{3}$.

且 $\left(-\dfrac{1}{2}, -\dfrac{1}{2}, \dfrac{1}{2}\right)$ 为距平面最远点,最远距离为 $\dfrac{4\sqrt{6}}{3}$.

从上面几例可以看出：题目要求是求距离的最值，而解题过程是考虑了距离的平方问题，这样可以避免开方或求绝对值运算，而计算的问题与所求的问题是等价的(因 $D \geqslant 0$，D^2 的最值点与 D 的最值点相同).

下面再来看两个涉及点的坐标的例子.

例 4　求曲线 Γ：$\begin{cases} z = x^2 + 2y^2; \\ z = 6 - 2x^2 - y^2 \end{cases}$ 上竖坐标 z 最大、最小的点.

解　由曲线方程 Γ 中消去 z 得其在 xOy 平面上的投影方程为 $\begin{cases} z = 0, \\ x^2 + y^2 = 2. \end{cases}$ 则问题转化为：

求(目标)函数 $z = x^2 + 2y^2$(或 $z = 6 - 2x^2 - y^2$)在约束条件 $x^2 + y^2 = 2$ 下的最值问题.

由 $x^2 + y^2 = 2$，得 $x^2 = 2 - y^2$，代入目标函数有 $z = 2 + y^2$，则当 $x = 0, y = \pm\sqrt{2}$ 时，$z = 4$ 系最大值；当 $x = \pm\sqrt{2}, y = 0$ 时，$z = 2$ 系最小值.

故竖坐标最大的点是$(0, \pm\sqrt{2}, 4)$；且竖坐标最小的点为$(\pm\sqrt{2}, 0, 4)$.

注　这里是用代入法求得的函数极值，它还可以用 Lagrange 乘子法得到：

令
$$z = x^2 + 2y^2 + \lambda(2 - x^2 - y^2)$$
由 $z'_x = z'_y = 0$ 可分别得 $x = 0$ 和 $y = 0$，再代入题设方程可求其他坐标值.

再来看一个关于平面上面积最值的例子.

例 5　已知平面上两点 $A(1,3)$，$B(4,2)$，试在椭圆圆周：$\dfrac{x^2}{9} + \dfrac{y^2}{4} = 1, x \geqslant 0, y \geqslant 0$ 上求一点 C，使 $\triangle ABC$ 面积最大.

解　设 C 点坐标为(x,y)，由三角形面积公式
$$S_{\triangle ABC} = \frac{1}{2}\begin{vmatrix} x & y & 1 \\ 1 & 3 & 1 \\ 4 & 2 & 1 \end{vmatrix}(\text{绝对值}) = \frac{1}{2}\mid x + 3y - 10 \mid$$

问题化为：在约束条件 $\dfrac{x^2}{9} + \dfrac{y^2}{4} = 1$ 下求$(x + 3y - 10)^2$ 的最大值.

令
$$F(x,y) = (x + 3y - 10)^2 - \lambda\left(\frac{x^2}{9} + \frac{y^2}{9} - 1\right)$$

则
$$\begin{cases} F'_x = 2(x + 3y - 10) - \dfrac{2\lambda x}{9} = 0 \\ F'_y = 6(x + 3y - 10) - \dfrac{\lambda y}{2} = 0 \\ \dfrac{x^2}{9} + \dfrac{y^2}{4} - 1 = 0 \end{cases}$$

由上可得方程组 $\begin{cases} y = \dfrac{4x}{3} \\ \dfrac{x^2}{9} + \dfrac{y^2}{9} = 1 \end{cases}$，解得$(x,y) = \left(\dfrac{3}{\sqrt{5}}, \dfrac{4}{\sqrt{5}}\right)$.

代入三角形面积公式得
$$S_{\triangle ABC} = \frac{1}{2}\left|\frac{3}{\sqrt{5}} + \frac{12}{\sqrt{5}} - 10\right| \approx 1.646$$

再考虑四分之一椭圆短、长轴端点 $D(0,2)$ 和 $E(3,0)$ 代入面积公式可得
$$S_{\triangle ABD} = \frac{\mid 0 + 6 - 10 \mid}{2} = 2, S_{\triangle ABE} = \frac{\mid 3 + 0 - 10 \mid}{2} = 3.5$$

故取 $C(3,0)$ 时，$S_{\triangle ABC}$ 最大且值为 3.5.

下面的例子是关于几何体体积最值的.

例 6 试求内接于椭球$\frac{x^2}{a^2}+\frac{y^2}{b^2}+\frac{z^2}{c^2}=1$的长方体中体积最大者.

解 设内接于椭球的长方体三边长分别为$2x,2y,2z$,其体积为$v=8xyz$.

令$F(x,y,z)=8xyz-\lambda\left(\frac{x^2}{a^2}+\frac{y^2}{b^2}+\frac{z^2}{c^2}-1\right)$,考虑方程组

$$\begin{cases}F'_x=8yz-\frac{2\lambda x}{a^2}=0\\F'_y=8xz-\frac{2\lambda y}{b^2}=0\\F'_z=8xy-\frac{2\lambda z}{c^2}=0\\\frac{x^2}{a^2}+\frac{y^2}{b^2}+\frac{z^2}{c^2}=1\end{cases}$$

解得$x=\frac{a}{\sqrt{3}},y=\frac{b}{\sqrt{3}},z=\frac{c}{\sqrt{3}}$,此为唯一驻点,即最大值点.

故长方体三边分别取$\frac{2a}{\sqrt{3}},\frac{2b}{\sqrt{3}},\frac{2c}{\sqrt{3}}$时体积最大.

注 1 本题亦可用初等数学方法解得,即通过压缩变换从球内接长方体最大值出发考虑.

注 2 下面命题显然为本例的特殊情形:

命题 在内接于椭圆$\frac{x^2}{a^2}+\frac{y^2}{b^2}=1$的矩形中,当矩形的长为$\sqrt{2}b$,宽为$\sqrt{2}a$时面积最大.

例 7 试求在圆锥面$Rz=h\sqrt{x^2+y^2}$与平面$z=h$所围成的锥体内,作出底面平行于xOy平面的最大长方体之体积$(R>0,h>0)$.

解 设所求长方体体积为$V=4xy(h-z)$.

令$F(x,y,z)=xy(h-z)+\lambda(h\sqrt{x^2+y^2}-Rz)$,考虑方程组

$$\begin{cases}F'_x=y(h-z)+\frac{\lambda hx}{\sqrt{x^2+y^2}}=0\\F'_y=x(h-z)+\frac{\lambda hy}{\sqrt{x^2+y^2}}=0\\F'_2=-xy-\lambda R=0\\h\sqrt{x^2+z^2}-Rz=0\end{cases}$$

解得$x=y,z=\frac{\sqrt{2}hx}{R},\lambda=-\frac{x^2}{R}$,故$x=y=\frac{\sqrt{2}R}{3},z=\frac{2h}{3}$.从而

$$V_{\max}=4xy(h-z)\Big|_{\left(\frac{\sqrt{2}R}{3},\frac{\sqrt{2}R}{3},\frac{2h}{2}\right)}=4\left(\frac{\sqrt{2}R}{3}\right)^2\cdot\frac{h}{3}=\frac{8R^2h}{27}$$

例 8 周长为$2l$的等腰三角形,绕其底边旋转形成旋转体(图 13).问此等腰三角形的腰和底边之长等于什么时,可使旋转体体积最大?

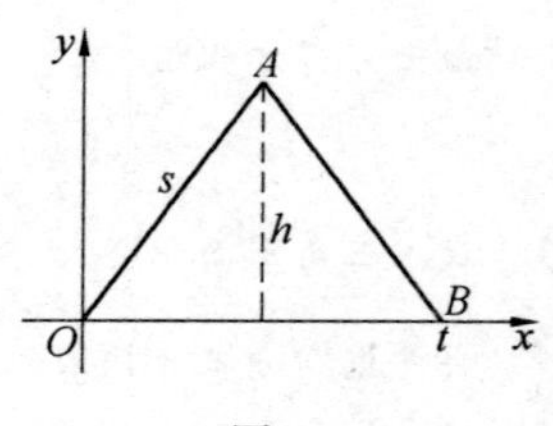

图 13

解 如图 13,设此三角形的腰长为s,底长为t.由对称性,其旋转体体积为

$$V=2\cdot\left(\frac{h^2}{3}\right)\cdot\left(\frac{t}{2}\right)=\frac{1}{3}\ \left(s^2t-\frac{t^3}{4}\right)$$

令
$$F(s,t)=\frac{1}{3}\ \left(s^2t-\frac{t^3}{4}\right)+\lambda(2s+t-2l)$$

由 $F'_x=0, F'_t=0$ 和 $2s+t-2l=0$，解得 $s=\frac{3l}{4}, t=\frac{l}{2}$，此即为所求最大点.

(2) 物理方面的问题

关于物理方面的极、最值问题，我们仅有两例，其中之一是关于引力的，另外一例涉及功.

例 1　在空间直角坐标系(笛卡尔系)的原点处，有一单位正电荷；另一单位负电荷在椭圆

$$\begin{cases} z=x^2+y^2 \\ x+y+z=1 \end{cases} \tag{*}$$

上移动. 问两点间引力何时最大？何时最小？

解　由库仑定律引力 $F=\frac{k}{r^2}$(k 为静电恒量)，其中 $r^2=x^2+y^2+z^2$.

问题即化为：求 $u=x^2+y^2+z^2$ 在条件(*)下的条件极值.

令 $L=(x^2+y^2+z^2)-\lambda(z-x^2-y^2)-\mu(x+y+z-1)$，考虑

$$\begin{cases} L'_x=2+2\lambda x-u=0 & (1) \\ L'_x=2y+2\lambda y-\mu=0 & (2) \\ L'_z=2z-\lambda-u=0 & (3) \\ z^2-x^2-y^2=0 & (4) \\ x+y+z-1=0 & (5) \end{cases}$$

由式(1)、式(2)有 $(z+2\lambda)(x-y)=0$，得 $x=y$ 和 $\lambda=-1$. 但当 $\lambda=-1$ 时由式(1)有 $\mu=0$，再由式(3)得 $z=-\frac{1}{2}$ 与式(4)矛盾！故不妥.

由 $x=y$ 代入式(4)，式(5)得 $x=y=\frac{1}{2}(-1\pm\sqrt{3})$，$z=2\mp\sqrt{3}$.

令 $P\left(-\frac{1}{2}(\sqrt{3}+1), -\frac{1}{2}(\sqrt{3}+1), 2+\sqrt{3}\right)$，则 P，Q 分别为使引力最大、最小的点，且最大、最小值分别为

$$F_{\max}=\frac{k}{9-5\sqrt{3}},\quad F_{\min}=\frac{k}{9+5\sqrt{3}}$$

例 2　已知力场 $F=yz\boldsymbol{i}+zx\boldsymbol{j}+xy\boldsymbol{k}$，问将质点从原点沿直线移到曲线 $\frac{x^2}{a^2}+\frac{y^2}{b^2}+\frac{z^2}{c^2}=1$ 的第一卦限部分上的哪一点做功最大？求此最大功值.

解　由物理公式知功 $W=\int_c yz\,\mathrm{d}x+zx\,\mathrm{d}y+xy\,\mathrm{d}z$，其中 c 为直线 $\frac{x}{z}=\frac{y}{Y}=\frac{z}{Z}$.

将 C 化为参数式：$x=Xt, y=Yt, z=Zt\ (0\leqslant t\leqslant 1)$，则

$$W=\int_0^1 3XYZt^2\,\mathrm{d}t=XYZ$$

令 $F(X,Y,Z)=XYZ+\lambda\left(\frac{X^2}{a^2}+\frac{Y^2}{b^2}+\frac{Z^2}{c^2}-1\right)$，且考虑

$$F'_x=0,\quad F'_y=0,\quad F'_z=0 \quad 及 \quad \frac{X^2}{a^2}+\frac{Y^2}{b^2}+\frac{Z^2}{c^2}=1$$

有 $X=\frac{a}{\sqrt{3}}, Y=\frac{b}{\sqrt{3}}, Z=\frac{c}{\sqrt{3}}$，故质点在力场移动所做最大的功 $W=\frac{\sqrt{3}abc}{9}$.

(3) 不等式等其他问题(杂例)

例 1　设 $f(x,y)$ 在 $C: x^2+y^2\leqslant 1$ 上是有偏导数的实函数，且 $|f(x,y)|\leqslant 1$. 求证 $f(x,y)$ 在 C 内有一点 (x_0,y_0) 使 $\left[\frac{\partial f(x_0,y_0)}{\partial x}\right]^2+\left[\frac{\partial f(x_0,y_0)}{\partial y}\right]^2\leqslant 16$.

解 令 $g(x,y)=f(x,y)+2(x^2+y^2)$,在 C 上 $g(x,y)\geqslant 1$. 在 $(0,0)$ 点 $g(0,0)\leqslant 1$. 故 $g(x,y)$ 在 C 内取其最小值,设其为 (x_0,y_0). 而在该点

$$\left.\frac{\partial g(x,y)}{\partial x}\right|_{(x_0,y_0)}=\left.\frac{\partial g(x,y)}{\partial y}\right|_{(x_0,y_0)}=0$$

又 $\left.\frac{\partial g(x,y)}{\partial x}\right|_{(x_0,y_0)}==4x_0$,且 $\left.\frac{\partial g(x,y)}{\partial y}\right|_{(x_0,y_0)}=4y_0$. 从而可有

$$\left[\frac{\partial f(x_0,y_0)}{\partial x}\right]^2+\left[\frac{\partial f(x_0,y_0)}{\partial y}\right]^2=16(x_0^2+y_0^2)\leqslant 16$$

例 2 若函数 $f(x,y)$ 及其二阶偏导数在 $\mathbf{R}^2$(全平面)上连续,又 $f(0,0)=0$,$\left|\frac{\partial f}{\partial x}\right|\leqslant 2|x-y|$,$\left|\frac{\partial f}{\partial x}\right|\leqslant 2|x-y|$,则 $|f(5,4)|\leqslant 1$.

解 由设可有当 $x=y$ 时 $\left.\frac{\partial f}{\partial x}\right|_{x=y}=\left.\frac{\partial f}{\partial y}\right|_{x=y}=0$,注意到

$$f(4,4)=\int_{(0,0)}^{(4,4)}\left(\frac{\partial f}{\partial x}\mathrm{d}x+\frac{\partial f}{\partial y}\mathrm{d}y\right)+f(0,0)=0$$

从而 $$|f(5,4)|=\left|\int_4^5\frac{\partial f(x,4)}{\partial x}\mathrm{d}x+f(4,4)\right|\leqslant\left|\int_4^5\frac{\partial f(x,4)}{\partial x}\right|\mathrm{d}x\leqslant\int_4^5 2(x-4)\mathrm{d}x=1$$

习　　题

一、多元函数极限、连续问题

1. 求下列函数的定义域:

(1) $z=|x|+\sqrt{\ln y}$;　　(2) $z=\sqrt{\arcsin(x^2+y^2)}$;

(3) $z=\sqrt{y}\arcsin\left(\frac{\sqrt{2ax-x^2}}{y}\right)+\sqrt{x}\arccos\left(\frac{y^2}{2ax}\right)\ (a>0)$.

[**答**:(3) $0<x\leqslant 2a,\sqrt{ax-x^2}\leqslant y\leqslant\sqrt{2ax}$]

2. 求下列各极限:

(1) $\lim\limits_{(x,y)\to(0,0)}\frac{\sqrt{xy+1}-1}{x+y}$;　　(2) $\lim\limits_{(x,y)\to(0,0)}(x^2+y^2)^{xy}$.

[**提示**:(1) $\frac{\sqrt{xy+1}-1}{x+y}=\frac{xy}{x+y}\cdot\frac{1}{\sqrt{1+xy}+1}$,而前者极限不存在;(2) 利用极坐标变换]

3. 讨论函数 $f(x,y)=\frac{x^2}{(x^2+y^2)}$ 在原点 $(0,0)$ 的二重极限和累次极限.

4. 讨论下列函数的连续性:

(1) $f(x,y)=\begin{cases}\frac{\sin xy}{y}, & y\neq 0;\\ 0, & y=0.\end{cases}$　　(2) $f(x,y)=\begin{cases}\frac{xy}{(x^2+y^2)}+y\sin\left(\frac{1}{x}\right), & x\neq 0\\ 0, & x=0\end{cases}$

二、多元函数微分问题

1. 设函数 $f(x,y)=\begin{cases}(x+y)^p\sin(x^2+y^2)^{-\frac{1}{2}}, & x^2+y^2\neq 0\\ 0, & x^2+y^2=0\end{cases}$,这里 p 为正整数. 试问:(1) p 为何值,$f(x,y)$ 在 $(0,0)$ 连续?(2) p 为何值,$f'_x(0,0)$,$f'_y(0,0)$ 存在?(3) p 为何值,$f(x,y)$ 在 $(0,0)$ 有一阶连续偏导数?

[**答**:(1) p 为任何正整数;(2) $p>1$ 时;(3) $p>2$ 时]

2. 设 $z=f(u,v)$，且 $u+v=\varphi(xy)$ 及 $u-v=\psi\left(\dfrac{x}{y}\right)$，其中 f,φ,ψ 均可微，试求$\dfrac{\partial z}{\partial x},\dfrac{\partial z}{\partial y}$.

3. (1) 设 $\cos(x^2+yz)=x$. 求 f'_z；(2) 设 $x=y^x\ln(xy)$. 求$\dfrac{\partial^2 z}{\partial x^2},\dfrac{\partial^2 z}{\partial x\partial y}$.

[**答**：(1) $f'_z=-\dfrac{y}{z}$；(2) $\dfrac{\partial^2 z}{\partial x^2}=y^x\left\{\ln y\left[\ln y\ln(xy)+\dfrac{2}{x}\right]\dfrac{1}{x^2}\right\}$；并且$\dfrac{\partial^2 z}{\partial x\partial y}=y^{x-1}x\ln y\ln(xy)+\ln(xy)+\ln y+1$]

4. 设 $z=f(x,u,v)$，$u=2x+y$，$v=xy$，其中 f 具有二阶连续偏导数，求 z''_{xy}.

[**答**：$z''_{xy}=f''_{xu}+xf''_{xv}+uf''_{uv}+vf''_{vv}+2f''_{uu}+f'_v$]

5. (1) 设 $u=xf(x-y,xy^2)$，其中 f 具有连续的二阶偏导数，求 u'_x,u''_{xy}.

(2) 设 $u=f\left(x^2y,\dfrac{y}{x}\right)$，求 u''_{xy}，其中 f 具有二阶连续偏导数.

[**答**：(2)$u''_{xy}=2xf'_1-\dfrac{f'_2}{x^2}+2x^3xf''_{11}+yf''_{12}-\dfrac{yf''_{22}}{x^3}$]

6. 设 $z=f(x,y,t)$，而 $\sin(x+t)=y$，$\ln(y+t)=x$，求 $\dfrac{\mathrm{d}z}{\mathrm{d}x}$，其中 $x+t\neq(2k+1)$ $(k=0,\pm1,\pm2,\cdots)$.

7. 设 $z=f(xy,x^2+y^2)$，$y=\varphi(x)$，f 和 φ 均可微，求$\dfrac{\mathrm{d}z}{\mathrm{d}x}$.

[**答**：$z'_x=f'_u(y+xy')+f'_v(2x+2yy')$]

8. 若 $G(x,y,z)=0$，又 $z=F(x,y,z)$，其中 F,G 均有一阶连续偏导数，求$\dfrac{\mathrm{d}z}{\mathrm{d}x}$.

9. 设 $y=f(x,t)$，而 t 是由方程 $F(x,y,t)=0$ 所确定的 x,y 的函数，试证$\dfrac{\mathrm{d}y}{\mathrm{d}x}=\dfrac{f'_xF'_t-f'_tF'_x}{f'_tF'_y+F'_t}$，这里 f,F 均有连续偏导数，且 f'_t 和 $f'_tF'_y+F'_t$ 均不为零.

10. 设 $z=(3x+2y)^{2x+3y}$，求 $\mathrm{d}z$.

11. 设 $z=z(x,y)$ 由方程 $x^2+y^2+z^2=yf\left(\dfrac{z}{y}\right)$ 所确定，其中 f 可微. 求 $\mathrm{d}z$.

[**提示**：$\mathrm{d}z=z'_x\mathrm{d}x+z'_y\mathrm{d}y$]

12. 设 $y=f(x,y)$ 为由 $x=\mathrm{e}^{u+v}$，$y=\mathrm{e}^{u-v}$，$z=uv$ 所定义的函数(u,v 为参数). 求 $u=0,v=0$ 时 $\mathrm{d}z$ 值.

13. 设 $f(x,y,z)=\sqrt{\dfrac{x^4+y^4+z^4}{x^2+y^2+z^2}}$，试求 $xf'_x+yf'_y+zf'_z$.

[**答**：$xf'_x+yf'_y+zf'_z=f(x,y,z)$.]

14. 设 $f(x,y)=a\arctan\left(\dfrac{y}{x}\right)$，试计算 $H=[1+(f'_y)^2]f''_{xx}-2f'_xf'_yf''_{xy}+[1+(f'_x)^2]f''_{yy}$.

[**答**：$H=0$]

15. 若 $u=f(x+y,x^2+y^2)$ 为二次可微函数，试计算 $u''_{xx}+u''_{yy}$.

16. 设 $u=f(z)$，其中 z 是由方程 $z=y+x\varphi(z)$ 所定义的 x,y 的函数，又知 f,φ 可微. 试证 $u'_x=\varphi(z)u'_y$.

17. 试证由方程 $F\left(\dfrac{y}{x},\dfrac{z}{x}\right)=0$(这里 F 为任意可微函数) 所确定的函数 $z=z(x,y)$ 满足关系式 $xz'_x+yz'_y-z=0$.

18. 设函数 $z(x,y)$ 由方程 $F\left(x+\dfrac{z}{y},y+\dfrac{z}{x}\right)=0$ 给出，试证 $xz'_x+yz'_y=z-xy$.

19. 若 $z = f(x,y),\varphi(x,y) = 0$，其中 f、φ 均二次可微，且 $\varphi'_y(x,y) \neq 0$. 试证 $\frac{\mathrm{d}^2 z}{\mathrm{d}x^2} =$

$$\left(f''_{xx} - \frac{f'_y}{\varphi'_y}\varphi''_{xx}\right) - 2\left(f''_{xy} - \frac{f'_y}{\varphi'_y}\varphi''_{xy}\right)\frac{\varphi'_x}{\varphi'_y} + \left(f''_{yy} - \frac{f'_y}{\varphi'_y}\varphi''_{yy}\right)\left(\frac{\varphi'_x}{\varphi'_y}\right)^2.$$

20. 设 $F(x,y,z)$ 有连续的偏导数，且 $F'_xF'_yF'_z \neq 0$，又 $x = x(y,z),y = (x,z),z = (x,y)$ 为方程 $F(x,y,z) = 0$ 所定义的函数，试证 $x'_y \cdot y'_z \cdot z_x = -1$.

三、函数极、最值问题

1. 求函数 $f(x) = x^a\mathrm{e}^{-x}$ 的极值.

[答:分 $a > 0$、$a = 0$、$a < 0$ 三种情况讨论]

2. 求函数 $f(x) = \int_0^x \mathrm{e}^{-t}\cos t\mathrm{d}t$ 的极值.

[答:$f_{\max} = f\left(\frac{\ }{2}\right) = \frac{1}{2}(1 + \mathrm{e}^{-\frac{\ }{2}})$]

3. 讨论由 $\int_0^y \mathrm{e}^{t^2}\mathrm{d}t + \int_0^{x^{\frac{1}{3}}}(1-t)^3\mathrm{d}t = 0$ 所确定的函数的极值.

4. 若以 $\varphi(t)$ 表示函数 $x^2 - 2tx$ 在 $[-1,2]$ 上的最大值与最小值之差，试求 $\varphi(t)$ 在 $(-\infty,+\infty)$ 上的最小值.

[**提示**:先求 $\varphi(t)$ 表达式. 又 $\varphi_{\min} = \varphi\left(\frac{1}{2}\right) = \frac{9}{4}$]

5. 求目标函数 $f(x,y,z) = xyz$ 在约束条件 $x + y + z = 0$ 和 $x^2 + y^2 + z^2 = 1$ 下的极大、极小值.

[答:$f_{\max} = \frac{\sqrt{6}}{18}, f_{\min} = -\frac{\sqrt{6}}{18}$]

6. 求 $f(x,y,z,t) = x + y + z + t$ 在条件 $xyzt \leqslant 2$ 下的最小值.

[答:$f_{\min} = -4\sqrt{2}$，此时 $x = y = z = t = -\sqrt[4]{2}$]

第5章 多元函数的积分

重积分只是一元函数积分概念的推广，其计算过程最终还是要化为一重积分. 这一点可见图1给出的转化关系(这里体现数学的一个重要，思想转化).

一、重积分的计算方法

重积分问题的计算方法大抵可见下图. 换言之，说来讲去，重积分的计算最后还要归结到一重积分(这里体现数学的一个重要转化思想).

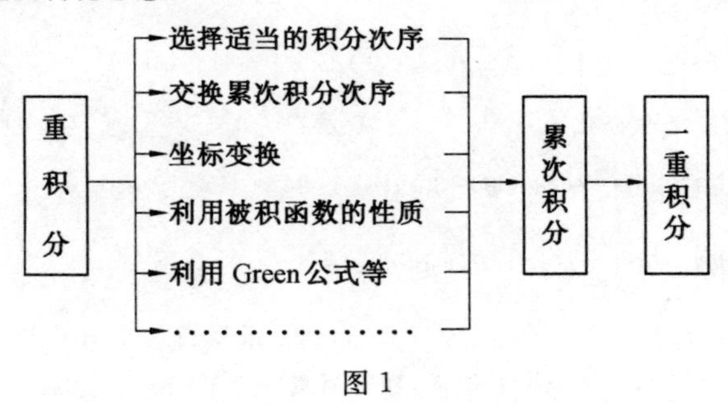

图1

下面我们分别谈谈这些方法.

1. 选择适当的次序化重积分为累次积分

计算重积分关键是将它化为累次积分. 一般情况是先画出积分区域图，再选择适当的积分次序.

例1 计算积分 $I=\iint \frac{x^2}{y^2}\mathrm{d}x\mathrm{d}y$，其中 D 是由 $y=x$，$xy=1$，$x=2$ 所围成的区域.

解 积分区域 D 见图2，故

$$I=\int_1^2\mathrm{d}x\int_{\frac{1}{x}}^{x}\frac{x^2}{y^2}\mathrm{d}y=\int_1^2\left[-\frac{x^2}{y}\right]_{\frac{1}{x}}^{x}\mathrm{d}x=\int_1^2(x^3-x)\mathrm{d}x=\frac{9}{4}$$

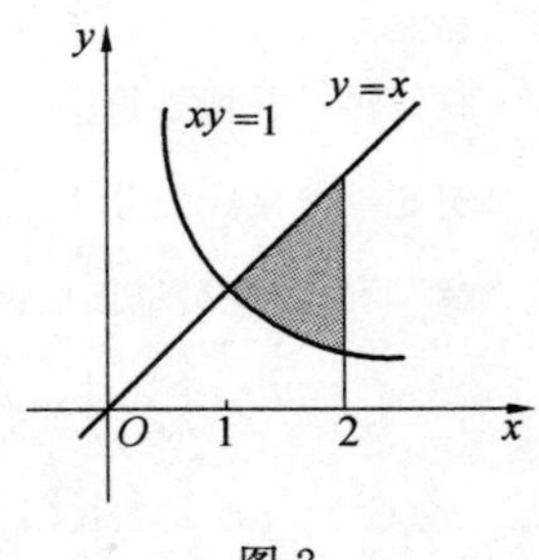

图2

例2 求 $I=\iint\limits_D(1+x)\sqrt{1-\cos^2 y}\,\mathrm{d}x\mathrm{d}y$，其中 D 是由 $y=x+3$，$y=\frac{1}{2}(x-5)$，$y=\frac{\pi}{2}$ 和 $y=-\frac{\pi}{2}$ 所围成.

解 积分区域 D 如图3所示，由图3可有

$$D:-\frac{\pi}{2}\leqslant y\leqslant\frac{\pi}{2},\quad y-3\leqslant x\leqslant 2y+5$$

故
$$I=\int_{-\frac{\pi}{2}}^{\frac{\pi}{2}}\sqrt{1-\cos^2 y}\,\mathrm{d}y\int_{y-3}^{2y+5}(1+x)\mathrm{d}x=$$
$$\int_{-\frac{\pi}{2}}^{\frac{\pi}{2}}\sqrt{1-\cos^2 y}\left(\frac{3}{2}y^2+14y+16\right)\mathrm{d}y=$$
$$\int_{0}^{\frac{\pi}{2}}(3y^2+32)\sin y\mathrm{d}y(\text{注意被积函数奇偶性})=$$
$$3\pi+26$$

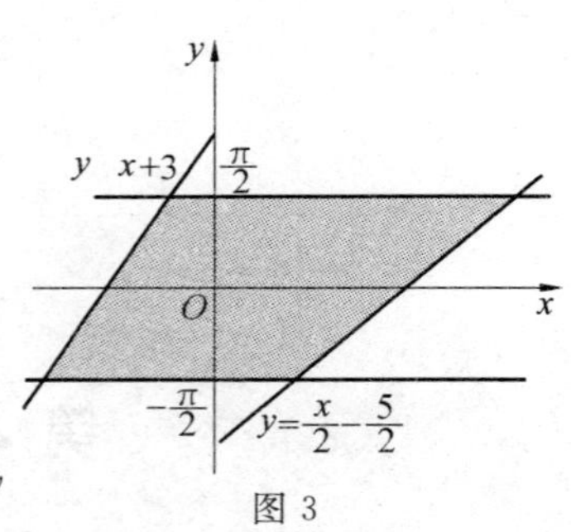

图 3

例 3 计算 $I=\iint\limits_D \frac{\mathrm{e}^{\frac{x}{y}}}{y^3}\mathrm{d}x\mathrm{d}y$,其中 D 为直线 $x+y=1$,$y=\frac{1}{2}$ 及 y 轴所围成的区域.

解 积分区域 D 见图 4.故
$$I=\int_{\frac{1}{2}}^{1}\mathrm{d}y\int_{0}^{1-y}\frac{\mathrm{e}^{\frac{x}{y}}}{y^3}\mathrm{d}x=\int_{\frac{1}{2}}^{1}\left[\frac{\mathrm{e}^{\frac{x}{y}}}{y^2}\right]_0^{1-y}\mathrm{d}y=-\left[\mathrm{e}^{-1}\mathrm{e}^{\frac{1}{y}}-\frac{1}{y}\right]_{\frac{1}{2}}^{1}=\mathrm{e}-2$$

图 4

下面看两个三重积分的例子.

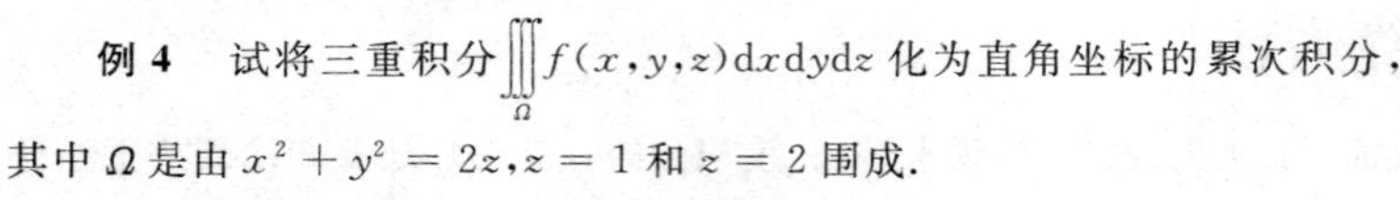

例 4 试将三重积分 $\iiint\limits_{\Omega}f(x,y,z)\mathrm{d}x\mathrm{d}y\mathrm{d}z$ 化为直角坐标的累次积分,其中 Ω 是由 $x^2+y^2=2z$,$z=1$ 和 $z=2$ 围成.

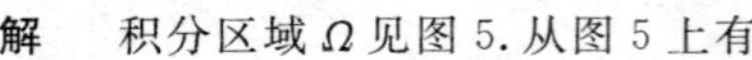

解 积分区域 Ω 见图 5.从图 5 上有
$$I=\int_1^2\mathrm{d}z\int_{-\sqrt{2z}}^{\sqrt{2z}}\mathrm{d}y\int_{-\sqrt{2z-y^2}}^{\sqrt{2z-y^2}}f(x,y,z)\mathrm{d}x$$

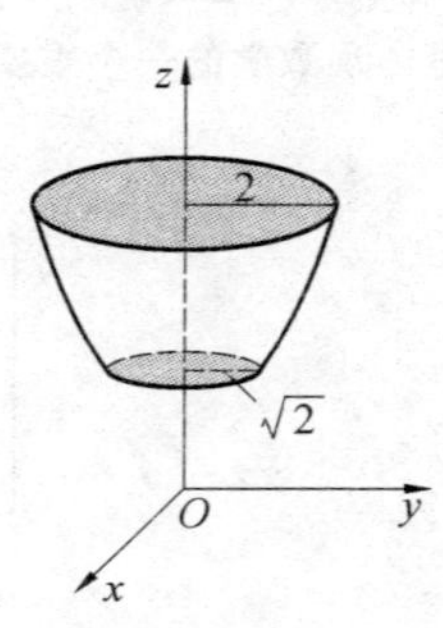

图 5

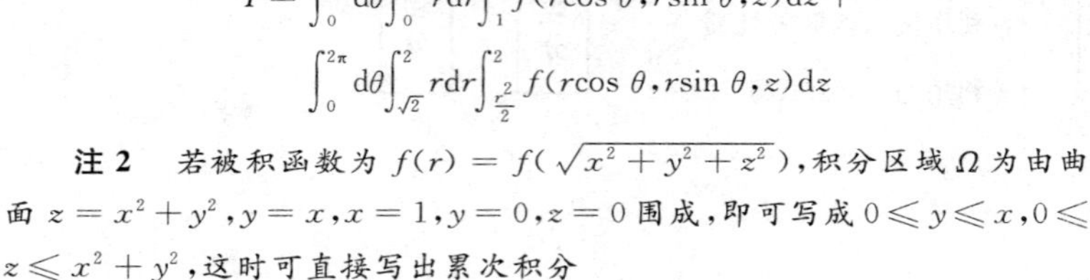

注 1 在坐标系下,三重积分化为
$$I=\int_0^{2\pi}\mathrm{d}\theta\int_0^{\sqrt{2}}r\mathrm{d}r\int_1^2 f(r\cos\theta,r\sin\theta,z)\mathrm{d}z+$$
$$\int_0^{2\pi}\mathrm{d}\theta\int_{\sqrt{2}}^{2}r\mathrm{d}r\int_{\frac{r^2}{2}}^{2}f(r\cos\theta,r\sin\theta,z)\mathrm{d}z$$

注 2 若被积函数为 $f(r)=f(\sqrt{x^2+y^2+z^2})$,积分区域 Ω 为由曲面 $z=x^2+y^2$,$y=x$,$x=1$,$y=0$,$z=0$ 围成,即可写成 $0\leqslant y\leqslant x$,$0\leqslant z\leqslant x^2+y^2$,这时可直接写出累次积分
$$I=\int_0^1\mathrm{d}x\int_0^x\mathrm{d}y\int_0^{x^2+y^2}f(\sqrt{x^2+y^2+z^2})\mathrm{d}z$$
换成球坐标时,积分区域为
$$0\leqslant\theta\leqslant\frac{\pi}{4},\quad \arctan(\cos\theta)\leqslant\varphi\leqslant\frac{\pi}{2},\quad \frac{\cos\varphi}{\sin^2\varphi}\leqslant r\leqslant\frac{1}{\sin\varphi\cos\varphi}$$
据此可写出球坐标系下的累次积分式.

我们再看看把累积次分化为定积分的例子.

例 5 把累次积分 $I=\int_0^t\mathrm{d}x\int_0^x\mathrm{d}y\int_0^y f(z)\mathrm{d}z$ 改写成定积分形式.

解 先改变最里面的两个积分的积分次序
$$I=\int_0^t\mathrm{d}x\int_0^x\mathrm{d}z\int_z^x f(z)\mathrm{d}y=\int_0^t\mathrm{d}x\int_0^x(x-z)f(z)\mathrm{d}z=$$
$$\int_0^t\mathrm{d}z\int_z^t(x-z)f(z)\mathrm{d}x(\text{再改换了两个积分次序})=\int_0^t\frac{1}{2}(t-z)^2f(z)\mathrm{d}z$$

例 6 试证 $\int_0^1\int_x^1\int_x^y f(x)f(y)f(z)\mathrm{d}x\mathrm{d}y\mathrm{d}z=\frac{1}{6}m^3$,这里积分 $\int_0^1 f(x)\mathrm{d}x=m$,且函数 $f(x)$ 在区间 $[0,1]$ 上连续.

解　令 $F(u)=\int_0^u f(t)\mathrm{d}t$，则 $F(0)=0,F(1)=m$. 这样

$$I=\int_0^1 f(x)\mathrm{d}x\int_x^1 f(y)\mathrm{d}y\int_x^y f(z)\mathrm{d}z=\int_0^1 f(x)\mathrm{d}x\int_x^1 f(y)\mathrm{d}y=$$

$$\int_0^1 f(x)\mathrm{d}x\int_x^1[F(y)-F(x)]\mathrm{d}F(y)=\int_0^1 f(x)\left[\frac{1}{2}F^2(y)-F(x)F(y)\right]_x^1\mathrm{d}x\mathrm{d}y=$$

$$\int_0^1 f(x)\left[\frac{1}{2}F^2(1)-\frac{1}{2}F^2(x)-F(1)F(x)+F^2(x)\right]\mathrm{d}x=$$

$$\int_0^1 f(x)\left[\frac{1}{2}F^2(1)-\frac{1}{2}F^2(x)-F(1)F(x)+F^2(x)\right]\mathrm{d}F(x)=$$

$$\frac{1}{2}F^3(1)+\frac{1}{6}F^3(1)-\frac{1}{2}F^3(1)=\frac{1}{6}m^3$$

注　本例还可通过三重积分直接计算，积分区域为 $0\leqslant x\leqslant 1,0\leqslant z\leqslant 1$.

例 7　设函数 $f(x)$ 在区间(0,1) 内连续，试证积分(这里 $F(x)$ 是 $f(x)$ 的一个原函数)

$$\int_0^1\mathrm{d}x\int_x^1\mathrm{d}y\int_x^y f(x)f(y)f(z)\mathrm{d}z=\frac{1}{3!}[F(1)]^3\quad 或\quad \frac{1}{3!}\left[\int_0^1 f(t)\mathrm{d}t\right]^3$$

解　令 $F(u)=\int_0^u f(t)\mathrm{d}t$，故 $F'(u)=f(u)$，且

$$\frac{1}{3!}\left(\int_0^1 f(t)\mathrm{d}t\right)^3=\frac{1}{3!}[F(1)]^3$$

将题设左端式子逐步积分有

$$式左=\int_0^1 f(x)\left\{\int_x^1 f(y)[F(y)-F(x)]\mathrm{d}y\right\}\mathrm{d}x=\int_0^1\frac{1}{2}f(x)[F(1)-F(x)]^2\mathrm{d}x=$$

$$-\frac{1}{6}[F(1)-F(x)]^3\Big|_0^1=\frac{1}{3!}[F(1)]^3=式右$$

从上面例子可以看到：计算重积分的关键一条是把重积分不断降低重数最后化为定积分. 根据这个原则我们还可以计算一些更高重的积分. 请看：

例 8　计算 $I=\iiiint\limits_{\Omega}\mathrm{d}x_1\mathrm{d}x_2\mathrm{d}x_3\mathrm{d}x_4$，其中 $\Omega:{x_1}^2+{x_2}^2+{x_3}^2+{x_4}^2\leqslant 1$.

解　先将三重积分化四重积分考虑，则有

$$I=\iiiint\limits_{\Omega}\mathrm{d}x_1\mathrm{d}x_2\mathrm{d}x_3\mathrm{d}x_4=\int_{-1}^1\mathrm{d}x_4\iiint\limits_{{x_1}^2+{x_2}^2+{x_3}^2\leqslant 1-{x_4}^2}\mathrm{d}x_1\mathrm{d}x_2\mathrm{d}x_3=$$

$$\int_{-1}^1\frac{4}{3}\pi(1-x_4^2)^{\frac{3}{2}}\mathrm{d}x_4(注意后面三重积分几何意义)=$$

$$\frac{8}{3}\pi\left[\frac{x}{8}(5-2{x_4}^2)\sqrt{1-{x_4}^2}+\frac{3}{8}\arcsin x_4\right]_0^1=\frac{\pi^2}{2}$$

注　此例可视为四维欧氏空间中单位球的体积. 显然先降低积分重数是计算本题的关键.

2. 累次积分交换次序及以此计算重积分的方法

(1) 交换积分次序问题

前面例 5 中谈到交换积分次序问题，下面我们举几个例子专门谈谈这个问题. 通过例子可以看出，由于积分次序选择不一，积分形式繁简甚殊；后面我们还可以看到，对某些累次积分来讲不交换积分次序，有时算不出积分值.

交换积分次序问题步骤：① 由原积分限画出相应二重积分区域图；② 找出积分区域边界的(新的形式) 表达式和界点值；③ 根据上写出相应次序的累次积分表达式. 请看：

例 1　改变积分 $\int_0^1\mathrm{d}x\int_x^{\sqrt{x}}f(x,y)\mathrm{d}y$ 的次序.

解　由积分限作出积分区域图,见图 6.

显然区域 D 可写作:$0 \leqslant y \leqslant 1, y^2 \leqslant x \leqslant y$,故

$$\int_0^1 \mathrm{d}x \int_x^{\sqrt{x}} f(x,y)\mathrm{d}y = \int_0^1 \mathrm{d}y \int_y^{y^2} f(x,y)\mathrm{d}x$$

例 2　将积分 $I = \int_0^1 \mathrm{d}x \int_0^{x^2} f(x,y)\mathrm{d}y + \int_1^3 \mathrm{d}x \int_0^{\frac{3-x}{2}} f(x,y)\mathrm{d}y$ 更换积分次序.

解　由原积分限作出积分区域图,见图 7.

显然区域 D 可写作:$0 \leqslant y \leqslant 1, \sqrt{y} \leqslant x \leqslant 3-2y$,故

$$I = \int_0^1 \mathrm{d}y \int_{\sqrt{y}}^{3-2y} f(x,y)\mathrm{d}x$$

例 3　改变累次积分 $I = \int_0^1 \mathrm{d}y \int_0^{y^2} (x^2+y^2)\mathrm{d}x + \int_1^2 \mathrm{d}y \int_0^{\sqrt{1-(y-1)^2}} (x^2+y^2)\mathrm{d}x$ 的积分次序.

解　由原积分限可作出积分区域,见图 8.仿前例有

$$I = \int_0^1 \mathrm{d}x \int_{\sqrt{x}}^{1+\sqrt{1-x^2}} (x^2+y^2)\mathrm{d}y$$

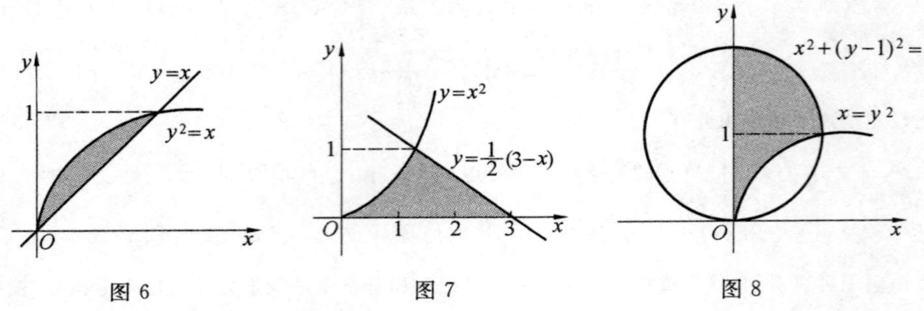

图 6　　　　图 7　　　　图 8

例 4　改变积分 $I = \int_0^a \mathrm{d}y \int_{\frac{y^2}{2a}}^{a+\sqrt{a^2+y^2}} f(x,y)\mathrm{d}x + \int_0^a \mathrm{d}y \int_{a+\sqrt{a^2+y^2}}^{2a} f(x,y)\mathrm{d}x + \int_a^{2a} \mathrm{d}y \int_{\frac{y^2}{2a}}^{2a} f(x,y)\mathrm{d}x$ 的积分次序.

解　由题设二次积分上、下限知其对应二重积分区域,见图 9.故

$$I = \int_0^{2a} \mathrm{d}x \int_{\sqrt{2ax-x^2}}^{\sqrt{2ax}} f(x,y)\mathrm{d}y$$

我们再来看一个极坐标系下积分交换次序问题的例子.

例 5　对极坐标系下的二次积分 $I = \int_{-\frac{\pi}{4}}^{\frac{\pi}{2}} \mathrm{d}\theta \int_0^{2a\cos\theta} f(r\cos\theta, r\sin\theta) r\mathrm{d}r$ 交换积分次序,再分别写出直角坐标系下先对 x 后对 y 和先对 y 后对 x 的两个累次积分.

解　由题设积分限不难作出相应的二重积分区域,见图 10.

这样可有,在极坐标系下有

$$I = \int_0^a r\mathrm{d}r \int_{\frac{\pi}{4}}^{\arccos\frac{r}{2a}} f(r\cos\theta, r\sin\theta)r\mathrm{d}\theta + \int_a^{2a} r\mathrm{d}r \int_{-\arccos\frac{r}{2a}}^{\arccos\frac{r}{2a}} f(r\cos\theta, r\sin\theta)\mathrm{d}\theta$$

在直角坐标系下有

$$I = \int_{-a}^0 \mathrm{d}y \int_{-y}^{a+\sqrt{a^2-y^2}} f(x,y)\mathrm{d}x + \int_0^a \mathrm{d}y \int_{a-\sqrt{a^2-y^2}}^{a+\sqrt{a^2-y^2}} f(x,y)\mathrm{d}y =$$

$$\int_0^a \mathrm{d}x \int_{-x}^{\sqrt{2ax-x^2}} f(x,y)\mathrm{d}y + \int_0^{2a} \mathrm{d}x \int_{a-\sqrt{a^2-y^2}}^{a+\sqrt{a^2-y^2}} f(x,y)\mathrm{d}y$$

下面是一个三次(重)积分问题.

例 6　改变积分 $I=\int_{-1}^{1}\mathrm{d}x\int_{-\sqrt{1-x^2}}^{\sqrt{1-x^2}}\mathrm{d}y\int_{\sqrt{x^2+y^2}}^{1}f(x,y,z)\mathrm{d}z$ 的次序：(1) 先对 y，再对 z，最后对 x；(2) 先对 x，再对 y，最后对 z.

解　如图 11，由题设积分限可相应三重积分区域：圆锥面 $z=\sqrt{x^2+y^2}$ 与平面 $z=1$ 所围区域. 改变积分次序得

(1) 由题设有

$$I=\int_{-1}^{0}\mathrm{d}x\int_{-x}^{1}\mathrm{d}z\int_{-\sqrt{z^2-x^2}}^{\sqrt{z^2-x^2}}f(x,y,z)\mathrm{d}y+\int_{0}^{1}\mathrm{d}x\int_{x}^{1}\mathrm{d}z\int_{-\sqrt{z^2-x^2}}^{\sqrt{z^2-x^2}}f(x,y,z)\mathrm{d}y$$

(2) 由题设有

$$I=\int_{0}^{1}\mathrm{d}z\int_{-z}^{z}\mathrm{d}y\int_{-\sqrt{z^2-y^2}}^{\sqrt{z^2-y^2}}f(x,y,z)\mathrm{d}x$$

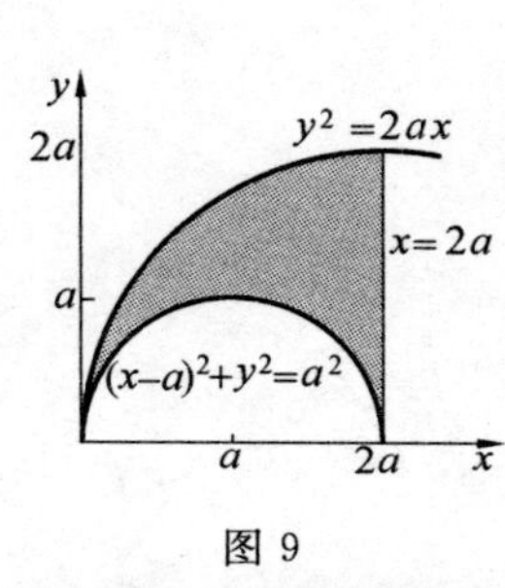

图 9

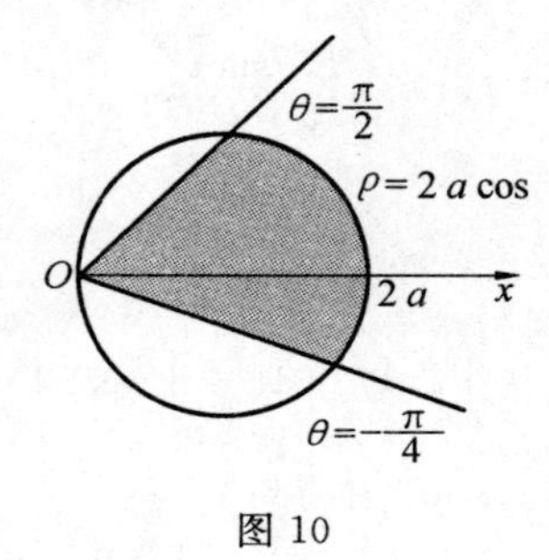

图 10

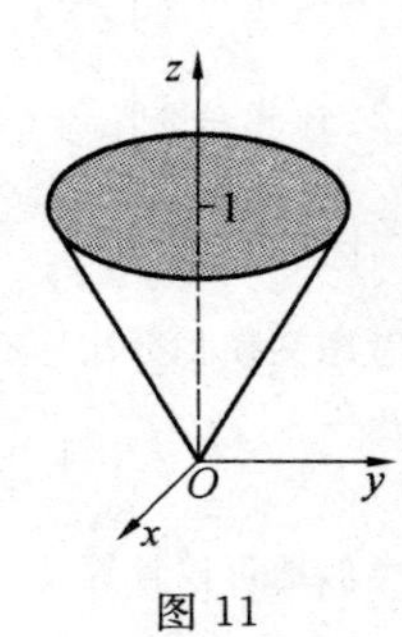

图 11

(2) 交换积分次序计算重积分

下面我们看看交换积分次序计算累次积分和重积分的例子. 这种方法用于二重积分和二次积分. 其原则是：若积分表达式复杂或按原积分顺序求积有困难时，常先考虑交换积分次序.

例 1　计算 $I=\int_{0}^{1}\mathrm{d}y\int_{\arcsin y}^{\pi-\arcsin y}x\,\mathrm{d}x$.

解　由题设不难看出该积分相应的二重积分区域，见图 12，按原序计算则较复杂，今考虑交换次序

$$I=\int_{0}^{\pi}x\mathrm{d}x\int_{0}^{\sin x}\mathrm{d}y=\int_{0}^{\pi}x\sin x\mathrm{d}x=-x\cos x\Big|_{0}^{\pi}+\int_{0}^{\pi}\cos x\mathrm{d}x=\pi$$

此例原积分上、下限有反三角函数（这类函数积分不方便），换序后积分限变为三角函数，问题变得易解. 下面例中的换限是基于被积函数的特点.

例 2　计算 $I=\int_{0}^{1}\mathrm{d}y\int_{y}^{1}\frac{y}{1+x^2+y^2}\mathrm{d}x$.

解　从被函数表达式特点可看出：积分换序后变得容易（图 13）.

$$I=\int_{0}^{1}\mathrm{d}x\int_{0}^{x}\frac{y}{1+x^2+y^2}\mathrm{d}y=\frac{1}{2}\int_{0}^{1}\Big[\ln(1+x^2+y^2)\Big]_{0}^{x}\mathrm{d}x=$$

$$\frac{1}{2}\int_{0}^{1}[\ln(1+2x^2)-\ln(1+x^2)]\mathrm{d}x=$$

$$\frac{1}{2}\left(\ln\frac{3}{2}+\sqrt{2}\arctan\sqrt{2}-2\arctan 1\right)$$

有些二次积分因按原序积分算不出而考虑换序，请看：

例 3　计算 $I=\int_{0}^{1}\mathrm{d}y\int_{y}^{\sqrt{y}}\frac{\sin x}{x}\mathrm{d}x$.

解　如图 14 所示，先交换积分次序再去计算积分

$$I=\int_{0}^{1}\mathrm{d}y\int_{y}^{\sqrt{y}}\frac{\sin x}{x}\mathrm{d}x=\int_{0}^{1}\mathrm{d}x\int_{x^2}^{x}\frac{\sin x}{x}\mathrm{d}y=\int_{0}^{1}(\sin x-x\sin x)\mathrm{d}x=1-\cos 1$$

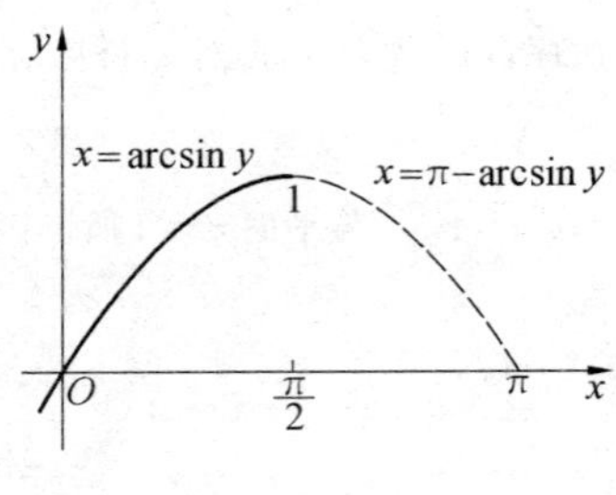

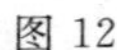
图 12

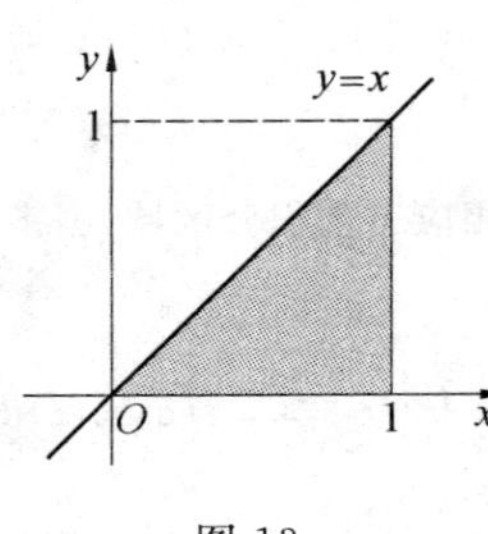

图 13

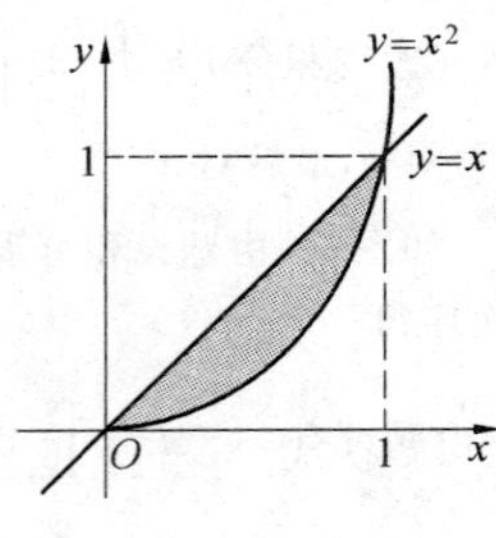

图 14

注 下面的问题同属此类：

问题 1 计算积分$\int_1^2 \mathrm{d}y\int_y^2 \frac{\sin x}{x-1}\mathrm{d}x$.

问题 2 计算积分$\int_0^1 xf(x)\mathrm{d}x$，其中 $f(x)=\int_1^{x^2}\frac{\sin t}{t}\mathrm{d}t$.

例 4 计算 $I=\int_0^1 \mathrm{d}y\int_y^1 \mathrm{e}^{\frac{y}{x}}\mathrm{d}x$.

解 考虑交换积分次序有

$$I=\int_0^1 \mathrm{d}x\int_0^x \mathrm{e}^{\frac{y}{x}}\mathrm{d}y=\int_0^1 [x\mathrm{e}^{\frac{y}{x}}]_0^x\mathrm{d}x=\int_0^1(\mathrm{e}-1)x\mathrm{d}x=\frac{\mathrm{e}-1}{2}$$

注 类似地可以计算 $I=\int_{-1}^1 \mathrm{d}x\int_{|x|}^1 \mathrm{e}^{y^2}\mathrm{d}y$. 注意到

$$I=\int_0^1 \mathrm{e}^{y^2}\mathrm{d}y\int_{-y}^y \mathrm{d}x=\int_0^1 2y\mathrm{e}^{y^2}\mathrm{d}y=\mathrm{e}-1$$

例 5 计算 $I=\int_0^1 \mathrm{d}x\int_x^1 \mathrm{e}^{-y^2}\mathrm{d}y$.

解 考虑交换积分次序有

$$I=\int_0^1 \mathrm{d}y\int_0^y \mathrm{e}^{-y^2}\mathrm{d}x=\int_1^0 y\mathrm{e}^{-y^2}\mathrm{d}y=-\frac{1}{2}\int_1^0 \mathrm{e}^{-t^2}\mathrm{d}(-t^2)=-\frac{1}{2}\left(1-\frac{1}{\mathrm{e}}\right)$$

注 1 类似的问题如：(1) 计算$\int_0^1 x^2\mathrm{d}x\int_x^1 \mathrm{e}^{-y^2}\mathrm{d}y$；(2) 计算$\int_0^1 x^k\mathrm{d}x\int_x^1 \mathrm{e}^{-y^2}\mathrm{d}y$($k$ 为自然数).

注 2 这类问题有时也可用一元函数积分求得. 比如：计算 $I=\int_0^1 \mathrm{d}x\int_1^{\sqrt{x}} \frac{\mathrm{e}^{-y^2}}{\sqrt{x}}\mathrm{d}y$.

解 令 $f(x)=\int_1^{\sqrt{x}}\mathrm{e}^{-y^2}\mathrm{d}y$，由分部积分有

$$I=\int_0^1 \frac{f(x)}{\sqrt{x}}\mathrm{d}x=\left[2\sqrt{x}\,xf(x)\right]_0^1-2\int_0^1 \sqrt{x}f'(x)\mathrm{d}x$$

注意到 $f(1)=0, f'(x)=\frac{\mathrm{e}^{-x}}{2\sqrt{x}}$，则

$$I=-2\int_0^1 \sqrt{x}\frac{\mathrm{e}^{-x}}{\sqrt{x}}\mathrm{d}x=-\int_0^1 \mathrm{e}^{-x}\mathrm{d}x=\mathrm{e}^{-x}\Big|_0^1=\mathrm{e}-1$$

最后我们来看两道证明题.

例 6 试证$\int_a^b \mathrm{d}x\int_a^x (x-y)^{n-2}f(y)\mathrm{d}y=\frac{1}{n-1}\int_a^b (b-y)^{n-1}f(y)\mathrm{d}y$，这里 n 为大于 1 的自然数.

证 将式左积分交换次序有

$$\int_a^b \mathrm{d}x\int_a^x (x-y)^{n-2}f(y)\mathrm{d}y=\int_a^b \mathrm{d}y\int_y^b (x-y)^{n-2}f(y)\mathrm{d}x=\int_a^b \left[f(y)\,\frac{(x-y)^{n-1}}{n-1}\right]_{x=y}^{x=b}\mathrm{d}y=$$

$$\frac{1}{n-1}\int_a^b (b-y)^{n-1} f(y)\mathrm{d}y$$

下面的例子我们其实并不陌生，前文我们已经遇到过类似的问题.

例 7　若 $f(x)$ 在$[0,1]$上连续，又$\int_0^1 f(x)\mathrm{d}x = A$. 证明 $I=\int_0^1\int_x^1 f(x)f(y)\mathrm{d}x\mathrm{d}y=\frac{A^2}{2}$.

证　由题设及重积分性质有

$$I=\int_0^1 f(x)\left(\int_x^1 f(y)\mathrm{d}y\right)\mathrm{d}x=\int_0^1\left[\int_x^1 f(y)\mathrm{d}y\right]\mathrm{d}\left(\int_0^x f(t)\mathrm{d}t\right)=$$

$$\int_0^x f(t)\mathrm{d}t\int_x^1 f(y)\mathrm{d}y\Big|_0^1+\int_0^1\left(\int_0^x f(t)\mathrm{d}t\right)f(x)\mathrm{d}x=$$

$$\int_0^1\left(\int_0^x f(t)\mathrm{d}t\right)\mathrm{d}\left(\int_0^x f(t)\mathrm{d}t\right)=\frac{1}{2}\left[\int_0^x f(t)\mathrm{d}t\right]^2\Big|_0^1=$$

$$\frac{1}{2}\left[\int_0^1 f(t)\mathrm{d}t\right]^2=\frac{A}{2}$$

3. 利用坐标变换计算重积分

计算某些重积分往往需要用坐标变换(表 1)：

表 1

二重积分：
- 极坐标变换
- 某些线性变换

三重积分：
- 球坐标变换
- 柱坐标变换
- 其他变换

极坐标、球坐标、柱坐标变换的变换可见表 2：

表 2

	被积函数	积分区域	变　　换	Jacobi 行列式
二重积分	多为 x^2+y^2 的函数	边界由圆(或其一部分)或由极坐标方程给出的曲线围成	(极坐标变换) $\begin{cases}x=r\cos\theta\\y=r\sin\theta\end{cases}$	r
三重积分	多为 $x^2+y^2+z^2$ 的函数	界面为球面或圆锥面	(球坐标变换) $\begin{cases}x=r\sin\varphi\cos\theta\\y=r\sin\varphi\sin\theta\\z=r\cos\varphi\end{cases}$	$r^2\sin\varphi$
	多为 x^2+y^2 和 z 的函数	界面为圆柱面或旋转抛物面	(柱坐标变换) $\begin{cases}x=r\cos\theta\\y=r\sin\theta\\z=z\end{cases}$	r

一般坐标变换及相应积分式见表 3.

表 3

重数	变换	积分区域	被积函数	积分表达式
二重积分	$x=x(u,v)$ $y=y(u,v)$	$D\to D_1$	$f(x,y)\to$ $F(u,v)$	$\iint\limits_D f(x,y)\mathrm{d}x\mathrm{d}y=$ $\iint\limits_{D_1} F(u,v)\mid J_1\mid \mathrm{d}u\mathrm{d}v$
三重积分	$x=x(u,v,w)$ $y=y(u,v,w)$ $z=z(u,v,w)$	$\Omega\to\Omega_1$	$f(x,y,z)\to$ $F(u,v,w)$	$\iiint\limits_\Omega f(x,y,z)\mathrm{d}x\mathrm{d}y=$ $\iiint\limits_{\Omega_1} F(u,v,w)\mid J_2\mid \mathrm{d}u\mathrm{d}v\mathrm{d}w$

注 这里 $J_1=\dfrac{D(x,y)}{D(u,v)}, J_2=\dfrac{D(x,y,z)}{D(u,v,w)}$ 为相应变换的Jacobi行列式.它是坐标变换比例系数,对于不同坐标变换 J 的值也不同(表 3).

(1) 二重积分问题

在重积分计算中,有时需要用坐标变换.人们也许习惯了将直角坐标化为极坐标,然而反过来考虑,会令人感到不方便,其实不然,请看:

例 1 计算二重积分 $\iint\limits_D r^2\sin\theta\sqrt{1-r^2\cos 2\theta}\,\mathrm{d}r\mathrm{d}\theta$,其中 $D=\{(r,\theta)\mid 0\leqslant r\leqslant\sec\theta, 0\leqslant\theta\leqslant\frac{\pi}{4}\}$.

解 从积分域来看,用直角从标似乎会简便一些.由题设有

$$\iint\limits_D r^2\sin\theta\sqrt{1-r^2\cos 2\theta}\,\mathrm{d}r\mathrm{d}\theta=\iint\limits_D y\sqrt{1-x^2+y^2}\,\mathrm{d}x\mathrm{d}y=$$
$$\frac{1}{2}\int_0^1\mathrm{d}x\int_0^x\sqrt{1-x^2+y^2}\,\mathrm{d}(1-x^2+y^2)=$$
$$\frac{1}{3}\int_0^1(1-x^2+y^2)^{\frac{3}{2}}\Big|_0^2\mathrm{d}x=\frac{1}{3}\int_0^1[1-(1-x^2)^{\frac{3}{2}}]\mathrm{d}x$$

令 $x=\sin t$,则

$$\frac{1}{3}\int_0^1[1-(1-x^2)^{\frac{3}{2}}]\mathrm{d}x=\frac{1}{3}-\frac{1}{3}\int_0^{\frac{\pi}{2}}\cos^4 t\mathrm{d}t=\frac{1}{3}-\frac{1}{3}\cdot\frac{3}{4}\cdot\frac{1}{2}\cdot\frac{\pi}{2}=\frac{1}{3}-\frac{\pi}{16}$$

这里运用了三角函数定积分公式

$$\int_0^{\frac{\pi}{2}}\sin^n x\,\mathrm{d}x\int_0^{\frac{\pi}{2}}\cos^n x\,\mathrm{d}x=\begin{cases}\dfrac{(n-1)!!}{n!}\cdot 2, & n\text{ 是奇数}\\[2mm] \dfrac{(n-1)!!}{n!}\cdot\dfrac{\pi}{2}, & n\text{ 是偶数}\end{cases}$$

下面来看几个极坐标变换的例子.

例 2 计算 $I=\int_{-a}^a\int_0^{\sqrt{a^2-x^2}}[(x-a)^2+y^2]\mathrm{d}x\mathrm{d}y(a>0)$.

解 用极坐标变换,则有

$$I=\int_0^x\mathrm{d}\theta\int_0^a[(r\cos\theta-a)^2+r^2\sin^2\theta]r\mathrm{d}r=\int_0^x\mathrm{d}\theta\int_0^a(r^3+a^2r-2ar^2\cos\theta)\mathrm{d}r=$$
$$a^4\int_0^\pi\left(\frac{3}{4}-\frac{2}{3}\cos\theta\right)\mathrm{d}\theta=\frac{3}{4}\pi a^4$$

例 3 计算 $I=\iint\limits_D\ln(x^2+y^2)\mathrm{d}x\mathrm{d}y$,其中 $x^2+y^2=\mathrm{e}^2$ 和 $x^2+y^2=\mathrm{e}^4$ 所围区域.

解　用极坐标变换,则有

$$I=\iint_D \ln r^2\cdot r\mathrm{d}r\mathrm{d}\theta=\int_0^{2\pi}\int_e^{e^2} r\ln r^2\,\mathrm{d}r=\int_0^{2\pi}\left[\frac{r^2}{2}\ln r^2-\frac{r^2}{2}\right]_e^{e^2}\mathrm{d}\theta=\pi e^2(3e^2-1)$$

例 4　计算 $I=\iint_D \sin\sqrt{x^2+y^2}\,\mathrm{d}x\mathrm{d}y$,其中 $D:\pi^2\leqslant x^2+y^2\leqslant 4\pi^2$.

解　用极坐标变换,则有

$$I=\int_0^{2\pi}\mathrm{d}\theta\int_\pi^{2\pi}\sin r\cdot \mathrm{d}r=2\pi\left\{[-r\cos r]_\pi^{2\pi}+\int_\pi^{2\pi}\cos r\mathrm{d}r\right\}=-6\pi^2$$

例 5　计算 $I=\iint_D |x^2+y^2-4|\,\mathrm{d}x\mathrm{d}y$,其中 $D:x^2+y^2\leqslant 9$.

解　令域 D_1:$x^2+y^2<4$,域 D_2:$4\leqslant x^2+y^2\leqslant 9$,则

$$I=\iint_{D_1}(4-x^2-y^2)\mathrm{d}x\mathrm{d}y+\iint_{D_2}(x^2+y^2-4)\mathrm{d}x\mathrm{d}y=$$

$$\int_0^{2\pi}\mathrm{d}\theta\int_0^2(4-r^2)r\mathrm{d}r+\int_0^{2\pi}\mathrm{d}\theta\int_2^3(r^2-4)r\mathrm{d}r=\frac{41}{2}\pi$$

关于被积函数含绝对值的重积分,可先化分区域去掉绝对值号后,再实施极坐标变化;亦可先实施极坐标变换再分区域计算.请看:

例 6　计算 $\iint_D |x-y|\,\mathrm{d}x\mathrm{d}y$,其中 D 是由 $y=\sqrt{4-x^2}$ 与 $y=0,x=0$ 围成的第一象限的区域.

解　考虑极坐标变换(这时 Jacobi 行列式 $J=r$),则

$$I=\iint_D |x-y|\,\mathrm{d}x\mathrm{d}y=\iint_D r\,|\cos\theta-\sin\theta|\,r\mathrm{d}r=$$

$$\int_0^{\frac{\pi}{4}}(\cos\theta-\sin\theta)\mathrm{d}\theta\int_0^2 r^2\mathrm{d}r+\int_{\frac{\pi}{4}}^{\frac{\pi}{2}}(\sin\theta-\cos\theta)\mathrm{d}\theta\int_0^2 r^2\mathrm{d}r=\frac{16}{3}(\sqrt{2}-1)$$

有时,极坐标变换可因题中被积函数形状而稍加变化,比如:

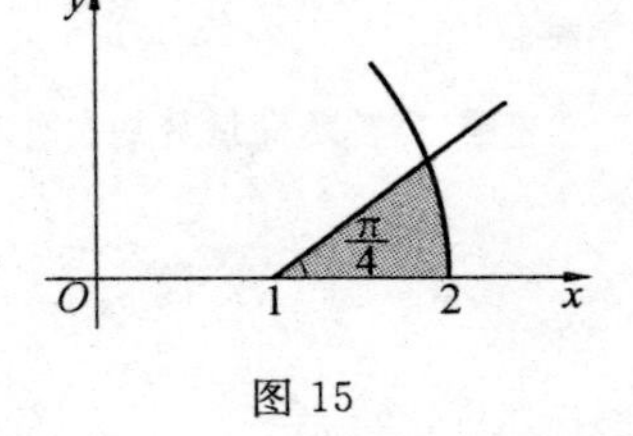

图 15

例 7　计算 $I=\iint_D \sqrt{\dfrac{2x-x^2-y^2}{x^2+y^2-2x+2}}\,\mathrm{d}x\mathrm{d}y$,其中 D 为扇形(图 15).

解　考虑换元(变换)$\begin{cases}x=1+r\cos\theta\\ y=r\sin\theta\end{cases}$.则

$$x^2+y^2-2x=(x-1)^2+y^2-1=r^2-1$$

且 Jacobi 行列式　$J=\dfrac{D(x,y)}{D(r,\theta)}=r\neq 0$

$$I=\int_0^{\frac{\pi}{4}}\mathrm{d}\theta\int_0^1\sqrt{\frac{1-r^2}{1+r^2}}\,r\mathrm{d}r(\text{令 } r^2=t)=\frac{\pi}{8}\int_0^1\sqrt{\frac{1-t}{1+t}}\mathrm{d}t=\frac{\pi}{8}\left(\frac{\pi}{2}-1\right)$$

关于最后一个积分的算法只需注意到

$$\int_0^1\sqrt{\frac{1-t}{1+t}}\mathrm{d}t=\int_0^1\frac{1-t}{\sqrt{1-t^2}}\mathrm{d}t(1\text{ 使分母为 }0,\text{但非瑕点})=\int_0^1\frac{\mathrm{d}t}{\sqrt{1-t^2}}+\frac{1}{2}\int_0^1\frac{\mathrm{d}(1-t^2)}{\sqrt{1-t^2}}=$$

$$\lim_{\varepsilon\to 0}\left[\arcsin t+\sqrt{1-t^2}\right]_0^{1-\varepsilon}=\frac{\pi}{2}-1$$

此外还可令 $\sqrt{\dfrac{1-t}{1+t}}=\tan\theta$ 代换求得积分值.

下面看一看一般坐标变换问题.

例 8　试证积分等式 $\int_0^1 x^x\mathrm{d}x=\int_0^1\int_0^1(xy)^{xy}\mathrm{d}x\mathrm{d}y$.

证　令 $xy=t$,则式右化为

$$\int_0^1\int_0^1 (xy)^{xy}\,\mathrm{d}x\mathrm{d}y = \int_0^1\int_0^1 \frac{t^t}{x}\,\mathrm{d}x\mathrm{d}t = -\int_0^1 t^t(\ln t)\,\mathrm{d}t$$

由于 $\int_0^1 t^t(1+\ln t)\,\mathrm{d}t = t^t\Big|_0^1 = 0$,故

$$\int_0^1 t^t\,\mathrm{d}t = -\int_0^1 t^t(\ln t)\,\mathrm{d}t = \int_0^1\int_0^1 (xy)^{xy}\,\mathrm{d}x\mathrm{d}y$$

注 J. Gillis 曾证明了下面的有趣结论.若

$$I_n = \underbrace{\int_0^1\int_0^1\cdots\int_0^1}_{n\text{重}} \Big(\prod_{i=1}^n x_i\Big)^{\prod_{i=1}^n x_i}\,\mathrm{d}x_1\mathrm{d}x_2\cdots\mathrm{d}x_n$$

则 $I_1 = I_2 < I_3 < I_4 < \cdots$,且 $\lim\limits_{n\to\infty} I_n = 1$,而 $I_1 = 0.78343051\cdots$.

例 9 计算 $I = \iint\limits_D (x+y)\,\mathrm{d}x\mathrm{d}y$,其中 $D: x^2+y^2 \leqslant x+y$.

解 D 即化为 $\left(x-\frac{1}{2}\right)^2 + \left(y-\frac{1}{2}\right)^2 \leqslant \frac{1}{2}$,令 $x = u+\frac{1}{2}$,$y = v+\frac{1}{2}$.

该变换的 Jacobi 行列式 $J = \dfrac{D(x,y)}{D(u,v)} = \begin{vmatrix} 1 & 0 \\ 0 & 1 \end{vmatrix} = 1$,则

$$\iint\limits_D (x+y)\,\mathrm{d}x\mathrm{d}y = \iint\limits_{D'} (1+u+v)\,\mathrm{d}u\mathrm{d}v$$

下面再用极坐标变换:$u = r\cos\theta$,$v = r\sin\theta$.

$$I = \int_0^{2\pi}\mathrm{d}\theta\int_0^{\frac{1}{\sqrt{2}}}(1+r\cos\theta+r\sin\theta)r\mathrm{d}r = \int_0^{2\pi}\left[\frac{r^2}{2}+(\cos\theta+\sin\theta)\cdot\frac{r^3}{3}\right]_0^{\frac{1}{\sqrt{2}}}\mathrm{d}\theta = \frac{\pi}{2}$$

注 本题亦可仿前例解法一次变换成功:$x = r\cos\theta+\frac{1}{2}$,$y = r\sin\theta+\frac{1}{2}$.

例 10 计算 $I = \iint\limits_D \big|\,|x+y|-2\,\big|\,\mathrm{d}x\mathrm{d}y$,其中 $D: 0\leqslant x\leqslant 2, -2\leqslant y\leqslant 2$.

解 考虑变量替换 $\begin{cases} x+y=t \\ x=s \end{cases}$,即 $\begin{cases} x=s \\ y=t-s \end{cases}$.积分区域变化见图 16(从 xOy 坐标系到 sOt 坐标系).

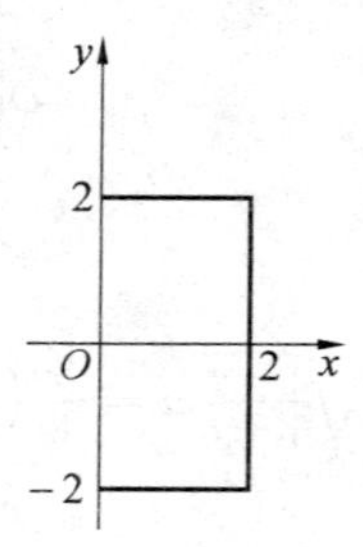

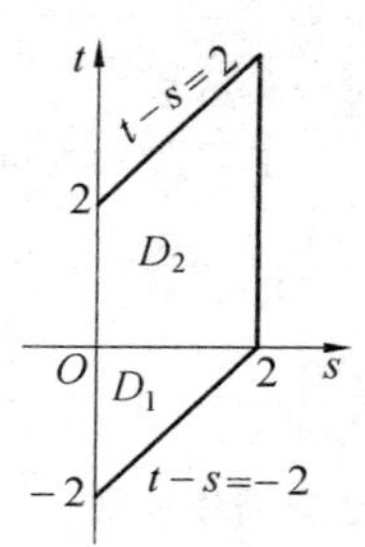

图 16

这时该变换的 Jacobi 行列式

$$J = \frac{D(x,y)}{D(s,t)} = \begin{vmatrix} 1 & 0 \\ -1 & 0 \end{vmatrix} = 1$$

令
$$I_1 = \iint\limits_{D_1} \big|\,|t|-2\,\big|\,\mathrm{d}t\mathrm{d}s,\quad I_2 = \iint\limits_{D_2} \big|\,|t|-2\,\big|\,\mathrm{d}t\mathrm{d}s$$

则
$$I_1 = \int_{-2}^0\mathrm{d}t\int_0^{t+2}\big|\,|t|-2\,\big|\,\mathrm{d}s = \int_{-2}^0\mathrm{d}t\int_0^{t+2}|-t-2|\,\mathrm{d}s = \int_{-2}^0(t+2)\mathrm{d}t\int_0^{t+2}\mathrm{d}s = \frac{8}{3}$$

且　$I_2=\int_0^2\mathrm{d}s\int_0^{s+2}\left|\,|t|-2\,\right|\mathrm{d}t=\int_0^2\mathrm{d}s\int_0^{s+2}|t-2|\,\mathrm{d}t=\int_0^2\mathrm{d}s\left[\int_0^2(2-t)\mathrm{d}t+\int_0^{s+2}(t-2)\mathrm{d}t\right]=\dfrac{16}{3}$

故
$$\iint_D\left|\,|x+y|-2\,\right|\mathrm{d}x\mathrm{d}y=I_1+I_2=\frac{8}{3}+\frac{16}{3}=8$$

例 11　若设二元函数 $f(x,y)=\begin{cases}x^2, & |x|+|y|\leqslant 1\\ \dfrac{1}{\sqrt{x^2+y^2}}, & 1\leqslant|x|+|y|\leqslant 2\end{cases}$.

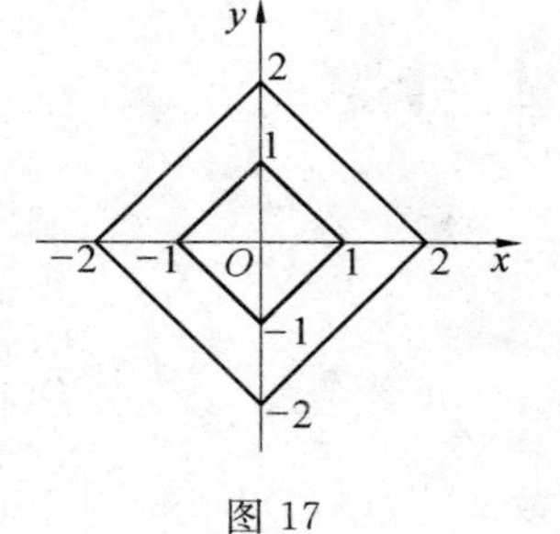

图 17

计算积分$\iint\limits_D f(x,y)\mathrm{d}\sigma$,其中 $D=\{(x,y)\mid |x|+|y|\leqslant 2\}$.

解　由题设知 $f(x,y)$ 同时为 x,y 的偶函数,且积分区域关于 Ox,Oy 轴对称(图 17).这样
$$\iint_D f(x,y)\mathrm{d}\sigma=4\iint_{D'}f(x,y)\mathrm{d}\sigma$$
其中 D' 为区域 D 的第一象限部分.记

$D_1=\{(x,y)\mid 0\leqslant y\leqslant 1-x,0\leqslant x\leqslant 1\}$,　$D_2=\{(x,y)\mid 1\leqslant x+y\leqslant 2,x\geqslant 0,y\geqslant 0\}$

则
$$\iint_{D'}f(x,y)\mathrm{d}\sigma=\iint_{D_1}f(x,y)\mathrm{d}\sigma+\iint_{D_2}f(x,y)\mathrm{d}\sigma$$

注意到
$$\iint_{D_1}f(x,y)\mathrm{d}\sigma=\iint_{D_1}x^2\mathrm{d}\sigma=\int_0^1\mathrm{d}x\int_0^{1-x}x^2\mathrm{d}y=\frac{1}{12}$$
$$\iint_{D_2}f(x,y)\mathrm{d}\sigma=\iint_{D_2}\frac{1}{\sqrt{x^2+y^2}}\mathrm{d}\sigma=\int_0^{\frac{\pi}{2}}\mathrm{d}\theta\int_{\frac{1}{\cos\theta+\sin\theta}}^{\frac{2}{\cos\theta+\sin\theta}}\frac{1}{r}r\,\mathrm{d}r=\sqrt{2}\ln(\sqrt{2}+1)$$

这里注意到 $1\leqslant x+y\leqslant 2$ 化为极坐标时为 $1\leqslant r(\cos\theta+\sin\theta)\leqslant 2$,因而
$$\frac{1}{\cos\theta+\sin\theta}\leqslant r\leqslant\frac{2}{\cos\theta+\sin\theta}$$

从而
$$\iint_D f(x,y)\mathrm{d}\sigma=4\iint_{D'}=\frac{1}{3}+4\sqrt{2}\ln(\sqrt{2}+1)$$

注　例中计算$\iint\limits_{D_2}f(x,y)\mathrm{d}\sigma$时使用了极坐标变换,这是因为被积函数系$\dfrac{1}{\sqrt{x^2+y^2}}$之故,但问题关键在于积分区域的边界、直线方程的极从标(形式)表示:$r=a\cos\theta+b\sin\theta$.用直角坐标系计算该积分较繁.

例 12　计算 $I=\iint\limits_D \mathrm{e}^{\frac{y}{x+y}}\mathrm{d}x\mathrm{d}y$,其中 D 由 $x=0,y=0$ 及 $x+y=1$ 所围成的区域.

解　考虑变量替换$\begin{cases}u=x+y\\v=y\end{cases}$,即$\begin{cases}x=u-v\\y=v\end{cases}$,积分区域变化见图 18.

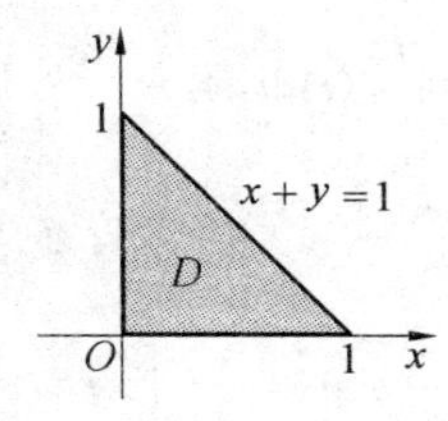

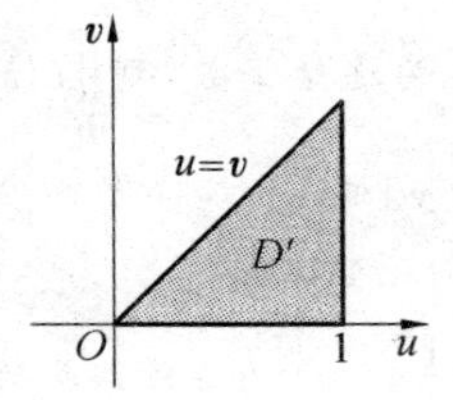

图 18

又变换的 Jacobi 行列式　　$J=\dfrac{D(x,y)}{D(u,v)}=\begin{vmatrix}1 & -1\\0 & 1\end{vmatrix}=1$

故 $$I=\iint_D e^{\frac{v}{u}}\,du\,dv=\int_0^1 du\int_0^u e^{\frac{v}{u}}\,dv=\int_0^1\left[ue^{\frac{v}{u}}\right]_0^u du=\int_0^1 u(e-1)\,du=\frac{1}{2}(e-1)$$

下面的例子可以作为公式.

例 13 设 $f(t)$ 为连续函数,试证 $\iint_D f(x-y)\,dx\,dy=\int_{-a}^a f(t)(a-|t|)\,dt$,其中积分区域 D:$|x|\leqslant\frac{a}{2}$,$|y|\leqslant\frac{a}{2}$.

解 令 $\begin{cases}x=x\\x-y=t\end{cases}$,即 $\begin{cases}x=x\\y=x-t\end{cases}$. 又变换的 Jacobi 行列式

$$J=\frac{D(x,y)}{D(x,t)}=\begin{vmatrix}1&0\\1&-1\end{vmatrix}=-1$$

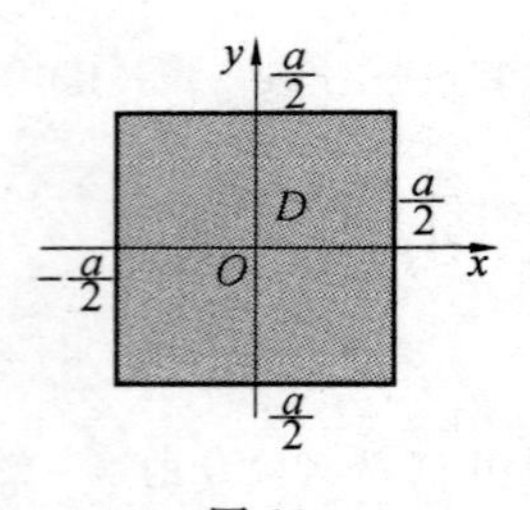

图 19

故 $$\iint_D f(x,y)\,dx\,dy=\int_{-\frac{a}{2}}^{\frac{a}{2}}dx\int_{-\frac{a}{2}}^{\frac{a}{2}}f(x-y)\,dy=\int_{-\frac{a}{2}}^{\frac{a}{2}}dx\int_{x-\frac{a}{2}}^{x+\frac{a}{2}}f(t)\,dt$$

注意积分区域(图 19)且令

$$I_1=\iint_{D_1}f(t)\,dx\,dt,\quad I_2=\iint_{D_2}f(t)\,dx\,dt$$

$$I_1=\int_0^a f(t)\,dt\int_{t-\frac{a}{2}}^{\frac{a}{2}}dx=\int_0^a f(t)(a-t)\,dt=\int_0^a f(t)(a-|t|)\,dt$$

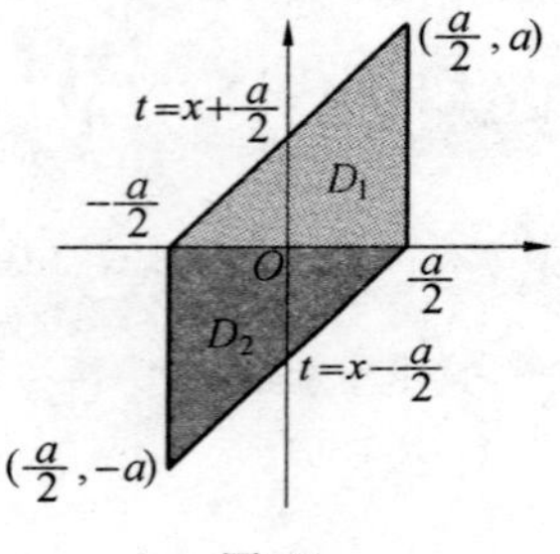

图 20

类似地 $$I_2=\int_{-a}^0 f(t)(a-|t|)\,dt$$

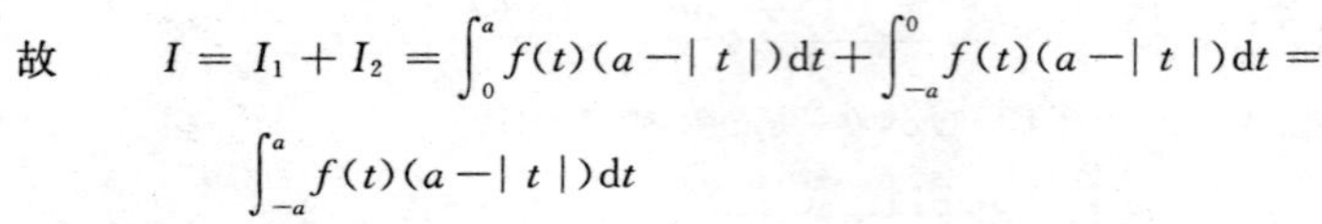

故 $$I=I_1+I_2=\int_0^a f(t)(a-|t|)\,dt+\int_{-a}^0 f(t)(a-|t|)\,dt=\int_{-a}^a f(t)(a-|t|)\,dt$$

注 1 本例还可解如:

令 $u=x-y$,$v=x+y$,则 $x=\frac{u+v}{2}$,$y=\frac{v-u}{2}$. 此时

$$J=\frac{D(x,y)}{D(u,v)}=\begin{vmatrix}\frac{1}{2}&\frac{1}{2}\\-\frac{1}{2}&\frac{1}{2}\end{vmatrix}=\frac{1}{2}$$

且 D 变为 D'(图 21):$-a\leqslant u+v\leqslant a$,$-a\leqslant v-u\leqslant a$,则

$$\iint_D f(x-y)\,dx\,dy=\iint_{D'}f(u)\cdot\frac{1}{2}\,du\,dv$$

然后对 u 分 $[-a,0]$ 和 $[0,a]$ 两段考虑即可.

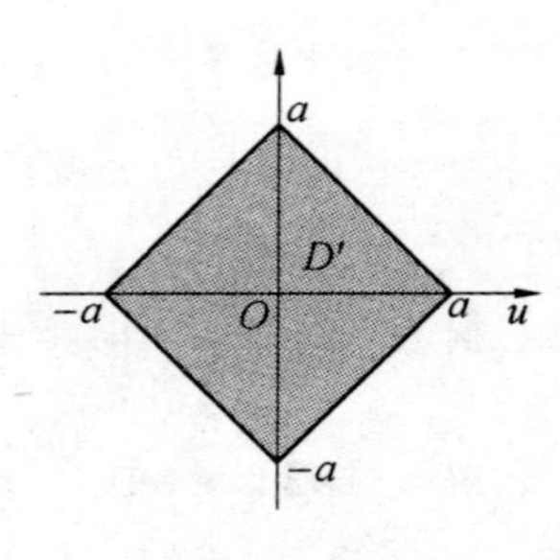

图 21

注 2 仿例的解法我们还可以解下面命题:

命题 1 若 $f(x)$ 为连续函数,则 $\iint_D f(x+y)\,dx\,dy=\int_0^1 f(t)\,dt$,其中 $D=\{(x,y)\mid |x|+|y|\leqslant 1\}$.

注 3 类似地我们还可证明:

命题 2 若 $a=\frac{1}{4}$,$f(t)$ 为连续偶函数,则 $\int_{-a}^a\int_{-a}^a f(y-a)\,dy\,dx=\int_0^{2a}f(u)\left(1-\frac{u}{2a}\right)du$.

(2) 三重积分问题

对于三重积分的坐标变换问题,主要是球坐标和柱坐标变换,我们先来看看球坐标变换问题,这类问题被积式中大多含有 $x^2+y^2+z^2$ 项或它的其他形式.

例 1　试计算重积分$\iiint\limits_{\Omega}\left(\frac{x^4+y^4}{3}+x^2y^2\right)\mathrm{d}x\mathrm{d}y\mathrm{d}z$，其中$\Omega$是两个半球$z=\sqrt{A^2-x^2-y^2}$和$z=\sqrt{a^2-x^2-y^2}(0<a<A)$及$z=0$所围成的区域.

解　Ω形见图 22，由球坐标变换有

$$\begin{cases}x=r\sin\varphi\cos\theta\\y=r\sin\varphi\sin\theta\\z=r\cos\varphi\end{cases}$$

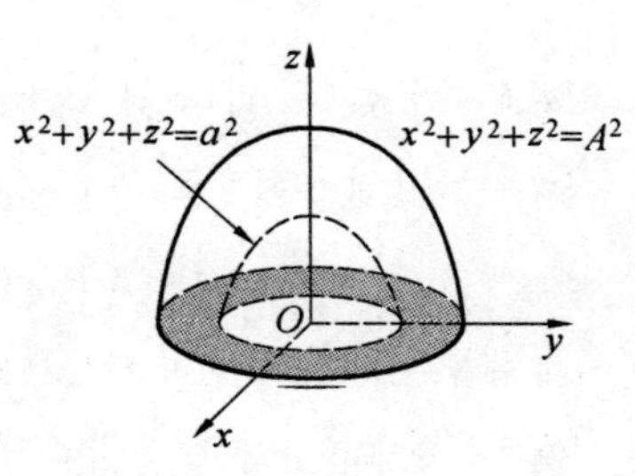

图 22

其中：$a\leqslant r\leqslant A,0\leqslant\theta\leqslant 2\pi,0\leqslant\varphi\leqslant\frac{\pi}{2}$，故

$$I=\iiint\limits_{\Omega}\frac{1}{2}r^4\sin^4\varphi\cdot r^2\sin\varphi\mathrm{d}r\mathrm{d}\varphi\mathrm{d}\theta=\frac{1}{2}\int_0^{2\pi}\mathrm{d}\theta\int_a^A r^6\mathrm{d}r\int_0^{\frac{\pi}{2}}\sin^5\varphi\mathrm{d}\varphi=$$

$$\frac{1}{2}\cdot 2\pi\cdot\frac{1}{7}(A^7-a^7)\cdot\frac{2\cdot 4}{3\cdot 5}=\frac{8\pi}{105}(A^7-a^7)$$

注　请注意$\int_0^{\frac{\pi}{2}}\sin^n x\mathrm{d}x$的计算公式.

例 2　计算重积分$I=\iiint\limits_{\Omega}z\sqrt{x^2+y^2+z^2}\mathrm{d}x\mathrm{d}y\mathrm{d}z$，其中$\Omega$是曲面$x^2+y^2+z^2=1$与$z=\sqrt{3(x^2+y^2)}$围成的区域.

解　Ω形见图 23. 考虑球坐标变换，这时

$$0\leqslant\theta\leqslant 2\pi,\quad 0\leqslant\varphi\leqslant\frac{\pi}{6},\quad 0\leqslant r\leqslant 1$$

$$I=\int_0^{2\pi}\mathrm{d}\theta\int_0^{\frac{\pi}{6}}\cos\varphi\sin\varphi\mathrm{d}\varphi\int_0^1 r^4\mathrm{d}r=2\pi\left[\frac{1}{2}\sin^2\varphi\right]_0^{\frac{\pi}{6}}\left[\frac{1}{5}r^5\right]_0^1=\frac{\pi}{20}$$

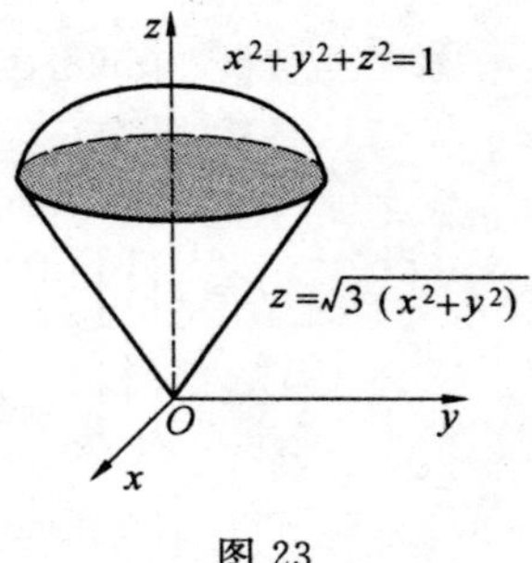

图 23

下面的三重积分是以累次积分形式出现的.

例 3　计算重积分

$$I=\int_{-1}^1\mathrm{d}x\int_0^{\sqrt{1-x^2}}\mathrm{d}y\int_1^{1+\sqrt{1-x^2-y^2}}\frac{1}{\sqrt{x^2+y^2+z^2}}\mathrm{d}z$$

解　用球坐标系变换后积分区域为$0\leqslant\theta\leqslant\pi,0\leqslant\varphi\leqslant\frac{\pi}{4},\frac{1}{\cos\varphi}\leqslant r\leqslant 2\cos\varphi$.

$$I=\int_0^{\pi}\mathrm{d}\theta\int_0^{\frac{\pi}{4}}\sin\varphi\mathrm{d}\varphi\int_{\frac{1}{\cos\varphi}}^{2\cos\varphi}r\mathrm{d}r=\pi\int_0^{\frac{\pi}{4}}\frac{1}{2}\sin\varphi\left[4\cos^2\varphi-\frac{1}{\cos^2\varphi}\right]\mathrm{d}\varphi=$$

$$\pi\left[-\frac{2}{3}\cos^3\varphi-\frac{1}{2\cos\varphi}\right]_0^{\frac{\pi}{4}}=\frac{\pi}{6}(7-4\sqrt{2})$$

例 4　计算重积分$I=\iiint\limits_{\Omega}\frac{\cos\sqrt{x^2+y^2+z^2}}{\sqrt{x^2+y^2+z^2}}\mathrm{d}x\mathrm{d}y\mathrm{d}z$，其中积分区域$\Omega$为：$x^2+y^2+z^2\leqslant 4\pi^2$与$x^2+y^2+z^2\geqslant\pi^2$所夹部分.

解　积分区域为两同心球所夹部分，考虑球坐标变换

$$I=\int_0^{2\pi}\mathrm{d}\theta\int_0^{\pi}\mathrm{d}\varphi\int_{\pi}^{2\pi}\frac{\cos r}{r}r^2\sin\varphi\mathrm{d}r=8\pi$$

再来看看柱坐标变换问题.

例 5　计算$I=\iiint\limits_{\Omega}(x+y+z)\mathrm{d}x\mathrm{d}y\mathrm{d}z$，其中$\Omega$由$x^2+y^2=z^2,z=h(h>0)$围成.

解　考虑柱坐标变换$x=r\cos\theta,y=r\sin\theta,z=z$，则$J=r$且

$$I=\int_0^h \mathrm{d}z\int_0^{2\pi}\mathrm{d}\theta\int_0^z (r\cos\theta+r\sin\theta+z)r\mathrm{d}r=\int_0^h \mathrm{d}z\int_0^{2\pi}\left[\frac{r^3}{3}\cos\theta+\frac{r^3}{3}\sin\theta+\frac{r^2}{2}z\right]_0^z \mathrm{d}\theta=$$

$$\int_0^h \left[\frac{z^3}{3}\sin\theta-\frac{z^3}{3}\cos\theta+\frac{z^3}{2}\theta\right]_0^{2\pi}\mathrm{d}z=\int_0^h \pi z^3\mathrm{d}z=\frac{1}{4}\pi h^4$$

例 6 计算 $I=\iiint\limits_{\Omega}(x^2+y^2)\mathrm{d}x\mathrm{d}y\mathrm{d}z$,其中 Ω 由 $x^2+y^2=2z$ 与 $z=2$ 围成.

解 考虑柱坐标变换 $x=r\cos\theta,y=r\sin\theta,z=z$ 可有 $J=r$ 且

$$I=\int_0^{2\pi}\mathrm{d}\theta\int_0^2 r^3\mathrm{d}r\int_{\frac{r^2}{2}}^2 \mathrm{d}z=2\pi\int_0^2 r^3\left(2-\frac{r^2}{2}\right)\mathrm{d}r=2\pi\int_0^2\left(2r^3-\frac{r^5}{2}\right)\mathrm{d}r=\frac{16}{3}\pi$$

再来看一道关于用柱坐标变换的证明题.

例 7 试证积分等式 $\iiint\limits_{x^2+y^2+z^2\leqslant 1} f(z)\mathrm{d}z=\pi\int_{-1}^1 f(u)(1-u^2)\mathrm{d}u$.

证 考虑柱坐标变换 $x=r\cos\theta,y=r\sin\theta,z=z$,可有 $J=r$ 且

$$\text{式左}=\int_0^{2\pi}\mathrm{d}\theta\int_{-1}^1\mathrm{d}z\int_0^{\sqrt{1-z^2}} f(z)r\mathrm{d}r=2\pi\int_{-1}^1 f(z)\,\frac{1-z^2}{2}\mathrm{d}z=\pi\int_{-1}^1 f(u)(1-u^2)\mathrm{d}u$$

下面的例子也涉及柱坐标变换,但这里的 z 与一般柱坐标代换稍异,这是照顾到被积函数式的简化而为之.

例 8 计算三积积分 $I=\int_0^1\int_0^1\int_0^1 \frac{\mathrm{d}x\mathrm{d}y\mathrm{d}z}{(1+x^2+y^2+z^2)^2}$.

解 由被积式及积分区域的对称性.下面仅考虑 $\{(x,y)\mid 0\leqslant x\leqslant y\leqslant 1\}$ 区域(图 24).

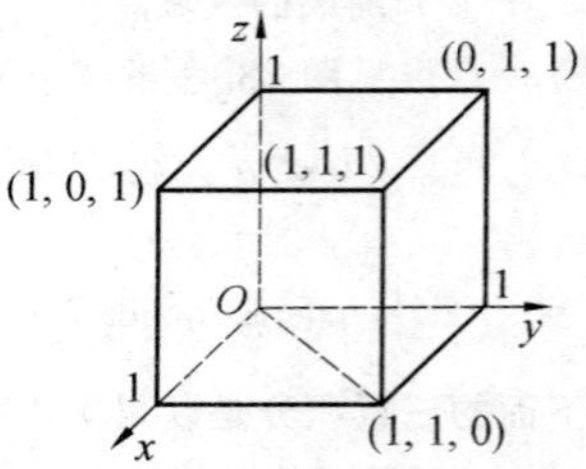

令 $x=r\cos\theta,y=r\sin\theta,z=\tan\varphi$,则

$$I=2\int_0^{\frac{\pi}{4}}\int_0^{\frac{\pi}{4}}\int_0^{\sec\theta}\frac{r\sec^2\theta}{(2+\sec^2\varphi)}\mathrm{d}r\mathrm{d}\theta\mathrm{d}\varphi=$$

$$2\int_0^{\frac{\pi}{4}}\int_0^{\frac{\pi}{4}}\sec^2\varphi\left[\frac{-1}{2(r^2+\sec^2\varphi)}\right]_{r=0}^{r=\sec\theta}\mathrm{d}\theta\mathrm{d}\varphi=$$

$$\left(\frac{\pi}{4}\right)^2-\int_0^{\frac{\pi}{4}}\int_0^{\frac{\pi}{4}}\frac{\sec^2\varphi}{\sec^2\theta+\sec^2\varphi}\mathrm{d}\theta\mathrm{d}\varphi=$$

$$\left(\frac{\pi}{4}\right)^2-\int_0^1\int_0^{\frac{\pi}{4}}\int_0^{\frac{\pi}{4}}\frac{\sec^2\varphi}{\sec^2\theta+\sec^2\varphi}\mathrm{d}\theta\mathrm{d}\varphi\mathrm{d}z=\left(\frac{\pi}{4}\right)^2-I$$

图 24

从而

$$2I=\frac{\pi^2}{16},\quad I=\frac{\pi^2}{8}$$

对于三重积分问题,有时也考虑其他变换,比如椭球变换等,这方面问题不详谈了,这里仅举一例说明.

例 9 计算 $I=\iiint\limits_{\Omega}\sqrt{1-\frac{x^2}{a^2}-\frac{y^2}{b^2}-\frac{z^2}{c^2}}\mathrm{d}x\mathrm{d}y\mathrm{d}z$,其中 Ω:$\frac{x^2}{a^2}+\frac{y^2}{b^2}+\frac{z^2}{c^2}\leqslant 1,z\geqslant 0$.

解 考虑椭球面变换

$$\begin{cases}x=ar\cos\theta\sin\varphi\\ y=br\sin\theta\sin\varphi\\ z=cr\cos\varphi\end{cases}$$

这样变换的 Jacobi 行列式

$$|J|=\left|\frac{D(x,y,z)}{D(r,\theta,\varphi)}\right|=abcr^2\sin\varphi$$

故

$$I=\int_0^{\frac{\pi}{2}}\int_0^{2\pi}\int_0^1\sqrt{1-r^2}\,abcr^2\sin\varphi\mathrm{d}r\mathrm{d}\theta\mathrm{d}\varphi=\frac{1}{8}abc\pi^2$$

4. 重复被积函数本身或积分区域的性质

有些重积分可利用被积函数或积分区域的某些性质进行化简，比如被积函数的奇偶性、积分区域的对称性等. 先来看利用被积函数的奇偶性解题的例子.

例 1　计算积分 $I=\iint\limits_D x[1+yf(x^2+y^2)]\mathrm{d}x\mathrm{d}y$，其中 Ω 由 $y=x^3$，$y=1$，$|x|=1$ 围成.

解　令 $F(x)=\int_0^x f(t)\mathrm{d}t$，由题设

$$I=\iint\limits_D x\,\mathrm{d}x\mathrm{d}y+\iint\limits_D xyf(x^2+y^2)\mathrm{d}x\mathrm{d}y=\int_{-1}^1 x\mathrm{d}x\int_{x^3}^1\mathrm{d}y+\int_{-1}^1 x\mathrm{d}x\int_{x^3}^1 yf(x^2+y^2)\mathrm{d}y=$$

$$\int_{-1}^1 x(1-x^3)\mathrm{d}x+\int_{-1}^1 x\mathrm{d}x\int_{x^3}^1\frac{1}{2}f(x^2+y^2)\mathrm{d}(x^2+y^2)=$$

$$-2\int_0^1 x^4\mathrm{d}x+\frac{1}{2}\int_{-1}^1 x\Big[F(x^2+y^2)\Big]_{x^3}^1\mathrm{d}x=$$

$$-\frac{2}{5}+\frac{1}{2}\int_{-1}^1 x[F(x^2+1)-F(x^2+x^6)]\mathrm{d}x=-\frac{2}{5}+0=-\frac{2}{5}$$

注意到 $x[F(x^2+1)-F(x^2+x^6)]$ 在 $[-1,1]$ 上是奇函数.

例 2　求 $\iiint\limits_\Omega\frac{z\ln(1+x^2+y^2+z^2)}{1+x^2+y^2+z^2}\mathrm{d}x\mathrm{d}y\mathrm{d}z$；其中 Ω 由 $x^2+y^2+z^2=1$ 围成.

解　先考虑球坐标变换 $x=r\sin\varphi\sin\theta$，$y=r\sin\varphi\cos\theta$，$z=r\cos\varphi$，有 $J=r$ 且

$$I=\iiint\limits_{\Omega'}\frac{r\cos\varphi\ln(1+r^2)}{1+r^2}r^2\sin\varphi\,\mathrm{d}r\mathrm{d}\theta\mathrm{d}\varphi=\int_0^{2\pi}\mathrm{d}\theta\int_{-\frac{\pi}{2}}^{\frac{\pi}{2}}\sin\varphi\cos\varphi\,\mathrm{d}\varphi\int_0^1\frac{r\ln(1+r^2)}{1+r^2}\mathrm{d}r=0$$

注意到 $\sin\varphi\cos\varphi$ 是奇函数，故

$$\int_{-\frac{\pi}{2}}^{\frac{\pi}{2}}\sin\varphi\cos\varphi\,\mathrm{d}\varphi=0$$

再来看看利用积分区域对称性简化计算过程的例子.

例 3　计算 $I=\iint\limits_D|xy|\mathrm{d}x\mathrm{d}y$，其中 D：$|x|+|y|\leqslant 1$.

解　从图 25 可看出：两坐标轴将 D 分为四个相等的子区域，被积函数 $|xy|$ 关于这四个子区域对称，故

$$I=4\iint\limits_{D_1}|xy|\mathrm{d}x\mathrm{d}y=4\int_0^1 x\mathrm{d}x\int_0^{1-x}y\mathrm{d}y=2\int_0^1(x-2x^2+x^3)\mathrm{d}x=\frac{1}{6}$$

注　类似地可解下面的问题：

问题 1　计算 $\iint\limits_D(|x|+|y|)\mathrm{d}x\mathrm{d}y$，其中 D：$|x|+|y|\leqslant 1$.

如图 26，这时将区域 D 分为四个小区域，若令

$$I_k=\iint\limits_{D_k}(|x|+|y|)\mathrm{d}x\mathrm{d}y,\quad k=1,2,3,4$$

则有 $I_1=I_2=I_3=I_4$. 这样只需计算 I_1 和 I_2 即可.

问题 2　若 $f(x)$ 为连续偶函数，则

$$\iint\limits_D f(x-y)\mathrm{d}x\mathrm{d}y=2\int_0^{2a}(2a-u)f(u)\mathrm{d}u$$

其中 D：$|x|\leqslant a$，$|y|\leqslant a(a>0)$.

可先将其化为二次积分

$$\iint\limits_D f(x-y)\mathrm{d}x\mathrm{d}y=\int_{-a}^a\mathrm{d}x\int_{-a}^a f(x-y)\mathrm{d}y$$

此外还可考虑变换　　　　　$x-y=u,\quad x+y=v$

例 4　计算积分 $I=\iint\limits_D(|x|+|y|)\mathrm{d}x\mathrm{d}y$,其中 D 由曲线 $xy=2$,直线 $y=x-1$ 和 $y=x+1$ 围成(图 27).

解　由被积函数和积分区域的对称性,则有

$$I=2\left(\iint\limits_{D_1}+\iint\limits_{D_2}+\iint\limits_{D_3}\right)(|x|+|y|)\mathrm{d}x\mathrm{d}y=2\left[\int_0^1\mathrm{d}x\int_{x-1}^0(x-y)\mathrm{d}y+\int_0^1\mathrm{d}x\int_0^{x+1}(x+y)\mathrm{d}y+\right.$$

$$\left.\int_1^2\mathrm{d}x\int_{x-1}^{\frac{2}{x}}(x+y)\mathrm{d}y\right]=\frac{26}{3}$$

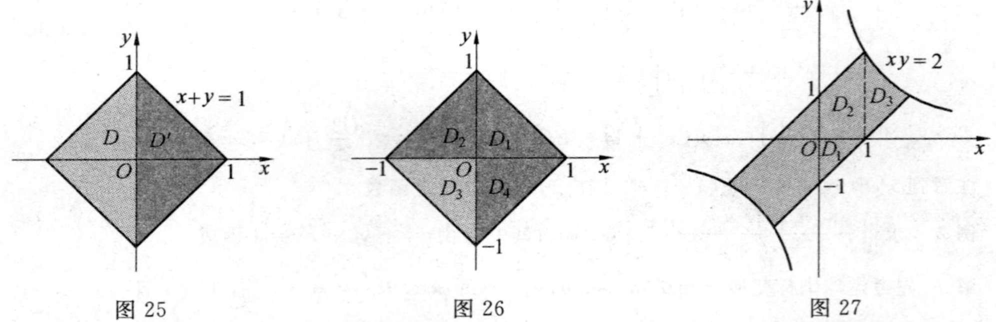

图 25　　　　图 26　　　　图 27

下面来看几个须分区域积分的(被积函数涉及到绝对值、取最大者及分段定义函数等)例子.

例 5　计算 $I=\iint\limits_D\cos(x+y)\mathrm{d}x\mathrm{d}y$,其中 D 由直线 $y=x$ 和 $y=0$ 及 $x=\dfrac{\pi}{2}$ 围成.

解　积分区域 D 见图 28.考虑到绝对值性质有

$$I=\iint\limits_{D_1}|\cos(x+y)|\mathrm{d}x\mathrm{d}y-\iint\limits_{D_2}\cos(x+y)\mathrm{d}x\mathrm{d}y=$$

$$\int_0^{\frac{\pi}{4}}\mathrm{d}y\int_y^{\frac{\pi}{2}-y}\cos(x+y)\mathrm{d}x-\int_{\frac{\pi}{4}}^{\frac{\pi}{2}}\mathrm{d}x\int_{\frac{\pi}{2}-x}^{x}\cos(x+y)\mathrm{d}y=$$

$$\int_0^{\frac{\pi}{4}}(1-\sin 2y)\mathrm{d}y-\int_{\frac{\pi}{4}}^{\frac{\pi}{2}}(\sin 2x-1)\mathrm{d}x=$$

$$\int_0^{\frac{\pi}{2}}(1-\sin 2x)\mathrm{d}x=\frac{\pi}{2}-1$$

注　类似地,我们可以解:

问题　计算 $\iint\limits_D|\sin(x+y)|\mathrm{d}x\mathrm{d}y$,其中 D: $0\leqslant x\leqslant\pi,0\leqslant y\leqslant\pi$.

它也须分别在 D_1,D_2(图 29) 上考虑.

例 6　计算 $I=\iint\limits_D\sin x\sin y\max\{x,y\}\mathrm{d}x\mathrm{d}y$,其中 $D=\{(x,y)\mid 0\leqslant x\leqslant\pi,0\leqslant y\leqslant\pi\}$.

解　将 D 分成两个区域 D_1,D_2(图 30),注意在 D_1 内 $x>y$,在 D_2 内 $x<y$,这样可有

$$I=\iint\limits_{D_1}x\sin x\sin y\mathrm{d}x\mathrm{d}y+\iint\limits_{D_2}y\sin x\sin y\mathrm{d}x\mathrm{d}y=$$

$$\int_0^{\pi}\mathrm{d}x\int_0^{x}x\sin x\sin y\mathrm{d}y+\int_0^{\pi}\mathrm{d}x\int_0^{\pi}y\sin x\sin y\mathrm{d}x\mathrm{d}y=$$

$$\int_0^{\pi}(x\sin x+\pi\sin x-\sin^2 x)\mathrm{d}x=\frac{5\pi}{2}$$

下面的例子中被积函数与积分区域皆有对称性.

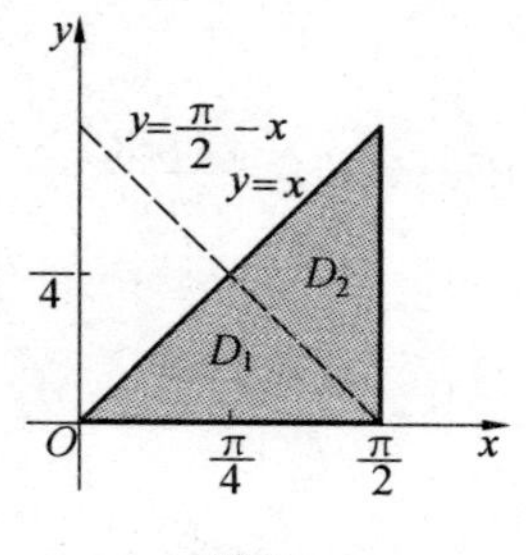

图 28

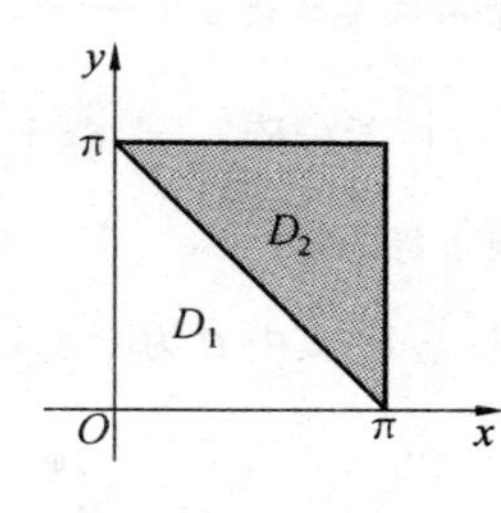

图 29

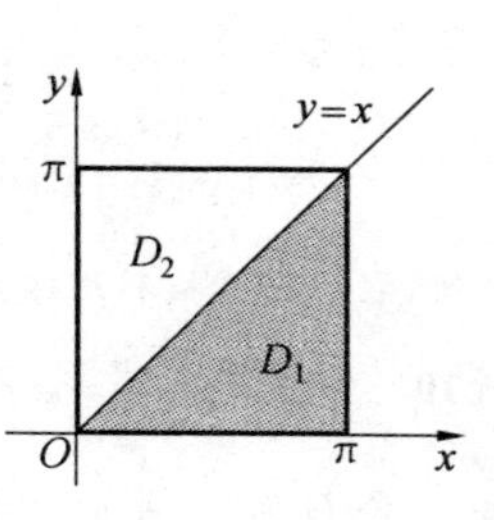

图 30

例 7 计算 $I=\iint\limits_{D}\operatorname{sgn}\{y\pm\sqrt{3}x^3\}\mathrm{d}x\mathrm{d}y$，其中 $D:x^2+y^2\leqslant 4$，这里 sgn 为符号.

解 积分 I 可化可累次积分：$I=I_1+I_2$，其中

$$I_1=\int_{-1}^{1}\mathrm{d}x\int_{0}^{\sqrt{4-x^2}}\operatorname{sgn}\{y\pm\sqrt{3}x^3\}\mathrm{d}y,I_2=\int_{-1}^{1}\mathrm{d}x\int_{-\sqrt{4-x^2}}^{0}\operatorname{sgn}\{y\pm\sqrt{3}x^3\}\mathrm{d}y$$

由
$$\operatorname{sgn}\{y\pm\sqrt{3}(-x)^3\}=\operatorname{sgn}\{-(y\pm\sqrt{3}x^3)\}=-\operatorname{sgn}\{y\pm\sqrt{3}x^3\}$$
所以对 I_2 作变换 $u=-x,v=-y$，因而

$$I_2=\int_{1}^{-1}-\mathrm{d}u\int_{-\sqrt{4-x^2}}^{0}-\operatorname{sgn}\{v\pm\sqrt{3}u^3\}(-\mathrm{d}v)=\int_{1}^{-1}\mathrm{d}u\int_{-\sqrt{4-x^2}}^{0}\operatorname{sgn}\{v\pm\sqrt{3}u^3\}\mathrm{d}v=-I_1$$

故
$$I=I_1+I_2=0$$

下面的例子是属于分区域定义的函数的重积分问题，解法当然应分区域考虑.

例 8 求 $I=\iint\limits_{D}f(x,y)\mathrm{d}x\mathrm{d}y$，其中 $f(x,y)=\begin{cases}\mathrm{e}^{-(x+y)}, & x>0,y>0\\ 0, & \text{其他}\end{cases}$. 积分区域 $D:a<x+y<b$，这里 $0<a<b$.

解 由题设(图 31) 我们可有

$$I=\iint\limits_{D_1}f(x,y)\mathrm{d}x\mathrm{d}y=\int_{0}^{a}\mathrm{e}^{-x}\mathrm{d}x\int_{a-x}^{b-x}\mathrm{e}^{-y}\mathrm{d}y+\int_{a}^{b}\mathrm{e}^{-x}\mathrm{d}x\int_{0}^{b-x}\mathrm{e}^{-y}\mathrm{d}y=$$
$$\int_{0}^{a}(\mathrm{e}^{-a}-\mathrm{e}^{-b})\mathrm{d}x+\int_{a}^{b}(\mathrm{e}^{-x}-\mathrm{e}^{-b})\mathrm{d}x=$$
$$\mathrm{e}^{-a}(1+a)-\mathrm{e}^{-b}(1+b)$$

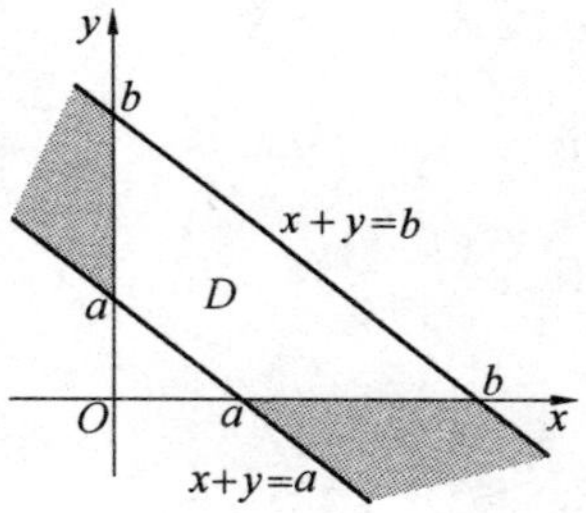

最后，我们相谈谈某些三重积分由于被积函数的特点而化为二重积分的例子.

图 31

例 9 计算 $I=\iiint\limits_{\Omega}\mathrm{e}^{|z|}\mathrm{d}z$，其中 $\Omega:x^2+y^2+z^2\leqslant 1$.

解 由被积函数仅与 z 有关，而积分区域为球体，故可用先计算二重积分再考虑单重积分：

$$I=\int_{-1}^{1}\mathrm{e}^{|z|}\Big(\iint\limits_{D(z)}\mathrm{d}x\mathrm{d}y\Big)\mathrm{d}z=\int_{-1}^{1}\mathrm{e}^{|z|}\pi(1-z^2)\mathrm{d}z=2\pi\int_{0}^{1}(1-z^2)\mathrm{e}^{z}\mathrm{d}z=2\pi$$

注 1 本题亦可直接用球坐标变换求得

$$I=\int_{0}^{2\pi}\int_{0}^{1}\int_{0}^{\frac{\pi}{2}}\exp(r\cos\varphi)\cdot r^2\sin\varphi\mathrm{d}r\mathrm{d}\varphi\mathrm{d}\theta=4\pi\int_{0}^{1}(\mathrm{e}^{r}-1)r\mathrm{d}r=2\pi$$

注 2 类似地我们可以计算

$$I=\iiint\limits_{\Omega}z^2\mathrm{d}x\mathrm{d}y\mathrm{d}z$$

其中 $\Omega:x^2+y^2+z^2\leqslant R^2,x^2+y^2+z^2\leqslant 2Rx$.

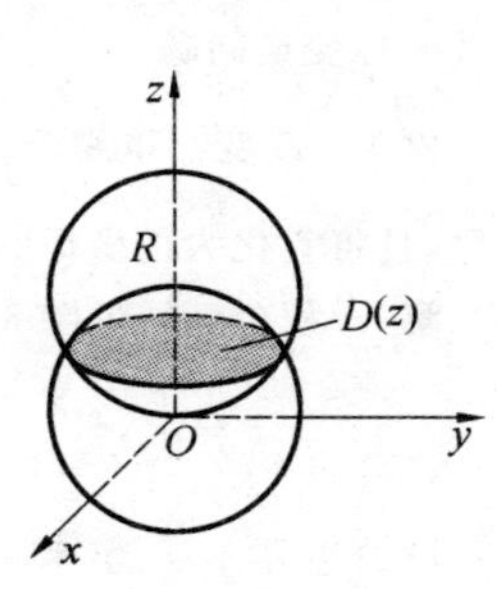

图 32

注意到当 $0\leqslant z\leqslant\dfrac{R}{2}$ 时，如图 32 所示，截面圆域 $D(z)$ 半径是

$\sqrt{2Rz-z^2}$;而当 $\frac{R}{2}\leqslant z\leqslant R$ 时,截面圆域半径是 $\sqrt{R^2-z^2}$. 故

$$I=\int_0^R z^2\left(\iint\limits_{D(x)}\mathrm{d}x\mathrm{d}y\right)\mathrm{d}z=\pi\int_0^{\frac{\pi}{2}}z^2(2Rz-z^2)\mathrm{d}z+\pi\int_{\frac{R}{2}}^R z^2(R^2-z^2)\mathrm{d}z=\frac{59\pi R_5}{480}$$

当然,它亦可直接利用球坐标变换求得.

例 10 计算 $I=\iiint\limits_{\Omega}z\sqrt{x^2+y^2}\mathrm{d}x\mathrm{d}y\mathrm{d}z$,其中 Ω 为 $0\leqslant z\leqslant a,0\leqslant x\leqslant\sqrt{2y-y^2}$.

解 令 D 为 xy 平面上半圆域:$0\leqslant x\leqslant\sqrt{2y-y^2}$,则

$$I=\int_0^a z\mathrm{d}z\iint\limits_D\sqrt{x^2+y^2}\mathrm{d}x\mathrm{d}y(\text{用极坐标变换于 }D)=\frac{a^2}{2}\int_0^{\frac{\pi}{2}}\mathrm{d}\theta\int_0^{2\sin\theta}r^2\mathrm{d}r=\frac{4}{3}a^2\int_0^{\frac{\pi}{2}}\sin^3\theta\mathrm{d}\theta=\frac{8}{9}a^2$$

5. 利用 Green 公式等

利用 Green 公式、奥一高公式可分别将二重、三重积分化为曲线、曲面积分(积分重数减少了),但一般情况下曲线、曲面积分计算较复杂,因而这两个公式一般不这样用. 我们仅举一例说明.

例 计算 $I=\iint\limits_D y^2\mathrm{d}x\mathrm{d}y$,其中 D:由 Ox 轴和摆线 $x=a(t-\sin t)$, $y=a(1-\cos t)$ $(0\leqslant t\leqslant 2\pi)$ 的第一拱所围区域(图 33).

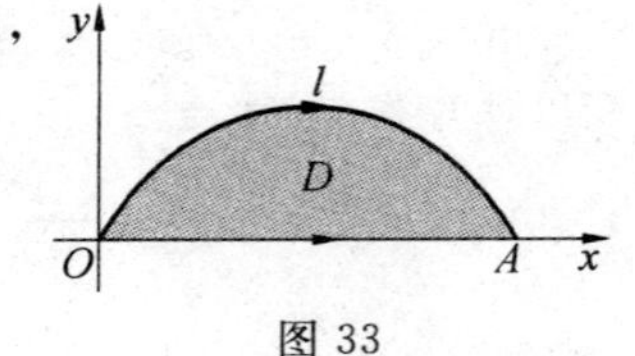

图 33

解 用 Green 公式且注意 $y^2=\frac{\partial xy^2}{\partial x}-\frac{\partial x}{\partial y}$,故

$$I=\iint\limits_D\left(\frac{\partial xy^2}{\partial x}-\frac{\partial x}{\partial y}\right)\mathrm{d}x\mathrm{d}y=\oint\limits_{OA+l^-}x\mathrm{d}x+xy^2\mathrm{d}y=$$

$$\int_{OA}x\mathrm{d}x-\int_l x\mathrm{d}x+\int_{OA}xy^2\mathrm{d}y$$

这里 l^- 表示与图 33 中的曲线 l 的反向. 而

$$\int_{OA}x\mathrm{d}x=\int^{2\pi a}x\mathrm{d}x=\mathrm{e}(\pi a)^2,\quad\int_{OA}xy^2\mathrm{d}y=0$$

及

$$\int_l x\mathrm{d}x=\int_0^{2\pi}a^2(t-\sin t)\mathrm{d}(t-\sin t)=2(\pi a)^2$$

且

$$\int_l xy^2\mathrm{d}y=\int_0^{2\pi}a(t-\sin t)a^2(1-\cos t)^2\mathrm{d}a(1-\cos t)=$$

$$a^4\int_0^{2\pi}(t-\sin t)(1-2\cos t+\cos^2 t)\sin t\mathrm{d}t=-\frac{35}{12}\pi a^4$$

故

$$I=2(\pi a)^2-2(\pi a)^2+\frac{35}{12}\pi a^4=\frac{35}{12}\pi a^4$$

6. 广义多重积分问题

关于广义多重积分问题,我们不打算过多地叙及. 这里仅举一些例子说明先来看广义二重积分的换序及坐标变换问题.

例 1 改变二重积分 $\int_{\frac{1}{2}}^1\mathrm{d}x\int_{1-x}^x f(x,y)\mathrm{d}y+\int_1^{+\infty}\mathrm{d}x\int_0^x f(x,y)\mathrm{d}y$ 的积分次序,且将它化为极坐标的二重积分.

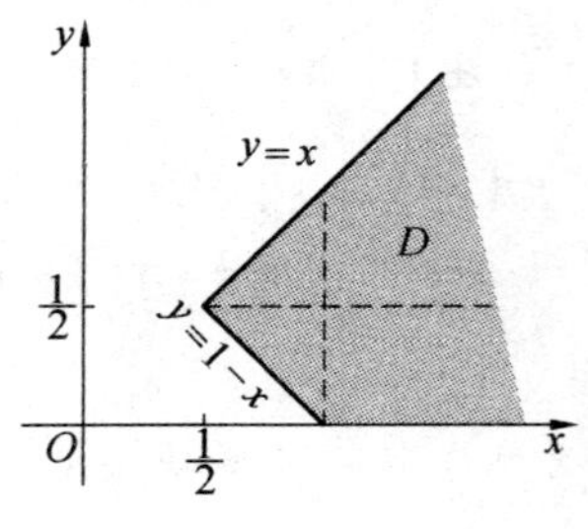

图 34

解 积分区域见图 34. 变换积分次序后有

$$I=\int_0^{\frac{1}{2}}\mathrm{d}y\int_{1-y}^{+\infty}f(x,y)\mathrm{d}x+\int_{\frac{1}{2}}^{+\infty}\mathrm{d}y\int_y^{+\infty}f(x,y)\mathrm{d}x$$

D 的边界 $y=x$ 和 $y=1-x$ 的极坐标方程分别为 $\theta=\frac{\pi}{4}$ 和 $r(\sin\theta+\cos\theta)=1$,故

$$I=\iint_D f(x,y)\mathrm{d}x\mathrm{d}y=\iint_D f(r\cos\theta,r\sin\theta)r\mathrm{d}r\mathrm{d}\theta=\int_0^{\frac{\pi}{4}}\mathrm{d}\theta\int_{1/(\sin\theta+\cos\theta)}^{+\infty}f(r\cos\theta,r\sin\theta)r\mathrm{d}r$$

下面来看看广义重积分的计算.

例 2　讨论广义重积分 $I_n=\iint_D\frac{\mathrm{d}x\mathrm{d}y}{\sqrt{(x^2+y^2)^n}}$ 的敛散性,其中 $D:x^2+y^2\leqslant R^2$.

解　这里(0,0) 点是瑕点,今设 D' 为由 $x^2+y^2=R^2$ 和 $x^2+y^2=\varepsilon^2(0<\varepsilon<R)$ 所围成,在 D' 考虑极坐标变换:$x=r\cos\theta,y=r\sin\theta$,则有

$$I(\varepsilon)=\iint_D\frac{1}{\sqrt{(x^2+y^2)^n}}\mathrm{d}x\mathrm{d}y=\int_0^{2\pi}\mathrm{d}\theta\int_\varepsilon^R\frac{r}{r^n}\mathrm{d}r=2\pi\int_0^R\frac{1}{r^{n-1}}\mathrm{d}r$$

而当 $0<n<2$ 时,$\lim\limits_{\varepsilon\to0}I(\varepsilon)=\frac{R^{2-n}}{2-n}$;当 $n\geqslant2$ 时,有 $\lim\limits_{\varepsilon\to0}I(\varepsilon)=\infty$.

故当 $0<n<2$ 时,$I_n=\lim\limits_{\varepsilon\to0}I(\varepsilon)$ 收敛.

注　类似地我们还可有结论:积分

$$\iint_{x^2+y^2\leqslant1}\frac{\mathrm{d}x\mathrm{d}y}{(x^2+y^2)^m}=\begin{cases}\frac{\pi}{1-m}, & 0<m<1\\+\infty, & m=1\\-\infty, & m>1\end{cases}$$

例 3　计算 $I=\iint_D\frac{\mathrm{d}x\mathrm{d}y}{\sqrt{(x^2+y^2)^3}}$,这里 D 为区域:$x^2+y^2\geqslant1$.

解　令 D' 为 $x^2+y^2=1$ 与 $x^2+y^2=R^2(R>1)$ 所围成,仿上例在 D' 上实施极坐标变换:$x=r\cos\theta,y=r\sin\theta$,则有

$$I(R)=\iint_{D'}\frac{\mathrm{d}x\mathrm{d}y}{\sqrt{(x^2+y^2)^3}}=\int_0^{2\pi}\mathrm{d}\theta\int_1^R\frac{r\mathrm{d}r}{r^3}=2\pi\left(1-\frac{1}{R}\right)$$

故

$$\iint_D\frac{\mathrm{d}x\mathrm{d}y}{\sqrt{(x^2+y^2)^3}}=\lim_{R\to+\infty}I(R)=2\pi$$

例 4　计算积分$\int_{-\infty}^{+\infty}\mathrm{d}x\int_{-\infty}^{+\infty}\mathrm{e}^{-(x^2+y^2)}\mathrm{d}y$.

解　在区域 $D:x^2+y^2\leqslant R^2$ 上实施极坐标变换 $x=r\cos\theta,y=r\sin\theta$,则 Jacobi 行列式值 $J=r$,且

$$\iint_D\mathrm{d}x\mathrm{d}y=\int_0^{2\pi}\mathrm{d}\theta\int_0^R\mathrm{e}^{-r^2}r\mathrm{d}r=\pi(1-\mathrm{e}^{-R^2})$$

当 $R\to+\infty$ 时,上式极限为 π,故

$$\int_{-\infty}^{+\infty}\mathrm{d}x\int_{-\infty}^{+\infty}\mathrm{e}^{-(x^2+y^2)}\mathrm{d}y=\pi$$

注 1　由本例可亦得概率积分(这个积分我们前文已多次介绍)

$$\int_0^{+\infty}\mathrm{e}^{-x^2}\mathrm{d}x=\frac{\sqrt{\pi}}{2}\tag{$*$}$$

注 2　类似地,我们可以用结论(*)证明(注意积分下限是 $-\infty$)

$$\int_{-\infty}^{+\infty}\int_{-\infty}^{+\infty}\int_{-\infty}^{+\infty}\exp\{-a[(x-b_1)^2+(y-b_2)^2+(z-b_3)^2]\}\mathrm{d}x\mathrm{d}y\mathrm{d}z=\left(\sqrt{\frac{\pi}{a}}\right)^3,\quad a>0$$

注 3　更一般的有积分$\int_0^{+\infty}\mathrm{e}^{-kx^2}\mathrm{d}x=\frac{1}{2}\sqrt{\frac{\pi}{k}}(k>0)$,且由此可求 $I=\int_0^{+\infty}\frac{\mathrm{e}^{-ax^2}-\mathrm{e}^{-bx^2}}{x^2}\mathrm{d}x$ 的值,这里 $b>a>0$.

实因　$$I=\int_0^{+\infty}\left(\int_a^b\mathrm{e}^{-yx^2}\mathrm{d}y\right)\mathrm{d}x=\int_a^b\mathrm{d}y\int_0^{+\infty}\mathrm{e}^{-yx^2}\mathrm{d}x=\frac{\sqrt{\pi}}{2}\int_a^b\frac{\mathrm{d}y}{\sqrt{y}}=\sqrt{b\pi}-\sqrt{a\pi}$$

当然有些时候广义积分问题是以求极限形式出现(详见后面的例子).

二、曲线、曲面积分的计算方法

曲线、曲面积分按类型来讲,一般分为 Ⅰ 型和 Ⅱ 型,它们的计算公式见图 35.

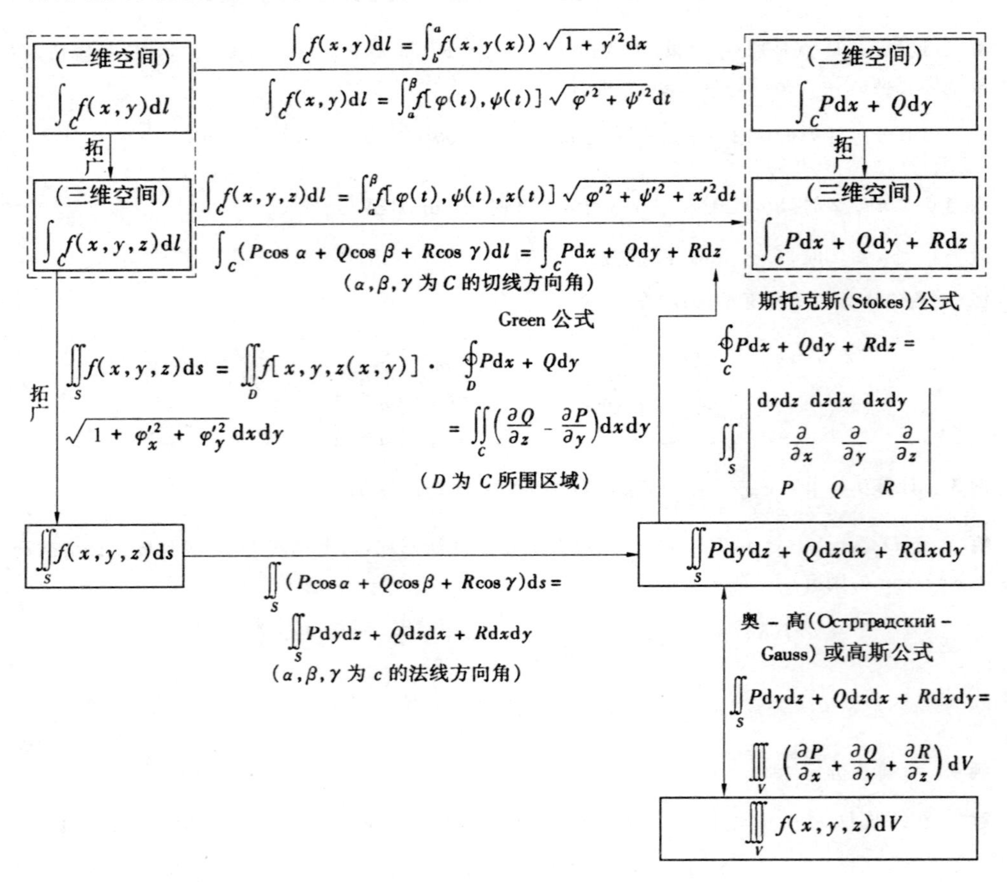

图 35

计算曲线积分可循图 36 的步骤考虑.

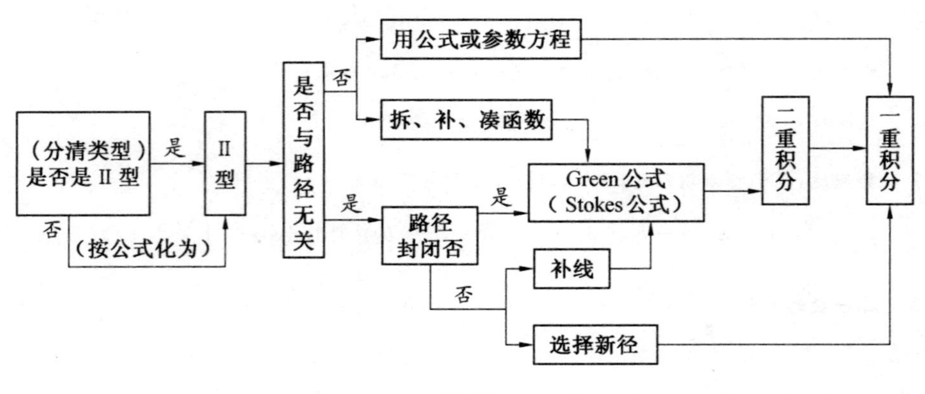

图 36

计算曲面积分可考虑图 37 所示的步骤：

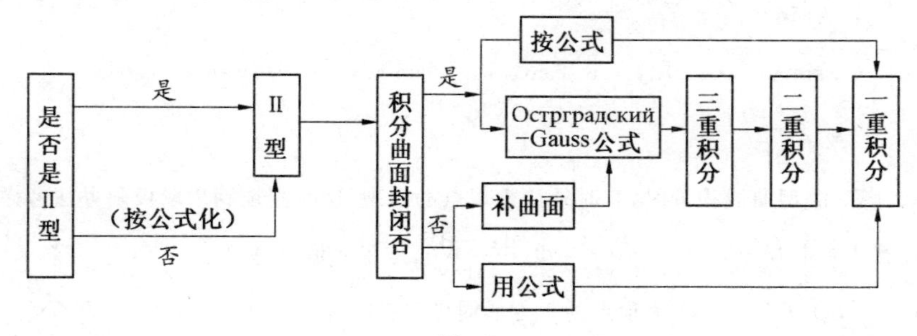

图 37

这里面我们想指出一点：积分方向问题在某些积分中非常重要(表 4).

表 4

积　分	积　分　区　域	与方向关系
二、三重积分	直线或平面或空间有界域	无　关
Ⅰ型曲线、曲面积分	曲线或曲面(有向)	无　关
Ⅱ型曲线、曲面积分	曲线或曲面(有向)	有　关

注　定积分亦与积分区间方向有关.

(一) 曲线积分计算方法

1. Ⅱ型曲线积分计算方法

我们先谈谈 Ⅱ 型曲线积分计算. 它大抵有下面几种方法：

(1) 直接按公式计算

例 1　计算 $I=\int_c(x^2+y^2)\mathrm{d}x+(x^2-y^2)\mathrm{d}y$，其中 c 是曲线：$y=1-|1-x|\ (0\leqslant x\leqslant 2)$，方向为从原点经过 $A(1,1)$ 到 $B(2,0)$.

解　由设可有

$$y=1-|1-x|=\begin{cases}x, & 0\leqslant x\leqslant 1\\ 2-x, & x>1\end{cases}$$

知

$$OA:y=x(0\leqslant x\leqslant 1),\quad AB:y=2-x(1\leqslant x\leqslant 2)$$

故

$$I=\int_0^1(x^2+x^2)\mathrm{d}x+\int_1^2[x^2+(2-x)^2]\mathrm{d}x+\int_1^2[x^2-(2-x)^2](-\mathrm{d}x)=$$

$$\frac{2}{3}x^3\Big|_0^1+2\int_1^2(2-x)^2\mathrm{d}x=\frac{4}{3}$$

这里积分路线以绝对值形式出现，当然是应该先脱去绝对值号，下面例子亦然.

例 2　计算 $I=\int_c(x+y)\mathrm{d}x+(\sin x-\cos y)\mathrm{d}y$，其中 c 为沿 $y=|x|$ 从横坐标 $x=-\frac{\pi}{4}$ 到 $x=\frac{\pi}{4}$ 的一段.

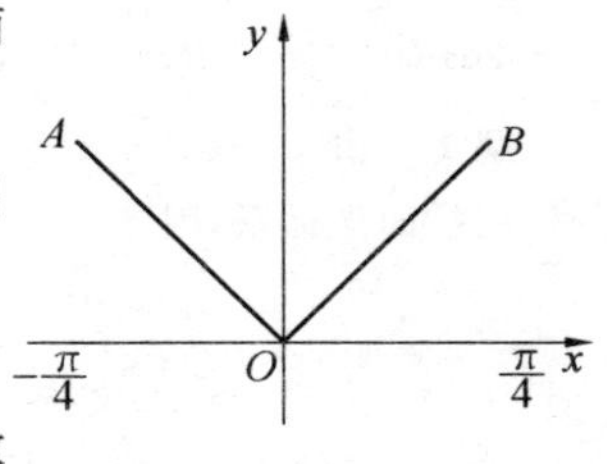

图 38

解　设 $A\left(-\frac{\pi}{4},\frac{\pi}{4}\right)$，$B\left(\frac{\pi}{4},\frac{\pi}{4}\right)$，则积分线路为 $\overline{AO}$，$\overline{OB}$(图 38). 故

$$I = \left(\int_{\overline{AO}} + \int_{\overline{OB}}\right)(x+y)\mathrm{d}x + (\sin x - \cos y)\mathrm{d}y =$$

$$\int_{\frac{\pi}{4}}^{0}(-\sin y - \cos y)\mathrm{d}y + \int_{0}^{\frac{\pi}{4}} 2x\mathrm{d}x + \int_{0}^{\frac{\pi}{4}}(\sin y - \cos y)\mathrm{d}y =$$

$$1 - \sqrt{2} + \frac{\pi^2}{16}$$

利用公式计算 Ⅱ 型曲线积分时,有时须注意瑕点的出现,这时则须利用取极限办法考虑.

例 3 计算 $I = \oint_c \left(\dfrac{\mathrm{d}x}{x+y} - \dfrac{\mathrm{d}y}{x+y}\right) = \oint_c \dfrac{\mathrm{d}x - \mathrm{d}y}{x+y}$,这里 c 是以 $A(1,0)$,$B(0,1)$,$C(-1,0)$,$D(0,-1)$ 为顶点的正方形周界的正向(图 39).

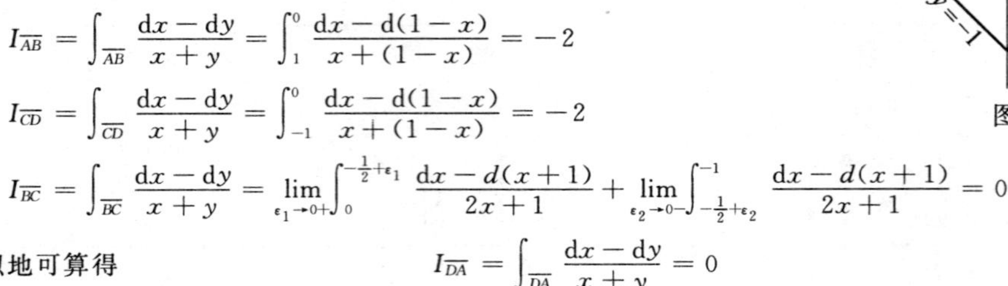

图 39

解 首先 $I = \left(\int_{\overline{AB}} + \int_{\overline{BC}} + \int_{\overline{CD}} + \int_{\overline{DA}}\right)\dfrac{\mathrm{d}x - \mathrm{d}y}{x+y}$. 再注意到 c 的各段上的积分值

$$I_{\overline{AB}} = \int_{\overline{AB}} \frac{\mathrm{d}x - \mathrm{d}y}{x+y} = \int_1^0 \frac{\mathrm{d}x - \mathrm{d}(1-x)}{x + (1-x)} = -2$$

$$I_{\overline{CD}} = \int_{\overline{CD}} \frac{\mathrm{d}x - \mathrm{d}y}{x+y} = \int_{-1}^0 \frac{\mathrm{d}x - \mathrm{d}(1-x)}{x + (1-x)} = -2$$

$$I_{\overline{BC}} = \int_{\overline{BC}} \frac{\mathrm{d}x - \mathrm{d}y}{x+y} = \lim_{\varepsilon_1 \to 0+}\int_0^{-\frac{1}{2}+\varepsilon_1} \frac{\mathrm{d}x - d(x+1)}{2x+1} + \lim_{\varepsilon_2 \to 0-}\int_{-\frac{1}{2}+\varepsilon_2}^{-1} \frac{\mathrm{d}x - d(x+1)}{2x+1} = 0$$

类似地可算得

$$I_{\overline{DA}} = \int_{\overline{DA}} \frac{\mathrm{d}x - \mathrm{d}y}{x+y} = 0$$

故

$$I = I_{\overline{AB}} + I_{\overline{BC}} + I_{\overline{CD}} + I_{\overline{DA}} = -2 - 2 = -4$$

下面看看三维空间的例子.

例 4 计算 $\int_c (x^2 - yz)\mathrm{d}x + (y^2 - xz)\mathrm{d}y + (z^2 - xy)\mathrm{d}z$,其中 c 为螺线 $x = \cos\varphi, y = \sin\varphi, z = \varphi$ 从 $A(1,0,0)$ 到 $B(1,0,2\pi)$ 的一段.

解 直接将题设曲线参数式代入积分有

$$\int_c (x^2 - yz)\mathrm{d}x + (y^2 - xz)\mathrm{d}y + (z^2 - xy)\mathrm{d}z =$$

$$\int_0^{2\pi} -(\cos^2\varphi - \varphi\sin\varphi)\sin\varphi\mathrm{d}\varphi + (\sin^2\varphi - \varphi\cos\varphi)\cos\varphi\mathrm{d}\varphi + (\varphi^2 - \cos\varphi\sin\varphi)\mathrm{d}\varphi = \frac{8\pi^3}{3}$$

注 本题用 Stokes 公式计算较简:令 $P = x^2 - yz, Q = y^2 - xz, R = z^2 - xy$,算得

$$P'_y = Q'_x = -z, \quad Q'_z = R'_y = -x, \quad R'_x = P'_z = -y$$

故积分与路径无关,故可取从 A 到 B 的直线段为路径有

$$I = \int_{\overline{AB}} P\mathrm{d}x + Q\mathrm{d}y + R\mathrm{d}z = \int_{(1,0,0)}^{(1,0,2\pi)} x^2\mathrm{d}x + z^2\mathrm{d}z = \left[\frac{x^3 + z^3}{3}\right]_{(1,0,0)}^{(1,0,2\pi)} = \frac{8\pi^3}{3}$$

例 5 计算 $\oint_c = (y^2 + z^2)\mathrm{d}x + (z^2 + x^2)\mathrm{d}y + (x^2 + y^2)\mathrm{d}z$,其中 c 是曲线:$x^2 + y^2 + z^2 = 2Rx$,$x^2 + y^2 = 2ax\ (0 < a < R, z > 0)$,并且 c 的方向是使球外表面所围小区域在其左方.

解 1 由 $x^2 + y^2 + z^2 = 2Rx$,$x^2 + y^2 = 2ax$,有 $z = \sqrt{2(R - ax)}$.

用柱面坐标系,因 $x^2 + y^2 = 2ax$,有 $r = 2a\cos\theta$. 在曲线 c 上,即

$$x = \cos\theta = 2a\cos^2\theta, y = r\sin\theta = 2a\cos\theta\sin\theta = a\sin 2\theta$$

$$z = \sqrt{2(R-a)\cdot 2a\cos^2\theta} = 2\sqrt{(R-a)a\cos\theta}$$

则

$$I = \int_{-\frac{\pi}{2}}^{\frac{\pi}{2}} [a^2\sin^2\theta + 4(R-a)a\cos^2\theta](-4a\cos\theta\sin\theta)\mathrm{d}\theta +$$

$$\int_{-\frac{\pi}{2}}^{\frac{\pi}{2}}[4a(R-a)\cos^2\theta+4a^2\cos^2\theta]2a\cos 2\theta\mathrm{d}\theta+$$

$$\int_{-\frac{\pi}{2}}^{\frac{\pi}{2}}[4a^2\cos^2\theta+a^2\sin^2 2\theta][-2\sqrt{a(R-a)}]\sin\theta\mathrm{d}\theta=$$

$$16a^2\int_0^{\frac{\pi}{2}}[(R-a)\cos^2\theta+a\cos^4\theta](2\cos^2\theta-1)\mathrm{d}\theta=2\pi a^2R$$

解 2　由题设及 Stokes 公式可有

$$I=\iint_{\Sigma}\begin{vmatrix}\mathrm{d}y\mathrm{d}z & \mathrm{d}z\mathrm{d}x & \mathrm{d}x\mathrm{d}y\\ \dfrac{\partial}{\partial x} & \dfrac{\partial}{\partial y} & \dfrac{\partial}{\partial z}\\ y^2+z^2 & z^2+x^2 & x^2+y^2\end{vmatrix}=2\iint_{\Sigma}(y-z)\mathrm{d}y\mathrm{d}x+(z-x)\mathrm{d}z\mathrm{d}x+(x-y)\mathrm{d}x\mathrm{d}y=$$

$$2\iint_{\Sigma}[(y-z)\cos\alpha+(z-x)\cos\beta+(x-y)\cos\gamma]\mathrm{d}S$$

这里最后一步是将上面积分化为 Ⅰ 型曲面积分，其中 $\boldsymbol{n}=\{\cos\alpha,\cos\beta,\cos\gamma\}$ 是球面 $x^2+y^2+z^2=2bx$ 上各点处单位法矢，易求得 $\boldsymbol{n}=\left\{\dfrac{x-b}{b},\dfrac{y}{b},\dfrac{z}{b}\right\}$. 从而

$$I=2\iint_{\Sigma}\left[\frac{x-b}{b}(y-z)+\frac{y}{b}(z-x)+\frac{z}{b}(x-y)\right]\mathrm{d}S=2\iint_{\Sigma}(z-y)\mathrm{d}S$$

由 $\sum$ 关于 xOy 平面对称且 y 是奇函数，故 $\iint_{\Sigma}y\mathrm{d}S=0$，故

$$I=2\iint_{\Sigma}(z-y)\mathrm{d}S=2\iint_{\Sigma}z\mathrm{d}S=\iint_{D}\frac{z}{\cos\gamma}\mathrm{d}x\mathrm{d}y=2\iint_{D}\frac{z}{\frac{z}{b}}\mathrm{d}x\mathrm{d}y=2b(\pi a^2)=2\pi a^2b$$

这里 D 是 $\sum$ 在 xOy 平面上投影 $x^2+y^2\leqslant 2ax$.

注意第一、三两个积分的被积函数为奇函数，第二个积分被积函数为偶函数.

(2) 利用与路径无关条件

曲线积分与路径无关的判断，表 5 中诸命题是等价的.

表 5

平面区域	空间(单连通)区域
$\int_A^B P\mathrm{d}x+Q\mathrm{d}y$ 与路径 $\widehat{AB}$ 无关	$\int_A^B P\mathrm{d}x+Q\mathrm{d}y+R\mathrm{d}z$ 与路径 $\widehat{AB}$ 无关
$\dfrac{\partial P}{\partial y}=\dfrac{\partial Q}{\partial x}$	$\dfrac{\partial P}{\partial y}=\dfrac{\partial Q}{\partial x},\dfrac{\partial Q}{\partial z}=\dfrac{\partial R}{\partial y},\dfrac{\partial R}{\partial x}=\dfrac{\partial P}{\partial z}$
$\oint_c P\mathrm{d}x+Q\mathrm{d}y=0$	$\oint_c P\mathrm{d}x+Q\mathrm{d}y+R\mathrm{d}z=0$
若有 u 有 $\mathrm{d}u=P\mathrm{d}x+Q\mathrm{d}y$	若有 u 使 $\mathrm{d}u=P\mathrm{d}x+Q\mathrm{d}y+R\mathrm{d}z$

一经验证积分与路径无关，于是可以 ① 用 Green 公式(或 Stokes 公式)；② 选择新的积分路径；③ 补上某段线使积分路径封闭以使用 Green 公式(Stokes 公式).

下面我们来举例说明.

① 使用 Green 公式或 Stokes 公式

例 1　计算 $I=\oint_c(x+y)^2\mathrm{d}x+(x^2-y^2)\mathrm{d}y$，其中 c 是以 $A(1,1)$，$B(3,2)$，$C(3,5)$ 三点构成的三角

形边界(正向)(图 40).

解 由题设可有:AB 所在直线方程 $y=\dfrac{x}{2}+\dfrac{1}{2}$;$AC$ 所在直线方程 $y=2x-1$. 由 Green 公式可有

$$I=\iint_D\left(\frac{\partial Q}{\partial y}-\frac{\partial P}{\partial x}\right)\mathrm{d}x\mathrm{d}y=\int_1^3\mathrm{d}x\int_{\frac{1}{2}x+\frac{1}{2}}^{2x-1}(-2y)\mathrm{d}y=-16$$

例 2 计算 $I=\oint_c |y|\mathrm{d}x|+|x|\mathrm{d}y$,其中 c 是以 $A(1,0)$,$B(0,1)$,$C(-1,0)$ 为顶点的三角形边界(正向)(图 41).

解 因被积函数中含绝对值号,可先脱去绝对值号.

记 $\triangle ABO$ 的边界为 c_1,区域为 D_1;且 $\triangle OBC$ 的边界为 c_2,区域为 D_2.

若均取正向,由 Green 公式

$$I=\oint_{c_1}y\mathrm{d}x+x\mathrm{d}y+\oint_{c_2}y\mathrm{d}x-x\mathrm{d}y=\iint_{D_1}(1-1)\mathrm{d}x\mathrm{d}y+\iint_{D_2}(-1-1)\mathrm{d}x\mathrm{d}y=$$

$$-2x\cdot\frac{1}{2}=-1$$

有些时候为了能够利用公式,在积分曲线上常常需要添加一些线段.

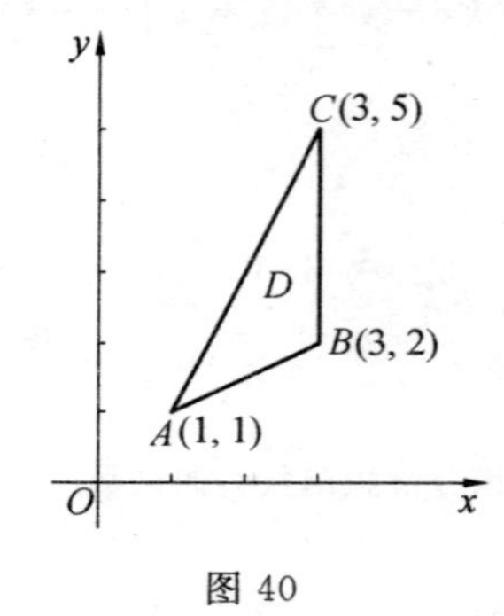

图 40

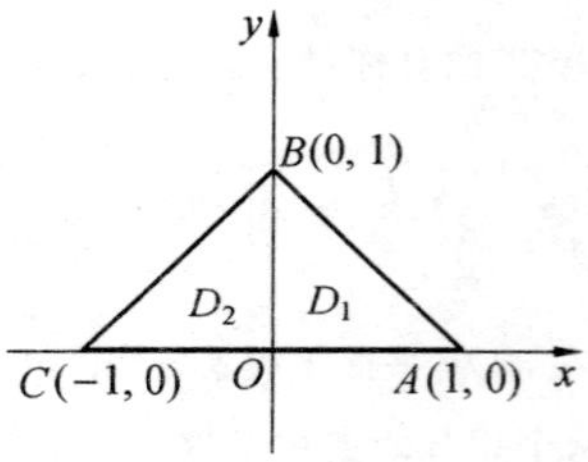

图 41

例 3 计算 $I=\oint_c\dfrac{x\mathrm{d}y-y\mathrm{d}x}{x^2+y^2}$,$c$ 为简单闭曲线.

解 因 $P=\dfrac{-y}{x^2+y^2}$,$Q=\dfrac{x}{x^2+y^2}$,故 c 不能过原点. 下面分两种情况讨论:

(1) 若 c 不包含坐标原点:由 $\dfrac{\partial P}{\partial y}=\dfrac{y^2-x^2}{(x^2+y^2)^2}=\dfrac{\partial Q}{\partial x}$ 及 Green 公式有

$$I=\iint_D\left(\frac{\partial Q}{\partial x}-\frac{\partial P}{\partial y}\right)\mathrm{d}x\mathrm{d}y=0$$

(2) 若 c 包含坐标原点:如图 42,在 c 所围区域 D 内作一小圆 Γ,且作直线 AB 连接 c 和 Γ. 则路径 $l=\overline{AB}+(-\Gamma)+BA+c$ 为不包含原点的闭曲线,由上面步骤知

$$\oint_l=\int_{\overline{AB}}+\oint_{-\Gamma}+\int_{\overline{BA}}+\oint_c=0$$

但 $\int_{\overline{AB}}=-\int_{\overline{BA}}$,知 $\oint_c=-\oint_{-\Gamma}=\oint_{\Gamma}$.

令圆周 Γ 的参数方程为 $x=r\cos\theta$,$y=r\sin\theta$,则

$$\oint_{\Gamma}\frac{x\mathrm{d}y-y\mathrm{d}x}{x^2+y^2}=\int_0^{2\pi}(\cos^2\theta+\sin^2\theta)\mathrm{d}\theta=2\pi$$

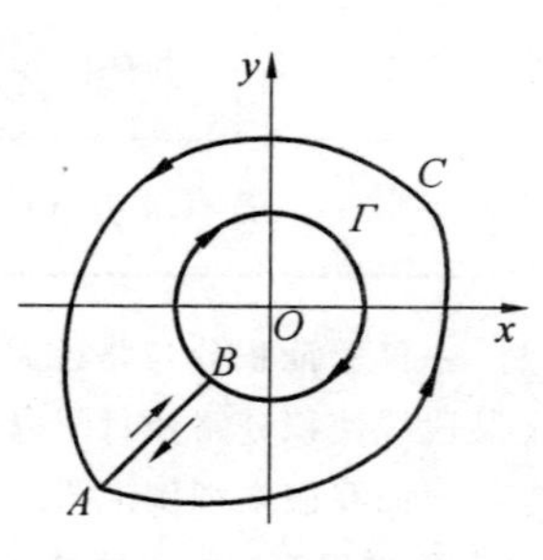

图 42

故当 c 包含坐标原点时 $I = 2\pi$.

注 1　类似地问题或推广，见表 6 中结论：

表 6

被积函数	积分路径 c	积分值 I
$\dfrac{x\mathrm{d}y - y\mathrm{d}x}{x^2 + y^2}$	$x = \cos\theta, y = \sin\theta (0 \leqslant \theta \leqslant 2\pi)$	2π
	$(x-1)^2 + (y-1)^2 = 1$ 正向	0
	$(x-1)^2 + (y-1)^2 = 1$ 从(2,1)到(0,1)上半圆周	$\dfrac{\pi}{4}$
	$\mid x \mid + \mid y \mid = 1$	2π
$\dfrac{y\,\mathrm{d}x - (x-1)\mathrm{d}y}{(x-1)^2 + y^2}$	$x^2 + y^2 - 2y = 0$ 正向	0
	$4x^2 + y^2 - 8x = 0$ 正向	-2π
$\dfrac{-y\,\mathrm{d}x + (x+a)\mathrm{d}y}{(x+a)^2 + y^2}$	$r = a(1 - \cos\theta)$ 正向$(0 \leqslant \theta \leqslant 2\pi)$	2π
$\dfrac{x\mathrm{d}x - ay\mathrm{d}y}{x^2 + y^2}$	c 为简单闭曲线　含原点	0
	c 为简单闭曲线　不含原点	当 $a = -1$ 时 $I = 0$
$\dfrac{x\,\mathrm{d}y - y\,\mathrm{d}x}{(\alpha x + \beta y)^2 + (\gamma x + \delta y)^2}$ $(\alpha\delta - \beta\gamma \neq 0)$	$(\alpha x + \beta y)^2 + (\gamma x + \delta y)^2 = 1$ 正向	$\dfrac{2\pi}{\alpha\delta - \beta\gamma}$
$\dfrac{x-y}{x^2+y^2}\mathrm{d}x + \dfrac{x+y}{x^2+y^2}\mathrm{d}y$	$\dfrac{x^2}{a^2} + \dfrac{y^2}{b^2} = 1$ 上半部分从 $A(-a,0)$ 到 $B(a,0)$	$-\pi$
	$x^{\frac{2}{3}} + y^{\frac{2}{3}} = \pi^{-\frac{2}{3}}$	2π

注 2　积分还可写成向量形式：$\oint_c \boldsymbol{f} \cdot \mathrm{d}\boldsymbol{s}$，其中 $\boldsymbol{f} = -\dfrac{\partial \ln r}{\partial y}\boldsymbol{i} + \dfrac{\partial \ln r}{\partial x}\boldsymbol{j}$，$r = \sqrt{x^2 + y^2}$，$\mathrm{d}\boldsymbol{s} = \boldsymbol{i}\mathrm{d}x + \boldsymbol{j}\mathrm{d}y$.

最后我们看看利用 Stokes 公式的例子.

例 4　计算 $I = \oint_c (y+1)\mathrm{d}x + (z+2)\mathrm{d}y + (x+3)\mathrm{d}z$，其中 c 为圆周：$x^2 + y^2 + z^2 = R^2, x + y + z = 0$. 若从 Ox 轴正向看去，圆周依逆时针方向进行.

解　由题设及 Stokes 公式有

$$I = -\iint_s \mathrm{d}y\mathrm{d}z + \mathrm{d}z\mathrm{d}x + \mathrm{d}x\mathrm{d}y = -\iint_s (\cos\alpha + \cos\beta + \cos\gamma)\mathrm{d}s$$

而 s 在 $x + y + z = 0$ 上，其法矢 $\boldsymbol{n} = \boldsymbol{i}\cos\alpha + \boldsymbol{j}\cos\beta + \boldsymbol{k}\cos\gamma$，

又由题设有 $\cos\alpha = \cos\beta = \cos\gamma = \dfrac{1}{\sqrt{3}}$，故 $I = -\sqrt{3}\iint_s \mathrm{d}s = -\sqrt{3}\pi R^2$.

例 5　计算 $I = \oint_c 2y\mathrm{d}x + xz\mathrm{d}y - yz^2\mathrm{d}z$，其中 c 是抛物面 $z = x^2 + y^2$ 与平面 $z = 4$ 的交线.

解　由题设知 $P = 2y, Q = xz, R = -yz^2$，而曲面 s 是圆：$z = x^2 + y^2, z = 4$. 由 Stokes 公式可有

$$I = \iint_s (z-2)\mathrm{d}x\mathrm{d}y = 2\iint_D \mathrm{d}x\mathrm{d}y = 8\pi$$

注意：这里 D 是平面 $z = 0$ 上的圆 $x^2 + y^2 = 4$，又 $s \perp yOz$ 平面，$s \perp xOz$ 平面，知 $\mathrm{d}y\mathrm{d}z = \mathrm{d}z\mathrm{d}x = 0$.

注　本题亦可直接计算如：因 c 平行 xOy 平面的圆 $x^2 + y^2 = 4$，在平面 $z = 4$ 上，$\mathrm{d}z = 0$，故

$$I=\int_0^{2\pi}[2\cdot 2\cos\theta(-2\sin\theta)+4\cdot 2\cos\theta\cdot 2\cos\theta]\mathrm{d}\theta=\int_0^{2\pi}(16\cos^2\theta-8\sin^2\theta)\mathrm{d}\theta=8\pi$$

② 选择新的积分路径

有时被积函数符合与路径无关的条件,积分曲线不封闭时(因而不能使用 Green 公式),常选择新的积分路径 —— 它使得曲线积分简单易积.

例 1 求 $I=\int_{OAB}(x^2-y^2)\mathrm{d}x-2xy\mathrm{d}y$,积分路径 OAB,如图 43 所示.

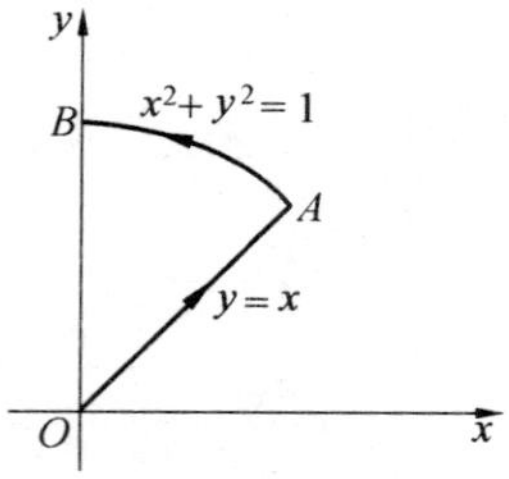

解 由题设知 $P=x^2-y^2$,$Q=-2xy$. 又 $\dfrac{\partial P}{\partial y}=-2y=\dfrac{\partial Q}{\partial x}$,知积分与路径无关,从而

$$I=\int_{\overline{OB}}(x^2-y^2)\mathrm{d}x-2xy\mathrm{d}y=0$$

图 43

例 2 计算积分 $I=\int_c(2xy^3-y^3\cos x)\mathrm{d}x+(1-2y\sin x+3x^2y^2)\mathrm{d}y$,其中 c 是抛物线 $2x=\pi y^2$ 从点 $O(0,0)$ 到 $B\left(\dfrac{\pi}{2},1\right)$ 的一段弧.

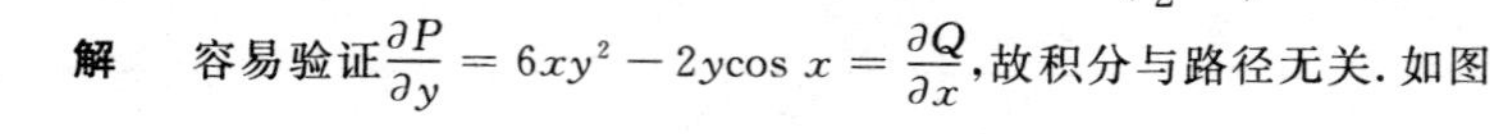

解 容易验证 $\dfrac{\partial P}{\partial y}=6xy^2-2y\cos x=\dfrac{\partial Q}{\partial x}$,故积分与路径无关. 如图 44,取 $C\left(\dfrac{\pi}{2},0\right)$,令折线 OCB 为积分路径. 故

$$I=\int_0^1\left[1-2y\sin\frac{\pi}{2}+3\left(\frac{\pi}{2}\right)^2y^2\right]\mathrm{d}y=\int_0^1\left[1-2y+\frac{3}{4}\pi^2y^2\right]\mathrm{d}y=\frac{\pi^2}{4}$$

注意到在 OC 段 $y=0$,有 $\mathrm{d}y=0$;在 CB 段 $x=\dfrac{\pi}{2}$,有 $\mathrm{d}x=0$.

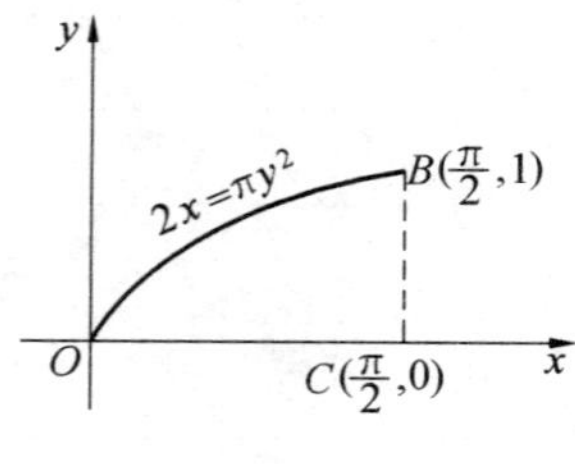

图 44

从上面两例我们已经看到选择新的积分路径的简洁(捷)性. 对于某些抽象函数的积分来说,这种方法尤显重要,我们来看一个例子.

例 3 计算积分 $I=\int_c\dfrac{1}{y}[1+y^2f(xy)]\mathrm{d}x+\dfrac{x}{y^2}[y^2f(xy)-1]\mathrm{d}y$,其中 c 是从点 $A\left(3,\dfrac{2}{3}\right)$ 到点 $B(1,2)$ 的直线段,又 $f(x)$ 在 $(-\infty,+\infty)$ 上有连续导数.

解 由 $P=\dfrac{1}{y}[1+y^2f(xy)]$, $Q=\dfrac{x}{y^2}[y^2f(xy)-1]$,又

$$P'_y=f(xy)+xyf'(xy)-\frac{1}{y^2}=Q'_x$$

知积分与路径无关,取积分路径如图 45.

$$I=\int_{\overline{AC}}+\int_{\overline{CB}}=\int_3^1\frac{3}{2}\left[1+\frac{4}{9}f\left(\frac{2}{3}x\right)\right]\mathrm{d}x+\int_{\frac{2}{3}}^2\left[f(y)-\frac{1}{y^2}\right]\mathrm{d}y=$$

$$-3+\frac{2}{3}\int_3^1 f\left(\frac{2}{3}x\right)\mathrm{d}x+\int_{\frac{2}{3}}^2 f(y)\mathrm{d}y-1=-4$$

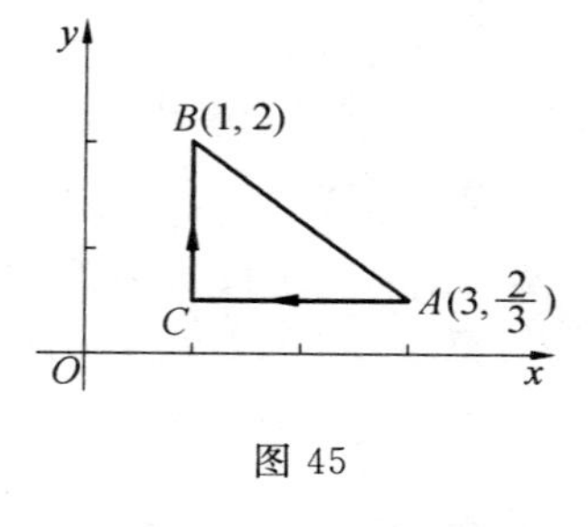

图 45

某些函数积分时虽与路径无关,但有时却不能取某种路径(这时被积函数可能无意义),这是我们尤其需要当心的.

例 4 计算 $I=\oint_c\dfrac{x\mathrm{d}y-y\mathrm{d}x}{x^2+y^2}$,其中 c 为曲线:$x=a(t-\sin t)-a\pi$,$y=a(1-\sin t)$ 中从 $t=0$ 到 $t=2\pi$ 的一段.

解 前面的例子解法中已经验证 $\dfrac{\partial P}{\partial y}=\dfrac{y^2-x^2}{(x^2+y^2)^2}=\dfrac{\partial Q}{\partial x}$,故积分与路径无关,但原点应除外.

对所给曲线 c,当 $a\neq 0$,$t=0$ 或 $t=2\pi$ 时,$y=0$,但这时 $x=-a\pi$ 或 $x=a\pi$,故 c 不过原点. 取路径为从 $A(-a\pi,0)$ 到 $B(a\pi,0)$ 的半圆弧:$x^2+y^2=a^2\pi^2$,$y>0$.

即 $x = a\pi\cos\theta, y = a\pi\sin\theta(0 < \theta < \pi)$，这样

$$I = \int_{\widehat{AB}} \frac{x\,dy - y\,dx}{x^2 + y^2} = \int_0^{\pi} \left[\frac{-a\pi\sin\theta}{a^2\pi^2}a\pi(-\sin\theta) + \frac{a\pi\cos\theta}{a^2\pi^2}a\pi\cos\theta\right]d\theta =$$

$$\int_0^{\pi}(\sin^2\theta + \cos^2\theta)d\theta = \pi$$

例 5　计算 $I = \int_c \frac{(3y - x)dx + (y - 3x)dy}{(x + y)^3}$，其中 c 是从 $A(1,0)$ 到 $B(2,3)$ 的某一曲线段.

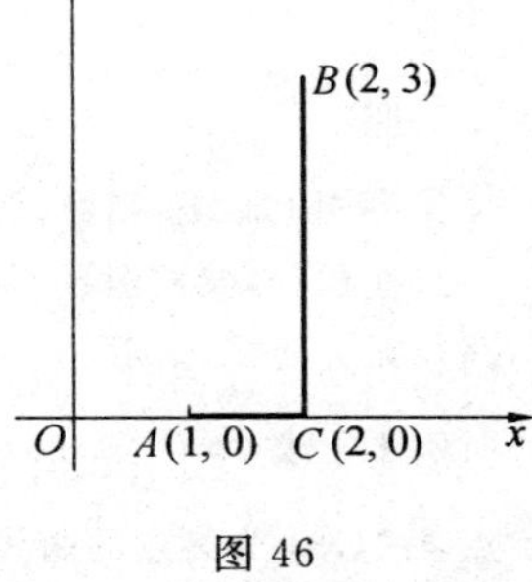

图 46

解　由 $\frac{\partial P}{\partial y} = \frac{6(x - y)}{(x + y)^4} = \frac{\partial Q}{\partial x}$，故当 $x + y \neq 0$ 时，积分与路径无关.

如图 46，取 $C(2,0)$，选折线 ACB 为积分路径，则

$$I = \int_1^2 \frac{-x}{x^3}dx + \int_0^3 \frac{y - 6}{(2 + y)^3}dy =$$

$$\frac{1}{x}\Big|_1^2 - \left[\frac{1}{2 + y} + \frac{4}{(2 + y)^2}\right]_0^3 = -\frac{26}{25}$$

③ 补上一段曲线使积分路径封闭再用 Green 或 Stokes 公式

有的时候积分曲线不封闭因而不能使用 Green 或 Stokes 公式，这时可补上一段曲线使积分路线封闭，从而可用 Green 公式计算；尔后，再减去补上的那段曲线上的积分值即可. 请看：

例 1　计算 $\int_c (x\sin 2y - y)dx + (x^2\cos^2 y - 1)dy$，其中 c 为：圆 $x^2 + y^2 = R^2$ 上从点 $A(R,0)$ 依反时针方向到点 $B(0,R)$ 的一段弧.

解　如图 47，令 c_1 为由 B 到 O 的线段，c_2 为由 O 到 A 的线段，且令 $l = \widehat{AB} + c_1 + c_2$，由 Green 公式可有

$$\oint_l (x\sin 2y - y)dx + (x^2\cos^2 y - 1)dy = \iint_D dxdy = \frac{1}{4}\pi R^2$$

则 $\int_c = \oint_l - \int_{c_1} - \int_{c_2} = \frac{1}{4}\pi R^2 - \int_R^0(-1)dy - \int_0^R 0 \cdot dy = \frac{1}{4}\pi R^2 - R$

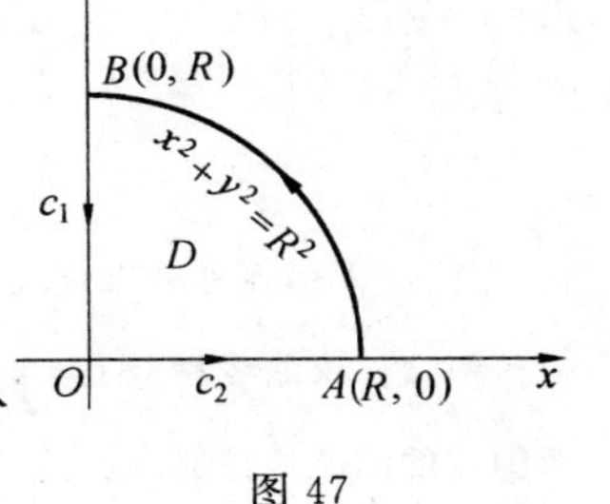

图 47

例 2　计算积分 $\int_c (e^x\sin y - my)dx + (e^x\cos y - m)dy$，其中 c 是从 $A(a,0)$ 到 $O(0,0)$ 的上半圆周 $y = \sqrt{ax - x^2}$，而 m 为常数.

解　如图，补上一段直线段 OA，积分路线 $l = c + \overline{OA}$ 封闭.

$$\int_l (e^x\sin y - my)dx + (e^x\cos y - m)dy =$$

$$\iint_D [e^x\cos y - (e^x\cos y - m)]dxdy =$$

$$\iint_D m\,dxdy = \frac{1}{8}\pi a^2 m$$

而　$$I = \int_l - \int_{\overline{AB}} = \frac{1}{8}\pi a^2 m - 0 = \frac{1}{8}\pi a^2 m$$

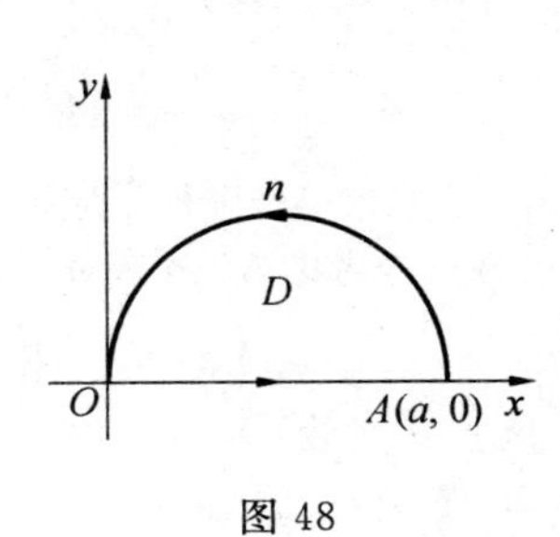

图 48

下面来看空间(三维)的情形.

例 3　计算 $\int_c (x^2 - yz)dx + (y^2 - xz)dz + (z^2 - xy)dz$，其中 c 是从 $A(a,0,0)$ 到 $B(a,0,h)$ 沿螺线 $x = a\cos\varphi, y = a\sin\varphi, z = \frac{h\varphi}{2\pi}$ 的一段.

解　连线段 $\overline{AB}$，则 $l = c + \overline{BA}$ 是封闭曲线. 由 Stokes 公式有

$$\oint_l (x^2-yz)\mathrm{d}x+(y^2-xz)\mathrm{d}y+(z^2-xy)\mathrm{d}z=\iint_S \begin{vmatrix} \mathrm{d}y\mathrm{d}z & \mathrm{d}z\mathrm{d}x & \mathrm{d}x\mathrm{d}y \\ \dfrac{\partial}{\partial x} & \dfrac{\partial}{\partial y} & \dfrac{\partial}{\partial z} \\ x^2-yz & y^2-xz & z^2-xy \end{vmatrix}=0$$

又因直线 AB 方程为 $x=a,y=0$ 及 $0\leqslant z\leqslant h$. 故

$$\int_{\overline{AB}}(x^2-yz)\mathrm{d}x+(y^2-xz)\mathrm{d}y+(z^2-xy)\mathrm{d}z=\int_0^h z^2\mathrm{d}z=\frac{h^3}{3}$$

从而
$$I=\oint_l-\int_{\overline{BA}}=\int_{\overline{AB}}=\frac{h^3}{3}$$

④ 拆补(加减)函数,使被积函数化为与路径无关

有些积分,被积函数不符合与路径无关的条件,倘若实施某些拆补手段(对被积函数),使之可化为与路径无关问题. 请看:

例 1 求 $I=\int_c(3xy+\sin x)\mathrm{d}x+(x^2-y\mathrm{e}^y)\mathrm{d}y$ 的值,其中 c 是曲线 $y=x^2-2x$ 上以 $O(0,0)$ 为始点,$A(4,8)$ 为终点的曲线段.

解 变形被积函数,则线积分可写成

$$I=\int_c(2xy+\sin x)\mathrm{d}x+(x^2-y\mathrm{e}^y)\mathrm{d}y+\int_c xy\mathrm{d}x$$

上式第一个积分中因 $P'_y=2x=Q'_x$ 故积分与路径无关(图 49) 故可取折线 OBA(注意后一积分应仍按所路径)

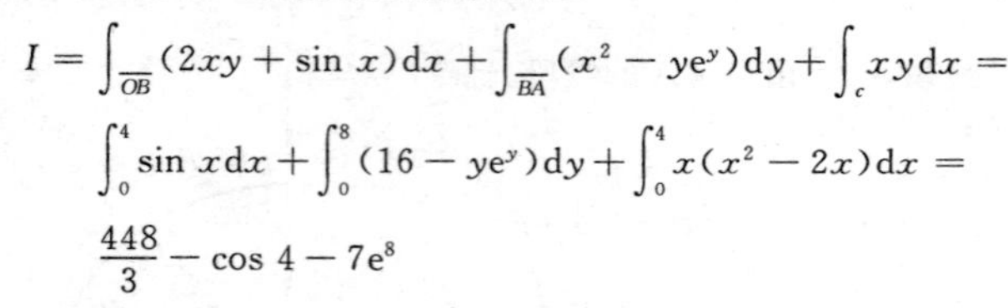

$$I=\int_{\overline{OB}}(2xy+\sin x)\mathrm{d}x+\int_{\overline{BA}}(x^2-y\mathrm{e}^y)\mathrm{d}y+\int_c xy\mathrm{d}x=$$
$$\int_0^4\sin x\mathrm{d}x+\int_0^8(16-y\mathrm{e}^y)\mathrm{d}y+\int_0^4 x(x^2-2x)\mathrm{d}x=$$
$$\frac{448}{3}-\cos 4-7\mathrm{e}^8$$

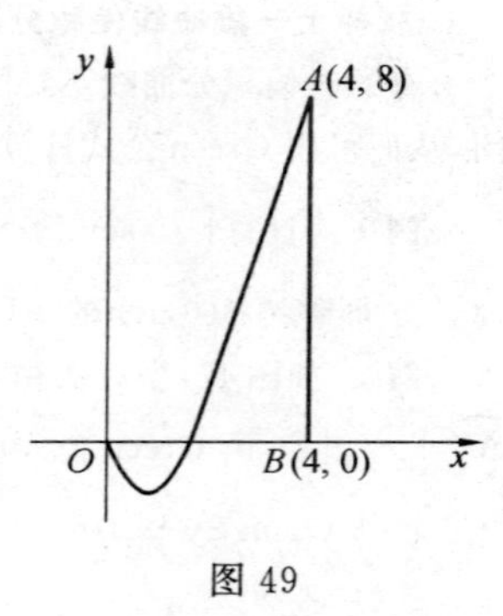

图 49

注 本例亦可补上线段 OA 而用 Green 公式去做,只是稍繁.

例 2 求曲线积分 $I=\oint_c(1-y^2)\mathrm{d}x+xy\mathrm{d}y$,其中 c 为曲线 $y=\sin x$ 及 $y=2\sin x$(这里 $0\leqslant x\leqslant\pi$) 所围成的闭曲线正向.

解 由题设有 $\dfrac{\partial P}{\partial y}=2y,\dfrac{\partial Q}{\partial x}=y$,变形被积函数有化为两个积分

$$I=\oint_c[(1-y^2)\mathrm{d}x+2xy\mathrm{d}y]-\oint_c xy\mathrm{d}y$$

上面的第一个积分符合积分与路径无关条件,由 Green 公式知该积分值为 0. 今考虑第二个积分,如图 50 所示.

$$\oint_c xy\mathrm{d}y=\iint_D y\mathrm{d}x\mathrm{d}y=\int_0^x\mathrm{d}x\int_{\sin x}^{\sin x}y\mathrm{d}y=\frac{3\pi}{4}$$

故
$$I=-\frac{3\pi}{4}$$

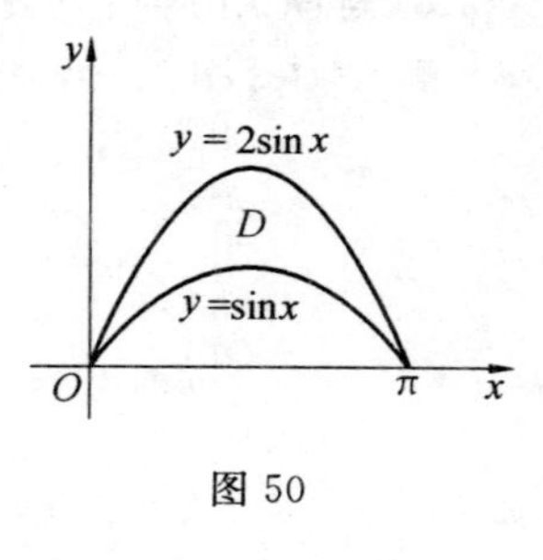

图 50

⑤ 与路径无关的被积函数等定参数问题

与路径无关的积分计算还有一类是待定参数、函数问题. 这类问题是要先求出满足积分与路径无关的参(函)数,再计算积分值. 我们先来看待定参数问题.

例 1 设积分 $I=\int_A^B(x^4+4xy^\lambda)\mathrm{d}x+(6x^{\lambda-1}y^2-5y^4)\mathrm{d}y$ 与路径无关,试确定 λ 值;且求当 A,B 分别为 $(0,0)$,$(1,2)$ 时积分值.

解　由题设知
$$P = x^4 + 4xy^\lambda,\quad Q = 6x^{\lambda-1}y^2 - 5y^4$$
且有$\dfrac{\partial P}{\partial y} = \dfrac{\partial Q}{\partial x}$,即 $4\lambda xy^{\lambda-1} = 6(\lambda-1)x^{\lambda-2}y^2$,解得 $\lambda = 3$.

当 $\lambda = 3$ 时,取 $C(1,0)$,且 ACB 为积分路径有
$$I = \int_{(0,0)}^{1,2}(x^4 + 4xy^3)\mathrm{d}x + (6x^2y^2 - 5y^4)\mathrm{d}y = \int_0^1 x^4\mathrm{d}x + \int_0^2(6y^2 - 5y^4)\mathrm{d}y = -\frac{79}{5}$$

例 2　确定 a 使 $F(x,y) = \int_A^B \dfrac{x}{y}r^a\mathrm{d}x - \dfrac{x^2}{y^2}r^a\mathrm{d}y$(其中 $r^2 = x^2 + y^2$)与路径无关,且计算 $F(x,y)$,其中 A 到 B 的路径在 $x > 0$ 半平面中.

解　由 $P = \dfrac{xr^a}{y}, Q = -\dfrac{x^2r^2}{y^2}$,又由题设有
$$\frac{\partial P}{\partial y} = \frac{1}{y^2}\left(axr^{a-1}\,\frac{y}{r}y - xr^a\right),\quad \frac{\partial Q}{\partial x} = -\frac{1}{y^2}\left(2xr^a + ax^2r^{a-1}\,\frac{x}{r}\right)$$
若积分与路径无关有$\dfrac{\partial P}{\partial y} = \dfrac{\partial Q}{\partial x}$,解得 $a = -1$,即有
$$F(x,y) = \int_A^B \frac{x}{yr}\mathrm{d}x - \frac{x^2}{y^2r}\mathrm{d}y \tag{*}$$
由式(*)有$\dfrac{\partial F}{\partial x} = \dfrac{x}{yr}$,因而
$$F = \frac{1}{y}\int -\frac{x}{\sqrt{x^2+y^2}}\mathrm{d}x = \frac{r}{y} + C(y)$$
又由式(*)有$\dfrac{\partial F}{\partial y} = -\dfrac{x^2}{y^2r}$,再注意到上式可有
$$-\frac{x^2}{y^2r} = \frac{1}{y^2}\left(\frac{y}{r}y - r\right) + C'(y) = -\frac{x^2}{y^2r} + C'(y)$$
故 $C'(y) = 0$ 有 $C(y) = C$,从而 $F(x,y) = \dfrac{y}{r} + C$.

再来看一个三维空间的例子.

例 3　设积分 $I = \int_A^B P\mathrm{d}x + Q\mathrm{d}y + R\mathrm{d}z$,其中 $P = xz + ay^2 + bz^2, Q = xy + az^2 + bx^2, R = yz + ax^2 + by^2$,试确定参数 a,b,使积分与路径无关,同时求出 A,B 点的坐标分别为 $(0,0,z_0)$,$(x_1,y_1,0)$ 时积分值.

解　由设应有 $Q_x' = P_y', R_y' = Q_z', P_z' = R_x'$,由之可解得 $a = \dfrac{1}{2}$,$b = 0$. 这时
$$I = \int_{z_0}^0 R(0,0,z)\mathrm{d}z + \int_0^{x_1}P(x,0,0)\mathrm{d}x + \int_0^{y_1}Q(x_1,y,0)\mathrm{d}y =$$
$$\int_0^{y_1}x_1y\mathrm{d}y = \frac{1}{2}x_1y_1^2$$

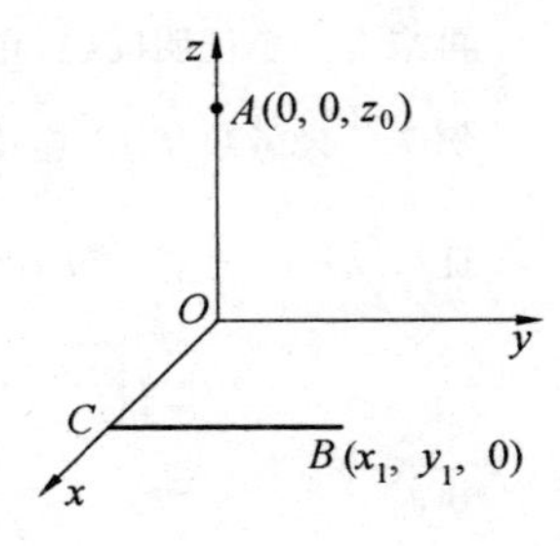

图 51

如图 51,这里积分路径为 $AOCB$ 折线,其中 $C(x,0,0)$.

下面我们来看待定函数问题,这类问题实际上是解微分方程问题,它通常是先按积分与路径无关的条件布列方程,解出方程求得待定函数,最后再按题设条件计算积分值. 这类问题这里不打算详谈,具体地可见"微分方程"一章内容.

例 4　在积分 $I = \int_A^B\left[\varphi(x) - \dfrac{x^3}{3}\right]\mathrm{d}y - \varphi(x)y\mathrm{d}x$ 中,$\varphi(x)$ 有连续导数且 $\varphi(0) = 2$,试确定 $\varphi(x)$ 使积分与路径无关,同时计算 A,B 坐标为 $(0,0)$,$(1,-1)$ 时的积分值.

解 由 $P=-\varphi(x)y, Q=\varphi(x)-\dfrac{x^3}{3}$,由设应有 $P_y{}'=Q_x{}'$,即

$$-\varphi(x)=\varphi'(x)-x^3 \quad 或 \quad \varphi'(x)+\varphi(x)=x^2$$

解得
$$\varphi(x)=\mathrm{e}^{-\int \mathrm{d}x}\left[\int x^2\mathrm{e}^{\int \mathrm{d}x}\mathrm{d}x+c\right]=\mathrm{e}^{-x}(x^2\mathrm{e}^x-2x\mathrm{e}^x+2\mathrm{e}^x+c)$$

由 $\varphi(0)=2$,得 $c=0$,即 $\qquad \varphi(x)=x^2-2x+2$

这时
$$I=\int_{(0,0)}^{(1,-1)}(-x^2+2x+2)y\mathrm{d}x+\left(x^2-2x+2-\frac{x^3}{3}\right)\mathrm{d}y=\int_0^1\frac{2}{3}\mathrm{d}y=-\frac{2}{3}$$

这里积分路径为 ACB 折线,其中 C 为(1,0)点.

例 5 试确定 $f(x)$ 使积分 $\int_A^B[\mathrm{e}^x+f(x)]y\mathrm{d}x-f(x)\mathrm{d}y$ 与路径无关,且求 A,B 坐标为(0,0),(1,1)时的积分值,这里 $f(0)=\dfrac{1}{2}$.

解 由 $P=[\mathrm{e}^x+f(x)]y, Q=-f(x)$,又由题设应有 $P_y{}'=Q_x{}'$,即

$$\mathrm{e}^x+f(x)=-f'(x) \quad 或 \quad f(x)+f'(x)=-\mathrm{e}^x$$

解得
$$f(x)=\mathrm{e}^{-\int \mathrm{d}x}\left[\int -\mathrm{e}^x\mathrm{e}^{\int \mathrm{d}x}\mathrm{d}x+c\right]=\mathrm{e}^{-x}\left(-\frac{2x}{2}+c\right)$$

由 $f(0)=\dfrac{1}{2}$,得 $c=0$,则 $f(x)=\mathrm{e}^{-x}-\dfrac{\mathrm{e}^x}{2}$. 因而有

$$I=\int_{(0,0)}^{(1,1)}\left(\mathrm{e}^{-x}+\frac{\mathrm{e}^x}{2}\right)y\mathrm{d}x-\left(\mathrm{e}^{-x}+\frac{\mathrm{e}^x}{2}\right)\mathrm{d}y=\int_0^1 0\mathrm{d}x-\int_0^1\left(\mathrm{e}^{-1}+\frac{\mathrm{e}}{2}\right)\mathrm{d}y=\frac{\mathrm{e}}{2}-\frac{1}{\mathrm{e}}$$

待定系数问题,有时也以另外的面目(形式)出现在函数全微分问题中. 请看:

例 6 设 $\varphi(x)$ 三次可微,且 $\varphi(1)=1, \varphi'(1)=7$. 求 $u(x,y)$ 使 $\mathrm{d}u=[x^2\varphi'(x)-11x\varphi(x)]\mathrm{d}y-32\varphi(x)y\mathrm{d}x$.

解 由 $P=-32\varphi(x)y, Q=x^2\varphi'(x)-11x\varphi(x)$,由设应有 $P_y{}'=Q_x{}'$,即

$$x^2\varphi''(x)-9x\varphi'(x)+21\varphi(x)=0$$

解得(先令 $x=\mathrm{e}^t$) $\qquad \varphi(x)=c_1x^3+c_2x^7$

由 $\varphi(1)=1, \varphi'(1)=7$,可得 $c_1=0, c_2=1$,即 $\varphi(x)=x^7$,故 $\varphi'(x)=7x^6$,从而

$$\mathrm{d}u=-4x^8\mathrm{d}y-32x^7y\mathrm{d}x$$

$$u(x,y)=\int_{(0,0)}^{(x,y)}(-4x^8)\mathrm{d}y-32x^7y\mathrm{d}x=\int_0^x 0\mathrm{d}x+\int_0^y(-4x^8)\mathrm{d}y=-4x^8y+c$$

再来看一个证明问题,它也与全微分有关.

例 7 设函数 $f(u)$ 连续,证明 $\oint_c f(x^2+y^2)(x\mathrm{d}x+y\mathrm{d}y)=0$,这里 c 为平面上逐段光滑的闭曲线.

证 设 $x^2+y^2=u$,因 $f(u)$ 连续,则存在 $F(u)=\int_a^u f(t)\mathrm{d}t$,即 $F'(u)=f(u)$. 故

$$\mathrm{d}\left[\frac{F(u)}{2}\right]=F'(u)(x\mathrm{d}x+y\mathrm{d}y)=f(x^2+y^2)\cdot(x\mathrm{d}x+y\mathrm{d}y)$$

从而
$$\oint_c f(x^2+y^2)(x\mathrm{d}x+y\mathrm{d}y)=0$$

⑥ 证明问题及杂例

例 1 试证 $\oint_c(x^3y+\mathrm{e}^y)\mathrm{d}x+(xy^3+x\mathrm{e}^y-2y)\mathrm{d}y=0$,这里 c 为对称于坐标轴的一条光滑闭曲线.

证 由设 c 为对称于坐标轴的光滑闭曲线,故可设 c 所围的区域 D 为:$-a\leqslant x\leqslant a(a>0)$,$-\varphi(x)\leqslant y\leqslant\varphi(x)$,且 $y=\varphi(x)$ 的图形对称于 y 轴,即 $\varphi(-x)=\varphi(x)$. 又

$$P=x^3y+\mathrm{e}^y, \quad Q=xy^3+x\mathrm{e}^y-2y$$

且 $P_y' = x^3 + e^y, Q_x' = y^3 + e^y$，又它们处处连续，故由 Green 公式有

$$\oint_c = (x^3 y + e^y)dx + (xy^3 + xe^y - 2y)dy = \iint_D (y^3 + e^y - x^3 - e^y)dxdy =$$

$$\iint_D (y^3 - x^3)dxdy = \int_{-a}^{a} dx \int_{-\varphi(x)}^{\varphi(x)} (y^3 - x^3)dy = -2\int_{-a}^{a} x^3 \varphi(x)dx = 0$$

注意到这里 $x^3\varphi(x)$ 为奇函数.

例 2　设 D 是由逐段光滑曲线 l 所围成的平面区域，函数 $u(x,y), v(x,y)$ 在 D 上有连续一阶偏导数，试证 $\oint_l uv dy = \iint_D \left(u\dfrac{\partial v}{\partial x} + v\dfrac{\partial u}{\partial x}\right)dxdy$，其中 l 的环行方向使区域 D 总在其左侧.

证　由假设，函数 u, v 在 D 上可微，由 Green 公式

$$\oint_l uv dy = \iint_D \frac{\partial(uv)}{\partial x}dxdy = \iint_D \left(u\frac{\partial v}{\partial x} + v\frac{\partial u}{\partial x}\right)dxdy$$

再来看一个例子. 它涉及了 Laplace 算子 $\Delta u = \dfrac{\partial^2 u}{\partial x^2} + \dfrac{\partial^2 u}{\partial y^2}$.

例 3　若 $u(x,y)$ 在圆 $x^2 + y^2 < 1$ 内有二阶连续偏导数，且 $\dfrac{\partial^2 u}{\partial x^2} + \dfrac{\partial^2 u}{\partial y^2} = e^{-(x^2+y^2)}$，则 $\int_{C^+} \dfrac{\partial u}{\partial \boldsymbol{n}} ds = \pi(1 - e^{-1})$，这里 $\boldsymbol{n}$ 是 D 的边界 C 的单位外法向量.

证　令 $\boldsymbol{n} = (\cos\alpha, \cos\beta)$，则有

$$\frac{\partial u}{\partial \boldsymbol{n}} = \frac{\partial u}{\partial x}\cos\alpha + \frac{\partial u}{\partial y}\cos\beta$$

这样

$$\int_{C^+} \frac{\partial u}{\partial \boldsymbol{n}} ds = \int_{C^+} \left(\frac{\partial u}{\partial x}\cos\alpha + \frac{\partial u}{\partial y}\cos\beta\right) ds = \int_{C^+} \frac{\partial u}{\partial x}dy + \frac{\partial u}{\partial y}dx =$$

$$\iint_D \left(\frac{\partial^2 u}{\partial x^2} + \frac{\partial^2 u}{\partial y^2}\right)dxdy = \int_0^{2\pi} d\theta \int_0^1 e^{-r^2} r dr = -\pi e^{-r^2}\Big|_0^1 = \pi(1 - e^{-1})$$

注　若在例的题设条件下还有

$$\iint_D \left(x\frac{\partial u}{\partial x} + y\frac{\partial u}{\partial y}\right)dxdy = \frac{\pi}{2e}$$

又若 $u(x,y)$ 是 $\mathbf{R}^2$ 上的正调和函数，即 $\dfrac{\partial^2 u}{\partial x^2} + \dfrac{\partial^2 u}{\partial y^2} = 0$，则 $u(x,y) = \text{con st}$（常数）.

例 4　设 D 是平面光滑闭曲线 c 所围成的区域，函数 $u = u(x,y)$ 在 $D + c$ 上有二阶连续偏导数，则积分 $\oint_c u\dfrac{\partial u}{\partial \boldsymbol{n}} ds = \iint_D \left[\left(\dfrac{\partial u}{\partial x}\right)^2 + \left(\dfrac{\partial u}{\partial y}\right)^2 + u\left(\dfrac{\partial^2 u}{\partial x^2} + \dfrac{\partial^2 u}{\partial y^2}\right)\right]dxdy$，其中 $\boldsymbol{n}$ 为曲线法矢.

证　由

$$\oint_c u\frac{\partial u}{\partial \boldsymbol{n}} ds = \oint_c u\left[\frac{\partial u}{\partial x}\cos\alpha + \frac{\partial u}{\partial y}\cos\beta\right] ds = \oint_c \left(-u\frac{\partial u}{\partial y}\right)dx + u\frac{\partial u}{\partial x}dy$$

这里 $\alpha = \langle \boldsymbol{n}, \boldsymbol{x}\rangle, \beta = \langle \boldsymbol{n}, \boldsymbol{y}\rangle$，其中“$\langle\quad\rangle$”表示夹角. 由 Green 公式，有

$$\oint_c u\frac{\partial u}{\partial \boldsymbol{n}} ds = \iint_D \left[\frac{\partial}{\partial x}\left(u\frac{\partial u}{\partial x}\right) + \frac{\partial}{\partial y}\left(u\frac{\partial u}{\partial y}\right)\right]dxdy =$$

$$\iint_D \left[\left(\frac{\partial u}{\partial x}\right)^2 + \left(\frac{\partial u}{\partial y}\right)^2 + u\left(\frac{\partial^2 u}{\partial x^2} + \frac{\partial^2 u}{\partial y^2}\right)\right]dxdy$$

2. Ⅰ 型曲线积分计算方法

关于 Ⅰ 型曲线积分的计算，只需按照公式计算（可化为 Ⅱ 型曲线积分或定积分），这里不打算多谈了，仅举两例说明.

例 1　计算 $I = \int_c y dl$，c 是摆线：$x = a(t - \sin t), y = a(1 - \cos t)(a > 0)$ 的一拱.

解　由题设有 $dl = \sqrt{x_t'^2 + y_t'^2}dt = \sqrt{2}a\sqrt{1 - \cos t}dt$ 有

$$I=\int_c y\mathrm{d}l=\sqrt{2}a^2\int_0^{2\pi}(1-\cos t)^{\frac{3}{2}}\mathrm{d}t=\sqrt{2}a^2\int_0^{2\pi}\left(2\sin\frac{t}{2}\right)^{\frac{3}{2}}\mathrm{d}t=4a^2\int_0^{2\pi}\sin^3\frac{t}{2}\mathrm{d}t=$$

$$8a^2\int_0^{2\pi}\left(1-\cos\frac{t}{2}\right)\mathrm{d}\cos\frac{t}{2}=\frac{32}{3}a^2$$

例 2 计算 $I=\oint_c x^2\mathrm{d}l$,其中 c 为圆周:$x^2+y^2+z^2=a^2,x+y+z=0$.

解 由题设曲线 c 所含的三个变量 x,y 和 z 所处地位是完全对称的,故

$$\oint_c x^2\mathrm{d}l=\oint_c y^2\mathrm{d}l=\oint_c z^2\mathrm{d}l$$

从而

$$\oint_c x^2\mathrm{d}l=\frac{1}{3}\left[\oint_c x^2\mathrm{d}l+\oint_c y^2\mathrm{d}l+\oint_c z^2\mathrm{d}l\right]=\frac{1}{3}\oint_c(x^2+y^2+z^2)\mathrm{d}l=$$

$$\frac{1}{3}\oint_c a^2\mathrm{d}l=\frac{a^2}{3}\oint_c\mathrm{d}l=\frac{2}{3}\pi a^2$$

注 这里利用了积分曲线的对称性,当然它亦可直接计算如:先写出积分曲线 c 的参数方程.

再令 $x=\sqrt{\frac{2}{3}}a\cos t$,得

$$y=\frac{-\sqrt{2}a}{2}\left(\sin t+\frac{1}{\sqrt{3}}\cos t\right),\quad z=\frac{\sqrt{2}a}{2}\left(\sin t-\frac{1}{\sqrt{3}}\cos t\right),\quad 0\leqslant t\leqslant 2\pi$$

又由 $\mathrm{d}l=\sqrt{x'^2+y'^2+z'^2}=a\mathrm{d}t$,故可求得积分

$$I=\int_0^{2\pi}\left(\sqrt{\frac{2}{3}}a\cos t\right)^2a\mathrm{d}t=\frac{2}{3}\pi a^2$$

(二)曲面积分计算方法

1. Ⅱ 型曲面积计算方法

我们先谈谈 Ⅱ 型曲面积分的计算.它的计算方法大致有如下一些方法.

(1) 直接计算

① 利用公式 $\iint_S R(x,y,z)\mathrm{d}x\mathrm{d}y=\pm\iint_{D_{xy}}R[x,y,z(x,y)]\mathrm{d}x\mathrm{d}y$($D_{xy}$ 为 S 在 xOy 平面上投影)等

例 1 计算曲面积分 $\iint_{S_1+S_2}(z+1)\mathrm{d}x\mathrm{d}y+xy\mathrm{d}x\mathrm{d}z$(图 52)其中 S_1 为圆柱面 $x^2+y^2=a^2$ 上 $x\geqslant 0$ 及 $0\leqslant z\leqslant 1$ 部分,其法线与 Ox 轴正向交角为锐角;S_2 为 xOy 平面上半圆域:$x^2+y^2\leqslant a^2,x\geqslant 0$ 部分,其法线与 Oz 轴正向相反.

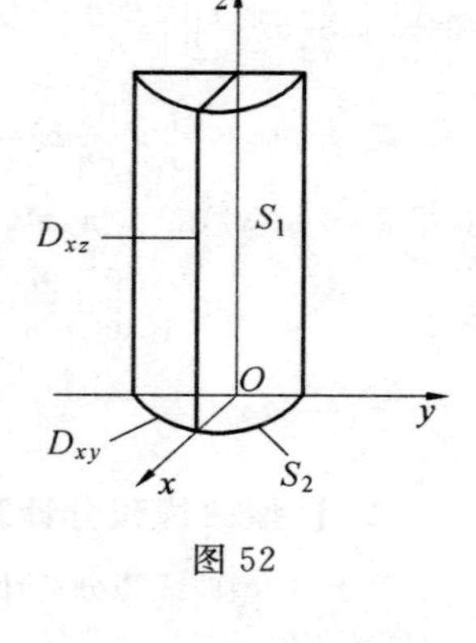

图 52

解 由题设知 $D_{xz}:0\leqslant x\leqslant a,0\leqslant z\leqslant 1$,且 $D_{xy}:|y|\leqslant\sqrt{a^2-x^2}$,$0\leqslant x\leqslant a$.这样

$$\iint_{S_1}(z+1)\mathrm{d}x\mathrm{d}y=0;\iint_{S_2}(z+1)\mathrm{d}x\mathrm{d}y=\iint_{D_{xy}}\mathrm{d}x\mathrm{d}y=\frac{\pi a^2}{2}$$

及

$$\iint_{S_1}xy\mathrm{d}x\mathrm{d}y=0,\quad\iint_{S_2}xy\mathrm{d}x\mathrm{d}z=0$$

故

$$\iint_{S_1+S_2}(z+1)\mathrm{d}x\mathrm{d}y+xy\mathrm{d}x\mathrm{d}z=\frac{\pi a^2}{2}$$

② 利用坐标变换

Ⅱ 型曲面积分(直接)计算,常用极坐标变换.

例 2　计算 $I=\iint\limits_{s}(z-1)\mathrm{d}x\mathrm{d}y$，其中 $S:x^2+y^2+z^2=1$ 的上半球面的下侧.

解　设 D_{xy} 为 xOy 平面上圆域：$x^2+y^2\leqslant 1$，则

$$I=\iint\limits_{D_{xy}}(\sqrt{1-x^2-y^2}-1)\mathrm{d}x\mathrm{d}y=-\int_0^{2\pi}\mathrm{d}\theta\int_0^1(\sqrt{1-r^2}-1)r\mathrm{d}r=-\frac{2}{3}\pi$$

例 3　计算 $I=\iint\limits_{S}xyz\mathrm{d}x\mathrm{d}y$，其中 S：为球面 $x^2+y^2+z^2=1$ 的 $x\geqslant 0,y\geqslant 0$ 的外侧.

解　令 S_1 为曲面 $z=-\sqrt{1-x^2-y^2}$，S_2 为曲面 $z=\sqrt{1-x^2-y^2}\,(x\geqslant 0,y\geqslant 0)$，则

$$\iint\limits_{S}xyz\mathrm{d}x\mathrm{d}y=\iint\limits_{S_1}xyz\mathrm{d}x\mathrm{d}y+\iint\limits_{S_2}xyz\mathrm{d}x\mathrm{d}z$$

其中 S_1 取下侧，S_2 取上侧.

又设 D_{xy} 为 S_1，S_2 在 xOy 平面上投影区域 $x^2+y^2\leqslant 1(x\geqslant 0,y\geqslant 0)$. 故

$$I=\iint\limits_{D_{xy}}xy\sqrt{1-x^2-y^2}\mathrm{d}x\mathrm{d}y-\iint\limits_{D_{xy}}xy(-\sqrt{1-x^2-y^2})\mathrm{d}x\mathrm{d}y=$$

$$2\iint\limits_{D_{xy}}xy\sqrt{1-x^2-y^2}\mathrm{d}x\mathrm{d}y(\text{用极坐标})=2\iint\limits_{D_{xy}}r^2\sin\theta\cos\theta\sqrt{1-r^2}\,r\mathrm{d}r\mathrm{d}\theta=$$

$$\int_0^{2\pi}\sin 2\theta\mathrm{d}\theta\int_0^1\sqrt{1-r^2}\,\mathrm{d}r=\frac{2}{15}$$

③ 利用被积函数或积分区域的对称性

例 4　计算算 $I=\iint\limits_{s}x\mathrm{d}y\mathrm{d}z+y\mathrm{d}z\mathrm{d}x+z\mathrm{d}x\mathrm{d}y$，见图 53，其中 s 为 $z=x^2+y^2$ 在第一卦限中 $0\leqslant z\leqslant 1$ 之间部分的上侧.

解　由题设注意到被积函数与积分区域的对称性

$$I=-\iint\limits_{D_{yz}}\sqrt{z-y^2}\,\mathrm{d}y\mathrm{d}z-\iint\limits_{D_{xz}}\sqrt{z-x^2}\,\mathrm{d}x\mathrm{d}z+\iint\limits_{D_{xy}}\sqrt{x^2+y^2}\,\mathrm{d}x\mathrm{d}y=$$

$$-2\iint\limits_{D_{yz}}\sqrt{z-y^2}\,\mathrm{d}y\mathrm{d}z+\frac{\pi}{8}=-2\int_0^1\mathrm{d}y\int_{y^2}^1\sqrt{z-y^2}\,\mathrm{d}z+\frac{\pi}{8}=$$

$$-\frac{2\pi}{8}+\frac{\pi}{8}=-\frac{\pi}{8}$$

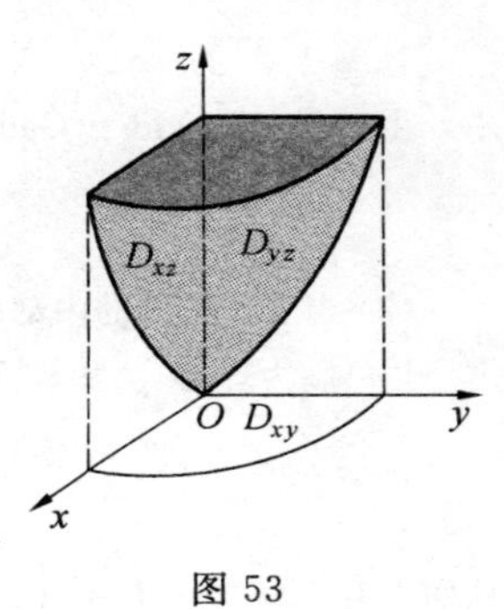

图 53

再来看一个例子.

例 5　计算 $I=\oiint\limits_{S}\frac{x}{r^3}\mathrm{d}y\mathrm{d}z+\frac{y}{r^3}\mathrm{d}z\mathrm{d}x+\frac{z}{r^3}\mathrm{d}x\mathrm{d}y$，其中 $r=\sqrt{x^2+y^2+z^2}$，又 S 为球面：$x^2+y^2+z^2=a^2$ 外侧.

解　注意到被积函数的轮换对称性，则有

$$\oiint\limits_{S}\frac{x}{r^3}\mathrm{d}y\mathrm{d}z=\oiint\limits_{S}\frac{y}{r^3}\mathrm{d}z\mathrm{d}x=\oiint\limits_{S}\frac{z}{r^3}\mathrm{d}x\mathrm{d}y$$

故

$$I=3\oiint\limits_{S}\frac{z}{r^3}\mathrm{d}x\mathrm{d}y=3\left(\iint\limits_{S_{\text{上}}}\frac{z}{r^3}\mathrm{d}x\mathrm{d}y+\iint\limits_{S_{\text{下}}}\frac{z}{r^3}\mathrm{d}x\mathrm{d}y\right)=$$

$$3\left[\iint\limits_{D_{xy}}\frac{1}{a^3}\sqrt{a^2-x^2-y^2}\,\mathrm{d}x\mathrm{d}y+\iint\limits_{D_{xy}}-\frac{1}{a^3}\sqrt{a^2-x^2-y^2}\,(-\mathrm{d}x\mathrm{d}y)\right]=$$

$$\frac{6}{a^3}\iint\limits_{D_{xy}}\sqrt{a^2-x^2-y^2}\,\mathrm{d}x\mathrm{d}y=\frac{6}{a^3}\int_0^{2\pi}\mathrm{d}\theta\int_0^a\sqrt{a^2-r^2}\,r\mathrm{d}r=\frac{6}{a^3}\cdot\frac{2\pi a^3}{3}=4\pi$$

(2) 利用 Остргpадский－Gauss 公式

利用 Остргpадский－Gauss 公式计算 Ⅱ 型曲面积分是一种既重要又简便的方法，有时也结合使用

其他手段(如坐标变换)或利用被积函数某些性质.

① **直接利用 Острградский－Gauss 公式**

例 1 计算 $I=3\oint\!\!\!\oint_S 4xz\mathrm{d}y\mathrm{d}z-y^2\mathrm{d}z\mathrm{d}x+yz\mathrm{d}x\mathrm{d}y$,其中 S 是以 $x=0,y=0,z=0$ 及 $x=1,y=1,z=1$ 为界的立方体表面.

解 设 S 所围区域为 Ω,由 Острградский－Gauss 公式有

$$I=\iiint_\Omega(4z-2y+y)\mathrm{d}x\mathrm{d}y\mathrm{d}z=\int_0^1\mathrm{d}x\int_0^1\mathrm{d}y\int_0^1(4z-y)\mathrm{d}z=\int_0^1(2-y)\mathrm{d}y=\frac{3}{2}$$

例 2 计算 Causs 积分 $I=\oint\!\!\!\oint_S\frac{\cos\langle\boldsymbol{r},\boldsymbol{n}\rangle}{r^2}\mathrm{d}s$,这里式中向量 $\boldsymbol{r}=(x-x_0)\boldsymbol{i}+(y-y_0)\boldsymbol{j}+(z-z_0)\boldsymbol{k}$, $r=|\boldsymbol{r}|$,$\boldsymbol{n}$ 是封闭曲面 S 外法向矢量,点 $M_0(x_0,y_0,z_0)$ 为定点,点 $M(x,y,z)$ 为动点.研究(1)M_0 在 S 的内部;(2)M_0 在 S 的外部两种情形.

解 先将积分改写,再分情况讨论 M_0 的位置.设 $\boldsymbol{n}=\{\cos\alpha,\cos\beta,\cos\gamma\}$,则

$$I=\oint\!\!\!\oint_S\left(\frac{x-x_0}{r^3}\cos\alpha+\frac{y-y_0}{r^3}\cos\beta+\frac{z-z_0}{r^3}\cos\gamma\right)\mathrm{d}s$$

(1) 当 M_0 在 S 的外部时.

因 $P=\frac{x-x_0}{r^3}$,$Q=\frac{y-y_0}{r^3}$,$R=\frac{z-z_0}{r^3}$ 在 S 及其内部连续且有连续偏导数,则

$$\frac{\partial P}{\partial x}+\frac{\partial Q}{\partial y}+\frac{\partial R}{\partial z}=0,$$

由 Острградский－Gauss 公式有

$$I=\oint\!\!\!\oint_S\frac{\cos\langle\boldsymbol{r},\boldsymbol{n}\rangle}{r^2}\mathrm{d}s=\iiint_V 0\mathrm{d}x\mathrm{d}y\mathrm{d}z=0$$

(2) 当 M_0 在 S 的内部时.

以 M_0 为球心,ρ 为半径作一小球 S_0(S_0 含于 S 内部),由(1) 知在 S_0 及 S 包围的区域 Ω 内有

$$\oint\!\!\!\oint_{S+S_0^-}\frac{\cos\langle\boldsymbol{r},\boldsymbol{n}\rangle}{r^2}\mathrm{d}S=0$$

从而可有

$$I=\oint\!\!\!\oint_S=\oint\!\!\!\oint_{S_0}\left(\frac{x-x_0}{r^3}\cos\alpha+\frac{y-y_0}{r^3}\cos\beta+\frac{z-z_0}{r^3}\cos\gamma\right)\mathrm{d}S=$$

$$\oint\!\!\!\oint_{S_0}\left[\frac{(x-x_0)^2}{r^3}+\frac{(y-y_0)^2}{r^3}+\frac{(z-z_0)^2}{r^3}\right]\mathrm{d}S=\frac{1}{\rho^2}\cdot 4\pi\rho^2=4\pi$$

注 下面命题显然为例的特殊情形:

命题 若 S 为封闭的简单曲面,而 l 为任何固定方向,则 $\iint_S\cos\langle\boldsymbol{n},\boldsymbol{l}\rangle\mathrm{d}s=0$.

利用 Острградский－Gauss 公式后还要注意到被积函数和积分区域的对称性等.请看:

例 3 计算积分 $I=\iint_S x^2\mathrm{d}y\mathrm{d}z+y^2\mathrm{d}z\mathrm{d}x+z^2\mathrm{d}x\mathrm{d}y$,其中 S 为立方体 Ω:$0\leqslant x\leqslant a$, $0\leqslant y\leqslant a$,$0\leqslant z\leqslant a$ 的外表面.

解 由 Острградский－Gauss 公式且注意到被称函数的对称性

$$I=2\iiint_V(x+y+z)\mathrm{d}x\mathrm{d}y\mathrm{d}z=6\iiint_V z\mathrm{d}x\mathrm{d}y\mathrm{d}z=6\int_0^a\mathrm{d}x\int_0^a\mathrm{d}y\int_0^a z\mathrm{d}z=3a^4$$

再来看一个抽象函数的例子.

例 4 求 $\oint\!\!\!\oint_s f(x)\mathrm{d}y\mathrm{d}z+g(y)\mathrm{d}z\mathrm{d}x+h(z)\mathrm{d}x\mathrm{d}y$,其中 f,g,h 具有一阶连续偏导数;S 为平行六面体

$0 \leqslant x \leqslant a, 0 \leqslant y \leqslant b, 0 \leqslant z \leqslant c$ 表面的外侧.

解　由 Остргpадский — Gauss 公式可有

$$I = \iiint_{\Omega} [f'(x) + g'(y) + h'(z)] dx dy dz =$$
$$\iiint_{\Omega} f'(x) dx dy dz + \iiint_{\Omega} g'(y) dx dy dz + \iiint_{\Omega} h'(z) dx dy dz =$$
$$[f(a) - f(0)]bc + [g(b) - g(0)]ca + [h(c) - h(0)]ab$$

对于有些抽象函数的 Ⅱ 型曲面积分，有时为了消去某些项，还须将其先化为 Ⅰ 型. 例如：

例 5　计算 $I = \iint_S [f(x,y,z) + x] dy dz + [2f(x,y,z) + y] dz dx + [f(x,y,z) + z] dx dy$，其中函数 $f(x,y,z)$ 为连续函数，S 为平面 $x - y + z = 1$ 在第四向限部分的上侧.

解　平面 S 的法矢方向余弦为 $\{\cos\alpha, \cos\beta, \cos\gamma\} = \left\{\frac{1}{\sqrt{3}}, -\frac{1}{\sqrt{3}}, \frac{1}{\sqrt{3}}\right\}$，又由 Ⅰ、Ⅱ 型曲面积分之间关系可有

$$I = \iint_S \left[\frac{1}{\sqrt{3}}(f + x) - \frac{1}{\sqrt{3}}(2f + y) + \frac{1}{\sqrt{3}}(f + z)\right] ds =$$
$$\frac{1}{\sqrt{3}} \iint_S (x - y + z) ds = \frac{1}{\sqrt{3}} \iint_{D_{xy}} \sqrt{3} dx dy = \frac{1}{2}$$

② 利用坐标变换

使用 Остргpадский — Gauss 公式将 Ⅱ 型曲面积化为三重积分后，往往要使用球、柱或其他坐标变换. 先来看利用球面坐标变换的例子.

例 1　计算曲面积分 $I = \iint_s x^3 dy dz + y^3 dz dx + z^3 dx dy$，其中 S 为球面 $x^2 + y^2 + z^2 = a^2$ 的外侧.

解　由 Остргpадский — Gauss 公式（Ω 为 S 所围区域）

$$I = \iiint_{\Omega} 3(x^2 + y^2 + z^2) dx dy dz (\text{用球面坐标}) = \iiint_{\Omega} r^2 \cdot r^2 \sin\varphi dr d\theta d\varphi =$$
$$3\int_0^{\pi} d\varphi \int_0^{2\pi} d\theta \int_0^a r^4 \sin\varphi d\varphi = \frac{12}{5}\pi a^5$$

例 2　求积分 $I = \oiint_s \left(x^3 + \frac{1}{x}\right) dy dz + (y^3 - xz) dz dx + \left(z^3 + \frac{z}{x^3}\right) dx dy$，其中 S 为球面 $x^2 + y^2 + z^2 = 2z$ 的外侧.

解　由 Остргpадский — Gauss 公式（Ω 为 s 所围区域）有

$$I = 3\iiint_{\Omega} (x^2 + y^2 + z^2) dx dy dz (\text{用球面坐标}) = 3\int_0^{2\pi} d\theta \int_0^{\frac{\pi}{2}} \sin\varphi d\varphi \int_0^{2\cos\varphi} z^4 dr = \frac{32}{5}\pi$$

例 3　计算 $I = \iint_s xz dy dz + yz dx dz + z\sqrt{x^2 + y^2} dx dy$，其中 S：$x^2 + y^2 + z^2 = a^2$，$x^2 + y^2 + z^2 = 4a^2$，$x^2 + y^2 - z^2 = 0$，$z \geqslant 0$ 所围形体的外侧.

解　设 Ω 为 S 所围区域，由 Остргpадский — Gauss 公式（用球面坐标）

$$I = 3\iiint_{\Omega} (8 + z + \sqrt{x^2 + y^2}) dx dy dz = \int_0^{2\pi} d\theta \int_0^{\frac{\pi}{4}} d\theta \int_0^{2a} r^3 (\sin 2 + \sin^2\varphi) dr =$$
$$\frac{15}{8}\pi a^4 \left(1 + \frac{\pi}{2}\right)$$

下面是一个个被积函数中含抽象函数的例子.

例 4　计算曲面积分 $I = \oiint_S x^3 dy dz + \left[\frac{1}{z} f\left(\frac{y}{z}\right) + y^3\right] dz dx + \left[y f\left(\frac{y}{z}\right) + z^3\right] dx dy$，其中 $f(u)$ 有

连续导函数，又 S 为锥面 $y^2+z^2-x^2=0$ 与球面 $x^2+y^2+z^2=1$ 部分所围立体的表面外侧.

解 由 Остргpадский－Gauss 公式，其中 Ω 为 s 所围区域用球坐标：

$$I=\iiint\limits_{\Omega}\left[3x^2+\frac{1}{z^2}f'\left(\frac{y}{z}\right)+y^3+\frac{-1}{z^2}f\left(\frac{y}{z}\right)+3z^2\right]\mathrm{d}v=\iiint\limits_{\Omega}(3x^2+3y^2+3z^2)\mathrm{d}x\mathrm{d}y\mathrm{d}z=$$

$$3\iiint\limits_{\Omega}r^4\sin\varphi\mathrm{d}r\mathrm{d}\theta\mathrm{d}\varphi=6\int_0^{\frac{\pi}{2}}\mathrm{d}\theta\int_{\frac{\pi}{4}}^{\frac{3\pi}{4}}\sin\varphi\mathrm{d}\varphi\int_1^2 r^4\mathrm{d}r=\frac{93\sqrt{2}}{5}\pi$$

再来看看利用柱面坐标变换的例子.

例 5 计算 $I=\oiint\limits_{S}xz\mathrm{d}y\mathrm{d}z$，其中 S 是曲面 $z=x^2+y^2$，$x^2+y^2=1$ 和坐标平面在第一卦限中所围成的外侧.

解 令 Ω 为 S 所围区域，由 Остргpадский－Gauss 公式

$$\oiint\limits_{S}xz\mathrm{d}y\mathrm{d}z=\iiint\limits_{\Omega}z\mathrm{d}x\mathrm{d}y\mathrm{d}z(\text{用柱面坐标})=\int_0^{\frac{\pi}{2}}\mathrm{d}\theta\int_0^1 r\mathrm{d}r\int_0^{r^2}z\mathrm{d}z=\frac{\pi}{2}\int_0^1\frac{r^5}{2}\mathrm{d}r=\frac{\pi}{24}$$

下面是一个个被积函数中含抽象函数的例子.

例 6 计算 $I=\iint\limits_{S}x^3\mathrm{d}y\mathrm{d}z+y^3\mathrm{d}z\mathrm{d}x+z^3\mathrm{d}x\mathrm{d}y$，其中 S 为曲面 $z^2=x^2+y^2$，$z=1$，$z=2$ 所围立体表面外侧.

解 令 Ω 为 S 所围区域，由 Остргpадский－Gauss 公式(用柱面坐标)

$$I=\iiint\limits_{\Omega}(3x^2+3y^2+3z^2)\mathrm{d}x\mathrm{d}y\mathrm{d}z=3\int_1^2\mathrm{d}z\int_0^{2\pi}\mathrm{d}\theta\int_0^{\pi}(r^2+z^2)r\mathrm{d}r=\frac{9\pi}{2}\int_1^2 z^4\mathrm{d}z=\frac{279}{10}\pi$$

最后看看其他坐标变换. 这里仅举一例.

例 7 计算 $I=\oiint\limits_{\Omega}(x-y+z)\mathrm{d}y\mathrm{d}z+(y-z+x)\mathrm{d}z\mathrm{d}x+(z-x+y)\mathrm{d}x\mathrm{d}y$，其中 S 为曲面(八面体) $|x-y+z|+|y-z+x|+|z-x+y|=1$ 的外侧.

解 由 Остргpадский－Gauss 公式(Ω 为 S 所围区域)

$$I=\iiint\limits_{\Omega}(1+1+1)\mathrm{d}x\mathrm{d}y\mathrm{d}z=3\iiint\limits_{\Omega}\mathrm{d}x\mathrm{d}y\mathrm{d}z$$

令 $u=x-y+z$，$v=y-z+x$，$w=z-x+y$，则

$$J=\left|\frac{D(x,y,z)}{D(u,v,w)}\right|=\left|\frac{D(u,v,w)}{D(x,y,z)}\right|^{-1}=\frac{1}{4}$$

因而可有

$$\iiint\limits_{\Omega}\mathrm{d}x\mathrm{d}y\mathrm{d}z=\iiint\limits_{\Omega'}\frac{1}{4}\mathrm{d}u\mathrm{d}v\mathrm{d}w=\frac{1}{4}\iiint\limits_{\Omega}\mathrm{d}u\mathrm{d}v\mathrm{d}w$$

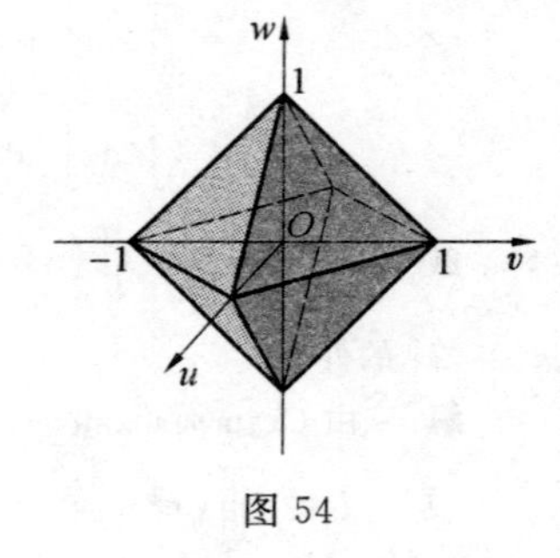

图 54

其中 Ω' 为变换后新区域 $|u|+|v|+|w|\leqslant 1$. 由图 54 知

$$\iiint\limits_{\Omega}\mathrm{d}u\mathrm{d}v\mathrm{d}w=|\Omega'|=\left(\frac{1}{3}\cdot\sqrt{2}\cdot\sqrt{2}\cdot 1\right)\times 2=\frac{4}{3}$$

故

$$I=\frac{3}{4}\iiint\limits_{\Omega}\mathrm{d}u\mathrm{d}v\mathrm{d}w=1$$

③ 补一块曲面使积分区域封闭以用 Остргpадский－Gauss 公式

有些 Ⅱ 型曲面积分，由于积分区域不封闭而不能用 Остргpадский－Gauss 公式，但若补上一块曲面可使积分区域封闭，从而可用公式，这之后只需将求得的值减去补上那一块曲面上的积分值即可.

例 1 计算 $I=\iint\limits_{S}xz^2\mathrm{d}y\mathrm{d}z$，其中 S 是上半球 $z=\sqrt{R^2-x^2-y^2}$ 的外侧.

解 补上 $S_1:z=0$ 平面(xOy 平面)与 S 的截面，使与 S 构成封闭曲面，且令 Ω 为闭曲面围成的区

域,故

$$\iint_{S+S_1} xz^2\,dydz = \iiint_{\Omega} xz^2\,dydz = \int_0^R z^2\left(\iint_{D_{xy}} dxdy\right)dz = \int_0^R \pi(R^2 - z^2)z^2\,dz = \frac{3}{15}\pi R^5$$

而注意到
$$\iint_{S+S_1} xz^2\,dydz = \iint_S xz^2\,dydz + \iint_{S_1} xz^2\,dydz$$

故可有
$$I = \frac{3}{15}\pi R^5 - \iint_{S_1} xz^2\,dydz = \frac{3}{15}\pi R^5 - 0 = \frac{3}{15}\pi R^5$$

例 2　计算$\iint_S x\,dydz + y\,dzdx + z\,dxdy$,其中 S 为 $x^2 + y^2 + z^2 = a^2, z \geqslant 0$ 的上半球外侧.

解　添上一个圆面 $S_1: x^2 + y^2 \leqslant a^2$ 与 S 构成一个封闭曲面,其围成的区域令作 Ω,由 Остргградский－Gauss 公式有

$$\iint_{S+S_1} x\,dydz + y\,dzdx + z\,dxdy = \iiint_{\Omega} 3\,dxdydz = 3 \cdot \frac{2}{3} \cdot \pi a^3 = 2\pi a^3$$

而
$$\iint_{S_1} x\,dydz + y\,dzdx + z\,dxdy = 0$$

故
$$I = 2\pi a^3 - 0 = 2\pi a^3$$

注　类似地我们求得下面的结果:

问题 1　$\iint_S x^2\,dydz + y^2\,dzdx + z^2\,dxdy = 21\pi$,其中 S 为由曲线弧段 $z = y^2, x = 0(1 \leqslant z \leqslant 4)$ 绕 Oz 轴旋转产生的曲面内侧.

问题 2　$\iint_S x^3\,dydz + y^3\,dzdx + z^3\,dxdy = \frac{9}{10}\pi$,其中 S 为锥面 $z^2 = x^2 + y^2$ 在 $0 \leqslant z \leqslant 1$ 段的下侧.

对于问题 2,若 S 为球面 $x^2 + y^2 + z^2 = R^2, z \geqslant 0$ 外侧时,则积分值为$\frac{6}{5}\pi R^5$.

2. Ⅰ 型曲面积分计算方法

Ⅰ 型曲面积分一般有两种计算方法:一是直接化为 Ⅱ 型曲面积分;二是利用 Остргградский－Gauss 公式化为三重积分.

(1) 直接按公式化为 Ⅱ 型曲面积分

例 1　计算 $I = \iint_S |xyz|\,ds$,其中 S 为曲面 $z^2 = x^2 + y^2 (0 \leqslant z \leqslant 1)$.

解　设曲面 S 在第一卦限部分为 $S_1: x \geqslant 0, y \geqslant 0, x^2 + y^2 = z(\leqslant 1)$.

S_1 在 xOy 平面上投影区域为 $D_1: x^2 + y^2 \leqslant 1, x \geqslant 0, y \geqslant 0$. 故

$$\iint_{S_1} xyz\,ds = \iint_D xy(x^2 + y^2)\sqrt{1 + (2x)^2 + (2y)^2}\,dxdy = \int_0^{\frac{\pi}{2}} \cos\theta \sin\theta\,d\theta \int_0^1 r^5\sqrt{1 + 4r^2}\,dr =$$

$$\frac{1}{2}\int_0^1 r^5\sqrt{1 + 4r^2}\,dr(\text{令 } u = \sqrt{1 + 4r^2}) = \frac{1}{1\,680}(125\sqrt{5} - 1)$$

由对称性有
$$I = 4\iint_{S_1} xyz\,ds = -\frac{1}{420}(125\sqrt{5} - 1)$$

这里利用了被积函数及积分区域的对称性,下面的例子中还用到了被积函数的奇偶性.

例 2　计算 $I = \iint_S (x + y + z)\,ds$,见图 55,其中 S 为平面 $x + y = 5$ 被柱面 $x^2 + y^2 = 25$ 所截得部分.

解　平面 $x + y = 5$ 的法矢量方向余弦

$$\{\cos\alpha,\cos\beta,\cos\gamma\}=\left\{0,\frac{1}{\sqrt{2}},\frac{1}{\sqrt{2}}\right\}$$

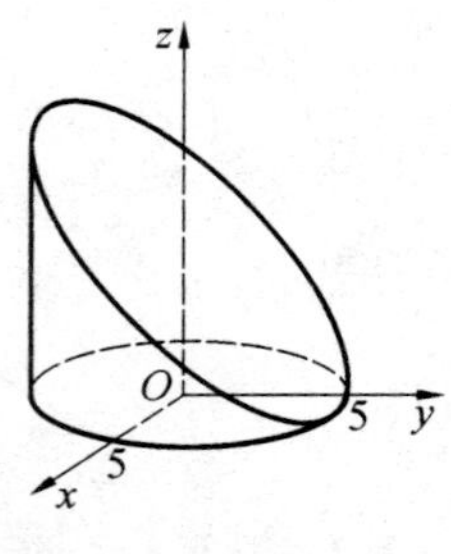

图 55

则 $\mathrm{d}s=\sqrt{2}\,\mathrm{d}x\mathrm{d}y$，在 $\iint\limits_S x\,\mathrm{d}s$ 中，被积函数是 x 的奇函数，S 关于 yOz 平面对称，则 $\iint\limits_S x\,\mathrm{d}s=0$. 同理 $\iint\limits_S y\mathrm{d}s=0$($S$ 亦关于 zOx 平面对称). 且

$$\iint\limits_S z\,\mathrm{d}s=\iint\limits_{D_{xy}}(5-y)\sqrt{2}\,\mathrm{d}x\mathrm{d}y=5\sqrt{2}\iint\limits_{D_{xy}}\mathrm{d}x\mathrm{d}y-\sqrt{2}\iint\limits_{D_{xy}}y\mathrm{d}x\mathrm{d}y$$

上面第二个积分中被积函数是 y 的奇函灵敏，D_{xy} 关于 x 轴对称，故积分值为 0. 又

$$\iint\limits_{D_{xy}}\mathrm{d}x\mathrm{d}y=25\pi$$

故
$$I=y=5\sqrt{2}\iint\limits_{D_{xy}}\mathrm{d}x\mathrm{d}y=125\sqrt{2}\,\pi$$

(2) 利用 Остргрaдский－Gauss 公式

注意到 Остргрaдский－Gauss 公式有时也可写成

$$\iint\limits_S(P\cos\alpha+Q\cos\beta+R\cos\gamma)\mathrm{d}s=\iiint\limits_\Omega\left(\frac{\partial P}{\partial x}+\frac{\partial Q}{\partial y}+\frac{\partial R}{\partial z}\right)\mathrm{d}x\mathrm{d}y\mathrm{d}z$$

式中 $\cos\alpha,\cos\beta,\cos\gamma$ 为曲面 S 外法线方向余弦. 利用这个公式可计算某些 Ⅰ 型曲面积分.

例 1 计算 $I=\iint\limits_S(x^2\cos\alpha+y^2\cos\beta+z^2\cos\gamma)\mathrm{d}s$，其中 S 为圆锥曲面 $z^2=x^2+y^2(0\leqslant z\leqslant 1)$ 的一部分，$\cos\alpha,\cos\beta,\cos\gamma$ 为曲面 S 外法线方向余弦.

解 设平面圆域 $x^2+y^2\leqslant 1,z=1$ 的上侧为 S_1，曲面 S 与 $z=1$ 所围空间区域为 Ω，由 Остргрaдский－Gauss 公式

$$\iint\limits_{S+S_1}(x^2\cos\alpha+y^2\cos\beta+z^2\cos\gamma)\mathrm{d}s=2\iiint\limits_\Omega(x+y+z)\mathrm{d}x\mathrm{d}y\mathrm{d}z$$

$$\iiint\limits_\Omega x\,\mathrm{d}x\mathrm{d}y\mathrm{d}z=\iiint\limits_\Omega y\mathrm{d}x\mathrm{d}y\mathrm{d}z=0$$

及
$$\iiint\limits_\Omega z\mathrm{d}x\mathrm{d}y\mathrm{d}z=\frac{\pi}{4}$$

又
$$\iint\limits_{S_1}(x^2\cos\alpha+y^2\cos\beta+z^2\cos\gamma)\mathrm{d}s=\iint\limits_{x^2+y^2\leqslant 1}\mathrm{d}x\mathrm{d}y=\pi$$

故
$$I=\iint\limits_{S+S_1}-\iint\limits_{S_1}=\frac{\pi}{2}-\pi=-\frac{\pi}{2}$$

例 2 计算 $I=\iint\limits_S(x^2\cos\alpha+y^2\cos\beta+z^2\cos\gamma)\mathrm{d}s$，其中 S 为曲面 $x^2+y^2=z^2$(其中 $0\leqslant z\leqslant h$) 的一部分，$\cos\alpha,\cos\beta,\cos\gamma$ 为外法线方向余弦.

解 设平面圆域 $z=h,x^2+y^2\leqslant h^2$ 的上侧称为 S_1，则得封闭曲面 $S+S_1$ 的外侧，令 Ω 为 $x^2+y^2=z^2$ 与 $z=h$ 围成的区域，由 Остргрaдский－Gauss 公式(用球坐标变换)

$$\iint\limits_{S+S_1}(x^2\cos\alpha+y^2\cos\beta+z^2\cos\gamma)\mathrm{d}s=3\iiint\limits_\Omega(x^2+y^2+z^2)\mathrm{d}x\mathrm{d}y\mathrm{d}z=$$

$$3\int_0^{2\pi}\mathrm{d}\theta\int_0^{\frac{\pi}{4}}\mathrm{d}\varphi\int_0^{\frac{h}{\cos\varphi}}r^4\sin\varphi\mathrm{d}r=\frac{9}{10}\pi h^5$$

而 $$\iint_{S_1}(x^3\cos\alpha+y^3\cos\beta+z^3\cos\gamma)\mathrm{d}s=\iint_{D_1}h^3\mathrm{d}x\mathrm{d}y=\pi h^5\quad(D_1:S_1\text{ 在 }xOy\text{ 面投影})$$

故 $$I=\frac{9\pi h^5}{10}-\pi h^5=-\frac{\pi h^5}{10}$$

上面的例子中用到了球面坐标变换，下面的例子中则用了柱面坐标变换.

例 3　计算 $I=\oint_S\left[\frac{x^2y}{2}\cos\alpha+\frac{y^2z}{2}\cos\beta+\frac{z^2x}{2}\cos\gamma\right]\mathrm{d}s$，其中 S 是由 $x\geqslant 0,y\geqslant 0,z=0,z=1$，$x^2+y^2=1$ 围成的曲面，$\cos\alpha,\cos\beta,\cos\gamma$ 是此曲面外法线的方向余弦.

解　由 Остргрaдский－Gauss 公式(式中 Ω 为 S 所围区域，用柱面坐标)

$$I=\iiint_\Omega(xy+yz+zx)\mathrm{d}x\mathrm{d}y\mathrm{d}z=\int_0^1\mathrm{d}z\int_0^1\mathrm{d}r\int_0^{\frac{\pi}{2}}(r^2\cos\varphi+zr^2\cos\varphi+zr^2\cos\varphi)\mathrm{d}\varphi=$$
$$\int_0^1\mathrm{d}z\int_0^1\left(\frac{r^3}{2}+2zr^2\right)\mathrm{d}r=\int_0^1\left(\frac{1}{8}+\frac{2}{8}z\right)\mathrm{d}z=\frac{11}{24}$$

例 4　设 $u(x,y,z)$ 在闭域 Ω 上有二阶连续偏导数，记 $\Delta u=\frac{\partial^2u}{\partial x^2}+\frac{\partial^2u}{\partial y^2}+\frac{\partial^2u}{\partial z^2}$. 求证 $\oint\!\!\!\oint_S u\frac{\partial u}{\partial\boldsymbol{n}}\mathrm{d}s=\iiint_\Omega\left[\left(\frac{\partial u}{\partial x}\right)^2+\left(\frac{\partial u}{\partial y}\right)^2+\left(\frac{\partial u}{\partial z}\right)^2\right]\mathrm{d}x\mathrm{d}y\mathrm{d}z+\iiint_\Omega u\Delta u\mathrm{d}x\mathrm{d}y\mathrm{d}z$，其中 S 为 Ω 边界曲面，$\frac{\partial u}{\partial\boldsymbol{n}}$ 为 $u(x,y,z)$ 沿 S 的外法线的方向导数.

证　由题设及 Остргрaдский－Gauss 公式有

$$\oint\!\!\!\oint_S u\frac{\partial u}{\partial\boldsymbol{n}}\mathrm{d}S=\oint\!\!\!\oint_S u\left[\frac{\partial u}{\partial x}\cos\langle\boldsymbol{n},\boldsymbol{x}\rangle+\frac{\partial u}{\partial y}\cos\langle\boldsymbol{n},\boldsymbol{y}\rangle+\frac{\partial u}{\partial z}\cos\langle\boldsymbol{n},\boldsymbol{z}\rangle\right]\mathrm{d}S=$$
$$\oint\!\!\!\oint_S u\frac{\partial u}{\partial x}\mathrm{d}y\mathrm{d}z+u\frac{\partial u}{\partial y}\mathrm{d}z\mathrm{d}x+u\frac{\partial u}{\partial z}\mathrm{d}x\mathrm{d}y=$$
$$\iiint_\Omega\left[\frac{\partial}{\partial x}\left(u\frac{\partial u}{\partial x}\right)+\frac{\partial}{\partial y}\left(u\frac{\partial u}{\partial y}\right)+\frac{\partial}{\partial z}\left(u\frac{\partial u}{\partial z}\right)\right]\mathrm{d}x\mathrm{d}y\mathrm{d}z=$$
$$\iiint_\Omega\left[\left(\frac{\partial u}{\partial x}\right)^2+\left(\frac{\partial u}{\partial y}\right)^2+\left(\frac{\partial u}{\partial z}\right)^2\right]\mathrm{d}x\mathrm{d}y\mathrm{d}z+\iiint_\Omega u\Delta u\mathrm{d}x\mathrm{d}y\mathrm{d}z$$

注　下面的命题显然是本例的特殊情形：

命题　若 $\varphi(x,y,z)$ 满足：(1) $\varphi_x'^2+\varphi_y'^2+\varphi_z'^2=\frac{f'(r)}{r^2}$，此处 $r=\sqrt{x^2+y^2+z^2}$，又 $f(0)=0$，$f'(r)$ 连续；(2) $\varphi_{xx}''+\varphi_{yy}''+\varphi_{zz}''=0$. 求证 $\oint\!\!\!\oint_S\varphi\frac{\partial\varphi}{\partial\boldsymbol{n}}\mathrm{d}s=4\pi f(R)$，这里 S 为球面 $x^2+y^2+z^2=R^2$ 的外侧，而 $\frac{\partial\varphi}{\partial\boldsymbol{n}}$ 是 $\varphi(x,y,z)$ 在曲面 S 上沿法线方向的方向导数.

由例 4 的结论知 $\oint\!\!\!\oint_S\varphi\frac{\partial\varphi}{\partial\boldsymbol{n}}\mathrm{d}s=\iiint_\Omega(\varphi_x^2+\varphi_y^2+\varphi_z^2)\mathrm{d}x\mathrm{d}y\mathrm{d}z$，其中 $\Omega:x^2+y^2+z^2\leqslant R$(注意 $\Delta\varphi=0$). 由球坐标变换可有

$$\oint\!\!\!\oint_S\varphi\frac{\partial\varphi}{\partial\boldsymbol{n}}\mathrm{d}s=\iiint_\Omega\frac{f'(r)}{r^2}\mathrm{d}x\mathrm{d}y\mathrm{d}z=\int_0^{2\pi}\mathrm{d}\theta\int_0^{\pi}\sin\varphi\mathrm{d}\varphi\int_0^R\frac{f'(r)}{r^2}r^2\mathrm{d}r=2\pi\cdot 2[f(R)-f(0)]=4\pi f(R)$$

例 5　设 $H(x,y,z)=a_1x^4+a_2y^4+a_3z^4+3a_4x^2y^2+3a_5y^2z^2+3a_6z^2x^2$ 为四次齐次函数，利用齐次函数性质：$xH_x'+yH_y'+zH_z'=4H$，求 $I=\iint_S H(x,y,z)\mathrm{d}s$ 的值，其中 S 是以原点为球心的单位球面.

解　由题设及 Остргрaдский－Gauss 公式有

$$4\iint_S H\,\mathrm{d}s=\iint_S (xH_x{}'+yH_y{}'+zH_z{}')\,\mathrm{d}s=\iint_S \frac{\partial H}{\partial \boldsymbol{n}}\mathrm{d}s=\iiint_\Omega\left(\frac{\partial^2 H}{\partial x^2}+\frac{\partial^2 H}{\partial y^2}+\frac{\partial^2 H}{\partial z^2}\right)\mathrm{d}x\mathrm{d}y\mathrm{d}z=$$

$$6\iiint_\Omega[(2a_1+a_4+a_6)x^2+(2a_2+a_4+a_5)y^2+(2a_3+a_5+a_6)z^2]\mathrm{d}x\mathrm{d}y\mathrm{d}z=$$

$$\frac{16}{5}(a_1+a_2+a_3+a_4+a_5+a_6)\pi$$

故
$$I=\frac{4}{5}(a_1+a_2+a_3+a_4+a_5+a_6)\pi$$

三、多元函数积分的应用和与其有关的问题解法

多元函数重积分在几何(具体讨论详见“几何问题解法”一节)、物理等方面的应用见表 7.

表 7

积分类型		应　　用
重积分	一重	① 力 $F(x)$ 沿力的方向从 $x=a$ 或 $x=b$ 所做的功:$W=\int_a^b F(x)\mathrm{d}x$ ② 由 $y=f(x)$,$x=a$,$x=b$ 及 x 轴围成的平面图形重心: $\overline{x}=\frac{1}{S}\int_a^b xf(x)\mathrm{d}x$,$\overline{y}=\frac{1}{2S}\int_a^b f^2(x)\mathrm{d}x$,其中 $S=\int_a^b f(x)\mathrm{d}x$
	二重	① 求平面薄板域 D 的重心$(\overline{x},\overline{y})$ 为 $\overline{x}=\frac{1}{M}\iint_D \mu x\,\mathrm{d}\sigma$,　$\overline{y}=\frac{1}{M}\iint_D \mu y\,\mathrm{d}\sigma$ ② 求平面薄片 D 对 x,y 轴及坐标原点的转动惯量
	三重	① 求空间物体 Ω 的重心$(\overline{x},\overline{y},\overline{z})$ $\overline{x}=\frac{1}{M}\iiint_\Omega \mu x\,\mathrm{d}v$,　$\overline{y}=\frac{1}{M}\iiint_\Omega \mu y\,\mathrm{d}v$,　$\overline{z}=\frac{1}{M}\iiint_\Omega \mu z\,\mathrm{d}v$ ② 求空间物体 Ω 对各坐标面、轴及原点的转动惯量
曲线积分	Ⅰ型	μ 为密度的曲线 C 的重心$(\overline{x},\overline{y},\overline{z})$ 为 $\overline{x}=\frac{1}{M}\int_C \mu x\,\mathrm{d}l$,　$\overline{y}=\frac{1}{M}\int_C \mu y\,\mathrm{d}l$,　$\overline{z}=\frac{1}{M}\int_C \mu z\,\mathrm{d}l$
	Ⅱ型	力 $\boldsymbol{F}=P\boldsymbol{i}+Q\boldsymbol{j}+R\boldsymbol{k}$ 沿 C 做的功:$W=\int_C \boldsymbol{F}\mathrm{d}\boldsymbol{l}=\int_C P\mathrm{d}x+Q\mathrm{d}y+R\mathrm{d}z$
曲面积分	Ⅰ型	曲面 S 的密度为 μ,则 S 的总质量 $M=\iint_S \mu\,\mathrm{d}s$,且重心$(\overline{x},\overline{y},\overline{z})$ 为 $\overline{x}=\frac{1}{M}\iint_s \mu x\,\mathrm{d}s$,$\overline{y}=\frac{1}{M}\iint_s \mu y\,\mathrm{d}s$,$\overline{z}=\frac{1}{M}\iint_s \mu z\,\mathrm{d}s$
	Ⅱ型	流体流速为 $\boldsymbol{v}=a\boldsymbol{i}+b\boldsymbol{j}+c\boldsymbol{k}$,其通过曲面 S 的流量 $Q=\iint_S \boldsymbol{v}\boldsymbol{n}\,\mathrm{d}s=\iint_S a\,\mathrm{d}y\mathrm{d}z+b\mathrm{d}z\mathrm{d}x+c\mathrm{d}x\mathrm{d}y$ 这里 $\boldsymbol{n}=(\cos\alpha,\cos\beta,\cos\gamma)$ 为 S 上法线方向余弦

场论初步　设 $u = u(x,y,z)$ 是数量场，$\boldsymbol{A}(x,y,y)$ 是矢量场，则

梯度　$\operatorname{grad} u = \dfrac{\partial u}{\partial x}\boldsymbol{i} + \dfrac{\partial u}{\partial y}\boldsymbol{j}\ \dfrac{\partial u}{\partial z}\boldsymbol{i}$

散度　$\operatorname{div} \boldsymbol{A} = \dfrac{\partial P}{\partial x} + \dfrac{\partial Q}{\partial y} + \dfrac{\partial R}{\partial z}$，其中 $\boldsymbol{A} = P(x,y,z)\boldsymbol{i} + Q(x,y,z)\boldsymbol{j} + R(x,y,z)\boldsymbol{k}$.

旋度　$\operatorname{rot} \boldsymbol{A} = \begin{vmatrix} \boldsymbol{i} & \boldsymbol{j} & \boldsymbol{k} \\ \dfrac{\partial}{\partial x} & \dfrac{\partial}{\partial y} & \dfrac{\partial}{\partial z} \\ P & Q & R \end{vmatrix}$，其中 $\boldsymbol{A} = P(x,y,z)\boldsymbol{i} + Q(x,y,z)\boldsymbol{j} + R(x,y,z)\boldsymbol{k}$.

这里行列式是形式记号，使用(计算) 时须按第一行展开即可.

这方面的例子我们不举了，下面我们来看看与多元函数积分有关的一些问题.

1. 求值或式问题

这里我们不是指通常的多元函数积分的计算，而是想谈谈其他的问题. 对于求值来说就有两重意思：

① 利用多元函数积分去计算一元函数积分值；

② 求多元函数积分本身的值.

对于前者我们已经指出过：由计算 $\int_0^{\infty}\int_0^{\infty} e^{-(x^2+y^2)}\,dx\,dy = \dfrac{\pi}{4}$ 可得到 $\int_0^{+\infty} e^{-x^2}\,dx = \dfrac{\sqrt{\pi}}{2}$，类似地例子还有一些，这里不谈了，我们来看看后者.

例 1　已知 $f(t)$ 为区间 $(-\infty, +\infty)$ 上的连续函数，且满足关系式

$$f(t) = 3\iiint_{\Omega} f(\sqrt{x^2+y^2+z^2})\,dx\,dy\,dz + |\,t^3\,|$$

其中 $\Omega: x^2+y^2+z^2 \leqslant t^2, t \in (-\infty, +\infty)$. 试算计确定 $f\left(\dfrac{1}{\sqrt[3]{4\pi}}\right)$ 和 $f\left(-\dfrac{1}{\sqrt[3]{2\pi}}\right)$ 的值.

解　利用球面坐标变换我们有

$$f(t) = 3\int_0^{2\pi} d\theta \int_0^{\pi} \sin\varphi\, d\varphi \int_0^{|t|} f(r)r^2\,dr + |\,t^3\,| = 12\pi\int_0^{|t|} f(r)r^2\,dr + |\,t^3\,|$$

显然 $f(0) = 0$. 又当 $t > 0$ 时，有

$$f(t) = 12\pi\int_0^{t} f(r)r^2\,dr + |\,t^3\,|$$

即

$$f'(t) = 12\pi f(t)t^2 + 3t^2$$

故

$$f(t) = e^{\int 12\pi t^2 dt}\left[\int 3t^2 e^{-\int 12\pi t^2 dt}\,dt + C_1\right] = e^{4\pi t^3}\left[\int 3t^2 e^{-4\pi t^3} C_1\right] - C_2 e^{4\pi t^3} - \frac{1}{4\pi}$$

由 $f(0) = 0$，得 $C_1 = \dfrac{1}{4\pi}$，故 $f(t) = \dfrac{1}{4\pi}(e^{4\pi t^3} - 1)$. 从而 $f\left(\dfrac{1}{\sqrt[3]{4\pi}}\right) = \dfrac{1}{4\pi}(e-1)$.

类似地可求得

$$f\left(-\frac{1}{\sqrt[3]{2\pi}}\right) = \frac{1}{4\pi}(e^{-2} - 1)$$

下面来看一个求积分表达式的例子.

例 2　设 $F(t) = \iint_{D(t)} f(x,y)\,dx\,dy$，其中 $f(x,y) = \begin{cases} 1, & 0 \leqslant x \leqslant 1, 0 \leqslant y \leqslant 1 \\ 0, & \text{其他} \end{cases}$，$D(t)$ 为平面区域 $x + y \leqslant t$，求 $F(t)$.

解　如图 56，由题设知 $F(t)$ 实则是域 $x + y \leqslant t$ 与正方形 $0 \leqslant x \leqslant 1, 0 \leqslant y \leqslant 1$ 公共部分的面积，计算可有

$$F(t)=\begin{cases}0, & t\leqslant 0\\ \dfrac{t^2}{2}, & 0\leqslant t\leqslant 1\\ 1-\dfrac{(2-t)^2}{2}, & 1\leqslant t\leqslant 2\\ 1, & t>2\end{cases}$$

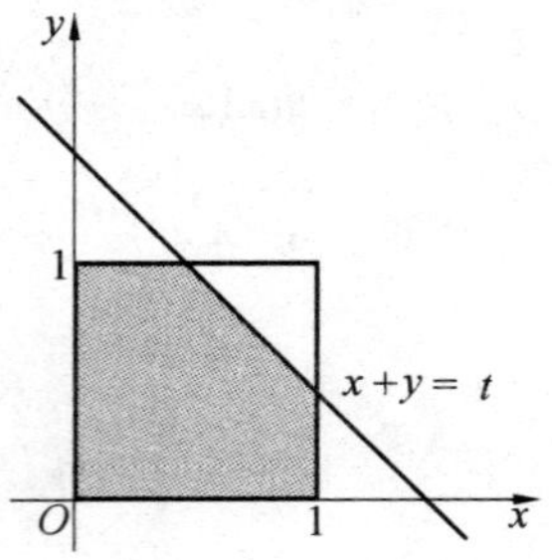

图 56

注 这个例子与概率论上的随机变量函数分布问题有关.

再来看一个关于广义重积分的例子.

例 3 计算 $I=\int_{-\infty}^{+\infty}\int_{-\infty}^{+\infty}\min\{x,y\}\mathrm{e}^{-(x^2+y^2)}\mathrm{d}x\mathrm{d}y$.

解 由 $\min\{x,y\}=\begin{cases}x, & x\leqslant y\text{ 时},\\ y, & x>y\text{ 时}.\end{cases}$ 这样则有

$$I=\int_{-\infty}^{+\infty}\mathrm{e}^{-y^2}\mathrm{d}y\int_{-\infty}^{y}x\mathrm{e}^{-x^2}\mathrm{d}x+\int_{-\infty}^{+\infty}\mathrm{e}^{-x^2}\mathrm{d}x\int_{-\infty}^{x}y\mathrm{e}^{-y^2}\mathrm{d}y=$$

$$-\frac{1}{2}\int_{-\infty}^{+\infty}\mathrm{e}^{-2y^2}\mathrm{d}y-\frac{1}{2}\int_{-\infty}^{+\infty}\mathrm{e}^{-2x^2}\mathrm{d}x=-\int_{-\infty}^{+\infty}\mathrm{e}^{-2x^2}\mathrm{d}x$$

令 $x=\dfrac{t}{2}$,则
$$I=-\frac{1}{2}\int_{-\infty}^{+\infty}\mathrm{e}^{\frac{-t^2}{2}}\mathrm{d}t=-\sqrt{\frac{\pi}{2}}$$

2. 与极限有关的问题

例 1 设 $z=(x^2+y^2)f(x^2+y^2)$. 其中 f 具有连续看起来阶偏导数,且 $f(1)=0,f'(1)=1$. 又 z 满足方程 $\Delta z=0$. 求 $\lim\limits_{\varepsilon\to0+}\iint\limits_D z\mathrm{d}x\mathrm{d}y$,其中 $D:0<\varepsilon\leqslant\sqrt{x^2+y^2}\leqslant1$.

解 设 $x^2+y^2=t$,由设则有

$$\frac{\partial z}{\partial x}=\frac{\partial z}{\partial t}-\frac{\partial t}{\partial x}=[f(t)+tf'(t)]2x$$

$$\frac{\partial^2 z}{\partial x^2}=2[f(t)+tf'(t)]+4x^2[2f'(t)+tf''(t)]$$

同理
$$\frac{\partial^2 z}{\partial y^2}=2[f(t)+tf'(t)]+4y^2[2f'(t)+tf''(t)]$$

则 $\Delta z=0$ 变为
$$t^2f''(t)+3tf'(t)+f(t)=0$$

解之有
$$f(t)=\frac{1}{t}(C_1+C_2\ln t)$$

由 $f(1)=0,f'(1)=1$ 可得 $C_1=0,C_2=1$. 故 $f(t)=\dfrac{\ln t}{t}$. 从而

$$z=tf(t)=\ln t=\ln(x^2+y^2)$$

于是
$$\iint\limits_D z\mathrm{d}x\mathrm{d}y=\iint\limits_D\ln(x^2+y^2)\mathrm{d}x\mathrm{d}y=\iint\limits_D\ln r^2r\mathrm{d}r\mathrm{d}\theta=2\pi\int_\varepsilon^1\frac{1}{2}\ln r^2\mathrm{d}r^2=\pi(-1-2\varepsilon^2\ln\varepsilon+\varepsilon^2)$$

故
$$\lim_{\varepsilon\to0+}\iint\limits_D z\mathrm{d}x\mathrm{d}y=\lim_{\varepsilon\to0+}\pi(-1-2\varepsilon^2\ln\varepsilon+\varepsilon^2)=-\pi$$

例 2 试求极限 $\lim\limits_{t\to0}\dfrac{1}{\pi t^4}\iiint\limits_{x^2+y^2+z^2\leqslant t^2}f(\sqrt{x^2+y^2+z^2})\mathrm{d}x\mathrm{d}y\mathrm{d}z$,这里函数 $f(u)$ 具有连续的导数.

解 考虑球面坐标变换

$$\iiint\limits_{x^2+y^2+z^2\leqslant t^2}f(\sqrt{x^2+y^2+z^2})\mathrm{d}x\mathrm{d}y\mathrm{d}z=\int_0^{2\pi}\mathrm{d}\theta\int_0^{\pi}\sin\varphi\mathrm{d}\varphi\int_0^t f(r)r^2\mathrm{d}r=4\pi\int_0^t r^2f(r)\mathrm{d}r$$

故
$$\lim_{t\to 0}\frac{1}{\pi t^4}\iiint\limits_{x^2+y^2+z^2\leqslant t^2} f(\sqrt{x^2+y^2+z^2})\mathrm{d}x\mathrm{d}y\mathrm{d}z=\lim_{t\to 0}\frac{4\pi\int_0^t r^2 f(r)\mathrm{d}r}{\pi t^4}=\lim_{t\to 0}\frac{4t^2 f(t)}{4t^3}=$$
$$\lim_{t\to 0}\frac{f(t)}{t}=\begin{cases} f'(0), & f(0)=0\\ \infty, & f(0)\neq 0\end{cases}$$

再来看一个关于求曲线积分极限问题．这类问题同例 1 一样，实际上是广义多元函数积分的变形．

例 3　设 $P(x,y)$，$Q(x,y)$ 在曲线段 l 上连续，又设 L 为 l 的长度，且
$$M=\max_{(x,y)\in l}\sqrt{P^2(x,y)+Q^2(x,y)}$$
试由 $\left|\int_l P\mathrm{d}x+Q\mathrm{d}y\right|\leqslant L\cdot M$，求 $\lim\limits_{R\to 0}|I_R|$，其中
$$I_R=\oint_{C_R}\frac{(y-1)\mathrm{d}x+(x+1)\mathrm{d}y}{(x^2+y^2+2x-2y+2)^2}$$
这里 C_R 为 $(x+1)^2+(y-1)^2=R^2$ 的正向．

解　先来证 $\left|\int_l P\mathrm{d}x+Q\mathrm{d}y\right|\leqslant L\cdot M$. 由 $\int_l P\mathrm{d}x+Q\mathrm{d}y=\int_l(P\cos\alpha+Q\cos\beta)\mathrm{d}l$，又
$$(P\cos\alpha+Q\cos\beta)^2=P^2\cos^2\alpha+Q^2\cos^2\beta+2P\cdot Q\cos\alpha\cos\beta$$
$$(P\cos\alpha-Q\cos\beta)^2=P^2\cos^2\beta+Q^2\cos^2\alpha-2P\cdot Q\cos\alpha\cos\beta$$
上面两式两边相加，且注意到 $(P\cos\alpha+Q\cos\beta)^2\geqslant 0$ 有
$$P^2+Q^2=P^2(\cos^2\alpha+\cos^2\beta)+Q^2(\cos^2\alpha+\cos^2\beta)\geqslant(P\cos\alpha-Q\cos\beta)^2$$
故 $|P\cos\alpha-Q\cos\beta|\leqslant\sqrt{P^2+Q^2}\leqslant M$，从而
$$\left|\int_l P\mathrm{d}x+Q\mathrm{d}y\right|\leqslant M\int_l\mathrm{d}l=M\cdot L$$
又在 I_R 中，$P^2+Q^2=\dfrac{(y-1)^2+(x+1)^2}{(x^2+y^2+2x-2y+2)^4}=\dfrac{1}{R^6}$，且 $M\leqslant\dfrac{1}{R^3}$，因而
$$|I_R|=\left|\oint_{C_R}\frac{(y-1)\mathrm{d}x+(x+1)\mathrm{d}y}{(x^2+y^2+2x-2y+2)^2}\right|\leqslant\frac{2\pi}{R^2}$$
而由 $\lim\limits_{R\to+\infty}|I_R|\leqslant\lim\limits_{R\to+\infty}\dfrac{2\pi}{R^2}=0$，故 $\lim\limits_{R\to+\infty}|I_R|=0$.

3. 关于求导问题

这类问题与前面求极限问题一样，它们往往系涉及变积分域(限)问题，由于这类问题可视为某些变元的函数，因而它也有求极限或求导问题．请看：

例 1　若 $F(t)=\iiint\limits_{\Omega(t)}f(x^2+y^2+z^2)\mathrm{d}x\mathrm{d}y\mathrm{d}z$，其中 f 可微，且 $\Omega(t)$ 为 $x^2+y^2+z^2\leqslant t^2$. 求 $F'(t)$.

解　利用球面坐标变换可将 $F(t)$ 化为
$$F(t)=\int_0^{2\pi}\mathrm{d}\theta\int_0^{\pi}\sin\varphi\mathrm{d}\varphi\int_0^t f(r^2)r^2\mathrm{d}r=4\pi\int_0^t f(r^2)r^2\mathrm{d}r$$
故
$$F'(t)=4\pi t^2 f(t^2)$$

例 2　设 $f(x)$ 连续，且 $F(t)=\iiint\limits_{\Omega(t)}[z^2+f(x^2+y^2)]\mathrm{d}x\mathrm{d}y\mathrm{d}z$，其中 Ω：$0\leqslant z\leqslant h$，$x^2+y^2\leqslant t^2$. 求 $F'(t)$ 和 $\lim\limits_{t\to 0}\dfrac{F(t)}{t^2}$.

解　由柱面坐标系变换 $\Omega(t)$ 变为：$0\leqslant z\leqslant h$，$0\leqslant r\leqslant t$，$0\leqslant\theta\leqslant 2\pi$，且
$$F(t)=\int_0^{2\pi}\mathrm{d}\theta\int_0^t\left[\int_0^h z^2+f(r^2)\mathrm{d}z\right]r\mathrm{d}r=2\pi\int_0^t\left[\frac{h^3}{3}+hf(r^2)\right]r\mathrm{d}r$$

两边求导得 $$F'(t)=2\pi\left[\frac{h^3}{3}+hf(t^2)\right]t=2\pi ht\left[\frac{h^3}{3}+f(t^2)\right]$$

下面来求极限$\lim\limits_{t\to0}\dfrac{F(t)}{t^2}$. 由

$$\lim_{t\to0^+}F(t)=\lim_{t\to0^+}\int_0^t\left[\frac{h^3}{3}+hf(t^2)\right]r\mathrm{d}r=0$$

则$\lim\limits_{t\to0^+}\dfrac{F(t)}{t^2}$为$\dfrac{0}{0}$型不定式. 由 L'Hospital 法则且注意 $f(x)$ 的连续性有

$$\lim_{t\to0^+}\frac{F(t)}{t^2}=\lim_{t\to0^+}\frac{2\pi ht\left[\frac{h^2}{3}+f(t^2)\right]}{2t}=\pi h\left[\frac{h^2}{3}+f(0)\right]$$

注意这里利用了上面的关系式 $F'(t)=2\pi ht\left[\dfrac{h^2}{3}+f(t^2)\right]$.

从上两例可以看到: $F(t)$ 虽涉及三重积分问题,然而积分后它却是 t 的一元函数. 下面的例子亦然.

例 3 设 $F(t)=\oint\!\!\!\oint_{R(t)}x^3\mathrm{d}y\mathrm{d}z+y^3\mathrm{d}z\mathrm{d}x+z^3\mathrm{d}x\mathrm{d}y$,其中 $R(t)$ 为 $x^2+y^2+z^2=t^2$ 外侧,求 $F'(t)$.

解 由 Остргрaдский－Gauss 公式可有(用球面坐标变换)

$$\oint\!\!\!\oint_{k(t)}x^3\mathrm{d}y\mathrm{d}z+y^3\mathrm{d}z\mathrm{d}x+z^3\mathrm{d}x\mathrm{d}y=\iiint_{x^2+y^2+z^2\leqslant t^2}3(x^2+y^2+z^2)\mathrm{d}x\mathrm{d}y\mathrm{d}z=$$
$$3\int_0^{2\pi}\int_0^{\pi}\int_0^t\rho^2\cdot\rho^2\sin\varphi\mathrm{d}\rho\mathrm{d}\varphi\mathrm{d}\theta=\frac{12}{5}\pi t^5$$

即 $F(t)=\dfrac{12}{5}\pi t^5$,故 $F'(t)=12\pi t^4$.

4. 不等式问题

关于这类问题的详细讨论可见"不等式证明方法"一节. 我们这里仍想指出一点,多元函数积分不等式问题有两类:① 是利用它证明一元函数积分不等式;② 是证解多元函数积分不等式本身的问题. 对于前者可见下例:

例 1 证明 $\left[\int_a^bf(x)\mathrm{d}x\right]^2\leqslant(b-a)\int_a^bf^2(x)\mathrm{d}x$,这里 $f(x)$ 在$[a,b]$上连续.

证 注意到下面的等式变形(去括号展开再积分)

$$\int_a^b\mathrm{d}x\int_a^b[f(x)-f(y)]^2\mathrm{d}y=(b-a)\int_a^bf^2(x)\mathrm{d}x-2\left[\int_a^bf(x)\mathrm{d}x\right]^2+(b-a)\int_a^bf^2(x)\mathrm{d}x=$$
$$2\left\{(b-a)\int_a^bf^2(x)\mathrm{d}x-\left[\int_a^bf(x)\mathrm{d}x\right]^2\right\}$$

上式当且仅当 $f(x)\equiv f(y)$(任意 $x,y\in\mathbf{R}$) 即 $f(x)$ 恒为常数时等于 0,而 $f(x)$ 不恒为常数时上式大于 0,从而

$$(b-a)\int_a^bf^2(x)\mathrm{d}x\geqslant\left[\int_a^bf(x)\mathrm{d}x\right]^2$$

式中等号仅当 $f(x)\equiv\mathrm{const}$(常数) 时成立.

注 比例为不等式 $\left[\int_a^bf(x)g(x)\mathrm{d}x\right]^2\leqslant\int_a^bf^2(x)\mathrm{d}x\int_a^bg^2(x)\mathrm{d}x$ 当 $g(x)\equiv1$ 的特例情形(这个不等式的证明见本书专题"不等式的证明方法").

例 2 (Чебышёв 或 Chebyshev 不等式) 设 $p(x)$ 是$[a,b]$上的可积函数,而 $f(x)$,$g(x)$ 是$[a,b]$的单调增加函数,则$\int_b^ap(x)f(x)\mathrm{d}x\int_a^bp(x)g(x)\mathrm{d}x\leqslant\int_b^ap(x)\mathrm{d}x\int_a^bp(x)f(x)g(x)\mathrm{d}x$.

证 这个问题我们前文已述这里再给一个证法. 令题设不等式式右－式左＝Δ,即

$$\Delta=\int_b^a p(x)\mathrm{d}x\int_a^b p(x)f(x)g(x)\mathrm{d}x-\int_b^a p(x)f(x)\mathrm{d}x\int_a^b p(x)g(x)\mathrm{d}x$$

在上式第一项前一个积分，第二项第二个积分中积分变量 x 换为 y 则

$$\Delta=\int_a^b\int_a^b p(x)p(y)f(x)[g(x)-g(y)]\mathrm{d}x\mathrm{d}y \qquad (*)$$

由对称性变换（$*$）式中的 x,y(即 $x\to y,y\to x$ 或 $x\leftrightarrow y$)

$$\Delta=\int_a^b\int_a^b p(x)p(y)f(y)[g(y)-g(x)]\mathrm{d}x\mathrm{d}y \qquad (**)$$

考虑（$*$）式、（$**$）式两式相加取半，则有

$$\Delta=\frac{1}{2}\int_a^b\int_a^b p(x)p(y)[f(x)-f(y)][g(x)-g(y)]\mathrm{d}x\mathrm{d}y$$

因 $p(x)$ 是$[a,b]$ 上的正值函数，又 $f(x),g(x)$ 在$[a,b]$ 上单增，因而上式中被积函数非负，故 $\Delta\geqslant 0$.

从而题设不等式成立.

注 1　显然前面我们曾介绍过的问题是个不等式的特例：若 $f(x)$ 在$[0,1]$ 上连续、单增、恒正，则

$$\frac{\int_0^1 xf^2(x)\mathrm{d}x}{\int_0^1 xf(x)\mathrm{d}x}\geqslant\frac{\int_0^1 xf^2(x)\mathrm{d}x}{\int_0^1 xf(x)\mathrm{d}x}$$

注 2　若 $f(x),g(x)$ 单调减少，例的结论仍然成立；若 $f(x),g(x)$ 之一单调增加，另一个单调减少，则不等式反向成立.

仿上方法考虑积分 $\iint\limits_D[f(x)g(y)-f(y)g(x)]^2\mathrm{d}x\mathrm{d}y$，其中 D 为区域：$a\leqslant x\leqslant b,a\leqslant y\leqslant b$，则可以证明 Cauchy 不等式

$$\int_a^b[f(x)g(x)]^2\mathrm{d}x\leqslant\int_a^b f^2(x)\mathrm{d}x\int_a^b g^2(x)\mathrm{d}x$$

注 3　若例中取 $p(x)=1$，且 $f(x),g(x)$ 在$[a,b]$ 上连续且同单增(或单减)，则

$$\int_a^b f(x)\mathrm{d}x\int_a^b g(x)\mathrm{d}x\leqslant(b-a)\int_a^b f(x)g(x)\mathrm{d}x$$

又若 $p(x)=f_2^2(x),g(x)=f(x)=\dfrac{f_1(x)}{f_2(x)}$，则有

$$\left(\int_a^b f_1(x)f_2(x)\mathrm{d}x\right)^2\leqslant\int_a^b f_1^2(x)\mathrm{d}x\int_a^b f_2^2(x)\mathrm{d}x \quad \text{(Buniakowski-Schwarz 不等式)}$$

例 3　试证不等式 $1\leqslant\iiint\limits_\Omega[\sin(xyz)+\cos(xyz)]\mathrm{d}x\mathrm{d}y\mathrm{d}z\leqslant\sqrt{2}$，其中 Ω 为区域：$0\leqslant x\leqslant 1,0\leqslant y\leqslant 1,0\leqslant z\leqslant 1$.

证　由三角函数性质有 $\sin(xyz)+\cos(xyz)=\sqrt{1+\sin(2xyz)}$，且 $0\leqslant\sin(2xyz)\leqslant 1$，这里 $(x,y,z)\in\Omega$. 故 $1\leqslant\sin(xyz)+\cos(xyz)\leqslant\sqrt{2}$，两边积分之有

$$1\leqslant\iiint\limits_\Omega[\sin(xyz)+\cos(xyz)]\mathrm{d}x\mathrm{d}y\mathrm{d}z\leqslant\sqrt{2}$$

这个例子实际上也是涉及积分估值问题，下面再来看一个例子.

例 4　试证不等式 $\dfrac{100}{51}\leqslant\iint\limits_{|x|+|y|\leqslant 10}\dfrac{\mathrm{d}x\mathrm{d}y}{100+\cos^2x+\cos^2y}\leqslant 2$.

证　容易算得区域 D：$|x|+|y|\leqslant 10$ 的面积为 200，由积分中值定理

$$I=\frac{200}{100+\cos^2\xi+\cos^2\eta},\quad(\xi,\eta)\in D$$

又 $0\leqslant\cos^2\xi+\cos^2\eta\leqslant 2$，故$\dfrac{200}{102}\leqslant I\leqslant\dfrac{200}{100}$，即$\dfrac{100}{51}\leqslant I\leqslant 2$.

6. 极(最)值问题

这个问题详细的讨论可见专题“函数极、最值求法”一节，下面仅看一个例子.

例 1　设区域 $\Omega:4x^2+by^2\leqslant 1$，其中 $1\leqslant b\leqslant 4$. 问积分 $I=\iint\limits_{\Omega}\sqrt{x^2+y^2}\,\mathrm{d}x\mathrm{d}y$ 什么时候取最小值？求出最小值.

解　积分$\iint\limits_{\Omega}\sqrt{x^2+y^2}\,\mathrm{d}x\mathrm{d}y$ 的值，等于平面 xOy，柱面 $4x^2+by^2=1$ 与锥面 $z=\sqrt{x^2+y^2}$ 所围区域的体积，当 $b=4$ 时，柱面截面最小，从而积分值也最小.

考虑平面极坐标系可求得此最小值为：$I_{\min}=\int_0^{2\pi}\mathrm{d}\theta\int_0^{\frac{1}{2}}r^2\mathrm{d}r=\dfrac{\pi}{12}$.

下面的不等式问题其实与函数或(函数重积分)的极最值有关.

例 2　设 $\Omega=\{(x,y,z)\mid x^2+y^2+z^2\leqslant 1\}$. 试证$\dfrac{4\sqrt[3]{2}\pi}{3}\leqslant\iiint\limits_{\Omega}\sqrt{x+2y-2z+5}\,\mathrm{d}v\leqslant\dfrac{8\pi}{3}$.

证　设 $f(x,y,z)=x+2y-2z+5$，由于 $f'_x=1\neq 0$，$f'_y=2\neq 0$，$f'_z=-2\neq 0$，知函数在 Ω 内无驻点，故其最值取在边界上.

令 $F(x,y,z,\lambda)=x+2y-2z+5+\lambda(x^2+y^2+z^2-1)$，则有

$$\begin{cases}F'_x=1+2\lambda x=0\\F'_y=2+2\lambda y=0\\F'_z=-2+2\lambda z=0\\x^2+y^2+z^2=1\end{cases}$$

解得 $P_1:\left(\dfrac{1}{3},\dfrac{2}{3},-\dfrac{2}{3}\right)$，$P_2:\left(-\dfrac{1}{3},-\dfrac{2}{3},\dfrac{2}{3}\right)$. 而 $f(P_1)=8$，$f(P_2)=2$. 故

$$\max_{(x,y,z)\in\Omega}f(x)=8,\ \min_{(x,y,z)\in\Omega}f(x)=2$$

因 $f(x,y,z)$ 与 $\sqrt[3]{f(x,y,z)}$ 有相同的极最值点，故

$$\max_{(x,y,z)\in\Omega}\sqrt[3]{f(x,y,z)}=2,\quad\min_{(x,y,z)\in\Omega}\sqrt[3]{f(x,y,z)}=\sqrt[3]{2}$$

从而

$$\frac{4\sqrt[3]{2}\pi}{3}=\iiint\limits_{\Omega}\sqrt[3]{2}\,\mathrm{d}v\leqslant\iiint\limits_{\Omega}\sqrt{x+2y-2z+5}\,\mathrm{d}v\leqslant\iiint\limits_{\Omega}2\mathrm{d}v\leqslant\frac{8\pi}{3}$$

7. 杂例

下面是一则四重积分计算，它还与线性代数知识有关联.

例　计算积分 $I=\iiiint\limits_{D}\mathrm{e}^{\boldsymbol{x}^{\mathrm{T}}\boldsymbol{A}\boldsymbol{x}}\mathrm{d}x_1\mathrm{d}x_2\mathrm{d}x_3\mathrm{d}x_4$，这里 $\boldsymbol{x}=(x_1,x_2,x_3,x_4)^{\mathrm{T}}$，$\boldsymbol{A}=(a_{ij})_{4\times 4}$，且 $\boldsymbol{A}$ 正定，积分区域 D 为 $\boldsymbol{x}^{\mathrm{T}}\boldsymbol{A}\boldsymbol{x}\leqslant 1$.

解　首先用正交换变将二次型 $\boldsymbol{x}^{\mathrm{T}}\boldsymbol{A}\boldsymbol{x}$ 标准化(对角化)，则 $\boldsymbol{x}^{\mathrm{T}}\boldsymbol{A}\boldsymbol{x}\to\sum\limits_{i=1}^{4}\lambda_i x_i^2$，这样($\mathrm{e}^{f(x)}$ 写作 $\mathrm{Exp}\{f(x)\}$)

$$I=\iiiint\limits_{\sum\limits_{i=1}^{4}\lambda_i x_i^2}\mathrm{Exp}\{\sum_{i=1}^{4}\lambda_i x_i^2\}\mathrm{d}x_1\mathrm{d}x_2\mathrm{d}x_3\mathrm{d}x_4$$

令 $\sqrt{\lambda_i}x_i=y_i$，则

$$I=\frac{1}{\sqrt{\lambda_1\lambda_2\lambda_3\lambda_4}}\iiiint\limits_{\sum_{i=1}^{4}y_i^2\leqslant 1}\mathrm{Exp}\{\sum_{i=1}^{4}y_i^2\}\mathrm{d}y_1\mathrm{d}y_2\mathrm{d}y_3\mathrm{d}y_4$$

考虑极坐标变换 $y_1=r_1\cos\varphi_1, y_2=r_1\sin\varphi_1, y_3=r_2\cos\varphi_2, y_4=r_2\sin\varphi_2$. 注意到 $|\boldsymbol{A}|=\lambda_1\lambda_2\lambda_3\lambda_4$，故

$$I=\frac{1}{\sqrt{|\boldsymbol{A}|}}\Big[\Big(\iint\limits_{r_1^2+r_2^2\leqslant 1}r_1r_2\mathrm{d}r_1\mathrm{d}r_2\int_0^{2\pi}\mathrm{d}\varphi_1\int_0^{2\pi}\mathrm{d}\varphi_2\Big)\mathrm{Exp}\{r_1^2+r_2^2\}\Big]=$$

$$\frac{1}{\sqrt{|\boldsymbol{A}|}}\iint\limits_{\substack{t_1+t_2\leqslant 1\\ t_1>0,t_2>0}}\mathrm{Exp}\{t_1+t_2\}\mathrm{d}t_1\mathrm{d}t_2=\frac{\pi(\mathrm{e}-1)^2}{2\sqrt{|\boldsymbol{A}|}}$$

这里 $t_1=r_1^2, t_2=r_2^2$.

习　　题

一、重积分问题

1. 试改变下列各积分次序：

(1) $\int_0^{\pi}\mathrm{d}x\int_0^{\sin x}f(x,y)\mathrm{d}y$；

(2) $\int_0^{2a}\mathrm{d}x\int_{\sqrt{2ax-x^2}}^{\sqrt{2ax}}f(\sqrt{x^2+y^2},\arctan\frac{y}{x})\mathrm{d}y(z>0)$；

(3) $\int_0^2\mathrm{d}x\int_0^{\frac{x^2}{2}}f(x,y)\mathrm{d}y+\int_2^{2\sqrt{2}}\mathrm{d}x\int_0^{\sqrt{8-x^2}}f(x,y)\mathrm{d}y$.

$\Big[$**答**：(1) $\int_0^1\mathrm{d}y\int_{\psi(y)}^{\varphi(y)}f(x,y)\mathrm{d}x$，其中 $\varphi(y)=\pi-\arcsin y,\psi(y)=\arcsin y$；　(3) $\int_0^2\mathrm{d}y\int_{\sqrt{2y}}^{\sqrt{a-y^2}}f(x,y)\mathrm{d}x\Big]$

2. 试计算下列二重积分：

(1) $\iint\limits_D\frac{x^2}{y^2}\mathrm{d}x\mathrm{d}y$，其中 $D: y=x, xy=1, x=2$ 所围；

(2) $\iint\limits_D x\sin\frac{y}{x}\mathrm{d}x\mathrm{d}y$，其中 $D: y=x, y=0, x=1$ 所围；

$\Big[$**答**：(1) $\frac{9}{4}$；(2) $\frac{1}{3}(1-\cos 1)\Big]$

3. 试计算 $\iint\limits_D\sqrt{|y-x^2|}\mathrm{d}x\mathrm{d}y$，其中 $D: |x|<1, 0<y<2$.

$\Big[$**提示**：分两个区域考虑. $D_1: |x|<1, 0<y<x^2$；$D_2: |x|<1, x^2<y<2$. **答**：$\frac{5}{3}+\frac{\pi}{2}\Big]$

4. 计算 $\int_1^3\mathrm{d}x\int_{x-1}^2\mathrm{e}^{y^2}\mathrm{d}y$.

$\Big[$**提示**：交换积分次序. **答**：$\frac{1}{2}(\mathrm{e}^4-1)\Big]$

5. 计算下列二重积分：

(1) $\iint\limits_D xy\mathrm{d}x\mathrm{d}y$，其中 $D: y\geqslant 0, x^2+y^2\geqslant 1, x^2+y^2-2x\leqslant 0$；

(2) $\iint\limits_D(|x+y|+2)\mathrm{d}x\mathrm{d}y$，其中 $D: x^2+y^2\leqslant 1$ 在象限部分；

(3) $\iint\limits_D(x+y)\mathrm{d}x\mathrm{d}y$，其中 $D: x^2+y^2\leqslant x+y$；

(4)$\iint\limits_D \ln(1+\sqrt{x^2+y^2})\mathrm{d}x\mathrm{d}y$,其中 $D:x^2+y^2\leqslant 1$ 上半部分;

(5)$\iint\limits_D \cos\sqrt{x^2+y^2}\,\mathrm{d}x\mathrm{d}y$,其中 $D:0\leqslant x^2+y^2\leqslant \dfrac{\pi^2}{4}$.

$\left[\right.$**提示**:利用极坐标变换.**答**:(1) $\dfrac{9}{16}$;(2) $\dfrac{\pi}{2}+\dfrac{2}{3}(\sqrt{2}-1)$;(3) $\dfrac{\pi}{2}$;(4) $\dfrac{\pi}{4}$(5)$\pi(\pi-2)\left.\right]$

6. 计算二重积分$\iint\limits_D (x+y)\mathrm{d}x\mathrm{d}y$,其中 D 为 $y=x^2,y=4x^2$ 及 $y=1$ 所围区域.

$\left[\right.$**提示**:利用对称性.**答**:$\dfrac{2}{5}\left.\right]$

7. 若 m,n 皆为正整数,且至少之一为奇数.试计算$\iint\limits_D x^n y^n\mathrm{d}x\mathrm{d}y$,其中 $D:x^2+y^2\leqslant a^2$.

[**提示**:用极坐标变换,且考虑函数的奇偶性.**答**:0]

8. 计算$\iint\limits_D \min\left\{\sqrt{\dfrac{3}{16}-x^2-y^2},2(x^2+y^2)\right\}\mathrm{d}x\mathrm{d}y$,其中 $D:x^2+y^2\leqslant\dfrac{3}{16}$.

$\left[\right.$**提示**:利用极坐标变换.**答**:$\dfrac{5\pi}{192}\left.\right]$

9. 计算三重积分$\iiint\limits_\Omega z\mathrm{d}x\mathrm{d}y\mathrm{d}z$,其中 $\Omega:x^2+y^2-z^2\leqslant 1,x^2+y^2-z^2\geqslant\dfrac{1}{2}$.

[**提示**:利用球面坐标变换,变换后注意被积函数的奇偶性.**答**:0]

10. 计算下列三重积分:

(1)$\iiint\limits_\Omega (x^2+y^2)\mathrm{d}x\mathrm{d}y\mathrm{d}z$,其中 $\Omega:x^2+y^2+z^2=1$ 及 $z=0$ 所围成的上半球域;

(2)$\iiint\limits_\Omega \dfrac{\mathrm{d}x\mathrm{d}y\mathrm{d}z}{\sqrt{x^2+y^2+z^2}}$,其中 $\Omega:\sqrt{x^2+y^2}\leqslant z\leqslant 1$.

$\left[\right.$**提示**:利用柱面坐标变换.**答**:(1) $\dfrac{4\pi}{15}$;(2)$(\sqrt{2}-1)\pi\left.\right]$

11. 计算积分$\iiint\limits_\Omega (y-z)\arctan z\mathrm{d}x\mathrm{d}y\mathrm{d}z$,其中 Ω 为$\dfrac{1}{2}[x^2+(y-z)^2]=R^2,z=0$ 及 $z=h$ 所围成的立体.

[**提示**:先作变换 $x=u,y=w+\sqrt{2}v,z=w$;再作柱面坐标变换.**答**:0]

12. 求 $\lim\limits_{t\to x+0}\dfrac{1}{(t-x_0)^{n+4}}\iiint\limits_\Omega (x-y)^n f(y)\mathrm{d}x\mathrm{d}y\mathrm{d}z$,其中 Ω 由 $y=x_0(x_0>0),y=x,x=t(t>x_0)$,$z=x$ 及 $z=y$ 所围区域内部,n 是自然数,且 $f(x)$ 可微.

$\left[\right.$**答**:若 $f(x_0)\neq 0$,极限值为 ∞;若 $f(x_0)=0$,则极限值为$\dfrac{f'(x_0)}{(n+2)(n+3)(n+4)}\left.\right]$

13. 试求 $\lim\limits_{t\to+\infty}\int_0^t \mathrm{d}z\iint\limits_D \dfrac{\sin(z\sqrt{x^2+y^2})}{\sqrt{x^2+y^2}}\mathrm{d}x\mathrm{d}y$,其中 $D:1\leqslant x^2+y^2\leqslant 4$.

[**提示**:利用极坐标变换,且用计算广义积分的 Froullani 公式.**答**:ln 2]

14. 设 $f(x)$ 连续且恒大于零,又设 $F(x)=\iiint\limits_{-\Omega(t)} f(x^2+y^2+z^2)\mathrm{d}v\Big/\iiint\limits_{D(t)}(x^2+y^2)\mathrm{d}\sigma G(t)=\iint\limits_{D(t)} f(x^2+y^2)\mathrm{d}\sigma\Big/\int_{-t}^t f(x^2)\mathrm{d}x$,其中 $\Omega(t)=\{(x,y,z)\mid x^2+y^2+z^2\leqslant t^2\}$.$D(t)=\{(x,y)\mid x^2+y^2\leqslant t^2\}$.证明当 $t>0,F(t)>\dfrac{2}{\pi}G(t)$.

[提示：讨论 $F(t)$ 在 $(0,+\infty)$ 内的单调性]

二、曲线积分问题

1. 计算积分 $\int_c (2xy+3x\sin x)\mathrm{d}x+(x^2-y\mathrm{e}^y)\mathrm{d}y$，其中 c 为摆线：$x=t-\sin t$，$y=1-\cos t$ 上的从点 $O(0,0)$ 到 $A(\pi,2)$ 一段.

[提示：由 $P_y'=Q_x'$ 知积分与路径无关，故取折线 $(0,0)\to(\pi,0)\to(\pi,2)$. 答：$3\pi+2\pi^2-\mathrm{e}^2-1$]

2. 求 $\int_c (x^2+2xy)\mathrm{d}x+(x^2+y^4)\mathrm{d}y$，其中 c 为由点 $(0,0)$ 到点 $(1,1)$ 的曲线 $y=\dfrac{x^2+x^3}{2}$ 上一段.

$\left[\text{提示：利用积分与路径无关条件，取新路径. 答：}\dfrac{23}{15}\right]$

3. 计算曲线积分 $\int_c \dfrac{y^2}{\sqrt{R^2+x^2}}\mathrm{d}x+[4x+2y\ln(x+\sqrt{R^2+x^2})]\mathrm{d}y$，其中 c 是圆周 $x^2+y^2=R^2$ 由点 $A(R,0)$ 依逆时针方向到 $B(-R,0)$ 的半圆.

[提示：利用 Green 公式(先补线). 答：$2\pi R^2$]

4. 计算线积分 $\int_c \dfrac{(x+y)\mathrm{d}x-(x-y)\mathrm{d}y}{x^2+y^2}$，其中 c 是从点 $(-1,0)$ 到 $B(1,0)$ 的一条不通过原点的光滑曲线 $y=f(x)(-1\leqslant x\leqslant 1)$.

[提示：利用积分与路径无关的性质，选新的积分路径. 答：$-\pi$]

5. 计算 $\int_c (\mathrm{e}^x\sin y+y+1)\mathrm{d}x+(\mathrm{e}^x\cos y-x)\mathrm{d}y$ 其中 c 是下半圆周 $\overset{\frown}{AB}$，且 AB 是圆的直径，且 $A(1,0)$，$B(7,0)$.

[提示：补线后利用 Green 公式. 答：$6-9\pi$]

6. 设 $f(u)$ 具有一阶连续导数，c 是平面上任意光滑曲线. 试证 $\oint_c f(xy)(y\mathrm{d}x+x\mathrm{d}y)=0$.

7. 确定参数 λ 的值，使得在不经过直线 $y=0$ 的区域上线积分 $\int_c \dfrac{x(x^2+y^2)\lambda}{y}\mathrm{d}x-\dfrac{x^2(x^2+y^2)\lambda}{y}\mathrm{d}y$ 与路径无关，且求当 c 为从 $A(1,1)$ 到 $B(0,2)$ 时的积分值.

[答：$1-\sqrt{2}$]

8. 计算曲线积分 $\int_c y^2\mathrm{d}x+z^2\mathrm{d}y+x^2\mathrm{d}z$，其中 c：$x^2+y^2+z^2=R^2$，$x^2+y^2=Rx\,(R>0,z\geqslant 0)$，且 c 的指向为顺时针.

$\left[\text{答：}\dfrac{\pi R^2}{4}\right]$

9. 试证 $\lim\limits_{R\to+\infty}\oint_c \dfrac{y\,\mathrm{d}x-x\mathrm{d}\,y}{(x^2+xy+y^2)^2}=0$，其中 c：$x^2+y^2=R^2$.

[提示：利用极坐标变换]

10. 试求 $\lim\limits_{R\to+\infty}\oint_c \dfrac{x\mathrm{d}\,y-y\,\mathrm{d}x}{(x^2+y^2)^a}$，其中 c：$x^2+xy+y^2=R^2$.

[答：当 $\sigma>1$ 时，为 0；当 $\sigma=1$ 时为 2π；当 $\sigma<1$ 时，为 $+\infty$]

三、曲面积分问题

1. 计算 $\iint\limits_S x(y^2+z^2)\mathrm{d}y\mathrm{d}z$，$S$ 为坐标原点为心的单位球面外侧.

$\left[\text{提示：取极坐标变换. 答：}\dfrac{4\pi}{15}\right]$

2. 计算曲面积分$\iint\limits_{\Sigma}\dfrac{z^2}{x^2+y^2}\mathrm{d}x\mathrm{d}y$,其中$\sum$为上半球面$z=\sqrt{2ax-x^2-y^2}\,(a>0)$在圆柱$x^2+y^2=a^2$的外面部分的上侧.

$\left[\text{提示:取极坐标变换. 答:}\left(\pi-\dfrac{3\sqrt{3}}{2}\right)a^2\right]$

3. 求$\oiint\limits_{\Sigma}\dfrac{\mathrm{e}^{\sqrt{y}}}{\sqrt{x^2+z^2}}\mathrm{d}x\mathrm{d}z$,其中$\sum$为由曲面$y^2=x^2+z^2$与平面$y=1,y=2$所围立体表面外侧.

[**提示**:分三个面考虑. **答**:$2\pi\mathrm{e}^{\sqrt{2}}(\sqrt{2}-1)$]

4. 求$\iint\limits_{S}(x+y-z)\mathrm{d}y\mathrm{d}z+[2y+\sin(z+x)]\mathrm{d}z\mathrm{d}x+(3z+\mathrm{e}^{x+y})\mathrm{d}x\mathrm{d}y$,其中$S$为曲面$|x-y+z|+|y-z+x|+|z-x+y|=1$的外表面.

[**提示**:利用 Остргрaдский－Gauss 公式. **答**:2]

5. 计算$\oiint\limits_{S}xz^2\mathrm{d}y\mathrm{d}z+(x^2y-z^2)\mathrm{d}z\mathrm{d}x+(2xy+y^2z)\mathrm{d}x\mathrm{d}y$,其中$S$是半球面$z=\sqrt{a^2-x^2-y^2}$与平面$z=0$所围区域外侧.

$\left[\text{提示:用 Остргрaдский－Gauss 公式后再用球面坐标变换. 答:}\dfrac{2}{5}\pi a^5\right]$

6. 计算$\iint\limits_{S}x^3\mathrm{d}y\mathrm{d}z+x^2y\mathrm{d}z\mathrm{d}x+x^2z\mathrm{d}x\mathrm{d}y$,其中$S$为曲面$z=0,z=b(b>0),x^2+y^2=a^2$的外侧.

$\left[\text{提示:用 Остргрaдский－Gauss 公式及柱坐标变换. 答:}\dfrac{5}{4}a^4b\pi\right]$

7. 计算$\iint\limits_{\Sigma}2(1-x^2)\mathrm{d}y\mathrm{d}z+8xy\mathrm{d}z\mathrm{d}x-4xz\mathrm{d}x\mathrm{d}y$,其中$\sum$为曲面$x=\mathrm{e}^y(0\leqslant y\leqslant a)$绕$x$轴旋转所成曲面,其法向量与$x$轴正向夹角恒大于$\dfrac{\pi}{2}$.

[**提示**:用 Остргрaдский－Gauss 公式(补平面$x=\mathrm{e}^a$与旋转面的相截部分). **答**:$2(\mathrm{e}^{2a}-1)\pi a^2$]

8. 计算$\iint\limits_{\Sigma}(x-y+z)\mathrm{d}y\mathrm{d}z+(y-z+x)\mathrm{d}z\mathrm{d}x+(z-x+y)\mathrm{d}x\mathrm{d}y$,其中$\sum$为$x^2+y^2=z^2$界于$z=0$和$z=1$之间部分.

[**提示**:用 Остргрaдский－Gauss 公式(补平面$z=1$与锥面的相截部分). **答**:0]

9. 计算$\oiint\limits_{S}yz\mathrm{d}z\mathrm{d}x+z(x^2+y^2)\mathrm{d}x\mathrm{d}y$,其中$S$是第一卦限内由抛物面$z=x^2+y^2$与平面$x=0$,和$y=0$及$z=1$所围闭曲面上法线指向外侧.

$\left[\text{提示:用 Остргрaдский－Gauss 公式,且用柱面坐标变换. 答:}\dfrac{\pi}{8}\right]$

10. 设函数$f(u)$有连续的二阶导数,计算$\oiint\limits_{S}\dfrac{1}{y}f\left(\dfrac{x}{y}\right)\mathrm{d}y\mathrm{d}z+\dfrac{1}{x}f\left(\dfrac{x}{y}\right)\mathrm{d}z\mathrm{d}x+z\mathrm{d}x\mathrm{d}y$,其中$S$是$y=x^2+z^2,y=8-x^2-z^2$所围立体的外侧.

[**提示**:利用 Остргрaдский－Gauss 公式及柱面坐标变换. **答**:16π]

11. 求$\iint\limits_{S}xz^2\mathrm{d}y\mathrm{d}z+yx^2\mathrm{d}z\mathrm{d}x+zy^2\mathrm{d}x\mathrm{d}y$,其中$S$为$\dfrac{x^2}{a^2}+\dfrac{y^2}{b^2}+\dfrac{z^2}{c^2}=1$的外侧.

$\left[\text{提示:用 Остргрaдский－Gauss 公式及椭球面变换. 答:}\dfrac{4}{15}\pi abc(a^2+b^2+c^2)\right]$

第 6 章

级　数

一、数项级数判敛方法

若记 $S_n = \sum_{k=1}^{n} a_k$，若 $\lim_{n\to\infty} S_n$ 存在，则称级数 $\sum_{k=1}^{\infty} a_k$ **收敛**，否则称为**发散**.

级数收敛的必要条件：$\lim_{n\to\infty} a_n = 0$.

级数收敛的充分条件（级数收敛的判定）见表 1：

表 1

数项级数

- 正项级数
  - **比较法**　若 $0 \leqslant a_n \leqslant b_n$，则 $\begin{cases} \sum b_n \text{ 收敛} \Rightarrow \sum a_n \text{ 收敛} \\ \sum a_n \text{ 发散} \Rightarrow \sum b_n \text{ 发散} \end{cases}$
  - （极限形式）$\lim_{n\to\infty} \dfrac{a_n}{b_n} = k \begin{cases} k \neq 0, \sum a_n, \sum b_n \text{ 同时敛散} \\ k = 0 \begin{cases} \sum a_n, \text{发散} \Rightarrow \sum b_n \text{ 发散} \\ \sum b_n \text{ 收敛} \Rightarrow \sum a_n \text{ 收敛} \end{cases} \end{cases}$
  - **比值法** D'Alembert 法 $\lim_{n\to\infty} \dfrac{a_{n+1}}{a_n} = r \begin{cases} r < 1, \sum a_n \text{ 收敛} \\ r > 1, \sum a_n \text{ 发散} \\ r = 1, \text{待定} \end{cases}$
  - **积分法** Cauchy 准则 $\int_1^{\infty} f(x)\mathrm{d}x \begin{cases} \text{存在} \Rightarrow \sum a_n \text{ 收敛} \\ \text{不存在} \Rightarrow \sum a_n \text{ 发散} \end{cases} (a_n = f(n))$
  - Raabe 法 $n\left(\dfrac{a_n}{a_{n+1}} - 1\right) \begin{cases} \geqslant r > 1, \sum a_n \text{ 收敛} \\ < 1, \quad \sum a_n \text{ 发散} \end{cases}$ （n 充分大）
  - （极限形式）$\lim_{n\to\infty} n\left(\dfrac{a_n}{a_{n+1}} - 1\right) = l, \begin{cases} l > 1, \sum a_n \text{ 收敛} \\ l < 1, \sum a_n \text{ 发散} \end{cases}$
- 交错级数
  - Leibniz 法　$a_n > 0, a_{n+1} < a_n$ 且 $\lim_{n\to\infty} a_n = 0$，则 $\sum (-1)^n a_n$ 收敛

顺便指出，比较法中常用的比较级数如表 2 所列.

表 2

几何级数 $\sum_{k=1}^{+\infty} ar^k$	$\lvert r\rvert<1$	收敛$\left(且和为\dfrac{a}{1-r}\right)$
	$\lvert r\rvert\geqslant 1$	发　散
调和级数 $\sum_{k=1}^{+\infty}\dfrac{1}{k}$	—	发　散
p- 级数 $\sum_{k=1}^{+\infty}\dfrac{1}{k^p}$	$p>1$	收　敛
	$p\leqslant 1$	发　散

数项级数关敛法我们已经介绍，如果给定了级数如何去判断收敛？一般来讲可有如图 1 所示的程序框图：

数项级数判敛程序$\left[已给\sum_{k=1}^{+\infty}a_n(*)\right]$

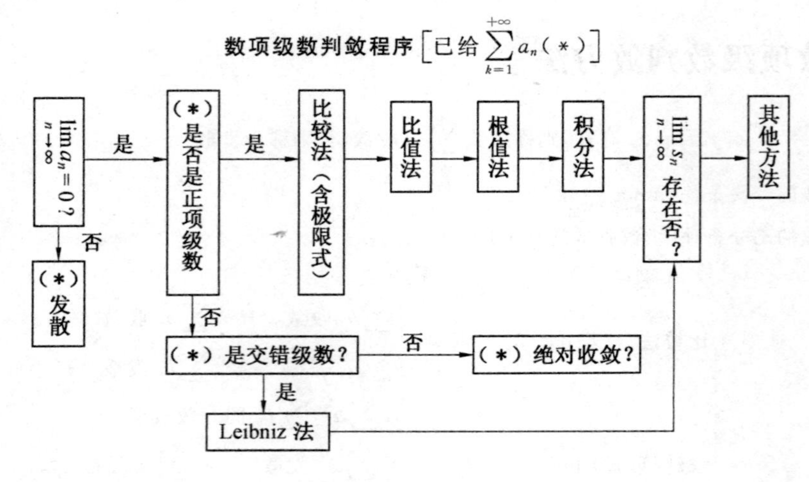

图 1

(一) 正项级数判敛法

1. 比较判别法

比较法在正项(数项)级数判敛中是一个十分重要的方法，当然也是首选方法，因为不少级数均可依此法判敛.

例 1　判断下列级数的敛散性：

(1) $\sum_{n=1}^{\infty}\dfrac{1}{n\sqrt[3]{n+2}}$；(2) $\sum_{n=1}^{\infty}2^n\sin\dfrac{\pi}{3^n}$；(3) $\sum_{n=1}^{\infty}\dfrac{\ln n}{\sqrt{n}\,2^n}$；(4) $\sum_{n=1}^{\infty}n^{\lambda}\sin\dfrac{\pi}{2\sqrt{n}}$.

解　(1) 因为 $\dfrac{1}{n\sqrt[3]{n+2}}<\dfrac{1}{n\sqrt[3]{n}}=\dfrac{1}{n^{\frac{4}{3}}}$，由比较判别法：

因级数 $\sum_{n=1}^{\infty}\dfrac{1}{n^{\frac{4}{3}}}$ 收敛，故级数 $\sum_{n=1}^{\infty}\dfrac{1}{n^3\sqrt{n+2}}$ 亦收敛.

(2) 因 $0<\sin\dfrac{\pi}{3^n}\leqslant\dfrac{\pi}{3^n}$，则

$$2^n\sin\frac{\pi}{3^n}\leqslant\left(\frac{2}{3}\right)^n\pi$$

又级数$\sum\limits_{n=1}^{\infty}\left(\frac{2}{3}\right)^n\pi$收敛,故级数$\sum\limits_{n=1}^{\infty}2^n\sin\frac{\pi}{3^n}$亦收敛.

(3) 容易证明$n^{-\frac{1}{2}}\ln n\leqslant 1$.实因:若令$f(x)=x^{-\frac{1}{2}}\ln x(0<x<+\infty)$,而$f'(x)=(1-\ln\sqrt{x})x^{-\frac{3}{2}}=0$,得$x=e^2$.则$f(e^2)=\frac{2}{3}$为$f(x)$的最大值.

故当$n>1$时,$n^{-\frac{1}{2}}\ln n<\frac{2}{3}<1$.则$\frac{n^{-\frac{1}{2}}\ln n}{2^n}\leqslant\frac{1}{2^n}$,又级数$\sum\limits_{n=1}^{\infty}\frac{1}{2^n}$收敛,从而级数$\sum\limits_{n=1}^{\infty}\frac{\ln n}{\sqrt{n}\,2^n}$亦收敛.

(4) 由$\lim\limits_{n\to\infty}\left[\left(n^\lambda\sin\frac{\pi}{2\sqrt{n}}\right)\Big/\left(n^\lambda\ \frac{\pi}{2\sqrt{n}}\right)\right]=1$,故原级数与$\sum\limits_{n=1}^{\infty}n^\lambda\sin\frac{\pi}{2\sqrt{n}}$同敛散.又

$$\sum_{n=1}^{\infty}n^\lambda\sin\frac{\pi}{2\sqrt{n}}=\frac{\pi}{2}\sum_{n=1}^{\infty}\frac{1}{n^{\frac{1}{2}-\lambda}}\ \Rightarrow\begin{cases}\lambda<-\frac{1}{2}, & \text{原级数收敛}\\ \lambda\geqslant-\frac{1}{2}, & \text{原级数发散}\end{cases}$$

例2 设$0\leqslant b_n\leqslant a_n(n=1,2,\cdots)$,又级数$\sum\limits_{n=1}^{\infty}a_n$收敛,试判别级数$\sum\limits_{n=1}^{\infty}\sqrt{a_nb_n\arctan n}$的敛散性,这里arctan系反正切函数.

解 因$0\leqslant b_n\leqslant a_n$,又$\frac{\pi}{4}\leqslant\arctan n\leqslant\frac{\pi}{2}(n\geqslant 1)$.故有不等式

$$0\leqslant\sqrt{a_nb_n\arctan n}<\sqrt{a_n^2\cdot\frac{\pi}{2}}=\sqrt{\frac{\pi}{2}}\,a_n$$

从而,由$\sum\limits_{n=1}^{\infty}a_n$的收敛可有$\sum\limits_{n=1}^{\infty}\sqrt{a_nb_n\arctan n}$亦收敛.

级数通项表达式中含有积分的,常需要用比较法判敛.

例3 试判断级数(1)$\sum\limits_{n=1}^{\infty}\int_0^{\frac{1}{n}}\frac{\sqrt{x}}{1+x^2}dx$;(2)$\sum\limits_{n=1}^{\infty}\frac{1}{\int_0^n\sqrt[4]{1+x^4}\,dx}$的敛散性.

解 (1) 令级数通项为u_n,则有

$$0<u_n=\int_0^{\frac{1}{n}}\frac{\sqrt{x}}{1+x^2}dx\leqslant\int_0^{\frac{1}{n}}\sqrt{x}\,dx=\frac{2}{3n^{\frac{3}{2}}}$$

而级数$\sum\limits_{n=1}^{\infty}\frac{2}{3n^{\frac{3}{2}}}=\frac{2}{3}\sum\limits_{n=1}^{\infty}\frac{1}{n^{\frac{3}{2}}}$收敛,故级数(1)收敛.

(2) 由不等式

$$0<u_n=\frac{1}{\int_0^n\sqrt[4]{1+x^4}\,dx}\leqslant\frac{1}{\int_0^n x\,dx}=\frac{2}{n^2}$$

又级数$\sum\limits_{n=1}^{\infty}\frac{1}{n^2}$收敛,故级数(2)收敛.

例4 设偶函数$f(x)$的二阶导数$f''(x)$在$x=0$的一个邻域内连续,且$f(0)=1$,$f''(0)=2$.试证级数$\sum\limits_{n=1}^{\infty}\left[f\left(\frac{1}{n}\right)-1\right]$绝对收敛.

证 设题所给$x=0$的邻域为$(-\delta,\delta)$.

因$f(x)=f(-x)$,故$f'(x)=-f'(-x)$,从而$f'(0)=0$.

又由设存在$0<\delta_1\leqslant\delta$,当$|\xi|\leqslant\delta_1$时,$|f''(\xi)-f''(0)\leqslant 1|$,即$|f''(\xi)|\leqslant 3$.

由Taylor展开性质,当n充分大$\left(n\geqslant\frac{1}{\delta_1}\right)$时有

$$\left|f\left(\frac{1}{n}\right)-1\right|=\left|f\left(\frac{1}{n}\right)-f(0)\right|\leqslant\frac{1}{2}\mid f''(\xi)\mid\cdot\left(\frac{1}{n}\right)^{2}\leqslant\frac{3}{2n^{2}},\quad 0<\xi_n<\frac{1}{n}$$

故由级数$\sum_{n=1}^{\infty}\frac{1}{n^2}$的收敛性知级数$\sum_{n=1}^{\infty}\left[f\left(\frac{1}{n}\right)-1\right]$绝对收敛.

注　其实去掉各种$f''(0)=2$后结论亦成立.可略证如:

由$f(x)$是偶函数,则$f'(x)$是奇函数.故$f'(0)=0$.这样

$$f(x)=f(0)+f'(0)x+\frac{f''(0)}{2}=x^2+o(x^2)$$

则$f\left(\frac{1}{n}\right)=1+\frac{f''(0)}{2}\frac{1}{n^2}+o\left(\frac{1}{n^2}\right)$,令$u_n=f\left(\frac{1}{n}\right)-1$,则

$$u_n=\frac{f''(0)}{2n^2}+o\left(\frac{1}{n^2}\right)$$

从而$\mid u_n\mid=\left|f\left(\frac{1}{n}\right)-1\right|\sim\frac{f''(0)}{2n^2}$,又$f''(0)$为有界常数,知$\sum_{n=1}^{\infty}\frac{f''(0)}{2n^2}$收敛,故级数$\sum_{n=1}^{\infty}\mid u_n\mid$收敛,从而原级数绝对收敛.

例 5　若正项级数$\sum_{n=1}^{\infty}a_n$与$\sum_{n=1}^{\infty}b_n$都收敛,试证级数(1)$\sum_{n=1}^{\infty}\sqrt{a_nb_n}$与(2)$\sum_{n=1}^{\infty}\frac{\sqrt{a_n}}{n}$也收敛.

证　(1)由不等式$\sqrt{a_nb_n}\leqslant\frac{a_n+b_n}{2}$,又$\sum_{n=1}^{\infty}a_n$,$\sum_{n=1}^{\infty}b_n$均收敛,则$\frac{1}{2}\sum_{n=1}^{\infty}(a_n+b_n)$也收敛.

从而级数$\sum_{n=1}^{\infty}\sqrt{a_nb_n}$收敛.

(2)令$b_n=\frac{1}{n^2}$,则$\sqrt{a_nb_n}=\sqrt{\frac{a_n}{n}}$.注意到$\sum_{n=1}^{\infty}\frac{1}{n^2}$收敛,故$\sum_{n=1}^{\infty}\frac{\sqrt{a_n}}{n}$亦收敛.

例 6　若正项级数$\sum_{n=1}^{\infty}a_n$收敛,则级数$\sum_{n=1}^{\infty}\sqrt{a_na_{n+1}}$也收敛.又反之若何?

证　由上例5只需取$b_n=a_{n+1}$,即可知$\sum_{n=1}^{\infty}\sqrt{a_na_{n+1}}$收敛.反之则不然.

如$\{a_k\}$取$a_k=a_{2n-1}=1,a_{k+1}=a_{2n}=\frac{1}{n^3}(n=1,2,3,\cdots)$,则$\sum_{k=1}^{\infty}=\sqrt{a_ka_{k+1}}=\sum_{n=1}^{\infty}\frac{1}{\sqrt{n^3}}$收敛.

但级数$\sum_{k=1}^{\infty}a_k=\sum_{n=1}^{\infty}(a_{2n-1}+a_{2n})=\sum_{n=1}^{\infty}\left(1+\frac{1}{n^3}\right)$,故知其发散;

又如若数列$\{a_n\}$单减,即$a_n>a_{n+1}$,则由$a_na_{n+1}>a_{n+1}^2$或$a_{n+1}<\sqrt{a_na_{n+1}}$,此时可有:若级数$\sum_{n=1}^{\infty}\sqrt{a_na_{n+1}}$收敛,则级数$\sum_{n=1}^{\infty}a_n$也收敛;

而若数列$\{a_n\}$单增,则$\lim\limits_{n\to\infty}a_n\neq 0$,故级数$\sum_{n=1}^{\infty}a_n$发散.

例 7　若级数$\sum_{n=1}^{\infty}a_n$与级数$\sum_{n=1}^{\infty}c_n$都收敛,且$a_n<b_n<c_n(n=1,2,\cdots)$,则级数$\sum_{n=1}^{\infty}b_n$也收敛.

证　由设$a_n<b_n<c_n$,故$0<b_n-a_n<c_n-a_n$.

又级数$\sum_{n=1}^{\infty}a_n$与级数$\sum_{n=1}^{\infty}c_n$都收敛,故级数$\sum_{n=1}^{\infty}(c_n-a_n)$也收敛(由级数判敛性质);

又由比较判别法级数$\sum_{n=1}^{\infty}(b_n-a_n)$也收敛.而$b_n=(b_n-a_n)+a_n$.

由级数$\sum_{n=1}^{\infty}a_n$及级数$\sum_{n=1}^{\infty}(b_n-a_n)$的收敛性,知级数$\sum_{n=1}^{\infty}b_n$也收敛.

下面的例子是比较判别法的变形.

例 8 若n充分大时,$a_n>0,b_n>0$,且$\frac{a_n}{a_{n+1}}\geqslant\frac{b_n}{b_{n+1}}$.则若$\sum_{n=1}^{\infty}b_n$收敛,则$\sum_{n=1}^{\infty}a_n$也收敛;若$\sum_{n=1}^{\infty}a_n$发散,则$\sum_{n=1}^{\infty}b_n$也发散.

证 1 由设n充分大时,$a_n>0,b_n>0$且$\frac{a_n}{a_{n+1}}\geqslant\frac{b_n}{b_{n+1}}$,即$\frac{a_n}{b_n}\geqslant\frac{a_{n+1}}{b_{n+1}}$.

亦即数列$\left\{\frac{a_n}{b_n}\right\}$单减且有界,故存在极限

$$\lim_{n\to\infty}\frac{a_n}{b_n}=k,\quad 0\leqslant k\leqslant+\infty$$

这样存在$N>0$,当$n>N$时,$\frac{a_n}{b_n}<k+1$,即$a_n<(k+1)b_n,n<N$.

因级数$\sum_{n=1}^{\infty}b_n$收敛,故级数$\sum_{n=1}^{\infty}(k+1)b_n$也收敛(由性质),再由比较判别法知$\sum_{n=1}^{\infty}a_n$亦收敛.

证 2 由题设$\frac{a_n}{a_{n+1}}\geqslant\frac{b_n}{b_{n+1}}(n=1,2,3,\cdots)$,有

$$\frac{a_1}{a_2}\cdot\frac{a_2}{a_3}\cdot\cdots\cdot\frac{a_{n-1}}{a_n}\cdot\frac{a_n}{a_{n+1}}\geqslant\frac{b_1}{b_2}\cdot\frac{b_3}{b_4}\cdot\cdots\cdot\frac{b_{n-1}}{b_n}\cdot\frac{b_n}{b_{n+1}}$$

即$b_{n+1}\geqslant\left(\frac{b_1}{a_1}\right)a_{n+1}$,则由$\sum_{n=1}^{\infty}a_n$发散,推得$\sum_{n=1}^{\infty}b_n$亦发散.

又$a_{n+1}\geqslant\left(\frac{a_1}{b_2}\right)b_{n+1}$,则由级数$\sum_{n=1}^{\infty}b_n$收敛,推得级数$\sum_{n=1}^{\infty}a_n$亦收敛.

注 更一般情形为:设$\{u_n\}$,$\{c_n\}$为正项序列,则

(1) 若$c_nu_n-c_{n+1}u_{n+1}\leqslant 0$,且级数$\sum_{n=1}^{\infty}\frac{1}{c_n}$发散,有级数$\sum_{n=1}^{\infty}u_n$发散;

(2) 若$c_n\frac{u_n}{u_{n+1}}-c_{n+1}\geqslant k(k>0)$,且级数$\sum_{n=1}^{\infty}\frac{1}{c_n}$收敛,有级数$\sum_{n=1}^{\infty}u_n$收敛.

此例用到了数列极限的性质,下面的问题也与极限概念有关.

例 9 若$\lim_{n\to\infty}(n^{2n\sin\frac{1}{n}}a_n)=1$,试判断$\sum_{n=1}^{\infty}a_n$的敛散性.

解 由设则对任给$\varepsilon>0$,存在$N_1>0$,当$n>N_1$时,有

$$\left|n^{2n\sin\frac{1}{n}}a_n-1\right|<\varepsilon\Rightarrow a_n<(1+\varepsilon)n^{-2\sin\frac{1}{n}}$$

而$\lim_{n\to\infty}2n\sin\frac{1}{n}=\lim_{n\to\infty}2\left[\sin\frac{1}{n}\Big/\frac{1}{n}\right]=2$,故对上述$\varepsilon>0$,存在$N_2>0$,当$n>N_2$时有

$$\left|2n\sin\frac{1}{n}-2\right|<\varepsilon\Rightarrow\frac{3}{2}\leqslant 2-\varepsilon<2\sin\frac{1}{n}$$

取$N=\max\{N_1,N_2\}$,故当$n>N$时有

$$a_n<(1+\varepsilon)n^{-2n\sin\frac{1}{n}}\leqslant(1+\varepsilon)n^{-\frac{3}{2}}=\frac{1+\varepsilon}{n^{\frac{3}{2}}}$$

由级数$\sum_{n=1}^{\infty}\frac{1}{n^{\frac{3}{2}}}$收敛知级数$\sum_{n=1}^{\infty}a_n$也收敛.

下面的问题虽系变号级数,但涉及绝对收敛性,因而也可视为正项级数问题:

例 10 证明级数$\sum_{n=1}^{\infty}\sin(3+\sqrt{5})^n\pi$绝对收敛.

证 由二项式公式考虑

$$m_n=(3+\sqrt{5})^n+(3-\sqrt{5})^n=\sum_{k=0}^{n}[1+(-1)^k]C_n^k3^{n-k}(\sqrt{5})^k$$

易知其为偶数(奇数项彼此消去).故

$$\sin(3+\sqrt{5})^n\pi=\sin[m_n-(3-\sqrt{5})^n]\pi=-\sin(3-\sqrt{5})^n\pi$$

而
$$|\sin(3+\sqrt{5})^n\pi|=|\sin(3-\sqrt{5})^n\pi|\leqslant(3-\sqrt{5})^n\pi$$

又 $0<3-\sqrt{5}<1$,知 $\sum\limits_{n=1}^{\infty}(3-\sqrt{5})^n\pi$ 收敛,从而题设级数绝对收敛.

例 11 若(1) $\lim\limits_{n\to\infty}na_n=l(l>0)$;(2) $\lim\limits_{n\to\infty}n^2a_n=l(l>0)$.试讨论 $\sum\limits_{n=1}^{\infty}a_n$ 的敛散.

解 由题设及数列极限存在的性质或判断可有:

(1) 由题设,若给定 $\frac{l}{2}>0$,则存在 N,当 $n>N$ 时,$|na_n-l|<\frac{l}{2}$,即 $a_n>\frac{l}{2n}$.

而级数 $\sum\limits_{n=1}^{\infty}\frac{1}{2n}$ 发散,故级数 $\sum\limits_{n=1}^{\infty}a_n$ 也发散.

(2) 而题设,若给定 $\frac{l}{2}>0$,则存在 N,当 $n>N$ 时有 $|n^2a_n-l|<\frac{l}{2}$,即 $a_n>\frac{3l}{2n^2}$.

由级数 $\sum\limits_{n=1}^{\infty}\frac{3l}{2n^2}$ 收敛,故级数 $\sum\limits_{n=1}^{\infty}a_n$ 亦收敛.

注 1 对于命题 l 若小于 0,结论亦真.比如(1)中,若 $l<0$,则可有 $-a_n>\frac{|l|}{2n}$,余下讨论同例.

注 2 由之还可证明:等差数列各项倒数组成的级数发散.

设 $\{a+nd\}$ 为等差数列,考虑
$$\sum_{n=1}^{\infty}\frac{1}{a+nd}\qquad(*)$$

当 $d=0$ 时,级数(*)变成 $\frac{1}{a}+\frac{1}{a}+\cdots$,它显然发散;

当 $d\neq0$ 时,由 $\lim\limits_{n\to\infty}\left(\frac{1}{a+nd}\Big/\frac{1}{n}\right)=\frac{1}{d}$,由 $\sum\limits_{n=1}^{\infty}\frac{1}{n}$ 发散,故 $\sum\limits_{n=1}^{\infty}\frac{1}{a+nd}$ 亦发散.

例 12 若 $\lim\limits_{n\to\infty}\dfrac{\ln\frac{1}{a_n}}{\ln n}=q$,则正则级数 $\sum\limits_{n=1}^{\infty}a_n$ 当 $q>1$ 时收敛,当 $q<1$ 时发散.

证 由题设,对任给 $\varepsilon>0$,有 N,使当 $n>N$ 时,有

$$\left|\frac{\ln\frac{1}{a_n}}{\ln n}-q\right|<\varepsilon\Rightarrow q-\varepsilon<\frac{\ln\frac{1}{a_n}}{\ln n}<q+\varepsilon$$

(1) 若 $q>1$,取 ε 使 $q-\varepsilon=p>1$,则当 $n>N$ 时 $\quad\dfrac{\ln\frac{1}{a_n}}{\ln n}>p$

即
$$\ln\frac{1}{a_n}>\ln n^p\quad 或\quad a_n<\ln n^p$$

由级数 $\sum\limits_{n=1}^{\infty}\frac{1}{n^p}(p>1)$ 收敛,故级数 $\sum\limits_{n=1}^{\infty}a_n$ 也收敛.

(2) 若 $q<1$,取 ε 使 $1+\varepsilon=p<1$,则当 $n>N$ 时有 $\quad\dfrac{\ln\frac{1}{a_n}}{\ln n}<p$

即
$$\ln\frac{1}{a_n}<\ln n^p\quad 或\quad a_n>\ln n^p$$

由级数 $\sum_{n=1}^{\infty} \frac{1}{n^p}(p < 1)$ 发散，故级数 $\sum_{n=1}^{\infty} a_n$ 也发散.

注　本命题的另外提法或叙述是：

若有 $a > 0$ 使当 $n \geqslant N$ 时，$\frac{\ln \frac{1}{a_n}}{\ln n} \geqslant 1 + a$，则级数 $\sum_{n=1}^{\infty} a_n$ 收敛；若 $\frac{\ln \frac{1}{a_n}}{\ln n} \leqslant 1$，则级数 $\sum_{n=1}^{\infty} a_n$ 也发散.

下面的例子虽然简单，但它多少带有综合题目的味道.

例 13　设 x_n 是方程 $x = \tan x$ 的正根(按递增顺序排列). 证明级数 $\sum_{n=1}^{\infty} \frac{1}{x_n^2}$ 收敛.

证　容易求得方程 $x = \tan x$ 的根 $x_n \in \left(\frac{\pi}{2} + (n-1)\pi, \frac{\pi}{2} + n\pi\right)(n = 1,2,3,\cdots)$. 故

$$x_n > \frac{\pi}{2} + (n-1)\pi = \left(n - \frac{1}{2}\right)\pi$$

有

$$x_n^2 > \left(n - \frac{1}{2}\right)^2 \pi^2$$

因而 $\frac{1}{x_n^2} < \frac{1}{\left(n - \frac{1}{2}\right)^2 \pi^2} < \frac{1}{n^2}$，由级数 $\sum_{n=1}^{\infty} \frac{1}{n^2}$ 收敛，故级数 $\sum_{n=1}^{\infty} \frac{1}{x_n^2}$ 收敛.

最后来看一个涉及 Fibonacci 数列的例子.

例 14　若 $f_0 = 1, f_1 = 1, f_2 = 2$，且 $f_n = f_{n-2} + f_{n-1}(n \geqslant 2)$，该数列 $\{f_n\}$ 称为 Fibonacci 数列. 试证 $\sum_{n=0}^{\infty} f_n^{-1}$ 收敛.

证明　用数学归纳法可以证明 $\frac{3}{2} f_{n-1} \leqslant f_n \leqslant 2f_{n-1}$.

这样当 $n \geqslant 2$ 时，$f_n \geqslant \left(\frac{3}{2}\right)^{n-1}$；当 $n = 1$ 时，$f_1 = \left(\frac{3}{2}\right)^{n-1}$，故 $f_n^{-1} \leqslant \left(\frac{2}{3}\right)^{n-1}$.

由级数 $\sum_{n=0}^{\infty} \left(\frac{3}{2}\right)^{n-1}$ 收敛，可推得 $\sum_{n=0}^{\infty} f_n = f_0 + \sum_{n=1}^{\infty} f_n = 1 + \sum_{n=1}^{\infty} f_n$ 也收敛.

2. 比值法

比较法是将要讨论的级数与别的已知级数比较而得到所讨论级数的敛散性，但比值法则级数本身前后项之比得到所讨论级数敛散性的信息. 下面我们来看例子.

例 1　试讨论下列级数的敛散性：(1) $\sum_{n=1}^{\infty} \frac{6^n}{7^n - 5^n}$；(2) $\sum_{n=1}^{\infty} \frac{n^n}{2^n n!}$；(3) $\sum_{n=1}^{\infty} \frac{(2n)!\,(3n)!}{n!\,(4n)!}$.

解　(1) 由题设考虑下面变形

$$\lim_{n \to \infty} \frac{a_{a+1}}{a_n} = \lim_{n \to \infty} \frac{6^{n+1}}{7^{n+1} - 5^{n+1}} \cdot \frac{7^n - 5^n}{6^n} = 6 \lim_{n \to \infty} \frac{7^n - 5^n}{7^{n+1} - 5^{n+1}} = 6 \lim_{n \to \infty} \frac{1 - \left(\frac{5}{7}\right)^n}{7 - 5\left(\frac{5}{7}\right)^n} = \frac{6}{7} < 1$$

由比值法，故知级数 $\sum_{n=1}^{\infty} \frac{6^n}{7^n - 5^n}$ 收敛.

(2) 由

$$\lim_{n \to \infty} \frac{a_{n+1}}{a_n} = \frac{\lim\limits_{n \to \infty} \frac{(n+1)^{n+1}}{2^{n+1} \cdot (n+1)!}}{\frac{n^n}{2^n \cdot n!}} = \lim_{n \to \infty} \frac{1}{2} \cdot \frac{(n+1)^n}{n^n} = \frac{1}{2} \lim_{n \to \infty}\left(1 + \frac{1}{n}\right)^n = \frac{\mathrm{e}}{2} > 1$$

由比值法，故知级数 $\sum_{n=1}^{\infty} \frac{n^n}{2^n n!}$ 发散.

(3) 由

$$\lim_{n \to \infty} \frac{a_{n+1}}{a_n} = \lim_{n \to \infty} \frac{(2n+2)(2n+1)(3n+3)(3n+2)(3n+1)}{(n+1)(4n+4)(4n+3)(4n+2)(4n+1)} = \frac{17}{64} < 1$$

由比值法,故知级数$\sum_{n=1}^{\infty}\frac{(2n)!\ (3n)!}{n!\ (4n)!}$收敛.

对于含有参数级数问题,一般需要对参数进行讨论.

例 2 判别下面级数的敛散性:$\sum_{n=1}^{\infty}n^{\alpha}\beta^{n}$,这里$\alpha,\beta$为实数,并且$\beta>0$.

解 (1) 若$\beta=1$,则$\alpha<-1$时级数收敛,当$\alpha\geqslant-1$时,级数发散.

若$\beta\neq1$,则 $\lim_{n\to\infty}\frac{a_{n+1}}{a_n}=\lim_{n\to\infty}\frac{(n+1)^{\alpha}\beta^{n+1}}{n^{\alpha}\beta^{n}}=\beta\lim_{n\to\infty}\left(1+\frac{1}{n}\right)^{\alpha}=\beta$

故$\beta<1$时级数收敛,$\beta>1$时级数发散.

例 3 讨论级数$\sum_{n=1}^{\infty}\frac{a^n}{(1+a)(1+a^2)\cdots(1+a^n)}$(这里$a\geqslant0$)的敛散性.

解 设级数通项为a_n,则

$$\lim_{n\to\infty}\frac{a_{n+1}}{a_n}=\lim_{n\to\infty}\frac{a}{1+a^{n+1}}=\begin{cases}a, & 0\leqslant a<1\\ \frac{1}{2}, & a=1\\ 0, & a>1\end{cases}$$

故原级数对一切$a\geqslant0$收敛.

下面的命题是上例的推广,然而解法几乎无异.

例 4 试判断级数$\sum_{n=1}^{\infty}\frac{a^{\frac{n(n+1)}{2}}}{(1+a)(1+a^2)\cdots(1+a^n)}$的敛散性.

解 设级数通项为u_n,注意到

$$\lim_{n\to\infty}\frac{u_{n+1}}{u_n}=\lim_{n\to\infty}\frac{a^{n+1}}{1+a^{n+1}}=\begin{cases}0, & 0<a<1\\ \frac{1}{2}, & a=1\end{cases}$$

故当$0<a\leqslant1$时,$\sum_{n=1}^{\infty}u_n$收敛.今考虑$a>1$的情形

$$u_n=\frac{a^{\frac{n(n+1)}{2}}}{(1+a)(1+a^2)\cdots(1+a^n)}=\frac{1}{(1+b)(1+b^2)\cdots(1+b^n)}$$

这里$0<b=\frac{1}{a}<1$.

令$v_n=(1+b)(1+b^2)\cdots(1+b^n)$,由$\frac{v_{n+1}}{v_n}>1$,故$v_n$单增.

又$x>0$时,$\mathrm{e}^x>1+x$,故

$$v_n<\mathrm{e}^b\cdot\mathrm{e}^{b^2}\cdot\cdots\cdot\mathrm{e}^{b^n}=\mathrm{e}^{b+b^2+\cdots+b^n}<\mathrm{e}^{\frac{b}{1-b}}$$

即v_n有界,从而$\lim_{n\to\infty}v_n$存在且大于1,知$\lim_{n\to\infty}v_n=\lim_{n\to\infty}\frac{1}{v_n}$也存在且为0.从而原级数当$a>1$时发散.

3. 根值法

一般来讲,根值法比比值法更强些,因为从理论上可以证明:凡是能用比值法判断敛散性的级数,用根值法也能判断;反之却不然.比如下面的例子系用比值法判敛失效,用根值法无法判敛:$\sum_{n=1}^{\infty}2^{(-1)^n}-n$用比值法无法判敛,但用根值法注意到$\sqrt[n]{a_n}=\sqrt[n]{2^{\frac{2^{(-1)^n}}{2}}}=2^{\frac{2^{(-1)^n}-n}{n}}$.当$n\to+\infty$其值趋向(或收敛于)$2^{-1}$,故$\sum a_n$收敛.下面先来看一个例子.

例 1 试判断级数$\sum_{n=1}^{\infty}\frac{2+(-1)^n}{2^n}$的敛散性.

解 1 用比值法(仍设级数通项为 a_n)

$$\frac{a_{n+1}}{a_n}=\frac{2+(-1)^{n+1}}{2^{n+1}}\cdot\frac{2^n}{2+(-1)^n}=\frac{2+(-1)^{n+1}}{2[2+(-1)^n]}=\begin{cases}\dfrac{1}{6}<1, & \text{为偶数}\\ \dfrac{3}{2}>1, & \text{为奇数}\end{cases}$$

故此方法无法判定级数的敛散性.

解 2 用根值法.

因$\dfrac{1}{2^n}\leqslant a_n=\dfrac{2+(-1)^n}{2^n}\leqslant\dfrac{3}{2^n}$,故$\lim\limits_{n\to\infty}\sqrt[n]{a_n}=\dfrac{1}{2}<1$,故原级数收敛.

例 2 试判断下列级数的敛散性:

(1) $\sum\limits_{n=1}^{\infty}\dfrac{\left(\frac{1}{2}\right)^n}{n^2}$; (2) $\sum\limits_{n=1}^{\infty}n^n\sin^n\dfrac{2}{n}$; (3) $\sum\limits_{n=1}^{\infty}\dfrac{3^n}{2^n(\arctan n)^n}$; (4) $\sum\limits_{n=1}^{\infty}\dfrac{n^{n-1}}{(2n^2+n+1)^{\frac{n+1}{2}}}$.

解 设题设诸级数通项为 a_n,由根值法可有:

(1) 由$\lim\limits_{n\to\infty}\sqrt[n]{a_n}=\lim\limits_{n\to\infty}\dfrac{\frac{1}{2}}{\sqrt[n]{n^2}}=\dfrac{1}{2}<1$,故原级数收敛.

(2) 因$\lim\limits_{n\to\infty}\sqrt[n]{a_n}=\lim\limits_{n\to\infty}n\sin\dfrac{2}{n}=2\lim\limits_{n\to\infty}\left(\sin\dfrac{2}{n}\Big/\dfrac{2}{n}\right)=2>1$,故原级数发散.

(3) 由$\lim\limits_{n\to\infty}\sqrt[n]{a_n}=\lim\limits_{n\to\infty}\dfrac{3}{2\arctan n}=\dfrac{3}{\pi}<1$,故原级数收敛.

(4) 由极限$\lim\limits_{n\to\infty}\sqrt[n]{a_n}=\lim\limits_{n\to\infty}\sqrt[n]{\dfrac{n^{n-1}}{(2n^2+n+1)^{\frac{n+1}{2}}}}=\lim\limits_{n\to\infty}\left[\dfrac{n^n\cdot n^{-1}}{(2n^2+n+1)^{\frac{n}{2}}(2n^2+n+1)^{\frac{1}{2}}}\right]^{\frac{1}{n}}=$

$$\lim_{n\to\infty}\frac{n}{\sqrt{2n^2+n+1}}\cdot\frac{1}{\sqrt[n]{n}}\cdot\frac{1}{\sqrt[2n]{2n^2+n+1}}=\frac{1}{\sqrt{2}}<1$$

故原级数收敛.

这里还应强调一点,有些级数既便收敛,有时用根值法判别时也可能失效.比如,由

$$\sum_{n=1}^{\infty}\left[\frac{5+(-1)^n}{2}\right]^{-n}=\frac{1}{2}+\frac{1}{3^2}+\frac{1}{2^3}+\frac{1}{3^4}+\frac{1}{2^5}+\frac{1}{3^6}+\cdots$$

知其收敛,但$\overline{\lim\limits_{n\to\infty}}\sqrt[n]{a_n}=\dfrac{1}{2}$,$\underline{\lim\limits_{n\to\infty}}\sqrt[n]{a_n}=\dfrac{1}{3}$,即$\lim\limits_{n\to\infty}\sqrt[n]{a_n}$不存在.

4. 利用变量等价代换或函数展开

利用变量等价代换及函数的展开讨论级数的敛散,有时很方便,特别是涉及某些参数的讨论时.

例 1 讨论 α 为何值时级数$\sum\limits_{n=1}^{\infty}\dfrac{\sqrt{n+1}-\sqrt{n}}{n^\alpha}$收敛及发散.

解 注意到当 $n\to\infty$ 时,$\dfrac{\sqrt{n+1}-\sqrt{n}}{n^\alpha}\sim\dfrac{1}{n^{\alpha+\frac{1}{2}}}$,即$\lim\limits_{n\to\infty}\left(\dfrac{\sqrt{n+1}-\sqrt{n}}{n^\alpha}\Big/\dfrac{1}{n^{\alpha+\frac{1}{2}}}\right)=1$.

即是该级数与$\sum\limits_{n=1}^{\infty}\dfrac{1}{n^{\alpha+\frac{1}{2}}}$同敛散,故知 $\alpha>\dfrac{1}{2}$ 时,原级数收敛;$\alpha\leqslant\dfrac{1}{2}$ 时,原级数发散.

例 2 讨论当 α 为何值时级数$\sum\limits_{n=1}^{\infty}\left(\dfrac{1}{n}-\sin\dfrac{1}{n}\right)^\alpha$收敛或发散.

解 若 $\alpha\leqslant 0$,有$\left(\dfrac{1}{n}-\sin\dfrac{1}{n}\right)^\alpha\not\to 0$(当 $n\to\infty$ 时),故级数发散.

若 $\alpha>0$ 时,由 $\sin x$ 的 Maclaurin 展开有

$$\frac{1}{n}-\sin\frac{1}{n}=\frac{1}{6n^3}+o(n^{-3})\quad(\text{当 } n\to\infty \text{ 时})$$

故
$$\left(\frac{1}{n}-\sin\frac{1}{n}\right)^{\alpha}=\frac{1}{6^{\alpha}n^{3\alpha}}+o(n^{-3\alpha})\quad(\text{当 } n\to\infty \text{ 时})$$

从而
$$\sum_{n=1}^{\infty}\frac{\sqrt{n+1}-\sqrt{n}}{n^{\alpha}}\text{ 收敛}\Longleftrightarrow 3\alpha>1$$

即 $\alpha>\frac{1}{3}$.

5. 积分法

本来积分概念就是求和概念的拓广,因而当相应的无穷积分敛散性易于判断时,常通过积分来判定级数的敛散.这主要依据下面结论:

若 $f(x)$ 连续、非负、不增,则正项级数 $\sum\limits_{n=1}^{\infty}f(n)$ 与无穷积分 $\int_A^{+\infty}f(x)\mathrm{d}x$ 同时敛散.

我们来看例子.

例 1 判断级数 $\sum\limits_{n=2}^{\infty}\frac{1}{n(\ln n)^p}$ 的敛散性.

解 若 $p\leqslant 0$ 级数发散,因而只需考虑 $p>0$ 的情形.令 $f(x)=\frac{1}{x(\ln x)^p}(x\geqslant 2)$,考虑积分

$$\int_2^b\frac{\mathrm{d}x}{x(\ln x)^p}=\begin{cases}\ln\ln b-\ln\ln 2, & p=1\\ \dfrac{(\ln b)^{1-p}-(\ln 2)^{1-p}}{1-p}, & p\neq 1\end{cases}$$

故
$$\lim_{b\to+\infty}\int_2^b\frac{\mathrm{d}x}{x(\ln x)^p}=\begin{cases}+\infty, & p\leqslant 1\\ \dfrac{(\ln 2)^{1-p}}{p-1}, & p>1\end{cases}$$

从而当 $p>1$ 时,原级数收敛;当 $p\leqslant 1$ 时,原级数发散.

注 此例可作为或构造出下面命题的一个特别反例.

命题 若级数 $\sum\limits_{n=1}^{\infty}a_n$ 为正项级数,且 $\lim\limits_{n\to\infty}(a_n n)=0$,则级数收敛.

该命题不真,其实只需考虑 $a_n=\frac{1}{n\ln n}$ 即可.它也可作为"级数 $\sum\limits_{n=1}^{\infty}a_n$ 收敛,而 $\sum\limits_{n=1}^{\infty}(-1)^n\frac{a_n}{n}$ 发散"的例子,此时 $a_n=(-1)^n\frac{1}{\ln n}$ 即可.

例 2 判断级数 $\sum\limits_{n=2}^{\infty}\frac{1}{n\ln n\cdot\ln\ln n}$ 的敛散性.

解 当 n 充分大时,级数通项为正.令 $f(x)=\frac{1}{x\ln x\cdot\ln\ln x}$,考虑到

$$\int_N^{+\infty}\frac{\mathrm{d}x}{x\ln x\cdot\ln\ln x}=\lim_{b\to+\infty}\int_N^b\frac{\mathrm{d}x}{x\ln x\cdot\ln\ln x}=\lim_{b\to+\infty}(\ln\ln\ln b-\ln\ln\ln N)=+\infty$$

由柯西积分判敛法知原级数发散.

注 由例的解法可知命题结论还可推广如:级数 $\sum\limits_{n=N}^{\infty}\frac{1}{n\ln n\cdot\ln\ln n\cdot\cdots\cdot\underbrace{\ln\ln\cdots\ln}_{k\text{个}} n}$ 发散.

由上两例可以看出:这里选用了积分判敛法是因为积分 $\int\frac{\mathrm{d}x}{x\ln x}$ 等易求的缘故.有些级数的判敛则先用积分法得到一个尺度,再用比较法判敛.请看:

例3 判断级数$\sum\limits_{n=1}^{\infty}\dfrac{1}{\ln n}\sin\dfrac{1}{n}$的敛散性.

解 先考虑级数$\sum\limits_{n=1}^{\infty}\dfrac{1}{n\ln n}$的敛散性,由前面例1知级数发散.又

$$\lim_{n\to\infty}\left[\left(\frac{1}{\ln n}\sin\frac{1}{n}\right)\Big/\left(\frac{1}{n\ln n}\right)\right]=\lim_{n\to\infty}\left[\left(\sin\frac{1}{n}\right)\Big/\left(\frac{1}{n}\right)\right]=1$$

故级数$\sum\limits_{n=1}^{\infty}\dfrac{1}{\ln n}\sin\dfrac{1}{n}$发散.

因为无穷级数$\sum\limits_{n=1}^{\infty}a_n$是通过极限$\lim\limits_{N\to\infty}\sum\limits_{n=1}^{N}a_n$定义的,故对于求和式的极限判敛问题,实质上仍是级数判敛问题.正如前面我们指出的那样,这类问题多通过定积分去考虑.这种例子我们前文已举过,这里再略举两例说明.

例4 判断级数$\lim\limits_{n\to+\infty}\sum\limits_{k=1}^{n}\dfrac{n}{n^2+k^2}$的敛散性.

解 取$f(x)=\dfrac{1}{1+x^2}$,且将区间$[0,1]$均分为n等份,设$\Delta x_k=\dfrac{1}{n}(k=1,2,\cdots,n)$,取$\xi_k=\dfrac{k}{n}(k=1,2,\cdots.n-1)$,且$\xi_n=1$.故

$$\int_0^1\frac{dx}{1+x^2}=\lim_{n\to+\infty}\left[\sum_{k=1}^{n}\frac{1}{1+(k/n)^2}\cdot\frac{1}{n}\right]=\lim_{n\to+\infty}\sum_{k=1}^{n}\frac{n}{n^2+k^2}$$

而
$$\int_0^1\frac{dx}{1+x^2}=\Big[\arctan x\Big]_0^q=\frac{\pi}{4}$$

故
$$\lim_{n\to+\infty}\sum_{k=1}^{n}\frac{n}{n^2+k^2}=\frac{\pi}{4}$$

显然例4不过是判断无穷级数$\sum\limits_{k=1}^{n}\dfrac{n}{n^2+k^2}$的敛散性的一种提或问题变形而已.下例亦然.

例5 判断$\lim\limits_{n\to+\infty}\sum\limits_{k=1}^{n}\dfrac{e^{\frac{k}{n}}}{n}$的敛散性.

解 令$f(x)=e^x$仿上例将区间$[0,1]$等分成n份,则有

$$\int_0^1 e^x\,dx=\lim_{n\to+\infty}\sum_{k=1}^{n}\frac{e^{\frac{k}{n}}}{n}$$

而
$$\int_0^1 e^x\,dx=e^x\Big|_0^1=e-1$$

故
$$\lim_{n\to+\infty}\sum_{k=1}^{n}\frac{e^{\frac{k}{n}}}{n}=e-1$$

注 本例还可解如:由$\sum\limits_{k=1}^{n}\dfrac{e^{\frac{k}{n}}}{n}=\dfrac{1}{n}\dfrac{e^{\frac{1}{n}}[1-(e^{\frac{1}{n}})^n]}{1-e^{\frac{1}{n}}}$,故有

$$\lim_{n\to+\infty}\sum_{k=1}^{n}\frac{e^{\frac{k}{n}}}{n}=\lim_{n\to+\infty}(1-e)e^{\frac{1}{n}}\cdot\lim_{n\to+\infty}\frac{1}{n(1-e^{\frac{1}{n}})}=e-1$$

上面两例都是具体求出极限值而达到判敛目的(这个方法我们后文还要叙述).下面的例子类同(它是在中间过程使用,不过涉及了累次求和问题).

例6 已知级数$\sum\limits_{n=1}^{\infty}\dfrac{c_n}{n}$收敛$(c_n\geqslant 0,n=1,2,\cdots)$,试证级数$\sum\limits_{n=1}^{\infty}\sum\limits_{k=1}^{\infty}\dfrac{c_n}{k^2+n^2}$亦收敛.

证1 因$\sum\limits_{n=1}^{\infty}\dfrac{c_n}{n}$收敛,故有$M>0$使$\sum\limits_{n=1}^{\infty}\dfrac{c_n}{n}\leqslant M$.

又 $$S_{qp}=\sum_{n=1}^{p}\sum_{k=1}^{q}\frac{c_n}{k^2+n^2}=\left[\sum_{n=1}^{p}\frac{c_n}{n}\sum_{k=1}^{q}\frac{1}{(k/n)^2+1}\cdot\frac{1}{n}\right]$$

由 $$\int_0^1\frac{\mathrm{d}x}{1+x^2}=\frac{\pi}{4}\Rightarrow\lim_{n\to+\infty}\sum_{k=1}^{n}\left[\frac{1}{(k/n)^2+1}\cdot\frac{1}{n}\right]=\frac{\pi}{4}\Rightarrow\sum_{k=1}^{q}\left[\frac{1}{(k/n)^2+1}\cdot\frac{1}{n}\right]\leqslant\frac{\pi}{4}$$

从而 $$S_{qp}\leqslant\frac{\pi}{4}\sum_{n=1}^{p}\frac{c_n}{n}\leqslant\frac{\pi}{4}M$$

因正项级数和有上界,故题设级数收敛.

证 2 由题设 $c_n\geqslant 0$,注意到

$$\sum_{k=1}^{\infty}\frac{c_n}{k^2+n^2}=c_n\sum_{k=1}^{\infty}\frac{1}{k^2+n^2}<c_n\int_0^{+\infty}\frac{\mathrm{d}x}{x^2+n^2}=\frac{c_n}{n}\arctan\left(\frac{x}{n}\right)\Big|_0^{+\infty}=\frac{c_n\pi}{2n}$$

故 $$\sum_{n=1}^{\infty}\sum_{k=1}^{\infty}\frac{c_n}{k^2+n^2}<\sum_{n=1}^{\infty}\frac{c_n\pi}{2n}$$

又 $\sum\limits_{n=1}^{\infty}\frac{c_n}{n}$ 收敛,知题设级数收敛.

注 本例显然是例 4 的推广情形.

6. 求和判敛法(或定义法)

有些级数判敛是直接通过具体求出和式而达到的,当然它还要依据无穷级数和的定义.下面我们来看例子.

例 1 证明级数 $\sum\limits_{n=1}^{\infty}\frac{n}{2^n}$ 收敛.

证 令级数前 n 项和 $S_n=\sum\limits_{k=1}^{n}\frac{k}{2^k}$,则

$$2S_n=\sum_{k=1}^{n}\frac{k}{2^{k-1}}=\sum_{k=0}^{n-1}\frac{k+1}{2^k}$$

故 $$2S_n-S_n=\left(1+\sum_{k=1}^{n-1}\frac{k+1}{2^k}\right)-\left(\sum_{k=1}^{n-1}\frac{k}{2^k}+\frac{n}{2^n}\right)=1+\sum_{k=1}^{n-1}\left(\frac{k+1}{2^k}-\frac{k}{2^k}\right)-\frac{n}{2^n}=$$

$$1+\sum_{k=1}^{n-1}\frac{1}{2^k}-\frac{n}{2^n}=\frac{1+\frac{1}{2}\left(1-\frac{1}{2^{n-1}}\right)}{\left(1-\frac{1}{2}\right)-\frac{1}{2^n}}=2-\frac{1}{2^{n-1}}-\frac{n}{2^n}$$

从而 $\lim\limits_{n\to\infty}S_n=2$,即 $\sum\limits_{n=1}^{\infty}\frac{n}{2^n}=2$ 亦即其收敛.

例 2 证明级数 $\sum\limits_{n=1}^{\infty}\frac{3n+5}{3^n}$ 收敛.

证 令 $S_n=\sum\limits_{k=1}^{n}\frac{3k+5}{3^k}$,则 $\frac{1}{3}S_n=\sum\limits_{k=1}^{n}\frac{3k+5}{3^{k+1}}$,考虑

$$S_n-\frac{1}{3}S_n=\left(\frac{8}{3}+\sum_{k=2}^{n}\frac{3k+5}{3^k}\right)-\left(\sum_{k=2}^{n}\frac{3k+2}{3^k}+\frac{3n+5}{3^{n+1}}\right)=$$

$$\frac{8}{3}+\sum_{k=2}^{n}\left(\frac{3k+5}{3^k}-\frac{3k+2}{3^k}\right)+\frac{3n+5}{3^{n+1}}=\frac{8}{3}+\sum_{k=2}^{n}\frac{1}{3^{k-1}}+\frac{3n+5}{3^{n+1}}=$$

$$\frac{8}{3}+\frac{9}{2}\left(\frac{1}{9}-\frac{1}{3^{n+1}}\right)-\frac{3n+5}{3^{n+1}}$$

有 $$S_n=4+\frac{27}{4}\left(\frac{1}{9}-\frac{1}{3^{n+1}}\right)-\frac{3}{2}\cdot\frac{3n+5}{3^{n+1}}$$

则$\lim\limits_{n\to\infty}S_n=\frac{19}{4}$,即$\sum\limits_{n=1}^{\infty}\frac{3n+5}{3^n}=\frac{19}{4}$.

注 上两例亦可通过其他方法判敛如根值法等.

例3 证明级数$\sum\limits_{k=1}^{\infty}\arctan\frac{1}{2k^2}$收敛.

证 令$S_n=\sum\limits_{k=1}^{n}\arctan\frac{1}{2k^2}$且由三角函数性质及公式

$$S_2=\arctan\frac{1}{2}+\arctan\frac{1}{2\cdot k^2}=\arctan\frac{\frac{1}{2}+\frac{1}{2k^2}}{1-\frac{1}{2}\cdot\frac{1}{2k^2}}=\arctan\frac{2}{3}$$

$$S_3=S_2+\arctan\frac{1}{2\cdot 3^2}=\arctan\frac{2}{3}+\arctan\frac{1}{2\cdot 3^2}=\arctan\frac{3}{4}$$

归纳地可有$S_n=\arctan\frac{n}{n+1}$.事实上我们已证$n=2$时等式成立.

今设$n=k-1$时成立,即$S_{k-1}=\arctan\frac{k-1}{k}$,考虑

$$S_k=S_{k-1}+\arctan\frac{1}{2k^2}=\arctan\frac{k-1}{k}+\arctan\frac{1}{2k^2}=$$
$$\arctan\frac{k(2k^2-2k+1)}{2k^2-k+1}=\arctan\frac{k}{k+1}$$

故对任何自然数n,命题都成立.又

$$\lim_{n\to\infty}S_n=\lim_{n\to\infty}\arctan\frac{n}{n+1}=\arctan 1=\frac{\pi}{4}$$

即级数$\sum\limits_{n=}^{\infty}\arctan\frac{1}{2\cdot n^2}$收敛且其和为$\frac{\pi}{4}$.

例4 若$u_n>0$级数$\sum\limits_{n=1}^{\infty}u_n$发散,又$S_n=\sum\limits_{k=1}^{n}u_k$证明(1)$\sum\limits_{n=1}^{\infty}\frac{u_n}{S_n}$发散;(2)$\sum\limits_{n=1}^{\infty}\frac{u_n}{S_n^2}$收敛.

证 (1) 由设$u_n>0$知$\{S_n\}$单增,则有

$$\sum_{k=n+1}^{n+p}\frac{u_k}{S_k}\geqslant\frac{1}{S_{n+p}}\sum_{k=n+1}^{n+p}u_k=\frac{S_{n+p}-S_n}{S_{n+p}}=1-\frac{S_n}{S_{n+p}}$$

由$\sum\limits_{n=1}^{\infty}u_n$发散知$S_n\to\infty$(当$n\to\infty$时),即对于任意$n$,当$p$充分大时,有$\frac{S_n}{S_{n+p}}<\frac{1}{2}$.

这样$\sum\limits_{k=2}^{n}\frac{u_k}{S_k}>1-\frac{1}{2}=\frac{1}{2}$,从而级数$\sum\limits_{n=1}^{\infty}\frac{u_n}{S_n}$发散.

(2) 由题设知

$$\sum_{k=2}^{n}\frac{u_k}{S_k^2}\leqslant\sum_{k=2}^{n}\frac{S_k-S_{k-1}}{S_kS_{k-1}}=\sum_{k=2}^{n}\left(\frac{1}{S_{k-1}}-\frac{1}{S_k}\right)=\frac{1}{S_1}-\frac{1}{S_n}=\frac{1}{u_1}$$

即级数$\sum\limits_{n=2}^{\infty}\frac{u_n}{S_n^2}$的部分和有界,故其收敛.

注 仿上讨论我们可以解下面问题:

若$u_n>0$且$\{v_n\}$为一正数列,记$a_n=\frac{u_nv_n}{u_{n+1}}-v_{n+1}$,又若$\lim\limits_{n\to\infty}a_n=a$(有限正数或$+\infty$),则$\sum\limits_{n=1}^{\infty}u_n$收敛.

例5 设数列$\{na_n\}$的极限存在,级数$\sum\limits_{n=1}^{\infty}n(a_n-a_{n-1})$收敛,证明级数$\sum\limits_{n=1}^{\infty}a_n$也收敛.

证 由设$\{na_n\}$极限存在,令$\lim\limits_{n\to\infty}na_n=l$.又级数$\sum\limits_{n=1}^{\infty}n(a_n-a_{n-1})$收敛,令其和为$S$.

而$\sum_{k=0}^{n} a_k = na_n - \sum_{k=1}^{n} k(a_k - a_{k-1})$，两边取极限(当 $n\to\infty$ 时)

$$\lim_{n\to\infty}\sum_{k=0}^{n=1} a_k = \lim_{n\to\infty}(na_n) - \lim_{n\to\infty}\sum_{k=1}^{n} k(a_k - a_{k-1}) = l - s$$

故级数$\sum_{k=0}^{\infty} a_k$收敛，从而级数$\sum_{n=1}^{\infty} a_n$亦收敛.

例 6 若$\{u_n\}$为单增正数列，则级数$\sum_{k=1}^{n}\left(1-\frac{u_k}{u_{k+1}}\right)$收敛 $\Longleftrightarrow \{u_n\}$有界.

证 令$S_n = \sum_{k=1}^{n}\left(1-\frac{u_k}{u_{k+1}}\right)$，由$u_n$单增知$1-\frac{u_k}{u_{k+1}} > 0(k=1,2,3,\cdots)$，从而$\{S_n\}$单增正数列.

(充分性) 若$\{u_n\}$有界，则有$M>0$，使$|u_n|\leqslant M$，则

$$S_n = \sum_{k=1}^{n}\left(1-\frac{u_k}{u_{k+1}}\right) = \sum_{k=1}^{n}\frac{u_{k+1}-u_k}{u_{k+1}} \leqslant \frac{1}{u_2}(u_{n+1}-u_1) \leqslant \frac{1}{u_2}(M-u_1)$$

知$\{S_n\}$有界. 故$\sum_{k=1}^{n}\left(1-\frac{u_k}{u_{k+1}}\right)$收敛.

(必要性) 用反证法. 若$\{u_n\}$无界，则对任何n有$N>n$使$u_n > 2u_n$，于是

$$S_{N-1} - S_n = \sum_{k=n}^{N-1}\left(1-\frac{u_k}{u_{k+1}}\right) \geqslant \frac{u_N - u_n}{u_n} \geqslant \frac{1}{2}$$

由 Gauchy 准则知$\{S_n\}$发散，从而原级数发散.

下面的例子给出级数判敛的一种方法，即 Cauchy 判别法.

例 7 若$a_n > 0$且$a_n > a_{n+1}(n=1,2,3,\cdots)$，则级数$\sum_{n=1}^{\infty} a_n$收敛$\Longleftrightarrow \sum_{k=0}^{\infty} 2^k a_{2^k}$收敛.(Cauchy 判别法)

证 令$m = 2^k, l = 2^{k-1}$，注意到下面的关系式

$$\sum_{n=1}^{m} a_n \leqslant a_1 + (a_2 + a_3) + (a_4 + a_5 + a_6 + a_7) + \cdots + (a_m + a_{m+1} + \cdots + a_{2m-1}) \leqslant$$
$$a_1 + 2a_2 + 2^2 a_4 + \cdots + 2^k a_m \quad (\text{注意这里 } m = 2^k)$$

又

$$\sum_{n=1}^{l} a_n = a_1 + a_2 + (a_3 + a_4) + \cdots + (a_{l+1} + a_{l+2} + \cdots + a_{2l}) \geqslant$$
$$\frac{a_1}{2} + a_2 + 2a_4 + \cdots + 2^{k-1} a_{2l} =$$
$$\frac{1}{2}(a_1 + 2a_2 + 2^2 a_4 + \cdots + 2^k a_{2l}) \quad (\text{注意这里 } l = 2^{k-1})$$

故级数$\sum_{n=1}^{\infty} a_n$与$\sum_{k=0}^{\infty} 2^k a_{2^k}$同时敛散，即互为充要条件.

例 8 设正项数列$\{a_n\}$，$\{b_n\}$满足$b_n\frac{a_n}{a_{n+1}} - b_{n+1} \geqslant \delta(\delta > 0$常数). 证明$\sum_{n=0}^{\infty} a_n$收敛.

证 由设有$a_n b_n - a_{n+1} b_{n+1} \geqslant \delta a_{n+1} > 0$，知数列$\{a_n b_n\}$单减，且有界($a_n b_n > 0$)，故知其有极限.

又级数$\sum_{k=1}^{\infty}(a_k b_k - a_{k+1} b_{k+1}) = a_1 b_1 - a_{n+1} b_{n+1}$，则级数$\sum_{k=1}^{\infty}(a_k b_k - a_{k+1} b_{k+1})$收敛.

从而级数$\sum_{k=1}^{\infty}\delta a_{k+1} = \delta\sum_{k=1}^{\infty} a_{k+1}$收敛，知级数$\sum_{k=1}^{\infty} a_{k+1}$即级数$\sum_{n=0}^{\infty} a_n$收敛.

例 9 数列$\{a_n\}$定义如下：$a_{2k-1} = \frac{1}{k}, a_{2k} = \int_k^{k+1}\frac{\mathrm{d}x}{x}(k=1,2,3,\cdots)$，试讨论级数$\sum_{k=1}^{\infty}(-1)^k a_k$的敛散性.

解　注意到下面式子变形

$$\sum_{k=1}^{2n-1}(-1)^k a_k = 1-\int_1^2\frac{dx}{x}+\frac{1}{2}-\int_2^3\frac{dx}{x}+\cdots+\frac{1}{n-1}-\int_{n-1}^n\frac{dx}{x}+\frac{1}{n} =$$

$$\left(1+\frac{1}{2}+\cdots+\frac{1}{n}\right)-\int_1^n\frac{dx}{x} = \sum_{k=1}^n\frac{1}{k}-\ln n =$$

$$\sum_{k=1}^n\left(\frac{1}{k}-\ln\frac{k+1}{k}\right)+\ln\frac{n+1}{n}$$

由于 $\ln(1+x)<x\quad(x>0$ 或 $-1<x<0)$，有 $\ln\frac{k+1}{k}=\ln\left(1+\frac{1}{k}\right)<\frac{1}{k}$，且

$$\ln\frac{k+1}{k}=-\ln\frac{k}{k+1}=-\ln\left(1-\frac{1}{k+1}\right)>\frac{1}{k+1}$$

故

$$0<\frac{1}{k}-\ln\frac{k+1}{k}<\frac{1}{k}-\frac{1}{k+1}=\frac{1}{k(k+1)}$$

因 $\sum_{k=1}^{\infty}\frac{1}{k(k+1)}$ 收敛，故 $\sum_{k=1}^{\infty}\left(\frac{1}{k}-\ln\frac{k+1}{k}\right)$ 收敛. 又 $\lim_{n\to\infty}\ln\frac{n+1}{n}=0$，故 $\sum_{n=1}^{\infty}(-1)^n a_n$ 收敛.

注1　本题还可证如：

由积分中值定理，对自然数 n，存在 $\xi_n(0<\xi_n<1)$ 使下式成立：

$$a_{2n}=\int_n^{n+1}\frac{dx}{x}=\frac{1}{n+\xi_n}$$

又 $0<\frac{1}{n+1}<\frac{1}{n+\xi_n}<\frac{1}{n}$，故 $0<a_{n+1}<a_n$.

同时 $\lim_{n\to\infty}a_n=0$，故交错级数 $\sum_{n=1}^{\infty}(-1)^n a_n$ 收敛.

注2　由本例不难得到结论：$\lim_{k\to\infty}\left(\sum_{k=1}^n\frac{1}{k}-\ln n\right)=\sum_{n=1}^{\infty}(-1)^{n+1}a_n$.

又 $c=\lim_{k\to\infty}\left(\sum_{k=1}^n\frac{1}{k}-\ln n\right)=0.5772156\cdots$ 称为 Euler 常数.

由此等式及 $\lim_{n\to\infty}\ln n=\infty$，亦可证得 $\sum_{n=1}^{\infty}\frac{1}{n}$ 发散.

注3　利用 Euler 常数也可解一些问题比如：判断级数 $\sum_{n=1}^{\infty}\frac{1+\frac{1}{2}+\cdots+\frac{1}{n}}{(n+1)(n+2)}$ 的敛散性.

解　记 $a_n=1+\frac{1}{2}+\cdots+\frac{1}{n}$，且 $u_n=\frac{a_n}{(n+1)(n+2)}$，$n=1,2,3,\cdots$

则 $a_n=\ln n+c+\varepsilon_n$，且 $n\to\infty$ 时 $\varepsilon_n\to 0$. 因

$$\lim_{n\to\infty}\frac{u_n}{n^{-\frac{3}{2}}}=\lim_{n\to\infty}\frac{a_n}{n^{\frac{1}{2}}\left(1+\frac{1}{n}\right)\left(1+\frac{2}{n}\right)}=0$$

又级数 $\sum_{n=1}^{\infty}n^{-\frac{3}{2}}$ 收敛，故级数 $\sum_{n=1}^{\infty}u_n$ 收敛.

此外，还可以求得级数 $\sum_{n=1}^{\infty}u_n=1$.

7. 其他判敛法

判别级数敛散，还有一些其他方法. 如上节例中所给出的 Cauchy 判敛法就是其中的一种方法. 我们来看两个例子.

例 1 判断级数$\sum\limits_{n=2}^{\infty}\frac{1}{n\ln n}$的敛散性.

解 令$a_n=\frac{1}{n\ln n}$,由$\sum\limits_{k=1}^{\infty}2^k a_{2^k}=\sum\limits_{k=1}^{\infty}2^k\cdot\frac{1}{2^k\ln 2^k}=\sum\limits_{k=1}^{\infty}\frac{1}{k\ln 2}=\frac{1}{\ln 2}\sum\limits_{k=1}^{\infty}\frac{1}{k}$,此调和级数发散.

故由 Cauchy 判敛法数知级数$\sum\limits_{n=2}^{\infty}\frac{1}{n\ln n}$亦发散.

注 这个例子我们前文已给出解法及结论推广.

例 2 判断级数$\sum\limits_{n=1}^{\infty}\frac{1}{n^{1+\sigma}}(\sigma>0)$的敛散性.

解 令$a_n=\frac{1}{n^{1+\sigma}}$,因$\sum\limits_{k=0}^{\infty}2^k a_{2^k}=\sum\limits_{k=0}^{\infty}2^k\frac{1}{(2^k)^{1+\sigma}}=\sum\limits_{k=0}^{\infty}\frac{1}{(2^k)^{\sigma}}$收敛,由 Cauchy 判敛法,级数$\sum\limits_{n=1}^{\infty}\frac{1}{n^{1+\sigma}}$亦收敛$(\sigma>0)$.

本节开头我们还介绍了 Raabe 判敛法,下面看两个用此方法解题的例子.

例 3 判别级数$\sum\limits_{n=1}^{\infty}\frac{1}{n^2-\ln n}$的敛散性.

解 由 Raabe 判敛法,考虑(设级数通项为a_n)

$$\lim_{n\to\infty}n\left(\frac{a_n}{a_{n+1}}-1\right)=\lim_{n\to\infty}n\left[\frac{(n+1)^2-\ln(n+1)}{n^2-\ln n}-1\right]=\lim_{n\to\infty}n\frac{2+\frac{1}{n}+\frac{\ln n}{n}-\frac{\ln(n+1)}{n}}{1-\frac{\ln n}{n^2}}=2>1$$

故级数$\sum\limits_{n=1}^{\infty}\frac{1}{n^2-\ln n}$收敛.

例 4 判断级数$\sum\limits_{n=1}^{\infty}\frac{e^n n!}{n^n}$的敛散性.

解 由 Raabe 判敛法,考虑(令a_n为级数通项)

$$\lim_{n\to\infty}n\left(\frac{a_n}{a_{n+1}}-1\right)=\lim_{n\to\infty}n\left[\frac{1}{e}\left(1+\frac{1}{n}\right)^n-1\right]=\lim_{n\to\infty}\frac{1}{e}\frac{\left(1+\frac{1}{n}\right)^n-e}{\frac{1}{n}}=\frac{1}{e}\left(-\frac{e}{2}\right)=-\frac{1}{2}<1$$

故级数$\sum\limits_{n=1}^{\infty}\frac{e^n n!}{n^n}$发散.

注意,这里运用了极限$\lim\limits_{x\to 0}\frac{(1+x)^{\frac{1}{x}}-e}{x}=-\frac{e}{2}$.

有些时候运用上述判敛法失效后,则须寻找更强的判敛法,比如下面的 **Gauss 判敛法**:

(Gauss 判别法)对于正项级数$\sum\limits_{n=1}^{\infty}a_n(*)$,若$\frac{a_n}{a_{n+1}}=\lambda+\frac{u}{n}+\frac{\theta_n}{n^{1+\varepsilon}}$,式中$\theta_n<c$,且$\varepsilon>0$,则级数敛散判定见表 3:

表 3

当 $\lambda>1$ 时		则级数(*)收敛
当 $\lambda<1$ 时		则级数(*)发散
当 $\lambda=1$ 时	又 $u>1$	则级数(*)收敛
	又 $u\leqslant 1$	则级数(*)发散

我们来看一个例子.

例 5　试判断级数 $\sum_{k=1}^{\infty} 2^{-\lambda\ln k}$ 的敛散性.

解　此系正项级数,今考虑(a_n 为级数通项)

$$\frac{a_k}{a_{k+1}} = \frac{2^{-\lambda\ln k}}{2^{-\lambda\ln(k+1)}} = 2^{\lambda\ln\frac{k+1}{k}} = (e^{\ln 2^\lambda})^{\ln\frac{k+1}{k}} = (e^{\ln\frac{k+1}{k}})^{\ln 2^\lambda} = \left(\frac{k+1}{k}\right)^{\ln 2^\lambda} =$$

$$\left(1+\frac{1}{k}\right)^{\ln 2^\lambda} = 1 + \frac{1}{k}\ln 2^\lambda + o\left(\frac{1}{k^2}\right)$$

据 Gauss 判别法我们有:

当 $\ln 2^\lambda > 1$,即 $\lambda > \log_2 e$ 时级数收敛;

当 $\ln 2^\lambda < 1$,即 $\lambda < \log_2 e$ 时级数发散;

当 $\ln 2^\lambda = 1$,即 $\lambda = \log_2 e$ 时,$a_k = 2^{-\lambda\ln k} = (2^\lambda)^{-\ln k} = e^{-\ln k} = \frac{1}{k}$,则级数发散.

综上,$\lambda > \log_2 e$ 时级数收敛;$\lambda < \log_2 e$ 时级数发散.

上面几种判敛方法哪种更强些?这其中的几种判敛法强弱比较可见表 4:

表 4

方　法　比　较	例　　子
比值法弱于根值法	判敛级数 $\sum_{n=1}^{\infty} \frac{3+(-1)^n}{2^{n+1}}$ 不能用比值法判敛,但能用根值法判敛
比值法弱于 Raabe 法	判敛级数 $\sum_{n=1}^{\infty} \frac{n!}{(a+1)(a+2)\cdots(a+n)}$ 不能用比值法判敛,但能用 Raabe 法判敛
根值法与 Raabe 法不能比较	判敛级数 $\sum_{n=1}^{\infty} \frac{1}{n^2}$ 用根值法失效,可用 Raabe 法; 判敛级数 $\sum_{n=1}^{\infty} \frac{3+(-1)^n}{2^{n+1}}$ 用 Raabe 法失效,但能用比值法

我们还想指出一点:比值法、根值法、Raabe 法均系以极限形式给出,这样在一般情况下,对于正项级数 $\sum_{n=1}^{\infty} a_n$ 来讲,即使有 N 使 $n > N$ 时:$\frac{a_{n+1}}{a_n} < 1$ 或 $\sqrt[n]{a_n} < 1$ 或 $n\left(\frac{a_{n+1}}{a_n} - 1\right) > 1$,却不能判定级数收敛.

比如从发散的调和级数来讲:$\frac{a_{n+1}}{a_n} = \frac{n}{n+1} < 1$,且 $\sqrt[n]{a_n} = \sqrt[n]{\frac{1}{n}} < 1$;

又如,$\sum_{n=1}^{\infty} \frac{1}{\sqrt{n}}$ 也是发散的,但却有 $n\left(\frac{a_{n+1}}{a_n} - 1\right) = \sqrt{n(n+1)} - \sqrt{n^2} > 1$.

(二) 交错级数判敛法

交错级数的判敛法主要是用 Leibniz 法,下面我们通过例子谈谈这种方法.

例 1　判断下列级数的敛散性:

(1) $\sum_{n=1}^{\infty} (-1)^n \frac{\sqrt{n}}{n+1}$;　　(2) $\sum_{n=1}^{\infty} (-1)^n (\sqrt{n+1} - \sqrt{n})$;

(3) $\sum_{n=1}^{\infty} (-1)^n (n^{\frac{1}{n}} - 1)$;　　(4) $\sum_{n=1}^{\infty} \left[\frac{1}{2n-1} - \frac{1}{(2n)^a}\right]$.

解 (1) 由$\dfrac{\sqrt{n+1}}{(n+1)+1}-\dfrac{\sqrt{n}}{n+1}=\dfrac{(1-\sqrt{n(n+1)})(\sqrt{n+1}-\sqrt{n})}{(n+1)(n+2)}<0$,知级数通项单减.

又$\lim\limits_{n\to\infty}\dfrac{\sqrt{n}}{n+1}=0$,故级数$\sum\limits_{n=1}^{\infty}(-1)^n\dfrac{\sqrt{n}}{n+1}$收敛.

(2) 考虑$\sqrt{n+1}-\sqrt{n}=\dfrac{1}{\sqrt{n+1}+\sqrt{n}}$,知数列$\{\sqrt{n+1}-\sqrt{n}\}$单减.又

$$\lim_{n\to\infty}(\sqrt{n+1}-\sqrt{n})=\lim_{n\to\infty}\frac{1}{\sqrt{n+1}+\sqrt{n}}=0$$

故级数$\sum\limits_{n=1}^{\infty}(-1)^n(\sqrt{n+1}-\sqrt{n})$收敛.

(3) 令$f(x)=x^{\frac{1}{x}}(x>0)$,由$f'(x)=x^{\frac{1}{x}}\left(\dfrac{1-\ln x}{x^2}\right)$知,

当$x>\mathrm{e}$时,$f'(x)<0$,即当$x\geqslant\mathrm{e}$时,$f(x)$是减函数.

因而$a^n=n^{\frac{1}{n}}-1$,当$n\geqslant3$时,总有$a_n>a_{n+1}$.又

$$\lim_{n\to\infty}(n^{\frac{1}{n}}-1)=\lim_{n\to\infty}n^{\frac{1}{n}}-1=0$$

故级数$\sum\limits_{n=1}^{\infty}(-1)^n(n^{\frac{1}{n}}-1)$收敛.

(4) 因为式中有参数a,故须讨论之.今分三种情况:

① 当$a=1$时,级数可化为$\sum\limits_{n=1}^{\infty}(-1)^n\dfrac{1}{n}$,知其收敛.

② 当$a>1$时,考虑级数前n项和

$$S_n=\sum_{k=1}^{n}\frac{1}{2k-1}-\frac{1}{2^a}\sum_{k=1}^{n}\frac{1}{k^a}$$

而当$n\to\infty$时,$\sum\limits_{k=1}^{n}\dfrac{1}{2k-1}$发散,而$\sum\limits_{k=1}^{n}\dfrac{1}{k^a}$收敛,故级数$\sum\limits_{n=1}^{\infty}\left[\dfrac{1}{2n-1}-\dfrac{1}{(2n)^a}\right]$发散.

③ 当$a<1$时,考虑级数前$n+1$项和:注意到

$$\left(1-\frac{1}{2^a}\right)+\left(\frac{1}{3}-\frac{1}{4^a}\right)+\left(\frac{1}{5}-\frac{1}{6^a}\right)+\cdots+\left[\frac{1}{2n+1}-\frac{1}{(2n+2)^a}\right]=$$

$$1-\left(\frac{1}{2^a}-\frac{1}{3}\right)-\left(\frac{1}{4^a}-\frac{1}{5}\right)-\cdots-\left[\frac{1}{(2n+2)^a}-\frac{1}{2n+1}\right]$$

即

$$S_{n+1}=1-\sum_{k=1}^{n}\left[\frac{1}{(2k)^a}-\frac{1}{2k+1}\right]-\frac{1}{(2n+2)^a}$$

由$a<1$,故上式除第一项外其余项均为负值,且

$$\lim_{n\to\infty}\frac{\dfrac{1}{(2n)^a}-\dfrac{1}{2n+1}}{\dfrac{1}{n^a}}=\lim_{n\to\infty}\frac{(2n+1)-(2n)^a}{2^a(2n+1)}=\frac{1}{2^a}$$

又级数$\sum\limits_{n=1}^{\infty}\dfrac{1}{n^a}(a<1)$发散,故所给级数发散.

综上,级数仅当$a=1$时收敛,其余发散.

例2 判断下列级数的敛散性:

(1)$\sum\limits_{n=1}^{\infty}(-1)^n\dfrac{\ln n}{n}$;(2)$\sum\limits_{n=1}^{\infty}(-1)^n\sin\dfrac{\alpha}{n}$;(3)$\sum\limits_{n=1}^{\infty}\dfrac{\cos n\pi}{\sqrt{n^3+n}}$;(4)$\sum\limits_{n=1}^{\infty}\sin\left(n\pi+\dfrac{1}{\ln n}\right)$.

解 (1) 由$\left(\dfrac{\ln x}{x}\right)'=\dfrac{1-\ln x}{x^2}<0$(这里$x>\mathrm{e}$),知当$n\geqslant3$时,$\dfrac{\ln n+1}{n+1}<\dfrac{\ln n}{n}$.

又$\lim\limits_{n\to\infty}\dfrac{\ln n}{n}=0$，故级数$\sum\limits_{n=1}^{\infty}(-1)^n\dfrac{\ln n}{n}$收敛.

(2) 对任何 a，总有 N 使$\left|\dfrac{x}{N}\right|<\dfrac{\pi}{2}$，故$\sum\limits_{n=N}^{\infty}(-1)^n\sin\dfrac{a}{n}$（ * ）为一交错级数.

由 $\sin x$ 在区间 $0<x<\dfrac{\pi}{2}$ 的单增性有 $\sin\dfrac{a}{n+1}<\sin\dfrac{a}{n}$.

又$\lim\limits_{n\to\infty}\sin\dfrac{a}{n}=0$，故级数（ * ）收敛. 而

$$\sum_{n=1}^{\infty}(-1)^n\sin\frac{a}{n}=\sum_{n=1}^{N}(-1)^n\sin\frac{a}{n}+\sum_{n=N}^{\infty}(-1)^n\sin\frac{a}{n}$$

式右前者为有限数，后者收敛，故级数$\sum\limits_{n=1}^{\infty}(-1)^n\sin\dfrac{a}{n}$收敛.

(3) 注意到 $\cos n\pi=(-1)^n$，故所给级数是交错级数.

又$\dfrac{1}{\sqrt{(n+1)^3+(n+1)}}<\dfrac{1}{\sqrt{n^3+n}}$，且$\lim\limits_{n\to\infty}\dfrac{1}{\sqrt{n^3+n}}=0$，故级数$\sum\limits_{n=1}^{\infty}\dfrac{\cos n\pi}{\sqrt{n^3+n}}$收敛.

(4) 由三角函数公式及 $\cos n\pi=(-1)^n$ 可有

$$\sin\left(n\pi+\frac{1}{\ln n}\right)=(-1)^n\sin\frac{1}{\ln n}$$

又当 $n>\mathrm{e}^{\frac{2}{\pi}}$ 时，$0<\dfrac{1}{\ln n}<\dfrac{\pi}{2}$. 则当 $n\geqslant 2$ 时，$\sin\left(\dfrac{1}{\ln n}\right)>0$，题设级数是交错级数.

因 $\sin x$ 在$\left(0,\dfrac{\pi}{2}\right)$内递增，而$\dfrac{1}{\ln n}$随 n 增大递减，故

$$\sin\left[\frac{1}{\ln(n+1)}\right]<\sin\left(\frac{1}{\ln n}\right)$$

又$\lim\limits_{n\to\infty}\sin\left(\dfrac{1}{\ln n}\right)=0$，则级数$\sum\limits_{n=1}^{\infty}\sin\left(n\pi+\dfrac{1}{\ln n}\right)$收敛.

下面是一道抽象函数构成的级数判敛问题，显然是一道综合性题目.

例 3　设 $f(x)$ 在$(-\infty,+\infty)$上有定义，且在 $x=0$ 邻域内有一阶连续导数，又$\lim\limits_{x\to 0}\dfrac{f(x)}{x}=a>0$. 证时级数$\sum\limits_{n=1}^{\infty}(-1)^n f\left(\dfrac{1}{n}\right)$收敛，而级数$\sum\limits_{n=1}^{\infty}f\left(\dfrac{1}{n}\right)$发散.

证　由$\lim\limits_{x\to 0}\dfrac{f(x)}{x}=a\neq 0$，知 $f(0)=0$，且$f'(0)=a$. 故由题设知有 $\delta>0$ 使$f'(x)$在$[0,\delta]$上恒正（从而 $f(x)$ 在此区间单增），故存在 $N>0$，当 $n>N$ 时，$f\left(\dfrac{1}{n}\right)>f(0)=0$，且

$$f\left(\frac{1}{n+1}\right)<f\left(\frac{1}{n}\right),\quad \lim_{n\to\infty}f\left(\frac{1}{n}\right)=0$$

即$\left\{f\left(\dfrac{1}{n}\right)\right\}$单减向零. 从而交错级数$\sum\limits_{n=1}^{\infty}(-1)^n f\left(\dfrac{1}{n}\right)$收敛.

又由 Lagrange 微分中值定理有

$$f\left(\frac{1}{n}\right)=f'(\xi)\cdot\frac{1}{n},\quad 0\leqslant\xi\leqslant\frac{1}{n}$$

即
$$\frac{f\left(\frac{1}{n}\right)}{1/n}=f'(\xi)\xrightarrow{n\to+\infty}a\neq 0$$

故级数$\sum\limits_{n=1}^{\infty}f\left(\dfrac{1}{n}\right)$发散.

这里我们想强调一点，应用 Leibuniz 判敛法时，$\{a_n\}$ 的单调性并非多余，请看：

交错级数 $\sum_{n=1}^{\infty} a_n = \left(\frac{1}{\sqrt{2}-1}-\frac{1}{\sqrt{2}+1}+\frac{1}{\sqrt{3}-1}-\frac{1}{\sqrt{3}+1}+\cdots\right)$ 中，$\lim_{n\to\infty} a_n = 0$，但 $\{a_n\}$ 不单调故无法断定 $\sum_{n=1}^{\infty} a_n$ 敛散，当然若该级数可视为 $\sum_{n=2}^{\infty}\left(\frac{1}{\sqrt{n}-1}-\frac{1}{\sqrt{n}+1}\right)$ 时，注意到

$$\sum_{n=2}^{n+1}\left(\frac{1}{\sqrt{n}-1}-\frac{1}{\sqrt{n}+1}\right)=\sum_{n=2}^{n+1}\frac{2}{n-1}=2\sum_{n=2}^{n+1}\frac{1}{n-1}$$

显然该级数发散.

二、幂级数收敛范围(区间)的求法

对于幂级数的判敛问题，主要是求它的收敛区间，而这首要的一点是求出它的收敛半径 R，而对于端点处的敛散情况，只需将 $\pm R$ 代入幂级数进行判敛，此时即化为数项级数判敛问题. 其依据阿贝尔(N. H. Abel) 引理：若级数 $\sum_{n=1}^{\infty} a_n x^n$ 在 $x=R$ 处收敛，则对任意 $0<r<R$ 而言，$\sum_{n=1}^{\infty} a_n r^n$ 绝对收敛. 具体如下.

求幂级数 $\sum_{n=1}^{\infty} a_n x^n$ 收敛范围(区域)的步骤：

(1) 求幂级数收敛半径 R；

(2) 考虑 $x=\pm R$ 时幂级数敛散情况(即考虑级数 $\sum_{n=1}^{\infty} a_n(\pm R)^n$ 的敛散性)；

(3) 综上写出幂级数收敛区间.

而幂级数 $\sum_{n=1}^{\infty} a_n x^n$ 的收敛半径 R 可用下面办法确定：

若极限 $\underset{(比值法)}{\lim_{n\to\infty}}\left|\frac{a_{n+1}}{a_n}\right|=\rho$，则 $R=\begin{cases}\frac{1}{\rho}, & 0<\rho<+\infty\\ +\infty, & \rho=0\\ 0, & \rho=+\infty\end{cases}$

若极限 $\underset{(根值法)}{\overline{\lim_{n\to\infty}}}\sqrt[n]{|(a^n)|}=\rho$，则 $R=\begin{cases}\frac{1}{\rho}, & 0<\rho<+\infty\\ +\infty, & \rho=0\\ 0, & \rho=+\infty\end{cases}$

幂级数有如下性质：

若 $\sum_{n=1}^{\infty} a_n x^n = f(x)(|x|<R_1)$，$\sum_{n=1}^{\infty} b_n x^n = g(x)(|x|<R_2)$，则 $f(x)$，$g(x)$ 在其收敛域内连续且

(1) $\sum(a_n x^n \pm b_n x^n)=\sum a_n x^n \pm \sum b_n x^n$，$|x|<\min\{R_1,R_2\}$；

(2) $\left(\sum a_n x^n\right)\left(\sum b_n x^n\right)=\sum_{n=1}^{\infty}(a_1b_n+a_2b_{n-1}+\cdots+a_{n-1}b_2+a_nb_1)x^n=f(x)g(x)$，$|x|<\min\{R_1,R_2\}$；

(3) 可逐项求导或积分；

(4) 若 R 为 $\sum a_n x^n$ 收敛半径，且 $\sum a_n R^n$ 收敛，则 $\sum a_n(-R)^n=\sum(-1)^n a_n R^n$ 收敛；

(5) $\sum a_n x^n$ 在其收敛域内绝对收敛.

1. 比值法

比值法是求幂级数收敛半径的最有效、最常用的方法，我们来看一些例子. 先来看关于 x 的幂级数

问题.

例 1　试求下列幂级数的收敛范围(区间):

(1) $\sum\limits_{n=1}^{\infty} nx^{n+2}$;(2) $\sum\limits_{n=1}^{\infty} \dfrac{x^n}{\sqrt{n(n+2)}}$;(3) $\sum\limits_{n=1}^{\infty} \dfrac{x^n}{x^p}$($p \geqslant 0$ 且为常数);(4) $\sum\limits_{n=1}^{\infty} \dfrac{\ln(1+n)}{n} x^{n-1}$.

解　(1) 由 $\rho = \lim\limits_{n\to\infty} \left|\dfrac{a_{n+1}}{a_n}\right| = \lim\limits_{n\to\infty} \dfrac{n+1}{n} = 1$,故级数收敛半径 $R = \dfrac{1}{\rho} = 1$.

而 $x = \pm 1$ 时级数的通项为 n 和 $(-1)^n n$,当 $n \to \infty$ 时,它们均不以0为极限,故在此两点即 $x = \pm 1$ 时级数均发散.

故级数 $\sum\limits_{n=1}^{\infty} nx^{n+2}$ 的收敛范围(区间)是$(-1,1)$.

(2) 由
$$\rho = \lim_{n\to\infty} \left|\frac{a_{n+1}}{a_n}\right| = \lim_{n\to\infty} \frac{\dfrac{1}{\sqrt{(n+1)(n+3)}}}{\dfrac{1}{\sqrt{n(n+2)}}} = \lim_{n\to\infty} \sqrt{\frac{n(n+2)}{(n+2)(n+3)}} = 1$$

故级数收敛半径
$$R = \frac{1}{\rho} = 1$$

当 $x = 1$ 时,原级数化为级数 $\sum\limits_{n=1}^{\infty} \dfrac{1}{\sqrt{n(n+2)}}$.

因 $\dfrac{1}{\sqrt{n(n+2)}} > \dfrac{1}{n+2}$,又 $\sum\limits_{n=1}^{\infty} \dfrac{1}{n+2}$ 发散,故 $\sum\limits_{n=1}^{\infty} \dfrac{1}{\sqrt{n(n+2)}}$ 发散;

当 $x = -1$ 时,原级数化为 $\sum\limits_{n=1}^{\infty} \dfrac{(-1)^n}{\sqrt{n(n+2)}}$,此为交错级数.

由 $a_n > a_{n+1}$ 且 $\lim\limits_{n\to\infty} a_n = 0$,故级数 $\sum\limits_{n=1}^{\infty} \dfrac{(-1)^n}{\sqrt{n(n+2)}}$ 收敛.

综上,级数 $\sum\limits_{n=1}^{\infty} \dfrac{x^n}{\sqrt{n(n+2)}}$ 的收敛区间为$[-1,1)$.

(3) 由
$$\rho = \lim_{n\to\infty} \left|\frac{a_{n+1}}{a_n}\right| = \lim_{n\to\infty} \frac{\dfrac{1}{(n+1)^p}}{\dfrac{1}{n^p}} = \lim_{n\to\infty} \left(\frac{n}{n+1}\right)^p = \lim_{n\to\infty} \left(1 - \frac{1}{n+1}\right)^p = 1$$

故级数收敛半径为
$$R = \frac{1}{\rho} = 1$$

当 $x = 1$ 时,级数为 $\sum\limits_{n=1}^{\infty} \dfrac{1}{x^p}$,当 $p > 1$ 时,级数收敛;当 $p \leqslant 1$ 时,级数发散;

当 $x = 1$ 时,级数为 $\sum\limits_{n=1}^{\infty} \dfrac{(-1)^n}{x^p}$. 由 $\lim\limits_{n\to\infty} \dfrac{1}{n^p} = 0$,且 $\dfrac{1}{n^p} > \dfrac{1}{(n+1)^p}$($p \geqslant 0$),故由 Leibuniz 判别法知级数收敛.

综上,级数 $\sum\limits_{n=1}^{\infty} \dfrac{x^n}{n^p}$ 当 $p > 1$ 时收敛区域为$[-1,1]$;当 $p \leqslant 1$ 时收敛区间为$[-1,1)$.

(4) 由
$$\rho = \lim_{n\to\infty} \frac{\dfrac{\ln(2+n)}{n+1}}{\dfrac{\ln(1+n)}{n}} = \lim_{n\to\infty} \frac{n}{n+1} \cdot \frac{\ln(2+n)}{\ln(1+n)} = 1$$

故级数收敛半径 $R = \dfrac{1}{\rho} = 1$. 因 $f(x) = \dfrac{\ln(1+x)}{x}$ 当 $x \geqslant 1$ 时非负且单减.

① 当 $x=-1$ 时,级数化为 $$\sum_{n=1}^{\infty}\frac{\ln(1+n)}{n}(-1)^{n-1}$$

由 $\lim\limits_{n\to\infty}\dfrac{\ln(1+n)}{n}=0$,且 $\dfrac{\ln(2+n)}{n+1}<\dfrac{\ln(1+n)}{n}$,故级数收敛;

② 当 $x=1$ 时,级数化为 $$\sum_{n=1}^{\infty}\frac{\ln(1+n)}{n}$$

由积分 $\displaystyle\int_1^{+\infty}\frac{\ln(1+x)}{1+x}\mathrm{d}x=\frac{1}{2}\ln^2(1+x)\Big|_1^{+\infty}=+\infty$,知积分发散.

又不等式 $\dfrac{\ln(1+x)}{1+x}<\dfrac{\ln(1+x)}{x}$,故积分 $\displaystyle\int_1^{+\infty}\frac{\ln(1+x)}{x}\mathrm{d}x$ 亦发散. 由 Cauchy 判敛法知级数发散.

综上,级数 $\displaystyle\sum_{n=1}^{\infty}\frac{\ln(1+n)}{n}(-1)^{n-1}$ 的收敛区间是$[-1,1)$.

有些时候,题目只要求求幂级数收敛半径,这时区间端点情况无须考虑.

例 2 试求下列幂级数收敛半径;

(1) $\displaystyle\sum_{n=1}^{\infty}(-1)^n\frac{x^n}{\sqrt[n]{n!}}$;(2) $\displaystyle\sum_{n=1}^{\infty}\left(1+\frac{1}{2}+\frac{1}{3}+\cdots+\frac{1}{n}\right)x^n$;

(3) $\displaystyle\sum_{n=1}^{\infty}a_nx^n$,这里 $a_1=a_2=1,a_{n+1}=a_n+a_{n-1}(n\geqslant 2)$.

解 (1) 由 $$\left|\frac{a_{n+1}}{a_n}\right|=\frac{\dfrac{1}{\sqrt[n+1]{(n+1)!}}}{\dfrac{1}{\sqrt[n]{n!}}}=\frac{\sqrt[n]{n!}}{\sqrt[n+1]{(n+1)!}}=\frac{\sqrt[n]{n!}}{\sqrt[n+1]{n!}}\cdot\frac{1}{\sqrt[n+1]{n+1}}=$$

$$(n!)^{\frac{1}{n(n+1)}}\cdot\frac{1}{\sqrt[n+1]{n+1}}$$

则 $$\frac{1}{\sqrt[n+1]{n+1}}\leqslant\left|\frac{a_{n+1}}{a_n}\right|\leqslant(n^{n+1})^{\frac{1}{n(n+1)}}\cdot\frac{1}{\sqrt[n+1]{n+1}}=n^{\frac{1}{n(n+1)}}\cdot\frac{1}{\sqrt[n+1]{n+1}}$$

而 $$\lim_{n\to\infty}x^{\frac{1}{x}}=\lim_{n\to\infty}\exp\left\{\frac{\ln x}{x}\right\}=\mathrm{e}^0=1$$

故 $$\lim_{n\to\infty}(n+1)^{\frac{1}{n+1}}=1,\lim_{n\to\infty}n^{\frac{1}{n}}=1$$

从而 $\rho=\lim\limits_{n\to\infty}\left|\dfrac{a_{n+1}}{a_n}\right|=1$,有 $R=\dfrac{1}{\rho}=1$.

(2) 由 $\dfrac{a_{n+1}}{a_n}=\dfrac{\sum\limits_{k=1}^{n+1}\frac{1}{k}}{\sum\limits_{k=1}^{n}\frac{1}{k}}=1+\dfrac{\frac{1}{n+1}}{\sum\limits_{k=1}^{n}\frac{1}{k}}$,则 $1\leqslant\dfrac{a_{n+1}}{a_n}\leqslant 1+\dfrac{1}{n+1}$,有 $\lim\limits_{n\to\infty}\dfrac{a_{n+1}}{a_n}=1$.

故幂级数收敛半径为 $$R=\frac{1}{\rho}=1$$

(3) 由设知 $\{a_n\}$ 为 Fibonacci 数列,由其性质知

$$\lim_{n\to\infty}\frac{a_{n+1}}{a_n}=\frac{1}{\tau}$$

其中 τ 为 $x^2-x-1=0$ 的正根 $\tau=\dfrac{1+\sqrt{5}}{2}$,故级数收敛半径为 $R=\dfrac{1}{\rho}=\tau=\dfrac{1+\sqrt{5}}{2}$.

注 1 注意 $\omega=\dfrac{1}{\tau}\approx 0.618\cdots$ 称为**黄金数**,这是一个理论或实践上都很有用的数.

注 2 若记和函数为 $S(x)$,由 $a_{n+1}=a_n+a_{n-1}$ 可得到

$$\sum_{n=2}^{\infty} a_{n+1} x^{n+1} = \sum_{n=2}^{\infty} a_n x^{n+1} + \sum_{n=2}^{\infty} a_{n-1} x^{n+1}$$

即

$$S(x) - x - x^2 = x[S(x) - x] + x^2 S(x)$$

这样可得和函数 $S(x) = \dfrac{x}{1-x-x^2}$. 详见后面的例子.

下面我们来看看关于 x 的函数的幂级数问题.

处理 x 的函数的幂级数 $\sum\limits_{n=1}^{\infty} a_n[u(x)]^n$，只需先将 $u(x)$ 视为 t，求出的收敛半径 $\sum\limits_{n=1}^{\infty} a_n t^n$ 的收敛半径 $r = a$ 即 $-a < t < a$，再由 $-a < u(x) < a$ 反解而得到 x 的不等式，加上区间端点的讨论后，即可得到原幂级数收敛区间(或范围而不是半径). 下面我们来看一些例子.

例 3　求幂级数(1) $\sum\limits_{n=1}^{\infty} \dfrac{1}{3n+1} x^{2n}$；(2) $\sum\limits_{n=1}^{\infty} \dfrac{1}{3n+1}\left(\dfrac{1-x}{1+x}\right)^{2n}$ 的收敛区间.

解　(1) 令 $x^2 = t$，则级数化为 $\sum\limits_{n=1}^{\infty} \dfrac{t^n}{3n+1}$. 而

$$\rho_1 = \lim_{n\to\infty} \frac{a_{n+1}}{a_n} = \lim_{n\to\infty} \frac{\dfrac{1}{3n+4}}{\dfrac{1}{3n+1}} = 1$$

故 $R_1 = \dfrac{1}{\rho_1} = 1$，由之 $|t| < 1$，即 $x^2 < 1$ 得 $-1 < x < 1$.

当 $x = \pm 1$ 时，原级数化为 $\sum\limits_{n=1}^{\infty} \dfrac{1}{3n+1}$ 发散，故该幂级数收敛区间为 $-1 < x < 1$.

(2) 仿上令 $\left(\dfrac{1-x}{1+x}\right)^2 = t$，可求得 $\sum\limits_{n=1}^{\infty} \dfrac{t^n}{3n+1}$ 的收敛范围为 $|t| < 1$，即 $\left(\dfrac{1-x}{1+x}\right)^2 < 1$，解得 $x > 0$.

当 $x = 0$ 时，原级数为 $\sum\limits_{n=1}^{\infty} \dfrac{1}{3n+1}$ 发散，故原级数收敛区间为 $x > 0$.

注 1　注意到(1) 是关于 x^2 的幂级数.

注 2　类似地我们可以求幂级数：

(1) $\sum\limits_{n=1}^{\infty} \dfrac{1}{3n+1} x^{2n+1}$；(2) $\sum\limits_{n=1}^{\infty} \dfrac{(-1)_n}{3n+1} x^{2n}$；(3) $\sum\limits_{n=1}^{\infty} (-1) \dfrac{2n+1}{n} x^{2n}$；(4) $\sum\limits_{n=1}^{\infty} \dfrac{x^{4n-1}}{4n-1}$

等的收敛区域.

例 4　求级数 $\sum\limits_{n=1}^{\infty} \left(\sin\dfrac{1}{3n}\right)\left(\dfrac{3+x}{3-2x}\right)^n$ 的收敛区间.

解　令 $\dfrac{3+x}{3-2x} = t$，则原级数化为

$$\sum_{n=1}^{\infty} \left(\sin\frac{1}{3n}\right) t^n \qquad (*)$$

由 $\lim\limits_{n\to\infty} \dfrac{\sin\dfrac{1}{3(n+1)}}{\sin\dfrac{1}{3n}} = 1$，知幂级数(*)的收敛半径为 1，或收敛范围为 $|t| < 1$.

又由 $\left|\dfrac{3+x}{3-2x}\right| < 1$，解得 $x < 0$ 或 $x > 6$.

① 当 $x = 0$ 时，原级数为 $\sum\limits_{n=1}^{\infty} \sin\dfrac{1}{3n}$，这时：

因极限$\lim\limits_{n\to\infty}\dfrac{\sin\dfrac{1}{3n}}{\dfrac{1}{3n}}=1$,又级数$\sum\limits_{n=1}^{\infty}\dfrac{1}{3n}$发散,故$\sum\limits_{n=1}^{\infty}\sin\dfrac{1}{3n}$发散.

② 当$x=6$时,原级数为$\sum\limits_{n=1}^{\infty}(-1)^n\sin\dfrac{1}{3n}$,这时:

因$\lim\limits_{n\to\infty}\sin\dfrac{1}{3n}=0$,又$\sin\dfrac{1}{3(n+1)}<\sin\dfrac{1}{3n}$,故交错级数$\sum\limits_{n=1}^{\infty}(-1)^n\sin\dfrac{1}{3n}$收敛.

综上,题设级数收敛区间为$(-\infty,0)$和$[6,+\infty)$.

例 5 求级数$\sum\limits_{n=1}^{\infty}(-1)^n4^{2n}\left(\dfrac{e^x-1}{e^x+1}\right)^{4n+1}$的收敛区间.

解 令$\left(\dfrac{e^x-1}{e^x+1}\right)^4=t$,则原级数化为

$$\sum_{n=1}^{\infty}(-1)^n4^{2n}t^{n+1} \tag{*}$$

而$\lim\limits_{n\to\infty}\left|\dfrac{(-1)^{n+1}4^{2(n+1)}}{(-1)^n4^{2n}}\right|=4^2=2^4$,故级数(*)的收敛区间为$|t|<\dfrac{1}{2^4}$.而

$$\left|\frac{e^x-1}{e^x+1}\right|<\frac{1}{2^4}\Rightarrow-\frac{1}{2}<\frac{e^x-1}{e^x+1}<\frac{1}{2}$$

解得$\dfrac{1}{3}<e^x<3$,或$-\ln 3<x<\ln 3$.

而$x=\pm\ln 3$时,原级数均发散.故题设级数收敛区间为$(-\ln 3,\ln 3)$.

注 1 类似地我们不难求下列级数:(1)$\sum\limits_{n=1}^{\infty}\dfrac{(-1)^n}{n\cdot 4^n}x^{2n-1}$;(2)$\sum\limits_{n=1}^{\infty}\dfrac{(x+1)^n}{n\cdot 2^n}$;(3)$\sum\limits_{n=1}^{\infty}\dfrac{(-1)^n}{n\cdot 4^n}(x-1)^{2n-1}$;(4)$\sum\limits_{n=1}^{\infty}\dfrac{(x+2)^n}{3\cdot 3^n}$等的收敛区间.

注 2 此类问题亦可用根值法求收敛半径.

例 6 求级数$\sum\limits_{n=1}^{\infty}(-1)^n\dfrac{(2n-1)!!}{(2n)!!}x^{2n}$的收敛范围.

解 令$x^2=t$,则级数化为$\sum\limits_{n=1}^{\infty}(-1)^n\dfrac{(2n-1)!!}{(2n)!!}t^n$,可讨论该级数的收敛区间,进而求得原级数收敛区间.我们还可直接由

$$\lim_{n\to\infty}\left|\frac{u_{n+1}}{u_n}\right|=\lim_{n\to\infty}\frac{2n+1}{2n+2}x^2=x^2$$

① 当$x^2<1$,即$-1<x<1$时原级数收敛;

② 当$x^2>1$,即$|x|>1$时原级数发散;

③ 而$x^2=1$即$x=\pm1$时,原级数为

$$\sum_{n=1}^{\infty}(-1)^n\frac{(2n-1)!!}{(2n)!!} \tag{*}$$

此为交错级数,考虑到

$$a_n=\frac{(2n-1)!!}{(2n)!!}<\frac{(2n)!!}{(2n+1)!!}<\frac{1}{2n+1}\cdot\frac{1}{a_n}$$

即

$$a_n^2<\frac{1}{2n+1}\quad 或\quad a_n<\frac{1}{\sqrt{2n+1}}$$

故$\lim\limits_{n\to\infty}\dfrac{(2n-1)!!}{(2n)!!}=0$,又$a_{n+1}<a_n$(证略),从而级数(*)收敛.

综上,原级数收敛区间为$[-1,1]$.

2. 根值法

我们已经说过,大部分幂级数的收敛半径可用比值法求得. 下面我们来看两个用根值法求幂级数收敛半径的例子.

例 1 求级数$\sum_{n=1}^{\infty}\frac{2^n+3^n}{n}x^n$的收敛区间.

解 由$\lim_{n\to\infty}\sqrt[n]{\frac{3^n+2^n}{n}}=\lim_{n\to\infty}\frac{3\sqrt[n]{1+\left(\frac{2}{3}\right)^n}}{\sqrt[n]{n}}=3$,故$R=\frac{1}{3}$为幂级数收敛半径. 再考虑端点处的情形.

① 当$x=\frac{1}{3}$时,原级数为

$$\sum_{n=1}^{\infty}\frac{2^n+3^n}{n}\left(\frac{1}{3}\right)^n=\sum_{n=1}^{\infty}\frac{1}{n}\left(\frac{2}{3}\right)^n+\sum_{n=1}^{\infty}\frac{1}{n}$$

由级数$\sum_{n=1}^{\infty}\frac{1}{n}\left(\frac{2}{3}\right)^n$收敛而级数$\sum_{n=1}^{\infty}\frac{1}{n}$发散,故上式左级数发散.

② 当$x=-\frac{1}{3}$时,原级数为

$$\sum_{n=1}^{\infty}\frac{2^n+3^n}{n}\left(-\frac{1}{3}\right)^n=\sum_{n=1}^{\infty}(-1)^n\frac{1}{n}\left[\left(\frac{2}{3}\right)^n+1\right]$$

由极限$\lim_{n\to\infty}a_n=0=\lim_{n\to\infty}\frac{1}{n}\left[\left(\frac{2}{3}\right)^n+1\right]=0$,且$a_{n+1}<a_n$,故上交错级数收敛.

综上,原级数收敛区间为$\left[-\frac{1}{3},\frac{1}{3}\right)$.

注 类似地不难求得级数

$$\sum_{n=2}^{\infty}\frac{a^n+(-b)^n}{n(n-1)}(x+1)^n,\quad 0<b<a<1$$

的收敛区间为$\left[-1-\frac{1}{a},-1+\frac{1}{a}\right]$.

显然,例1是本结论的特例情形.

例 2 求级数$\sum_{n=1}^{\infty}\frac{(-1)^n n!}{n^n}x^n$的收敛半径.

解 注意到$\lim_{n\to\infty}\sqrt[n]{\left|\frac{(-1)^n n!}{n^n}\right|}=\lim_{n\to\infty}\frac{\sqrt[n]{n!}}{n}$,令$a_n=\frac{n!}{n^n}$,由$\lim_{n\to\infty}\sqrt[n]{a_n}=\lim_{n\to\infty}\frac{a_n}{a_{n-1}}$(若右端极限存在),故

$$\lim_{n\to\infty}\frac{\sqrt[n]{n!}}{n}=\lim_{n\to\infty}\frac{\frac{n!}{n^n}}{\frac{(n-1)!}{(n-1)^{n-1}}}=\lim_{n\to\infty}\left(\frac{n-1}{n}\right)^{n-1}=\lim_{n\to\infty}\left[\left(1-\frac{1}{n}\right)^{1-n}\right]^{-1}=\mathrm{e}^{-1}$$

从而,原级数收敛半径为e.

从上面的例子我们可以看到:无论是比值法,还是根值法,它们仍是源于数项级数的比值、根值法判敛;另外,比值法、根值法最后还是归结为求数列极限问题. 综上我们可有函数幂级数收敛区间求法步骤,见图2:

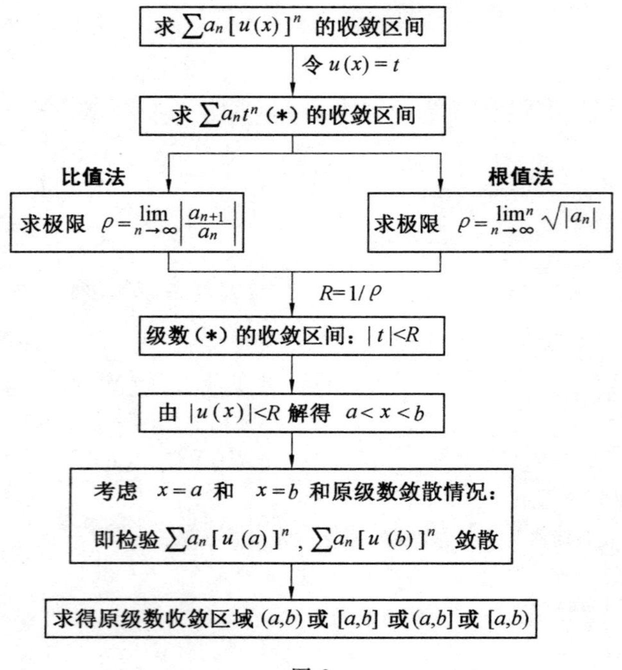

图 2

3. 其他方法

求幂级数或函数(幂)级数的收敛区间还有其他方法,比如利用某些常见函数的幂级数展开式等.下面看两个例子.

例 1 求幂级数 $\sum\limits_{n=1}^{\infty}\frac{(x+1)^{3n}}{n!}$ 的收敛区间.

解 作变量替换令 $(1+x)^3=t$,则原级数化为 $\sum\limits_{n=1}^{\infty}\frac{t^n}{n!}$.

又由 $e^t=\sum\limits_{n=0}^{\infty}\frac{t^n}{n!}$ 的收敛区间为 $(-\infty,+\infty)$,故题设级数收敛区间也为 $(-\infty,+\infty)$.

注 本例亦可用比值法求得其收敛半径.

例 2 求级数 $\sum\limits_{k=0}^{\infty}x(1-\sin x)^k$ 的收敛区间.

解 由题设有 $\sum\limits_{k=0}^{\infty}x(1-\sin x)^k=x\sum\limits_{k=0}^{\infty}(1-\sin x)^k$,令 $1-\sin x=t$,则当 $|t|<1$ 时,$\frac{1}{1-t}=\sum\limits_{n=1}^{\infty}t^k$ 收敛,故 $|1-\sin x|<1$ 时,原级数亦收敛.

由 $|1-\sin x|<1$ 解得 $\sin x>0$,即当 $2n\pi<x<(2n+1)\pi(n=0,\pm1,\pm2,\cdots)$ 时,原级数收敛.

又当 $x=0$ 时,原级数收敛;而当 $x\neq0$ 但 $\sin x=0$ 时,原级数发散.

综上,原级数收敛区间为 $2n\pi<x<(2n+1)\pi$(n 为整数) 和 $x=0$.

下面的例子则先将幂级数通项放缩再求收敛域.

例 3 求幂级数 $\sum\limits_{n=1}^{\infty}\left[\frac{1}{n^2}+(-1)^n+\sin n\right]x^n$ 的收敛域.

解 先考虑级数 $\sum\limits_{n=1}^{\infty}\frac{x^n}{n^2}$,其收敛半径是 1.

而幂级数$\sum_{n=1}^{\infty}[(-1)^n+\sin n]x^n$，由于$|(-1)^n+\sin n|\leqslant 2$，又$\sum_{n=1}^{\infty}2|x|^n=2\sum_{n=1}^{\infty}|x|^n$在$|x|<1$时收敛.

且当$x=\pm 1$时，$|(-1)^n+\sin n|\not\to 0$（当$n\to\infty$时），级数发散.

故$\sum_{n=1}^{\infty}[(-1)^n+\sin n]x^n$的收敛域为$(-1,1)$.

综上，题设级数收敛域为$(-1,1)$.

例4　设$a_k\geqslant 0(k=0,1,2,\cdots)$，又$A_n=\sum_{k=1}^{n}a_k$，且$\lim_{n\to\infty}A_n=\infty$，且$\lim_{n\to\infty}\frac{a_n}{A_n}=0$，求证幂级数$\sum_{n=0}^{\infty}a_nx^n$收敛半径为1.

证　设r与R分别为$S_1(x)=\sum_{n=0}^{\infty}a_nx^n$和$S_2(x)=\sum_{n=0}^{\infty}A_nx^n$的收敛半径，由题设$x=1$时$S_1(x)$发散，知$r\leqslant 1$.

又$\lim_{n\to\infty}\frac{a_n}{A_n}=0$，且$a_n\geqslant 0$，知$r\geqslant R$.

而$R=\lim_{n\to\infty}\frac{A_n}{A_{n+1}}=\lim_{n\to\infty}\frac{A_{n+1}-A_n}{A_{n+1}}=1-\lim_{n\to\infty}\frac{a_n}{A_n}=1$，即$r\geqslant 1$.

综上，题设级数收敛半径$r=1$.

三、级数求和方法

级数通常分**函数项级数**和**数项级数**，它们的求和方法很多，然而人们较常见到的无穷级数求和问题多为幂级数和数项级数求和，因此这里给出的方法多是对上述两类级数有效. 这些方法大体上有下面几种：

(1) 利用无穷级数和的定义；
(2) 利用已知（常见）函数的展开式；
(3) 利用通项变形；
(4) 逐项微分法；
(5) 逐项积分法；
(6) 逐项微分、积分；
(7) 通过函数展开（包括展成幂级数和 Fourier 级数）法；
(8) 利用定积分的性质；
(9) 化为微分方程解；
(10) 利用无穷级数的乘积；
(11) 利用 Euler 公式 $e^{i\theta}=\cos\theta+i\sin\theta$.

当然，对于幂级数来讲除了方法(2) 和方法(8) 其余均适用；而对于数项级数则又可视为幂级数当变元取某些特定值（通常是取1）时的特例情形；然而就其直接使用来说，它多用方法(1)，(2)，(3)，(7)，(8) 等.

下面我们分别举例谈谈这些方法.

1. 利用无穷级数和的定义

此方法多用于数项级数求和. 我们知道：$\sum_{n=1}^{\infty}a_n$常定义为$\lim_{n\to\infty}\sum_{k=1}^{n}a_k$，这样若求得$S_n=\sum_{k=1}^{n}a_k$之后，再取极限：$\lim_{n\to\infty}S_n$就可以了. 当然在求$S_n$时有时往往结合着数学归纳法. 请看：

例1　证明$\sum_{n=1}^{\infty}\arctan\frac{1}{2n^2}$收敛且求其和.

解　由题设及三角函数性质有

$$S_2=\arctan\frac{1}{2}+\arctan\frac{1}{2\cdot 2^2}=\arctan\frac{\frac{1}{2}+\frac{1}{2\cdot 2^2}}{1-\frac{1}{2}\cdot\frac{1}{2\cdot 2^2}}=\arctan\frac{2}{3}$$

类似地 $$S_3 = S_2 + \arctan\frac{1}{2\cdot 3^2} = \arctan\frac{3}{4},\cdots$$

用数学归纳法不难证明 $$S_n = \arctan\frac{n}{n+1},\quad n\geqslant 1$$

事实上,$n=2,3$ 已证.若设 $n=k$ 时上式成立即 $S_k = \arctan\frac{k}{k+1}$,则由

$$S_{k+1} = S_k + \arctan\frac{1}{2(k+1)^2} = \arctan\frac{k}{k+1} + \arctan\frac{1}{2(k+1)^2} = \arctan\frac{k+1}{k+2}$$

即 $n=k+1$ 时结论亦真.从而,对任何自然数 n 上述结论成立.

又 $\lim\limits_{n\to\infty}S_n = \lim\limits_{n\to\infty}\arctan\frac{n}{n+1} = \arctan 1 = \frac{\pi}{4}$.故级数收敛,且 $\sum\limits_{n=1}^{\infty}\arctan\frac{1}{2n^2} = \frac{\pi}{4}$.

例 2 若$\{f_n\}$为 Fibonacci 数列:1,1,2,3,5,…,试证级数 $\sum\limits_{n=1}^{\infty}\frac{f_n}{2^n}$ 收敛且求其和.

解 该数列我们前文已经遇到过,其实$\{f_n\}$的通项可表为(Binet 公式):

$$f_n = \frac{1}{\sqrt{5}}\left[\left(\frac{1+\sqrt{5}}{2}\right)^{n+1} - \left(\frac{1-\sqrt{5}}{2}\right)^{n+1}\right],\quad n=1,2,\cdots$$

易证 $\lim\limits_{n\to\infty}\frac{f_{n+1}}{f_n} = \frac{1+\sqrt{5}}{2}$(它恰为黄金数 $\omega = 0.618\cdots$ 的倒数,前记为 τ),这样

$$\lim_{n\to\infty}\frac{a_{n+1}}{a_n} = \frac{1+\sqrt{5}}{4} < 1\quad (a_n\text{ 为题设数列通项})$$

故所给级数收敛,又$\{f_n\}$满足 $f_{n+1} = f_n + f_{n-1}$,故

$$a_n = \frac{f_n}{2^n} = \frac{f_{n-1}+f_{n-2}}{2^n} = \frac{1}{2}a_{n-1} + \frac{1}{4}a_{n-2},\quad n=1,2,\cdots$$

令 $n=1,2,\cdots$ 然后两边相加可有

$$S_n - a_1 - a_2 = \frac{1}{2}S_n - \frac{1}{2}a_1 + \frac{1}{4}S_{n-2}\quad \left(\text{这里 } S_n = \sum_{k=1}^{n}a_k\right)$$

上式两边取极限,且令 $S = \lim\limits_{n\to\infty}S_n$,这样有

$$S - \frac{1}{2} - \frac{1}{4} = \frac{1}{2}S - \frac{1}{4} + \frac{1}{4}S$$

故 $S=2$.

注 这个问题显然是前面我们介绍过例子的特殊情形.

例 3 试求级数 $\sum\limits_{n=2}^{\infty}\frac{1}{n^2-1}$ 的值.

解 先将级数通项变形,且注意级数前后项相消,有

$$S_{n-1} = \sum_{k=2}^{n}\frac{1}{k^2-1} = \sum_{k=2}^{n}\frac{1}{2}\left(\frac{1}{k-1} - \frac{1}{k+1}\right) = \frac{1}{2}\left(1 + \frac{1}{2} - \frac{1}{n} - \frac{1}{n+1}\right)$$

故 $$S_{n-1} = \sum_{k=2}^{n}\frac{1}{k^2-1} = \lim_{n\to\infty}S_{n-1} = \frac{3}{4}$$

有时为了求出 S_n 的表达式,常须对级数进行某些变形,这一点我们在后面还将述及.

例 4 若$\langle\sqrt{n}\rangle$表示与$\sqrt{n}$最接近的整数,$n\in\mathbf{N}$,求 $S = \sum\limits_{n=1}^{\infty}\frac{2^{\langle n\rangle} + 2^{-\langle n\rangle}}{2^n}$ 的和.

解 先来看$\langle\sqrt{n}\rangle$,若$\langle\sqrt{n}\rangle = k$,则 $k - \frac{1}{2} < \sqrt{n} < k + \frac{1}{2}$,注意到 n 为正整数,即

$$k^2 - k + \frac{1}{4} < n < k^2 + k + \frac{1}{4}\quad \text{或}\quad (k-1)k < n \leqslant k(k+1)$$

再令
$$S_k=\sum_{n=k^2-k+1}^{k^2+k}\frac{2^{\langle n\rangle}+2^{-\langle n\rangle}}{2^n}=\sum_{n=k^2-k+1}^{k^2+k}\frac{2^k+2^{-k}}{2^n}=(2^k+2^{-k})\sum_{n=k^2-k+1}^{k^2+k}\frac{1}{2^n}=$$
$$(2^k+2^{-k})\left[\frac{1-(1/2)^{k^2+k+1}}{1/2}-\frac{1-(1/2)^{k^2-k+1}}{1/2}\right]=$$
$$2(2^k+2^{-k})(2^{-k^2+k-1}-2^{-k^2-k-1})=2[2^{-(k-1)^2}-2^{-(k+1)^2}]$$

则
$$S=\lim_{N\to\infty}\sum_{k=1}^{N}S_k=\lim_{k\to\infty}2[2^{-(k-1)^2}-2^{-(k+1)^2}]=\lim_{N\to\infty}2\left(1+\frac{1}{2}-2^{-N^2}-2^{-(N+1)^2}\right)=3$$

2. 利用已知(常见)函数的展开式

有些函数的展开式需要人们熟记，它们不仅在函数展开上有用，在级数求和时亦常用到. 请看：

例 1　求级数 $\sum\limits_{n=0}^{\infty}\frac{2n+1}{n!}$ 的和.

解　由
$$\frac{2n+1}{n!}=2\frac{n}{n!}+\frac{1}{n!}=\frac{2}{(n-1)!}+\frac{1}{n!}$$

如是
$$\sum_{n=0}^{\infty}\frac{2n+1}{n!}=2\sum_{n=1}^{\infty}\frac{1}{(n-1)!}+\sum_{n=0}^{\infty}\frac{1}{n!}=2\mathrm{e}+\mathrm{e}=3\mathrm{e}$$

例 2　计算 $\sum\limits_{n=1}^{\infty}\frac{2^{\frac{n}{2}}}{n!}\sin\frac{n\pi}{4}x^n\ (-\infty<x<+\infty)$.

解　设 $f(x)=\mathrm{e}^x\sin x$，考虑到
$$f'(x)=\mathrm{e}^x(\sin x+\cos x)=\sqrt{2}\,\mathrm{e}^x\sin\left(x+\frac{\pi}{4}\right)$$
$$f''(x)=(\sqrt{2})^2\mathrm{e}^x\sin\left(x+2\cdot\frac{\pi}{4}\right),\cdots$$

用数学归纳法易证得
$$f^{(n)}(x)=(\sqrt{2})^n\mathrm{e}^x\sin\left(x+\frac{n\pi}{4}\right)$$

又
$$f(0)=0,f^{(n)}(0)=(\sqrt{2})^n\mathrm{e}^x\sin\left(\frac{n\pi}{4}\right),\quad n=1,2,3,4,\cdots$$

则
$$\mathrm{e}^x\sin x=\sum_{k=1}^{n-1}\frac{2^{\frac{k}{2}}}{k!}\sin\frac{k\pi}{4}x^k+\left[\frac{2^{\frac{n}{2}}\mathrm{e}^{\theta\pi}}{(n+1)!}\sin\theta x+\frac{n\pi}{4}\right]x^{n+1},\quad 0<\theta<1$$

当 $n\to\infty$ 时，上式后一项趋于 0，故
$$\sum_{n=1}^{\infty}\frac{2^{\frac{n}{2}}}{n!}\sin\frac{n\pi}{4}x^n=\mathrm{e}^x\sin x,\quad -\infty<x<+\infty$$

我们知道：$\lim\limits_{n\to\infty}\left(\sum\limits_{k=1}^{n}\frac{1}{k}-\ln n\right)=c$ 前面我们已介绍过 $c=0.5772156\cdots$ 称为 Euler 常数. 利用这个结论也可以求某些级数和(多与调和级数有关)，前文我们已介绍. 下面再请看：

例 3　求级数 $\sum\limits_{n=1}^{\infty}(-1)^{n-1}\frac{1}{n}$ 的和.

解　设 $S_n=\sum\limits_{k=1}^{n}(-1)^{k-1}\frac{1}{k}$，且 $\sigma_n=\sum\limits_{k=1}^{n}\frac{1}{k}$，则
$$S_n=\begin{cases}\sigma_{2k}-2\sum\limits_{i=1}^{k}\dfrac{1}{2i}=\sigma_{2k}-\sigma_k, & n=2k\\ \sigma_{2k+1}-2\sum\limits_{i=1}^{k}\dfrac{1}{2i}=\sigma_{2k+1}-\sigma_k, & n=2k+1\end{cases}=$$
$$\begin{cases}\ln 2k+c+\varepsilon_{2k}-(\ln k+c+\varepsilon_k), & n=2k\\ \ln(2k+1)+c+\varepsilon_{2k+1}-(\ln k+c+\varepsilon_k), & n=2k+1\end{cases}=$$

$$\begin{cases} \ln 2+(\varepsilon_{2k}-\varepsilon_k), & n=2k \\ \ln\left(2+\dfrac{1}{k}\right)+\varepsilon_{2k+1}\varepsilon_k), & n=2k+1 \end{cases}$$

故
$$\lim_{n\to\infty}S_n=\ln 2$$

注 这个级数的和还可用其他方法求得.

3. 利用通项变形

利用通项变形求级数和是一种重要技巧.它常用的有:拆项;同加、减某个代数式;同乘、除某个代数式;某数或式加部分和再减去部分和等.其目的为了便于求和或化简求和式子(比如前后项相消).

先来看利用拆项求和的例子.

(1) 求数项级数和

例 1 求级数$\sum\limits_{n=1}^{\infty}\dfrac{1}{n(n+1)}$的和.

解 由$\dfrac{1}{n(n+1)}=\dfrac{1}{n}-\dfrac{1}{n+1}$,这样可有(注意级数前后项相消)

$$\sum_{n=1}^{\infty}\frac{1}{n(n+1)}=\sum_{n=1}^{\infty}\left(\frac{1}{n}-\frac{1}{n+1}\right)=\lim_{N\to\infty}\left(\sum_{n=1}^{N}\frac{1}{n}-\sum_{n=1}^{N}\frac{1}{n+1}\right)=\lim_{N\to\infty}\left(1+\frac{1}{N+1}\right)=1$$

注 显然利用本题的方法和结论可将问题作如下推广:

问题 1 计算级数$\sum\limits_{n=1}^{\infty}\dfrac{1}{n(n+m)}$,这里$m$为自然数.

问题 2 计算级数$\sum\limits_{n=1}^{\infty}\dfrac{1}{n(n+1)(n+2)}$.

[**提示**:这只需注意到$\dfrac{1}{n(n+1)(n+2)}=\dfrac{1}{2}\left[\dfrac{1}{n(n+1)}-\dfrac{1}{(n+1)(n+2)}\right]$即可]

问题 3 计算级数$\sum\limits_{n=1}^{\infty}\dfrac{1}{(2n-1)2n(2n+1)}$.

问题 4 计算级数$\sum\limits_{n=1}^{\infty}\dfrac{2n+1}{n^2(n+1)^2}$.

[**提示**:$\dfrac{2n+1}{n^2(n+1)^2}=\dfrac{1}{n^2}-\dfrac{1}{(n+1)^2}$]

当然,它们还可以进一步推广.

例 2 计算级数$\sum\limits_{n=0}^{\infty}\dfrac{1}{(4n+1)(4n+3)}$和.

解 由分式变形,有
$$\frac{1}{(4n+1)(4n+3)}=\frac{1}{2}\left(\frac{1}{4n+1}-\frac{1}{4n+3}\right)$$

故
$$\sum_{n=0}^{\infty}\frac{1}{(4n+1)(4n+3)}=\sum_{n=0}^{\infty}\frac{1}{2}\left(\frac{1}{4n+1}-\frac{1}{4n+3}\right)=$$
$$\frac{1}{2}\left(1-\frac{1}{3}+\frac{1}{5}-\frac{1}{7}+\cdots+\frac{1}{4n+1}-\frac{1}{4n+3}+\cdots\right)$$

但
$$\arctan x=\sum_{k=0}^{\infty}(-1)^k\frac{x^{2k+1}}{2k+1},\quad -1\leqslant x\leqslant 1$$

当$x=1$时,$\arctan 1=\dfrac{\pi}{4}$,这样便有

$$1-\frac{1}{3}+\frac{1}{5}-\frac{1}{7}+\cdots+\frac{1}{4n+1}-\frac{1}{4n+3}+\cdots=\frac{\pi}{4}$$

故
$$\sum_{n=0}^{\infty}\frac{1}{(4n+1)(4n+3)}=\frac{\pi}{8}$$

注 其实这种裂项技巧在求有限级数和(项数有限)时也常用到.比如:

问题 计算级数$\sum_{k=1}^{n}\sqrt{1+\frac{1}{k^2}+\frac{1}{(k+1)^2}}$.

解 由
$$1+\frac{1}{k^2}+\frac{1}{(k+1)^2}=\frac{k^4+2k^3+3k^2+2k+1}{k^2(k+1)^2}=\left[\frac{k^2+k+1}{k(k+1)}\right]^2$$
故通项
$$a_n=\frac{k^2+k+1}{k(k+1)}=1+\frac{1}{k(k+1)}=1+\frac{1}{k}-\frac{1}{k+1}$$
从而
$$\sum_{k=1}^{n}=\sum_{k=1}^{n}\left(1+\frac{1}{k}+\frac{1}{k+1}\right)=n+1-\frac{1}{n+1}$$

例3 计算级数$\sum_{k=1}^{\infty}\frac{k+2}{k!+(k+1)!+(k+2)!}$.

解 由
$$\frac{k+2}{k!+(k+1)!+(k+2)!}=\frac{k+2}{[1+(k+1)]k!+(k+2)(k+1)!}=$$
$$\frac{1}{k!+(k+1)!}=\frac{1}{k!(k+2)}$$
由
$$xe^x-e^x+1=\sum_{k=0}^{\infty}\frac{x^{k+2}}{k!(k+2)},\quad -\infty<x<+\infty$$
令$x=1$有$\frac{1}{2}+\sum_{k=1}^{\infty}\frac{1}{k!(k+2)}=1$,故
$$\sum_{k=1}^{\infty}\frac{k+2}{k!+(k+1)!+(k+2)!}=\frac{1}{2}$$
当然,后两例中还应用了其他技巧求和.

再来看一个稍复杂些的例子,其中涉及Gauss函数$[x]$.

例4 若$\alpha\in\mathbf{R}$,且$\alpha\geqslant 0$,求$I=\sum_{n=1}^{\infty}\frac{(-1)^{[2^n\alpha]}}{2^n}$的和,这里$[x]$表示不超$x$的正整数.

解 令$\alpha=[\alpha]+\sum_{n=1}^{\infty}\frac{a_n}{2^n}$,其中$a_n$是0或1.若$x$为$\frac{m}{2^n}$($n$为奇数)形状的数,则对充分大的$k$均有$a_k=0$.

对于任意n,有$[2^n\alpha]$是偶数$\Longleftrightarrow a_n=0$.故$(-1)^{[2^n\alpha]}=1-2a_n$.从而
$$I=\sum_{n=1}^{\infty}\frac{1-a_n}{2^n}=\sum_{n=1}^{\infty}\frac{1}{2^n}-2\sum_{n=1}^{\infty}\frac{a_n}{2^n}=1-2(\alpha-[\alpha])$$
下面是一个二重级数双求和$\sum\sum a_{ij}$的例子.

例5 计算二重级数$\sum_{n=1}^{\infty}\sum_{m=1}^{\infty}\frac{1}{mn(m+n+2)}$.

解 注意到下面的变形
$$I=\sum_{n=1}^{\infty}\frac{1}{n}\sum_{m=1}^{\infty}\frac{1}{m(m+n+2)}=\sum_{n=1}^{\infty}\frac{1}{n}\sum_{m=1}^{\infty}\left[\frac{1}{n+2}\left(\frac{1}{m}-\frac{1}{m+n+2}\right)\right]=$$
$$\sum_{n=1}^{\infty}\frac{1}{n(n+2)}\sum_{m=1}^{\infty}\left(\frac{1}{m}-\frac{1}{m+n+2}\right)=$$
$$\sum_{n=1}^{\infty}\frac{1}{n(n+2)}\left[\left(1-\frac{1}{n+3}\right)+\left(\frac{1}{2}-\frac{1}{n+4}\right)+\left(\frac{1}{3}-\frac{1}{n+5}\right)+\cdots\right]=$$
$$\sum_{n=1}^{\infty}\frac{1}{n(n+2)}\left(1+\frac{1}{2}+\frac{1}{3}+\cdots+\frac{1}{n+2}\right)=$$
$$\sum_{n=1}^{\infty}\frac{1}{2}\left(\frac{1}{n}-\frac{1}{n+2}\right)\left(1+\frac{1}{2}+\frac{1}{3}+\cdots+\frac{1}{n+2}\right)=$$

$$\frac{1}{2}\left[\left(1-\frac{1}{3}\right)\left(1+\frac{1}{2}+\frac{1}{3}\right)+\left(\frac{1}{2}-\frac{1}{3}\right)\left(1+\frac{1}{2}+\frac{1}{3}+\frac{1}{4}\right)+\cdots\right]=$$

$$\frac{1}{2}\left[\left(1+\frac{1}{2}+\frac{1}{3}\right)+\frac{1}{2}\left(1+\frac{1}{2}+\frac{1}{3}+\frac{1}{4}\right)+\frac{1}{3}\left(\frac{1}{4}+\frac{1}{5}\right)+\frac{1}{4}\left(\frac{1}{5}+\frac{1}{6}\right)+\cdots\right]=$$

$$\frac{1}{2}\left[\frac{11}{6}+\frac{1}{2}\cdot\frac{25}{12}+\sum_{k=3}^{\infty}\frac{1}{k(k+1)}\right]=\frac{7}{4}$$

注意求和式 $\sum_{k=3}^{n}\frac{1}{k(k+1)}=\sum_{k=3}^{n}\left(\frac{1}{k}-\frac{1}{k+1}\right)$ 展开后的前后项相消(最后只剩下首项和最末项).

我们再来看看通项中同乘(或除)某数或式变形的例子,这种方法多与其他技巧配合(比如式的相消、化为方程等).先请看数项级数求和的例.

例 6 求级数 $\sum_{n=1}^{\infty}\frac{n}{2^n}$ 的和.

解 令级数部分和 $S_n=\sum_{k=1}^{n}\frac{k}{2^k}$,考虑到

$$S_n-\frac{1}{2}S_n=\sum_{k=1}^{n}\frac{k}{2^k}-\sum_{k=1}^{n}\frac{k}{2^{k+1}}=\sum_{k=1}^{n}\frac{k}{2^k}-\sum_{k=2}^{n+1}\frac{k-1}{2^k}=$$

$$\frac{1}{2}+\sum_{k=2}^{n}\frac{1}{2^k}-\frac{n}{2^{n+1}}=\sum_{k=1}^{n}\frac{1}{2^k}-\frac{n}{2^{n+1}}$$

上式两边取极限($n\to\infty$)有

$$S-\frac{1}{2}S==\frac{1}{2}\Big/\left(1-\frac{1}{2}\right)=1$$

即 $S=2$.

(2) 函数项级数求和

下面求和函数的例子中应用了通项中加减同一式的方法,其目的是为了使式子凑成某个公式形式以利于化简.这种方法在求函数项级数和时常会用到.

例 1 求级数 $\sum_{n=0}^{\infty}\frac{2^n x^{2^n-1}}{1+x^{2^n}}$ 的和,其中 $|x|<1$.

解 令 $S_{n+1}(x)$ 为级数前 $n+1$ 项和,且在其上同时加减 $\frac{1}{1-x}$ 项有

$$S_{n+1}(x)=\frac{1}{1-x}-\frac{1}{1-x}+S_{n+1}(x)$$

注意到
$$\frac{1}{1-x}+\frac{1}{1+x}=\frac{-2x}{1-x^2},\quad \frac{-2x}{1-x^2}+\frac{2x}{1+x^2}=\frac{-2^2x^3}{1-x^4},\quad\cdots$$

一般的
$$\frac{-2^n x^{2^n-1}}{1-x^{2^n}}+\frac{2^n x^{2^n-1}}{1+x^{2^n}}=\frac{-2^{n+1}x^{2^{n+1}-1}}{1+x^{2^{n+1}}-1},\quad n=0,1,2,\cdots,n$$

故
$$S_{n+1}(x)=\frac{1}{1-x}-\frac{2^{n+1}x^{2^n+1-1}}{1+x^{2^n+1}-1}$$

因而
$$S(x)=\lim_{n\to\infty}S_{n+1}(x)=\frac{1}{1-x}\quad(\text{上式后一项趋于 }0)$$

注 仿例的方法可求下面级数和:

问题 计算级数 $\sum_{n=0}^{\infty}\frac{x^{2n}}{1-x^{2n+1}}$,其中 $0<x<1$. $\left[\textbf{答:}\frac{x}{1-x}\right]$

求函数项级数的和函数问题与函数级数求和本质无异,只是提法不同而已.

例 2 求 $\sum_{n=1}^{\infty}(2n+1)x^n(|x|<1)$ 的和函数 $S(x)$.

解 考虑下面级数部分和式

$$S_n(x)-xS_n(x)=\sum_{k=1}^{n}(2k+1)x^k-x\sum_{k=1}^{n}(2k+1)x^k=1+2\sum_{k=1}^{n}x^{k-1}$$

又由 $S(x)=\lim\limits_{n\to\infty}S_n(x)$ 及 $\sum\limits_{k=1}^{n}x^{k-1}=\dfrac{1}{1-x}$，在上式两边取极限($n\to\infty$)得

$$S(x)-xS(x)=1+\frac{2x}{1-x}$$

故

$$S(x)=\frac{1+x}{(1-x)^2},\quad |x|<1$$

注 如果让你计算 $\sum\limits_{n=1}^{\infty}(2n+1)x^{n+k}$($|x|<1$，$k$ 为给定常数)时，只需先将 x^k 项提出，即化为 $x^k\sum\limits_{n=1}^{\infty}(2n+1)x^n$ 便可，显然它的和多一项 x^k 因子而已. 对其他幂级数类同.

再来看一个例子，它涉及式子的微分后的变形.

例3 求 $1+\sum\limits_{n=1}^{\infty}\dfrac{(2n-1)!!}{(2n)!!}x^n(-1\leqslant x<1)$ 的和函数 $S(x)$.

解 考虑级数逐项求导可有

$$S'(x)=\sum_{n=1}^{\infty}\frac{(2n-1)!!}{(2n)!!}nx^{n-1}$$

而

$$(1-x)S'(x)=\frac{1}{2}+\frac{1}{4}x+\frac{1}{2}\cdot\frac{1\cdot 3}{2\cdot 4}x^2+\frac{1}{2}\cdot\frac{1\cdot 3\cdot 5}{2\cdot 4\cdot 6}x^3+\cdots=\frac{1}{2}S(x)$$

则

$$\frac{S'(x)}{S(x)}=\frac{1}{2(1-x)}$$

上式两边积分有 $\ln S(x)=\dfrac{1}{2}\ln(1-x)$ 或 $S(x)=\dfrac{1}{\sqrt{1-x}}$，$-1\leqslant x<1$

这里通项式子变形后，实际上经过一系列运算，最后相等于解一个微分方程. 化为方程的办法求级数和的例子还可见：

例4 若 $a_0=a_1=1$，$a_{n+1}=a_n+a_{n-1}(n=1,2,3,\cdots)$，试求 $\sum\limits_{n=0}^{\infty}a_nx^n\left(|x|<\dfrac{1}{2}\right)$.

解 易证 $|x|<\dfrac{1}{2}$ 时，级数收敛. 实因

$$\left|\frac{a_{n+1}x^{n+1}}{a_nx^n}\right|=\frac{a_{n+1}}{a_n}|x|=\frac{a_n+a_{n+1}}{a_n}|x|<\frac{2a_n}{a_n}|x|=2|x|<1$$

而由题设

$$S(x)=a_0+a_1x+\sum_{n=2}^{\infty}a_nx^n=a_0+a_1x+\sum_{n=2}^{\infty}(a_{n-1}+a_{n-2})x^n=$$

$$a_0+a_1x+x\sum_{n=2}^{\infty}a_{n-1}x^{n-1}+x^2\sum_{n=2}^{\infty}a_{n-2}x^{n-2}=$$

$$a_0+a_1x+x\sum_{n=0}^{\infty}a_nx^n+x^2\sum_{n=0}^{\infty}a_nx^n=1+xS(x)+x^2S(x)$$

由上等式可解得

$$S(x)=\frac{1}{1-x-x^2}$$

注 这里数列$\{a_n\}$即所谓 Fibonacci 数列，关于它前文已多次介绍. 由于它的许多奇妙性质，使得它是一个理论和实际应用上皆很重要的数列.

4. 逐项微分法

因为涉及微分，因而往往只有在求函数项级数和时才会遇到. 由于幂函数在微分时可产生一个常系

数，这便为我们处理某些幂级数求和问题提供方法. 当然从实质上讲，这是求和运算与求导(微分)运算交换次序问题，因而应当心幂级数的收敛区间(对于后面逐项积分法亦如此). 我们来看几个例子.

例 1 求级数$\sum_{n=1}^{\infty}\frac{x^n}{n(n+1)}$的和函数$S(x)$，其中$|x|<1$.

解 $$\sum_{n=1}^{\infty}\frac{x^n}{n(n+1)}=\sum_{n=1}^{\infty}\left(\frac{1}{n}-\frac{1}{n+1}\right)x^n=\sum_{n=1}^{\infty}\frac{x^n}{n}-\sum_{n=1}^{\infty}\frac{x^n}{n+1}$$

令 $$S_1(x)=\sum_{n=1}^{\infty}\frac{x^n}{n},\quad S_2(x)=\sum_{n=1}^{\infty}\frac{x^n}{n+1}$$

注意到$S'_1(x)=\sum_{n=1}^{\infty}x^{n-1}=\frac{1}{1-x}$，则

$$S_1(x)=\int_0^x\frac{\mathrm{d}x}{1-x}=-\ln(1-x)$$

类似地 $$S_2(x)=\frac{1}{x}\sum_{n=1}^{\infty}\frac{x^{n+1}}{n+1}=-\frac{1}{x}[\ln(1-x)+x]=-\frac{1}{x}\ln(1-x)-1$$

故 $$S(x)=S_1(x)-S_2(x)=\left(\frac{1}{x}-1\right)\ln(1-x),\quad |x|<1,x\neq 0$$

注 更一般的可求$\sum_{n=1}^{\infty}\frac{(x^2-1)^n}{n(n+1)}=\frac{(2-x^2)\ln(2-x^2)}{x^2-1}+1$，注意用$y=x^2-1$先换元.

有时候，所求级数的通项为另外一些函数的导数，而这些函数为通项的级数易于求和，则可将这些函数逐项求导.

例 2 求级数$\sum_{n=1}^{\infty}(n+1)x^n$的和函数，这里$|x|<1$.

解 注意到当$|x|<1$时，有

$$\sum_{n=0}^{\infty}(n+1)x^n=\sum_{n=0}^{\infty}(x^{n+1})'=\left(\sum_{n=0}^{\infty}x^{n+1}\right)'=\left(\frac{x}{1-x}\right)'=\frac{1}{(1-x)^2}$$

例 3 求级数$\sum_{n=0}^{\infty}(2n+1)x^{2n+1}$的和函数，在区间$(-1,1)$内.

解 注意下面式子的变形

$$\sum_{n=0}^{\infty}(2n+1)x^{2n+1}=x\sum_{n=0}^{\infty}(2n+1)x^{2n}=x\sum_{n=0}^{\infty}(x^{2n+1})'=x\left(\sum_{n=0}^{\infty}x^{2n+1}\right)'=$$
$$x\left(x\sum_{n=0}^{\infty}x^{2n}\right)'=x\left(\frac{x}{1-x}\right)'=\frac{x(1+x^2)}{1-x^2},\quad -1<x<1$$

注 本题亦可用逐项积分求解.

例 4 求级数$\sum_{n=0}^{\infty}\frac{(2n+1)x^{2n}}{n!}$的和函数$(-\infty<x<+\infty)$.

解 $$\sum_{n=0}^{\infty}\frac{(2n+1)x^{2n}}{n!}x^{2n}=\sum_{n=0}^{\infty}\frac{1}{n!}(x^{2n+1})'=\left(\sum_{n=0}^{\infty}\frac{x^{2n+1}}{n!}\right)'=\left[x\sum_{n=0}^{\infty}\frac{(x^2)^n}{n!}\right]'=$$
$$(x\mathrm{e}^{x^2})'=\mathrm{e}^{x^2}(1+2x^2)$$

有些数项级数是通过**幂级数赋值**而得到的，此方法又称构造幂级数法，亦称阿贝尔法. 而这些幂级数往往又需要逐项微分才能求得和函数. 请看：

例 5 试求无穷级数$\sum_{n=2}^{\infty}(-1)^n\frac{n(n+1)}{2^n}$的和.

解 由 $$S(x)=\sum_{n=1}^{\infty}(-1)^n x^{n+1}=-x^2\sum_{n=1}^{\infty}(-1)^{n-1}x^{n-1}=\frac{-x^2}{1+x},\quad |x|<1$$

则 $$S'(x)=\sum_{n=1}^{\infty}(-1)^n(n+1)x^n=\frac{-x(x+2)}{(1+x)^2}$$

且 $$S''(x)=\sum_{n=2}^{\infty}(-1)^n(n+1)nx^{n-1}=\frac{-2}{(1+x)^2}$$

这样 $$\sum_{n=1}^{\infty}(-1)^n(n+1)x^n=\frac{-2x}{(1+x)^2}$$

取 $x=\frac{1}{2}$,则有 $$\sum_{n=2}^{\infty}(-1)^n\frac{n(n+1)}{2^n}=-\frac{2\cdot\frac{1}{2}}{\left[1+\frac{1}{2}\right]^2}=-\frac{8}{27}$$

注 类似地可求 $\sum\limits_{n=1}^{\infty}(-1)^{n-1}\frac{n^2}{2^{n-1}}$ 的和. $\left[答案:\frac{4}{27}\right]$

有时候对于某些级数求和问题讲,除了逐项微分外,还常结合函数幂级数展开等.请看:

例6 求级数 $\sum\limits_{n=1}^{\infty}\frac{n}{(n+1)!}$ 的和.

解 由 e^x 的幂级数展开可考虑当 $-\infty<x<+\infty$ 时,有

$$\left(\frac{e^x-1}{x}\right)'=\left(\frac{1}{x}\sum_{n=0}^{\infty}\frac{x^n}{n!}-1\right)'=\left(\sum_{n=0}^{\infty}\frac{x^n}{(n+1)!}\right)'=\sum_{n=0}^{\infty}\frac{nx^{n-1}}{(n+1)!}$$

再注意到 $\left(\frac{e^x-1}{x}\right)'=\frac{xe^x-e^x+1}{x^2}$,这样在前式中可令 $x=1$ 有

$$\sum_{n=1}^{\infty}\frac{n}{(n+1)!}=\frac{1\cdot e^1-e^1+1}{1^2}=1$$

注 类似地我们可以求 $\sum\limits_{n=0}^{\infty}\frac{(n+1)^2}{n!}$ 和.这只需注意到 $e^x=\sum\limits_{n=0}^{\infty}\frac{x^n}{n!}$,先两边乘以 x 后再对 x 求导得

$$(1+x)e^x=\sum_{n=0}^{\infty}\frac{(n+1)x^n}{n!}$$

两边再乘以 x 后同样对 x 求导有

$$(1+3x+x^2)e^x=\sum_{n=0}^{\infty}\frac{(n+1)^2x^n}{n!}$$

令 $x=1$ 有 $$\sum_{n=0}^{\infty}\frac{(n+1)^2}{n!}=5e$$

例7 求 $\sum\limits_{n=1}^{\infty}(-1)^n\frac{2n-1}{(2n)!}\left(\frac{\pi}{2}\right)^{2n}$ 的和.

解 由 $\cos x$ 的幂级数展开有

$$\frac{\cos x-1}{x}=\sum_{n=1}^{\infty}(-1)^n\frac{x^{2n-1}}{(2n)!},\quad -\infty<x<+\infty$$

将上式两边微分可有 $$\frac{d}{dx}\left(\frac{\cos x-1}{x}\right)=\sum_{n=1}^{\infty}(-1)^n\frac{2n-1}{(2n)!}x^{2n-2}$$

即 $$\frac{1-\cos x-x\sin x}{x^2}=\sum_{n=1}^{\infty}(-1)^n\frac{2n-1}{(2n)!}x^{2n-2}$$

或 $$1-\cos x-x\sin x=\sum_{n=1}^{\infty}(-1)^n\frac{2n-1}{(2n)!}x^{2n}$$

令 $x=\frac{\pi}{2}$ 有 $$\sum_{n=1}^{\infty}(-1)^n\frac{2n-1}{(2n)!}\left(\frac{\pi}{2}\right)^{2n}=1-\frac{\pi}{2}$$

二重级数求和前文我们曾遇到过,下面我们再来看一个二重级数求和的例子.

例 8 求级数 $S=\sum_{m=1}^{\infty}\sum_{n=1}^{\infty}\frac{m^2n}{3^m(3^mn+3^nm)}$ 的和.

由 $S=\sum_{m=1}^{\infty}\sum_{n=1}^{\infty}\frac{m^2n^2}{3^mn}\left(\frac{1}{3^mn}-\frac{1}{3^mn+3^nm}\right)=\sum_{m=1}^{\infty}\sum_{n=1}^{\infty}\frac{mn}{3^m3^n}-\sum_{m=1}^{\infty}\sum_{n=1}^{\infty}\frac{mn^2}{3^n(3^mn+3^nm)}=$

$\sum_{m=1}^{\infty}\sum_{n=1}^{\infty}\frac{mn}{3^m3^n}-S$

故
$$2S=\sum_{m=1}^{\infty}\sum_{n=1}^{\infty}\frac{mn}{3^m3^n}=\left(\sum_{m=1}^{\infty}\frac{m}{3^n}\right)^2$$

由
$$\sum_{n=0}^{\infty}nx^n=x\left(\sum_{n=0}^{\infty}x^n\right)'=x\left(\frac{1}{1-x}\right)'=\frac{x}{(1-x)^2}$$

令 $x=\frac{1}{3}$ 有 $\sum_{n=1}^{\infty}\frac{n}{3^n}=\frac{3}{4}$,从而由 $2S=\left(\frac{3}{4}\right)^2$ 得 $S=\frac{9}{32}$.

注 显然求 $\sum_{n=1}^{\infty}\frac{n^2}{3^n}$ 的和可视为例的特殊情形.此外还可解如

$$\sum_{n=1}^{\infty}\frac{n^2}{3^n}=\frac{1}{3}\sum_{n=1}^{\infty}\frac{n(n-1)}{3^{n-1}}-\frac{1}{3}\sum_{n=1}^{\infty}\frac{n}{3^n}=\frac{1}{3}\left[\left(\frac{1}{1-x}\right)''-\left(\frac{1}{1-x}\right)'\right]_{x=\frac{1}{3}}=\frac{3}{2}$$

5. 逐项积分法

同逐项微分法一样,对于某些函数项级数问题,逐项积分法也是级数求和的一种重要方法,这里当然也是运用函数积分时产生的常系数,而使逐项积分后的新级数便于求和.不过应注意定积分的上、下限,且在所求和中当心它们的取舍.

例 1 求级数 $\sum_{n=1}^{\infty}n(x-1)^{n-1}$ 的和函数,其中 $0<x<2$.

解 将求和式逐项积分后再求导有

$$\sum_{n=1}^{\infty}n(x-1)^{n-1}=\left[\int_0^x\sum_{n=1}^{\infty}n(x-1)^{n-1}\mathrm{d}x\right]'=\left[\sum_{n=1}^{\infty}\int_0^x n(x-1)^{n-1}\mathrm{d}x\right]'=$$
$$\left[\sum_{n=1}^{\infty}(x-1)^n\right]'=\left[\frac{x-1}{1-(x-1)}\right]'=\frac{1}{(2-x)^2}$$

下面的例子我们前文已经讲过,那里是用逐项微分求得的,这里利用逐项积分求解,当然这之前还要对通项做某些必要的变形.

例 2 求级数 $\sum_{n=0}^{\infty}(2n+1)x^{2n+1}$ 的和函数,这里 $|x|<1$.

解 令 $S(x)=\sum_{n=0}^{\infty}(2n+1)x^{2n}$,$|x|<1$.将其逐项积分,而

$$\int_0^x S(x)\mathrm{d}x=\sum_{n=0}^{\infty}\int_0^x(2n+1)x^{2n}\mathrm{d}x=\sum_{n=0}^{\infty}x^{2n+1}=x\sum_{n=0}^{\infty}x^{2n}=\frac{x}{1-x^2}$$

故
$$S(x)=\left(\frac{x}{1-x^2}\right)'=\frac{1+x^2}{(1-x^2)^2}$$

则
$$\sum_{n=0}^{\infty}(2n+1)x^{2n+1}=xS(x)=\frac{x(1+x^2)}{(1-x^2)^2}$$

例 3 求幂级数 $\sum_{n=1}^{\infty}(-1)^{n-1}\frac{2n+1}{n}x^{2n}$ 在其收敛区间 $(-1,1)$ 内的和函数 $S(x)$.

解 先将求和式变形,再对其中某些项逐项积分有

$$S(x)=\sum_{n=1}^{\infty}(-1)^{n-1}\frac{2n+1}{n}x^{2n}=2\sum_{n=1}^{\infty}(-1)^{n-1}x^{2n}+2\sum_{n=1}^{\infty}(-1)^{n-1}\frac{1}{2n}x^{2n}=$$

$$2\left[1-\sum_{n=1}^{\infty}(-1)^{n-1}x^{2n}\right]+2\int_0^x\left[\sum_{n=1}^{\infty}(-1)^{n-1}x^{2n-1}\right]\mathrm{d}x=$$

$$2\left(1-\frac{1}{1+x^2}\right)+2\int_0^x\frac{x}{1+x^2}\mathrm{d}x=$$

$$2-\frac{x}{1+x^2}+\ln(1+x^2),\quad |x|<1$$

例4　求级数$\sum_{n=1}^{\infty}\frac{1}{2n}\left(\frac{3-x}{3-2x}\right)^{2n}$的和函数$S(x)$,这里$x<0$或$x>6$.

解　令$t=\frac{3-x}{3-2x}$,当$x<0$或$x>6$时,$|t|<1$.

由
$$\sum_{n=1}^{\infty}\frac{1}{2n}t^{2n}=\sum_{n=1}^{\infty}\left(\int_0^t t^{2n-1}\mathrm{d}t\right)=\int_0^t\left(\sum_{n=1}^{\infty}t^{2n-1}\right)\mathrm{d}t=\int_0^t t\left(\sum_{n=0}^{\infty}t^2n\right)\mathrm{d}t=\int_0^t\frac{t\mathrm{d}t}{1-t^2}=$$
$$-\frac{1}{2}\ln|1-t^2|$$

故
$$S(x)=-\frac{1}{2}\ln\left|1-\left(\frac{3-x}{3-2x}\right)^2\right|=-\frac{1}{2}\ln\left|\frac{3x(x-6)}{(3-2x)^2}\right|$$

当然还有一些级数求和需两次、三次、……逐项积分,目的是将通项中的某些系数化去.请看:

例5　求级数$\sum_{n=1}^{\infty}n(n+1)x^n$的和函数,这里$|x|<1$.

解　令
$$S(x)=\sum_{n=1}^{\infty}n(n+1)x^n,\quad |x|<1$$

而
$$\int_0^x S(x)\mathrm{d}x=\sum_{n=1}^{\infty}\int_0^x n(n+1)x^n\mathrm{d}x=\sum_{n=1}^{\infty}nx^{n+1}=x^2\sum_{n=1}^{\infty}nx^{n-1}$$

注意到
$$\int_0^x\sum_{n=1}^{\infty}nx^{n-1}\mathrm{d}x=\sum_{n=1}^{\infty}\int_0^x nx^{n-1}\mathrm{d}x=\sum_{n=1}^{\infty}nx^n=\frac{x}{1-x}$$

故
$$\int_0^x S(x)\mathrm{d}x=x^2\sum_{n=1}^{\infty}nx^{n-1}=x^2\left(\frac{x}{1-x}\right)'=\frac{x^2}{(1-x)^2}$$

从而
$$S(x)=\left[\frac{x^2}{(1-x)^2}\right]'=\frac{2x}{(1-x)^2},\quad |x|<1$$

有些数项级数的求和,是由某些幂级数逐项积分后再赋值而得到的.请看:

例6　求级数$\sum_{n=0}^{\infty}\frac{(-1)^{n+1}}{2n+1}$的和.

解　由级数$\sum_{n=0}^{\infty}(-1)^n x^{2n}=\frac{1}{1+x^2}(|x|<1)$.这样可有

$$\int_0^x\sum_{n=0}^{\infty}(-1)^n x^{2n}\mathrm{d}x=\sum_{n=0}^{\infty}\int_0^x(-1)^n x^{2n}\mathrm{d}x=\sum_{n=0}^{\infty}\frac{(-1)^n x^{2n+1}}{2n+1}$$

又
$$\int_0^x\frac{1}{1+x^2}\mathrm{d}x=\arctan x$$

故
$$\sum_{n=0}^{\infty}\frac{(-1)^n x^{2n+1}}{2n+1}=\arctan x,\quad |x|<1$$

当$x=1$时式左级数收敛,故
$$\sum_{n=0}^{\infty}\frac{(-1)^{n+1}}{2n+1}=\arctan 1=\frac{\pi}{4}$$

再来看一个证明题,它还与函数的 Taylor 展开有关.

例7　证明$\sum_{n=1}^{\infty}n^{-n}=\int_0^1 x^{-x}\mathrm{d}x$.

证 注意到将 x^{-x} 展成 Taylor 级数有

$$x^{-x}=\mathrm{e}^{-x\ln x}=1-x\ln x+\frac{(x\ln x)^2}{2!}+\cdots+\frac{(-x\ln x)^k}{k!}+\cdots$$

则 $$\int_0^1 x^{-x}\mathrm{d}x=\int_0^1\sum_{n=1}^{\infty}\frac{(-x\ln x)^k}{k!}\mathrm{d}x=\sum_{n=1}^{\infty}\int_0^1\frac{(-x\ln x)^k}{k!}\mathrm{d}x=\sum_{n=1}^{\infty}\frac{(-1)^k}{k!}\int_0^1 x^k\ln^k x\,\mathrm{d}x$$

记 $J_{k,m}=\int_0^1 x^k\ln^m x\,\mathrm{d}x$，这里 $k\geqslant 0,m\geqslant 0$ 整数. 由分部积分可推得当 $m\geqslant 1$ 时，$J_{k,m}=-\frac{m}{k+1}J_{k,m-1}$，且 $J_{k,0}=\frac{1}{k+1}$. 故

$$J_{kk}=\frac{(-1)^k k!}{(k+1)^{k+1}}\Rightarrow\int_0^1 x^{-x}\mathrm{d}x\sum_{n=1}^{\infty}\frac{1}{(k+1)^{k+1}}=\sum_{n=1}^{\infty}n^{-n}$$

6. 逐项微分、积分

有时在同一个级数求和式(多为函数项级数)中既需要逐项微分，又需要逐项积分，这往往是将一个级数求和问题化为两个级数求和问题时才会遇到(仍要当心积分上下限及和式中对它们的处理)，这里仅举两例说明.

例 1 求级数 $1+\sum_{n=1}^{\infty}\frac{x^{2n}}{2n}$ 的和函数，其中 $|x|<1$.

解 令 $S(x)=\sum_{n=1}^{\infty}\frac{x^{2n}}{2n}$，则考虑

$$[1+S(x)]'=\sum_{n=1}^{\infty}x^{2n-1}=x\sum_{n=0}^{\infty}x^{2n}=\frac{x}{1-x^2}$$

而 $f(0)=0$，则 $$f(x)=\int_0^x\frac{x}{1-x^2}\mathrm{d}x=-\frac{1}{2}\ln(1-x^2)$$

故 $$1+\sum_{n=1}^{\infty}\frac{x^{2n}}{2n}=1-\frac{1}{2}\ln(1-x^2),\quad |x|<1$$

例 2 求级数 $\sum_{n=1}^{\infty}\frac{n^2+1}{n}x^n$ 的和函数，这里 $|x|<1$.

解 注意到级数通项的下列变形、变换：

$$\sum_{n=1}^{\infty}\frac{n^2+1}{n}x^n=\sum_{n=1}^{\infty}nx^n+\sum_{n=1}^{\infty}\frac{1}{n}x^n=\sum_{n=1}^{\infty}(n+1)x^n-\sum_{n=1}^{\infty}x^n+\sum_{n=1}^{\infty}\frac{1}{n}x^n=$$

$$\left[\int_0^x\sum_{n=1}^{\infty}(n+1)x^n\mathrm{d}x\right]'-\frac{x}{1-x}+\int_0^x\left[\sum_{n=1}^{\infty}\frac{1}{n}x^n\right]'\mathrm{d}x=$$

$$(x^{n+1})'-\frac{x}{1-x}+\int_0^x\frac{1}{1-x}\mathrm{d}x=\frac{2x-x^2}{(1-x)^2}-\frac{x}{1-x}-\ln(1-x)=$$

$$\frac{1}{(1-x)^2}-\ln(1-x),\quad |x|<1$$

还有些级数求和问题，需要逐项微分两次、三次、…… 再逐次积分. 例如：

例 3 求级数 $\sum_{n=1}^{\infty}\frac{x^{2n}}{2n(2n-1)}$ 的和函数($|x|\leqslant 1$).

解 令 $S(x)=\sum_{n=1}^{\infty}\frac{x^{2n}}{2n(2n-1)}$，$|x|<1$，有 $S(0)=0$，又

$$S'(x)=\sum_{n=1}^{\infty}\frac{x^{2n-1}}{2n-1}$$

且 $S'(0)=0$，及 $$S''(x)=\sum_{n=1}^{\infty}x^{2n-2}=\frac{1}{1-x^2}$$

则 $S(x)=\int_0^x\left(\int_0^x \frac{1}{1-t^2}\mathrm{d}t\right)\mathrm{d}x=\int_0^x \frac{1}{2}\ln\frac{1+x}{1-x}\mathrm{d}x=\frac{1}{2}\left(\int_0^x \ln(1+x)\mathrm{d}x-\int_0^x \ln(1-x)\mathrm{d}x\right)=$

$$\frac{1}{2}\left(x\ln\frac{1+x}{1-x}+\ln(1-x^2)\right),\quad |x|<1$$

因而
$$S(\pm 1)=\sum_{n=1}^{\infty}\frac{1}{2n(2n-1)}=\sum_{n=1}^{\infty}(-1)^{n+1}\frac{1}{n}=\ln 2$$

例 4 求级数 $\sum\limits_{n=2}^{\infty}(-1)^n\frac{x^n}{n(n-1)}$ 的和函数,其中 $|x|<1$.

解 令 $S(x)=\sum\limits_{n=2}^{\infty}(-1)^n\frac{x^n}{n(n-1)}$, $|x|<1$. 则

$$S'(x)=\sum_{n=2}^{\infty}(-1)^n\frac{x^{n-1}}{n-1}$$

且
$$S''(x)=\sum_{n=2}^{\infty}(-1)^n x^{n-2}=\sum_{n=0}^{\infty}(-1)^n x^n=\frac{1}{1+x}$$

故
$$S(x)=\int_0^x\left(\int_0^x\frac{\mathrm{d}t}{1+t}\right)\mathrm{d}x=\int_0^x\ln(1+x)\mathrm{d}x=(x+1)\ln(1+x)-x$$

注 1 本题亦可用例 2 的方法去解,即将 $\sum\limits_{n=2}^{\infty}(-1)^n\frac{x^n}{n(n-1)}$ 拆成两个级数,然后分别去求和.

注 2 对于级数 $\sum(-1)^n\frac{x^{\alpha n}}{n(n+1)}$($\alpha$ 为给定常数)的求和问题,可先令 $t=x^{\alpha}$,则级数可化为

$$\sum(-1)^n\frac{t^n}{n(n+1)}$$

形式,求和后再将 $t=x^{\alpha}$ 代回.

注 3 因为微分、积分是一对互逆运算,因而它们往往可彼此看作**反问题**. 比如本例便可视为求级数 $\sum n(n+1)x^n$ 和的反问题.

7. 通过函数展开法

数项级数的求和问题,除了直接方法(如利用定义、通项变形等),多是通过函数幂级数或 Fourier 级数展开后赋值而得到. 关于幂级数展开后赋值问题我们前面已有介绍,下面再来看两个例子(当然它们常与幂级数逐项微分、积分技巧配合使用).

例 1 求级数 $\sum\limits_{n=1}^{\infty}\frac{1}{n\cdot 3^n}$ 的和.

解 作 $S(x)=\sum\limits_{n=1}^{\infty}\frac{x^n}{n}$,再将其逐项求导可有

$$S'(x)=\sum_{n=1}^{\infty}x^{n-1}=\frac{1}{1-x}$$

这样
$$S(x)=\int_0^x\frac{\mathrm{d}x}{1-x}=-\ln(1-x),\quad |x|<1$$

再令 $x=\frac{1}{3}$,则
$$\sum_{n=1}^{\infty}\frac{1}{n\cdot 3^n}=-\ln\left(1-\frac{1}{3}\right)=-\ln\frac{2}{3}=\ln\frac{3}{2}$$

例 2 求级数 $\sum\limits_{n=1}^{\infty}\frac{2n-1}{2^n}$ 的和.

解 作 $S(x)=\sum\limits_{n=0}^{\infty}(2n+1)x^{2n}$, $|x|<1$. 而

$$\int_0^x S(x)\mathrm{d}x=\int_0^x\sum_{n=0}^{\infty}(2n+1)x^{2n}\mathrm{d}x=\sum_{n=0}^{\infty}x^{2n+1}=\frac{x}{1-x^2}$$

故 $S(x)=\left(\dfrac{x}{1-x^2}\right)'=\dfrac{1+x^2}{(1-x^2)^2}$. 取 $x=\dfrac{1}{\sqrt{2}}$,则有

$$\sum_{n=1}^{\infty}\frac{2n-1}{2^n}=\frac{1}{2}\sum_{n=0}^{\infty}(2n+1)\left(\frac{1}{\sqrt{2}}\right)^{2n}=\frac{1}{2}S\left(\frac{1}{\sqrt{2}}\right)=\frac{1}{2}\cdot\frac{1+\frac{1}{2}}{\left(1-\frac{1}{2}\right)^2}=3$$

利用函数的 Fourier 展开再赋值是求数项级数和的一个重要手段. 这方面例子很多,我们后文也还会遇到,这里仅举几例说明.

例 3 试利用函数 $f(x)=|x|\ (-\pi\leqslant x\leqslant\pi)$ 的 Fourier 展开,求下面级数(1) $\sum\limits_{n=1}^{\infty}\dfrac{1}{(2n)^2}$;(2) $\sum\limits_{n=1}^{\infty}(-1)^{n-1}\dfrac{1}{n^2}$ 的和.

解 $f(x)$ 在$[-\pi,\pi]$上为偶函数,容易求得 Fourier 展开式为

$$|x|=\frac{\pi}{2}-\frac{\pi}{4}\sum_{n=1}^{\infty}\frac{1}{(2n-1)^2}\cos(2n-1)x,\quad |x|\leqslant\pi$$

(1) 由题设知当 $x=0$ 时,$f(0)=0$,这样可有

$$S_1=\sum_{n=1}^{\infty}\frac{1}{(2n-1)^2}=\frac{\pi^2}{8}$$

令 $S_2=\sum\limits_{n=1}^{\infty}\dfrac{1}{(2n)^2}$,且 $S=\sum\limits_{n=1}^{\infty}\dfrac{1}{n^2}$,则 $S_1+S_2=S$.

又由 $S_2=\dfrac{1}{4}S=\dfrac{1}{4}(S_1+S_2)$,故有

$$S_2=\sum_{n=1}^{\infty}\frac{1}{(2n)^2}=\frac{1}{3}S_1=\frac{\pi^2}{24}$$

(2) 由上面结论及 $S=4S_2$,知 $S=\dfrac{\pi^2}{6}$. 则

$$S_3=\sum_{n=1}^{\infty}(-1)^{n-1}\frac{1}{n^2}=2S_1-S=2\cdot\frac{\pi^2}{8}-\frac{\pi^2}{6}=\frac{\pi^2}{12}$$

注 本题可由 $f(x)=x^2$ 在$[-\pi,\pi]$上的 Fourier 展开求 S,S_1,S_2,S_3. 又下面问题是(2)的变形:

问题 证明 $\sum\limits_{n=1}^{\infty}\dfrac{(-1)^n}{n^2}\cos nx=\dfrac{\pi^2}{12}-\dfrac{x^2}{4}$,$x\in[-\pi,\pi]$,且由此求 $\sum\limits_{n=1}^{\infty}\dfrac{(-1)^n}{n^2}$.

例 4 将 $f(x)=x^3\ (0\leqslant x\leqslant\pi)$ 展成余弦函数,且由此计算 $\sum\limits_{n=1}^{\infty}\dfrac{1}{n^4}$.

解 将 $f(x)$ 作偶延拓,则可算得

$$x^3=\frac{\pi^3}{4}+\sum_{n=1}^{\infty}\frac{2}{\pi}\left[\frac{2}{n^4}+(-1)^n\left(\frac{3\pi^2}{n^2}-\frac{6}{n^4}\right)\right]\cos nx,\quad 0\leqslant x\leqslant\pi$$

当 $x=0$ 时,可算得

$$\frac{24}{\pi}\sum_{n=1}^{\infty}\frac{1}{(2n-1)^4}=-\frac{\pi^3}{4}+6\pi\sum_{n=1}^{\infty}(-1)^{n-1}\frac{1}{n^2}\tag{*}$$

而注意到 $\sum\limits_{n=1}^{\infty}(-1)^{n-1}\dfrac{1}{n^2}=\dfrac{\pi^2}{12}$,代入(*)式可有

$$S_1=\sum_{n=1}^{\infty}\frac{1}{(2n-1)^4}=\frac{\pi^4}{96}$$

再注意到 $S_2=\sum\limits_{n=1}^{\infty}\dfrac{1}{(2n)^4}=\dfrac{1}{16}\sum\limits_{n=1}^{\infty}\dfrac{1}{n^4}$,若令 $S=\sum\limits_{n=1}^{\infty}\dfrac{1}{n^4}$,则

$$S = S_1 + S_2 = S_1 + \frac{S}{16}$$

由之有
$$S = \frac{16}{15}S_1 = \frac{16}{15} \cdot \frac{\pi^4}{96} = \frac{\pi^4}{90}$$

有些数项(或函数)级数除了用Fourier展开赋值后求值(或表达式)外,有些还考虑逐项微分或积分等.请看:

例5 由求证$\frac{\pi - x}{2} = \sum_{n=1}^{\infty} \frac{\sin nx}{n}$求$\sum_{n=1}^{\infty} \frac{\cos nx}{n^2}$的和$\left(这里假定已知\sum_{n=1}^{\infty} \frac{1}{n^3} = \frac{\pi^2}{6}\right)$.

解 对任意$x \in (0, 2\pi)$,将题设等式两边从0到x积分

$$\int_0^x \frac{\pi - t}{2} dt = \sum_{n=1}^{\infty} \int_0^x \frac{\sin nt}{n} dt = \sum_{n=1}^{\infty} \frac{-\cos nt}{n^2} \Big|_0^x = \sum_{n=1}^{\infty} \frac{1 - \cos nt}{n^2} =$$
$$\sum_{n=1}^{\infty} \frac{1}{n^2} - \sum_{n=1}^{\infty} \frac{\cos nx}{n^2} = \frac{\pi^2}{6} - \sum_{n=1}^{\infty} \frac{\cos nx}{n^2}$$

而
$$\int_0^x \frac{\pi - t}{2} dt = \left[\frac{\pi t}{2} - \frac{t^2}{4}\right]_0^x = \frac{\pi x}{2} - \frac{x^2}{4}$$

从而
$$\sum_{n=1}^{\infty} \frac{\cos nx}{n^2} = \frac{x^2}{4} - \frac{\pi x}{2} + \frac{\pi^2}{6}, \quad x \in (0, 2\pi)$$

例子就举到这里,对于一些常见数项级数利用函数展开求和问题及结论可见表5:

表5

被展函数	展开内容	级数求和
$\ln x$	$x - 1$	$\sum_{n=1}^{\infty} \frac{(-1)^{n+1}}{n} = \ln 2$
$\arcsin x$	x	$1 + \sum_{n=0}^{\infty} \frac{1}{2n+1} \cdot \frac{(2n-1)!!}{(2n)!!} = \frac{\pi}{2}$
$\arccos x$	x	同上
$\arctan x$	x	$\sum_{n=0}^{\infty} \frac{1}{(4n+1)(4n+3)} = \frac{\pi}{8}$
$\frac{1}{\sqrt{1+x}}$	x	$1 + \sum_{n=1}^{\infty} (-1)^n \frac{(2n-1)!!}{(2n)!!} = \frac{1}{\sqrt{2}}$
$\frac{1}{1-x}$	x (且逐项积分)	$\sum_{n=1}^{\infty} \frac{1}{n \cdot 3^n} = \ln \frac{3}{2}$
$\frac{1}{1+x}$	x (且逐项微分两次)	$\sum_{n=1}^{\infty} (-1)^n \frac{n(n+1)}{2^n} = -\frac{8}{27}$
$\frac{1}{1-x^2}$	x (且逐项积分两次)	$\sum_{n=1}^{\infty} \frac{1}{2n(2n-1)} = \ln 2$
$\frac{1}{1+x^2}$	x (且逐项微分)	$\sum_{n=1}^{\infty} \frac{(-1)^{n+1}}{2n-1} = \frac{\pi}{4}$
$\frac{1}{1-x^2}$	x (且逐项微分)	$\sum_{n=1}^{\infty} \frac{2n-1}{2^n} = 3$
$\frac{1}{(1-x)^2}$	x (且逐项积分)	$\sum_{n=1}^{\infty} (-1)^{n-1} \frac{n^2}{2^{n-1}} = \frac{4}{27}$
$\frac{1}{1+x^3}$	x (且逐项积分)	$\sum_{n=0}^{\infty} \frac{(-1)^n}{3n+1} = \frac{1}{2}\ln 2 + \frac{\pi}{3\sqrt{3}}$

续表 5

被展函数	展开内容	级数求和
$\dfrac{e^x-1}{x}$	x（且逐项微分）	$\sum_{n=1}^{\infty}\dfrac{n}{(n+1)!}=1$
x^2 或 $\lvert x\rvert$	正弦函数	$\sum_{n=1}^{\infty}\dfrac{1}{n^2}=\dfrac{\pi^2}{6}$
同上	余弦函数	$\sum_{n=1}^{\infty}\dfrac{(-1)^{n+1}}{n^2}=\dfrac{\pi^2}{12}$
同上	Fourier 级数	$\sum_{n=1}^{\infty}\dfrac{1}{(2n-1)^2}=\dfrac{\pi^2}{8}$
x^2	Fourier 级数	$\sum_{n=1}^{\infty}\dfrac{(-1)^{n+1}}{(2n-1)^3}=\dfrac{\pi^2}{32}$
x^2	余弦函数	$\sum_{n=1}^{\infty}\dfrac{1}{n^4}=\dfrac{\pi^4}{90}$，$\sum_{n=1}^{\infty}\dfrac{1}{(2n)^4}=\dfrac{1}{2^4}\cdot\dfrac{\pi^4}{90}$ $\sum_{n=1}^{\infty}\dfrac{1}{(2n-1)^4}=\dfrac{\pi^4}{96}$，$\sum_{n=1}^{\infty}\dfrac{(-1)^{n+1}}{n^4}=\dfrac{7\pi^4}{720}$
$\operatorname{sgn}x=\begin{cases}-1, & x<0\\ 0, & x=0\\ 1 & x>0\end{cases}$	Fourier 级数	$\sum_{n=1}^{\infty}\dfrac{1}{(2n-1)^2}=\dfrac{\pi^2}{8}$，$\sum_{n=1}^{\infty}\dfrac{(-1)^{n-1}}{2n-1}=\dfrac{\pi}{4}$
e^x	Fourier 级数	$\dfrac{1}{2}+\sum_{n=1}^{\infty}\dfrac{1}{1+n^2}=\dfrac{\pi}{2}\operatorname{cth}\pi$

8. 利用定积分的性质

积分概念实际上可视为无穷级数求和概念的拓广，但相对来说，定积分较无穷级数好处理，因而有些级数求和问题可化为定积分问题去考虑(这类问题我们在前文“求各类极限的方法”已有介绍)，但它多与定积递推公式有关. 请看：

例 求级数 $\sum_{n=1}^{\infty}\dfrac{(-1)^{n-1}}{n}$ 的和.

解 令积分 $I_n=\int_0^1\dfrac{x^n}{1+x}\mathrm{d}x$，考虑到

$$I_n+I_{n-1}=\int_0^1\frac{x^n+x^{n-1}}{1+x}\mathrm{d}x=\int_0^1 x^{n-1}\mathrm{d}x=\frac{1}{n}$$

当 $0\leqslant x\leqslant 1$ 时，由于 $x^n\leqslant x^{n-1}$，故 $I_n\leqslant I_{n-1}$.

于是 $2I_n\leqslant I_n+I_{n-1}=\dfrac{1}{n}$，即 $I_n\leqslant\dfrac{1}{2n}$. 又 $2I_n\geqslant I_{n+1}+I_n=\dfrac{1}{n+1}$，即 $I_n\geqslant\dfrac{1}{2n+2}$.

综合上两式有 $\dfrac{1}{2n+2}\leqslant I_n\leqslant\dfrac{1}{2n}(n\geqslant 1)$，故 $\lim\limits_{n\to\infty}I_n=0$. 再者递推地可有

$$I_n=(-1)^{n-1}\sum_{n=1}^{\infty}\frac{(-1)^{n-1}}{n}-(-1)^{n-1}I_0 \tag{*}$$

又

$$I_0=\int_0^1\frac{\mathrm{d}x}{1+x}=\ln(1+x)\Big|_0^1=\ln 2$$

将(*)式两边取极限($n\to\infty$)，且注意 $I_n\to 0(n\to\infty)$，则

$$\sum_{n=1}^{\infty}\frac{(-1)^{n-1}}{n}=\lim_{n\to\infty}[I_0+(-1)^{n-1}I_n]=I_0=\ln 2$$

9. 化为微分方程解

有些函数项级数的和函数经过微分后，再与原来级数作某种运算后，可得到一个简单的代数式，这就是说它们可以组成一个简单的微分方程，如是，级数求和问题即可化为微分方程求解问题. 请看：

例 1 求 $\sum_{n=0}^{\infty}\frac{x^{2n}}{(2n)!}$ 的和函数($-\infty<x<+\infty$).

解 设和函数 $S(x)=\sum_{n=0}^{\infty}\frac{x^{2n}}{(2n)!}$，考虑到

$$S'(x)=\sum_{n=1}^{\infty}\frac{x^{2n-1}}{(2n-1)!}=\sum_{n=0}^{\infty}\frac{x^{2n+1}}{(2n+1)!}$$

则
$$S(x)+S'(x)=\sum_{n=0}^{\infty}\frac{x^{2n}}{(2n)!}+\sum_{n=0}^{\infty}\frac{x^{2n+1}}{(2n+1)!}=\sum_{n=0}^{\infty}\frac{x^n}{n!}=e^x$$

这是一个微分方程，解之有

$$S(x)=e^{-\int dx}\left[\int e^x e^{\int dx}dx+C\right]=\frac{1}{2}e^x+Ce^{-x}\quad（当心常数 C）$$

又 $S(0)=1$，则 $C=\frac{1}{2}$. 这样可有 $S(x)=\frac{1}{2}(e^x+e^{-x})=\text{ch }x$.

注 试问类似问题如何求 $\sum_{n=0}^{\infty}\frac{x^{\alpha_n}}{n!}$（$\alpha$ 为常数）的和？前文我们已经强调，利用代换 $t=x^\alpha$，将其化为常见级数求和型处理.

例 2 求级数 $\sum_{n=0}^{\infty}\frac{x^{2n+1}}{(2n+1)!!}$ 的和函数.

解 设和函数 $S(x)=\sum_{n=0}^{\infty}\frac{x^{2n+1}}{(2n+1)!!}$，考虑到

$$S'(x)=1+\sum_{n=1}^{\infty}\frac{x^{2n}}{(2n-1)!!}=1+x\sum_{n=1}^{\infty}\frac{x^{2n-1}}{(2n-1)!!}=1+xS(x)$$

即 $S'(x)-xS(x)=1$，且 $S(0)=0$. 解此微分方程，故

$$S(x)=e^{\int_0^x x\,dx}\int_0^x e^{-\int_0^x x\,dx}dx=e^{\frac{x^2}{2}}\int_0^x e^{-\frac{x^2}{2}}dx$$

例 3 求级数 $\sum_{n=0}(-1)^n\frac{x^{2n}}{(2n)!}$ 的和函数 $S(x)$.

解 级数逐项求导有 $S'(x)=\sum_{n=1}^{\infty}(-1)^n\frac{x^{2n-1}}{(2n-1)!}$，逐项再求导

$$S''(x)=\sum_{n=1}^{\infty}(-1)^n\frac{x^{2n-2}}{(2n-2)!}=-\sum_{n=0}^{\infty}(-1)^n\frac{x^{2n}}{(2n)!}=-S(x)$$

则 $S''(x)+S(x)=0$，且 $S(0)=0$，$S'(0)=1$. 解此阶微分方程.

故 $S(x)=c_1\cos x+c_2\sin x$，注意到定解(初始)条件有 $c_1=1$，$c_2=0$. 从而

$$S(x)=\sum_{n=0}^{\infty}(-1)^n\frac{x^{2n}}{(2n)!}=\cos x$$

例 4 设级数 $\sum_{n=0}^{\infty}a_nx^n$ 当 $n>1$ 时：$a_{n-2}-n(n-1)a_n=0$，且 $a_0=4$，$a_1=1$. 求该级数和.

解 令 $S(x)=\sum_{n=0}^{\infty}a_nx^n$，而 $S'(x)=\sum_{n=1}^{\infty}na_nx^{n-1}$

且
$$S''(x)=\sum_{n=2}^{\infty}n(n-1)a_nx^{n-2}\tag{*}$$

又
$$S(x)=\sum_{n=0}^{\infty}a_nx^n=\sum_{n=2}^{\infty}a_{n-2}x^{n-2} \qquad (**)$$

由式(*)减式(**),且注意到 $a_{n-2}-n(n-1)a_n=0$,可得微分方程 $S''(x)-S(x)=0$.

由方程解得
$$S(x)=c_1\mathrm{e}^x+c_2\mathrm{e}^{-x}$$

因而 $S'(x)=c_1\mathrm{e}^x-c_2\mathrm{e}^{-x}$,又 $S(0)=a_0=4$,$S'(0)=a_1=1$ 代入上两式有
$$c_1+c_2=4 \quad 且 \quad c_1-c_2=1$$

解得 $c_1=\dfrac{5}{2}$,$c_2=\dfrac{3}{2}$. 故 $\sum\limits_{n=0}^{\infty}a_nx^n=\dfrac{5}{2}\mathrm{e}^x+\dfrac{3}{2}\mathrm{e}^{-x}$.

10. 利用无穷级数的乘积

有些级数可以视为两个无穷级数的乘积,这时便可将所求级数和问题化为先求两个级数积(当然它们应该好求),再计算它们的乘积. 当然这基于下面的结论:

命题 1 若级数 $\sum a_n$ 与 $\sum b_n$ 均收敛,又 $\sum c_n$ 也收敛,其中 $c_n=a_nb_n+a_1b_{n-1}+\cdots+a_nb_0$,则 $\sum c_n=\sum a_n\cdot\sum b_n$.

命题 2 若 $\sum a_n$,$\sum b_n$ 都收敛,且至少其中之一绝对收敛,则 $\sum c_n$ 收敛于 $\sum a_n\cdot\sum b_n$.

它们也多在求函数项级数和时遇到,下面仅举几例说明.

例 1 求级数 $\sum\limits_{n=1}^{\infty}\left(1+\dfrac{1}{2}+\dfrac{1}{3}+\cdots+\dfrac{1}{n}\right)x^n$ 的和函数 $S(x)$,其中 $|x|<1$.

解 考虑级数 $\sum\limits_{n=0}^{\infty}x^n=\sum\limits_{n=0}^{\infty}a_n(x)$ 为绝对收敛于区间 $|x|<1$,且级数 $\sum\limits_{n=1}^{\infty}\dfrac{x^n}{n}=\sum\limits_{n=0}^{\infty}b_n(x)$ 亦收敛于区间 $|x|<1$.

又设
$$c_n(x)=1\cdot\frac{x^n}{n}+x\cdot\frac{x^{n-1}}{n-1}+\cdots+x^{n-1}\cdot x+x^n\cdot 0=\left(1+\frac{1}{2}+\cdots+\frac{1}{n}\right)x^n$$

则
$$\sum_{n=1}^{\infty}c_n(x)=\left[\sum_{n=0}^{\infty}a_n(x)\right]\cdot\left[\sum_{n=0}^{\infty}b_n(x)\right]$$

再由
$$\sum_{n=0}^{\infty}x^n=\frac{1}{1-x},\ \sum_{n=1}^{\infty}\frac{x^n}{n}=-\ln(1-x)$$

故
$$S(x)=\sum_{n=1}^{\infty}c_n(x)=-\frac{\ln(1-x)}{1-x}=\frac{\ln(1-x)}{x-1}$$

再来看一个与调和级数项有关的函数级数的例子.

例 2 求无穷级数 $\sum\limits_{n=1}^{\infty}(-1)^{n-1}\left(1+\dfrac{1}{3}+\dfrac{1}{5}+\cdots+\dfrac{1}{2n-1}\right)\dfrac{x^{2n}}{n}$ 的和函数 $S(x)$,其中 $|x|<1$.

解 注意到下面的式子变形及关系

$$\sum_{n=1}^{\infty}(-1)^{n-1}\left(1+\frac{1}{3}+\frac{1}{5}+\cdots+\frac{1}{2n-1}\right)\frac{x^n}{n}=$$

$$\sum_{n=1}^{\infty}(-1)^{n-1}\left[\left(\frac{1}{2n-1}+\frac{1}{1}\right)\frac{1}{2n}+\left(\frac{1}{2n-3}+\frac{1}{3}\right)\frac{1}{2n}+\cdots+\left(\frac{1}{1}+\frac{1}{2n-1}\right)\frac{1}{2n}\right]x^{2n}=$$

$$\sum_{n=1}^{\infty}(-1)^{n-1}\left[\frac{1}{(2n-1)\cdot 1}+\frac{1}{(2n-3)\cdot 3}+\cdots+\frac{1}{1\cdot(2n-1)1}\right]x^{2n}=$$

$$\left(\sum_{n=1}^{\infty}(-1)^{n-1}\frac{x^{2n-1}}{2n-1}\right)\left(\sum_{n=1}^{\infty}(-1)^{n-1}\frac{x^{2n-1}}{2n-1}\right)=(\arctan x)^2$$

这里只需注意到下面的变形

$$\frac{1}{(2n-1)\cdot 1}+\frac{1}{(2n-3)\cdot 3}+\cdots+\frac{1}{1\cdot(2n-1)}=$$

$$\frac{1}{2n}\left(\frac{1}{1}+\frac{1}{2n-1}\right)+\frac{1}{2n}\left(\frac{1}{3}+\frac{1}{2n-3}\right)+\cdots+\frac{1}{2n}\left(\frac{1}{2n-1}+\frac{1}{1}\right)=$$

$$\frac{1}{2n}\left(1+\frac{1}{3}+\frac{1}{5}+\cdots+\frac{1}{2n-1}\right)$$

有时某些无穷级数可利用某些常见函数级数和式将其化为一个函数式与一个无穷级数的乘积形式，这常可利用一些现成的结论而使问题化简. 例如：

例 3 求级数$\sum_{n=0}^{\infty}\left[\sin\frac{2(n+1)\pi}{3}\right]x^n$ 的和函数$S(x)$，这里$|x|<1$.

解 注意级数通项及和式的下面变形：

$$S(x)=\frac{\sqrt{3}}{2}\left\{\frac{2}{\sqrt{3}}\sum_{n=0}^{\infty}\left[\sin\frac{2(n+1)\pi}{3}\right]x^n\right\}=$$

$$\frac{\sqrt{3}}{2}(1-x+x^3-x^4+x^6-x^7+x^9-x^{10}+x^{12}-x^{13}+\cdots)=$$

$$\frac{\sqrt{3}}{2}[(1-x)+(x^3-x^4)+(x^6-x^7)+(x^9-x^{10})+(x^{12}-x^{13})+\cdots]=$$

$$\frac{\sqrt{3}}{2}[(1-x)(1+x^3+x^6+x^9+x^9+\cdots)]=$$

$$\frac{\sqrt{3}}{2}(1-x)\cdot\frac{1}{1-x^3}=\frac{\sqrt{3}}{2}\cdot\frac{1-x}{1-x^3}=\frac{\sqrt{3}}{2(1+x+x^2)}$$

11. 利用 Euler 公式 $e^{i\theta}=\cos\theta+i\sin\theta$

Euler 公式 $e^{i\theta}=\cos\theta+i\sin\theta$，常可使用某些含有三角函数的级数求和问题，转化为幂级数问题，这在有些时候是方便的. 下面看一个例子.

例 求级数(1)$\sum_{n=0}^{\infty}\frac{2^{\frac{n}{2}}}{n!}\left(\cos\frac{n\pi}{4}\right)x^n$；(2)$\sum_{n=1}^{\infty}\frac{2^{\frac{n}{2}}}{n!}\left(\sin\frac{n\pi}{4}\right)x^n$ 的和函数(这里$|x|<+\infty$).

解 考虑等式
$$e^x(\cos x+i\sin x)=e^x\cdot e^{ix}=e^{(1+i)x}$$

又
$$e^{(1+i)x}=\sum_{n=0}^{\infty}\frac{1}{n!}[(1+i)x]^n=\sum_{n=0}^{\infty}\frac{x^n}{n!}(1+i)^n=\sum_{n=0}^{\infty}\frac{1}{n!}\left[\sqrt{2}\left(\cos\frac{\pi}{4}+i\sin\frac{\pi}{4}\right)\right]^n=$$

$$\sum_{n=0}^{\infty}\frac{x^n}{n!}2^{\frac{n}{2}}\left(\cos\frac{n\pi}{4}+i\sin\frac{\pi}{4}\right)$$

比较两边虚实部可有(1)$\sum_{n=0}^{\infty}\frac{2^{\frac{n}{2}}}{n!}\left(\cos\frac{n\pi}{4}\right)x^n=e^n\cos x$；(2)$\sum_{n=1}^{\infty}\frac{2^{\frac{n}{2}}}{n!}\left(\sin\frac{n\pi}{4}\right)x^n=e^n\sin x$.

注 由Euler公式可有$e^{i\pi}+1=0$，此式将数学中最重要的几个常数e，π，i，1，0统一在一个式子中，不能不说是奇迹.

12. 利用母函数

利用母函数求一些数项级数和有时也很巧，这类问题多与组合数 C_m^n 等有关，特别是对于一些通项有递推关系的级数更是如此. 请看

例 求$S_n=\sum_{k=0}^{\infty}(-4)^k C_{n+k}^{2k}$，这里$C_m^n$是组合符号.

解 由设易发现$S_0=1$，$S_1=-3$，且$S_n=-2S_{n-1}-S_{n-2}(n\geqslant 2)$.

考察函数$F(x)=\sum_{k=0}^{\infty}S_k x^k$，于是有$2xF(x)=2\sum_{k=0}^{\infty}S_k x^{k+1}$，且$x^2F(x)=\sum_{k=0}^{\infty}S_k x^{k+2}$，三式两边相加，且注意到$S_n+2S_{n-1}+S_{n-2}=0$有

$$(1+2x+x^2)F(x)=S_0+(S_1+2S_0)x$$

即
$$F(x)=\frac{1-x}{(1+x)^2}$$

再注意到$\frac{1}{1+x}=\sum_{n=0}^{\infty}(-1)^n x^n$,两边求导有

$$\frac{-1}{(1+x)^2}=\sum_{n=0}^{\infty}(-1)^n n x^{n-1}$$

从而
$$F(x)=(x-1)\sum_{n=0}^{\infty}(-1)^n n x^{n-1}=\sum_{n=0}^{\infty}(-1)^n n x^n-\sum_{n=1}^{\infty}(-1)^n n x^{n-1}=$$
$$\sum_{n=0}^{\infty}(-1)^n n x+\sum_{n=0}^{\infty}(-1)^{n+1}(n+1)x^n=\sum_{n=0}^{\infty}(-1)^n(2n+1)x^n$$

而 S_n 即 $F(x)$ 中 x^n 系数,从而 $S_n=(-1)^n(2n+1)$.

综上我们可有下面的级数求和方法小结,见图 3.

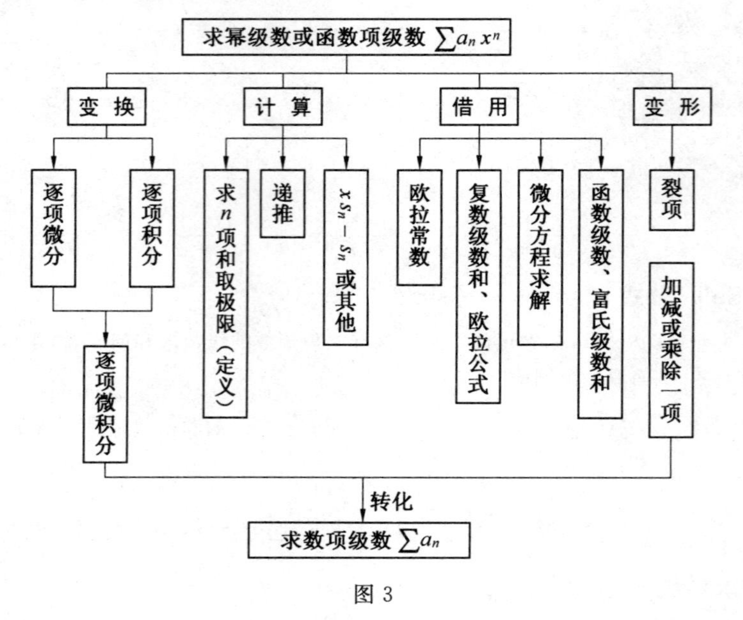

图 3

四、函数的级数展开方法

函数的级数展开是与级数求和(函数)关系是互逆的,它其实可视为级数求和的**反问题**:

$$\text{级数}\sum_{n=1}^{\infty}a_n(x)\xrightleftharpoons[\text{展开}]{\text{求和}}\text{和函数 } f(x)$$

因而级数求和的不少方法,可在求函数的级数展开中得以启发和借鉴.

函数的级数展开通常有两种:幂级数展开和 Fourier 展开.下面我们分别谈谈这两种级数展开.

(一)函数的幂级数展开

函数的幂级数展开大致可分两种方法:

(1) 直接方法:利用函数的 Taylor 展开.

(2) 间接方法:将所求函数的展开问题化为常见函数的幂级数展开.

具体方法、步骤可见图 4:

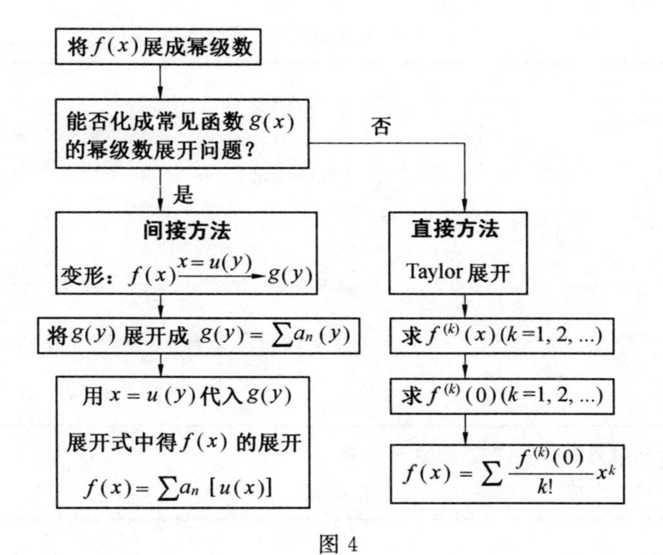

图 4

1. 直接方法

我们先谈谈直接方法. 用直接方法求函数的级数展开使用并不多，因为这要求函数的高阶导数，但倘若函数的高阶导数易求或在不能使用间接展开的情况下，只好使用该法. 请看：

例 1 将 $f(x)=x^3$ 展成 $x+1$ 的级数.

解 由 $f(x)=x^3$，$f'(x)=3x^2$，$f''(x)=6x$，$f'''(x)=6$，$f^{(n)}(x)=0$，$n\geqslant 4$

又 $f(-1)=-1$，$f'(-1)=3$，$f''(-1)=-6$，$f'''(-1)=6$，$f^{(n)}(-1)=0$，$n\geqslant 4$

故
$$f(x)=f(-1)+f'(-1)\cdot\frac{x+1}{1!}+f''(-1)\cdot\frac{(x+1)^2}{2!}+f'''(-1)\cdot\frac{(x+1)^3}{3!}=$$
$$-1+3(x+1)-3(x+1)^2+(x+1)^3$$

注 它还可以用下面代数式变形的初等方法展开，即
$$x^3=[(x+1)-1]^3=(x+1)^3+3(x+1)^2\cdot(-1)+3(x+1)\cdot(-1)^2+(-1)^3=$$
$$-1+3(x+1)-3(x+1)^2+(x+1)^3$$

例 2 将 $f(x)=x\cdot 2^x-1$ 展成 x 的幂级数.

解 容易求出 $f(x)$ 的各阶导数分别为
$$f'(x)=2^x+x2^x\ln 2,\quad f''(x)=2\cdot 2^x\ln 2+x2^x(\ln 2)^2$$
$$f'''(x)=3\cdot 2^x(\ln 2)^2+x2^x(\ln 2)^3,\cdots$$

归纳地可有
$$f^{(n)}(x)=2x^n[(\ln 2)^{n-1}+x(\ln 2)^n],\quad n=1,2,3,\cdots$$

故 $f(0)=-1$，$f'(0)=1$，$f''(0)=2\ln 2,\cdots$，$f^{(n)}(0)=n(\ln 2)^{n-1}$，$\cdots$

从而
$$f(x)=-1+x+\frac{\ln 2}{1!}x^2+\cdots+\frac{(\ln 2)^{n+2}}{(n-1)!}x^{n+3}+\cdots$$

当然容易验证其余项
$$R_n(x)=\frac{f^{(n+1)}(\xi)x^{n+1}}{(n+1)!}\to 0\quad（当 n\to\infty 时）$$

2. 间接方法

下面我们来谈谈间接方法. 间接方法即利用已知函数的幂级数展开求函数级数展开的方法（当然这之前要将函数实施某些变形）. 常用的已知展开式有：

表 6(1)

$$e^x=1+x+\frac{x^2}{2!}+\frac{x^3}{3!}+\cdots+\frac{x^n}{n!}+\cdots,\quad -\infty<x<+\infty$$

$$\sin x=x-\frac{x^3}{3!}+\cdots+(-1)^{n-1}\frac{x^{2n-1}}{(2n-1)!}+\cdots,\quad -\infty<x<+\infty$$

$$\cos x=1-\frac{x^2}{2!}+\cdots+(-1)^n\frac{x^{2n}}{(2n)!}+\cdots,\quad -\infty<x<+\infty$$

$$(1+x)^m=1+mx+\frac{m(m-1)}{2!}x^2+\cdots+\frac{m(m-1)\cdots(m-n+1)}{n!}x^n+\cdots$$

($-1<x<1$,$x=\pm1$ 的情况见表 6(2))*

$$\ln(1+x)=x-\frac{x^2}{2}+\frac{x^3}{3}-\cdots+(-1)^{n-1}\frac{x^n}{n},\quad -1<x\leqslant 1$$

* $(1+x)^m$ 在区间端点 $x=\pm1$ 敛散情况见表 6(2).

表 6(2)

$x=1$			$x=-1$	
$m>0$	$-1<m<0$	$m\leqslant-1$	$m>0$	$m<0$
绝对收敛	非绝对收敛	发　散	绝对收敛	发　散

(1) 展为 x 的幂级数

我们先来看函数为 x 的幂级数问题.

例 1　将 $f(x)=\dfrac{2x}{4-x^2}$ 展成 x 的幂级数.

解　由 $\dfrac{2x}{4-x^2}=\dfrac{x}{2}\cdot\dfrac{1}{1-\left(\dfrac{x}{2}\right)^2}$ 及无穷递缩等比数列和公式(递向使用)故有

$$\frac{2x}{4-x^2}=\frac{x}{2}\left[1+\left(\frac{x}{2}\right)^2+\left(\frac{x}{2}\right)^4+\cdots\right]=\frac{x}{2}+\left(\frac{x}{2}\right)^3+\left(\frac{x}{2}\right)^5+\cdots,\quad |x|<2$$

例 2　将 $f(x)=\dfrac{x}{1+x-2x^2}$ 展成 x 的幂级数.

解　由 $\dfrac{x}{1+x-2x^2}=\dfrac{1}{3}\left(\dfrac{1}{1-x}-\dfrac{1}{1+2x}\right)$,注意到 $\dfrac{1}{1-q}$ 的展开式. 故有

$$\frac{x}{1+x-2x^2}=\frac{1}{3}\left[\sum_{k=0}^{\infty}x^k-\sum_{k=0}^{\infty}(-1)^k2^kx^k\right]=\sum_{n=1}^{\infty}\frac{1}{3}[1-(-1)^n2^n]x^n,\quad -\frac{1}{2}<x<\frac{1}{2}$$

由上两例可以看出:解这类问题关键是变形.

在函数的级数展开中,运用公式将被展函数化简将是十分重要的. 例如

例 3　将 $f(x)=\dfrac{1}{(1+x^3)(1+x^6)(1+x^{12})}$ 展成 x 的幂级数.

解　将被展式分子分母同乘以 $(1-x^3)$ 再利用多项式乘法公式化简有

$$f(x)=\frac{1-x^3}{(1-x^3)(1+x^3)(1+x^6)(1+x^{12})}=\frac{1-x^3}{1-x^{24}}=(1-x^3)(1-x^{24})^{-1}$$

故

$$f(x)=(1-x^3)\sum_{n=0}^{\infty}x^{24n}=\sum_{n=0}^{\infty}x^{24n}-\sum_{n=0}^{\infty}x^{24n+3}=$$

$$1-x^3+x^{24}-x^{24+3}+\cdots+x^{24n}-x^{24n+3}+\cdots,\quad |x|<1$$

例 4　将 $f(x)=\ln(1+x+x^2+x^3)$ 展成 x 的幂级数.

解　先将被展式利用对数性质化简有

$$\ln(1+x+x^2+x^3)=\ln[(1+x)+x^2(1+x)]=\ln[(1+x)(1+x^2)]=$$
$$\ln(1+x)+\ln(1+x^2)$$

又
$$\ln(1+x)=\sum_{n=1}^{\infty}(-1)^{n-1}\frac{x^n}{n},\quad -1<x\leqslant 1$$

且
$$\ln(1+x^2)=\sum_{n=1}^{\infty}(-1)^{n-1}\frac{x^{2n}}{n},\quad -1<x\leqslant 1\text{ 进而 }-1\leqslant x\leqslant 1$$

故
$$f(x)=\sum_{n=1}^{\infty}\frac{x^{2n-1}}{2n-1}-\sum_{n=1}^{\infty}\frac{x^{2n}}{2n}+\sum_{n=1}^{\infty}\frac{(-1)^{n-1}}{n}x^{2n}=$$
$$\sum_{n=1}^{\infty}\frac{x^{2n-1}}{2n-1}+\sum_{n=1}^{\infty}\left[\frac{(-1)^{n-1}}{n}-\frac{1}{2n}\right]x^{2n},\quad -1\leqslant x\leqslant 1$$

下面的例子与上例类同，但变形方法不一样.

例 5　将 $f(x)=\ln(1+x+x^2+x^3+x^4)$ 展成 x 的幂级数.

解　利用多项式乘法公式及对数性质可将被展式变形为

$$f(x)=\ln(1+x+x^2+x^3+x^4)=\ln\left(\frac{1-x^5}{1-x}\right)=$$
$$\ln(1-x^5)-\ln(1-x),\quad x\neq 1$$

而
$$\ln(1-x)=\sum_{n=1}^{\infty}\frac{x^n}{n},\ln(1-x^5)=\sum_{n=1}^{\infty}\frac{x^{5n}}{n},\quad -1\leqslant x<1$$

故
$$f(x)=-\sum_{n=1}^{\infty}\frac{x^n}{n}+\sum_{n=1}^{\infty}\frac{x^{5n}}{n}=-\sum_{n=1}^{\infty}\frac{x^{5n}-x^n}{n},\quad -1\leqslant x<1$$

有些函数展成幂级数时，也可借助于某些常见函数幂级数展开式再逐项微分得到.

例 6　将 $f(x)=\dfrac{1}{(1-x)^3}$ 展成 x 的幂级数.

解　由导函数等式 $\dfrac{1}{(1-x)^3}=\left[\dfrac{1}{2(1-x)}\right]''=\dfrac{1}{2}\left(\dfrac{1}{1-x}\right)''$，则 $f(x)$ 的展开式为

$$\frac{1}{(1-x)^3}=\frac{1}{2}\left(\sum_{k=0}^{\infty}x^k\right)''=\frac{1}{2}k(k-1)x^{k-2}=\frac{1}{2}\sum_{n=0}^{\infty}(n+1)(n+2)x^n$$

有逐项微分的例子，当然也会有逐项积分的问题.请看：

例 7　将函数 $f(x)=(x+1)[\ln(x+1)-1]$ 展成 x 的幂级数.

解　由 $f'(x)=\ln(1+x)$，$f''(x)=\dfrac{1}{1+x}$，再由

$$\frac{1}{1+x}=\sum_{n=0}^{\infty}(-1)^n x^n,\quad -1<x<1$$

故
$$f'(x)=\ln(1+x)=\int_0^x\frac{dt}{1+t}=\sum_{n=0}^{\infty}(-1)^n\frac{x^{n+1}}{n+1},\quad -1<x<1$$

且
$$f(x)=\int_0^x f'(x)dx=\int_0^x\sum_{n=0}^{\infty}(-1)^n\frac{x^{n+1}}{n+1}dx=\sum_{n=0}^{\infty}(-1)^n\frac{x^{n+2}}{(n+1)(n+2)}$$

容易验证级数在 $x=\pm 1$ 处收敛，故 $f(x)$ 的展开区间为$[-1,1]$.

例 8　将函数 $f(x)=\arctan\dfrac{4+x^2}{4-x^2}$ 展成 x 的幂级数.

解　将被展式求导有 $f'(x)=\dfrac{8x}{16+x^4}=\dfrac{x}{2}\cdot\dfrac{1}{1+\left(\dfrac{x}{2}\right)^4}$，再注意到

$$f'(x)=\frac{x}{2}\sum_{n=0}^{\infty}(-1)^n\left(\frac{x^4}{16}\right)^n=\sum_{n=0}^{\infty}(-1)^n\left(\frac{x}{2}\right)^{4n+1},\quad |x|<2$$

又
$$\int_0^x f'(x)\mathrm{d}x = \arctan\frac{4+x^2}{4-x^2}\Big|_0^x = \arctan\frac{4+x^2}{4-x^2}-\frac{\pi}{4}$$

有
$$f(x)=\arctan\frac{4+x^2}{4-x^2}=\frac{\pi}{4}+\sum_{n=0}^{\infty}(-1)^n\frac{1}{2^{4n+1}}\int_0^x x^{4n+1}\mathrm{d}x=$$
$$\frac{\pi}{4}+\sum_{n=0}^{\infty}\frac{(-1)^n}{2n+1}\left(\frac{x}{2}\right)^{4n+2},\quad |x|<2$$

而当 $x=\pm 2$ 时，级数化为$\frac{\pi}{4}+\sum_{n=0}^{\infty}\frac{(-1)^n}{2n+1}$，显然它收敛，故
$$\arctan\frac{4+x^2}{4-x^2}=\frac{\pi}{4}+\sum_{n=0}^{\infty}\frac{(-1)^n}{2n+1}\left(\frac{x}{2}\right)^{4n+2},\quad |x|\leqslant 2$$

(2) 展为 $x-a$ 的幂级数

函数展为 $x-a$ 的幂级数问题与展为 x 的幂级数并无本质差异，这只需在将被展函数变形时设法凑出 $x-a$ 因子即可. 下面请看例子：

例 1 将 $f(x)=\frac{1}{x}$ 展为 $x-2$ 的幂级数.

解 先将 $f(x)$ 变形凑出含 $x-2$ 因子的代数式，再按此式展成 $x-2$ 的幂级数有
$$\frac{1}{x}=\frac{1}{2}\cdot\frac{1}{1+\frac{x-2}{2}}=\frac{1}{2}\sum_{n=0}^{\infty}(-1)^n\left(\frac{x-2}{2}\right)^n=\frac{1}{2}\sum_{n=0}^{\infty}\left(-\frac{1}{2}\right)^n(x-2)^n$$
其展开范围(区间)为 $|x-2|<2$.

注 类似地还可将$\frac{1}{a-x}$展为 $x-b$ 的幂级数
$$\frac{1}{a-x}=\frac{1}{(a-b)-(x-b)}=\frac{1}{a-b}\cdot\frac{1}{1-\frac{x-b}{a-b}}=\sum_{n=0}^{\infty}\frac{(x-b)^n}{(a-b)^{n+1}},\quad |x-b|<|a-b|$$

例 2 将 $\cos^2 x$ 展成 $x-\frac{\pi}{3}$ 的幂级数.

解 先将 $\cos^2 x$ 变形、凑成 $x-\frac{\pi}{3}$ 的函数
$$\cos^2 x=\frac{1+\cos 2x}{2}=\frac{1}{2}+\frac{1}{2}\cos\left[\left(2x-\frac{2\pi}{3}\right)+\frac{2}{3}\pi\right]=$$
$$\frac{1}{2}+\frac{1}{2}\left[\cos\frac{2\pi}{3}\sin 2\left(x-\frac{\pi}{3}\right)+\sin\frac{2\pi}{3}\cos 2\left(x-\frac{2\pi}{3}\right)\right]=$$
$$\frac{1}{2}+\frac{1}{4}\cos 2\left(x-\frac{\pi}{3}\right)+\frac{\sqrt{3}}{4}\sin 2\left(x-\frac{\pi}{3}\right)$$
故对于 $-\infty<x<+\infty$ 总有
$$\cos^2 x=\frac{1}{2}-\frac{1}{4}\sum_{n=0}^{\infty}(-1)^n\frac{2^{2n}}{(2n)!}\left(x-\frac{\pi}{3}\right)^{2n}+\frac{\sqrt{3}}{4}\sum_{n=0}^{\infty}(-1)^n\frac{2^{2n+1}}{(2n+1)!}\left(x-\frac{\pi}{3}\right)^{2n+1}$$

由上例可以看到：对于三角函数方幂的幂级数展开，若用间接展法则往往需要对三角函数先降幂(运用倍角公式)，然后再用公式. 对于其他函数高次幂的幂级数展开问题，则往往通过逐项微分去降幂，这一点对级数展开来讲是至关重要的. 对于某些常见函数的幂级数展开问题，处理的方法当然是要逐项积分.

例 3 将 $f(x)=\frac{1}{x^2}$ 展为 $x-1$ 的幂级数.

解 考虑将被展式积分

$$F(x)=\int_1^x \frac{\mathrm{d}x}{x^2}=\frac{x-1}{x}=\frac{x-1}{1+(x-1)}=\sum_{n=0}^{\infty}(-1)^n(x-1)^{n+1},\quad |x-1|<1$$

故
$$f(x)=F'(x)=\sum_{n=0}^{\infty}(-1)^n(n+1)(x-1)^n,\quad 0<x<2$$

又当 $x=0$ 时，$\sum\limits_{n=0}^{\infty}(x+1)$ 发散，且当 $x=2$ 时，$\sum\limits_{n=0}^{\infty}(-1)^n(n+1)$ 发散，从而

$$f(x)=\sum_{n=0}^{\infty}(-1)^n(x+1)(x-1)^n,\quad 0<x<2$$

这里显然也利用了逐项微分.下面的例子须逐项积分.

例 4 将 $f(x)=\ln x$ 展为$\dfrac{x-1}{x+1}$的函数.

解 考虑参数变换，令 $u=\dfrac{x-1}{x+1}$，则 $x=\dfrac{1+u}{1-u}$.

再注意到当 $-1<u\leqslant 1$ 时有

$$\ln(1+u)=\int_0^u \frac{\mathrm{d}u}{1+u}=\int_0^u \sum_{n=0}^{\infty}(-1)^n u^n \mathrm{d}u=\sum_{n=1}^{\infty}(-1)^{n-1}\frac{u^n}{n}$$

类似地，当 $-1<u<1$ 时有

$$\ln(1-u)=\sum_{n=1}^{\infty}\frac{u^n}{n}$$

故 $\ln x=\ln\dfrac{1+u}{1-u}=\ln(1+u)-\ln(1-u)=2\sum\limits_{n=0}^{\infty}\dfrac{u^{2n+1}}{2n+1}$，$|u|<1$，即 $\left|\dfrac{x-1}{x+1}\right|<1$ 或 $x>0$.

3. 级数展开成其他级数

有些展开问题是将级数和函数展开成其他级数，这往往需先求和函数，再按要求展开成其他函数.

例 1 将级数 $\sum\limits_{n=1}^{\infty}(-1)^{n-1}\dfrac{x^{2n-1}}{4^{2n-2}\cdot(2n-1)!}$ 的和函数展为 $x-1$ 的幂级数.

解 题设级数可改写为

$$S(x)=4\sum_{n=1}^{\infty}(-1)^{n-1}\frac{1}{(2n-1)!}\left(\frac{x}{4}\right)^{2n-1}=4\sin\frac{x}{4}$$

从而
$$S(x)=4\sin\frac{x}{4}=4\sin\left[\left(\frac{x}{4}-\frac{1}{4}\right)+\frac{1}{4}\right]=4\left(\sin\frac{x-1}{4}\cos\frac{1}{4}+\cos\frac{x-1}{4}\sin\frac{1}{4}\right)=$$
$$4\sin\frac{1}{4}\cdot\sum_{n=0}^{\infty}\frac{(-1)^n(x-1)^{2n}}{4^{2n}\cdot(2n)!}+4\cos\frac{1}{4}\cdot\sum_{n=1}^{\infty}\frac{(-1)^n(x-1)^{2n-1}}{4^{2n-1}\cdot(2n-1)!}$$

这里 $-\infty<x<+\infty$.

例 2 将级数 $\sum\limits_{n=1}^{\infty}n\left(\dfrac{x}{3}\right)^{n-1}$ 的和函数展为 $x-2$ 的幂级数.

解 令 $s(x)=\sum\limits_{n=1}^{\infty}n\left(\dfrac{x}{3}\right)^{n-1}$，其中 $|x|<3$. 又

$$S(x)=\int_0^x s(x)\mathrm{d}x=\sum_{n=1}^{\infty}\int_0^x n\left(\frac{x}{3}\right)^{n-1}\mathrm{d}x=3\sum_{n=1}^{\infty}\left(\frac{x}{3}\right)^n=3\cdot\frac{\frac{x}{3}}{1-\frac{x}{3}}=\frac{3x}{3-x}$$

故
$$s(x)=S'(x)=\left(\frac{3x}{3-x}\right)'=\frac{9}{(3-x)^2}$$

则
$$s(x)=\frac{9}{(3-x)^2}=\frac{9}{[1-(x-2)]^2}=9[1-(x-2)]^{-2}$$

(注意要展成 $x-2$ 的幂级数) 这样由 $(1\pm t)^m$ 的展开公式有

$$\sum_{n=1}^{\infty} n\left(\frac{x}{3}\right)^{n-1} = 9\left[1+(-2)(x-2)+\frac{(-2)(-2-1)}{2!}(x-2)^2+\cdots+\right.$$

$$\left.\frac{(-2)(-2-1)\cdots(-2-n+1)}{n!}(x-2)^n+\cdots\right] =$$

$$9\left[1-(-2)(x-2)+(-1)^2\frac{3!}{2!}(x-2)^2+\cdots+(-1)^n\frac{(n+1)!}{n!}(x-2)^n+\cdots\right] =$$

$$9\sum_{n=0}^{\infty}(-1)^n(n+1)(x-2)^n$$

这里 $|x-2|<1$.

4. 隐函数的幂级数展开

隐函数的幂级数展开问题不常见，它多是先假设展开式形状. 然后代入所给方程，用待定系数法求得表达式. 这里仅举两例说明.

例 1 $F(x,y)=xy-e^x+e^y=0$ 规定了 y 为 x 的隐函数，试求 y 展为 x 的幂级数的前三项.

解 令 $y=\sum_{k=0}^{\infty}a_kx^k$，因由原方程 $x=0$ 时得 $y=0$，故 $a_0=0$，将上式代入方程

$$xy-e^x+e^y = x\sum_{k=1}^{\infty}a_kx^k-\sum_{k=0}^{\infty}\frac{x^k}{k!}+\sum_{k=0}^{\infty}\left[\frac{1}{k!}\left(\sum_{k=1}^{\infty}a_nx^n\right)^k\right] =$$

$$(a_1x^2+a_2x^3+\cdots)-\left(1+x+\frac{x^2}{2!}+\frac{x^3}{3!}+\cdots\right)+\left[1+(a_1x+a_2x^2+a_3x_3+\cdots)+\right.$$

$$\left.\frac{1}{2!}(a_1^2x^2+2a_1a_2x^3+\cdots)+\frac{1}{3!}(a_1^3x^3+\cdots)+\cdots\right] =$$

$$(-1+a_1)x+\left(a_1-\frac{1}{2!}+a_2+\frac{1}{2!}a_1^2\right)x^2+\left(a_2-\frac{1}{3!}+a_3+a_1a_2+\frac{a_1^2}{3!}\right)x^3+\cdots\equiv 0$$

比较两端系数有

$$\begin{cases}-1+a_1=0\\ a_1-\dfrac{1}{2}+a_2+\dfrac{a_1^2}{2}=0\\ a_2-\dfrac{1}{6}+a_3+a_1a_2+\dfrac{a_1^3}{6}=0\end{cases}$$

解得 $a_1=1, a_2=-1, a_3=2$. 故 y 展为 x 的幂级数的前三项为

$$y=x+x^2+2x^3+\cdots$$

例 2 $F(x,y)=y''-xy=0$ 规定了 y 为 x 的隐函数，且 $y(0)=1, y'(0)=0$. 试求将 y 展为 x 的幂级数.

解 令 $y=\sum_{k=0}^{\infty}a_kx^k$ 代入题设方程有

$$\sum_{k=2}^{\infty}k(k-1)a_kx^{k-2}-x\sum_{k=0}^{\infty}a_kx^k=2a_0+\sum_{k=1}^{\infty}[(k+2)(k+1)a_{k+2}-a_{k-1}]x^k=0$$

由 $y(0)=1, y'(0)=0$ 得 $a_0=1, a_1=0$，递推得

$$a_{3k}=\frac{1\cdot 4\cdot 7\cdot\cdots\cdot(3k-2)}{(3k)!},\quad a_{3k+1}=a_{3k+2}=0,\quad k=1,2,3\cdots$$

故

$$y=1+\sum_{k=1}^{\infty}\frac{1\cdot 4\cdot 7\cdot\cdots\cdot(3k-2)}{(3k)!}x^{3k}$$

注 这类求隐函数的幂级数展开问题，实际上是给出方程(包括微分方程)求解的一种方法，当然解的形式是幂级数.

(二) 函数的 Fourier 级数展开

若函数 $f(x)$ 在所给区间上绝对可积，将函数 $f(x)$ 可展为 Fourier 级数.

顺便指出，若 $f(x)$ 是以 $2l$ 为周期的周期函数，其可展为复数形式 Fourier 级数

$$\sum_{n=-\infty}^{\infty} c_n \exp\left\{\mathrm{i}\frac{n\pi x}{l}\right\},\quad c_n = \frac{1}{2l}\int_{l}^{l} f(x)\exp\left\{-\mathrm{i}\frac{n\pi x}{l}\right\}\mathrm{d}x$$

具体展开步骤见图 5：

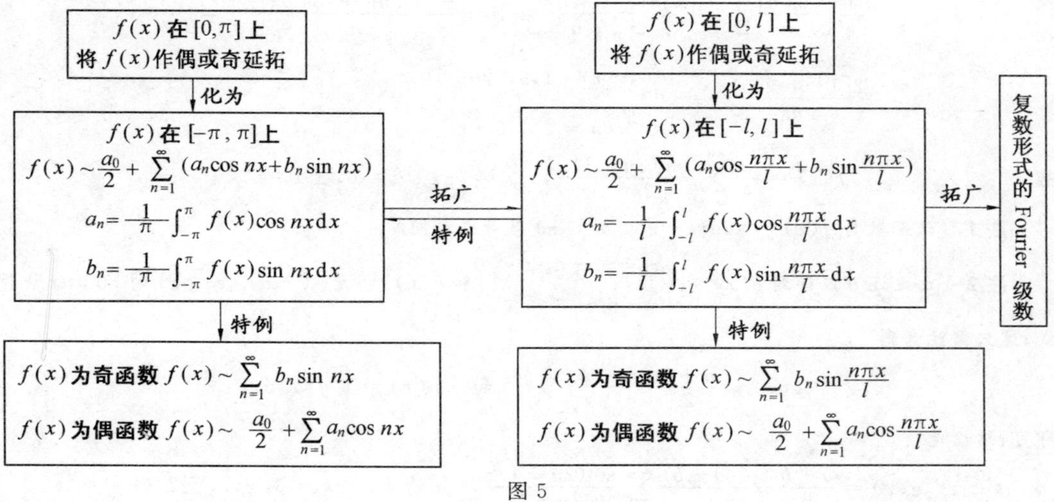

图 5

若 $f(x)$ 在 $[-l,l]$ 上满足：

(1) 逐段单调有界(Dirichlet 条件)；(2) 逐段光滑(Dini 条件). 则其 Fourier 级数在 $[-l,l]$ 上收敛，且和 $s(x)$ 为

$$s(x)=\begin{cases} f(x), & \text{若 } x \text{ 是 } f(x) \text{ 的连续点} \\ \frac{1}{2}[f(x-0)+f(x+0)], & \text{若 } x \text{ 是 } f(x) \text{ 的间断点} \\ \frac{1}{2}[f(-l+0)+f(l-0)], & \text{若 } x=l \text{ 或 } x=-l \end{cases}$$

具体展开步骤见图 6：

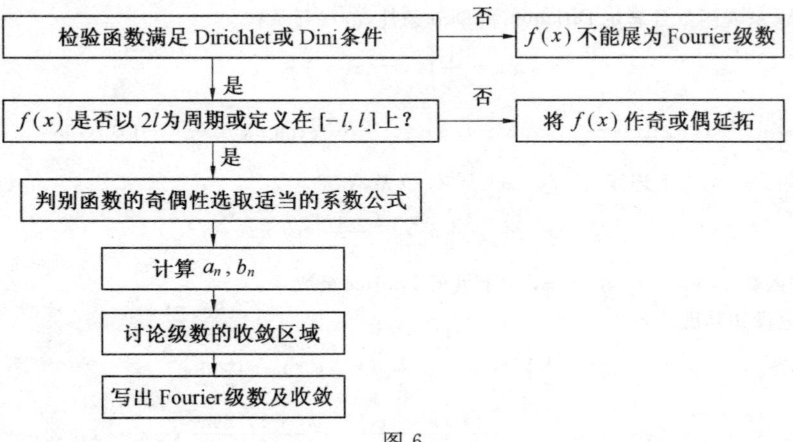

图 6

1. 在对称区间上的函数 Fourier 展开

下面来看一些例子.

例 1 将函数 $f(x)=\begin{cases}-1, & -\pi\leqslant x<0\\ 1, & 0\leqslant x<\pi\end{cases}$ 展开为 Fourier 级数.

解 依公式可有(注意到 $f(x)$ 是偶函数)

$$b_n=\frac{1}{\pi}\int_{-\pi}^{\pi}f(x)\sin nx\,\mathrm{d}x=\frac{1}{\pi}\left(\int_{-\pi}^{\pi}-\sin nx\,\mathrm{d}x+\int_0^{\pi}\sin nx\,\mathrm{d}x\right)=$$

$$\frac{1}{\pi}\left[\frac{\cos nx}{n}\right]_{-\pi}^{0}+\frac{1}{\pi}\left[-\frac{\cos nx}{n}\right]_0^{\pi}=\frac{1-\cos n\pi-\cos n\pi+1}{n\pi}=$$

$$\frac{2[1-(-1)^n]}{n\pi}=\begin{cases}\dfrac{4}{n\pi}, & n=1,3,5,\cdots\\ 0, & n=2,1,6,\cdots\end{cases}$$

故
$$f(x)=\frac{\pi}{4}\sum_{n=1}^{\infty}\frac{\sin(2n-1)x}{2n-1},\quad x\neq k\pi,\quad k=0,\pm1,\pm2,\cdots$$

注 1 该函数与 $f(x)=\mathrm{sgn}x(-\pi<x<\pi)$ 展开式相同.

注 2 由之还可以得到 $g(x)=\begin{cases}a, & -\pi\leqslant x<0\\ b, & 0\leqslant x<\pi\end{cases}$ 和 $h(x)=|x|(-\pi<x<\pi)$ 的 Fourier 展开式,这只需注意到

$$g(x)=\frac{a+b}{2}-\frac{a-b}{2}f(x)\quad 和\quad h(x)=\int_0^x f(x)\mathrm{d}x$$

即可,结论是

$$g(x)=\frac{a+b}{2}-\frac{2(a-b)}{\pi}\sum_{n=1}^{\infty}\frac{\sin(2n-1)x}{2n-1},\quad x=k\pi,\quad k=0,\pm1,\pm2,\cdots$$

$$h(x)=\frac{\pi}{2}-\frac{\pi}{4}\sum_{n=1}^{\infty}\frac{\cos(2n-1)x}{(2n-1)^2},\quad -\pi<x<\pi$$

显然 $h_1(x)=\begin{cases}x, 0\leqslant x\leqslant\pi,\\ -x, -\pi<x<0\end{cases}$ 的 Fourier 展开与 $h(x)$ 的 Fourier 展开一样.利用它还可解决诸如函数 $1-|x|$ 在 $(-1,1)$ 上的 Fourier 展开

$$1-|x|=\frac{1}{2}-\frac{4}{\pi^2}\sum_{n=1}^{\infty}\frac{\cos(2n-1)x}{(2n-1)^2},\quad -1<x<1$$

例 2 将 $f(x)=x^2$ 在 $[-\pi,\pi]$ 上展成 Fourier 级数.

解 $f(x)$ 系偶函数且满足 Dirichlet 和 Dini 条件,故展开系数

$$a_0=\frac{1}{\pi}\int_{-\pi}^{\pi}x^2\mathrm{d}x=\frac{2\pi^2}{3}$$

$$a_n=\frac{1}{\pi}\int_{-\pi}^{\pi}x^2\cos nx\,\mathrm{d}x=\frac{2}{\pi}\int_0^{\pi}x^2\cos nx\,\mathrm{d}x=\frac{2}{\pi}\cdot\frac{2\pi}{n^2}\cos n\pi=\frac{4}{n^2}(-1)^n,\quad n=1,2,3,\cdots$$

又 $f(x)$ 在 $[-\pi,\pi]$ 上连续,且 $f(-\pi)=f(\pi)$ 故有

$$x^2=\frac{\pi^2}{3}+4\sum_{n=1}^{\infty}\frac{(-1)^n}{n^2}\cos nx$$

例 3 将函数 $f(x)=\mathrm{e}^x$ 在 $(-\pi,\pi)$ 上展成 Fourier 级数.

解 由题设知其展开系数

$$a_0=\frac{1}{\pi}\int_{-\pi}^{\pi}\mathrm{e}^x\mathrm{d}x=\frac{1}{\pi}(\mathrm{e}^{\pi}-\mathrm{e}^{-\pi})=\frac{2}{\pi}\mathrm{sh}\pi$$

$$a_n=\frac{1}{\pi}\int_{-\pi}^{\pi}\mathrm{e}^x\cos nx\,\mathrm{d}x=\frac{(-1)^n(\mathrm{e}^{\pi}-\mathrm{e}^{-\pi})}{(1+n^2)\pi}=\frac{(-1)^n2\mathrm{sh}\pi}{\pi(1+n^2)},\quad n=1,2,3,\cdots$$

$$b_n=\frac{1}{\pi}\int_{-\pi}^{\pi}e^x\sin nx\,dx=\frac{(-1)^{n+1}n(e^{\pi}-e^{-\pi})}{(1+n^2)\pi}=\frac{(-1)^n 2n\operatorname{sh}\pi}{\pi(1+n^2)},\quad n=1,2,3,\cdots$$

因 e^x 在 $(-\pi,\pi)$ 上连续,故在 $(-\pi,\pi)$ 上有

$$e^x=\frac{\operatorname{sh}\pi}{\pi}+\sum_{n=1}^{\infty}\frac{2\operatorname{sh}\pi}{\pi}\left[\frac{(-1)^n}{1+n^2}\cos nx+\frac{(-1)^{n+1}2n}{1+n^2}\sin nx\right]$$

注 类似地可以求得 $e^{|\omega x|}$ 在 $\left[-\frac{\pi}{\omega},\frac{\pi}{\omega}\right]$ 上的 Fourier 级数为

$$e^{|\omega x|}=\frac{1}{\pi}(e^{\pi}-1)+\frac{2}{\pi}\sum_{n=1}^{\infty}\frac{e^{\pi}(-1)^n-1}{1+n^2}\cos n\omega x$$

例 4 将函数 $f(x)=|\sin 2x|$ 展为 Fourier 级数.

解 由 $f(-x)=f(x)$,故 $f(x)$ 为偶函数,有

$$a_n=\frac{2}{\pi}\int_0^{\pi}|\sin 2x|\cos nx\,dx=\frac{2}{\pi}\int_0^{\frac{\pi}{2}}\sin 2x\cos nx\,dx-\frac{2}{\pi}\int_{\frac{\pi}{2}}^{\pi}\sin 2x\cos nx\,dx$$

经计算有
$$a_0=\frac{4}{\pi},\quad a_1=a_2=a_3=0,\quad a_4=-\frac{4}{\pi}\cdot\frac{1}{2^2-1}$$

一般的 $a_{4n}=-\frac{4}{\pi}\left[\frac{1}{(2n)^2-1}\right]$,其余 a_n 为 0. 故

$$|\sin 2x|=\frac{8}{\pi}-\frac{4}{\pi}\sum_{n=1}^{\infty}\frac{\cos 4nx}{(2n-1)(2n+1)},\quad -\infty<x<+\infty$$

例 5 试将函数 $f(x)=\arcsin(\sin x)$ 展为 Fourier 级数.

解 由设函数 $f(x)=\begin{cases}-\pi-x, & -\pi\leqslant x\leqslant\frac{\pi}{2}\\ x, & -\frac{\pi}{2}\leqslant x\leqslant\frac{\pi}{2}\\ \pi-x, & \frac{\pi}{2}<x\leqslant\pi\end{cases}$. 显然 $f(x)$ 是奇函数,知 $a_n=0$. 又

$$b_n=\frac{1}{\pi}\int_{-\pi}^{\pi}f(x)\sin nx\,dx=\frac{2}{\pi}\int_0^{\pi}f(x)\sin nx\,dx=\frac{2}{\pi}\left[\int_0^{\frac{\pi}{2}}x\sin nx\,dx+\int_{\frac{\pi}{2}}^{\pi}(\pi-x)\sin nx\,dx\right]=$$

$$\frac{4}{\pi}\cdot\frac{1}{n^2}\sin\frac{n\pi}{2}=\begin{cases}0, & n=2k\\ \frac{(-1)^k 4}{(2k+1)^2\pi}, & n=2k+1\end{cases}$$

故
$$f(x)=\frac{4}{\pi}\sum_{k=0}^{\infty}\frac{(-1)^k}{(2k+1)^2}\sin(2k+1)x,\quad -\infty<x<+\infty$$

注 类似地可有 $\arcsin(\cos x)=\frac{4}{\pi}\sum_{k=0}^{\infty}\frac{\cos(2k+1)x}{(2k+1)^2},\quad -\infty<x<+\infty$

下面两个例子中的函数周期不是 2π.

例 6 试将 $f(x)=x-[x]$ 展为 Fuorier 级数,这里 $[x]$ 表示不超过 x 的最大整数.

解 $f(x)$ 的周期为 1,又在 $[0,1]$ 上 $f(x)=x$. 这样 $y=f(x)$ 的图形见图 7.

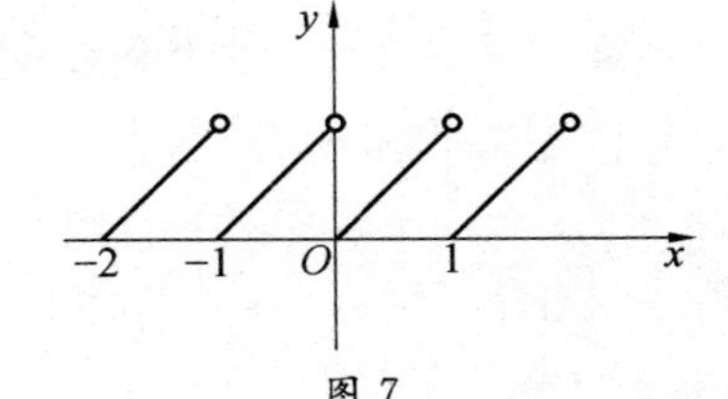

图 7

$$a_0=\frac{1}{l}\int_0^{2l}f(x)dx=2\int_0^{l}x\,dx=1$$

$$a_n=2\int_0^1 f(x)\cos 2nx\pi x\,dx=2\int_0^1 x\cos 2nx\pi x\,dx=2\left[\frac{x\sin 2n\pi x}{2n\pi}+\frac{x\cos 2n\pi x}{4n^2\pi^2}\right]_0^1=0$$

$$b_n=2\int_0^1 f(x)\sin 2nx\pi x\,dx=2\left[-\frac{x\cos 2n\pi x}{2n\pi}+\frac{\sin 2n\pi x}{4n^2\pi^2}\right]_0^1=2\left[-\frac{1}{2n\pi}\right]=-\frac{1}{n\pi}$$

其中 $n=1,2,3,\cdots$.

当 $n=k$(整数)时 $f(x)$ 不连续,故当 $x\neq k$ 时,有

$$f(x)=x-[x]=\frac{1}{2}-\frac{1}{\pi}\sum_{n=1}^{\infty}\frac{1}{n}\sin 2n\pi x$$

当 $n=k$ 时,级数收敛于

$$\frac{1}{2}[f(k-0)+f(k+0)]=\frac{1}{2}$$

例 7 试将函数 $f(x)=\{x\}$ 展为 Fourier 级数,其中$\{x\}$表示 x 到它最近整数的距离.

解 $f(x)$ 的周期为 1,在 $\left[-\frac{1}{2},\frac{1}{2}\right]$ 上,$f(x)=|x|$.又 $y=f(x)$ 的图形见图 8,它的解答可见本节例 1 的注(在那里周期为 2π)或直接解如:

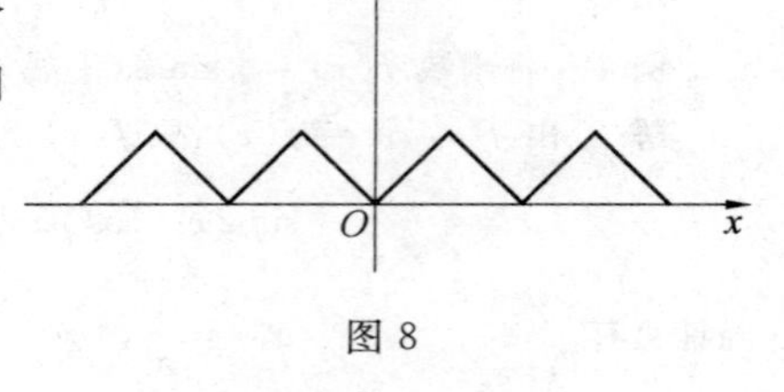

图 8

$f(x)$ 是偶函数,故 $b_n=0,(n=1,2,3,\cdots)$.又

$$a_0=\frac{2}{l}\int_0^l f(x)\mathrm{d}x=4\int_0^{\frac{1}{2}}x\mathrm{d}x=\frac{1}{2}$$

而当 $n\geqslant 1$ 时,有

$$a_n=\frac{2}{l}\int_0^l f(x)\cos\frac{n\pi x}{l}\mathrm{d}x=4\int_0^{\frac{1}{2}}\cos 2n\pi x\mathrm{d}x=4\left[\frac{x\sin 2n\pi x}{2n\pi}+\frac{\cos 2n\pi x}{4n^2\pi^2}\right]_0^{\frac{1}{2}}=\frac{(-1)^n-1}{n^2\pi^2}$$

故 $$f(x)=\frac{1}{4}+\frac{1}{\pi^2}\sum_{n=1}^{\infty}\frac{(-1)^n-1}{n^2}\cos 2n\pi x=\frac{1}{4}+\frac{2}{\pi^2}\sum_{n=1}^{\infty}\frac{1}{(2n-1)^2}\cos 2(2n-1)\pi x$$

这里 $-\infty<x<+\infty$.

2. 在非对称区间上的 Fourier 展开

下面我们来看将函数先延拓后展开的例子.

例 1 把 $f(x)=1(0\leqslant x\leqslant\pi)$ 展成正弦级数.

解 将函数 $f(x)$ 作奇延拓到$[\pi,0)$上,即

$$f(x)=\begin{cases}1, & 0\leqslant x\leqslant\pi\\ -1, & -\pi\leqslant x<0\end{cases}$$

则 $$a_n=0\quad(n=0,1,2,\cdots)$$

$$b_n=\frac{2}{\pi}\int_0^{\pi}\sin nx\,\mathrm{d}x=\frac{2}{n\pi}[1-(-1)^n]=\begin{cases}\dfrac{4}{(2k-1)\pi}, & n=2k-1\\ 0, & n=2k\end{cases}$$

故 $$f(x)=\frac{\pi}{4}\sum_{k=1}^{\infty}\frac{1}{2k-1}\sin(2k-1)x,\quad 0\leqslant x\leqslant\pi$$

例 2 将函数 $f(x)=x(0<x<2)$ 展成余弦级数.

解 将函数 $f(x)$ 先作偶延拓到$(-2,0)$上,则 $b_n=0\ (n=1,2,3,\cdots)$.

且 $a_0=\int_0^2 x\mathrm{d}x=2$,又当 $n\geqslant 1$ 时,有

$$a_n=\int_0^2 x\cos\frac{n\pi x}{2}\mathrm{d}x=\frac{4}{n^2\pi^2}[(-1)^n-1]=\begin{cases}0, & n=2k\\ \dfrac{8}{(2k+1)^2\pi^2}, & n=2k+1\end{cases}$$

故 $$x=1-\frac{8}{\pi^2}\sum_{n=0}^{\infty}\frac{1}{(2n+1)^2}\cos\frac{(2n+1)\pi}{2}x,\quad 0<x<2$$

例 3 试将图 9 的阶梯形函数展为余弦函数级数.

解 图示的函数可写为

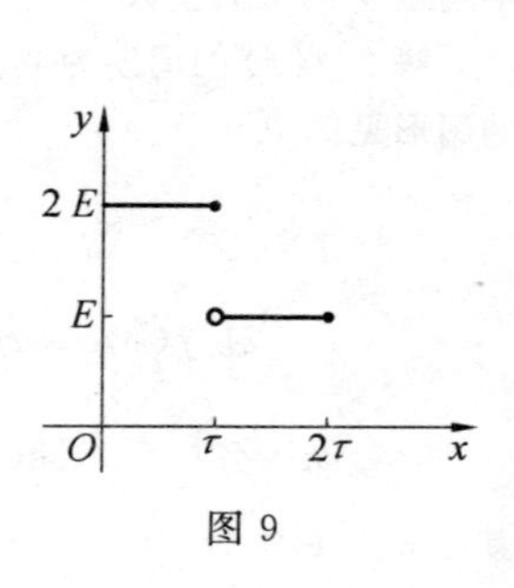

图 9

$$f(x)=\begin{cases}2E, & 0\leqslant x\leqslant \tau\\ E, & \tau< x\leqslant 2\tau\end{cases}$$

先将函数 $f(x)$ 作偶延拓到 $[-2\tau,0)$ 上. 故 $b_n=0\quad(n=1,2,\cdots)$. 且

$$a_0=\frac{2}{2\tau}\int_0^{2\tau}f(x)\mathrm{d}x=\frac{1}{\tau}\left(\int_0^{\tau}2E\mathrm{d}x+\int_2^{2\tau}E\mathrm{d}x\right)=3E$$

$$a_n=\frac{1}{\tau}\int_0^{2\tau}f(x)\mathrm{d}x=\frac{1}{\tau}\left(\int_0^{\tau}2E\cos\frac{n\pi}{2\tau}x\,\mathrm{d}x+\int_2^{2\tau}E\cos\frac{n\pi}{2\tau}x\,\mathrm{d}x\right)=2E\sin\frac{(n\pi/2)}{n\pi}$$

这里 $n=1,2,3,\cdots$. 即

$$a_{2k}=0,\quad a_{2k+1}=(-1)^k\frac{2E}{(2k+1)\pi},\quad k=1,2,3,\cdots$$

故
$$f(x)=\frac{3E}{2}+\sum_{k=0}^{\infty}(-1)^k\frac{2E}{(2k+1)\pi}\cos\frac{(2k+1)\pi}{2\tau}x$$

例 4 应如何把区间 $\left(0,\frac{\pi}{2}\right)$ 内的函数 $f(x)$ 延拓后,使该函数的 Fourier 级数有如下形式

$$f(x)\sim\sum_{n=1}^{\infty}a_{2n-1}\cos(2n-1)x$$

解 由于展开式为余弦级数,故 $f(x)$ 延拓到 $(-\pi,\pi)$ 内应满足 $f(-x)=f(x)$ 即应为偶函数.

函数 $f(x)$ 延拓到 $\left(\frac{\pi}{2},\pi\right)$ 的部分记为 $g(x)$,则按题设有

$$\int_0^{\frac{\pi}{2}}f(x)\cos 2nx\,\mathrm{d}x+\int_{\frac{\pi}{2}}^{\pi}g(x)\cos 2nx\,\mathrm{d}x=0,\quad n=0,1,2,\cdots$$

在上式左端第一个积分作代换 $y=\pi-x$,则有

$$-\int_{\pi}^{\frac{\pi}{2}}f(\pi-y)\cos 2ny\mathrm{d}y+\int_{\frac{\pi}{2}}^{\pi}g(x)\cos 2nx\,\mathrm{d}x=0$$

即
$$\int_{\frac{\pi}{2}}^{\pi}[f(\pi-x)+g(x)]\cos 2nx\,\mathrm{d}x=0,\quad n=0,1,2,\cdots$$

欲使上式成立,显然需要对 $\left(\frac{\pi}{2},\pi\right)$ 内任一 x 值恒有

$$f(\pi-x)+g(x)=0\Rightarrow g(x)=-f(\pi-x)$$

总之,首先要定义一个函数在 $\left(\frac{\pi}{2},\pi\right)$ 内使它等于 $-f(\pi-x)$;然后再将它偶延拓到区间 $(-\pi,0)$. 不妨将延拓到区间 $(-\pi,\pi)$ 上的函数仍记为 $f(x)$,则由上述讨论知

$$f(-x)=f(x),\quad f(\pi-x)=-f(x),\quad -\pi<x<\pi$$

最后我们谈谈复数形式的 Fourier 级数问题.

函数的复数形式的 Fourier 级数展开可见前表,下面来看例子.

例 5 将 $f(x)=\begin{cases}0, & (2k-1)l\leqslant x\leqslant 2kl\\ 1, & 2kl<x\leqslant(2k+1)l\end{cases}$ 展开为复数形式的 Fourier 级数.

解 由公式 $c_k=\frac{1}{2l}\int_{-l}^{l}f(x)\exp\left\{\mathrm{i}\frac{k\pi x}{l}\right\}\mathrm{d}x=\frac{1}{2l}\int_0^{l}\exp\left\{\mathrm{i}\frac{k\pi x}{l}\right\}\mathrm{d}x=$

$$\begin{cases}\dfrac{1}{2} & k=0\\ -\dfrac{\mathrm{i}[1-(-1)^k]}{2k\pi}, & k\neq 0\end{cases}$$

故
$$f(x)=\sum_{k=-\infty}^{\infty}c^k\exp\left\{\mathrm{i}\frac{k\pi x}{l}\right\}=\frac{1}{2}-\frac{\mathrm{i}}{2\pi}\sum_{k=-\infty}^{\infty}\frac{1}{k}[1-(-1)^k]\exp\left\{\mathrm{i}\frac{k\pi x}{l}\right\}$$

注 若先求得 $f(x)$ 的三角函数形式 Fourier 展开式

$$f(x)=\frac{1}{2}-\frac{1}{\pi}\sum_{k=1}^{\infty}\frac{1}{k}[1-(-1)^k]\sin\frac{k\pi}{l}x,\quad -\infty<x<+\infty$$

则不难由 Euler 公式 $\sin z=\dfrac{e^{iz}-e^{-iz}}{2i}$ 直接求得 $f(x)$ 的复数 Fourier 展开式.

例 6 将函数 $f(x)=e^{-x}(-1<x<1)$ 展为复数形式的 Fourier 级数.

解

$$c_k=\frac{1}{2}\int_{-1}^{1}e^{-x}e^{-in\pi x}dx=\frac{1}{2}\int_{-1}^{1}e^{-(1+in\pi)x}dx=\frac{e^{1+in\pi}-e^{-1-in\pi}}{2(1+in\pi)}=$$

$$\frac{(-1)^n(e-e^{-1})}{2(1+in\pi)}=\frac{(-1)^n(1-in\pi)}{1+(n\pi)^2}\text{sh }1$$

故

$$e^{-x}=\sum_{k=-\infty}^{\infty}\frac{(-1)^n(1-in\pi)\text{sh}1}{1+(n\pi)^2}e^{in\pi x},\quad -1<x<1$$

下面的例子是利用复数的 Euler 公式求得函数的三角函数展开的例子.

例 7 证明等式 $\dfrac{1}{\sqrt{1-2\rho\cos\theta+\rho^2}}=\sum\limits_{n=0}^{\infty}P_n(\cos\theta)\rho^n$,其中 $P_n(\cos\theta)=\sum\limits_{k=0}^{\infty}A_kA_{n-k}\cos(2k-n)\theta$,又 $|\rho|<1$,且 $A_k=\dfrac{(2k)!}{(2^kk!)^2}$.

证 以 $z\cos\theta=e^{i\theta}+e^{-i\theta}$ 代入原式左,且用二项式的展开式得

$$\frac{1}{\sqrt{1-2\rho\cos\theta+\rho^2}}=\frac{1}{\sqrt{1-\rho e^{i\theta}}}\cdot\frac{1}{\sqrt{1-\rho e^{-i\theta}}}=\sum_{n=0}^{\infty}\frac{(2n-1)!!}{(2n)!!}\rho^ne^{in\theta}\cdot\sum_{n=0}^{\infty}\frac{(2m-1)!!}{(2m)!!}\rho^me^{-im\theta}=$$

$$\sum_{n=0}^{\infty}\frac{(2n)!!}{(2^nn!)^2}\rho^ne^{in\theta}\cdot\sum_{n=0}^{\infty}\frac{(2m)!!}{(2^mm!)^2}\rho^me^{-im\theta},\quad |\rho|<1$$

又设 $\dfrac{1}{\sqrt{1-2\rho\cos\theta+\rho^2}}$ 的关于 ρ 的幂级数展式为

$$1-P_1(\cos\theta)\rho+P_2(\cos\theta)\rho^2+\cdots+P_n(\cos\theta)\rho^n+\cdots$$

与前面展开式中 ρ 的同幂比较可有

$$P_n(\cos\theta)=\sum_{k=0}^{n}A_kA_{n-k}\cos(2k-n)\theta,\quad A_0=1,\quad A_k=\frac{(2k)!}{(2^kk!)^2},\quad k=1,2,3,\cdots$$

五、级数的应用与其有关的问题解法

级数有许多应用,这一点我们在前面的章节由已有叙及,这里想再强调一下.

1. 求值问题

求值是级数的一个重要问题,也是级数的重要的应用.这里面包括:

(1) 求重要常数值

在高等数学中我们会遇到许多重要常数,比如欧拉常数等,它们的计算利用级数进行将显得十分方便.先来看看圆周率的计算,它的计算方法很多,像几何中割圆法、三角函数法等.这里我们用级数来考虑.

例 1 由 $\arccos x$ 的幂级数展开,导出圆周率 π 的一个计算公式.

解 容易由反余弦函数 $\arccos x=\dfrac{\pi}{2}-\displaystyle\int_0^x\frac{dt}{\sqrt{1-t^2}}$ 求得

$$\arccos x=\frac{\pi}{2}-\left[x+\sum_{n=1}^{\infty}\frac{(2n-1)!!}{(2n)!!}\cdot\frac{x^{2n+1}}{2n+1}\right]\qquad(*)$$

上式当 $-1<x<1$ 时成立,当 $x=1$ 时由 Raabe 判别法知 $x=\pm1$ 上级数亦收敛.

式(*)中令 $x=1$ 可得 π 的一个计算公式

$$\pi=\left[1+\sum_{n=1}^{\infty}\frac{(2n-1)!!}{(2n)!!}\cdot\frac{1}{2n+1}\right]$$

注 π 的级数表示法很多(详见“函数的幂级数展开法”一节),除例的结论外又比如:

$$\pi = 8\sum_{n=0}^{\infty}\frac{1}{(4n+1)(4n+3)}$$

例 2 利用 e^x 的幂级数展开式,取前十项计算 e 的近似值.

解 由 $e^x = 1 + x + \frac{x^2}{2!} + \cdots + \frac{x^n}{n!} + \cdots$,令 $x = 1$,且当 $n = 9$ 时,有

$$e = 1 + 1 + \frac{1}{2!} + \cdots + \frac{1}{9!} \approx 2.718281$$

顺便讲一句,可以证明其误差不超过 10^{-6}.

再如前面我们已证明 $\lim\limits_{n\to\infty}\left(\sum\limits_{k=1}^{n}\frac{1}{k} - \ln n\right)$ 存在且称它为 Euler **常数**,我们也可以计算(见前文)它的值为 $0.5772156\cdots$.

下面的命题是一个非常有趣的命题,这也调和级数的一个性质.

例 3 任何有理数必为调和级数的有限项之和.

证 设 $\frac{a}{b} \in \mathbf{Q}^+$,且 $a,b \in \mathbf{N}$,又 $b \neq 0$. 由 $\sum\limits_{k=1}^{\infty}\frac{1}{k}$ 发散,由有 n_0 使

$$\sum_{k=1}^{n_0}\frac{1}{k} \leqslant \frac{a}{b} < \sum_{k=1}^{n_0+1}\frac{1}{k} \tag{*}$$

(1) 若(*)式中等号成立,命题得证,即 $\sum\limits_{k=1}^{n_0}\frac{1}{k} = \frac{a}{b}$ 否则有

$$\sum_{k=1}^{n_0}\frac{1}{k} < \frac{a}{b} < \sum_{k=1}^{n_0+1}\frac{1}{k}$$

令 $\frac{c}{d} = \frac{a}{b} - \sum\limits_{k=1}^{n_0}\frac{1}{k}$,则 $\frac{c}{d} < \frac{1}{n_0+1}$ 这样有 n_1 使

$$\frac{1}{n_1+1} \leqslant \frac{c}{d} < \frac{1}{n_1} \tag{**}$$

(2) 仿(1) 讨论要么 $\frac{c}{d} = \frac{1}{n_1+1}$ 问题获证,要么有 $\frac{e}{f} = \frac{c}{d} - \frac{1}{n_1+1}$,则

$$\frac{e}{f} = \frac{c(n_1+1)-d}{d(n_1+1)} < \frac{c}{d(n_1+1)} < \frac{1}{n_1(n_1+1)}$$

故有 n_2 使

$$\frac{1}{n_2+1} < \frac{e}{f} < \frac{1}{n_2} \tag{***}$$

如此下去有 $\frac{c}{d} > \frac{e}{f} > \cdots$,且 $c > e > \cdots$,经有限步骤后分子将减至 1,此时命题获证.

此外,利用函数的展开还可以证明一些常数的无理性和超越性等. 请看:

例 4 证明数 e 是无理数.

证 用反证法. 若不然,假设 e 是有理数,即 $e = \frac{m}{n}$ 其中 $a,b \in \mathbf{Z}^+$,且 $(m,n) = 1$ 即 m,n 互质.

由 e^x 的 Taylor 展式且令 $x = 1$ 有 $e = \frac{m}{n} = \sum\limits_{k=1}^{\infty}\frac{1}{k!}$. 则

$$n!\ \left(\frac{m}{n} - \sum_{k=1}^{n}\frac{1}{k!}\right) = n!\ \sum_{k=n+1}^{\infty}\frac{1}{k!} = \frac{1}{n+1} + \frac{1}{(n+1)(n+2)} + \cdots$$

上式左为整数,且式右 > 0,则式左为正整数. 但注意到

$$\frac{1}{n} + \frac{1}{(n+1)(n+2)} + \frac{1}{(n+1)(n+2)(n+3)} + \frac{1}{(n+1)(n+2)(n+3)(n+4)} + \cdots =$$

$$\frac{1}{n}\left[1+\frac{1}{n+2}+\frac{1}{(n+2)(n+3)}+\frac{1}{(n+2)(n+3)(n+4)}+\cdots\right]<$$

$$\frac{1}{n}\left[1+\frac{1}{n+1}+\frac{1}{(n+1)^2}+\frac{1}{(n+1)^3}+\cdots\right]=$$

$$\frac{1}{n+1}\left[1\Big/1-\left(\frac{1}{n+1}\right)\right]=\frac{1}{n}<1$$

显然与式左为正整数矛盾！从而前设 e 为有理数不真，即 e 为无理数.

下面的问题与上例几乎无异. 只是针对不同函数的不同展开而已.

例 5　证明 sin 1 是无理数.

证　用反证法. 今设 sin 1 是有理数，则 $\sin 1=\frac{p}{q}$，其中 p,q 是互素的正整数.

根据 $\sin x$ 的展开式有

$$\frac{p}{q}=1-\frac{1}{3!}+\frac{1}{5!}-\frac{1}{7!}+\cdots+\frac{(-1)^{n-1}}{(2n-1)!}+\frac{(-1)^n}{(2n+1)!}\cos\xi,\quad 2n-1>q$$

上式两边同乘以 $(2n+1)!$，有

$$(2n-1)!\ \frac{p}{q}=(2n-1)!\ \left[1-\frac{1}{3!}+\frac{1}{5!}-\frac{1}{7!}+\cdots+\frac{(-1)^{n-1}}{(2n-1)!}\right]+\frac{(-1)^n}{2n(2n+1)}\cos\xi$$

式左是整数，因而式右进而 $\frac{(-1)^n}{2n(2n+1)}\cos\xi$ 是整数(两个整数之差仍是整数).

然而 $|\cos\xi|\leqslant 1$，且 $2n>1$，故 $\frac{(-1)^n\cos\xi}{2n(2n+1)}$ 不可能是整数，矛盾. 故 sin 1 是无理数.

(2) 求某些函数值

利用级数也可以计算某些特性函数值. 请看：

例 1　计算 $\sin 1^\circ$ 的值(若知 $\pi=3.141592654\cdots$).

解　对 $\sin x$ 进行 Taylor 展开有

$$\sin x=x-\frac{x^3}{3!}+\cdots+(-1)^n\ \frac{x^{2n+1}}{(2n+1)!}+\cdots$$

而 $1^\circ=\frac{\pi}{180}$，上式中令 $x=\frac{\pi}{180}$ 且取前两项可得

$$\sin 1^\circ=\sin\frac{\pi}{180}\approx\frac{\pi}{180}-\frac{1}{3!}\left(\frac{\pi}{180}\right)^3\approx 0.01745241\quad(\text{它的误差小于 }10^{-8})$$

例 2　试计算 lg 11 的值(若知 $\ln 10=2.302585\cdots$).

解　对 $\ln(1+x)$ 进行 Taylor 展开有

$$\ln(1+x)=x-\frac{x^2}{2}+\cdots+(-1)^n\frac{x^n}{n}+\cdots$$

又由对数换底公式可有　$\lg(1+x)=\frac{\ln(1+x)}{\ln 10}$

这样　$\lg 11=\lg 10+\lg 1.1=1+\frac{\ln 1.1}{\ln 10}$ (将 ln 1.1 按上式展开) =

$$1+\frac{1}{\ln 10}\left[0.1-\frac{0.1^2}{2}+\cdots+(-1)^{n-1}\frac{0.1^n}{n}+\cdots\right]\approx$$

$$1+\frac{1}{\ln 10}\left[0.1-\frac{0.1^2}{2}+\frac{0.1^3}{3}-\frac{0.1^4}{4}\right]\approx 1.041\,39\quad(\text{误差小于 }10^{-5})$$

例 3　试求分式 $\dfrac{1+\frac{\pi^4}{5!}+\frac{\pi^8}{9!}+\frac{\pi^{12}}{13!}+\cdots}{\frac{1}{3!}+\frac{\pi^4}{7!}+\frac{\pi^8}{11!}+\frac{\pi^{12}}{15!}+\cdots}$ 的值.

解 令所求分数值为$\frac{p}{q}$,注意到(其中 p 代表分式分子,q 代表分式分母)

$$\sin\pi=\pi-\frac{\pi^3}{3!}+\frac{\pi^5}{5!}+\cdots+(-1)^n\frac{\pi^{2n+1}}{(2n+1)!}+\cdots$$

由题设则有

$$p\pi-q\pi^3=\sin\pi=0\Rightarrow\frac{p}{q}=\pi^2$$

注 这是一个甚有创意的题目,拟题者当然是反向思考而得,关键之式在于 $p\pi-q\pi^3=0$.

(3) 求极限值

涉及级数求极限问题有两类:一是借助于级数的理论和方法求函数或数列极限;二是级数本身求极限问题.我们先来看前者.

例 1 求极限$\lim\limits_{n\to\infty}\frac{n^n}{(n!)^2}$.

解 考虑级数$\sum\limits_{n=1}^{\infty}\frac{n^n}{(n!)^2}$(*),其通项为 u_n,因为

$$\lim_{n\to\infty}\frac{u_{n+1}}{u_n}=\lim_{n\to\infty}\left[\left(\frac{n+1}{n}\right)^n\cdot\frac{1}{n}\right]=\mathrm{e}\cdot 0=0$$

知级数(*)收敛,故其通项 $u_n\to 0$,即所求极限$\lim\limits_{n\to\infty}\frac{n^n}{(n!)^2}=0$.

例 2 计算极限$\lim\limits_{n\to\infty}\left[x-x^2\ln\left(1+\frac{1}{x}\right)\right]$.

解 由所求极限式变形(将其中某项 Taylor 展开)有

$$x-x^2\ln\left(1+\frac{1}{x}\right)=x-x^2\left[\frac{1}{x}-\frac{1}{2}\cdot\frac{1}{x^2}+\frac{1}{3}\cdot\frac{1}{x^3}+o\left(\frac{1}{x^4}\right)\right]=\frac{1}{2}-\frac{1}{3}\cdot\frac{1}{x}+o\left(\frac{1}{x^2}\right)$$

则

$$\lim_{n\to\infty}\left[x-x^2\ln\left(1+\frac{1}{x}\right)\right]=\lim_{n\to\infty}\left[\frac{1}{2}-\frac{1}{3}\cdot\frac{1}{x}+o\left(\frac{1}{x^2}\right)\right]=\frac{1}{2}$$

利用级数收敛性质还可比较无穷小的阶.

例 3 试证 $n\to\infty$ 时,$\frac{1}{n^n}$ 是比$\frac{1}{n!}$ 高阶无穷小.

证 考虑级数$\sum\limits_{n=1}^{\infty}\left(\frac{1}{n^n}\Big/\frac{1}{n!}\right)=\sum\limits_{n=1}^{\infty}\frac{n!}{n^n}$(*),其通项记为 u_n,由

$$\lim_{n\to\infty}\frac{u_{n+1}}{u_n}=\lim_{n\to\infty}\frac{n^n}{(n+1)^n}=\lim_{n\to\infty}\frac{1}{\left(1+\frac{1}{n}\right)^n}=\frac{1}{\mathrm{e}}<1$$

知级数(*)收敛,故 $\lim\limits_{n\to\infty}u_n=0$,即当 $n\to\infty$ 时,$\frac{1}{n^n}$ 是比$\frac{1}{n!}$ 高阶的无穷小.

再来看级数本身变形的求和问题.

例 4 若$\sum\limits_{n=1}^{\infty}a_n$ 条件收敛,令 $P_n=\sum\limits_{k=1}^{n}\frac{|a_k|+a_k}{2}$,$Q_n=\sum\limits_{k=1}^{n}\frac{|a_k|-a_k}{2}$,求$\lim\limits_{n\to\infty}\frac{P_n}{Q_n}$.

解 由设知$\sum\limits_{n=1}^{\infty}a_n=+\infty$(级数条件收敛),且$\sum\limits_{n=1}^{\infty}a_n=s$,则

$$\lim_{n\to\infty}\frac{P_n}{Q_n}=\lim_{n\to\infty}\frac{\sum\limits_{k=1}^{n}|a_k|-\sum\limits_{k=1}^{\infty}a_k}{\sum\limits_{k=1}^{n}|a_k|+\sum\limits_{k=1}^{\infty}a_k}=\lim_{n\to\infty}\left[\left|1-\frac{\sum\limits_{k=1}^{n}a_k}{\sum\limits_{k=1}^{n}|a_k|}\right|\Big/\left|1+\frac{\sum\limits_{k=1}^{n}a_k}{\sum\limits_{k=1}^{n}|a_k|}\right|\right]=1$$

例 5 设正项级数$\sum\limits_{n=1}^{\infty}a_n$ 收敛,且和为 S.试求:

(1) 极限$\lim\limits_{n\to\infty}\dfrac{a_1+2a_2+\cdots+na_n}{n}$；(2) 级数$\sum\limits_{n=1}^{\infty}\dfrac{a_1+2a_2+\cdots+na_n}{n(n+1)}$和.

解 (1) 先将所求极限式分子变形改写(这里 $S_n=\sum\limits_{k=1}^{n}a_k$)

$$\frac{a_1+2a_2+\cdots+na_n}{n}=\frac{S_n+S_n-S_1+S_n-S_2+\cdots+S_n-S_{n-1}}{n}=S_n-\frac{S_1+S_2+\cdots+S_{n-1}}{n}=$$

$$S_n-\frac{S_1+S_2+\cdots+S_{n-1}}{n-1}\cdot\frac{n-1}{n}$$

注意到若$\lim\limits_{n\to\infty}a_n=a$,则$\lim\limits_{n\to\infty}\dfrac{a_1+a_2+\cdots+a_n}{n}=a$,故

$$\lim_{n\to\infty}\frac{a_1+2a_2+\cdots+na_n}{n}=S-S=0$$

(2) 考虑到等式$\dfrac{1}{n(n+1)}=\dfrac{1}{n}-\dfrac{1}{n+1}$,由题设则有

$$\frac{a_1+2a_2+\cdots+na_n}{n(n+1)}=\frac{a_1+2a_2+\cdots+na_n}{n}-\frac{a_1+2a_2+\cdots+na_n}{n+1}=$$

$$\frac{a_1+2a_2+\cdots+na_n}{n}-\frac{a_1+2a_2+\cdots+na_n+(n+1)a_{n+1}}{n+1}+a_{n+1}$$

记 $b_n=\dfrac{a_1+2a_2+\cdots+na_n}{n}$,则$\dfrac{a_1+2a_2+\cdots+na_n}{n(n+1)}=b_n-b_{n+1}+a_{n+1}$.

故
$$\sum_{n=1}^{\infty}\frac{a_1+2a_2+\cdots+na_n}{n(n+n)}=\sum_{n=1}^{\infty}b_n-\sum_{n=1}^{\infty}b_{n+1}+\sum_{n=1}^{\infty}a_{n+1}=\sum_{n=1}^{\infty}a_n=S$$

有些级数求极限问题,可化为定积分考虑(我们前文已有叙述),有些则恰是定积分定义使然.下面仅举一例,余可参见前文相应章节.

例 6 求$\lim\limits_{n\to\infty}\left(\sum\limits_{k=1}^{n}\dfrac{1}{n+k}\right)$.

解 考虑极限式变形而化为积分计算有

$$\lim_{n\to\infty}\left(\sum_{k=1}^{n}\frac{1}{n+k}\right)\lim_{n\to\infty}\sum_{k=1}^{n}\frac{1}{1+\frac{k}{n}}\cdot\frac{1}{n}=\int_0^1\frac{dx}{1+x}=\ln 2$$

(4) 求高阶导数值

这个问题我们在"一元函数导数的计算方法"一节中已经介绍过,这里再给出两个例子.

例 1 若双曲余弦函数 $y=\operatorname{ch}x$,求 $y^{(n)}(0)$.

解 由 $\operatorname{ch}x=\dfrac{e^x+e^{-x}}{2}$ 其级数展开式为 $\operatorname{ch}x=1+\dfrac{x^2}{2!}+\dfrac{x^4}{4!}+\dfrac{x^6}{6!}+\cdots$

由函数 Taylor(Maclaurin) 展开公式可直接看到

$$y^{(2k)}(0)=1,\quad y^{(2k+1)}(0)=0\quad(k=0,1,2,\cdots)$$

例 2 设 $f(x)$ 是 $|x|<r$ 的幂级数的和,且 $g(x)=f(x^2)$.则对每个 n 均有

$$g^{(n)}(0)=\begin{cases}0, & n\text{ 为奇数}\\ \dfrac{n!}{\left(\frac{n}{2}\right)!}f^{\left(\frac{\pi}{2}\right)}(0), & n\text{ 为偶数}\end{cases}$$

解 由设
$$f(x)=f(0)+f'(0)x+\frac{1}{2!}f''(0)x^2+\frac{1}{m!}f^{(m)}(0)x^{2m}+\cdots$$

则
$$f(x^2)=f(0)+f'(0)x^2+\cdots+\frac{1}{m!}f^{(m)}(0)x^{2m}+\cdots$$

又 $g(x)=f(x^2)$ 在 $|x|<\sqrt{r}$ 上展为 Maclaurin 级数

$$g(x)=g(0)+g'(0)x+\cdots+\frac{1}{(2m)!}g^{(2m)}(0)x^{2m}+\cdots$$

比较上两级数(在其收敛区域内)有

$$g^{(2m)}(0)=\frac{(2m)!}{m!}f^{(m)}(0),\quad g^{(2m+1)}(0)=0\quad(m=1,2,\cdots)$$

令 $n=2m$ 有

$$g^{(m)}(0)=\begin{cases}0, & n\text{ 为奇数}\\ \dfrac{n!}{\left(\dfrac{n}{2}\right)!}f^{\left(\frac{n}{2}\right)}(0), & n\text{ 为偶数}\end{cases}$$

(5) 求积分值

有些积分因积不出表达式而无法计算,这样的定积分常可借助级数进行近似计算,当然有时也可求得精确值(详见“高等数学课程中的近似计算与误差分析”). 请看:

例 1　计算积分$\int_0^1\frac{\ln(1+x)}{x}dx$.

解　对 $\ln(1+x)$ 进行 Taylor 展开有

$$\ln(1+x)=x-\frac{x^2}{2}+\frac{x^3}{3}-\frac{x^4}{4}\cdots,\quad -1<x\leqslant 1$$

且上式右级数在[0,1] 上一致收敛,故将等式两边除以 x 后再从 0 到 1 积分

$$\int_0^1\frac{\ln(1+x)}{x}dx=\left[x-\frac{x^2}{2^2}+\frac{x^3}{3^2}-\cdots\right]_0^1=\frac{\pi^2}{12}.$$

有些广义积分(注意上例因 $\lim\limits_{x\to0+}\frac{\ln(1+x)}{x}dx=1$ 故其不是广义积分)计算也常化为级数方法去考虑(积分是求和式的极限情形),例如:

例 2　利用级数展开计算广义积分$\int_0^{+\infty}\frac{e^{-x}}{100+x}dx$(取两项).

解　由分式变形

$$\frac{1}{a+x}=\frac{1}{a}\cdot\frac{1}{1+\frac{x}{a}}=\frac{1}{a}\sum_{n=0}^{\infty}(-1)^n\left(\frac{x}{a}\right)^n$$

则

$$\int_0^{+\infty}\frac{e^{-x}}{100+x}dx=\frac{1}{a}\int_0^{+\infty}\sum_{n=0}^{\infty}(-1)^n\left(\frac{x}{a}\right)^n e^{-x}dx=$$

$$\frac{1}{a}-\frac{1!}{a^2}+\frac{2!}{a^3}-\cdots+(-1)^{n-1}\frac{(n-1)!}{a^n}+\cdots$$

令 $a=100$ 在上式中取前两项有

$$\int_0^{+\infty}\frac{e^{-x}}{100+x}dx\approx\frac{1}{100}-\frac{1}{100^2}=0.009\,9\quad\left(\text{误差小于}\frac{2}{10^6}\right)$$

(6) 求极值

例　求使和 $S_n=\sum\limits_{k=1}^{n}(3-k\ln 2)$ 最大的 n 值.

解　由题设有(注意到$\sum\limits_{k=1}^{n}3=3n$)

$$S_n=3n-\ln 2\sum_{k=1}^{n}k=3n-\frac{1}{2}n(n-1)\cdot\ln 2$$

且令

$$f(x)=3x-\frac{1}{2}x(x-1)\ln 2$$

由

$$f'(x)=3-\ln 2\cdot\left(x-\frac{1}{2}\right)=0$$

解得
$$x=\frac{1}{2}+\frac{3}{\ln 2}\approx 10.5$$
经计算知 $S_{10}=30-45\ln 2>S_{11}=33-55\ln 2$,故 $n=10$ 时 S_n 最大(即级数的前 10 项和最大).

(7) 求展开式中系数关系

利用函数的级数展开,有时也可求展开式中系数间的关系.请看:

例 1 若多项式分式 $(1-2x-x^2)^{-1}$ 的展开式为 $\sum\limits_{k=0}^{\infty}a_kx^k$,则对每个非负整数 n,皆有 $m\in\mathbf{N}$ 使得 $a_n^2+a_{n+1}^2=a_m$.

证 由设有 $(1-2x-x^2)\sum\limits_{k=0}^{\infty}a_kx^k=1$,比较两边系数有
$$a_0=1,\quad a_1-2a_0=0,\quad \cdots,\quad a_{n+2}-2a_{n+1}-a_n=0$$
则 $a_0=1,a_1=2$,且 $a_{n+2}=2a_{n+1}+a_n(n\geqslant 0)$.今用向量、矩阵表示之.

令 $\boldsymbol{v}_n=\begin{pmatrix}a_{n+1}\\a_n\end{pmatrix}$,且 $\boldsymbol{A}=\begin{pmatrix}2&1\\1&0\end{pmatrix}$,则 $\boldsymbol{v}_{n+1}=\boldsymbol{A}\boldsymbol{v}_n$,又 $\begin{pmatrix}2\\1\end{pmatrix}=\boldsymbol{A}\begin{pmatrix}1\\0\end{pmatrix}$,记 $\boldsymbol{e}=\begin{pmatrix}1\\0\end{pmatrix}$,故
$$\boldsymbol{v}_n=\boldsymbol{A}^n\boldsymbol{v}_0=\boldsymbol{A}^n\begin{pmatrix}2\\1\end{pmatrix}=\boldsymbol{A}^{n+1}\begin{pmatrix}1\\0\end{pmatrix}=\boldsymbol{A}^{n+1}\boldsymbol{e}_1$$
注意到 $\boldsymbol{A}^{\mathrm{T}}=\boldsymbol{A}$,故
$$a_n^2+a_{n+1}^2=\boldsymbol{v}_n^{\mathrm{T}}\boldsymbol{v}_n=(\boldsymbol{A}^{n+1}\boldsymbol{e}_1)^{\mathrm{T}}(\boldsymbol{A}^{n+1}\boldsymbol{e}_1)=\boldsymbol{e}_1^{\mathrm{T}}A^{2n+2}\boldsymbol{e}_1=\boldsymbol{e}_1^{\mathrm{T}}\boldsymbol{v}_{2n+1}=a_{2n+2}$$

例 2 若对非负整的 n,k 定义 $Q(n,k)$ 为多项式 $(1+x+x^2+x^3)^n$ 的展开式中 x^k 的系数.试证明 $Q(n,k)=\sum\limits_{j=0}^{n}\mathrm{C}_n^j\mathrm{C}_n^{k-2j}$.

证 注意到下面的题设多项式的变形及展开
$$(1+x+x^2+x^3)^n=[(1+x)(1+x^2)]^n=(1+x)^n(1+x^2)^n=\sum_{i=0}^{n}\mathrm{C}_n^ix^i\cdot\sum_{j=0}^{n}\mathrm{C}_n^jx^{2j}=$$
$$\sum_{i=0}^{n}\sum_{j=0}^{n}\mathrm{C}_n^i\mathrm{C}_n^jx^{i+2j}=\sum_{j=0}^{n}\mathrm{C}_n^j\mathrm{C}_n^{k-2j}\sum_{k=0}^{n}x^k$$
又 $(1+x+x^2+x^3)^n=\sum\limits_{k=0}^{n}Q(n,k)x^k$,故有
$$Q(n,k)=\sum_{j=0}^{n}\mathrm{C}_n^j\mathrm{C}_n^{k-2j}$$

2. 不等式问题

这类问题我们已在专题"不等式问题解法"中详述,这里再给出两个涉及级数问题的例.

例 1 试证不等式 $\mathrm{e}^x+\mathrm{e}^{-x}\leqslant 2\mathrm{e}^{\frac{x^2}{2}}$,其中 $x\in\mathbf{R}$.

证 由 $\mathrm{e}^x+\mathrm{e}^{-x}=2\mathrm{ch}x=2\sum\limits_{n=0}^{\infty}\dfrac{x^{2n}}{(2n)!}$,及 $2\mathrm{e}^{\frac{x^2}{2}}=2\sum\limits_{n=0}^{\infty}\dfrac{x^{2n}}{(2n)!!}$,而 $\dfrac{x^{2n}}{(2n)!}\leqslant\dfrac{x^{2n}}{(2n)!!}$,故
$$\mathrm{e}^x+\mathrm{e}^{-x}\leqslant 2\mathrm{e}^{\frac{x^2}{2}}$$

例 2 若设 $f(x)=\sum\limits_{n=1}^{\infty}\dfrac{\cos nx}{\sqrt{n^3+n}}$,又 $F(x)$ 是 $f(x)$ 的一个原函数,且 $F(0)=0$.试证不等式 $\dfrac{\sqrt{2}}{2}-\dfrac{1}{15}<F\left(\dfrac{\pi}{2}\right)<\dfrac{\sqrt{2}}{2}$.

证 由 $\left|\dfrac{\cos nx}{\sqrt{n^3+n}}\right|\leqslant\dfrac{1}{\sqrt{n^3+n}}<\dfrac{1}{\sqrt{n^3}}$ 及 $\sum\limits_{n=1}^{\infty}\dfrac{1}{\sqrt{n^3}}=\sum\limits_{n=1}^{\infty}\dfrac{1}{n^{\frac{3}{2}}}$ 收敛,则题设级数在 $(-\infty,+\infty)$ 上

一致收敛. 则 $f(x)$ 在 $(-\infty,+\infty)$ 上逐项可积. 由

$$F(x)=\int_0^x f(x)\mathrm{d}x=\sum_{n=1}^{\infty}\left[\frac{1}{n\sqrt{n^3+n}}\int_0^x \cos nx\,\mathrm{d}x\right]=\sum_{n=1}^{\infty}\frac{\sin nx}{n\sqrt{n^3+n}}$$

而
$$F\left(\frac{\pi}{2}\right)=\sum_{n=1}^{\infty}\frac{1}{n\sqrt{n^3+n}}\sin\frac{n\pi}{2}=\frac{1}{\sqrt{2}}-\frac{1}{3\sqrt{30}}+\frac{1}{5\sqrt{5^3+5}}-\frac{1}{7\sqrt{7^3+7}}+\cdots$$

上级数 $\sum(-1)^n u_n$ 为交错级数, 且 $u_n<u_{n+1}$ 及 $\lim\limits_{n\to\infty}u_n=0$, 故 $F\left(\frac{\pi}{2}\right)<\frac{1}{\sqrt{2}}$, 且余项 $|r_n|<\frac{1}{3\sqrt{30}}$.

由 $\left|F\left(\frac{\pi}{2}\right)-\frac{1}{\sqrt{2}}\right|<\frac{1}{3\sqrt{30}}$, 有 $F\left(\frac{\pi}{2}\right)>\frac{1}{\sqrt{2}}-\frac{1}{15}$. 综上 $\frac{1}{\sqrt{2}}-\frac{1}{15}<F\left(\frac{\pi}{2}\right)<\frac{1}{\sqrt{2}}$.

广义积分问题的不等式, 有时也可考虑用级数性质去证明, 请看例:

例 3 试证积分不等式 $\int_0^{+\infty}\frac{\sin x}{x}\mathrm{d}x<\int_0^{\pi}\frac{\sin x}{x}\mathrm{d}x$.

证 我们先来证明下面的等式

$$\int_0^{+\infty}\frac{\sin x}{x}\mathrm{d}x=\sum_{n=0}^{\infty}(-1)^n\int_0^{\pi}\frac{\sin x}{x+n\pi}\mathrm{d}x \tag{*}$$

上式右边令 $x+n\pi=t$ 则有

$$\int_0^{\pi}\frac{\sin x}{x}\mathrm{d}x=\sum_{n=0}^{\infty}\int_{n\pi}^{(n+1)\pi}\frac{\sin t}{t}\mathrm{d}t=\lim_{n\to+\infty}\int_0^{n\pi}\frac{\sin t}{t}\mathrm{d}t$$

再令 $f(x)=\int_0^x\frac{\sin t}{t}\mathrm{d}t\,(x>0)$, 由 $\int_0^{+\infty}\frac{\sin t}{t}\mathrm{d}t$ 收敛, 则

$$\lim_{n\to+\infty}f(x)=\int_0^{+\infty}\frac{\sin t}{t}\mathrm{d}t$$

注意到 $\lim\limits_{n\to+\infty}f(n\pi)=\lim\limits_{n\to+\infty}f(x)$, 则 (*) 式成立.

由上证明我们有

$$\int_0^{+\infty}\frac{\sin x}{x}\mathrm{d}x-\int_0^{\pi}\frac{\sin x}{x}\mathrm{d}x=\sum_{n=1}^{\infty}(-1)^n\int_0^{\pi}\frac{\sin x}{x+n\pi}\mathrm{d}x=\sum_{k=1}^{\infty}\left[-\int_0^{\pi}\frac{\sin x}{x+(2k-1)\pi}\mathrm{d}x+\int_0^{\pi}\frac{\sin x}{x+2k\pi}\mathrm{d}x\right]=$$

$$-\pi\sum_{k=1}^{\infty}\int_0^{\pi}\frac{\sin x\,\mathrm{d}x}{[x+(2k-1)\pi](x+2k\pi)}<0$$

从而题设结论成立.

3. 解微分方程问题

利用级数也可以求解某些微分方程, 比如:

例 1 试用幂级数求微分方程 $(1+x)y'+y=1+x$ 满足初始条件 $y|_{x=0}=0$ 的特解.

解 由初始条件可设 $y=\sum\limits_{k=1}^{\infty}a_k x^k$ 代入原方程有

$$(1+x)\sum_{k=1}^{\infty}ka_k x^{k-1}+\sum_{k=1}^{\infty}a_k x^k=1+x$$

式左展开后再比较方程两边同类项系数得

$$a_1=1,2a_2-a_1+a_1=1,ka_k-(k-1)a_{k-1}+a_{k-1}=0,\quad k=3,4,5,\cdots$$

故有
$$a_1=1,\quad a_2=\frac{1}{2},\quad \cdots,\quad a_n=\frac{1}{n}(n-1),\quad \cdots$$

则 $y=x+\sum\limits_{k=2}^{\infty}\frac{x^k}{(k-1)k}\,(|x|<1)$ 为方程满足 $y|_{x=0}=0$ 的特解.

例 2 试证 $\sum\limits_{k=0}^{\infty}\frac{x^{2k+1}}{(2k+1)!}$ 在收敛域内的和函数 $y(x)$ 满足微分方程 $y'+y=e^x$.

证 由 $e^x = \sum_{k=0}^{\infty} \frac{x^k}{k!}$ 有

$$e^{-x} = \sum_{k=0}^{\infty} (-1)^{k+1} \frac{x^k}{k!}, \quad x \in (-\infty, +\infty)$$

则
$$\frac{1}{2}(e^x - e^{-x}) = \sum_{k=0}^{\infty} \frac{x^{2k+1}}{(2k+1)!}, \quad x \in (-\infty, +\infty)$$

若 $y = \frac{1}{2}(e^x - e^{-x})$,则 $y' = \frac{1}{2}(e^x + e^{-x})$. 故 $y'(x) + y(x) = e^x$.

注 显然$\frac{1}{2}(e^x - e^{-x})$为题设级数的和函数.

例 3 设幂级数 $\sum_{n=0}^{\infty} a_n x^n$ 在$(-\infty, +\infty)$内收敛,其和函数 $y(x)$ 满足方程 $y'' - 2xy' - 4y = 0$,初始条件 $y(0) = 0$ 且 $y'(0) = 1$.

(1) 证明 $a_{n+2} = \frac{2}{n+1} a_n (n = 1,2,3,\cdots)$;(2) 求 $y(x)$ 的表达式.

解 (1) 将 $y(0) = 0, y'(0) = 1$ 代入 $y(x) = \sum_{n=0}^{\infty} a_n x^n$,得 $a^0 = 0, a_1 = 1$. 故 $y(x) = x + \sum_{n=2}^{\infty} a_n x^n$,代入题设方程有

$$(x + \sum_{n=2}^{\infty} a_n x^n)'' - 2x(x + \sum_{n=2}^{\infty} a_n x^n)' - 4(x + \sum_{n=2}^{\infty} a_n x^n) = 0$$

有
$$\sum_{n=2}^{\infty} n(n-1) a_n x^{n-2} - 2(1 + \sum_{n=2}^{\infty} n a_n x^{n-1}) - 4(x + \sum_{n=2}^{\infty} a_n x^n) = 0$$

化简后有
$$2a_2 + 6(a_3 - 1)x + \sum_{n=2}^{\infty} [(n+2)(n+1)a_{n+2} - 2(n+2)a_n] x^n = 0$$

比较两边系数可有 $2a_2 = 0, 6(a_3 - 1) = 0, (n+2)(n+1)a_{n+1} - 2(n+2) = 0$

解得 $a_2 = 0, a_3 = 1, a_{n+2} = \frac{2}{n+1} a_n (n = 2,3,4,\cdots)$. 由上已得 $a_0 = 0, a_1 = 1$. 故有

$$a_{n+2} = \frac{2}{n+1} a_n, \quad n = 1,2,3,\cdots$$

(2) 由上计算知:$a_0 = 0, a_1 = 1, a_3 = 1$ 及 $a_{n+2} = \frac{2}{n+2} a_n (n = 1,2,3,\cdots)$,再结合数学归纳法可有

$$a_{2n} = 0, \quad a_{2n+1} = \frac{1}{n!}, \quad n = 1,2,3,\cdots$$

故
$$y(x) = \sum_{k=1}^{\infty} \frac{x^{2k+1}}{k!} = x \sum_{k=1}^{\infty} \frac{(x^2)^k}{k!} = x e^{x^2}$$

4. Fourier 展开式的系数性质问题

函数的 Fourier 展开式的系数有许多重要性质,我们来看其中的一些. 先来看一个简单的例子.

例 1 设函数 $f(x) = x^9 + 9^x$ 在$[0,1]$上展成 Fourier 级数,其中展成的正弦级数为 $S_1(x)$,展成的余弦级数为 $S_2(x)$,求 $S_1(-1)$ 和 $S_2(-1)$.

解 分别将 $f(x)$ 作奇、偶延拓:

奇延拓
$$f(x) = \begin{cases} x^9 + 9^x, & x \in [0,1] \\ -[(-x)^9 + 9^{-x}], & x \in [-1,0) \end{cases}$$

偶延拓
$$f(x) = \begin{cases} x^9 + 9^x, & x \in [0,1] \\ (-x)^9 + 9^{-x}, & x \in [-1,0) \end{cases}$$

又 $f(l) = \frac{1}{2}[f(-l+0) + f(l-0)]$,故知 $S_1(-1) = 0, S_2(-1) = 0$.

例2 设 $f(x)$ 是以 2π 为周期的连续函数，且其 Fourier 系数 $a_n, b_n(n=0,1,2,\cdots)$.

(1) 求 $f(x+l)$ 的 Fourier 系数(l 为常数)；

(2) 求 $F(x)=\dfrac{1}{\pi}\int_{-\pi}^{\pi}f(t)f(x+t)\mathrm{d}t$ 的 Fourier 系数，且以此推证

$$\frac{1}{\pi}\int_{-\pi}^{\pi}f^2(x)\mathrm{d}x=\frac{a_0^2}{2}+\sum_{n=1}^{\infty}(a_n^2+b_n^2)$$

解 (1) $f(x+l)$ 的 Fourier 系数为

$$A_n=\frac{1}{\pi}\int_{-\pi}^{\pi}f(x+l)\cos nx\,\mathrm{d}x=\frac{1}{\pi}\int_{l-\pi}^{l+\pi}f(t)\cos(t-l)\mathrm{d}t=$$

$$\frac{1}{\pi}\int_{-\pi}^{\pi}f(t)(\cos nt\cos nl+\sin nt\sin nl)\mathrm{d}t=$$

$$\cos nl\,\frac{1}{\pi}\int_{-\pi}^{\pi}f(t)\cos nt\,\mathrm{d}t+\sin nl\,\frac{1}{\pi}\int_{-\pi}^{\pi}f(t)\sin nt\,\mathrm{d}t=a_n\cos nl+b_n\sin nl$$

其中 $n=0,1,2,\cdots$.

类似地可有 $B_n=b_n\cos nl+a_n\sin nl$，其中 $n=0,1,2,\cdots$.

(2) $F(x)$ 的 Fourier 系数为

$$A_0=\frac{1}{\pi}\int_{-\pi}^{\pi}\left[\int_{-\pi}^{\pi}f(t)f(x+t)\mathrm{d}t\right]\mathrm{d}x=\frac{1}{\pi}\int_{-\pi}^{\pi}\left[\frac{1}{\pi}\int_{-\pi}^{\pi}f(x+t)\mathrm{d}x\right]f(t)\mathrm{d}t\quad(\text{令 } x+t=u)=$$

$$\frac{1}{\pi}\int_{-\pi}^{\pi}\left[\frac{1}{\pi}\int_{l-\pi}^{l+\pi}f(u)\mathrm{d}u\right]f(t)\mathrm{d}t\quad(\text{由周期性})=\frac{1}{\pi}\int_{-\pi}^{\pi}\left[\frac{1}{\pi}\int_{-\pi}^{\pi}f(u)\mathrm{d}u\right]f(x)\mathrm{d}t=a_0^2$$

$$A_n=\frac{1}{\pi}\int_{-\pi}^{\pi}\left[\frac{1}{\pi}\int_{-\pi}^{\pi}f(x+t)\cos nx\,\mathrm{d}x\right]f(t)\mathrm{d}t=\frac{1}{\pi}\int_{-\pi}^{\pi}(a_n\cos nt+b_n\sin nt)f(t)\mathrm{d}t=a_n^2+b_n^2$$

其中 $n=0,1,2,\cdots$.

由
$$F(-x)=\frac{1}{\pi}\int_{-\pi}^{\pi}f(t)f(-x+t)\mathrm{d}t\quad(\text{令 } t-x=u)=$$

$$\frac{1}{\pi}\int_{-\pi-x}^{\pi-x}f(u+x)f(u)\mathrm{d}u\quad(\text{由周期性})=\frac{1}{\pi}\int_{-\pi}^{\pi}f(u+x)f(u)\mathrm{d}u=F(x)$$

即 $F(x)$ 为偶函数，故 $B_n=0(n=0,1,2,\cdots)$.

由 $f(x)$ 连续，故 $F(x)$ 亦连续，则有

$$\frac{1}{\pi}\int_{-\pi}^{\pi}f(t)f(x+t)\mathrm{d}t=\frac{a_0^2}{2}+\sum_{n=1}^{\infty}(a_n^2+b_n^2)\cos nx$$

上式中令 $x=0$ 即可有

$$\frac{1}{\pi}\int_{-\pi}^{\pi}f^2(t)\mathrm{d}t=\frac{a_0^2}{2}+\sum_{n=1}^{\infty}(a_n^2+b_n^2)$$

在上例(2)的情形中更一般的结论是：

例3 (Bessel 不等式) 设 $f(x)$ 在 $[-\pi,\pi]$ 上可积，又 a_n, b_n 为其 Fourier 级数展开系数，则有不等式 $\dfrac{a_0^2}{2}+\sum_{n=1}^{\infty}(a_n^2+b_n^2)\leqslant\dfrac{1}{\pi}\int_{-\pi}^{\pi}f^2(x)\mathrm{d}x$.

证 设 s_n 为 $f(x)$ 的 Fourier 展开 $\dfrac{a_0}{2}+\sum_{n=1}^{\infty}(a_n\cos nx+b_n\sin nx)$ 前 n 项部分和，故

$$\int_{-\pi}^{\pi}[f(x)-s_n]^2\mathrm{d}x=\int_{-\pi}^{\pi}f^2(x)\mathrm{d}x-2\int_{-\pi}^{\pi}f(x)s_n\mathrm{d}x+\int_{-\pi}^{\pi}s_n^2\mathrm{d}x\qquad(*)$$

$$\int_{-\pi}^{\pi}f(x)s_n\mathrm{d}x=\int_{-\pi}^{\pi}f(x)\left[\frac{a_0}{2}+\sum_{k=1}^{n}(a_k\cos kx+b_k\sin kx)\right]\mathrm{d}x=\pi\left[\frac{a_0^2}{2}+\sum_{k=1}^{n}(a_k^2+b_k^2)\right]$$

由三角函数系的正交性可有 $\int_{-\pi}^{\pi}s_n^2\mathrm{d}x=\pi\left[\dfrac{a_0^2}{2}+\sum_{k=1}^{n}(a_n^2+b_k^2)\right]$ (注意到 $\int_{-\pi}^{\pi}[f(x)-s_n]^2\mathrm{d}x\geqslant0$)，将上两

式代入式(*)有

$$-\frac{1}{\pi}\int_{-\pi}^{\pi} f^2(x)\mathrm{d}x - \left[\frac{a_0^2}{2} + \sum_{k=1}^{n}(a_k^2 + b_n^2)\right] \geqslant 0 \qquad (**)$$

对式(**)令 $n \to \infty$,即
$$\frac{a_0^2}{2} + \sum_{k=1}^{\infty}(a_k^2 + b_k^2) \leqslant \frac{1}{\pi}\int_{-\pi}^{\pi} f^2(x)\mathrm{d}x$$

习　　题

一、级数判敛问题

1. 若 $a_n \geqslant b_n \geqslant 0(n = 0,1,2,\cdots)$,又级数 $\sum\limits_{n=1}^{\infty} a_n$ 收敛,试判别级数 $\sum\limits_{n=1}^{\infty}\sqrt{a_n b_n \tan n}$ 的敛散性.

2. 研究级数 $\sum\limits_{n=1}^{\infty}(-1)^{n-1}\dfrac{1}{n^{p+\frac{1}{n}}}$ 的绝对收敛和条件收敛性.

[答:$p > 1$,级数绝对收敛;$0 < p \leqslant 1$,级数条件收敛]

3. 研究级数 $\sum\limits_{n=1}^{\infty}(-1)^{n-1}\dfrac{\ln\left(2+\frac{1}{n}\right)}{\sqrt{(3n-2)(3n+2)}}$ 的绝对收敛及条件收敛性.

[答:条件收敛]

4. 判断级数 $\sum\limits_{n=1}^{\infty}\int_0^{\frac{\pi}{n}}\dfrac{\sin x}{1+x}\mathrm{d}x$ 的敛散性.

二、求级数收敛区域问题

1. 求级数 $\sum\limits_{n=1}^{\infty}\dfrac{x^{4n}}{1+x^{8n}}$ 的收敛域.

[答:$x \neq 1$ 的全体实数]

2. 求级数 $\sum\limits_{n=0}^{\infty}(-1)^n\dfrac{x^{2n+1}}{2n+1}$ 的收敛域.

3. 求级数 $\sum\limits_{n=1}^{\infty}\dfrac{n^2}{n!}x^n$ 的收敛域.

4. 求级数 $\sum\limits_{n=1}^{\infty}(-1)^n\dfrac{(\ln x)^n}{n}$ 的收敛域.

5. 求级数 $\sum\limits_{n=1}^{\infty}\dfrac{(-1)^{n-1}x^{2n}}{n(2n-1)}$ 的收敛域.

三、级数求和问题

1. 求级数 $\sum\limits_{n=1}^{\infty}\dfrac{1}{(2n-1)(2n+1)}$ 的和.

[提示:$\dfrac{1}{(2n-1)(2n+1)} = \dfrac{1}{2}\left(\dfrac{1}{2n-1} - \dfrac{1}{2n+1}\right)$]

2. 求级数 $\sum\limits_{n=1}^{\infty}\dfrac{1}{(2n-1)2n(2n+1)}$ 的和.

[提示:$\dfrac{1}{(2n-1)2n(2n+1)} = \dfrac{1}{2}\left\{\dfrac{1}{(2n-1)2n} - \dfrac{1}{2n(2n+1)}\right\}$,再利用上题结论]

3. 求级数 $\sum\limits_{n=1}^{\infty}\dfrac{n^2}{n!}$ 的和.

[提示:注意到 $\mathrm{e} = \sum\limits_{k=0}^{\infty}\dfrac{1}{n!}$]

4. 求$\sum_{n=1}^{\infty}(-1)^n\frac{x^n}{n(n-1)}$之和(这里$|x|<1$).

[**提示**:两次逐项积分. **答**:$x\ln(1+x)-x+\ln(1+x)$]

5. 求$\sum_{n=1}^{\infty}\int_0^1 x^2(1-x)^n\mathrm{d}x$之和.

6. 求$\sum_{n=1}^{\infty}\sum_{k=1}^{n}\frac{k}{2^{k-1}}$之和.

[**提示**:考虑$\sum_{k=1}^{n}\frac{k}{2^{k-1}}=\frac{n(n+1)}{2^n}$,及$s(x)=\sum_{n=1}^{\infty}n(n+1)x^n$,则题设级数和为$s\left(\frac{1}{2}\right)$. **答**:8]

7. 求级数$\sum_{n=1}^{\infty}\frac{(-1)^{n-1}x^{2n}}{n(2n-1)}$的和函数(这里$|x|\leqslant 1$).

[**提示**:考虑逐项微分法]

8. 求级数$\sum_{n=1}^{\infty}n^2x^{n-1}$的和函数.

[**提示**:考虑逐项积分法]

9. 求级数$\sum_{n=0}^{\infty}\frac{(2n+1)x^{2n}}{n!}$的和函数(这里$-\infty<x<+\infty$).

[**提示**:考虑逐项积分法或逐项分化为一阶线性微分方程]

10. 求级数$\sum_{n=1}^{\infty}(-1)^n\frac{(2n-1)!!}{(2n)!!}$的和.

[**提示**:考虑$\frac{1}{\sqrt{1+x}}$的幂级数展开]

11. 求级数(1)$\sum_{n=1}^{\infty}\frac{\sin nx}{n}$;(2)$\sum_{n=1}^{\infty}\frac{\cos nx}{n}$的和.

[**提示**:令$z=\mathrm{e}^{\mathrm{i}x}$,由$\ln\frac{1}{1-z}=\sum_{n=1}^{\infty}\frac{z^n}{n}$,以及$\ln\frac{1}{1-z}=-\ln\left|2\sin\frac{x}{2}\right|+\mathrm{i}\arctan\left(\frac{\sin x}{1-\cos x}\right)$,再注意到$\sum_{n=1}^{\infty}\frac{z^n}{n}=\sum_{n=1}^{\infty}\frac{\cos nx}{n}+\mathrm{i}\sum_{n=1}^{\infty}\frac{\sin nx}{n}$,比较虚、实部系数]

注 本题(1)亦可由Fourier级数法解得:

视(1)为某奇函数$f(x)$在$[-\pi,\pi]$上Fourier展开,则

$$\frac{1}{n}=\frac{2}{\pi}\int_0^{\pi}f(x)\sin nx\,\mathrm{d}x \tag{$*$}$$

若视$f(x)=ax+b$代入($*$)式积分后可有

$$(a\pi+b)(-1)^{n-1}+b=\frac{\pi}{2}$$

比较等式两边可有$a\pi+b=0,b=\frac{\pi}{2}$. 得$a=-\frac{1}{2},b=\frac{\pi}{2}$. 故$f(x)=\frac{\pi-x}{2}$.

12. 求级数$\sum_{n=1}^{\infty}(-1)^n\frac{n(n+1)}{2}$的和.

[**提示**:考虑$\frac{-1}{1+x}$的幂级数展开,且两次逐项微分]

13. 利用x在$[0,\pi]$上展为余弦函数,求级数$\sum_{n=1}^{\infty}\frac{1}{(2n-1)^2}$的和.

四、函数展开问题

1. 求函数$f(x)=\frac{1}{x^2-2x-3}$展成Maclaurin级数(求x的幂级数).

[提示:$f(x)=\frac{1}{4}\left(\frac{1}{x-3}-\frac{1}{x+1}\right)$. 答:$\frac{1}{4}\sum_{n=0}^{\infty}\left[(-1)^{n+1}-\frac{1}{3^{n+1}}\right]x^n$,这里 $-1<x<1$]

2. 将函数 $f(x)=\frac{1}{x^2+3x+2}$ 展成 $x+4$ 的幂级数.

[提示:$f(x)=\frac{1}{3}\frac{1}{[(x+4)/3]-1}-\frac{1}{2}\frac{1}{[(x+4)/2]-1}$. 答:$\sum_{n=0}^{\infty}\left(\frac{1}{2^{n+1}}-\frac{1}{3^{n+1}}\right)(x+4)^n$,这里 $-6<x<-2$]

3. 将 $f(x)=\arccos x$ 展成 x 的幂级数.

[提示:$\arccos x=\frac{\pi}{2}-\int_0^x\frac{dt}{\sqrt{1-t^2}}$. 答:$\frac{\pi}{2}-\left\{x+\sum_{n=1}^{\infty}\frac{(2n-1)!!}{(2n)!!}\frac{x^{2n+1}}{2n+1}\right\}$,这里 $-1\leqslant x\leqslant 1$]

4. 将 $f(x)=\frac{1}{(1+x)(1+x^2)(1+x^4)}$ 展成 x 的幂级数.

[提示:$f(x)=\frac{1}{4}\cdot\frac{1}{1+x}-\frac{1}{2}(x-1)\left[\frac{1}{2}\cdot\frac{1}{1+x^2}-\frac{1}{1+x^4}\right]$. 答:$\frac{1}{4}\sum_{n=0}^{\infty}(-1)^n(x^n-x^{2n+1}+2x^{4n+1}+x^{2n}-2x^{4n})$,这里 $-1<x<1$]

5. 将 $f(x)=\sin^3 x$ 展成 x 的幂级数.

[提示:$f(x)=\frac{1}{4}(3\sin x-\sin 3x)$. 答:$\sum_{k=0}^{\infty}(-1)^k\frac{3}{4}\frac{(1-3^{2k+1})}{(2k+1)!}x^{2k+1}$,这里 $-\infty<x<+\infty$]

6. 将 $f(x)=\frac{1}{4}x(2\pi-x),x\in[0,2\pi]$ 展成 Fourier 级数.

[答:$\frac{1}{6}\pi^2-\sum_{k=1}^{\infty}\frac{1}{k^2}\cos kx$]

7. 将 $f(x)=\begin{cases}x,x\in[0,\pi],\\2,x\in[-\pi,0)\end{cases}$ 展成 Fourier 级数.

[提示:注意 $x=0$ 和 $x=\pm\pi$ 处级数值]

8. 设 $u(x)=\sum_{k=0}^{\infty}\frac{x^{3k}}{(3k)!},v(x)=\sum_{k=0}^{\infty}\frac{x^{3k+1}}{(3k+1)!},w(x)=\sum_{k=0}^{\infty}\frac{x^{3k+2}}{(3k+2)!}$. 证明关系式 $u^3+v^3+w^3-3uvw=1$ 成立.

[提示:注意到 $u'(x)=w(x),v'(x)=u(x),w'(x)=v(x)$. 令 $F(x)=u^3++v^3+w^3-3uvw$,则有 $F'(x)=0$,得 $F(x)$ 为常数,又 $F(0)=1$]

第 7 章 微分方程

一、一阶微分方程的解法

常见的一阶微分方程类型及解法可见表 1，当然解这些方程的关键首先是要**区分好方程的类型，记住它们的不同解法.**

表 1

方程类型		方程式	求解方法
可分离变量(含直线积分型)		$M(y)\mathrm{d}y = N(x)\mathrm{d}x$	$\int M(y)\mathrm{d}y = \int N(x)\mathrm{d}x$
齐次方程		$\dfrac{\mathrm{d}y}{\mathrm{d}x} = \varphi\left(\dfrac{y}{x}\right)$	令 $u = \dfrac{y}{x}$，化为可分离变量
线性方程	齐次	$y' + py = 0$	p 是常数时，特征根法；余用分离变量法
	非齐次	$y' + py = Q(x)$	$y = \left(\int Q\mathrm{e}^{E}\mathrm{d}x + C\right)\mathrm{e}^{-E}$，其中 $E = \int p\mathrm{d}x$
	Bernoulli 方程	$y' + P(x)y = Q(x)y^{n}$	令 $z = y^{1-n}$ 化为线性方程
恰当方程	全微分方程	$M(x,y)\mathrm{d}x + N(x,y)\mathrm{d}y = 0$，其中 $M'_{y} = N'_{x}$	$\int_{x_0}^{x} M(x,y)\mathrm{d}x + \int_{y_0}^{y} N(x_0,y)\mathrm{d}y = C$
	含积分因子方程	$M\mathrm{d}x + N\mathrm{d}y = 0, M'_{y} \neq N'_{x}$ 有 $\mu(x,y)$ 使 $(\mu M)'_{y} = (\mu N)'_{x}$	乘积分因子化为全微分方程
其他类型	其解出 y 的方程	$y = f(x,y')$	两边对 x 求导且令 $y' = p$
	能化为变量分离的方程	$y' = F(ax + by + c)$	令 $\mu = ax + by + c$
	能化为齐次方程	$\dfrac{\mathrm{d}y}{\mathrm{d}x} = F\left(\dfrac{a_1x + b_1y + c_1}{a_2x + b_2y + c_2}\right)$	$\begin{vmatrix} a_1 & b_1 \\ a_2 & b_2 \end{vmatrix} \neq 0$ 令 $\begin{cases} x = \xi + h, \\ y = \eta + k, \end{cases}$ 其中 h,k 为 $\begin{cases} a_1x + b_1y + c_1 = 0 \\ a_2x + b_2y + c_2 = 0 \end{cases}$ 的解

一阶微分方程纵然种类纷繁，但它们之间也有着紧密的联系，熟悉这些联系，对于解这类方程来讲是重要的，因为这里面蕴涵着数学的一个重要思想：转化.

转化是将未知化为已知，一般化为特殊(或相反)，复杂化为简单，陌生化为熟悉等. 这一点我们前文已多有介绍.

图 1 是一张关于一阶微分方程间互相转化关系的图示.

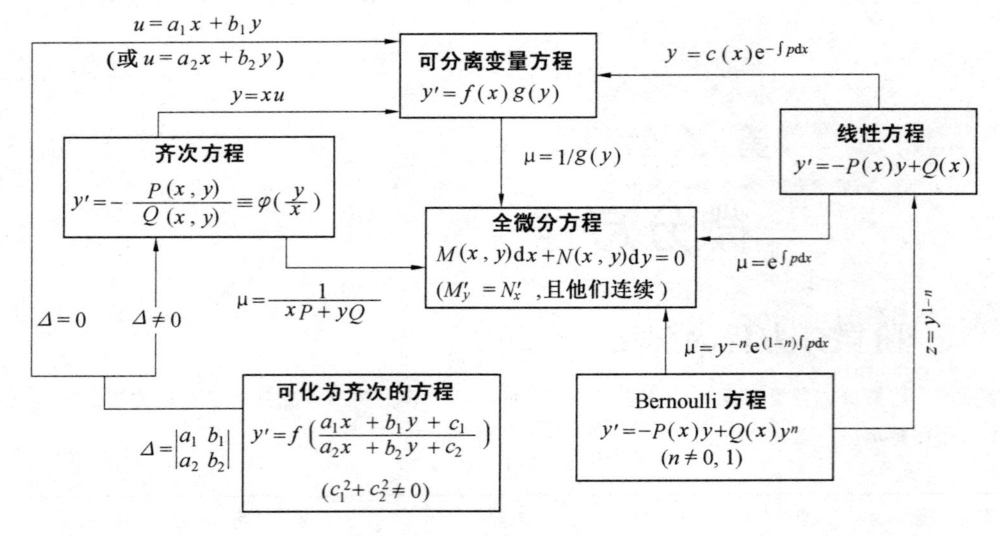

图 1

前面我们已经说过，解微分方程首先要判(确)定方程的类型，然后再考虑它的解法(不同类型解法不同). 下面我们分别举例谈谈这些方法.

1. 能化为可分离变量微分方程解法

这类方程解法不甚困难，我们来看几个例子.

例 1 解微分方程(1)$y\mathrm{d}x+\sqrt{x^2+1}\,\mathrm{d}y=0$;(2)$y'^2=y^3-y^2$.

解 (1) 先分离变量$\dfrac{\mathrm{d}x}{\sqrt{x^2+1}}+\dfrac{\mathrm{d}y}{y}=0$,积分之有

$$\ln(x+\sqrt{x^2+1})+\ln y=\ln C$$

即
$$y(x+\sqrt{x^2+1})=C$$

(2) 由设 $y'=\pm y\sqrt{y-1}$,分离变量后有$\dfrac{\mathrm{d}y}{y\sqrt{y-1}}=\pm\mathrm{d}x$,积分之有

$$2\arctan\sqrt{y-1}=\pm x+c$$

即
$$y=1+\tan^2\left(\frac{c\pm x}{2}\right)\quad 和\quad y=0,1$$

有些方程在求解之前须先作某些处理:如因式分解、利用公式变形、设辅助未知元(变量替换)等. 请看下面例子:

例 2 求 $y'=1-x+y^2-xy^2$ 满足 $x=0$ 时 $y=1$ 的解.

解 由设有 $y'=(1+y^2)(1-x)$,分离变量即

$$\frac{\mathrm{d}y}{1+y^2}=(1-x)\mathrm{d}x$$

上式两边积分得
$$\arctan y=x-\frac{x^2}{2}+c$$

以初始条件$y\big|_{x=0}=1$ 代入得 $c=\dfrac{\pi}{4}$.

故 $\arctan y = x - \frac{x^2}{2} + \frac{\pi}{4}$ 或 $y = \tan\left(x - \frac{x^2}{2} + \frac{\pi}{4}\right)$ 为所求.

例 3 解微分方程 $(x^2 - y^2 - 2y)\mathrm{d}x + (x^2 + 2x - y^2)\mathrm{d}y = 0$.

解 方程由因式分解可变形为

$[(x+y)(x-y) - (x+y) + (x-y)]\mathrm{d}x + [(x+y)(x-y) + (x+y) + (x-y)]\mathrm{d}y = 0$

令 $x + y = u, x - y = v$，则 $2\mathrm{d}x = \mathrm{d}u + \mathrm{d}v, 2\mathrm{d}y = \mathrm{d}u - \mathrm{d}v$，代入原方程化简，有

$$(u+1)v\mathrm{d}u - u\mathrm{d}v = 0$$

当 $uv \neq 0$ 时分离变量有
$$\frac{u+1}{u}\mathrm{d}u = \frac{1}{v}\mathrm{d}v$$

上式两边积分之有
$$u + \ln u = \ln v + \ln C$$

即
$$\frac{u\mathrm{e}^u}{v} = C$$

代回原变量得微分方程的解
$$\frac{(x+y)\mathrm{e}^{x+y}}{x-y} = C$$

此外 $v = 0$ 即 $x - y = 0$ 亦为方程解.

例 4 求解微分方程 $xy' - y[\ln(xy) - 1] = 0$.

解 令 $u = xy$，则 $u'_x = y + y'x$，代入方程有

$$u' - y - y[\ln u - 1] = 0$$

即 $u' = y\ln u$，或 $u' = \frac{u}{x}\ln u$，从而 $\frac{\mathrm{d}u}{u\ln u} = \frac{\mathrm{d}x}{x}$，两边积分有

$$\ln(\ln u) = \ln x + \ln c$$

即
$$\ln u = cx \quad \text{或} \quad \ln(xy) = cx$$

下面的例子形式上更复杂些(式中含有分式)，但它仍属可分离变量方程.

例 5 求解微分方程 $\frac{1}{x+y} + \frac{4y^2}{(x+y)^3} + \left[\frac{1}{x+y} - \frac{4xy}{(x+y)^3}\right]y' = 0$.

解 原方程变形可化为
$$\frac{\mathrm{d}x + \mathrm{d}y}{x+y} + \frac{4y(y\mathrm{d}x - x\mathrm{d}y)}{(x+y)^3} = 0$$

即
$$\frac{\mathrm{d}(x+y)}{x+y} + \frac{4\,\frac{y\mathrm{d}x - x\mathrm{d}y}{y^2}}{\left(\frac{x}{y}+1\right)^3} = 0 \Rightarrow \frac{\mathrm{d}(x+y)}{x+y} + \frac{4\mathrm{d}\left(\frac{x}{y}+1\right)}{\left(\frac{x}{y}+1\right)^3} = 0$$

两边积分之有
$$\ln(x+y) - \frac{2}{\left(\frac{x}{y}+1\right)^2} = C$$

即
$$\ln(x+y) - \frac{2y^2}{(x+y)^2} = C$$

例 6 求微分方程 $x + yy' = f(x)\cdot g(\sqrt{x^2+y^2})$ 的通解，且用此结论求方程 $x' + yy' = (\sqrt{x^2+y^2} - 1)\tan x$ 的通解.

解 设 $\sqrt{x^2+y^2} = u$，则 $\mathrm{d}u = \frac{2x\mathrm{d}x + 2yy'\mathrm{d}x}{2u}$，即

$$u\mathrm{d}u = x\mathrm{d}x + yy'\mathrm{d}x$$

故题设方程变为
$$u\mathrm{d}u = f(x)g(u)\mathrm{d}x$$

分离变量后积分之
$$\int\frac{u\mathrm{d}u}{g(u)} = \int f(x)\mathrm{d}x + C \qquad (*)$$

上式(*)左边积分后将 $u=\sqrt{x^2+y^2}$ 代入,即得方程的通解.

对于方程 $x+yy'=(\sqrt{x^2+y^2}-1)\tan x$,利用上面的结果,注意到 $f(x)=\tan x$,及 $g(u)=u-1$ 代入式(*)有

$$\int\frac{u}{u-1}\mathrm{d}u=\int\tan x\mathrm{d}x+C\Rightarrow\int\left(1+\frac{1}{u-1}\right)\mathrm{d}u=\int\tan x\mathrm{d}x+C$$

则
$$u+\ln(u-1)+\ln(\cos x)=C$$

即
$$\sqrt{x^2+y^2}+\ln(\sqrt{x^2+y^2}-1)+\ln(\cos x)=C$$

注 类似地我们可解微分方程

$$f(xy)y\mathrm{d}x+g(xy)x\mathrm{d}y=0$$

只需令 $xy=u$,由 $\mathrm{d}u=x\mathrm{d}y+y\mathrm{d}x$,方程化为

$$[f(u)-g(u)]\frac{u}{x}\mathrm{d}x+g(u)\mathrm{d}u=0$$

得
$$\frac{\mathrm{d}x}{x}+\frac{g(u)\mathrm{d}u}{u[f(u)-g(u)]}=0$$

从而
$$\ln x+\int\frac{g(u)}{u[f(u)-g(u)]}\mathrm{d}u=c$$

例 7 若 $\left(\int\mathrm{d}x+\int t\mathrm{d}x+\int t^2\mathrm{d}x+\int t^3\mathrm{d}x\right)\int\frac{1-t}{1-t^4}\mathrm{d}x=-1$,求 $x=\varphi(t)$ 的关系式.

解 由设有 $\left(\int\frac{1-t^4}{1-t}\mathrm{d}x\right)\left(\int\frac{1-t}{1-t^4}\mathrm{d}x\right)=-1$,令 $u=\frac{1-t}{1-t^4}$,上式可化为

$$\int\frac{1}{u}\mathrm{d}x=\frac{1}{\int u\mathrm{d}x}$$

两边求导有
$$\frac{1}{u}=\frac{u}{\left(\int u\mathrm{d}x\right)^2}\quad\text{或}\quad\left(\int u\mathrm{d}x\right)^2=u^2$$

即 $\int u\mathrm{d}x=\pm u$,两边再对 x 求导有 $u=\pm\frac{\mathrm{d}u}{\mathrm{d}x}$,解得 $x=\pm\ln\frac{c}{u}$,故 $x=\varphi(t)$ 的表达式

$$x=\ln\frac{c(1-t^4)}{1-t}\quad\text{或}\quad x=\ln\frac{c(1-t)}{1-t^4}$$

2. 齐次或可化为齐次的微分方程解法

齐次方程有其自身形式,这有时须经过式子变形方可看出.先来看齐次方程的例子.

例 1 求解微分方程 $xy'=y(\ln y-\ln x)$.

解 原方程变形化为 $\frac{\mathrm{d}y}{\mathrm{d}x}=\frac{y}{x}\ln\frac{y}{x}$,可令 $u=\frac{y}{x}$ 代入此式有

$$u+x\frac{\mathrm{d}u}{\mathrm{d}x}=u\ln u\Rightarrow\frac{\mathrm{d}u}{u(\ln u-1)}=\frac{\mathrm{d}x}{x}$$

等式两边积分有
$$\ln(\ln u-1)=\ln cx$$

故回代后有
$$y=x\mathrm{e}^{cx+1}$$

再来看可化为齐次方程的例子.

例 2 求微分方程 $\frac{\mathrm{d}y}{\mathrm{d}x}=\frac{x+y+1}{x-y-3}$ 的通解.

解 由设有 $\frac{\mathrm{d}y}{\mathrm{d}x}=\frac{(x-1)+(y+2)}{(x-1)-(y+2)}$,令 $\xi=x-1,\eta=y+2$,故 $\frac{\mathrm{d}\eta}{\mathrm{d}\xi}=\frac{\xi+\eta}{\xi-\eta}$,解之再回代原变量有

$$\arctan\frac{y+2}{x-1}=\frac{1}{2}\ln\left[(x-1)^2+(y+2)^2\right]+C$$

请注意这个解是以隐函数形式给出的.

例3 求微分方程$(1-x)y'+y=x$的解.

解 原方程可化为 $$\frac{dy}{dx}=\frac{x-y}{1-x}=\frac{(x-1)-(y-1)}{-(x-1)}$$

令$\xi=x-1,\eta=y-1$,上式变为$\frac{d\eta}{d\xi}=\frac{\xi-\eta}{-\xi}$,即$\frac{d\eta}{d\xi}=-1+\frac{\eta}{\xi}$.

再令$u=\frac{\eta}{\xi}$,上式变为$\xi du=-d\xi$,故$u=-\ln c|\xi|$,即$\frac{y-1}{x-1}=-\ln c|x-1|$.

这个方程的通解同样是以隐函数形式给出,我们后面还将会遇到类似的情形.

例4 求解微分方程$\frac{dy}{dx}=\frac{2x^3+3xy^2-7x}{3x^2y+2y^3-8y}$.

解 由题设原方程可化为(两边同乘$\frac{y}{x}$)

$$\frac{ydy}{xdx}=\frac{2x^2+3y^2-7}{3x^2+2y^2-8}\Rightarrow\frac{dy^2}{dx^2}=\frac{2x^2+3y^2-7}{3x^2+2y^2-8}$$

令$x^2=u+2,y^2=v+1$得齐次微分方程

$$\frac{dv}{du}=\frac{2u+3v}{3u+2v}$$

再令$\eta=\frac{v}{u}$,有$\frac{dv}{du}=\eta+u\frac{d\eta}{du}$,故

$$\eta+u\frac{d\eta}{du}=\frac{2+3\eta}{3+2\eta}\Rightarrow\frac{3+2\eta}{2(1-\eta^2)}d\eta=\frac{du}{u}$$

积分后有 $$\frac{3}{4}\ln\frac{1+\eta}{1-\eta}-\frac{1}{2}\ln(1-\eta^2)=\ln u+C$$

代回原变量即得原微分方程的解为

$$\frac{3}{4}\ln\frac{x^2+y^2-3}{x^2-y^2-1}-\frac{1}{2}\ln\left[1-\left(\frac{y^2-1}{x^2-2}\right)^2\right]=\ln(x^2-2)+C$$

例5 求解微分方程$\frac{dy}{dx}=\frac{3x^2+y^2-6x+3}{2xy-2y}$.

解 原方程可化为$\frac{dy}{dx}=\frac{3(x-1)^2+y^2}{2(x-1)y}$,令$x-1=t$,则方程变为

$$\frac{dy}{dt}=\frac{3t^2+y^2}{2ty}$$

再令$u=\frac{y}{t}$,得$\frac{dt}{t}=\frac{2udu}{3-u^2}$,积分之有

$$\ln t=-\ln(3-u^2)+\ln c\Rightarrow\ln t(3-u^2)=\ln c$$

这样有 $$t(3-u^2)=c\quad 或\quad 3t^2-y^2=ct$$

亦即 $$3(x-1)^2-y^2=(x-1)$$

3. 一阶线性微分方程的解法

用公式直接计算一阶线性微分方程的解并不困难,这只需记熟公式即可.但对多数方程来讲,还须先进行变形或代换使方程化为标准形式.我们先来看一些简单的例子.

例1 解方程$\frac{dx}{dt}+\varphi'(t)x=\varphi(t)\varphi'(t)$,其中$\varphi(t)$为已知函数.

解　由一阶线性微分方程解的公式

$$x(t)=e^{-\int\varphi'(t)dt}\left(\int\varphi(t)\varphi'(t)e^{\int\varphi'(t)dt}dt+C\right)=e^{-\varphi(t)}\left(\int\varphi(t)\varphi'(t)e^{\varphi(t)}dt+C\right)=$$

$$e^{-\varphi(t)}\left(\int\varphi(t)de^{\varphi(t)}+C\right)\text{(由分部积分)}=\varphi(t)-1+ce^{-\varphi(t)}$$

通常人们总喜欢将 y 表示成 x 的函数,但求解某些线性微分方程时,把 y_x' 的方程改写为 x_y' 方程解时较方便.

例 2　求解微分方程 $dx+(x-2y)dy=0$.

解　由设有 $\frac{dx}{dy}+x=2y$,由一阶线性微分方程解的公式,故方程的解

$$x=e^{-\int dy}\left(\int 2ye^{\int dy}dy+C\right)=e^{-y}\left(2\int ye^{y}dy+C\right)\text{(由分部积分)}=2(y-1)+ce^{-y}$$

例 3　求解微分方程(1)$(1+x\sin y)y'-\cos y=0$;(2)$(x-\sin y)dy+\tan ydx=0$.

解　(1) 由设有 $\frac{dy}{dx}=\frac{\cos y}{1+x\sin y}$,这样可以有

由一阶线性微分方程解的公式　$$\frac{dx}{dy}=\frac{1+x\sin y}{\cos y}=\sec y+x\tan y$$

或
$$\frac{dx}{dy}-x\tan y=\sec y$$

解得
$$x=e^{\int\tan ydy}\left(\int\sec ye^{-\int\tan ydy}dy+C\right)=\sec y\left(\int dy+C\right)=\frac{y+c}{\cos y}$$

(2) 仿上,原方程可写作

$$\frac{dx}{dy}+x\cot y=\cos y$$

由一阶线性微分方程解的公式解得

$$x=\frac{1}{\sin y}\left(\frac{1}{2}\sin^2 y+C\right)$$

有时还须对题设方程变形整理如因式分解等,化为标准方程.请看:

例 4　求解 $(y')^2+2(1-e^x y)y'=e^x y(2-e^x y)-1$.

解　原方程整理可得 $[y'+(1-e^x y)]^2=0$,即 $y'-e^x y=-1$.由一阶线性微分方程解的公式解之有

$$y=e^{\int e^x dx}\left(c-\int e^{-\int e^x dx}dx\right)=e^{e^x}\left(c-\int e^{-e^x}dx\right)$$

有些方程须经变量替换后才可化为一阶线性微分方程.

例 5　求解 $2yy'+2xy^2=xe^{-x^2}$,且 $y(0)=1$.

解　原方程可化为　$$(y^2)'+2xy^2=xe^{-x^2}$$

令 $u=y^2$,上方程化为 $u'+2xu=xe^{-x^2}$,由公式解之得

$$u=e^{-\int 2xdx}\left(\int xe^{-x^2}e^{\int 2xdx}dx+C\right)=e^{-x^2}\left(\frac{x^2}{2}+C\right)$$

代回原变量,且注意到 $y(0)=1$ 有

$$y^2=e^{-x^2}\left(\frac{x^2}{2}+1\right)$$

例 6　求方程 $\frac{dy}{dx}=\frac{2x^3y}{x^4+y^2}$ 满足 $y(1)=1$ 的特解.

解　原方程可写为 $\frac{dx}{dy}=\frac{x^4+y^2}{2x^3y}$,两边乘 $4x^3$ 变形后有

$$\frac{\mathrm{d}(x^4)}{\mathrm{d}y}-\frac{2x^4}{y}=2y$$

令 $u=x^4$ 方程变为$\frac{\mathrm{d}u}{\mathrm{d}y}-\frac{2}{y}u=2y$,由公式解之有

$$u=\mathrm{e}^{\int\frac{2}{y}\mathrm{d}y}\left(\int 2y\mathrm{e}^{-\int\frac{2}{y}\mathrm{d}y}+C\right)=y^2\left(\int\frac{2}{y}\mathrm{d}y+C\right)=y^2(2\ln y+C)$$

代回原变量,注意到 $y(1)=1$,故所求特解为

$$x^4=y^2(2\ln y+1)$$

下面的例子是通过三角代换使方程化为线性微分方程的例子.

例 7　解方程 $y'\sqrt{1+x^2}\sin 2y=2x\sin^2 y+\mathrm{e}^{2\sqrt{1+x^2}}$.

解　令 $u=\sin^2 y$,则原方程可化为

$$\frac{\mathrm{d}u}{\mathrm{d}x}=\frac{2x}{\sqrt{1+x^2}}u+\frac{\mathrm{e}^{2\sqrt{1+x^2}}}{\sqrt{1+x^2}}$$

其为一阶线性微分方程,故由其解公式有

$$u=\mathrm{e}^{\int\frac{-2x}{\sqrt{1+x^2}}\mathrm{d}x}\left(c+\int\frac{\mathrm{e}^{2\sqrt{1+x^2}}}{\sqrt{1+x^2}}\mathrm{e}^{-\int\frac{2x}{\sqrt{1+x^2}}\mathrm{d}x}\,\mathrm{d}x\right)=\mathrm{e}^{2\sqrt{1+x^2}}\left(c+\int\frac{\mathrm{e}^{2\sqrt{1+x^2}}}{\sqrt{1+x^2}}\mathrm{e}^{-2\sqrt{1+x^2}}\,\mathrm{d}x\right)=$$

$$c\mathrm{e}^{2\sqrt{1+x^2}}+\mathrm{e}^{2\sqrt{1+x^2}}\ln(x+\sqrt{1+x^2})$$

从而原方程通解为

$$\sin^2 y=c\mathrm{e}^{2\sqrt{1+x^2}}+\mathrm{e}^{2\sqrt{1+x^2}}\ln(x+\sqrt{1+x^2})$$

最后我们看一则涉及二元函数及其偏导的例子,一切也许只是表象而已.

例 8　设 $f(u,v)$ 具有连续偏导数,且 $f'_u(u,v)+f'_v(u,v)=uv$,求 $y(x)=\mathrm{e}^{-2x}f(x,x)$ 所满足的一阶微分方程及通解.

解　由设　$y'(x)=-2\mathrm{e}^{-2x}f(x,x)+\mathrm{e}^{-2x}[f'_u(x,x)+f'_v(x,x)]$

又由设 $f'_u(u,v)+f'_v(u,v)=uv$ 知

$$f'_u(x,x)+f'_v(x,x)=x^2$$

代入上式有

$$y'(x)=-2y(x)+x^2\mathrm{e}^{-2x}$$

即

$$y'+2y=x^2\mathrm{e}^{-2x}$$

故依求解公式有　$y=\mathrm{e}^{-\int 2\mathrm{d}x}\left(c+\int x^2\mathrm{e}^{-2x}\mathrm{e}^{2\int\mathrm{d}x}\right)=\left(\frac{x^3}{3}+c\right)\mathrm{e}^{-2x}$

这里 c 为任意常数.

由上诸例可以看出:解一阶线性微分方程的关键是记熟公式.

4. 恰当方程的解法

这里面包含全微分方程和含积分因子方程两类,对于前者解法如下:

① **用公式**(曲线积分与路径无关条件)

若 $M(x,y)\mathrm{d}x+N(x,y)\mathrm{d}y=0$,且 $M_y'=N_x'$,则方程解为

$$\int_{x_0}^{x}M(x,y)\mathrm{d}x+\int_{y_0}^{y}N(x_0,y)\mathrm{d}y=C$$

$$\int_{x_0}^{x}M(x,y_0)\mathrm{d}x+\int_{y_0}^{y}N(x,y)\mathrm{d}y=C$$

② **凑微分**

一些简单常用的全微分公式有:

$$\mathrm{d}x \pm \mathrm{d}y = \mathrm{d}(x \pm y) \qquad \frac{y\mathrm{d}x - x\mathrm{d}y}{xy} = \mathrm{d}\left(\ln \frac{x}{y}\right)$$

$$x\mathrm{d}y + y\mathrm{d}x = \mathrm{d}(xy) \qquad \frac{y\mathrm{d}x - x\mathrm{d}y}{x^2 + y^2} = \mathrm{d}\left(\arctan \frac{x}{y}\right)$$

$$x\mathrm{d}x + y\mathrm{d}y = \frac{1}{2}\mathrm{d}(x^2 + y^2) \qquad \frac{x\mathrm{d}x + y\mathrm{d}y}{\sqrt{x^2 + y^2}} = \mathrm{d}\sqrt{x^2 + y^2}$$

$$\frac{y\mathrm{d}x - x\mathrm{d}y}{y^2} = \mathrm{d}\left(\frac{x}{y}\right)$$

对于含积分因子的方程来说，关键是找出积分因子，找积分因子方法(常用)大致可循表2：

表 2

条　　　　　件	积　分　因　子
$xM \pm yN = 0$	$\dfrac{1}{xM \mp yN}$
$xM \pm yN \neq 0$(M,N 同次齐式)	$\dfrac{1}{xM + yN}$
$xM - yN \neq 0$ 且 $M(x,y) = yM_1(xy)$，及 $N(x,y) = xN_1(xy)$	$\dfrac{1}{xM - yN}$
$\dfrac{1}{N}\left(\dfrac{\partial M}{\partial y} - \dfrac{\partial N}{\partial x}\right) = f(x)$	$\mathrm{e}^{\int f(x)\mathrm{d}x}$
$\dfrac{1}{M}\left(\dfrac{\partial N}{\partial x} - \dfrac{\partial M}{y}\right) = f(y)$	$\mathrm{e}^{\int f(y)\mathrm{d}y}$
$\dfrac{\partial M}{\partial y} - \dfrac{\partial N}{\partial x} = Mf_1(y) - Nf_2(x)$	$m(x)n(y)$
存在常数 m,n 使 $nxM - myN + xy(My' - Nx') = 0$	$x^m y^n$

这里有两点应该指出：

(1) 方程的积分因子**不是唯一的**，因而用不同方法所求通解可能具有不同的形式；

(2) 利用积分因子解方程应**注意增、失根**：若使积分因子 $\mu(x,y) = 0$ 的函数 $y = y(x)$，如不满足原方程，说明在乘以 $\mu(x,y)$ 时，方程产生增“根”，应去掉它；另外由于

$$P(x,y)\mathrm{d}x + Q(x,y)\mathrm{d}y = \frac{\mathrm{d}F(x,y)}{\mu(x,y)}$$

则使得 $\mu(x,y) = 0$ 的函数 $y = y(x)$ 应补上，因为它满足原来的微分方程.

下面我们来看一些例子，先来看凑成全微分的例子.

例 1　求微分方程 $y\mathrm{d}x + (2x^2 y - x)\mathrm{d}y = 0$ 的通解.

解　由题设方程可化为

$$\frac{1}{x^2}(y\mathrm{d}x - x\mathrm{d}y) + 2y\mathrm{d}y = 0 \Rightarrow \mathrm{d}\left(-\frac{y}{x}\right) + \mathrm{d}y^2 = 0$$

积分之有
$$-\frac{y}{x} + y^2 = C \quad 或 \quad xy^2 - y = Cx$$

例 2　求解微分方程 $y' - y\cot x = 2x\sin x$.

解　原方程可改写为

$$\frac{\sin x\mathrm{d}y - y\cos x\mathrm{d}x}{\sin^2 x} = 2x\mathrm{d}x \Rightarrow \mathrm{d}\left(\frac{y}{\sin x}\right) = \mathrm{d}(x^2)$$

两边积分之有$\frac{y}{\sin x}=x^2+C$,故 $y=x^2\sin x+C\sin x$ 为方程通解.

全微分方程还可以利用线积分与路径无关的条件去解.请看:

例3　试求方程 $2(3xy^2+2x^3)\mathrm{d}x+3(2x^2y+y^2)\mathrm{d}y=0$ 的通解.

解　令 $P(x,y)=2(3xy^2+2x^3)$,$Q(x,y)=3(2x^2y+y^2)$,由 $P_y'=12xy=Q_x'$,故有 $u(x,y)$ 使 $\mathrm{d}u=P\mathrm{d}x+Q\mathrm{d}y$,这样可有

$$u(x,y)=\int_0^x 4x^3\mathrm{d}x+\int_0^y 3(2x^2y+y^2)\mathrm{d}y=x^4+3x^2y^2+y^3$$

故原方程通解为
$$x^4+3x^2y^2+y^3=c$$

下面是关于含有积分因子方程的解法.

例4　证明 $\mu(x,y)=\frac{1}{\sqrt{x^2+y^2}}$ 是微分方程$\frac{x}{y}\mathrm{d}x-\frac{x^2}{y^2}\mathrm{d}y=0$ 的积分因子,且求该方程的通解.

解　容易算得$\frac{\partial}{\partial y}\left(\frac{x}{y}\mu\right)=\frac{\partial}{\partial x}\left(-\frac{x^2}{y^2}\mu\right)=-\frac{x(x^2+2y^2)}{y^2(x^2+y^2)^{\frac{3}{2}}}$,即 μ 是方程的积分因子.

由于式$\frac{x\mathrm{d}x}{y\sqrt{x^2+y^2}}-\frac{x^2\mathrm{d}y}{y^2\sqrt{x^2+y^2}}$ 是某函数 $u(x,y)$ 全微分,故

$$\frac{\partial u}{\partial x}=\frac{x}{y\sqrt{x^2+y^2}}$$

两边对 x 积分有
$$u=\int\frac{x\mathrm{d}x}{y\sqrt{x^2+y^2}}=\frac{\sqrt{x^2+y^2}}{y}+\varphi(y)$$

从而 u 对 y 的偏导为
$$\frac{\partial u}{\partial y}=\frac{-x^2}{y^2\sqrt{x^2+y^2}}+\varphi'(y)$$

又由前设知
$$\frac{\partial u}{\partial y}=-\frac{x^2}{y^2\sqrt{x^2+y^2}}$$

从而
$$\frac{-x^2}{y^2\sqrt{x^2+y^2}}+\varphi'(y)=\frac{-x^2}{y^2\sqrt{x^2+y^2}}$$

即
$$\varphi'(y)=0\quad\text{或}\quad\varphi(y)=c_1$$

从而原方程通解为
$$\frac{1}{y}\sqrt{x^2+y^2}=c$$

例5　求解微分方程 $y^2(x-3y)\mathrm{d}x+(1-3y^2x)\mathrm{d}y=0$.

解　令 $M(x,y)=y^2(x-3y)$,$N(x,y)=(1-3xy^2)$,而

$$M_y'=2xy-9y^2,\quad N_x'=-3y^2$$

知题设方程非全微分方程.

但 $f(y)=\frac{1}{M}\left(\frac{\partial N}{\partial x}-\frac{\partial M}{\partial y}\right)=-\frac{2}{y}$ 只与 y 有关,因而积分因子为

$$\mu=\mathrm{e}^{\int f(y)\mathrm{d}y}=\mathrm{e}^{-\int\frac{2}{y}\mathrm{d}y}=\mathrm{e}^{-2\ln|y|}=\frac{1}{y^2}$$

方程两端乘 μ 得
$$(x-3y)\mathrm{d}x+\left(\frac{1}{y^2}-3x\right)\mathrm{d}y=0$$

即
$$x\mathrm{d}x+\left(\frac{1}{y^2}\right)\mathrm{d}y-3(x\mathrm{d}y+y\mathrm{d}x)=0$$

故$\frac{x^2}{2}-\frac{1}{y}-3xy=c$ 为方程通解.

5. Bernoulli 方程等的解法

Bernoulli 方程是一类特殊的微分方程，它有如下形式

$$y' + p(x)y = q(x)y^n$$

它的解法当然特殊，然而记住其解题步骤，一切会迎刃而解. 后面的所谓黎卡提方程也属于这种情况.

下面我们来看看 Bernoulli 方程的解法.

例 1 解微分方程 $x\mathrm{d}y + (y - 2xy^2)\mathrm{d}x = 0$.

解 原方程经变形可化为$\dfrac{\mathrm{d}y}{\mathrm{d}x} + \dfrac{y}{x} = 2y^2$ 或$\dfrac{1}{y^2}\dfrac{\mathrm{d}y}{\mathrm{d}x} + \dfrac{1}{xy} = 2$，此为 Bernoulli 方程.

令 $z = \dfrac{1}{y}$，方程化为$\dfrac{\mathrm{d}z}{\mathrm{d}x} + \dfrac{1}{x}z = 2$，即一阶线性方程. 故

$$z = \mathrm{e}^{-\int\frac{1}{x}\mathrm{d}x}(c + \int 2\mathrm{e}^{\int\frac{1}{x}\mathrm{d}x}\mathrm{d}x) = \frac{x^2 + c}{x}$$

则原方程通解为 $y = \dfrac{x}{x^2 + c}$.

请注意，有些 Bernoulli 方程要将 x 视为 y 的函数，请看：

例 2 解微分方程$(y^4 - 3x^2)\mathrm{d}y + xy\mathrm{d}x = 0$.

解 方程可经变形(两边同除以 $y\mathrm{d}y$) 化为

$$x\frac{\mathrm{d}x}{\mathrm{d}y} - \frac{3}{y}x^2 = -y^3 \Rightarrow \frac{\mathrm{d}x}{\mathrm{d}y} - \frac{x}{y} = -\frac{y^3}{x}$$

该方程是以 y 为自变量的 Bernoulli 方程. 令 $z = x^2$，则上面方程可化为

$$\frac{\mathrm{d}z}{\mathrm{d}y} - \frac{6}{y}z = -2y^3$$

此为一阶线性方程，可由公式解得

$$z = \mathrm{e}^{\int\frac{6}{y}\mathrm{d}y}[c + \int(-2y^3)\mathrm{e}^{-\int\frac{6}{y}\mathrm{d}y}] = y^6[c - 2\int y^{-3}dy] = y^4 + cy^6$$

故原方程通解为 $$x^2 = y^4 + cy^6$$

最后我们想介绍一个 J. F. Ricati **方程**的例子.

例 3 设 $f(x), g(x)$ 满足条件：$f'(x) = g(x), g'(x) = f(x), f(0) = 0, g(x) \neq 0$，又 $F(x) = \dfrac{f(x)}{g(x)}$. 试求 $F(x)$ 满足的微分方程，且求解之.

解 由设有 $$F'(x) = \left[\frac{f(x)}{g(x)}\right]' = \frac{f'(x)}{g(x)} - \frac{f(x)g'(x)}{g^2(x)}$$

又 $$f'(x) = g(x),\quad g'(x) = f(x),\quad F(x) = \frac{f(x)}{g(x)}$$

则 $$F'(x) = \frac{g(x)}{g(x)} - \frac{f(x)f(x)}{g^2(x)} = 1 - F^2(x)$$

即 $F(x)$ 满足 Ricati 方程

$$F'(x) = 1 - F^2(x) \tag{*}$$

而 $F(0) = \dfrac{f(0)}{g(0)} = 0$，且方程(*)有特解 $F^*(x) = 1$，令 $F(x) = 1 + \dfrac{1}{y(x)}$ 代入(*)式，有

$$-\frac{1}{y^2}y' = 1 - \left(\frac{1}{y} + 1\right)^2$$

即 $y' = 2y + 1$，且 $y(0) = \dfrac{1}{F(0) - 1} = -1$.

故
$$y = \mathrm{e}^{\int 2\mathrm{d}x}[c + \int \mathrm{e}^{-\int 2\mathrm{d}x}\,\mathrm{d}x = \mathrm{e}^{2x}\left[\int \mathrm{e}^{-2x}\,\mathrm{d}x + c\right] = c\mathrm{e}^{2x} - \frac{1}{2}$$

由 $y(0) = -1$，即 $-1 = -\frac{1}{2} + c$ 得 $c = -\frac{1}{2}$. 故 $y(x) = -\frac{1+\mathrm{e}^{2x}}{2}$，

从而
$$F(x) = -\frac{2}{1+\mathrm{e}^{2x}} + 1$$

二、高阶微分方程的解法

高阶微分方程的基本解法是通过变量替换降阶为低阶微分方程或常系数微分方程(有时高阶微分方程本身就是常系数微分方程)，见图 2.

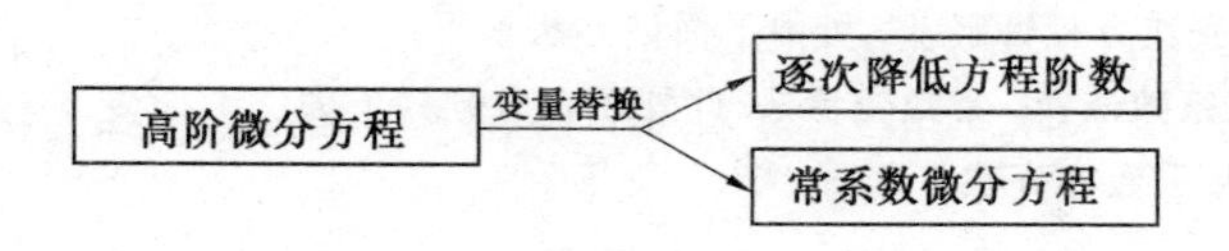

图 2

这就是说解高阶微分方程的基本方法有两个：一是**降阶**；二是**化为常系数微分方程**. 稍具体些可有(表 3)：

表 3

<table>
<tr><th colspan="3">方　程　类　型</th><th colspan="2">求　解　方　法</th></tr>
<tr><td rowspan="3">可降阶方程</td><td colspan="2">$y^{(n)} = f(x)$</td><td colspan="2">通过 n 次积分</td></tr>
<tr><td colspan="2">$y'' = f(x, y')$(不含 y)</td><td colspan="2">令 $y' = p$</td></tr>
<tr><td colspan="2">$y'' = f(y, y')$(不含 x)</td><td colspan="2">令 $y' = p(y)$</td></tr>
<tr><td rowspan="5">线性方程</td><td colspan="2" rowspan="2">常系数微分方程
$y^{(n)} + a_1 y^{(n-1)} + \cdots + a_n y = f(x)$</td><td>$f(x) = 0$</td><td>特征方程法</td></tr>
<tr><td>$f(x) \neq 0$</td><td>$y = \tilde{y} + y^*$，$\tilde{y}$ 为其相应齐次方程解，y^* 为特解</td></tr>
<tr><td rowspan="3">变系数</td><td rowspan="2">二阶线性微分方程
$y'' + P(x)y' + Q(x)y = f(x)$</td><td>$f(x) = 0$</td><td>观察法或降阶法</td></tr>
<tr><td>$f(x) \neq 0$</td><td>常数变易法求特解</td></tr>
<tr><td>Euler 方程
$x^n y^{(n)} + a_1 x^{n-1} y^{(n-1)} + \cdots + a_n y = f(x)$，$a_i (i = 1, 2, \cdots, n)$ 均为常数</td><td colspan="2">令 $x = \mathrm{e}^t$ 化为常系数微分方程</td></tr>
</table>

下面我们分别谈谈这些方程的解法.

1. n 阶线性常系数微分方程的解法

对于 n 阶线性微分方程来讲，非齐方程的通解和相应齐次方程的通解之间有如下关系：

非齐次方程通解 = 对应齐次方程通解 $\tilde{y}$ + 特解 y^*

对于 n 阶线性**常系数齐次**分程来讲，其解的形状可见表 4：

表 4

特征方程根	方程通解中相应的项
一个实单根 r	$c_1 e^{rx}$
一个 k 重根 r	$(c_1 + c_2 x + \cdots + c_k x^{k-1})e^{rx}$
一对共轭复根 $\alpha \pm i\beta$	$e^{\alpha x}(A\cos\beta x + B\sin\beta x)$
一对 k 重共轭复根 $\alpha \pm i\beta$	$e^{\alpha x}[P_k(x)\cos\beta x + Q_k(x)\sin\beta x]$ 其中 $P_k(x)$,$Q_k(x)$ 为 $k-1$ 次多项式

n 阶线性**常系数非齐次**方程特解 y^* 可由下面诸方法求得:

① **观察法**;② **待定系数法**;③ **常数变易法**. 此外还有微分算子法.

特别地,对于二阶常系数非齐次方程

$$y'' + ay' + by = f(x)$$

来讲,它的特解形状可见表 5:

表 5

$f(x)$ 形状	关系	特解 y^* 的形状
$e^{rx}P_m(x)$ m 为 $p_m(x)$ 的次数	r 非特征根	$e^{rx}Q_m(x)$
	r 是特征根	$x^k e^{rx}Q_m(x)$,k 为 r 的重数
$e^{\alpha x}[P_m(x)\cos\beta x + Q_n(x)\sin\beta x]$	$\alpha \pm \beta i$ 非特征根	$e^{\alpha x}[R_M(x)\cos\beta x + S_M(x)\sin\beta x]$
	$\alpha \pm \beta i$ 是特征根	$x^k e^{\alpha x}[R_M(x)\cos\beta x + S_M(x)\sin\beta x]$ k 为共轭复根重数,$M = \max\{m,n\}$

相对而言,常系数高阶微分方程解法不难,只需先写出方程对应的特征方程,它是一个(代数)多项式方程,解之,再依方程式右函数 $f(x)$ 定其特解形状,以待定系数,再通过台条件写出特解,最后写出通解. 下面我们来看例子,先来看二阶常系数方程的问题.

例 1 求方程 $y'' - 2y' - 3y = e^{3x} + \cos x$ 的通解.

解 先求其相应齐次方程通解:它的特证方程为

$$r^2 - 2r - 3 = 0$$

解得 $r_1 = -1$,$r_2 = 3$,则题设方程相应的齐次方程通解

$$\tilde{y} = c_1 e^{-x} + c_2 e^{3x}$$

再求原方程的特解:由 $f(x)$ 形状及 3 是其特证根,则方程特解形如

$$y^* = axe^{3x} + b\cos x + c\sin x$$

代入原方程比较两边系数可有

$$a = \frac{1}{4}, \quad b = -\frac{1}{5}, \quad c = -\frac{1}{10}$$

故原方程通解 $y = \tilde{y} + y^*$,即

$$y = c_1 e^{-x} + c_2 e^{3x} + \frac{1}{4}xe^{3x} - \frac{1}{5}\left(\cos x + \frac{1}{2}\sin x\right)$$

下面的例子是由初始条件求定解问题.

例 2 求方程 $y'' - 3y' + 2y = 10e^{-x}\sin x$ 满足当 $x \to \infty$ 时 $y \to 0$ 的特解.

解　其对应齐次方程的特征方程为

$$r^2-3r+2=0$$

解得特征根为 1,2,故对应齐次方程的通解为

$$\tilde{y}=c_1e^{2x}+c_2e^x$$

设非齐次方程特解为

$$y^*=e^{-x}(A\cos x+B\sin x)$$

代入方程后比较方程两边系数有 $A=B=1$,故

$$y^*=e^{-x}(\sin x+\cos x)$$

因而所求方程通解 $y=\tilde{y}+y^*$,即

$$y=c_1e^{2x}+c_2e^x+e^{-x}(\sin x+\cos x)$$

又由题设条件:当 $x\to\infty$ 时 $y\to 0$ 及上式可得 $c_1=c_2=0$.

故所求特解为　　$y=e^{-x}(\sin x+\cos x)$

方程表达式分段(定义)表示,所求得的解自然也应分段考虑.请看:

例 3　求解微分方程 $2x''+2x'+x=F(t)$,其中 $F(t)=\begin{cases}0, & t\leqslant 0\\ 1, & t>0\end{cases}$,且解满足初始条件$x(0)=x'(0)=0$.

解　原方程对应的齐次方程的特征方程是 $2r^2+r+1=0$,解得 $r=\frac{1}{2}(-1\pm i)$.

当 $t\leqslant 0$ 时,原方程通解为

$$x=e^{-\frac{t}{2}}\left(c_1\cos\frac{t}{2}+c_2\sin\frac{t}{2}\right)$$

由初始条件得 $c_1=c_2=0$,故此时方程解为 $x=0$;

当 $t>0$ 时,知 $x(t)=1$ 是原方程的一个特解,这时原方程通解为

$$x=1+e^{-\frac{t}{2}}\left(c_1\cos\frac{t}{2}+c_2\sin\frac{t}{2}\right)$$

由初始条件得 $c_1=c_2=-1$,故

$$x=1-e^{-\frac{t}{2}}\left(\cos\frac{t}{2}+\sin\frac{t}{2}\right)$$

综上
$$x=x(t)=\begin{cases}0, & t\leqslant 0\\ 1-e^{-\frac{t}{2}}\left(\cos\frac{t}{2}+\sin\frac{t}{2}\right), & t>0\end{cases}$$

例 4　求微分方程(1)$y''+y=x$,当 $x<\frac{\pi}{2}$;(2)$y''+4y=0$,当 $x>\frac{\pi}{2}$ 满足初始条件$y|_{x=0}=0$,$y'|_{x=0}=0$ 且 y 在 $x=\frac{\pi}{2}$ 处连续可微的解.

解　(1) 当 $x<\frac{\pi}{2}$ 时,易求出 $y''+y=x$ 的通解为

$$y=c_1\cos x+c_2\sin x+x$$

由 $y(0)=0$ 得 $c_1=0$,由 $y'(0)=0$ 得 $c_2=-1$,故 $y=x-\sin x$.按连续、可微要求应有

$$y\left(\frac{\pi}{2}\right)=\frac{\pi}{2}-1,\quad y'\left(\frac{\pi}{2}\right)=0$$

(2) 当 $x>\frac{\pi}{2}$ 时,可得方程 $y''+4y=0$ 的通解

$$y=c_3\cos 2x+c_4\sin 2x$$

由(1) 知 y 按连续、可微要求应有 $-c_3=\frac{\pi}{2}-1, c_4=0$. 故

$$y=\left(1-\frac{\pi}{2}\right)\cos 2x$$

综上可有方程满足题设条件的解

$$y=\begin{cases} x-\sin x, & x\leqslant \frac{\pi}{2} \\ \left(1-\frac{\pi}{2}\right)\cos 2x, & x>\frac{\pi}{2} \end{cases}$$

如果方程中含有参数,解方程时也还应对参数进行讨论.

例 5 解微分方程 $y''+4y'+a^2y=e^{-2x}$,其中 a 为实数(特解中待定系数不必求出).

解 题设方程相应齐次方程的特征方程为 $r^2+4r+a^2=0$,解得 $r=-2\pm\sqrt{4-a^2}$.

若 $\tilde{y}$ 表示相应齐次方程通解,y^* 表示方程特解,y 表示方程通解,则

(1) $|a|=2$ 时,r 有重根 -2,此时

$$\tilde{y}=(c_1+c_2x)e^{-2x},\quad y^*=bx^2e^{-2x}\quad (b\text{ 为待定系数,下同})$$

则
$$y=e^{-2x}(c_1+c_2x+bx^2)$$

(2) $|a|<2$ 时,r 有两实根 $-2\pm\sqrt{4-a^2}$,此时

$$\tilde{y}=e^{-2x}(c_1e^{\sqrt{4-a^2}x}+c_2e^{-\sqrt{4-a^2}x}),\quad y^*=be^{-2x}$$

则
$$y=e^{-2x}(c_1e^{\sqrt{4-a^2}x}+c_2e^{-\sqrt{4-a^2}x}+b)$$

(3) $|a|>2$ 时,r 有复根 $-2\pm\sqrt{a^2-4}i$,此时

$$\tilde{y}=e^{-2x}(c_1\cos\sqrt{4-a^2}x+c_2\sin\sqrt{4-a^2}x),\quad y^*=be^{-2x}$$

则
$$y=e^{-2x}(c_1\cos\sqrt{4-a^2}x+c_2\sin\sqrt{4-a^2}x+b)$$

我们来看三阶以上常系数线性微分方程求解的例子.

例 6 求微分方程$\frac{d^3s}{dt^3}-3\frac{ds}{dt}-2s=\sin t+2\cos t$ 的通解.

解 对应齐次方程的特征方程为 $r^3-3r-2=0$,它有一个二重根 $r=-1$ 和一个单实根 $r=2$. 则对应齐次方程通解为

$$S=c_1e^{-t}+c_2te^{-t}+c_3e^{2t}$$

又 $f(t)=\sin t+2\cos t$,而 $\pm i$ 不是特征方程的根,则可设 $s_1=A\sin t+B\cos t$ 为方程的特解.

将其代入原方程比较两边系数可有

$$A=-\frac{1}{2},\quad B=0\Rightarrow s_1=-\frac{1}{2}\sin t$$

从而原方程通解为
$$s=(c_1+c_2t)e^{-t}+c_3e^{2t}-\frac{1}{2}\sin t$$

例 7 求方程 $x^{(4)}-16x=5\sin t$ 的通解.

解 相应齐次方程的特征方程 $r^4-16=0$ 的根为 $r_{1,2}=\pm 2, r_{3,4}=\pm 2i$. 则该齐次方程的通解为

$$\tilde{x}=c_1e^{2t}+c_2e^{-2t}+c_3\cos 2t+c_4\sin 2t$$

因方程特征根不为 $\pm i$,故设原方程特解

$$x_1=a\cos t+b\sin t$$

由 $x_1'=-a\sin t+b\cos t, x_1''=-a\cos t-b\sin t=-x_1$,且

$$x^{(4)}=(-x_1)''=-x_1''=x_1$$

代入原方程有 $x_1-16x_1=5\sin t$,即

$$-15a\cos t-15b\sin t=5\sin t$$

比较两边系数有 $a=0, b=-\frac{1}{3}$. 故 $x_1=-\frac{\sin t}{3}$,从而原方程通解

$$x=\tilde{x}+x_1=c_1\mathrm{e}^{2t}+c_2\mathrm{e}^{-2t}+c_3\cos 2t+c_4\sin 2t-\frac{1}{3}\sin t$$

我们来看一个 Euler 方程的例子.

例 8　求方程 $4x^3y'''-4x^2y''+4xy'=1$ 的通解.

解　令 $y^*=ax^{-1}$ 代入方程得 $a=-\frac{1}{36}$,得其特解

$$y^*=-\frac{1}{36}x^{-1}=-\frac{1}{36x}$$

考虑相应齐次方程

$$4x^3y'''-4x^2y''+4xy'=0$$

即

$$x^3y'''-x^2y''+xy'=0$$

此为 Euler 方程,令 $x=\mathrm{e}^t$ 可化为

$$y'''_t-4y''_t+4x^3y'=0$$

其特征方程为 $r(r-2)^2=0$,得 $r_1=0, r_{2,3}=2$. 知方程通解为

$$\tilde{y}=c_1+c_2\mathrm{e}^{2t}+c_3t\mathrm{e}^{2t}=c_1+c_2x^2+c_3x^2\ln x$$

故

$$y=c_1+c_2x^2+c_3x^2\ln x-\frac{1}{36x}$$

例 9　求微分方程 $y^{(5)}-4y^{(4)}+5y^{(3)}-4y''+4y'+18\mathrm{e}^{-x}=0$ 的通解.

解　对应齐次方程的特征方程为

$$r^5-4r^4+5r^3-4r^2+4r=0$$

即 $r(r^2+1)(r-2)^2=0$,其有根 $r_1=0, r_{2,3}=2, r_{4,5}=\pm\mathrm{i}$,故该齐次方程通解

$$\tilde{y}=c_1+(c_2x+c_3)\mathrm{e}^{2x}+c_4\sin x+c_5\cos x$$

又 e^{-x} 不是其齐次方程的一个特解,利用算子法(详见文后叙述)即取 D 为微分算子求原方程的一个特解

$$(\mathrm{D}^5-4\mathrm{D}^4+5\mathrm{D}^3-4\mathrm{D}^2+4\mathrm{D})y^*=-18\mathrm{e}^{-x}$$

即

$$y^*=-\frac{18\mathrm{e}^{-x}}{\mathrm{D}^5-4\mathrm{D}^4+5\mathrm{D}^3-4\mathrm{D}^2+4\mathrm{D}}$$

以 $\mathrm{D}=-1$ 代入则得 $y^*=\mathrm{e}^{-x}$,故所给方程的通解为

$$y=c_1+(c_2x+c_3)\mathrm{e}^{2x}+c_4\sin x+c_5\cos x+\mathrm{e}^{-x}$$

最后我们想谈谈解微分方程的**反问题:由微分方程的解去确定方程的形状.**

例 10　求 $u_1(x)=\mathrm{e}^{2x}, u_2(x)=x\mathrm{e}^{2x}$ 所满足的二阶常系数线性齐次微分方程.

解　由所给的解的形状知:$r=2$ 是其特征方程的二重根.

故特征方程是

$$(r-2)^2=0 \quad 或 \quad r^2-4r+4=0$$

从而所求微分方程是

$$u''(x)-4u'(x)+4u(x)=0$$

例 11　求一个以下列四个函数:$y_1=\mathrm{e}^x, y_2=2x\mathrm{e}^x, y_3=\cos 2x, y_4=3\sin 2x$ 为解的线性微分方程.

解　由题设知所求微分方程的特征方程是以 $r=1$(二重),$r=\pm\mathrm{i}$ 为根的,故该特征方程为

$$(r-1)^2(r^2+1)=0$$

即

$$r^4-2r^3+5r^2-8r+4=0$$

从而所求的线性微分方程为

$$y^{(4)}-2y^{(3)}+5y''-8y'+4y=0$$

虽然都是由解求方程的反问题,但下面的问题与上两例略有不同.

例 12 求以 $y_1 = x, y_2 = x + e^{2x}, y_3 = x(1 + e^{2x})$ 为根的二阶常系数微分方程.

解 注意到 $y_2 - y_1 = e^{2x}, y_3 - y_1 = xe^{2x}$,由其相应齐次方程解可知所求方程通解

$$y = (c_1 + c_2)e^{2x} + x$$

知 $\lambda = 2$ 是特征方程 $\lambda^2 + a\lambda + b = 0$ 的二重根,由之可知 $a = -4, b = 4$,又 $y_1 = x$ 是方程解,知 $f(x) = 4x - 4$. 故所求方程为

$$y'' - 4y' + 4y = 4x - 4$$

附录　常系数线性微分方程的算(符)子解法

微分算符(算子)通常是连续函数卷积的逆运算(理论基础卷含积定理和近世代数中的商体概念),由于它把函数概念包含在算符概念之内,因而算符可以像普通数那样简单自如地运算. 其理论基础严谨,使用亦方便有效,关于这方面详细内容可见文献[6]. 至于它的理论本书不拟详谈,这里仅介绍一些利用**微分算子**求**常系数线性微分方程的特解**的方法与例子,借以看到它的简捷与方便. 微分算子 D 与微分方程的关系如下:

微分算子 D 表示的运算为

$$Dy = y', \quad D^2 y = y'', \quad \cdots$$

一般地 $D^k y = k^{(k)}$.

若给定 n 阶常系数线性方程

$$y^{(n)} + a_1 y^{(n-1)} + \cdots + a_n y = f(x) \qquad (*)$$

利用微分算子 D 可写作 $L(D)y = f(x)$,其中 $L(D) \equiv D^n + a_1 D^{n-1} + \cdots + a_n$ 是**微分算子 D 的多项式(线性算子)**,则 $y = \dfrac{1}{L(D)} f(x)$,其中 $\dfrac{1}{L(D)}$ 称为 $L(D)$ 的**逆算子**,为方便计我们记之为 $L^{-1}(D)$.

线性算子 $L(D)$ 及其逆算子有如下性质:

1. $L^{-1}(D)[\alpha g_1(x) + \beta g_2(x)] = \alpha L^{-1}(D) g_1(x) + \beta L^{-1}(D) g_2(x)$
2. $L_1^{-1}(D) L_2^{-1}(D) g(x) = L_1^{-1}(D)[L_2^{-1}(D) g(x)] = L_2^{-1}(D)[L_1^{-1}(D) g(x)]$
3. $L^{-1}(D)[L(D) g(x)] = g(x)$

此外,具体逆算子及运算结果我们还可有表 6:

表 6

逆　算　子　式	结　　果
$\dfrac{1}{D-\lambda} f(t)$	$e^{\lambda t} \int e^{-\lambda t} f(t) dt$
若 $L(D) \equiv D^s L_1(D), L_1(0) \neq 0, s \geqslant 0$,又 $f(t)$ 是 m 次多项式 $\dfrac{1}{L(D)} f(t) \equiv \dfrac{1}{D^s} \dfrac{1}{L_1(D)} f(t) = \dfrac{1}{D^s}(c_0 + c_1 D + \cdots) f(t)$	$\dfrac{1}{D^s}(c_0 + c_1 D + \cdots + c_m D^m) f(t)$ 括号内是 $\dfrac{1}{L_1(D)}$ 展开式中前面的 m 次多项式
因 $L(D) e^{\lambda t} = e^{\lambda t} L(\lambda)$ $\dfrac{1}{L(D)} e^{\lambda t}$	$\dfrac{e^{\lambda t}}{L(\lambda)}$,当 $L(\lambda) \neq 0$ 时 $\dfrac{t^s e^{\lambda t}}{L^{(s)}(\lambda)}$,当 λ 是 s 重特征根时
因 $L(D) e^{\lambda t} f(t) = e^{\lambda t} L(D + \lambda) f(t)$ $\dfrac{1}{L(D)} e^{\lambda t} f(t)$	$e^{\lambda t} \dfrac{1}{L(D + \lambda)} f(t)$

续表 6

逆算子式	结果
若 $L(\mathrm{D})\equiv l(\mathrm{D}^2)$，且 $l(-\beta^2)\neq 0$，则 $\frac{1}{L(\mathrm{D})}\begin{matrix}\cos\beta x\\ \sin\beta x\end{matrix}\equiv\frac{1}{l(\mathrm{D}^2)}\begin{matrix}\cos\beta x\\ \sin\beta x\end{matrix}$	$\frac{1}{l(-\beta^2)}\begin{matrix}\cos\beta x\\ \sin\beta x\end{matrix}$
Re，Im 分别表示复数的实部和虚部 若 $L(\mathrm{D})$ 为实系数，则 $\frac{1}{L(\mathrm{D})}\begin{matrix}\cos\beta x\\ \sin\beta x\end{matrix}\equiv\begin{matrix}\mathrm{Re}\\ \mathrm{Im}\end{matrix}\left[\frac{1}{L(\mathrm{D})}\mathrm{e}^{\mathrm{i}\beta t}\right]$	Re，Im 分别表示复数的实部和虚部 $\begin{matrix}\mathrm{Re}\\ \mathrm{Im}\end{matrix}\left[\frac{\mathrm{e}^{\mathrm{i}\beta t}}{L(\mathrm{i}\beta)}\right]$，$L(\mathrm{i}\beta)\neq 0$ 时 $\begin{matrix}\mathrm{Re}\\ \mathrm{Im}\end{matrix}\left[\frac{t^s\mathrm{e}^{\mathrm{i}\beta t}}{L^{(s)}(\mathrm{i}\beta)}\right]$，$\mathrm{i}\beta$ 是 s 重特征根时

因为常系数线性微分方程的通解中含有相应齐次方程通解加上非齐次方程的一个特解.前者解法已述，今仅求其特解.至于算子方法过多的内容不打算述及，我们略举两例：

例 1　求方程 $y''+y=t+3\sin 2t+2\cos t$ 的特解.

解　由算子公式我们可有(注意方程特征根 $\lambda=\pm\mathrm{i}$)

$$y^*(t)=\frac{1}{\mathrm{D}^2+1}[t+3\sin 2t+2\cos t]=\frac{1}{\mathrm{D}^2+1}t+3\cdot\frac{1}{\mathrm{D}^2+1}\sin 2t+2\cdot\frac{1}{\mathrm{D}^2+1}\cos t=$$

$$1\cdot t+3\cdot\frac{\sin 2t}{-2^2+1}+\mathrm{Re}\left[\frac{t\mathrm{e}^{\mathrm{i}t}}{(\mathrm{D}^2+1)'\mid_{\mathrm{D}=i}}\right]=t-\sin 2t+t\sin t$$

例 2　求方程 $y''-y'=\mathrm{e}^t t^2$ 的特解.

解　由 $(\mathrm{D}^2-\mathrm{D})y=\mathrm{e}^t t^2$ 可得方程特解

$$y^*(t)=\frac{1}{\mathrm{D}^2-\mathrm{D}}\mathrm{e}^t t^2=\mathrm{e}^t\frac{1}{(\mathrm{D}+1)^2-(\mathrm{D}+1)}t^2=\mathrm{e}^t\frac{1}{\mathrm{D}(\mathrm{D}+1)}t^2=\mathrm{e}^t\frac{1}{\mathrm{D}}\left[\frac{1}{\mathrm{D}+1}t^2\right]=$$

$$\mathrm{e}^t\frac{1}{\mathrm{D}}[(1-\mathrm{D}+\mathrm{D}^2)t^2]=\mathrm{e}^t\frac{1}{\mathrm{D}}(t^2-2t+2)=\mathrm{e}^t\int(t^2-2t+2)\mathrm{d}t=$$

$$\mathrm{e}^t\left(\frac{t^3}{3}-t^2+2t\right)$$

2. n 阶线性变系数微分方程解法

n 阶线性变系数微分方法的解法可见图 3：

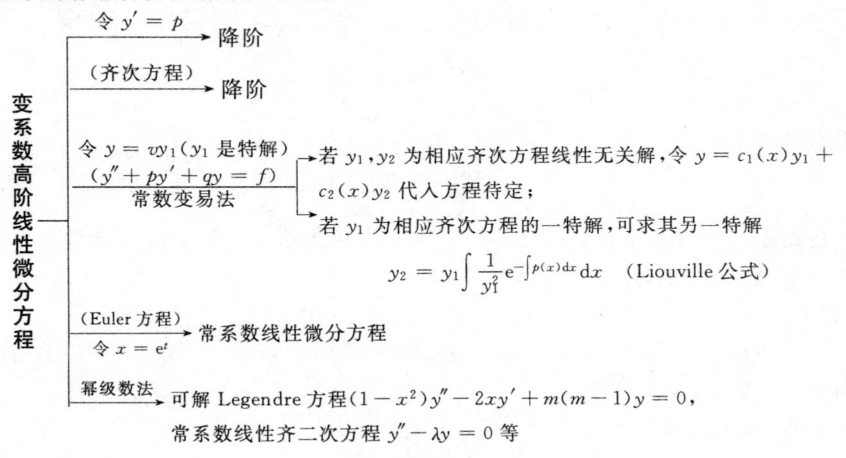

图 3

(1) 利用特解和常数变易法求解方程

下面来看例子,先来看利用特解求通解和常数变易法的例子.

例1 已知二阶齐次线性微分方程 $y''+P(x)y'+Q(x)y=0$(其中 $P(x)$,$Q(x)$ 为连续函数)的一个非零特解 $\varphi(x)$,试用变换 $y=\varphi(x)z$ 求该方程通解表达式.

解 令 $y=\varphi z$ 代入原方程(注意 $y'=\varphi z'+\varphi' z$,$y''=\varphi z''+2\varphi' z'+\varphi'' z$)整理后有

$$\varphi z''+(2\varphi'+P\varphi)z'+(\varphi''+P\varphi'+Q\varphi)z=0$$

因 $\varphi(x)$ 是方程解,故

$$\varphi''+P\varphi'+Q\varphi=0$$

又令 $z'=u$ 有 $\varphi u'+(2\varphi'+P\varphi)u=0$,解之有

$$u=\frac{c_1}{\varphi^2(x)}\mathrm{e}^{-\int p(x)\mathrm{d}x},\quad c_1\text{ 为任意常数}$$

故原方程通解为(Liouville公式)

$$y=\varphi(x)z=\varphi(x)\left(\int u\mathrm{d}x+c_2\right)=c_1\varphi(x)\int\frac{1}{\varphi(x)^2}\mathrm{e}^{-\int p(x)\mathrm{d}x}\mathrm{d}x+c_2\varphi$$

注 方程 $y''+P(x)y'+Q(x)y=0$ 的特解,可由下面结论考虑:

(1) 若 $P(x)+xQ(x)=0$,则 $y=x$ 是特解;

(2) 若 $1\pm P(x)+Q(x)=0$,则 $y=\mathrm{e}^{\pm x}$ 是特解.

例2 已知 $y_1=\mathrm{e}^{mx}$ 是方程 $(x^2+1)y''-2xy'-y(ax^2+bx+c)=0$ 的一个特解,试求 a,b,c 的值及方程的通解.

解 将 $y_1=\mathrm{e}^{mx}$ 代入方程整理后可有

$$\mathrm{e}^{mx}(m^2x^2-2mx+m^2)=\mathrm{e}^{mx}(ax^2+bx+c)$$

比较系数有 $a=m^2$,$b=-2m$,$c=m^2$.故原方程化为

$$(x^2+1)y''-2xy'-y(m^2x^2-2mx+m^2)=0$$

设 $y_2=c(x)\mathrm{e}^{mx}$ 为方程另一解,将之代入方程有

$$(x^2+1)c''(x)+2(mx^2-x-m)c'(x)=0$$

令 $c'(x)=p$,上式为

$$(x^2+1)p'+2(mx^2-x-m)p=0$$

解之有

$$p=(x^2+1)\mathrm{e}^{-2mx}$$

则

$$c(x)=\int p\mathrm{d}x=\int(x^2+1)\mathrm{e}^{-2mx}\mathrm{d}x=-\frac{1}{2m}\left(x^2+\frac{x}{m}+\frac{1}{2m^2}+1\right)\mathrm{e}^{-2mx}$$

故

$$y_2=-\frac{1}{2m}\left(x^2+\frac{x}{m}+\frac{1}{2m^2}+1\right)\mathrm{e}^{-mx}$$

因而,原方程的通解为

$$y=c_1\mathrm{e}^{mx}-c_2\left(x^2+\frac{x}{m}+\frac{1}{2m^2}+1\right)\mathrm{e}^{-mx}$$

例3 已知微分方程 $(2x+1)y''+(4x-2)y'-8y=0$ 有多项式型的特解和形如 $y=\mathrm{e}^{mx}$(m 为常数)的特解,求微分方程的通解.

解 设 $y_1=\mathrm{e}^{mx}$ 代入方程得

$$(2m^2+4m)x+(m^2-2m-8)=0$$

比较两边系数解得 $m=-2$,则 $y_1=\mathrm{e}^{-2x}$.

又设方程多项式型特解为

$$y_2=a_nx^n+a_{n-1}x^{n-1}+\cdots+a_2x+a_1x+a_0$$

代入原方程、比较等式两边 x 最高次项系数可得 $n=2$.

故设 $y_2=a_2x^2+a_1x+a_0$，代入原方程有

$$-4a_1x+(2a_2-2a_1-8a_0)=0$$

这样得 $a_1=0, a_2=4a_0$. 令 $a_0=1$，则 $y_2=4x^2+1$.

因而，原方程通解 $$y=c_1\mathrm{e}^{-2x}+c_2(4x^2+1)$$

例4　设微分方程 $y''+\dfrac{y'}{x}-q(x)y=0$ 有两个特解 $y_1(x)$ 和 $y_2(x)$，且 $y_1\cdot y_2=1$. 求此方程中的 $q(x)$，且求方程的通解.

解　由设 $y_2=\dfrac{1}{y_1}$，则 $$y_2'=-\frac{y_1'}{y_1^2},\quad y_2''=-\frac{y_1y_1''-2y_1'^2}{y_1^3}$$

这样可有 $$q(x)=\frac{1}{y_1}\left(y_1''+\frac{y_1'}{x}\right),\quad q(x)=\frac{1}{y_2}\left(y_2''+\frac{y_2'}{x}\right)$$

综上 $$y_1''+\frac{y_1'}{x}=y_1q(x)=\frac{2y_1'^2-y_1y_1''}{y_1^3}-\frac{1}{x}\cdot\frac{y_1'}{y_1^2}$$

即 $$y_1''+\frac{1}{x}y_1'-\frac{1}{y_1}y_1'^2=0$$

取特解 $y_1=x$，则 $y_2=\dfrac{1}{x}$，从而 $q(x)=\dfrac{1}{x^2}$.

由 $y_1=x, y_2=\dfrac{1}{x}$ 线性无关，故原方程通解为 $y=c_1x+\dfrac{c_2}{x}$.

例5　已知方程 $xy''+2y'+xy=0$ 的一个特解 $y_1=\dfrac{\sin x}{x}$，求它的通解.

解　令 $y=y_1u$ 代入原方程有

$$(xy_1''+2y_1'+xy_1)u+(2xy_1'+2y_1)u'+y_1xu''=0 \tag{*}$$

因 y_1 是方程的解，故 $xy_1''+2y'+xy_1=0$，又 $xy_1=\sin x$，故 $xy_1'+y_1=\cos x$.

以上诸式代入方程(*)即有

$$\sin x\cdot u''+2\cos x\cdot u'=0\quad 或\quad \frac{u''}{u'}+2\frac{\cos x}{\sin x}=0$$

解得 $\ln u'+2\ln\sin x=\ln c_1$，即 $u'=\dfrac{c_1}{\sin^2 x}$，故 $u=-c_1\tan x+c_2$.

从而原方程通解为 $$y=y_1u=c_1\frac{\cos x}{x}+c_2\frac{\sin x}{x}$$

最后看一个由特解求特解的例子.

例6　设二阶线性微分方程 $y''+P(x)y'+Q(x)y=f(x)$ 的三个特解分别是 $y_1=x, y_2=\mathrm{e}^x$, $y_3=\mathrm{e}^{2x}$. 试求满足条件 $y(0)=1, y'(0)=3$ 的特解.

解　由设知 $\mathrm{e}^x-x, \mathrm{e}^{2x}-x$ 是对应齐次方程的解.

又 $\dfrac{\mathrm{e}^x-x}{\mathrm{e}^{2x}-x}\neq$ 常数，即 e^x-x 与 $\mathrm{e}^{2x}-x$ 线性无关.

故 $y=c_1(\mathrm{e}^x-x)+c_2(\mathrm{e}^{2x}-x)+x$ 是原题设方程通解，由 $y'=c_1(\mathrm{e}^x-1)+c_2(2\mathrm{e}^{2x}-1)+1$ 及 $y(0)=1, y'(0)=3$，得 $c_1=-1, c_2=2$.

故所求特解为 $$y=-(\mathrm{e}^x-x)+2(\mathrm{e}^{2x}-x)+x=2\mathrm{e}^{2x}-\mathrm{e}^x$$

注　上例可以推广，即更一般地可有：

命题　若设 $y_1(x), y_2(x), y_3(x)$ 均为非齐次线性方程 $y''+P(x)y+Q(x)=f(x)$ 的特解，这里 $P(x), Q(x), f(x)$ 均为已知函数，又若 $\dfrac{y_2(x)-y_1(x)}{y_3(x)-y_1(x)}\neq$ 常数(即 $y_1(x), y_2(x), y_3(x)$ 线性无关)，则 $y(x)=(1-c_1-c_2)y_1(x)+c_1y_2(x)+c_2y_3(x)$ 是该方程的通解.

它的证明可分两步：

① 证明 $y(x)$ 是题设方程的解(直接代入可算得)；

② 证明 $y(x)$ 是通解，这只需注意到 $\tilde{y}=c_1(y_2-y_1)+c_2(y_3-y_1)$ 是相应齐次方程的通解，而 $y=\tilde{y}+y_1$ 为原方程通解.

(2) 利用变量替换求解方程

我们再来看看利用变换使方程化为常系数线性微分方程的例子，先来看 Euler 方程的解法.

例 1 求方程 $x^2y''-xy'+y=x(x+\ln x)$ 的通解.

解 设 $x=e^t$ 即 $t=\ln x$，原方程化为

$$D(D-1)y-Dy+y=e^t(e^t+t) \tag{$*$}$$

其特征方程是 $r(r-1)-r+1=0$，解得 $r_1=r_2=1$.

该齐次方程的解即"补函数"为

$$(c_1+c_2t)e^t=(c_1+c_2\ln x)x$$

设式($*$)的特解为 $$y^*=A_0e^{2t}+t^2e^t(A_1t+A_2)$$

代入式($*$)可得 $$A_0=1,\quad A_1=\frac{1}{6},\quad A_2=0$$

则所求方程通解为 $$y=(c_1+c_2\ln x)x+x^2+\frac{x}{6}\cdot\ln^3x$$

有些方程是变形的 Euler 方程，其解法仍同上例. 请看：

例 2 求解二阶微方方程 $y''+\frac{1}{x}y'-\frac{1}{x^2}y=\frac{2}{x}$.

解 令 $x=e^t$ 代入原方程可得 $y''-y=2e^t$. $\quad(*)$

由特征方程 $r^2-1=0$ 得 $r_1=1,r_2=-1$. 故($*$)式的补函数为 $c_1e^t+c_2e^{-t}$.

又令 $y^*=a+e^t$ 代入($*$)可得 $a=1$. 则($*$)的通解为 $y=c_1e^t+c_2e^{-t}+te^t$.

故原方程通解为 $$y=c_1x+\frac{c_2}{x}+x\ln x$$

下面是利用变换解某些其他类型方程的例子.

例 3 利用变换 $y=u(e^x)$ 求微分方程 $y''-(2e^x+1)y'+e^{2x}y=e^{3x}$ 的通解.

解 由 $y=u(t),t=e^x$ 求得

$$y'=u'(t)e^x=tu'(t),\quad y''=t^2u''(t)+tu'(t)$$

代入方程有 $$u''(t)-2u'(t)+u(t)=t$$

解之可有 $$u(t)=(c_1+c_2t)e^t+t+2$$

故原方程解为 $$y=(c_1+c_2e^x)e^x+e^x+2$$

例 4 利用变换 $t=\sqrt{x}$ 解微分方程 $4x\frac{d^2y}{dx^2}+2(1-\sqrt{x})\cdot\frac{dy}{dx}-6y=e^{3\sqrt{x}}$.

解 由设 $t=\sqrt{x}$ 可有

$$\frac{dy}{dx}=\frac{dy}{dt}\cdot\frac{dt}{dx}=\frac{1}{2\sqrt{x}}\frac{dy}{dt},\quad \frac{d^2y}{dx^2}=\frac{-1}{4x\sqrt{x}}\cdot\frac{dy}{dt}+\frac{1}{4x}\cdot\frac{d^2y}{dt^2}$$

代入方程化简后有 $$\frac{d^2y}{dt^2}-\frac{dy}{dt}-6y=e^{3t} \tag{$*$}$$

此为常系数线性方程，可求得其相应齐次方程通解为

$$\tilde{y}=c_1e^{-2t}+c_2e^{3t}$$

设方程($*$)的特解为 $y^*=A+e^{3t}$，代入式方程($*$)可得 $A=\frac{1}{5}$，故 $y^*=\frac{te^{3t}}{5}$.

则方程(*)的通解为　　$y(t)=\tilde{y}+y^*=c_1\mathrm{e}^{-2t}+c_2\mathrm{e}^{3t}+\dfrac{t\mathrm{e}^{3t}}{5}$

故原方程通解为　　$y(x)=c_1\mathrm{e}^{-2\sqrt{x}}+\left(c_2+\dfrac{\sqrt{x}}{5}\right)\mathrm{e}^{3\sqrt{x}}$

下面是利用三角函数变换的例子.

例 5　求微分方程$(1-x^2)y''-xy'+n^2y=0$(Чебыщёв 方程)的通解.

解　令 $x=\cos t$,则$\dfrac{\mathrm{d}y}{\mathrm{d}x}=\dfrac{\mathrm{d}y}{\mathrm{d}t}\dfrac{\mathrm{d}t}{\mathrm{d}x}=-\dfrac{1}{\sin t}\dfrac{\mathrm{d}y}{\mathrm{d}t}$,这样有

$$\frac{\mathrm{d}^2y}{\mathrm{d}x^2}=\frac{\mathrm{d}}{\mathrm{d}x}\left(-\frac{1}{\sin t}\frac{\mathrm{d}y}{\mathrm{d}t}\right)=\frac{1}{\sin^2 t}\frac{\mathrm{d}^2y}{\mathrm{d}t^2}-\frac{\cos t}{\sin^3 t}\frac{\mathrm{d}y}{\mathrm{d}t}$$

代入方程化简有

$$\frac{\mathrm{d}^2y}{\mathrm{d}t^2}+n^2y=0 \tag{*}$$

此为常系数线性方程,其通解为　　$y=c_1\cos nt+c_2\sin nt$

故原方程通解为　　$y=c_1\cos(n\arccos x)+c_2\sin(n\arccos x)$

例 6　利用变换 $t=\tan x$ 解方程 $\cos^4 x\dfrac{\mathrm{d}^2y}{\mathrm{d}x^2}+2\cos^2 x(1-\sin x\cos x)\dfrac{\mathrm{d}y}{\mathrm{d}x}+y=\tan x$.

解　由 $t=\tan x$ 可有

$$\frac{\mathrm{d}y}{\mathrm{d}x}=\frac{1}{\cos^2 x}\frac{\mathrm{d}y}{\mathrm{d}t},\quad \frac{\mathrm{d}^2y}{\mathrm{d}x^2}=\frac{2\sin x}{\cos^3 x}\frac{\mathrm{d}y}{\mathrm{d}t}+\frac{1}{\cos^4 x}\frac{\mathrm{d}^2y}{\mathrm{d}t^2}$$

代入方程化简有

$$\frac{\mathrm{d}^2y}{\mathrm{d}t^2}+2\frac{\mathrm{d}y}{\mathrm{d}t}+y=t \tag{*}$$

此为常系数线性方程,用特征方程法可求得其相应齐次方程通解 $y=(c_1t+c_2)\mathrm{e}^{-t}$.

设方程(*)的特解 $y^*=At+B$ 代入式(*)定出 $A=1,B=-2$.

故方程(*)的通解为　　$y=(c_1t+c_2)\mathrm{e}^{-t}+t-2$

从而原方程通解为　　$y=(c_1\tan x+c_2)\mathrm{e}^{-\tan x}+\tan x-2$

例 7　借助变换 $x=\tan t,y=\dfrac{1}{\cos t}u(t)\left(其中\ |t|<\dfrac{\pi}{2}\right)$,求微分方程$(1+x^2)\dfrac{\mathrm{d}^2y}{\mathrm{d}x^2}=y$满足初始条件$y\big|_{x=0}=0,\dfrac{\mathrm{d}y}{\mathrm{d}x}\Big|_{x=0}=1$的特解.

解　由设变换可求得$\dfrac{\mathrm{d}^2y}{\mathrm{d}x^2}=(u''+u)\cos^3 t$,代入题设方程有

$$(\sec^2 t)^2(u''+u)\cos^4 t=u$$

即 $u''=0$,积分后有 $u=c_1t+c_2$.由初始条件可定得 $c_1=1,c_2=0$,即 $u=t$.

代入变换式 $x=\tan t,y=\dfrac{t}{\cos t}$,消去 t 得原方程的解

$$y=\sqrt{1+x^2}\arctan x$$

上面的例子均是通过变换使方程化为常数线性微分方程,有些时候方程利用变换 $y'=p$ 只能降低方程阶数 —— 对于二阶方程来说,它可以降为一阶方程,当然也可以求解了.请看下面的例:

例 8　求微分方程$(x+1)y''+y'=\ln(x+1)$的通解.

解　令$\dfrac{\mathrm{d}y}{\mathrm{d}x}=p$,则 $y''=\dfrac{\mathrm{d}p}{\mathrm{d}x}$,代入方程有$\dfrac{\mathrm{d}p}{\mathrm{d}x}+\dfrac{p}{x+1}=\dfrac{\ln(x+1)}{x+1}$,此为一阶线性方程,解之有

$$p=\mathrm{e}^{-\int\frac{\mathrm{d}x}{x+1}}\left[\int\frac{\ln(x+1)}{x+1}\mathrm{e}^{\ln(x+1)}\mathrm{d}x+C_1\right]=\frac{1}{x+1}\left[\int\ln(x+1)\mathrm{d}(x+1)+C_1\right]$$

由$\dfrac{\mathrm{d}y}{\mathrm{d}x}=p$,则 $y=\int p\mathrm{d}x$,从而有

$$y=(x+1+c_1)\ln(x+1)-2x+C_2$$

注 本例还可解如:由设有$[(x+1)y']'=\ln(x+1)$,逐次积分亦可求得解.

例 9 求方程$(x^2+1)y''-xy'=0$满足初始条件$y|_{x=0}=0,y'|_{x=0}=1$的特解.

解 方程可写如$y''-\dfrac{xy'}{x^2+1}=0$,令$y'=p$,则$y''=\dfrac{dp}{dx}$,代入方程有

$$\frac{dp}{dx}=\frac{xp}{x^2+1}\Rightarrow\frac{dp}{p}=\frac{xdx}{x^2+1}$$

积分之得$p=c_1\sqrt{1+x^2}$,即$y'=c_1\sqrt{1+x^2}$.又由$y'|_{x=0}=1$求得$c_1=1$,故$y'=\sqrt{1+x^2}$,再积分之有

$$y=\int\sqrt{1+x^2}\,dx=\frac{x}{2}\sqrt{1+x^2}+\frac{1}{2}\ln(x+\sqrt{1+x^2})+c_2$$

又由$y|_{x=0}=0$求得$c_2=0$,故所求特解

$$y=\frac{1}{2}\sqrt{1+x^2}+\frac{1}{2}\ln(x+\sqrt{1+x^2})$$

(3) 利用幂级数求解方程

利用幂级数可求解某些微分方程,这一点我们在幂级数问题解法中已有叙及,这里再举两例,它们都属于$y''+P(x)y'+Q(x)y=0$的.

例 1 求满足$y(0)=0,y'(0)=1$的微分方程$y''+y=0$的解.

解 设$y(x)=\sum\limits_{k=0}^{\infty}a_kx^k$,由$y(0)=0$,有$a_0=0$;由$y'(0)=1$,有$a_1=1$.

故$y=(x)=x+\sum\limits_{k=2}^{\infty}a_kx^k$,由之可有

$$y'(x)=1+\sum_{k=2}^{\infty}ka_kx^{k-1},\quad y''(x)=\sum_{k=2}^{\infty}k(k-1)a_kx^{k-2}$$

代入方程,比较两边x方幂的系数有

$$a_2=0,\quad a_3=-\frac{1}{3}!,\quad\cdots,\quad a_n=-\frac{a_{n-2}}{n(n-1)},\quad n=2,3,4,\cdots$$

故由$a_2=0$知
$$a_{2n}=0,\quad n=0,1,2,\cdots$$

由$a_3=-\dfrac{1}{3}!$有
$$a_{2n+1}=\frac{(-1)^n}{2n+1}!,\quad n=0,1,2,\cdots$$

这样
$$y(x)=\sum_{n=0}^{\infty}(-1)^n\frac{x^{2n+1}}{(2n+1)!}$$

注 类似地可求得$y''-\lambda y=0$的解为$y(x)=c_1y_0(x)+c_2y_1(x)$,其中

$$y_0(x)=\sum_{n=0}^{\infty}\frac{\lambda^n}{(2n)!}x^{2n},\quad y_1(x)=\sum_{n=0}^{\infty}\frac{\lambda^n}{(2n+1)!}x^{2n+1}$$

当然有些方程不能用初等函数或积分表达时,人们常用幂级数去考虑.请看下面 Legendre 方程的例子:

例 2 求微分方程$(1-x^2)y''-2xy'+n(n+1)y=0$($n$为常数)的解.

解 令$y(x)=\sum\limits_{k=0}^{\infty}a_kx^k$,将$y'(x),y''(x)$代入原方程有

$$\sum_{k=2}^{\infty}k(k-1)a_kx^{k-2}-\sum_{k=2}^{\infty}k(k-1)a_kx^k-2\sum_{k=1}^{\infty}ka_kx^k+n(n+1)\sum_{k=0}^{\infty}a_kx^k=0$$

即
$$\sum_{k=0}^{\infty}[(k+2)(k+1)a_{k+2}+(n-k)(n+k+1)a_k]x^k=0$$

故
$$a_{k+2} = -\frac{(n-k)(n+k+1)}{(k+1)(k+2)}a_k,\quad k=0,1,2\cdots$$

递推地可有
$$a_2 = -\frac{n(n+1)}{2!}a_0,\quad a_3 = -\frac{(n-1)(n+2)}{3!}a_1$$
$$a_4 = \frac{(n-2)n(n+1)(n+3)}{4!}a_0$$
$$a_5 = \frac{(n-3)(n-1)(n+2)(n+4)}{5!}a_1,\quad \cdots$$

这样，方程的解为
$$y = a_0\left[1-\frac{n(n+1)}{2!}x^2+\frac{(n-2)n(n+1)(n+3)}{4!}x^4-\cdots\right]+$$
$$a_1\left[x-\frac{(n-1)(n+2)}{3!}x^3+\frac{(n-3)(n-1)(n+2)(n+4)}{5!}x^5-\cdots\right]$$

这里 $|x|<1$.

3. 某些高阶非线性方程的解法

对于一些特殊类型的非线性高阶微分方程解法如表 7：

表 7

方　程　类　型	方　程　解　法
$F(x,y(n))=0$	若可解出 $y^{(n)}$，即 $y^{(n)}=f(x)$，用 n 次积分
	若可写成参数式：$\begin{cases}x=\varphi(t),\\ y^{(n)}=\psi(t),\end{cases}$ $F[\varphi(t),\psi(t)]=0$ 由 $\mathrm{d}y^{(n-1)}=y^{(n)}\mathrm{d}x=\psi(t)\varphi'(t)\mathrm{d}t$ 可有 $y^{(n-1)}=\int\psi(t)\varphi'(t)\mathrm{d}t+c_1$，如此下去
$F(x,y^{(k)},y^{(k+1)},\cdots y^{(n)})=0$	令 $z=y^{(k)}$，降为 $n-k$ 阶方程
$F(y,y',\cdots,y^{(n)})=0$	令 $z=y'$，y 为自变量，化为下面类型
F 是关于 $y,y',\cdots,y^{(n)}$ 的 k 次齐次函数	令 $y=\mathrm{e}^u$ 后再令 $u'=z$，方程可降一阶

这类问题我们不打算详细讨论，这里仅举几例说明.

例 1　求方程 $y''-y'^2-2y'-2=0$ 满足 $y|_{x=0}=0$，$y'|_{x=0}=0$ 的解.

解　令 $y'=p$，则方程化为
$$\frac{\mathrm{d}p}{\mathrm{d}x}=2+2p+p^2\Rightarrow\frac{\mathrm{d}p}{(1+p)^2+1}=\mathrm{d}x$$

积分之有 $\arctan(1+p)=x+c_1$，由 $y'|_{x=0}=0$ 即 $p|_{x=0}=0$，定出 $c_1=\frac{\pi}{4}$，故 $1+p=\tan\left(x+\frac{\pi}{4}\right)$ 或 $y'=\tan\left(x+\frac{\pi}{4}\right)-1$，解得
$$y=-\ln\cos\left(x+\frac{\pi}{4}\right)-x+c_2$$

由 $y|_{x=0}=0$，可求出 $c_2=-\ln\sqrt{2}$，故满足题设的特解为
$$y=-\ln\cos\left(x+\frac{\pi}{4}\right)-x-\ln\sqrt{2}$$

例 2 求解方程 $y'''^2 + y''^2 = 1$.

解 令 $y'' = p$,则 $y''' = p'$,代入方程有

$$p'^2 + p = 1 \quad 或 \quad p' = \pm\sqrt{1 - p^2} \tag{*}$$

(1) 若 $p = \pm 1$,上方程成立,此时 $y'' = \pm 1$,得 $y = \pm\frac{x^2}{2} + c_1 x + c_2$;

(2) 若 $p \neq \pm 1$,方程(*)分离变量后可解得 $\arcsin p = \pm x + c_3$,即 $y'' = \sin(c_3 \pm x)$,解得

$$y = -\sin(c_3 - x) + c_4 x + c_5$$

例 3 求微分方程 $y'' + 2xy'^2 = 0$ 满足初始条件 $y|_{x=0} = 1, y'|_{x=0} = -\frac{1}{2}$ 的特解.

解 令 $y' = p$,则 $y'' = p'$,原方程化为 $p' = -2xp^2$. 分离变量后可解得 $p = \frac{1}{x^2 + c_1}$.

由 $y'|_{x=0} = p|_{x=0} = -\frac{1}{2}$,求得 $c_1 = -2$. 故

$$y' = \frac{1}{x^2 - 2} \quad 或 \quad \frac{\mathrm{d}x}{x^2 - 2} = \mathrm{d}y$$

解之有 $y = \frac{1}{2\sqrt{2}}\ln\left|\frac{x - \sqrt{2}}{x + \sqrt{2}}\right| + c_2$,由 $y|_{x=0} = 1$ 定得 $c_2 = 1$,故所求特解为

$$y = \frac{1}{2\sqrt{2}}\ln\left|\frac{x - \sqrt{2}}{x + \sqrt{2}}\right| + 1$$

例 4 求解方程 $yy'' - y'^2 = 0$.

解 这是关于 y, y', y'' 的齐次方程,令 $y = \mathrm{e}^u$ 代入方程有

$$\mathrm{e}^{2u}(u'' + u'^2 - u'^2) = 0 \Rightarrow \mathrm{e}^{2u}u'' = 0$$

因 $\mathrm{e}^{2u} \neq 0$,有 $u'' = 0$,积分之有 $u = c_1 x + c_2$,故原方程解为 $y = \mathrm{e}^{c_1 x + c_2}$.

三、微分方程组的解法

这里主要考虑一阶线性微分方程组的解法. 这类方程常用的解法有两种:

方法 1 通过求导消去 $n-1$ 个未知函数及其导数,化为只含有一个未知函数的高阶线性微分方程来解.

方法 2 将方程组改写成连比对称型(使各变量处于平等地位),再充分利用比例的有关性质解出未知函数.

下面来看几个例子.

例 1 若 x, y, z 均为 t 的函数,求解微分方程组

$$\begin{cases} \dot{x} = y + z & (1) \\ \dot{y} = z + x & (2) \\ \dot{z} = x + y & (3) \end{cases}$$

解 对式(1)两边对 t 求导有① $\ddot{x} = \dot{y} + \dot{z}$,将式(2),(3)代入可有

$$\ddot{x} - \dot{x} - 2x = 0$$

此为常系数线性方程,解之有 $\quad x = c_1\mathrm{e}^{2t} + c_2\mathrm{e}^{-t}$

由式(1)有

$$y + z = 2c_1\mathrm{e}^{2t} - c_2\mathrm{e}^{-t} \tag{4}$$

---

① 这里 $\dot{x}, \ddot{x}$ 表示 $\frac{\mathrm{d}x}{\mathrm{d}t}, \frac{\mathrm{d}^2x}{\mathrm{d}t^2}$ 等,对于 $\dot{y}, \ddot{y}$ 表示的意思类同.

而式(2)－式(3)得 $\dot{y}-\dot{z}=-(y-z)$，解得 $y-z=c_3e^{-t}$，再由式(4)可有

$$y=c_1e^{2t}+\frac{1}{2}(c_3-c_2)e^{-t},\quad z=c_1e^{2t}-\frac{1}{2}(c_3+c_2)e^{-t}$$

上述 x,y,z 为所求方程组的解.

例 2　解微分方程组 $\dfrac{dx}{mz-ny}=\dfrac{dy}{nx-lz}=\dfrac{dz}{ly-mx}$，其中 m,n,l 为常数.

解　由设及等比性质有

$$\frac{ldx}{lmz-lny}=\frac{mdy}{mnx-mlz}=\frac{ndz}{nly-mnx}=\frac{d(lx+my+nz)}{0}$$

故
$$lx+my+nz=c_1$$

再由比例性质及题设有

$$\frac{xdx}{mxz-nxy}=\frac{ydy}{nyx-lnz}=\frac{zdz}{lzy-mzx}=\frac{d(x^2+y^2+z^2)/2}{0}$$

故
$$x^2+y^2+z^2=c_2$$

综上方程组的解为
$$\begin{cases}lx+my+nz=c_1\\x^2+y^2+z^2=c_2\end{cases}$$

我们再来看一个高阶线性方程组的例子.

例 3　若 x,y 为 t 的函数，求解方程组

$$\begin{cases}\dot{x}+y-2x=6e^{-t} & (1)\\\ddot{x}+\ddot{y}-2\dot{x}=0 & (2)\end{cases}$$

解　将(1)两边对 t 求两次导数有

$$\dddot{x}+\ddot{y}-2\ddot{x}=6e^{-t}\tag{3}$$

式(3)－式(2)有 $\dddot{x}-3\ddot{y}+22\ddot{x}=6e^{-t}$，此为常系数线性方程，不难求得其通解为

$$x=c_1+c_2e^t+c_3e^{2t}-e^{-t}$$

将上式代入式(1)可求得
$$y=2c_1+c_2e^t+3e^{-t}$$

综上，该微分方程组通解为
$$\begin{cases}x=c_1+c_2e^t+c_3e^{2t}-e^{-t}\\y=2c_1+c_2e^t+3e^{-t}\end{cases}$$

最后我们看一个非线性方程组的例子.

例 4　求微分方程组

$$\begin{cases}2yy'+z=1 & (1)\\x^2y'+2y^2=x^2\ln x & (2)\end{cases}$$

的通解，这里 $y'=\dfrac{dy}{dx}$，$z'=\dfrac{dz}{dx}$.

解　将(2)两边对 x 求导，且由(1)有

$$x^2z''+2xz'-2z=2x\ln x+x-2$$

解此 Euler 方程得通解

$$z=1+\frac{1}{9}x\ln x+\frac{1}{3}x\ln^2x+c_1x+\frac{c_2}{x^2}\tag{*}$$

将其代入式(2)可求得

$$y=\pm\sqrt{\frac{c_2}{x}-\left(\frac{c_1}{2}+\frac{1}{18}\right)x^2+\frac{1}{9}x^2\ln x-\frac{1}{6}x^2\ln^2x}\tag{**}$$

综上，式(*)与式(**)给出的 y,z 为所求方程组的通解.

通过上面一些例子的分析，我们不难将(常)微分方程(组)的基本解法间的关系归纳成图 4：

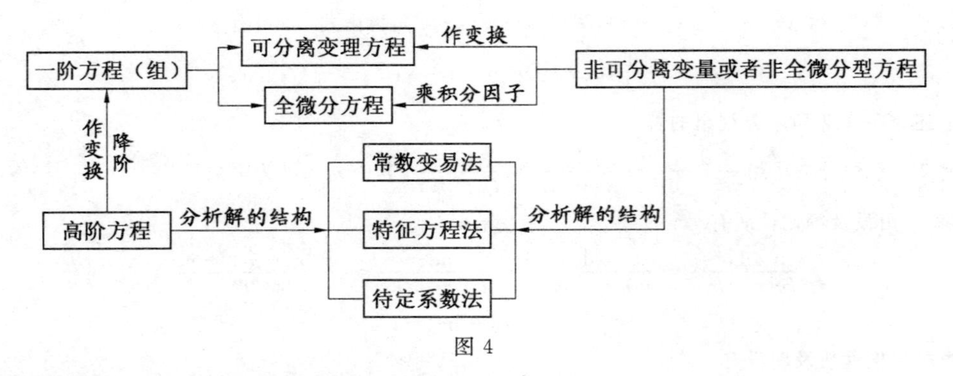

图 4

四、微分方程(组)解的某些性质研究

上面我们对(常)微分方程或组的解法作了某些分析，下面我们讨论一下微分方程解的性质，这类问题我们也不打算作系统的研究，这里仅举一些例子说明.

例 1 若函数 $\sin^2 x,\cos^2 x$ 是方程 $y''+P(x)y'+Q(x)y=0$ 的解，试证(1) $\sin^2 x,\cos^2 x$ 构成基本解组；(2) $1,\cos 2x$ 也构成基本解组.

证 (1) 由设 $\sin^2 x,\cos^2 x$ 是方程的解，又 $\dfrac{\sin^2 x}{\cos^2 x}=\tan^2 x\neq$ 常数，即 $\sin^2 x,\cos^2 x$ 即线性无关，故 $\sin^2 x,\cos^2 x$ 构成所给方程的基本解组；

(2) 由三角函数公式 $\sin^2 x+\cos^2 x=1$ 和 $\cos^2 x-\sin^2 x=\cos 2x$ 知它们也是方程的解(因为 $\sin^2 x$，$\cos^2 x$ 是方程的解)，

又 $\dfrac{1}{\cos 2x}\neq$ 常数，即知 $1,\cos 2x$ 线性无关，故 $1,\cos 2x$ 亦为方程的基本解组.

下面的例子是讨论解的有界性问题.

例 2 若 $f(t)$ 在 $(0,+\infty)$ 上连续且有界，则方程 $x''+8x'+7x=f(x)$ 的每一个解均在 $(0,+\infty)$ 上有界.

证 容易求得题设常系数线性微分方程的通解

$$x=c_1\mathrm{e}^{-t}+c_2\mathrm{e}^{-7t}+\frac{1}{6}\mathrm{e}^{-t}\int_0^t \mathrm{e}^{u}f(u)\,\mathrm{d}u-\frac{1}{6}\mathrm{e}^{-7t}\int_0^t \mathrm{e}^{7u}f(u)\,\mathrm{d}u$$

因 $f(t)$ 在 $[0,+\infty]$ 上有界，即存在 $M>0$，使 $|f(t)|\leqslant M,t\in[0,+\infty]$.

又在 $0\leqslant t<+\infty$ 时，$0<\mathrm{e}^{-t}\leqslant 1,0<\mathrm{e}^{-7t}\leqslant 1$， 则当 $t\in[0,+\infty]$ 时，有

$$|x|\leqslant|c_1|+|c_2|+\left|\frac{M}{6}\mathrm{e}^{-t}\int_0^t \mathrm{e}^{u}\,\mathrm{d}u\right|+\left|\frac{M}{6}\mathrm{e}^{-7t}\int^0 \mathrm{e}^{7u}\,\mathrm{d}u\right|=$$

$$|c_1|+|c_2|+\left|\frac{M}{6}(1-\mathrm{e}^{-t})\right|+\left|\frac{M}{42}(1-\mathrm{e}^{-7t})\right|\leqslant$$

$$|c_1|+|c_2|+\frac{M}{6}+\frac{M}{42}=|c_1|+|c_2|+\frac{4}{21}M$$

此即说，$x=x(t)$ 在 $0\leqslant t<+\infty$ 上有界.

例 3 设 $f(x)$ 在 $[0,+\infty)$ 上连续，且 $\lim\limits_{x\to+\infty}f(x)=1$，试证 $y'+y=f(x)$ 的一切解，当 $x\to+\infty$ 时都趋于 1.

解 不难求得题设方程的通解为(由相应齐次方程通解 $y=c\mathrm{e}^{-x}$，再由常数变易法)

$$y=\left[\int_0^x f(x)\mathrm{e}^{x}\,\mathrm{d}x+c\right]\mathrm{e}^{-x}$$

可以证明
$$\lim_{x\to+\infty}\int_0^x f(x)\mathrm{e}^{x}\,\mathrm{d}x=\infty \quad (\text{用}\varepsilon\text{-}N\text{ 方法})$$

故由 L'Hospita 法则知

$$\lim_{x\to+\infty} y = \lim_{x\to+\infty}\left[\frac{1}{e^x}\int_0^x f(x)e^x dx + c\right] = \lim_{x\to+\infty}\frac{f(x)e^x}{e^x} = \lim_{x\to+\infty} f(x) = 1$$

注　本例结论可推广为：

命题　若 $f(x)$ 在区间$[0,+\infty)$上连续，且 $\lim\limits_{x\to+\infty} f(x)=k$，则微分方程 $y'+y=f(x)$ 的解，当 $x\to+\infty$ 时趋于 k.

例 4　设 y 是微分方程 $y''+k^2y=0(k>0)$ 的任一解，则 $y'^2+k^2y^2$ 为常数.

证　由设可解得题设微分方程的通解为 $y=c_1\cos kx+c_2\sin kx$. 但是

$$y'^2+k^2y^2=(c_1\cos kx+c_2\sin kx)'^2+k^2(c_1\cos kx+c_2\sin kx)^2=$$
$$k^2c_1{}^2(\sin^2kx+\cos^2kx)+k^2c_2{}^2(\cos^2kx+\sin^2kx)=k^2(c_1{}^2+c_2{}^2)$$

即

$$y'^2+k^2y^2=\text{const}\quad(\text{常数})$$

例 5　设 $f(x)$ 是二次可微函数，$g(x)$ 是任意函数，且它们适合 $f''(x)+f'(x)g(x)-f(x)=0$. 又若 $f(a)=f(b)=0(a<b)$，试证 $f(x)\equiv 0(a\leqslant x\leqslant b)$.

证 1　由 $g(x)$ 任意性可取 $g(x)=1$，则

$$f''(x)+f'(x)-f(x)=0,\quad a<x<b$$

该微分方程的解为

$$f(x)=c_1\exp\left\{\frac{-1+\sqrt{5}}{2}\right\}+c_2\exp\left\{\frac{-1-\sqrt{5}}{2}\right\}$$

由 $f(a)=f(b)=0$，可得 $c_1=0,c_2=0$. 故 $f(x)\equiv 0,a\leqslant x\leqslant b$.

证 2　若 $f_1(x),f_2(x)$ 是题设方程的解，则 $f(x)=c_1f_1(x)+c_2f_2(x)$ 也是所给方程的解.

但在区间$[a,b]$上由 Liouville 定理，对于解 $f_1(x)$ 和 $f_2(x)$ 的朗斯基(Wronsky)行列式

$$\begin{vmatrix} f_1(x) & f_2(x) \\ f'_1(x) & f'_2(x)\end{vmatrix}=\begin{vmatrix} f_1(a) & f_2(a) \\ f_1'(a) & f_2'(a)\end{vmatrix}e^{-\int_a^x g(t)dt}=0$$

这是因题设 $f_1(a)=f_2(a)=0$，故知 $f_1(x)=kf_2(x)$.

此即说在题设条件下所给方程的任意两解均线性相关，又 $f_0(x)\equiv 0$ 是方程的一个解，故

$$f_1(x)=f_2(x)=f_0(x)=0$$

代入 $f(x)=c_1f_1(x)+c_2f_2(x)$，注意到 $f(b)=0$，故 $f(x)\equiv 0,a\leqslant x\leqslant b$.

例 6　若在函数 $F(u)$ 的某个连续区间内存在两点 u_1 和 u_2 满足 $F(u_1)F(u_2)<0$，求证等式 $F(ce^x-y)=0$(c 为任意常数)所确定的函数 y 为方程 $F(y'-y)=0$ 的通解.

证　不妨设 $u_1<u_2$，则 $F(u)$ 为闭区间$[u_1,u_2]$上的连续函数，

由 $F(u_1)F(u_2)<0$，故有 $\xi\in(u_1,u_2)$ 使 $F(\xi)=0$. 若取 $y'-y=\xi$，则有

$$F(y'-y)\equiv 0\tag{*}$$

而 $y'-y=\xi$ 的通解为 $y=ce^x-\xi$，又 $y'=ce^x$，代入式(*)有 $F(ce^x-y)\equiv 0$.

故由 $F(ce^x-y)=0$ 确定的函数 y 恒满足式(*)，且此函数含有一个任意常数，因而其为一阶微分方程的通解.

注　由此可为我们提供一个解一类微分方程的方法，如：

问题　设 $F(u)=u^3-1$，试求 $F(y'-y)=0$ 的通解.

解　由 $F(u)=u^3-1$ 在$(-\infty,+\infty)$连续，又有 $u_1=0,u_2=2$ 使 $F(0)=-1,F(2)=7$. 故 $F(ce^x-y)=0$，即$(ce^x-y)^3-1=0$ 所确定的函数 y，使为方程

$$F(y'-y)=0\Rightarrow(y'-y)^3-1=0$$

的通解. 由$(ce^x-y)^3-1=3$，求得 $y=ce^x-1$.

最后我们看看关于解的不等式性质问题.

例 7 若函数 $y(x)$ 满足方程 $(x+1)y''=y'$，$y(0)=3$，$y'(0)=-2$，则对所有 $x\geqslant 0$ 均为不等式

$$\int_0^x y(t)\sin^{2n-2}t\mathrm{d}t\leqslant\frac{4n+1}{n(4n^2-1)}$$

成立，这里 n 为大于 1 的正整数.

证 由题设及初始条件可求得方程的解 $y(x)=-x^2-2x+3$.

故
$$I(x)=\int_0^x y(t)\sin^{2n-2}t\mathrm{d}t=\int_0^x(-t^2-2t+3)\sin^{2n-2}t\mathrm{d}t$$

令
$$I'(x)=(-x^2-2x+3)\sin^{2n-2}x=0$$

因题设 $x\geqslant 0$，故当 $n>1$ 时，$x=1$ 或 $k\pi(k=0,1,2,\cdots)$；当 $0<x<1$ 时，$I'(x)>0$，$I(x)$ 单增；当 $x>1(x\neq k\pi)$ 时，$I'(x)<0$，$I(x)$ 单减；故 $I(x)$ 在 $x=1$ 处取最大值 $I(1)$，从而 $I(x)\leqslant I(1)$，只需注意到

$$I(1)=\int_0^1(-t^2-2t+3)\sin^{2n-2}t\mathrm{d}t\leqslant\int_0^1(t+3)(1-t)t^{2n-2}\mathrm{d}t=\frac{4n+1}{n(4n^2-1)},\quad x\geqslant 0$$

例 8 设当 $x>-1$ 时可微函数 $f(x)$ 满足 $f'(x)+f(x)-\dfrac{1}{x+1}\displaystyle\int_0^x f(x)\mathrm{d}x=0$，且 $f(0)=1$. 则当 $x\geqslant 0$ 时，$\mathrm{e}^{-x}\leqslant f(x)\leqslant 1$.

证 由 $f(x)$ 的可微性及题设条件对题设式微导化简有

$$(x+1)f''(x)+(x+2)f'(x)=0$$

令 $u=f'(x)$，上式变为微分方程 $\dfrac{u'}{u}=-\dfrac{x+2}{x+1}$，解之有

$$\ln|u|=-x-\ln|x+1|+c$$

由题设知 $f'(0)=-1$ 即 $u|_{x=0}=-1$ 得 $c=0$，故 $f'(x)=-\dfrac{\mathrm{e}^x}{x+1}$. 这样

当 $x\geqslant 0$ 时，$f'(x)<0$，故 $f(x)\leqslant f(0)=1$；

当 $x>0$ 时，$f'(x)\geqslant -\mathrm{e}^{-x}$，故 $\displaystyle\int_0^x f'(x)\mathrm{d}x\geqslant\int_0^x -\mathrm{e}^{-x}\mathrm{d}x(x>0)$，即 $f(x)-f(0)\geqslant\mathrm{e}^{-x}-1$，亦即 $f(x)\geqslant\mathrm{e}^{-x}$.

综上，当 $x\geqslant 0$ 时，$\mathrm{e}^{-x}\leqslant f(x)\leqslant 1$.

利用微分方程的解可以求某些级数和，这一点我们在“级数求和方法”一节已有叙及，这里仅再举一例说明.

例 9 利用微分方程求级数 $1+\displaystyle\sum_{k=1}^{\infty}\frac{(2k-1)!!}{(2k)!!}x^k$ 的和.

解 容易求得题设级数收敛域为 $(-1,1)$，且易验证它满足微分方程 $(1-x)y'=\dfrac{y}{2}$，且 $y|_{x=0}=1$. 解之有 $y=c(1-x)^{-\frac{1}{2}}$，且 $y|_{x=0}=1$ 定得 $c=1$，故 $y=(1-x)^{-\frac{1}{2}}$.

由解的唯一性知

$$1+\sum_{k=1}^{\infty}\frac{(2k-1)!!}{(2k)!!}x^k=\frac{1}{\sqrt{1-x}},\quad -1<x<1$$

利用微分方程的解证明某些函数解析式恒为常数(特别地为 0) 也是微分方程解的一个应用. 这类问题我们前文也有叙述.

例 10 设函数 $u(x)$ 在 $(-\infty,+\infty)$ 上连续，且满足 $u(x)=\displaystyle\int_0^x tu(x-t)\mathrm{d}t$，试证 $u(x)\equiv 0$.

证 在积分 $\displaystyle\int_0^x tu(x-t)\mathrm{d}t$ 中作变量替换令 $y=x-t$ 有

$$u(x)=\int_0^x(x-y)u(y)\mathrm{d}y,\quad y\in(-\infty,+\infty)\qquad(*)$$

故有
$$u'(x) = \int_0^x u(y)\mathrm{d}y \tag{**}$$
得
$$u''(x) = u(x) \Rightarrow u''(x) - u(x) = 0$$

此为二阶常系数微分方程，解之得 $u(x) = c_1\mathrm{e}^x + c_2\mathrm{e}^{-x}$.

由(*)及式(**)知 $u(0) = 0, u'(0) = 0$，可得 $c_1 = 0, c_2 = 0$. 从而可有
$$u(x) \equiv 0, \quad -\infty < x < +\infty$$

专题 4　关于求 $f(x)$ 的问题

求函数的表达式问题，我们在前面的章节已经谈及，那里仅涉及代数运算，若涉及微分或积分运算，求 $f(x)$ 还须用到微分方程的结论，这类问题大抵可分下面几种：

(1) 式中含有积分表达式；　　(2) 式中含有微分或微积分表达式；

(3) 满足某种函数运算关系；　　(4) 与偏导数运算有关的问题；

(5) 与曲线积分路径无关的问题；　　(6) 求某些曲线表达式；

(7) 涉及到物理、化学的问题.

不过总的解题策略是：建立微分方程，再求解之. 对可导函数建立微分方程似不难，但对于不可导函数，先依题意按照导数定义求得 $f'(x)$ 及其关系式，即可建立起方程来. 解微方程方法我们已经掌握，关键仍在建立方程.

下面我们分别举例谈谈这些问题.

(一) 式中含有积分表达式

这类问题式中积分上限多为变元，故往往先将题设等式两边对 x 求导，可得到关于 $f'(x)$ 的方程，解之即可.

例 1　设 $f(x)$ 具有连续导数，且 $f(x) = \int_0^x \mathrm{e}^{-f(t)}\mathrm{d}t$，求 $f(x)$.

解　将题设等式两边对 x 求导得 $f'(x) = \mathrm{e}^{-f(x)}$，即 $\mathrm{e}^{f(x)}\mathrm{d}f(x) = \mathrm{d}x$，

故 $\mathrm{e}^{f(x)} = x + c$. 又 $f(0) = 0$，得 $c = 1$，因而 $\mathrm{e}^{f(x)} = x + 1$，即 $f(x) = \ln(x+1)$.

注　下面问题可以视为例的拓广：

命题　若 $f(x)$ 在 $[0, +\infty)$ 上可导，$f(0) = 0$，其反函数为 f^{-1}，且 $\int_0^{f(x)} f^{-1}(t)\mathrm{d}t = x^2\mathrm{e}^x$，求 $f(x)$.

解　将题设等式两边对 x 求导有
$$f^{-1}(f(x))f'(x) = 2x\mathrm{e}^x + x^2\mathrm{e}^x$$

由于 $f^{-1}(f(x)) = x$，故方程化为 $xf(x) = 2x\mathrm{e}^x + x^2\mathrm{e}^x$，又由设 $f(0) = 0$，故当 $x \neq 0$ 时有 $f'(x) = 2\mathrm{e}^x + x\mathrm{e}^x$，积分可得
$$f(x) = (x+1)\mathrm{e}^x + C$$

由 $f(x)$ 在 $x = 0$ 连续，而 $\lim\limits_{x\to 0^+} f(x) = f(0) = 0$，即 $1 + C = 0$，得 $C = -1$. 故
$$f(x) = (x+1)\mathrm{e}^x - 1$$

例 2　设 $f(x)$ 在 $(0, +\infty)$ 连续，且 $f^2(x) = \int_0^x f(t)\dfrac{\sin t}{2+\cos t}\mathrm{d}t$，求 $f(x)$.

解　由设 $f(x)$ 连续，注意到题设等式知 $f(x)$ 可导，故
$$2f(x)f'(x) = f(x)\frac{\sin x}{2+\cos x} \tag{*}$$

显然 $f(x) = 0$ 为其平凡解；今求其非平凡解，由式(*)有

$$f'(x)=\frac{1}{2}\cdot\frac{\sin x}{2+\cos x}$$

从而 $$f(x)=\frac{1}{2}\int\frac{\sin x}{2+\cos x}\mathrm{d}x\Rightarrow f(x)=-\frac{1}{2}\ln(2+\cos x)+c$$

由式(＊)及 $f(0)=0$,代入上式得 $c=\ln\sqrt{3}$.故

$$f(x)=0\quad 或\quad f(x)=\frac{1}{2}\ln\left(\frac{3}{2+\cos x}\right)$$

下面是一则考研试题,它其实只是上例的一种变形或改造而已.

例 3 设函数 $f(x)$ 在$\left[0,\frac{\pi}{4}\right]$上单调、可导.且满足$\int_0^{f(x)}f^{-1}(t)\mathrm{d}t=\int_0^x t\frac{\cos t-\sin t}{\sin t+\cos t}\mathrm{d}t$,其中 $f^{-1}(x)$ 是 $f(x)$ 的反函数.求 $f(x)$.

由上例知本题两个关键点:① $f^{-1}(f(x))=x$;② $\mathrm{d}(\sin t+\cos t)=\cos t-\sin t$.我们来解该问题.

解 先对题设等式两边求导(注意积分式求导的法则)有

$$f^{-1}(f(x))f'(x)=x\frac{\cos x-\sin x}{\sin x+\cos x}$$

由 $f^{-1}(f(x))=x$,上式化为 $$f'(x)=\frac{\cos x-\sin x}{\sin x+\cos x}$$

将上式两边积分 $$\int f'(x)\mathrm{d}x=\int\frac{\cos x-\sin x}{\sin x+\cos x}\mathrm{d}x$$

即 $$f(x)=\int\frac{\mathrm{d}(\sin x+\cos x)}{\sin x+\cos x}=\ln|\sin x+\cos x|+C$$

又由 $x=0$ 时,$\int_0^{f(0)}f^{-1}(t)\mathrm{d}t=0$,且知 $f(x)$ 在$\left[0,\frac{\pi}{4}\right]$上单调、可导,从而 $0\leqslant f^{-1}(t)\leqslant\frac{\pi}{4}$.

即 $f(0)=0$.故 $C=0$,知 $f(x)=\ln|\sin x+\cos x|$

例 4 设函数 $f(x)$ 在 $(1,+\infty)$ 内可微,且满足 $x\int_1^x f(t)\mathrm{d}t=(x+1)\int_1^x tf(t)\mathrm{d}t$,又 $f(1)=1$.求 $f(x)$.

解 由设将等式两边对 x 求导有

$$\int_1^x f(t)\mathrm{d}t+xf(x)=\int_1^x tf(t)\mathrm{d}t+(x+1)xf(x)$$

上式两边再对 x 求导,整理后得

$$x^2f'(x)=-3xf(x)+f(x)$$

当 $x\neq 0,y\neq 0$ 时,有$\frac{f'(x)}{f(x)}=\frac{1-3x}{x^2}$,积分后有

$$\ln|f(x)|=-3\ln|x|-\frac{1}{x}+\ln|c|$$

即 $|f(x)|=|x|^{-3}\mathrm{e}^{-\frac{1}{x}}|c|$,当 $x\geqslant 1$ 时,取 $c>0$,有 $f(x)=cx^{-3}\mathrm{e}^{-\frac{1}{x}}$.

又 $f(1)=1$ 代入后有 $c=\mathrm{e}$.故 $f(x)=x^{-3}\mathrm{e}^{1-\frac{1}{x}}$.

例 5 设可微函数 $f(x)$ 满足方程 $f(x)-1=\int_1^x\left[f^2(t)\ln t-\frac{f(t)}{t}\right]\mathrm{d}t$,求 $f(x)$.

解 依题意将题设等式两边对 x 求导得$f'(x)=f^2(x)\ln x-\frac{f(x)}{x}$,且 $f(1)=1$.

令 $y=f(x)$,故 $y'+\frac{y}{x}=y^2\ln x,y|_{x=1}=1$,此为 Bernoulli 方程.解之有

$$xy\left[c-\frac{1}{2}(\ln x)^2\right]=1$$

由初始条件 $x=1, y=1$ 时，得 $c=1$. 故

$$f(x)=y=\left\{x\left[1-\frac{1}{2}(\ln x)^2\right]\right\}^{-1}$$

例 6　已知 $\int_0^{\frac{x^2}{2}} 2f(\sqrt{2t})\mathrm{d}t=x^2+f(x)$，其中 $f(x)$ 可微，求 $f(x)$.

解　将题设等式两边对 x 求导有

$$2xf(x)=2x+f'(x)$$

即

$$f'(x)-2xf(x)+2x=0$$

解得

$$f(x)=\mathrm{e}^{\int 2x\mathrm{d}x}\left[c-\int 2x\mathrm{e}^{-\int 2x\mathrm{d}x}\mathrm{d}x\right]=1+c\mathrm{e}^{x^2}$$

由题设等式有当 $x=0$ 时 $f(x)=0$，再由上式可定出 $c=-1$，故 $f(x)=1-\mathrm{e}^{x^2}$.

例 7　若 $f(x)$ 满足关系式 $tf(t)=1+\int_0^t s^2 f(s)\mathrm{d}s$，求 $f(x)$.

解　先将题设方程两边对 t 微导得

$$tf'(t)+f(t)=t^2 f(t)$$

解之有 $f(t)=\frac{c}{t}\mathrm{e}^{\frac{t^2}{2}}$，又由题设

$$f(1)=1+\int_0^1 s^2 f(s)\mathrm{d}s=1+\int_0^1 s^2\frac{c}{s}\mathrm{e}^{\frac{s^2}{2}}\mathrm{d}s=1+c(\mathrm{e}^{\frac{1}{2}}-1)$$

如是 $c\mathrm{e}^{\frac{t^2}{2}}=1+c(\mathrm{e}^{\frac{1}{2}}-1)$，得 $c=1$，故 $f(x)=\frac{\mathrm{e}^{\frac{x^2}{2}}}{x}$.

例 8　若在 $[0,+\infty)$ 上可微的正的函数 $f(x)$，在作自变量变换 $\xi=\int_0^x f(t)\mathrm{d}t$ 后变成 $\mathrm{e}^{-\xi}$，求 $f(x)$.

解　依题设知

$$\mathrm{e}^{\int_0^x f(t)\mathrm{d}t}=f(x)\Rightarrow\int_0^x f(t)\mathrm{d}t=-\ln f(x)$$

上右式两边对 x 求导可有

$$f(x)=-\frac{f'(x)}{f(x)}\Rightarrow f'(x)=-f^2(x)\Rightarrow f(x)=\frac{1}{x+c}$$

由 $f(0)=\mathrm{e}^0=1$，故 $f(x)=\frac{1}{1+x}$.

其实这类问题有很多，它们解法类同，只是题设式稍有差异. 不过对于式中积分上下限为常数的问题变得相对简单许多. 请看：

例 9　若 $f(x)$ 在 $[0,1]$ 上连续，且 $f(x)=3x-\sqrt{1-x^2}\int_0^1 f^2(x)\mathrm{d}x$，求 $f(x)$.

解　注意到上下限为常数的定积分是一个常数. 故可设 $A=\int_0^1 f^2(x)\mathrm{d}x$. 这样原式化为

$$f(x)=3x-A\sqrt{1-x^2}$$

上式两边平方可有　$f^2(x)=9x^2-6Ax\sqrt{1-x^2}+A^2(1-x^2)$

两边积分有　$A=\int_0^1[9x^2-6Ax\sqrt{1-x^2}+A^2(1-x^2)]\mathrm{d}x$

由题设知上式化为 $2A^2-9A+9=0$，则 $A=3$ 或 $\frac{3}{2}$. 从而

$$f(x)=3x-3\sqrt{1-x^2}\quad 或\quad f(x)=3x-\frac{3}{2}\sqrt{1-x^2}$$

再来看一个涉及二重积分的二元函数问题.

例 10 若函数 $f(x,y)$ 在 $D=\{(x,y)\mid 0\leqslant x\leqslant 1,0\leqslant y\leqslant 1\}$ 上连续,且满足

$$x[\iint_D f(x,y)\mathrm{d}x\mathrm{d}y]^2=f(x,y)-\frac{1}{2}$$

求 $f(x,y)$.

解 注意到$\iint_D f(x,y)\mathrm{d}x\mathrm{d}y$是一个常数,可设其为 A,则题设式变为

$$A^2x=f(x,y)-\frac{1}{2}\quad 或\quad f(x,y)=A^2x+\frac{1}{2}$$

将其代入题设式有 $$x\left[\iint_D (A^2x+\frac{1}{2})\mathrm{d}x\mathrm{d}y\right]^2=A^2x+\frac{1}{2}$$

令 $x=\frac{1}{2},y=0$ 代入上式可定 $A=1$. 从而 $f(x,y)=x+\frac{1}{2}$.

注 解本题关键在于定积分是一个常数值. 另外本题还可对 $f(x,y)=A^2x+\frac{1}{2}$ 两边积分定出 A 的值,可有

$$\iint_D f(x,y)\mathrm{d}x\mathrm{d}y=\iint_D (A^2x+\frac{1}{2})\mathrm{d}x\mathrm{d}y=\left[\iint_D f(x,y)\mathrm{d}x\mathrm{d}y\right]^3\left(\iint_D x\,\mathrm{d}x\mathrm{d}y\right)+\iint_D \frac{1}{2}\mathrm{d}x\mathrm{d}y$$

即有 $A^3-2A+1=0$,解得 $A=1$.

下面例子属于高阶微分方程的,关于这类方程的解法详见前文.

例 11 若 $\varphi(x)$ 连续,且 $\varphi(x)=\mathrm{e}^x-\int_0^x(x-u)\varphi(u)\mathrm{d}u$,求 $\varphi(x)$.

解 由设有 $\varphi(x)=\mathrm{e}^x-x\int_0^x\varphi(u)\mathrm{d}u+\int_0^x u\varphi(u)\mathrm{d}u$,且 $\varphi(0)=1$. 又 $\varphi(x)$ 连续故其可导,从而

$$\varphi'(x)=\mathrm{e}^x-\int_0^x\varphi(u)\mathrm{d}u-x\varphi(x)+x\varphi(x)$$

即 $\varphi'(x)=\mathrm{e}^x-\int_0^x\varphi(u)\mathrm{d}u$,且 $\varphi'(0)=1$.

又由 $\varphi(x)$ 连续及上式有 $\varphi''(x)=\mathrm{e}^x-\varphi(x)$. 解 $\varphi''(x)+\varphi(x)=\mathrm{e}^x,\varphi(0)=1,\varphi'(0)=1$,可得

$$\varphi(x)=\frac{1}{2}(\cos x+\sin x+\mathrm{e}^x)$$

(二) 式中含有微分或微积分的表达式

这类问题中较简单者是题设是微分式故只需积分便可解决问题. 比如

例 1 设 $f'(\ln x)=\begin{cases}1, & 0<x\leqslant 1,\\ x, & x>1,\end{cases}$ 且 $f(0)=0$,试求 $f(t)$.

解 1) 当 $0<x\leqslant 1$ 时,由 $f'(\ln x)=1$ 得 $f(\ln x)=\ln x+c_1$,令 $t=\ln x$,即

$$f(t)=t+c_1,\quad -\infty<t\leqslant 0$$

2) 当 $x>1$ 时,由 $f'(\ln x)=x=\mathrm{e}^{\ln x}$ 有 $f(\ln x)=\mathrm{e}^{\ln x}+c_2$. 令 $t=\ln x$,即

$$f(t)=\mathrm{e}^t+c_2,\quad t>0$$

由 $f(0)=0$ 可得 $c_1=0,c_2=-1$. 综上

$$f(t)=\begin{cases}t, & t\leqslant 0\\ \mathrm{e}^t-1, & t>0\end{cases}$$

例 2 若 $f'(\mathrm{e}^x)=1+x$,求 $f(x)$.

解 令 $u=\mathrm{e}^x$,则 $x=\ln u$. 由题有

$$f'(u)=1+\ln u$$

故
$$f(u)=\int(1+\ln u)\mathrm{d}u=u\ln u+C$$

即
$$f(x)=x\ln x+C$$

例3　若 $f'(\sin^2 x)=\cos 2x+\tan^2 x(0<x<1)$. 求 $f(x)$.

解　令 $u=\sin^2 x$,则 $0\leqslant u\leqslant 1$,今若限制 $0<u<1$,由设有

$$f'(u)=1-2u+\frac{u}{1-u}\Rightarrow f'(u)=\frac{1}{1-u}-2u$$

故
$$f(u)=-\ln(1-u)-u^2+c\Rightarrow f(x)=-\ln(1-x)-x^2+c$$

注1　注意到 $f'(\sin^2 x)$ 与 $[f(\sin^2 x)]$ 意义不同,前者对 $\sin^2 x$ 求导,后者是对 x 求导.

又 $\sin^2 x+\cos^2 x=1$ 是一个十分重要且常用的三角函数公式,它与欧氏几何中的勾股定理相当.

注2　类似的问题还如:

问题　若 $f(\sin^2 x)=\dfrac{x}{\sin x}$,求 $\displaystyle\int\frac{\sqrt{x}}{\sqrt{1-x}}f(x)\mathrm{d}x$.

解　令 $x=\sin^2 t, x\in\left[0,\dfrac{\pi}{2}\right]$,则

$$I=2\int\sin^2 t f(\sin^2 t)\mathrm{d}t=2\int t\sin t\mathrm{d}t=-2\int t\mathrm{d}(\cos t)=$$
$$-2\left(t\cos t-\int\cos t\mathrm{d}t\right)=-2\sqrt{1-x}\arcsin\sqrt{x}+2\sqrt{x}+c$$

再来看一个求涉及函数导数的例子.

例4　指出所有可微函数 $f(x):\mathbf{R}^+\to\mathbf{R}^+$ [即在 $(0,+\infty)$ 上的正值函数],使之满足:存在 $a>0$,对所有 $x>0$ 有 $f'\left(\dfrac{a}{x}\right)=\dfrac{x}{f(x)}$.

解　令 $g(x)=f(x)f\left(\dfrac{a}{x}\right), x\in(0,+\infty)$. 作变换用 x 代 $\dfrac{a}{x}$.

故当 $x>0$ 时有 $f\left(\dfrac{a}{x}\right)f'(x)=\dfrac{a}{x}$,从而

$$g'(x)=f'(x)f\left(\frac{a}{x}\right)+f(x)+f(x)f'\left(\frac{a}{x}\right)\left(-\frac{a}{x^2}\right)=\frac{a}{x}-\frac{a}{x}=0$$

故知 $g(x)\equiv\mathrm{const}$(常数),令其为 b,则由前式有

$$b=g(x)=f(x)f\left(\frac{a}{x}\right)=f(x)\left(\frac{x}{a}\cdot\frac{1}{f'(x)}\right)\Rightarrow\frac{f'(x)}{f(x)}=\frac{a}{bx}$$

两边积分之有
$$\ln f(x)=\frac{a}{b}\ln x+\ln c,\quad c>0$$

对 $x>0$,有 $f(x)=cx^{\frac{a}{b}}$,代回原设式中有

$$c\cdot\frac{a}{b}\cdot\frac{a^{\frac{a}{b}-1}}{x^{\frac{a}{b}-1}}=\frac{x}{cx^{\frac{a}{b}}}$$

即 $c^2x^{\frac{a}{b}}=b$,将 c 代入前式可得 $f(x)=\sqrt{b}\left(\dfrac{x}{\sqrt{a}}\right)^{\frac{a}{b}}$,其中 $b>0$.

式中同含有求导和积分两种运算、且积分限有变元的求 $f(x)$ 表达式问题,多属于高阶微分方程求解问题. 这里仅举两例(讨论详见前文微分方程一章内容).

例5　若 $f(0)=0$,且 $f'(x)=1+\displaystyle\int_0^x[6\sin^2 t-f(t)]\mathrm{d}t$,求 $f(x)$.

解　将题设等式两边对 x 求导有

$$f''(x)=6\sin^2 x-f(x)$$

即
$$f''(x)+f(x)=3-3\cos 2x$$

解得
$$f(x)=c_1\cos x+c_2\sin x+3+\cos 2x$$

由 $f(0)=0$，又 $f'(0)=1$(由题设等式可得)代入 $f(x)$ 及 $f'(x)$ 得 $c_1=-1, c_2=1$. 故

$$f(x)=\sin x-4\cos x+\cos 2x+3$$

例 6 若设 $f(x)$ 二次可微，且 $f(x)=e^{-x}+\frac{1}{2}\int_0^x[f''(t)+f(t)+t]dt$，又 $f'(0)=0$，试求 $f(x)$.

解 对题设方程两边求导有

$$f'(x)=-e^{-x}-\frac{1}{2}f''(x)-\frac{1}{2}f(x)-\frac{1}{2}x$$

即
$$f''(x)+2f'(x)+f(x)=-2e^{-x}-x$$

令 $f(x)=y$，即有

$$y''+2y'+y=-2e^{-x}-x \qquad (*)$$

其相应齐次方程 $y''+2y'+y=0$ 的通解为

$$Y=(c_1+c_2x)e^{-x}$$

用待定系数法可求出式(*)的一个特解为

$$y^*=-x^2e^{-x}-x+2$$

故式(*)的通解为

$$y=(c_1+c_2x-x^2)e^{-x}+2$$

又由题设等式知 $f(0)=1$ 及题设 $f'(0)=0$ 可定出 $c_1=-1, c_2=0$.

故所求函数表达式为 $\qquad f(x)=-(1+x^2)e^{-x}-x+2$

(三) 满足某种函数运算关系

某些由运算关系定义的函数，其表达式形由求解微分方程得到.

例 1 函数 $f(x)$ 定义在 $(-\infty,+\infty)$ 上，且在 $x=0$ 处连续. 又对任意 x_1, x_2 均有 $f(x_1+x_2)=f(x_1)+f(x_2)$，如若 $f'(0)=a$，求 $f(x)$.

解 由设 $f(0+0)=f(0)+f(0)$ 知 $f(0)=0$. 对任意 x，有

$$\lim_{h\to 0}[f(x+h)-f(x)]=\lim_{h\to 0}\{[f(x)+f(h)]-f(x)\}=\lim_{h\to 0}f(h)=f(0)$$

知 $f(x)$ 在 $(-\infty,+\infty)$ 上连续. 又

$$f'(x)=\lim_{h\to 0}\frac{f(x+h)-f(x)}{h}=\lim_{h\to 0}\frac{f(h)}{h}=f'(0)=a$$

故 $f(x)$ 在任意点 x 处可导且 $f'(x)=a$，因而 $f(x)=ax+c$.

又由 $f(0)=c=0$，则 $f(x)=ax$.

注 由题设条件可估出 $f(x)$ 为线性函数.

例 2 若函数 $f(x)$ 定义在 $(-\infty,+\infty)$ 上，且 $f(x)\neq 0$ 及 $f'(0)$ 存在，又对任意 x_1, x_2 恒有 $f(x_1+x_2)=f(x_1)f(x_2)$，求 $f(x)$.

解 由 $f(x_1+x_2)=f(x_1)f(x_2)$，令 $x_2=0$ 有

$$f(x_1)=f(x_1)f(0)$$

由 x_1 任意性知 $f(0)=1$. 又由导数定义有

$$f'(0)=\lim_{h\to 0}\frac{f(h)-f(0)}{h}=\lim_{h\to 0}\frac{f(h)-1}{h}$$

且 $\quad f'(x)=\lim_{h\to 0}\frac{f(x+h)-f(x)}{h}=\lim_{h\to 0}\frac{f(x)f(h)-f(x)}{h}=f(x)\lim_{h\to 0}\frac{f(h)-1}{h}=f(x)f'(0)$

即
$$f'(x)=f(x)f'(0)\quad 或\quad \frac{f'(x)}{f(x)}=f'(0),\quad f(x)\neq 0$$

故 $f(x)=ce^{f'(0)x}$. 由 $f(0)=1$ 代入求得 $c=1$. 因而 $f(x)=e^{f'(0)x}$.

注　由题设条件可估计出 $f(x)$ 为指数函数形式.

例3　若函数 $f(x)$ 在 $(-\infty,+\infty)$ 上可导,且对任意实数 a,b 均满足 $f(a+b)=e^a f(b)+e^b f(a)$,又 $f'(0)=e$,求 $f(x)$.

解　由设 $f(a+b)=e^a f(b)+e^b f(a)$. 固定 a 对 b 求导(或固定 b 对 a 求导)有
$$f'(a+b)=e^a f'(b)+e^b f(a)$$

当 $b=0$ 时,$f'(0)=e$,故 $f'(a)=e^{a+1}+f(a)$,对任意 a 成立. 即
$$f'(x)=e^{x+1}+f(x)\quad 或\quad f'(x)-f(x)-e^{x+1}=0$$

故
$$f(x)=e^{\int dx}\left[c+\int e^{x+1}e^{-\int dx}dx\right]=e^x[c+ex]=xe^{x+1}+ce^x$$

由前式知 $f'(0)=e+f(0)$,注意题设知 $f(0)=0$;代入上式得 $c=0$. 故 $f(x)=xe^{x+1}$.

注　本例可视为上两例的推广形式,又本题还可解如:

由
$$\frac{f(a+b)-f(a)}{b}=\frac{e^a f(b)+e^b f(a)-f(a)}{a}=\frac{e^a f(b)}{b}-\frac{(e^b-1)f(a)}{b}$$

令 $b\to 0$ 取极限得 $f'(a)=e^a f'(0)+f(a)$,但 $f'(0)=e$.

故 $f'(a)=e^{a+1}+f(a)$,余解法同例. 它的另一解法可见本书第二章的例.

例4　若函数 $f(x)$ 连续,且对任何 $s,t\in\mathbf{R}$ 均有 $f(s+t)=\dfrac{f(s)+f(t)}{1-f(s)f(t)}$,又 $f'(0)$ 存在,求 $f(x)$.

解　在题设式中令 $s=0$ 有
$$f(t)=\frac{f(t)+f(0)}{1-f(t)f(0)}$$

移项化简后有
$$\frac{f(0)[1+f^2(t)]}{1-f(0)f(t)}=0$$

注意到 $1+f^2(t)\neq 0$,故由此可推得 $f(0)=0$. 又
$$\frac{f(s+t)-f(t)}{s}=\frac{1}{s}\left[\frac{f(s)+f(t)}{1-f(s)f(t)}-f(t)\right]=\frac{f(s)[1+f^2(t)]}{s[1-f(s)f(t)]}=\frac{f(s)-f(0)}{s}\cdot\frac{1+f^2(t)}{1-f(s)f(t)}$$

令 $s\to 0$ 两边取极限(注意 $f'(0)$ 存在)有
$$f'(t)=f'(0)[1+f^2(t)]\quad (可分离一阶方程)$$

即有
$$\frac{f'(t)}{1+f^2(t)}=f'(0)\Rightarrow\int_0^x\frac{f'(t)}{1+f^2(t)}dt=\int_0^x f'(0)dt$$

得 $\arctan[f(x)]=f'(0)x+c$,即
$$\tan[f'(0)x+c]=f(x)$$

由 $f(0)=0$ 及上式知 $c=0$,故
$$f(x)=\tan[f'(0)x]$$

注1　由题设条件可估出 $f(x)$ 为正切函数.

注2　类似地我们可以求解:

问题1　若 $f(x)$ 对其定义域内任意两点 s,t 均满足等式
$$f(s+t)=\frac{f(s)+f(t)}{1-4f(s)f(t)}$$

且 $f'(0)=a$,则
$$f(x)=\frac{1}{2}\tan(2ax)$$

问题2　求满足关系式 $f(s+t)=\dfrac{f(s)+f(t)}{1+f(s)f(t)}$,且 $f'(0)=1$ 的可微函数 $f(x)$.

例 5 若 $f(x)$ 对其定义域$(0 < x < +\infty)$内任意两点 x,y 均有 $f(xy) = f(x) + f(y) - \ln a$,且 $f'(1) = 1$,求 $f(x)$.

解 令 $x = y = 1$ 代入题设式子有 $f(1) + \ln a = f(1) + f(1)$,故 $f(1) = \ln a$. 对任意 $x > 0$,由

$$f(x+h) - f(x) = f\left[x\left(1+\frac{h}{x}\right)\right] - f(x) = \left[f(x) + f\left(1+\frac{h}{x}\right) - \ln a\right] - f(x) =$$

$$f\left(1+\frac{h}{x}\right) - f(1)$$

故

$$f'(x) = \lim_{h\to 0}\frac{f(x+h)-f(x)}{h} = \lim_{h\to 0}\frac{f\left(1+\frac{h}{x}\right)-f(1)}{h} =$$

$$\frac{1}{x}\lim_{h\to 0}\frac{f\left(1+\frac{h}{x}\right)-f(1)}{\frac{h}{x}} = \frac{1}{x}f'(1) = \frac{1}{x}$$

即$f'(x) = \frac{1}{x}$,从而

$$f(x) = \int \frac{1}{x}\mathrm{d}x = \ln x + c$$

又 $f(1) = \ln a$ 代入上式得 $c = \ln a$. 故 $f(x) = \ln(ax)$.

类似地可建立诸如满足关系式 $f(xy) = yf(x) + xf(y)$ 等的一系列 $f(t)$ 的表达式.

(四)与偏导数运算有关的问题

这类问题多与 $\Delta f(r)$ 有关,对于三元函数来讲,其中 $r = \sqrt{x^2+y^2+z^2}$,$\Delta f = f''_{xx} + f''_{yy} + f''_{zz}$. 请看例子:

例 1 设 $u = f(r)$,且 $\Delta u = 0$,其中 $r = \sqrt{x^2+y^2}$,求 $f(r)$.

解 1 容易算得 $\Delta u = f''_{xx} + f''_{yy} = \frac{f'(r)}{r} + f''(r)$,由题设知 $\Delta u = 0$,从而有

$$\frac{f'(r)}{r} + f''(r) = 0 \quad 或 \quad f'(r) + rf''(r) = 0$$

即$[rf'(r)]' = 0$. 推得 $rf'(r) = c_1$(常数),或$f'(r) = \frac{c_1}{r}$ 故

$$f(r) = c_1\ln r + c_2$$

解 2 记 $p = f'(r)$,则由解 1 知方程可化为 $p' + \frac{1}{r}p = 0$,由之可解得

$$p = c_1\mathrm{e}^{-\int\frac{1}{r}\mathrm{d}r} = \frac{c_1}{r}$$

即$f'(r) = \frac{c_1}{r}$. 从而(两边对 r 积分)

$$f(r) = c_1\ln r + c_2$$

注 1 若给出边界或初始值可定出常数 c_1,c_2,比如知 $f(1) = 0$,$f'(1) = 1$,可定出 $c_1 = 1$,$c_2 = 0$.

注 2 类似地,我们可将结论推广:

命题 1 若 $u = f(r)$,$r = \sqrt{x^2+y^2+z^2}$,又 $\Delta u = 0$,求 $f(r)$.

$\left[\text{答:}\Delta u = f''(r) + \frac{2f'(r)}{r};f(r) = c_1 + \frac{c_2}{r}\right]$

命题 2 若 $u = f(r)$,$r = \sqrt{\sum_{j=1}^{n} x_i^{\,2}}$,又 $\Delta u = 0$,求 $f(r)$.

$\left[\text{答}:\Delta u = f''(r) + \frac{n-1}{r} f(r)；\text{当 } n \neq 2 \text{ 时}, f(r) = c_1 r^{2-n} + c_2；\text{当 } n = 2 \text{ 时}, f(r) = c_1 \ln r + c_2\right]$

例 2　若二阶可导函数 $f(r)$ 满足 $z = xf\left(\frac{y}{x}\right) + 2yf\left(\frac{x}{y}\right)$，且 $z''_{xy}\mid_{x=a} = -by^2$，求 $f(r)$.

解　计算$\frac{\partial z}{\partial x}, \frac{\partial^2 z}{\partial x \partial y}$及题设可将所给方程化为

$$\frac{y}{a^2} f''\left(\frac{y}{a}\right) + \frac{2a}{y^2} f''\left(\frac{a}{y}\right) = by^2$$

令$\frac{y}{a} = u$，则上式化为

$$\frac{u}{a} f''(u) + \frac{2}{au^2} f''\left(\frac{1}{u}\right) = a^2 bu^2 \tag{*}$$

再令$\frac{1}{u} = t$代入上式，则有

$$\frac{1}{t^3} f''\left(\frac{1}{t}\right) + 2 f''(t) = a^3 b \frac{1}{t^4} \tag{**}$$

它可以写再将 $u = \frac{1}{t}$ 代入有

$$2u^3 f''(u) + 2 f''\left(\frac{1}{u}\right) = \frac{a^3 b}{u} \tag{***}$$

解式(*)，(***)可有

$$f''(u) = -\frac{1}{3} a^3 bu + \frac{2}{3} a^3 b \frac{1}{u^4}$$

积分之有

$$f(u) = -\frac{1}{18} a^3 br^2 + \frac{1}{a} a^3 bu^{-2} + c_1 u + c_2, \quad c_1, c_2 \text{ 为任意常数}$$

从而

$$f(r) = -\frac{1}{18} a^3 br^2 + \frac{1}{9} a^3 br^{-2} + c_1 r + c_2, \quad c_1, c_2 \text{ 为任意常数}$$

例 3　已知 $u = u(r)$，其中 $r = \sqrt{x^2 + y^2}$，且 $\Delta u = r^2$，试求 u.

解　由计算不难有 $\Delta u = u''(r) + \frac{u'(r)}{r}$，又由设有 $u'' + \frac{u'}{r} = r^2$，令 $u' = p$ 则方程化为

$$p' + \frac{p}{r} = r^2 \quad \text{（一阶线性方程）}$$

解之有

$$p = \mathrm{e}^{-\int \frac{1}{r} \mathrm{d}r} \left[\int r^2 \mathrm{e}^{\int \frac{1}{r} \mathrm{d}r} \mathrm{d}r + c_1\right] = \frac{r^3}{9} + \frac{c_1}{r}$$

故

$$u = \int p \mathrm{d}r = \frac{r^4}{16} + c_1 \ln r + c_2$$

即

$$u = \frac{1}{16}(x^2 + y^2)^2 + c_1 \ln \sqrt{x^2 + y^2} + c_2$$

例 4　若 $u = f(r)$，其 $r = \ln \sqrt{x^2 + y^2 + z^2}$ 满足 $\Delta u = (x^2 + y^2 + z^2)^{-\frac{3}{2}}$，求 $f(r)$.

解　经计算有 $\Delta u = \frac{f''(r) + f'(r)}{x^2 + y^2 + z^2}$. 又由题设有

$$f''(r) + f'(r) = \sqrt{x^2 + y^2 + z^2}$$

即

$$f''(r) + f'(r) = \mathrm{e}^{-r}$$

故

$$f(r) = c_1 + c_2 + \mathrm{e}^{-r} - r\mathrm{e}^{-r}$$

(五) 与曲线积分路径无关的问题

这个问题我们在"曲线、曲面积分的计算方法"已有叙及,下面再来看几个例子.

例 1 若 $\varphi(0)=1$,试确定 $\varphi(x)$ 使线积分 $\int_{\widehat{AB}}\left[\dfrac{-\varphi(x)}{1+x^2}xy\right]dx+\varphi(x)dy$ 与路径无关.

解 由设欲使积分与路径无关应有

$$\frac{\partial}{\partial y}\left[\frac{-\varphi(x)}{1+x^2}xy\right]=\frac{\partial}{\partial x}\varphi(x)$$

即
$$\varphi'(x)=\frac{-x\varphi(x)}{1+x^2}\quad 或\quad \frac{d\varphi(x)}{\varphi(x)}=\frac{-x dx}{1+x^2}$$

积分之有
$$\ln\varphi(x)=-\frac{1}{2}\ln(1+x^2)+\ln c$$

故
$$\varphi(x)=\frac{c}{\sqrt{1+x^2}}$$

由 $\varphi(0)=1$ 代入得 $c=1$,则 $\varphi(x)=\dfrac{1}{\sqrt{1+x^2}}$.

例 2 若对平面任何简单闭曲线 L 均有 $\oint_L 2xyf(x^2)dx+[f(x^2)-x^4]dy=0$,其中 $f(t)$ 在区间 $(-\infty,+\infty)$ 内有连续的一阶导数,且 $f(0)=2$,试确定 $f(x)$.

解 由设应有 $\dfrac{\partial}{\partial y}[2xyf(x^2)]=\dfrac{\partial}{\partial x}[f(x^2)-x^4]$,即

$$2xf(x^2)=f'(x^2)2x-4x^3$$

或
$$\frac{d f(x^2)}{dx}-2xf(x^2)=4x^3 \tag{*}$$

此为一阶线性方程,其对应的齐次方程 $\tilde{f}$ 通解为

$$\tilde{f}(x^2)=ce^{x^2}$$

由常数变易法将上解代入式(*)有 $c'e^{x^2}=4x^3$,因而

$$c(x)=\int 4x^3e^{-x^2}dx=-2e^{-x^2}(1+x^2)+c_1$$

故式(*)的通解

$$f(x^2)=c(x)\cdot e^{x^2}=-2(1+x^2)+c_1e^{x^2}$$

即
$$f(x)=-2(1+x)+c_1e^x$$

由 $f(0)=2$ 代入上式得 $c_1=4$,故

$$f(x)=-2(x+1)+4e^x$$

例 3 若 $\varphi\left(\dfrac{\pi}{2}\right)=2$,试确定 $\varphi(x)$ 使曲线积分 $\int_B^A[\cos x-\varphi(x)]\dfrac{y}{x}dx+\varphi(x)dy$ 与路径无关.

解 由设线积分与路径无关,故应有

$$\frac{\partial}{\partial y}\left\{[\cos x-\varphi(x)]\frac{y}{x}\right\}=\frac{\partial}{\partial x}\varphi(x)$$

得
$$\varphi'(x)=\frac{1}{x}[\cos x-\varphi(x)]\quad 或\quad [\cos x-\varphi(x)]dx-xd\varphi(x)=0$$

此为恰当方程,故有 $u(x,\varphi)$ 使

$$du=(\cos x-\varphi)dx-xd\varphi$$

$$u(x,\varphi)=\int_0^x\cos x dx-\int_0^{\varphi}xd\varphi=\sin x-x\varphi$$

方程通解为 $\sin x - x\varphi = c$，即

$$\varphi(x) = \frac{1}{x}(\sin x - c)$$

由 $\varphi\left(\frac{\pi}{2}\right) = 2$，得 $c = 1 - \pi$. 故

$$\varphi(x) = \frac{1}{x}[\sin x - (1 - \pi)]$$

例 4 设积分$\int_c [f'(x) + 2f(x) + e^x]y dx + f'(x) dy$ 与路径无关，且 $f(0) = 0, f'(0) = 1$，求 $f(x)$.

解 由题设积分与路径无关应有

$$\frac{\partial}{\partial y}[(f'(x) + 2f(x) + e^x)y] = \frac{\partial}{\partial x} f'(x)$$

即
$$f'(x) + 2f(x) + e^x = f''(x) \quad 或 \quad f''(x) - f'(x) - 2f(x) = e^x$$

此为二阶常系数方程，由特征值法可求得

$$f(x) = c_1 e^{2x} + c_2 e^{-x} - \frac{e^x}{2}$$

又由 $f(0) = 0, f'(0) = 1$ 得 $c_1 = \frac{2}{3}, c_2 = -\frac{1}{6}$，故

$$f(x) = \frac{2}{3}e^{2x} - \frac{1}{6}e^{-x} - \frac{1}{2}e^x$$

例 5 设 $\varphi(x)$ 二次可微，且 $\varphi(1) = -2, \varphi'(1) = 1$，又对右半平面上任意简单闭曲线 L 均有 $\oint_L 2y\varphi(x) dx + x^2\varphi'(x) dy = 0$，求 $\varphi(x)$.

解 由题设知积分与路径无关应有

$$\frac{\partial}{\partial y}[2y\varphi(x)] = \frac{\partial}{\partial x}[x^2\varphi'(x)]$$

即
$$2\varphi(x) = x^2\varphi''(x) + 2x\varphi'(x)$$

或
$$x^2\varphi''(x) + 2x\varphi'(x) - 2\varphi(x) = 0$$

此为 Euler 方程，解之有
$$\varphi(x) = \frac{1}{x^2}(c_1 x + c_2)$$

又由 $\varphi(1) = -2, \varphi'(1) = 1$，得 $c_1 = -1, c_2 = -1$. 故 $\varphi(x) = -x - \frac{1}{x^2}$.

下面问题的提法看上去异于上面诸例，但实质与没有本质区别 —— 亦为求 $f(x)$ 问题.

例 6 设 $f_1(x), f_2(x)$ 为连续可导函数，又 $yf_1(xy)dx + xf_2(xy)dy$ 是某二元函数$u(x,y)$ 的全微分，求 $f_1(x) - f_2(x)$.

解 由函数系全微分题设应有

$$\frac{\partial}{\partial y}[yf_1(xy)] = \frac{\partial}{\partial x}[xf_2(xy)]$$

即
$$f_1 + xy f'_1 = f_2 + xy f'_2$$

或
$$f_1 - f_2 + xy(f'_1 - f'_2) = 0$$

即
$$f_1 - f_2 + xy(f_1 - f_2)' = 0$$

令 $u = xy$，且 $F(u) = f_1(u) - f_2(u)$，则上式化为 $F(u) + uF'(u) = 0$，解得 $F(u) = \frac{c}{u}$，即

$$f_1(u) - f_2(u) = \frac{c}{u} \quad 或 \quad f_1(x) - f_2(x) = \frac{c}{x}$$

有些与路径无关的积分问题含有两个特定函数，这类问题化为方程后便是微分方程组问题，请看：

例 7　确定使积分$\oint_L 2[x\varphi(y)+\psi(y)]\mathrm{d}x+[x^2\psi(y)+2xy^2-2x\varphi(y)]\mathrm{d}y=0$的函数$\varphi(y)$，$\psi(y)$，这里$L$为平面上任一简单闭曲线，且$\varphi(0)=-2$，$\psi(0)=1$.

解　令$P=2[x\varphi(y)+\psi(y)]$，$Q=x^2\psi(y)+2xy^2-2x\varphi(y)$，由题设有$P'_y=Q'_x$. 则

$$2[x\varphi'(y)+\psi'(y)]=2x\psi(y)+2y^2-2\varphi(y)$$

比较上式两边可有$\begin{cases}\varphi'(y)=\psi(y)\\ \psi'(y)=y^2-\varphi(y)\end{cases}$，这样有$\varphi''(y)=y^2-\varphi(y)$. 即$\varphi''(y)+\varphi(y)=y^2$. 由方程解得

$$\varphi(y)=c_1\cos y+c_2\sin y+y^2-2$$

由$\varphi(0)=-2$，得$c_1=0$；由$\psi(0)=\varphi'(0)=1$得$c_2=1$，故

$$\varphi(y)=\sin y+y^2-2,\quad \psi(y)=\varphi'(y)=\cos y+2y$$

例 8　求$\alpha(x)$，$\beta(x)$使线积分$\int_c P\mathrm{d}x+Q\mathrm{d}y$与路径无关，其中$P(x,y)=[2x\alpha'(x)+\beta(x)]y^2-2y\beta(x)\tan 2x$，并且$Q(x,y)=[\alpha'(x)+4x\alpha(x)]y+\beta(x)$，且$\alpha(0)=0$，$\alpha'(0)=2$，同时$\beta(0)=2$.

解　由题设就有$P'_y=Q'_x$因而可得

$$\begin{cases}\beta'(x)+2\beta(x)\tan 2x=0 & (1)\\ \alpha''(x)+4\alpha(x)=2\beta(x) & (2)\end{cases}$$

由式(1)有
$$\frac{\beta'(x)}{\beta(x)}=-2\tan 2x$$

解得
$$\beta(x)=c\cos 2x$$

将结果代入式(2)有
$$\alpha''+4\alpha=4\cos 2x \tag{3}$$

其相应齐次方程$\alpha''+4\alpha=0$的解$\tilde{\alpha}=c_1\cos 2x+c_2\sin 2x$，又易求解(3)的一个特解为$\alpha^*=x\sin 2x$.

故式(3)的通解为

$$\alpha(x)=c_1\cos 2x+c_2\sin 2x+x\sin 2x$$

由初始条件$\alpha(0)=0$，$\alpha'(0)=2$，求得$c_1=0$，$c_2=1$，故$\alpha(x)=(1+x)\sin 2x$.

(六) 求某些曲线表达式

这个问题我们将在“各类几何问题”中还要叙及，这里略举两例，它们均与微分方程解法有关.

例 1　试求曲线$y=f(x)$，使其倾角(曲线切线与x轴正向夹角)α满足$\cos 2\alpha=x$.

解　由几何知识有$y'=\tan\alpha$. 而

$$\cos 2\alpha=\frac{1-\tan^2\alpha}{1+\tan^2\alpha}=\frac{1-y'^2}{1+y'^2}$$

又由题设有$\dfrac{1-y'^2}{1+y'^2}=x$，即$y'^2=\dfrac{1-x}{1+x}$，故

$$y=\pm\int\sqrt{\frac{1-x}{1+x}}\mathrm{d}x=\pm\int\frac{1-x}{\sqrt{1-x^2}}\mathrm{d}x=\pm(\arcsin x+\sqrt{1-x^2})+C$$

例 2　如图 5，设曲线$y=f(x)$上任意点M到坐标原点距离等于曲线上点M的切线在Oy轴上的截距，已知曲线过(1,0)点，求此曲线方程.

解　依题设可得微分方程

$$\sqrt{x^2+y^2}=y-xy' \tag{*}$$

令 $\frac{y}{x}=t$，则 $\frac{\mathrm{d}y}{\mathrm{d}x}=t+x\frac{\mathrm{d}t}{\mathrm{d}x}$，这样式（*）化为

$$\sqrt{1+t^2}=-x\frac{\mathrm{d}t}{\mathrm{d}x}\Rightarrow-\frac{\mathrm{d}x}{x}=\frac{\mathrm{d}t}{\sqrt{1+t^2}}$$

解得 $$-\ln\frac{x}{c}=\ln\frac{y+\sqrt{x^2+y^2}}{x}\quad(t\text{ 已用 }\frac{y}{x}\text{ 代回})$$

又曲线过(1,0)点，代入上式得 $c=1$. 故所求曲线方程为

$$y=\frac{1}{2}(1-x^2)$$

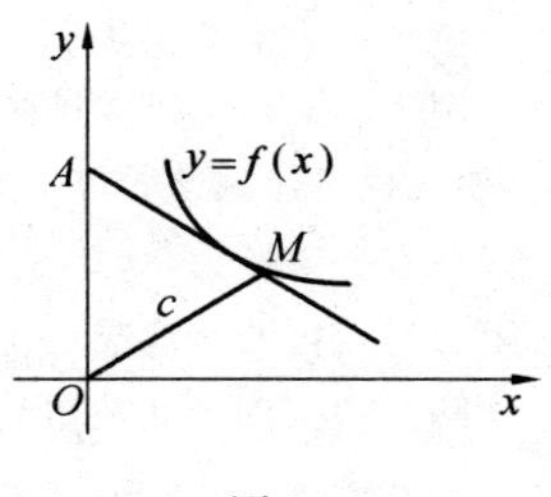

图 5

例 3　已知曲线在第一象限，且曲线上任意点处的切线与坐标轴 y 和过切点垂直于 x 轴的直线所围成的梯形面积等于常数 k^2，又曲线过点 (k,k)，求该曲线方程.

解　设曲线方程为 $Y=f(X)$，其在点 (x,y) 处切线方程为

$$Y-y=f'(X)(X-x)$$

令 $X=0$ 得曲线与 y 轴交点 $(0,y-xf'(x))$ 或 $(0,y-xy')$，依题意有

$$\frac{x}{2}[y+(y-xy')]=k^2$$

即 $$x^2y'-2xy=-2k^2\quad\text{或}\quad x'-\frac{2y}{x}=-\frac{2k^2}{x^2}$$

故 $$y=\mathrm{e}^{\int\frac{2}{x}\mathrm{d}x}\left[c-2k^2\int\frac{1}{x^2}\mathrm{e}^{-2\int\frac{\mathrm{d}x}{x}}\mathrm{d}x\right]=\frac{2k^2}{3x}+cx^2$$

因曲线过 (k,k) 点，代入上式可得 $c=\frac{1}{3k}$. 故所求曲线方程为 $y=\frac{2k^2}{3x}+\frac{x^2}{3k}$.

平面上的曲线(或族)与某曲线族正交是指：该曲线上任意点处的切线与曲线族中的曲线在该处的切线垂直(直交). 这个概念还可以推广到曲面直交问题，详见“各类几何问题”一节. 这里举一个例子.

例 4　求曲线族 $\cos y=a\mathrm{e}^{-x}$（a 为参数）的正交曲线族.

解　由设 $\cos y=a\mathrm{e}^{-x}$，将该两边对 x 求导有 $\sin y\cdot y'=a\mathrm{e}^{-x}$，两式两边相比可有

$$\tan y\cdot y'=1\quad\text{或}\quad y'=\cot y\qquad(*)$$

因所求曲线族与原曲线族正交，故在它们的交点 (x,y) 处，其导数互为负倒数. 以 $-\frac{1}{y'}$ 代 y' 然后代入方程（*）得所求曲线族的微分方程

$$-\frac{1}{y'}=\cot y$$

解之有 $\sin y=c\mathrm{e}^{-x}$，此即为所求曲线族.

(七) 涉及到物理、化学、生物等学科的问题

这类问题亦属微分方程的应用问题. 我们略举几例.

例 1　设一物体运动 $s=s(t)$ 的速度与 $s(t)-as^2(t)$ 成正比，且 $s(0)=s_0$（a 为正的常数，且 $as_0\neq1$），求函数 $s(t)$.

解　运动速度为 s'_t，依题意有 $s'=k(s-as^2)$，k 为比例常数解之得.

$$\ln s-\ln(1-as)=kt+c\quad\text{或}\quad\frac{s}{1-as}=c\mathrm{e}^{kt}$$

由初始条件 $s(0)=s_0$，求得 $c=\frac{s_0}{1-as_0}$，故所求函数

$$s(t)=\frac{s_0\mathrm{e}^{kt}}{1-as_0+as_0\mathrm{e}^{kt}}$$

再来看一个涉及化学反应的例子.

例 2 某种飞机在机场降落时,为了减少滑行距离,在触地的瞬间,飞机尾部张开减速伞,以增大阻力,使飞机迅速减速并停下.

现有一质量为 9000 kg 的飞机,着陆时的水平速度为 700 km/h. 经测试,减速伞打开后,飞机所受的总阻力与飞机的速度成正比(比例系为 $k=6.0\times10^6$). 问从着陆点算起,飞机滑行的最长距离是多少?

解 设 t 时刻飞机滑行距离为 $x(t)$(这里,t 是按飞机触地时刻起算,x 是按触地点起算),则滑行速度 $v=\frac{\mathrm{d}x}{\mathrm{d}t}$. 于是由题设及牛顿第二定律得

$$m\frac{\mathrm{d}v}{\mathrm{d}t}=-kv\quad(\text{其中 } m=9000,k=6.0\times10^6)\tag{1}$$

$$v\big|_{t=0}=v_0(=700)\tag{2}$$

由于$\frac{\mathrm{d}v}{\mathrm{d}t}=\frac{\mathrm{d}v}{\mathrm{d}x}\frac{\mathrm{d}x}{\mathrm{d}t}=\frac{\mathrm{d}v}{\mathrm{d}x}v$,代入式(1) 得

$$m\frac{\mathrm{d}v}{\mathrm{d}t}=-kv\Rightarrow\frac{\mathrm{d}x}{\mathrm{d}v}=-\frac{m}{k}\tag{3}$$

可解得 $x=-\frac{m}{k}v+C$. 又由式(2) 得 $0=-\frac{m}{k}v_0+C$,即 $C=\frac{m}{k}v_0$. 于是

$$x=\frac{m}{k}(v_0-v)$$

因此,飞机滑行的最长距离为($v=0$ 时)

$$v\big|_{t=0}/\mathrm{km}=\frac{m}{k}v_0=\frac{9000}{6.0\times10^6}\times700=1.05$$

例 3 设有一高度为 $h(t)$(t 为时间) 的雪堆在融化过程中,其侧面满足方程 $z=h(t)-\frac{2(x^2+y^2)}{h(t)}$(设长度单位为 cm,时间单位为 h),已知体积减少的速率与侧面积成正比(比例系数 0.9),问高度为 130(cm) 的雪堆全部融化需多少小时?

解 分别记 t 时刻雪堆的体积和侧面积为 $V(t)$ 与 $S(t)$,记 t 时记得雪堆在 xOy 平面的投影区域为 $D_t=\left\{(x,y)\mid x^2+y^2\leqslant\frac{h^2(t)}{2}\right\}$,则依题意可有

$$V(t)=\iint\limits_{D(t)}\left[h(t)-\frac{2(x^2+y^2)}{h(t)}\right]\mathrm{d}x\mathrm{d}y$$

化为极坐标有
$$\int_0^{2\pi}\mathrm{d}\theta\int_0^{\frac{h(t)}{\sqrt{2}}}\left[h(t)-\frac{2r^2}{h(t)}\right]r\mathrm{d}r=\frac{\pi}{4}h^3(t)\tag{1}$$

$$S(t)=\iint\limits_{D(t)}\sqrt{1+z_x^2+z_y^2}\,\mathrm{d}x\mathrm{d}y=\iint\limits_{D(t)}\sqrt{1+\frac{16(x^2+y^2)}{h^2(t)}}\,\mathrm{d}x\mathrm{d}y$$

化为极坐标有
$$\int_0^{2\pi}\mathrm{d}\theta\int_0^{\frac{h(t)}{\sqrt{2}}}\sqrt{1+\frac{16r^2}{h^2(t)}}\,r\mathrm{d}r=\frac{13}{12}\pi h^2(t)\tag{2}$$

于是由式(1)(2) 题设$\frac{\mathrm{d}V(t)}{\mathrm{d}t}=-0.9S(t)$ 化为$\frac{\mathrm{d}h(t)}{\mathrm{d}t}=-1.3$.

由此可知,$h(t)$ 是匀速减少,即每小时减少 1.3 cm,从而堆全部融化需$\frac{130}{1.3}=100$ 小时.

再来看一个涉及化学反应的例子.

例 4 其液体起化学反映的速度与该液体尚未起化学反应的存留量成正比,试求这物体起化学反应量 x 与时间 t 的关系函数.

解 设参与化学反应液体总量为 m,在时刻 t 的存留量为 x,则 x'_t 为化学反应速度,依题意有方程

$$\frac{\mathrm{d}x}{\mathrm{d}t} = k(m-x), \quad x|_{t=0} = 0$$

解之有 $x = m - c\mathrm{e}^{-kt}$，代入条件 $x|_{t=0} = 0$，得 $c = m$.

故得 x 与 t 的关系函数　　$x = m(1-\mathrm{e}^{-kt})$

最后看一个关于人口增长的例子，它属于生物数学中的人口理论范畴.

例 5　若人口数 x 充分大时，其增长率与 x 成正比，考虑疾病、灾害等原因增长率还要减少一个与 x^2 成正比的量，试求人口数 x 与时间 t 的关系函数.

解　设 x 表示时刻 t 时的人口数，x_0 为原有人口数即 $x|_{t=0} = x_0$. 依题意有

$$\frac{\mathrm{d}x}{\mathrm{d}t} = px - qx^2 \quad (p,q \text{ 为参数且 } p > 0, q > 0)$$

解之注意到初始条件有　　$\mathrm{e}^{pt} = \dfrac{x(p-qx_0)}{x_0(p-qx)}$

即　　$x = \dfrac{x_0 p \mathrm{e}^{pt}}{p + qx_0(\mathrm{e}^{pt}-1)}$

注　容易算得 $\lim\limits_{t\to\infty} x(t) = \dfrac{p}{q}$. 又这是一个近似模型，更精细的结论可见“人口数学”或“生物数学”方面的相应参考文献. 这类问题眼下已成为一门数学分支为世人关注.

又 18 世纪末英国人马尔萨斯(Malthus)部给出人口增长模型 $N(t) = N_0\mathrm{e}^{rt}$（其中 r 为人口净增长率，且 $N_0 = N|_{t=0}$）.

荷兰数学家威尔海斯特(Verhust)给出改进的模型.

$$N(t) = N_m \Big/ \left[1 + \left(\frac{N_m}{N_o}\right)\mathrm{e}^{-rt}\right]$$

其中，N_m 表示地球所能容许的人口最大值.

习　题

一、求解微分方程问题

1. 解微分方程初值问题：$x'_t - 2tx + 2\mathrm{e}^{-t^2}x^2 = 0, x(0) = x_0$.

[**提示：**令 $x(t) = \mathrm{e}^{t^2}y(t)$. **答：**$y = \dfrac{x_0\mathrm{e}^{t^2}}{2tx_0} + 1$]

2. 解微分方程 $x^2y'\cos\dfrac{1}{x} - y\sin\dfrac{1}{x} = -1$，已知当 $x\to\infty$ 时，$y\to 1$.

3. 求 $y'' - 7y' + 6y = \sin x$ 的通解.

[**答：**$y = c_1\mathrm{e}^x + c_2\mathrm{e}^{6x} + \dfrac{5}{74}\sin x + \dfrac{7}{74}\cos x$]

4. 求解方程 $y'' - 8y' + 16y = x + \mathrm{e}^{4x}$.

[**答：**$y = \dfrac{1}{32}(2x + 1 + 16x^2\mathrm{e}^{4x})$]

5. 求解 $\dfrac{\mathrm{d}^2y}{\mathrm{d}x^2} - 2\dfrac{\mathrm{d}y}{\mathrm{d}x} + y = (1+x) + 2(3x^2-2)\mathrm{e}^x$.

[**答：**$y = (c_1 + c_2x)\mathrm{e}^x + x + 3 + x^2\left(\dfrac{x^2}{2} - 2\right)\mathrm{e}^x$]

6. 求解 $y''' - 3y' - 2y = \sin x + 2\cos t$.

7. 求解下列微分方程组：

(1) $\begin{cases} z'_x = y + x^3; \\ y'_x = -z + \cos x. \end{cases}$　　(2) $\begin{cases} z'_x = 3x - 2y; \\ y'_x = 2x - 2y + 2\mathrm{e}^x. \end{cases}$

[答:(1)$y=\frac{1}{2}\cos x-\frac{11}{2}\sin x+bx-x^3+\frac{1}{2}x\cos x, z=6\cos x+\frac{1}{2}\sin x-6+3x^2+\frac{1}{2}x\sin x$;(2) $y=c_1e^{2x}+c_2e^{-x}+2e^x$;$z=\frac{1}{2}c_1e^{2x}+2c_2e^{-x}+2e^x$]

二、求 $f(x)$ 的问题

1. 若$\int_0^1 f(\alpha x)\mathrm{d}\alpha=\frac{1}{2}f(x)+1$,求 $f(x)$.

[答:$f(x)=2+cx$]

2. 若$\int_0^1 f(\alpha x)\mathrm{d}\alpha=nf(x)$,求 $f(x)$.

[答:$f(x)=cx^{\frac{1-n}{n}}, n>0$]

3. 若 $f(x)=e^x+e^x\int_0^x f^2(x)\mathrm{d}x$,求 $f(x)$.

[答:$f(x)=\frac{2e^x}{2c-e^{2x}}$]

4. 若 $f(x)=\cos 2t+\int_0^x f(u)\sin u\mathrm{d}u$,求 $f(x)$.

[答:$f(x)=e^{-\cos t}+4(\cos t-1)$]

5. 若 $f(x)=\int_0^x f(x)\mathrm{d}x+x^2+1$,且 $f(0)=1$,求 $f(x)$.

[答:$f(x)=3e^x-2x-2$]

6. 已知 $u=u(\sqrt{x^2+y^2})$ 有二阶连续偏导数,且满足$\frac{\partial^2 u}{\partial x^2}+\frac{\partial^2 u}{\partial y^2}+\frac{1}{x}\frac{\partial u}{\partial x}+u=x^2+y^2$,求 u.

[答:$u=c_1\cos\sqrt{x^2+y^2}+c_2\sin\sqrt{x^2+y^2}+x^2+y^2-2$]

7. 设在$\left(0,\frac{\pi}{2}\right)$内连续函数 $f(x)>0$,且满足 $f^2(x)=\int_0^x f(t)\frac{\tan t}{\sqrt{1+2\tan^2 t}}\mathrm{d}t$,求 $f(x)$.

[提示:由 $f(x)=\frac{1}{2}\arctan\sqrt{1+2\tan^2 x}-\frac{\pi}{2}+c$,而由$\lim\limits_{x\to 0}f^2(x)=\lim\limits_{x\to 0}\int_0^x f(t)\frac{\tan t}{\sqrt{1+2\tan^2 t}}\mathrm{d}t=0$,故推出 $c=0$]

第8章 各类几何问题

在高等数学课程中涉及的几何问题大抵有下面几种：

表 1

空间解析几何	矢量性质及运算 平面方程问题、直线方程问题（以及它们之间相互位置关系） 曲面方程问题 曲线方程问题	各类方程及度量问题（距离、夹角、…）
微积分中的几何问题	求平面曲线方程(多与微分方程有关) 曲线的切线、法线、法面等问题 曲面的切面、法线问题 曲线(面) 族正交问题 几何极值问题	各类方程及度量问题（曲线长、面积、体积、…）

一、空间解析几何问题解法

1. 矢量代数问题的解法

若给定三维空间三矢量 $\boldsymbol{a}=\{a_1,a_2,a_3\}$，$\boldsymbol{b}=\{b_1,b_2,b_3\}$，$\boldsymbol{c}=\{c_1,c_2,c_3\}$，则它们间相互关系及判断可见表 2：

表 2

关　系	公　式　或　判　断　法
$\boldsymbol{a}$ 的模	$\lvert\boldsymbol{a}\rvert=\sqrt{{a_1}^2+{a_2}^2+{a_3}^2}$
$\boldsymbol{a},\boldsymbol{b}$ 的内(数) 积（运算结果是数）	$\boldsymbol{a}\cdot\boldsymbol{b}=a_1b_1+a_2b_2+a_3b_3$
$\boldsymbol{a},\boldsymbol{b}$ 的外(矢) 积（运算结果是向量）	$\boldsymbol{a}\times\boldsymbol{b}=\begin{vmatrix}\boldsymbol{i}&\boldsymbol{j}&\boldsymbol{k}\\a_1&a_2&a_3\\b_1&b_2&b_3\end{vmatrix}$，且 $\lvert\boldsymbol{a}\times\boldsymbol{b}\rvert=\lvert\boldsymbol{a}\rvert\lvert\boldsymbol{b}\rvert\sin\langle\boldsymbol{a},\boldsymbol{b}\rangle$
$\boldsymbol{a},\boldsymbol{b},\boldsymbol{c}$ 的混积（运算结果是数）	$\boldsymbol{a}\cdot(\boldsymbol{b}\times\boldsymbol{c})=\begin{vmatrix}a_1&a_2&a_3\\b_1&b_2&b_3\\c_1&c_2&c_3\end{vmatrix}$　（记$[\boldsymbol{a},\boldsymbol{b},\boldsymbol{c}]$）

续表 2

关　　系	公 式 或 判 断 法
$\boldsymbol{a},\boldsymbol{b}$ 夹角 φ	$\cos\varphi = \dfrac{\boldsymbol{a}\cdot\boldsymbol{b}}{\lvert\boldsymbol{a}\rvert\lvert\boldsymbol{b}\rvert}$
$\boldsymbol{a},\boldsymbol{b}$ 共线	可证:① 有 λ 使 $\boldsymbol{a}=\lambda\boldsymbol{b}$; ② $\dfrac{a_1}{b_1}=\dfrac{a_2}{b_2}=\dfrac{a_3}{b_3}$; ③$\boldsymbol{a}\times\boldsymbol{b}=\boldsymbol{0}$
$\boldsymbol{a}\perp\boldsymbol{b}$	可证:①$\boldsymbol{a}\cdot\boldsymbol{b}=\boldsymbol{0}$; ②$a_1b_1+a_2b_2+a_3b_3=0$
$\boldsymbol{a},\boldsymbol{b}$ 为邻边的平行四边形面积	$s=\lvert\boldsymbol{a}\times\boldsymbol{b}\rvert$
$\boldsymbol{a},\boldsymbol{b},\boldsymbol{c}$ 为棱的平行六面体体积	$v=\lvert(\boldsymbol{a}\times\boldsymbol{b})\cdot\boldsymbol{c}\rvert$

例 1　若$\overrightarrow{OA}=\{1,2,1\}$,$\overrightarrow{OB}=\{-2,-1,1\}$,求 $\cos\angle AOB$.

解　向量夹角由公式有 $\cos\angle AOB=\dfrac{\overrightarrow{OA}\cdot\overrightarrow{OB}}{\lvert\overrightarrow{OA}\rvert\cdot\lvert\overrightarrow{OB}\rvert}$,注意到向量内积

$$\overrightarrow{OA}\cdot\overrightarrow{OB}=1\times(-2)+2\times(-1)+1\times1=-3$$

又　$\lvert\overrightarrow{OA}\rvert=\sqrt{1^2+2^2+1^2}=\sqrt{6}$,　$\lvert\overrightarrow{OB}\rvert=\sqrt{(-2)^2+(-1)^2+1^2}=\sqrt{6}$

故
$$\cos\angle AOB-\frac{3}{\sqrt{6}\cdot\sqrt{6}}=-\frac{1}{2}$$

例 2　如图 1,若矢量 $\boldsymbol{a},\boldsymbol{b}$ 不共线,求它们夹角平分线上的单位矢量.

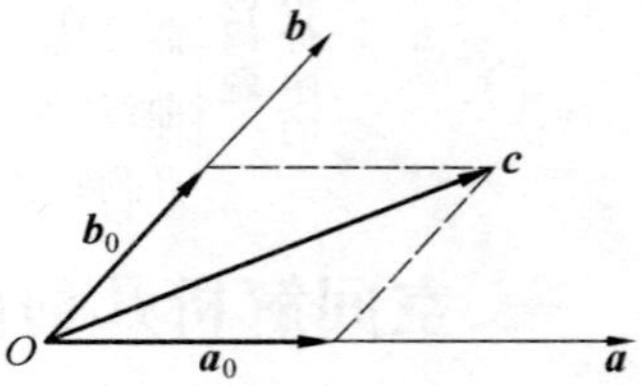

解　在 $\boldsymbol{a},\boldsymbol{b}$ 上分别截取单位矢量

$$\boldsymbol{a}_0=\frac{\boldsymbol{a}}{\lvert\boldsymbol{a}\rvert},\quad \boldsymbol{b}_0=\frac{\boldsymbol{b}}{\lvert\boldsymbol{b}\rvert}$$

令 $\boldsymbol{c}=\boldsymbol{a}_0+\boldsymbol{b}_0$,则 $\boldsymbol{c}$ 为 $\boldsymbol{a},\boldsymbol{b}$ 夹角平分线矢量,注意到

$$\boldsymbol{c}=\frac{\boldsymbol{a}}{\lvert\boldsymbol{a}\rvert}+\frac{\boldsymbol{b}}{\lvert\boldsymbol{b}\rvert}=\frac{\lvert\boldsymbol{b}\rvert\boldsymbol{a}+\lvert\boldsymbol{a}\rvert\boldsymbol{b}}{\lvert\boldsymbol{a}\rvert\lvert\boldsymbol{b}\rvert}$$

图 1

故 $\boldsymbol{c}$ 的单位矢量

$$\boldsymbol{c}_0=\frac{\boldsymbol{c}}{\lvert\boldsymbol{c}\rvert}=\frac{\lvert\boldsymbol{b}\rvert\boldsymbol{a}+\lvert\boldsymbol{a}\rvert\boldsymbol{b}}{\lvert\,\lvert\boldsymbol{b}\rvert\boldsymbol{a}+\lvert\boldsymbol{a}\rvert\boldsymbol{b}\rvert}$$

注　类似地我们不难求解下面问题:

问题　已知矢量 $\boldsymbol{a}=\{2,-3,6\}$,$\boldsymbol{b}=\{-1,2,-2\}$,又矢量 $\boldsymbol{c}$ 在 $\boldsymbol{a},\boldsymbol{b}$ 夹角平分线上,且$\lvert\boldsymbol{c}\rvert=3\sqrt{42}$,求矢量 $\boldsymbol{c}$.

解　$\boldsymbol{c}=\lambda(\boldsymbol{a}_0+\boldsymbol{b}_0)=\lambda\left(\left\{\dfrac{2}{7},\dfrac{-3}{7},\dfrac{6}{7}\right\}+\left\{\dfrac{-1}{3},\dfrac{2}{3},\dfrac{-2}{3}\right\}\right)=\lambda\left\{\dfrac{-1}{21},\dfrac{5}{21},\dfrac{4}{21}\right\}$.

又$\lvert\boldsymbol{c}\rvert=3\sqrt{42}$,可求得 $\lambda=\pm63$,故 $\boldsymbol{c}=\{-3,15,12\}$ 或$\{3,-15,-12\}$.

例 3　求既垂直于 $\boldsymbol{a}=\{3,6,8\}$,又垂直于 Ox 轴的单位矢量.

解　设所求矢量为 $\boldsymbol{b}$($\boldsymbol{b}_0$ 为其单位向量),则 $\boldsymbol{b}=\boldsymbol{a}\times\boldsymbol{i}$ 或 $\boldsymbol{i}\times\boldsymbol{a}$,即

$$\boldsymbol{b}=\begin{vmatrix}\boldsymbol{i} & \boldsymbol{j} & \boldsymbol{k}\\ 3 & 6 & 8\\ 1 & 0 & 0\end{vmatrix}=\pm(0\boldsymbol{i}+8\boldsymbol{j}-6\boldsymbol{k})$$

故
$$\boldsymbol{b}_0=\frac{\boldsymbol{b}}{\lvert\boldsymbol{b}\rvert}=\pm\left\{0,\frac{4}{5},-\frac{3}{5}\right\}$$

例 4　如图 2,已知两非零矢量 $\boldsymbol{a},\boldsymbol{b}$ 互相垂直,今将 $\boldsymbol{b}$ 绕 $\boldsymbol{a}$ 右旋 θ 角得矢量 $\boldsymbol{c}$,试求 $\boldsymbol{c}$(即用 $\boldsymbol{a},\boldsymbol{b},\theta$ 表示).

解　如图 3,取直角坐标系,无妨设 $\boldsymbol{a}=a\boldsymbol{k},\boldsymbol{b}=b\boldsymbol{i}$,又 $|\boldsymbol{c}|=|\boldsymbol{b}|$,这样(注意到 $\sin\langle\boldsymbol{a},\boldsymbol{b}\rangle=\sin 90^\circ=1$)

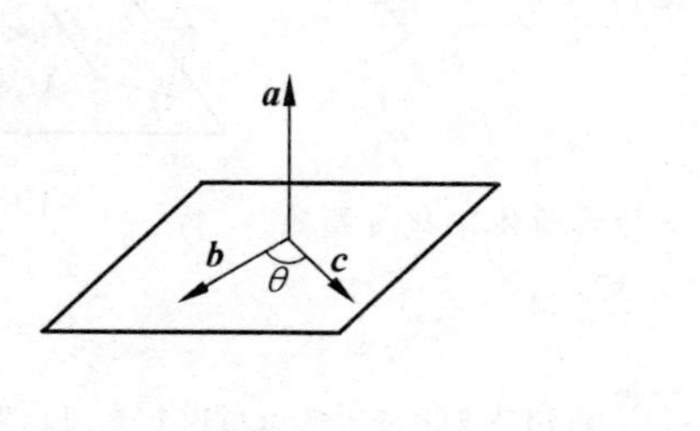

图 2

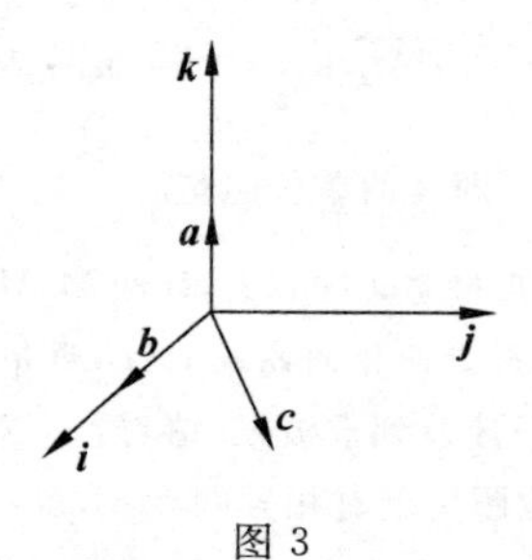

图 3

$$\boldsymbol{c}=c\cos\theta\boldsymbol{i}+c\sin\theta\boldsymbol{j}=b\cos\theta\boldsymbol{j}+b\sin\theta\boldsymbol{j}=\frac{(b\cos\theta)\boldsymbol{b}}{|\boldsymbol{b}|}+b\sin\theta(\boldsymbol{k}\times\boldsymbol{i})=$$

$$\frac{(b\cos\theta)\boldsymbol{b}}{|\boldsymbol{b}|}+(b\sin\theta)\left(\frac{\boldsymbol{a}}{|\boldsymbol{a}|}\times\frac{\boldsymbol{b}}{|\boldsymbol{b}|}\right)=\cos\theta\boldsymbol{b}+\frac{\sin\theta(\boldsymbol{a}\times\boldsymbol{b})}{|\boldsymbol{a}|}$$

注　本题亦可直接解如:

将 $\boldsymbol{c}$ 沿 $\boldsymbol{b}$ 和 $\boldsymbol{a}\times\boldsymbol{b}$ 方向分解,又 $|\boldsymbol{c}|=|\boldsymbol{b}|$ 及 $|\boldsymbol{a}\times\boldsymbol{b}|=|\boldsymbol{a}||\boldsymbol{b}|\sin\frac{\pi}{2}=|\boldsymbol{a}||\boldsymbol{b}|$,故

$$\boldsymbol{c}=\frac{(|\boldsymbol{b}|\cos\theta)\boldsymbol{b}}{|\boldsymbol{b}|}+\frac{\left[|\boldsymbol{b}|\cos\left(\frac{\pi}{2}-\theta\right)\right](\boldsymbol{a}\times\boldsymbol{b})}{|\boldsymbol{a}\times\boldsymbol{b}|}=\boldsymbol{b}\cos\theta+\frac{\sin\theta(\boldsymbol{a}\times\boldsymbol{b})}{|\boldsymbol{a}|}$$

例 5　试证向量运算等式 $(\boldsymbol{a}+\boldsymbol{b})\cdot[(\boldsymbol{b}+\boldsymbol{c})\times(\boldsymbol{c}+\boldsymbol{a})]=2\boldsymbol{a}\cdot(\boldsymbol{b}\times\boldsymbol{c})$.

证　由向量内、外积(数积、矢积)运算性质有

$$\begin{aligned}(\boldsymbol{a}+\boldsymbol{b})\cdot[(\boldsymbol{b}+\boldsymbol{c})\times(\boldsymbol{c}+\boldsymbol{a})]=&(\boldsymbol{a}+\boldsymbol{b})\cdot[(\boldsymbol{b}+\boldsymbol{c})\times\boldsymbol{c}+(\boldsymbol{b}+\boldsymbol{c})\times\boldsymbol{a}]=\\&(\boldsymbol{a}+\boldsymbol{b})\cdot[\boldsymbol{b}\times\boldsymbol{c}+\boldsymbol{c}\times\boldsymbol{c}+\boldsymbol{b}\times\boldsymbol{a}+\boldsymbol{c}\times\boldsymbol{a}]=\\&\boldsymbol{a}\cdot(\boldsymbol{b}\times\boldsymbol{c})+\boldsymbol{b}\cdot(\boldsymbol{b}\times\boldsymbol{c})+\boldsymbol{a}\cdot(\boldsymbol{b}\times\boldsymbol{a})+\\&\boldsymbol{b}\cdot(\boldsymbol{b}\times\boldsymbol{a})+\boldsymbol{a}\cdot(\boldsymbol{c}\times\boldsymbol{a})+\boldsymbol{b}\cdot(\boldsymbol{c}\times\boldsymbol{a})=\\&\boldsymbol{a}\cdot(\boldsymbol{b}\times\boldsymbol{c})+\boldsymbol{b}\cdot(\boldsymbol{c}\times\boldsymbol{a})=2\boldsymbol{a}\cdot(\boldsymbol{b}\times\boldsymbol{c})\end{aligned}$$

注意等式 $\boldsymbol{c}\times\boldsymbol{c}=\boldsymbol{0},\boldsymbol{b}\cdot(\boldsymbol{b}\times\boldsymbol{c})=\boldsymbol{0}$ 等.

下面的例子是空间中点到直线距离的公式.

例 6　如图 4,设 l 为空间中平行于向量 $\boldsymbol{l}$ 的直线,P_1 是 l 外一点,则 P_1 到直线 l 的距离 $d=\dfrac{|\boldsymbol{l}\times\overrightarrow{P_0P_1}|}{|\boldsymbol{l}|}$,其中 P_0 为 l 上任一点.

证　由 $d=|\overrightarrow{P_0P_1}|\sin\theta$,又 $|\boldsymbol{l}\times\overrightarrow{P_0P_1}|=|\boldsymbol{l}||\overrightarrow{P_0P_1}|\sin\theta$,故

$$|\boldsymbol{l}\times\overrightarrow{P_0P_1}|=|\boldsymbol{l}|\cdot d$$

从而

$$d=\frac{|\boldsymbol{l}\times\overrightarrow{P_0P_1}|}{|\boldsymbol{l}|}$$

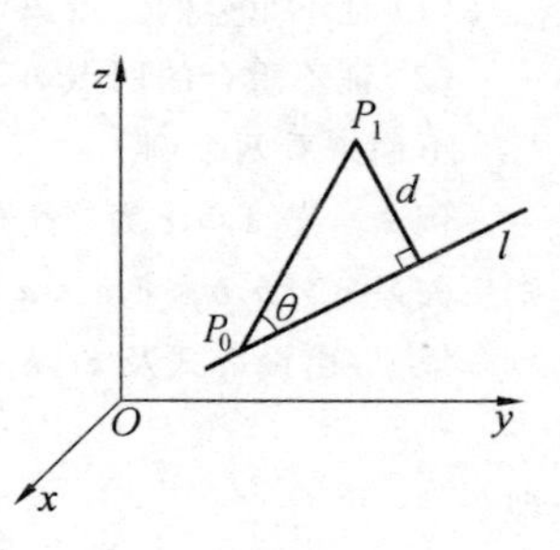

图 4

类似地,我们可以求出空间两条异面直线间的距离.

例 7　如右图,已知空间直线 l_1 过 M_1 点且沿 $\boldsymbol{l}_1$ 方向,直线 l_2 过 M_2 点且沿 $\boldsymbol{l}_2$ 方向,已知 $l_1 \not\parallel l_2$,则 l_1,l_2 间距离为

$$d=\frac{|(\boldsymbol{l}_1\times\boldsymbol{l}_2)\cdot\overrightarrow{M_1M_2}|}{|\boldsymbol{l}_1\times\boldsymbol{l}_2|}$$

证　过直线 l_2 作平面 $\pi\parallel l_1$,且设该平面法矢量为 $\boldsymbol{n}$. 显然 $\boldsymbol{n}\perp\boldsymbol{l}_1,\boldsymbol{n}\perp\boldsymbol{l}_2$,且 $\boldsymbol{n}\parallel\boldsymbol{l}_1\times\boldsymbol{l}_2$,设 $\boldsymbol{n}_0=$

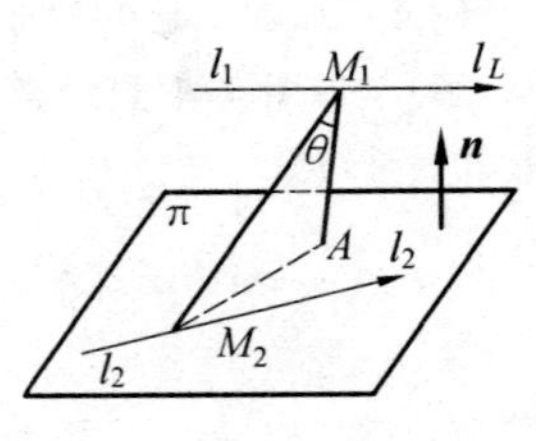

图 5

$\dfrac{l_1\times l_2}{|l_1\times l_2|}$. 过 M_1 作垂直于 π 的直线与 π 交于点 A，则$\overrightarrow{M_1A}\ /\!/\ \boldsymbol{n}$.

且 $|\overrightarrow{M_1A}|=d$，又$\overrightarrow{M_1A}\perp\overrightarrow{M_2A}$，在 $\triangle M_1M_2A$ 中显然有

$$d=|\overrightarrow{M_1A}|=|\overrightarrow{M_1M_2}|\cos\theta=|\boldsymbol{n}_0\cdot\overrightarrow{M_1M_2}|=\frac{|(\boldsymbol{l}_1\times\boldsymbol{l}_2)\cdot\overrightarrow{M_1M_2}|}{|\boldsymbol{l}_1\times\boldsymbol{l}_2|}$$

这里 $\boldsymbol{n}_0=\dfrac{\boldsymbol{n}}{|\boldsymbol{n}|}$，即 n 的单位向量.

注 它的几何意义即以 $\boldsymbol{l}_1,\boldsymbol{l}_2$ 和 M_1M_2 为边的平行六面体体积与其底面积之比，即平行六面体的高或 $\boldsymbol{l}_1,\boldsymbol{l}_2$ 两异面直线之距离.

下面的例子涉及到求极限. 请看：

例 8 单位圆周上有相异两点 M,N，矢量$\overrightarrow{OM},\overrightarrow{ON}$夹角为$\theta(0<\theta\leqslant\pi)$，设 a,b 为正的常数，求 $I=\lim\limits_{\theta\to0}\dfrac{1}{\theta^2}[|a\overrightarrow{OM}|+|b\overrightarrow{ON}|-|a\overrightarrow{OM}+b\overrightarrow{ON}|]$.

解 设$\overrightarrow{OM}=\cos\alpha\boldsymbol{i}+\sin\alpha\boldsymbol{j}$，则

$$\overrightarrow{ON}=\cos(\alpha+\theta)\boldsymbol{i}+\sin(\alpha+\theta)\boldsymbol{j}$$

而
$$|a\overrightarrow{OM}+b\overrightarrow{OM}|=\sqrt{a^2+b^2+2ab\cos\theta}$$

且
$$|a\overrightarrow{OM}|=\sqrt{(a\cos\alpha)^2+(a\sin\alpha)^2}=a$$

及
$$|b\overrightarrow{ON}|=\sqrt{[b\cos(\alpha+\theta)]^2+[b\sin(\alpha+\theta)]^2}=b$$

故
$$I=\lim_{\theta\to0}\frac{a+b-\sqrt{a^2+b^2+2ab\cos\theta}}{\theta^2}=\frac{ab}{2|a+b|}$$

我们还想指出：证明 $A_i(x_i,y_i,z_i)$，其中 $i=1,2,3$，三点共线、$A_i(x_i,y_i,z_i)$，$i=1,2,3,4$，四点共面，可以分别运用公式：

$$\frac{x_3-x_1}{x_2-x_1}=\frac{y_3-y_1}{y_2-y_1}=\frac{z_3-z_1}{z_2-z_1}\quad 和\quad \begin{vmatrix}x_1&y_1&z_1&1\\x_2&y_2&z_2&1\\x_3&y_3&z_3&1\\x_4&y_4&z_4&1\end{vmatrix}=0$$

并且它们分别也是三点 $A_i(x_i,y_i,z_i)(i=1,2,3)$ 共线和四点 $A_i(x_i,y_i,z_i)(i=1,2,3,4)$ 共面的充要条件，此外还可运用向量运算性质考虑：

(1) 证不重合的三点 A,B,C 共线，只需证 $|\overrightarrow{AB}\times\overrightarrow{BC}|=0$；

(2) 证不重合的四点 A,B,C,D 共面，只需证$(\overrightarrow{AB}\times\overrightarrow{AC})\cdot\overrightarrow{AC}=0$.

下面来看两个例子.

例 9 若 $\boldsymbol{a},\boldsymbol{b},\boldsymbol{c}$ 为三个矢量，又存在不全为零的三个数 k_1,k_2,k_3 使 $k_1\boldsymbol{a}\times\boldsymbol{b}+k_2\boldsymbol{b}\times\boldsymbol{c}+k_3\boldsymbol{c}\times\boldsymbol{a}=0$，则三矢量 $\boldsymbol{a}\times\boldsymbol{b},\boldsymbol{b}\times\boldsymbol{c},\boldsymbol{c}\times\boldsymbol{a}$ 共线.

证 由设等式及 k_1,k_2,k_3 不全为零，无妨设 $k_1\neq0$，由

$$\boldsymbol{c}(k_1\boldsymbol{a}\times\boldsymbol{b}+k_2\boldsymbol{b}\times\boldsymbol{c}+k_3\boldsymbol{c}\times\boldsymbol{a})=0$$

即
$$k_1[\boldsymbol{c},\boldsymbol{a},\boldsymbol{b}]+k_2[\boldsymbol{c},\boldsymbol{b},\boldsymbol{c}]+k_3[\boldsymbol{c},\boldsymbol{c},\boldsymbol{a}]=0$$

由$[\boldsymbol{c},\boldsymbol{b},\boldsymbol{c}]=0$，$[\boldsymbol{c},\boldsymbol{c},\boldsymbol{a}]=0$，且 $k_1\neq0$，故$[\boldsymbol{c},\boldsymbol{a},\boldsymbol{b}]=0$.

即 $\boldsymbol{a},\boldsymbol{b},\boldsymbol{c}$ 共面，而 $\boldsymbol{a}\times\boldsymbol{b},\boldsymbol{b}\times\boldsymbol{c},\boldsymbol{c}\times\boldsymbol{a}$ 均垂直于该平面，故它们共线.

注 若 $\boldsymbol{a},\boldsymbol{b},\boldsymbol{c}$ 分别为点 A,B,C 的矢径，又 $\boldsymbol{a}\times\boldsymbol{b}+\boldsymbol{b}\times\boldsymbol{c}+\boldsymbol{c}\times\boldsymbol{a}=0$，则 A,B,C 三点共线.

只需注意到
$$\overrightarrow{AB}=\boldsymbol{b}-\boldsymbol{a},\quad \overrightarrow{AC}=\boldsymbol{c}-\boldsymbol{a}$$

从而
$$S_{\triangle ABC}=\frac{1}{2}|\overrightarrow{AB}\times\overrightarrow{AC}|=\frac{1}{2}|\boldsymbol{a}\times\boldsymbol{b}+\boldsymbol{b}\times\boldsymbol{c}+\boldsymbol{c}\times\boldsymbol{a}|=0$$

例 10　试证在欧几里得(Euclid) 平面不存在四个点,使之两两距离皆为奇数.

证　用反证法,若不然,今存在这样的四点,取其一点为原点 O,今设 $\boldsymbol{a}_1,\boldsymbol{a}_2,\boldsymbol{a}_3$ 为其余三点到该点(原点) 的向量.

这样,a_i 自身的内积(或数积)$\boldsymbol{a}_i\cdot\boldsymbol{a}_i(i=1,2,3)$ 和 $|\boldsymbol{a}_i-\boldsymbol{a}_j|^2=\boldsymbol{a}_i\cdot\boldsymbol{a}_i-2\boldsymbol{a}_i\cdot\boldsymbol{a}_j+\boldsymbol{a}_j\cdot\boldsymbol{a}_j(i,j=1,2,3,i\neq j)$ 皆为奇数,故它们以模 8(mod 8) 同余 1.

显然其中无三点共线,因而对非 0 实数 x,y 使 $\boldsymbol{a}_3=x\boldsymbol{a}_1+y\boldsymbol{a}_2$ 分别与 $\boldsymbol{a}_1,\boldsymbol{a}_2,\boldsymbol{a}_3$ 作内积,这样有

$$\begin{cases}\boldsymbol{a}_1\cdot\boldsymbol{a}_3=x\boldsymbol{a}_1\cdot\boldsymbol{a}_1+y\boldsymbol{a}_1\cdot\boldsymbol{a}_2\\ \boldsymbol{a}_2\cdot\boldsymbol{a}_3=x\boldsymbol{a}_2\cdot\boldsymbol{a}_1+y\boldsymbol{a}_2\cdot\boldsymbol{a}_2\\ \boldsymbol{a}_3\cdot\boldsymbol{a}_3=x\boldsymbol{a}_3\cdot\boldsymbol{a}_1+y\boldsymbol{a}_3\cdot\boldsymbol{a}_2\end{cases}\qquad(*)$$

由于 $\boldsymbol{a}_1$ 与 $\boldsymbol{a}_2$ 不平行,则 $\boldsymbol{a}_1\neq k\boldsymbol{a}_2$,则行列式 $D=\begin{vmatrix}\boldsymbol{a}_1\cdot\boldsymbol{a}_1 & \boldsymbol{a}_1\cdot\boldsymbol{a}_2\\ \boldsymbol{a}_2\cdot\boldsymbol{a}_1 & \boldsymbol{a}_2\cdot\boldsymbol{a}_2\end{vmatrix}>0$. 由 Cauchy 不等式,前两方程有关于 x,y 的唯一有理解,设 $x=\dfrac{X}{D},y=\dfrac{Y}{D}$,其中 $X,Y,D\in\mathbf{Z}$,且设它们互质. 从 D 乘($*$) 式且取模 8(mod 8),有

$$D\equiv 2X+Y(\mathrm{mod}8)\qquad(1)$$

$$D\equiv X+2Y(\mathrm{mod}8)\qquad(2)$$

$$2D\equiv X+Y(\mathrm{mod}8)\qquad(3)$$

式(1) + 式(2) − 式(3) 有 $2X+2Y\equiv(\mathrm{mod}\ 8)$,知 $2D$ 是 8 的倍数,从而 D 是偶数.

同理可证 X,Y 是偶数. 这与 X,Y,D 互质矛盾!

例 11　试证下面四点 $A(1,0,1),B(4,4,6),C(2,2,3),D(10,10,15)$ 共面.

证　考虑 A,B,C,D 构成的三个矢量 $\overrightarrow{AB}=\{3,4,5\},\overrightarrow{CB}=\{2,2,3\},\overrightarrow{CD}=\{8,8,12\}$,容易算得它们的混积

$$[\overrightarrow{AB},\overrightarrow{CB},\overrightarrow{CD}]=\begin{vmatrix}3&4&5\\2&2&3\\8&8&12\end{vmatrix}=0$$

知 $\overrightarrow{AB},\overrightarrow{CB},\overrightarrow{CD}$ 共面,即 A,B,C,D 共面.

2. 空间平面与直线问题

空间平面和直线方程种类及表示式可及它们之间的关系见表 3:

表 3

种　类	方　　程　　式
矢量式	$(\boldsymbol{r}-\boldsymbol{r}_0)\cdot\boldsymbol{n}=0$,其中 $\boldsymbol{n}$ 为平面法矢量,$\boldsymbol{r}_0$ 为已知点矢量
点法式	$A(x-x_0)+B(y-y_0)+C(z-z_0)=0$,这里 $\{A,B,C\}$ 为平面法矢量 $\boldsymbol{n}$,又 (x_0,y_0,z_0) 为平面上一点
一般式	$Ax+By+Cz+D=0$,这里 $D=-(Ax_0+By_0+Cz_0)$
截距式	$\dfrac{x}{a}+\dfrac{y}{b}+\dfrac{z}{c}=1$,其中 a,b,c 为平面在三轴上的截距
三点式	若 $M_i(x_i,y_i,z_i)(i=1,2,3)$ 为平面上(不共面) 三点,则 $\begin{vmatrix}x-x_1&y-y_1&z-z_1\\x_2-x_1&y_2-y_1&z_2-z_1\\x_3-x_1&y_3-y_1&z_3-z_1\end{vmatrix}=0$

表 4　空间直线方程

种　类	方　程　式
矢量式	$\boldsymbol{r}=\boldsymbol{r}_0+s\boldsymbol{t}$,其中 $\boldsymbol{r}_0$ 为直线上已知点矢,$\boldsymbol{s}$ 为方向矢量
标准式	$\dfrac{x-x_0}{m}=\dfrac{y-y_0}{n}=\dfrac{z-z_0}{p}$, (x_0,y_0,z_0) 为已知点,$\{m,n,p\}$ 为所给方向矢量
交面式(一般式)	$\begin{cases}A_1x+B_1y+C_1z+D_1=0\\A_2x+B_2y+C_2z+D_2=0\end{cases}$
两点式	$\dfrac{x-x_1}{x_2-x_1}=\dfrac{y-y_1}{y_2-y_1}=\dfrac{z-z_1}{z_2-z_1}$,其中$(x_1,y_1,z_1)$,$(x_2,y_2,z_2)$ 为已知点
参数式	$x=x_0+mt$,　$y=y_0+nt$,　$z=z_0+pt$,这里 t 是参数

表 5　直线、平面间的夹角

种　类	公　式
平面与平面夹角	两平面 $A_ix+B_iy+C_iz+D_i=0(i=1,2)$ 夹角 φ: $\cos\varphi=\dfrac{A_1A_2+B_1B_2+C_1C_2}{\sqrt{A_1{}^2+B_1{}^2+C_1{}^2}\sqrt{A_2{}^2+B_2{}^2+C_2{}^2}}$
直线与直线夹角	两直线$\dfrac{x-x_i}{m_i}=\dfrac{y-y_i}{n_i}=\dfrac{z-z_i}{p_i}$　$(i=1,2)$ 夹角 φ: $\cos\varphi=\dfrac{m_1m_2+n_1n_2+p_1p_2}{\sqrt{m_1{}^2+n_1{}^2+p_1{}^2}\sqrt{m_2{}^2+n_2{}^2+p_2{}^2}}$
直线与平面夹角	直线 $\dfrac{x-x_0}{m}=\dfrac{y-y_0}{n}=\dfrac{z-z_0}{p}$ 与平面 $Ax+By+Cz+D=0$ 夹角 φ: $\sin\varphi=\dfrac{\lvert Am+Bn+Cp\rvert}{\sqrt{A^2+B^2+C^2}\sqrt{m^2+n^2+p^2}}$

表 6　直线与平面的平行和垂直

位置关系	平行条件	垂直条件
平面与平面	$\dfrac{A_1}{A_2}=\dfrac{B_1}{B_2}=\dfrac{C_1}{C_2}$	$A_1A_2+B_1B_2+C_1C_2=0$
直线与直线	$\dfrac{m_1}{m_2}=\dfrac{n_1}{n_2}=\dfrac{p_1}{p_2}$	$m_1m_2+n_1n_2+p_1p_2=0$
直线与平面	$mA+nB+pC=0$	$\dfrac{A}{m}=\dfrac{B}{n}=\dfrac{C}{p}$

表 7　点到点、直线、平面的距离

种　类	公　式
点到点距离	若两点 $M_i(x_i,y_i,z_i)(i=1,2)$,则该两点距离 $\lvert M_1M_2\rvert=\sqrt{(x_2-x_1)^2+(y_2-y_1)^2+(z_2-z_1)^2}$
点到直线距离	点 $P_1(x_1,y_1,z_1)$ 到直线 l:$\dfrac{x-x_0}{m}=\dfrac{y-y_0}{n}=\dfrac{z-z_0}{p}$ 的距离 $d=\dfrac{\lvert\overrightarrow{P_0P_1}\times\boldsymbol{l}\rvert}{\lvert\boldsymbol{l}\rvert}$,其中 $P_0(x_0,y_0,z_0)$ 为 l 上一点,$\boldsymbol{l}=\{m,n,p\}$
点到平面距离	点 $P_0(x_0,y_0,z_0)$ 到平面 $Ax+By+Cz+D=0$ 距离 $d=\left\lvert\dfrac{Ax_0+By_0+Cz_0+D}{\sqrt{A^2+B^2+C^2}}\right\rvert$

下面我们来看几个例子.

例1　一直线 l 平行于平面 $3x+2y-z+6=0$ 且与直线 $\frac{x-3}{2}=\frac{y+2}{4}=z$ 垂直,试求直线 l 的方向余弦.

解　设直线 l 的方向余弦为 $\{X,Y,Z\}$,则有

$$\begin{cases}3X+2Y-Z=0\\2X+4Y+Z=0\\X^2+Y^2+Z^2=1\end{cases}$$

解之有

$$\{X,Y,Z\}=\left\{-\frac{6}{5\sqrt{5}},\frac{1}{\sqrt{5}},-\frac{8}{5\sqrt{5}}\right\}\quad \text{或}\quad \left\{\frac{6}{5\sqrt{5}},-\frac{1}{\sqrt{5}},\frac{8}{5\sqrt{5}}\right\}$$

例2　试求两平面 $\pi_1:x-3y+2z-5=0$ 和 $\pi_2:3x-2y-z+3=0$ 夹角平分面方程.

解　设 $P(x,y,z)$ 为夹角平分面上一点,则 P 到平面 π_1,π_2 距离分别为

$$d_1=\frac{|x-3y+2z-5|}{\sqrt{14}},\ \ d_2=\frac{|3x-2y-z+3|}{\sqrt{14}}$$

由题设应有 $d_1=d_2$,即 $x-3y+2z-5=\pm(3x-2y-z+3)$,故所求平分面方程为

$$2x+y-3z+8=0\quad \text{或}\quad 4x-5y+z-2=0$$

例3　求过直线 $l_1:\frac{x-1}{2}=\frac{y+2}{3}=\frac{z+3}{4}$ 且平行于直线 $l_2:x=y=\frac{z}{2}$ 的平面方程.

解　设所求平面方程为 $Ax+By+Cz+D=0$,这里 A,B,C 不同时为零.

因平面过 l_1 故

$$A(x-1)+B(y+2)+C(z+3)=0$$

又平面平行于 l_1,l_2,故

$$2A+3B+4C=0\quad \text{和}\quad A+B+2C=0$$

上三式视为 A,B,C 的线性齐次方程组,且有非零解故其系数行列式

$$\begin{vmatrix}x+1 & y+2 & z+3\\2 & 3 & 4\\1 & 1 & 2\end{vmatrix}=0$$

即

$$2x-z-5=0$$

例4　一直线过点 $P(1,1,1)$ 且与直线 $l_1:x=\frac{y}{2}=\frac{z}{3}$;$l_2:\frac{x-1}{2}=y-2=z-2$ 相交,求其方程.

解　注意到点 $(0,0,0)$ 和 $(1,2,3)$ 在 l_1 上,故过点 P 与直线 l_1 的平面方程是

$$\begin{vmatrix}x-1 & y-1 & z-1\\1 & 2 & 3\\1 & 1 & 1\end{vmatrix}=0$$

即

$$(x-1)-2(y-1)+(z+1)=0$$

同理,过点 P 及直线 l_2 的平面方程是

$$(y-1)-(z-1)=0$$

则该两平面交线 $x-1=y-1=z-1$ 为所求.

例5　讨论两直线 $l_i:\frac{x-x_i}{m_i}=\frac{y-y_i}{n_i}=\frac{z-z_i}{p_i}(i=1,2)$ 共面条件.

解　若两直线共面设方程为 $Ax+By+Cz+D=0$. 因 l_1 在平面上,故有

$$Ax_1+By_1+Cz_1+D=0\tag{1}$$

$$Am_1+Bn_1+Cp_1=0\tag{2}$$

又 l_2 亦在平面上,故有

$$Ax_2+By_2+Cz_2+D=0 \tag{3}$$

$$Am_2+Bn_2+Cp_2=0 \tag{4}$$

式(3)－式(1)有

$$A(x_2-x_1)+B(y_2-y_1)+C(z_2-z_1)=0 \tag{5}$$

方程(2),(4),(5)可视为A,B,C的线性齐次方程组,它们不能同时为零(即方程组有非零解),则系数行列式

$$\begin{vmatrix} x_2-x_1 & y_2-y_1 & z_2-z_1 \\ m_1 & n_1 & p_1 \\ m_2 & n_2 & p_2 \end{vmatrix}=0$$

此即该两直线共面的条件.

例 6 已知平面$\pi_1:2x+3y-5=0$,$\pi_2:y+z=0$;直线$l_1:\dfrac{x-6}{3}=\dfrac{y}{2}=\dfrac{z-1}{1}$,$l_2:\dfrac{x}{3}=\dfrac{y-8}{2}=-\dfrac{z+4}{2}$.若直线$l\parallel\pi_1$,且$l\parallel\pi_2$,又$l$与$l_1,l_2$均相交,求直线$l$的方程.

解 设直线l的一组方向数为$\{l,m,n\}$,l与l_1交点为(a,b,c).则由$l\parallel\pi_1$有$2l+3m=0$;$l\parallel\pi_2$有$m+n=0$,解得$\{l,m,n\}=\{3,-2,2\}$.

又(a,b,c)在l_1上,则$\dfrac{a-6}{3}=\dfrac{b}{2}=\dfrac{c-1}{1}$,因而有

$$\begin{cases} a=6+\dfrac{3b}{2} & (1) \\ c=1+\dfrac{b}{2} & (2) \end{cases}$$

而由l与l_2共面可有

$$\begin{vmatrix} a & b-8 & c+4 \\ 3 & 2 & -2 \\ 3 & -2 & 2 \end{vmatrix}=0$$

即

$$b=4-c \tag{3}$$

联立(1),(2),(3)可解得$a=9,b=2,c=2$,则l方程为

$$\frac{x-9}{3}=\frac{y-2}{-2}=\frac{z-2}{2}$$

下面两例系线性代数与几何的综合问题.

例 7 若矩阵$\boldsymbol{A}=\begin{pmatrix} a_1 & b_1 & c_1 \\ a_2 & b_2 & c_2 \\ a_3 & b_3 & c_3 \end{pmatrix}$满秩(可逆),证明直线

$$l_1:\frac{x-a_3}{a_1-a_2}=\frac{y-b_3}{b_1-b_2}=\frac{z-c_3}{c_1-c_2} \quad 与 \quad l_2:\frac{x-a_1}{a_2-a_3}=\frac{y-b_1}{b_2-b_3}=\frac{z-c_1}{c_2-c_3}$$

相交于一点.

证 由设$\boldsymbol{A}$的行列式$\det\boldsymbol{A}\neq 0$,故从矩阵或行列式性质知

$$(a_2-a_3):(b_2-b_3):(c_2-c_3)\neq(a_1-a_2):(b_1-b_2):(c_1-c_2)$$

从而$l_1\not\parallel l_2$.将l_1化为参数式

$$\begin{cases} x=a_3+t(a_1-a_2) \\ y=b_3+t(b_1-b_2) \\ z=c_3+t(c_1-c_2) \end{cases}$$

且令$t=1$代入l_2中的三个分式中皆为-1,即它们相等,故l_1,l_2有公共点,又l_1,l_2分别过(a_3,b_3,c_3)和(a_1,b_1,c_1),此两点相异.从而l_1,l_2相交于一点(不重合).

例 8 已知平面上三条相异直线$l_1:ax+2by+3c=0$;$l_2:bx+2cy+3a=0$;$l_3:cx+2ay+3b=$

0. 试证它们交于一点的充要条件是 $a+b+c=0$.

证　令 $\boldsymbol{A}=\begin{pmatrix}a & 2b\\ b & 2c\\ c & 2a\end{pmatrix}$，$\boldsymbol{B}=\begin{pmatrix}-3c\\ -3a\\ -3b\end{pmatrix}$，$\boldsymbol{x}=(x,y)$，且$\overline{\boldsymbol{A}}=(\boldsymbol{A},\boldsymbol{B})=\begin{pmatrix}a & 2b & -3c\\ b & 2c & -3a\\ c & 2a & -3b\end{pmatrix}$.

（充分性）由设三条直线交于一点，即 $\boldsymbol{Ax}=\boldsymbol{B}$ 有唯一解.

即矩阵 $\boldsymbol{A}$ 和$\overline{\boldsymbol{A}}$ 的秩 $\mathrm{r}(\boldsymbol{A})=\mathrm{r}(\overline{\boldsymbol{A}})=2$，故行列式 $|\overline{\boldsymbol{A}}|=0$.

将 $\boldsymbol{A}$，$\boldsymbol{B}$ 代入即　　$3(a+b+c)[(a-b)^2+(b-c)^2+(c+a)^2]=0$

由题设三直线彼此相异，知$(a-b)^2+(b-c)^2+(c-a)^2\neq 0$，故 $a+b+c=0$.

（必要性）　由 $a+b+c=0$ 可有 $|\overline{\boldsymbol{A}}|=0$，从而 $\mathrm{r}(\overline{\boldsymbol{A}})<3$. 又

$$\begin{vmatrix}a & 2b\\ b & 2c\end{vmatrix}=a[a(a+b)+b^2]=-2\left[\left(a+\frac{b}{2}\right)^2+\frac{3}{4}b^2\right]\neq 0$$

故 $\mathrm{r}(\boldsymbol{A})=2$. 从而 $\mathrm{r}(\boldsymbol{A})=\mathrm{r}(\overline{\boldsymbol{A}})=2$，知 $\boldsymbol{Ax}=\boldsymbol{B}$ 有唯一解，即 l_1,l_2,l_3 相交于一点.

下面的例子涉及到直线方程，但它又与微积分内容有关.

例 9　设曲面 $z=f(x,y)$ 二次可微，且$f'_y\neq 0$. 证明对任给常数 c，$f(x,y)=c$ 为平面上一条直线的充要条件是$\left(\dfrac{\partial f}{\partial y}\right)^2\dfrac{\partial^2 f}{\partial x^2}-2\dfrac{\partial f}{\partial x}\cdot\dfrac{\partial f}{\partial y}\cdot\dfrac{\partial^2 f}{\partial x\partial y}+\left(\dfrac{\partial f}{\partial x}\right)^2\dfrac{\partial^2 f}{\partial y^2}=0$.

证　必要性. 设 $f(x,y)=c$ 为平面直线，则

$$f(x,y)=ax+by+e\quad (a,b,e\text{ 为常数})$$

而
$$f'_x=a,\quad f'_y=b,\quad f''_{xx}=f''_{xy}=f''_{yy}=0$$

故
$$(f'_y)^2f''_{xx}-2f'_xf'_yf''_{xy}+(f'_x)^2f''_{yy}=0$$

充分性. 由题设等式成立及

$$\frac{\mathrm{d}^2 y}{\mathrm{d}x^2}=\frac{\mathrm{d}}{\mathrm{d}x}\left(-\frac{f'_x}{f'_y}\right)=-\frac{(f''_{xx}+f''_{xy}y')f'_y-f'_x(f''_{xy}+f''_{yy}y')}{(f'_y)^2}$$

将 $y'=-\dfrac{f'_x}{f'_y}$ 代入上式有

$$\frac{\mathrm{d}^2 y}{\mathrm{d}x^2}=-(f'_y)^3[(f'_y)^2f''_{xx}-2f'_xf'_yf''_{xy}+(f'_x)^2f''_{yy}]$$

从而可得$\dfrac{\mathrm{d}^2 y}{\mathrm{d}x^2}=0$ 即 $f(x,y)=c$ 为一直线.

3. 空间曲面与曲线问题

空间曲面、曲线的方程类型或不同的表达式见表 8：

表 8

	曲　面　方　程	曲　线　方　程
（一般式）隐式	$F(x,y,z)=0$	$\begin{cases}F(x,y,z)=0\\ G(x,y,z)=0\end{cases}$（交面式）
显　式	$z=f(x,y)$	$\begin{cases}y=y(x)\\ z=z(x)\end{cases}$
参　数　式	$\begin{cases}x=x(u,v)\\ y=y(u,v)\quad u,v\text{ 为参数}\\ z=z(u,v)\end{cases}$	$\begin{cases}x=x(t)\\ y=y(t)\quad t\text{ 为参数}\\ z=z(t)\end{cases}$

对于常见曲面如柱面、旋转面、二次曲面等的方程表达式可见表 9：

表 9

<table>
<tr><td>柱面</td><td colspan="2">母线平行于$\begin{cases}Ox\text{ 轴：} & F(y,z)=0\\ Oy\text{ 轴：} & G(x,z)=0\\ Oz\text{ 轴：} & H(x,y)=0\end{cases}$</td></tr>
<tr><td>旋转曲面</td><td colspan="2">曲线$\begin{cases}z=0,\\ f(y,z)=0\end{cases}$ 绕 $\begin{cases}Oz\text{ 轴旋转：} & f(\pm\sqrt{x^2+y^2},z)=0\\ Oy\text{ 轴旋转：} & f(y,\pm\sqrt{x^2+z^2})=0\end{cases}$</td></tr>
<tr><td rowspan="6">二次曲面</td><td>椭球面</td><td>$\frac{x^2}{a^2}+\frac{y^2}{b^2}+\frac{z^2}{c^2}=1$</td></tr>
<tr><td>单叶双曲面</td><td>$\frac{x^2}{a^2}+\frac{y^2}{b^2}-\frac{z^2}{c^2}=1$</td></tr>
<tr><td>双叶双曲面</td><td>$\frac{x^2}{a^2}+\frac{y^2}{b^2}-\frac{z^2}{c^2}=-1$</td></tr>
<tr><td>二次锥面</td><td>$\frac{x^2}{a^2}+\frac{y^2}{b^2}-\frac{z^2}{c^2}=0$</td></tr>
<tr><td>椭圆抛物面</td><td>$\frac{x^2}{a^2}+\frac{y^2}{b^2}=2z$</td></tr>
<tr><td>双曲抛物面</td><td>$\frac{x^2}{a^2}-\frac{y^2}{b^2}=2z$</td></tr>
</table>

下面我们来看几个例子.

例 1 直线$\frac{x-0}{0}=\frac{y}{1}=\frac{z}{1}$绕 Oz 轴旋转一周,求旋转曲面方程.

解 由设直线方程即 $x=0,y=z$,亦即 yOz 平面上的直线 $y-z=0$.

故所求旋转曲面方程为 $z=\pm\sqrt{x^2+y^2}$(圆锥面)

注 题设直线绕 Oy 轴旋转的曲面方程为 $y=\pm\sqrt{x^2+z^2}$.

例 2 (1) 求直线 l:$\frac{x-1}{1}=\frac{y}{1}=\frac{z-1}{-1}$ 在平面 π:$x-y+2z-1=0$ 上的投影直线 l_0 的方程;(2) 求l_0 绕 Oy 轴旋转一周所成曲面的方程.

解 (1) 过 l 作平面 π_1,则 π 与 π_1 交线即为 l_0.

由设 π_1 的法向量即垂直于 l 的方向是$(1,1,-1)$,又垂直于 π 的法向量$(1,-1,2)$,则平面 π_1 的法向量满足

$$\begin{vmatrix} \boldsymbol{i} & \boldsymbol{j} & \boldsymbol{k} \\ 1 & 1 & -1 \\ 1 & -1 & 2 \end{vmatrix}=\boldsymbol{i}-3\boldsymbol{j}-3\boldsymbol{k}$$

又 π_1 过$(1,0,1)$点从而 π_1 的方程

$$x-3y-2z+1=0$$

故 l_0 的方程为

$$\begin{cases}x-y+2z-1=0\\ x-3y-2z+1=0\end{cases}$$

(2) 欲求 l_0 绕 Oy 轴旋转曲面方程,先将上方程改写为

$$\begin{cases}x=2y\\ z=-\frac{1}{2}(y-1)\end{cases}$$

从而形求曲面方程为

$$y = \pm\sqrt{x^2+y^2} = \pm\sqrt{(2y)^2+\left[-\frac{1}{2}(y-1)^2\right]}$$

即
$$x^2+z^2 = \frac{17}{4}y^2-\frac{1}{2}y+\frac{1}{4}y \quad 或 \quad 4x^2-17y^2+4z^2+2y-1=0$$

例 3　试求柱面方程，使之与已知曲线 $L: y=\varphi(x), z=0$ 为准线，其母线平行于已知直线 l：

$$\frac{x-x_0}{a} = \frac{y-y_0}{b} = \frac{z-z_0}{c}$$

其中 a,b,c 为常数，且至少 $c\neq 0$.

解　设 $M(X,Y,Z)$ 为所求柱面上任一点，过 M 作直线 $l_1 \parallel l$，则 l_1 方程为

$$\frac{x-X}{a} = \frac{y-Y}{b} = \frac{z-Z}{c} \tag{*}$$

其中 (x,y,z) 为 l_1 上动点.

又柱面以 $L: y=\varphi(x)$ 为准线，故 l_1 与 L 必在平面 $z=0$ 上相交. 这样在式(*)中令 $z=0$ 可解得

$$x = X-\frac{aZ}{c}, \quad y = Y-\frac{bZ}{c}.$$

即得 l_1 与 L 交点为 $\left(X-\frac{aZ}{c}, Y-\frac{bZ}{c}, 0\right)$. 又该点在曲线 L 上，故有

$$Y-\frac{b}{c}Z = \varphi\left(X-\frac{a}{c}Z\right)$$

此即为所求柱面方程.

例 4　一锥面的顶点在原点，准线为 $\frac{x^2}{a^2} = \frac{y^2}{b^2} = 1, z=c$. 试求该锥面方程.

解　过顶点 $(0,0,0)$ 和准线上的点 (x,y,z) 的母线为

$$\frac{X}{x} = \frac{Y}{y} = \frac{Z}{z}$$

用 $z=c$ 代入上式有 $\frac{X}{x} = \frac{Y}{y} = \frac{Z}{c}$，故有 $x=\frac{cX}{Z}, y=\frac{cY}{Z}$，再将其代入准线方程得

$$\frac{X^2}{a^2}+\frac{Y^2}{b^2}-\frac{Z^2}{c^2} = 0$$

此即所求圆锥面方程.

例 5　验证 $M_0(3,2,1)$ 为单叶双曲面 $\frac{x^2}{9}+\frac{y^2}{4}-\frac{z^2}{1}=1$ 上的一点，且求通过 M_0 的两条直母线方程.

解　将 $M_0(3,2,1)$ 代入方程知方程成立，故 M_0 在曲面上.

又将题设曲面方程改写如

$$\left(\frac{x}{3}+\frac{z}{1}\right)\left(\frac{x}{3}-\frac{z}{1}\right) = \left(1+\frac{y}{2}\right)\left(1-\frac{y}{2}\right)$$

则两条直母线的方程分别为

$$\begin{cases} \alpha\left(\frac{x}{3}+\frac{z}{1}\right) = \beta\left(1+\frac{y}{2}\right) \\ \beta\left(\frac{x}{3}-\frac{z}{1}\right) = \alpha\left(1-\frac{y}{2}\right) \end{cases} \quad \begin{cases} \lambda\left(\frac{x}{3}+\frac{z}{1}\right) = \mu\left(1-\frac{y}{2}\right) \\ \mu\left(\frac{x}{3}-\frac{z}{1}\right) = \lambda\left(1+\frac{y}{2}\right) \end{cases}$$

将 $M_0(3,2,1)$ 代入上两方程组中可以求得 $\alpha=\beta$(为任意非 0 实数) 和 $\lambda=0$(μ 为任意非 0 实数). 因而，过点 M_0 的两条直母线方程为

$$\begin{cases} 2x+3y-6z-6=0 \\ 2x-3y+6z-6=0 \end{cases} \quad 和 \quad \begin{cases} x-3z=0 \\ y-2=0 \end{cases}$$

注　通过这个例子可启示我们去探寻证明单叶双曲面的一个性质：过单叶双曲面上每个点，均有

两条直母线的方法.

下面我们再来看两个例子.

例 6 试将(空间)圆的方程 $\begin{cases}x^2+y^2+z^2=25,\\2x+2y+z-12=0\end{cases}$ 改写成形如 $x=a+R\cos\alpha$, $y=b+R\cos\beta$, $z=c+R\cos\gamma$ 的参数方程,其中 a,b,c 和 R 为常数,α,β,γ 为参数(方向角),如果 R 为圆的半径大小,α,β 和 γ 为圆的动半径方向角:(1) 问常数 a,b,c 的几何意义是什么?求出 a,b,c 和 R 的值;(2) 问三个参数 α,β,γ 是否相互独立?找出它们之间的关系.

解 从球心 $(0,0,0)$ 到平面 $2x+2y+z-12=0$ 的距离等于球心与圆心之间的距离,即

$$d=\frac{|2\cdot0+2\cdot0+1\cdot0-12|}{\sqrt{2^2+2^2+1^2}}=4$$

球的半径为 5,圆的半径 $R=\sqrt{5^2-4^2}=3$. 过球心 $(0,0,0)$ 且垂直于平面 $2x+2y+z-12=0$ 的直线方程为 $\frac{x-0}{2}=\frac{y-0}{2}=\frac{z-0}{1}$,其参数式为 $x=2t,y=2t,z=t$.

这样直线与平面的交点由 $2\cdot2t+2\cdot2t+1\cdot t-12=0$,解得 $t=\frac{4}{3}$.

即 $x=\frac{8}{3},y=\frac{8}{3},z=\frac{4}{3}$,此即圆心坐标. 如是 $a=\frac{8}{3},b=\frac{8}{3},c=\frac{4}{3}$ 为圆心坐标,则圆的参数方程

$$x=\frac{8}{3}+3\cos\alpha,y=\frac{8}{3}+3\cos\beta,z=\frac{4}{3}+3\cos\gamma$$

其中 α,β,γ 三者关系为

$$\cos^2\alpha+\cos^2\beta+\cos^2\gamma=1$$

由平面法矢 $\{2,2,1\}$ 与圆的动半径方向矢量 $\{\cos\alpha,\cos\beta,\cos\gamma\}$ 垂直(正交),则

$$2\cos\alpha+2\cos\beta+\cos\gamma=0.$$

例 7 已知平面 π 的方程:$2x+3y-5=0$;且直线 l_1:

$$\frac{x-6}{3}=\frac{y}{2}=\frac{z-1}{1},\quad l_2:\frac{x}{3}=\frac{y-8}{2}=-\frac{z+4}{2}$$

又 $l\ /\!/\ \pi_1$,且 l 与 l_1,l_2 均相交,求动直线 l 形成的曲面 $\sum$ 的方程.

解 设 l 的一组方向数为 $\{l,m,n\}$,l 与 l_1 的交点为 (a,b,c). 由 $l\ /\!/\ \pi$,有 $2l+3m=0$,即

$$l=-\frac{3m}{2}\tag{1}$$

又 (a,b,c) 在 l_1 上,故

$$\frac{a-6}{3}=\frac{b}{2}=\frac{c-1}{1}$$

即

$$a=6+\frac{3b}{2},\quad c=1+\frac{b}{2}\tag{2}$$

由直线 l 与 l_2 共面可有行列式

$$\begin{vmatrix}a & b-8 & c+4\\3 & 2 & -2\\l & m & n\end{vmatrix}=0$$

即

$$(2n+2m)a-(3n+2l)(b-8)+(3m+2l)(c+4)=0\tag{3}$$

由(1)式,(3)式化为

$$(2n+3m)a-(3n+2l)(b-8)=0$$

即

$$(3m-2l)b=-16l-12m-36n\tag{4}$$

若 $3m-2l=0$,由式(1)有 $l=m=0$,再由式(4)得 $n=0$,这不可能.

故 $3m-2l\neq0$,这时

$$b=-\frac{16l+12m+36n}{3m-2l}\tag{5}$$

将式(1) 代入式(5) 有 $b = 2 - \frac{6n}{m}$,将其代入式(2) 有 $a = 9 - \frac{9n}{m}$,$c = 2 - \frac{3n}{m}$.

由式(5) 的推导知 $m \neq 0$,此时 $\left\{\frac{l}{m}, 1, \frac{n}{m}\right\} = \left\{-\frac{3}{2}, 1, \frac{n}{m}\right\}$ 亦为 l 的一组方向数.

令 $s = \frac{n}{m}$ 为参数,则 l 的参数方程为

$$x = 9 - 9s - \frac{3t}{2},\quad y = 2 - 6s + t,\quad z = 2 - 3s + st$$

此即为 $\sum$ 的方程(参数形式).

二、微积分中的几何问题解法

微积分中也涉及一些几何问题,这些问题大抵有两类:

① 曲线(面) 方程问题;② 曲线(面) 的度量问题.

我们先来看曲线(面) 的方程问题.

1. 曲线的切线、法线与法面

空间曲线的切线、法线与法平面的方程可见表 10:

表 10

<table>
<tr><td colspan="2" rowspan="3">平面曲线</td><td colspan="2">$y = f(x)$ 在 (x_0, y_0) 点</td></tr>
<tr><td>切　　线</td><td>法　　线</td></tr>
<tr><td>$y = y_0 + f'(x_0)(x - x_0)$</td><td>$y = y_0 - \frac{x - x_0}{f'(x_0)}$</td></tr>
<tr><td rowspan="3">空间曲线</td><td rowspan="2">参数式</td><td>切　　线</td><td>法　　面</td></tr>
<tr><td>$\frac{x - x(t_0)}{x'(t_0)} = \frac{y - y(t_0)}{y'(t_0)} = \frac{z - z(t_0)}{z'(t_0)}$</td><td>$x'(t_0)[x - x(t_0)] + y'(t_0)[y - y(t_0)]$ $+ z'(t_0)[z - z(t_0)] = 0$</td></tr>
<tr><td>交面式</td><td colspan="2">$F(x,y,z) = 0, G(x,y,z) = 0$ 交线点处法向量分别为
$\boldsymbol{n}_1 = \{F'_x, F'_y, F'_z\}, \boldsymbol{n}_2 = \{G'_x, G'_y, G'_z\}$
曲线在该点的切向量 $\boldsymbol{t} = \boldsymbol{n}_1 \times \boldsymbol{n}_2$,即
$\left\{\begin{vmatrix} F'_y & F'_z \\ G'_y & G'_z \end{vmatrix}, \begin{vmatrix} F'_z & F'_x \\ G'_z & G'_x \end{vmatrix}, \begin{vmatrix} F'_x & F'_y \\ G'_x & G'_y \end{vmatrix}\right\}$</td></tr>
</table>

(1) 平面曲线问题

下面来看例子,先看平面曲线的问题.

例 1　如图 6,半径为 $\sqrt{5}$ 的圆与 x 轴相切,它沿 x 轴滚向抛物线 $y = x^2 + \sqrt{5}$,问它在何处与抛物线相切?求出相切时圆心坐标.

解　设圆与抛物线相切时圆心坐标为 $(t, \sqrt{5})$,则圆的方程为

$$(x - t)^2 + (y - \sqrt{5})^2 = 5$$

由之有 $y' = -\frac{x - t}{y - \sqrt{5}}$. 又由 $y = x^2 + \sqrt{5}$ 可有 $y' = 2x$. 设它们在 $T(x_0, y_0)$ 相切,则有

$$\begin{cases} y_0 = {x_0}^2 + \sqrt{5} & (1) \\ (x_0 - t)^2 + (y_0 - \sqrt{5})^2 = 5 & (2) \\ 2x_0 = \dfrac{t - x_0}{y_0 - \sqrt{5}} & (3) \end{cases}$$

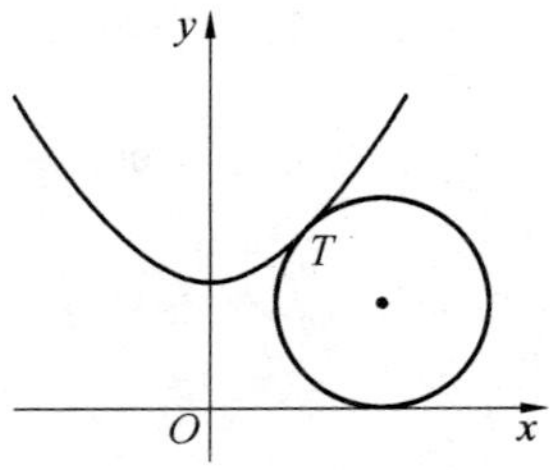

由式(1) 有 ${x_0}^2 = y_0 - \sqrt{5}$,将式(3) 两边平方得

$$(x_0 - t)^2 = 4{x_0}^2(y_0 - \sqrt{5})^2 = 4{x_0}^2({x_0}^2)^2 = 4{x_0}^6$$

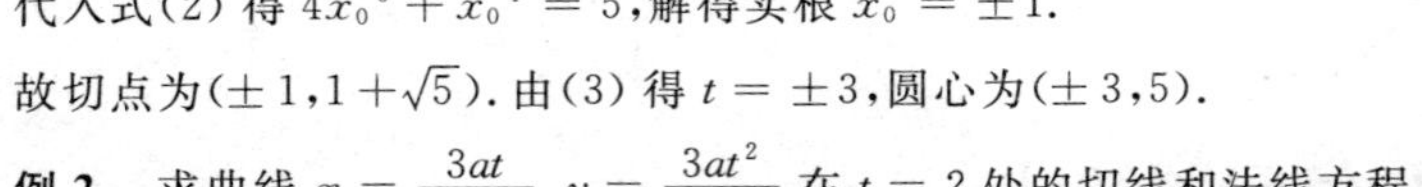

代入式(2) 得 $4{x_0}^6 + {x_0}^4 = 5$,解得实根 $x_0 = \pm 1$.

故切点为$(\pm 1, 1 + \sqrt{5})$.由(3) 得 $t = \pm 3$,圆心为$(\pm 3, 5)$.

图 6

例 2 求曲线 $x = \dfrac{3at}{1+t^2}, y = \dfrac{3at^2}{1+t^2}$ 在 $t = 2$ 处的切线和法线方程.

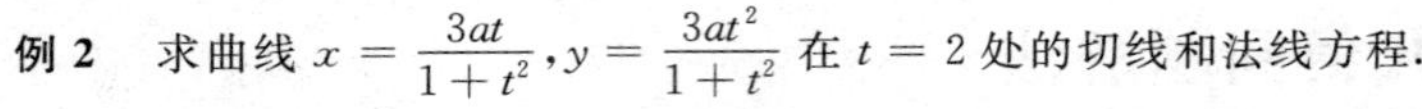

解 当 $t = 2$ 时,$x = \dfrac{6a}{5}, y = \dfrac{12a}{5}$.又$\left.\dfrac{\mathrm{d}y}{\mathrm{d}x}\right|_{t=2} = \left.\dfrac{2t}{1-t^2}\right|_{t=2} = -\dfrac{4}{3}$,即切线斜率为$-\dfrac{4}{3}$.

故切线方程
$$y - \frac{12}{5}a = -\frac{4}{3}\left(x - \frac{6}{5}a\right)$$
即
$$4x + 3y - 12a = 0$$
法线方程
$$y - \frac{12}{5}a = \frac{3}{4}\left(x - \frac{6}{5}a\right)$$
即
$$3x - 4y + 6a = 0$$

上面是参数方程的例子,下面看看极坐标方程的例子.

例 3 求心形线 $r = a(1 - \cos\theta)$ 在 $\theta = \dfrac{\pi}{2}$ 处切线方程.

解 由极坐标与直角坐标关系有

$$\begin{cases} x = a(1 - \cos\theta)\cos\theta \\ y = a(1 - \cos\theta)\sin\theta \end{cases}$$

当 $\theta = \dfrac{\pi}{2}$ 时,对应直角坐标系下的点是$(0, a)$,故

$$\left.\frac{\mathrm{d}y}{\mathrm{d}x}\right|_{\theta=\frac{\pi}{2}} = \left[\frac{\mathrm{d}y}{\mathrm{d}\theta}\bigg/\frac{\mathrm{d}x}{\mathrm{d}\theta}\right]_{\theta=\frac{\pi}{2}} = \left.\frac{\cos\theta - \cos 2\theta}{-\sin\theta + \sin 2\theta}\right|_{\theta=\frac{\pi}{2}} = -1$$

故在心形线上过$(0, a)$ 的切线方程为 $y - a = -x$,即 $y + x = a$.

例 4 已知直线 TT' 与光滑曲线$\rho = \rho(\theta)$ 相切于点 M,试证:矢径 OM 的延长线与 TT' 所成之角为 $\arctan\left[\dfrac{\rho(\theta)}{\rho'(\theta)}\right]$.

证 由设直角坐标系下曲线方程为

$$x = \rho(\theta)\cos\theta, \quad y = \rho(\theta)\sin\theta$$

故
$$\frac{\mathrm{d}y}{\mathrm{d}x} = \frac{\rho'(\theta)\sin\theta + \rho(\theta)\cos\theta}{\rho'(\theta)\cos\theta - \rho(\theta)\sin\theta} = \frac{\rho'(\theta)\tan\theta + \rho(\theta)}{\rho'(\theta) - \rho(\theta)\tan\theta}$$

设 $M(\rho, \theta)$ 是曲线上点,矢径 OM 与曲线在M 点的切线 TT' 间夹角为φ,切线与极轴的交角为α,则$\varphi = \alpha - \theta$.故

$$\tan\varphi = \tan(\alpha - \theta) = \frac{\tan\alpha - \tan\theta}{1 + \tan\alpha\tan\theta} = \frac{y' - \tan\theta}{1 + y'\tan\theta}$$

将 y' 的表达式代入上式且化简有 $\tan\varphi = \dfrac{\rho(\theta)}{\rho'(\theta)}$,故 $\varphi = \arctan\left[\dfrac{\rho(\theta)}{\rho'(\theta)}\right]$.

例 5 三角形的三个顶点分别位于曲线 $f(x, y) = 0, \varphi(x, y) = 0, \psi(x, y) = 0$ 上.若三角形面积达到极值,则曲线在三角形三顶点处的法线均过三角形垂心.

解　设三角形三顶点为 $A(x_1,y_1)$，$B(x_2,y_2)$，$C(x_3,y_3)$，且

$$f(x_1,y_1)=0,\quad \varphi(x_2,y_2)=0,\quad \psi(x_3,y_3)=0$$

设 $\triangle ABC$ 面积为 S，且令 $F(x,y)=S-\lambda f(x,y)-\mu\varphi(x,y)-\gamma\psi(x,y)$，即

$$F(x,y)=\frac{1}{2}\begin{vmatrix} x & y_1 & 1 \\ x & y_2 & 1 \\ x & y_2 & 1 \end{vmatrix}-\gamma f(x,y)-\mu\varphi(x_2,y_2)-\gamma\psi(x_3,y_3)$$

而
$$F'_{x_1}=\frac{y_2-y_3}{2}-\lambda f'_{x_1}=0,\quad F'_{y_1}=\frac{x_3-x_2}{2}-\lambda f'_{y_1}=0$$

解得
$$\lambda=\frac{y_1-y_3}{2f'_{x1}}=\frac{x_3-x_1}{2f'_{y1}}$$

故
$$\frac{x_3-y_2}{x_3-x_2}\cdot\frac{f'_{y_1}}{f'_{x_1}}=-1 \tag{*}$$

注意到 $-\dfrac{f'_{y_1}}{f'_{x_1}}$ 为曲线 $f(x,y)=0$ 在 (x_1,y_1) 处法线的斜率，$\dfrac{y_3-y_2}{x_3-x_2}$ 为 $\triangle ABC$ 的边 BC 的斜率.

式(*)说明曲线 $f(x,y)=0$ 过 A 点的法线是 $\triangle ABC$ 的自点 A 所引 BC 边的垂线.

类似地可证 B，C 两点有类似的结论.

(2) 空间曲线问题

我们再来看看空间曲线的问题.

例 1　求曲线 $\Gamma: x^2+y^2+z^2=a^2, x^2+y^2=ax\ (a>0)$ 上任一点 (x_0,y_0,z_0) 处的切线和法平面方程.

解　令 $f(x,y,z)=x^2+y^2+z^2-a^2$，$g(x,y,z)=x^2+y^2-ax$. 在曲线 $\Gamma:\begin{cases} f(x,y,z)=0 \\ g(x,y,z)=0 \end{cases}$ 上任一点 (x_0,y_0,z_0) 处，曲面 $f(x,y,z)=0$ 的切平面为

$$x_0(x-x_0)+y_0(y-y_0)+z_0(z-z_0)=0$$

而在曲面 $g(x,y,z)=0$ 的切平面方程为

$$(2x_0-a)(x-x_0)+2y_0(y-y_0)=0$$

故在 (x_0,y_0,z_0) 处的切线方程为

$$\frac{x-x_0}{\begin{vmatrix} y_0 & z_0 \\ 2y_0 & 0 \end{vmatrix}}=\frac{y-y_0}{\begin{vmatrix} z_0 & x_0 \\ 0 & 2x_0-a \end{vmatrix}}=\frac{z-z_0}{\begin{vmatrix} x_0 & y_0 \\ 2x_0-a & 2y_0 \end{vmatrix}}$$

即
$$\frac{x-x_0}{-2y_0z_0}=\frac{y-y_0}{z_0(2x_0-a)}=\frac{z-z_0}{ay_0}$$

而在 (x_0,y_0,z_0) 处法平面方程为

$$-2y_0z_0(x-x_0)+z_0(2x_0-a)(y-y_0)+ay_0(z-z_0)=0$$

即
$$-2y_0z_0x+z_0(2x_0-a)y+ay_0z=0$$

例 2　求曲线 $x=t, y=-t^2, z=t^3$ 上与平面 $x+2y+z=4$ 平行的切线方程.

解　由题设平面 $x+2y+z=4$ 的法矢量为 $\boldsymbol{n}=\{1,2,1\}$.

由曲线方程 $x=t, y=-t^2, z=t^3$ 知，曲线切线的方向矢量 $\boldsymbol{t}=\{1,-2t,3t^2\}$.

又曲线切线与已知平面平行，故 $\boldsymbol{n}\perp\boldsymbol{t}$，即 $\boldsymbol{n}\cdot\boldsymbol{t}=0$，亦即 $1-4t+3t^2=0$.

解得 $t_1=1, t_2=\dfrac{1}{3}$. 这样可分情况讨论如：

(1) 当 $t=1$ 时，过曲线上点 $(1,-1,1)$，方向为 $\boldsymbol{t}=\{1,-2,3\}$ 的切线方程为

$$\frac{x-1}{1}=\frac{y+1}{-2}=\frac{z-1}{3}$$

(2) 当 $t=\frac{1}{3}$ 时,过曲线上点 $\left(\frac{1}{3},-\frac{1}{9},\frac{1}{27}\right)$,方向为 $\boldsymbol{t}=\left\{1,-\frac{2}{3},\frac{1}{3}\right\}$ 的切线方程为

$$\frac{3x-1}{1}=\frac{9y+1}{-2}=\frac{27z-1}{3}$$

例 3 证明曲线 $\Gamma: x=ae^t\cos t, y=ae^t\sin t, z=ae^t$ 在锥面 $x^2+y^2=z^2$ 上,且曲线上任一点的切线与锥面的母线交成的角.

解 由设曲线 Γ 在锥面上,即对一切 t 所给曲线方程满足 $x^2+y^2=z^2$.

在曲线 Γ 任一点 (x,y,z) 处切线方向矢量为

$$\boldsymbol{t}=\{x'_t,y'_t,z'_t\}=\{ae^t(\cos t-\sin t),ae^t(\sin t+\cos t),ae^t\}$$

而在该点处与曲线相交的锥面母线的方向矢量为

$$\boldsymbol{a}=\{x-0,y-0,z-0\}=\{ae^t\cos t,ae^t\sin t,ae^t\}$$

故曲线与圆锥母线交角 φ 余弦为 $\cos\varphi=\frac{\boldsymbol{a}\cdot\boldsymbol{t}}{|\boldsymbol{a}||\boldsymbol{t}|}=\frac{\sqrt{6}}{3}$,从而 $\varphi=\arccos\frac{\sqrt{6}}{3}$.

例 4 试求曲线 $x^2-z=0,3x+2y+1=0$ 上的点 $(1,-2,1)$ 处的法平面与直线 $9x-7y-21z=0,x-y-z=0$ 间夹角.

解 题设曲线可写成关于 x 的参数式

$$x=x,\quad y=-\frac{3x+1}{2},\quad z=x^2$$

其在点 $(1,-2,1)$ 处的法平面方程为

$$(x-1)-\frac{3}{2}(y+2)+2(z-1)=0$$

法向量 $n=\left\{1,\frac{3}{2},2\right\}$;而所给直线方向矢量为

$$\boldsymbol{a}=\left\{\begin{vmatrix}-7 & -21\\ -1 & -1\end{vmatrix},\begin{vmatrix}-21 & 9\\ -1 & 1\end{vmatrix},\begin{vmatrix}9 & -7\\ 1 & -1\end{vmatrix}\right\}=\{-14,-12,-2\}$$

则所求夹角 θ 的正弦为

$$\sin\theta=\frac{\boldsymbol{a}\cdot\boldsymbol{n}}{|\boldsymbol{a}||\boldsymbol{n}|}=0$$

故 $\theta=0$,即法平面与所给直线平行.

(3) 曲线的曲率、曲率中心和曲率半径

曲线的曲率、曲率中心和曲率半径公式见表 11:

表 11

曲线方程	$y=f(x)$	$x=\varphi(t),y=\psi(t)$
曲率	$\kappa=\frac{\lvert y''\rvert}{(1+y'^2)^{\frac{3}{2}}}$	$\kappa=\frac{\lvert\varphi'(t)\psi''(t)-\varphi''(t)\psi'(t)\rvert}{[\varphi^2(t)+\psi'^2(t)]^{\frac{3}{2}}}$
曲率中心(α,β)	$\alpha=x-\frac{y'(1+y'^2)}{y''},\quad \beta=y+\frac{1+y'^2}{y''}$	
曲率半径	$R=\frac{1}{\kappa}$	

下面来看几个例子.

例 1 求曲线 $y=\tan x$ 在点 $\left(\frac{\pi}{4},1\right)$ 处的曲率圆方程.

解 由题设容易算得

$$y'\big|_{x=\frac{\pi}{4}}=\frac{1}{\cos^2 x}\bigg|_{x=\frac{\pi}{4}}=2,\quad y''\big|_{x=\frac{\pi}{4}}=\frac{2\sin x}{\cos^3 x}\bigg|_{x=\frac{\pi}{4}}=4$$

在点 $\left(\frac{\pi}{4},1\right)$ 处的曲率及曲率半径分别为

$$\kappa=\frac{y''}{(1+y'^2)^{\frac{3}{2}}}\bigg|_{x=\frac{\pi}{4}}=\frac{4}{5\sqrt{5}},\quad R=\frac{1}{\kappa}=\frac{5\sqrt{5}}{4}$$

由公式可算得曲率中心 (α,β) 为

$$\alpha=\left[x-y'\frac{1+y'^2}{y''}\right]_{x=\frac{\pi}{4}}=\frac{\pi}{4}-\frac{5}{2},\quad \beta=\left[y+\frac{1+y'^2}{y''}\right]_{\left(\frac{\pi}{4},1\right)}=\frac{9}{4}$$

故所求曲率方程为　$$\left(x-\frac{\pi}{4}+\frac{5}{2}\right)^2+\left(y-\frac{9}{4}\right)^2=\frac{125}{16}$$

我们知道：若曲线上的曲率处处为零，则它必定是直线. 利用这个结论我们可以证明某些曲线是直线. 请看：

例 2　试证曲线 $F(x,y)=x^2+2xy-8y^2+2x+14y-3=0$ 是直线.

解　利用隐函数的求导法我们有

$$y'=\frac{x+y+1}{8y-x-7},\quad y''=\frac{1+2y'-8y'^2}{8y-x-7}$$

将 y' 代入 y'' 的分子 $1+2y'-8y'^2$ 得

$$1+\frac{2(x+y+1)}{8y-x-7}+8\left(\frac{x+y+1}{8y-x-7}\right)^2=\frac{-9F(x,y)}{(8y-x-7)^2}=0$$

故 $y''=0$，从而曲线在各点处曲率 $k\equiv 0$，即曲线必为直线.

曲率处处为 0 是曲线为直线的充要条件，下面的例子告诉我们曲线为圆的充要条件.

例 3　证明平面曲线为圆周的充要条件是曲率半径为常数.

证　必要性. 设圆周方程为 $x^2+y^2=a^2$，点 (x,y) 为圆周上任意一点.

由 $2x+2yy'=0$ 得 $y'=-\frac{x}{y}$，$y''=-\frac{y-xy'}{y^2}=-\frac{y^2+x^2}{y^3}=-\frac{a^2}{y^3}$，则

$$R=\left|\frac{(1+y'^2)^{\frac{3}{2}}}{y''}\right|=\left|\left(\frac{a^2}{y^2}\right)^{\frac{3}{2}}\Big/\left(-\frac{a^2}{y^3}\right)\right|=a$$

充分性. 设平面曲线上任一点 (x,y) 处的曲率半径为常数 a，即

$$\left|\frac{(1+y'^2)^{\frac{3}{2}}}{y''}\right|=a\quad 或\quad \pm ay''=(1+y'^2)^{\frac{3}{2}}$$

令 $y'=p$，则 $y''=p'$，上方程化为

$$\pm a\frac{\mathrm{d}p}{\mathrm{d}x}=(1+p^2)^{\frac{3}{2}}\quad 或\quad \frac{\pm a}{(1+p^2)^{\frac{3}{2}}}\mathrm{d}p=\mathrm{d}x$$

积分之有

$$\pm\frac{ay'}{\sqrt{1+y'z}}=x+c_1$$

两边平方后整理得

$$[a^2-(x+c_1)^2]y'^2=(x+c_1)^2$$

即　$$y'=\pm\frac{x+c_1}{\sqrt{a^2-(x+c_1)^2}}$$

解之有 $y+c_2=\mp\sqrt{a^2-(x+c_1)^2}$. 该式两边平方.

从而 $(x+c_1)^2+(y+c_2)^2=a^2$，此为圆心在 $(-c_1,-c_2)$，半径为 a 的圆周方程.

例 4　已知曲线 $C: y=x^2\ (0\leqslant x<+\infty)$，求 $\frac{\mathrm{d}\kappa}{\mathrm{d}s}$，其中 κ 是曲线 C 在 x 处的曲率，s 是对应于区间

$[0,x]$ 上曲线 C 的一段弧长.

解 由设有 $y=x^2, y'=2x, y''=2$,则

$$\kappa=\frac{2}{(1+4x^2)^{\frac{3}{2}}},\quad \frac{\mathrm{d}\kappa}{\mathrm{d}x}=\frac{-24x}{(1+4x^2)^{\frac{5}{2}}}$$

又
$$\frac{\mathrm{d}s}{\mathrm{d}x}=\sqrt{1+4x^2}$$

故
$$\frac{\mathrm{d}\kappa}{\mathrm{d}s}=\frac{\mathrm{d}\kappa}{\mathrm{d}x}\Big/\frac{\mathrm{d}s}{\mathrm{d}x}=\frac{-24x}{(1+4x^2)^3}$$

2. 曲面的切平面与法线

曲面的切平面与法线的方程形式见表 12.

表 12

方程形式	切平面	法线
$F(x,y,z)=0$ 在 $M(x_0,y_0,z_0)$ 处	$F'_x(M)(x-x_0)+F'_y(M)(y-y_0)+F'_z(M)(z-z_0)=0$	$\dfrac{x-x_0}{F'_x(M)}=\dfrac{y-y_0}{F'_y(M)}=\dfrac{z-z_0}{F'_z(M)}$
$\begin{cases}x=x(u,v)\\y=y(u,v)\\z=z(u,v)\end{cases}$	法向量 $\boldsymbol{n}=\left\{\dfrac{D(y,z)}{D(u,v)},\dfrac{D(z,x)}{D(u,v)},\dfrac{D(x,y)}{D(u,v)}\right\}$	

下面来看例子,先来看关于曲面切平面的例子.

例 1 求曲面 $x=ue^v, y=ve^u, z=u+v$ 在 $u=v=0$ 处的切平面.

解 由设有 $\mathrm{d}x=e^v\mathrm{d}u+ue^v\mathrm{d}v, \mathrm{d}y=ve_u\mathrm{d}u+e^u\mathrm{d}v, \mathrm{d}z=\mathrm{d}u+\mathrm{d}v$. 由前两式可求得

$$\mathrm{d}u=\frac{e^u\mathrm{d}x-ue^v\mathrm{d}y}{e^{u+v}(1-uv)},\quad \mathrm{d}v=\frac{-ve^u\mathrm{d}x+e^v\mathrm{d}y}{e^{u+v}(1-uv)}$$

代入第三式 $\mathrm{d}z=\mathrm{d}u+\mathrm{d}v$ 有

$$\mathrm{d}z=\frac{e^u(1-v)\mathrm{d}x+e^v(1-u)\mathrm{d}y}{e^{u+v}(1-uv)}$$

故
$$\frac{\partial z}{\partial x}=\frac{e^u(1-v)}{e^{u+v}(1-uv)},\quad \frac{\partial z}{\partial y}=\frac{e^v(1-u)}{e^{u+v}(1-uv)}$$

当 $u=v=0$ 时, $x=y=z=0$. 且 $z'_x=z'_y=1$. 故所求切平面方程为 $z=x+y$.

注 *本题还可解如:*

当 $u=v=0$ 时, $x=y=z=0$, 在该点曲面法向量 $\boldsymbol{n}$ 为

$$\boldsymbol{n}=\left\{\begin{vmatrix}y'_u & z'_u\\ y'_v & z'_v\end{vmatrix},\begin{vmatrix}z'_u & x'_u\\ z'_v & x'_v\end{vmatrix},\begin{vmatrix}x'_u & y'_u\\ x'_v & y'_v\end{vmatrix}\right\}_{\substack{u=0\\v=0}}=\{-1,-1,1\}$$

则所求切平面方程为 $x+y-z=0$.

例 2 求曲面 $x^2+y^2-z^2=1$ 与平面 $x+y+z=1$ 平行的切平面方程.

解 设 $F(x,y,z)=x^2+y^2-z^2-1$, 过曲面上点 $M(x_0,y_0,z_0)$ 的切平面方程为

$$\left.\frac{\partial F}{\partial x}\right|_M(x-x_0)+\left.\frac{\partial F}{\partial y}\right|_M(y-y_0)+\left.\frac{\partial F}{\partial z}\right|_M(z-z_0)=0$$

即
$$x_0x+y_0y-z_0z-1=0$$

若平面与已知平面 $x+y+z=0$ 平行,则 $x_0=y_0=-z_0$. 代入曲面方程有 $x_0=y_0=-z_0=\pm 1$. 故所求切平面方程为

$$x+y-z+1=0\quad 或\quad x+y+z+1=0$$

例3　过直线$\begin{cases}10x+2y-2z=27\\x+y-z=0\end{cases}$作曲面$3x^2+y^2-z^2=27$的切平面,求其方程.

解　设$F(x,y,z)=3x^2+y^2-z^2-27$,则$F'_x=6x,F'_y=2y,F'_z=-2z$.又过已知直线的平面方程为

$$10x+2y-2z-27+\lambda(x+y-z)=0$$

其法矢量为

$$\{10+\lambda,\quad 2+\lambda,\quad -2-\lambda\}$$

设所求切平面的切点为(x_0,y_0,z_0),则

$$\begin{cases}\dfrac{10+\lambda}{6x_0}=\dfrac{2+\lambda}{2y_0}=\dfrac{2+\lambda}{2z_0}, & (\text{法矢与}\{6x,2y,-2z\}\text{平行})\\ 3{x_0}^2+{y_0}^2-{z_0}^2-27=0, & (\text{点}(x_0,y_0,z_0)\text{在}F(x,y,z)=0\text{上})\\ (10+\lambda)x_0+(2+\lambda)y_0-(2+\lambda)z_0-27=0, & (\text{平面过已知直线})\end{cases}$$

解得

$$(x_0,y_0,z_0,\lambda)=(3,1,1,-1)\quad\text{或}\quad(-3,-17,-17,-19)$$

故所求切平面方程为

$$9x+y-z-27=0\quad\text{或}\quad 9x+17y-17z+27=0$$

例4　试求曲面$F(x,y,z)=x^2+y^2+z^2-xy-3=0$上同时垂直于平面$z=0$与$x+y+1=0$的切平面方程.

解　设所求切平面法矢量为$\boldsymbol{n}$,平面$z=0$的法矢量为$\boldsymbol{n}_1$,平面$x+y+1=0$的法矢量为$\boldsymbol{n}_2$,由题设$\boldsymbol{n}\perp\boldsymbol{n}_1,\boldsymbol{n}\perp\boldsymbol{n}_2$有

$$\boldsymbol{n}=\boldsymbol{n}_1\times\boldsymbol{n}_2\begin{vmatrix}\boldsymbol{i}&\boldsymbol{j}&\boldsymbol{k}\\0&0&1\\1&1&0\end{vmatrix}=\{-1,1,0\}$$

故

$$\{F'_x,F'_y,F'_z\}=\{2x-y,2y-x,2z\}=\{-t,t,0\}$$

由之有$x=-\dfrac{t}{3},y=\dfrac{t}{3},z=0$.代入原曲面方程得$t^2=9$,解得$t=\pm3$.

故切点为$(-1,1,0)$或$(1,-1,0)$.从而切平面方程为

$$y-x-z=0\quad\text{或}\quad y-x+2=0$$

例5　设$F(u,v)$为处处可微函数,试证曲面$F(lx-mz,ly-nz)=0$上所有切平面均与一条固定直线平行(这里l,m,n均不为0).

解　设$u=lx-mz,v=ly-nz$.过曲面$F(u,v)=0$上任一点(x_0,y_0,z_0)的切平面方程为

$$F'_ul(x-x_0)+F'_vl(y-y_0)+(-mF'_u-nF'_v)(z-z_0)=0$$

因

$$m\cdot F'_ul+n\cdot F'_vl+l\cdot(-mF'_u-nF'_v)=0$$

故上面切平面法矢$\{F'_ul,F'_vl,-mF'_u-nF'_v\}$均与矢量$\{m,n,l\}$正交,即该切平面均平行于以$\{m,n,l\}$为方向数的定直线.

例6　平面$3x+\lambda y-3z+16=0$与椭球面$3x^2+y^2+z^2=16$相切,求λ及切点坐标.

解　设切点坐标为(x_0,y_0,z_0),在该点处所给椭球面的法矢量为$\{6x_0,2y_0,2z_0\}$,故有

$$\begin{cases}3x_0+\lambda y_0-3z_0+16=0 & (1)\\ 3{x_0}^2+y_0^2+{z_0}^2=16 & (2)\\ \dfrac{6x_0}{3}=\dfrac{2y_0}{\lambda}=\dfrac{2z_0}{\lambda} & (3)\end{cases}$$

由式(3)有$y_0=\lambda x_0$,代入式(1)得

$$z_0=\frac{1}{3}[(3+\lambda^2)x_0+16]$$

再将$y_0=\lambda x_0$及上式代入式(2)有

$$3x_0^2+\lambda^2x_0^2+\frac{1}{9}[(3+\lambda^2)x_0+16]^2=16 \tag{4}$$

令 $u=3+\lambda^2$,上式可化简为

$$\left(u+\frac{u^2}{9}\right)x_0^2+\frac{32ux_0}{9}+\frac{16^2}{9}-16=0$$

再由相切条件可有

$$\left(\frac{32u}{9}\right)^2-4\left(u+\frac{u^2}{9}\right)\left(\frac{16^2}{9}-16\right)=0$$

因 $u\neq 0$,解得 $u=7$,即 $3+\lambda^2=7$,又解得 $\lambda=\pm 2$.

当 $\lambda=\pm 2$ 时切点坐标为 $(-1,-2,3)$ 和 $(-1,2,3)$.

我们来看一个证明问题,它涉及曲面的切平面性质.

例 7 证明曲面 $z=xf\left(\frac{y}{x}\right)$ 在任一点的切平面都通过原点.

证 令 $F(x,y,z)=xf\left(\frac{y}{x}\right)-z$,曲面任一点 $M(x_0,y_0,z_0)$ 处切平面方程为

$$\left.\frac{\partial F}{\partial x}\right|_M(x-x_0)+\left.\frac{\partial F}{\partial y}\right|_M(y-y_0)+\left.\frac{\partial F}{\partial z}\right|_M(z-z_0)=0$$

即

$$\left[f\left(\frac{y_0}{x_0}\right)-\frac{y_0}{x_0}f'\left(\frac{y_0}{x_0}\right)\right]x-f'\left(\frac{y_0}{x_0}\right)y-z=0$$

显然 $(0,0,0)$ 适合上方程,即该切平面过原点.

下面关于切平面的例子和函数的极值有关.

例 8 已知曲面 $xyz=1$,求原点到该曲面最近点处的切平面方程.

解 先由 Lagrange 乘子法可求得曲面上到原点最近的点为

$$(1,1,1),\quad(-1,-1,1),\quad(1,-1,-1),\quad(-1,1,-1)$$

利用曲面切平面公式可分别算得 $xyz=1$ 在该四点处的切平面方程:

在 $(1,1,1)$ 点处,曲面切平面方程为 $x+y+z-3=0$;

在 $(-1,-1,1)$ 点处,曲面切平面方程为 $-x-y+z-3=0$;

在 $(1,-1,-1)$ 点处,曲面切平面方程为 $x-y-z-3=0$;

在 $(-1,1,-1)$ 点处,曲面切平面方程为 $-x+y-z-3=0$.

例 9 在第一卦限内作椭球面 $\frac{x^2}{a^2}+\frac{y^2}{b^2}+\frac{z^2}{c^2}=1$ 的切平面,使得切平面与三坐标面所围成的四面体体积最小,求切点的坐标.

解 过曲面上点 (x_0,y_0,z_0) 的切平面方程为

$$\frac{2x_0}{a^2}(x-x_0)+\frac{2y_0}{b^2}(y-y_0)+\frac{2z_0}{c^2}(z-z_0)=0 \tag{*}$$

切平面与三坐标面所围四面体体积为

$$V=\frac{1}{6}\cdot\frac{a^2b^2c^2}{x_0y_0z_0}$$

用 Lagrange 乘子法可求得 $x=\frac{a}{\sqrt{3}},y=\frac{b}{\sqrt{3}},z=\frac{c}{\sqrt{3}}$ 时四面体体积 V 的值最大,$\left(\frac{a}{\sqrt{3}},\frac{b}{\sqrt{3}},\frac{c}{\sqrt{3}}\right)$ 即为所求切点坐标.

注 这里计算 V 求平面在各坐标轴的截距时,是先将方程(*)改写为截距式

$$\frac{x}{\frac{a^2}{x_0}}+\frac{y}{\frac{b^2}{y_0}}+\frac{z}{\frac{c^2}{z_0}}=1$$

利用这个办法我们还可以证明下面的结论：

命题　曲面$\sqrt{x}+\sqrt{y}+\sqrt{z}=\sqrt{a}(a>0)$在第一卦限的任意点$(x_0,y_0,z_0)$处的切平面，在三坐标轴上截距之和为定值.

最后我们看看求曲面的法线问题.

例10　试求曲面$xyz=1$在任意点(α,β,γ)处的法线方程.

解　设$F(x,y,z)=xyz-1$，则$F'_x=yz,F'_y=xz,F'_z=xy$.

故该曲面上点(α,β,γ)处法线方程为

$$\frac{x-\alpha}{\beta\gamma}=\frac{y-\beta}{\alpha\gamma}=\frac{z-\gamma}{\alpha\beta}$$

例11　在曲面$z=xy$上找一点，使曲面在该点的法线垂直于平面$x+3y+z+9=0$，且写出该法线方程.

解　设$F(x,y,z)=xy-z$，由$F'_x=y,F'_y=x,F'_z=-1$.

又设(x_0,y_0,z_0)为所求之点，又该点处法线垂直于平面$x+3y+z+9=0$.

故有其方向矢量$\{F'_x,F'_y,F'_z\}_{(x_0,y_0,z_0)}=\{y_0,x_0,-1\}$满足

$$\frac{y_0}{1}=\frac{x_0}{3}=\frac{-1}{1}$$

即

$$x_0=-3,\quad y_0=-1,\quad z_0=3$$

故所求法线方程为

$$\frac{x+3}{-1}=\frac{y+1}{-3}=\frac{z-1}{-1}$$

3. 曲线(面)族的正交问题

“正交”这个概念无论在高等(线性)代数还是在解析几何中都是一个十分重要的概念.在(线性)代数中，对于向量$\boldsymbol{a},\boldsymbol{b}$(非零)若满足$\boldsymbol{a}\cdot\boldsymbol{b}=0$，则称向量$\boldsymbol{a},\boldsymbol{b}$正交.在几何中，平面上两曲线族正交，是指两族中曲线在其每个交点处的交角为直角(切线皆互相垂直)；在空间中两曲面族正交系指曲面族的每条交线上的诸点处，两曲面族的法矢量互相垂直.我们来看几个例子.

例1　设有一个通过原点，圆心位于x轴上的圆族，试求此圆族的正交轨线族.

解　设圆心为$(a,0)$，则过原点的圆族可表示为

$$(x-a)^2+y^2=a^2$$

由上式可求得$y'=\dfrac{a-x}{y}$，又由直线互相垂直的斜率间的关系，所求正交轨线族应满足方程

$$\frac{\mathrm{d}y}{\mathrm{d}x}=\frac{y}{x-a}\Rightarrow\frac{\mathrm{d}y}{y}=\frac{\mathrm{d}x}{x-a}$$

两边积分之有$\ln y=\ln c(x-a)$，即$y=c(x-a)$为所求正交轨线族.

例2　试证具有公共焦点的椭圆和双曲线族互相正交.

证　设椭圆和双曲线族公共焦点为$(-c,0)$，$(c,0)$，椭圆、双曲线方程分别为

$$\frac{x^2}{a_1^2}+\frac{y^2}{b_1^2}=1\tag{1}$$

$$\frac{x^2}{a_2^2}+\frac{y^2}{b_2^2}=1\tag{2}$$

在椭圆中$b_1^2=a_1^2-c^2$；在双曲线中$b_2^2=c^2-a_2^2$.这样方程(1)、(2)可化为

$$\frac{x^2}{a_1^2}+\frac{y^2}{a_1^2-c^2}=1\tag{3}$$

$$\frac{x^2}{a^2}-\frac{y^2}{c^2-a_2^2}=1\tag{4}$$

解联立方程(3)，(4)得

$$x = \pm \frac{a_1 a_2}{c}, \quad y = \pm \frac{\sqrt{(c^2 - a_2^2)(a_1^2 - c^2)}}{c} \tag{5}$$

若 k_1, k_2 分别为交点处椭圆、双曲线的切线斜率,则

$$k_1 \cdot k_2 = y'_{椭} \cdot y'_{双} = -\frac{{a_1}^2 - c^2}{{a_1}^2} \cdot \frac{x}{y} \cdot \frac{c^2 - a_2^2}{a_2^2} \cdot \frac{x}{y} \quad (由式(5)) =$$

$$-\frac{({a_1}^2 - c^2)(c^2 - a_2^2)}{a_1^2 a_2^2} \cdot \frac{a_1^2 a_2^2}{({a_1}^2 - c^2)(c^2 - a^2)} = -1$$

故由曲线交点处切线斜率之积为 -1,知上面两族曲线正交.

例 3 设 $u(x,y) = c_1, v(x,y) = c_2$ 是平面两曲线族(c_1, c_2 是任意常数),且对于平面上的任何点 (x,y) 均有 $\frac{\partial u}{\partial x} = \frac{\partial v}{\partial y}, \frac{\partial u}{\partial y} = -\frac{\partial v}{\partial x}$,试证这两族曲线是正交的.

证 设 k_1, k_2 是两族曲线在任意点 $P(x,y)$ 处的切线斜率,则

$$k_1 = \left.\frac{\mathrm{d}y}{\mathrm{d}x}\right|_P = -\left[\frac{\partial u}{\partial x}\Big/\frac{\partial u}{\partial y}\right]_P, \quad k_2 = \left.\frac{\mathrm{d}y}{\mathrm{d}x}\right|_P = -\left[\frac{\partial v}{\partial x}\Big/\frac{\partial v}{\partial y}\right]_P$$

则由 $$k_1 \cdot k_2 = -\left[\frac{\partial u}{\partial x}\Big/\frac{\partial u}{\partial y}\right]_P \cdot \left(-\left[\frac{\partial v}{\partial x}\Big/\frac{\partial v}{\partial y}\right]_P\right) = -\left[\frac{\partial u}{\partial x}\Big/\frac{\partial u}{\partial y}\right]_P \cdot \left[\frac{\partial u}{\partial y}\Big/\frac{\partial u}{\partial x}\right]_P = -1$$

知两切线互相垂直(注意题设).

由 P 点的任意性,知两线族正交.

例 4 $R > 0, A > 0$,试证球面 $\Sigma_1: x^2 + y^2 + z^2 = R^2$ 与锥面 $\Sigma_2: x^2 + y^2 = Az^2$ 正交.

证 设 $f(x,y,z) = x^2 + y^2 + z^2 - R^2$,且 $g(x,y,z) = x^2 + y^2 - Az^2$,则 $\Sigma_1: f(x,y,z) = 0$;且 $\Sigma_2: g(x,y,z) = 0$.

在点 (x,y,z) 处 Σ_1, Σ_2 的法矢分别为

$$\boldsymbol{n}_1 = \{f'_x, y'_y, f'_z\} = \{2x, 2y, 2z\}, \quad \boldsymbol{n}_2 = \{g'_x, g'_y, g'_z\} = \{2x, 2y, -2Az\}$$

当 (x,y,z) 为 Σ_1, Σ_2 的交点时,可有

$$\boldsymbol{n}_1 \cdot \boldsymbol{n}_2 = 4x^2 + 4y^2 - 4Az^2 = 4(x^2 + y^2 - Az^2) = 0$$

即 Σ_1, Σ_2 在其交点处法向量正交,从而 Σ_1, Σ_2 正交.

4. 曲线弧的长度求法

曲线弧的长度计算方法,有下面几种(表 13):

表 13

方　法	曲　线　方　程	计　算　公　式
定积分	$y = f(x), \quad a \leqslant x \leqslant b$	$L = \int_a^b \sqrt{1 + y'^2_x}\,\mathrm{d}x$
	$x = g(y), \quad c \leqslant y \leqslant d$	$L = \int_c^d \sqrt{1 + {g_y}'^2}\,\mathrm{d}y$
	$x = \varphi(t), \quad y = \psi(t), \quad \alpha \leqslant t \leqslant \beta$	$L = \int_\alpha^\beta \sqrt{\varphi'^2(t) + \psi'^2(t)}\,\mathrm{d}t$
	$r = r(\theta), \quad \alpha \leqslant \theta \leqslant \beta$	$L = \int_\alpha^\beta \sqrt{r^2(\theta) + r'^2(\theta)}\,\mathrm{d}\theta$
曲线积分	$L = \int_L \mathrm{d}l$	

直线可视为曲线的一种,因而我们在没有谈曲线弧长计算之前,先来看看直线段长的计算公式.它的方法很简单,即依据空间两点间距离公式:

若给定空间两点的坐标分别为 $M_1(x_1,y_1,z_1)$，$M_2(x_2,y_2,z_2)$，则它们的距离为

$$\boxed{d=\sqrt{(x_2-x_1)^2+(y_2-y_1)^2+(z_2-z_1)^2}}$$

我们来看两个例子.

例 1　试证在星形线 $x^{\frac{2}{3}}+y^{\frac{2}{3}}=a^{\frac{2}{3}}$（$a$ 为正的常数）上，任何的切线在 Ox 轴和 Oy 轴之间的线段为定长.

证　设 $M(x_0,y_0,z_0)$ 为星形线上任一点，该点处切线斜率 $k=y'_x(x_0)=-\sqrt[3]{\dfrac{y_0}{x_0}}$，故切线方程为

$$y-y_0=-\sqrt[3]{\frac{y_0}{x_0}}(x-x_0)$$

切线与两坐标轴交点分别为

$$P(\sqrt[3]{x_0y_0}^2+x_0,\ 0),\quad Q(0,\sqrt[3]{y_0x_0}^2+y_0)$$

则
$$|PQ|=\sqrt{(x_0+\sqrt[3]{x_0y_0^2})^2+(y_0+\sqrt[3]{x_0y_0^2})^2}=\sqrt[3]{a}$$

即切线在 Ox 轴与 Oy 轴之间线段为定长.

例 2　给定曲线 C：$x=\ln\left(\tan\dfrac{t}{2}\right)+\cos t$，$y=\sin t(0<t<\pi)$. 设 C 上任一点 P 处切线与 x 轴交点为 T，则 PT 为定长.

证　由设容易求得任一点 P（即 $t=t_0$）处切线方程

$$y-\sin t_0=\tan t_0\left(x-\ln\left(\tan\frac{t_0}{2}\right)-\cos t_0\right),\quad t_0\neq\frac{\pi}{2}$$

令 $y=0$ 得切线与 Ox 轴交点 T 的坐标为 $\left(\ln\left(\tan\dfrac{t_0}{2}\right),0\right)$，则

$$|PT|=\sqrt{\sin^2t_0+\left[\ln\left(\tan\frac{t_0}{2}\right)+\cos t_0-\ln\left(\tan\frac{t_0}{2}\right)\right]^2}=\sqrt{\sin^2t_0+\cos^2t_0}=1$$

又当 $t_0=\dfrac{\pi}{2}$ 时，曲线上对应点处的切线平行于 Oy 轴，此时对应于 P 的坐标为(0,1)，故切线长 $|PT|$ 仍为 1.

下面来看曲线弧求长的例子.

例 3　求曲线 $x=\ln(\cos y)\left(0\leqslant y\leqslant\alpha<\dfrac{\pi}{2}\right)$ 的弧长.

解　由公式所求曲线的弧长为

$$L=\int_0^\alpha\sqrt{1+x_y'^2}\,\mathrm{d}y=\int_0^\alpha\sqrt{1+\left(\frac{-\sin y}{\cos y}\right)^2}\,\mathrm{d}y=\int_0^\alpha\sqrt{1+\tan^2y}\,\mathrm{d}y=\ln\left[\tan\left(\frac{\pi}{4}+\frac{\alpha}{2}\right)\right]$$

例 4　求抛物线 $y=px^2$ 在直线 $y=1$ 下方的弧长.

解　抛物线 $y=px^2$ 与直线 $y=1$ 之交点为 $\left(-\dfrac{1}{\sqrt{p}},1\right)$，$\left(\dfrac{1}{\sqrt{p}},1\right)$，令 $u=2px$，故

$$l=2\int_0^{\frac{1}{\sqrt{p}}}\sqrt{1+y_x'^2}\,\mathrm{d}x=2\int_0^{\frac{1}{\sqrt{p}}}\sqrt{1+(2px)^2}\,\mathrm{d}x=\frac{1}{p}\int_0^{2\sqrt{p}}\sqrt{1+u^2}\,\mathrm{d}u=$$
$$\frac{1}{p}\left[\sqrt{p(1+4p)}+\ln\sqrt{2\sqrt{p}+(1+4p)}\right]$$

注意在最后一个积分中应用变量代换 $u=\tan t$.

例 5　计算曲线 $y=\int_0^\pi\sqrt{\sin x}\,\mathrm{d}x$ 的全长.

解　由设应有 $\sin x\geqslant 0$，因而 $0\leqslant x\leqslant\pi$，故所求曲线长

$$L=\int_0^{\pi}\sqrt{1+y'^2}\,\mathrm{d}x=\int_0^{\pi}\sqrt{1+(\sqrt{\sin x})^2}\,\mathrm{d}x=\int_0^{\pi}\sqrt{1+\sin x}\,\mathrm{d}x=\int_0^{\pi}\frac{|\cos x|}{\sqrt{1-\sin x}}\mathrm{d}x=4$$

例 6 求空间曲线 $x=\dfrac{2}{t}, y=6t, z=3t^2$，介于平面 $x=2$ 与 $x=1$ 之间的弧段长.

解 由曲线积分公式可有

$$L=\int_{t_1}^{t_2}\mathrm{d}l=\int_1^2\sqrt{\dot{x}^2+\dot{y}^2+\dot{z}^2}\,\mathrm{d}t=\int_1^2\left(9t^2+\frac{2}{t^2}\right)\mathrm{d}t=22$$

5. 平面图形的面积计算法

平面图形的面积计算公式可见表 14.

表 14

方法	所求面积的区域	公式
定积分	(直角坐标) $y=y_1(x), y=y_2(x)$ 及 $x=a, x=b$ 所围	$\int_a^b \mid y_2-y_1\mid \mathrm{d}x$
	(参数方程) 闭曲线 $x=x(t), y=y(t), \alpha\leqslant t\leqslant\beta$	$\left\|\int_\alpha^\beta y(t)x'(t)\mathrm{d}t\right\|$
	(极坐标) 曲边 $r=r(\theta)$ 的曲边扇形	$\frac{1}{2}\int_\alpha^\beta r^2(\theta)\mathrm{d}\theta$
二重积分	平面区域 D 的面积	$\iint_D \mathrm{d}x\mathrm{d}y$
曲线积分	闭曲线 l 所围平面区域面积	$\frac{1}{2}\oint x\mathrm{d}y-y\mathrm{d}x$

下面来看例子.

例 1 如图 7，抛物线 $y^2=2x$ 分割圆 $x^2+y^2\leqslant 8$ 成两部分，分别求这两部分面积.

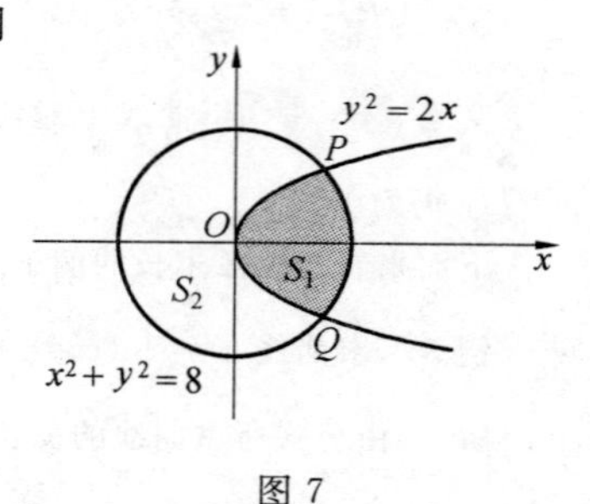

图 7

解 从 $\begin{cases}y^2=2x\\x^2+y^2=8\end{cases}$ 解得交点 $P(2,2), Q(2,-2)$. 故

$$S_1=\int_{-2}^{2}\left(\sqrt{8-y^2}-\frac{y^2}{2}\right)\mathrm{d}y=2\int_0^2\left(\sqrt{8-y^2}-\frac{y^2}{2}\right)\mathrm{d}y=$$

$$16\int_0^{\frac{\pi}{4}}\cos^2 t\mathrm{d}t-\left[\frac{y^3}{3}\right]_0^2=2\int_0^2\sqrt{8-y^2}\,\mathrm{d}y-\int_0^2 y^2\mathrm{d}y=$$

$$2\pi+\frac{4}{3}$$

这里第三个等号后的第一个积分中作了 $y=\sqrt{8}\sin t$ 的变换. 因而

$$S_2=S_{\text{圆}}-S_1=8\pi-S_1=6\pi-\frac{4}{3}$$

例 2 计算(1) 心形线 $r=a(1-\cos\theta)$；(2) 双纽线 $(x^2+y^2)^2=2a^2(x^2-y^2)$；(3) 星形线 $x=a\cos^3 t, y=a\sin^3 t$ 所围成的图形的面积.

解 (1) 如图 8，此曲线对称于 Ox 轴，故 Ox 轴上方图形 $(0\leqslant\theta\leqslant\pi)$ 面积为所求面积的一半，则

$$S=2\cdot\frac{1}{2}\int_0^{\pi}a^2(1-\cos\theta)^2\mathrm{d}\theta=a^2\left[\frac{3}{2}\theta-2\sin\theta+\frac{\sin 2\theta}{4}\right]_0^{\pi}=\frac{3}{2}\pi a^2$$

(2) 双纽线化为极坐标方程为 $r^2=2a^2\cos 2\theta$，利用对称性(图 9) 可有

$$S=4\cdot\frac{1}{2}\int_0^{\frac{\pi}{4}}2a^2\cos 2\theta\mathrm{d}\theta=2a^2$$

(3) 即求图 10 中阴影部分(叶形线一圈所围),面积由 Green 公式我们可有

$$S=\iint_D \mathrm{d}x\mathrm{d}y=\frac{1}{2}\oint_C x\,\mathrm{d}y-y\mathrm{d}x=\frac{3}{2}a^2\int_0^{2\pi}(\cos^4 t+\sin^2 t+\cos^2 t\sin^4 t)\mathrm{d}t=$$

$$\frac{3}{2}a^2\int_0^{2\pi}\sin^2 t\cos^2 t\mathrm{d}t=\frac{3}{8}a^2\int_0^{2\pi}\sin^2 2t\mathrm{d}t=\frac{3}{8}\pi a^2$$

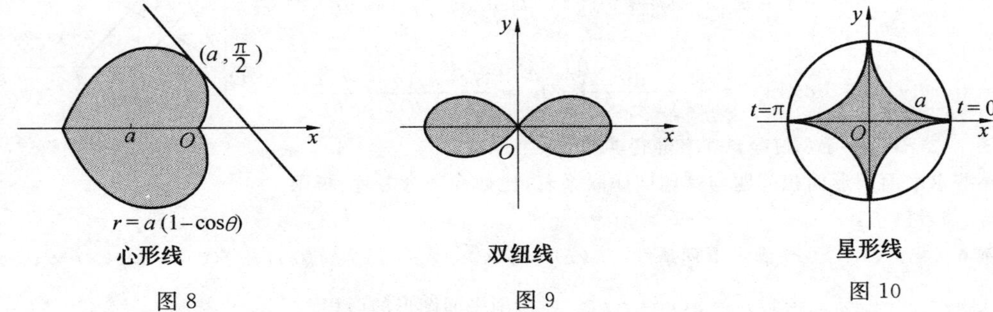

图 8　　图 9　　图 10

注　由本例可以看出:计算这类曲线围图形的面积,一般利用级坐标或参数方程时较方便.

我们再来看一个利用二重积分计算曲线所围平图形面积的例子.

例 3　如图 11,求由曲线 $x=2+\sqrt{y-1}$,直线 $y=2x$ 及 $y=8-2x$ 所围图形的面积.

解　解联立方程组可求得三曲线交点:$A(2,4)$,$B(5,10)$,$C(3,2)$.故

$$S=\iint_D \mathrm{d}x\mathrm{d}y=\int_0^1\mathrm{d}y\int_{8-\frac{y}{2}}^{2+\sqrt{y-1}}\mathrm{d}x+\int_4^{10}\mathrm{d}y\int_{\frac{y}{2}}^{2+\sqrt{y-1}}\mathrm{d}x=\frac{22}{3}$$

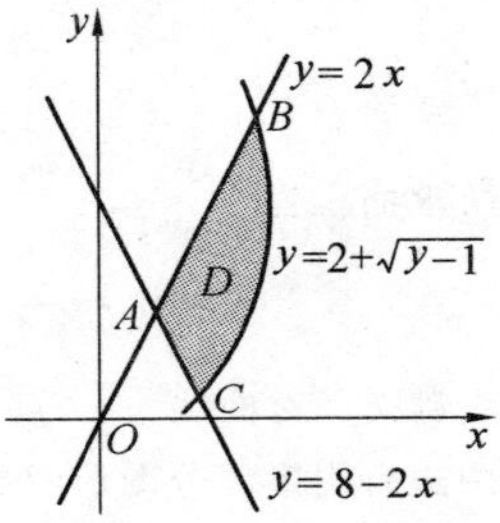

图 11

在例 2 中我们利用格林公式将所求曲线面积问题化为线积分处理.下面再来看一个例子,它还要涉及到广义积分.

例 4　试求曲线 $x^3+y^3=3axy$ 所围图形的面积.

解　所求面积即图 12 阴影部分的面积(叶形线一圈).

令 $y=tx$,得曲线参数方程

$$x=\frac{3at}{1+t^3},\quad y=\frac{3at}{1+t^3}$$

又 $t=\dfrac{y}{x}=\tan\theta$.在所给曲线一圈 c 上,θ 由 0 变到$\dfrac{\pi}{2}$,参数 t 由 0 变到 $+\infty$.

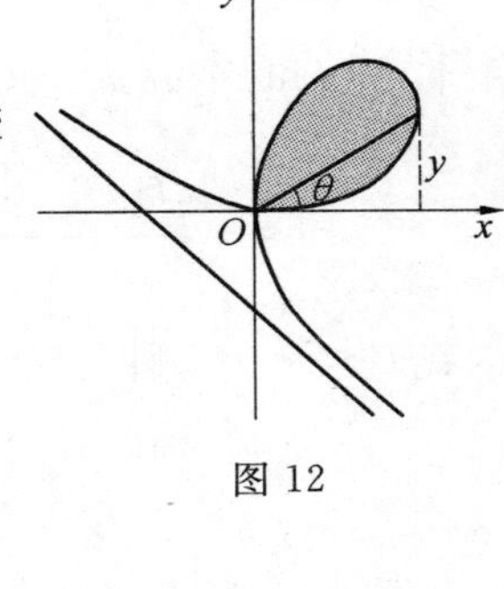

图 12

由格林公式,我们可有

$$S=\iint_D \mathrm{d}x\mathrm{d}y=\frac{1}{2}\oint_c x\,\mathrm{d}y-y\mathrm{d}x=$$

$$\frac{1}{2}\int_0^{+\infty}\frac{3at}{1+t^3}\mathrm{d}\left(\frac{3at^2}{1+t^3}\right)-\frac{3at^2}{1+t^3}\mathrm{d}\left(\frac{3at}{1+t^3}\right)=$$

$$\frac{9a^2}{2}\int_0^{+\infty}\frac{t^2\,\mathrm{d}t}{(1+t^3)^2}=\frac{3a^2}{2}\left[\frac{-1}{1+t^3}\right]_0^{+\infty}=\frac{3}{2}a^2$$

利用坐标变换计算二重积分是一种十分重要的方法,那么利用坐标变换求二重积分进而求得某些平面图形的面积,当然也是一种十分重要的手段.请看:

例 5　如图 13,求由直线 $x+y=p$,$x+y=q$,$y=ax$,$y=bx(0<p<q,0<a<b)$ 所围成的区域 D 的面积.

解　所求面积显然为 $S=\iint\mathrm{d}x\mathrm{d}y$.

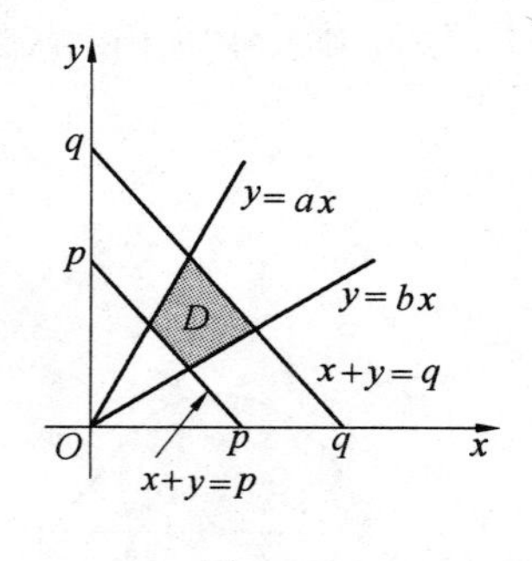

图 13

考虑变换 $u=x+y, v=\dfrac{y}{x}$，这时区域 D 变为 $D'=\{(u,v)\mid p\leqslant u\leqslant q, a\leqslant v\leqslant b\}$.(由于是一般(仿射) 坐标变换，一定要注意 Jacobi 行列式 J 的计算)

由上设变换有 $x=\dfrac{u}{1+v}, y=\dfrac{uv}{1+v}$，且 $J=\dfrac{D(x,y)}{D(u,v)}=\dfrac{u}{(1+v)^2}$，这样则有

$$S=\iint_D \mathrm{d}x\mathrm{d}y\iint_D |J| \mathrm{d}u\mathrm{d}v \quad =\int_a^b \frac{\mathrm{d}v}{(1+v)^2}\int_p^q u\mathrm{d}u=\frac{(b-a)(q^2-p^2)}{2(1+a)(1+b)}$$

注 当然用初等几何知识亦可算得其面积.

某些求平面图形面积问题与其他问题联系着，比如和微分方程、极限运算等. 请看例子：

例 6 若 $f(x), g(x)$ 满足下列条件：$f'(x)=g(x)$，且 $g'(x)=f(x)$，又 $f(0)=0, g(x)\neq 0$. 试求曲线 $y=\dfrac{f(x)}{g(x)}$ 与 $y=1, x=0, x=t(t>0)$ 所围平面图形的面积.

解 由设有 $f''(x)=[f'(x)]'=[g(x)]'=f(x)$，故 $f(x)=c_1\mathrm{e}^x+c_2\mathrm{e}^{-x}$.

由 $f(0)=0$ 得 $c_2=-c$，从而 $f(x)=c_1(\mathrm{e}^x-\mathrm{e}^{-x})$，且 $g(x)=c_1(\mathrm{e}^x-\mathrm{e}^{-x})$.

显然
$$y=\frac{f(x)}{g(x)}=\frac{(\mathrm{e}^x-\mathrm{e}^{-x})}{(\mathrm{e}^x+\mathrm{e}^{-x})}<1$$

故所求面积为

$$S=1\cdot t-\int_0^t \frac{\mathrm{e}^x-\mathrm{e}^{-x}}{\mathrm{e}^x+\mathrm{e}^{-x}}\mathrm{d}x=t-\Big[\ln(\mathrm{e}^x-\mathrm{e}^{-x})\Big]_0^t=t-\ln(\mathrm{e}^t+\mathrm{e}^{-t})+\ln 2$$

例 7 对曲线 $y=f(x)$ 试在横坐标 a 与 $a+h$ 之间取一点 ξ，使在这点两边有阴影部分图形的面积相等(图 14). 若 $y=\mathrm{e}^x, \xi=a+\theta h$，求 θ 且计算 $\lim\limits_{h\to 0}\theta$.

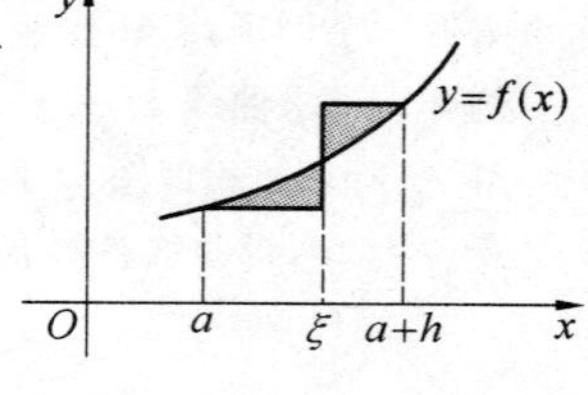

图 14

解 依题意可有等式

$$\int_a^\xi f(x)\mathrm{d}x-(\xi-a)f(a)=(a+h-\xi)f(a+h)-\int_\xi^{a+h} f(x)\mathrm{d}x$$

即
$$\int_h^{a+a} f(x)\mathrm{d}x+af(a)-(a+h)f(a+h)=\xi[f(a)-f(a+h)]$$

故
$$\xi=\frac{af(a)-(a+h)f(a+h)+\displaystyle\int_a^{a+b} f(x)\mathrm{d}x}{f(a)-f(a+h)} \qquad (*)$$

若 $f(x)=\mathrm{e}^x$，则 $\displaystyle\int_a^{a+h} f(x)\mathrm{d}x=\mathrm{e}^{a+h}-\mathrm{e}^a$，且将 $f(a)=\mathrm{e}^a, f(a+h)=\mathrm{e}^{n+h}$ 代入式(*)，有

$$\xi=\frac{a-(a+h)\mathrm{e}^h+\mathrm{e}^h-1}{1-\mathrm{e}^h}$$

又 $\xi=a+\theta h$，则 $\theta=\dfrac{(h-1)\mathrm{e}^h+1}{h(\mathrm{e}^h-1)}$，由 L'Hospital 法则知 $\lim\limits_{h\to 0}\theta=\dfrac{1}{2}$.

例 8 求曲线 $y=\mathrm{e}^{-x}\sin x$ 的 $x\geqslant 0$ 部分与 Ox 轴所围图形的面积.

解 由于 $\sin x$ 的符号交换变换，所求面积(图 15) 显然为

$$S=\int_0^\pi \mathrm{e}^{-x}\sin x\mathrm{d}x-\int_\pi^{2\pi}\mathrm{e}^{-x}\sin x\mathrm{d}x+\int_\pi^{3\pi}\mathrm{e}^{-x}\sin x\mathrm{d}x-\cdots+(-1)^n\int_{n\pi}^{(n+1)\pi}\mathrm{e}^{-x}\sin x\mathrm{d}x=$$

$$\sum_{n=0}^{\infty}(-1)^{n+1}\left[\frac{\mathrm{e}^{-x}(\sin x+\cos x)}{2}\right]_{n\pi}^{(n+1)\pi}=\sum_{n=0}^{\infty}\left\{\frac{\mathrm{e}^{-(n+1)\pi}+\mathrm{e}^{-n\pi}}{2}\right\}=$$

$$\frac{1+e^{-\pi}}{2}\sum_{n=0}^{\infty}e^{-n\pi}=\frac{(e^{\pi}+1)}{2(e^{\pi}-1)}$$

这里利用了三角函数 $\sin x$ 和 $\cos x$ 的共轭关系，且注意相应积分区间上的符号.

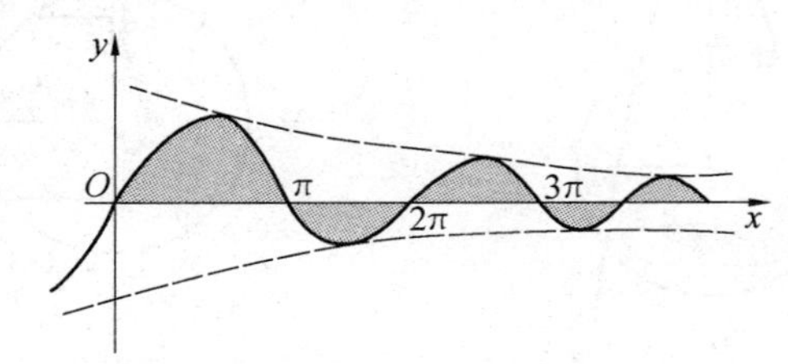

图 15

6. 曲面面积的计算方法

曲面面积的计算方法可见表 15：

表 15

方　法	曲　面　方　程	计　算　公　式
定积分	(旋转曲面) 曲线 $y=y(x)(a\leqslant x\leqslant b)$ 绕 x 轴旋转所得曲面	$2\pi\int_a^b y\sqrt{1+y'^2}\,dx$
二重积分	光滑曲面 $\sum:z=z(x,y)$，在 xOy 平面的投影域为 D	$\iint_D\sqrt{1+z_x'^2+z_y'^2}\,dx\,dy$
曲面积分		$S=\iint_D ds$
曲线积分	柱面：$z=z(x,y)$，准线为 L	$S=\int_L z(x,y)\,dl$

下面来看曲面面积计算的例子.

例 1　如图 16，由直线 $x=\frac{1}{2}$ 与抛物线 $y^2=2x$ 所包围的图形绕直线 $y=1$ 旋转，求该旋转体的表面积.

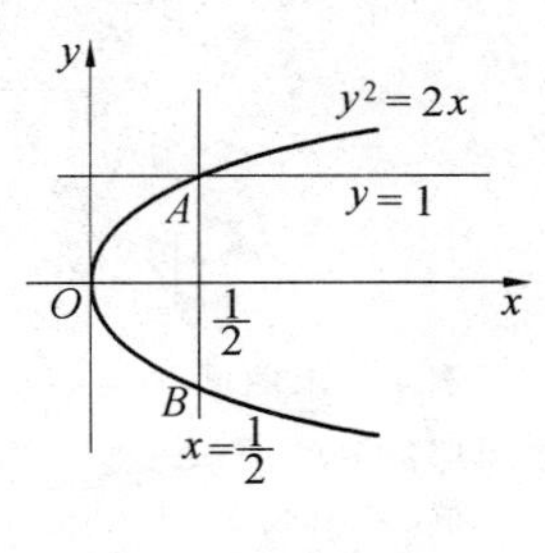

图 16

解　由题设 $y^2=2x$ 即有 $y=\pm\sqrt{2x}$，令 $y_1=-\sqrt{2x}$，$y_2=\sqrt{2x}$，由弧 $\overset{\frown}{AOB}$ 所得旋转体表面积为

$$S_1=2\pi\int_0^{\frac{1}{2}}[|y_1-1|+|y_2-1|]\sqrt{1+y'^2}\,dx=4\pi\int_0^{\frac{1}{2}}\sqrt{1+\frac{1}{y^2}}\,dx=$$

$$4\pi\int_0^{\frac{1}{2}}\sqrt{1+\frac{1}{2x}}\,dx=-4\pi\int_{+\infty}^{\sqrt{2}}\frac{u^2}{(u^2-1)^2}du\quad\left(\text{这里 } u=1+\frac{1}{x}\right)=$$

$$\pi\int_{\sqrt{2}}^{+\infty}\left[\frac{1}{(u-1)^2}+\frac{2}{u^2-1}+\frac{1}{(u+1)^2}du\right]=2\pi[\sqrt{2}+\ln(\sqrt{2}+1)]$$

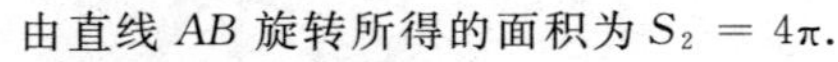
由直线 AB 旋转所得的面积为 $S_2=4\pi$.

故巨球旋转体表面积为

$$S=S_1+S_2=2\pi[2+\sqrt{2}+\ln(\sqrt{2}+1)]$$

例 2　曲面 $z=13-x^2-y^2$ 将球面 $x^2+y^2+z^2=25$ 分成三部分，求这三部分曲面面积之比.

解　如图 17，由题设两曲面的交线为两个圆周

$$\begin{cases}x^2+y^2=9\\z=4\end{cases}\quad\text{和}\quad\begin{cases}x^2+y^2=16\\z=-3\end{cases}$$

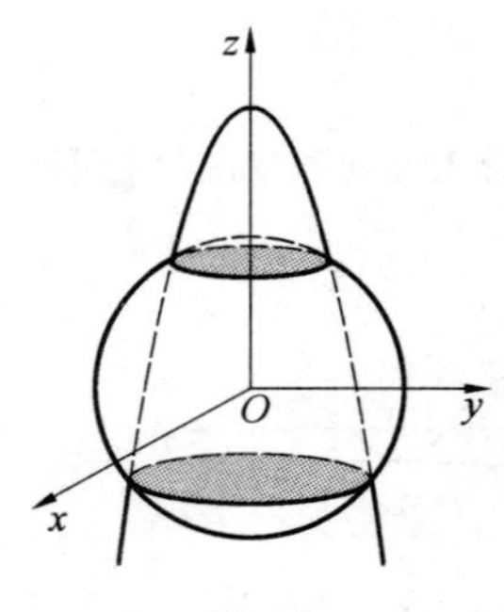

图 17

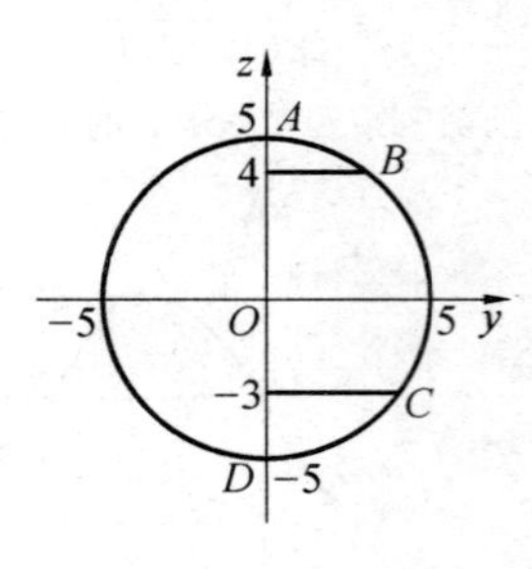

图 18

这样，$\overset{\frown}{AB}$ 绕 Oz 轴旋转所成曲面曲积为

$$S_1=\int_{\overset{\frown}{AB}}2\pi y\mathrm{d}l=\int_{z1}^{z2}2\pi\sqrt{25-z^2}\cdot\frac{5}{\sqrt{25-z^2}}\mathrm{d}z=10\pi\int_4^5\mathrm{d}z=10\pi$$

$\overset{\frown}{BC}$ 绕 Oz 轴旋转所成曲面面积为

$$S_2=\int_{\overset{\frown}{BC}}2\pi y\mathrm{d}l=\int_{-3}^{4}2\pi\sqrt{25-z^2}\cdot\frac{5}{\sqrt{25-z^2}}\mathrm{d}z=70\pi$$

$\overset{\frown}{CD}$ 绕 Oz 轴旋转所成曲面面积为

$$S_3=\int_{\overset{\frown}{CD}}2\pi y\mathrm{d}l=10\pi\int_{-5}^{-3}\mathrm{d}z=20\pi$$

故三曲面面积之比为

$$S_1:S_2:S_3=10\pi:70\pi:20\pi=1:7:2$$

利用曲面积分计算曲面积是重要的方法. 请看：

例 3 求曲面 $x^2=y^2+z^2$ 上，介于柱面 $z=y^2$ 与柱面 $z=y+2$ 之内的全部曲面的面积.

解 如图 19，由题设及曲面面积公式有

$$S=2\iint_D\mathrm{d}S=2\iint_D\sqrt{1+\left(\frac{\partial x}{\partial y}\right)^2+\left(\frac{\partial x}{\partial z}\right)^2}\,\mathrm{d}y\mathrm{d}z=$$

$$2\iint_D\sqrt{1+\frac{y^2}{y^2+z^2}+\frac{z^2}{y^2+z^2}}\,\mathrm{d}y\mathrm{d}z=$$

$$2\int_{-1}^{1}\mathrm{d}y\int_{y^2}^{y+2}\sqrt{2}\,\mathrm{d}z=9\sqrt{2}$$

图 19

例 4 求曲面 $z=\sqrt{x^2+y^2}$ 夹在两曲面 $x^2+y^2=y$ 和 $x^2+y^2=2y$ 之间那部分的面积.

解 由设 $x^2+y^2\leqslant 2y$ 的公共部分如右图中阴影部分所示.

所求曲面面积 $S=\iint_\Sigma\mathrm{d}S$，其中 Σ 为曲面 $z=\sqrt{x^2+y^2}$ 所对应的那一部分，它在 xOy 平面上投影为图中阴影部分.

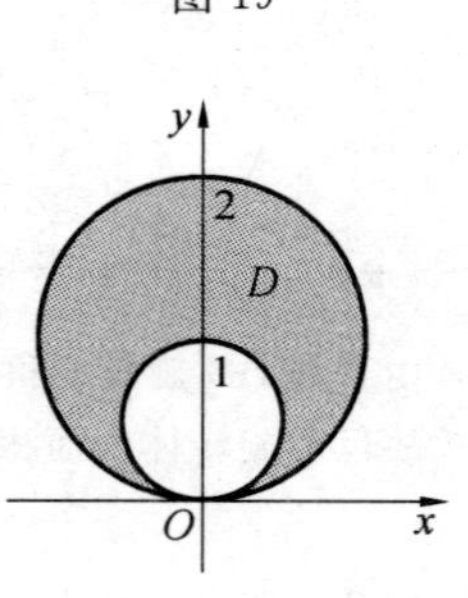

图 20

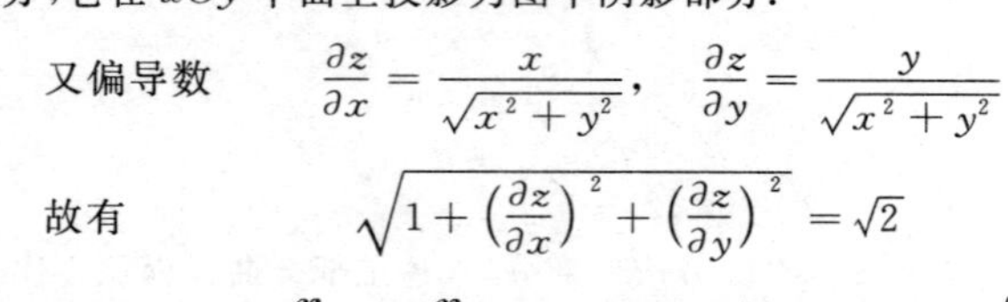

又偏导数 $\dfrac{\partial z}{\partial x}=\dfrac{x}{\sqrt{x^2+y^2}}$，$\dfrac{\partial z}{\partial y}=\dfrac{y}{\sqrt{x^2+y^2}}$

故有 $\sqrt{1+\left(\dfrac{\partial z}{\partial x}\right)^2+\left(\dfrac{\partial z}{\partial y}\right)^2}=\sqrt{2}$

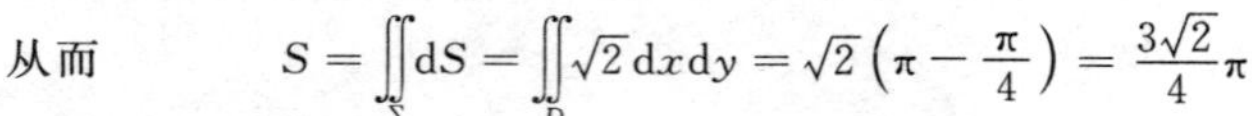

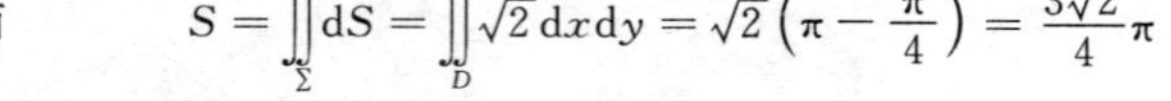

从而 $S=\iint_\Sigma\mathrm{d}S=\iint_D\sqrt{2}\,\mathrm{d}x\mathrm{d}y=\sqrt{2}\left(\pi-\dfrac{\pi}{4}\right)=\dfrac{3\sqrt{2}}{4}\pi$

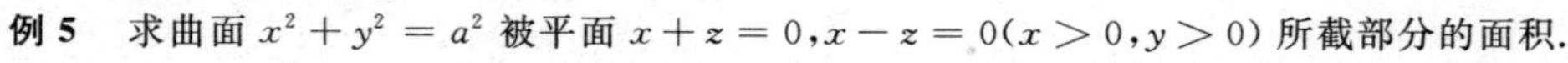

例 5 求曲面 $x^2+y^2=a^2$ 被平面 $x+z=0$，$x-z=0$ $(x>0,y>0)$ 所截部分的面积.

解　如图21，设所求面积为 S. 由 $x^2+y^2=a^2$ 与 $x\pm z=0$ 消去 x 得

$$z=\mp\sqrt{a^2-y^2},\quad x>0,y>0$$

即 $z=\mp\sqrt{a^2-y^2}\,(y>0)$ 为曲面 S 的曲边界线在 yOz 平面上的投影，又 $y>0$，故其可写作

$$y=\sqrt{a^2-z^2},\quad x=0$$

如图22，从而曲面 S 在 yOz 平面的投影为 $D:0\leqslant y\leqslant\sqrt{a^2-z^2}$，$x=0$.

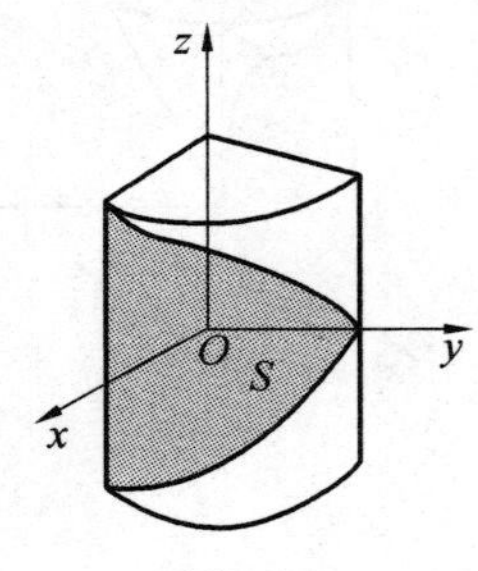

图 21

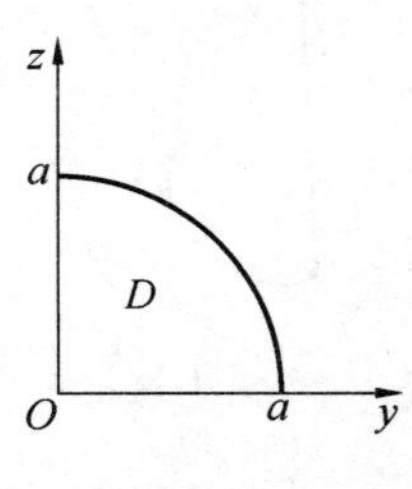

图 22

又题设曲面方程为 $x=\sqrt{a^2-z^2}$，于是

$$S=\iint_s \mathrm{d}S=\iint_D\sqrt{1+x'^2_y+x'^2_z}\,\mathrm{d}y\mathrm{d}z=a\iint_D\frac{\mathrm{d}y\mathrm{d}z}{\sqrt{a^2-y^2}}=2a\iint_{D_1}\frac{\mathrm{d}y\mathrm{d}z}{\sqrt{a^2-z^2}}=$$

$$2a\int_0^a\frac{\mathrm{d}y}{\sqrt{a^2-y^2}}\int_0^{\sqrt{a^2-y^2}}\mathrm{d}z=2a\int_0^a\mathrm{d}y=2a^2$$

例6　如图23，一个半径为 a 的球面，被直径等于球半径的圆柱面所切割，求被柱面割下部分的曲面面积.

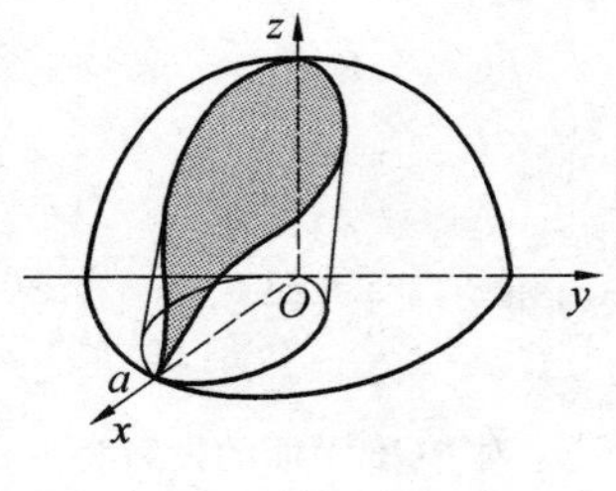

图 23

解　由题知半球方程 $z=\sqrt{a^2-x^2-y^2}$，故

$$\frac{\partial z}{\partial x}=-\frac{x}{\sqrt{a^2-x^2-y^2}},\quad \frac{\partial z}{\partial y}=-\frac{y}{\sqrt{a^2-x^2-y^2}}$$

柱面方程为

$$\left(x-\frac{a}{2}\right)^2+y^2=\frac{a^2}{4}\quad 或\quad x^2+y^2=ax$$

所求曲面面积

$$S=\iint_\Sigma \mathrm{d}S=\iint_D\sqrt{1+\left(\frac{\partial z}{\partial x}\right)^2+\left(\frac{\partial z}{\partial y}\right)^2}\,\mathrm{d}x\mathrm{d}y$$

而

$$\sqrt{1+\left(\frac{\partial z}{\partial x}\right)^2+\left(\frac{\partial z}{\partial y}\right)^2}=\frac{a}{\sqrt{a^2-x^2-y^2}}$$

取极坐标，则方程 $x^2+y^2=ax$ 变为 $\rho=a\cos\theta$，这样

$$S=2\int_0^{\frac{\pi}{2}}\mathrm{d}\theta\int_0^{a\cos\theta}\frac{a}{\sqrt{a^2-\rho^2}}\rho\mathrm{d}\rho=2a\int_0^{\frac{\pi}{2}}\left[-\sqrt{a^2-\rho^2}\right]_0^{\pi\cos\theta}\mathrm{d}\theta=$$

$$2a^2\int_0^{\frac{\pi}{2}}(1-\sin\theta)\mathrm{d}\theta=(\pi-2)a^2$$

注　该积分是一个十分著名的积分，又称 Viviani 积分，球被圆柱割去的部分称为 Viviani 体. 维维亚尼(Viviani) 是17世纪意大利数学家.

例7　设 Ω 为曲面 $x^2+y^2-ax=0$ 和 $x^2+y^2=\frac{a^2z^2}{h^2}$（$a,h$ 为常数）所围所的空间封闭图形，求 Ω 的表面积.

解 设锥面 $z=\frac{h}{a}\sqrt{x^2+y^2}$ 与柱面 $x^2+y^2-ax=0$ 所截面为 $\sum_1$(图 24(1) 中浅网点部分);而柱面 $y=\sqrt{ax-x^2}$ 与锥面 $z^2=\frac{h^2}{a^2}(x^2+y^2)^2$ 所截截面为 $\sum_2$(图 24(2) 中浅网点部分).

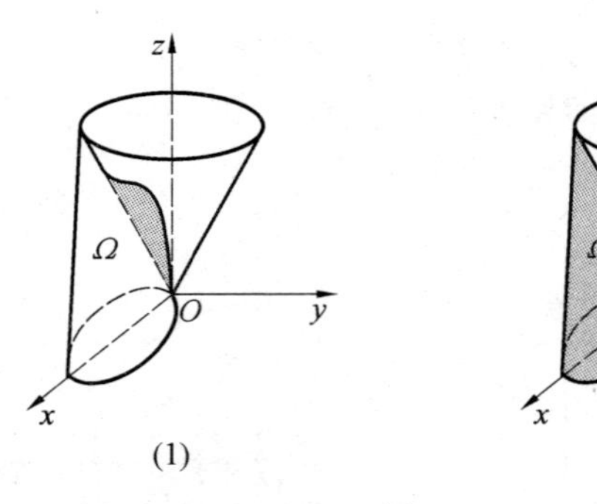

图 24

(1) 对于 $\sum_1$ 来讲,$z=\frac{h}{a}\sqrt{x^2+y^2}$,这样$\frac{\partial z}{\partial x}=\frac{hx}{a\sqrt{x^2+y^2}}$,$\frac{\partial z}{\partial y}=\frac{hy}{a\sqrt{x^2+y^2}}$,设 D_1 为截面在 xOy 平面上投影,则

$$S_1=\iint_{D_1}\sqrt{1+\left(\frac{\partial z}{\partial x}\right)^2+\left(\frac{\partial z}{\partial y}\right)^2}\mathrm{d}x\mathrm{d}y=\iint_{D_1}\frac{\sqrt{a^2+h^2}}{a}\mathrm{d}x\mathrm{d}y=\frac{1}{4}\pi a\sqrt{a^2+h^2}$$

(2) 对于 $\sum_2$ 来说,$y=\sqrt{ax-x^2}$,$\frac{\partial y}{\partial x}=\frac{2-2x}{2\sqrt{ax-x^2}}$,$\frac{\partial y}{\partial z}=0$. 由

$$\begin{cases}x^2-ax+y^2=0\\ x^2+y^2=\frac{az^2}{h^2}\end{cases}$$

消去 y 得 $z=\pm\frac{h\sqrt{x}}{\sqrt{a}}$.

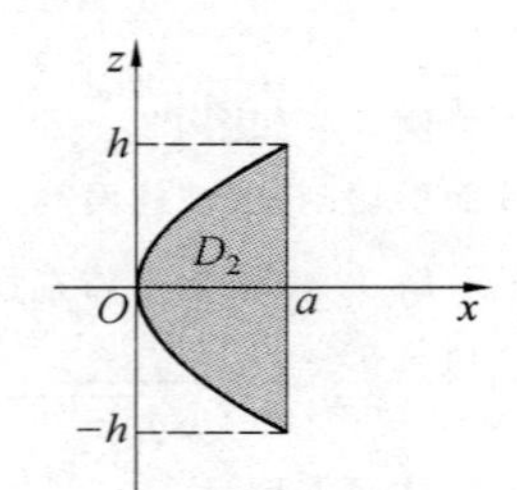

图 25

$\sum_2$ 对 xOz 平面的投影为由 $z=\frac{\pm h\sqrt{x}}{\sqrt{a}}$ 及 $x=a$ 所围区域 D_2(图 25).

$$S_2=\iint_{D_1}\sqrt{1+\left(\frac{\partial y}{\partial x}\right)^2+\left(\frac{\partial y}{\partial z}\right)^2}\mathrm{d}x\mathrm{d}z=\iint_{D_1}\frac{a\mathrm{d}x\mathrm{d}z}{2\sqrt{ax-x^2}}=$$

$$\int_0^a\mathrm{d}x\int_{-\frac{h\sqrt{x}}{\sqrt{a}}}^{\frac{h\sqrt{x}}{\sqrt{a}}}\frac{a}{2\sqrt{ax-x^2}}\mathrm{d}z=h\sqrt{a}\int_0^a\frac{\mathrm{d}x}{\sqrt{a-x}}=2ah$$

综上,Ω 的表面积为

$$S=S_1+S_2=\frac{1}{2}a(8h+\pi\sqrt{a^2+h^2})$$

最后我们来看一个利用曲线积分求曲面面积的例子.

例 8 求椭圆柱面$\frac{x^2}{5}+\frac{y^2}{9}=1$ 位于 xOy 平面上方和平面 $z=y$ 下方部分的侧面积.

解 由公式所求侧面积 $S=\int_c z\mathrm{d}l$,其中 c 为 xOy 平面上椭圆$\frac{x^2}{5}+\frac{y^2}{9}=1$ 的右半部分,其参数方程为 $x=\sqrt{5}\cos t$,$y=3\sin t(0\leqslant t\leqslant\pi)$,故

$$S=\int_c z\mathrm{d}l=\int_c y\mathrm{d}l=\int_0^\pi 3\sin t\sqrt{\dot{x}^2+\dot{y}^2}\,\mathrm{d}t=-3\int_0^\pi\sqrt{5+4\cos^2 t}\,\mathrm{t}\cos t\quad(\text{令 } u=2\cos t)=$$

$$\frac{3}{2}\int_{-2}^{2}\sqrt{5+u^2}\,\mathrm{d}u = 3\int_{0}^{2}\sqrt{5+u^2}\,\mathrm{d}u = 9+\frac{15}{4}\ln 5$$

这里 $\dot{x}$,$\dot{y}$ 表示 x,y 对 t 的导数.

注　例还可用 $S=\iint\limits_{D}\sqrt{1+\left(\frac{\partial y}{\partial x}\right)^2+\left(\frac{\partial y}{\partial z}\right)^2}\,\mathrm{d}x\mathrm{d}z$ 求得,其中 D 为平面 $y=0$ 被柱面 $\frac{x^2}{5}+\frac{z^2}{9}=1$ 相截部分区域.

7. 空间几何体的体积计算方法

几何体体积计算方法大抵有下面几种(表 16):

表 16

方　法	几　何　体　的　方　程		计　算　公　式
定积分	平面图形: $y=f(x)$, 其中 $a\leqslant x\leqslant b$	绕 Ox 轴旋转	$V_x=\pi\int_a^b y^2\,\mathrm{d}x$
		绕 Oy 轴旋转	$V_y=2\pi\int_a^b xf(x)\,\mathrm{d}x$
	平面图形: $x=\varphi(y)$, 其中 $c\leqslant y\leqslant d$	绕 Ox 轴旋转	$V_x=2\pi\int_c^d y\varphi(y)\,\mathrm{d}y$
		绕 Oy 轴旋转	$V_y=\pi\int_c^d x^2\,\mathrm{d}y$
	几何体的 平行截面垂直于	Ox 轴:$A(x)$,$a\leqslant x\leqslant b$	$V=\int_a^b A(x)\,\mathrm{d}x$
		Oy 轴:$A(y)$,$c\leqslant y\leqslant d$	$V=\int_c^d A(y)\,\mathrm{d}y$
二重积分	Z_2,Z_1 为空间几何体的上、下顶,D 为它的围		$V=\iint\limits_{D}\lvert Z_2-Z_1\rvert\,\mathrm{d}x\mathrm{d}y$
三重积分	立体 Ω 所围区域		$V=\iiint\limits_{\Omega}\mathrm{d}x\mathrm{d}y\mathrm{d}z$

我们先来看看利用定积公计算几何体体积的例子,首先看旋转体方面的.

例 1　求曲线 $y=f(x)=\sqrt{\frac{4x+2}{x(x+1)(x+2)}}$(这里 $x>0$)与直线 $x=1$,$x=4$ 及 $y=0$ 所围图形绕 Ox 轴旋转一周所产生的旋转体体积.

解　由题设及旋转体体积公式可有

$$V=\int_1^4\pi f^2(x)\,\mathrm{d}x=\pi\int_1^4\frac{4x+2}{x(x+1)(x+2)}\mathrm{d}x=\pi\int_1^4\left(\frac{1}{x}+\frac{2}{x+1}-\frac{3}{x+2}\right)\mathrm{d}x=$$
$$\pi(\ln 25-\ln 8)$$

例 2　求曲线 $y=x\mathrm{e}^{-x}(x\geqslant 0)$,$y=0$ 和 $x=a$ 所围图形绕 Ox 轴旋转所得旋转体体积.

解　由题设及旋转体体积公式可有

$$V=\int_0^a\pi y^2\,\mathrm{d}x=\pi\int_0^a\pi x^2\mathrm{e}^{-2x}\,\mathrm{d}x=-\frac{\pi}{2}\int_0^a x^2\,\mathrm{d}(\mathrm{e}^{-2x})=-\frac{\pi}{2}\left[a^2\mathrm{e}^{-2a}-\int_0^a 2x\mathrm{e}^{-2x}\,\mathrm{d}x\right]=$$
$$-\frac{\pi}{2}\left[\mathrm{e}^{-2a}\left(a^2+a+\frac{1}{2}\right)-\frac{1}{2}\right]$$

例 3　求由直线 $x=\frac{1}{2}$ 和抛物线 $y^2=2x$ 所围图形绕直线 $y=1$ 旋转所旋转体体积.

解　由 $y^2=2x$ 可得 $y=\pm\sqrt{2x}$,令 $y_1=-\sqrt{2x}$,$y_2=\sqrt{2x}$.则

$$V=\pi\int_0^{\frac{1}{2}}[(y_1-1)^2+(y_2-1)^2]\mathrm{d}x=\pi\int_0^{\frac{1}{2}}2(y_2-y_1)\mathrm{d}x=2\pi\int_0^{\frac{1}{2}}2\sqrt{2x}\,\mathrm{d}x=$$

$$\frac{8\pi}{3}\sqrt{2}x^{\frac{1}{2}}\Big|_0^{\frac{1}{2}}=\frac{4}{3}\pi$$

这里因 y 的表达式不同而分段考虑，还要注意图形是绕 $y=1$ 旋转.

下面来看由几何体截面体再通 过定积分求几何体体积的例子.

例 4 一平面经过半径为 R 的圆柱体的底圆中心，且与底面交成角为 α(图 26). 计算这平面截圆柱所得立体的体积.

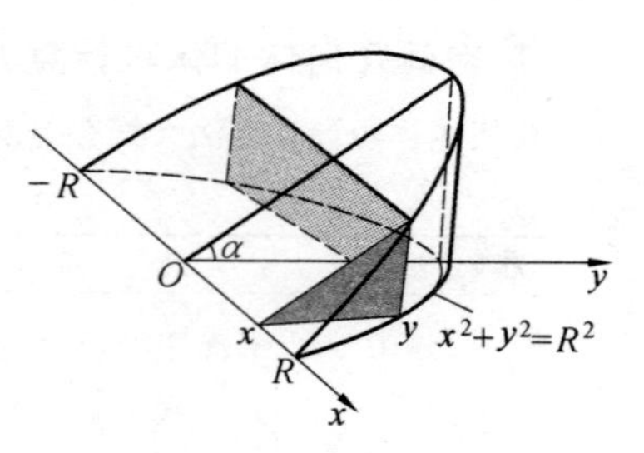

图 26

解 选取坐标系如图. 在 x 处垂直于 Ox 轴的截面三角形(图中深网点)面积为

$$A(x)=\frac{1}{2}(R^2-x^2)\tan a$$

故
$$V=\int_{-R}^{R}\frac{1}{2}(R^2-x^2)\tan a\mathrm{d}x=\frac{2}{3}R^3\tan a$$

注 亦可取垂直于 Oy 轴的截面来计算该几何体体积，注意到截面为矩形(图中浅网点)，且

$$A(y)=2y\sqrt{R^2-y^2}\tan a$$

则
$$V=\int_0^R 2y\sqrt{R^2-y^2}\tan a\mathrm{d}y=\frac{2}{3}R^3\tan a$$

下面来看利用二重积分计算几何体体积的例子.

例 5 求由曲面 $z=x^2+y^2$，平面 $x+y=1$ 及三个坐标平面所围成的几何体体积.

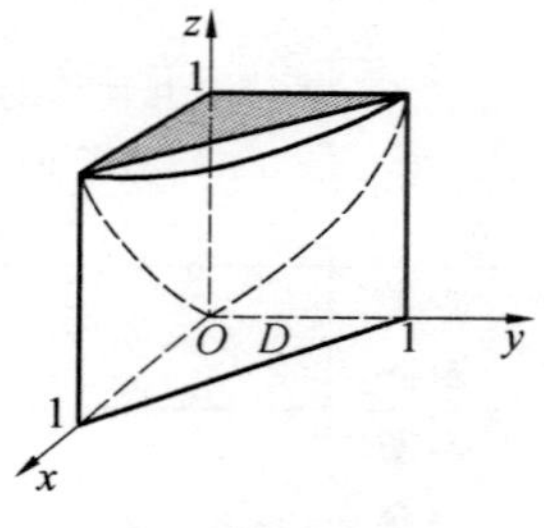

图 27

解 如图 27，由题设及体积公式所求几何体体积为

$$V_D=\iint_D(x^2+y^2)\mathrm{d}x\mathrm{d}y=\int_0^1\mathrm{d}x\int_0^{1-x}(x^2+y^2)\mathrm{d}y=$$

$$\int_0^1\left[x^2(1-x)+\frac{1}{3}(1-x)^3\right]\mathrm{d}x=\frac{1}{6}$$

例 6 求由曲面 $y^2+z^2=ax$ 及 $x=\sqrt{y^2+z^2}\ (a>0)$ 所围立体的体积.

解 由题设及体积公式所有立体体积为

$$V=\iint_D\left[\sqrt{y^2+z^2}-\frac{1}{a}(z^2+z^2)\right]\mathrm{d}y\mathrm{d}z(\text{同坐标变换})=\iint_D\left(r-\frac{1}{a}r^2\right)r\mathrm{d}r\mathrm{d}\theta=$$

$$\int_0^{2\pi}\mathrm{d}\theta\int_0^a\left(r^2-\frac{r^2}{a}\right)\mathrm{d}r=\frac{\pi a^6}{6}$$

上面的例子中运用了级坐标变换，下面的例中利用了对称性.

例 7 求曲面 $z=1-4x^2-y^2$ 与 xOy 平面所围成的立体体积.

解 曲面 $z=1-4x^2-y^2$ 与 xOy 平面交线为椭圆.

$$\frac{x^2}{\left(\frac{1}{2}\right)^2}+\frac{y^2}{1^2}=1\Rightarrow 4x^2+y^2=1$$

注意到平面区域 D: $0\leqslant 4x^2+y^2\leqslant 1$ 的对称性，则

$$V=\iint_D(1-4x^2-y^2)\mathrm{d}x\mathrm{d}y=4\int_0^1\mathrm{d}y\int_0^{\frac{\sqrt{1-y^2}}{2}}(1-4x^2-y^2)\mathrm{d}x=\frac{\pi}{4}$$

因被积函数在不同区域内的表达式不同，计算时应分片考虑.

例 8 求由曲面 $x^2+y^2+z=4$ 和 $z=\sqrt{4-x^2-y^2}$ 包围的空间图形的体积.

解 注意到题设式,当 $x^2+y^2\leqslant 3$ 时,有

$$\sqrt{4+(x^2+y^2)}\leqslant 4-(x^2+y^2)$$

当 $3\leqslant x^2+y^2\leqslant 4$ 时,有

$$4-(x^2+y^2)\leqslant \sqrt{4-(x^2+y^2)}$$

记 $D_1:x^2+y^2\leqslant 3,D_2:3\leqslant x^2+y^2\leqslant 4$,且令 $z_1=4-(x^2+y^2),z_2=\sqrt{4-x^2-y^2}$,则所求图形体积为

$$V=\iint_{D_1}(z_1-z_2)\mathrm{d}x\mathrm{d}y+\iint_{D_2}(z_2-z_1)\mathrm{d}x\mathrm{d}y=$$

$$4\int_0^{\frac{\pi}{2}}\mathrm{d}\theta\int_0^{\sqrt{3}}(4-r^2-\sqrt{4-r^2})r\mathrm{d}r+4\int_0^{\frac{\pi}{2}}\mathrm{d}\theta\int_{\sqrt{3}}^{2}[\sqrt{4-r^2}-(4-r^2)]r\mathrm{d}r=3\pi$$

例 9 如图 28,已知两球半径分别为 a 和 $b(b<a)$,且小球球心在大球球上,试求小球在大球内那一部的体积.

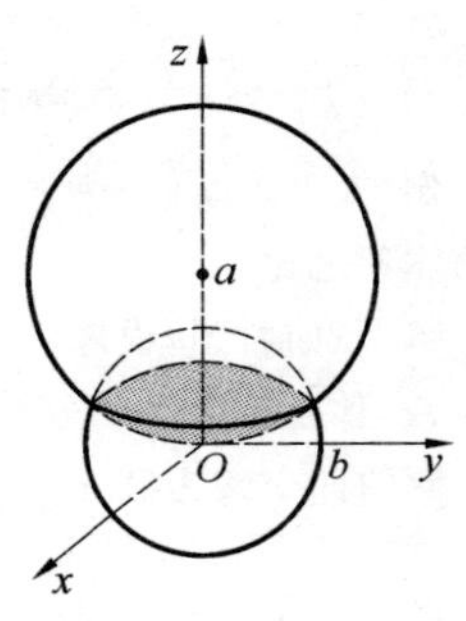

图 28

解 以小球球心为原点建立坐标系,则大、小球方程分别为

$$x^2+y^2+(z-a)^2=a^2,\quad x^2+y^2+z^2=b^2$$

则

$$V=\iint_D\sqrt{b^2-x^2-y^2}\mathrm{d}x\mathrm{d}y-\iint_D(a-\sqrt{a^2-x^2-y^2})\mathrm{d}x\mathrm{d}y=$$

$$\int_0^{2\pi}\mathrm{d}\theta\int_0^{\frac{b}{2a}\sqrt{4a^2-b^2}}(\sqrt{b^2-r^2}-a+\sqrt{a^2-r^2})r\mathrm{d}r=$$

$$\left(\frac{2}{3}-\frac{b}{4a}\right)\pi b^3$$

注 利用本例的结论我们不难算得:

问题 两球面 $x^2+y^2+z^2=R^2$ 与 $x^2+y^2+z^2=2Rz$ 所围立体的体积是 $\frac{5}{12}\pi R^2$(参见前文).

我们再来看看利用三重积分计算几何体体积的例子.

例 10 求曲面 $(x^2+y^2+z^2)^3=3a^3xyz$ 所围部分限于第一卦限内的体积(这里 a 为正的常数).

解 利用球面坐标计算,所给曲面方程为

$$\rho^3=\frac{3}{2}a^2\sin^2\varphi\cos\varphi\sin 2\theta$$

令 $\rho(\theta,\varphi)=\sqrt{\frac{3}{2}a^2\sin^2\varphi\cos\varphi\sin 2\theta}$,则所求体积为

$$V=\int_0^{\frac{\pi}{2}}\mathrm{d}\varphi\int_0^{\frac{\pi}{2}}\mathrm{d}\theta\int_0^{\rho(\theta,\varphi)}\rho^s\mathrm{in}\,\varphi\mathrm{d}\rho=\int_0^{\frac{\pi}{2}}\mathrm{d}\varphi\int_0^{\frac{\pi}{2}}\frac{1}{3}\cdot\frac{3}{2}a^3\sin^2\varphi\cos\varphi\sin 2\theta\sin\varphi\mathrm{d}\varphi=$$

$$\frac{1}{2}a^3\int_0^{\frac{\pi}{2}}\sin^3\varphi\mathrm{d}\sin\varphi\int_0^{\frac{\pi}{2}}\frac{1}{2}\sin 2\theta\mathrm{d}2\theta=\frac{1}{8}a^3$$

这里利用了球面坐标变换,当然有时还要用到椭球面坐标变换(视题设条件而定,不过要计算 Jacobi 行列式值 J 对于常用的球、柱等坐标变换的 J 值并非不用计算,而是我们已经熟知),请看:

例 11 求闭曲面 $\left(\frac{x^2}{a^2}+\frac{y^2}{b^2}+z^2\right)^2=c^3z(a,b,c>0)$ 所围立体的体积.

解 考虑椭球面变换

$$\begin{cases}x=a\rho\sin\varphi\cos\theta\\y=b\rho\sin\varphi\sin\theta\\z=\rho\cos\varphi\end{cases}$$

其雅各比行列式
$$J=\frac{D(x,y,z)}{D(\rho,\theta,\varphi)}=-ab\rho^2\sin\varphi$$

这样原曲面方程化为 $\rho^3=c^3\cos\varphi(\cos\varphi\geqslant 0,0\leqslant\varphi\leqslant\frac{\pi}{2})$. 故所求立体体积

$$V=\int_0^{\frac{\pi}{2}}\mathrm{d}\theta\int_0^{\frac{\pi}{2}}\mathrm{d}\varphi\int_0^{c\sqrt[3]{\cos\varphi}}ab\rho^2\sin\varphi\mathrm{d}\rho=\frac{2}{3}abc^3\pi\int_0^{\frac{\pi}{2}}\cos\varphi\sin\varphi\mathrm{d}\varphi=\frac{1}{3}abc^3\pi$$

再来看一个利用柱面坐标变换的例子. 选用不同坐标变换依据是题设条件,目的为了使积分计算简便、易行.

例 12 试求由曲面 $z=-\sqrt{x^2+y^2}$ 与 $z=\frac{x^2+y^2}{2}-4$ 所围成立体的体积.

解 利用柱面坐标,则所求立体体积

$$V=\iiint_D\mathrm{d}V=\int_0^{\frac{2\pi}{2}}\mathrm{d}\theta\int_0^2\mathrm{d}\rho\int_{\frac{\rho^2}{2}-4}^{-\rho}\rho\mathrm{d}z=\int_0^{2\pi}\mathrm{d}\theta\int_0^1\rho\left(-\rho-\frac{1}{2}\rho^2+4\right)\mathrm{d}\rho=$$
$$2\pi\left[2\rho^2-\frac{1}{3}\rho^3-\frac{\rho^4}{8}\right]_0^2=\frac{20}{3}\pi$$

例 13 求曲面 $x^2+y^2+az=4a^2$ 将球 $x^2+y^2+z^2=4az$ 分成两部分的体积之比.

解 如右图,设球体在抛物面里面的部分为 Ω_1 体积为 V_1,外面的部分为 Ω_2 体积为 V_2.

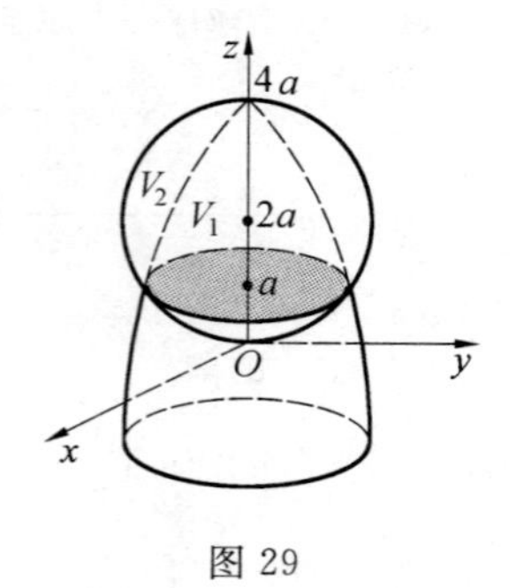

图 29

两曲面交线为圆 $x^2+y^2=3a^2,z=a$;而两曲面交点为$(0,0,4a)$. 则

$$V_1=\int_0^{\Omega_1}\mathrm{d}x\mathrm{d}y\mathrm{d}z=\int_0^{2\pi}\mathrm{d}\theta\int_0^{\sqrt{3}a}r\mathrm{d}r\int_{2a-\sqrt{4a^2-r^2}}^{4a-\frac{r^2}{a}}\mathrm{d}z=$$
$$2\pi\int_r^{\sqrt{3}a}\left(2a+\sqrt{4a^2-r^2}-\frac{r^2}{a}\right)\mathrm{d}r=\frac{37}{6}\pi a^3$$

而 $$V_2=V_{球}-V_1=\frac{4}{3}\pi(2a)^3-\frac{37}{6}\pi a^3=\frac{9}{2}\pi a^3$$

故 $$V_1:V_2=37:27$$

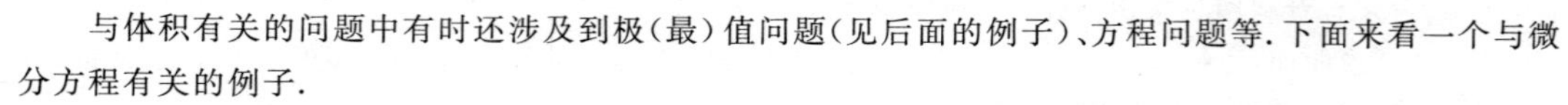

与体积有关的问题中有时还涉及到极(最)值问题(见后面的例子)、方程问题等. 下面来看一个与微分方程有关的例子.

例 14 已知当 $x\geqslant 1$ 时,恒有 $f(x)>0$. 今将曲线 $y=f(x)$,两直线 $x=1,x=a(a>1)$ 以及 x 轴这四者所围图形绕 Ox 轴旋转一周产生的立体体积设为 $V(a)$,对于适合 $a>1$ 的一切 a 恒有

$$V(a)=\frac{1}{3}\pi[a^2f(a)-f(1)]$$

试解下列问题:

(1) 求关于 $f(x)$ 的微分方程;

(2) 设 $y=xz$ 利用(1)求得的微分方程,试求关于 z 的微分方程;

(3) 当 $f(2)=\frac{2}{9}$ 时,求 $f(x)$.

解 (1) 由题设及旋转体体积公式 $V(a)=\pi\int_1^a f^2(x)\mathrm{d}x$,故有

$$3\int_1^a f^2(x)\mathrm{d}x=a^2f(a)-f(1) \tag{1}$$

由于上式式左对 a 可导,故式右亦然,因而当 $a>1$ 时,$f(a)$ 也可导. 上式两边对 a 求导

$$3f^2(a)=2af(a)+a^2f'(a)$$

由 a 的任意性,若用 x 代替 a,则 $y=f(x)$ 满足下述微分方程

$$\frac{dy}{dx} = 3\left(\frac{y}{x}\right)^2 - 2\frac{y}{x}, \quad x > 1 \tag{2}$$

(2) 设 $y = xz$，则 $y' = z + xz'$，由方程(2) 可得

$$z + x\frac{dz}{dx}3z' - 2z \Rightarrow x\frac{dz}{dx} = 3z(z-1)$$

(3) 对上述方程分离变量后积分之有

$$\int \frac{1}{z(z-1)}dz = 3\int \frac{1}{x}dx$$

即
$$\ln|z-1| - \ln|z| = 3\ln|x| + C.$$

又 $f(2) = \frac{2}{9}$，故 $z = \frac{1}{9}$. 因而 $\ln 8 = 3\ln 2 + C$，求得 $C = 0$.

在 $x = 2$ 邻域内 $\ln\left(\frac{1-z}{z}\right) = 3\ln x$，即 $\frac{1-z}{z} = x^3$.

于是 $f(x) = \frac{x}{1+x^3}$ 在 $x > 1$ 时满足方程(2)，在 $x \geqslant 1$ 是连续的.

对于这个 $f(x)$，因 $a = 1$ 时方程(1) 成立，故再由方程(2) 知，对 $a \geqslant 1$ 的一切 a 恒成立.

最后我们想指出一点：有些几何体的体积若有现成公式可求(如立体几何中一些几何体)，往往无须再用积分去考虑，这样计算将很简洁. 请看：

例 15　试证曲面 $zyz = a^3 (a > 0)$ 的任一切平面与三坐标平面所围成的几何体体积为常数.

解　记 $F(x,y,z) = xyz - a^3 (a > 0)$. 则 $F_x{}' = yz, F_y{}' = xz, F_z{}' = xy$.

设(x_0, y_0, z_0) 为曲面上任一点，则曲面在点(x_0, y_0, z_0) 的切平面方程为

$$y_0z_0(x - x_0) + x_0z_0(y - y_0) + x_0y_0(z - z_0) = 0$$

化简后即
$$\frac{x}{3x_0} + \frac{y}{3y_0} + \frac{z}{3z_0} = 1 \tag{*}$$

显然，切平面(*) 在三坐标轴上的截距分别为 $3x_0, 3y_0, 3z_0$，则切平面与三坐标平面所围四面体(直三棱锥) 的体积为

$$V = \frac{1}{6}|3x_0 \cdot 3y_0 \cdot 3z_0| = \frac{9}{2}a^2$$

8. 几何极(最) 值问题解法

关于极(最) 值问题的详细讨论，请见“函数的极、最值问题解法”，这里谈几个与几何问题有关的极(最) 值问题. 这类问题只是将几何问题与极(最) 值解法结合在一起而已.

先来看与距离(包括线段长) 有关的极(最) 值问题.

例 1　在椭圆 $x^2 + 4y^2 = 4$ 上求一点，使其到直线 $2x + 3y - 6 = 0$ 的距离最短.

解　因所给椭圆在题设直线下方，故对该椭圆上任一点 $A(x,y)$ 满足 $2x + 3y - 6 < 0$，因此 A 点到所给直线的距离为

$$\rho = \frac{|2x + 3y - 6|}{\sqrt{13}} = \frac{6 - 2x - 3y}{\sqrt{13}}$$

设 $y > 0$，即 $y = \frac{\sqrt{4 - x^2}}{2}$，代入上式可有

$$\rho = \frac{6 - 2x - 3\sqrt{4 - x^2}}{2 \cdot 13}$$

注意到
$$\rho' = \frac{1}{\sqrt{13}}\frac{3x - 4\sqrt{4 - x^2}}{2\sqrt{4 - x^2}}, \quad \rho'' = \frac{6}{\sqrt{13(4 - x^2)^3}} > 0$$

由 $\rho'=0$ 得 $x=\dfrac{8}{5}$,故在 $x=\dfrac{8}{5}$ 处 ρ 取极小值. 而对于 $y<0$,可得 $\rho''<0$,则 ρ 不会取得极小值.

故椭圆上点 $\left(\dfrac{8}{5},\dfrac{3}{5}\right)$ 到已知直线 $2x+3y-6=0$ 的距离最短.

上面的例子是求点到曲线的最短距离问题,下面的极值问题是关于两条曲线之间距离的,解法中用到了几何事实.

例 2 求抛物线 $y=x^2$ 到直线 $x-y-2=0$ 之间的最短距离.

解 由 $y=x^2$ 两边求导有 $y'=2x$,故抛物线 $y=x^2$ 上与直线 $x-y-2=0$ 平行的切线,即斜率 $2x$ 等于 1(题设直线斜率) 的只有一条,即过点 $\left(\dfrac{1}{2},\dfrac{1}{4}\right)$ 的切线(由 $2x=1$ 得 $x=\dfrac{1}{2}$).

该点到直线 $x-y-2=0$ 的距离是 $y=x^2$ 与 $x-y-2=0$ 之间的最短距离

$$d=\frac{\left|\dfrac{1}{2}-\dfrac{1}{4}-2\right|}{\sqrt{2}}=\frac{7\sqrt{2}}{8}.$$

下面两个例子是关于三维空间的.

例 3 抛物面 $z=x^2+y^2$ 被平面 $x+y+z=1$ 截成一个椭圆,求这椭圆到坐标原点的最长、最短距离.

解 该几何问题化为微积分(分析) 问题即求函数 $x^2+y^2+z^2$(目标函数) 在(约束) 条件 $x^2+y^2-z=0$ 和 $x+y+z-1=0$(约束条件) 下的最大、最小值. 用 Lagrange 乘子法. 令

$$\Phi(x,y,z)=x^2+y^2+z^2+\lambda(x^2+y^2-z)+\mu(x+y+z-1)$$

由 $\Phi'_x=0,\Phi'_y=0,\Phi'_z=0$ 得驻点

$$x=y=\frac{-\mu}{2(\lambda+1)},\quad z=\frac{\lambda-\mu}{2}$$

将它们代入约束条件方程可算得

$$\lambda=\frac{-3\pm5\sqrt{3}}{3},\quad \mu=\frac{-7\pm11\sqrt{3}}{3}$$

故
$$x=y=\frac{-1\pm\sqrt{3}}{2},\quad z=2\mp\sqrt{3}$$

相应地求得 $x^2+y^2+z^2$ 的两个值 $9\mp5\sqrt{3}$,从几何上看,题设问题有极值,故题设椭圆距离原点最近、最远距离别为 $\sqrt{9-5\sqrt{3}}$ 和 $\sqrt{9+5\sqrt{3}}$.

注 本题亦可由 $\Phi_x{}'=0,\Phi_y{}'=0,\Phi_z{}'=0$(求驻点) 推得 $x=y$,再由约束条件可得方程

$$2x^2+2x-1=0$$

从中亦可求得 x,进而求得 y,z 值.

例 4 求旋转椭球面 $\dfrac{1}{4}(x^2+y^2+z^2)=1$ 在第一卦限部分上的一点,求该点处的切平面在三个坐标轴上的截距平方和最小.

解 设所求的点为 (x,y,z),在该点处的切平面方程为

$$\frac{1}{4}(xX+yY+zZ)=1$$

它在三个坐标轴上的截距分别为 $\dfrac{1}{x},\dfrac{1}{y},\dfrac{4}{z}$,故原题化为:

在约束条件 $\varphi(x,y,z)=\dfrac{1}{4}(x^2+y^2+z^2)-1=0$ 下,求函数 $f(x,y,z)=\dfrac{1}{x^2}+\dfrac{1}{y^2}+\dfrac{16}{z^2}$(目标函数) 的极值问题.

用 Lagrange 乘子法. 令 $F(x,y,z)=f(x,y,z)+\lambda\varphi(x,y,z)$，由

$$\begin{cases}F'_x=-\dfrac{2}{x^3}+2\lambda x=0\\ F'_y=-\dfrac{2}{y^3}+2\lambda y=0\\ F'_z=-\dfrac{32}{z^3}+\dfrac{\lambda z}{2}=0\end{cases}$$

得 $x^2=y^2=\dfrac{z^2}{8}=\dfrac{1}{\sqrt{\lambda}}$，代入约束条件得

$$\frac{1}{4}\left(\frac{1}{8}+\frac{1}{8}+1\right)z^2=1$$

即 $z^2=2$，从而 $x^2=y^2=\dfrac{1}{4}$. 由 $x>0,y>0,z>0$，知 $x=y=\dfrac{1}{2},z=\sqrt{2}$.

依题意，点 $\left(\dfrac{1}{2},\dfrac{1}{2},\sqrt{2}\right)$ 为所求.

下面再来看与面积有关系的极(最)值问题.

例 5　曲线 $y=4-x^2$ 与 $y=1+2x$ 相交于 A,B 两点，C 为抛物线上一点，求 $\triangle ABC$ 面积的最大值.

解　由 $y=4-x^2$ 与 $y=1+2x$ 求得直线与抛物线的交点：$A(-3,-5)$，$B(1,3)$.

又设抛物线上一点 C 横坐标为 x，则 $C(x,4-x^2)$，故

$$S_{\triangle ABC}=\frac{1}{2}\begin{vmatrix}x & 4-x^2 & 1\\ -3 & -5 & 1\\ 1 & 3 & 1\end{vmatrix}=6-4x-2x^2$$

容易求得极大点为 $x=-1$，极大值为 $S=8$.

注　仿照例的方法我们可以求解下面问题：

问题 1　直线 $y=-x+k$ 交椭圆 $5x^2+6xy+5y^2=32$ 于 B,C 两点，且点 $A(\sqrt{2},\sqrt{2})$ 为椭圆的顶点. 问 k 为值值时，才能使 $\triangle ABC$ 面积最大？求出这个最大值.

问题 2　过椭圆 $3x^2+2xy+3y^2=1$ 上任意点作椭圆的切线，试求诸切线与两坐标轴所围成的三角形面积的最小值.

例 6　设 $y=f(x)$ 在 $(-\infty,+\infty)$ 为一光滑的凹曲线，(x_0,y_0) 为此曲线上方一固定点，试问在过 (x_0,y_0) 的诸弦中，求使它与曲线所围成的弓形面积最小者.

解　设过 (x_0,y_0) 的弦方程为 $y=kx+b(b=y_0-kx_0)$，它与曲线 $y=f(x)$ 的交点，由 $y=kx+b$，$y=f(x)$ 联立求得，设为 $x_1=x_1(k)$，$x_2=x_2(k)$，且 $x_1<x_2$.

依题意弓形面积为

$$S=\int_{x_1(k)}^{x_2(k)}[kx+b-f(x)]\mathrm{d}x$$

而

$$\frac{\mathrm{d}s}{\mathrm{d}k}=\int_{x_1(k)}^{x_2(k)}\frac{\partial}{\partial k}[kx+b-f(x)]\mathrm{d}x+\{kx_2(k)+b-f[x_2(k)]\}x'_2(k)-$$

$$\{kx_1(k)+b-f[x_1(k)]\}x'_1(k)=\int_{x_1(k)}^{x_2(k)}(x-x_0)\mathrm{d}x=$$

$$\frac{1}{2}[x_2{}^2(k)-x_1{}^2(k)]-x_0[x_2(k)-x_1(k)]$$

这里注意到 $f(x)=kx+b$，且 $b=y_0-kx_0$.

令 $S'_k=0$ 得 $x_0=\dfrac{1}{2}[x_1(k)+x_2(k)]$ 或 $x_1(k)=x_2(k)$(不合题意).

故 x_0 是弦中点的横坐标,即以 (x_0,y_0) 为中点的弦与曲线所围成的弓形面积最小.

下面是关于曲面面积的极值问题.

例 7 如图 30,已知大球的半径为 a(正的常数),另有一小球与大球相割,若小球的球心在大球的球面上,问小球的半径 r 多大时,夹在大球内部的小球表面最大? 求出这个最大表面积的值.

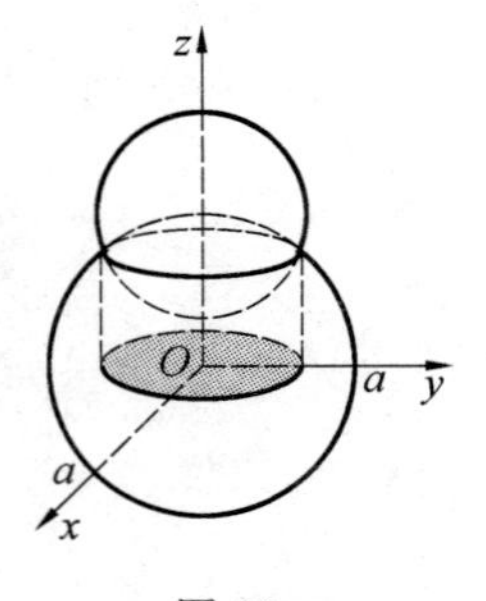

图 30

解 以大球球心为原点,两球心连线 Oz 为轴建立坐标系,则两球面方程分别为

大球面方程: $x^2+y^2+z^2=a^2$

小球面方程: $x^2+y^2+(z-a)^2=r^2$

夹在大球内部小球球面 $\sum$ 的方程为

$$z=a-\sqrt{r^2-x^2-y^2}$$

若令 D 表示 xOy 平面上的圆域

$$x^2+y^2=\frac{r^2}{4a^2}(4a^2-r^2)$$

则

$$S=\iint_D\sqrt{1+\left(\frac{\partial z}{\partial x}\right)^2+\left(\frac{\partial z}{\partial y}\right)^2}\mathrm{d}x\mathrm{d}y=\iint_D\frac{r}{\sqrt{r^2-x^2-y^2}}\mathrm{d}x\mathrm{d}y=$$

$$\int_0^{2\pi}\mathrm{d}\theta\int_0^{\frac{r}{2a}\sqrt{4\pi^2-r^2}}\frac{r\rho\,\mathrm{d}\rho}{\sqrt{r^2-\rho^2}}=2\pi r^2-\frac{\pi r^3}{a}$$

由 $S'_r=4\pi r-\dfrac{3\pi r^2}{a}$,$S_r''=4\pi-\dfrac{6\pi r}{a}$,令 $S'_r=0$ 得 $r_1=0$,$r_2=\dfrac{4a}{3}$.

又 $S_r''\Big|_{r=\frac{4a}{3}}=-4\pi<0$,故 $r=\dfrac{4a}{3}$ 时,夹在大球内部的小球表面积最大,且最大值为

$$S_{\max}=S\Big|_{r=\frac{4a}{3}}=\frac{32}{27}\pi a^2$$

最后来看关于体积问题的极值例子.

例 8 已知三角形的周长为 $2p$,求出这样的三角形,当它绕着自己的一边旋转时所构成的体积最大.

解 设三角形的三边分别为 x,y,z,且绕 x 边旋转,又设 x 边上的高为 h,则三角形面积 $S=\dfrac{ah}{2}$.

又由 Heron 公式 $S=\sqrt{p(p-x)(p-y)(p-z)}$,故得旋转体体积为

$$V=\frac{\pi}{3}xh^2=\frac{4\pi p}{3x}(p-x)(p-y)(p-z)$$

令 $U=\ln\left[\dfrac{1}{x}(p-x)(p-y)(p-z)\right]$,由对数函数的单增性,则 U,V 同时取得最大值.

今求在条件 $x+y+z=2p$ 下 U 的最大值. 用 Lagrange 乘子法,令

$$F=U(x,y,z)-\lambda(x+y+z-2p)$$

由

$$\begin{cases}F'_x=-\dfrac{1}{p-x}-\dfrac{1}{x}+\lambda=0\\F'_y=-\dfrac{1}{p-y}+\lambda=0\\F'_z=-\dfrac{1}{p-z}+\lambda=0\end{cases}$$

得

$$\frac{1}{p-x}+\frac{1}{x}=\frac{1}{p-y}=\frac{1}{p-z}=\lambda$$

解出 $y=z=\dfrac{1}{p}(p-x+x^2)$ 代入 $x+y+z=2p$ 得 $x=\dfrac{p}{2}$，$y=z=\dfrac{3p}{4}$，且 $V=\dfrac{\pi p^3}{12}$.

因 U 在区域 $x>0,y>0,z>0,x+y+z=2p$ 内应有最大值，从而 V 有最大值.

即当三角形三边分别为 $\dfrac{p}{2},\dfrac{3p}{4},\dfrac{3p}{4}$ 时，且绕边长为 $\dfrac{p}{2}$ 的一边旋转时，V 有最大值 $\dfrac{\pi p^3}{12}$.

与几何有关的极（最）值问题还有一些其他方面的例子，这里不谈了. 我们只是再举一个例子以说明这类问题的纷繁.

例 9　试求通过点(1,1)的直线 $y=f(x)$ 中，使得积分值 $\int_0^1[x^2-f(x)]^2\mathrm{d}x$ 为最小的直线方程.

解　过点(1,1)的直线方程可设为 $y=ax+1-a$. 再令

$$u(a)=\int_0^1[x^2-(ax+1-a)]^2\mathrm{d}x$$

两边对 a 求导可有

$$\frac{\mathrm{d}u}{\mathrm{d}a}=\int_0^1\frac{\mathrm{d}}{\mathrm{d}a}[x^2-(ax+1-1)]^2\mathrm{d}x=\int_0^1 2(x^2-ax+a-1)(1-x)\mathrm{d}x=\frac{2}{3}(2a-4)$$

令 $\dfrac{\mathrm{d}u}{\mathrm{d}a}=0$ 得驻点 $a=2$，又 $\dfrac{\mathrm{d}^2u}{\mathrm{d}a^2}=\dfrac{4}{3}>0$. 故 $a=2$ 确使 $u(a)$ 取极小值，即最小值.

从而，所求直线方程为

$$y=2x-1$$

9. 曲线方程问题的解法

关于求 $f(x)$ 表达式问题，我们在前面的函数和微分方程问题解法的章节中已有叙及，关于几何曲线方程求法问题，这里再略举几例说明，它们大多与微分方程求解问题有关.

先来看与曲线切线、法线、曲率等有关的例子，这实际是由已知曲线求切线、法线等问题的"反问题".

例 1　已知曲线的切线和矢径相交成 $\dfrac{\pi}{4}$ 角，求曲线方程.

解　设 $M(x,y)$ 为所求曲线 c 上任一点，θ 为切线与 x 轴交角，φ 为矢径 $\overrightarrow{OM}$ 与 x 轴交角(图 31). 显然 $\theta=\dfrac{\varphi+\pi}{4}$. 故

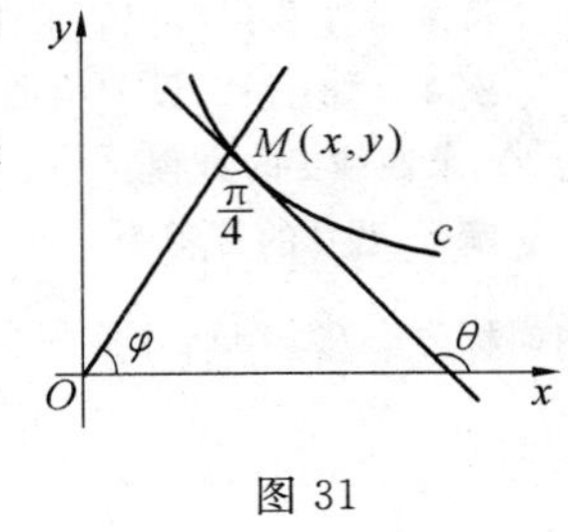

图 31

$$\tan\theta=\tan\left(\varphi+\frac{\pi}{4}\right)=\frac{\tan\varphi+\tan\frac{\pi}{4}}{1-\tan\varphi\tan\frac{\pi}{4}}$$

又 $\tan\theta=\dfrac{\mathrm{d}y}{\mathrm{d}x}$，$\tan\varphi=\dfrac{y}{x}$ 及 $\tan\dfrac{\pi}{4}=1$，故 $\dfrac{\mathrm{d}y}{\mathrm{d}x}=\dfrac{\frac{y}{x}+1}{1-\frac{y}{x}}$. 即

$$(x-y)\mathrm{d}y=(x+y)\mathrm{d}x\quad\text{或}\quad x\mathrm{d}y-y\mathrm{d}x-(x\mathrm{d}x+y\mathrm{d}y)=0$$

从而

$$\frac{x\mathrm{d}y-y\mathrm{d}x}{x^2+y^2}-\frac{x\mathrm{d}x+y\mathrm{d}y}{x^2+y^2}=0$$

即

$$\mathrm{d}\left(\tan^{-1}\frac{y}{x}\right)-\frac{1}{2}\mathrm{d}[\ln(x^2+y^2)]=0$$

得 $\ln\sqrt{x^2+y^2}-2\arctan\dfrac{y}{x}=c$. 此即为所求曲线方程.

注 1　所求曲线还可以化为极坐标方程：$r=c_1\mathrm{e}^{\varphi}$，其中 $r^2=x^2+y^2$，$\varphi=\arctan\dfrac{y}{x}$，$c_1=\mathrm{e}^{-c}$.

注 2　若夹角换为 ω，则 $\omega=\dfrac{\pi}{2}$ 时，所求曲线为 $x^2+y^2=c$；

若 $\omega \neq \frac{\pi}{2}$ 时，方程为 $\ln(x^2+y^2) - 2a\arctan\frac{y}{x} = c$，其中 $a = \frac{1}{\tan\omega}$.

例 2　一曲线过点$(e,1)$，且在曲线上任一点处的法线斜率为$\frac{-x\ln x}{x+y\ln x}$，求曲线方程.

解　由设知 $y' = \frac{x+y\ln x}{x\ln x}$，即 $y' - \frac{y}{x} = \frac{1}{\ln x}$(此为线性方程).

解得 $y = cx + x\ln(\ln x)$，又曲线经过$(e,1)$点，代入解及方程可求得 $c = \mathrm{e}^{-1}$. 故所求曲线为

$$y = \mathrm{e}^{-1}x + x\ln(\ln x)$$

例 3　试求一曲线，已知其曲率 $\kappa = \frac{1}{2y^2\cos\theta}$，其中$\theta$为切线倾角，又知曲线在$(1,1)$处的切线与 Ox 轴平行.

解　由设 $\kappa = \frac{y''}{(1+y'^2)^{\frac{3}{2}}} = \frac{1}{2y^2\cos\theta} = \frac{\sqrt{1+y'^2}}{2y^2}$(注意到 $\frac{1}{\cos\theta} = \sqrt{1+y'^2}$).

得方程$\frac{y''}{(1+y'^2)^{\frac{3}{2}}} = \frac{\sqrt{1+y'^2}}{2y^2}$，令 $y' = p$ 则方程可化为$\frac{2p\mathrm{d}p}{(1+P^2)^2} = \frac{\mathrm{d}y}{y^2}$，积分之得

$$-\frac{1}{1+P^2} = -\frac{1}{y+c} \tag{*}$$

又在$(1,1)$处切线平行于 Ox 轴，故当 $y=0$ 时，$p=0$，代入上式得 $c=0$. (*)式化为

$$\frac{1}{1+p^2} = \frac{1}{y} \quad \text{或} \quad 1+y'^2 = y$$

解得 $4(y-1) = (x+c_1)^2$，又 $y\Big|_{x=1} = 1$ 代入求得 $c_1 = -1$.

故所求曲线方程为
$$y = \frac{1}{4}(x-1)^2 + 1$$

再来看涉及到面积的求曲线方程问题(当然它也是由积分求面积问题的"**反问题**").

例 4　如图 32，设 B 为曲线 l 上任一点，若曲边梯形 $OABC$ 的面积与弧$\overparen{AB}$ 的长度成正比(比例系数为 k)，求曲线 l 的方程.

解　设 l 的方程为 $y = f(x)$，又 C 点横坐标为 x，则曲边梯形 $OABC$ 的面积为$\int_0^x f(x)\mathrm{d}x$，并且曲线弧$\overparen{AB}$ 的长度为

$$\int_0^x \sqrt{1+f'^2(x)}\,\mathrm{d}x$$

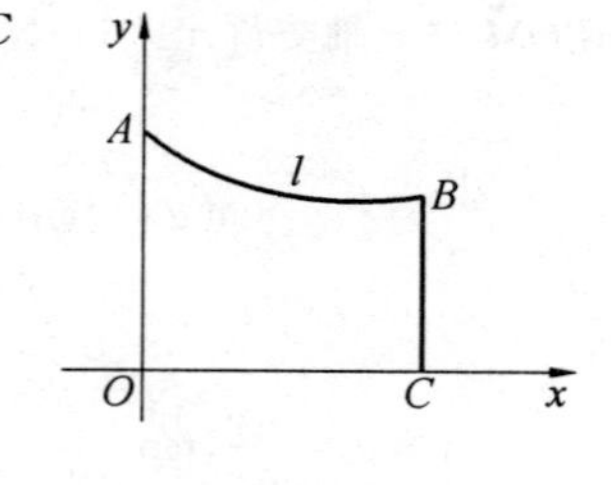

图 32

依题意有
$$\int_0^x \sqrt{1+f'^2(x)}\,\mathrm{d}x = k\int_0^x f(x)\mathrm{d}x$$

对积分上限求导后可得方程 $y'= k^2y^2 - 1$. 解之有(曲线 l 的方程)

$$y = \frac{1}{2k}(c\mathrm{e}^{-kx} + c^{-1}\mathrm{e}^{kx})$$

例 5　已知曲线在第一象限，且曲线上任意点外的切线与坐标轴和过切点垂直于 Ox 轴的直线所围成的梯形面积等于常数 k^2，又知曲线过(k,k)点，试求曲线方程.

解　设曲线方程 $y = f(x)$. 若切点为(x,y)，则切线方程是

$$Y - y = f'(x)(X-x) \tag{*}$$

令 $X = 0$ 得切线与 Oy 轴交点坐标为$(0, y-xy')$.

依题意有$\frac{1}{2}x[y+(y-xy')] = k^2$，即$\frac{y-2y}{x} = \frac{-2k^2}{x^2}$，解得 $y = \frac{2k^2}{3x+cx^2}$.

又曲线过(k,k)点，代入方程可求得 $c = \frac{1}{3k}$. 故所求曲线方程为 $y = \frac{2k^2}{3x} + \frac{x^2}{3k}$.

最后我们看一个与极值有关的例子.

例 6 如图 33,在曲线族 $y=a(1-x^2)(a>0)$ 中,试选一条曲线,使该曲线和它在 $(-1,0)$ 及 $(1,0)$ 两点处法线所围所的图形面积,比这族曲线中其他曲线以同样方式围成的面积都小.

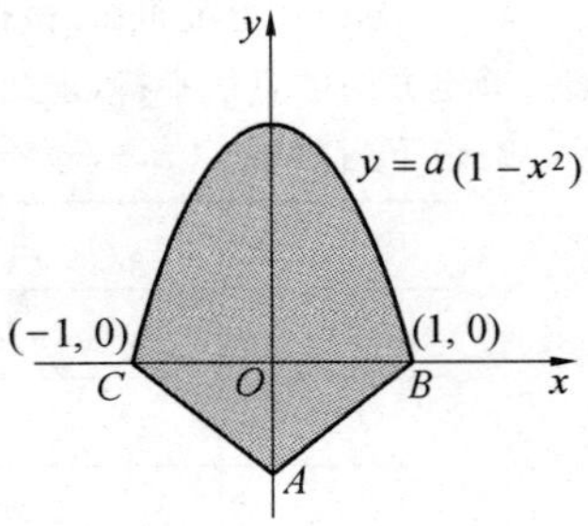

图 33

解 在点 $(1,0)$ 处曲线的法线为 $y=\frac{1}{2a}(x-1)$,由对称性知所围图形的面积为

$$S=2\int_0^1\left[a(1-x^2)-\frac{1}{2a}(x-1)\right]\mathrm{d}y=\frac{4a}{3}+\frac{1}{2a}$$

由 $S'(a)=\frac{4}{3}-\frac{1}{2a^2}$,故令 $S'(a)=0$ 可得驻点 $a=\frac{\sqrt{6}}{4}(a>0)$.

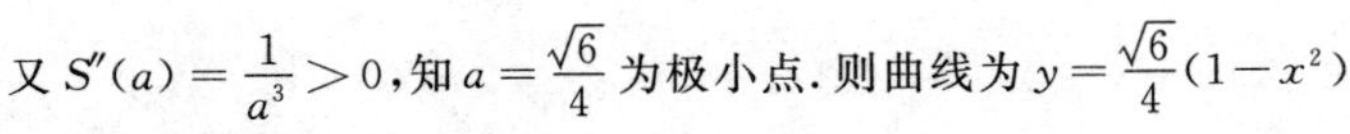

又 $S''(a)=\frac{1}{a^3}>0$,知 $a=\frac{\sqrt{6}}{4}$ 为极小点.则曲线为 $y=\frac{\sqrt{6}}{4}(1-x^2)$

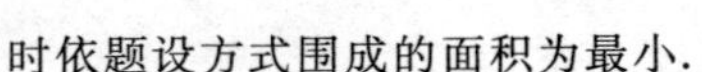

时依题设方式围成的面积为最小.

注 问题稍加拓广,更一般地我们可以求解:

设抛物线 $y=ax^2+bx+c(a<0)$ 满足:① 过 $(0,0)$ 和 $(1,2)$ 两点;② 与抛物线 $y=-x^2+2x$ 所围成区域面积最小,试求此抛物线方程.

习 题

一、空间解析几何问题

1. 若 $\boldsymbol{a}+\boldsymbol{b}+\boldsymbol{c}=0$,试证 $\boldsymbol{a}\times\boldsymbol{b}=\boldsymbol{b}\times\boldsymbol{c}=\boldsymbol{c}\times\boldsymbol{a}$.

2. 试证 $\boldsymbol{a}\times(\boldsymbol{b}\times\boldsymbol{c})=(\boldsymbol{a}\cdot\boldsymbol{c})\boldsymbol{b}-(\boldsymbol{a}\cdot\boldsymbol{b})\boldsymbol{c}$.

3. 试证 $[\boldsymbol{a},\boldsymbol{b},\boldsymbol{c}]=(\boldsymbol{a}\times\boldsymbol{b})(\boldsymbol{c}+\lambda\boldsymbol{a}-\mu\boldsymbol{b})$($\lambda,\mu$ 为任意实数).

4. 试证对实任意 $\boldsymbol{a},\boldsymbol{b},\boldsymbol{c}$ 均有 $[\boldsymbol{a},\boldsymbol{b},\boldsymbol{c}]+[\boldsymbol{b},\boldsymbol{c},\boldsymbol{a}]+[\boldsymbol{c},\boldsymbol{a},\boldsymbol{b}]=0$.

5. 试证 $[(\boldsymbol{b}\times\boldsymbol{c})(\boldsymbol{c}\times\boldsymbol{a})(\boldsymbol{a}\times\boldsymbol{b})]=[\boldsymbol{a},\boldsymbol{b},\boldsymbol{c}]^2$.

6. 试证 Lagrange 恒等式 $(\boldsymbol{a}\times\boldsymbol{b})(\boldsymbol{c}\times\boldsymbol{d})=\begin{vmatrix}\boldsymbol{a}\cdot\boldsymbol{c} & \boldsymbol{a}\cdot\boldsymbol{d}\\ \boldsymbol{b}\cdot\boldsymbol{c} & \boldsymbol{b}\cdot\boldsymbol{d}\end{vmatrix}$.

[**提示:** 先令 $\boldsymbol{c}\times\boldsymbol{d}=\boldsymbol{e}$ 代入式左,然后按混积性质]

7. 试求与两平行平面 $2x-3y+6z-8=0$ 和 $2x-3y+6z+4=0$ 等距的平面方程.

[**答:** $2x-3y+6z-2=0$]

8. 试求两平面:$x-3y+2z-5=0$ 和 $3x-2y-z+3=0$ 的角平分面方程.

[**答:** $2x+y-3z+8=0$ 与 $4x-5y+z-2=0$]

9. 求过 $(-1,2,4)$,平行于平面 $3x-4y+z-10=0$ 且和直线 $\frac{x+3}{3}=\frac{y-3}{1}=\frac{z}{2}$ 相交的直线方程.

$\left[\text{答:}\frac{x+1}{4}=\frac{y-2}{3}=\frac{z-4}{0}\right]$

10. 求两异面直线:$\frac{x-9}{4}=\frac{y+2}{-3}=\frac{z}{1}$ 和 $\frac{x}{-2}=\frac{y+7}{9}=\frac{z-2}{2}$ 间的距离.

11. 试求两平行直线:$\frac{x}{2}=\frac{y+1}{1}=\frac{z-6}{3}$ 与 $\frac{x-3}{2}=\frac{y}{1}=\frac{z+2}{3}$ 间的距离.

[**提示:** 只需在其中一条直线上任取一点求其到另外直线的距离.答:$\sqrt{\frac{747}{14}}$].

二、微积分中的几何问题

1. 设 $f(u,v)$ 处处可微. 试证曲面 $f(mx-nz,my-lz)=0$(m,n,l 均不为0) 上任一点的切平面与某一固定方向的直线平行,求此直线的方向数.

2. 求下列曲面 $f(x,y,z)=0$ 的平行于平面 π 的切平面方程:

序　号	曲面 $f(x,y,z)=0$	平　面　π
(1)	$x^2+2y^2+3z^2=2$	$x+4y+6z+25=0$
(2)	$z=x^2+y^2$	$x+y-2z=0$
(3)	$\dfrac{x^2}{2}+y^2+\dfrac{z^2}{4}=1$	$2x+2y+z+5=0$

[**答**:(1)$x+4y+6z\mp 21=0$;(2)$x+y-2z-\dfrac{1}{4}$;(3)$x+y+\dfrac{z}{2}\mp 2=0$]

3. 求下列曲线的切线和法平面方程:

(1) 曲线 $x=a\cos t,y=a\sin t,z=c\,t$(螺旋线) 在 $t=\dfrac{\pi}{3}$ 处;

(2) 曲线 $y=x,z=x^2$ 在点 $P(1,1,1)$ 处.

[**答**:(1) 切线方程:$\dfrac{2x-a}{-\sqrt{3}a}=\dfrac{2y-\sqrt{3}a}{a}=\dfrac{3y-c\pi}{3c}$,法平面方程:$-\sqrt{3}a\left(x-\dfrac{1}{2}a\right)+a\left(y-\dfrac{\sqrt{3}}{2}a\right)+2c\left(z-\dfrac{c\pi}{3}\right)=0$.(2) 切线方程:$2(x-1)=2(y-1)=z-1$,法平面方程 $x+y+2z-4=0$]

4. (1) 求由抛物线$(y-1)^2=2x$ 与直线 $y=x-3$ 所围成的平面图形的面积.

(2) 椭圆$(a_1x+b_1y+c_1)^2+(a_2x+b_2y+c_2)^2=1$ 所界面积$(a_1b_2-a_2b_1\neq 0)$.

[**提示**:(1) 求得两曲线交点 $A(2,-1),B(B,5)$;(2) 考虑变换:$u=a_1x+b_1y+c_1,v=a_2x+b_2y+c_2$. **答**:(1)18;(2) $\dfrac{\pi}{a_1b_2-a_2b_1}$]

5. 求悬链线 $y=\dfrac{1}{2}(\mathrm{e}^x+\mathrm{e}^{-x})$,从 $x=0$ 到 $x=1$ 的弧长.

[**提示**:$l=\int_0^1\sqrt{1+y'^2}\,\mathrm{d}x=\mathrm{sh}x\,\Big|_0^1=\dfrac{1}{2}(\mathrm{e}-\mathrm{e}^{-1})$]

6. 求抛物线 $y=x^2$ 在 $A(1,1)$ 处的曲率半径和曲率中心.

[**答**:$k=\dfrac{2}{5\sqrt{5}}$ 故 $\rho=\dfrac{5\sqrt{5}}{2}$,曲率中心$(-4,3,5)$]

7. 设过曲线上任一点 $M(x,y)$ 的切线 MT 与坐标原点 O 到此点的连线 OM 相交成定角 ω,求该曲线方程.

8. 试求与圆族 $x^2+(y-c)^2=c^2$ 正交的曲线族.

9. 设有两条平面曲线 l_1 和 l_2,它们都过点$(1,1)$,且 l_1 上的点的纵坐标 y 与横坐标 x 之比值关于 x 的变化率及 l_2 上的点的纵坐标 y 与横坐标 x 之乘积关于 x 的变化率均等于 2. 求曲线 l_1 和 l_2 所围平面图形的面积.

10. 试证:过点 $M(1,2)$ 引抛物线 $y=x^2$ 的弦与抛物线所围成的面积最小时,则这条弦被点 M 分成相等的两部分.

11. 求直线段 $y=\dfrac{rx}{h}(0\leqslant x\leqslant h)$ 及 $x=h$ 绕 x 轴旋围一周所形成的锥体体积.

[**提示**:$V=\pi\int_0^h\left(\dfrac{r}{h}\right)^2\mathrm{d}x=\dfrac{1}{3}\pi hr^2$]

12. 求圆 $x^2+(y-b)^2=a^2(0<a\leqslant b)$ 绕 x 轴旋转一周所形成的环体体积.

[提示:$V=4b\pi\int_{-a}^{a}\sqrt{a^2-x^2}\,\mathrm{d}x=2\pi^2ba^2$]

13. 求球面 $x^2+y^2+z^2=R^2$ 含在圆柱面 $x^2+y^2=Rx$ 内的面积.

[提示:利用对称性,答:$4\left(\frac{\pi}{2}-1\right)R^2$]

14. 已知椭圆抛物面 $\sum_1:z=1+x^2+2y^2$,$\sum_2:z=2(x^2+3y^2)$. 求曲面 $\sum_1$ 被曲面 $\sum_2$ 截下部分的曲面面积.

[提示:$S=\iint\limits_D\sqrt{1+z_x{'}^2+z_y{'}^2}\,\mathrm{d}x\mathrm{d}y$,其中 $D:x^2+4y^2=1$,再考虑变换 $x=r\cos\theta$,$y=\left(\frac{r}{2}\right)\sin\theta$. 答:$\frac{\pi}{6}(5\sqrt{5}-1)$]

15. 求曲面 $z^2=2xy$ 被平面 $x+y=1$,$x=0$,$y=0$ 所截下部分的面积.

[答:$\frac{\sqrt{2}\pi}{2}$]

16. 计算下列封闭曲面所围立体体积:

(1) $\frac{x^2}{a^2}+\frac{y^2}{b^2}+\frac{z^2}{c^2}=1(a>0,b>0,c>0)$;

(2) $\left(\frac{x}{a}\right)^{\frac{2}{5}}+\left(\frac{y}{b}\right)^{\frac{2}{5}}+\left(\frac{z}{c}\right)^{\frac{2}{5}}=1$;

(3) $\left(\frac{x^2}{a^2}+\frac{y^2}{b^2}+\frac{z^2}{c^2}\right)^2=\frac{x}{h}$.

[提示:(1) 化二重积分后再令变换 $x=ar\cos\theta$,$y=br\sin\theta$;(2) 考虑变换 $x=ar\sin^5\varphi\cos^2\theta$,$y=br\sin^5\varphi\cos^2\theta$,$z=cr\sin^5\varphi$;(3) 考虑椭球面变换. 答:(1) $\frac{8}{5}\pi abc$;(2) $\frac{20}{3003}\pi abc$;(3) $\frac{1}{3h}\pi a^2bc$]

17. 求曲面 $x^2+y^2+z^2=\frac{z}{h}\exp\left\{-\frac{z^2}{x^2+y^2+z^2}\right\}$ 所界区域的体积.

[提示:考虑球面坐标变换. 答:$\frac{\pi}{27h^2}(1-4\mathrm{e}^{-3})$]

18. 周长为 $2l$ 的等腰三角形,绕其底边旋转而成旋转体,求所得体积最大的等腰三角形.

[答:底边长为 $\frac{l}{2}$,腰长为 $\frac{3l}{4}$]

19. 求半径为 a 的球具有最小体积的外切圆锥体积.

20. 设曲线 $y=f(x)$ 过原点及点 $(2,3)$,且 $f(x)$ 单调并有连续导致. 今在曲线上任取一点作两坐标轴的平行线,其中一条平行线与 x 轴和曲线 $f(x)$ 围成的面积是另一条平行线与 y 轴和曲线 $y=f(x)$ 围成面积的两倍,求曲线 $y=f(x)$.

[答:$y^2=\frac{9}{2}x$]

21. 在第一象限有曲线过 $(4,1)$ 点,从曲线任一点 $P(x,y)$ 向 x 轴、y 轴作垂线,垂足分别为 Q,R. 又 P 点处的曲线切线交 x 轴于 T,若长方程 $OQPR$ 和 $\triangle PQT$ 面积相同,求曲线方程.

[答:$y=\frac{\sqrt{x}}{2}$ 或 $y=\frac{2}{\sqrt{x}}$]

第 9 章

专 题 分 析

专题 5　数学中的证明方法

数学中的习题，大抵可分两类：证明题和计算题.

对于解计算题的方法和技巧，本书前面已有述及. 下面来简述其证明方法.

证明是一种从某些已知或已证命题推出新命题的思维过程. 证明按其方式可分直接证明和间接证明两种；按其推理方式可分演绎法、归纳法和类比法，这可概括成下表：

表 1

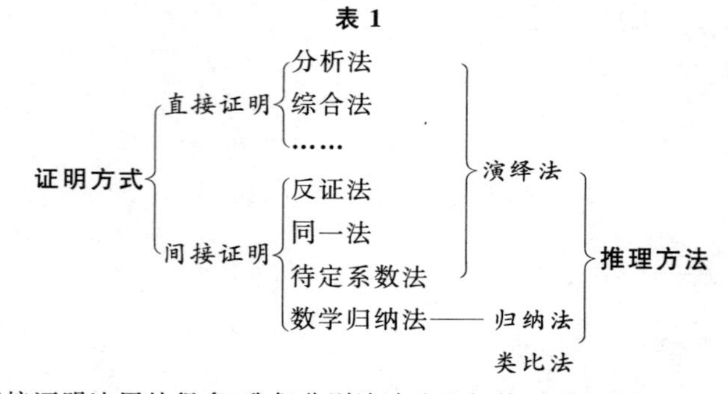

在高等数学中，间接证明法用处很多，我们分别谈谈这些间接证明方法.

(一) 反证法

反证法是一种重要的间接证明方法. 当有些命题不易直接从原命题的假设证得结论(直接证明时，须考虑的情形太多或证明过程太复杂等)，而改证它的逆否命题，而这个命题与原命题等价.

反证法的主要步骤是：

(1) 作出与命题结论相反的假设；

(2) 在此假设基础上，经过合理推演，得出假设的荒谬性(矛盾结果)；

(3) 从所作假设的荒谬性中，必然推出命题结论的正确.

反证法早已为古希腊的学者们所运用，欧几里得就曾运用它证明了质(素) 数个数无穷多的结论.

例 1　质数的个数是无穷多的(欧几里得).

证　若不然，假设质数个数为有限，不妨设它们为 $p_1, p_2, \cdots, p_n$.

考虑数 $N = p_1 p_2 \cdots p_n + 1$，显然 $N > 1$，且 $N > p_k (k = 1, 2, \cdots, n)$.

按前面假设若它是质数，则是比 p_n 更大的，与假设矛盾；若它不是质数，因而有质因子 p，且 $p \mid N$，故 p 也只能是 $p_1, p_2, \cdots, p_n$ 中的一个.

因而 $p \mid p_1 p_2 \cdots p_n$，但 $p \nmid 1$，故 $p \nmid (p_1 p_2 \cdots p_n + 1)$. 即 $p \nmid N$，这与前面假设相抵！

因而前面质数个数有限的假设不真，从而命题结论成立.

利用反证法证明调和级数 $\sum\limits_{k=1}^{\infty} \dfrac{1}{k}$ 发散，简洁、明了. 请看：

例 2　试证 $\sum\limits_{k=1}^{\infty} \dfrac{1}{k}$ 不能收敛到有限数(即发散).

证　(反证法)若不然，设该级数收敛且和为 S.

注意到级数 $\sum\limits_{k=1}^{\infty} \dfrac{1}{2k} = \dfrac{1}{2}\sum\limits_{k=1}^{\infty} \dfrac{1}{k} = \dfrac{S}{2}$，即其偶数项和应收敛到 $\dfrac{S}{2}$，因而其奇数项和也应收敛到 $\dfrac{S}{2}$.

但注意到
$$1 > \frac{1}{2},\quad \frac{1}{3} > \frac{1}{4},\quad \frac{1}{5} > \frac{1}{6},\quad \cdots$$

故
$$\sum_{k=1}^{\infty} \frac{1}{2k-1} > \sum_{k=1}^{\infty} \frac{1}{2k}$$

与上面结论矛盾，即前设级数收敛不真，从而级数发散.

注　耐人寻味的是：调和级数中去掉含特定数码项后剩下项(比如不含 9 的项)的和却收敛. 比如若令十进制中全体不含数码 9 的正整数集合为 A，则 $\sum\limits_{a \in A} \dfrac{1}{a}$ 收敛.

略证　A 中小于 10^n 的数(即小于 10^n 的不含 9 的正整数)的个数是 $9^n - 1$. 则
$$\sum_{a \in A} \frac{1}{a} = \sum_{n \geqslant 1} \sum_{\substack{10^{n-1} \leqslant a \leqslant 10^n \\ a \in A}} \frac{1}{a} \leqslant \sum_{n \geqslant 1} \frac{9^n}{10^{n-1}} = 10 \sum_{n \geqslant 1} \left(\frac{9}{10}\right)^{n-1} < \infty$$

拓扑学(现代数学的一个重要分支)中的布劳威尔(L. E. J. Brouwer) **不动点定理**十分重要而著名的结论，定理说(这里考虑的是特殊情形)：

球到自身的连续映射 $f: B \to B$ 必有不动点，即在 B 中一定有一点 $\boldsymbol{x} \in \mathbf{R}^3$ 使得 $f(\boldsymbol{x}) = \boldsymbol{x}$.

它的证明方法有很多(但大多很复杂)，可是著名数学家斯梅尔(S. Smale) 的得意门生赫希(M. W. Hirsch)1963 年用反证法，只用一页的篇幅就证明了著名的布劳威尔不动点定理，这个证明曾轰动了数学界. 它的证明大意是：

假如映射没有不动点，即 $f(\boldsymbol{x})$ 和 $\boldsymbol{x}$ 总不重合，那么从 $f(\boldsymbol{x})$ 可以画唯一的射线经过 $\boldsymbol{x}$，到达球体的边界 S 上的一点 $g(\boldsymbol{x})$(如图 1). 这样就得到从球体 B 到其边界 S 上的一个连续映射 $g: B \to S$.

但这是不可能的，因为数学家早已证明了一个与几何直观相当吻合的事实：球体 B 只要不撕裂，就不可能收缩为它的边界 S.

但连续映射是不允许撕裂的，这样便导致矛盾.

从而 B 中一定有一点 $\boldsymbol{x}$ 使得 $f(\boldsymbol{x}) = \boldsymbol{x}$，即不动点存在.

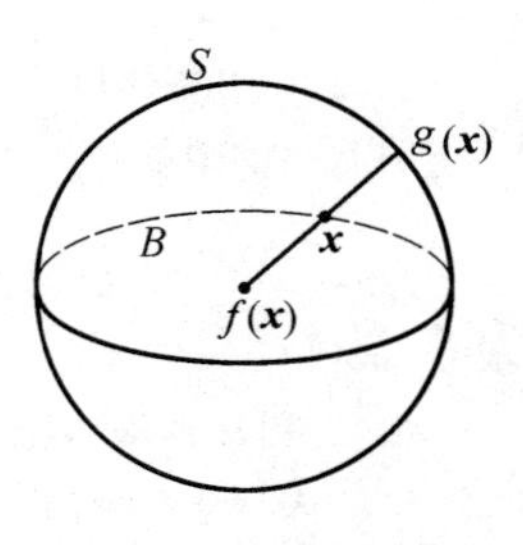

图 1

下面再来看几个高等数学课程(微积分)中的例子.

例 3　试证序列极限 $\lim\limits_{n \to \infty} \sin n$ (n 为自然数) 不存在.

证　若不然，今设 $\lim\limits_{n \to \infty} \sin n = a$. 由序列极限性质
$$\lim_{n \to \infty} \sin(n+2) = a$$

故由三角函数和差化积有
$$\lim_{n \to \infty} [\sin(n+2) - \sin n] = \lim_{n \to \infty} 2\cos(n+1)\sin 1 = 0$$

由于 $\sin 1 \neq 0$，故由上式知 $\lim\limits_{n \to \infty} \cos(n+1) = 0$. 从而 $\lim\limits_{n \to \infty} \cos n = 0$.

又由三角函数倍角公式有
$$\lim_{n \to \infty} \sin 2n = \lim_{n \to \infty} (2\sin n \cos n) = 2 \lim_{n \to \infty} \sin n \cdot \lim_{n \to \infty} \cos n = 0$$

同时仿上可证$\lim\limits_{n\to\infty}\cos 2n = 0$,这样可有

$$\lim_{n\to\infty}(\sin^2 2n + \cos^2 2n) = 0$$

这是不可能的,因为 $\sin^2\alpha + \cos^2\alpha = 1$ 恒成立.

这个例子当然还有别的证法,但反证法毕竟为我们提供一种思路,一种模式.

例 4 设 $f(x) = \begin{cases} |x|, & x \neq 0 \\ 1, & x = 0 \end{cases}$,证明不存在函数使其以 $f(x)$ 为导函数.

证 若不然,今设有 $F(x)$ 使 $F'(x) = f(x)$. 一方面由

$$F'(0) = \lim_{x\to 0}\frac{F(x) - F(0)}{x - 0} = f(0) = 1$$

另外由 $F(x)$ 可导,考虑 Lagrange 中值定理有

$$\frac{F(x) - F(0)}{x - 0} = F'(\xi) = f(\xi),\quad 0 < |\xi| < 1$$

则

$$\lim_{x\to 0}\frac{F(x) - F(0)}{x} = \lim_{x\to 0} f(\xi) = \lim_{x\to 0}|\xi|$$

又当 $x\to 0$ 时,$|\xi| \to 0$,即$\lim\limits_{x\to 0}|\xi| = 0$.

这与 $f(0) = 1$ 矛盾! 从而前设不真,故这样 $F(x)$ 不存在.

例 5 设 $f(x)$ 为非负函数,它在$[a,b]$的任一子区间内不恒为零;在$[a,b]$上二阶可导,且$f''(x) \geqslant 0$. 证明:方程 $f(x) = 0$ 在(a,b) 内若有根,就仅有一根.

证 若不然,今设 $f(x) = 0$ 在(a,b) 内有根且不唯一,设其有两根 x_1, x_2,且 $x_1 < x_2$.

由 Rolle 中值定理,有 $c \in (x_1, x_2)$ 使$f'(c) = 0$.

又由题设 $f(x)$ 在(c, x_2) 中不恒为 0 且非负(题设),故存在 $x_0 \in (c, x_2)$,使 $f(x_0) > 0$.

在区间$[x_0, x_2]$ 应用 Lagrange 中值定理得

$$f'(\xi) = \frac{f(x_2) - f(x_0)}{x_2 - x_0} = \frac{-f(x_0)}{x_2 - x_0} < 0,\quad \xi \in (x_0, x_2)$$

从而$c < \xi$且 $f'(c) > f'(\xi)$,但由题设$f''(x) > 0$ 知$f'(x)$ 单增,应有$f'(c) \leqslant f'(\xi)$,与前面结果矛盾!

故前设(有根不唯一)不真,从而命题结论正确.

例 6 设函数 $f(x)$ 在$(-\infty, +\infty)$ 上处处存在二阶连续导数,且对任意正数 h,都有

$$f(x) < \frac{1}{2}[f(x+h) + f(x-h)]$$

成立,试证$f''(x) > 0$.

证 用反证法. 若不然,今设有 x 使$f''(x) \leqslant 0$. 由于 $f(x)$ 有二阶连续导数,则存在 $h < 0$,使当 $\xi \in (x-h, x+h)$ 有$f''(\xi) \leqslant 0$. 由 Taylor 展开

$$f(x+h) = f(x) + f'(x)h + \frac{1}{2}f''(\xi_1)h^2,\quad \xi_1 \in (x, x+h)$$

$$f(x-h) = f(x) - f'(x)h + \frac{1}{2}f''(\xi_2)h^2,\quad \xi_2 \in (x-h, x)$$

于是

$$f(x+h) + f(x-h) = 2f(x) + \frac{1}{2}h^2[f''(\xi_1) + f''(\xi_2)] \leqslant 2f(x)$$

这与题设矛盾! 故前设$f''(x) \leqslant 0$ 不真,从而必有$f''(x) > 0$.

例 7 若函数 $f(x)$ 在$[a,b]$上连续,并且对任何区间$[\alpha,\beta] \subset (a,b)$ 均成立不等式

$$\left|\int_\beta^\alpha f(x)\mathrm{d}x\right| \leqslant M\ (\beta - \alpha)^{1+\delta},\quad M, \delta \text{ 为正的常数}$$

证明在$[a,b]$ 上 $f(x) \equiv 0$.

证　若不然，设 $f(x)\neq 0$，无妨设有 $x_0\in(a,b)$ 使 $f(x_0)>0$. 取 $\varepsilon>0$ 充分小，可使 $f(x_0)-\varepsilon>0$. 由 $f(x)$ 连续性，则对于 $\varepsilon>0$，当 $|x_0-\varepsilon|>\delta_0$(其中 $a<x_0-\delta_0, x_0+\delta_0<b$) 有

$$0<f(x_0)-\varepsilon<f(x)<f(x_0)+\varepsilon \qquad (*)$$

今取 n 充分大，使 $\frac{1}{n}<\delta_0$ 且 $M\left(\frac{2}{n}\right)^{\delta}<f(x_0)-\varepsilon$. 则由积分中值定理及题设有

$$\int_{x_0-\frac{1}{n}}^{x_0+\frac{1}{n}} f(x)\mathrm{d}x=\left|\int_{x_0-\frac{1}{n}}^{x_0+\frac{1}{n}} f(x)\mathrm{d}x\right|=f(\xi)\cdot\frac{2}{n}\leqslant M\left(\frac{2}{n}\right)^{1+\delta}$$

即

$$f(\xi)\leqslant M\left(\frac{2}{n}\right)^{\delta}<f(x_0)-\xi \quad \left(x_0-\frac{1}{n}<\xi<x_0+\frac{1}{n}\right)$$

这与式(*)矛盾！从而 $f(x)\neq 0$ 不真，故 $f(x)\equiv 0$.

下面的例子中，除了用反证法外还要"构造"函数(构造函数是一项非常重要的工作，这在解许多问题中都会遇到).

例 8　设 $f(x)$ 在闭区间$[a,b]$上连续，又若对$[a,b]$上任意选定的连续函数 $\varphi(x)$ 均有

$$\int_a^b f(x)\varphi(x)\mathrm{d}x=0$$

则在$[a,b]$上 $f(x)\equiv 0$.

证　若不然，今设 $\xi\in[a,b]$ 使 $f(\xi)>0$. 由 $f(x)$ 的连续性，则存在 x_1, x_2 使得 $a<x_1<\xi<x_2<b$，且使在$[x_1,x_2]$上 $f(x)>0$.

令

$$\varphi(x)=\begin{cases}0, & a\leqslant x<x_1\\(x-x_1)^2(x-x_2)^2, & x_1\leqslant x\leqslant x_2\\0, & x_2<x\leqslant b\end{cases}$$

则

$$\int_a^b f(x)\varphi(x)\mathrm{d}x=\int_{x_1}^{x_2} f(x)(x-x_1)^2(x-x_2)^2\mathrm{d}x>0$$

可验证上述 $\varphi(x)$ 连续，而由题设则有 $\int_a^b f(x)\varphi(x)\mathrm{d}x=0$，与上结论(*)矛盾！故在$[a,b]$上 $f(x)\equiv 0$.

注　显然下面命题为本例的特殊情形(这也可视为连续函数的性质)：

命题 1　函数 $f(x)$ 在$[a,b]$上连续，则 $\int_a^b f^2(x)\mathrm{d}x=0 \Longleftrightarrow f(x)\equiv 0, x\in[a,b]$.

命题 2　函数设 $f(x)$ 在$[a,b]$上为非负连续函数，若 $\int_a^b f(x)\mathrm{d}x=0$，则 $f(x)\equiv 0$.

(二) 数学归纳法

归纳法是从个别情况的论断推出一般结论的方法.

对于一些无法直接证明(或计算)的、或不能一一证明的、可数①的一群事物所具有的、公共性质论断的证明，一般需用归纳法.

归纳法又分不完全归纳法和完全归纳法两种. 不完全归纳法是由某些已知结论预见另外更普遍命题或一般结论的方法，但它是不严格的. 下面我们将要介绍完全归纳法的一种 —— 数学归纳法.

在数学中，有些命题涉及的情况是无限多的(它们多与自然数 n 有关)，既然要对该命题的所有情况(即全体)做结论，就要用"有限"(方法或手段)来解决"无限"(情形或结论)的问题，正是数学归纳法的功效.

① 所谓**可数集**是指其中的元素能与自然数 1,2,3,… 建立一一对应关系的集合.

数学归纳法具体的方法、步骤是:设与自然数 n 有关的命题为 $P(n)$.

(1) 证明当 $n=1$(或某个自然数 n_0)时命题成立,即 $P(1)$(或 $P(n_0)$)真;

(2) 若设 $n=k$(或 $k\geqslant n_0$)时命题成立,可以推出(证明)$n=k+1$ 时命题也成立,即

$$若P(k)\ 真 \Rightarrow P(k+1)\ 真$$

则命题 $P(n)$ 对任何自然数 n 都成立.

下面来看几个例子.

例 1 已知函数 $f(x)=\dfrac{x}{\sqrt{1+x^2}}$,今若设 $f_n(x)=\underbrace{f\{f[\cdots f(x)]\}}_{n个f}$,求 $f(x)$.

解 由设
$$f_2(x)=f[f(x)]=\frac{f(x)}{\sqrt{1+f^2(x)}}=\frac{\dfrac{x}{\sqrt{1+x^2}}}{\sqrt{1+\dfrac{x^2}{1+x^2}}}=\frac{x}{\sqrt{1+2x^2}}$$

今推测 $f_n(x)=\dfrac{x}{1+nx^2}$(这是不完全归纳过程),下面用数学归纳法证明.

(1) 当 $n=2$ 时,上面已证明结论真;

(2) 设 $n=k$ 时结论真,今考察 $f_{k+1}(x)$,注意到

$$f_{k+1}(x)=f[f_k(x)]=\frac{\dfrac{x}{\sqrt{1+kx^2}}}{\sqrt{1+\dfrac{x^2}{1+kx^2}}}=\frac{x}{\sqrt{1+(k+1)x^2}}$$

即 $n=k+1$ 时结论也成立,从而对任何自然数 n 结论都真.

对于求函数高阶导致,一般先用不完全归纳法得到关系式,再用数学归纳法去证明.

例 2 求 $y=xe^{-x}$ 的 n 阶导数.

解 由 $y'=e^{-x}-xe^{-x}$,$y''=-2e^{-x}+xe^{-x}$,$y'''=3e^{-x}-xe^{-x}$ 等.归纳地有

$$y^n=(-1)^{n-1}ne^{-x}+(-1)^n x e^{-x},\quad n=1,2,3,\cdots$$

下面用数学归纳法证明它.

(1) 当 $n=1$ 时,上面已证;

(2) 设 $n=k$ 时结论成立,即 $y^{(k)}=(-1)^{k-1}ke^{-x}+(-1)^k x e^{-x}$,考虑

$$y^{(k+1)}=[y^{(k)}]'=(-1)^k k e^{-x}+(-1)^k e^{-x}+(-1)^k x(-1)e^{-x}=$$
$$(-1)^k(k+1)e^{-x}+(-1)^{k+1}xe^{-x}$$

即 $n=k+1$ 时结论也成立,从而对任何自然数 n 结论成立.

例 3 证明 n 重积分等式 $\int_a^x dx\int_a^x dx\cdots\int_a^x f(t)dt=\dfrac{1}{(n-1)!}\int_a^x (x-t)^{n-1}f(t)dt$,这里 $f(t)$ 在 $[a,b]$ 上连续,且 $a\leqslant x\leqslant b$.

证 记 $I_n(x)=\int_a^x dx\int_a^x dx\cdots\int_a^x f(t)dt$($n$ 重积分号),用数学归纳法.

(1) 当 $n=1$ 时,命题结论显然成立;

(2) 设 $n=k$ 命题成立,即 $I_k=\dfrac{1}{(k-1)!}\int_a^x (x-t)^{k-1}f(t)dt$,今考虑 $n=k+1$ 的情形

$$I_{k+1}(x)=\int_a^x I_k(x)dx=\int_a^x\left[\frac{1}{(k-1)!}\int_a^x(x-t)^{k-1}f(t)dt\right]dx=$$
$$\frac{1}{(k-1)!}\int_a^x\left[\int_a^x(x-t)^{k-1}f(t)dx\right]dt\ (注意中括号内对\ x\ 积分)=$$
$$\frac{1}{(k-1)!}\int_a^x\left[f(t)\cdot\frac{1}{k}(x-t)^k\Big|_a^x\right]dt=\frac{1}{k!}\int_a^x(x-t)^k f(t)dt$$

即 $n=k+1$ 时命题亦成立，从而对任何自然数 n 命题真.

注　本题还可解如：令 $u(x)=\dfrac{1}{k!}\int_a^x (x-t)^k f(t)\mathrm{d}t$，由 $I'_{k+1}(x)=I_k(x)$ 及 $u'(x)=I'_{k+1}(x)$ 有 $I_{k+1}(x)=u(x)+c$，再令 $x=a$ 得 $c=0$，故有 $I_{k+1}(x)=u(x)$.

例 4　证明 $I_n=\int_0^{\frac{\pi}{2}}\cos^n x\sin nx\,\mathrm{d}x=\dfrac{1}{2^{n+1}}\left(\dfrac{2}{1}+\dfrac{2^2}{2}+\dfrac{2^3}{3}+\cdots+\dfrac{2^n}{n}\right)$，其中 n 为自然数.

证　(1) 当 $n=1$ 时，由 $I_1=\int_0^{\frac{\pi}{2}}\cos x\sin x\,\mathrm{d}x=\dfrac{1}{2}\sin^2 x\Big|_0^{\frac{\pi}{2}}=\dfrac{1}{2}$，知命题真；

(2) 设 $n=k$ 时命题成立，即

$$I_k=\int_0^{\frac{\pi}{2}}\cos^k x\sin kx\,\mathrm{d}x=\frac{1}{2^{k+1}}\left(\frac{1}{2}+\frac{2^2}{2}+\cdots+\frac{2^k}{k}\right)$$

而
$$\begin{aligned}I_{k+1}=&\int_0^{\frac{\pi}{2}}\cos^{k+1}x\sin(k+1)x\,\mathrm{d}x=\\&-\frac{1}{k+1}\cos^{k+1}x\cos(k+1)x\Big|_0^{\frac{\pi}{2}}-\int_0^{\frac{\pi}{2}}\cos^k x\cos(k+1)x\sin x\,\mathrm{d}x=\\&\frac{1}{k+1}-\int_0^{\frac{\pi}{2}}\cos^k x\cos(k+1)x\sin x\,\mathrm{d}x\end{aligned}$$

上式两边同加 $I_{k+1}=\int_0^{\frac{\pi}{2}}\cos^{k+1}x\sin(k+1)x\,\mathrm{d}x$ 有(式左加 I_{k+1}，式右加积分式)

$$2I_{k+1}=\frac{1}{k+1}+\int_0^{\frac{\pi}{2}}\cos^k x[\sin(k+1)x\cos x-\cos(k+1)x\sin x]\mathrm{d}x=\frac{1}{k+1}+I_k$$

则
$$\begin{aligned}I_{k+1}=&\frac{1}{2(k+1)}+\frac{1}{2}\cdot I_k=\frac{1}{2(k+1)}+\frac{1}{2}\cdot\frac{1}{2^{k+1}}\left(\frac{2}{1}+\frac{2^2}{2}+\cdots+\frac{2^n}{k}\right)=\\&\frac{1}{2^{k+2}}\left(\frac{2}{1}+\frac{2^2}{2}+\cdots+\frac{2^k}{k}+\frac{2^{k+1}}{k+1}\right)\end{aligned}$$

即当 $n=k+1$ 时命题亦真，故对任何自然数 n 命题成立.

这个问题我们前文曾用 Euler 公式

$$\mathrm{e}^{\mathrm{i}\theta}=\cos\theta+\mathrm{i}\sin\theta$$

处理过.那里的方法看上去很巧，但要用到更多数学知识(复分析).

有些命题因 n 的奇、偶性不同(或 n 的表达式不同)而使命题中的结论也不一样，这时使用数学归纳法须分情形讨论.

例 5　设函数 $f_1(x)=\dfrac{x}{x-1}$，又对 $n=2,3,\cdots$ 均有 $f_n(x)=f[f_{n-1}(x)]$. 试证

$$f_{2n}(x)=x,\quad f_{2n+1}(x)=\frac{x}{x-1}$$

证　(1) 由设 $n=1$ 时显然，$n=2$ 时由 $f_2(x)=f[f_1(x)]=\dfrac{f(x)}{f(x)-1}=x$，知命题真；

(2) 设 $n=k$ 时命题成立，即若 k 是偶数，则 $f_k(x)=x$；若 k 是奇数，则 $f_k(x)=\dfrac{x}{x-1}$.

今考虑 $n=k+1$ 的情形. 由于 k 的奇数性，分两种情况讨论.

① 若 k 是奇数：由

$$f_k(x)=\frac{x}{x-1}=\frac{1}{1-\dfrac{1}{x}}\Rightarrow\frac{1}{f_k(x)}=\frac{x-1}{x}=1-\frac{1}{x}$$

而
$$f_{k+1}(x)=f[f_k(x)]=\frac{1}{1-\dfrac{1}{f_k(x)}}=\frac{1}{1-\left(\dfrac{1}{x}\right)}=x\quad(\text{此时 }k+1\text{ 是偶数})$$

② 若 k 是偶数:则

$$f_{k+1}(x)=f[f_k(x)]=\frac{f_k(x)}{f_k(x)-1}=\frac{x}{x-1}\quad(\text{此时 } k+1 \text{ 是奇数})$$

综上,对任何自然数 n 命题都成立.

例 6 计算 $I_n=\int_0^{n\pi}x\mid\sin x\mid\mathrm{d}x$,这里 n 为自然数.

解 (1) 由题设当 $n=1$ 时,有 $\qquad I_n=\int_0^{\pi}x\sin x\mathrm{d}x=\pi$

且当 $n=2$ 时,有 $\qquad I_n=\int_0^{\pi}x\sin x\mathrm{d}x+\int_{\pi}^{2\pi}x(-\sin x)\mathrm{d}x=\pi+3\pi$

(2) 设 $n=k$ 时,$I_n=\pi+3\pi+\cdots+(2k-1)\pi$,今考虑 $n=k+1$ 的情形:

① 若 k 是奇数,则

$$\int_0^{(k+1)\pi}x\mid\sin x\mid\mathrm{d}x=\int_0^{k\pi}x\mid\sin x\mid\mathrm{d}x+\int_{k\pi}^{(k+1)\pi}x\mid\sin x\mid\mathrm{d}x=$$

$$\pi+3\pi+\cdots+(2k-1)\pi+\int_{k\pi}^{(k+1)\pi}x(-\sin x)\mathrm{d}x=$$

$$\pi+3\pi+\cdots+(2k-1)\pi+(2k+1)\pi$$

② 若 k 是偶数,则

$$\int_0^{(k+1)\pi}x\mid\sin x\mid\mathrm{d}x=\int_0^{k\pi}x\mid\sin x\mid\mathrm{d}x+\int_{k\pi}^{(k+1)\pi}x\mid\sin x\mid\mathrm{d}x=$$

$$\pi+3\pi+\cdots+(2k-1)\pi+(2k+1)\pi$$

综上,对任何自然数 n 均有

$$\int_0^{n\pi}x\mid\sin x\mid\mathrm{d}x+=\pi+3\pi+\cdots+(2n-1)\pi=n^2\pi$$

注 实际上由 $I_n=\sum\limits_{k=1}^{\pi}(-1)^{k-1}\int_{(k-1)\pi}^{k\pi}x\sin x\mathrm{d}x$ 可直接算得.

数学归纳法的形式很多,除了前面介绍的(它称为第一归纳法)外,还有其他形式的归纳法,比如在第二步若改为(第一步同):

(2) 设 $n\leqslant k$ 时命题真,可推出 $n=k+1$ 时命题真,则命题 $P(n)$ 成立.

这种归纳法称为第二归纳法.请看例子:

例 7 试证 $(x^{n-1}\mathrm{e}^{\frac{1}{x}})^{(n)}=\dfrac{(-1)^n}{x^{n+1}}\mathrm{e}^{\frac{1}{x}}$,这里 $x\in(-\infty,+\infty)$,且 n 为自然数.

证 (1) 当 $n=1$ 时,$(\mathrm{e}^{\frac{1}{x}})'=-\dfrac{1}{x^2}\mathrm{e}^{\frac{1}{x}}$,命题成立;

(2) 设 $n\leqslant k$ 时结论成立,即 $(x^{n-1}\mathrm{e}^{\frac{1}{x}})^{(n)}=\dfrac{(-1)^n}{x^{n+1}}\mathrm{e}^{\frac{1}{x}}\ (n\leqslant k)$,今考虑 $n=k+1$ 的情形:

$$(x^k\mathrm{e}^{\frac{1}{x}})^{(k+1)}=[(x\cdot x^{k-1}\mathrm{e}^{\frac{1}{x}})']^{(k)}=[x(x^{k-1}\mathrm{e}^{\frac{1}{x}})'+x^{k-1}\mathrm{e}^{\frac{1}{x}}]^{(k}=$$

$$\left\{x\left[(k-1)x^{k-2}\mathrm{e}^{\frac{1}{x}}+x^{k-1}\mathrm{e}^{\frac{1}{x}}\left(-\frac{1}{x^2}\right)\right]\right\}^{(k)}+(x^{k-1}\mathrm{e}^{\frac{1}{x}})^{(k)}=$$

$$k(x^{k-1}\mathrm{e}^{\frac{1}{x}})^{(k)}-\{[x^{k-1-1}\mathrm{e}^{\frac{1}{x}}]^{(k-1)}\}'=k\frac{(-1)^k}{x^{k+1}}\mathrm{e}^{\frac{1}{x}}-\left[\frac{(-1)^{k-1}}{x^k}\mathrm{e}^{\frac{1}{x}}\right]'=$$

$$\frac{\mathrm{e}^{\frac{1}{x}}}{x^{k+2}}[(-1)^k kx+(-1)^{k-1}(1+kx)]=\frac{(-1)^{k+1}}{x^{k+2}}\mathrm{e}^{\frac{1}{x}}$$

即 $n=k+1$ 时命题成立,从而对任何自然数命题真.

(三) 待定系数法和待定系(常) 数、待定函数问题

1. 待定系数法

等定系数法是初等代数中常用的一种解题方法，著名的、用途极其广泛的揭示一元 n 次多项式根与系数关系的韦达定理，正是用待定系数法导出的. 该方法在高等数学解题中也有应用.

说到这里我们不禁想起当年 Euler 发现著名等式

$$1+\frac{1}{4}+\frac{1}{9}+\frac{1}{16}+\frac{1}{25}+\cdots=\frac{\pi^2}{6} \tag{$*$}$$

的经过. 他首先研究了 $\sin x=0$ 的根：$0,\pm\pi,\pm 2\pi,\cdots$，又由 $\sin x$ 的 Taylor 展开，研究

$$\sin x=\sum_{n=0}^{\infty}(-1)^{n+1}\frac{x^{2n+1}}{(2n+1)!}=0$$

的根，除去 $x=0$ 的根之外，他用 x 除上式两边得

$$\sum_{n=0}^{\infty}(-1)^{n+1}\frac{x^{2n}}{(2n+1)!}=0$$

而它(上面多项式) 的根为 $\pm\pi,\pm 2\pi,\pm 3\pi,\cdots$，因而欧拉类比得出

$$\frac{\sin x}{x}=\sum_{n=0}^{\infty}(-1)^{n+1}\frac{x^{2n}}{(2n+1)!}=\prod_{k=1}^{\infty}\left[1-\left(\frac{x}{k\pi}\right)^2\right]$$

由多项式方程根与系数关系比较上式 x^2 项可有

$$\frac{1}{1\cdot 2\cdot 3}=\sum_{k=1}^{\infty}\frac{1}{(k\pi)^2}\Rightarrow\sum_{k=1}^{\infty}\frac{1}{k^2}=\frac{\pi^2}{6}$$

即前面等式($*$). 当然仿上方法还可导出其他等式如

$$1+\frac{1}{16}+\frac{1}{81}+\frac{1}{256}+\frac{1}{625}+\cdots=\frac{\pi^4}{90}$$

又从 $1-\sin x=0$ 出发仿上方法还可推出

$$\frac{\pi}{4}=1-\frac{1}{3}+\frac{1}{5}-\frac{1}{7}+\frac{1}{9}-\frac{1}{11}+\cdots$$

待定系数法解题，常须根据题设条件假定一个恒等式，而它含有某些待定的系数；尔后通过式子变形或对恒等式“赋值”，再由式子两边系数比较，可得出一个以待定系数为未知元的方程组，解该方程组求出各待定系数.

待定系数法在高等数学中常用于求有理分式的不定积分(实则是求化分式为部分分式运算的延伸) 和求解某些微分方程.

我们在初等代数中知道，对于有理分式(分子、分母均为多项式的分式) $\dfrac{P(x)}{Q(x)}$，其中 $P(x)$、$Q(x)$ 均为多项式，若分子次数低于分母次数(否则先做除法)，即它是一个真分式，若分母 $Q(x)$ 可分解成

$$\prod_{k=1}^{p}(x-a_k)^{r_k}\prod_{k=1}^{q}(x^2+\beta_k x+\gamma_k)^{t_k}$$

形状，则 $\dfrac{P(x)}{Q(x)}$ 拆成部分分式可能含有下面形式的项

$$\frac{a_{kt}}{x-a_k}+\frac{a_{kt}}{(x-a_k)^2}+\cdots+\frac{a_{krk}}{(x-a_k)^{r_k}},\quad k=1,2,\cdots,p$$

$$\frac{b_{kt}x+c_{kt}}{x^2+\beta_k x+\gamma_k}+\frac{b_{1kt}x+c_{2kt}}{(x^2+\beta_k x+\gamma_k)^2}+\cdots+\frac{b_{ktk}x+c_{ktk}}{(x^2+\beta_k x+\gamma_k)^{t_k}},\quad k=1,2,\cdots,q$$

这个结论恰好可用来求有理数分式(包括可化为有理公式的) 函数的不定积分，请看：

例 1　求积分 $I=\displaystyle\int\frac{3x^2-x+4}{x^3-x^2+2x-2}\mathrm{d}x$.

解 由设被积函数系真分式，且分式分母

$$x^3-x^2+2x-2=(x-1)(x^2+2)$$

由上结论可设$\frac{3x^2-x+4}{x^3-x^2+2x-2}=\frac{a}{x-1}+\frac{bx+c}{x^2+2}$，将式右通分比较等式两边分子各项系数或赋值可得 $a=2,b=1,c=0$，即

$$\frac{3x^2-x+4}{x^3-x^2+2x-2}=\frac{2}{x-1}+\frac{x}{x^2+2}$$

故
$$I=\int\frac{2}{x-1}\mathrm{d}x+\int\frac{x}{x^2+2}\mathrm{d}x=2\ln|x-1|+\frac{1}{2}\ln(x^2+2)+C$$

例 2 计算积分 $I=\int\frac{2x^3+x+3}{(x^2+1)^2}\mathrm{d}x$.

解 由部分分式理论仿上例可设$\frac{2x^3+x+3}{(x^2+1)^2}=\frac{ax+b}{x^2+1}+\frac{cx+d}{(x^2+1)^2}$，容易求得 $a=2,b=0,c=-1,d=3$，则

$$\frac{2x^3+x+3}{(x^2+1)^2}=\frac{2x}{x^2+1}+\frac{-x+3}{(x^2+1)^2}$$

故
$$I=\int\frac{2x}{x^2+1}\mathrm{d}x+\int\frac{-x+3}{(x^2+1)^2}\mathrm{d}x=\int\frac{\mathrm{d}(x^2+1)}{x^2+1}-\frac{1}{2}\int\frac{\mathrm{d}(x^2+1)}{(x^2+1)^2}+3\int\frac{\mathrm{d}x}{(x^2+1)^2}$$

而
$$\int\frac{\mathrm{d}x}{(x^2+1)^2}=\int\frac{x^2+1-x^2}{(x^2+1)^2}\mathrm{d}x=\int\frac{\mathrm{d}x}{1+x^2}+\frac{1}{2}\int x\mathrm{d}\left(\frac{1}{x^2+1}\right)=$$
$$\int\frac{\mathrm{d}x}{1+x^2}+\frac{1}{2}\left[\frac{x}{1+x^2}-\int\frac{\mathrm{d}x}{1+x^2}\right]=\frac{1}{2}\int\frac{\mathrm{d}x}{1+x^2}+\frac{1}{2}\cdot\frac{x}{1+x^2}$$

故
$$I=\int\frac{2x^3+x+3}{(x^2+1)^2}\mathrm{d}x=\ln(x^2+1)+\frac{1}{2(x^2+1)}+\frac{3x}{2(x^2+1)}+\frac{3}{2}\arctan x+c$$

应该注意的是：部分分式理论只适用于真分式，而分子次数高于分母次数时，应先做除法，请看例子：

例 3 计算积分 $I=\int\frac{x^4+1}{(x-1)(x^2+1)}\mathrm{d}x$.

解 注意下面的分式变形

$$\frac{x^4+1}{(x-1)(x^2+1)}=\frac{x^4-1+2}{(x-1)(x^2+1)}=\frac{x^4-1}{(x-1)(x^2+1)}+\frac{2}{(x-1)(x^2+1)}=$$
$$x-1+\frac{2}{(x-1)(x^2+1)}$$

又由待定系数法可得

$$\frac{2}{(x-1)(x^2+1)}=\frac{1}{x-1}-\frac{x+1}{x^2+1}$$

故
$$\int\frac{x^4+1}{(x-1)(x^2+1)}\mathrm{d}x=\int(x+1)\mathrm{d}x+\int\frac{\mathrm{d}x}{x-1}-\int\frac{x}{x^2+1}\mathrm{d}x-\int\frac{\mathrm{d}x}{x^2+1}=$$
$$\frac{x^2}{2}+x+\ln|x-1|-\frac{1}{2}\ln(x^2+1)-\arctan x+c$$

下面看看待定系数法在解微分方程中的应用.

待定系数法多用在解**常系数线性微分方程**，它通常是先求出对应齐次方程的通解，再求该方程的一个特解，这一点我们在“微分方程”中已有阐述，请看：

例 4 求微分方程 $y''+y'+y=x+\mathrm{e}^x$ 的通解.

解 相应齐次方程的特征方程 $r^2+r+1=0$ 的根为 $r=-\frac{1}{2}\pm\frac{\sqrt{3}}{2}\mathrm{i}$，故相应齐次方程的通解为

$$y = e^{-\frac{1}{2}x}\left(c_1\cos\frac{\sqrt{3}}{2}x + c_2\sin\frac{\sqrt{3}}{2}x\right)$$

由之可设 $y^* = A_0 + A_1x + A_2e^x$ 是方程的一个特解，代入原方程有

$$3A_2e^x + A_0 + A_1 + A_1x = xe^x$$

比较两边系数有 $A_1 = 1, A_0 = -1, A_2 = \frac{1}{3}$，故原方程通解为

$$y = e^{-\frac{1}{2}x}\left(c_1\cos\frac{\sqrt{3}}{2}x + c_2\sin\frac{\sqrt{3}}{2}x\right) - 1 + x + \frac{1}{3}e^x$$

这里，c_1, c_2 为任意常数.

注　倘若求给定初始条件的特解，c_1, c_2 也须用待定系数法求出.

例 5　求微分方程 $y'' + 16y = \sin(4x + a)$ 的通解，其中 a 是常数.

解　题设方程相应的齐次方程 $y'' + 16y = 0$ 的特征方程 $r^2 + 16 = 0$，其根为 $r = \pm 4i$，故其通解为

$$c_1\cos 4x + c_2\sin 4x$$

又由三角函数和角公式 $\sin(4x + a) = \sin 4x\cos a + \cos 4x\sin a$，故可设原方程特解

$$y^* = Ax\cos 4x + Bx\sin 4x$$

代入原方程后可定出 $A = -\frac{1}{8}\cos a, B = \frac{1}{8}\sin a$，故所求方程通解为

$$y = c_1\cos 4x + c_2\sin 4x - \frac{1}{8}x\cos a\cos 4x + \frac{1}{8}x\sin a\sin x =$$

$$c_1\cos 4x + c_2\sin 4x - \frac{1}{8}x\cos(4x + a)$$

其中 c_1, c_2 为任意常数.

注　注意须将 $\sin(4x + a)$ 先展开，以确定方程特解形状.

2. 待定系(常)数问题

上面我们谈了待定系数法，下面我们谈谈高等数学中常出现的待定系(常)数问题.

高等数学中有一类待定系(常)数问题，即依据题中某些条件和结论，去求另外一些条件 —— 即某些待定的常数. 请看：

例 1　试确定常数 λ 和 μ 等使式 $\lim\limits_{x\to\infty}(\sqrt[3]{1-x^3} - \lambda x - \mu) = 0$ 成立.

解　由 $\sqrt[3]{1-x^3} - \lambda x - \mu = x\left(\sqrt[3]{\frac{1}{x^3} - 1} - \lambda - \frac{\mu}{x}\right)$，欲使题设式子成立，故应有

$$\lim_{x\to\infty}\left(\sqrt[3]{\frac{1}{x^3} - 1} - \lambda - \frac{\mu}{x}\right) = 0$$

又注意到
$$\lim_{x\to\infty}\sqrt[3]{\frac{1}{x^3} - 1} = -1, \quad \lim_{x\to\infty}\frac{\mu}{x} = 0$$

故有 $-1 - \lambda = 0$，即 $\lambda = -1$. 又由题设 $\lim\limits_{x\to\infty}(\sqrt[3]{1-x^3} + x) = 0$，故 $\mu = 0$.

注　该问题实质上是求 $y = \sqrt[3]{1-x^3}$ 无穷远点的渐近线 $y = \lambda x - \mu$.

由设有 $\lambda = \lim\limits_{x\to\infty}\frac{\sqrt[3]{1-x^3}}{x} = -1$，代入原式后有 $\mu = \lim\limits_{x\to\infty}(\sqrt[3]{1-x^3} + x) = 0$. 故 $\lambda = -1, \mu = 0$.

例 2　确定常数 a, b，使 $x - (a + b\cos x)\sin x$ 当 $x \to 0$ 时为 x 的 5 阶无穷小量.

解　由题设及三角函数性质($\sin 2x = 2\sin x\cos x$) 及其级数展开有：

$$x-(a+b\cos x)\sin x=x-a\sin x-\frac{b}{2}\sin 2x=$$

$$x-a\left(x-\frac{x^3}{3!}+\frac{x^5}{5!}-\frac{x^7}{7!}+\cdots\right)-\frac{b}{2}\left(2x-\frac{2^3x^3}{3!}+\frac{2^5x^5}{5!}-\frac{2^7x^7}{7!}+\cdots\right)=$$

$$(1-a-b)x+\left(\frac{a}{b}+\frac{8}{12}b\right)x^3-\frac{1}{5!}(16b+a)x^5+kx^7+\cdots$$

当 $x\to 0$ 时欲使上式为 x 的 5 阶无穷小量,则须取(注意此时 $16b+a\neq 0$)

$$\begin{cases}1-a-b=0\\ \dfrac{a}{6}+\dfrac{8b}{12}=0\end{cases}\Rightarrow\begin{cases}a=\dfrac{4}{3}\\ b=-\dfrac{1}{3}\end{cases}$$

注 下面的问题与例类同,只是换了一种提法:

问题 设 $f(x)=(1+x)^{\frac{1}{x}}$,$x>0$.证明当 $x\to 0^+$ 时,$f(x)=\mathrm{e}+Ax+Bx^2+o(x^2)$,且求 A,B.

解 当 $x>0$ 时,由题设 $f(x)$ 可化为

$$f(x)=\mathrm{e}^{\frac{1}{x}\ln(1+x)}=\mathrm{Exp}\left\{\frac{1}{x}\ln(1+x)\right\}=\mathrm{Exp}\left\{\frac{1}{x}\left[x-\frac{x^2}{2}+\frac{x^3}{3}+o(x^3)\right]\right\}=$$

$$\mathrm{Exp}\left\{x-\frac{x^2}{2}+\frac{x^2}{3}+o(x^2)\right\}=\mathrm{Exp}\left\{1-\frac{x}{2}+\frac{x^2}{3}+o(x^2)\right\}=$$

$$\mathrm{e}\cdot\mathrm{Exp}\left\{-\frac{x}{2}+\frac{x^2}{3}+o(x^2)\right\}=\mathrm{e}\left[1-\frac{x}{2}+\frac{x^2}{3}+o(x^2)+\frac{1}{2}\left(\frac{x}{2}\right)^2\right]=$$

$$\mathrm{e}\left[1-\frac{x}{2}+\frac{11}{24}x^2+o(x^2)\right]=\mathrm{e}-\frac{\mathrm{e}}{2}x+\frac{11}{24}\mathrm{e}x^2+o(x^2)$$

由此得 $A=-\dfrac{\mathrm{e}}{2}$,$B=\dfrac{11}{24}\mathrm{e}$.

例 3 已知函数 $f(x)=\begin{cases}\sin x, & x\leqslant c\\ ax+b, & x>c\end{cases}$,其中 c 为给定常数,试确定参数 a,b,以使 $f'(c)$ 存在.

解 欲使 $f'(c)$ 存在,则首先 $f(x)$ 在 $x=c$ 连续,故有

$$\lim_{x\to c+0}f(x)=\lim_{x\to c+0}(ax+b)=f(c)$$

即 $ac+b=\sin c$,或 $b=\sin c+ac$,此时

$$\lim_{x\to c+0}\frac{f(x)-f(c)}{x-c}=\lim_{x\to c+0}\frac{ax+b-\sin c}{x-c}=a$$

$$\lim_{x\to c+0}\frac{f(x)-f(c)}{x-c}=\lim_{x\to c+0}\frac{\sin x-\sin c}{x-c}=\cos c$$

故 $a=\cos c$,$b=\sin c-ac=\sin c-c\cos c$.

再来看一个函数导数讨论问题,即其一阶导数存在而二阶导数不存在的待定系数问题.

例 4 对于函数 $f(x)=\begin{cases}ax^2+bx+c, & x<0\\ \ln(1+x), & x\geqslant 0\end{cases}$,问选取怎样的系数 a,b,c,才能使得 $f(x)$ 处处有一阶连续导数,但在 $x=0$ 处却不存在二阶导数.

解 由题设 $f(x)$ 系分段函数,又

$$f'_+(0)=\lim_{x\to 0+}\frac{\ln(1+x)-0}{x}=1$$

而

$$f'_-(0)=\lim_{x\to 0-}\frac{ax^2+bx+c-0}{x}=\lim_{x\to 0-}\left(ax+b+\frac{c}{x}\right)$$

要使 $f'(0)$ 存在，必须使 $f'_+(0)=f'_-(0)=1$，则可取 $c=0,b=1,a$ 为任意实数. 故

$$f'(x)=\begin{cases}2ax+1, & x<0\\ \dfrac{1}{1+x}, & x\geqslant 0\end{cases}\quad (这里\ a\in\mathbf{R})$$

显然 $f'(x)$ 在 $(-\infty,+\infty)$ 内处处连续. 又

$$f''_+(0)=\lim_{x\to 0+}\frac{\dfrac{1}{(1+x)}-1}{x}=-1,\quad f''_-(0)=\lim_{x\to 0-}\frac{2ax+1-1}{x}=2a$$

故只需取 $a\neq -\dfrac{1}{2}$，则 $f''(0)$ 便不存在.

函数极值问题其实也与函数求导有关(如果函数可导)，下面的例子可以说明这一点.

例 5　已知函数 $f(x)=x^3+ax^2+bx$ 在 $x=1$ 处有极值 -2，试确定系数 a,b，且求其全部极值.

解　由题设有 $f'(1)=2+3a+b=0$，$f(1)=1+a+b=-2$，解得 $a=0,b=-3$.

故 $y=f(x)=x^3-3x$. 又 $y'=3(x^2-1)$，$y''=6x$，而 $y'=0$ 可求得驻点 $x=\pm 1$.

故 $f(x)$ 在 $x=1$ 处有极小值 -2，在 $x=-1$ 处有极大值.

例 6　确定系数 A,B 使下式成立：$\displaystyle\int\frac{1}{(a+b\cos x)^2}\mathrm{d}x=A\frac{\sin x}{a+b\cos x}+B\int\frac{1}{a+b\cos x}\mathrm{d}x$.

解　由设欲使上式成立应有

$$\left(A\frac{\sin x}{a+b\cos x}+B\int\frac{1}{a+b\cos x}\mathrm{d}x\right)'=\frac{1}{(a+b\cos x)^2}$$

即

$$\frac{Ab+Ba+(Aa+Bb)\cos x}{(a+b\cos x)^2}=\frac{1}{(a+b\cos x)^2}$$

比较上面等式两边系数有

$$\begin{cases}ab+Ba=1\\ Aa+Bb=0\end{cases}\qquad (*)$$

当 $a\neq b$ 时，解得 $A=-\dfrac{b}{a^2-b^2}$，$B=\dfrac{a}{a^2-b^2}$；当 $a=b$ 时，方程组(*)无解.

故当 $a\neq b$ 时，$A=\dfrac{-b}{a^2-b^2}$，$B=\dfrac{a}{a^2-b^2}$；当 $a=b$ 时，A,B 为任何值原式均不成立(或者不存在 A，B 使原式成立).

例 7　试确定 λ 的值，使线积分 $\displaystyle\int_A^B(x^4+4xy^\lambda)\mathrm{d}x+(6x^{\lambda-1}y^2-5y^4)\mathrm{d}y$ 与路径无关.

解　令 $P(x,y)=x^4+4xy^\lambda$，$Q(x,y)=6x^{\lambda-1}y^2-5y^4$.

由设积分与路径无关应有 $\dfrac{\partial P}{\partial x}=\dfrac{\partial Q}{\partial y}$，即 $4\lambda xy^{\lambda-1}=6(\lambda-1)x^{\lambda-2}y^2$，解得 $\lambda=3$.

例 8　已知 c 是平面上任意一条简单闭曲线. 试问常数 a 等于何值时，曲线积分

$$I=\oint_c\frac{x\,\mathrm{d}x-ay\mathrm{d}y}{x^2+y^2}=0$$

且说明理由.

解　令 $P=\dfrac{x}{x^2+y^2}$，$Q=\dfrac{-ay}{x^2+y^2}$，则由题设 $I=0$，即积分与路径无关

$$\frac{\partial P}{\partial y}=\frac{-2xy}{(x^2+y^2)^2},\quad \frac{\partial Q}{\partial x}=\frac{2axy}{(x^2+y^2)^2}$$

(1) 若 c 不包围原点：$x^2+y^2\neq 0$，又 $\dfrac{\partial P}{\partial y},\dfrac{\partial Q}{\partial x}$ 连续，显然当 $a=-1$ 时，$I=0$.

(2) 若 c 包围原点：易证(参见前面章节的例子)对任何常数 a 均有 $I=0$.

下面的例子属于求解微分方程问题.

例 9 设微分方程 $y''+k^2y=0(k>0)$. 试确定常数 k,使方程有满足条件 $y|_{x=0}=y|_{x=1}=0$ 的非零解.

解 特征方程 $r^2+k^2=0$ 的根为 $r=\pm ki$,则方程通解为 $y=c_1\cos kx+c_2\sin kx$.

由 $y|_{x=0}=0$,知 $c_1=0$,故 $y=c_2\sin kx$,再由题设确定 c_2 与 k.

又 $y|_{x=1}=0$,且 y 为非零解,则可令 $\sin k=0$,得 $k=n\pi\ (n=1,2,\cdots)$,

则方程满足题设条件的非零解为 $y=c\sin n\pi x$(c 为任意常数).

注 我们还可以证明:若 y 为题设方程的任一解,则 $y'^2+k^2y^2$ 为常数.

当然有时这类问题提法还会以别的形式或面貌出现. 例如:

例 10 当 a,c 取何值时,能使曲线 $y=a(x-1)(x-3)(x-c)$ 在 $x=1$ 和 $x=3$ 处与两条半直线 $y=x-1$(其中 $-\infty<x<1$),及 $y=3(x-3)$(其中 $3<x<+\infty$) 光滑地连接起来[**注** 光滑即切线斜率连续].

解 由题设先求曲线切线斜率我们可以有

$$y'=a[(x-3)(x-c)+(x-1)(x-c)+(x-1)(x-3)]=a[3x^2-2(4-c)x+4c+3]$$

又
$$y'|_{x=1}=a(x-3)(x-c)|_{x=1}=2a(c-1)$$

且
$$y'|_{x=3}=a(x-1)(x-c)|_{x=3}=2a(3-c)$$

同时考虑两条半直线在该两点处斜率分别为 $[x-1]'_{x=1}=1$,$[3(x-3)]'_{x=3}=3$.(亦可从直线方程中直接看出) 这样应有

$$\begin{cases}2a(c-1)=1\\2a(3-c)=3\end{cases}\Rightarrow\begin{cases}a=1\\c=\dfrac{3}{2}\end{cases}$$

3. 待定函数问题

高等数学中除了有一些待定常数问题外,还有一些待定函数问题. 从某种意义讲,它们是待定常数问题的拓广和延伸. 这类问题常见的有:

(1) 确定函数使曲线积分与路径无关;

(2) 求恰当微分方程的积分因子;

(3) 用常数变易法解微分方程时求待定函数;

(4) 其他待定函数问题.

这些问题我们在前面的章节中已有叙述,这里不准备多讲了,请看例子:

例 1 确定函数 $\varphi(x)$,使曲线积分 $\int_A^B[\varphi(x)+6\varphi(x)+40\mathrm{ch}2x]y\mathrm{d}x+\varphi'(x)\mathrm{d}y$ 与积分路径无关.

解 令 $P(x,y)=[\varphi'(x)+6\varphi(x)+40\mathrm{ch}2x]y$,$Q(x,y)=\varphi'(x)$. 由设有 $\dfrac{\partial P}{\partial y}=\dfrac{\partial Q}{\partial x}$,即

$$\varphi'(x)+6\varphi(x)+40\mathrm{ch}2x=\varphi''(x)$$

亦即
$$\varphi''(x)-\varphi'(x)-6\varphi(x)=20(\mathrm{e}^{2x}+\mathrm{e}^{-2x})\qquad(*)$$

解方程(*)得所对应的齐次方程得其通解为

$$\psi(x)=c_1\mathrm{e}^{3x}+c_2\mathrm{e}^{-2x}$$

令 $\psi^*(x)=A\mathrm{e}^{2x}+Bx\mathrm{e}^{-2x}$ 为方程(*)的特解,代入后可定得 $A=-5$,$B=-4$.

故所求函数
$$\varphi(x)=c_1\mathrm{e}^{3x}+c_2\mathrm{e}^{-2x}-5\mathrm{e}^{2x}-4x\mathrm{e}^{-2x}$$

从上例我们可以看到,这类问题实际上是求解微分方程问题的变形.

应该指出,在解微分方程时用的“常数变易法”,实际上也是看作是一种**待定函数法**. 这方面的例子我们在“微分方程”已见过不少,下面再举一例说明.

例 2　解二阶微分方程 $xy'' - xy' + y = x^2$.

解　先求对应齐次方程

$$xy'' - xy' + y = 0 \tag{*}$$

的基本解组 y_1, y_2. 易见 $y_1 = x$ 为式(*)的一个特解. 令 $y_2 = xu$ 代入式(*)有

$$u'' + \left(\frac{2}{x} - 1\right) u' = 0$$

令 $u' = p$, 有 $\frac{dp}{dx} = \left(1 - \frac{2}{x}\right) p$, 故 $p = c_1 \frac{e^x}{x^2}$.

从而 $u = c_1 \int \frac{e^x}{x^2} dx + c_2$, 取 $c_2 = 0, c_1 = 1$, 则 $y_2 = x \int \frac{e^x}{x^2} dx$.

下面用常数变易法求原方程通解:

设原方程的解 $y = c_1(x)x + c_2(x)x \int \frac{e^x}{x^2} dx$, 代入方程比较系数后得确定 $c_1{}'(x), c_2{}'(x)$ 的方程组(注意非 $c_1(x), c_2(x)$ 的方程组)

$$\begin{cases} c_1{}'(x)x + c_2{}'(x)x \int \frac{e^x}{x^2} dx = 0 \\ c_1{}'(x) + c_2{}'(x)\left(\int \frac{e^x}{x^2} dx + \frac{e^x}{x}\right) = x \end{cases}$$

由上方程组解得

$$c_1{}'(x) = -x^2 e^{-x} \int \frac{e^x}{x^2} dx, \quad c_2{}'(x) = x^2 e^{-x}$$

故

$$c_1(x) = \int \left(-x^2 e^{-x} \int \frac{e^x}{x^2} dx\right) dx + C_1 = e^{-x}(x^2 + 2x + 2) \int \frac{e^x}{x^2} dx - x - 2\ln x + \frac{2}{x} + C_1$$

且

$$c_2(x) = \int x^2 e^{-x} dx = -e^{-x}(x^2 + 2x + 2) + C_2$$

故方程的通解为

$$y = c_1(x)x + c_2(x)x \int \frac{e^x}{x^2} dx = C_1 x + C_2 x \int \frac{e^x}{x^2} dx - x^2 - 2x\ln x + 2$$

注　*本例在求相应齐次方程的基本解组时,也用了待定函数 u.*

当然对于求方程的积分因子,也可视为求待定函数问题,请看下面的例子.

例 3　求微分方程 $(x + y^2)dx - 2xydy = 0$ 的通解.

解　易看出 $x = 0$ 是原方程特解,今设 $x \neq 0$.

因 $\frac{\partial(x + y^2)}{\partial y} \neq \frac{\partial(-2xy)}{\partial x}$, 故方程不是全微分方程.

今考虑积分因子 $\mu(x, y)$ 乘题设方程两边,则 $\mu(x, y)$ 满足

$$\frac{\partial[\mu(x + y^2)]}{\partial y} = \frac{\partial[-\mu(2xy)]}{\partial x}$$

即

$$\frac{\partial \mu}{\partial y}(x + y^2) + 2\mu y = -2 \frac{\partial \mu}{\partial x} xy - 2\mu y$$

则 $\mu(x, y)$ 可取 x 的一元函数 $\varphi(x)$, 则方程变为

$$4y\varphi(x) = -\frac{d\varphi(x)}{dx} \cdot 2xy \quad 或 \quad 2\varphi(x) = -x \frac{d\varphi(x)}{dx}$$

此方程有特解 $\varphi(x) = x^{-2}$, 故取 $\mu = x^{-2}$, 代入方程有

$$\frac{x + y^2}{x^2} dx - \frac{2y}{x} dy = 0 \quad 或 \quad \ln|x| - \frac{y^2}{x} = c_1$$

故有

$$y^2 = x(\ln|x| + c)$$

从而原方程有解 $y = 0$, 或 $y^2 = x(\ln|x| + c)$.

习　　题

一、利用反证法证明下面各题

1. 若 a_n, b_n 为两个递增的正数列，且 $\lim\limits_{x\to\infty} a_n$ 与 $\lim\limits_{x\to\infty} b_n$ 存在. 对 a_n 的每个固定项总有 b_n 的项大于它，同样对于 b_n 的每一固定项，总有 a_n 的项大于它，则 $\lim\limits_{x\to\infty} a_n = \lim\limits_{x\to\infty} b_n$.

2. 试证方程 $x^3 - 3x^2 + c = 0$ 在 $[0,1]$ 内不可能有两个不同的实根，其中 c 为常数.

3. 设 $f(x)$ 在 $[a,b]$ 上连续，且 $f(a) = f(b) = 0$，又 $f'(a)f'(b) > 0$. 试证在 (a,b) 内至少有一点 c 使 $f(c) = 0$.

4. 设 $f(x)$ 在 $[0,1]$ 上连续，且 $\int_0^1 f(x)\mathrm{d}x = 0$，$\int_0^1 xf(x)\mathrm{d}x = 0$. 求证存在一点 $x(0 \leqslant x \leqslant 1)$ 使 $|f(x)| > 4$.

5. 设 $f(x)$ 及 $g(x)$ 在 $[a,b]$ 上连续，又 $f(x) \leqslant g(x)$ 且 $\int_a^b f(x)\mathrm{d}x = \int_a^b g(x)\mathrm{d}x$. 试证在 $[a,b]$ 上 $f(x) \equiv g(x)$.

[**提示:**考虑函数 $F(x) = f(x) - g(x)$]

二、利用数学归纳法证明下列各题

1. 已知 $f(x) = x\sin\omega x$，求证 $f^{(2n)}(x) = (-1)^n(\omega^{2n}x \cdot \sin\omega x - 2n\omega^{2n-1}\cos\omega x)$.

2. (1) 求 $y = \arcsin x$ 在 $x = 0$ 处的各阶导数值；

(2) 求 $y = \arctan x$ 在 $x = 0$ 处的各阶导数值.

[**答:**(1) $f^{(2m)}(0) = 0, f^{(2m+1)}(0) = [(2m-1)!!]^2$；(2) $f^{(2m)}(0) = 0$；$f^{(2m+1)}(0) = (-1)^m(2m)!$]

注　本题亦可先将 $\arcsin x$，$\arctan x$ 展为幂级数，再与它们的麦克劳林展开比较系数.

3. 设 $y = (\arcsin x)^2$，试证关系式：$(1-x^2)y^{(n+1)} - (2n-1)xy^{(n)} - (n-1)^2y^{(n-1)} = 0$ 成立，并求 $y'(0), y''(0), \cdots, y^{(n)}(0)$.

4. 试证 $\left(\dfrac{1}{1+x^2}\right)^{(n)} = \dfrac{(-1)^n n!}{(1+x^2)^{\frac{n+1}{2}}}\sin[(n+1)\operatorname{arccot} x]$.

5. (1) 试证 $\int_0^{\frac{\pi}{2}} \cos^n x\,\mathrm{d}x = \int_0^{\frac{\pi}{2}} \sin^n x\,\mathrm{d}x$.

6. 计算 $\int_0^{\pi} x\sin^n x\,\mathrm{d}x$，其中 n 为整数.

[**提示:**利用 $\int_0^{\pi} xf(\sin x)\mathrm{d}x = \dfrac{\pi}{2}\int_0^{\pi} f(\sin x)\mathrm{d}x$ 及 $\int_0^{\frac{\pi}{2}} f(\sin x)\mathrm{d}x = \int_0^{\frac{\pi}{2}} f(\cos x)\mathrm{d}x$]

三、待定系数法及待定常(函)数问题

1. 计算 $\int \dfrac{\mathrm{d}x}{x^2(1+x^2)^2}$.

[**提示:**$\dfrac{1}{x^2(1+x^2)^2} = \dfrac{1}{x^2} - \dfrac{1}{1+x^2} - \dfrac{1}{(1+x^2)^2}$]

2. 计算 $\int \dfrac{\mathrm{d}x}{(x^3+1)^2}$.

[**提示:**$x^3 + 1 = (x+1)(x^2 - x + 1)$]

3. 解微分方程 $y'' - 3y' + 2y = x\mathrm{e}^x$.

4. 求方程 $y'' + 4y' + 5y = 8\cos x$ 的当 $x \to -\infty$ 时为有界的特解.

[**提示:**因方程通解为 $y = \mathrm{e}^{-2x}(c_1\cos x + c_2\cos x) + \sin x + \cos x$，而当 $x \to -\infty$ 时为有界的特解为 $y^* = \sin x + \cos x$.]

5. 求 $y''+4y=3|\sin x|$ 在$[-\pi,\pi]$上满足条件 $y|_{x=\frac{\pi}{2}}=0, y'|_{x=\frac{\pi}{2}}=1$ 之特解.

[提示:分$[-\pi,0)$,$[0,\pi]$两个区间考虑]

6. 设 $\lim\limits_{x\to-1}\dfrac{x^3-ax^2-x+4}{x+1}=l$ 有有限极限,试求 a,l.

[答:$a=4, l=10$]

7. 问 a,b,c,d 为何值时,$\lim\limits_{x\to\infty}(\sqrt{x^2+ax+b}+cx+d)=0$.

[答:$a=-2d, c=-1, b, d$ 任意]

8. (1) 若 $\lim\limits_{x\to\infty}\dfrac{1}{bx-\sin x}\displaystyle\int_0^x\frac{t^2}{\sqrt{a+t}}\mathrm{d}t=1$,求 a,b;(2) 若 $\lim\limits_{x\to 0}\dfrac{\displaystyle\int_0^x A\sin^2 t\mathrm{d}t}{\displaystyle\int_x^0(B-\cos t)\mathrm{d}t}=-2$,求 A,B.

[答:(1)$a=4, b=1$;(2)$A=B=1$]

9. 若 $f(x)=\begin{cases}x^2, & x\leqslant x_0\\ ax+b, & x>x_0\end{cases}$ 为使 $f(x)$ 在 $x=x_0$ 连续、可微,如何选取 a,b?

[答:$a=2x, b=-x_0{}^2$]

10. 设函数 $f(x)$ 在 $x\leqslant x_0$ 有定义,且存在二阶导数.如何选择 a,b 及 c 可使函数

$$F(x)=\begin{cases}f(x), & x\leqslant x_0\\ a(x-x_0)^2+b(x-x_0)+c, & x>x_0\end{cases}$$

有二阶导数存在?

[答:$a=\dfrac{1}{2}f''_-(x_0), b=f_-{}'(x_0), c=f(x_0)$]

11. 已知 $y_1=\mathrm{e}^{mx}$ 是方程$(x^2+1)\dfrac{\mathrm{d}^2y}{\mathrm{d}x^2}-2x\dfrac{\mathrm{d}y}{\mathrm{d}x}-y(ax^2+bx+c)=0$的一个特解,求 a,b,c 的值,再求方程通解.

[答:$a=m^2, b=-2m, c=m^2, y=c_1\mathrm{e}^{mx}-c_2\left(x^2+\dfrac{x}{m}+\dfrac{1}{2m^2}+1\mathrm{e}^{-mx}\right)$]

12. 确定 λ 的值,使线积分$\displaystyle\int_A^B(x^4+4xy^\lambda)\mathrm{d}x+(6x^{\lambda-1}y^2-5y^4)\mathrm{d}y$ 与路径无关.

[答:$\lambda=3$]

13. 确定参数 λ 的值,使得在不经过直线 $y=0$ 的区域上,下面线积分与路径无关.

$$I=\int_l\frac{x(x^2+y^2)^\lambda}{y}\mathrm{d}x-\frac{x^2(x^2+y^2)^\lambda}{y^2}\mathrm{d}y$$

[答:$\lambda=-\dfrac{1}{2}$]

14. 已知积分$\displaystyle\int_l(x+xy\sin x)\mathrm{d}x+\frac{f(x)}{x}\mathrm{d}y$ 与路径无关,$f(x)$ 可微且 $f\left(\dfrac{\pi}{2}\right)=0$,求 $f(x)$.

[答:$f(x)=x(\sin x-x\cos x-1)$]

15. 已知 $f(0)=\dfrac{1}{2}$,确定 $f(x)$ 使$\displaystyle\int_A^B[\mathrm{e}^x+f(x)]y\mathrm{d}y-f(x)\mathrm{d}y$ 与路径无关.

[答:$f(x)=\dfrac{1}{2}(\mathrm{e}^{-x}-\mathrm{e}^x)$]

16. 设函数 $\varphi(x)$ 三次可微,且 $\varphi(1)=1, \varphi'(1)=7$,求 $u(x,y)$ 使 $\mathrm{d}u=[x^2\varphi'(x)-11x\varphi(x)]\mathrm{d}y-32\varphi(x)y\mathrm{d}x$.

[答:$u(x,y)=-4x^8y+c$]

17. 已知 $\varphi(\pi)=1$,试确定 $\varphi(x)$ 使线积分$\displaystyle\int_A^B[\sin x-\varphi(x)]\frac{y}{x}\mathrm{d}x+\varphi(x)\mathrm{d}y$ 与路径无关.

[答:$\varphi(x)=\dfrac{1}{x}(\pi-1-\cos x)$]

专题 6　高等数学课程中的反例

数学中的命题有些是由不完全归纳或猜测而得出来的(也包括一些类比、拓广)，有些则是从某个角度或侧面提出的，因而并非每个命题都一定正确.

证明一个命题，要考虑全部可能和所有情形，然而要推翻一个结论，往往只需举出一个反例即可. 反例是符合题设条件却与命题结论相悖的例子.

有人曾指出：冒着过于简单化的风险，我们可以可以说(撇开定义、陈述以及艰苦的工作不谈)，数学由两大类 —— 证明和反例组成，而数学发现也是朝着两个主要目标 —— 提出证明和构造反例 —— 去努力.

数学史上有过许多著名反例，它们对于推动数学的发展，起到过重要的作用.

在高等数学中也有许多重要的反例，了解并学会构造它们，无论对于加深数学概念的理解，还是对于掌握题的方法、技巧都有益处. 限于篇幅，这里列举一些常见的，但又稍显重要例子，供读者参考.

1. 两个单调函数的和不是单调函数

$f(x)=\sin x$ 和 $g(x)=\cos x, x\in\left[0,\dfrac{\pi}{2}\right]$ 均单调.

但 $f(x)+g(x)=\sin x+\cos x$ 在$\left[0,\dfrac{\pi}{2}\right]$上不单调.

2. 两个周期函数的和或积不是周期函数

$f(x)=\sin x$ 和 $g(x)=\sin ax$(a 是无理数) 在$(-\infty,+\infty)$ 上均为周期函数.

但 $f(x)+g(x)=\sin x+\sin ax$ 不是周期函数. $f(x)g(x)$ 变不是周期函数.

3. 无最小正周期的周期函数

$f(x)=c$(常数)，$x\in(-\infty,+\infty)$ 以任何实数 a 为周期，但无最小正周期.

再如 Diricnlet 函数：$f(x)=\begin{cases}1, & x \text{ 为有理数}\\ 0, & x \text{ 为无理数}\end{cases}$. 任何有理数均为其周期，但无最小者.

注　如前所述，Diricnlet 函数还可写成极限形式：$\lim\limits_{x\to\infty}\left[\lim\limits_{k\to\infty}(\cos n!\ \pi x)^{2k}\right]$.

4. 无处连续的函数，但其绝对值处处连续

$f(x)=\begin{cases}1, & x \text{ 是有理数}\\ -1, & x \text{ 是无理数}\end{cases}(-\infty<x<+\infty)$，无处连续，但 $|f(x)|\equiv 1$ 处处连续.

注　无处连续的函数还有上述 Diricnlet 函数等.

5. 仅在一点连续的函数

$f(x)=\begin{cases}x, & x \text{ 是有理数}\\ -x, & x \text{ 是无理数}\end{cases}(-\infty<x<+\infty)$，仅在 $x=0$ 点连续.

6. 在每个无理点连续，而在每个有理点间断的函数

$$f(x)=\begin{cases}\dfrac{1}{n}, & \text{若 } x=\dfrac{m}{n}\text{，这里 } m\in\mathbf{Z}, n\in\mathbf{Z}^{+}\text{，且}(|m|,n)=1\text{，即 }|m|,n\text{ 互素}\\ 0, & x \text{ 是无理数}\end{cases}$$

注　在每个有理点连续，而在每个无理点处间断的函数不存在.

7. $f(x)$ 在$(-\infty,+\infty)$ 上连续，$g(x)$ 在 $x=x_0$ 处间断，则 $f(x)g(x)$ 在 $x=x_0$ 不一定间断

如 $f(x)\equiv 0$，$g(x)$ 在 $x=x_0$ 间断，由于 $f(x)g(x)\equiv 0$，知其连续.

8. $f(x)$ 在$(-\infty,+\infty)$ 上连续，$g(x)$ 在 $x=x_0$ 处间断，但 $f(g(x))$ 不一定间断.

如 $f(x)=|x|$，$g(x)=\begin{cases}1, & x\geqslant 0\\ -1, & x<0\end{cases}$，在 $x=0$ 处间断，但 $f(g(x))$ 在 $x=0$ 连续.

9. 函数可微但其导函数有间断点

函数 $f(x)=\begin{cases}x^2\sin\dfrac{1}{x}, & x\neq 0\\ 0, & x=0\end{cases}$，其导函数 $f'(x)=\begin{cases}2x\sin\dfrac{1}{x}-\cos\dfrac{1}{x}, & x\neq 0\\ 0, & x=0\end{cases}$ 在原点间断.

注　更一般地可有：若 $f(x)=\begin{cases}x^a\sin(x^b), & x>0\\ 0, & x\leqslant 0\end{cases}$.

(1) 当 $0<a\leqslant 1$ 时，$f(x)$ 连续但不可微，这只需注意到 $\lim\limits_{x\to 0+}\dfrac{f(x)-f(0)}{x}=\lim\limits_{x\to 0+}x^{a-1}\sin(x^b)$ 不存在；

(2) 当 $1<a<1-b$ 时，函数 $f(x)$ 在 $[-1,1]$ 上可微，但 $f'(x)$ 在其上无界，实因

$$\lim_{x\to 0+}f'(x)=\lim_{x\to 0+}[ax^{a-1}\sin(x^b)+bx^{a-1+b}\cos(x^b)]$$

无界；

(3) 当 $a=1-b$ 时，$f(x)$ 可微，且 $f'(x)$ 在 $[-1,1]$ 上有界，但 $f'(x)$ 不连续，实因

$$\lim_{x\to 0+}\frac{f(x)-f(0)}{x}=\lim_{x\to 0+}x^{-b}\sin(x^b)=0=f'(0)$$

但 $\lim\limits_{x\to 0+}f'(x)=\lim\limits_{x\to 0+}b\cos(x^b)$ 不存在

10. 处处连续但不一定可微的函数

$f(x)=|x|\ (-\infty<x<+\infty)$ 处处连续，但在 $x=0$ 点不可微.

11. 处处连续但无处可微的函数

这个问题是微积分中十分重要的概念，人们先后给出不少这类例子，首先给出的是魏尔斯特拉斯(K. T. W. Weierstrass)给出的：

$f(x)=\sum\limits_{n=0}^{+\infty}b^n\cos(a^n\pi x)$，其中 $0<a<1$，又 b 是奇数且 $ab>\dfrac{1+3\pi}{2}$.

1930年范·德·瓦尔登(Van der Waerden)也曾给出例子：

设 $f_1(x)=|x|$，当 $|x|\leqslant\dfrac{1}{2}$；对 $|x|>\dfrac{1}{2}$，则用周期1来延拓：

对每个实数 x 和整数 n，均有 $f_1(x+n)=f_1(x)$.

当 $n>1$ 时，定义　　　　$f_n(x)\equiv 4^{1-n}f_1(4^{n-1}x)$

最后在 $(-\infty,+\infty)$ 上定义　　　　$f(x)\equiv\sum\limits_{n=1}^{+\infty}f_n(x)=\sum\limits_{n=1}^{+\infty}\dfrac{f_1(4^{n-1}x)}{4^{n-1}}$

新近(2002年)，刘文又给出一无穷乘积形式的这类处处连续而无处可微的函数：

设 $0<a_n<1(n=1,2,3,\cdots)$ 且 $\sum\limits_{n=1}^{\infty}a_n<\infty$，又设 p_n 是偶数，令 $b_n=\prod\limits_{k=1}^{\infty}p_k$.

若 $\lim\limits_{n\to\infty}\dfrac{2^n}{a_np_n}=0$，则 $f(x)=\prod\limits_{n=1}^{\infty}(1+a_n\sin b_n\pi x)$ 是一个无处可微的连续函数.

12. 导数为偶(或奇)函数，原来函数不一定是奇(或偶)函数

$f(x)=x^3+1$ 不是奇函数，但 $f'(x)=3x^2$ 是偶函数.

13. 函数在一点导数大于0，但函数在该点邻域内不单调

考虑 $f(x)=\begin{cases}x+2x^2\sin\dfrac{1}{x}, & x\neq 0\\ x, & x=0\end{cases}$，这时 $f'(x)=\begin{cases}1+4\sin\dfrac{1}{x}-2\cos\dfrac{1}{x}, & x\neq 0\\ 1, & x=0\end{cases}$.

显然 $f'(0)>0$，但 $f(x)$ 在 $(-\delta,\delta)$ 内不单调.

14. 若 $f(x)=g_1(x)+g_2(x)$，且 $f(x)$ 可导，但 $g_1(x)$，$g_2(x)$ 均不可导

考虑 $g_1(x)=x-|x|$，$g_2(x)=|x|$，它们在 $x=0$ 皆不可导.

但 $f(x)=g_1(x)+g_2(x)=0$ 在 $x=0$ 可导.

15. 若 $f(x)=g_1(x)g_2(x)$,且 $f(x)$ 可导,但 $g_1(x),g_2(x)$ 皆不可导

考虑 $g_1(x)=|x|,g_2(x)=|x|$,它们在 $x=0$ 皆不可导.

但 $f(x)=g_1(x)g_2(x)=|x|^2$ 在 $x=0$ 可导.

16. 闭区间上有界然而不可积①函数

在$[0,1]$上的 Diricnlet 函数有界但不可积.

17. 没有原函数的可积函数

符号函数 $\operatorname{sgn} x=\begin{cases}1, & x>0\\ 0, & x=0\\ -1, & x<0\end{cases}$ 在$[-1,1]$上可积,但没有原函数.

18. 有无穷多个不连续点的可积函数

考虑函数 $f(x)=\begin{cases}\dfrac{1}{n}, & 若 x=\dfrac{m}{n}, \quad 这里 m\in\mathbf{Z},\ n\in\mathbf{Z}^+,且(|m|,n)=1,\\ 0, & 若 x 是无理数.\end{cases}$

此函数对任意的实数 a,b 均有$\int_a^b f(x)\equiv 0$.

二元函数的极限、连续、可微等方面问题,较一元函数复杂,因而这方面的反例尤显重要.请看:

19. 周期函数的积分(原函数)不一定是周期函数

考虑 $f(x)=c$ 是周期函数C(任何实数皆为其周期),但$\int f(x)\mathrm{d}x=cx+C$ 不是周期函数.

也可以考虑 $f(x)=\sin x+c$ 的例子,与上类同.

20. 偶函数的原函数不一定是奇函数,奇函数的原函数不一定是偶函数

考虑 $f(x)=c$(常函数),它既可看作奇函数,也可看作偶函数,但其积分或原函数

$$F(x)=\int f(x)\mathrm{d}x=cx+C,\quad C\neq 0$$

它既非奇函数,也非偶函数.

21. $\lim\limits_{x\to a}\lim\limits_{x\to b}f(x,y)$ 和$\lim\limits_{y\to b}\lim\limits_{x\to a}f(x,y)$ 都存在但不相等的函数 $f(x,y)$

考虑函数

$$f(x,y)=\begin{cases}\dfrac{x^2-y^2}{x^2+y^2}, & x^2+y^2\neq 0\\ 0, & x^2+y^2=0\end{cases}$$

则

$$\lim_{x\to 0}\{\lim_{y\to x}f(x,y)\}=\lim_{x\to 0}\frac{0}{2x^2}=0$$

而

$$\lim_{y\to 0}\{\lim_{x\to 0}f(x,y)\}=\lim_{y\to 0}\frac{-y^2}{y^2}=-1$$

22. 对各个变量都连续的间断函数

考虑函数

$$f(x,y)=\begin{cases}\dfrac{xy}{x^2+y^2}, & x^2+y^2\neq 0\\ 0, & x^2+y^2=0\end{cases}$$

当点 P 沿直线 $y=kx$ 趋向于点 $O(0,0)$ 时,有

$$\lim_{\substack{P\to O\\ y=kx}}f(x,y)=\lim_{\substack{P\to O\\ y=kx}}\frac{kx^2}{x^2+k^2x^2}=\lim_{\substack{P\to O\\ y=kx}}\frac{k}{1+k^2}=\frac{k}{1+k^2}$$

随 k 的变化使函数当$(x,y)\to(0,0)$时的值也变,故函数在原点极限不存在.

---

① 显然,这里是指 Riemann 可积,下同.

23. 沿任意直线逼近原点均有极限,但函数在原点无极限的函数

考虑函数
$$f(x,y)=\begin{cases}\dfrac{x^2y}{x^4+y^4}, & x^2+y^2\neq 0\\ 0, & x^2+y^2=0\end{cases}$$

当 $P(x,y)$ 沿直线 $y=kx$ 趋向于原点 O 时
$$\lim_{\substack{P\to O\\ y=kx}}f(x,y)=\lim_{\substack{P\to O\\ y=kx}}\frac{kx}{x^2+k^2}=0$$

但当 P 沿抛物线 $x=y^2$ 趋向于原点 O 时
$$\lim_{\substack{P\to O\\ x=y^2}}f(x,y)=\lim_{\substack{P\to O\\ x=y^2}}\frac{y^4}{y^4+y^4}=\frac{1}{2}$$

24. 下面三种极限(1) $\lim\limits_{(x,y)\to(a,b)}f(x)$,(2) $\lim\limits_{x\to a}\lim\limits_{y\to b}f(x,y)$,(3) $\lim\limits_{y\to b}\lim\limits_{x\to a}f(x,y)$,恰仅有其中的两个存在,而另一个不存在的函数

(2)、(3) 存在而(1) 不存在的例子:

设函数 $f(x,y)=\begin{cases}\dfrac{xy}{x^2y^2}, & x^2+y^2\neq 0\\ 0, & x^2+y^2=0\end{cases}$ 考虑 $f(x)$ 在(0,0) 点的情况.

(1)、(3) 存在而(2) 不存在的例子:

设 $f(x,y)=\begin{cases}y+x\sin\dfrac{1}{y}, & 若\ y\neq 0\\ 0, & 若\ y=0\end{cases}$ 考虑 $f(x)$ 在(0,0) 点的情况.

(1)、(2) 存在而(3) 不存在的例子:

设函数 $f(x,y)=\begin{cases}x+y\sin\dfrac{1}{x}, & 若\ x\neq 0\\ 0, & 若\ x=0\end{cases}$ 考虑 $f(x)$ 在(0,0) 点的情况.

注　若极限(1)、(2) 或(1)、(3) 都存在,则它们须相等.

25. 三种极限(1) $\lim\limits_{(x,y)\to(a,b)}f(x)$,(2) $\lim\limits_{x\to a}\lim\limits_{y\to b}f(x,y)$,(3) $\lim\limits_{y\to b}\lim\limits_{x\to a}f(x,y)f(x,y)$,仅有一个存在,而另两个不存在的函数

(1) 存在,(2)、(3) 不存在的例子:

设函数 $f(x,y)=\begin{cases}x\sin\dfrac{1}{y}+y\sin\dfrac{1}{x}, & xy\neq 0,\\ 0, & xy=0.\end{cases}$ 考虑 $f(x)$ 在(0,0) 点的情形.

(2) 存在,(1)、(3) 不存在的例子:

设函数 $f(x,y)=\begin{cases}\dfrac{xy}{x^2+y^2}+y\sin\dfrac{1}{x}, & x\neq 0,\\ 0, & x=0.\end{cases}$ 考虑 $f(x)$ 在(0,0) 点的情形.

(3) 存在,(1)、(2) 不在在的例子:

设函数 $f(x,y)=\begin{cases}\dfrac{xy}{x^2+y^2}+x\sin\dfrac{1}{y}, & y\neq 0,\\ 0, & y=0.\end{cases}$ 考虑 $f(x)$ 在(0,0) 点的情形.

26. 在某一点处不连续但存在一阶偏导数的函数

考虑 $f(x,y)=\begin{cases}\dfrac{xy^2}{x^2+y^4}, & (x,y)\neq(0,0),\\ 0, & (x,y)=(0,0).\end{cases}$ 在(0,0) 点,当 (x,y) 沿 $y'=kx^2$ 趋向(0,0) 时,

$f(x,y)\to\dfrac{k}{1+k^2}$,其随 k 变化,故 $\lim\limits_{\substack{x\to0\\y\to0}}f(x,y)$ 不存在.

但 $f_x{}'(0,0)=\lim\limits_{x\to0}\dfrac{f(x,0)-f(0,0)}{x}=0$,且 $f_y{}'(0,0)=\lim\limits_{y\to0}\dfrac{f(0,y)-f(0,0)}{y}=0$.

27. 可微但二阶导数不相等的函数

考虑函数 $f(x,y)=\begin{cases}\dfrac{xy(x^2-y^2)}{x^2+y^2}, & x^2+y^2\neq0,\\ 0, & x=y=0.\end{cases}$注意到

$$f_y{}'(x,0)=\begin{cases}x, & x\neq0\\ \lim\limits_{k\to0}\dfrac{f(0,k)}{k}=0, & x=0\end{cases}\quad 及\quad f_x{}'(0,y)=\begin{cases}-y, & y\neq0\\ \lim\limits_{h\to0}\dfrac{f(h,0)}{h}=0, & x=0\end{cases}$$

因而在原点 $O(0,0)$ 有

$$f_{xy}{}'(0,0)=\lim_{h\to0}\frac{f_y(h,0)-f_y(0,0)}{h}=\lim_{h\to0}\frac{h}{h}=1$$

$$f_{yx}{}'(0,0)=\lim_{h\to0}\frac{f_x(0,k)-f_x(0,0)}{k}=\lim_{k\to0}\frac{-k}{k}=-1$$

又 f 的偏导数$\dfrac{\partial f}{\partial x},\dfrac{\partial f}{\partial y}$处处连续,故函数 f 连续可微.

28. 积分与极限运算不可交换的函数

若 $f(x,y)=\begin{cases}\dfrac{x}{y^2}\mathrm{e}^{-\frac{x^2}{y^2}}, & y\neq0,\\ 0, & y=0.\end{cases}$考虑

$$\lim_{y\to0}\int_0^1\frac{x}{y^2}\mathrm{e}^{-\frac{x^2}{y^2}}\mathrm{d}x\ 和\int_0^1\left(\lim_{y\to0}\frac{x}{y^2}\mathrm{e}^{-\frac{x^2}{y^2}}\right)\mathrm{d}x$$

注意到
$$\lim_{y\to0}\int_0^1\frac{x}{y^2}\mathrm{e}^{-\frac{x^2}{y^2}}\mathrm{d}x=\lim_{y\to0}\left[-\frac{1}{2}\mathrm{e}^{-\frac{x^2}{y^2}}\right]_{x=0}^{x=1}=\lim_{y\to0}\frac{1}{2}(1-\mathrm{e}^{-\frac{1}{y^2}})=\frac{1}{2}$$

但
$$\int_0^1\left(\lim_{y\to0}\frac{x}{y^2}\mathrm{e}^{-\frac{x^2}{y^2}}\right)\mathrm{d}x=\int_0^1 0\mathrm{d}x=0$$

29. 积分与微分算不可交换的函数

考虑
$$f(x,y)=\begin{cases}\dfrac{1}{y^2}x^2\mathrm{e}^{-\frac{x^2}{y^2}}, & y>0\\ 0, & y=0\end{cases}$$

考虑其积分后再求导.

由
$$g(x)=\int_0^1 f(x,y)\mathrm{d}y=x\mathrm{e}^{-x^2}$$

则
$$g'(x)=\mathrm{e}^{-x^2}(1-2x^2)$$

而先求导再积分则有:

若 $x\neq0$,有
$$\int_0^1 f_x'(x,y)\mathrm{d}y=\int_0^1\mathrm{e}^{-\frac{x^2}{y^2}}\left(\frac{2x^2}{y^2}-\frac{2x^4}{y^3}\right)\mathrm{d}y=\mathrm{e}^{-x^2}(1-2x^2)$$

当 $x=0$ 时,对任何 y 有$f_x'(0,y)=0$,故

$$\int_0^1 f_x'(0,y)\mathrm{d}y=\int_0^1 0\mathrm{d}y=0$$

即
$$\frac{\mathrm{d}}{\mathrm{d}x}\int_0^1 f(x,y)\mathrm{d}y\neq\int_0^1\left[\frac{\partial}{\partial x}f(x,y)\right]\mathrm{d}y$$

30. **积分次序不能交换的函数**

考虑
$$f(x,y)=\begin{cases} y^{-2}, & 0<x<y<1 \\ -x^{-2}, & 0<y<x<1 \\ 0, & 0<x\leqslant 1,0<y\leqslant 1 \end{cases}$$

若 $0<y<1$,有
$$\int_0^1 f(x,y)\mathrm{d}x=\int_0^y \frac{\mathrm{d}x}{y^2}-\int_y^1 \frac{\mathrm{d}x}{x^2}=1$$

故
$$\int_0^1\int_0^1 f(x,y)\mathrm{d}x\mathrm{d}y=\int_0^1 1\mathrm{d}y=1 \quad (\text{先对 } x \text{ 积分再对 } y \text{ 积分})$$

而 $0<x<1$,有
$$\int_0^1 f(x,y)\mathrm{d}y=-\int_0^x \frac{\mathrm{d}y}{x^2}+\int_x^1 \frac{\mathrm{d}y}{y^2}=-1$$

故
$$\int_0^1\int_0^1 f(x,y)\mathrm{d}y\mathrm{d}x=\int_0^1(-1)\mathrm{d}x=-1 \quad (\text{先对 } y \text{ 积分再对 } x \text{ 积分})$$

再如函数
$$f(x,y)=\begin{cases} 0, & x=0 \text{ 或 } y=0 \\ \dfrac{y^2-x^2}{(x^2+y^2)^2}, & \text{其余的 } 0\leqslant x\leqslant 1,0\leqslant y\leqslant 1 \end{cases}$$

容易算得$\int_0^1 \mathrm{d}y\int_0^1 f(x,y)\mathrm{d}x=\frac{\pi}{4}$,而$\int_0^1 \mathrm{d}x\int_0^1 f(x,y)\mathrm{d}y=-\frac{\pi}{4}$.

31. 极限与求和算不能交换的函数

考虑$\lim\limits_{x\to\infty}\left[\sum\limits_{n=1}^{\infty}\frac{x^2}{(1+x^2)^n}\right]$和$\sum\limits_{n=1}^{\infty}\lim\limits_{x\to\infty}\frac{x^2}{(1+x^2)^n}(x\neq 0)$:

一方面
$$\lim_{x\to\infty}\left[\sum_{n=1}^{\infty}\frac{x^2}{(1+x^2)^n}\right]=\lim_{x\to 0}\frac{x^2}{1+x^2}\cdot\frac{1}{1-\dfrac{1}{1+x^2}}=1,\quad x\neq 0$$

而
$$\sum_{n=1}^{\infty}\left[\lim_{x\to\infty}\frac{x^2}{(1+x^2)^n}\right]=\sum_{n=1}^{\infty}0=0$$

32. 广义积分$\int_a^{+\infty}f(x)\mathrm{d}x$收敛,但 $x\to+\infty$ 时,$f(x)\not\to 0$

考虑
$$f(x)=\begin{cases} 1, & x=k+a(k=1,2,3,\cdots) \\ \dfrac{1}{(x+a)^2}, & \text{其他}(a\neq 0) \end{cases}$$

则
$$\int_a^{+\infty}f(x)\mathrm{d}x=\lim_{n\to\infty}\sum_{k=1}^{n}\int_{k-1+a}^{k+a}\frac{\mathrm{d}t}{(t+a)^2}=\lim_{x\to\infty}\sum_{k=1}^{n}\left[-\frac{1}{k+2a}+\frac{1}{(k-1)+2a}\right]=$$
$$\lim_{x\to\infty}\left(\frac{1}{2a}-\frac{1}{n+2a}\right)=\frac{1}{2a}$$

但当 $x\to+\infty$ 时,$f(x)\not\to 0$.

再如
$$\int_0^{+\infty}\sin(x^2)\mathrm{d}x=\frac{1}{2}\int_0^{+\infty}\frac{\sin t}{\sqrt{t}}\mathrm{d}t\quad(x^2=t)$$

而$\lim\limits_{t\to 0+}\frac{\sin t}{\sqrt{t}}=0$,故 $t=0$ 不是后一积分的瑕点,易证$\int_0^{+\infty}\frac{\sin t}{\sqrt{t}}\mathrm{d}t$收敛,但$\lim\limits_{x\to+\infty}\sin(x^2)$不存在.

33. 广义积分$\int_0^{+\infty}\frac{\cos x}{(1+x)^2}\mathrm{d}x=\int_0^{+\infty}\frac{\sin x}{(1+x)^2}\mathrm{d}x$,但前者绝对收敛,后者则不绝对收敛

由
$$\int_0^{\infty}\frac{\cos x}{1+x}\mathrm{d}x=\lim_{t\to\infty}\int_0^t\frac{\cos x}{1+x}\mathrm{d}x=\lim_{t\to\infty}\left[\frac{\sin x}{1+x}\bigg|_0^t+\int_0^t\frac{\sin x}{(1+x)^2}\mathrm{d}x\right]=$$
$$\lim_{t\to\infty}\left[\frac{\sin t}{1+t}+\int_0^t\frac{\sin x}{(1+x)^2}\mathrm{d}x\right]=\int_0^{\infty}\frac{\sin x}{(1+x)^2}\mathrm{d}x$$

但$\frac{|\sin x|}{(1+x)^2}\leqslant\frac{1}{1+x^2}$,由$\int_0^{\infty}\frac{\mathrm{d}x}{(1+x)^2}$收敛,故$\int_0^{\infty}\frac{\sin x}{(1+x)^2}\mathrm{d}x$绝对收敛;

而因
$$|\cos x|\geqslant\cos^2 x=\frac{1+\cos 2x}{2}$$

故有 $\quad \int_0^{\infty} \frac{|\cos x|}{1+x}\mathrm{d}x \geqslant \int_0^{\infty} \frac{|\cos^2 x|}{1+x}\mathrm{d}x = \int_0^{\infty} \frac{\mathrm{d}x}{2(1+x)} + \int_0^{\infty} \frac{\cos^2 x}{2(1+x)}\mathrm{d}x$

上式右第二个积分收敛,第一个积分发散.

故积分$\int_0^{\infty} \frac{|\cos x|}{1+x}\mathrm{d}x$ 发散,或积分$\int_0^{\infty} \frac{\cos x}{1+x}\mathrm{d}x$ 不绝对收敛.

34. 无穷积分$\int_0^{+\infty} f(x)\mathrm{d}x$ 收敛,但 $\lim\limits_{x\to+\infty} f(x)$ 不存在

例如,对每一整数 $n>1$,令 $g(n)=1$,且在闭区间$[n-n^{-2},n]$和$[n,n+n^{-2}]$上定义 $g(x)$ 是线性的,而在非整数端点处命函数值为 0,同时对 $x\geqslant 1$ 时,$g(x)$ 未定义的地方,定义 $g(x)=0$.

易见,这样定义的 $g(x)$ 在$[1,+\infty)$ 上连续,且无穷限积分

$$\int_0^{+\infty} g(x)\mathrm{d}x = \sum_{k=2}^{\infty} \frac{1}{k^2} < +\infty$$

但 $\lim\limits_{n\to+\infty} g(n)=1$,$\lim\limits_{n\to+\infty} g\left(n+\frac{1}{2}\right)=0$,故$\lim\limits_{x\to\infty} g(x)$ 不存在.

35. $f(x)$ 在 $x=0$ 处有各阶导数 $f^{(n)}(0)$,但 $f(x)$ 相应的 Taylor 级数的和在 $x=0$ 的任一邻域上均不等于 $f(x)$

例如,函数 $f(x)=\begin{cases} \mathrm{e}^{-\frac{1}{x^2}}, & x\neq 0 \\ 0, & x=0 \end{cases}$ 可以证明对任意的自然数 n,当 $x\neq 0$ 时有 $f^{(n)}(x)=P_n\left(\frac{1}{x}\right)\mathrm{e}^{-\frac{1}{x^2}}$,这里 $P_n(t)$ 为 t 的 $3n$ 次多项式.

故 $f(x)$ 在 $x=0$ 处各阶导数(利用定义及 L'Hospital 法则)$f^{(n)}(0)=0$,$n=1,2,3,\cdots$.

则 $f(x)$ 相应的 Taylor 级数和为

$$\sum_{n=0}^{\infty} \frac{f^{(n)}(0)}{n!}x^n = \sum_{n=0}^{\infty} 0 = 0$$

即对一切 $x\in(-\infty,+\infty)$ 级数收敛于恒为 0 的函数,而 $f(x)$ 在 $x=0$ 的任一邻域上不恒为 0,故级数和不等于 $f(x)$.

36. 级数 $\sum u_n$ 收敛,但 $\sum(-1)^n \frac{u_n}{n}$ 发散

考虑 $u_n=(-1)^n\frac{1}{\ln n}$,$\{u_n\}$ 单减向 $0(n\to+\infty$ 时),故 $\sum u_n$ 收敛.

但 $\sum(-1)^n\frac{u_n}{n}=\sum\frac{1}{n\ln n}$ 发散(注意到$\int_{\mathrm{e}}^{+\infty}\frac{\mathrm{d}x}{x\ln x}=\ln(\ln x)\Big|_{\mathrm{e}}^{+\infty}$ 发散).

专题 7　高等数学课程中的一题多解列举

由于数学图形或式子间的变化、联系,使得一些数学命题往往有多种解法或多个解答,即通常所谓"一题多解".这里面显然有两种含义:

(1) 一个命题有多种解法;

(2) 一个命题本身有多个解答.

对于(2) 的情况,我们只举几例简要说明,这里主要是介绍前者即命题的多种解法.

命题本身多解性,主要是源于命题本身,如一元 n 次方程有 n 个根,但如果命题中含有参数,这往往需要对其进行讨论,因而也会有多解.对于有多解的命题需要将它们全部找出来,问题才算彻底解决,故寻找问题全部解,对于解数学问题来讲是重要的,来看例子:

例 1　求极限$\lim\limits_{n\to\infty}\frac{A\mathrm{e}^{nx}+B}{\mathrm{e}^{nx}+1}$.

解　命题(序列极限)中含有参数 x,由于 x 的不同取值,上式将有不同的结果:

当 $x>0$ 时,$\lim\limits_{n\to\infty}\dfrac{Ae^{nx}+B}{e^{nx}+1}=\lim\limits_{n\to\infty}\left[\left(A+\dfrac{B}{e^{nx}}\right)\Big/\left(1+\dfrac{1}{e^{nx}}\right)\right]=A$(极限式分子分母同除以 e^{nx});

当 $x=0$ 时,$\lim\limits_{n\to\infty}\dfrac{Ae^{nx}+B}{e^{nx}+1}=\dfrac{A+B}{2}$;当 $x<0$ 时,$\lim\limits_{n\to\infty}\dfrac{Ae^{nx}+B}{e^{nx}+1}=B$.

我们再来看一个更复杂些的例子,它是一个极限式表达的函数,因而自变量化为参数.

例 2　求 $f(x)=\lim\limits_{n\to\infty}\dfrac{x(1+\sin\pi x)^n+\sin\pi x}{1+(1+\sin\pi x)^n}$,这里 $|x|\leqslant 1$.

解　式中有三角函数 $\sin x$,故须分以下几种情况考虑:

当 $-1<x<0$ 时,有 $0<1+\sin\pi x<1$,此时,而当 $n\to\infty$ 时,$(1+\sin\pi x)^n\to 0$,故 $f(x)=\sin\pi x$.

当 $0<x<1$ 时,有 $1+\sin\pi x>1$,故当 $n\to\infty$ 时,$(1+\sin\pi x)^n\to\infty$.

$$f(x)=\lim_{n\to\infty}\left\{\left[x+\frac{\sin\pi x}{(1+\sin\pi x)^n}\right]\Big/\left[1+\frac{1}{(1+\sin\pi x)^n}\right]\right\}=x$$

又
$$f(0)=0,\quad f(-1)=-\frac{1}{2},\quad f(1)=\frac{1}{2}$$

且
$$\lim_{x\to-1^-}f(x)=\lim_{x\to-1^-}\sin\pi x=0,\quad \lim_{x\to1^-}f(x)=\lim_{x\to1^-}x=1,\quad \lim_{x\to0}f(x)=0=f(0)$$

综上题设极限式函数
$$f(x)=\begin{cases}-\dfrac{1}{2}, & x=-1\\ \sin\pi x, & -1<x<0\\ 0, & x=0\\ x, & 0<x<1\\ \dfrac{1}{2}, & x=1\end{cases}$$

注　问题反过来看则是分段函数有时可用极限表达式去统一(当然不是所有的分段函数皆如此,细细品味,也许是一个十分有趣的话题).

例 3　已知正项级数 $\sum\limits_{k=1}^{\infty}a_k$ 收敛,试判断 $\sum\limits_{k=1}^{\infty}a_k{}^{\beta}$ 的收敛性,其 β 为任意实数.

解　这也是一个含有参数 β 的命题,故需对其进行讨论.

首先由题设 $\sum\limits_{k=1}^{\infty}a_k$ 收敛,故 $\lim\limits_{n\to\infty}a_n=0$,下面分情况讨论参数 β.

若 $\beta\geqslant 1$,且 n 充分大时,$a_i{}^{\beta}\leqslant|a_i|=a_i(i\geqslant n)$,因为 $\sum a_i{}^{\beta}$ 和 $\sum a_i$ 均为正项级数,由比较判别法如 $\sum a_i{}^{\beta}$ 收敛.

若 $\beta\leqslant 0$,因 $\lim\limits_{n\to\infty}a_n{}^{\beta}\neq 0$,则 $\sum a_i{}^{\beta}$ 发散.若 $0<\beta<1$,级数敛散不定,请看例子:

① $\sum\dfrac{1}{n^2}$ 收敛,而 $\sum\left(\dfrac{1}{n^2}\right)^{\frac{1}{2}}=\sum\dfrac{1}{n}$ 发散;

② $\sum\dfrac{1}{n^4}$ 收敛,而 $\sum\left(\dfrac{1}{n^4}\right)^{\frac{1}{2}}=\sum\dfrac{1}{n^2}$ 收敛,但 $\sum\left(\dfrac{1}{n^4}\right)^{\frac{1}{4}}=\sum\dfrac{1}{n}$ 却发散.

注　显然下面的命题仅是本命题的特例或变形:

命题　讨论 $\sum\limits_{n=2}^{\infty}n^{\alpha}\beta^n$ 的收敛,其中 α 为任意实数,β 为非负实数.结论是(详见"级数")

$$\sum_{n=2}^{\infty}n^{\alpha}\beta^n\text{ 的敛散性}\begin{cases}\beta=1\begin{cases}\alpha<-1,\text{级数收敛}\\ \beta\geqslant-1,\text{级数发散}\end{cases}\\ \beta<1,\text{级数收敛}\\ \beta>1,\text{级数发散}\end{cases}$$

还有些问题在解答过程中要考虑多方面的情形,比如:

例 4 计算积分$\oint_c \frac{x\mathrm{d}y - y\mathrm{d}x}{x^2+y^2}$,其中 c 是平面上一条光滑的闭曲线.

解 令 $P(x,y) = \frac{-y}{x^2+y^2}$, $Q(x,y) = \frac{x}{x^2+y^2}$,可得

$$\frac{\partial P}{\partial y} = \frac{\partial Q}{\partial x} = \frac{y^2-x^2}{(x^2+y^2)^2}$$

又它们有一阶连续的偏导数,由 Green 公式且考虑闭曲线 c 包含原点否,可分别有(详见“多元函数的积分”中的例)下面情形:

(1) 当积分路径 c 不包含围原点时,积分

$$\oint_c \frac{x\mathrm{d}y - y\mathrm{d}x}{x^2+y^2} = 0$$

(2) 当积分路径 c 包围原点时,积分

$$\oint_c \frac{x\mathrm{d}y - y\mathrm{d}x}{x^2+y^2} = 2\pi$$

微分方程中也有这种多解的例子,请看:

例 5 求微分方程 $y'' - 2y' + \lambda y = x\mathrm{e}^{ax} + \sin 2x$ 的通解形式,其中 λ, a 为任意常数.

解 特征方程 $r^2 - 2r + \lambda = 0$ 的根 $r_1 = 1 + \sqrt{1-\lambda}$, $r_2 = 1 - \sqrt{1-\lambda}$.

若 $\lambda = 1, a = 1$,则通解形式为

$$y = (c_1 + c_2 x)\mathrm{e}^x + x^2\mathrm{e}^x(A_1 x + A_0) + B_1\cos 2x + B_2\sin 2x$$

若 $\lambda = 1, a \neq 1$,则通解形式为

$$y = (c_1 + c_2 x)\mathrm{e}^x + \mathrm{e}^{ax}(A_1 x + A_0) + B_1\cos 2x + B_2\sin 2x$$

若 $\lambda < 1, a = 1 \pm \sqrt{1-\lambda}$,则通常解形式为

$$y = c_1\mathrm{e}^{(1+\sqrt{1-\lambda})x} + c_2\mathrm{e}^{(1-\sqrt{1-\lambda})x} + x\mathrm{e}^x(A_1 x + A_0) + B_1\cos 2x + B_2\sin 2x$$

若 $\lambda < 1, a \neq 1 \pm \sqrt{1-\lambda}$,则通解形式为

$$y = c_1\mathrm{e}^{(1+\sqrt{1-\lambda})x} + c_2\mathrm{e}^{(1-\sqrt{1-\lambda})x} + \mathrm{e}^{ax}(A_1 x + A_0) + B_1\cos 2x + B_2\sin 2x$$

若 $\lambda > 1$,则 $r_1 = 1 + \sqrt{\lambda-1}\,\mathrm{i}$, $r_2 = 1 - \sqrt{\lambda-1}\,\mathrm{i}$,于是

$$y = \mathrm{e}^x(c_1\cos\sqrt{\lambda-1}\,x + c_2\sin\sqrt{\lambda-1}\,x) + \mathrm{e}^{ax}(A_1 x + A_0) + B_1\cos 2x + B_2\sin 2x$$

接下来我们谈谈一题有多种方法解答问题.这类问题是由命题本身的结构、数学各分科的内在联系及解题思维、推理方法不同所致.

采用多种方法解题,不仅有助于巩固基础知识,提高解题能力,加强运算技巧,还可以使我们对所学知识间纵横关系有所了解,同时还可以沟通某些数学方法.

通过一题多解,还可以从解法中比较优、劣,以找到更简洁的解题途径.

下面我们来看一些例子(这里分几类问题阐述).

1. 极限问题

因极限问题区分数列极限和函数极限,我们先来看数列的极限问题.

例 1 若 $x_1 = 1, x_{n+1} = \sqrt{2x_n + 3}\,(n = 1,2,3,\cdots)$,求$\lim\limits_{n\to\infty} x_n$.

解 1 用数学归纳法不难证明:$x_n < x_{n+1}$,即数列$\{x_n\}$单增.

又由 $x_{k+1} = \sqrt{2x_k + 3} < \sqrt{2\cdot 2 + 3} = 3$,可知 $x_n < 3\,(n = 1,2,\cdots)$.

故由单调有界数列有极限及题设有 $x_{n+1}^2 = 2x_n + 3$,再令$\lim\limits_{n\to\infty} x_n = a$,

故 $a^2 - 2a - 3 = 0$,得 $a = 3$ 或 -1,舍去负值有$\lim\limits_{n\to\infty} x_n = 3$.

解 2　考虑下面式子及变换(这里在题设式减去 3 是不易想到的)

$$|x_{n+1}-3|=|\sqrt{2x_n+3}-3|=\left|\frac{(\sqrt{2x_n+3}-3)(\sqrt{2x_n+3}+3)}{\sqrt{2x_n+3}+3}\right|=$$

$$\frac{2|x_n-3|}{\sqrt{2x_n+3}+3}\leqslant\frac{2}{3}|x_n-3|$$

再由下面命题或定理:

若对任意自然数 N 及常数 $r(0<r<1)$,当 $n\geqslant N$ 时总有 $|x_{n+1}-a|\leqslant r|x_n-a|$,则 $\lim\limits_{n\to\infty}x_n=a$.

故知所求数列极限 $\lim\limits_{n\to\infty}x_n=3$.

例 2　求级数极限 $\lim\limits_{n\to\infty}\sum\limits_{k=1}^{n}\dfrac{2^{\frac{k}{n}}}{n+\frac{1}{k}}$.

解 1　由题设知 k 是自然数,故

$$\frac{1}{n+1}\sum_{k=1}^{n}2^{\frac{k}{n}}<\sum_{k=1}^{n}\frac{2^{\frac{k}{n}}}{n+\frac{1}{k}}\leqslant\frac{1}{n}\sum_{k=1}^{\pi}2^{\frac{k}{n}}$$

而　$$\lim_{n\to\infty}\frac{1}{n}\sum_{k=1}^{n}2^{\frac{k}{n}}=\lim_{n\to\infty}\frac{1}{n}\cdot\frac{2^{\frac{k}{n}}}{2^{\frac{1}{n}}-1}=\frac{\lim\limits_{n\to\infty}2^{\frac{1}{n}}}{\lim\limits_{n\to\infty}n(2^{\frac{1}{n}}-1)}=\frac{1}{\ln 2}\quad(\text{注意}\sum_{k=1}^{n}2^{\frac{k}{n}}\text{ 是等比级数})$$

又　$$\lim_{n\to\infty}\frac{1}{n+1}\sum_{k=1}^{n}2^{\frac{k}{n}}=\lim_{n\to\infty}\left(\frac{n}{n+1}\cdot\frac{1}{n}\sum_{k=1}^{n}2^{\frac{k}{n}}\right)=\frac{1}{\ln 2}$$

故　$$\lim_{n\to\infty}\sum_{k=1}^{n}\frac{2^{\frac{k}{n}}}{n+\frac{1}{k}}=\frac{1}{\ln 2}$$

解 2　由定积分性质或定义有

$$\int_0^1 2^x\mathrm{d}x=\lim_{n\to\infty}\frac{1}{n}\sum_{k=1}^{n}2^{\frac{k}{n}}$$

又积分 $\int_0^1 2^x\mathrm{d}x=\dfrac{1}{\ln 2}$,故 $\lim\limits_{n\to\infty}\dfrac{1}{n}\sum\limits_{k=1}^{n}2^{\frac{k}{n}}=\dfrac{1}{\ln 2}$,余解法同解 1.

注　类似地仿照例的方法可求极限 $\lim\limits_{x\to+\infty}\sum\limits_{k=1}^{n}\dfrac{\mathrm{e}^{\frac{k}{n}}}{n+(1/k)}$.

例 3　求积分 $\int_n^{n+p}\dfrac{\sin x}{x}\mathrm{d}x$,这里 $p>0$.

解 1　由积分中值定理(将 $\sin x/x$ 视为一个函数)

$$\int_n^{n+p}\frac{\sin x}{x}\mathrm{d}x=[(n+p)-n]\frac{\sin\xi}{\xi},\quad n<\xi<n+p$$

故　$$\int_n^{n+p}\frac{\sin x}{x}\mathrm{d}x=\lim_{\xi\to\infty}p\cdot\frac{\sin\xi}{\xi}=0\quad(\text{注意当 }n\to\infty\text{ 时},\xi\to\infty)$$

解 2　由广义积分中值定理(将 $\sin x/x$ 视为 $1/x$ 和 $\sin x$ 两个函数)

$$\int_n^{n+p}\frac{\sin x}{x}\mathrm{d}x=\sin\xi\int_n^{n+p}\frac{1}{x}\mathrm{d}x=\sin\xi\ln\left(1+\frac{p}{n}\right),\quad n<\xi<n+p$$

故　$$\int_n^{n+p}\frac{\sin x}{x}\mathrm{d}x=\lim_{n\to\infty}\sin\xi\ln\left(1+\frac{p}{n}\right)=0\quad(\text{注意 }n\to\infty\text{ 时},\xi\to\infty)$$

解 3　由题设考虑下面不等式,首先 $-\dfrac{1}{x}<\dfrac{\sin x}{x}<\dfrac{1}{x}$.又

$$\lim_{n\to\infty}\int_n^{n+p}-\frac{1}{x}\mathrm{d}x=\lim_{n\to\infty}\left[-\ln\left(1+\frac{p}{n}\right)\right]=0\quad\text{及}\quad\lim_{n\to\infty}\int_n^{n+p}\frac{1}{x}\mathrm{d}x=\lim_{n\to\infty}\left[\ln\left(1+\frac{p}{n}\right)\right]=0$$

故
$$\lim_{n\to\infty}\int_n^{n+p}\frac{\sin x}{x}\mathrm{d}x=0$$

注 下面的问题可仿例的方法去解(但它是函数极限问题).

问题 求极限 $\lim\limits_{n\to+\infty}\int_n^{n+a}\frac{\ln nt}{t+2}\mathrm{d}t$,其中常数 $a>0$,n 为自然数.

再来看函数极限问题.

例 3 试证极限 $\lim\limits_{x\to 0}\frac{x}{\sqrt[n]{1+x}-1}=n$($n$ 给定为自然数).

证 1 因为当 $x\to 0$ 时,$\sqrt[n]{1+x}\sim 1+\frac{x}{n}$,即 $\sqrt[n]{1+x}-1\sim\frac{x}{n}$.故
$$\lim_{x\to 0}\frac{x}{\sqrt[n]{1+x}-1}=\lim_{x\to 0}\frac{x}{\frac{x}{n}}=n$$

证 2 令 $\sqrt[n]{1+x}=u$,则 $x=u^n-1$,故
$$\lim_{x\to 0}\frac{x}{\sqrt[n]{1+x}-1}=\lim_{u\to 1}\frac{u^n-1}{u-1}=\lim_{u\to 1}(u^{n-1}+u^{n-2}+\cdots+u+1)=n$$

注 对于解法 1 而言,n 为实数时结论亦真.

例 4 求极限 $\lim\limits_{x\to 0}\frac{\sin 7x-\sin 3x}{2\sin x}$.

解 1 将极限式分子和差化积,再考虑三角函数倍角公式可有
$$\lim_{x\to 0}\frac{\sin 7x-\sin 3x}{2\sin x}=\lim_{x\to 0}\frac{\cos 5x\sin 2x}{\sin x}=\lim_{x\to 0}\cos 5x\cdot 2\cos x=2$$

解 2 先将极限式变形,再考虑用 $\lim\limits_{x\to 0}(\sin x/x)=1$,则有
$$\lim_{x\to 0}\frac{\sin 7x-\sin 3x}{2\sin x}=\frac{1}{2}\lim_{x\to 0}\left(\frac{\sin 7x}{\sin x}-\frac{\sin 3x}{\sin x}\right)=\frac{1}{2}\lim_{x\to 0}\left(\frac{7\cdot\frac{\sin 7x}{7x}}{\frac{\sin x}{x}}-\frac{3\cdot\frac{\sin 3x}{3x}}{\frac{\sin x}{x}}\right)=\frac{1}{2}(7-3)=2$$

解 3 考虑等价无穷小代换,当 $x\to 0$ 时,$\sin x\sim x$,$\sin 7x\sim 7x$,$\sin 3x\sim 3x$.
$$\lim_{x\to 0}\frac{\sin 7x-\sin 3x}{2\sin x}=\frac{1}{2}\lim_{x\to 0}\left(\frac{\sin 7x}{\sin x}-\frac{\sin 3x}{\sin x}\right)=\frac{1}{2}\lim_{x\to 0}\left(\frac{7x}{x}-\frac{3x}{x}\right)=2$$

例 5 设函数 $f(x)$ 在点 $x=0$ 的邻域有连续的二阶导数(二阶可微),且 $x=a$ 时 $f'(a)\neq 0$,试求下面极限 $\lim\limits_{x\to a}\left[\frac{1}{f(x)-f(a)}-\frac{1}{(x-a)f'(a)}\right]$.

解 1 利用函数 $f(x)$ 在 $x=a$ 点的一阶 Taylor 公式得
$$\lim_{x\to a}\left[\frac{1}{f(x)-f(a)}-\frac{1}{(x-a)f'(a)}\right]=\lim_{x\to a}\frac{f(a)+f'(a)(x-a)-f(x)}{[f(x)-f(a)](x-a)f'(a)}=$$
$$\lim_{x\to a}\frac{-\frac{1}{2!}f''(\xi)(x-a)^2}{[f(x)-f(a)](x-a)f'(a)}=\lim_{x\to a}\frac{1}{2f'(a)}\cdot\frac{f''(\xi)}{\frac{f(x)-f(a)}{x-a}}=-\frac{f''(a)}{2[f'(a)]^2}$$

这里 ξ 在 x 与 a 之间.

解 2 两次利用 L'Hospital 法则可有
$$\lim_{x\to a}\left[\frac{1}{f(x)-f(a)}-\frac{1}{(x-a)f'(a)}\right]=\lim_{x\to a}\frac{(x-a)f'(a)-f(x)+f(a)}{[f(x)-f(a)](x-a)f'(a)}=$$
$$\lim_{x\to a}\frac{f'(a)-f'(x)}{[f(x)-f(a)]f'(a)+f'(x)(x-a)f'(a)}=$$
$$\lim_{x\to a}\frac{-f''(x)}{2f'(x)f'(a)+f''(x)(x-a)f'(a)}=-\frac{f''(a)}{2[f'(a)]^2}$$

我们再来看一个求二元函数极限的例子.

例 6　求二元函数极限$\lim\limits_{\substack{x\to\infty\\y\to\infty}}\dfrac{x^2+y^2}{x^4+y^4}$.

解 1　先利用不等式变形,再考虑夹逼定理有

由 $0<\dfrac{x^2+y^2}{x^4+y^4}\leqslant\dfrac{1}{x^2}+\dfrac{1}{y^2}$,又$\lim\limits_{\substack{x\to\infty\\y\to\infty}}\left(\dfrac{1}{x^2}+\dfrac{1}{y^2}\right)=\lim\limits_{x\to\infty}\dfrac{1}{x^2}+\lim\limits_{x\to\infty}\dfrac{1}{y^2}=0$,故$\lim\limits_{\substack{x\to\infty\\y\to\infty}}\dfrac{x^2+y^2}{x^4+y^4}=0$.

解 2　由题设极限式变形有$\dfrac{x^2+y^2}{x^4+y^4}=\dfrac{x^2+y^2}{x^2y^2}\cdot\dfrac{x^2y^2}{x^4+y^4}$,而

$$\lim_{\substack{x\to\infty\\y\to\infty}}\frac{x^2+y^2}{x^2y^2}=\lim_{\substack{x\to\infty\\y\to\infty}}\left(\frac{1}{y^2}+\frac{1}{x^2}\right)=0$$

又由 $2x^2y^2=2\sqrt{x^4y^4}\leqslant x^4+y^4$,有$\left|\dfrac{x^2y^2}{x^4+y^4}\right|\leqslant\dfrac{1}{2}$,故$\lim\limits_{\substack{x\to\infty\\y\to\infty}}\dfrac{x^2+y^2}{x^4+y^4}=0$.

2. 微分和不等式问题

这方面的例子我们先来看涉及微分中值定理的,这类问题解法的区别在于辅助函数构造的不同.

例 1　设函数 $f(x)$,$g(x)$ 在$[a,b]$上连续,在(a,b) 内可微. 又对于任意 $x\in(a,b)$,$g'(x)\neq0$,则在(a,b) 内有 ξ 使$\dfrac{f'(\xi)}{g'(\xi)}=\dfrac{f(\xi)-f(a)}{g(b)-f(\xi)}$.

证 1　设 $\varphi(x)=[f(x)-f(a)][g(b)-g(x)]$,则 $\varphi(x)$ 在$[a,b]$上满足 Rolle 定理条件,故有 $\xi\in(a,b)$ 使 $\varphi'(\xi)=0$. 即

$$f'(\xi)[g(b)-g(\xi)]-g'(\xi)[f(\xi)-f(a)]=0$$

又 $g'(x)\neq0$,故

$$\frac{f'(\xi)}{g(\xi)}=\frac{f(\xi)-f(a)}{g(b)-g(\xi)}$$

证 2　设 $\varphi(x)=f(x)-\dfrac{f(x)-f(a)}{g(b)-g(a)}[g(x)-g(a)]$. 则 $\varphi(x)$ 在$[a,b]$上满足 Rolle 定理条件,则有 $\xi\in(a,b)$ 使 $\varphi'(\xi)=0$. 即

$$\frac{f'(\xi)-\{f'(\xi)[g(\xi)-g(a)]+g'(\xi)[f(\xi)-f(a)]\}}{g(b)-g(a)}=0$$

故

$$\frac{f'(\xi)}{g'(\xi)}=\frac{f(\xi)-f(a)}{g(b)-g(\xi)}$$

证 3　设

$$\varphi(x)=f(x)g(x)-[f(x)g(b)+g(x)f(a)]+f(a)g(b)$$

则 $\varphi(x)$ 在$[a,b]$上满足 Rolle 定理条件,故有 $\xi\in(a,b)$ 使 $g'(\xi)=0$. 即

$$f'(\xi)g(\xi)+f(\xi)g'(\xi)-f'(\xi)g(b)-g'(\xi)f(a)=0$$

又 $g'(x)\neq0$,故

$$\frac{f'(\xi)}{g'(\xi)}=\frac{f(\xi)-f(a)}{g(b)-g(\xi)}$$

注　这里三种方法系由不同的辅助函数而得到的,对微分中值定理证明题而言,构造辅助函数即是方法,又是技巧,且不唯一,关键是搞清题目要证的结论间的关系.

我们再来看一个不等式的例子.

例 2　若 $0<x_1<x_2<\dfrac{\pi}{2}$,则$\dfrac{\tan x_2}{\tan x_1}>\dfrac{x_2}{x_1}$.

证 1　(利用函数单调性,这里考虑比值函数)令 $f(x)=\dfrac{\tan x}{x}$,讨论$f'(x)$ 的符号情况.

注意到当 $0<x<\dfrac{\pi}{2}$ 时,$0<\sin x<x$,故

$$f'(x)=\frac{x\sec^2x-\tan x}{x^2}=\frac{x-\sin x\cos x}{x^2\cos^2x}>0$$

即 $f(x)$ 在 $\left(0,\frac{\pi}{2}\right)$ 内单增,故当 $0<x_1<x_2<\frac{\pi}{2}$ 时 $\frac{\tan x_2}{x_2}>\frac{\tan x_1}{x_1}$,即 $\frac{\tan x_2}{\tan x_1}>\frac{x_2}{x_1}$.

证 2 (利用函数单调性,这里考虑差值函数)令 $f(x)=x-\tan x$.

则由 $f'(x)=1-\sec^2 x<0, x\in\left(0,\frac{\pi}{2}\right)$,故知 $f(x)$ 在此区间上单减.

当 $0<x_1<x_2<\frac{\pi}{2}$ 时,$x_1-\tan x_1>x_2-\tan x_2$,两端除以 x_1 且由 $x_1<x_2$,有

$$\frac{x_1-\tan x_1}{x_1}>\frac{x_2-\tan x_2}{x_1}>\frac{x_2-\tan x_2}{x_2}$$

即

$$1-\frac{\tan x_1}{x_1}>1-\frac{\tan x_2}{x_2}\Rightarrow\frac{\tan x_2}{\tan x_1}>\frac{x_2}{x_1}$$

证 3 (利用微分中值定理)令 $f(x)=\frac{\tan x}{x}$,该函数在$\left[0,\frac{\pi}{2}\right]$上满足 Lagrange 中值定理条件,考虑当$0<x_1<x_2<\frac{\pi}{2}$ 时有

$$\frac{\tan x_2}{x_2}-\frac{\tan x_1}{x_1}=f'(\xi)(x_2-x_1),\quad \xi\in(x_1,x_2)$$

由证 1 知 $f'(x)>0$,故 $f'(\xi)(x_2-x_1)>0$. 有

$$\frac{\tan x_2}{x_2}-\frac{\tan x_1}{x_1}>0\Rightarrow\frac{\tan x_2}{x_2}>\frac{\tan x_1}{x_1}\Rightarrow\frac{\tan x_2}{\tan x_1}>\frac{x_2}{x_1}$$

证 4 (利用微分中值定理)令 $f(x)=\tan x$. 在$[x_1,x_2]\subset\left(0,\frac{\pi}{2}\right)$上用 Lagrange 中值定理有

$$\tan x_2-\tan x_1=\frac{x_2-x_1}{\cos^2\xi}>x_2-x_1,\quad \xi\in(x_1,x_2)$$

则 $x_1-\tan x_1>x_2-\tan x_2$,又 $x_2>x_1>0$,故

$$\frac{x_1-\tan x_1}{x_1}>\frac{x_2-\tan x_2}{x_1}>\frac{x_2-\tan x_2}{x_2}\Rightarrow\frac{\tan x_2}{\tan x_1}>\frac{x_2}{x_1}$$

3. 一元函数积分

我们先来看不定积分问题.

例 1 计算不定积分$\int\frac{x^2}{(1+x^2)^2}\mathrm{d}x$.

解 1 利用分部积分且考虑式子变形有

$$\int\frac{x^2}{(1+x^2)^2}\mathrm{d}x=\int-\frac{1}{2}x\mathrm{d}\left(\frac{1}{1+x^2}\right)=-\frac{1}{2}\left(\frac{x}{1+x^2}-\int\frac{1}{1+x^2}\mathrm{d}x\right)=$$

$$-\frac{1}{2}\left(\frac{x}{1+x^2}-\arctan x\right)+C$$

解 2 由部分分式理论及待定系数法知被积式可化为

$$\frac{x^2}{(1+x^2)^2}=\frac{1}{1+x^2}-\frac{1}{(1+x^2)^2}$$

则

$$\int\frac{x^2}{(1+x^2)^2}\mathrm{d}x=\int\frac{\mathrm{d}x}{1+x^2}-\int\frac{\mathrm{d}x}{(1+x^2)^2}=\arctan x-\frac{1}{2}\left(\frac{x}{1+x^2}+\int\frac{\mathrm{d}x}{1+x^2}\right)=$$

$$\frac{1}{2}\arctan x-\frac{1}{2}\cdot\frac{x}{1+x^2}+C$$

解 3 利用换元法. 令 $x=\tan t$,则 $t=\arctan x$,$\mathrm{d}x=\sec^2 t\mathrm{d}t$.

$$\int\frac{x^2}{(1+x^2)^2}\mathrm{d}x=\int\frac{\tan^2 t}{(1+\tan^2 t)^2}\mathrm{d}(\tan t)=\int\frac{\tan^2 t}{\sec^4 t}\sec^2 t\mathrm{d}t=\int\sin^2 t\mathrm{d}t=$$

$$\int \frac{1}{2}(1-\cos 2t)\mathrm{d}t = \frac{1}{2}t - \frac{1}{4}\sin 2t + C = \frac{1}{2}\left(\arctan x - \frac{x}{1+x^2}\right) + C$$

例 2　求不定积分$\int \frac{1}{1+\mathrm{e}^x}\mathrm{d}x$.

解 1　令 $t = 1+\mathrm{e}^x$(则 $t > 1$) 有 $x = \ln(t-1)$,则

$$\int \frac{1}{1+\mathrm{e}^x}\mathrm{d}x = \int \frac{1}{t(t-1)}\mathrm{d}t = \int\left(\frac{1}{t-1} - \frac{1}{t}\right)\mathrm{d}t = \ln\frac{t-1}{t} + C =$$

$$\ln\frac{\mathrm{e}^x}{1+\mathrm{e}^x} + C = x - \ln(1+\mathrm{e}^x) + C$$

解 2　令 $t = \mathrm{e}^x$,则 $x = \ln t$.故

$$\int \frac{1}{1+\mathrm{e}^x}\mathrm{d}x = \int \frac{1}{t(1+t)}\mathrm{d}t = \int\left(\frac{1}{t} - \frac{1}{t+1}\right)\mathrm{d}t = \ln\frac{t}{1+t} + C = x - \ln(1+\mathrm{e}^x) + C$$

解 3　令 $t = \mathrm{e}^{-x}+1$,则 $\mathrm{e}^{-x}\mathrm{d}x = -\mathrm{d}t$.故

$$\int \frac{1}{1+\mathrm{e}^x}\mathrm{d}x = \int \frac{\mathrm{e}^{-x}\mathrm{d}x}{\mathrm{e}^{-x}+1} = -\int\frac{\mathrm{d}t}{t} = -\ln t + C = -\ln(\mathrm{e}^{-x}+1) + C = x - \ln(1+\mathrm{e}^x) + C$$

由上例可以看出:计算不定积分之所以会产生诸多解法,概因换元方式不同(如果用换元的话).如此一来,原函数的形式会有差异,但它们都是一个原函数,请看:

例 3　计算不定积分$\int \frac{1}{x\sqrt{4-x^2}}\mathrm{d}x$.

解 1　令 $x = 2\sin t$,则 $t = \arcsin\frac{x}{2}$,$\mathrm{d}x = 2\cos t\mathrm{d}t$.

$$\int \frac{1}{x\sqrt{4-x^2}}\mathrm{d}x = \int \frac{2\cos t\mathrm{d}t}{2\sin t \cdot 2\cos t} = \frac{1}{2}\int\frac{1}{\sin t}\mathrm{d}t = \frac{1}{2}\ln\left|\tan\frac{1}{2}\right| + C =$$

$$\frac{1}{2}\ln\left|\tan\left(\frac{1}{2}\arcsin\frac{x}{2}\right)\right| + C$$

解 2　令 $\sqrt{4-x^2} = t$,则 $x = \sqrt{4-t^2}$,$\mathrm{d}x = \frac{-t}{\sqrt{4-t^2}}\mathrm{d}t$.

$$\int \frac{1}{x\sqrt{4-x^2}}\mathrm{d}x = \int\frac{1}{t^2-4}\mathrm{d}t = \frac{1}{4}\ln\left|\frac{t-2}{t+2}\right| + C = \frac{1}{4}\ln\left|\frac{\sqrt{4-x^2}-2}{\sqrt{4-x^2}+2}\right| + C$$

解 3　令$\sqrt{\frac{2+x}{2-x}} = t$,有 $x = \frac{2(t^2-1)}{t^2-1}$,$\mathrm{d}x = \frac{st\mathrm{d}t}{(t^2+1)^2}$.

$$\int \frac{1}{x\sqrt{4-x^2}}\mathrm{d}x = \int\frac{\mathrm{d}t}{t^2-1} = \frac{1}{2}\ln\left|\frac{t-1}{t+1}\right| + C = \frac{1}{2}\ln\left|\frac{\sqrt{2+x}-\sqrt{2-x}}{\sqrt{2+x}+\sqrt{2-x}}\right| + C$$

解 4　令 $\sqrt{4-x^2} = tx$,则 $x^2 = \frac{4}{1+t^2}$,且$\frac{2}{x}\mathrm{d}x = -\frac{2t\mathrm{d}t}{1+t^2}$.

$$\int \frac{1}{x\sqrt{4-x^2}}\mathrm{d}x = -\frac{1}{2}\int\frac{\mathrm{d}t}{\sqrt{1+t^2}} = -\frac{1}{2}\ln|t+\sqrt{1+t^2}| + C = -\frac{1}{2}\ln\left|\frac{2+\sqrt{4-x^2}}{x}\right| + C$$

解 5　令 $x = \frac{1}{t}$,有$\frac{\mathrm{d}x}{x} = -\frac{\mathrm{d}t}{t}$.

$$\int \frac{1}{x\sqrt{4-x^2}}\mathrm{d}x = -\int\frac{\mathrm{d}t}{t\sqrt{4-\frac{1}{t^2}}} = -\frac{1}{2}\int\frac{\mathrm{d}t}{\sqrt{t^2-\frac{1}{t^2}}} = -\frac{1}{2}\ln\left|t+\sqrt{t^2-\frac{1}{4}}\right| + C =$$

$$-\frac{1}{2}\ln\left|\frac{2+\sqrt{4-x^2}}{2x}\right| + C$$

解 6　令 $x^2 = \frac{1}{t}$,有$\frac{\mathrm{d}x}{x} = -\frac{\mathrm{d}t}{2t}$.注意到 $t^2 - \frac{t}{4} = \left(t-\frac{1}{8}\right)^2 - \left(\frac{1}{8}\right)^2$,则

$$\int \frac{1}{x\sqrt{4-x^2}}\mathrm{d}x = -\frac{1}{2}\int \frac{\mathrm{d}t}{t\sqrt{4-\frac{1}{t}}} = -\frac{1}{4}\int \frac{\mathrm{d}t}{\sqrt{t^2-\frac{t}{4}}} = -\frac{1}{4}\ln\left|t-\frac{1}{8}+\sqrt{t^2-\frac{t}{4}}\right|+C =$$

$$-\frac{1}{4}\ln\left|\frac{1}{x^2}-\frac{1}{8}+\sqrt{\frac{4-x^2}{4x^4}}\right|+C$$

注 由上例可见,由于选用的方法(或所设辅助线未知元)不一,因而积分结果形式上会存不同,它们有的之间最多相差一个常数,有的看上去大不相同.如此一来,这会给我们**创造新命题**带来机会.

下面我们来看几个定积分的例子.计算定积分的方法、技巧,关键还是在于不定积分计算的方法和技巧,因为有了牛顿-莱布尼兹公式.

例 4 计算积分$\int_0^a \frac{1}{x+\sqrt{a^2-x^2}}\mathrm{d}x$.

解 1 令 $a\sin t = x$,有 $\mathrm{d}x = a\cos t\mathrm{d}t$.

$$\int_0^a \frac{1}{x+\sqrt{a^2-x^2}}\mathrm{d}x = \int_0^{\frac{\pi}{2}} \frac{a\cos t\mathrm{d}t}{a\sin t+a\cos t} = \frac{\sqrt{2}}{2}\int_0^{\frac{\pi}{2}} \frac{\cos t\mathrm{d}t}{\sin(t+\frac{\pi}{4})} = \frac{\sqrt{2}}{2}\int_{\frac{\pi}{4}}^{\frac{3\pi}{4}} \frac{\cos(u-\frac{\pi}{4})\mathrm{d}u}{\sin u} =$$

$$\frac{1}{2}\int_{\frac{\pi}{4}}^{\frac{3\pi}{4}} \frac{\sin u+\cos u}{\sin u}\mathrm{d}u = \frac{\pi}{4}$$

解 2 令 $a\sin t = x$,仿上有 $\mathrm{d}x = a\cos t\mathrm{d}t$,则

$$\int_0^a \frac{1}{x+\sqrt{a^2-x^2}}\mathrm{d}x = \int_0^{\frac{\pi}{2}} \frac{\cos t\mathrm{d}t}{\sin t+\cos t} = \int_{\frac{\pi}{2}}^0 \frac{-\sin u\mathrm{d}u}{\cos u+\sin u} = \int_0^{\frac{\pi}{2}} \frac{\sin u\mathrm{d}u}{\sin u+\cos u}$$

这里使用了变量替换 $t = \frac{\pi}{2}-u$.这样可有

$$\int_0^{\frac{\pi}{2}} \frac{\cos t\mathrm{d}u}{\sin t+\cos t} = \int_0^{\frac{\pi}{2}} \frac{\sin t\mathrm{d}t}{\sin t+\cos t}$$

又

$$\int_0^{\frac{\pi}{2}} \frac{\sin t+\cos t}{\sin t+\cos t}\mathrm{d}t = \int_0^{\frac{\pi}{2}}\mathrm{d}t = \frac{\pi}{2}$$

故

$$\int_0^a \frac{\mathrm{d}x}{x+\sqrt{a^2-x^2}} = \frac{\pi}{4}$$

例 5 计算积分$\int_0^2 |x-1|\mathrm{d}x$.

解 1 由于被积函数有绝对值,故考虑分段积分.

$$\int_0^2 |x-1|\mathrm{d}x = \int_0^1 |x-1|\mathrm{d}x + \int_1^2 |x-1|\mathrm{d}x = \int_0^1 (1-x)\mathrm{d}x + \int_1^2 (x-1)\mathrm{d}x =$$

$$\left[x-\frac{x^2}{2}\right]_0^1 + \left[\frac{x^2}{2}-x\right]_1^2 = 1$$

解 2 利用定积分的几何意义 —— 面积.如图 2,考虑 $f(x) = |x-1|$,当$0\leqslant x\leqslant 2$的点的集合为两阴影三角形的并集,它们面积各为$\frac{1}{2}$,从而

$$\int_0^2 |x-1|\mathrm{d}x = \frac{1}{2}+\frac{1}{2} = 1$$

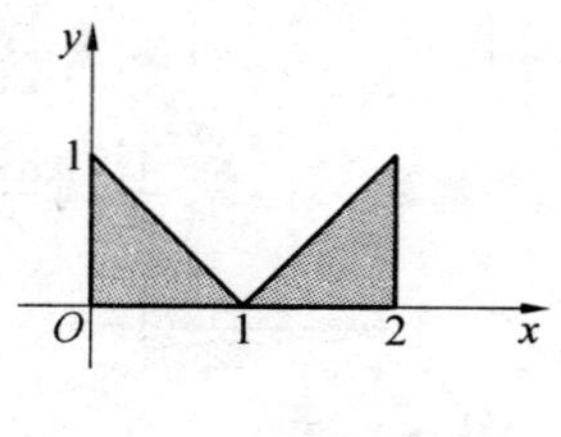

图 2

解 3 令 $f(x) = |x-1|$,则有

$$f(x) = \begin{cases} 1-x, & 0\leqslant x\leqslant 1 \\ x-1, & 1< x\leqslant 2 \end{cases}$$

容易求得 $f(x)$ 在$[0,2]$上的积分

$$F(x)=\int_0^x f(x)\mathrm{d}x=\begin{cases} x-\dfrac{x^2}{2}, & 0\leqslant x\leqslant 1 \\ \dfrac{x}{2}-x+1, & 1< x\leqslant 2 \end{cases}$$

故由牛顿－莱布尼兹公式有

$$\int_0^2 |x-1|\,\mathrm{d}x=F(2)-F(0)=1$$

最后看两个广义积分的例.

例 6　计算积分$\int_1^2 \dfrac{1}{x\sqrt{x^2-1}}\mathrm{d}x$.

解 1　将积分变成极限式

$$\int_1^2 \frac{1}{x\sqrt{x^2-1}}\mathrm{d}x=\lim_{\varepsilon\to 0}\int_{1+\varepsilon}^2 \frac{\mathrm{d}x}{x\sqrt{x^2-1}}=\lim_{\varepsilon\to 0}\left[\arccos\frac{1}{x}\right]_{1+\varepsilon}^1=\frac{\pi}{3}$$

解 2　令 $u=\sqrt{x^2-1}$,则 $x=\sqrt{u^2-1}$.

$$\int_1^2 \frac{1}{x\sqrt{x^2-1}}\mathrm{d}x=\int_0^{\sqrt{3}}\frac{\mathrm{d}u}{1+u^2}=\arctan u\Big|_3^{\sqrt{3}}=\frac{\pi}{3}$$

例 7　判断广义积分$\int_0^{+\infty}\mathrm{e}^{-x^2}\mathrm{d}x$ 的敛散性.

解 1　将积分区间分段有

$$\int_0^{+\infty}\mathrm{e}^{-x^2}\mathrm{d}x=\int_0^1\mathrm{e}^{-x^2}\mathrm{d}x+\int_1^{+\infty}\mathrm{e}^{-x^2}\mathrm{d}x$$

而

$$\lim_{x\to+\infty}\frac{\mathrm{e}^{-x^2}}{x^{-2}}=\lim_{x\to+\infty}x^2\mathrm{e}^{-x^2}=0$$

由 $p=2>1$,知$\int_1^{+\infty}\mathrm{e}^{-x^2}\mathrm{d}x$ 收敛,从而原积分收敛.

解 2　令 $y=x^2$,又 $\Gamma(x)$ 为 Γ- 函数,则

$$\int_0^{+\infty}\mathrm{e}^{-x^2}\mathrm{d}x=\frac{1}{2}\int_0^{+\infty}\mathrm{e}^{-y}y^{-\frac{1}{2}}\mathrm{d}y=\frac{1}{2}\Gamma(\frac{1}{2})=\frac{1}{2}\sqrt{\pi}$$

解 3　直接计算该积分(利用二元函数积分性质).

由

$$\left(\int_0^{+\infty}\mathrm{e}^{-x^2}\mathrm{d}x\right)^2=\int_0^{+\infty}\mathrm{e}^{-x^2}\mathrm{d}x\int_0^{+\infty}\mathrm{e}^{-y^2}\mathrm{d}y=\int_0^{+\infty}\int_0^{+\infty}\mathrm{e}^{-x^2-y^2}\mathrm{d}x\mathrm{d}y$$

又

$$\iint_D \mathrm{e}^{-x^2-y^2}\mathrm{d}x\mathrm{d}y=\int_0^{\frac{\pi}{2}}\mathrm{d}\theta\int_0^R \mathrm{e}^{-r^2}r\mathrm{d}r$$

其中 $D=\{(x,y)\mid x^2+y^2\leqslant R^2\}$.

与 $R\to+\infty$ 时,上式式右积分 $\to\dfrac{\pi}{4}$.故$\int_0^{+\infty}\mathrm{e}^{-x^2}\mathrm{d}x=\dfrac{\sqrt{\pi}}{2}$.

解 4　由$\int_0^{+\infty}\mathrm{e}^{-x^2}\mathrm{d}x=\int_0^1\mathrm{e}^{-x^2}\mathrm{d}x+\int_1^{+\infty}\mathrm{e}^{-x^2}\mathrm{d}x$,又 $x>1$ 时,$\mathrm{e}^{-x^2}<\dfrac{1}{x^2}$.

这样可有$\int_1^{+\infty}\mathrm{e}^{-x^2}\mathrm{d}x<\int_1^{+\infty}\dfrac{\mathrm{d}x}{x^2}=1$.仿解 1 知积分收敛.

注　此积分又称概率积分,因为它在概率论中(正态分布研究)甚为有用.它的值务请记住.

4. 级数问题

先来看一个判断级数敛散性的例子

例 1　判断级数$\sum\limits_{n=1}^{\infty}\dfrac{n^n}{n!}$ 的敛散性.

解 1 由$\frac{n^n}{n!}=\frac{n}{1}\cdot\frac{n}{2}\cdot\cdots\cdot\frac{n}{n}\geqslant 1$,故由$\lim\limits_{n\to\infty}\frac{n^n}{n!}\neq 0$,知级数发散.

解 2 当$n>2$时,$\frac{n^n}{n!}=\frac{n\cdot n\cdot\cdots\cdot n}{1\cdot 2\cdot\cdots\cdot n}\geqslant n>\frac{1}{n}$,由$\sum\frac{1}{n}$发散知题设级数发散.

解 3 令$a_n=\frac{n^n}{n!}$,$b_n=\frac{1}{n}$,由$\lim\limits_{n\to\infty}\frac{a_n}{b_n}=\lim\limits_{n\to\infty}\frac{n^{n+1}}{n!}\neq 0$,且$\sum\frac{1}{n}$发散故题设级数发散.

解 4 考虑$\frac{a_{n+1}}{a_n}=\frac{(n+1)^{n+2}n!}{(n+1)!\ n^n}=\left(1+\frac{1}{n}\right)^n\to\mathrm{e}(n\to\infty)$,而$\mathrm{e}>1$,故题设级数发散.

解 5 由斯特林(J. Stirling) 公式:$n!\sim\sqrt{2n\pi}\,\mathrm{e}^{-n}n^n$.

则
$$\lim_{n\to\infty}\sqrt[n]{a_n}=\lim_{n\to\infty}\sqrt[n]{\frac{n^n}{n!}}=\lim_{n\to\infty}\frac{n}{\sqrt[2n]{2n\pi}\,\mathrm{e}^{-1}n}=\frac{1}{\mathrm{e}^{-1}}=\mathrm{e}>1$$

由 Cauchy 判别法知所给级数($n\to\infty$ 时级数通项不向 0) 发散.

例 2 讨论级数$\sum\limits_{n=1}^{+\infty}(n^{\frac{1}{n^2+1}}-1)$的敛散性.

解 1 令$a_n=n^{\frac{1}{n^2+1}}-1$,则$a_n=\exp\left\{\frac{\ln n}{n^2+1}\right\}-1$.

当$n\geqslant 2$时,有$0<\frac{\ln n}{n^2+1}<1$,而在$0<x<1$时有$\mathrm{e}^x-1<\mathrm{e}x$.故当$n\geqslant 2$时,有

$$0<\exp\left\{\frac{\ln n}{n^2+1}\right\}-1<\frac{\mathrm{e}\ln n}{n^2+1}$$

而级数$\sum\limits_{n=1}^{\infty}\frac{\ln n}{n^2+1}$可判别其收敛,从而题设级数亦收敛.

解 2 由$a_n=\exp\left\{\frac{\ln n}{n^2+1}\right\}-1$,今考虑级数$\sum\limits_{n=1}^{\infty}\frac{\ln n}{n^2+1}$的敛散.

判别$\lim\limits_{n\to\infty}\left[\left(\exp\left\{\frac{\ln n}{n^2+1}\right\}-1\right)\Big/\frac{\ln n}{n^2+1}\right]$的收敛性,相当于判别$\lim\limits_{x\to 0}\frac{\mathrm{e}^x-1}{x}$的收敛性.

由$\lim\limits_{x\to 0}\frac{\mathrm{e}^x-1}{x}=1$,又级数$\sum\limits_{n=1}^{\infty}\frac{\ln n}{n^2+1}$收敛,故题设级数收敛.

解 3 由$\exp\left\{\frac{\ln n}{n^2+1}\right\}$的 Taylor 展开式可以证明$\exp\left\{\frac{\ln n}{n^2+1}\right\}-1<\frac{\ln n}{n^2+1}$,

又由$\frac{\ln n}{n^2+1}<\frac{\ln n}{n^2}$,而$\sum\limits_{n=1}^{\infty}\frac{\ln n}{n^2+1}$收敛,则$\sum\limits_{n=1}^{\infty}\frac{\ln n}{n^2+1}$收敛,故原级数收敛.

注 级数$\sum\limits_{n=1}^{\infty}\frac{\ln n}{n^2+1}$的收敛性也可用比较判别法证如:

因若$r>0$则$\lim\limits_{n\to\infty}\frac{\ln n}{n^r}=0$,故对于$\varepsilon=\frac{1}{2}$,存在$N$,使$n>N$时有$\ln n<n^{\varepsilon}=\sqrt{n}$.

故当n充分大时,$\frac{\ln n}{n^2+1}<\frac{\ln n}{n^2}<\frac{1}{n\sqrt{n}}$,由$\sum\limits_{n=1}^{\infty}\frac{1}{n\sqrt{n}}$收敛,从而$\sum\limits_{n=1}^{\infty}\frac{\ln n}{n^2+1}$收敛.

例 3 求级数$\sum\limits_{n=0}^{\infty}\frac{2n+1}{n!}$的和.

解 1 先将级数通项变形后,化为两个级数和,再分别求之.

$$\sum_{n=0}^{\infty}\frac{2n+1}{n!}=2\sum_{n=0}^{\infty}\frac{n}{n!}+\sum_{n=0}^{\infty}\frac{1}{n!}=2\sum_{n=1}^{\infty}\frac{1}{(n-1)!}+\sum_{n=0}^{\infty}\frac{1}{n!}=2\sum_{n=0}^{\infty}\frac{1}{n!}+\sum_{n=0}^{\infty}\frac{1}{n!}=3\mathrm{e}$$

解 2 考虑幂级数$\sum\limits_{n=0}^{\infty}\frac{2n+1}{n!}x^{2n}(-\infty<x<+\infty)$定义了函数$f(x)$,由

$$\int_0^t f(x)\mathrm{d}x=\int_0^t\frac{2n+1}{n!}x^{2n}\mathrm{d}x=\sum_{n=0}^{\infty}\frac{1}{n!}t^{2n+1}=t\sum_{n=0}^{\infty}\frac{t^{2n}}{n!}=t\mathrm{e}^{x^2}$$

将上式两边对 t 求导有 $f(t)=(1+2t^2)\mathrm{e}^{x^2}(-\infty<t<+\infty)$，即

$$\sum_{n=0}^{\infty}\frac{2n+1}{n!}x^{2n}=(1+2x^2)\mathrm{e}^{x^2}$$

令 $x=1$ 有 $\sum\limits_{n=0}^{\infty}\frac{2n+1}{n!}=3\mathrm{e}$.

解 3 考虑幂级数 $\sum\limits_{n=0}^{\infty}\frac{1}{n!}x^{2n+1}$ 的收敛区间为$(-\infty,+\infty)$，且其和为

$$\sum_{n=1}^{\infty}\frac{1}{n!}x^{2n+1}=x\sum_{n=0}^{\infty}\frac{1}{n!}x^{2n}=x\sum_{n=1}^{\infty}\frac{(x^2)^h}{n!}=x\mathrm{e}^{x^2}$$

即
$$x\mathrm{e}^{x^2}=\sum_{n=0}^{\infty}\frac{1}{n!}x^{2n+1}$$

上两式对 x 求导(在其收敛域内) $(x\mathrm{e}^{x^2})'=\sum\limits_{n=0}^{\infty}\frac{2n+1}{n!}x^{2n}$，$\quad -\infty<x<+\infty$

令 $x=1$ 得 $\sum\limits_{n=0}^{\infty}\frac{2n+1}{n!}x^{2n}=(x\mathrm{e}^{x^2})'|_{x=1}=3\mathrm{e}$.

注 级数求和还可以由某些 Fourier 级数的展开得到，参见本节习题 5 或前面章节中的注.

下面是幂级数展开问题.这类问题关键仍利用公式.由于函数式变形(为了利用某公式) 方式不同，因而也含有不同的级数展开形式.

例 4 将函数 $f(x)=\frac{1}{x^2-2x-3}$ 展为 $x-1$ 的幂级数.

解 1 由 $f(x)=-\frac{1}{4}\cdot\frac{1}{1-\left(\frac{x-1}{2}\right)^2}$，再利用$\frac{1}{1-t}=1+t+t^2+\cdots\quad(|t|<1)$.

则
$$f(x)=-\frac{1}{4}\left[1+\left(\frac{x-1}{2}\right)^2+\left(\frac{x-1}{2}\right)^4+\cdots+\left(\frac{x-1}{2}\right)^{2n}+\cdots\right]=$$
$$-\frac{1}{2^2}-\frac{1}{2^4}(x-1)^2-\frac{1}{2^6}(x-1)^4-\cdots-\frac{1}{2^{2n+2}}(x-1)^{2n}-\cdots$$

解 2 由 $f(x)=\frac{1}{4}\left(\frac{1}{x-3}-\frac{1}{x+1}\right)$，再考虑括号内的两分式，当 $|x-1|<2$ 时，有

$$\frac{1}{x-3}=-\frac{1}{2}\cdot\frac{1}{1-\frac{x-1}{2}}=-\frac{1}{2}\sum_{k=0}^{\infty}\left(\frac{x-1}{2}\right)^k$$

又
$$\frac{1}{x+1}=\frac{1}{2}\cdot\frac{1}{1+\frac{x-1}{2}}=\frac{1}{2}\sum_{k=0}^{\infty}(-1)^k\left(\frac{x-1}{2}\right)^k$$

故
$$f(x)=-\sum_{k=0}^{\infty}\frac{1}{2^{2k+2}}(x-1)^{2k}$$

求幂级收敛半径，仍然源于级数判敛.

例 5 求幂级数 $\sum\limits_{n=1}^{\infty}(-1)^{n-1}\frac{3^n}{n}x^{2n}$ 的收敛半径.

解 1 注意级数缺项，不能直接由 $\lim\limits_{n\to\infty}\frac{a_n}{a_{n-1}}$ 求收敛半径.令 $y=x^2$，则题设级数变为

$$\sum_{n=1}^{\infty}(-1)^{n-1}\frac{3^n}{n}y^n$$

设 $u_n=(-1)^{n-1}\frac{3^n}{n}$，有 $R=\lim\limits_{n\to\infty}\left|\frac{u_n}{u_{n+1}}\right|=\lim\limits_{n\to\infty}\frac{3^n}{n}\cdot\frac{n+1}{3^{n+1}}=\frac{1}{3}$ 为级数 $\sum\limits_{n=1}^{\infty}u_n$ 收敛半径.

故原级数收敛区间为 $$|x|<\frac{1}{\sqrt{3}}=\frac{\sqrt{3}}{3}$$

又当 $x=\pm\frac{\sqrt{3}}{3}$ 时,原级数为 $\sum_{n=1}^{\infty}(-1)^{n-1}\frac{1}{n}$ 亦收敛.从而题设级数收敛区间是 $\left[-\frac{\sqrt{3}}{3},\frac{\sqrt{3}}{3}\right]$.

解 2 由 $\lim_{n\to\infty}|a_{2n}|^{\frac{1}{2n}}=\lim_{n\to\infty}\left|\frac{3^n}{n}\right|^{\frac{1}{2n}}=\sqrt{3}$,故级数收敛半径 $R=\frac{\sqrt{3}}{3}$.

仿上知 $x=\pm\frac{\sqrt{3}}{3}$ 处级数收敛,故题设级数收敛区间为 $\left[-\frac{\sqrt{3}}{3},\frac{\sqrt{3}}{3}\right]$.

5. 多元函数偏导数问题

例 1 求方程 $\frac{x}{z}=\ln\frac{z}{y}$ 定义的函数 $z=z(x,y)$ 的一阶偏导数.

解 1 令 $F(x,y,z)=\frac{x}{y}-\ln\frac{z}{y}$,则有

$$\frac{\partial z}{\partial x}=\frac{-\frac{\partial F}{\partial x}}{\frac{\partial F}{\partial z}}=\frac{-\frac{1}{z}}{-\frac{x}{z^2}-\frac{1}{z}}=\frac{z}{x+z},\quad \frac{\partial z}{\partial y}=\frac{-\frac{\partial F}{\partial y}}{\frac{\partial F}{\partial z}}=\frac{-\frac{1}{y}}{-\frac{x}{z^2}-\frac{1}{z}}=\frac{z^2}{y(x+z)}$$

解 2 将 z 视为 x,y 的函数,将题设式两边对 x 求导,有

$$\frac{z-x\frac{\partial z}{\partial x}}{z^2}=\frac{1}{z}\cdot\frac{\partial z}{\partial x}\Rightarrow\frac{\partial z}{\partial x}=\frac{z}{x+z}$$

类似地有 $$\frac{\partial z}{\partial y}=\frac{z^2}{y(x+z)}$$

解 3 将 $\frac{x}{z}=\ln\frac{z}{y}$ 两边求全微分

$$\frac{z\mathrm{d}x-x\mathrm{d}z}{z^2}=\frac{\mathrm{d}z}{z}-\frac{\mathrm{d}y}{y}$$

解得 $$\mathrm{d}z=\frac{z}{x+z}\mathrm{d}x+\frac{z^2}{y(x+z)}\mathrm{d}y$$

故 $$\frac{\partial z}{\partial x}=\frac{z}{x+z},\frac{\partial z}{\partial y}=\frac{z^2}{y(x+z)}$$

下面是求参数方程的偏导数问题.

例 2 设 $z=z(x,y)$ 是由方程组 $x=\mathrm{e}^{u+v},y=\mathrm{e}^{u-v},z=uv$ 定义的函数,求 $\frac{\partial^2 z}{\partial x\partial y}$.

解 1 先将 z 表成 x,y 的直接函数(将前两式求得 u,v 代入后式)即

由题设前两方程两边也取对数有 $u+v=\ln x$, $u-v=\ln y$,从而

$$z=uv=\frac{1}{4}(\ln^2 x-\ln^2 y)$$

有 $\frac{\partial z}{\partial x}=\frac{\ln x}{2x}$,故 $$\frac{\partial^2 z}{\partial x\partial y}=\frac{\partial}{\partial y}\left(\frac{\partial z}{\partial x}\right)=\frac{\partial}{\partial y}\left(\frac{\ln x}{2x}\right)=0$$

解 2 由题设式对 x 求偏导,注意到 $z=uv$,则

$$\frac{\partial z}{\partial x}=\frac{\partial z}{\partial u}\frac{\partial u}{\partial x}+\frac{\partial z}{\partial v}\frac{\partial v}{\partial x}=v\frac{\partial u}{\partial x}+u\frac{\partial v}{\partial x}$$

而 $$\frac{\partial x}{\partial x}=\mathrm{e}^{u+v}\left(\frac{\partial u}{\partial x}+\frac{\partial v}{\partial x}\right)=1,\quad\frac{\partial y}{\partial x}=\mathrm{e}^{u-v}\left(\frac{\partial u}{\partial x}-\frac{\partial v}{\partial x}\right)=0$$

故 $$\frac{\partial u}{\partial x}=\frac{\partial v}{\partial x}=\frac{1}{2}\mathrm{e}^{-(u+v)}$$

且由上诸式有
$$\frac{\partial z}{\partial x}=\frac{1}{2}(u+v)\mathrm{e}^{-(u+v)}=\frac{\ln x}{2x}$$

从而
$$\frac{\partial^2 z}{\partial x\partial y}=\frac{\partial}{\partial y}\left(\frac{\partial z}{\partial x}\right)=\frac{\partial}{\partial y}\left(\frac{\ln x}{2x}\right)=0$$

例 3　设 $x=\frac{1}{u}+\frac{1}{v},y=\frac{1}{u^2}+\frac{1}{v^2},z=\frac{1}{u^3}+\frac{1}{v^3}+\mathrm{e}^x$. 求 $z_v{}'$ 和 $z_y{}'$.

解 1　设 v,y 为独立变量，则 z,x,u 是其函数. 考虑它们的微分

$$\begin{cases}\mathrm{d}z=-\frac{3}{u^4}\mathrm{d}u-\frac{3}{v^4}\mathrm{d}v+\mathrm{e}^x\mathrm{d}x & (1)\\ \mathrm{d}x=-\frac{1}{u^2}\mathrm{d}u-\frac{1}{v^2}\mathrm{d}v & (2)\\ \mathrm{d}y=-\frac{2}{u^3}\mathrm{d}u-\frac{2}{v^3}\mathrm{d}v & (3)\end{cases}$$

故由式(3),(2),(1) 式有

$$\mathrm{d}u=-\left(\frac{u}{v}\right)^3\mathrm{d}v-\frac{u^3}{2}\mathrm{d}y,\quad \mathrm{d}x=\frac{u-v}{v^3}\mathrm{d}v+\frac{u}{2}\mathrm{d}y$$

且
$$\mathrm{d}z=\left(\frac{3}{uv^3}-\frac{3}{v^4}+\frac{u-v}{v^3}\mathrm{e}^x\right)\mathrm{d}v+\left(\frac{3}{2u}+\frac{u\mathrm{e}^x}{2}\right)\mathrm{d}y$$

从而
$$\frac{\partial z}{\partial v}=\frac{3}{uv^3}-\frac{3}{v^4}+\frac{u-v}{v^3}\mathrm{e}^x,\quad \frac{\partial z}{\partial y}=\frac{3}{2u}+\frac{u}{2}\mathrm{e}^x$$

解 2　考虑 x,y,z 对 v 的偏导数

$$\begin{cases}\frac{\partial z}{\partial v}=-\frac{3}{u^4}\frac{\partial u}{\partial v}-\frac{3}{v^4}+\mathrm{e}^x\frac{\partial x}{\partial v} & (4)\\ 0=-\frac{2}{u^3}\frac{\partial u}{\partial v}-\frac{2}{v^3} & (5)\\ \frac{\partial x}{\partial v}=-\frac{1}{u^3}\frac{\partial u}{\partial v}-\frac{1}{v^2} & (6)\end{cases}$$

由式(2) 有$\frac{\partial u}{\partial v}=-\left(\frac{u}{v}\right)^3$，故$\frac{\partial x}{\partial v}=\frac{u-v}{v^3}$，且$\frac{\partial z}{\partial v}=\frac{3}{uv^3}-\frac{3}{v^4}+\frac{u-v}{u^3}\mathrm{e}^x$. 于是

$$\begin{cases}\frac{\partial z}{\partial y}=-\frac{3}{u^4}\frac{\partial u}{\partial y}-\frac{3}{v^4}+\mathrm{e}^x\frac{\partial x}{\partial y} & (7)\\ 1=-\frac{2}{u^3}\frac{\partial u}{\partial y} & (8)\\ \frac{\partial x}{\partial y}=-\frac{1}{u^2}\frac{\partial u}{\partial v} & (9)\end{cases}$$

由式(5) 有$\frac{\partial u}{\partial y}=-\frac{u^3}{2}$，代入(6) 可有$\frac{\partial x}{\partial y}=\frac{u}{2}$，再代入(4) 有$\frac{\partial z}{\partial y}=\frac{3}{2u}+\frac{u}{2}\mathrm{e}^x$.

解 3　令 $F=x-\frac{1}{u}-\frac{1}{v},G=y-\frac{1}{u^2}-\frac{1}{v^2},H=z-\frac{1}{u^3}-\frac{1}{v^3}-\mathrm{e}^x$，则利用 Jacobi 行列式有

$$\frac{\partial z}{\partial v}=\frac{-\frac{\partial(F,G,H)}{\partial(v,x,u)}}{\frac{\partial(F,G,H)}{\partial(z,x,v)}}=\frac{3}{uv^3}-\frac{3}{v^4}+\frac{u-v}{v^3}+\mathrm{e}^x$$

$$\frac{\partial z}{\partial y}=\frac{-\frac{\partial(F,G,H)}{\partial(y,x,u)}}{\frac{\partial(F,G,H)}{\partial(z,x,u)}}=\frac{3}{2u}+\frac{u}{2}\mathrm{e}^x$$

再来看一个求全微分的例子.

例 4 设函数 $z=z(x,y)$ 由方程 $F(x-z,y-z)=0$ 确定，试求全微分 $\mathrm{d}z$.

解 1 设 $u=x-z,v=y-z$，将方程 $F(x-z,y-z)=0$ 两边对 x,y 求导

$$F_u{}'\left(1-\frac{\partial z}{\partial x}\right)+F_v{}'\left(-\frac{\partial z}{\partial x}\right)=0 \tag{1}$$

$$F_u{}'\left(1-\frac{\partial z}{\partial y}\right)+F_v{}'\left(1-\frac{\partial z}{\partial y}\right)=0 \tag{2}$$

联立式(1),(2) 解得 $\qquad \dfrac{\partial z}{\partial x}=\dfrac{F_u{}'}{F_u{}'+F_v{}'},\quad \dfrac{\partial z}{\partial y}=\dfrac{F_v{}'}{F_u{}'+F_v{}'}$

故 $\qquad \mathrm{d}z=\dfrac{F_u{}'}{F_u{}'+F_v{}'}\mathrm{d}x+\dfrac{F_v{}'}{F_u{}'+F_v{}'}\mathrm{d}y$

解 2 设 $\Phi(x,y,z)=F(x-z,y-z)=0$，有 $\Phi_x{}'=F_u{}',\Phi_y{}'=F_v{}',\Phi_z{}'=-F_u{}'-F_v{}'$. 故

$$\frac{\partial z}{\partial x}=-\frac{\Phi_x{}'}{\Phi_z{}'}=\frac{F_u{}'}{F_u{}'+F_v{}'},\quad \frac{\partial z}{\partial y}=-\frac{\Phi_y{}'}{\Phi_z{}'}=\frac{F_v{}'}{F_u{}'+F_v{}'}$$

则 $\qquad \mathrm{d}z=\dfrac{F_u{}'}{F_u{}'+F_v{}'}\mathrm{d}x+\dfrac{F_v{}'}{F_u{}'+F_v{}'}\mathrm{d}y$

下面的例子是隐函数(函数方程) 求导问题.

例 5 设 $f(x,t)$ 是 x,t 的函数，而 t 是由方程 $F(x,y,t)=0$ 所确定的关于 x,y 的函数，试证

$$\frac{\mathrm{d}y}{\mathrm{d}x}=\frac{f_x{}'F_t{}'-f_t{}'F_x{}'}{f_t{}'F_y{}'+F_t{}'}$$

证 1 先对 y 求导，再计算 F 的全微分可有 $\mathrm{d}y=f_x{}'\mathrm{d}x+f_t{}'\mathrm{d}t$. 又

$$F_x{}'\mathrm{d}x+F_y{}'\mathrm{d}y+F_t\mathrm{d}t=0$$

联立上两式消去含 $\mathrm{d}t$ 的项可有 $\qquad \dfrac{\mathrm{d}y}{\mathrm{d}x}=\dfrac{f_x{}'F_t{}'-f_t{}'F_x{}'}{f_t{}'F_y{}'+F_t{}'}$

证 2 先设辅助函数，令 $t=t(x,y)$，有 $y=f[x,t(x,y)]$，由 $\dfrac{\mathrm{d}y}{\mathrm{d}x}=f_x{}'+f_t{}'\cdot\left(\dfrac{\partial t}{\partial x}+\dfrac{\partial t}{\partial y}\dfrac{\partial y}{\partial x}\right)$，其又可表示为

$$\frac{\mathrm{d}y}{\mathrm{d}x}=f_x{}'+f_t{}'\cdot\left(-\frac{F_x{}'}{F_t{}'}-\frac{F_y{}'}{F_t{}'}\frac{\mathrm{d}y}{\mathrm{d}x}\right)\Rightarrow\left(1+\frac{f_t{}'F_y{}'}{F_t{}'}\right)\frac{\mathrm{d}y}{\mathrm{d}x}=F_x{}'-\frac{f_t{}'F_x{}'}{F_t{}'}$$

故 $\qquad \dfrac{\mathrm{d}y}{\mathrm{d}x}=\dfrac{f_x{}'F_t{}'-f_t{}'F_x{}'}{f_t{}'F_y{}'+F_t{}'}$

6. 多元函数积分问题

我们先来看看重积分问题.

例 1 求 $I=\iint\limits_D(x^2+y^2)\mathrm{d}\sigma$，其中 D 是圆环：$1\leqslant x^2+y^2\leqslant 4$.

解 1 化为累次积分，先对 y 后对 x 积分

$$I=\int_{-2}^{-1}\mathrm{d}x\int_{-\sqrt{4-x^2}}^{\sqrt{4-x^2}}(x^2+y^2)\mathrm{d}y+\int_{-1}^{1}\mathrm{d}x\left\{\int_{-\sqrt{4-x^2}}^{-\sqrt{1-x^2}}(x^2+y^2)\mathrm{d}y+\int_{\sqrt{1-x^2}}^{\sqrt{4-x^2}}(x^2+y^2)\mathrm{d}y\right\}+$$
$$\int_1^2\mathrm{d}x\int_{-\sqrt{4-x^2}}^{\sqrt{4-x^2}}(x^2+y^2)\mathrm{d}y=\cdots$$

解 2 化为累次积分，先对 x 后对 y 积分

$$I=\int_{-2}^{-1}\mathrm{d}y\int_{-\sqrt{4-y^2}}^{\sqrt{4-y^2}}(x^2+y^2)\mathrm{d}x+\int_{-1}^{1}\mathrm{d}y\left\{\int_{-\sqrt{4-y^2}}^{-\sqrt{1-y^2}}(x^2+y^2)\mathrm{d}x+\int_{\sqrt{1-y^2}}^{\sqrt{4-y^2}}(x^2+y^2)\mathrm{d}x\right\}+$$
$$\int_1^2\mathrm{d}y\int_{-\sqrt{4-y^2}}^{\sqrt{4-y^2}}(x^2+y^2)\mathrm{d}x=\cdots$$

解 3 用极坐标，令 $x=r\cos\theta,y=r\sin\theta$，则 $\mathrm{d}\sigma=r\mathrm{d}r\mathrm{d}\theta$.

$$I = \iint_D r^2 r\mathrm{d}r\mathrm{d}\theta = \int_0^{2\pi}\int_1^2 r^3\mathrm{d}r\mathrm{d}\theta = 2\pi \cdot \frac{1}{4}(16-1) = \frac{15}{2}\pi$$

我们来看一个求平面图形面积的例子.

例 2　求由 $xy = a^2, xy = 2a^2, y = x, y = 2x(x > 0, y > 0)$ 所围成的区域 D 的面积.

解 1　如图 3,将区域 D 分成 D_1, D_2 两部分,则

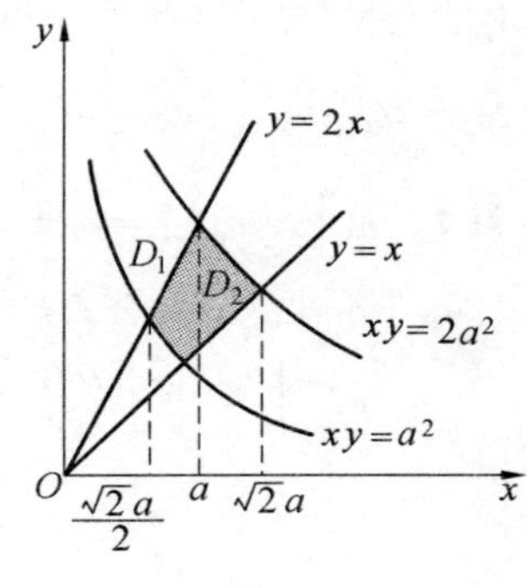

图 3

$$S = \iint_{D_1}\mathrm{d}x\mathrm{d}y + \iint_{D_2}\mathrm{d}x\mathrm{d}y = \int_{\frac{a}{\sqrt{2}}}^{a}\mathrm{d}x\int_{\frac{a^2}{x}}^{2x}\mathrm{d}y + \int_a^{\sqrt{2}}\mathrm{d}x\int_x^{\frac{2a^2}{x}}\mathrm{d}y$$

$$= \left[x^2 - a^2\ln x\right]_{\frac{a}{\sqrt{2}}}^{a} + \left[2a^2\ln x - \frac{1}{2}x^2\right]_0^{\sqrt{2}a} =$$

$$\frac{1}{2}a^2\ln 2$$

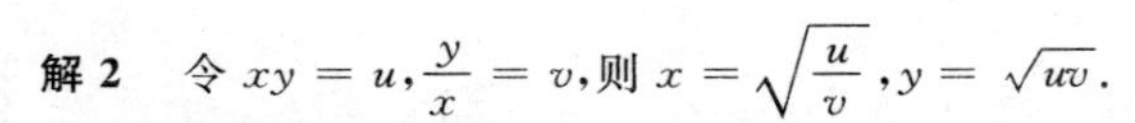

解 2　令 $xy = u, \dfrac{y}{x} = v$,则 $x = \sqrt{\dfrac{u}{v}}, y = \sqrt{uv}$.

在此变换下 $D \to D': u = a^2,\ u = 2a^2,\ v = 1,\ v = 2$.

由 Jacobi 行列式　$J = \begin{vmatrix} x_u & y_u \\ x_v & y_v \end{vmatrix} = \begin{vmatrix} \dfrac{1}{2\sqrt{uv}} & \dfrac{\sqrt{v}}{2\sqrt{u}} \\ \dfrac{-\sqrt{u}}{2v\sqrt{v}} & \dfrac{\sqrt{u}}{2\sqrt{v}} \end{vmatrix} = \dfrac{1}{2v}$

有
$$S = \iint_D \mathrm{d}x\mathrm{d}y = \iint_{D'} J\,\mathrm{d}u\mathrm{d}v = \iint_{D'}\frac{1}{2v}\mathrm{d}u\mathrm{d}v = \int_1^2\mathrm{d}v\int_{a^2}^{2a^2}\frac{1}{2v}\mathrm{d}u = \frac{1}{2}a^2\ln 2$$

求面积、体积可用不同方法,在给定区域上求积分,有时也可从不同角度去考虑从而会有不同的解法.我们来看一个三重积分的例子.

例 3　求 $I = \iiint_v xyz\mathrm{d}v$,其中 V 为球体 $x^2 + y^2 + z^2 < 1$ 在第一卦限的部分.

解 1　用直角坐标系进行计算

$$I = \int_0^1 x\mathrm{d}x\int_0^{\sqrt{1-x^2}} y\mathrm{d}y\int_0^{\sqrt{1-x^2-y^2}} z\mathrm{d}z = \frac{1}{2}\int_0^1 x\mathrm{d}x\int_0^{\sqrt{1-x^2}} y(1-x^2-y^2)\mathrm{d}y =$$

$$\frac{1}{2}\int_0^1 x(1-x^2)\mathrm{d}x = \frac{1}{48}$$

解 2　用柱坐标变换进行计算

$$I = \iiint_v r^3 z\cos\theta\sin\theta\mathrm{d}r\mathrm{d}\theta\mathrm{d}z = \int_0^{\frac{\pi}{2}}\cos\theta\sin\mathrm{d}\theta\int_0^1 r^3\mathrm{d}r\int_0^{1-r^2} z\mathrm{d}z =$$

$$\frac{1}{2}\int_0^{\frac{\pi}{2}}\cos\theta\sin\mathrm{d}\theta\int_0^1 r^3(1-r^2)\mathrm{d}r = \frac{1}{2}\cdot\frac{1}{2}\cdot\frac{1}{12} = \frac{1}{48}$$

解 3　用球坐标变换进行计算

$$I = \iiint_v \rho^3\sin^3\varphi\cos\varphi\sin\theta\cos\theta\mathrm{d}\rho\mathrm{d}\theta\mathrm{d}\varphi = \int_0^{\frac{\pi}{2}}\sin\theta\cos\theta\mathrm{d}\theta\int_0^{\frac{\pi}{2}}\sin^3\varphi\cos\varphi\mathrm{d}\varphi\int_0^1\rho^3\mathrm{d}\rho =$$

$$\frac{1}{2}\cdot\frac{1}{4}\cdot\frac{1}{6} = \frac{1}{48}$$

下面是关于曲线积分的例子.

例 4　据图 4,试计算 $I = \int_{\widehat{ABC}}(a_1x + a_2y + a_3)\mathrm{d}x + (b_1x + b_2y + b_3)\mathrm{d}y$,其中 $A(-1,0), B(0,1), C(1,0)$, $\widehat{AB}$ 为 $x^2 + y^2 = 1$ 的一段弧, $\widehat{BC}$ 为 $y = 1 - x^2$ 的一段弧.

解 1　分别考虑在 $\widehat{AB}$ 和 $\widehat{BC}$ 上的积分有

$I=\int_{\overset{\frown}{AB}+\overset{\frown}{BC}}(a_1x+a_2y+a_3)\mathrm{d}x+(b_1x+b_2y+b_3)\mathrm{d}y=$

$\int_{-1}^{0}(a_1x+a_2\sqrt{1-x^2}+a_3)\mathrm{d}x+\int_0^1[a_1+a_2(1-x^2)+a_3]\mathrm{d}x+$

$\int_0^1(-b_1\sqrt{1-y^2}+b_2y+b_3)\mathrm{d}y+\int_0^1(b_1\sqrt{1-y}+b_2y+b_3)\mathrm{d}y=$

$2a_3-(b_1-a_2)\left(\frac{\pi}{4}-\frac{2}{3}\right)$

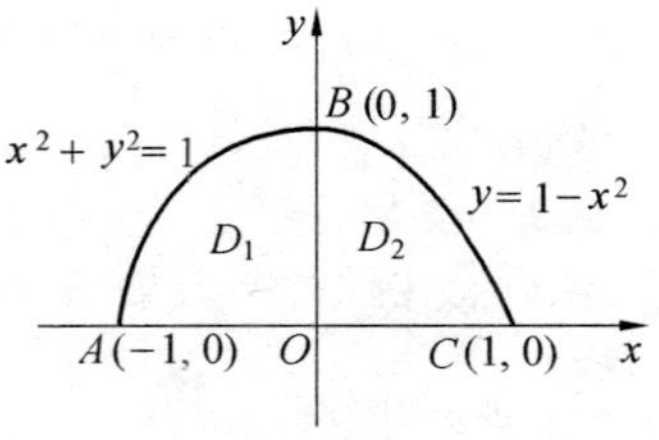

图 4

解 2 由 $\int_{\overset{\frown}{ABC}}+\int_{\overline{CA}}=-\oint_{\overset{\frown}{CBA}}C$，令 $P=a_1x+a_2y+a_3$，$Q=b_1x+b_2y+b_3$，由 Green 公式有

$$\oint_{\overset{\frown}{CBAC}}=\iint_D\left(\frac{\partial Q}{\partial x}-\frac{\partial P}{\partial y}\right)\mathrm{d}x\mathrm{d}y=\iint_{D_1}(b_1-a_2)\mathrm{d}x\mathrm{d}y+\iint_{D_2}(b_1-a_2)\mathrm{d}x\mathrm{d}y=$$

$$(b_1-a_2)\frac{\pi}{4}+\int_0^1\mathrm{d}x\int_0^{1-x^2}(b_1-a_2)\mathrm{d}y=(b_1-a_2)\frac{\pi}{4}+\frac{3}{2}(b_1-a_2)$$

又
$$\int_{\overline{AC}}=\int_{-1}^{1}(a_1x+a_3)\mathrm{d}x=2a_3$$

故
$$\int_{\overset{\frown}{ABC}}=\int_{\overline{AC}}-\oint_{\overset{\frown}{CBAC}}=2a_3-(b_1-a_2)\left(\frac{\pi}{4}+\frac{2}{3}\right)$$

再来看一个关于三维空间的例子.

例 5 计算 $I=\oint_C 2y\mathrm{d}x-z\mathrm{d}y-x\mathrm{d}z$，其中 $C:x^2+y^2+z^2=R^2$，$x+z=R$，方向由 Oz 轴正向视去为逆时针方向.

解 1 (直接代入计算)C 可写作(由 $z=R-x$ 代另一方程)

$$\begin{cases}\left(-x-\dfrac{R}{2}\right)^2\Big/\dfrac{R^2}{4}+y^2\Big/\dfrac{R^2}{2}=1\\ z=R-x\end{cases}$$

引入参数 t 则 C 可写为参数方程

$$x=\frac{1}{2}R(1+\cos t),\quad y=\frac{R\sin t}{\sqrt{2}},\quad z=\frac{1}{2}R(1-\cos t)$$

代入题设积分有

$$\oint_C 2y\mathrm{d}x-z\mathrm{d}y-x\mathrm{d}z=\int_0^{2\pi}\left(\frac{-R^2}{\sqrt{2}}\sin^2 t+\frac{R^2}{2\sqrt{2}}\cos^2 t\right)\mathrm{d}t=\frac{-R^2\pi}{2}+\frac{R^2\pi}{2\sqrt{2}}=\frac{-R^2\pi}{2\sqrt{2}}$$

解 2 注意到$\oint_C 2y\mathrm{d}z-z\mathrm{d}y-x\mathrm{d}z=\iint_K(\cos\alpha+\cos\beta-2\cos\nu)\mathrm{d}s$，这里 K 是平面被球面积所截部分(半径$\frac{1}{\sqrt{2}}R$ 的圆)，且 $\cos\alpha=\frac{1}{\sqrt{2}}$，$\cos\beta=0$，$\cos\gamma=\frac{1}{\sqrt{2}}$. 故

$$I=\iint_K-\frac{1}{\sqrt{2}}\mathrm{d}s=\frac{1}{\sqrt{2}}\iint_K\mathrm{d}s=-\frac{\pi}{\sqrt{2}}\left(\frac{1}{\sqrt{2}}R\right)^2=-\frac{\pi R^2}{2\sqrt{2}}$$

上面是对于坐标的曲线积分，再看一个对于弧长的曲线积分的例子.

例 6 计算$\int_L xy\mathrm{d}s$，其中 L 为椭圆$\frac{x^2}{a^2}+\frac{y^2}{b^2}=1$ 在第一象限部分.

解 1 由题设有
$$\mathrm{d}s=\sqrt{1+y'^2}\,\mathrm{d}x=\frac{\sqrt{a^4-(a^2-b^2)x^2}}{a\sqrt{a^2-x^2}}\mathrm{d}x$$

则
$$\int_L xy\mathrm{d}s=\frac{1}{a}\int_0^a x\sqrt{a^4-(a^2-b^2)x^2}\,\mathrm{d}x=\frac{ab(a^2+ab+b^2)}{3(a+b)}$$

解 2　考虑椭圆的参数方程在第一象限部分 $x = a\cos t, y = b\sin t, 0 \leqslant t \leqslant \frac{\pi}{2}$. 这样

$$\int_L xy\mathrm{d}s = ab\int_0^{\frac{\pi}{2}} \cos t\sin t\sqrt{a^2\sin^2 t + b^2\cos^2 t}\,\mathrm{d}t = ab\int_0^{\frac{\pi}{2}} \sin t\sqrt{(a^2 - b^2)\sin^2 t + b^2}\,\mathrm{d}\sin t = \frac{ab(a^2 + ab + b^2)}{3(a+b)}$$

下面的例子是对于坐标的曲面积分的.

例 7　计算 $I = \oiint\limits_{\Sigma} \frac{\mathrm{e}^z}{\sqrt{x^2 + y^2}}\mathrm{d}x\mathrm{d}y$,其中 Σ 为锥面 $z = \sqrt{x^2 + y^2}$ 及平面 $z = 1, z = 2$ 所围成的空间区域的外表面.

解 1　如图 5,将积分为三部分计算可有

$$\oiint\limits_{\Sigma} = \iint\limits_{\Sigma_1} + \iint\limits_{\Sigma_2} + \iint\limits_{\Sigma_3} = -\iint\limits_{1 \leqslant x^2+y^2 \leqslant 4} \frac{\mathrm{e}^{\sqrt{x^2+y^2}}}{\sqrt{x^2 + y^2}}\mathrm{d}x\mathrm{d}y - \iint\limits_{x^2+y^2 \leqslant 1} \frac{\mathrm{e}}{\sqrt{x^2 + y^2}}\mathrm{d}x\mathrm{d}y + \iint\limits_{x^2+y^2 \leqslant 4} \frac{\mathrm{e}^2}{\sqrt{x^2 + y^2}}\mathrm{d}x\mathrm{d}y =$$

$$-\int_0^{2\pi}\mathrm{d}\theta\int_1^2 \mathrm{e}^r\mathrm{d}r - \mathrm{e}\int_0^{2\pi}\mathrm{d}\theta\int_0^1\mathrm{d}r + \mathrm{e}^2\int_0^{2\pi}\mathrm{d}\theta\int_0^2\mathrm{d}r =$$

$$-2\pi(\mathrm{e}^2 - \mathrm{e}) - 2\pi\mathrm{e} + 4\pi\mathrm{e}^2 = 2\pi\mathrm{e}$$

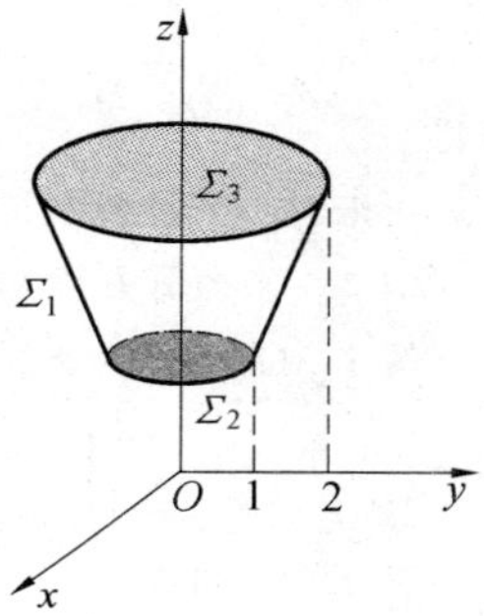

图 5

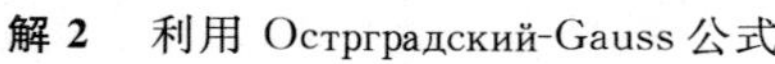

解 2　利用 Остргрaдский-Gauss 公式

$$I = \iiint\limits_{v} \frac{\partial}{\partial z}\frac{\mathrm{e}^z}{\sqrt{x^2 + y^2}}\mathrm{d}v = \iiint\limits_{v} \frac{\mathrm{e}^z}{\sqrt{x^2 + y^2}}\mathrm{d}v = \int_0^{2\pi}\mathrm{d}\theta\int_0^1\mathrm{d}r\int_1^2 \frac{\mathrm{e}^z}{r}r\mathrm{d}z =$$

$$2\pi(\mathrm{e}^2 - \mathrm{e}) + 2\pi\int_1^2(\mathrm{e}^2 - \mathrm{e}^r)\mathrm{d}r = 2\pi\mathrm{e}^2 - 2\pi\mathrm{e} + 2\pi e = 2\pi\mathrm{e}^2$$

再来看一个对于面积的曲面积分的例子.

例 8　计算 $I = \iint\limits_S (x + y + z)\mathrm{d}s$,其中 s 是上半球面 $x^2 + y^2 + z^2 = a^2, z \geqslant 0$.

解 1　由 $\mathrm{d}s = \sqrt{1 + \left(\frac{\partial z}{\partial x}\right)^2 + \left(\frac{\partial z}{\partial y}\right)^2}\mathrm{d}x\mathrm{d}y = \frac{a}{\sqrt{x^2 + y^2 + z^2}}\mathrm{d}x\mathrm{d}y$

$$I = a\iint\limits_{x^2+y^2 \leqslant a^2} \frac{x + y + \sqrt{a^2 - x^2 - y^2}}{\sqrt{a^2 - x^2 + y^2}}\mathrm{d}x\mathrm{d}y = a\int_0^{2\pi}\mathrm{d}\theta\int_0^a\left[\frac{r(\cos\theta + \sin\theta)}{\sqrt{a^2 - r^2}} + 1\right]r\mathrm{d}r =$$

$$\frac{a^3}{4}\int_0^{2\pi}(\sin\theta + \cos\theta)\mathrm{d}\theta + \frac{a^3}{2}\int_0^{2\pi}\mathrm{d}\theta = \pi a^3$$

解 2　考虑球坐标变换

$$x = a\sin\varphi\cos\theta,\quad y = a\sin\varphi\cos\theta,\quad z = a\cos\varphi,\quad 0 \leqslant \varphi \leqslant \frac{\pi}{2},\quad 0 \leqslant \theta \leqslant 2\pi$$

则

$$I = \int_0^{2\pi}\mathrm{d}\theta\int_0^{\frac{\pi}{2}}(a\sin\varphi\cos\theta + a\sin\varphi\cos\theta + \cos\varphi)a^2\sin\varphi\mathrm{d}\varphi = \pi a^3$$

7. 微分方程问题

某些微分方程也可通过不同途径去解答. 先来看一个一阶微分方程的例.

例 1　求微分方程 $y\mathrm{d}x - (y - x)\mathrm{d}y = 0$ 的通解.

解 1　$y = 0$ 为其特解. 今设 $y \neq 0$,又 $y = x$ 不是方程的解.

由题设有 $\frac{\mathrm{d}y}{\mathrm{d}x} = \frac{y}{x - y}$,令 $v = \frac{y}{x}$ 得 $x\frac{\mathrm{d}v}{\mathrm{d}x} = \frac{v^2}{1 - v}$,即 $\frac{\mathrm{d}x}{x} = \left(\frac{1}{v^2} - \frac{1}{v}\right)\mathrm{d}v$,上式两边积分则

$$\ln|x|+\ln|c_1|=\frac{-1}{v-\ln|v|},\quad c_1\neq 0$$

有 $c_1xv=\mathrm{e}^{-\frac{1}{v}}$,故 $y=c_2\mathrm{e}^{-\frac{x}{y}}$.综上 $y=c\mathrm{e}^{-\frac{x}{y}}$.

解 2 设 $y\neq 0$,经变形有$\dfrac{\mathrm{d}x}{\mathrm{d}y}-\dfrac{x}{y}=-1$,解之得

$$x=\mathrm{e}^{\int\frac{\mathrm{d}y}{y}}\left(c_1-\int\mathrm{e}^{-\int\frac{\mathrm{d}y}{y}}\mathrm{d}y\right)=|y|\left(c_1-\int\frac{\mathrm{d}y}{|y|}\right)=c_2y-y\ln|y|$$

故$\dfrac{x}{y}-c_2=-\ln|y|$,解得 $y=c_3\mathrm{e}^{-\frac{x}{y}}$,故通解 $y=c\mathrm{e}^{-\frac{x}{y}}$.

解 3 设 $y\neq 0$,将题设方程变形为

$$\frac{y\mathrm{d}x-x\mathrm{d}y}{y^2}+\frac{\mathrm{d}y}{y}=0\Rightarrow\mathrm{d}\left(\frac{x}{y}\right)+\mathrm{d}(\ln|y|)=0$$

解得 $y=c\mathrm{e}^{-\frac{x}{y}}$.

再来看一个常系数高阶线性微分方程的例子.

例 2 求微分方程 $y'''+y''=x^2+1$ 的通解.

解 1 (降阶法)令 $p=y''$,原方程变为 $p'+p=x^2+1$,其通解为

$$p=\mathrm{e}^{-\int\mathrm{d}x}\left[\int(x^2+1)\mathrm{e}^{\int\mathrm{d}x}\mathrm{d}x+c\right]=\mathrm{e}^{-x}\left[\int(x^2+1)\mathrm{e}^x\mathrm{d}x+c\right]=x^2-2x+3+c_1\mathrm{e}^{-x}$$

对 p 两次积分可有 $$y=\frac{1}{12}x^4-\frac{1}{3}x^3+\frac{3}{2}x^2+c_1\mathrm{e}^{-x}+c_2x+c_3$$

解 2 (待定系数法)原方程对应的齐次方程的特征方程为 $r^3+r^2=0$,解得 $r_1=-1,r_2=r_3=0$.则 $y'''+y''=0$ 的通解为

$$\tilde{y}=c_1\mathrm{e}^{-x}+c_2x+c_3$$

设题设方程特解为 $y^*=x^2(ax^2+bx+c)$,代入方程且比较两端系数有

$$a=\frac{1}{12},\quad b=-\frac{1}{3},\quad c=\frac{3}{2}$$

这样有 $$y^*=\frac{1}{12}x^4-\frac{1}{3}x^3+\frac{3}{2}x^2$$

故方程通解为 $$y=\frac{1}{12}x^4-\frac{1}{3}x^3+\frac{3}{2}x^2+c_1\mathrm{e}^{-x}+c_2x+c_3$$

解 3 (常数变易法)由解 2 知齐次方程 $y'''+y''=0$ 的通解为$\tilde{y}=c_1\mathrm{e}^{-x}+c_2x+c_3$,因而可设题微分方程特解为

$$y^*=c_1(x)\mathrm{e}^{-x}+c_2(x)x+c_3(x)$$

则 $c_1'(x),c_2'(x),c_3'(x)$ 满足方程组

$$\begin{cases}c_1'(x)\mathrm{e}^{-x}+c_2'(x)x+c_3'(x)=0\\-c_1'(x)\mathrm{e}^{-x}+c_2'(x)=0\\c_1'(x)\mathrm{e}^{-x}=x^2+1\end{cases}$$

解得 $c_i(x)(i=1,2,3)$ 后再积分可分别得

$$c_1(x)=(x^2-2x+3)\mathrm{e}^x,\quad c_2(x)=\frac{1}{3}x^3+x,\quad c_3(x)=-\frac{x^4}{4}-\frac{x^3}{3}-\frac{x^2}{2}-x$$

将它们代入 y^*,再由$\tilde{y}$求出,题设方程的通解

$$y=\frac{1}{12}x^4-\frac{1}{3}x^3+\frac{3}{2}x^2+k_1\mathrm{e}^{-x}+k_2x+k_3$$

解 4 (算子法)由算子公式(见前文"微分方程")有 $y'''+y''=0$ 的特解

$$y^* = \frac{1}{D^3 + D^2}(x^2+1) = \frac{1}{D^2}\left[\frac{1}{D+1}(x^2+1)\right] = \frac{1}{D^2}[(1-D+D^2)(x^2+1)] =$$

$$\frac{1}{D^2}(x^2-2x+3) = \iint (x^2-2x+3)(dx)^2 = \int\left(\frac{x^3}{3} - x^2 + 3x\right)dx =$$

$$\frac{x^4}{12} - \frac{x^3}{3} + \frac{3}{2}x^2 + C$$

故所求微分方程的通解为

$$y = \frac{1}{12}x^4 - \frac{1}{3}x^3 + \frac{3}{2}x^2 + c_1(x)e^{-x} + c_2(x)x + c_3$$

下面的例子属于变系数高价线性微分有方程的.

例 3　求方程 $xy'' - y' = x^2$ 的通解.

解 1　原方程可化为 $(xy' - 2y)' = x^2$，两边对 x 积分得 $xy' - 2y = \frac{x^3}{3} + c_1$，

化为一阶线性方程，解之有 $y = \frac{x^3}{2} + c_2x^2 - \frac{c_1}{2}$.

解 2　将原方程改写为 $\frac{xy'' - y'}{x^2} = 1$ 即 $\frac{d}{dx}\left(\frac{y'}{x}\right) = 1$.

两边对 x 积分得 $\frac{y'}{x} = x + c_1$ 或 $y' = x^2 + c_1x$. 两边再对 x 积分有

$$y = \frac{x^3}{3} + c_1x^2 + c_2$$

解 3　将方程两边同乘 x 化为 Euler 方程 $x^2y'' - xy' = x^3$.（下面解略）

解 4　将方程视为不显含 y 的可降阶方程，即可令 $y' = p$，则方程可化为

$$x^2p' - xp = x^3$$

此为一阶线性微分方程，解之即可.（下略）

8. 几何问题

先来看一个求直线方程的例子.

例 1　一直线 L 过点 $M(2,-1,3)$ 且与直线 l: $\frac{x-1}{2} = \frac{y}{-1} = \frac{z+2}{1}$ 相交，又平行于平面 π: $3x - 2y + z + 5 = 0$，求它的方程.

解 1　设直线 L 方程为 $\frac{x-2}{l} = \frac{y+1}{m} = \frac{z-3}{n}$，因为它与 l 相交，故

$$\begin{vmatrix} l & m & n \\ 2 & -1 & 1 \\ 1 & -1 & 5 \end{vmatrix} = 0 \Rightarrow 4l + 9m + n = 0$$

又所求直线与平面 π 平行，故　$3l - 2m + n = 0$

由上两式可解得　$l = -11m,\quad n = 35m$

故所求直线方程为　$\frac{x-2}{-11} = \frac{y+1}{1} = \frac{z-3}{35}$　（对称式直线方程）

解 2　过点 $(2,-1,3)$ 作平行于平面 $3x - 2y + z + 5 = 0$ 的平面 π：

$$3(x-2) - 2(y+1) + (z-3) = 0$$

即

$$3x - 2y + z - 11 = 0$$

又直线 l 可写为 $\begin{cases} x - 1 + 2y = 0, \\ y + z + 2 = 0. \end{cases}$ 而过 l 的平面束方程为

$$x - 1 + 2y + \lambda(y + z + 2) = 0 \tag{*}$$

若 π_2 为平面束中过 M 点者,则

$$2-1+2+\lambda(-1+3+2)=0$$

解得 $\lambda=\dfrac{1}{4}$ 代入平面束方程(*)有

$$4x+9y+z-2=0$$

故所求直线方程为 $\begin{cases}4x+9y+z-2=0\\3x-2y+z-11=0\end{cases}$ (交面式直线方程)

解 3 设所求直线与已知直线 l 交点为(x_0,y_0,z_0),则所求直线 L 的方向矢量为

$$\boldsymbol{t}=\{x_0-2,\quad y_0+1,\quad z_0-3\}$$

因 l 平行于平面 π,故

$$3(x_0+2)-2(y_0+1)+(z_0-3)=0$$

又交点在已知直线上有 $\dfrac{x_0-1}{2}=\dfrac{y_0}{-1}=\dfrac{z_0+2}{1}$,联立上面诸式解得

$$x_0=-\frac{29}{9},\quad y_0=-\frac{10}{9},\quad z_0=-\frac{8}{9}$$

故所求直线方程为

$$\frac{x-2}{11}=\frac{y+1}{-1}=\frac{z-3}{-35}\quad(\text{对称式直线方程})$$

解 4 设所求过$(2,-1,3)$点的直线 L 方程为

$$\frac{x-2}{l}=\frac{y+1}{m}=\frac{z-3}{n}$$

因它与已知平面 π 平行,故 $3l-2m+n=0$.

又直线 l 的一般式为 $\begin{cases}x+2y-1=0,\\y+z+2=0.\end{cases}$ 令 $\dfrac{x-2}{l}=\dfrac{y+1}{m}=\dfrac{z-3}{n}=k$,将 $x=2+kl$,$y=-1+km$,$z=3+kn$ 代入上面方程组有

$$\begin{cases}lk+2mk-1=0\\nk+mk+4=0\end{cases}$$

消去 k 得 $9m+4l+n=0$.与上面 $3l-2m+n=0$ 联立得 $35m=n$,$l=-11n$.

故所求直线方程为 $\dfrac{x-2}{-11}=\dfrac{y+1}{1}=\dfrac{z-3}{35}$. (对称式直线方程)

再来看一个求平面方程的例子.

例 2 求过三个已知点 $M_1(2,3,0)$,$M_2(-2,-3,4)$ 和 $M_3(0,6,0)$ 所确定的平面方程.

解 1 设所求平面方程为 $Ax+By+Cz+D=0$,又其过 $M_i(i=1,2,3)$ 点则

$$\begin{cases}2A-3B+D=0\\-2A-3B+4C+D=0\\6B+D=0\end{cases}$$

解之得 $A=\dfrac{3B}{2}$,$C=3B$,$D=-6B$(注意 $B\neq0$,否则 $A=B=C=0$ 不合题意).

故所求平面方程为 $3x+2y+6z-12=0$

解 2 由设 $\overrightarrow{M_1M_2}=\{-4,-6,4\}$,$\overrightarrow{M_1M_3}=\{-2,3,0\}$,则所求平面的法矢量

$$\boldsymbol{n}=\overrightarrow{M_1M_2}\times\overrightarrow{M_2M_3}=\begin{vmatrix}\boldsymbol{i}&\boldsymbol{j}&\boldsymbol{k}\\-4&-6&4\\-2&3&0\end{vmatrix}=-12\boldsymbol{i}-8\boldsymbol{j}-24\boldsymbol{k}$$

故所求平面方程为 $-12(x-2)-8(y-3)-24z=0$,即 $3x+2y+6z-12=0$.

解 3　因所求平面过 M_1，故可设其方程 $A(x-2)+B(y-3)+Cz=0$. 又平面过 M_2,M_3 有

$$-4A-6B+4C=0 \quad 及 \quad -2A+3B=0$$

联立上面三个方程，若使 A,B,C 有非零解，必须

$$\begin{vmatrix} x-2 & y-3 & z \\ -4 & -6 & 4 \\ -2 & 3 & 0 \end{vmatrix}=0$$

将行列式展开，即得所求平面方程 $3x+2y+6z-12=0$

例 3　求过直线 $l:\begin{cases}10x+2y-2z=27\\x+y-z=0\end{cases}$ 作曲面 $3x^2+y^2-z^2=27$ 的切平面方程.

解 1　设所求切平面在 (x_0,y_0,z_0) 点与已知曲面相切，则此平面方程可写作

$$6x_0(x-x_0)+2y_0(y-y_0)+2z_0(z-z_0)=0$$

即

$$3x_0x+y_0y-z_0z=27 \tag{*}$$

又过已知直线的平面束方程为

$$10x+2y-2z-27+\lambda(x+y-z)=0$$

即

$$(10+\lambda)x+(2+\lambda)y-(2+\lambda)z-27=0 \tag{**}$$

由式(*)及式(**)有

$$\begin{cases}10+\lambda=3x_0\\2+\lambda=y_0\\2+\lambda=z_0\end{cases} \Rightarrow \begin{cases}x_0=\dfrac{1}{3}(10+\lambda)\\y_0=2+\lambda\\z_0=2+\lambda\end{cases}$$

将其代入曲面方程解得 $\lambda_1=-1,\lambda_2=-10$. 故 $\begin{cases}x_0=3,\\y_0=z_0=1\end{cases}$ 或 $\begin{cases}x_0=-3,\\y_0=z_0=-17.\end{cases}$

则所求切平面方程为 $9x+y-z=27$ 　或　 $9x+17y-17z=-27$

解 2　由设知已知直线 l 的方向矢量

$$\boldsymbol{t}=\begin{vmatrix}\boldsymbol{i} & \boldsymbol{j} & \boldsymbol{k}\\10 & 2 & -2\\1 & 1 & -1\end{vmatrix}=0\boldsymbol{i}+8\boldsymbol{j}+8\boldsymbol{k}$$

在已知直线上选一点 $\left(\dfrac{27}{8},0,\dfrac{27}{8}\right)$，设已知曲面在 $Q(x_0,y_0,z_0)$ 有过已知直线的切平面，则此切平面法矢量 $\boldsymbol{n}=\{6x_0,2y_0,-2z_0\}$.

由题设 $\boldsymbol{n}\perp\boldsymbol{t}$，则它们的内积为 0，有 $8\cdot 2y_0+8\cdot(-2z_0)=0$，得 $y_0=z_0$.

又点 Q 在曲线上，故 $3x_0{}^2+y_0{}^2-z_0{}^2=27$，而 P 在切平面上有

$$6x_0\left(\frac{27}{8}-x_0\right)+2y_0(0-y_0)-2z_0\left(\frac{27}{8}-z_0\right)=0$$

联立上面三方程可得切点坐标为 $(3,1,1)$ 和 $(-3,-17,-17)$.

故所求切平面方程为 $9x+y-z=27$ 　和　 $9x+17y-17z=-27$

最后我们来看一个关于求几何极值问题.

例 4　平面 $2x-y+2z-4=0$ 截曲面 $z=10-x^2-y^2$ 成上、下两部分. 求在上面部分曲面上的点到平面的最大距离.

解 1　设曲面 $z=10-x^2-y^2$ 上的点 (x_0,y_0,z_0) 到平面 $2x-y+2z-4=0$ 的距离为

$$\rho=\frac{|2x_0-y_0-2z_0-4|}{\sqrt{2^2+1^2+2^2}}$$

问题化为:在条件 $z_0=10-x_0{}^2-y_0{}^2$ 下求 $\rho=\frac{1}{3}|2x_0-y_0-2z_0-4|$ 的极值.

令
$$F=\frac{1}{3}(2x_0-y_0-2z_0-4)+\lambda(10-x_0{}^2-y_0{}^2-z_0)$$

解
$$\begin{cases}F_{x_0}{}'=\frac{2}{3}-2\lambda x_0=0\\ F_{y_0}{}'=-\frac{1}{3}-2\lambda y_0=0\\ F_{z_0}{}'=\frac{2}{3}-\lambda=0\end{cases}$$

得
$$\lambda=\frac{2}{3},\quad x_0=\frac{1}{2},\quad y_0=-\frac{1}{4},z_0=\frac{155}{16}$$

故
$$\rho_{\max}=\frac{1}{3}\left[2\cdot\frac{1}{2}-\left(-\frac{1}{4}\right)+2\cdot\frac{155}{16}-4\right]=\frac{133}{24}$$

解 2 设与平面 $2x-y+2z-4=0$ 平行且与曲面 $z=10-x^2-y^2$ 相切的平面方程为
$$2x-y+2z=-k,\quad k\text{ 为待定常数}$$

当方程组 $\begin{cases}2x-y+2z=k,\\ z=10-x^2-y^2\end{cases}$ 有唯一组解时的 x,y,z,即为切点的坐标.

为确定 k,在方程组中消去 z 得在 xOy 平面上的投影曲线为
$$10-x^2-y^2=\frac{1}{2}(k-2x+y)$$

即
$$\left(x-\frac{1}{2}\right)^2+\left(y+\frac{1}{4}\right)^2=10-\frac{k}{2}+\frac{1}{4}+\frac{1}{16}$$

由于切点在 xOy 平面上投影为一点圆,故上式右端值必须为 0.

由之可求得 $k=\frac{165}{16}$.进而求得切点坐标为 $\left(\frac{1}{2},-\frac{1}{4},\frac{155}{16}\right)$,而它即为曲面上半部分到平面 $2x-y+2z-4=0$ 距离最大的点.从而 $\rho_{\max}=133/24$.

解 3 曲面 $z=10-x^2-y^2$ 在其上某点 (x_0,y_0,z_0) 处法向量为 $\{2x_0,2y_0,1\}$,

故过点 (x_0,y_0,z_0) 的切平面方程为 $2x_0(x-x_0)+2y_0(y-y_0)+z-z_0=0$,化简后即
$$2x_0x+2y_0y+z=2x_0{}^2+2y_0{}^2+z_0$$

要使曲面 $z=10-x^2-y^2$ 的切平面与平面 $2x-y+2z=4$ 平行,应有
$$\frac{2x_0}{2}=\frac{2y_0}{-1}=\frac{1}{2}$$

解得 $x_0=\frac{1}{2},y_0=-\frac{1}{4}$,进而求得 $z_0=\frac{155}{16}$.接下来可求 $\rho_{\max}=\frac{133}{24}$.

解 4 设上半部分曲面上的点坐标为 $(x_0,y_0,10-x_0{}^2-y_0{}^2)$,则该点到平面距离为
$$\rho=\frac{|2x_0-y_0+(10-x_0{}^2-y_0{}^2)-4|}{\sqrt{2^2+1^2+2^2}}=\frac{2}{3}\left|\left(x_0-\frac{1}{2}\right)^2+\left(y_0+\frac{1}{4}\right)^2-\frac{133}{16}\right|$$

当 $x_0=\frac{1}{2},y_0=-\frac{1}{4}$ 时,ρ 取最大值 $\rho_{\max}=\frac{133}{24}$.

习　　题

请用尽可能多的方法解答下列各题:

1. 求下列数列的极限:

(1) $\lim\limits_{n\to\infty}\frac{a^n}{n!}$($a\neq0$ 常数);(2) $\lim\limits_{n\to\infty}nq^n$($|q|<1$).

[**提示**:(1)(以下提示中①,②等表示证法①,证法②,以后不再申明)证法①若设$N\leqslant|a|<N+1$,当$n>N$时,考虑$\left|\dfrac{a^n}{n!}\right|=\left|\dfrac{a}{1}\cdot\dfrac{a}{2}\cdot\cdots\cdot\dfrac{a}{N}\cdot\dfrac{a}{N+1}\cdot\cdots\cdot\dfrac{a}{n}\right|\leqslant\dfrac{|a|^N}{N!}\cdot\dfrac{|a|^{n-N}}{N^{n-N}}$,证法②令$x_n=\dfrac{a^n}{n!}$,考虑$\lim\limits_{n\to\infty}\left|\dfrac{x_{n+1}}{x_n}\right|$;(2)证法①$q\neq0$,令$r=\dfrac{1}{q}$,则$|r|>1$. $r^{n+1}-r^n=r^n(r-1)\to\infty$,故$\dfrac{r^n}{n}\to\infty(n\to\infty)$,注意到$nq^n=\dfrac{n}{r^n}$;证法②由$r^n=r^n-r^{n-1}+r^{n-1}-r^{n-2}+\cdots+r^2-r+r$,令$a_1=\dfrac{1}{r}$,$a_n=\dfrac{1}{r^n-r^{n-1}}(n=2,3,\cdots)$,则$r^n=\dfrac{1}{a_1}+\dfrac{1}{a_2}+\cdots+\dfrac{1}{a_n}$,再由极限$\lim\limits_{n\to\infty}\dfrac{n}{\dfrac{1}{a_1}+\cdots+\dfrac{1}{a_n}}=\lim\limits_{n\to\infty}a_n=0$]

2. 求下列函数的极限:

(1) $\lim\limits_{x\to\infty}\dfrac{\cos\alpha x-\cos\beta x}{x}$;(2) $\lim\limits_{x\to\infty}\left(\dfrac{\sin x}{x}\right)^{\frac{1}{\sin 2x}}$;

(3) $\lim\limits_{x\to\infty}x(\sqrt{x^2+2x}-2\sqrt{x^2+x}+x)$;(4) $\lim\limits_{x\to\infty}\dfrac{e^{ax}-c^{bx}}{x}$.

[**提示**:(1)①分子和差化积;②对分子中的余弦函数利用倍角公式$\cos 2t=1-2\sin^2 t$化为正弦函数;③利用无穷小量代换即$x\to0$时$\dfrac{\cos\alpha x-1\sim-(\alpha x)^2}{2}$,$\dfrac{\cos\beta x-1\sim-(\beta x)^2}{2}$;(2)①利用$\lim\limits_{x\to\infty}(1+x)^{\frac{1}{x}}=e$;②取对数将$1^\infty$型化为$\dfrac{0}{0}$型;(3)①令$t=\dfrac{1}{x}$,极限化为$\lim\limits_{t\to0}\dfrac{\sqrt{1+2t}-2\sqrt{1+t}+1}{t^2}$,由L'Hospital法则;②将分子变为$(\sqrt{1+2t}-\sqrt{1+t})+(1-\sqrt{1+t})$后分别有理化分子;③用等价无穷小代换:$x\to0$时,$\dfrac{\sqrt{1+2t}\sim1+t-t^2}{2}$;$\dfrac{\sqrt{1+t}\sim1+t}{2}-\dfrac{t^2}{8}$;(4)①由$\dfrac{e^{ax}-e^{bx}}{x}=\dfrac{e^{ax}-1}{x}-\dfrac{e^{bx}-1}{x}$,令$e^{ax}-1=y$,$e^{bx}-1=z$;②$\dfrac{e^{ax}-e^{bx}}{x}=\dfrac{e^{bx}(e^{a-b}x-1)(a-b)}{x(a-b)}=(a-b)\cdot\dfrac{e^t-1}{t}$,这里$(a-b)x=t$]

3. 若$f(x)$在(a,b)内两次可微,且$f''(x)<0$. 试证对任意x_1、$x_2\in(a,b)$及任意实数$0<\lambda<1$总有$f[\lambda x_1+(1-\lambda)x_2]\geqslant\lambda f(x_1)+(1-\lambda)f(x_2)$.

[**提示**:仿中文例的方法可有①利用Lagrange中值定理于区间$[x_1,x_0]$和$[x_0,x_2]$,其中$x_0=\lambda x_1+(1+\lambda)x_2$;②在$x_0$利用Taylor展开到一次项,再讨论余项情况;③$f''(x)<0$,知$f(x)$在$(a,b)$内下凹,再利用图形几何意义]

4. 求下列不定积分:

(1)$\displaystyle\int\dfrac{dx}{x\sqrt{9-x^2}}$;(2)$\displaystyle\int\dfrac{dx}{x\sqrt{2ax-a^2}}$,这里$a>0$.

[**提示**:(1)①令$x=3\sin\theta$,则$dx=3\cos\theta d\theta$;②令$\sqrt{9-x^2}=u$,则$x=\sqrt{9-u^2}$,$dx=\dfrac{-udu}{\sqrt{9-u^2}}$;③原式$=\displaystyle\int x^{-1}(9-x^2)^{-\frac{1}{2}}dx$,此为二项微分式的积分,令$x^2=t$,则$x=t^{\frac{1}{2}}$,$dx=\dfrac{1}{2}t^{-\frac{1}{2}}dt$;④令$x=\dfrac{1}{t}$,分$x>0$、$x<0$两种情况考虑;⑤令$x^2=\dfrac{1}{t}$,则$\dfrac{dx}{x}=-\dfrac{dt}{2t}$;⑥原式$=\displaystyle\int\dfrac{\sqrt{3+x}\,dx}{x(3+x)\sqrt{3-x}}$,令$\dfrac{\sqrt{3+x}}{\sqrt{3-x}}=u$,则$x=\dfrac{3(u^2-1)}{u^2+1}$;⑦令$\sqrt{9-x^2}=ux$,则$x^2=\dfrac{9}{1+u^2}$;(2)①令$\dfrac{2ax-a^2}{x}=u$,则$x=\dfrac{a^2}{2a-u}$;②令$\sqrt{2ax-a^2}=u$,则$x=\dfrac{u^2+a^2}{2a}$;③令$2ax=a^2\sec^2\theta\left(0<\theta<\dfrac{\pi}{2}\right)$,则$\sqrt{2ax-a^2}=a\tan\theta$]

5. 求下列定积分:

(1)$\displaystyle\int_0^1\dfrac{\ln(1+x)dx}{1+x^2}$;(2)$\displaystyle\int_{\frac{\sqrt{2}}{2}}^1\dfrac{\sqrt{1-x^2}}{x^2}dx$.

[提示:(1)① 令 $x=\tan t$,变形后再令 $t=\dfrac{\pi}{4-u}$;② 令 $x=\dfrac{1-t}{1+t}$;(2)① 令 $x=\sin t$;② 令 $x=\dfrac{1}{t}$]

6. 求级数 $\sum\limits_{n=1}^{\infty}\dfrac{1}{n^2}$ 的和.

[提示:① 将 $f(x)=x^2$ 在$[0,2\pi)$ 上展成 Foruier 级数,考虑 $x=0$ 处级数值;② 将 $f(x)$ 在$[0,1]$ 上展为 Foruier 级数,再令 $x=0$;③ 将 $f(x)=x^2$ 在$[-\pi,\pi]$ 上展为 Foruier 级数,考虑到 $f(x)$ 是偶函数,且令 $x=\pi$;④ 将 $f(x)=x+x^2$ 在$[-\pi,\pi]$ 上展为 Foruier 级数,再令 $x=\pi$;⑤ 将函数 $f(x)=x(\pi-x)$ 在$[0,\pi]$ 上展为 Foruier 级数,且作偶函数,且作偶延拓后令 $x=0$]

7. 将函数 $f(x)=x\arctan x-\ln\sqrt{1+x^2}$ 展成 x 的幂级数.

[提示:① 由 $\arctan x=\int_0^x\dfrac{\mathrm{d}x}{1+x^2}=\int_0^x\Big[\sum\limits_{n=0}^{\infty}(-1)^nx^{2n}\Big]\mathrm{d}x=\sum\limits_{n=0}^{\infty}\dfrac{(-1)^n}{2n+1}x^{2n+1}$,又 $f(x)=\int_0^x\tan x\mathrm{d}x$;② 由 $\arctan x=\sum\limits_{n=0}^{\infty}(-1)^n\dfrac{x^{2n+1}}{2n+1}$,$\ln\sqrt{1+x^2}=\dfrac{1}{2}\ln(1+x^2)=\dfrac{1}{2}\sum\limits_{n=1}^{\infty}(-1)^{n-1}\dfrac{x^{2n}}{n}$]

8. (1) 若 $z=u^2v-vu^2$,且 $u=x\cos y$,$v=x\sin y$,求$\dfrac{\partial z}{\partial x}$,$\dfrac{\partial z}{\partial y}$;

(2) 若 $z=\arctan(xy)$,且 $y=\mathrm{e}^x$,求$\dfrac{\mathrm{d}z}{\mathrm{d}x}$.

[提示:(1)① 由$\dfrac{\partial z}{\partial x}=\dfrac{\partial z}{\partial u}\cdot\dfrac{\partial u}{\partial x}+\dfrac{\partial z}{\partial v}\cdot\dfrac{\partial v}{\partial x}$ 等;② 由 $\mathrm{d}z=\mathrm{d}(u^2v)-\mathrm{d}(vu^2)=\cdots$(2)① 由 $z=\arctan(x\mathrm{e}^x)$;② 由$\dfrac{\mathrm{d}z}{\mathrm{d}x}=\dfrac{\partial z}{\partial x}+\dfrac{\partial z}{\partial y}\dfrac{\mathrm{d}y}{\mathrm{d}x}$]

9. 设函数 $z(x,y)$ 由方程 $F\left(x+\dfrac{z}{y},y+\dfrac{z}{x}\right)=0$ 给出,试证 $x\dfrac{\partial z}{\partial x}+y\dfrac{\partial z}{\partial y}=z-xy$.

[提示:① 设 $x+\dfrac{z}{y}=u$,$y+\dfrac{z}{x}=v$,将 $F(u,v)$ 两边对 x,y 求偏导;② 由$\dfrac{\partial z}{\partial x}=-\dfrac{\partial F}{\partial x}\Big/\dfrac{\partial F}{\partial z}$ 等]

10. 计算下列重积分:

(1)$\iint\limits_D(\sqrt{x}+\sqrt{y})\mathrm{d}x\mathrm{d}y$,其中 D 是坐标轴及曲线$\sqrt{x}+\sqrt{y}=1$ 所围成的区域;

(2)$\iiint\limits_V\left(\dfrac{x^2}{a^2}+\dfrac{y^2}{b^2}+\dfrac{z^2}{c^2}\right)\mathrm{d}v$,$V$ 为椭球体$\dfrac{x^2}{a^2}+\dfrac{y^2}{b^2}+\dfrac{z^2}{c^2}\leqslant 1$.

[提示:(1)① 直接计算化为累次积分;② 考虑变换$\begin{cases}x=\rho\cos^4\theta,\\y=\rho\sin^4\theta.\end{cases}\left(0\leqslant\theta\leqslant\dfrac{\pi}{2},0\leqslant\rho\leqslant 1\right)$;③ 考虑极坐标;④ 考虑变换$\begin{cases}u=\sqrt{x}+\sqrt{y},\\v=\sqrt{x}-\sqrt{y},\end{cases}(0\leqslant v\leqslant u,0\leqslant u\leqslant 1)$;(2)① 用广义球坐标:$x=a\rho\cos\theta\sin\varphi$,$y=b\rho\sin\theta\sin\varphi$,$z=c\rho\cos\varphi(0\leqslant\rho\leqslant 1,0\leqslant\theta\leqslant 2\pi,0\leqslant\varphi\leqslant\pi)$;② 化为一次二重积分和一次定积分]

11. 计算下列曲线积分:

(1)$\int_{\widehat{AB}}x\mathrm{d}x+(y+x^2)\mathrm{d}y$,其中$\widehat{AB}$ 是半圆周 $x^2+y^2=1,y\geqslant 0$.

(2)$\int_C x^2\mathrm{d}s$ 其中 C 为圆周 $x^2+y^2+z^2=a^2$,$x+y+z=0$.

[提示:(1)① 考虑到圆的参数方程 $x=t$,$y=\sqrt{1-t^2}(|t|\leqslant 1)$;② 考虑圆的参数方程 $x=\cos\theta$,$y=\sin\theta(0\leqslant\theta\leqslant\pi)$;③ 注意到 $x\mathrm{d}x+y\mathrm{d}y=0$;(2) 考虑变换 $u=\dfrac{x-y}{\sqrt{2}}$,$v=\dfrac{x+y-2z}{\sqrt{6}}$,$\omega=\dfrac{x+y+z}{\sqrt{3}}$;② 利用对称性有$\int_C x^2\mathrm{d}s=\int_C y^2\mathrm{d}s=\int_C z^2\mathrm{d}s$,故有积分$\int_C x^2\mathrm{d}s=\dfrac{1}{3}\int_C(x^2+y^2+z^2)\mathrm{d}s=\dfrac{a^2}{3}\int_C\mathrm{d}s=\dfrac{2}{3}\pi a^3$]

12. 计算下列曲成积分：

(1)$\iint\limits_{\Sigma} x^2\mathrm{d}y\mathrm{d}z+y^2\mathrm{d}x\mathrm{d}z+z^2\mathrm{d}x\mathrm{d}y$，其中 $\sum$ 是球面 $(x-a)^2+(y-b)^2+(z-c)^2=R^2$ 的外侧 $(R>0)$；

(2)(1)$\iint\limits_{\Sigma}\mathrm{d}s$，其中 $\sum$ 是球面 $x^2+y^2+z^2=a^2$ 被柱面 $x^2+y^2=ax$ 所切下的位于第一卦限中的那一部分.

[提示：(1)① 先考虑坐标变换：$y=x-a, v=y-b, \omega=z-c$；再用极坐标变换；② 用 Остргрaдский-Gauss 公式；(2)① 由 $\mathrm{d}s=\sqrt{1+zx^2+zy^2}\,\mathrm{d}x\mathrm{d}y$；② 利用球坐标]

13. 求下列微分方程的通解：

(1)$x^2+xy'=y$；(2)$xy''-y'=x^2$.

[提示：(1)① 将方程化为线性方程，$\dfrac{y'-y}{x}=-x$；② 将方程改写为 $\dfrac{xy'-y}{x^2}=-1$，即 $\left(\dfrac{y}{x}\right)'=-1$；(2)① 所给方程可改写为 $\dfrac{xy''-y'}{x^2}=1$ 即 $\left(\dfrac{y'}{x}\right)'=1$；② 令 $p=y'$ 化为一阶线性方程；③ 常数变易法；④ 化为 Euler 方程：$x^2y''-xy'=x^3$]

14. 已知空间四点：$A(1,-2,1)$，$B(4,0,3)$，$C(1,2,-1)$，$D(2,-4,-5)$，求两直线 AB 和 CD 之间的最短距离.

[提示：① 过 CD 作平面 $\pi_1 \parallel AB$，再求 A 至平面 π_1 的距离；② 由 $d=\dfrac{\overrightarrow{AC}\cdot(\overrightarrow{AB}\times\overrightarrow{CD})}{|\overrightarrow{AB}\times\overrightarrow{CD}|}$；③ 设 AB 和 CD 的方程：$\dfrac{x-1}{3}=\dfrac{y+2}{2}=\dfrac{z-1}{2}$ 和 $\dfrac{x-1}{1}=\dfrac{y-2}{-6}=\dfrac{z+1}{-4}$，再设 $M\in AB$，$N\in CD$，考虑 $MN\perp AB$，$MN\perp CD$]

15. 求点 $A(1,2,3)$ 到直线 $l: x+y+z=1, 2x+z=3$ 的距离.

[提示：① 过 A 作直线 l 的垂面 π 的交点；② 在直线上任找一点 C，由 $d=\dfrac{|\overrightarrow{CA}\times\boldsymbol{t}|}{\boldsymbol{t}}$，其中 $\boldsymbol{t}$ 为直线 l 方向矢量；③ 由 $(\lambda\boldsymbol{t}-\overrightarrow{CA})=0$]

16. 求过直线 $l:\begin{cases}2x+y=0\\4x+2y+3z=6\end{cases}$ 且切于球面 $x^2+y^2+z^2=4$ 的平面 π 的方程.

[提示：① 由过 l 的平面束方程求出球心到平面距离为 2 者；② 由 l 方向矢量与所求平面 π 的法矢量正交]

专题 8　高等数学课程中的近似计算及误差分析

在高等数学课程中常见的近似计算问题和方法见表 2：

表 2

问　题　类　型	常　用　方　法
根式计算问题：$\sqrt{a}$，$\sqrt[n]{a}$，…	一元函数微分公式
重要常数做计算：π，e，…	函数级数展开
某些超越函数计算：三角函数、对数函数、…	近似公式或级数展开
定积分近似计算(包括广义积分)	近似公式或级数展开

常用的近似公式(或方法)有：

1. 利用一元函数微分

$$f(x) \approx f(x_0) + f'(x_0)(x - x_0)$$

特别地，当 $x_0 = 0$，且 $\Delta x = x - x_0$ 充分小时：$f(x) = f(0) + f'(0)x$.

利用上式可得到常用近似公式(当 x 充分小时)：

(1) $\sin \approx x$　　(2) $\tan x \approx x$　　(3) $e^x \approx 1 + x$

(4) $(1+x)^a \approx 1 + ax$ (a 为任意实数)　　(5) $\ln(1+x) \approx x$

2. 利用多元函数微分

若 $z = f(x,y)$ 在 $M_0(x_0,y_0)$ 可微，则当 $\Delta x, \Delta y$ 很小时，有

$$f(x_0 + \Delta x, y_0 + \Delta y) \approx f(x_0,y_0) + f'_x(x_0,y_0)\Delta x + f'_y(x_0,y_0)\Delta y$$

3. 定积分近似计算公式

若函数 $y = f(x)$ 可积，令且 $h = (b-a)/n$，$y_k = f(a+kh)$，这里 n 为正整数，$k = 0,1,2,\cdots,n$，则定积分 $\int_a^b f(x)\mathrm{d}x$ 可用下面近似公式计算，见表 3：

表 3

矩形公式	$(y_1 + y_2 + \cdots + y_n)h$
梯形公式	$\left[\frac{1}{2}(y_0 + y_n) + y_1 + y_2 + \cdots + y_{n-1}\right]h$
抛物线公式	$\frac{1}{3}[(y_0 + y_n) + 2(y_2 + y_4 + \cdots + y_{n-2}) + 4(y_1 + y_3 + \cdots + y_{n-1})]h$

其中抛物线型公式又称辛普森(T. Simpson)公式.

4. 利用函数级数展开(公式详见"函数的级数展开方法")

误差：若 x 为真值，x^* 为近似值则各种误差见表 4：

表 4

误差名称	定义和计算公式
绝对误差 a	$a = x - x^*$
最大绝对误差 Δ	使 $\vert x - x^* \vert \leqslant \Delta$ 成立的最小 Δ
相对误差 a'	$a' = \frac{a}{x^*}$
最大相对误差 σ	使 $\left\vert \frac{a}{x^*} \right\vert \leqslant \sigma$ 成立的最小 σ

误差传递的公式：设 $y = f(x_1,x_2,\cdots,x_n)$，又 $x_1,x_2,\cdots,x_n$ 的最大绝对误差分别为 $\Delta x_1, \Delta x_2, \cdots, \Delta x_n$，则 y 的最大绝对误差 Δy 和最大相对误差 δ_y 分别为

$$\Delta y = \left|\frac{\partial f}{\partial x_1}\right|\Delta x_1 + \left|\frac{\partial f}{\partial x_2}\right|\Delta x_2 + \cdots + \left|\frac{\partial f}{\partial x_n}\right|\Delta x_n,\quad \delta_y = \frac{\Delta y}{|y|}$$

具体地比如级数展开余项及误差估计这里不列举了.

下面来看几个例子.先来看某些数值计算方面的.

例 1　计算下列根式或实数指数幂:(1) $\sqrt[3]{131}$;(2) $\sqrt[3]{2.02^2+1.97^2}$;(3) $\sqrt[5]{245}$(精确到 10^{-4});(4)$0.97^{1.05}$ 的近似值.

解　(1) 由 $\sqrt[3]{131}=\sqrt[3]{5^3+6}=\sqrt[3]{5^3\left(1+\frac{6}{5^3}\right)}=5\cdot\sqrt[3]{1+\frac{6}{5^3}}$,利用近似公式$(1+x)^a\approx 1+ax$,则有$\sqrt[3]{1+\frac{6}{5^3}}\approx 1+\frac{1}{3}\cdot\frac{6}{5^3}$. 故 $\sqrt[3]{131}\approx 5\cdot\left(1+\frac{1}{3}\cdot\frac{6}{5^3}\right)=5+\frac{6}{3\cdot 5^2}\approx 5.08$.

(2) 令 $f(x,y)=\sqrt[3]{x^2+y^2}$,$(x_0,y_0)=(2,2)$,$\Delta x=0.02$,$\Delta y=-0.03$.

又 $f(x,y)$ 的偏导数　$f'_x=\dfrac{2x}{3(\sqrt[3]{x^2+y^2})^2}$,　$f'_y=\dfrac{2y}{3(\sqrt[3]{x^2+y^2})^2}$

有 $f(2,2)=2$,$f'_x(2,2)=\frac{1}{3}$,$f'_y(2,2)=\frac{1}{3}$,由多元函数微分近似公式有

$$\sqrt[3]{2.02^2+1.97^2}\approx 2+\frac{1}{3}\cdot 0.02+\frac{1}{3}\cdot(-0.03)=2-\frac{0.01}{3}\approx 1.997$$

(3) 考虑下列式子变形

$$\sqrt[5]{245}=\sqrt[5]{3^5+2}=\sqrt[5]{3^5\left(1+\frac{2}{3^5}\right)}=3\sqrt[5]{1+\frac{2}{3^5}}$$

由二项式(广义 Newton 二项式)展开有

$$\sqrt[5]{1+\frac{2}{3^5}}=\left((1+\frac{2}{3^5}\right)^{\frac{1}{5}}=1+\frac{1}{5}\cdot\frac{2}{3^5}-\frac{4}{1\cdot 2\cdot 5^2}\cdot\frac{2^2}{3^{10}}+\cdots$$

又注意到
$$3\cdot\frac{4}{1\cdot 2\cdot 5^2}\cdot\frac{2^2}{3^{10}}=\frac{8}{5^2\cdot 3^9}<\frac{1}{50\ 000}=0.000\ 02$$

而展开式中的项为交错项,这样取前两项即可达到精度 10^{-4},故

$$\sqrt[5]{245}\approx 3+\frac{2\cdot 3}{5\cdot 3^5}=3+\frac{2}{405}\approx 3.004\ 9$$

(4) 实数指数幂 $0.97^{1.05}$ 即 $f(x,y)=x^y$ 在点$(0.97,1.05)$的值.

取 $x_0=1$,$y_0=1$,$\Delta x=-0.03$,$\Delta y=0.05$,由多元函数的 Taylor 展开有近似公式

$$(1+\Delta x)^{1+\Delta y}\approx\frac{1}{2}[f(1,1)+\mathrm{d}f(1,1)+\mathrm{d}^2f(1,1)]$$

依多元函数微分公式容易算出

$$\mathrm{d}f(1,1)=f'_x(1,1)\Delta x+f'_y(1,1)\Delta y=1\cdot(-0.03)+0\cdot 0.05=-0.03$$

$$\mathrm{d}^2f(1,1)=f''_{x_2}(1,1)\Delta x^2+2f''_{xy}(1,1)\Delta x\Delta y+f''_{y_2}(1,1)\Delta y^2=$$
$$0\cdot(-0.03)^2+2\cdot(-0.03)\cdot 0.05+0\cdot(0.05)^2=-0.003$$

故
$$0.97^{1.05}\approx 1-0.03-0.003=0.967$$

注　这里虽同是根式值的计算问题,但它们所用的方法不同,选取方法的关键是基于题目本身的形式.在高等数学中根式值的计算法基本上有上面四种形式.

对于多元函数的 Taylor 展开前文给出的表达式,其中涉及到函数梯度 $\Delta f(\boldsymbol{x})$ 及 Hesse 阵.

例 2　求$(1.001)^7-2(1.001)^{\frac{4}{3}}+3$ 的近似值.

解　令 $f(x)=x^7-2x^{\frac{4}{3}}+3$,且设 $x_0=1$,$\Delta x=0.001$.由

$$f(x_0+\Delta x)\approx f(x_0)+f'(x_0)\cdot\Delta x$$

则
$$f(1.001)\approx f(1)+f'(1)\cdot\Delta x=2+\left(7-\frac{8}{3}\right)\cdot\frac{1}{1\ 000}=2+\frac{13}{1\ 000}\approx 2.0043$$

π 和 e 是两个重要的常数,但它们又都是无限循环小数,故只能求其近似值.计算 π 的方法很多,下

面是其中的一个方法.

例 3 计算圆周率 π(精度为 10^{-6}).

解 由 $\arctan x=\sum\limits_{n=0}^{\infty}\dfrac{(-1)^n}{2n+1}x^{2n+1}(-1\leqslant x\leqslant 1)$,我们可令 $x=\dfrac{1}{\sqrt{3}}$,则

$$\frac{\pi}{6}=\frac{1}{\sqrt{3}}-\frac{1}{3}\left(\frac{1}{\sqrt{3}}\right)^3+\frac{1}{5}\left(\frac{1}{\sqrt{3}}\right)^5-\cdots+\frac{(-1)^k}{2k+1}\left(\frac{1}{\sqrt{3}}\right)^{2k+1}+\cdots$$

或
$$\pi=2\sqrt{3}\left[1-\frac{1}{3}\left(\frac{1}{3}\right)+\frac{1}{5}\left(\frac{1}{3}\right)^2-\cdots+\frac{(-1)^k}{2k+1}\left(\frac{1}{3}\right)^k+\cdots\right]$$

取前 k 项得 S_k 代替 π,误差为 $|\delta_k|<2\sqrt{3}\cdot\dfrac{1}{2k+3}\left(\dfrac{1}{3}\right)^{k+1}$.

若取 $k=10$,则 $|\delta_{10}|<2\sqrt{3}\cdot\dfrac{1}{23}\cdot\left(\dfrac{1}{3}\right)^{11}<10^{-6}$.相应地 $\pi=S_{10}\approx 3.14159$.

例 4 利用 Taylor 公式近似计算$\sqrt{\mathrm{e}}$(取四项)且估计误差.

解 由 $\mathrm{e}^x=1+x+\dfrac{x^2}{2!}+\dfrac{x^3}{3!}+R_4(x)$,其中 $R_4(x)=\dfrac{1}{4!}(x^4+\mathrm{e}^{\theta x})$,这里 $0<\theta<1$.

则
$$\sqrt{\mathrm{e}}=\mathrm{e}^{\frac{1}{2}}\approx 1+\frac{1}{2}+\frac{\frac{1}{2^2}}{2!}+\frac{\frac{1}{2^3}}{3!}=1\frac{31}{48}\approx 1.6458$$

误差
$$R_4=\frac{1}{4!}\cdot\frac{1}{2^4}\mathrm{e}^{\frac{\theta}{2}}<\frac{2}{24\cdot 16}=\frac{1}{196}\approx 0.05$$

例 5 求 $f(x)=\mathrm{e}^{-x^2}$ 在 $\left[-\dfrac{1}{2},\dfrac{1}{2}\right]$上的最小值的近似值,使其误差不超过 10^{-3}.

解 由$f'(x)=-2x\mathrm{e}^{-x^2}=0$ 得唯一驻点 $x=0$.

而 $f(0)=1,f\left(\dfrac{1}{2}\right)=f\left(-\dfrac{1}{2}\right)=\mathrm{e}^{-\frac{1}{4}}$,知 $f(x)$ 在 $\left[-\dfrac{1}{2},\dfrac{1}{2}\right]$上最小值为 $\mathrm{e}^{-\frac{1}{4}}$.

因 $\mathrm{e}^t=1+t+\dfrac{t^2}{2!}+\dfrac{t^3}{3!}+\cdots+\dfrac{t^n}{n!}+\cdots$,令 $x=-\dfrac{1}{4}$ 有

$$\mathrm{e}^{-\frac{1}{4}}=1+\left(-\frac{1}{4}\right)+\frac{1}{2}\cdot\frac{1}{16}+\left(-\frac{1}{6}\right)\frac{1}{64}+\frac{1}{24}\cdot\frac{1}{256}+\cdots$$

由$\dfrac{1}{6\times 64}\approx 0.00261,\dfrac{1}{24}\cdot\dfrac{1}{256}\approx 0.00016$,知取前四项即可使误差小于 10^{-3},故

$$\mathrm{e}^{-\frac{1}{4}}\approx 1-\frac{1}{4}+\frac{1}{32}-\frac{1}{384}=0.77864$$

因此所求最小值为 $f\left(\pm\dfrac{1}{2}\right)=\mathrm{e}^{-\frac{1}{4}}$,其近似值为 0.77864(误差不超过 10^{-3}).

例 6 试用 $\sin x=x-\dfrac{x^3}{3!}+\dfrac{x^5}{5!}-\dfrac{x^7}{7!}+\cdots$ 取前两项计算 $\sin\left(\dfrac{\pi}{18}\right)$,且估计其误差.

解 由题设级数取前两项,故余项 $R_3(x)=\dfrac{1}{5!}x^5\sin\theta x(0<\theta<1)$,则

$$R_3(x)\leqslant\frac{1}{5!}\left(\frac{\pi}{18}\right)^5<\frac{0.2}{5!}<\frac{1}{3\cdot 10^5}<\frac{1}{10^5}$$

且
$$\sin\frac{\pi}{18}\approx\frac{\pi}{18}-\frac{1}{3!}\left(\frac{\pi}{18}\right)^3\approx 0.17365$$

下面的例子是借助于级数理论给出函数的近似表达式.

例 7 若$\dfrac{\omega L}{R}\ll 1,\omega CR\ll 1$(这里 $\ll$ 表示远小于之意),又 $A=\dfrac{R}{(1-\omega^2 LC)^2+\omega^2c^2R^2}$,且 ω,L,R,C 均为正数.求证 $A\approx R[1+\omega^2C(2L-CR^2)]$.

证　由 $\frac{\omega L}{R} \ll 1, \omega CR \ll 1$，则 $\omega^2 LC = \frac{\omega L}{R \cdot \omega CR} \ll 1$，更有 $\omega^4 L^2 C^2 \ll 1$. 故

$$A = \frac{R}{(1-2\omega^2 LC+\omega^2 L^2 C^2)+\omega^2 C^2 R^2} \approx \frac{R}{1-(2\omega^2 LC-\omega^2 C^2 R^2)} =$$
$$R[1+(2\omega^2 LC-\omega^2 C^2 R^2)+(2\omega^2 LC-\omega^2 C^2 R^2)^2+\cdots] \approx$$
$$R[1+\omega^2 C(2L-CR^2)]$$

上面的几例均借助于级数展开理论进行近似计算，下面的例子则是利用函数微分理论的.

例 8　设 $y_1 > y_2 > 0$，记 $\overline{y} = \frac{y_1+y_2}{2}, y^* = \frac{y_2-y_1}{\ln y_2 - \ln y_1}$. 证明当 $y_1 \leqslant 2y_2$ 时，用 $\overline{y}$ 代替 y^* 产生的误差小于 4%（已知 $\ln 2 = 0.693\ 1$）.

解　相对误差为 $\delta = \left|\frac{\overline{y}-y^*}{y^*}\right|$，又由于

$$Y = \frac{\overline{y}}{y^*} = \frac{(y_1+y_2)(\ln y_2 - \ln y_1)}{2(y_2-y_1)} > 0$$

故 δ 不超过 $Y(y_1)$ 在区间 $(y_2, 2y_2)$ 上的最大值与 1 之差的绝对值，有

$$Y'(y_1) = \frac{{y_1}^2 - y_2^2 - 2y_1 y_2(\ln y_1 - \ln y_2)}{2y_1(y_1-y_2)^2} \tag{*}$$

上式分母大于零，故 $Y'(y_1)$ 与分子同号. 式（*）的分子对 y_1 的导数为

$$2y_1 - 2y_2(1+\ln y_1 + \ln y_2) \tag{**}$$

式（**）对 y_1 的导数为 $2\left(1-\frac{y_2}{y_1}\right) > 0$，故式（**）关于 y_1 单增；而 $y_1 = y_2$ 时式（**）为零，当 $y_1 \in (y_2, 2y_2)$ 时（**）式大于零，即说（*）式分子对 y_1 单增.

而当 $y_1 = y_2$ 时，（*）式分子为零，故当 $y_1 \in (y_2, 2y_2)$ 时，（*）式分子大于零.

于是 $Y'(y_1) \geqslant 0$，即 $Y(y_1)$ 单增，且 $y_1 = 2y_2$ 时 $Y(y_1)$ 取最大值

$$Y(2y_2) = \frac{3y_2}{2y_2}\ln 2 = \frac{3}{2}\ln 2 \approx 1.03972$$

故用 $\overline{y}$ 代替 y^* 时误差 $\delta \leqslant |1.03972 - 1| < 0.04 = 4\%$.

例 9　已知 $z = f(x,y)$ 在 (x_0, y_0) 附近两个偏导数都存在且连续，固定 $y = y_0$，有倾角为 $\frac{\pi}{4}$ 的直线 l 与 $z = f(x, y_0)$ 相切于横坐标为 $x = x_0$ 的点；固定 $x = x_0$ 有倾角为 $\frac{3\pi}{4}$ 的直线 l_1 与 $z = f(x_0, y)$ 相切于纵坐标为 $y = y_0$ 的点. 试写出 $\Delta z = f(x,y) - f(x_0, y_0)$ 的一次近似式.

解　由于函数 $z = f(x,y)$ 的全增量 Δz 的一次近似式为

$$\Delta z = f(x,y) - f(x_0,y_0) = f'_x(x_0,y_0)\Delta x + f'_y(x_0,y_0)\Delta y =$$
$$f'_x(x_0,y_0)(x-x_0) + f'_y(x_0,y_0)(y-y_0) =$$
$$\tan\frac{\pi}{4}\cdot(x-x_0) + \tan\frac{3\pi}{4}\cdot(y-y_0) =$$
$$(x-x_0)-(y-y_0) = (x-y)-(x_0-y_0)$$

注意这里　$z'_x\big|_{x=x_0} = f'_x(x,y_0)\big|_{x=x_0} = f'_x(x_0,y_0) = \tan\frac{\pi}{4}$

同理　$z'_y\big|_{y=y_0} = f'_y(x_0,y_0) = \tan\frac{3\pi}{4}$

例 10　试将函数 $z = f\left(xy, \frac{y}{x}\right)$ 近似地表为 $x-2$ 和 $y+1$ 的函数.

解　考虑函数 $z = f\left(xy, \frac{y}{x}\right)$ 在 $(2, -1)$ 点的一次近似为

$$\Delta z = f\left(xy, \frac{y}{x}\right) - f\left(-2, \frac{-1}{2}\right) \approx f'_x\left(-2, -\frac{1}{2}\right)(x-2) + f'_y\left(-2, -\frac{1}{2}\right)(y+1)$$

令 $xy = u, \frac{y}{x} = v$,可有 $f'_x = \frac{yf'_u - yf'_v}{x^2}, f'_y = \frac{xf'_u + f'_v}{x}$. 故

$$f'_x\left(-2, -\frac{1}{2}\right) = -f'_u\left(-2, -\frac{1}{2}\right) + \frac{1}{4}f'_v\left(-2, -\frac{1}{2}\right)$$

且

$$f'_y\left(-2_u, -\frac{1}{2}\right) = 2f'_u\left(-2, -\frac{1}{2}\right) + \frac{1}{2}f'_v\left(-2, -\frac{1}{2}\right)$$

将上两式代入开头的 Δz 式子可有

$$f\left(xy, \frac{y}{x}\right) \approx f\left(-2, -\frac{1}{2}\right) - \left[f'_u\left(-2, -\frac{1}{2}\right) - \frac{1}{4}f'_v\left(-2, -\frac{1}{2}\right)\right](x-2) +$$
$$\left[2f'_u\left(-2, -\frac{1}{2}\right) + f'_v\left(-2, -\frac{1}{2}\right)(y+1)\right]$$

最后我们看看定积分的近似计算问题. 在一元函数积分中我们曾讲过,并非所有函数均可以积出来(即将原函数的表达式写出),对于这类函数定积分的计算,往往考虑用近似计算,而它们又多用级数展开.

例 11 求 $I = \int_0^{0.2} \frac{\sin t}{t} dt$ 的近似值(精确到 10^{-4}).

解 由 $\sin t$ 的 Toylor 或 Maclanrin 展开式

$$\sin t = t - \frac{t^3}{3!} + \frac{t^5}{5!} - \frac{t^7}{7!} + \cdots$$

有 $I = \int_0^{0.2} \frac{t - \frac{t^3}{3!} + \frac{t^5}{5!} - \frac{t^7}{7!} + \cdots}{t} dt = \left[t - \frac{t^3}{3\times 3!} + \frac{t^5}{5\times 5!} - \frac{t^7}{7\times 7!} + \cdots\right]_0^{0.2} \approx 0.1996$

注 类似地可计算 $\int_0^{\frac{1}{2}} \frac{\sin t}{t} dt$ 误差小于 0.005 的值为 $\int_0^{\frac{1}{2}} \frac{x^4}{5!} dx = \frac{71}{144}$(实际误差小于 0.00013). 类似地可求 $\int_0^1 \frac{\sin x}{x} dt \approx 0.947$(误差不超过 10^{-3}). 注意到 $\int \frac{\sin x}{x} dx$ 不可积(求不出有限形式的原函数).

例 12 计算 $I = \int_0^{\frac{1}{2}} \frac{\ln(1+x^2)}{x} dx$(精确到 10^{-3}).

解 由 $\ln(4x^2)$ 的 Taylor 展开式 $\ln(1+x^2) = x^2 - \frac{x^4}{2} + \frac{x^5}{3} - \frac{x^6}{4} + \cdots$,有

$$I = \int_0^{\frac{1}{2}} \left(x - \frac{x^3}{2} + \frac{x^5}{3} - \frac{x^7}{4} + \cdots\right) dx = \left[\frac{x^2}{2} - \frac{x^4}{2\cdot 4} + \frac{x^6}{3\cdot 6} - \frac{x^8}{4\cdot 8} + \cdots\right]_0^{\frac{1}{2}} \approx$$
$$\frac{1}{8} - \frac{1}{2\cdot 4}\cdot\frac{1}{2^6} = 0.117$$

注意到 $\frac{1}{3\cdot 6\cdot 2^6} = \frac{1}{1152} < 10^{-3}$,则上式值为所求.

例 13 计算 $I = \int_2^4 e^{\frac{1}{x}} dx$ 的近似值(精确到 10^{-4}).

解 由 $e^{\frac{1}{x}}$ 的 Taylor 展开式 $e^{\frac{1}{x}} = 1 + \frac{1}{x} + \frac{1}{2!\ x^2} + \frac{1}{3!\ x^3} + \frac{1}{4!\ x^4} + \cdots$,则

$$I = \int_2^4 \left(1 + \frac{1}{x} + \frac{1}{2!\ x^2} + \frac{1}{3!\ x^3} + \frac{1}{4!\ x^4} + \cdots\right) dx =$$
$$2 + \ln 2 + \frac{1}{2!\ 4} + \frac{1}{3!\ 32} + \frac{7}{4!\ \cdot 192} + \cdots \approx$$
$$2 + 0.6931 + 0.1250 + 0.0156 + 0.0015 + \cdots = 2.8352\cdots$$

此时(绝对) 误差

$$|R_5|=\frac{15}{5!\ 1024}+\frac{31}{6!\ 5120}+\frac{63}{7!\ 24576}+\cdots<\frac{15}{5!\ 4^5}\left[1+\frac{1}{4}+\left(\frac{1}{4}\right)^2+\cdots\right]<0.0002$$

例 14　设 a,b 分别是椭圆的长、短半轴，e 是离心率. 则椭圆 $x=a\cos\theta, y=b\sin\theta$ 的周长 s 有近似公式 $s\approx 2\pi a\left(1-\frac{e^2}{4}\right)$，试证之.

证　由曲线长公式知题及椭圆周长

$$s=4\int_0^{\frac{\pi}{2}}\sqrt{a^2\sin^2\theta+b^2\cos^2\theta}\,\mathrm{d}\theta=4a\int_0^{\frac{\pi}{2}}\sqrt{1-e^2\cos^2\theta}\,\mathrm{d}\theta$$

其中 $e=\frac{\sqrt{a^2-b^2}}{a}$，且 $0<e<1$，故 $0<e^2\cos^2\theta<1$.

则被积函数可展为级数

$$\sqrt{1-e^2\cos^2\theta}=1-\frac{1}{2}e^2\cos^2\theta-\frac{1}{2\cdot 4}e^4\cos^4\theta-\cdots$$

代入积分式中再逐项积分有

$$s=2\pi a-4a\left(\frac{1}{2}e^2\int_0^{\frac{\pi}{2}}\cos^2\theta\mathrm{d}\theta+\frac{1}{2\cdot 4}e^4\int_0^{\frac{\pi}{2}}\cos^4\theta\mathrm{d}\theta+\cdots\right)=$$

$$2\pi a\left(1-\frac{1}{2\cdot 2}e^2-\frac{1\cdot 3}{2\cdot 4\cdot 8}e^4-\cdots\right)\approx 2\pi a\left(1-\frac{e^2}{4}\right)$$

这个例子中给出了椭圆周长近似计算公式，下面的例子也给也一个近似公式.

例 15　已知椭圆 $x=a\cos\varphi, y=b\sin\varphi(0\leqslant\varphi\leqslant 2\pi$，且 $a>b>0)$，又记 $\varepsilon^2=\frac{a^2-b^2}{a^2}$，试求以 $l=\pi\left[\frac{3}{2}(a+b)-\sqrt{ab}\right]$ 近似代替椭圆周长 L 的误差.

解　与上例相同椭圆周长可由下式给出

$$L=4\int_0^{\frac{\pi}{2}}\sqrt{a^2\sin^2\varphi+b^2\cos^2\varphi}\,\mathrm{d}\varphi=4\int_0^{\frac{\pi}{2}}\sqrt{a^2-(a^2-b^2)\cos^2\varphi}\,\mathrm{d}\varphi=$$

$$4\int_0^{\frac{\pi}{2}}a\sqrt{1-\frac{a^2-b^2}{a^2}\cos^2\varphi}\,\mathrm{d}\varphi=4a\int_0^{\frac{\pi}{2}}\sqrt{1-\varepsilon^2\cos^2\varphi}\,\mathrm{d}\varphi=$$

$$4a\int_0^{\frac{\pi}{2}}\left(1-\frac{1}{2}\varepsilon^2\cos^2-\frac{1}{2\cdot 4}\varepsilon^4\cos^4\varphi-\frac{1\cdot 3}{2\cdot 4\cdot 6}\varepsilon^6\cos^6\varphi-\frac{1\cdot 3\cdot 5}{2\cdot 4\cdot 6\cdot 8}\varepsilon^8\cos^8\varphi-\cdots\right)\mathrm{d}\varphi=$$

$$2\pi a\left(1-\frac{1}{4}\varepsilon^2-\frac{3}{64}\varepsilon^4-\frac{5}{256}\varepsilon^6-\frac{175}{16384}\varepsilon^8-\cdots\right)$$

而
$$a+b=a\left(1+\sqrt{\frac{b^2}{a^2}}\right)=a(1+\sqrt{1-\varepsilon^2})$$

且
$$\sqrt{ab}=a\sqrt{\frac{b}{a}}=a\sqrt[4]{1-\frac{b^2}{a^2}}=a\sqrt[4]{1-\varepsilon^2}$$

这样
$$l=\pi\left[\frac{3}{2}a(1+\sqrt{1-\varepsilon^2})-a\sqrt[4]{1-\varepsilon^2}\right]=$$

$$\frac{3}{2}\pi a+\pi a\left\{\frac{3}{2}-\frac{3}{2\cdot 2}\varepsilon^2-\frac{1\cdot 3}{2\cdot 2\cdot 4}\varepsilon^4-\frac{1\cdot 3\cdot 3}{2\cdot 2\cdot 6\cdot 8\cdot 4\cdot 4}\varepsilon^6-\frac{1\cdot 3\cdot 5\cdot 3}{2\cdot 2\cdot 4\cdot 6\cdot 8}\varepsilon^8-\cdots-\right.$$

$$\left.1+\frac{1}{4}\varepsilon^4+\frac{1}{4}\cdot\frac{3}{2\cdot 4}\varepsilon^4+\frac{1\cdot 3\cdot 7}{2\cdot 4\cdot 6\cdot 8}\varepsilon^6+\frac{1\cdot 3\cdot 7\cdot 11}{2\cdot 4\cdot 6\cdot 8\cdot 4\cdot 4}\varepsilon^8+\cdots\right\}=$$

$$2\pi a\left(1-\frac{1}{4}\varepsilon^2-\frac{3}{64}\varepsilon^4-\frac{5}{256}\varepsilon^6-\frac{43}{4096}\varepsilon^8-\cdots\right)$$

综上，l 与 L(绝对) 误差约为 $\frac{2\pi a\varepsilon^8}{8192}$.

例 16 计算积分$\int_{-\infty}^{+\infty}\frac{\mathrm{d}x}{\sqrt{\mathrm{ch}x-0.99}}$的值,且使其相对误差不大于 0.2.

解 由 $\mathrm{ch}x$ 的 Taylor 展开式 $\mathrm{ch}x-1=\frac{x^2}{2!}+\frac{x^4}{4!}+\cdots$ 且令 $0.99=1-\alpha$,其中 $\alpha=0.01$.

由 $\mathrm{ch}\,x-1$ 的展开式知存在 A,使 $|x|\geqslant A$ 时,α 与 $\mathrm{ch}\,x-1$ 相对很小,这样

$$I=\int_{-\infty}^{+\infty}\frac{\mathrm{d}x}{\sqrt{\mathrm{ch}x-1+\alpha}}\quad(\text{将积分区域分段})=$$

$$\int_{-\infty}^{-A}\frac{\mathrm{d}x}{\sqrt{\mathrm{ch}x-1+\alpha}}+\int_{-A}^{A}\frac{\mathrm{d}x}{\sqrt{\mathrm{ch}x-1+\alpha}}+\int_{A}^{+\infty}\frac{\mathrm{d}x}{\sqrt{\mathrm{ch}x-1+\alpha}}\approx$$

$$\int_{-A}^{A}\frac{\mathrm{d}x}{\sqrt{\mathrm{ch}x-1+\alpha}}+2\int_{A}^{+\infty}\frac{\mathrm{d}x}{\sqrt{\mathrm{ch}x-1}}$$

为达到题设误差要求,只需取 $A=1$,且取 $\mathrm{ch}x-1$ 的 Taylor 展开式中的第一项即可.

故 $$I=\int_{-1}^{1}\frac{\mathrm{d}x}{\sqrt{\alpha+\frac{x^2}{2}}}+2\int_{1}^{+\infty}\frac{\mathrm{d}x}{\sqrt{\mathrm{ch}x-1}}=2\sqrt{2}\ln\left[\frac{1}{\sqrt{2\alpha}}+\sqrt{1+\frac{1}{2\alpha}}\right]+2\sqrt{2}\ln\left(\mathrm{cth}\,\frac{1}{4}\right)\approx$$

$$2\sqrt{2}\ln\frac{2}{\sqrt{2\alpha}}+2\sqrt{2}\ln 4=2\sqrt{2}\ln\frac{8}{\sqrt{2\alpha}}=2\sqrt{2}\ln 8\sqrt{50}\approx 11$$

注意到$\frac{1}{\sqrt{2a}}+\sqrt{1+\frac{1}{2A}}\approx\frac{2}{\sqrt{2a}}$,且 $\mathrm{cth}\,\frac{1}{4}\approx 4$.

关于利用梯形、矩形、…… 公式计算定积分的例子这里不举了.最后我们想提出:函数 $y=f(x)$ 在 $[a,b]$ 上的平均值概念,它是由下面公式给出的.

$$\overline{y}=\frac{1}{b-a}\int_a^b f(x)\mathrm{d}x$$

推广地,我们称$\lim\limits_{x\to\infty}\frac{1}{x}\int_0^x f(t)\mathrm{d}t$ 为 $f(x)$ 在$[0,+\infty)$上的平均值.

在某种意义上讲:平均也是一种近似.

当然,有时候利用不等式估计某些函数值,也可视为一种近似计算(误差也许会大些),或者称“估算”.这对某些无法求得精确值的表达式来讲,重要性凸现.我们来看一个例子.

例 17 求出实数 a,b 使它们满足 $a\leqslant\int_0^1\sqrt{1+x^4}\,dx\leqslant b$,且要求 $b-a\leqslant 0.1$.

解 设 $f(x)=\sqrt{1+x^4}$,则 $f'(x)=\frac{2x^3}{\sqrt{1+x^4}}\geqslant 0,x\in[0,1]$,故 $f(x)$ 在$[0,1]$上单增,又由积分定义知

$$\frac{1}{n}\sum_{k=0}^{n-1}\sqrt{1+\left(\frac{k}{n}\right)^4}<I<\frac{1}{n}\sum_{k=1}^{n}\sqrt{1+\left(\frac{k}{n}\right)^4},\quad n\geqslant 1$$

而 $$\frac{1}{n}\sum_{k=1}^{n}\sqrt{1+\left(\frac{k}{n}\right)^4}-\frac{1}{n}\sum_{k=0}^{n-1}\sqrt{1+\left(\frac{k}{n}\right)^4}=\frac{1}{n}(\sqrt{2}-1)$$

当 $n=5$ 时有 $$\frac{\sqrt{2}-1}{5}\leqslant\frac{1.42-1}{5}=0.084<0.1$$

故只需取 $$a=\frac{1}{5}\sum_{k=0}^{4}\sqrt{1+\left(\frac{k}{5}\right)^4},\quad b=\frac{1}{5}\sum_{k=1}^{5}\sqrt{1+\left(\frac{k}{5}\right)^4}$$

例 18 若 $f(x)$ 在$[0,1]$上二次可微,且 $f(0)=f(1)=0$.又 $|f'(x)|\leqslant\frac{8}{5}$,$|f''(x)|\leqslant\frac{8}{5}$,试给出 $|f(x)|$ 在 $0\leqslant x\leqslant 1$ 的一个估计.

解 将 $f(0)$，$f(1)$ 在 x 处 Taylor 展开

$$f(0)=f(x)+f'(x)(0-x)+\frac{f''(\xi_1)}{2!}(0-x)^2,\quad \xi_1\in(0,x)$$

$$f(1)=f(x)+f'(x)(1-x)+\frac{f''(\xi_2)}{2!}(1-x)^2,\quad \xi_2\in(x,1)$$

上两式相加可有(注意到 $f(0)=f(1)=0$)

$$2f(x)=-f'(x)(-x)-f'(x)(1-x)-\frac{f''(\xi_1)}{2}x^2-\frac{f''(\xi_2)}{2}(1-x)^2$$

上式两边同除2且取绝对值从而可有

$$|f(x)|\leqslant\frac{1}{2}[|f'(x)||1-2x|]+\frac{1}{4}[|f''(\xi_1)||x^2|]+\frac{1}{4}[|f''(\xi_2)|(1-x)^2]\leqslant$$

$$\frac{1}{2}\cdot\frac{8}{5}|1-2x|+\frac{1}{4}\cdot\frac{8}{5}\cdot|x^2+(1-x)^2|\leqslant\frac{6}{5}$$

注 下面的命题与例类似:

命题 若函数 $f(x)$ 在 $[0,1]$ 上二次可微，且 $f(0)=f(1)=0$，又 $|f''(x)|\leqslant 2, 0\leqslant x\leqslant 1$，试估计 $|f'(x)|$ 在 $[0,1]$ 上的值.

仿例有 $f(1)-f(0)=f'(x)+\frac{1}{2}f''(\xi_1)(1-x)^2-\frac{1}{2}f''(\xi_2)x^2$，其中 $\xi_1\in(0,x)$，$\xi_2\in(x,1)$. 则

$$|f'(x)|\leqslant(1-x)^2+x^2=1-2x+2x^2\leqslant 1$$

其实，某些定积分近似计算公式是主要和常用的，特别是工程设计上，请看:

例 19 若 $f(x)$ 在 $[a,b]$ 上二阶可微，则 $\int_a^b f(x)\mathrm{d}x=(b-a)f\left(\frac{a+b}{2}\right)+\frac{1}{24}(b-a)^3f''(\xi)$，其中 $\xi\in(a,b)$.

解 令 $c=(a+b)/2$，考虑 $f(x)$ 在 $x=c$ 处 Taylor 展开，有

$$f(x)=f(c)+f'(c)(x-c)+\frac{1}{2!}f''(\xi)(x-c)^2$$

其中 $\xi\in(x,c)$，注意到

$$\int_a^b(x-c)\mathrm{d}x=\int_a^b\left(x-\frac{a+b}{2}\right)\mathrm{d}x=0$$

故

$$\int_a^b f(x)\mathrm{d}x=(b-a)f(c)+\frac{1}{2}\int_a^b(x-c)^2f''(\xi)\mathrm{d}x=$$

$$(b-a)f(c)+\frac{1}{2}f''(\xi)\int_a^b(x-c)^2\mathrm{d}x=$$

$$(b-a)f(c)+\frac{(b-a)^3}{24}\cdot f''(\xi^*)$$

注意到 $f''(\xi)$ 在 $[a,b]$ 上连续故有最小、最大值 m 与 M，又 $(x-c)^2\geqslant 0$，故由

$$\frac{1}{2}\int_a^b(x-c)^2f''(\xi)\mathrm{d}x=\frac{\mu}{2}\int_a^b(x-c)^2\mathrm{d}x=\frac{(b-a)^3\mu}{24}$$

其中 $m\leqslant\mu\leqslant M$，从而有 ξ^*，使 $f''(\xi^*)=\mu$.

注 1 对于三点牛顿—柯特斯公式有

$$\int_a^b f(x)\mathrm{d}x=\frac{b-a}{6}\left[f(a)+4f\left(\frac{a+b}{2}\right)+f(b)\right]$$

注 2 本例亦可令 $F(x)=\int_a^x f(x)\mathrm{d}x$ 在 $c=\frac{a+b}{2}$ 处展开，再计算 $F(b)-F(a)=\int_a^b f(x)\mathrm{d}x$ 亦可.

习　　题

1. 试计算(1) $\sqrt{\dfrac{2.037^2-1}{2.07^2+1}}$;(2) $\sqrt[10]{100}$ 的近似值.

[**提示:**(1) 利用 $f(x+\Delta x)\approx f(x)+f'(x)\Delta x$;(2) 利用 $\sqrt[n]{A^n+a}=A\sqrt[n]{1+\frac{a}{A^n}}\approx A+\frac{a}{nA^{(n-1)}}$(这里 $A>0$,且 $a\ll A^n$). **答:**(1)0.7822;(2)1.9953]

2. 设 $f(x)=\mathrm{e}^{0.1x(1-x)}$,试计算 $f(1.05)$ 的近似值.

[**提示:**$f(1.05)\approx f(1)+f'(1)\cdot 0.05$. **答:**0.995]

3. 利用三阶 Taylor 展开,求下列各近似值:(1) $\sqrt[3]{30}$;(2)$\sin 18°$.

[**提示:**(1) 设 $f(x)=\sqrt[3]{x}$,求在 $x_0=27$ 处的 $f(x)$ 的 Taylor 展开;(2)$f(x)=\sin x$ 在 $x=0$ 的展开(3 阶) 为 $\sin x\approx x-\frac{x^2}{6}$. **答:**(1)9.10724;(2)0.3090]

4. 利用 Simpson 公式计算积分$\int_0^1\sqrt{1-x^3}\,\mathrm{d}x$ 到小数点后三位.

[**提示:**取 $n=10,\Delta x=0.1$. **答:**0.837]

5. 求根式 $\sqrt{(1.02)^3+(1.97)^3}$ 的近似值.

[**提示:**考虑 $f(x,y)=\sqrt{x^3+y^3}$ 及 $f(x+\Delta x,y+\Delta y)\approx f(x,y)+f'_x(x,y)\Delta x+f'_y(x,y)\Delta y$,取 $x=1,y=2,\Delta x=0.02,\Delta y=-0.03$. **答:**2.95]

6. 计算积 $1.002\cdot(2.003)^2\cdot(3.004)^2$ 的近似值.

[**提示:**考虑 $f(x,y,z)=xy^2z^3$ 在 $x=1,y=2,z=3$ 处的近似公式. **答:**108.972]

7. 按$(x-1)$ 和$(y-1)$ 的乘幂展开函数 $f(x,y)=x^y$ 至三次为止,利用它求 $1.1^{1.02}$ 的近似值.

[**提示:**在(1,1) 处 $f(x,y)=1+(x-1)+(x-1)(y-1)+\frac{1}{2}(x-1)^2(y-1)+r_3$. **答:**1.1021]

8. 求定积分$\int_0^{\frac{1}{2}}\frac{\ln(1+x^2)}{x}\mathrm{d}x$ 的近似值,精确到小数点后三位.

[**提示:**参考正文中例的解法. 答:0.117]

◎编辑手记

在大陆颇有争议的作家林语堂先生对读书曾有一番妙论，他说："读书必以气质相近，而凡人读书必找一位同调的先贤，一位气质与你相近的作家，作为老师，这是所谓读书必须得力一家.因为气质性灵相近，所以乐此不疲，流连忘返，流连忘返，始可深入，深入后，如受春风化雨之赐，欣欣向荣，学业大进."

虽林氏所论指向文学，但笔者认为所论对数学亦然.笔者自认与吴先生是气质相近之人.吴先生早年毕业于南开大学数学系，一直在高校从事基础数学的教学工作.在承担大量教学工作的同时，几十年利用业余时间坚持为青年学子写作，着实令人钦佩.

美国前总统卡特主政时期手下有一位干将就是他的国家安全顾问布热津斯基.卡特下台后曾说："我想，如果我过去再多听布热津斯基的话，我这个总统会做得更好……"布热津斯基从政前曾在哈佛大学和哥伦比亚大学从事学术研究.他对自己从政的解释是："我不敢想象自己穿一件穿了25年的花呢上衣坐在大学教员公用室里，预备反反复复讲了120次的课，说说别的学人的闲话，倒不如拿出我多多少少的才能，用真正有效的方法去影响世事.我觉得这才是最大心愿."

一个数学工作者在大学很容易沦为一个教书匠，想成为一个数学畅销书作者必须耗费超出常人想象的努力.吴先生常年身居斗室，超负荷劳作，颈椎病时常发作，但他一直坚持.

清华大学教育基金会理事长贺美英教授曾经听杨绛先生说起，钱钟书先生写的外文读书笔记有178本34 000多页，中文笔记和外文笔记差不多，还有23本读书心得.天才如钱钟书，成功都非仅靠天资，况常人乎.在吴先生家笔者看到了近乎中国最全的有关中等及高等数学藏书及吴先生多年笔耕的成果.所以当有读者希望我在书前、书后写一点文字东西时，我想到了世界管理学大师德鲁克评价乔布斯的一句话："怀疑史蒂夫·乔布斯就是怀疑成功."套用一下，笔者想告诉读者："放弃了吴先生的《吴振奎高等数学解题真经》，你可能就会放弃考研的成功."

刘培杰

2011.12 于哈工大

参考文献

[1] 菲赫金哥尔茨 Γ M. 微积分教程(1 ~ 3 卷)[M]. 北京大学高等数学教研室,译. 北京:高等教育出版社,1956.

[2] 斯米尔诺夫. 高等数学教程(1 ~ 5 卷)[M]. 叶彦谦,译. 北京:高等教育出版社,1959.

[3] 吉米多维奇 Б П. 数学分析习题集[M]. 李荣栋,译. 北京:高等教育出版社,1958.

[4] 希洛夫 Γ E. 数学分析专门教程[M]. 曾鼎禾,译. 北京:高等教育出版社,1965.

[5] 陈建功. 三角级数论(上、下册)[M]. 上海:上海科学技术出版社,1979.

[6] 杨・米库辛斯基. 算符演算[M]. 王建午,译. 上海:上海科学技术出版社,1964.

[7] 波利亚 G,舍贵 G. 分析中的问题和定理(1 ~ 2 卷)[M]. 张奠宙,译. 上海:上海科学技术出版社,1985.

[8] 徐利治,王兴华. 数学分析的方法及例题选讲[M]. 北京:高等教育出版社,1984.

[9] 陈文灯,袁一圃,俞远洪. 高等数学复习指导(上、下册)[M]. 北京:北京理工大学出版社,1992.

[10] 吴振奎. 高等数学复习及试题选讲[M]. 沈阳:辽宁科学技术出版社,1982.

[11] 吴振奎. 数学方法选讲[M]. 沈阳:辽宁教育出版社,1985.

[12] 彼得罗夫斯基 И Д. 常微分方程讲义[M]. 黄克欧,译. 北京:人民教育出版社,1963.

[13] 孙本旺,汪浩. 数学分析中的典型例题和解题方法[M]. 武汉:湖南科学技术出版社,1981.

[14] 邹铣,陈强. 1978 ~ 1983 全国招考研究生高等数学试题选解[M]. 武汉:湖南科学技术出版社,1983.

[15] 拉森 L C. 美国大学生数学竞赛例题选讲[M]. 潘正义,译. 北京:科学出版社,2003.

[16] 德苏泽 P,席尔瓦 J. 伯克利数学问题集[M]. 包雪松,林应举,译. 北京:科学出版社,2003.

[17] 吴振奎,吴旻. 数学中的美[M]. 上海:上海教育出版社,2002.

[18] 吴振奎,吴旻. 数学的创造[M]. 上海:上海教育出版社,2003.

[19] 李心灿. 大学生数学竞赛试题研究生入学数学考试难题解析选编[M]. 北京:高等教育出版社,2002.

[20] 刘培杰数学工作室. 历届 PTN 美国大学生数学竞赛试题集[M]. 哈尔滨:哈尔滨工业大学出版社,2009.

[21] 斐礼文. 数学分析中的典型问题与方法[M]. 北京:高等教育出版社,1993.

[22] 徐以超,陆柱家. 全国大学生数学夏令营数学竞赛试题及解答[M]. 哈尔滨:哈尔滨工业大学出版社,2007.

[23] 邹阳春. 高等数学中的若干问题解析[M]. 北京:科学出版社,2005.

[24] 李文荣. 分析中的问题研究[M]. 北京:中国工人出版社,2001.

哈尔滨工业大学出版社刘培杰数学工作室 已出版(即将出版)图书目录

书　　名	出版时间	定　价	编号
新编中学数学解题方法全书(高中版)上卷	2007—09	38.00	7
新编中学数学解题方法全书(高中版)中卷	2007—09	48.00	8
新编中学数学解题方法全书(高中版)下卷(一)	2007—09	42.00	17
新编中学数学解题方法全书(高中版)下卷(二)	2007—09	38.00	18
新编中学数学解题方法全书(高中版)下卷(三)	2010—06	58.00	73
新编中学数学解题方法全书(初中版)上卷	2008—01	28.00	29
新编中学数学解题方法全书(初中版)中卷	2010—07	38.00	75
新编平面解析几何解题方法全书(专题讲座卷)	2010—01	18.00	61
数学眼光透视	2008—01	38.00	24
数学思想领悟	2008—01	38.00	25
数学应用展观	2008—01	38.00	26
数学建模导引	2008—01	28.00	23
数学方法溯源	2008—01	38.00	27
数学史话览胜	2008—01	28.00	28
从毕达哥拉斯到怀尔斯	2007—10	48.00	9
从迪利克雷到维斯卡尔迪	2008—01	48.00	21
从哥德巴赫到陈景润	2008—05	98.00	35
从庞加莱到佩雷尔曼	2011—08	138.00	136
从比勃巴赫到德·布朗斯	即将出版		
数学解题中的物理方法	2011—06	28.00	114
数学解题的特殊方法	2011—06	48.00	115
中学数学计算技巧	2012—01	48.00	116
中学数学证明方法	2012—01	58.00	117
数学奥林匹克与数学文化(第一辑)	2006—05	48.00	4
数学奥林匹克与数学文化(第二辑)(竞赛卷)	2008—01	48.00	19
数学奥林匹克与数学文化(第二辑)(文化卷)	2008—07	58.00	36
数学奥林匹克与数学文化(第三辑)(竞赛卷)	2010—01	48.00	59
数学奥林匹克与数学文化(第四辑)(竞赛卷)	2011—08	58.00	87

哈尔滨工业大学出版社刘培杰数学工作室已出版(即将出版)图书目录

书　　名	出版时间	定　价	编号
发展空间想象力	2010－01	38.00	57
走向国际数学奥林匹克的平面几何试题诠释(上、下)(第2版)	2010－02	98.00	63,64
平面几何证明方法全书	2007－08	35.00	1
平面几何证明方法全书习题解答(第2版)	2006－12	18.00	10
最新世界各国数学奥林匹克中的平面几何试题	2007－09	38.00	14
数学竞赛平面几何典型题及新颖解	2010－07	48.00	74
初等数学复习及研究(平面几何)	2008－09	58.00	38
初等数学复习及研究(立体几何)	2010－06	38.00	71
初等数学复习及研究(平面几何)习题解答	2009－01	48.00	42
世界著名平面几何经典著作钩沉——几何作图专题卷(上)	2009－06	48.00	49
世界著名平面几何经典著作钩沉——几何作图专题卷(下)	2011－01	88.00	80
世界著名平面几何经典著作钩沉(民国平面几何老课本)	2011－03	38.00	113
世界著名数论经典著作钩沉(算术卷)	2012－01	28.00	125
世界著名数学经典著作钩沉——立体几何卷	2011－02	28.00	88
世界著名三角学经典著作钩沉(平面三角卷Ⅰ)	2010－06	28.00	69
世界著名三角学经典著作钩沉(平面三角卷Ⅱ)	2011－01	28.00	78
世界著名初等数论经典著作钩沉(理论和实用算术卷)	2011－07	38.00	126
几何学教程(平面几何卷)	2011－03	68.00	90
几何学教程(立体几何卷)	2011－07	68.00	130
几何变换与几何证题	2010－06	88.00	70
几何瑰宝——平面几何500名题暨1000条定理(上、下)	2010－07	138.00	76,77
三角形的五心	2009－06	28.00	51
俄罗斯平面几何问题集	2009－08	88.00	55
俄罗斯平面几何5000题	2011－03	58.00	89
计算方法与几何证题	2011－06	28.00	129
463个俄罗斯几何老问题	2012－01	28.00	152
近代欧氏几何学	2012－1		162

哈尔滨工业大学出版社刘培杰数学工作室
已出版(即将出版)图书目录

书　　名	出版时间	定　价	编号
超越吉米多维奇——数列的极限	2009－11	48.00	58
初等数论难题集(第一卷)	2009－05	68.00	44
初等数论难题集(第二卷)(上、下)	2011－02	128.00	82,83
谈谈素数	2011－03	18.00	91
平方和	2011－03	18.00	92
数论概貌	2011－03	18.00	93
代数数论	2011－03	48.00	94
初等数论的知识与问题	2011－02	28.00	95
超越数论基础	2011－03	28.00	96
数论初等教程	2011－03	28.00	97
数论基础	2011－03	18.00	98
数论入门	2011－03	38.00	99
解析数论引论	2011－03	48.00	100
基础数论	2011－03	28.00	101
超越数	2011－03	18.00	109
三角和方法	2011－03	18.00	112
谈谈不定方程	2011－05	28.00	119
整数论	2011－05	38.00	120
初等数论 100 例	2011－05	18.00	122
最新世界各国数学奥林匹克中的初等数论试题(上、下)	2012－01	138.00	144,145
算术探索	2011－12	158.00	148
初等数论(Ⅰ)	2012－01	18.00	156
初等数论(Ⅱ)	2012－01	18.00	157
初等数论(Ⅲ)	2012－01	28.00	158
组合数学浅谈	2012－01		159
同余理论	2012－01		163

哈尔滨工业大学出版社刘培杰数学工作室
已出版(即将出版)图书目录

书　　名	出版时间	定　价	编号
历届 IMO 试题集(1959—2005)	2006—05	58.00	5
历届 CMO 试题集	2008—09	28.00	40
历届国际大学生数学竞赛试题集(1994—2010)	2012—01	28.00	143
全国大学生数学夏令营数学竞赛试题及解答	2007—03	28.00	15
历届美国大学生数学竞赛试题集	2009—03	88.00	43
前苏联大学生数学竞赛试题集	2011—09	68.00	128

整函数	2012—1		161
俄罗斯函数问题集	2011—03	38.00	103
俄罗斯组合分析问题集	2011—01	48.00	79
博弈论精粹	2008—03	58.00	30
多项式和无理数	2008—01	68.00	22
模糊数据统计学	2008—03	48.00	31
受控理论与解析不等式	2012—02		165
解析不等式新论	2009—06	68.00	48
反问题的计算方法及应用	2011—11	28.00	147
建立不等式的方法	2011—03	98.00	104
数学奥林匹克不等式研究	2009—08	68.00	56
不等式研究(第二辑)	2011—12	68.00	153
初等数学研究(Ⅰ)	2008—09	68.00	37
初等数学研究(Ⅱ)(上、下)	2009—05	118.00	46,47
中国初等数学研究　2009 卷(第 1 辑)	2009—05	20.00	45
中国初等数学研究　2010 卷(第 2 辑)	2010—05	30.00	68
中国初等数学研究　2011 卷(第 3 辑)	2011—07	60.00	127
数阵及其应用	2012—01		164
不等式的秘密(上卷)	2012—01	28.00	154
初等不等式的证明方法	2010—06	38.00	123
数学奥林匹克不等式散论	2010—06	38.00	124
数学奥林匹克不等式欣赏	2011—09	38.00	138
数学奥林匹克超级题库(初中卷上)	2010—01	58.00	66
数学奥林匹克不等式证明方法和技巧(上、下)	2011—08	158.00	134,135

哈尔滨工业大学出版社刘培杰数学工作室 已出版(即将出版)图书目录

书　　名	出版时间	定　价	编号
500 个最新世界著名数学智力趣题	2008－06	48.00	3
400 个最新世界著名数学最值问题	2008－09	48.00	36
500 个世界著名数学征解问题	2009－06	48.00	52
400 个中国最佳初等数学征解老问题	2010－01	48.00	60
500 个俄罗斯数学经典老题	2011－01	28.00	81
数学 我爱你	2008－01	28.00	20
精神的圣徒　别样的人生——60 位中国数学家成长的历程	2008－09	48.00	39
数学史概论	2009－06	78.00	50
斐波那契数列	2010－02	28.00	65
数学拼盘和斐波那契魔方	2010－07	38.00	72
斐波那契数列欣赏	2011－01	28.00	160
数学的创造	2011－02	48.00	85
数学中的美	2011－02	38.00	84
最新全国及各省市高考数学试卷解法研究及点拨评析	2009－02	38.00	41
高考数学的理论与实践	2009－08	38.00	53
中考数学专题总复习	2007－04	28.00	6
向量法巧解数学高考题	2009－08	28.00	54
新编中学数学解题方法全书(高考复习卷)	2010－01	48.00	67
新编中学数学解题方法全书(高考真题卷)	2010－01	38.00	62
新编中学数学解题方法全书(高考精华卷)	2011－03	68.00	118
高考数学核心题型解题方法与技巧	2010－01	28.00	86
数学解题——靠数学思想给力(上)	2011－07	38.00	131
数学解题——靠数学思想给力(中)	2011－07	48.00	132
数学解题——靠数学思想给力(下)	2011－07	38.00	133
2011 年全国及各省市高考数学试题审题要津与解法研究	2011－10	48.00	139
新课标高考数学——五年试题分章详解(2007～2011)(上、下)	2011－10	78.00	140,141
30 分钟拿下高考数学选择题、填空题	2012－01	48.00	146
高考数学压轴题解题诀窍(上)	2012－01		166
高考数学压轴题解题诀窍(下)	2012－01		167
300 个日本高考数学题	2012－02		142

哈尔滨工业大学出版社刘培杰数学工作室
已出版(即将出版)图书目录

书　　名	出版时间	定　价	编号
中等数学英语阅读文选	2006－12	38.00	13
统计学专业英语	2007－03	28.00	16
方程式论	2011－03	38.00	105
初级方程式论	2011－03	28.00	106
Galois 理论	2011－03	18.00	107
代数方程的根式解及伽罗瓦理论	2011－03	28.00	108
线性偏微分方程讲义	2011－03	18.00	110
N 体问题的周期解	2011－03	28.00	111
代数方程式论	2011－05	28.00	121
动力系统的不变量与函数方程	2011－07	48.00	137
闵嗣鹤文集	2011－03	98.00	102
吴从炘数学活动三十年(1951～1980)	2010－07	99.00	32
吴振奎高等数学解题真经(概率统计卷)	2012－01	38.00	149
吴振奎高等数学解题真经(微积分卷)	2012－01	68.00	150
吴振奎高等数学解题真经(线性代数卷)	2012－01	58.00	151
钱昌本教你快乐学数学(上)	2011－12	48.00	155

联系地址:哈尔滨市南岗区复华四道街10号　哈尔滨工业大学出版社刘培杰数学工作室
网　　址:http://lpj.hit.edu.cn/
邮　　编:150006
联系电话:0451－86281378　　13904613167
E-mail:lpj1378@yahoo.com.cn